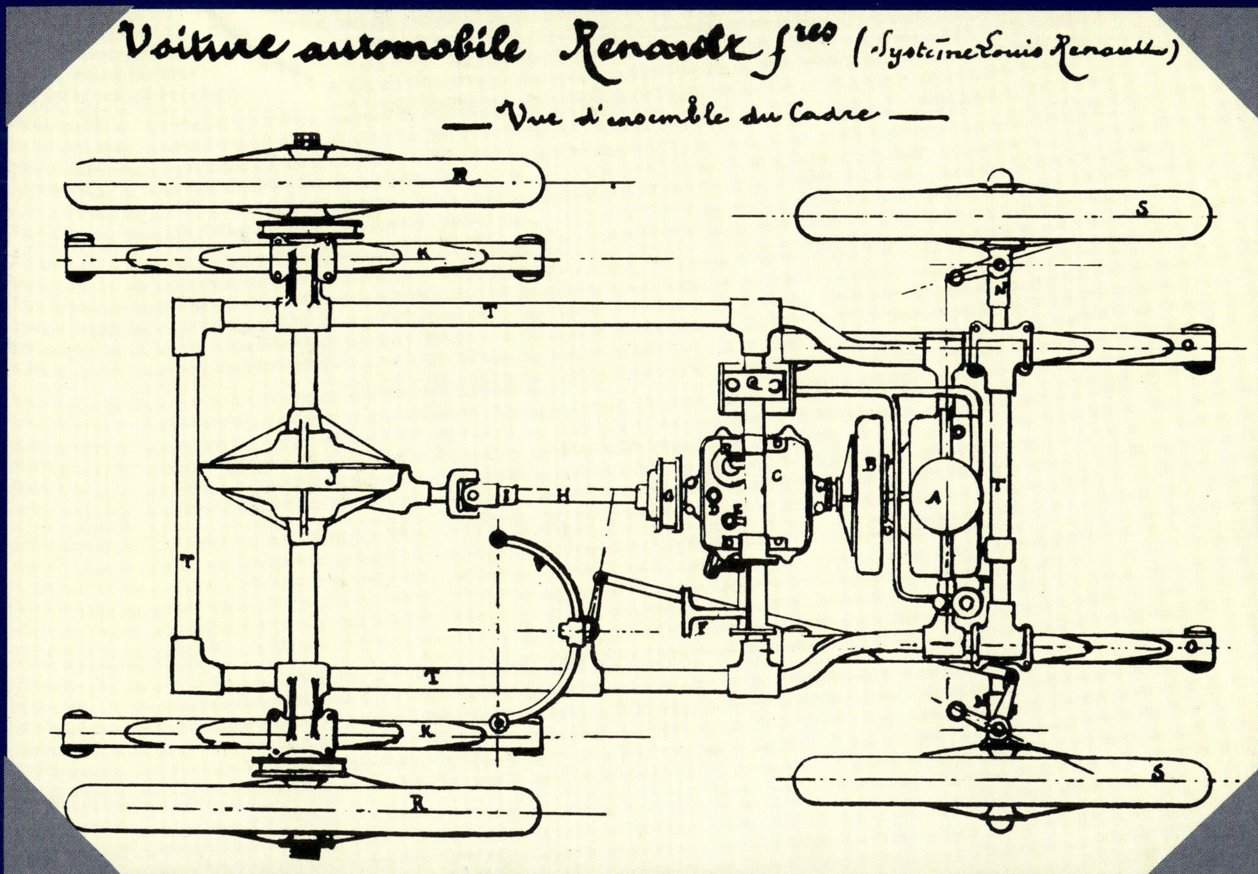
Voiture automobile Renault Fres (Système Louis Renault)
— Vue d'ensemble du Cadre —

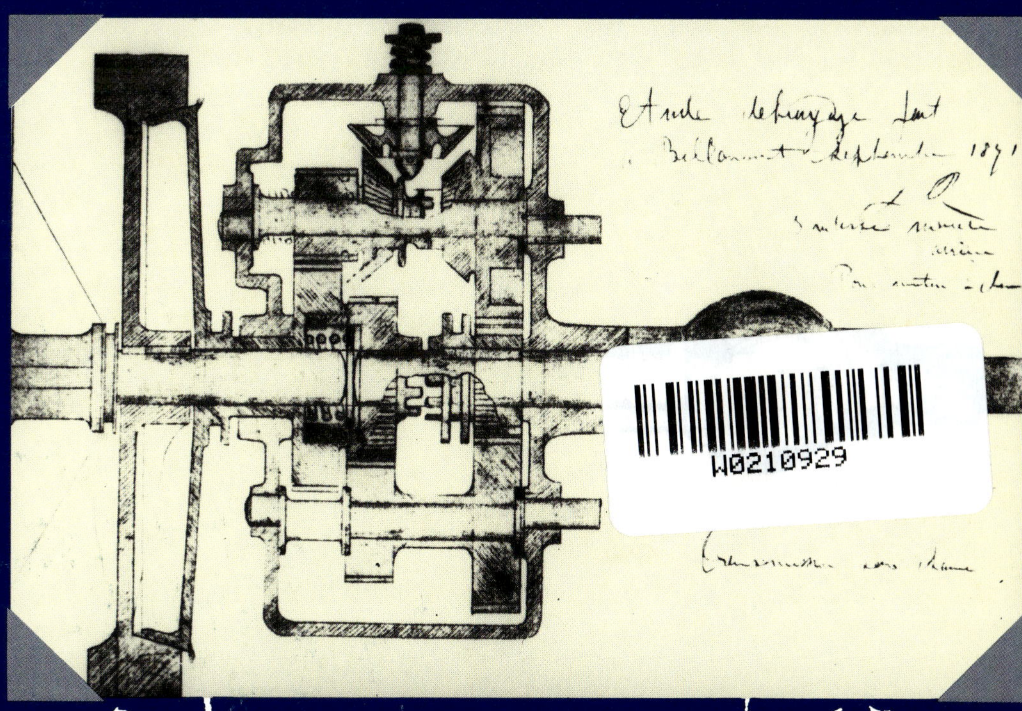

EIN JAHRHUNDERT AUTOMOBILTECHNIK · PERSONENWAGEN

HERAUSGEGEBEN VON OLAF VON FERSEN

EIN JAHRHUNDERT AUTOMOBILTECHNIK

PERSONENWAGEN

HERAUSGEGEBEN VON OLAF VON FERSEN

VDI VERLAG

Abbildung auf dem Schutzumschlag hinten:
Rennmotortechnik für die Großserie: Motoren mit vier Ventilen je Zylinder waren bisher Rennfahrzeugen und hochkarätigen Sportwagen vorbehalten. Seit es sich erwiesen hat, daß eine Verdoppelung der Ventilanzahl außer höherer spezifischer Leistung auch einen vorteilhafteren Drehmomentverlauf, höhere Wirtschaftlichkeit und besseres Emissionsverhalten erbringt, beginnt der „Vierventiler" sich auch in der Großserie einen festen Platz zu erobern.

Die Abbildungen auf den Vorsätzen zeigen die „Handschrift" von vier Konstrukteuren: zwei aus den Kindertagen des Automobils und zwei aus der Zeit, die beinahe noch Gegenwart ist. Sie alle hinterließen in der Automobiltechnik unübersehbare Spuren.

Vorsatz vorn:
Wilhelm Maybach (geb. 1846) war unter den Pionieren des Automobils der geniale Wegbereiter. An allen frühen Daimler-Konstruktionen war er maßgeblich beteiligt. Mit dem ersten „Mercedes" (1901) schuf er das Grundkonzept des Automobils, das bis in die heutige Zeit seine Gültigkeit als „konventionelle Bauart" bewahrt hat. Im ersten Jahrzehnt des neuen Jahrhunderts nannten Franzosen ihn den König der Konstrukteure.
Louis Renault (geb. 1877) gründete nicht nur die Automobilfabrik gleichen Namens, die heute Frankreichs größte ist. Seine Konstruktionen wiesen auch weit in die Zukunft. Noch vor 1910 befaßte er sich schon mit Hydrostößeln für seine Motoren, mit Kolben- und Teleskopdämpfern und mit der Aufladung. Sein erstes Auto hatte bereits ein Getriebe mit direktem dritten Gang und eine Kardanwelle.

Vorsatz hinten:
Dante Giacosa (geb. 1905) stand 40 Jahre als Planer und Konstrukteur im Dienst des FIAT-Konzerns. Er schuf den berühmten „Topolino"-Kleinwagen und setzte den Umschwung zum Vorderradantrieb durch. Auf sein Konto geht unter anderem auch der kleine Cisitalia-Rennwagen, mit dem nach dem Zweiten Weltkrieg der Rennsport wieder einen bescheidenen Anfang machte.
Alexander (Sir Alec) Issigonis (geb. 1906), ein unkonventioneller, genialer Autodidakt und „Vater" des legendären Mini, löste mit dem kleinen Auto eine technische Revolution aus. Das Konzept des Kompaktautos mit Vorderradantrieb, Quermotor und „einem Rad an jeder Ecke" wurde zum Vorbild einer neuen Autogeneration, die inzwischen die Welt erobert hat.

CIP-Kurztitelaufnahme der Deutschen Bibliothek
Ein Jahrhundert Automobiltechnik / hrsg. von Olaf von Fersen.
— Düsseldorf : VDI-Verlag
NE: Fersen, Olaf von [Hrsg.]
Personenwagen. — 1986.
ISBN 3-18-400620-4

Verlagsredaktion: Helmut Kurt
Umschlag und Vorsätze: Eckhard Waasmann
Gestaltung: Margot Bremer, Günter Schön
Graphische Darstellungen: Ingrid Klömpgen
Karikaturen: Hans Joachim Macheleidt
Lithographie: Wittemann + Küppers, Frankfurt am Main
Satz und Druck: Johannes Weisbecker, Frankfurt am Main

Printed in Germany

ISBN 3-18-400620-4

Zum Geleit

1986 jährt sich zum 100. Mal jenes denkwürdige Ereignis: Am 3. Juli 1886 fuhr Karl Benz zum ersten Mal mit einem benzingetriebenen Patent-Motorwagen auf den Straßen von Mannheim. Dies war die eigentliche Geburtsstunde des Automobils und der Beginn seiner beispiellosen Geschichte.

Selbstverständlich hatte die uralte Sehnsucht des Menschen, die Geschwindigkeit und die Reichweite seiner Aktionen zu vergrößern, schon Jahrhunderte früher Naturwissenschaftler und Erfinder beschäftigt. Es waren z. B. Modelle entstanden, die die Windkraft ausnutzen sollten, und die Erfindung der Dampfmaschine legte es nahe, diese Kraftmaschine auch für den Antrieb eines Straßenfahrzeugs zu verwenden. So wurden Dampfwagen konstruiert, die z. T. noch zu Beginn dieses Jahrhunderts betriebsfähig waren.

Dies alles waren zwar Vorläufer des Benzinmotorwagens, aber nicht der Ursprung, auf den die Entwicklung des Automobils geschichtlich nachvollziehbar zurückzuführen ist. Offenbar war die Erfindung des Verbrennungsmotors die notwendige Voraussetzung in bezug auf die Leistung, die vergleichsweise kleinen Abmessungen und die Möglichkeit, den Kraftstoff für eine größere Reichweite mitzuführen. Diesen Motor, bei dem wie beim Automobil viel gedankliche und experimentelle Vorarbeit geleistet wurde, hatte Nikolaus August Otto 1876 als erster in Tätigkeit gesetzt und damit die Motorentechnik begründet.

Gottlieb Daimler hatte als Direktor der von Otto und Langen gegründeten Gasmotorenfabrik Deutz maßgeblichen Anteil an der technischen Gestaltung des Ottomotors. Daß er, nachdem er 1882 in Cannstatt mit Wilhelm Maybach als Chefkonstrukteur sein eigenes Unternehmen gegründet hatte, nur acht Monate später als Benz (am 4. 3. 1887) seinen Daimler-Motorwagen herausbrachte, zeugt von der evolutionären Kraft des Zusammentreffens dieser Erfinder-Ideen.

Es entspricht den geschichtlichen Gegebenheiten, daß dieses Automobil-Jubiläum in Deutschland gefeiert wird. Dies ist weder falscher Patriotismus, noch wird man die Pioniertaten der vielen anderen Ingenieure, Unternehmen und Länder schmälern, die unverzichtbare Beiträge zur Entwicklung des Automobils geleistet haben.

Die Autoren dieses Buches berichten über den geschichtlichen Ursprung und über das, was in den hundert Jahren aus dem Automobil geworden ist; insbesondere beschreiben sie die technische Entwicklung. Und sie zeigen auch, wie es mit dem Automobil weitergehen wird und welche Potentiale zur weiteren Vervollkommnung noch bestehen.

Dabei haben die technischen und wirtschaftlichen Aufgaben, die das Automobil betreffen, nationale Grenzen längst verlassen. Weltweiter wissenschaftlicher Erfahrungsaustausch und eine internationale Verflechtung der Automobilindustrie und ihrer Zulieferer zeigen die kosmopolitsche Bedeutung, die das Automobil erlangt hat.

Es gibt aber auch noch einen sehr aktuellen Grund, der das Erscheinen dieses Buches notwendig und willkommen macht: Die im politischen und gesellschaftlichen Bereich ablaufende kontroverse Auseinandersetzung um das Automobil verlangt — soll sie zu sinnvollen Ergebnissen führen — nach einer emotionsfreien, sachlichen Information. Der Verein Deutscher Ingenieure (VDI) fühlt sich dazu verpflichtet und hofft, mit diesem Buch einen entsprechenden Beitrag zu leisten.

Wir Automobil-Ingenieure sehen mit verständigem Respekt auf die ingeniösen Leistungen, die in der Geschichte des Automobils von unseren vielen tausend Fachkollegen erbracht worden sind. Aber wir erkennen auch die große Verantwortung, die für eine sinnvolle, den sozialen und ökologischen Rahmenbedingungen entsprechende Weiterentwicklung des Automobils von uns zu tragen ist.

Der Gedanke zu diesem Buch entstand bei den vorbereitenden Überlegungen der VDI-Gesellschaft Fahrzeugtechnik zur Feier des 100. Geburtstags des Automobils. Allen, die am Zustandekommen dieses Buches mitgewirkt haben, gilt unser herzlicher Dank.

Karlheinz Radermacher
Vorsitzender der VDI-Gesellschaft Fahrzeugtechnik

Vorwort des Herausgebers

Der Anspruch wäre vermessen, in einem Buch von noch handlichem Format und mit beschränkter Anzahl der Seiten die technische Evolution eines so komplexen Gebildes, wie es das Automobil ist — und dazu noch über eine Zeitspanne von 100 Jahren — in allen ihren Facetten darzustellen.
Kritische Leser werden Lücken entdecken oder die Erwähnung von Marken und Modellen vermissen, die ihnen lieb und teuer sind. Gleiches trifft auf die Illustrationen zu. Die Entscheidung, was aufzunehmen war, fiel oft schwer. Wenn ich hier und dort in der Bildwahl sportlichen Modellen den Vorzug gab, tat ich es wie manche Illustrierte, die meist zur Freude ihrer Leser attraktiven Mädchen auf den Titelseiten den Vorrang vor Durchschnittsbürgern unbestimmbaren Alters einräumt. Ich bitte deshalb um Nachsicht.
Obwohl dieses Buch aus Anlaß eines „deutschen" Jubiläums erscheint, stand von vornherein fest, daß es die hundertjährige Geschichte der Automobiltechnik international zu schildern hat. Zwei Abschnitte mußten wegen Platzmangels von diesem Grundsatz abweichen: Die Rolle des Automobils in der Wirtschaft und die Geschichte des Verbandes der Automobilindustrie blieben auf eine nationale Perspektive beschränkt.
An dieser Stelle steht es dem Herausgeber an, all denen Dank zu sagen, die beim Zustandekommen von „Ein Jahrhundert Automobiltechnik" selbstlos mitgeholfen haben. An erster Stelle sind dies die Abteilung Landverkehr des Deutschen Museums in München, das Musée National de l'Automobile in Mühlhausen und die Heritage Collection im Londoner Syon Park. Sie boten meinen Mitarbeitern die Möglichkeit zu vielen schönen Farbaufnahmen, die in diesem Buch wiedergegeben sind. Dank gebührt der Redaktion der Auto Zeitung für die Phantomzeichnungen ihres Künstlers *Bruno Betti* sowie den Presseabteilungen der Automobilhersteller für Informationen, Zeichnungen und Fotos aus gehüteten Archiven.
Danken möchten ich an dieser Stelle auch meinem Kollegen *Jan P. Norbye* für seine wertvolle Hilfe bei manchen historischen Recherchen und dem Künstler *Theo Page* für seine Zeichnungen.
Schließlich gilt der Dank auch den Autoren der Einzelbeiträge — vor allem für ihre Bereitschaft, den beträchtlichen Arbeits- und Zeitaufwand der Recherchen in hundert Jahre Vergangenheit auf sich zu nehmen:

1: Ing. (grad.) *Erik Eckermann*
2: Dr.-Ing. *Hans-Hermann Braess*
3: Prof. Dipl.-Ing. *Mihailo Borisavljević* (Jugoslawien), *Jerzy Borkowsky* und *Jaroslaw Goszczynski* (Polen), *Kai Lauri Bremer* (Sowjetunion), *Kuno Brunner* (Schweiz), *Edward Eves* (Großbritannien, Belgien und Holland), *Harald Linke* (Japan), *Bent Mackeprang* (Skandinavien und Finnland), *Hans Otto Neubauer* (Bundesrepublik Deutschland, Österreich, Tschechoslowakei), *Jan P. Norbye* (USA), *Gianni Rogliatti* (Italien), *Edouard Seidler* (Frankreich), *Enrique Zorzano* (Spanien)
4: Dipl-Ing. *Helmut Hütten*
5: Ing. (grad.) *Walter Uhl*
6: *Michael Graf Wolff Metternich*
7: Dipl.-Ing. *Hans Cronmüller*
8: Prof. Dr.-Ing. *Erwin Ziebart*
9: Prof. Dr.-Ing. *Jürgen Helling* und Dr.-Ing. *Ulrich Hackenberg*
10: *Jan P. Norbye*
11: *Heinz Thomass*
12: Ing. *Christian Bartsch*
13: Ing. *Walter Schweizer*
14: Dipl.-Ing. *Günter H. Seidel*
15: Dr. *Gerold Lingnau* und *Wolfgang Peters*
16: *Adriano Cimarosti*
17: Dipl.-Ing. *H. Dieter Jorissen*
18: Prof. Dr.-Ing. *Bert Breuer*
19: Dr. *Max Fehlmann*
20: *Wolfgang Weger*

Dietzenbach, im Sommer 1985 *Olaf von Fersen*

Inhalt

100 Jahre Evolution

Zur Erfindung des Automobils (1884 bis 1887)

Am 3. Juli 1886 unternahm Karl Benz mit seinem „Patent-Motorwagen" auf der Ringstraße in Mannheim eine Ausfahrt und gilt damit als Erfinder des Automobils. Denn erstmals legte ein Straßenfahrzeug, angetrieben von einem Viertaktmotor, eine Wegstrecke mit eigener Kraft zurück.

Der Benz-Wagen ist vorläufiger Endpunkt einer Entwicklungskette, zu der viele Personen mit zahlreichen Erfindungen beitrugen. Benz baute auf dem damals vorhandenen Wissen auf. Weil es ihm gelang, Erkenntnisse und Bauteile zu einem funktionsfähigen Straßenfahrzeug zu vereinen, spricht man von ihm als „Erfinder".

Vor Benz hatte es außer Dampf- und Elektrowagen zwar schon Fahrzeuge mit Verbrennungsmotoren gegeben, folglich auch frühere Ansprüche auf die Erst-Erfindung, jedoch keiner der Vorläufer konnte die in der Tabelle (S. 12) genannten Kriterien in allen Punkten erfüllen. Manche Behauptungen erwiesen sich sogar schlicht als Unwahrheit.

Vor der Anwendung des Viertaktprinzips durch Nicolaus August Otto 1876 bauten der Walliser Isaac de Rivaz (Patent 1807) und der Luxemburger Jean Joseph Etienne Lenoir im Jahr 1863 Fahrzeuge mit Verbrennungsmotoren. Als Kraftstoff diente mitgeführtes Gas.

Lange Zeit hielt ein Teil der Auto-Fachwelt Siegfried Marcus für den Erfinder des Automobils, weil die Jahresangabe 1877 auf der Hinweistafel des auf der Wiener Gewerbeausstellung 1898 gezeigten Benzin-Wagens zu dieser Annahme verleitete. Demnach wäre Marcus Benz um neun Jahre zuvorgekommen. Erst 1968 konnte der österreichische Autohistoriker Hans Seper nachweisen, daß der Marcus-Wagen aus dem Jahr 1888 stammte.

Lediglich aufgrund einer Patentanmeldung aus dem Jahr 1879 behauptete der Amerikaner George Baldwin Selden, er sei der wahre Erfinder des Automobils. Nach jahrelangen Rechtsstreitigkeiten mit einer Gruppe von Autoherstellern unter Führung von Henry Ford mußte Selden 1904 seinen im US-Patent Nr. 549 160 von 1895 beschriebenen Auto Buggy bauen, um zu beweisen, daß seine Konstruktion überhaupt fahrfähig war. 1911 erklärte der Supreme Court in New York das Patent für nichtig.

Ab 1884 häuften sich die Prioritätsansprüche. In diesem Jahr wollte Enrico Bernardi aus Italien ein dreirädriges Fahrzeug mit Viertakt-Benzinmotor gebaut haben. Verschwiegen wird meist, daß der 0,024-PS-Motor bestenfalls einen Kinderkarren bewegen konnte. Schließlich baute auch in Rußland „Mitte der achtziger Jahre der bekannte Luftschiffkonstrukteur O. S. Kostowitsch einen leichten Benzin-Transportmotor", was immer man darunter verstehen mag.

Ganz neu ist der Erfindungsanspruch der Franzosen. Es wird behauptet, ihre Landsleute Edouard Delamare-Deboutteville und Léon Paul Charles Malandin hätten zwei Jahre vor Benz einen Break mit gleich zwei Viertakt-Benzinmotoren konstruiert. Tatsächlich hatten sie sich ein solches Fahrzeug 1884 mit F-Patent Nr. 160 267 schützen lassen. Nicht nachweisen allerdings konnten die Franzosen bis heute eine Ausfahrt des Wagens mit eigener Kraft. Beim Probelauf in der Werkstatt soll vielmehr der Break durch die Erschütterungen des schweren Doppelmotors zusammengebrochen sein, worauf die beiden Franzosen weitere Versuche im Motorwagenbau aufgaben. Das Kriterium eines sich mit eigener Kraft fortbewegenden Fahrzeugs ist somit nicht erfüllt.

Der französische Break mag der erste vierrädrige Motorwagen der Welt gewesen sein, der erste brauchbare war er nicht. Einen solchen konstruierten erst Gottlieb Daimler und Wilhelm Maybach. Ausgehend von dem klobigen, etwa 1 500 kg wiegenden Viertakt-Stationärmotor von Otto war es Maybach gelungen, einen leichten Fahrzeugmotor zu konstruieren. 1885 probierte Maybach den „Standuhr" genannten Motor in einem Zweirad aus, dem ersten Motorrad der Welt mit Verbrennungsmotor, 1886/87 in der Daimler-Motorkutsche. Damit war Maybach der eigentliche Schöpfer des leichten, schnelldrehenden und für Fahrzeuge am besten geeigneten Motors.

1

Benz-Patent-Motorwagen 1886: Der liegende Motor und der zierliche Stahlrohrrahmen verhalfen dem Motorwagen zu einer kaum zu übertreffenden Eleganz. Weil Benz eine durch das Kreiselmoment verminderte Kippsicherheit seines Dreirads befürchtete, ordnete er das Schwungrad des Motors waagerecht an. 1906 stiftete Karl Benz das Fahrzeug dem Deutschen Museum in München (1 Zylinder, 984 cm^3, 0,88 PS bzw. 0,6 kW).

Definition des Autos und Erfinder des Automobils.

Das seit 9 bis 10 Jahrzehnten fast ausschließlich verwendete Auto wird wie folgt definiert:
Vierrädriges Straßenfahrzeug mit Viertakt-Benzin-Verbrennungsmotor in Hubkolbenbauart mit Fremdzündung, Antrieb über zwei Räder auf die Straße zur Beförderung von Personen und leichten Lasten.
Dreirad-Straßenfahrzeuge, Zweitakt-Hubkolbenmotor und Selbstzündung (Diesel) sind in der Tabelle berücksichtigt, soweit es diese Baumerkmale damals gegeben hat.
Nicht berücksichtigt sind Fahrzeuge mit Dampfmaschine und Elektromotor.

Fahrzeug-Herkunft	Jahr	a	b	c	d	e	f	g	h	i	k	l	Summe +
Rivaz	1807	?	—	—	—	+	—	+	+	—	—	—	3
Lenoir	1863	+	—	—	+	+	—	+	+	—	—	—	5
Delamare-Deboutteville	1884	+	—	+	—	+	+	—	+	—	—	—	5
Bernardi	1884	—	—	+	—	?	+	?	+	—	—	—	3
Benz	1886	—	+	+	—	+	+	+	+	+	+	+	9
Daimler/Maybach	1887	+	—	+	—	+	+	+	+	+	+	+	9
Marcus	1888	+	—	+	—	+	+	?	+	—	—	—	5
Selden	1904	+	—	—	+	+	+	?	*)	—	—	—	

Kriterien

a lenkbares Zweispur-Vierrad-Straßenfahrzeug } mit Radantrieb
b lenkbares Dreispur-Dreirad-Straßenfahrzeug } mit Radantrieb
c Viertaktmotor
d Zweitaktmotor
e Fremdzündung
f flüssige Kohlenwasserstoffe als Kraftstoff
g Ausfahrt mit eigener Kraft
h Erfinder und Hersteller
i Verkäufer und Lizenzgeber
k Anstöße zur Motorisierung
l kontinuierliche, ununterbrochene Weiterentwicklung

Bedeutung der Symbole

\+ ja; — nein; ? nicht gesichert

*) Fahrzeug von Selden (?), Motor von Brayton

Ottos Viertakt-Gasmotor von 1876, der die Motorentechnik der Welt begründete und eine Motorisierung erst ermöglichte, ging wenig später in einer von Wilhelm Maybach überarbeiteten Form in Serie. Das Bild zeigt den ältesten noch erhaltenen Motor von 1877, ausgestellt im KHD-Museum (1 Zylinder, 6 107 cm³, 3 PS bzw. 2,2 kW).

Der amerikanische Rechtsanwalt Selden meldete 1879 einen Auto Buggy zum Patent an, das ihm wegen geschickt nachgereichter Änderungsanträge und Kunstpausen erst 1895 erteilt wurde. Mit dieser Taktik reklamierte er nicht nur die Erfindung des Automobils für sich, sondern erpreßte etwa 30 Autofabrikanten und Importeure mit Lizenzgebühren. Der erst 1904 auf Gerichtsbeschluß gebaute Buggy mit Frontantrieb steht heute im Henry-Ford-Museum in Dearborn. Die Jahreszahl 1877 ist völlig falsch.

Den Deutschen zuvorgekommen? — Anhand eines Patents von 1884 ließen die Chambre Syndicale des Constructeurs d'Automobiles und der Automobile Club de France 1983/84 den Break von Delamare-Deboutteville nachbauen und erklärten ihren Landsmann kurzerhand zum „Vater des modernen Automobils". Der Nachbau war auf der Ausstellung 100 Ans d'Automobile Française in Paris 1984 zu sehen (2 × 1 Zylinder, 8 128 cm³, 8 PS bzw. 5,9 kW).

Beurteilt man eine Erfindung nach ihrem technischen Stand und ihrem zeitlichen Erscheinen, so kann sie innerhalb der Entwicklungsgeschichte zu früh, genau richtig oder zu spät kommen. Der Break der Franzosen kam genau zum richtigen Zeitpunkt. Die Erfindung hätte mit dem vorhandenen technischen Wissen und dem sozialen Umfeld in Frankreich der Beginn einer kontinuierlichen Entwicklung des Automobils werden können — sie wurde es nicht.

Dies blieb den Erfindungen der drei Deutschen vorbehalten. Sie traten als Erfinder, Hersteller, Verkäufer und Lizenzgeber auf. Die Lizenzen vergaben sie gleich zu Beginn an Franzosen (Louise und Edouard Sarazin, Emile Levassor, René Panhard, Armand Peugeot), die sich einfacher — und früher — bei ihren Landsleuten Delamare-Deboutteville und Malandin hätten bedienen können. Peugeot nahm 1890, Panhard und Levassor 1891 die Herstellung von Motorwagen mit Daimler-Motoren auf.

Friedrich Sass schreibt in seinem Werk über die Geschichte der deutschen Verbrennungsmotoren, daß die Nationen einander viel zu verdanken haben, „nicht nur auf dem Gebiet des Verbrennungsmotorenbaues; das zu bedenken ist förderlicher als ein unfruchtbarer Prioritätsstreit". Weil Appelle an die Vernunft erfahrungsgemäß in den Wind gesprochen sind, schlägt Felix Wankel eine Einteilung der Erfindungen vor, wie man sie bei chemischen Elementen, Tieren und Pflanzen schon längst kennt. Die in zeitlicher Reihenfolge geordneten acht Gruppen können den unerfreulichen Streit um Ersterfindungen vermeiden, weil die Einschätzung der technikgeschichtlichen Bedeutung jeder Gruppe jedem freigestellt bleibt. Im Zweifelsfall kann ein Ideenträger in der nächst niedrigeren oder höheren Gruppe eingeordnet werden, nicht aber ein paar Gruppen überspringen, wie es aus ideologischen Gründen, aus Patriotismus oder aus Unkenntnis immer wieder vorkommt.

Die Suche nach Form und Konzept (1888 bis 1900)

Die Motorwagen von Benz und Daimler/Maybach waren funktionstüchtig und begründeten die Auto-

Die ersten Viertakt-Benzinmotoren für Straßenfahrzeuge.

Jahr	Erbauer/ Hersteller	Anwendung	Zylinder	Bohrung × Hub mm	Hubraum cm³	PS/min	PS/l	Patent	vom	Bemerkungen
	Otto/Gasmotorenfabrik Deutz	stationärer Gasmotor	1	161 × 300	6107	3/180	0,49	D 532	4.8.1877 — 30.1.1886	erster Lauf Februar/ März 1876
1884	Delamare-Deboutteville	Break (Vierrad)	2	150 × 230	8128	8/250¹)	0,98	F 160267	12.2.1884	keine Ausfahrt nachgewiesen
1884	Maybach	„Standuhr", stationär	1	70 × 120	462	1/600	2,16	D 34926	3.4.1885	Vorläufer des 1885 folgenden Motors
1885	Maybach/ Daimler	„Standuhr" Motorrad (Zweirad)	1	52 × 100	212	0,5/600	2,36	D 36423	29.8.1885	erste Fahrt 10.11.1885
1886	Benz	Motorwagen (Dreirad)	1	91,4 × 150	984	0,88/400	0,89	D 37435	29.1.1886	Baubeginn 1885, Fertigstellung und erste Ausfahrt 3.7.1886
1887	Daimler/ Maybach	Motorkutsche (Vierrad)	1	100 × 180 (heute: 70 × 120	1413 462	1,5/ 1/600	1,06 2,16)			Baubeginn 1886, Fertigstellung und erste Ausfahrt März 1887
1888	Marcus	zweiter Marcus-Wagen²) (Vierrad)	1			ca. 0,75/				magnet-elektrische Zündung
1889	Maybach/ Daimler	Stahlradwagen (Vierrad)	V2	60 × 100	565	1,5/600				³)

¹) Leistungsangabe nicht gesichert.
²) Der erste Marcus-Wagen von 1870 war ein nicht lenkbarer Handkarren mit atmosphärischem Benzin-Zweitaktmotor.
³) Vorbild für Peugeot-Stahlradwagen 1890 mit Daimler-V-2-Motor, erster Motorwagen mit Benzinmotor in Frankreich außer Delamare-Deboutteville.

industrie. Benz baute den Motor, der in seiner Ausführungsform auf Konstruktionen des Franzosen Alexis de Bisschop zurückgeht, in ein Dreirad ein. Er betrachtete seinen Motorwagen als eine Einheit von Motor und Wagen. Daimler dagegen strebte eine allgemeine Motorisierung an. Ein Straßenfahrzeug war nicht sein alleiniges Ziel. Das erklärt den unschönen Einbau des Motors in die Daimler-Motorkutsche von 1887.
Auch der erste vierrädrige Wagen von Benz, der Viktoria von 1893, war formal von einem pferdegezogenen Wagen kaum zu unterscheiden; selbst die Bezeichnung stammt vom Wagenbau.
Maybach betrachtete die Pferdekutsche mit eingebautem Motor als „primitiv" und war wie anfänglich Benz davon überzeugt, daß Wagenform und mechanischer Antrieb ein einheitliches Ganzes bilden müßten. Gegen die Bedenken von Daimler konstruierte er das „Quadricycle", heute als Stahlradwagen bekannt: Motor, Getriebe und Fahrzeug bildeten eine gut durchdachte Einheit; Rahmen, Räder und Gabellenkung waren nach dem Vorbild des Fahrrades konstruiert. Weil Daimler und Maybach wenig Erfahrung auf diesem Gebiet hatten, ließen sie Rahmen und Räder von der Neckarsulmer Strickmaschinenfabrik — ab 1892 unter dem Namen NSU — anfertigen.
Mit dem Stahlradwagen führte Maybach den mehrzylindrigen Verbrennungsmotor, in diesem Fall einen V 2, und das Zahnradwechselgetriebe in den Autobau ein. Es bestand aus geradverzahnten Zahnräderpaaren und hatte vier Gänge, die über zwei Verstellhebel eingelegt werden konnten. Einen Getriebekasten hatte Maybach noch nicht vorgesehen.
Daimler und Maybach stellten den Stahlradwagen auf der Weltausstellung in Paris 1889 aus, wo das Fahrzeug das Interesse von Emile Levassor und Ingenieuren von Peugeot fand. Maybach notierte sich, daß der Wagen „Herrn Levassor in Paris . . . (gefiel), und er behielt das von uns im Jahre 1889 erstmals in Paris vorgeführte Vierrad dort als Muster. Von diesem Wagen übernahm er den Stirnradantrieb, mit den während des Ganges verschiebbaren Wechselrädern und setzte schließlich den Motor nach vorne."
Die Firma Panhard und Levassor erwarb die Lizenzen für die Daimler-Motoren und vergab mit Einverständnis des Lizenzgebers das Recht an Peugeot, Daimler-Motoren in Motorwagen zu verwenden. Peugeot baute 1890 ein „Quadricycle", mit Ausnahme des Delamare-Deboutteville Frankreichs erstes Auto mit Verbrennungsmotor, und eine getreue Ko-

Maybach auf dem hölzernen Daimler-Maybach-Motorrad von 1885, das beim Brand der Daimler-Werke in Cannstatt 1903 verbrannte. Ein Nachbau befindet sich im Deutschen Museum (1 Zylinder, 212 cm³, 0,5 PS bzw. 0,37 kW).

Formen der Idee (nach Felix Wankel, 14. 12. 1965).

	Formen	Beispiele
1.	Wunschtraumform	Ikarus-Sage
2.	Tastgedankenform	Salomon de Caus, Leonardo da Vinci bezüglich Dampfkraft
3.	Spielzeug- oder Physikgeräteform	Murdock-Dampfwägelchen, Verbiest-Dampfturbinenwägelchen und -schiffchen
4.	Bauversuchsform	Savery, Lenoir-Gasautomobil, Marcus-Auto, Matteucci, Maxim, Ader 1883 Delamare-Deboutteville Gas-Tricycle 1884 Delamare-Deboutteville Benzin-Break 1884 Bernardi
5.	Vorentscheidungsform	Newcomen-Dampfmaschine, Trevithik-Lokomotive, Lenoir-Motor, Otto-Flugkolbenmotor, Brayton, Lilienthal
6.	Entscheidungsform	Watt, Stephenson, Otto-Viertakt, Daimler-Maybach-Schnelläufer, Diesel, Wright, Zeppelin 1886 Benz-Motorwagen 1887 Daimler/Maybach-Motorkutsche
7.	Weiterführungsform	Nibels Blitzen-Benz, Ledwinka-Tatra
8.	Ausgestaltungsform	Ford, Porsche, Borgward usw.

(Ergänzungen mit Jahresangaben vom Verfasser)

Daimler-Motorkutsche 1887. — Der unorganisch aus den Bodenbrettern ragende Motor macht deutlich, daß Daimler seine Motorkutsche lediglich als Versuchsträger betrachtete. Das „Americaine" (Phaeton) mit Drehschemellenkung und nur leicht geändertem Fahrwerk befindet sich im Daimler-Benz-Museum (1 Zylinder, 462 cm³, 1 PS bzw. 0,7 kW).

Maybach-Stahlradwagen 1889. — Ihren zweiten Motorwagen stellten Daimler und Maybach auf der Weltausstellung in Paris 1889 aus, wo er Testfahrten bis zu 40 km am Tag hinter sich bringen mußte — damals eine beachtliche Leistung (V2-Zylinder, 565 cm³, 1,5 PS bzw. 1,1 kW).

pie des Maybach-Stahlradwagens. Angespornt von Peugeot nahmen Panhard und Levassor 1891 selbst den Bau von Motorwagen auf. Der Beginn der französischen Autoindustrie geht somit auf Maybachs Stahlradwagen zurück.

Nach einigen Versuchen mit Mittel- und Heckmotoren brachten Panhard und Levassor noch 1891 einen Motorwagen heraus, dessen Triebwerkanordnung beispielhaft für die nächsten Jahrzehnte werden sollte: Motor vorn, Getriebe dahinter, Hinterradantrieb — ein Konzept, wie es Amédée Bollée Vater mit dem Dampfwagen Mancelle schon 1878 vorweggenommen hatte. Mit den Personen auf oder kurz vor der Hinterachse und dem Motor über der Vorderachse war eine ausgeglichene Gewichtsverteilung erreicht. Hindernisse konnten gefahrloser umfahren werden, die Vorderräder hoben auch bei unvorsichtigem Start nicht vom Boden ab, wie es bei den leichten Benz-Wagen hin und wieder vorkam. Auch bauten die beiden Franzosen den Motor längs ein im Gegensatz zur deutschen Auffassung, bei der die Kurbelwellen quer oder um 90° versetzt (Benz früh) zur Fahrzeuglängsachse angeordnet waren. Mehrzylindermotoren ließen sich somit leichter unterbringen.

Auf diese Weise hatten die Franzosen einen technischen Vorsprung erzielt, den sie in den nächsten Jahren ausbauten. Gründe dafür waren außer der französischen Ingenieurkunst die konservative bis ablehnende Haltung der deutschen Bevölkerung

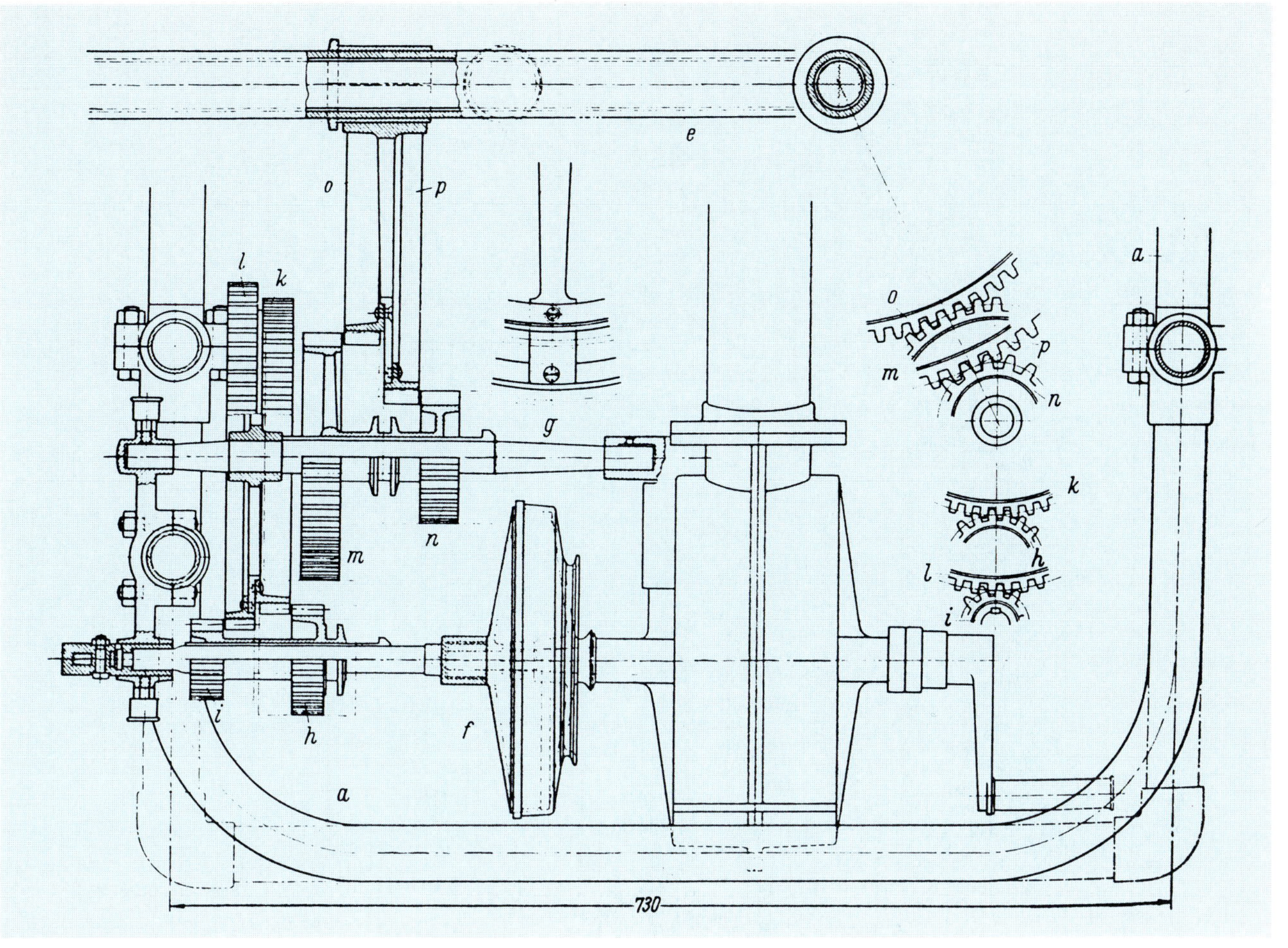

Weil Maybach den von Gottlieb Daimler lange Zeit vorgezogenen Riemenantrieb als „unmechanisch" empfand, konstruierte er für den Stahlradwagen ein (Viergang-) Zahnradwechselgetriebe. Es bestand aus acht verschiebbaren Stirnrädern, von denen vier von der verlängerten Kurbelwelle auf die Zwischenwelle g und vier von der Zwischenwelle auf die Hinterachse e arbeiteten (noch kein direkter Gang). Im vierten Gang konnten 16 km/h erreicht werden. Gezeigt ist die Leerlaufstellung.

und ihrer Obrigkeit sowie die Fehleinschätzung einzelner, weiterhin der mehrjährige Verzicht der Daimler-Motoren-Gesellschaft auf die Mitarbeit Maybachs und das Festhalten an überholten Konstruktionsmerkmalen (Glührohrzündung, Riemenantrieb).

In Frankreich dagegen stand man dem neuen technischen Gegenstand viel aufgeschlossener gegenüber. Peugeot unternahm 1891 eine Langstrecken-Querfeldeinfahrt, die um ein Vielfaches länger war als die 100-km-Fernfahrt von Berta Benz drei Jahre zuvor. 1894 fand ein erster Wettbewerb (Paris—Rouen) statt, bei dem außer der Geschwindigkeit auch Sparsamkeit, Bequemlichkeit und Sicherheit gewertet wurden. 1895 folgte ein reines Geschwindigkeitsrennen auf öffentlichen Straßen, das ganz Frankreich in seinen Bann schlug. Die siegreichen Wagen von Panhard und Levassor sowie von Peugeot waren zwar noch mit Daimler-Motoren ausgerüstet, und auch ein Benz des französischen Vertreters Emile Roger konnte sich qualifizieren. Doch betrübt stellte Maybach fest, daß „man den Antrieb

Panhard & Levassor 1891: Einen wesentlichen Beitrag zur Fahrzeugentwicklung leisteten P & L mit vorn stehendem Motor, dahinter liegendem Getriebe und Antrieb der Hinterachse. Einstell- und Reparaturarbeiten am Motor ließen sich nach Öffnen der türschrankartigen Klappen im Motorkasten leichter bewerkstelligen als bei Anordnung des Motors im Heck oder unter den Sitzen (V2-Zylinder-Daimler, 565 cm³, 2 PS bzw. 1,5 kW).

Einführung der Luftbereifung: Nachdem die Brüder André und Edouard Michelin im Rennen von 1895 Luftreifen für Automobile an einem Peugeot ausprobiert hatten, rüstete Léon Bollée seine Voiturette von 1896 von vornherein mit Michelin-Pneus aus. Das Dreirad war damit der erste kommerziell hergestellte Motorwagen mit Luftbereifung, die bereits zwei Jahre später zur Standard-Ausrüstung französischer Wagen gehörte (1 Zylinder, 650 cm³, 2 PS bzw. 1,5 kW).

von Panhard und Levassor als den besten (rühmt) und was ist dies anders als unser erster Antrieb am Vierrad (Stahlrad)".

Das Rennen von 1895 war das erste einer ganzen Reihe von Straßenrennen, deren Breitenwirkung beträchtlich war. Gab es 1891 auf der ganzen Welt mit Benz, Daimler, Peugeot und Panhard/Levassor lediglich vier Hersteller von Motorwagen, so schwoll deren Zahl bis 1899 auf rund 75 allein in Frankreich an. Aus den Rennen gingen meist Wagen von Panhard/Levassor und Mors als Sieger hervor. Die Fahrzeuge von Emile Mors galten als technisch führend. Bis zur Jahrhundertwende entwickelte er eigene Zündanlagen, V- und Boxermotoren, Trockensumpfschmierung und Stoßdämpfer (1902).

Mit De Dion-Bouton trat Mitte der neunziger Jahre ein weiterer französischer Fabrikant auf, der technisch eigene Wege beschritt und dessen Unternehmen sogar zum Wirtschaftsfaktor heranwuchs. Angeregt vom Maybach-Stahlradwagen beauftragte der Dampfwagenhersteller Comte Albert de Dion seinen Techniker Georges Bouton, Benzinmotoren für Leichtfahrzeuge zu konstruieren. Dank der Überlegenheit französischen Stahls konnte Bouton leichte Einzylindermotoren entwickeln, die trotz hoher Drehzahlen (1 500 min^{-1} und mehr) zuverlässig und langlebig waren. Außer Tri- und Quadricycles und Petit Voitures lieferte De Dion-Bouton auch Einbaumotoren an Fahrzeugbauer in vielen Ländern und trug somit wesentlich zur Motorisierung Europas bei.

Motor und Antrieb standen im Mittelpunkt aller Bemühungen. Kaum ein Zeitabschnitt hat so viele Erfindungen und Neuentwicklungen auf diesem Gebiet hervorgebracht wie die Jahre zwischen 1885 und der Jahrhundertwende.

Den Fortschritten auf der Motoren- und Antriebsseite stand eine bemerkenswert konservative Denkweise bei Fahrwerksauslegung und Aufbaugestaltung gegenüber, mit der die Autofabrikanten die „Tradition" der Wagenbauer fortsetzten. Denn ein großer Teil der für pferdegezogene Wagen gemachten Erfindungen fand keinen Eingang in den Kutschwagenbau und eine zum Teil um Jahrzehnte verzögerte Aufnahme im Autobau. Zu nennen sind Vierrad-Bremse, hydraulische Bremse, Knicklenkung, Luftbereifung, Zentralrohrrahmen (Langbaum) und Drehstabfederung. Dagegen wurden Achsschenkellenkung, Vollgummibereifung, Blatt- und Spiralfedern, Außenbandbremse und Fuß- und

Mors 1899. — Der Elektro-Ingenieur Emile Mors baute ab 1895 Motorwagen mit fortschrittlichen Einzelheiten. Der Petit Duc (1898 bis 1901) hat außer einer geschickt konstruierten Zündanlage einen Boxermotor mit luftgekühlten Zylinderlaufbahnen und wassergekühlten Zylinderköpfen ähnlich den Porsche-Rennmotoren etwa 80 Jahre später (2-Zylinder-Boxer, 850 cm³, 4 PS bzw. 2,9 kW).

Handbremsbetätigung durch Pedal und Hebel sofort oder nach kurzer Zeit übernommen.
Der preisgünstige Einkauf von Holzspeichenrädern, Federn, Beschlägen, Laternen, Vollgummireifen und anderen Teilen, die spezialisierte Firmen nach industriellen Gesichtspunkten herstellten, ist zumindest für die Anfangsjahre des Automobilismus verständlich, die gedankenlose Übernahme von spezifischen Kutschwagen-Baumerkmalen dagegen nicht. Dazu gehörten kleinere Räder vorn, bei pferdegezogenen Wagen mit Drehschemellenkung wegen des erwünschten kleinen Wendekreises erforderlich, nicht aber bei Autos mit Achsschenkellenkung. Kurze Radstände und große Räder, bei Kutschwagen wegen Wendigkeit und Abrollkomfort von Vorteil, führten bei den Motorwagen zu abenteuerlichen Fahreigenschaften mit Unfällen. Die hohe Sitzposition des Kutschers, wegen der Sicht nach vorn über

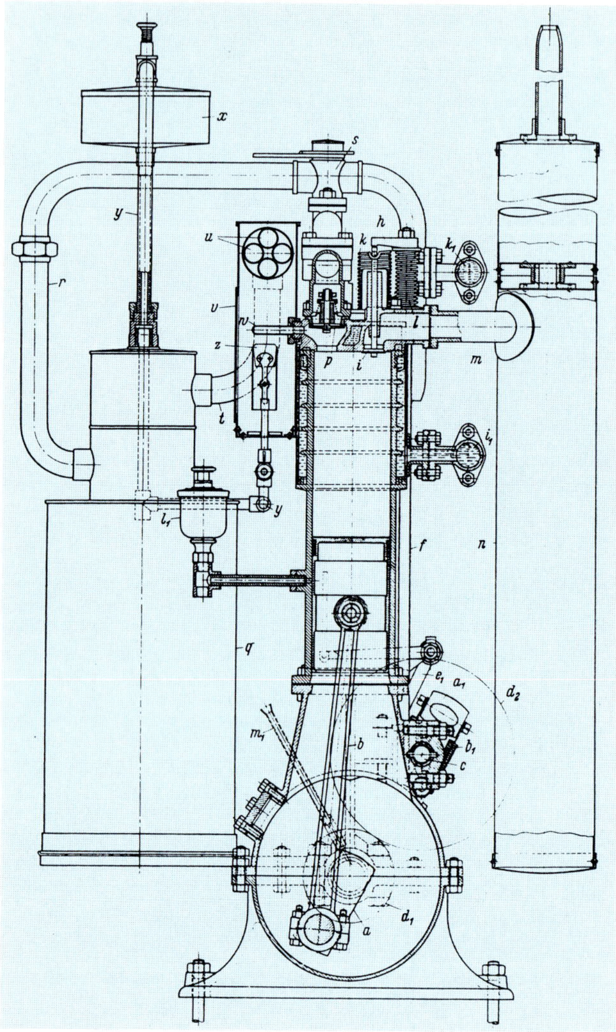

Vier Zylinder: Der französische Ingenieur Fernand Forest wird der erste gewesen sein, der einen Vierzylinder-Benzinmotor konstruierte. Der erste brauchbare war der von Maybach 1890, mit dem er die Grundform des heutigen Mehrzylindermotors vorgab: vier Zylinder in Reihe, Kurbelwelle mit Kurbeln in einer Ebene, Wasserkühlung und Ventilsteuerung durch Nockenwelle. Der unförmige Schwimmervergaser q wich später dem viel kleineren Spritzvergaser, die Glührohrzündung v, w der Hochspannungszündung und das automatische Einlaßventil p einem gesteuerten. Bemerkenswert sind die hängenden Auslaßventile.

Die bedeutsamsten Entwicklungen für Motorwagen (1885 bis 1900).

Jahr	Objekt	Erfinder bzw. Anwender
1878	Kardanwelle	Amédée Bollée Vater (F)
1883	magnet-elektrische Zündung	Siegfried Marcus (A)
1885	Schwimmer-Vergaser	Wilhelm Maybach (D)
	Summerzündung Prinzip Lenoir	Karl Benz (D)
1889	V-2-Motor	Maybach
	Zahnrad-Wechselgetriebe	Maybach
1890	4-Zylinder-Reihenmotor	Maybach
1891	klassische Antriebsanordnung	Panhard u. Levassor (F)
1892	2-Zylinder-Reihenmotor	Maybach
	Spritzdüsenvergaser	Donát Bánki u. János Csonka (H)
1893	Spritzdüsenvergaser (Anwendung)	Maybach
	Achsschenkellenkung (Wiedererfindung)	Benz
	Gemischregelung (Drosselklappe)	
	De Dion-Hinterachse	De Dion-Bouton (F)
1895	V4-Motor	Emile Mors (F)
	Trockensumpfschmierung	Mors
	Niederspannungs-Magnetzündung	Mors
	schnelldrehender Motor	De Dion-Bouton
	Luftbereifung	Edouard u. André Michelin (F)
1896	3-Zylinder-Reihenmotor (Versuch)	Fernand Forest (F)
	2-Zylinder-Boxermotor	Charles Edouard Henriod (CH)
		Benz, Willy Seck (D)
		Frederick Lanchester (GB)
1897	Röhrenkühler	Maybach
	Frontantrieb	Gräf u. Stift (A)
	Abreißzündung	Bosch (D)
1898	direkter Gang	Louis Renault (F)
1900	Bienenwabenkühler	Maybach

Daimler-Motoren im Vergleich.

		Daimler 1899	Mercedes 1900	Verbesserung in %
Leistung bzw. Drehzahl	PS bzw. min^{-1}	23; 900	35; 1 000	52
Hubraum	cm^3	5 295	5 918	
Gewicht	kg	322	238	76
spezifische Leistung	PS/l	4,2	5,9	40
Leistungsgewicht	kg/PS	14	6,8	49
Mitteldruck	kg/cm^2	4,2	5,64	34

De Dion-Bouton-Motordreirad 1899. — 1895 baute De Dion-Bouton sein erstes Tricycle. Den luftgekühlten Einzylindermotoren mit elektrischer Zündung (Zündspule, Batterie, Unterbrecher) folgten ab 1899 wassergekühlte Motoren. Tricycle mit Wasserkühlung (1 Zylinder, 402 cm³, 3,5 PS bzw. 2,6 kW).

die Pferde und nach hinten über den Wagenkasten notwendig, fanden die Wagenbauer offensichtlich ebenso schick wie den offenen Kutschbock, obwohl kein Autolenker Pferde anrufen oder Leinen halten mußte.

Große Hinterräder und kurzer Radstand beeinflußten den Aufbau. Sollten mehr als zwei Personen befördert werden, mußte eine zusätzliche Sitzbank entweder über der Vorderachse (vis-à-vis) oder hinter der Fahrersitzbank (dos-à-dos) angebracht werden. Weil das Fahren mit Blickrichtung nach hinten bei vielen Erwachsenen Übelkeit hervorruft, ordnete man die Sitzbänke auch längs zur Wagenachse an. In beiden Fällen mußten die Mitfahrenden von hinten ein- oder vielmehr aufsteigen (Tonneau).

Im November 1899 forderte Emil Jellinek, Daimler-Vertreter in Südfrankreich, einen um nur 1 PS stärkeren Rennwagenmotor gegenüber dem bisherigen 23-PS-Daimler-Motor, um die französischen Rennautos besiegen zu können. Rennerfolge hielt er für die beste Verkaufsförderung. Maybach hätte den 23-PS-Motor aufbohren können, um auf die gewünschte Leistung zu kommen. Stattdessen entschloß er sich, einen stärkeren Motor zu entwickeln.

Der neukonstruierte Vierzylindermotor fiel dank eines dünnwandigen Aluminium-Gehäuses um 75% leichter aus als der Vierzylinder von 1899. Weitere Verbesserungen waren gesteuerte statt auf den Ansaughub des Kolbens öffnende Einlaßventile, je eine Nockenwelle für Ein- und Auslaßventile, Druckölschmierung und vor allem der Bienenwabenkühler. Durch Verwendung quadratischer statt runder Röhrchen konnte Maybach die Kühlfläche vergrößern und die mitzuführende Wassermenge von 18 Liter (1898) auf 9 Liter verringern. Mit dem neuen Kühler war es möglich, stärkere Motoren einzubauen. Die Kraftübertragung besorgte ein Zahnradgetriebe mit vier Vorwärtsgängen.

Der neue Motor hatte 35 PS — eine bis zu dieser Zeit im Autobau noch nicht dagewesene Leistung. Doch nicht nur der Motor war überragend, sondern auch das ebenfalls neu konstruierte Fahrgestell, das Maybach von 66 cm auf 55 cm Höhe herabgesetzt hatte. Zusammen mit dem um 25 cm verlängerten Radstand von jetzt 2,32 m hatte der Wagen eine gestreckte Form mit niedrigem Schwerpunkt und folglich besserer Straßenlage erhalten. Dabei machte sich Maybach die von Panhard und Levassor ange-

Die erste Limousine der Welt? — Obwohl Coupés, Berlines und andere geschlossene Fahrzeuge aus dem Kutschwagenbau bekannt waren, blieben Motorwagen bis in die zwanziger Jahre vorwiegend offen. Das möglicherweise erste Auto mit geschlossenem Aufbau war dieses Benz-Viktoria-„Innensteuer-Coupé" von 1895, gefolgt von einem geschlossenen Renault vier Jahre später (1 Zylinder, 2 916 cm³, 5 PS bzw. 3,7 kW).

Seck-Reibradwagen 1897. — Willy Seck konstruierte um 1896 diesen Motorwagen mit 2-Zylinder-Boxermotor und Reibradantrieb, den ein Jahr später die Motorenfabrik Oberursel herstellte. Der kurze Radstand von nur 114 cm zwang zur Dos-à-dos-Sitzanordnung mit Aufstieg von hinten. Für die unterschiedlich großen Räder und die hohe Lage des Fahrgestells lagen wegen der Achsschenkellenkung keine zwingenden technischen Gründe vor. Der Wagen ist ausgestellt im Auto- und Motorrad-Museum Bad Oeynhausen (2-Zylinder-Boxer, etwa 6 PS bzw. 4,4 kW).

Kühlung. — Die ersten Motorwagen hatten Verdampfungskühlung. Beim Benz Velo 1894 (oben) bestand sie aus Dampfsammler (über dem Schwungrad, z. T. verdeckt), Kondensator (nicht abgebildet) und zwei vom Fahrtwind bestrichenen Kühlkästen im Motorraum. Etwas größere Zylinderleistungen erlaubten die mit Rippen versehenen Rohrschlangenkühler (Mitte, Gräf & Stift 1897, mit Frontantrieb). Einen großen Fortschritt erzielte Maybach 1900 mit seinem Bienenwabenkühler (unten). Seitdem war der Kühler Haupterkennungszeichen eines Autos.

gebene Bauart zu eigen: Motor vorn mit dahinterliegendem Getriebe und Antrieb der Hinterräder. Der nach einer der Töchter Jellineks Mercédès genannte Wagen siegte auf der Rennwoche von Nizza im März 1901 gegen die scheinbar unschlagbare französische Konkurrenz. Es war eine große Überraschung, weil niemand mit einem Sieg eines ausländischen Fabrikats gerechnet hatte.
Mit dem Mercedes löste sich das Auto endgültig vom Kutschwagen- und Fahrradbau. Die Möglichkeiten der von Panhard/Levassor angegebenen Triebwerksanordnung hatte Maybach mit einem niedrigeren, längeren Fahrgestell, mit einer deutlich abgehobenen Motorhaube, einem davor angeordneten Kühler und mit einem kräftigen Motor voll ausgeschöpft und mit dem Mercedes einen Wagen konstruiert, der wie kein anderer vorher oder nachher den Automobilbau beeinflußte. Erst mit der zunehmenden Anwendung des Frontantriebs seit etwa 1965 verlor die Standardbauweise an Bedeutung.

Der Mercedes als Maßstab (1901 bis 1904)

Bis zur Jahrhundertwende war die Benz & Cie. dank blühenden Exports der größte Autohersteller Europas. Zwischen 1895 und 1901 lieferte die Firma 2 566 Wagen aus gegenüber 1 653 Peugeot, 322 Daimler, 105 FIAT und 65 Opel im gleichen Zeitraum. Nach dem Erscheinen des Mercedes 1901 jedoch gingen die Verkaufszahlen von Benz zurück. Es zeigte sich, daß weder die Motoren noch die technische Auslegung der Benz-Wagen entwicklungsfähig waren. Für die Autobauer in allen Ländern war der Mercedes zum Vorbild geworden.

Peugeot im neuen Gewand. — In der Frühzeit des Automobils herrschte ein fruchtbares Geben und Nehmen zwischen französischen und deutschen Autoherstellern. Der Peugeot von 1904 war nach dem Vorbild des Mercedes 1900/01 gebaut, diesem aber dank Kardanwelle technisch schon wieder ein Stückchen voraus. Die Daimler-Motoren-Gesellschaft behielt bis 1908 allgemein den Kettenantrieb bei, danach noch bei den Wagen mit Motoren mit mehr als 50 PS (2 Zylinder, 1 078 cm³, 7 PS bzw. 5 kW).

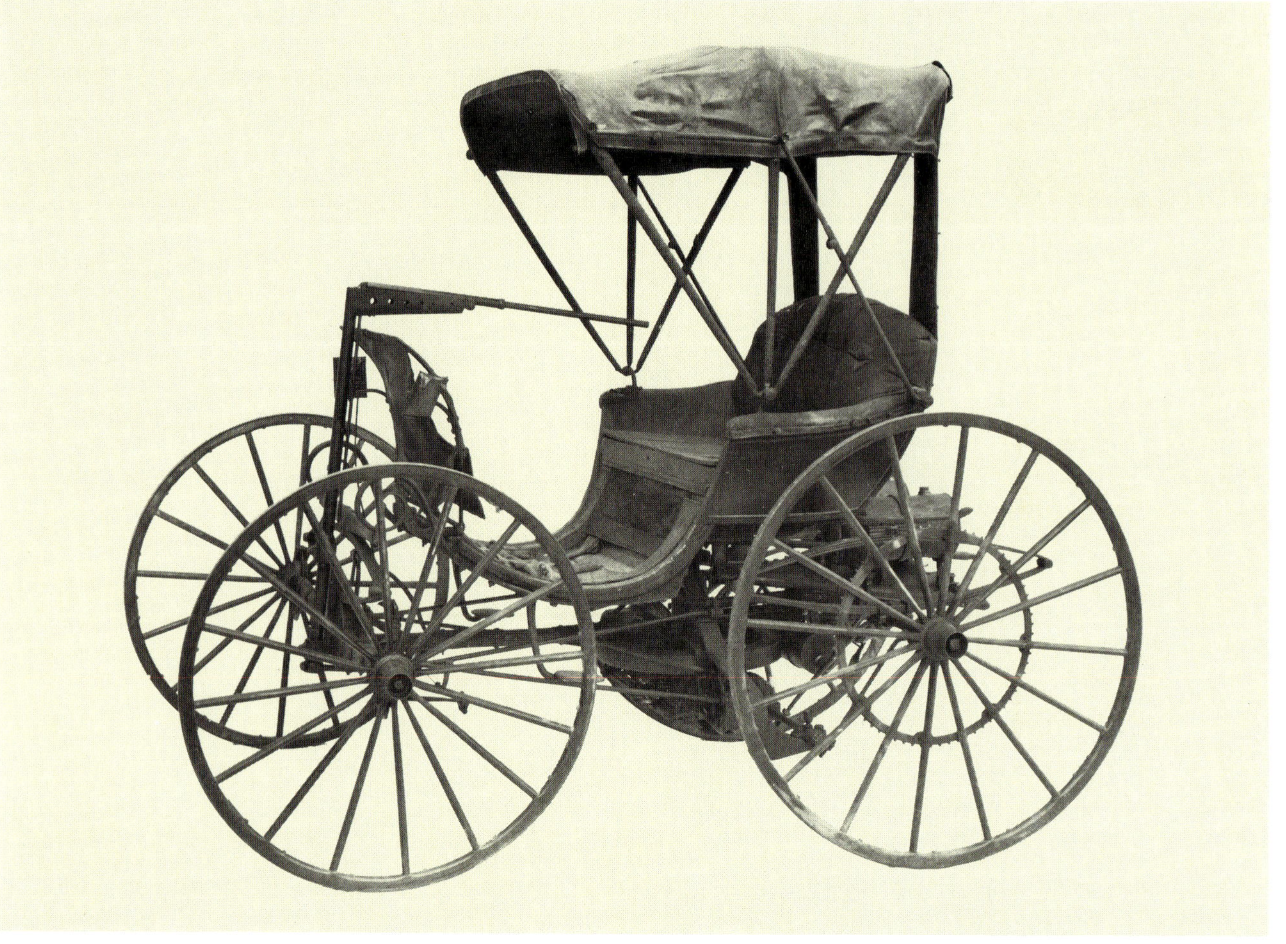

Duryea 1893: Die Brüder Charles E. und J. Frank Duryea gehörten zu den amerikanischen Pionieren und begründeten die US-Autoindustrie. Ihr erstes Fahrzeug war ein motorisierter Buggy mit Reibradantrieb. Der technische Rückstand gegenüber europäischen Konstruktionen ist unübersehbar (1 Zylinder, 4 PS bzw. 2,9 kW).

Oldsmobile Curved Dash, 1900 bis 1904: Die primitive Technik amerikanischer Motorwagen um 1900 stand einem Verkaufserfolg und — im Fall Curved Dash — Lizenzvergaben nach Europa nicht im Weg. Vom Oldsmobile, dessen gebogene Spritzwand (curved dash) dem Wagen den Namen gab, konnten 11 275 Stück verkauft werden. Er löste damit das Benz-Velo (1894 bis 1902) ab, das mit 1 200 Stück bis dahin meistproduzierte Auto. Der abgebildete Wagen steht im Henry-Ford-Museum (1 Zylinder, 2 340 cm³, 7 PS bzw. 5 kW).

In England bremste ein ursprünglich für Straßendampfwagen 1865 erlassenes Gesetz mit Gewichts- und Geschwindigkeitsbegrenzungen die Entwicklung des Motorfahrzeugs. Als die Regierung den Red Flag Act 1896 aufhob, war England im Straßenfahrzeugbau zurückgefallen und mußte Wagen aus Frankreich und Deutschland einführen oder Lizenzen erwerben. Als Pioniere gelten Frederick Bremer (1894), John Henry Knight (1895) und besonders Frederick W. Lanchester (1895), der sich von europäischen Lösungen freizumachen versuchte und technisch eigenwillige Fahrzeuge konstruierte.
In den USA wirkten sich die schlechten Straßen außerhalb der Städte und Seldens Querschuß hemmend auf die Einführung der Benzin-Motorwagen aus. Bis etwa 1900 lagen Elektro- und Dampfwagen anzahlmäßig vor den Benzinwagen, von denen der erste nicht vor 1891 auf der Straße erschien. Der Durchbruch zum Benzinwagen gelang Ransom Eli Olds, der von seinem Oldsmobile Curved Dash über 11 000 Stück verkaufen konnte. Der Curved Dash gilt als erster Großserienwagen der Welt.
Die Amerikaner übernahmen vom Mercedes zunächst Kühler und Haube, auch wenn der Motor

Nur Schau. — Der „verbesserte" Oldsmobile von 1904 mit Hohlraum unter Kühler und Haube: Der Motor befand sich wie beim Curved Dash unter dem Sitz. Der Antrieb der Hinterachse erfolgte über eine einzelne Kette. Sie bespritzte die danebenliegende Außenbandbremse mit Öl und bescherte dem Wagen schlimme Bremseigenschaften (Stückzahl 5 500, 1 Zylinder, 2 340 cm³, 10 PS bzw. 7 kW).

mittschiffs oder hinten im Fahrgestell hing. Um 1907 war auch in den USA das Europa-Konzept die Regel: Vierzylinder vorn, Hinterradantrieb meist über Kardanwelle. Die Umstellung bedeutete in den USA und in Europa die erste größere Investitionswelle, der sich die Autofabriken unterziehen mußten, wenn sie konkurrenzfähig bleiben wollten.

In Deutschland kam es in den ersten zehn Jahren nach Benz und Daimler nicht zu Firmengründungen, ganz im Gegensatz zu Frankreich. Erst in den letzten Jahren des 19. Jahrhunderts nahmen weitere deutsche Firmen den Motorwagenbau auf, meist mit Hilfe französischer Lizenzen. Am Beispiel Adler sei die für damals typische Situation deutscher Autofabriken erläutert.

Die Adler Fahrradwerke (vorm. Heinrich Kleyer) in Frankfurt hatten den Straßenfahrzeugbau 1899 mit Motordreirädern nach De Dion-Bouton begonnen. Der erste Adler-Wagen von 1900 lehnte sich sehr an die Voiturette Automobile von Louis Renault 1898/99 an: Stahlrohrrahmen, De Dion-Bouton-Einzylindermotor vorn sowie Antrieb der Hinterräder über eine Kardanwelle statt der sonst üblichen Ketten. Mit diesen Konstruktionsmerkmalen ging Adler ins 20. Jahrhundert.

Seit dem Erscheinen des Mercedes wirkten nicht nur die Adler-Wagen antiquiert. Kleyer stellte sich der Herausforderung: Er löste die Fahrradtechniker, die bisher auch die Motorwagen konstruiert hatten, durch diplomierte Ingenieure ab, rüstete seine Fabrik mit neuen Betriebsmitteln aus und verstärkte die Verkaufsorganisation. Bis diese Maßnahmen wirksam wurden, gingen die Wagen-Verkäufe zurück.

Einer der neu eingestellten Ingenieure war Edmund Rumpler (ab August 1902), später bekanntgeworden durch Flugzeuge und den „Tropfenwagen". In einem Kraftakt, der Anerkennung verdient, konstruierte Rumpler Ein-, Zwei- und Vierzylindermotoren. Zugleich richtete er die dafür erforderliche Gießerei ein. Von seinem Assistenten Nathan S. Stern, der im Januar 1903 zu Adler kam, ließ er Feder- und Fahrgestell-Berechnungen durchführen. Wenig später führte Rumpler bei Adler den Stahlblechrahmen nach Mercedes-Vorbild ein und experimentierte nebenher mit einer von ihm erfundenen Pendelachse. Ab 1904 hatte Adler den Anschluß an Mercedes gefunden.

Ähnliche Vorgänge wie bei Adler spielten sich bei vielen Autofabriken in Europa und in den USA ab, manchmal mit bitteren persönlichen Konsequenzen wie bei der Benz & Cie., die Karl Benz als ehemaliger Gründer verlassen mußte. Firmen mit zu dünner Kapitaldecke gaben auf, die Anzahl der Produktionseinstellungen schnellte in die Höhe. Zum ersten Mal war deutlich geworden, daß Autobau kein technisches Problem mehr war, sondern ein wirtschaftliches Wagnis. Dies zu ignorieren bedeutete das Aus für viele Firmen bis auf den heutigen Tag.

Verbesserungen in Technik und Produktionsmethoden (1905 bis 1916)

Der vom Mercedes ausgegangene Anstoß blieb für lange Zeit der einzige, deutlich sichtbare Entwicklungsschub. Von etwa 1905, als die meisten Firmen umgestellt hatten, bis zum Ersten Weltkrieg konnten technische Verbesserungen an den Fahrzeugen erst auf den zweiten Blick erkannt werden. Amerikanische Firmen führten zusätzlich neue Produktionsmethoden ein, die ein Jahrzehnt später in Europa die zweite große Investitionswelle auslösten.

Nach dem Vorbild von Decauville übernahmen die Autohersteller um 1905 die Blockbauweise. Durch die Vereinigung von Motor und Getriebe zu einem Block entfielen Übertragungsorgane und meist auch Hilfsrahmen im Fahrgestell, das damit leichter,

Zweimal französische Antriebsauslegung. — Peugeot 1904 nach Bauweise Panhard: Motor vorn, Getriebe in der Mitte, Antrieb der Hinterräder über Ketten, Motor und Getriebe auf Hilfsrahmen. Unten: Adler um 1907 nach Bauweise Decauville: Blockbauweise, Kardanwelle, versteifende Abdeck-Preßstücke unter Motor und Getriebe; einfache, übersichtliche Konstruktion.

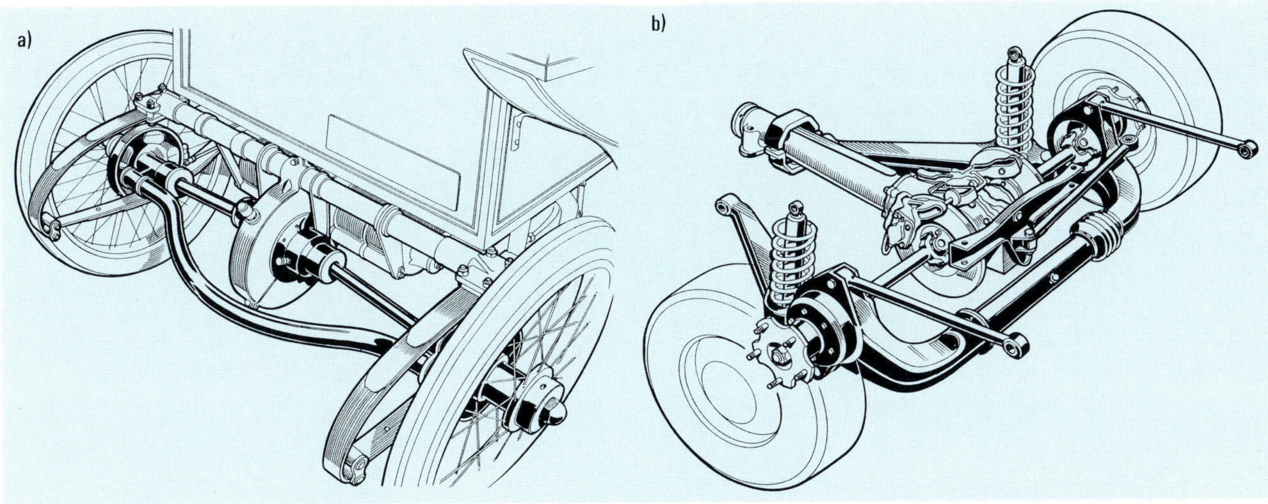

De Dion-Hinterachse: Das Differential ist am Fahrgestell bzw. Fahrschemel aufgehängt, Antrieb über Halbwellen. Die Räder sind mit einem leichten Rohr verbunden. Vorteile sind konstante Spur, geringe Spurveränderung und kleine ungefederte Massen. a) 1899 De Dion-Bouton petite voiture; b) 1964 Rover 2000 (auch bei Lancia Flavia, Iso, Aston Martin und Opel KAD nach 1960 sowie bei Mercedes-Rennwagen der dreißiger Jahre zu finden).

übersichtlicher und preisgünstiger in der Herstellung wurde. Die Blockbauweise setzte den Antrieb durch eine Kardanwelle voraus, weil Antriebsketten zu lang, zu schwer und zu gefährlich (Abspringen) geworden wären. Längsblattfedern, Stäbe oder mit Kugelköpfen versehene Kardanwellen-Mantelrohre übertrugen das Reaktionsmoment.
Blattfedergeführte Starrachsen vorn und hinten waren die Regel. Einzelradaufhängungen vorn, von Amédée Bollée 1878, Lanchester 1897, Léon Bollée 1899, Decauville 1899 und Sizaire-Naudin 1905 angewendet, blieben Ausnahmen, ebenso die De Dion-Achse. Die von Graf de Dions Mechaniker Charles Trépardoux 1893 für Dampfwagen entwikkelte Hinterachse war recht bauaufwendig und fand erst Jahrzehnte später Gegenliebe bei den Herstellern teuerer und schneller Personenwagen.
Empfindlichstes Bauteil waren die Reifen. Die von Anfang an (1895) verwendeten Wulstreifen aus Naturkautschuk hielten bestenfalls 10 000 km, weil sich das Leinen- oder Baumwollgewebe an seinen Berührungspunkten durchscheuerte. 1906/09 gelang Fritz Hofmann die technische Darstellung des synthetischen Kautschuks, 1908 entwickelte J. F. Palmer ein Cord-Gewebe, bei dem gezwirnte Fäden in mehreren Lagen nebeneinander angeordnet und durch Gummierung zusammengehalten waren. Durch verringerte Reibung erhöhte sich die Lebensdauer. Zugleich entwickelten französische, dann englische und deutsche Reifenhersteller abnehmbare Felgen. Sie verkürzten zwar die Reparaturzeiten auf den Landstraßen, doch mußte wegen der vielen Hufnägel und der schlechten Straßenbeschaffenheit alle 100 km mit einer Reifenpanne gerechnet werden.
Das zweite für die Entwicklung des Autos bedeutende Bauteil war die Zündung. Anfang des 20. Jahrhunderts hatte die Hochspannungs-Magnetzündung die Abreißzündung abgelöst; höhere Drehzahlen waren jetzt möglich. Die Amerikaner gingen einen Schritt weiter und führten noch vor dem Ersten Weltkrieg die Batteriezündung ein. Die Europäer folgten etwa ein Jahrzehnt später.
Robert Bosch gilt als Pionier der Autoteileindustrie in Deutschland. Er hatte 1887, ein Jahr nach dem Motorwagen von Benz, vier Magnetzünder nach dem Vorbild eines Zündapparats der Gasmotoren-Fabrik Deutz gebaut. 1892 bot die Bergische Stahlindustrie in Remscheid Baustähle für Automobile an, 1895 folgten die Westfälische Metallindustrie (Hella, Beleuchtungsteile), die Apparatebau Fischer GmbH (Armaturen, Schmierapparate) und die Continental Caoutchouc- und Gutta-Percha-Compagnie (Luftreifen). Bis zur Jahrhundertwende boten etwa 55, bis 1906 etwa 155 Firmen Kurbelwellen, Kolbenbolzen, Chassisteile, Kugellager, Zündeinrichtungen und andere Teile an.
Auf Vorrat produzierte, jederzeit abrufbare und zum Teil genormte Erzeugnisse wie Bremshebel, Achsen, Räder und Nabenringe waren schon vom Kutschwagenbau her bekannt. Besonders die Amerikaner griffen den ursprünglich von England gegebenen Anstoß zur Normung von Werkzeugen und Produkten auf. Die US-Automarke Cadillac setzte auf diesem Gebiet die Alte Welt in Erstaunen: Sie ließ 1908 drei vom englischen Automobilclub ausgewählte Autos demontieren, deren Aggregate vertauschen und z.T. durch Lagerbestände ersetzen und die Autos wieder zusammenbauen. Anschließend legten die Einzylinder 500 Meilen auf der Rennstrecke von Brooklands ohne Störung zurück. Das amerikanische Auto hatte sich von der primitiven Technik der Frühzeit gelöst und seine Leistungsfähigkeit bewiesen.
Der Stückzahlerfolg des Oldsmobile Curved Dash

Amerikanische Buggies. — Unberührt vom automobilen Fortschritt ringsum bauten Landmaschinenfabriken wie International Harvester oder Holsman (Bild) noch um 1910 pferdewagenähnliche Gebilde mit meist luftgekühlten Zweizylinder-Unterflur-Boxermotoren. Die Fahrwerke waren mit Klotz- oder Reibrollenbremsen, Seilrollenantrieb und Lenkpinnen unglaublich primitiv, dafür aber geländetüchtig. Und darauf kam es der bäuerlichen Kundschaft bei den schlechten Wegen damals an (2-Zylinder-Boxer, 1 050 cm^3).

und die Auswechselbarkeit gleicher Teile deuteten die Marschrichtung der Amerikaner an: Die Betonung lag auf einem hohen Ausstoß preisgünstiger Autos. Arbeitskräftemangel und Kapitalknappheit zwangen zu Massenproduktion und Fließbandfertigung, ein Binnenmarkt von kontinentalen Ausmaßen ohne Sprach- und Zollgrenzen versprach unbegrenzte Absatzmöglichkeiten.

Um 1910 erschienen in Nordamerika, Frankreich, England und auch in Deutschland die Cyclecars. Technisch, formal und auch preismäßig zwischen den früheren Voituretten und den Standard-Kleinwagen angesiedelt, waren sie ein erster Versuch, mit einem eigenständigen Erscheinungsbild in den Bereich durchschnittlich verdienender Arbeiter (etwa 1 100 Mark/Jahr, Deutschland 1910) vorzustoßen. Das war mit den nach dem Storchschnabelprinzip verkleinerten Autos der Standardbauweise bisher nicht gelungen. Die Cyclecars waren aber immer noch zu teuer (Phänomobil 1907 bis 1912 zum Preis von 3 000 Mark) und technisch meist zu primitiv.

Eine breitere Motorisierung war nur bei niedrigen Fahrzeugpreisen und höheren Einkommen denkbar. Dies erkannt und in die Tat umgesetzt zu haben ist das Verdienst von Henry Ford. Er hatte mit seinem 1908 eingeführten T-Modell deshalb Erfolg, weil er ein vollwertiges, robustes, im Unterhalt anspruchsloses Fahrzeug zu einem Preis anbot, der für viele erschwinglich war.

Um auch die Käuferschichten mit niedrigerem Einkommen zu erreichen, sah sich Ford zu Fertigungsmethoden gezwungen, die höhere Produktionszahlen bei geringeren Herstellungskosten erwarten ließen. Ende 1913 richtete er in seiner Fabrik das Fließband ein und nutzte dessen Möglichkeiten viel konsequenter als Ransom Olds, der das laufende Band zwei Jahre früher in der Automobilindustrie eingeführt hatte.

Ford erhöhte den Ausstoß von 18 664 Tourenwagen 1909/10 bei herkömmlicher Massenfertigung auf 996 660 Wagen 1919/20 und senkte die Preise im genannten Zeitraum von 950 auf 440 Dollar. Er zahlte 10% bis 15% höhere Löhne als üblich und führte 1914 einen garantierten Mindestlohn von $ 5,— je Tag entsprechend $ 130,— monatlich ein. Der Erfolg blieb nicht aus: Bis zur Produktionseinstellung 1927 stellte Ford 15 007 033 Tin Lizzies her. Ford hatte das Auto demokratisiert; das Auto hatte Eingang in den amerikanischen Alltag gefunden.

Stars and Stripes (1918 bis 1929)

Nach dem Ersten Weltkrieg, aus dem auch die europäischen Siegermächte geschwächt hevorgingen, hatten die Amerikaner die Führung in der Autotechnik, in den Produktionsmethoden und im Marketing-Bereich übernommen. In Europa und in Südamerika gründeten sie Produktions- und Montagewerke. Die goldenen zwanziger Jahre gab es tatsächlich — für die amerikanische Auto- und Teileindustrie.

Die transatlantische Überlegenheit zeigte sich besonders kraß in Deutschland, seit 1914 von der Weiterentwicklung im Ausland abgeschnitten. Die deutschen Nachkriegsautos waren technisch veraltet und formmäßig nicht attraktiv. Auch die Teileindustrie, einst führend in Metallurgie (Duraluminium), Elektrik (Bosch- und Eisemann-Magnetzünder) und Schweißtechnik, spielte in der Welt keine Rolle mehr. Die ausländische Konkurrenz hatte unter dem Druck der Kriegsanforderungen aufgeholt und überholt. Die deutsche Industrie mußte im Ausland Lizenzen nehmen und kopierte amerikanische und französische Autos, in Einzelfällen bis zur letzten Schraube. Das Land, dessen Ingenieure Otto- und Dieselmotor, den entwicklungsfähigen Motorwagen und die Standardauslegung des Automobils hervorgebracht hatten, war zur Bedeutungslosigkeit herabgesunken.

Die Anlehnung an die Amerikaner bedeutete in der Fahrzeugauslegung Stillstand, in der Produktionstechnik Fortschritt und im Marketing etwas Neues, mit dem sich die technisch orientierten Autofirmen Europas lange Zeit schwertaten.

Wohl führten Opel in Deutschland und Morris in Großbritannien markengebundene Vertragswerkstätten und Ersatzteile zu Festpreisen ein, doch Marktuntersuchungen blieben unbekannt, Fehleinschätzungen waren an der Tagesordnung. Stoewer, Audi und Brennabor, um nur einige zu nennen, schlitterten mit zu großen Autos, die die Qualitäten der Import- und Montage-Amerikaner nicht erreichten, in hausgemachte Krisen. Firmenzusammenschlüsse und Konzernbildungen scheiterten noch vor 1930, mit Ausnahme der Fusion von Benz und Daimler zur Daimler-Benz AG 1926. Von den zwischen 1921 und 1925 mehr als 130 neugegründeten Firmen in Deutschland waren bis 1930 mehr als 120 wieder verschwunden.

Die Fließbandfertigung führte André Citroen 1919 in Europa, Opel 1924 in Deutschland ein. Die von Citroen, Opel, Morris, Austin und FIAT nach US-

Bedelia Cyclecar 1910: Trotz seiner primitiven Technik — Antrieb durch Riemen, hier noch nicht montiert, seilzugbetätigte Zentralzapfen-Lenkung — erreichte das Bedelia Cyclecar eine Popularität, zumindest in Frankreich. Es konnte noch in den zwanziger Jahren gekauft werden und beeinflußte offensichtlich auch andere Cyclecar-Hersteller, z. B. Malcolm und Scripps-Booth in den USA (V2-Zylinder, 10 PS bzw. 7 kW).

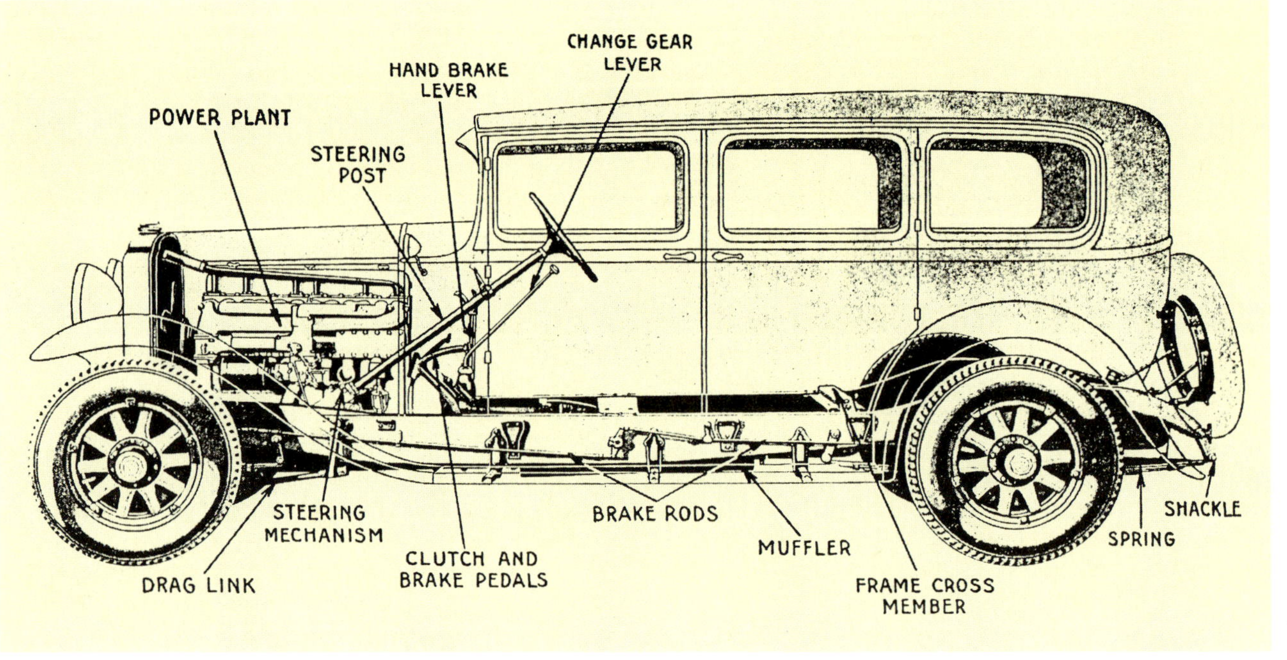

American Standard. — Standardbauweise mit Leiterrahmen, wassergekühltem Mehrzylindermotor, Hinterradantrieb und längsblattgefederten Starrachsen, die einer Weiterentwicklung zu niedrigeren und schnelleren Fahrzeugen mit besserer Straßenlage im Wege standen. Nur Detailverbesserungen waren möglich, z. B. Ballonreifen (im Bild H/B = 0,98) und hydraulische statt mechanischer Bremsanlage, die dieses Fahrzeug noch hatte (um 1928).

Einzelringgußverfahren. — Beim Einzelringguß wird das aus einem Kupol- oder Elektroofen abgezogene Eisen in einen Stapel von Formkästen gegossen. Ein zentraler Einlauf verteilt das flüssige Eisen in strahlenförmig abgehende Zuläufe und Verteilringe, in denen die Kolbenringrohlinge entstehen. Geringe Gußquerschnitte ergeben feine Graphitverteilung und hohe Festigkeit. Wegen niedriger Bearbeitungszugaben ist das Einzelringgußverfahren geeignet zur Massenherstellung von Kolbenringen.

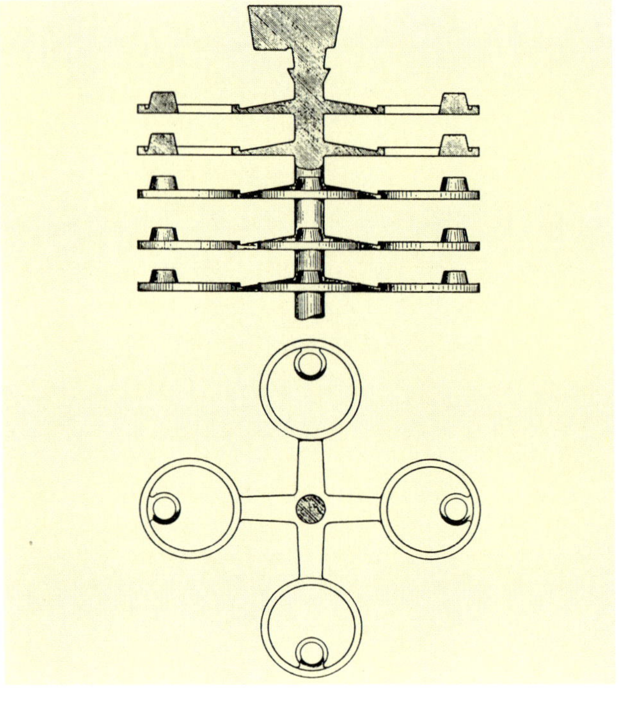

Vorbild produzierten Großserienfahrzeuge, sämtlich in Standardbauweise, gaben mit ihrer einfachen, verläßlichen Technik dem Begriff Kleinwagen einen neuen Gehalt. Sie waren anspruchslos in Pflege und Handhabung und unterschieden sich damit von den Chauffeur-Autos bis 1914.
Die kaum entwicklungsfähige Standardbauweise herrschte in Amerika vor, also auch in Europa. Die Weiterentwicklung vollzog sich unterhalb des Bleches, wobei die Anstöße meist aus den USA kamen. Die Amerikaner hatten dabei weniger den techni-

Citroen A 1919: Erster nach dem amerikanischen Fließbandsystem hergestellter Wagen in Europa. Abnehmbare Räder statt Felgen und elektrische Beleuchtung statt Acetylen waren jetzt automobiler Standard. Dieser Wagen trägt die Fahrgestell-No. 001; er war zugleich der erste Citroen überhaupt (4 Zylinder, 1 327 cm³, 18 PS bzw. 13 kW).

schen Fortschritt im Auge als vielmehr verminderten Materialeinsatz und höheren Ausstoß je Zeiteinheit; dies schloß eine Steigerung der Produkt-Qualität nicht aus.

Ein Beispiel hierfür ist die Herstellung von Kolbenringen, die man in Ringstärken von Graugußbüchsen abstach. Durch die anschließende Hämmerung verdichtete man das Material, die Stoßöffnung vergrößerte sich, die Spannung preßte den Kolbenring an die Zylinderwand. Um 1923 ersetzten amerikanische Kolbenringfabriken das Büchsenguß- durch das Einzelringgußverfahren. Zugleich wendeten sie das thermische Spannungsverfahren mit einer gegenüber der Innenhämmerung verbesserten Flächenpressung an. Die Europäer mußten Einzelringguß und Spannungsverfahren übernehmen, wollten sie konkurrenzfähig bleiben.

Als in den zwanziger Jahren Drehzahlen, Temperaturen und Drücke der Motoren zunahmen, ging man in Europa von unlegierten Ventilstählen auf Nickelstähle und niedrig legierte Chromnickelstähle über, ab etwa 1928 auf hochlegierte Chromstähle mit bis zu 16% Chromanteil. Amerikanische Metallurgen hatten um 1922 den „Silcrome"-Stahl entwikkelt, der in Warmfestigkeit, Wärmeleitfähigkeit und Zunderbeständigkeit den europäischen Chromnikkelstählen gleichwertig oder überlegen, wegen des geringeren Chromgehalts (8,5% bis 9,5%) aber billiger war. Auch in diesem Fall mußten europäische Stahlkocher, in Deutschland Krupp, Böhler und Poldi, auf den US-Stahl übergehen, der ab Anfang der dreißiger Jahre die bisher bekannten Legierungen verdrängte.

Die bedeutsamste Verbesserung bestand in der Einführung der hydraulischen Bremse. Der in Kalifornien lebende schottische Bergbau-Ingenieur Malcolm Loughead, später Lockheed, hatte seine ab 1917 geschützten Erfindungen über hydraulisch betätigte Rad- und Hauptbremszylinder der Hydraulic Brake Company in Detroit zur Verwertung überlassen. Die Gesellschaft übertrug 1926 die Exklusivrechte für Großbritannien, das Commonwealth und Kontinental-Europa auf die englische Automotive Products in Leamington Spa, von der Alfred Teves 1926/30 die Unterlizenz für Deutschland, Österreich, Ungarn und die Tschechoslowakei erwarb.

Der erste serienmäßige Personenwagen mit hydraulischer Lockheed-Bremse war der Chrysler 70 von 1924. Das erste europäische Auto war wahrscheinlich der englische Triumph 13/30 von 1925, das erste deutsche der Adler Standard 6 von 1926.

Spektakulärer und prestigeträchtiger als Fortschritte bei den Bremsen war — damals wie heute — die Entwicklung von aufgeladenen Motoren. Ab 1923 boten zahlreiche Firmen Kompressor-Modelle an, obwohl sich die meisten Motoren wegen zerklüfteter Brennräume und unterdimensionierter Lager für eine Aufladung nicht eigneten. Vor dem Hinter-

Aerodynamik in Zahlen.

			c_w[1])	F	$c_w \times F$
1	1921 bis 22	Rumpler Tropfenwagen	0,28	2,57	0,72
2	1922	kastenförmige Limousine üblicher Bauart*)	0,64	2,99	1,91
3	1934 bis 37	Opel 6*)	0,58	2,05	1,19
4	1936	Auto Union Rennwagen Typ C mit Fahrer	0,68	1,18	0,80
5	1938/39	FKFS K 3, Forschungswagen	0,37	2,10	0,78
6	1940	Tatra 87	0,36	2,11	0,76
7	1952	Borgward Hansa 2400	0,43	—	—
8	1955	Citroen DS	0,38	2,14	0,81
9	1958	Messerschmitt Kabinenroller KR 200	0,40	0,99	0,39
10	1967	NSU Ro 80	0,36	1,99	0,72
11	1974	Citroen CX 2000*)	0,40	1,96	0,78
12	1974	VW Golf*)	0,42	1,83	0,77
13	1980	VW Typ 1 (Käfer)*)	0,48	1,80	0,86
14	1981	Porsche 928*)	0,44	1,95	0,85
15	1982	Audi 100	0,30	2,05	0,61
16	1985	Mercedes-Benz W 124*)	0,29	2,06	0,60

[1]) Werte von 1:1-Serienfahrzeugen, wenn nicht anders angegeben, mit geöffnetem Kühllufteintritt. Jeweils Spitzenwerte der Zeit, ausgenommen

*) c_w-Vergleich problematisch, weil weder Windkanäle noch Meßmethoden genormt sind.

c_w Luftwiderstandsbeiwert; F Stirnfläche in m^2; $c_w \times F$ Luftwiderstandsfläche in m^2.

Quellenangaben und Messungen: Pos. 1, 4, 5, 6, 9, 10, 12, 13, 14 im VW-Klimawindkanal ab 1979 unter R. Buchheim. Pos. 2 Messung von W. Klemperer 1922 an Modellen M 1:10, Kühllufteintritt geschlossen, zitiert nach Hucho 1981, 34. Pos. 3 zitiert nach Deutsche Kraftfahrtforschung Heft 66/1941, S. 8. Pos. 7 TH Hannover, zitiert nach AMS 4/53/118 + 20/53/753. Pos. 8, 11 zitiert nach Hucho 1981, 45. Pos. 15 zitiert nach AMS Heft 21/1982, S. 44. Pos. 16 zitiert nach AMS Heft 1/1985, S. 32.

Im Deutschen Museum München ausgestellt: Position 1, 4, 5, 6, 9, 10.

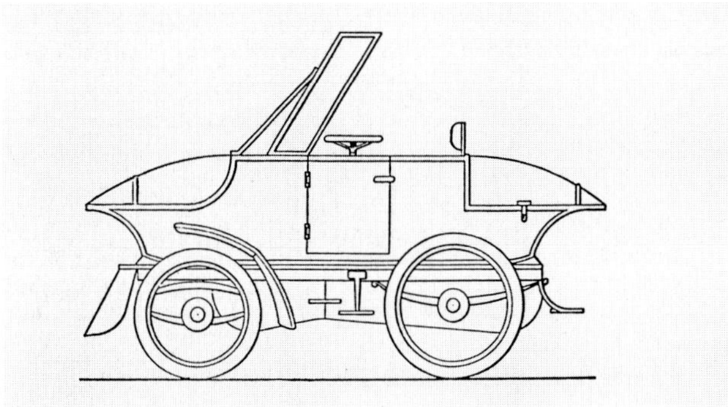

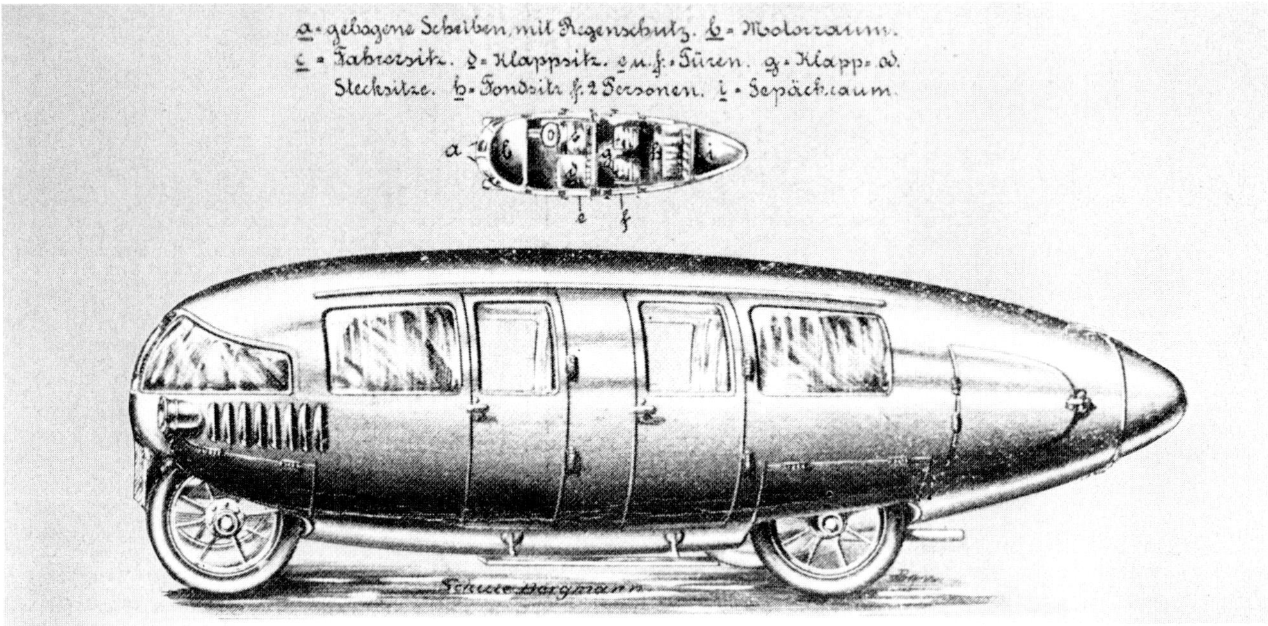

Die Anfänge der Aerodynamik. — Links oben: Eines der „Torpedoboote" von Bollée hatte schon 1899 schräggestellte Windschutzscheibe, abgedeckte Wagenunterseite und sogar einen Frontspoiler. Rechts oben: Gläser-Karosserie nach Jaray-Patenten auf Audi K 14/50 PS von 1923 (c_w etwa 0,28). Unten: Luftschiffähnlicher, geschlossener Wagenkörper, gebogene Front- und Seitenfenster, Regenrinne, gekapselte, bauchige Wagenunterseite, teilweise abgedeckte Räder (d. h. Verzicht auf Kotflügel). 1913 setzte die Mailänder Karosseriefabrik Castagna einen ähnlichen Aufbau auf Alfa-Chassis.

grund einer kränkelnden Wirtschaft, schlechter Straßen und zweifelhafter Fahrwerksqualitäten war die Kompressor-Mode töricht, abgesehen davon, daß eine Leistungssteigerung nach den Vorschlägen Harry Ricardos eleganter und auf lange Sicht auch profitabler gewesen wäre.

Anregungen für echte Fortschritte stammten, besonders in Deutschland, von Außenseitern. Ihre in die Zukunft weisenden Konstruktionen stießen beim Publikum und meist auch bei der etablierten Industrie auf Unverständnis und Ablehnung.

Edmund Rumpler brachte 1921 seinen aufsehenerregenden Tropfenwagen heraus. Die im Pkw-Bau übliche hintere Starrachse hatte er durch eine Pendelachse ersetzt, die in ähnlicher Form 1923 bei Tatra, 1926 bei Steyr und später bei weiteren europäischen Wagen auftauchte. Der Motor mit angeflanschtem Getriebe war beim Rumpler-Wagen kurz vor der Hinterachse angeordnet — eine Auslegung, die der Renn- und Sportwagenbau mit zeitlicher Verzögerung übernahm. Am augenfälligsten war die Karosserie, die Rumpler ohne Abstriche an den zeitgenössischen Geschmack nach aerodynamischen Gesichtspunkten gestaltet hatte. Sie weist einen auch heute noch vorbildlichen Luftwiderstandsbeiwert auf.

Beim Zahlenvergleich fällt auf, daß der Rumpler-Tropfenwagen nach mehr als 60 Jahren immer noch den günstigsten c_w-Wert für eine serienmäßig hergestellte, mehrsitzige Limousine aufweist. Erst neuere Fahrzeuge erreichen eine günstigere Luftwiderstandsfläche. Erstaunlich sind auch die guten Werte des AU-Rennwagens.

Schon lange vor Rumpler waren stromlinienförmige Autos bekannt geworden. Den Anfang machten die „Torpilleurs" von Amédée Bollée Sohn 1898 und 1899. Einen Schritt weiter ging Oskar Bergmann, der ab 1906 die Ergebnisse von Reihenuntersuchun-

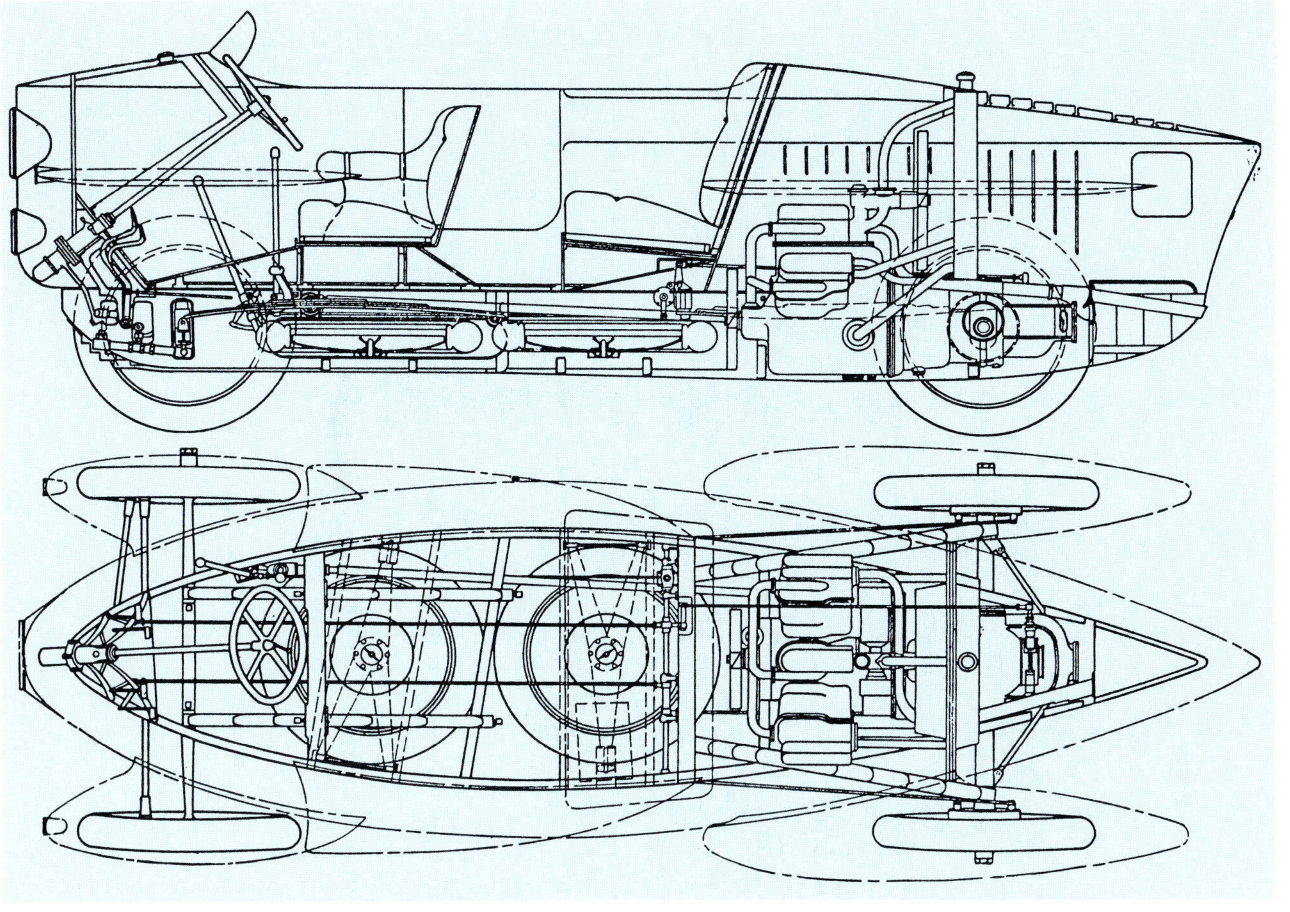

Überforderte Zeitgenossen: Während der dreißiger Jahre untersagten die NS-Machthaber Fachschriftstellern und Museumskonservatoren, allzu eifrig auf die fortschrittlichen Baumerkmale des vom Juden Rumpler entwickelten Tropfenwagens hinzuweisen. Wenn auch Benz 1923 und Porsche/Auto Union 1933 das Motor-vor-Hinterachse-Konzept für Rennwagen übernahmen, blieben andere Anregungen wie abgedeckte Wagenunterseite und wettergeschützt und unsichtbar untergebrachtes Ersatzrad, bei Rumpler zwei, im Autobau jahrzehntelang unberücksichtigt.

gen an Stromlinienmodellen in seinen Entwürfen berücksichtigte. Rein wissenschaftliche Untersuchungen stellten u. a. Alois Riedler 1911 und Paul Jaray ab 1920 an, nach dessen Vorschlägen einige Karosseriefabriken strömungsgünstige Aufbauten auf serienmäßigen Fahrwerken anfertigten. Die meisten in der damaligen Zeit gebauten Stromlinienfahrzeuge blieben Einzelstücke.

Mit Ausnahme der Rumplerschen Motoranordnung beeeinflußte keiner der Entwürfe oder Konstruktionen den Automobilbau in den folgenden Jahren. Zu bemerken bleibt jedoch, daß Rumpler, anders als seine Vorgänger und Nachfolger, mit Triebwerksanlage und einem dem Karosserieprofil folgenden Chassis die Mechanik der Aerodynamik unterordnete. Sein Tropfenwagen war eine organische Einheit und dürfte das erste „von außen nach innen" entwickelte Auto gewesen sein.

Außenseiter blieben auch andere, meist vom Flugzeugbau kommende Ingenieure: Hermann Dorner baute bereits 1924/25 einige Kleinstwagen mit Dieselmotoren, Dennistoun Burney und Emile Claveau konstruierten strömungsgünstige Heckmotorwagen

SHW 1925/26: Der von Wunibald Kamm konstruierte und von den Schwäbischen Hüttenwerken (SHW) gebaute Tourer hatte eine selbsttragende Leichtmetallkarosserie und Einzelradaufhängung mit Schraubenfedern. Ein wassergekühlter Boxermotor trieb die Vorderräder an. SHW baute nur drei Versuchswagen (2-Zylinder-Boxer, 1 030 cm^3, 20 PS bzw. 15 kW).

Bewegung in Frankreich: Während an amerikanischen, englischen und italienischen Autos auch weiterhin längsblattgefederte und -geführte Starrachsen zu finden waren, bemühten sich mitteleuropäische Firmen um besseren Fahrkomfort. Zwei Beispiele aus Frankreich mit querliegenden Blattfedern: Sizaire-Frères 4 RI von 1925 (oben) und Cottin-Desgouttes 12 CV Sans Secousse (ohne Erschütterung) von 1929 (unten).

mit Schwingachsen, Wunibald Kamm entwickelte ein Auto mit selbsttragender Karosserie und Frontantrieb.

Nur wenige Firmen hatten in den zwanziger Jahren mit einer von der Standard-Form abweichenden Bauweise Erfolg. Zu ihnen gehörten Tatra (Zentralrohrrahmen, luftgekühlte Boxermotoren), Lancia (Vorläufer der selbsttragenden Karosserie, V4-Motor), in geringerem Maß auch französische Firmen und Röhr mit Schwingachsen.

In den frühen zwanziger Jahren hatte Ford mit dem T-Modell einen US-Markanteil von 50% erreicht und den Preis bei einem seiner Modelle bis auf $ 290,— gesenkt. Weil preislich gegen Fords übermächtige Stellung nicht anzukommen war, mußten sich konkurrierende Firmen andere Mittel einfallen lassen. Die erst 1923 gegründete Chrysler Corporation setzte auf gefällige Karosserielinien und fortschrittliche Technik (hydraulische Vierradbremse). Die Hudson Motor Car Co. brachte 1921 unter ihrer Marke Essex einen preiswerten, geschlossenen Wagen heraus. Der Essex Four leitete die Zeit des komfortablen, wettergeschützten und dabei kostengünstigen Reisens mit dem Auto ein, der offene Tourer verlor an Boden. 1928 hatten 85 % aller neuzugelassenen Wagen in den USA einen geschlossenen Aufbau.

General Motors konkurrierte über die Formgebung mit Ford. Häufige Änderungen an den Karosserien (face lifting) und die ab 1924 lieferbaren Duco-Synthetik-Lacke von Dupont mit einer großen Farbskala ließen den zu dieser Zeit nur in Schwarz erhältlichen T-Ford von Modelljahr zu Modelljahr altmodischer erscheinen. Die von General Motors eingerichtete Art & Color Section wuchs zur mächtigen Styling-Abteilung, die jährlichen Karosserieänderungen mündeten in der Planned Obsolescence (beabsichtigtes Veralten).

Bei Ford gingen die Verkäufe zurück; die Produktion mußte 1927 eingestellt werden. Weil versäumt worden war, rechtzeitig ein Nachfolgemodell zu entwickeln, mußten die Werke für ein halbes Jahr geschlossen werden — den Vorgang hätte auch eine andere Autofabrik kaum unbeschadet überlebt. Die Vormachtstellung von Ford war dahin: Mit Ausnahme von wenigen Jahren führte die General-Motors-Division Chevrolet im Produktionsrennen vor Ford bis auf den heutigen Tag.

Neues Selbstvertrauen (1930 bis 1940)

Pünktlich zu Beginn der dreißiger Jahre lösten sich besonders deutsche Autofirmen von der Standardbauweise und brachten Serienfahrzeuge mit Frontantrieb heraus. DKW und Stoewer boten ab 1931 Fronttriebler an, es folgten Adler 1932, Audi und NAG 1933 und in Frankreich Citroen 1934 und Amilcar 1937.

Der Frontantrieb setzt in der Regel einzeln aufgehängte Vorderräder voraus. Die Konstruktion führte daher zu Querblattfedern oder anderen achslosen Vorderradaufhängungen. Immer mehr Autofabriken übernahmen die bereits in den zwanziger Jahren häufiger angewendeten hinteren Schwing- und Pendelachsen. Dadurch verbesserten sich Fahrkomfort und Straßenlage bei erhöhter aktiver Sicherheit. Die Fahrgestelle konnten — auch dank der raum- und gewichtsparenden hydraulischen Bremse — tiefer gelegt werden. Dies wiederum erlaubte aerodynamisch besser durchgebildete Karosserien. Die möglichen höheren Geschwindigkeiten ließen sich in Deutschland auf den Teilstrecken der seit 1935 im Bau befindlichen Autobahnen ausfahren.

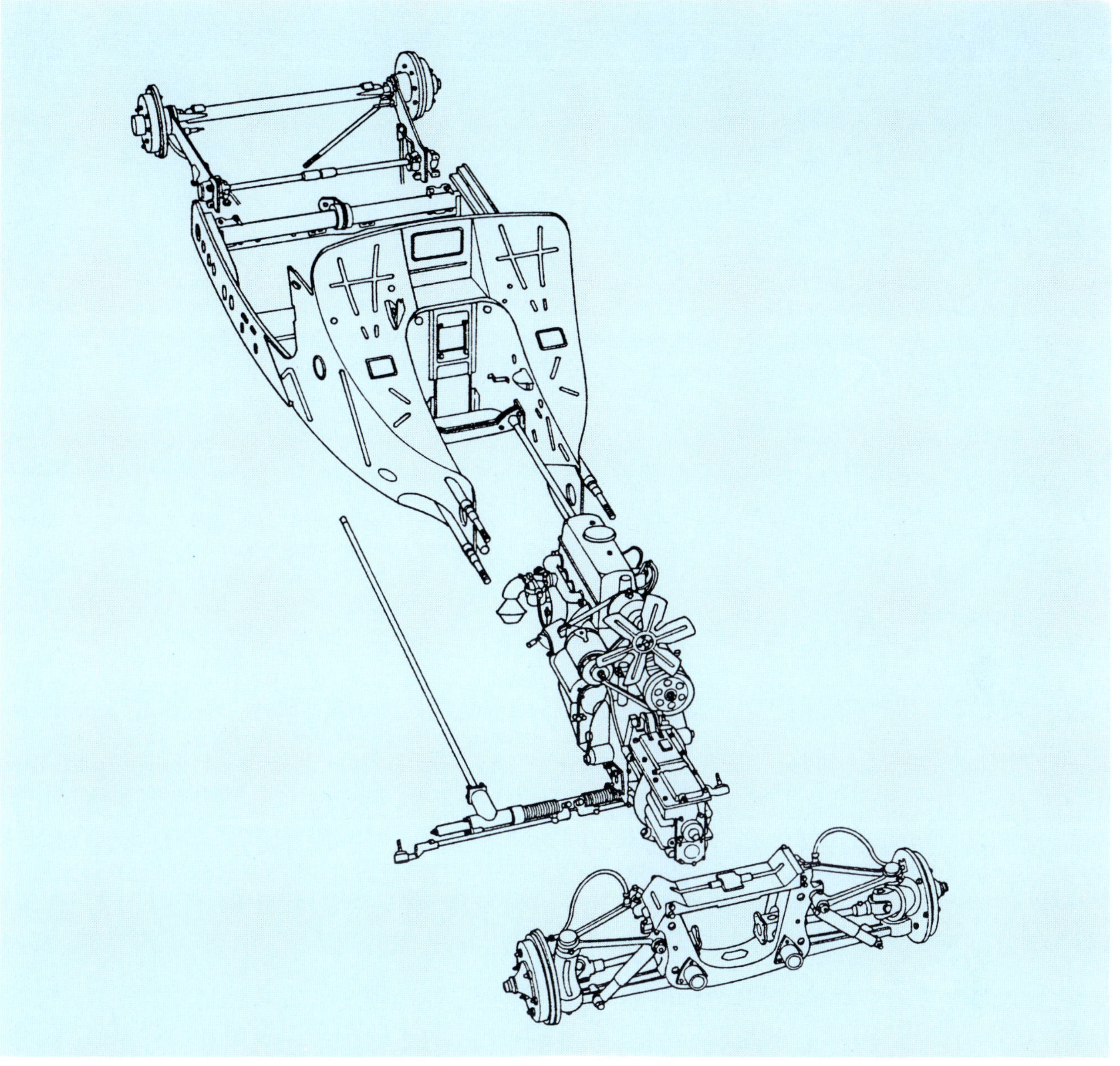

Französische Lösung. — Ein gutes Beispiel für den fortschrittlichen europäischen Fahrwerkbau in den dreißiger Jahren ist der von André Lefèbvre konstruierte Citroen Traction Avant (1934 bis 1957): Vorderradantrieb, hydraulische Bremsen und Stoßdämpfer, Zahnstangenlenkung, einzeln aufgehängte Räder vorn, Schleppachse hinten, Drehstabfederung vorn und hinten. Die Grundzelle kann als Übergang von der Fahrgestell-Bauweise zur selbsttragenden Karosserie angesehen werden.

Den Anhängern des Frontantriebs stand eine neue Generation von Befürwortern der Heckmotoranordnung gegenüber. Nicht aerodynamische Gesichtspunkte wie bei Rumpler, Burney oder Claveau waren ihnen wichtig, sondern billiger Transport. Die in Deutschland in den zwanziger Jahren von Walter Ostwald propagierten, von Josef Ganz und Carl Pollich vorgeschlagenen und von Goliath, Standard (Gutbrod) und Framo gebauten Fahrmaschinen waren nach den Voituretten um 1900 und den Cyclecars vor und nach dem Ersten Weltkrieg der dritte Versuch, in Anschaffung und Unterhalt preiswerte Fahrgelegenheiten bereitzustellen. Sie spielten wegen der kleinen Stückzahlen volkswirtschaftlich keine Rolle.

Größer waren die technischen Auswirkungen. Die von Ganz vertretene Auslegung mit Heckmotor, Zentralrohrrahmen und Schwing- bzw. Pendelachsen beeinflußte den Autobau bei der Daimler-Benz AG, die, mit Ganz als technischem Berater, ab 1933 Schwingachs-Fahrzeuge mit Heckmotoren herausbrachte. Auch die Porsche-Projekte Zündapp 1931/32, NSU 1933 und Volkswagen 1934 zeigten das Gedankengut von Ganz, außerdem von Béla Barényi und von Hans Ledwinka. Dessen Überzeugung, daß sich nur mit der Heckmotoranordnung

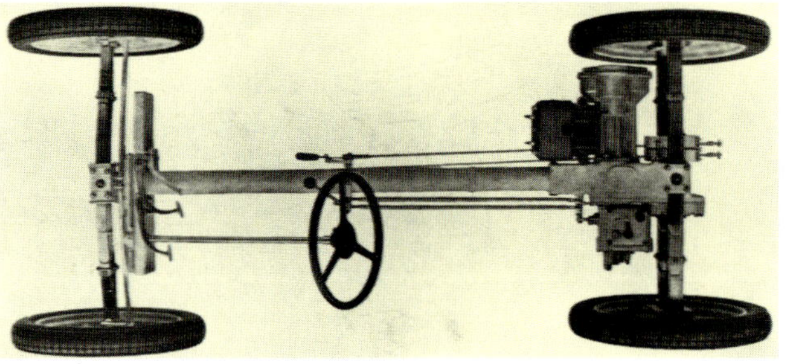

Ganz-Fahrmaschinen-Konzept. — Seit Ende der zwanziger Jahre hatte Ganz Fahrmaschinen mit Heckmotor und Zentralrohrrahmen vorgeschlagen. Nach Ardie 1930 baute auch Adler 1931 einen Ganz-Versuchswagen (Maikäfer), der das lebhafte Interesse der Daimler-Benz-Direktion fand. Abgebildet ist das Fahrwerk des Standard Superior von Gutbrod 1933, von dem etwa 100 Stück gebaut worden sind (2 Zylinder, 396 cm, 12 PS bzw. 9 kW).

Mercedes versucht das Heckmotorprinzip: Fahrwerk des MB 130 von 1934/35 mit Zentralrohrrahmen, hinter der Hinterachse angeordnetem Motor, Pendelachsen hinten, Schwingachsen vorn und Zahnstangenlenkung — der Einfluß von Ganz ist unübersehbar. Mercedes war nicht sehr glücklich mit dieser Art von Autos (4 Zylinder, 1 308 cm³, 26 PS bzw. 19 kW).

schnelle Wagen mit strömungsgünstigen Karosserien verwirklichen ließen, näherte sich den Überlegungen von Rumpler, Burney und Claveau und hatte mit der Fahrmaschinen-Philosophie nichts zu tun. Fragen wie Front- oder Heckantrieb, Starr- oder Schwingachsen — bei der Mentalität der Deutschen leicht ein Grund für einen Glaubenskrieg — stellten Italiener, Engländer und Amerikaner nicht. Sie blieben bei ihren „Hochhäuser(n) auf Pneus . . . (und wegen) hoher Schwerpunktlage . . . lebensgefährlichen Schaukeln". Die Folge war eine technische Überlegenheit deutscher, französischer, österreichischer und tschechischer Personenwagen im Fahrwerksbau, die sich auch im Export auswirkte. Von einer amerikanischen Gefahr konnte keine Rede mehr sein.

Die Beiträge der Amerikaner zur Fahrzeugentwicklung lassen sich, damals wie heute, auf ihren Hang zur Kosteneinsparung und zur Bequemlichkeit bün-

Avantgarde aus dem Osten. — Unter ihrem Chefkonstrukteur Hans Ledwinka brachten die Tatra-Werke ab 1923 außergewöhnliche Autos heraus. Der anfänglich verwendete Zentralrrohrrahmen wich später einem Zentralkastenrahmen mit angeschweißten Bodenplatten und hinterer gabelförmiger Aufnahme für den Motor, ähnlich dem VW-Käfer. Abgebildet ist der Tatra 87 1938/39 mit Pendelachse hinten, Querlenker mit Querblattfeder vorn und hydraulischer ATE-Bremse. Die Limousine hatte einen sehr guten c_w-Wert (V 8-Zylinder, 2 960 cm³, 75 PS bzw. 55 kW).

Zweiter Anlauf. — Die tiefergelegten Fahrgestelle mit höheren Sicherheitsreserven sowie eine vor allem in Deutschland betriebene Grundlagenforschung für aerodynamische Karosserien regten Hersteller in aller Welt zum Bau strömungsgünstigerer Personenwagen an. Die von Chrysler, Singer, Steyr, Adler und Hanomag angebotenen Autos waren jedoch nicht allzu erfolgreich, weil sie sich, ähnlich wie in den zwanziger Jahren, zu weit von den Vorstellungen des Publikums von einem Auto entfernt hatten. — Dieser bizarre Dynamic von Panhard & Levassor 1936 wies eine reichlich verwässerte Stromlinie auf. Bemerkenswert ist die zentrale Sitzposition des Fahrers (6 Zylinder, 2 516 cm³, Schiebermotor).

Fahrzeugbauweisen und Fahrzeuggewichte.

Trotz höherer Motor- und Fahrleistungen sowie umfangreicherer Ausstattungen sind vergleichbare Autos dank der selbsttragenden Karosserie und anderer Maßnahmen um 80 bis 300 kg leichter geworden. Bezieht man aber das Gewicht auf den laufenden Meter Auto, ergibt sich im Vergleich zu den mit A markierten Ausgangsmodellen, die in der Regel länger sind und deshalb auch mehr wiegen dürfen, kein so günstiges Bild. Die Gewichtseinsparungen, die die Autoindustrie in den vergangenen 30 bis 50 Jahren erzielte, betragen demnach im Durchschnitt weniger als 10%.

	Fahrzeuggewicht in kg			
	Fahrgestell von Karosserie getrennt	selbsttragende Bauweise	Gewicht je lfd. Meter in kg/m	Verbesserung gegenüber A in %
A 1934—35 Opel 1,3 1,3 l; 24 PS; L = 4,23 m	970	—	229,3	—
1935—36 Opel Olympia 1,3 l; 24 PS; L = 3,95 m	—	860	217,7	5,1
1962—65 Opel Kadett 1 l; 40 PS; L = 3,92 m	—	690	176,0	23,2
1985 Opel Corsa 1 l; 45 PS; L = 3,62 m	—	735	203,0	11,5
A 1948—51 Ford Taunus 1,2 l; 34 PS; L = 4,08 m	935	—	229,2	—
1952—59 Ford Taunus 12 M 1,2 l; 38 PS; L = 4,06 m	—	850	209,4	8,6
1962—66 Ford Taunus 12 M V 4 1,2 l; 40 PS; L = 4,25 m	—	845	198,8	13,3
1985 Ford Fiesta 0,9 l; 45 PS; L = 3,65 m	—	750	205,5	10,3
A 1951—54 Mercedes 220 2,2 l; 80 PS; L = 4,51 m	1350	—	299,3	—
1985 Mercedes 200 2 l; 109 PS; L = 4,74 m	—	1260	265,8	11,2
A 1954—55 BMW 501/A, B 2 l; 72 PS; L = 4,73 m	1340	—	283,3	—
1966—72 BMW 2000 2 l; 100 PS; L = 4,50 m	—	1170	260,0	8,2
1985 BMW 520 i 2 l; 125 PS; L = 4,62 m	—	1220	264,1	6,8
A 1974 VW 1200 („Käfer") 1,2 l; 34 PS; L = 4,06 m	760	—	187,2	—
1974 VW Golf 1,1 l; 50 PS; L = 3,71 m	—	780	210,2	keine [1])
1985 VW Golf 1,3 l; 55 PS; L = 3,99 m	—	845	211,8	keine [1])
1985 VW Polo 1 l; 40 PS; L = 3,66 m	—	700	191,3	keine [1])

[1]) Bei VW ist zu berücksichtigen, daß der „Käfer" trotz herkömmlicher Bauweise (Karosserie mit Rahmen verschraubt) sehr wenig wog.

deln. Bei General Motors hatte man sich ausgerechnet, daß die selbsttragende Karosserie, also die Verschmelzung von Fahrgestell und Karosserie zu einer tragenden, nicht mehr trennbaren Einheit, die Gesamtherstellungskosten um ein paar Prozent senken könne, Serien ab etwa 40 000 Einheiten vorausgesetzt. Das ursprünglich für einen kleinen Chevrolet geplante Blechgehäuse mußten jedoch die europäischen General-Motors-Dependancen Opel 1935 und Vauxhall 1937 einführen, weil das inflexible

Nichts ist neu. — Wenn die Achs- oder Radaufhängung ohne Zwischenschaltung eines Fahrgestells oder Hilfsrahmens direkt mit dem Aufbau verbunden ist und dieser die Kräfte aufnimmt, spricht man von einem selbsttragenden Aufbau. Demnach waren die meisten Kutschen selbsttragend. Oben: Break ohne Langbaum von J. M. Mayer, München (um 1905); unten: selbsttragende Stahlkarosserie des Opel Kapitän 1939. Für das Cabriolet mußte Opel eigens eine Fahrgestell-Version bauen.

System wegen häufiger Face-Liftings und zahlreicher Karosserievarianten nicht in die amerikanische Landschaft paßte. Die US-Werke stellten erst ab 1959/60 um, europäische Hersteller etwa 5 bis 10 Jahre früher.
Bei allen Vorteilen — kostengünstigere Herstellung, größere Festigkeit, Verwindungssteife und Unfallsicherheit, geringeres Gewicht — bescherte die selbsttragende Karosserie allen Beteiligten nicht geringe Probleme. Der Autobesitzer durfte jetzt Rost außer an nichttragenden Teilen wie Kotflügeln und Trittbrettern auch an der Karosseriestruktur bekämpfen. Für Unterhalt und Reparaturen hatte er mehr zu zahlen. Die Versicherungsgesellschaften mußten nicht allzuschwer in Unfälle verwickelte Wagen zu Totalschäden erklären, weil eine verzogene Struktur nicht oder nur mit größerem Aufwand zu richten war als das Fahrgestell herkömmlicher Autos.
Für die handwerklich ausgerichteten Karosseriebetriebe bedeutete die selbsttragende Karosserie den Entzug ihrer Existenzgrundlage. Sonderaufbauten waren technisch und finanziell nicht mehr ohne weiteres möglich. Über Form und Vielfalt der Aufbauten entschieden die Autofabriken, die allerdings auch Nachteile hinnehmen mußten: hohe Investitionskosten für Pressen und Schweißvorrichtungen und der Zwang zu großen Serien und langen Produktionszeiten. Hinzu kam ein unverhältnismäßig hoher Konstruktions- und Betriebsaufwand auch bei kleinen technischen Änderungen, z. B. bei Radaufhängungen oder — ganz aktuell — bei der Nachrüstung zum Katalysator-Auto.
Zur Steigerung des Komforts dienten das 1929 von Cadillac und La Salle angebotene Synchron-Getriebe, die Floating-Power-Motoraufhängung von Chrysler 1931, die vakuumunterstützte Servokupplung von Buick 1932 und die von Oldsmobile 1934 in den USA eingeführte vordere Einzelradaufhängung mit Querlenkern und Schraubenfedern, — ein Jahr nach dem Mercedes 380. Die Anfang der dreißiger Jahre üblichen hydraulischen Hebelstoßdämpfer machten bis zum Ende des Jahrzehnts den Teleskopdämpfern Platz. Nur zögernde Verwendung fand die hydraulische Bremse. Nach den Pionierfirmen Chrysler, Graham-Paige und Franklin noch Ende der zwanziger Jahre folgte General Motors 1934, Ford erst 1939.
Nachdem Prosper L'Orange, Ingenieur bei Benz & Cie. in Mannheim, die Konstruktion kleiner Einspritzpumpen gelungen war, die die von den Diesel-Stationärmotoren bekannte Lufteinblasung überflüssig machten, begannen Benz und M.A.N. 1924 mit dem Bau von Diesel-Lastwagen. Zwölf Jahre später brachte Daimler-Benz den ersten serienmäßig hergestellten Diesel-Pkw heraus, gefolgt von Citroen 1937/38 und Hanomag 1938. Der Dieselmotor spielte im Pkw-Bau bis zur Energiekrise 1973/74 trotz seines höheren Wirkungsgrads eine untergeordnete Rolle, weil er lauter, drehzahlträger, schwerer und teurer in der Herstellung war als der vergleichbare Benzinmotor.
Zu einer anderen deutschen Spezialität stieg der Zweitaktmotor auf. Mit ihm hatte zwar der allgemeine Motorenbau begonnen, doch verlor er im Auto- und Motorradbau wegen der Vorteile und Entwicklungsmöglichkeiten des Viertaktmotors an Bedeutung. Die wirtschaftlichen Verhältnisse nach dem Ersten Weltkrieg rückten den Zweitaktmotor wieder ins Blickfeld. Der Däne Jörgen Skafte Rasmussen hatte mit seinen DKW-Motorrädern so viel Erfolg, daß er 1928 den Schritt zum Zweitakt-Pkw wagte. DKW blieb bis 1940 der einzige große Anbieter von Zweitakt-Personenwagen.
Während der dreißiger Jahre gelang der deutschen Autoindustrie der Anschluß an den Weltstandard und die Führung auf den Teilgebieten Rennwagenbau, Diesel- und Zweitaktmotoren und — zusammen mit den Franzosen — Fahrwerksauslegung. Unübersehbar allerdings war der amerikanische Einfluß bei der Formgebung. Auch rein deutsche Firmen wie Audi und Wanderer gaben ihre marken-

Vorläufer der selbsttragenden Karosserie. — Viele Firmen versuchten, die Stabilität des Unterbaus zu erhöhen und gleichzeitig Gewicht und Herstellungskosten zu vermindern. Oben: genieteter Rahmen-cum-Karosserieunterteil des Hansa 1906 nach französischem Vorbild; unten: letzte Entwicklungsstufe von J. A. Grégoire 1955 (nach Amilcar Compound 1937 und Dyna Panhard 1954). Grégoire wollte mit der halb- die Nachteile der voll-selbsttragenden Karosserie vermeiden. Bemerkenswerte Einzelheiten sind Leichtmetallguß, Frontantrieb, Boxermotor, Kompressor und Zahnstangenlenkung.

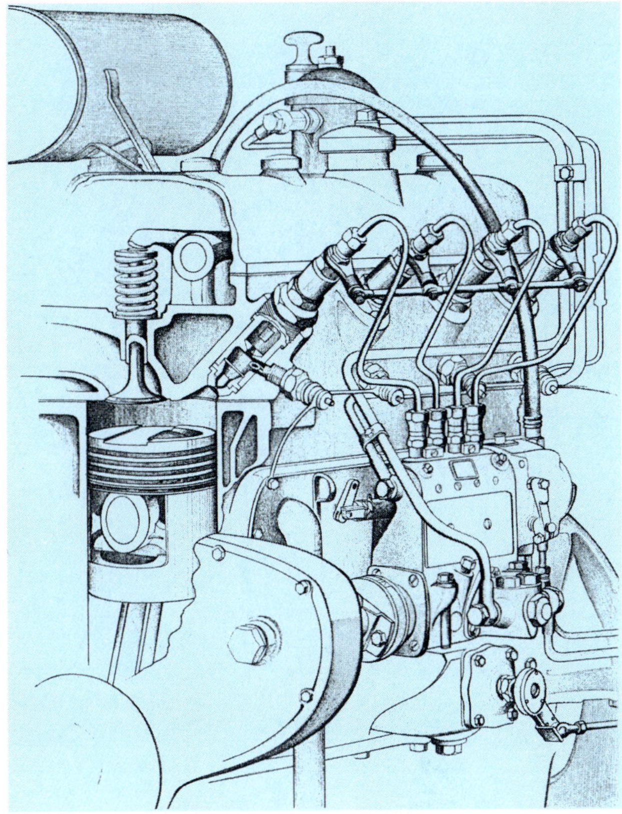

Neuland. — Einspritzseite des im Mercedes 260 D eingebauten Vorkammer-Dieselmotors. Das Gewicht des kompletten Wagens betrug 1 750 kg gegenüber 1 430 kg beim MB 230, der Kraftstoffverbrauch aber nur 9,5 l/100 km gegenüber 13,1 l/100 km ($\frac{2}{3}\,v_{max} + 10\,\%$; 4 Zylinder, 2 545 cm^3, 45 PS bzw. 33 kW).

Aufgegebene Individualität. — In erster Linie für den Export gedacht war der Audi 920 von 1939. Außer der formalen Ähnlichkeit zum Chevrolet 1938 ging Audi nach den von 1932 bis 1938 gebauten Frontantriebstypen beim 920 wieder auf Hinterradantrieb über, um draußen besser gegen die Amerikaner konkurrieren zu können. Der Wagen mit Gläser-Karosserie, Dresden, befindet sich im Automuseum Tremsbüttel (6 Zylinder, 3 281 cm^3, 75 PS bzw. 55 kW).

American Grilles: Ende der dreißiger Jahre war der vorläufige Endpunkt der Vorderwagen-Gestaltung erreicht: stark gerundete Motorhauben, vorfallende Schürzen und Scheinwerfer auf dem Weg in die Kotflügel. Variationen des GM-Stylings ab 1937 tauchten auch in Europa auf. Als Beispiel ein Chenard & Walcker von 1938.

spezifische Individualität auf und kopierten Stilmerkmale aus Detroit, um auf den Exportmärkten erfolgreicher konkurrieren zu können, eine von Opel und Ford (Köln) schon lange geübte Praxis.
Fortschrittliche Technik und die Rennsiege der Silberpfeile von Mercedes und Auto-Union hoben das Ansehen deutscher Autos im Ausland. Der Autobahnbau und administrative Maßnahmen der Reichsregierung ab 1933 belebten den Inlandsabsatz, so daß Deutschland die Franzosen 1938 in der Produktion überflügeln konnte und mit 176 800 Pkw hinter England und den USA den dritten Platz in der Weltrangliste einnahm. Dazu trugen jedoch auch Dumping-Preise und Subventionen bei, mit denen sich die NS-Machthaber die benötigten Devisen für die Aufrüstung beschafften.

Stillstand und Rückschritt (1941 bis 1945)

Der Zweite Weltkrieg wirkte sich naturgemäß auf Weiterentwicklung und Produktion von Peronenwagen aus: Beides kam zum Erliegen. Intellekt, Kapital, Zeit und Rohstoffe flossen in die Kriegswirtschaften der einzelnen Länder.
Dieser Krieg brachte einen neuen Fahrzeugtyp hervor: den Jeep. Die American Bantam Co. lieferte 1940 gemäß Ausschreibungsbedingungen einige von Karl Knight Probst konstruierte Vielzweckfahrzeuge an das US War Production Office, das anschließend Großaufträge an Bantam, Willys-Overland und Ford vergab. Das General Purpose Vehicle, dessen Kürzel GP sich in der Soldatensprache zu Jeep abschliff, stellte eine neue Fahrzeuggattung dar: Antriebstechnik und Geländetüchtigkeit von Militärlastwagen auf der einen, Abmessungen und Betriebskosten von Personenwagen auf der anderen Seite. Der US-Jeep war Ausgangspunkt für die Entwicklung von leichten, vierradgetriebenen Militär- und später Freizeitfahrzeugen in aller Welt.
Kaum minder zuverlässig war der von Ferdinand Porsche 1939 entwickelte Kübelwagen. Er unterschied sich vom Ausgangsmodell, dem KdF-Wagen, durch eine offene Karosserie und ein höher gesetztes Fahrwerk. Sein geringes Gewicht und die Heckmotoranordnung glichen den fehlenden Vierradantrieb aus. 1941 kam noch ein schwimmfähiger Geländewagen hinzu.
Mit längerer Kriegsdauer verschlechterte sich besonders in Deutschland und in den von deutschen Truppen besetzten Ländern die Kraftstoffversorgung. Außer dem Flüssiggas erlebte der vom Volksmund Holzvergaser oder einfach „Imbert" genannte Fahrzeuggenerator einen ungeahnten Aufschwung. Georg Imbert war keineswegs der Erfinder oder der alleinige Hersteller des Fahrzeuggenerators, doch gehen auf ihn und auf Johannes Linneborn, der 1931 die Imbert-Lizenzen für Deutschland erworben hatte, die wichtigsten Anstöße zur Weiterentwicklung zurück. Obwohl Technik und Wirtschaft den Fahrzeuggenerator wegen seiner niedrigeren Motorleistung, seines schlechteren Wirkungsgrads und wegen seiner umständlicheren Handhabung als technischen Rückschritt einstuften, war er der einzige funktionierende Alternativantrieb in Gebieten mit fehlender oder zerstörter Kraftstoffversorgung.

Höhepunkt und Ende der Heckmotor-Ära (1946 bis 1978)

Nach Kriegsende im Mai 1945 waren in den beteiligten Ländern außer in den USA die Auto- und Zu-

Jeeps für Militär und Freizeit. — Links der für die Streitkräfte konstruierte Jeep, gebaut 1939 bis 1945. Konventionelle Technik mit Ausnahme des Vierradantriebs und der hydraulischen Bremse. Sein 2,2-Liter-Vierzylindermotor leistete 54 PS (40 kW), Gewicht 1 112 kg. 1948 wertete Willys-Overland den Jeep zu dem Jeepster auf, einem viersitzigen Roadster mit fröhlichen Farben. Er war das erste Freizeit/Gelände-Auto (mit Vierradantrieb). Rechts: 1962 folgte die Wagoneer-Baureihe, ab 1966 ähnliche Freizeit-Autos von Ford (USA), Chevrolet und Range-Rover (1970).

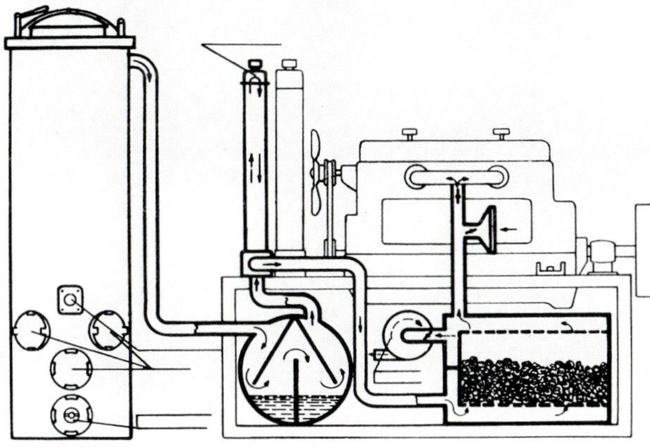

Holzgasanlage. — Letzte Entwicklungsstufe des Imbert-Holzvergasers und in großen Serien gebaut: Generator, Absitzbehälter mit sattelförmigen Prallblechen und Wasservorrat, Anfachgebläse und Nachreiniger (von links). Neben dem Motor-Wasserkühler befand sich der Gaskühler, der je nach Einbauverhältnissen mit Absitzbehälter und Nachreiniger in einer Baueinheit geliefert werden konnte.

Volkswagen-Kübelwagen 1942: Der Typ 82 war ein leichter, geländegängiger Pkw mit zwei angetriebenen (Hinter-)Rädern (le.gl. Pkw 4 × 2). Technische Auslegung wie KdF-, später Volkswagen, keine hydraulischen Bremsen (4-Zylinder-Boxer, 985 cm^3, 23,5 PS bzw. 17,3 kW, Gewicht 725 kg).

lieferfabriken durch Bomben mehr oder minder zerstört. Es herrschte Mangel an Kraftstoffen, an Gummi, an Stahl und an Arbeitskräften. Trotzdem kamen noch 1945 die ersten Neufahrzeuge zur Auslieferung, sogar im besetzten und in vier Zonen geteilten Deutschland: Das unter englischer Verwaltung stehende Volkswagenwerk montierte aus Restbeständen bis Jahresende 539 Kübelwagen und 754 KdF-(Kraft-durch-Freude-)Wagen, nun wieder unter der Bezeichnung Volkswagen.
Die Nationalsozialisten hatten den Volkswagen als Propagandavehikel zur Legitimierung von Politik, Weltmachtanspruch und Autobahnbau benutzt. Den Konstrukteur, Ferdinand Porsche, stilisierten NS-

Frühe Ausgabe. — Wie man ihn kennt: Der Käfer von 1952 mit Brezelfenster, lärmiger Maschine, schlechter Heizung und Batterie im Innenraum, wie in den zwanziger Jahren. Hohe Verarbeitungsqualität und luftundurchlässige Türdichtungen vermittelten Burgmentalität, obwohl man sich im Käfer ganz gewiß nicht sicher fühlen konnte (4-Zylinder-Boxer, 1 131 cm^3, 25 PS bzw. 18 kW).

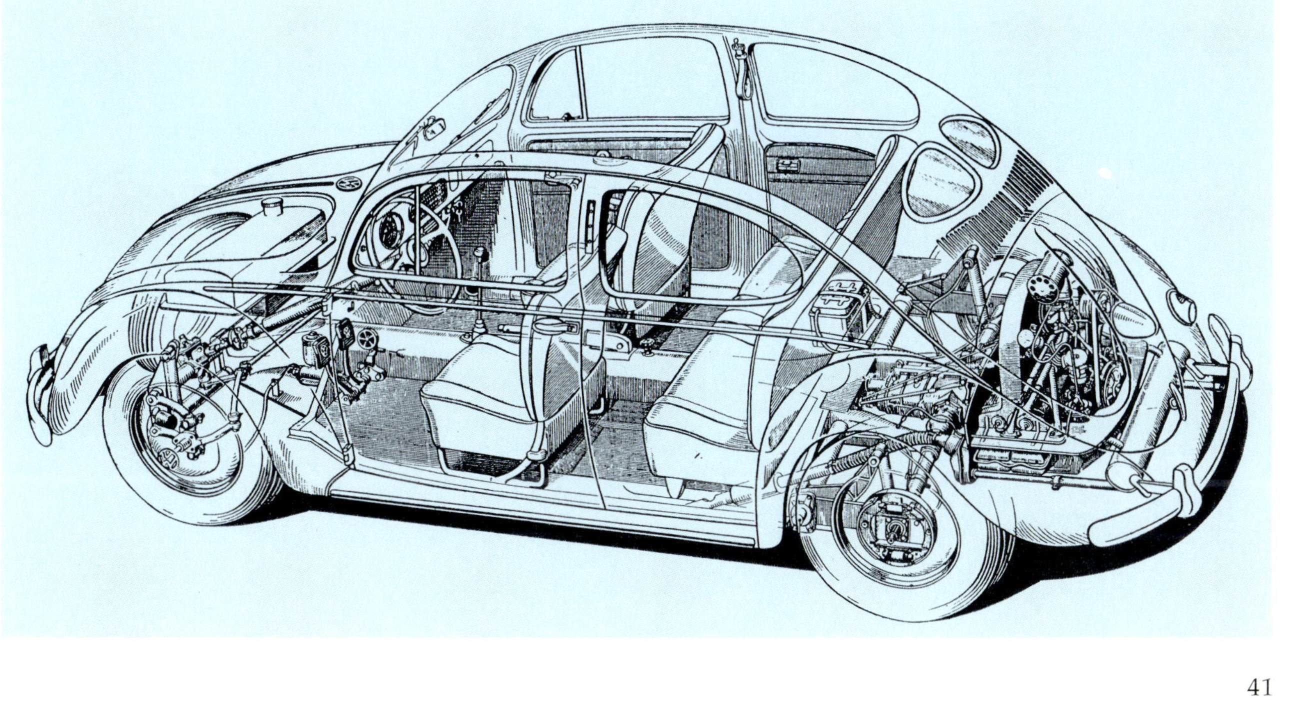

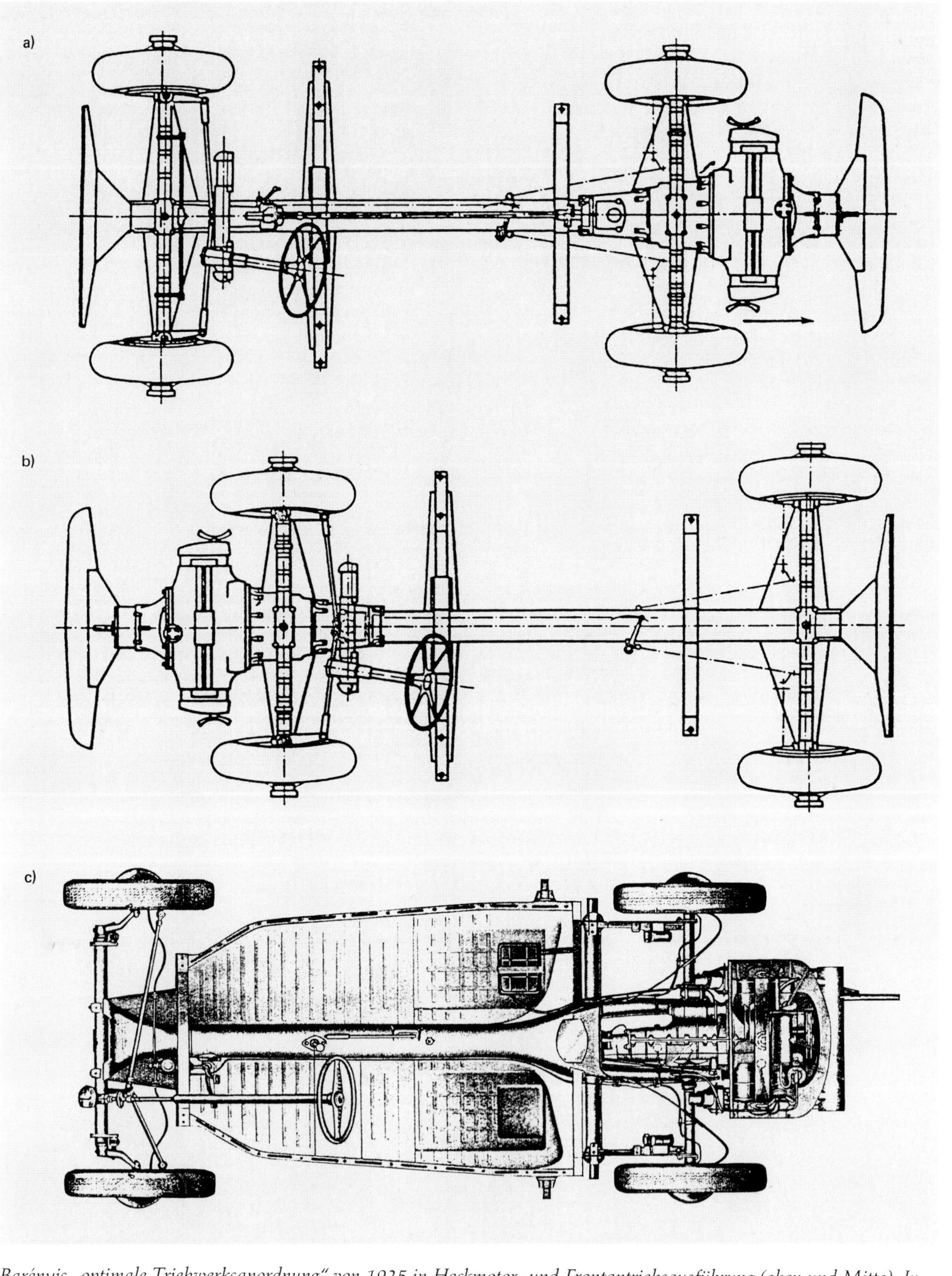

Barényis „optimale Triebwerksanordnung" von 1925 in Heckmotor- und Frontantriebsausführung (oben und Mitte). In beiden Fällen Zentralrohrrahmen; Querblattfedern; Stoßschutz vorn und hinten und zurückversetzte Zahnstangenlenkung. Wagen wurden nach diesen Entwürfen nicht gebaut.
Unten: VW-Fahrwerk mit Plattformrahmen (Zentralrohr mit angeschweißten Blechen), Drehstabfedern und Lenkspieß, der auch bei anderen Autos anzutreffen war (Ausführung 1952).

und Nachkriegspresse zum Genie; an dieser Beurteilung fand Porsche selbst sicherlich kein Gefallen. Nach dem Krieg galt der VW als Symbol des sogenannten deutschen Wirtschaftswunders. Als Exportlokomotive holte er Devisen millionenfach ins Land und festigte den Ruf deutscher Qualitätsautos im Ausland. Der VW war wichtig für die Autogeschichte, er war nicht unwichtig für die jüngere deutsche Geschichte.

Die Motorisierung breiter Volksschichten hielt Hitler für eine der Maßnahmen, die Arbeitslosigkeit zu beseitigen und die Wirtschaft anzukurbeln. Da die deutschen Autohersteller seiner Meinung nach ein geeignetes Auto nicht anboten, beauftragte er den Reichsverband der Automobilindustrie (RDA), Vorschläge zur Konstruktion eines solchen Autos zu machen. Der Gestehungspreis sollte nicht mehr als 900 Mark bei einer Serie von 50 000 Stück betragen.

Die im RDA vertretenen Firmen konnten sich weder über die technische Auslegung eines zukünftigen Volkswagens einigen noch Interesse an einem Konkurrenzprodukt haben. Sie sahen sich auch im Hinblick auf Großserie und Herstellungspreis überfordert. Einen Ausweg meinten sie mit der Auftragsvergabe an ein unabhängiges Ingenieurbüro zu sehen. Weil die zur Diskussion stehenden Ingenieure Josef Ganz und Edmund Rumpler jüdischer Abstammung waren, schloß der RDA 1934 mit dem Konstruktionsbüro Porsche einen entsprechenden Vertrag ab.

Wie auch schon bei den VW-Vorläufern Zündapp und NSU entschied sich Porsche für das von Josef Ganz unermüdlich gepriesene Heckmotor-Konzept, wählte aber die von Barényi 1925 vorgeschlagene „optimale Triebwerksanordnung“: hinter der Hinterachse angeordneter Vierzylinder-Boxermotor mit längsliegender Kurbelwelle und Luftkühlung, Getriebe vor der Hinterachse, Differential zwischen Motor und Getriebe. Die Übernahme fremder Anregungen kann Porsche nicht zum Vorwurf gemacht werden und hätte nicht zu einem Rechtsstreit führen müssen, zumal Barényis Vorschläge nicht geschützt waren.

Der Kriegsausbruch verhinderte den für Ende 1939 vorgesehenen Produktionsbeginn. Dafür setzte der Volkswagen unter veränderten politischen und wirtschaftlichen Verhältnissen nach dem Krieg zu einem Höhenflug an, der jeden überraschte. Er überrundete mit 15 007 034 gebauten Einheiten 1972 schließlich auch den bisherigen Rekordhalter Ford T.

Kaum weniger bedeutsam ist seine soziale und technische Bedeutung. Der Volkswagen — vor ihm der Ford T in Amerika — machte den Besitz eines Autos zu einer alltäglichen Sache. Wohl exportierte Ford das T-Modell in alle Welt, doch blieb es dem Volkswagen vorbehalten, eine geänderte Einstellung des Käufermarktes hervorzurufen: Der Beetle, wie ihn die Amerikaner beziehungsreich nannten, löste im Autoland USA eine Anti-US-Wagen-Stimmung aus. Kaum weniger erstaunlich ist, daß der ursprünglich für gleichgeschaltete Volksgenossen gedachte Volkswagen Auslöser der Individualität voraussetzenden Fun-Explosion auf Rädern war.

In einer kürzlich erschienenen Publikation stellt Ernst Fiala die Frage, ob der Käfer eine geniale Konstruktion gewesen sei. Die Frage kann verneint wer-

Spielobjekt Auto: Mit zunehmendem Wohlstand in den Industrieländern und immer komfortableren Serienwagen wuchs die Sehnsucht nach Ausbrüchen aus der automobilen Einheitsgesellschaft. Trotz der Mißbilligung aus Wolfsburg bauten sich amerikanische Bastler auf verkürzten Käfer-Fahrwerken Dune Buggies, aus denen sich wenig später Freizeitautos mit meist nostalgischer Formgebung entwickelten. — Mädchenfalle von Gazelle (USA) auf VW-Käferbasis um 1980.

den, ohne Porsches Leistungen zu mindern, denn die Auslegung stammt ja nicht von ihm. Hätte er das zur gleichen Zeit von Barényi vorgeschlagene Frontantriebskonzept verwirklicht, wie z. B. Citroen mit dem GS von 1970, wäre Porsche ein wahrhaft genialischer Streich gelungen.

Mit alljährlich durchgeführten Modellverbesserungen merzte das Volkswagenwerk unter Heinrich Nordhoff einige der Unzulänglichkeiten aus, wenn auch recht spät: hydraulische Bremse 1950, verbesserte und nicht mehr gesundheitsschädliche Heizung ab 1951, synchronisiertes Getriebe 1952, Lenkrad mit versenkter Nabe 1959, entschärfte Lenksäule statt Lenkspieß 1967, Doppelgelenk-Hinterachse 1968, platzsparende Vorderradaufhängung durch MacPherson-Federbeine 1970. Die Verbesserungen verhalfen dem Käfer zu größerer aktiver und passiver Sicherheit und machten aus ihm trotz der rückständigen Ausgangsposition ein verläßliches Alltagsauto.

Die Erfolge der Europa-Importe unter Führung des Volkswagens veranlaßten die damals drei größten

Chevrolet Corvair 1959 bis 1969. Oben: Ein im Autobau ungewöhnlicher 6-Zylinder-Boxermotor aus Leichtmetall (wollte Chevrolet einen Familien-Porsche bauen?) zusammen mit Heckmotoranordnung und Pendelachsen waren wohl doch nicht das richtige Konzept für ein Massenauto. Verbraucheranwalt Nader bescheinigte dem Corvair „dangerous handling". Der daneben geparkte Käfer läßt grüßen.
Unten: technische Auslegung (Corvair 1965 bis 1969, 6 Zylinder, 2 684 cm³, 142 PS bzw. 104 kW).

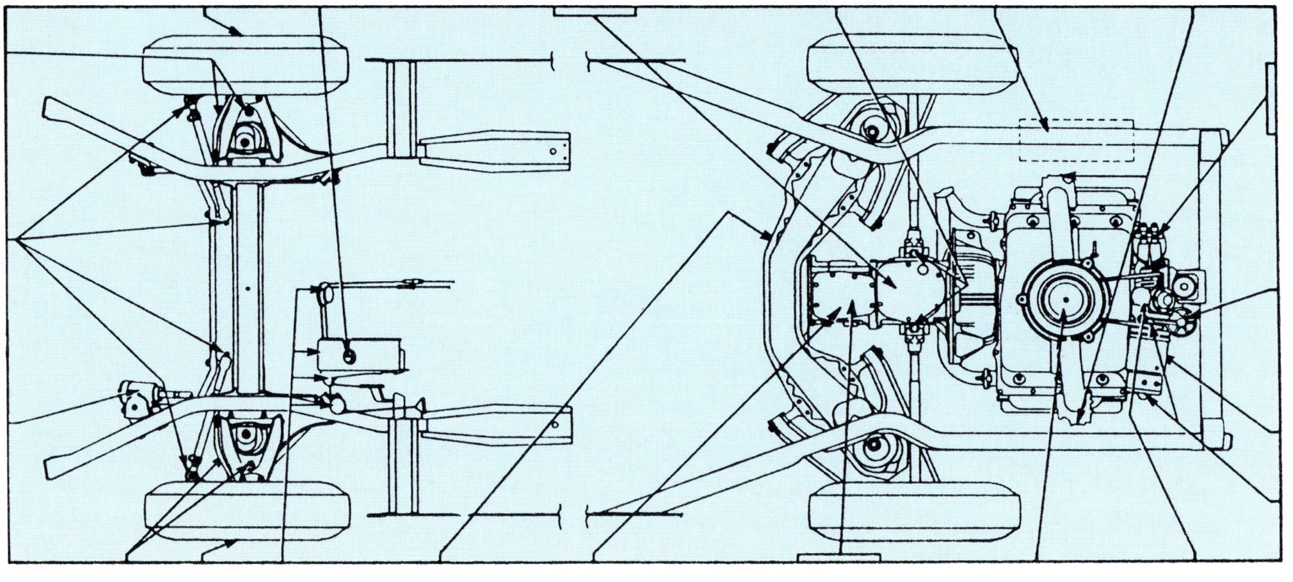

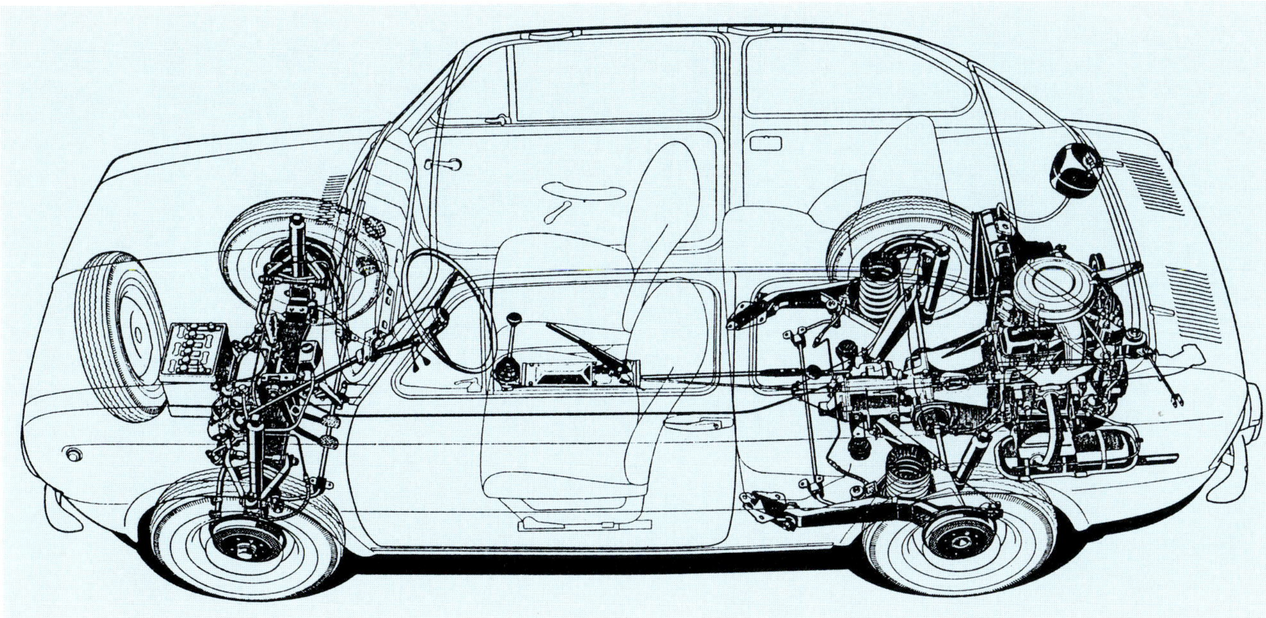

Der FIAT 850 kam zu einem Zeitpunkt auf den Markt, als sich der Frontantrieb bei europäischen Klein- und Mittelklassewagen durchzusetzen begann. „Man hätte erwarten können, daß ein so großer Produzent wie FIAT beim Entwurf eines so neuen Wagens etwas weiter in die Zukunft blickte", kommentierte die Motor Rundschau 1964 (Heft 11, 539) den Neuankömmling und meinte vielleicht auch andere Autohersteller. Ein weit hinten angeordneter Reihenmotor mit zusätzlichem Gewicht von Wasserkühlung und Kraftstofftank ließen den Wagen kräftig übersteuern (4 Zylinder, 843 cm³, 34 PS bzw. 25 kW).

Autokonzerne der Welt, General Motors, Ford und Chrysler, Ende 1959 Compact Cars herauszubringen. Europäische Einflüsse in Formgebung und Technik waren unübersehbar. Der Corvair von Chevrolet folgte gar dem VW-Konzept mit luftgekühltem Boxermotor im Heck. Der Vorgang ist bemerkenswert insofern, als es selten einen Serien- und nie einen amerikanischen Großserienwagen gab, der von der Standardbauweise abwich. Die mächtige US-Autoindustrie kopierte europäische Autos — seit Ende des Ersten Welkriegs war es umgekehrt gewesen. Und schließlich stellte der Corvair dem nach allgemeiner amerikanischer Auffassung unfehlbaren GM-Management ein schlechtes Zeugnis aus: Es übernahm ein Fahrzeugkonzept, das bereits Ende der dreißiger Jahre als überholt galt.

Schon damals war bekannt, daß Heckmotorwagen nicht die Fahrsicherheit von Fronttrieblern bieten können. Dennoch brachten in den vierziger bis sechziger Jahren außer Chevrolet auch Renault, Hillman, FIAT, Simca, Skoda und NSU Klein- und Mittelklassewagen mit Heckmotor heraus in der Hoffnung, am Erfolg des VW teilhaben zu können. So betrachtet hat der Volkswagen die Entwicklung fahrsicherer Massenautos um ein bis zwei Jahrzehnte verzögert.

Bei dem stärker motorisierten und schnelleren Corvair traten die Nachteile der Heckmotorauslegung deutlicher zutage als bei den schwächeren europäischen Wagen. Der schwere Motor (176 kg; VW etwa 110 kg mit Auspuff), die Pendelachse hinten, zu

Der Ostblock, seit 1945 im Pkw-Bau technisch zurückgefallen, beeilte sich, den Anschluß an die Heckmotorbauweise herzustellen. Oben: 1980 Skoda 105 aus der CSSR mit wassergekühltem Reihenvierzylindermotor; unten: Saporoshez aus der UdSSR, etwa 1980, mit V4-Motor und dem beziehungsreichen Spitznamen „Volksfiatowitsch".

Fröhliche Urständ: Seit einigen Jahren gibt es in Frankreich und in Italien „dank" entsprechender Gesetzgebung wieder mehr Fahrmaschinen mit dem Motor hinten. Deren Höchstgeschwindigkeiten sind auf 45 km/h bis 50 km/h beschränkt, so daß in diesem Fall die Heckmotorauslegung eher Vorteile hat (1979 Erad/F, 1-Zylinder-Sachs-Zweitaktmotor, 47 cm³, 3 PS bzw. 2,2 kW).

schwache Stoßdämpfer und Diagonalreifen befrachteten den „Family Sedan" mit dem „Easy Handling" (GM-Werbung) mit mangelnden Geradeauslaufeigenschaften, Seitenwindempfindlichkeit und übergangslosem Übersteuern. Das plötzliche Ausbrechen des Hecks bei schärferer Kurvenfahrt oder beim Ausweichen vor Hindernissen überforderte den defensiv fahrenden Amerikaner. Corvair-typische Überschläge nagten am GM-Image.
Der bis dahin unbekannte Anwalt Ralph Nader stellte den Corvair und den Käfer in den Mittelpunkt öffentlich geübter Kritik. Bei Chevrolet gingen die Verkäufe des Corvair von 235 528 Einheiten 1965, dem Erscheinungsjahr von Naders (Anklage-) Buch „Unsafe at Any Speed", auf 15 399 Einheiten 1968 zurück. Volkswagen konnte die Verkaufszahlen zunächst steigern und fiel erst 1970 zurück, auch aus anderen Gründen.
Chevrolet und Volkswagen hatten ungewollt eine Wandlung des Verbraucherbewußtseins herbeigeführt. Ein immer kritischer werdendes Publikum war nicht mehr ohne weiteres bereit, überholte Konstruktionsprinzipien, technische Mängel oder Verarbeitungsfehler hinzunehmen. Die Autowerke mußten die schmerzliche Erfahrung von Rückrufaktionen machen. Nebenbei war für einen hohen Entwicklungsaufwand und Blutzoll unnötigerweise noch einmal bewiesen worden, daß die Heckmotoranordnung für Familienautos mit höheren Geschwindigkeiten nicht geeignet ist, weil weder aktive noch passive Sicherheit dem Erkenntnisstand entsprechen.
Der Käfer überlebte den Ford T (Produktionsdauer

Käfer verkehrt: Um einige Jahrzehnte zu spät brachte VW (Brasilien) einen Wagen heraus, wie er 1934 hätte konstruiert werden müssen: luftgekühlter Boxermotor vor der Vorderachse, das Getriebe dahinter und das Differential dazwischen (VW Gol von 1980, 4-Zylinder-Boxer, 1 285 cm³, 42 PS bzw. 31 kW).

19 Jahre) den Chevrolet Corvair und die im eigenen Haus gebauten Heckmotor-Modelle 1500/1600/411/412 (1961 bis 1974). Er wird in Mexiko und Brasilien noch immer gebaut, mit der Technik der dreißiger Jahre: Drehstabfedern vorn, Pendelachse hinten, Vorderradaufhängung ohne negativen Lenkrollradius.

Aufbruch zur modernen Autotechnik (1946 bis 1959)

Noch einmal sei die Zeit der frühen Nachkriegsjahre beleuchtet. Europäer und Amerikaner brachten ihre Vorkriegsmodelle in kaum veränderter Form 1946 auf den Markt. Gegenüber den US-Wagen mit in den Kotflügeln versenkten Scheinwerfern, breiten Chromgrills und in die Karosserieform einbezogenen, von außen zugänglichen Kofferräumen wirkten die europäischen Autos mit freistehenden Scheinwerfern und aufragenden Kühlermasken veraltet. Doch verbarg sich zumindest bei französischen und deutschen Autos meist ein fortschrittlicheres Fahrwerk unter dem Blech.

In der autolosen Kriegszeit hatte sich ein Teil der Amerikaner mit der Dynamik und Form der Kampfflugzeuge identifiziert. Um das aufgestaute Potential in Kaufanreize umzuwandeln, versahen Studebaker, Tucker und Ford (USA) die Vorderwagen mit flugzeugähnlicher Gestaltung. Als das Thema erschöpft war, modelten die Styling-Abteilungen die Leitwerke von Düsenflugzeugen — Symbol des Aufbruchs in eine neue Epoche — zu Heckflossen an Autos um. Einige europäische Werke übernahmen die Torheit. Amerikanisches Styling hatte nun schon Tradition in der Alten Welt.

Optimismus und Aufbruchstimmung der amerikanischen Autoindustrie spiegelten sich am augenfälligsten in den Dream Cars wieder. Die vom General Motors Styling Centre unter Harley Earl in Blech und Chrom transformierten Visionen zukünftiger Personenautos sollten die Reaktion des Käuferpublikums auf zumeist stilistische Neuerungen testen. Derweil fanden Drehstabfedern, V8-Motoren und automatische Getriebe Eingang in den Serienwagenbau. Chrysler führte in den USA den Hemi ein, einen Kurzhub-V8 mit hemisphärischen Verbrennungsräumen. Reihenmotoren mit diesem Kennzeichen waren seit Jahrzehnten in Europa bekannt: Peugeot- und Ballot-Rennwagenmotoren nach Ernest Henry ab 1912, Riley ab 1929, BMW 327/328 von 1937, Peugeot 203 von 1948. 1940 bot Oldsmobile erstmals einen Serienwagen mit Schaltautomat an, 1950 entschieden sich bereits 50% aller amerikanischen Käufer für eine Automatik.

Andere Sorgen hatte man in Europa, besonders in Deutschland. Dort war durch die mehrjährige politische Isolation wie nach dem Ersten Weltkrieg der Anschluß an den Weltstandard verlorengegangen. Nachdem der in den dreißiger Jahren auf einigen Gebieten vorweisbare technische Vorsprung Ende der vierziger Jahre zusammengeschmolzen war, mußten deutsche Auto- und Zulieferwerke wiederum Anleihen im Ausland aufnehmen und Lizenzen erwerben.

Borgward orientierte sich bei der Formgebung neuer Nachkriegsautos am amerikanischen Kaiser von 1947. Teves bot, z.T. vergeblich, der deutschen Autoindustrie Ventildrehvorrichtungen (Rotocaps), hydraulische Ventilstößel und Bremsservogeräte nach US-Lizenzen an. Ford-Köln übernahm erst 1957 das von Ford-England in den Autobau eingeführte Federbein nach Earl MacPherson. Borgward versuchte, ab 1950 ein automatisches Getriebe nach englischen Hobbs-Lizenzen in die europäische Mittelklasse einzuführen.

Anerkennung verdient die Weiterentwicklung von den schon traditionell zu nennenden Teilgebieten Diesel- und Zweitaktmotoren. Jeweils zusammen mit Bosch bauten Goliath und Gutbrod Benzin-Einspritzanlagen für Zweitakter (1951), Mercedes und Borgward für Viertaktmotoren (1952 Sport/1955 Serie). Die Benzineinspritzung war seit 1884 im allgemeinen Motorenbau, seit 1934 bei Viertakt-Flugmotoren bekannt.

Bedeutsame Anstöße kamen aus Frankreich und England. Michelin hatte bis Ende der vierziger Jahre einen Reifen mit radial geführten Cordfäden und einem darübergelegten Gürtel aus Stahlcordeinlage entwickelt. Gürtel- oder Radialreifen, erstmals beim Citroen 2 CV des Baujahrs 1949 aufgezogen, verfügen über höhere Seitenführungskräfte, ausreichende Wintereigenschaften, längere Lebensdauer und einen besseren Abrollkomfort bei entsprechend ausgelegtem Fahrwerk. Der Michelin-Gürtelreifen sicherte der französischen Reifenindustrie und den französischen Autos, was Komfort und Straßenlage betrifft, einen fast zwanzigjährigen Vorsprung.

Aufsehen erregte der Jaguar-Sieg im 24-Stunden-Rennen von Le Mans 1953, errungen mit Girling-Teilbelag-Scheibenbremsen nach Dunlop-Lizenz. Die Piloten konnten die Kurven schneller anfahren, weil sie mit den wirksameren und fading-unempfindlichen Scheibenbremsen erst später zu bremsen brauchten als die Konkurrenten mit Trommelbremsen. Der Jaguar-Sieg verhalf der Scheibenbremse nach Jahrzehnten eher halbherziger Bemühungen der Bremsen- und Autofirmen zum Durchbruch im Renn- und später im Personenwagenbau. Sie geht auf eine Erfindung von Frederick Lanchester 1902 zurück.

1955 überraschte Citroen die Besucher des Pariser Salons mit dem formal und technisch außergewöhnlichen Modell DS. Es hatte Frontantrieb, einen günstigen Luftwiderstandsbeiwert, Scheibenbremsen eigener Konstruktion an den Vorderrädern und ein Zentralhydraulik-System, das Servounterstützung für Kupplung, Gangschaltung, Lenkung, Bremse und für das hydropneumatische höhenverstellbare Federungs- und Dämpfungssystem bereitstellte. In-

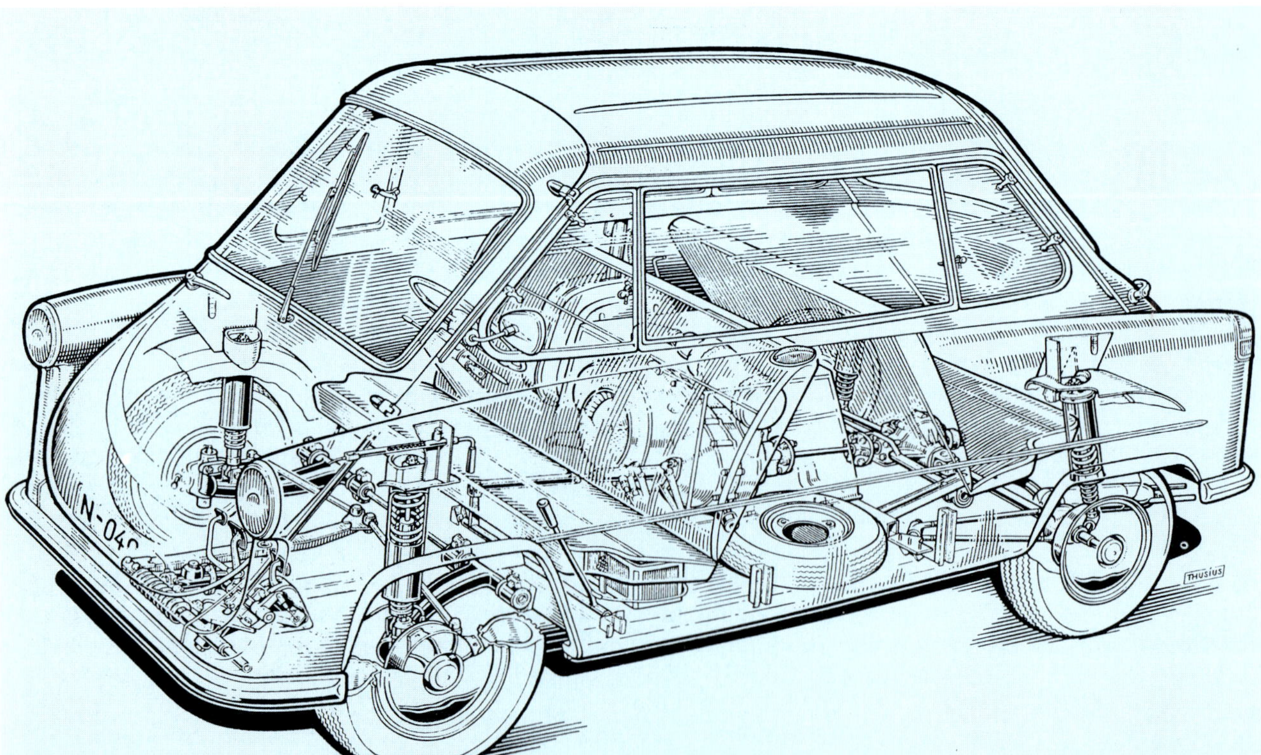

Während sich das verarmte Europa nur langsam wieder zu motorisieren begann, befand sich Amerika nach gewonnenem Krieg im Aufbruch zu neuen Grenzen, zu schließen aus Modellbezeichnungen wie Rocket, Starfire, Starchief oder Skyway und dem Raumfahrzeug-Styling einiger Dreamcars (1951 Le Sabre von GM). — Europäische Wagen wirkten sehr viel bescheidener, boten aber nicht selten fortschrittliche Technik. Ein Beispiel hierfür ist der Zündapp Janus von 1957/58 mit Mittelmotor und Einzelradaufhängung.

Der Buick Centurion 1956 war einer der „gemäßigten" Entwürfe von Harley Earl, GM-„Chiefstylist" von 1927 bis 1958 und heute noch eine Art Nationalheld. Styling mit zerklüfteter Wagenfront, teurer Windschutzscheibe und unfallträchtigem Cockpit rangierte eindeutig vor Funktionalität.

Die Kaiser-Frazer Corp. führte mit ihrem ersten Personenwagen von 1947 die Pontonform im Großserienwagenbau ein, in Vorläuferform seit den zwanziger Jahren von einigen deutschen und französischen Wagen bekannt. Borgward und Singer kopierten die von Howard Darrin entworfene Karosserie mit ihrer ruhigen und harmonischen Linienführung, erreichten aber deren Qualitäten nicht. Oben: 1947 Kaiser, 6 Zylinder, 3 670 cm³, 90 PS (66 kW); unten: 1950 Borgward Hansa 1500, 4 Zylinder, 1 498 cm³, 48 PS (35 kW).

zwischen werden Servobremsen, meist vakuumunterstützt, und hydraulische Servolenkungen zumindest bei größeren Wagen angeboten. Zentralhydraulik, die sich auch beim Einsatz von Schlupfreglern empfiehlt, und hydropneumatische Federung sind außer bei Citroen im Serienwagenbau bis heute nicht anzutreffen.
Die Engländer, führend eher bei Einzelaggregaten wie Scheibenbremse, temperaturgeregelten Kühlerventilatoren und elektrischen Benzinpumpen, stellten mit dem Mini von 1959 das Urmodell des modernen Kleinwagens vor. Mit einigen Tricks — kleine Räder, Einzelradaufhängung, raumsparende Federung, Dämpfung, quergestellter Motor, Frontantrieb — war es Konstrukteur Alec Issigonis von der British Motor Corporation (BMC) gelungen, bei einer Fahrzeuglänge von nur 303 cm Sitzgelegenheiten für vier Personen unterzubringen. Die minimierten Außenabmessungen, der maximierte Innenraum, ein vollwertiger Vierzylindermotor mit genügend Leistung und die ausgezeichneten Fahreigenschaften machten den Mini zum Ausgangspunkt einer neuen Fahrzeuggeneration in der Klein- und Mittelwagenklasse.
Schon vor dem Mini hatte es frontgetriebene Kleinwagen mit Viertaktmotoren gegeben, doch handelte es sich entweder um verkleinerte Ausgaben großer Autos mit Stufenheck oder um Autos mit Zweizylindermotoren. Der Mini dagegen trat mit einem Vierzylindermotor an und wies durch sein Steilheck bewußt auf den Kleinwagen hin. Aus wirtschaftlichen Gründen mußte Issigonis auf einen vorhandenen Reihenmotor zurückgreifen, den er quer einbaute. Die technisch wenig überzeugende Lösung

Unkonventionell: Dank Rolldach, Rollheckklappe, Stahlrohrmöbeln und anderer Maßnahmen wog Citroens 2 CV nur 498 kg (1949).
Frontantrieb, Michelin-Stahlgürtelreifen und miteinander verbundene Vorder- und Hinterradfedern einer Seite verschafften dem französischen Volkswagen — heute noch in Produktion — einen überdurchschnittlichen Fahrkomfort (Ausführung 1951, 2-Zylinder-Boxer, 375 cm³, 9 PS bzw. 6,6 kW).

Hydraulik und Federung. — Citroen vervollständigte die schon vom Vorgänger 15 CV Six an der Hinterachse bekannte hydropneumatische Federung/Dämpfung für die D-Modelle ab 1955. Herzstück der Anlage ist die Ölpumpe 3, Voraussetzung für eine Zentralhydraulik. — 1 Druckregler, 2 Druckölbehälter, 4 und 6 vordere, 12 und 14 hintere Feder- und Dämpfungsaggregate, 5 vorderer, 11 hinterer Stabilisator, 7 Hochdruckspeicher, 8 vorderer, 13 hinterer Niveauregler, 9 Federungszylinder, 10 Druckverteiler.

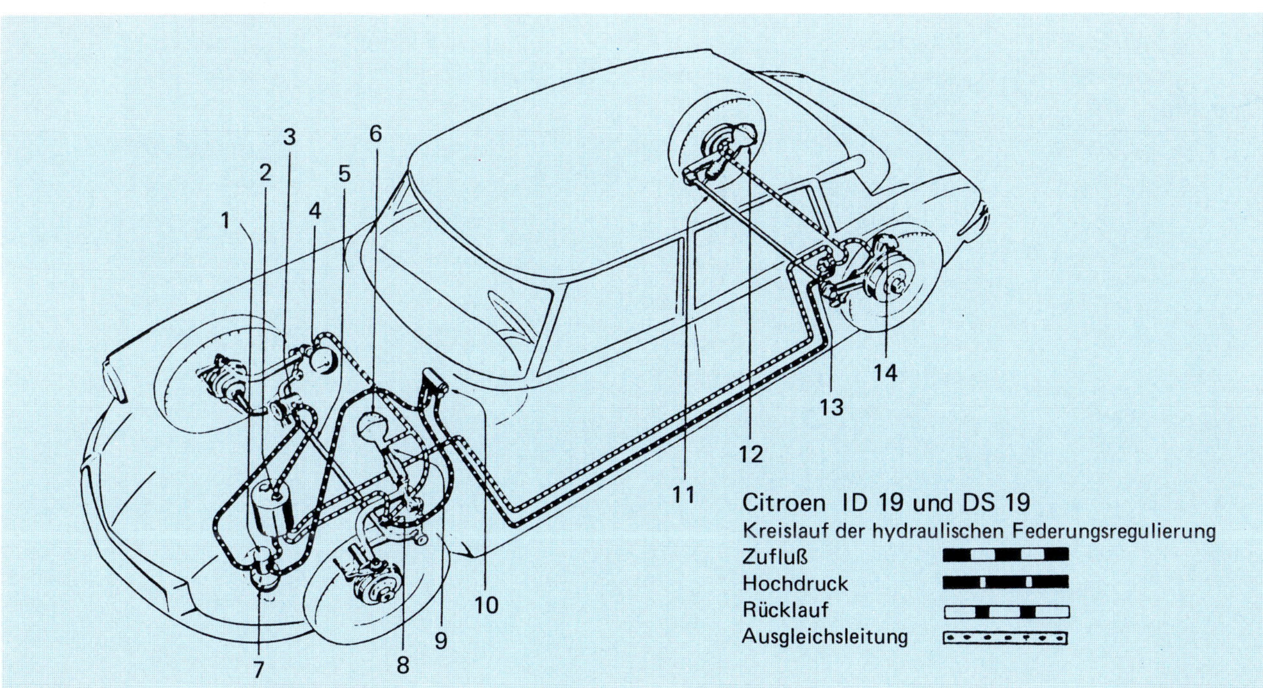

Trendsetter aus England: Unter der Bezeichnung Austin 850 und Morris Mini-Minor brachte die BMC 1959 einen Kleinwagen mit erstaunlich großem Nutzraum bei sehr kompakten Außenabmessungen heraus.

Renault Etoile Filante 1956: Außer Rover, Grégoire/SOCEMA, FIAT, Chrysler und GM beschäftigte sich in den fünfziger Jahren auch Renault mit Gasturbinenantrieben. Im September 1956 riß des Staatsbetriebs Sternschnuppe zwar den Weltrekord für Turbinenfahrzeuge an sich, doch erlosch danach das Interesse an weiterer Entwicklungsarbeit — nomen est omen (Turbomeca-Turbine, 270 PS bzw. 198 kW bei 28 000 min^{-1}, v_{max} = 308 km/h).

fand weitere Verbreitung als die besser geeignete Boxermotoranordnung, die heute von Alfa Romeo, Citroen, Subaru und beim Volkswagenmodell Gol von VW/Brasilien angeboten wird.
Bezeichnend für die Aufbruchstimmung in den fünfziger Jahren war die Beschäftigung mit der Gasturbine. Gegenüber dem Hubkolbenmotor bietet sie einige Vorteile, wie z. B. Vielstoffähigkeit, erschütterungsfreien Lauf und geringen Verschleiß. Doch gelang es bisher nicht, Herstellungskosten und Kraftstoffverbrauch zu senken. Es blieb beim Bau einiger Pkw- und Lkw-Prototypen.

Detailverbesserungen und eine Grunderfindung (1960 bis 1974)

Bereits 1954 hatte die Bundesrepublik Deutschland Frankreich in der Produktion von Personenwagen überholt, 1956 folgte England. Das war erstaunlich, denn gerade Franzosen und Engländer hatten während der fünfziger Jahre die meisten Anstöße zur Verbesserung des Autos gegeben. Daran änderte sich auch wenig, nachdem die deutsche Autoindustrie 1958 die Konsolidierungsphase abgeschlossen hatte und sich stärker am technischen Fortschritt hätte beteiligen können.

Nach Citroen DS und Mini verbesserten ausländische Autohersteller konstruktive Einzelheiten und erhöhten die Alltagstauglichkeit ihrer Fahrzeuge. 1958 überraschte der kleine holländische Hersteller van Doorne die Welt mit dem Kleinwagen Daf 600, der mit einem stufenlosen Keilriemengetriebe ausgerüstet war und keinen einzigen Schmiernippel mehr aufwies. Neuheiten beim Peugeot 404 von 1960 waren rostfreie Zierteile und Stoßstangen, ein von der Kühlwassertemperatur gesteuerter Ventilator und eine (Kugelfischer-)Einspritzanlage (ab 1962), die erste in der Mittelklasse. Renault führte beim R 4 den geschlossenen, wartungsfreien Kühlwasser-Kreislauf ein. Der R 4 von 1961 war zugleich Renaults erster Fronttriebler nach den Heckmotorautos 4 CV und Dauphine.
Chrysler rüstete seine Personenwagen ab 1960 mit der batterieschonenden Wechselstrom-Lichtmaschine aus. Hydraulische Ventilstößel gehörten zum Standard von US-Wagen. Lucas, das englische Gegenstück zu Bosch, bot 1963 Transistor-Zündanlagen an. Den 1,6-l-Hillman Minx konnte man ab 1960 mit einem Getriebeautomaten kaufen, den Renault R 8 zwei Jahre später ebenfalls. BMC führte 1962 beim Morris 1100 eine Gummi-Flüssigkeits-Federung ein; nach Citroen war es ein zweiter Versuch eines Großserienherstellers, von der Stahlfeder abzukommen.

Die Nachfolge des verquollenen Renault 4 CV trat der R 4 von 1961 an, eine nüchterne, aber komfortable Zweckkonstruktion mit Einzelradaufhängung und Frontantrieb. Er hat einen hohen Alltagswert durch fünf Türen und Ladefläche, Wartungsarmut und leicht auswechselbare Blechteile und wird heute noch hergestellt (4 Zylinder, 747 cm³, 19 PS bzw. 14 kW).

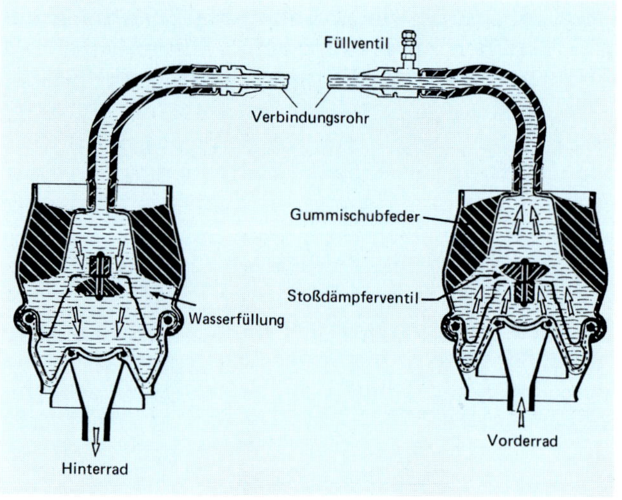

Austin-Morris-Gummischub-Federung. — Das auch als „Whisky-Soda"-Federung bekanntgewordene Hydrolastic-System nach Alex Moulton arbeitet mit einem Wasser-Alkohol-Gemisch, das die Radbewegung auf den Gummikörper überträgt. Die Anlage enthält ein doppeltwirkendes Stoßdämpferventil je Rad und verbindet Vorder- und Hinterrad einer Seite, um Nickschwingungen zu vermeiden.

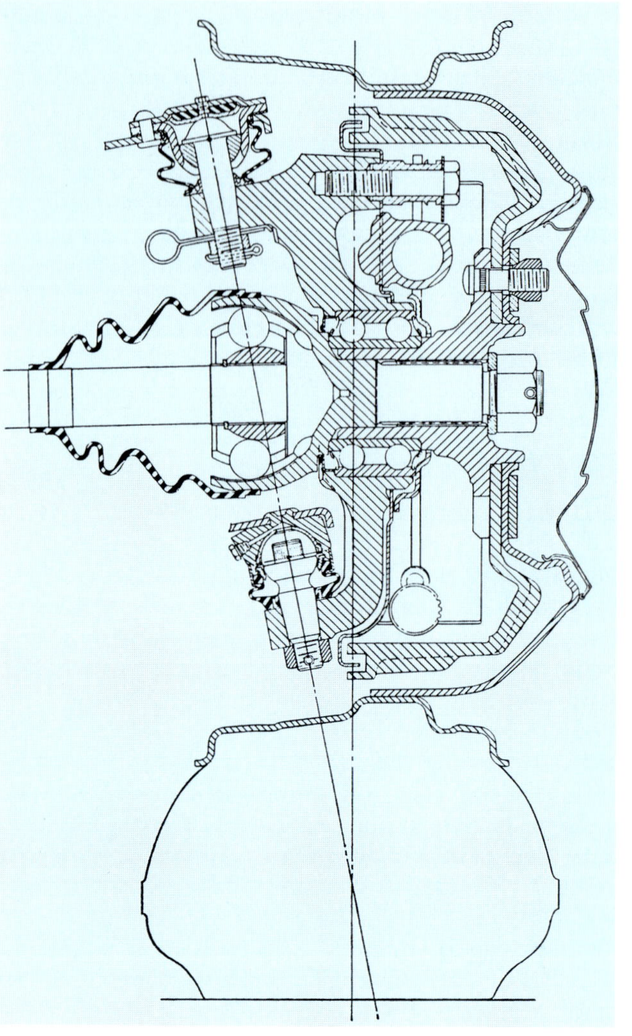

Vorderradaufhängung beim Toronado: Eine der ungewöhnlichen Einzelheiten am Toronado ist der negative Lenkrollradius (NLR). Er soll das Trägheitsmoment des Achsschenkels um die Schwenkachse verringern, gute Geradeauslaufeigenschaften sicherstellen und den Reifenverschleiß herabsetzen. Der Literatur ist nicht zu entnehmen, daß auch das Lenkverhalten beim ungleichmäßigen Bremsen verbessert werden sollte. Von einem NLR im Sinne Ostwalds kann daher nicht gesprochen werden. — Der Wagen hatte noch Trommelbremsen.

Der Lenkrollradius ist der Abstand zwischen dem Schnittpunkt der verlängerten Schwenkachse mit der Fahrbahn und dem Mittelpunkt der Reifenaufstandsellipse auf der Fahrbahn. — Positiver Lenkrollradius: Der Schnittpunkt der Schwenkachse(n) liegt zwischen den Aufstandsellipsen der gelenkten Räder. — Negativer Lenkrollradius: Der Schnittpunkt der Schwenkachse(n) liegt außerhalb der Aufstandsellipsen der gelenkten Räder.

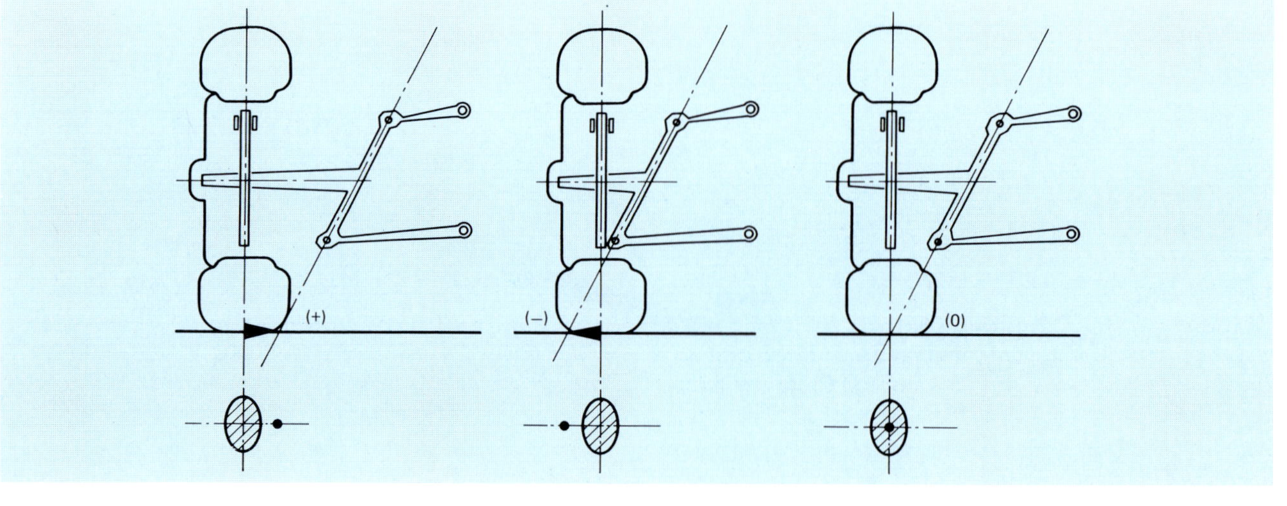

In der Bundesrepublik Deutschland hielten DKW am Zweitakt-System, Daimler-Benz an der Eingelenk-Pendelachse und Volkswagen an der Heckmotoranordnung fest. Die Autohersteller hierzulande führten die Scheibenbremse mit mehrjähriger Verspätung gegenüber ihren englischen und französischen Konkurrenten ein. Lichtblicke waren die Luftfederung beim Borgward 2,3 Liter von 1961 und beim Mercedes 300 ein paar Monate später, der Kunststoff-Zahnriemen bei Glas ab 1962 und das Pagodendach bei den Mercedes-SL-Modellen ab 1963, das auf ein 1956 angemeldetes Patent von Daimler-Benz-Ingenieur Barényi zurückgeht.

Nach der ersten Welle in den dreißiger Jahren und der zweiten Welle in den fünfziger Jahren (Panhard, IFA/Wartburg, Goliath, Gutbrod, Lloyd, BMC) ging die europäische Autoindustrie in größerem Ausmaß auf Frontantrieb über. Zwischen 1961 und 1969 stellten um Renault, Lancia, Ford (Köln), Triumph, Peugeot, Audi, NSU, Simca, FIAT und VW (K 70 von NSU). Zur allgemeinen Überraschung schloß sich 1965 auch ein Amerikaner an: der Oldsmobile Toronado, nach den Autos von Erret Lobban Cord 1929/35 und dem Ruxton von 1929 der vierte US-Serienwagen mit Frontantrieb. Er bewies mit seinen 390 SAE-PS, daß angetriebene Vorderräder nicht nur für kleine und mittelgroße Autos geeignet sind.

Ein nicht sichtbarer Beitrag zur aktiven Sicherheit ist der negative Lenkrollradius (NLR), eine Lenkachskonstruktion, bei der die gedachte Verlängerung der Radaufhängungspunkte (Schwenkachse) bei gelenkten Rädern außerhalb der Radmittellinie liegt mit dem Zweck, bei ungleichmäßig ziehenden Bremsen Schleudern und Ausbrechen des Fahrzeugs zu vermeiden. Diesen Anspruch formulierte erstmals Fritz Ostwald 1958. Hierbei ist anzumerken, daß Vorderradaufhängungen mit außenliegenden Schwenkachsen spätestens seit 1896 bekannt sind. Stets sollten jedoch flatterfreier Lauf, leichtes und stoßfreies Lenken und Lenkungsrückstellung erreicht werden, meist in Verbindung mit den bekannten Achskriterien Sturz, Spur und Spreizung.

Die von Ostwald angesprochenen Autowerke verhielten sich ablehnend, weil sie einen zu hohen Konstruktionsaufwand befürchteten oder das Potential des NLR nicht erkannten. Immerhin rüstete Mercedes Mitte der sechziger Jahre zwei Versuchsfahrzeuge der 300er Klasse mit der neuen Radaufhängung nach Vorgaben von Ostwald aus. Der erste serienmäßige Wagen mit Ostwald-Radaufhängung (Konstruktion Detlef Banholzer) war jedoch der Audi 80 von 1972. Er verfügte außerdem über ein Zweikreis-Bremssystem in Diagonal-Aufteilung. Bei Ausfall eines Bremskreises bleibt das ungebremste Vorderrad lenkfähig, das diagonal liegende ungebremste Hinterrad verhindert ein Ausbrechen des Hecks, der NLR gleicht die schiefziehenden Kräfte aus. Heute kommt kaum noch ein neuer Pkw ohne Ostwald-Radaufhängung auf den Markt.

In den USA wird der betrachtete Zeitraum heute als „decline of innovation" angesehen, mit zwei Ausnahmen. Die GM-Division Pontiac brachte 1961 den Tempest heraus, der mit Vierzylindermotor, selbsttragender Karosserie, am Differential angeflanschtem Getriebe, gekrümmter Antriebswelle statt Kardanwelle und hinterer Pendelachse europäischer geriet als die Importe, denen er das Geschäft verleiden sollte. Fahreigenschaften, Fahrkomfort und Verkauf des von der Auslegung her fortschrittlichen Entwurfs waren so schlecht, daß Pontiac schon 1964 auf die Technik von gestern (Leiterrahmen, Starrachse hinten) zurückgriff und auch nicht vergaß, die Karosserie überall um ein paar Zentimeter „aufzublasen". Der bereits erwähnte Oldsmobile Toronado dagegen wird heute noch gebaut. GM stellte ihm schon ein Jahr später das technisch ähnliche Schwestermodell Cadillac Eldorado und danach Buick Riviera zur Seite.

Vorreiter heutiger Karosserieformen. — Der von 1967 bis 1977 gebaute Ro 80 von NSU beeinflußte mit dem flachen Vorderwagen, der nach hinten ansteigenden Gürtellinie, einem hohen Heck (Keilform), drei Seitenfenstern und guten aerodynamischen Werten die Karosseriegestaltung bis heute (Entwurf Ewald Praxl). Er blieb die bisher einzige deutsche Limousine mit Wankelmotor (Zweiläufer-Kreiskolbenmotor, Kammervolumen 500 cm³, 115 PS bzw. 85 kW).

Internationale Anerkennung ernteten in der Bundesrepublik Deutschland NSU und Felix Wankel mit dem Wankelmotor, der als Grunderfindung angesehen werden kann. 1964 erschien der NSU-Wankel-Spider, das erste serienmäßig hergestellte Auto der Welt mit einem Kreiskolbenmotor.

1967 folgte der Ro 80. Trotz hoffnungsvoller Ansätze — bis Anfang der siebziger Jahre hatten etwa 30 Lizenznehmer die Entwicklung und Produktion von Kreiskolbenmotoren oder -fahrzeugen aufgenommen — verlor die Fahrzeugindustrie das Interesse am Wankelmotor.

Investitionen für den Wankelmotor nahm niemand mehr vor. Nur Mazda und Curtiss-Wright setzten ihre Arbeiten fort. Die japanische Firma bietet seit 1967 Modelle mit Wankelmotor an, der amerikanischen Firma gelangen über die Schichtladungstechnik leistungsstarke, sparsame Wankelaggregate für Schnellboote.

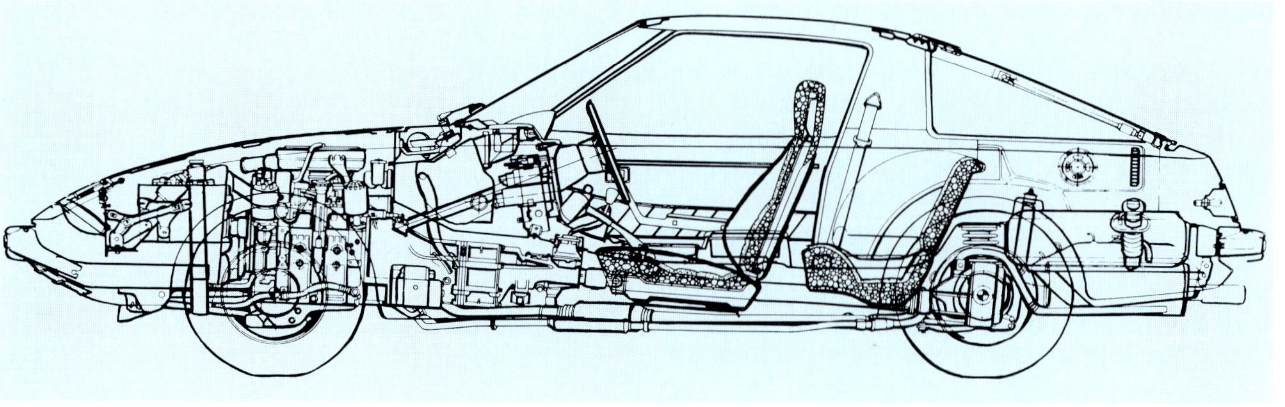

Dauerläufer aus Japan. — Von den fünf Wankelmodellen — davon einige mit Turbolader — exportiert Mazda (Toyo Kogyo) zur Zeit nur den Sportwagen RX 7. Seit 1978 in Produktion, konnten inzwischen mehr als 2 Mio. Einheiten abgesetzt werden. Die Motor-Schadensquote ist, anders als bei den ersten Ro 80, für das Herstellerwerk kein Thema mehr. — Schnittzeichnung vom Modell 1980 (Zweiläufer-Kreiskolbenmotor, Kammervolumen 753 cm³, 105 PS bzw. 77 kW).

Ostwind: Nicht ganz ernst nahm man die Kisten, mit denen Japan Anfang der sechziger Jahre in die Exportmärkte der alten autobauenden Länder eindrang. Inzwischen lacht die Welt nicht mehr, sondern riegelt japanische Einfuhren ab oder besteht auf „freiwilligen" Beschränkungen, mit zweifelhaftem Erfolg. — Zweimal Subaru: oben 360 cm³ um 1965, unten 1 600 cm³ um 1980 mit Vierradantrieb.

Beeinflussung der Autotechnik durch übergeordnete Faktoren (1965 bis 1986)

Die Massenmotorisierung seit den fünfziger Jahren verbot schon nach kurzer Zeit eine isolierte Betrachtung des Autos. Zu sehr nahm die Anzahl der Verkehrstoten und -verletzten, der Kraftstoffverbrauch und die Belastung der Umwelt mit Schadstoffen zu. Die negativen Folgeerscheinungen veranlaßten die US-Behörden zu gesetzlichen Maßnahmen, die auch nichtamerikanische Hersteller wegen des Exports in die Vereinigten Staaten befolgen mußten.

Eine der Maßnahmen sollte die passive Sicherheit erhöhen, d.h. die Unfallfolgen für die Autoinsassen mildern. Die 1965 erlassenen Bestimmungen hatten alltagsuntaugliche Experimental Safety Vehicles (ESV) zur Folge, weil andere, kaum minder wichtige Gesichtspunkte wie Gewicht, Abmessungen, Verbrauch, Umweltverträglichkeit und Wirtschaftlichkeit nicht genügend berücksichtigt worden waren. Außerdem steht die passive Sicherheit an rangletzter Stelle nach der aktiven (Fahrsicherheit) und der präventiven Sicherheit (z.B. Blinkwarnleuchten und Signalfarben). Das ESV-Projekt starb nach der Energiekrise 1973/74, doch bleibt festzuhalten, daß die Autohersteller seitdem mehr passive Sicherheit in Form von Deformationselementen, Sicherheitslenkungen und Flankenschutz einbauen. Auch ist das Sicherheitsbewußtsein des Publikums geschärft worden.

Dem Überfall Ägyptens und Syriens 1973 auf Israel (Jom-Kippur-Krieg) folgte die Energiekrise in der westlichen Welt, ausgelöst durch die von den arabischen Staaten verhängten Liefersperren und Preiserhöhungen für Rohöl. Mit der iranischen Revolution von 1979 wiederholte sich der Vorgang bei nochmals steigenden Ölpreisen.

Die amerikanischen Behörden reagierten mit Ver-

brauchsvorschriften. Demnach durfte der Durchschnittsverbrauch aller Modelle eines Herstellers einen bestimmten Wert nicht überschreiten. Deutsche Autowerke versprachen dem Bundeswirtschaftsminister 1978, den Durchschnittsverbrauch neuer Autos bis 1985 um 10% bis 12% zu senken. Die Zusage konnte noch unterboten werden.
Außer Maßnahmen zur Kraftstoffeinsparung erhielt der verminderte Schadstoffausstoß zur Reinhaltung der Luft eine immer größere Bedeutung. Schon 1960 hatte die amerikanische Regierung Schadstoff-Grenzwerte im Abgas vorgegeben. Die Regierungen anderer Länder und Wirtschaftsblöcke sind inzwischen dem amerikanischen Beispiel gefolgt und haben Grenzwerte für Kohlenmonoxid, Kohlenwasserstoffe, Stickoxide und Ruß festgelegt. Davon betroffen sind ebenfalls die dem Benzin zur Erhöhung der Klopffestigkeit beigemischten giftigen Bleialkyle.
Die politischen und wirtschaftlichen Veränderungen und das gestiegene Umweltbewußtsein zwangen die Autohersteller, den Erfordernissen angepaßte Autos zu bauen. Die Automobiltechnik erhielt nach den Jahren des Wiederaufbaus und der Gewinnmaximierung wieder Vorrang.
Firmen, die bisher noch Autos in Standard- oder Heckmotorbauweise produziert hatten, stellten auf Frontantrieb um, allen voran das Volkswagenwerk. Unmittelbar nach der Energiekrise konnte die VW-Tochter Audi den ersten deutschen Kleinwagen (Audi 50 im Jahr 1974) nach langer Zeit auf den Markt bringen. Dessen neuzeitliche Auslegung (Frontantrieb, Leichtbau, halbstarre Hinterachse, Heckklappe) fand Anwendung bei den nachfolgenden VW- und Audi-Modellen. Der ebenfalls seit 1974 lieferbare Golf, vorläufiger Endpunkt einer vom Mini 1959 ausgegangenen Entwicklung, erhielt — ähnlich wie der Käfer zwei Jahrzehnte zuvor — Pilotfunktion.
Die Karosserien unterlagen deutlich sichtbaren Änderungen. Nach der Phase der mit Spoilern und anderen Hilfsmitteln verbesserten Luftwiderstandsbeiwerte an vorhandenen Fahrzeugen leitete der Audi 100 von 1982 mit einem $c_w = 0{,}30$ bis $c_w = 0{,}32$ (Tabelle S. 31) die Phase der aerodynamisch günstigen, im Windkanal ermittelten Karosserien ein. Der Audi und die (Stufenheck-)Limousinen anderer Hersteller orientierten sich an der Keilform des NSU Ro 80, die zuerst im Rennwagenbau auftauchte und die genauso Übergangslösung bleiben wird wie die Trapezform von einst. Kombi- und Kleinwagen schließen meist mit einem mehr oder minder ausgeprägten Kamm-Heck ab.
Der schon bald nach dem Zweiten Weltkrieg formulierte Wunsch nach Kunststoff-Karosserien ging nicht in Erfüllung, schon gar nicht in der Bundesrepublik Deutschland. Hier tut man sich schwer, außer Stoßfänger und Schürzen auch andere Teile im Außenbereich durch den leichteren und korrosionsbeständigeren Kunststoff zu ersetzen, Rallye- oder Forschungsautos ausgenommen. Die Kunststoff-

a)

b)

c)

d)

Evolution einer Form. — Die formale und technische Auslegung des Mini 1959 fand ihre Fortsetzung im etwas größeren Morris 1100 1962 (a), wie der Mini nur mit Kofferraumklappe. Beim Austin A 40 Countryman 1959 (b), noch in Standardbauweise, konnten die Kofferraumklappe nach unten, das Rückfenster nach oben und die Hintersitze nach unten geklappt werden. Die FIAT-Tochter Autobianchi orientierte sich mit dem Primula 1964 (c) am Morris 1100, versah die „Primel" jedoch mit einer großen Heckklappe: Geburtsstunde der heute üblichen drei- und viertürigen Kompaktwagen nach Mini-Konzept. Mit dem Golf I 1974 (d) gelang dem VW-Werk die formal und funktionell glücklichste Lösung, auch wenn die bis zum Stoßfänger hinunterreichende Primula-Heckklappe weder dort noch beim Golf II 1984 zu finden ist.

Das K-Heck kommt wieder: Mit dem abgeschnittenen Heck, für Reinhard Koenig-Fachsenfeld mit D-Patent 743 115 von 1936 geschützt, unternahm das FKFS unter Wunibald Kamm ab 1936 weitergehende Versuche. Der seitdem als K-Heck bezeichnete Karosserieabschluß oder Elemente davon fanden sich nach dem Zweiten Weltkrieg an einigen Serienwagen (1953 Borgward Hansa 2400, 1971 Alfasud u. a.), neuerdings an der Renault-Studie Vesta von 1983 (Bild) und am Lancia Y 10 von 1985.

technik im Kleinserienbau ist heute beherrschbar, zumindest für Franzosen, Amerikaner und Japaner. Citroen ersetzte beim DS 1955 und beim BX 1982 großflächige Stahlblech-Karosserieteile wie Dach, Front- und Heckklappe durch glasfaserverstärktes Polyesterharz. Matra/Renault umgeben das Stahlgerippe des Großraumwagens Espace 1984 mit Karosserieteilen aus Kunststoff, Pontiac (Fiero) und Honda (Civic Coupé) verfahren ähnlich, und in Großbritannien bauen Lotus , Reliant und TVR Serienmodelle mit Kunststoff-Karosserien.

Verbesserungen verwirklichte man auch an den Motoren. Bekannte Methoden zur Kraftstoffeinsparung und zur Schadstoffreduzierung wie Verdichtungserhöhung, Benzineinspritzung, elektronische Zündung und besondere Brennraumformen fanden ihre Ergänzung in Motoren mit niedrigen Drehzahlen bei größerem Hubraum und hohem Drehmoment (BMW eta), in Magerkonzept-Motoren, Leerlaufstabilisierung und Schubabschaltung. Schichtladung und Zylinderabschaltung haben sich bisher nicht bewährt. Der Dieselmotor konnte leichter und leiser gemacht und in der Leistung angehoben werden.

Mit der sparsameren Direkteinspritzung ist in absehbarer Zukunft zu rechnen. Vielversprechend erscheinen auch die Bemühungen um einen „wärmedichteren" Motor mit verbessertem Wirkungsgrad (Elsbett).

Eine große Zukunft wird der Elektronik eingeräumt. Amerikanische Autowerke führten die in der Flugzeug- und Raumfahrtindustrie entwickelten elektronischen Bauteile Mitte der siebziger Jahre in Form von kontaktlosen Transistor-Zündsystemen ein, die die konventionelle Spulenzündung mit Unterbrecherkontakten ablösten. Die Weiterentwicklung ging über die Kennfeld-Zündung, bei der ein Mini-Computer den Zündzeitpunkt bestimmt, zur kombinierten Elektronik für Zündung und Kraftstoffeinspritzung (Bosch Motronic). Sie ist eine der Vorstufen zu einer Zentralelektronik, von der eines Tages die erwähnten Zusatzeinrichtungen sowie Aufladegeräte, Schlupfregler, Federungs- und Niveauregelungssysteme und anderes mehr gesteuert werden könnten.

Nicht zu vereinbaren mit den Maßnahmen, die Autos sparsamer und umweltfreundlicher zu machen, ist die Aufladung. Versuchsweise steigerten amerikanische (Oldsmobile Jetfire 1962, Chevrolet Cor-

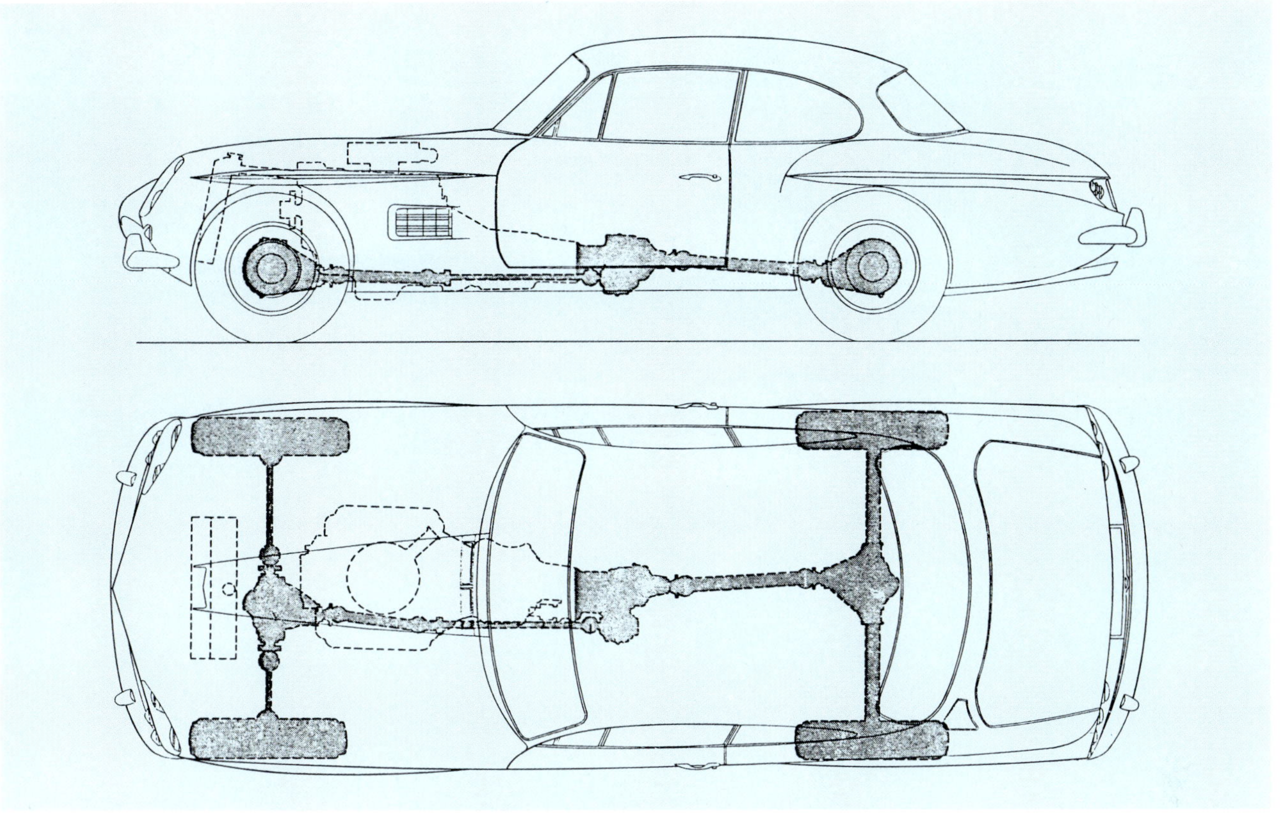

Jensen baute 1965 erstmals einen — mechanischen — Schlupfregler serienmäßig in ein Auto ein. Der Dunlop-Maxaret-Regler nahm die Drehverzögerung am Verteilergetriebe des Ferguson-Vierradantriebs ab und steuerte außer dem Bremsdruck auch durchdrehende Räder beim Beschleunigen. Das seit 1983 von ATE hergestellte elektronische Schlupfregelsystem, bei dem Schlupfregelung, Bremsfunktion und Bremskraftverstärkung konstruktiv und funktional im Hydraulik-Aggregat zusammengefaßt sind, wird im US-Lincoln Continental 1984 und im Ford Scorpio 1985 serienmäßig eingebaut.

Zu einer Zeit, als weiße Lenkräder und Chromzierat kilogrammweise gegen Aufpreis zu haben waren, wagten nur Renault (R 16) und FIAT (Autobianchi Primula) den Bau von Nutzfahrzeugen mit großer Heckklappe — und das Autonova-Team Fritz B. Busch, Piu Manzù und Michael Conrad. Mit Hilfe von NSU, Glas und Teileherstellern entstand 1965 ein 3,50 m langer Kompaktwagen mit den Nutzungsmöglichkeiten eines Lieferwagens, nur eleganter und fortschrittlicher (Automatik, hydraulische Progressivlenkung und Niveauregelung, Polyester-Bodenwanne). Der Fam blieb Studie, wohl weil zu vernünftig.

Kunststoff-Karosserien aus West und Ost. — Nicht nur ideologische Welten liegen zwischen diesen beiden Autos, denen außer vier runden Rädern nur noch die Kunststoff-Karosserie gemeinsam ist. Oben der mit Phallus-Symbolen befrachtete Chevrolet Corvette, Amerikas Fiberglas-Sportwagen mit Wohlstands-Accessoire im Hintergrund, ebenfalls aus Kunststoff; unten der kümmerlich wirkende Trabant aus der DDR, Ausdruck sozialistischer Lebenslust. Immerhin hat er eine selbsttragende Stahlblechkarosserie mit Duroplast-Außenteilen.

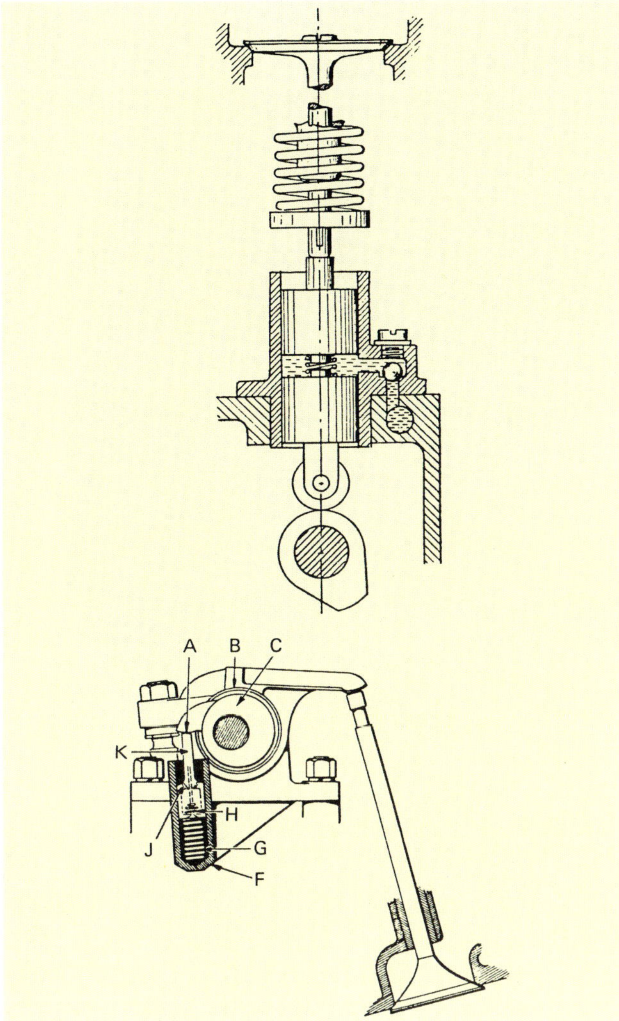

Wartungsfreiheit und Geräuscharmut bieten hydraulisch betätigte Ventilstößel. Sie sind vermutlich eine Erfindung von Amédée Bollée, 1910 (oben). 1932 führte die General Motors Truck Corp. hydraulische Stößel bei ihren Yellow Truck-Omnibussen ein (unten). 1933 folgten Cadillac und Packard. Der Weg von Frankreich nach Deutschland dauerte länger als ein halbes Jahrhundert (Opel Kapitän/Admiral 1964). Erst jetzt wird der Hydrostößel im europäischen Automotorenbau allmählich zum Standard-Bauteil.

vair 1965) und europäische Firmen (Ford Capri/May 1969, BMW 2002 Turbo 1973) die Motorleistungen mit Turboladern nach Alfred Büchi (1905). Nachdem Material- und Fertigungsprobleme überwunden waren, setzten sich Turbomotoren unter Führung von Porsche 1975 bei Sport- und Personenwagen auf breiter Front durch. Im Lkw-Bau waren Abgas-Turbolader schon länger bekannt. Sie eignen sich für Dieselmotoren besser als für Benzinmotoren.

Eine weitere Maßnahme zur Leistungssteigerung ist die Vierventiltechnik. Der halbkugelförmige Verbrennungsraum mit der Zündkerze in Brennraummitte und der bessere Füllungsgrad sollen außerdem den spezifischen Verbrauch und die NO_x-Emis-

Auf dem Weg zum vernünftigen Auto: Immer wieder sind Vorschläge gemacht worden, die Verkehrsfläche besser zu nutzen, als es bei herkömmlichen Haubenfahrzeugen möglich ist. Vorgänger der heute von Mitsubishi (oben), Nissan, Renault, Plymouth, Chevrolet und Ford (USA), aber noch von keinem deutschen Werk angebotenen Großraumwagen waren u. a. der amerikanische Stout Scarab 1935 (Mitte) und der Lloyd LT (unten), gebaut von 1952 bis 1961.

sionen senken. Wegen des hohen Konstruktions- und Materialaufwands fanden Vierventilmotoren zunächst nur in Rennwagen Verwendung (Benz 1910, Peugeot 1912). 1974 führte Lotus die Bauweise bei den Sportwagen ein, Toyota 1982 bei den Gebrauchswagen. Honda (1982) und Mitsubishi (1984) bescheiden sich je Zylinder mit einem Auslaß- und

zwei Einlaßventilen, von denen bei Mitsubishi das größere erst bei höheren Drehzahlen in Funktion tritt. 1984 und 1985 nahmen dann auch Daimler-Benz und VW Vierventilmotoren in ihr jeweiliges Personenwagen-Programm auf.
Die genannten Maßnahmen zur Kraftstoffeinsparung, zur Abgasentgiftung und zur Leistungssteigerung führten dazu, daß der Hubkolbenmotor in den vergangenen 20 Jahren komplizierter, teuerer und schwerer wurde. Eine Notreparatur am Straßenrand ist kaum noch möglich. Die Abhängigkeit des Autofahrers von der Fachwerkstatt ist größer geworden, obwohl er deren Dienste seltener in Anspruch nehmen muß. Denn durch Kunststoffgelenke, hydraulische Ventilstößel, geschlossene Kühlsysteme, engere Toleranzen und zahlreiche konstruktive Verbesserungen hat man die Autos wartungsfreier gemacht. Ein VW Golf muß weniger oft in die Werkstatt als der für seine Anspruchslosigkeit gerühmte Käfer. Das führte zu Entlassungen im Reparaturgewerbe.
Auch mit Fahrwerk-Aggregaten wird versucht, Kraftstoff zu sparen. Ein als Schongang ausgelegter fünfter Gang, vergleichbar dem Overdrive der dreißiger Jahre, senkt Motordrehzahlen, Geräusche und Verbrauch. Denselben Zweck erfüllen Viergang- anstelle von Dreigang-Automaten und mechanische Überbrückung des energiezehrenden, hydraulischen Drehmomentwandlers. Wieder aktuell (FIAT, Ford) sind stufenlose Getriebeautomaten, von van Doorne 1958 in den Serienwagenbau eingeführt, seit den zwanziger Jahren in anderen Industriezweigen bekannt. Statt Keilriemen werden heute Metall-Gliederbänder verwendet oder Lamellenketten beim ähnlich aufgebauten PIV-Getriebe.
Vor der Energiekrise machte die amerikanische Autoindustrie ihrer Regierung den Vorschlag, bis 1978 Anti-Blockier-Systeme (ABS) bei Personenwagen zur Pflicht zu machen: wohl mit dem Hintergedanken, die Preise der billigeren Importwagen nach oben treiben zu können. Dazu kam es jedoch nicht. Den US-Autowerken kam dies später gelegen, denn nun mußten sie selbst kleinere Wagen konstruieren. Dessen ungeachtet konnte Bosch 1978 an BMW und Mercedes die ersten Anti-Blockier-Systeme liefern. Die elektronisch gesteuerten Regelgeräte ziehen nicht den Absolutwert der schlupfbedingten Drehverzögerung des Rades als Regelgröße heran, was einen Bremseffekt schon beim Überfahren von Straßenunebenheiten bedeuten würde, sondern — nach Ostwald (1940) — das Verhältnis der schlupfbedingten Drehzahlverzögerung zur Fahrzeugverzögerung oder die Differenz dieser Werte. Die logische Erweiterung zum ABS sind Anfahr-Schlupfbegrenzer, von Volvo seit Ende 1984 angeboten. Der Begriff Schlupfregler würde beide Funktionen, also Bremsen und Beschleunigen, abdecken.
Nicht in die Landschaft sparsamerer und einfacherer Personenwagen passen Autos mit Vierradantrieb. Lange Zeit auf Militär- und Sonderfahrzeuge, Rennwagen-Prototypen und exklusive Sportwagen (Jensen ab 1965) beschränkt, fanden vier angetriebene Räder zuerst bei Pick-ups, Kombis und hochbeinigen Pkw von Subaru und AMC 1978/79 Verwendung, sicherlich nützlich im nordamerikanischen Hinterland und in den Bergen. Der Audi Quattro von 1980 löste in Europa und Japan endgültig die Vierradwelle aus, obwohl es hier wie dort mehr betonierte Straßen als Feldwege und Naturhügel zu bezwingen gibt. Es ist eine Streitfrage, ob der Vorteil besserer Traktion auf nasser oder verschneiter Fahrbahn das bis zu 100 kg größere Gewicht und den höheren Preis bei Personenwagen rechtfertigt, Rallyeautos ausgenommen.

Früher Vierradantrieb: Der von den Engländern Timothy Burstall und John Hill 1825/27 vorgeschlagene und gebaute Dampfwagen dürfte das erste mechanisch angetriebene Straßenfahrzeug mit Vierradantrieb gewesen sein. (1824 war ein vierradgetriebenes Fahrzeug mit Göpelwerk für zwei Pferde patentiert worden.) Der Vorderradantrieb sollte nach den Erbauern nur bei Steigungen und großen Schlepplasten eingeklinkt werden. Bemerkenswert ist auch die Vorderradbremse (2-Zylinder-Dampfmaschine, etwa 10 PS, rund 8 t schwer, v_{max} etwa Fußgängertempo).

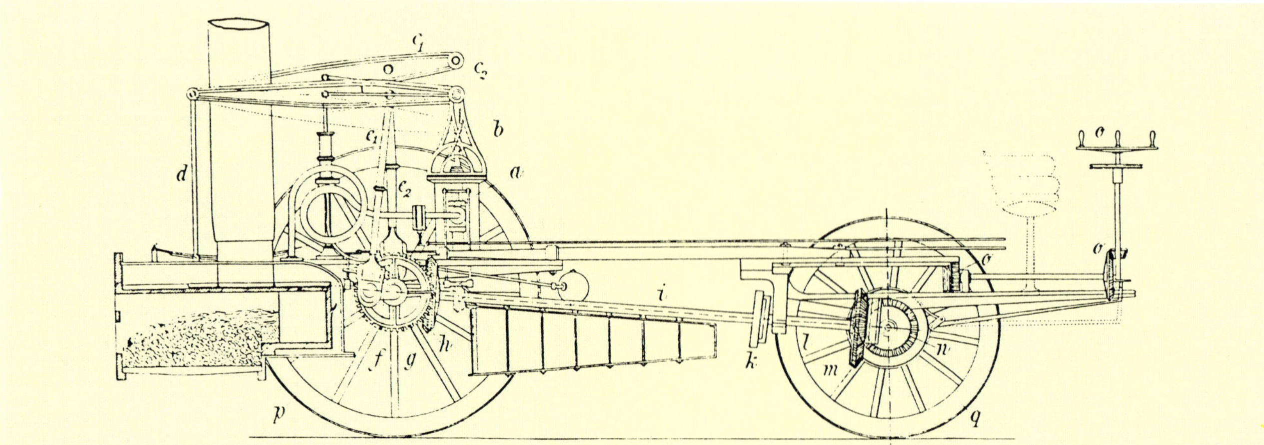

Fortschritt erwünscht. — Trotz einer voll entwickelten Teileindustrie und eines nach Hunderten zählenden Ingenieurstabs dauert die Entwicklung eines Autos heute etwa fünf Jahre. Zum Vergleich: Martin Stolle (im Bild auf dem Stolle-Wagen 1924) benötigte zwölf Monate, Wilhelm Maybach (Mercedes 1900/01) knapp zehn Monate, Karl Probst (Jeep 1939) nur 49 Tage (!), jeweils mit einer Handvoll Detailkonstrukteure. Werden die aus der Luft- und Raumfahrtindustrie übernommenen Konstruktionshilfen (EDV-Systeme, CAD, Superrechner) die Entwicklungsdauer wieder auf das Maß unserer Väter zurückschrauben?

Schrifttum

Barker, Ronald, u. Anthony Harding: Automobile Design: Great Designers and their work. David & Charles, Newton Abbot 1970.

Bird, Anthony, D. B. Tubbs u. George Oliver: The Development of the Passenger Car. Autocar, London 1974.

Caunter, C. F.: The Light Car. Science Museum, London 1970.

Eckermann, Erik: Vom Dampfwagen zum Auto. Rowohlt Taschenbuch Verl. Reinbek 1984.

Eckermann, Erik: Nathan S. Stern. Ingenieur aus der Frühzeit des Automobils. VDI-Verl. Düsseldorf 1985.

Fersen, Hans-Heinrich von: Autos in Deutschland 1885—1920. Motorbuch-Verl. Stuttgart 1965.

Ford, Henry: Mein Leben und Werk. Paul List Verl. Leipzig 1923.

Georgano, G. N.: The Complete Encyclopaedia of Motorcars. Ebury Press, London 1968.

Hucho, Wolf-Heinrich: Aerodynamik des Automobils. Vogel-Verl. Würzburg 1981.

Knight, John Henry: Light Motor Cars and Voiturettes. Kingsmead Reprints, Bath 1902/1970.

Köhler, Volkmar: Deutsche Personenwagen-Fabrikate zwischen 1886 und 1965, in: Tradition, Zeitschrift für Firmengeschichte und Unternehmerbiographie, Heft 3/1966.

Kühner, Kurt: Geschichtliches zum Fahrzeugantrieb. Zahnradfabrik Friedrichshafen 1965.

Langworth, Richard M.: Encyclopaedia of American Cars 1940—1970. Beekman House, New York 1980.

Lutz, R.: Das Fahrgestell von Gaskraftwagen, 1. Teil. Automobiltechnische Bibliothek. M. Krayn Verlag, Berlin 1911.

Nader, Ralph: Unsafe at Any Speed. The designed-in dangers of the American Automobile. Grossman Publishers, New York 1965.

Rae, John B.: The American Automobile. The University of Chicago Press, Chicago & London 1965.

Riedler, Alois: Wissenschaftliche Automobil-Wertung. Berichte I—V. R. Oldenbourg, Berlin und München 1911.

Riedler, Alois: Wissenschaftliche Automobil-Wertung. Bericht X. R. Oldenbourg, Berlin und München 1912.

Sachs, Wolfgang: Die Liebe zum Automobil. Rowohlt Verlag GmbH, Reinbek 1984.

Sass, Friedrich: Geschichte des deutschen Verbrennungsmotorenbaues von 1860 bis 1918. Springer-Verl. Berlin, Göttingen, Heidelberg 1962.

Schildberger, Friedrich: Gottlieb Daimler, Wilhelm Maybach, Karl Benz. Deutsche Verlagsanstalt, Stuttgart 1968.

Sedgwick, Michael: Cars of the 1930s. B. T. Batsford Ltd., London 1970.

Sedgwick, Michael: Cars of the Thirties and Forties. AB Nordbok, Göteborg 1979.

Seherr-Thoss, H. C. Graf von: Die deutsche Automobilindustrie. Deutsche Verlagsanstalt, Stuttgart 1974.

Das Auto ist unersetzbar

Von der Motorkutsche zum allgegenwärtigen Verkehrsmittel

In ein modernes Automobil steigt man mit der Erwartung, daß der Motor sofort anspringt, daß man ohne Probleme lange Strecken fahren kann, daß man im Winter beheizt und im Sommer belüftet wird . . .
In der Pionierzeit war alles ganz anders. Nur mit Geschick und Glück gelang es, den Benzinmotor zum Leben zu erwecken, der dann zwar Geräusch, Vibrationen und Geruch, aber nur wenig Leistung von sich gab. Auch Kupplung, Schaltgetriebe, Lenkung und Bremsen funktionierten mehr schlecht als recht. Schon bei normalen Außentemperaturen überstieg der Verlust an Kühlwasser den Benzinverbrauch bei weitem, und schon bei leichtem Frost war ein Ablassen des Kühlwassers erforderlich.
Aber man war begeistert, wenn sich solch ein Vehikel überhaupt in Bewegung setzen ließ; an geregelten Betrieb, ja an die Mobilität der menschlichen Gesellschaft im heutigen Sinne dachten damals nur wenige.
Doch kommt der Appetit bekanntlich mit dem Essen. Die Konstrukteure gingen an die Arbeit, um das Automobil zu einem zuverlässigen Partner werden zu lassen. Schon bald stiegen die Motorleistungen, und der Trend zum täglichen Betrieb bei Wind und Wetter machte die geschlossene Karosserie, die elektrische Beleuchtung und viele weitere Merkmale der Alltagsbrauchbarkeit und des Fahrkomforts erforderlich. Die zuerst in den Vereinigten Staaten einsetzende Massenmotorisierung brachte große Fortschritte in Zuverlässigkeit und Wartungsfreundlichkeit. Und in den letzten Jahrzehnten rückte man schließlich den Nachteilen des Straßenverkehrs zu Leibe, nämlich durch Vermeidung bzw. Minderung der Folgen von Verkehrsunfällen (passive Sicherheit), durch Abgasreinigung und Geräuschminderung (Umweltschutz) sowie durch Verringerung des Kraftstoffverbrauchs.

Entwicklung des Leistungsgewichtes typischer Personenkraftwagen.

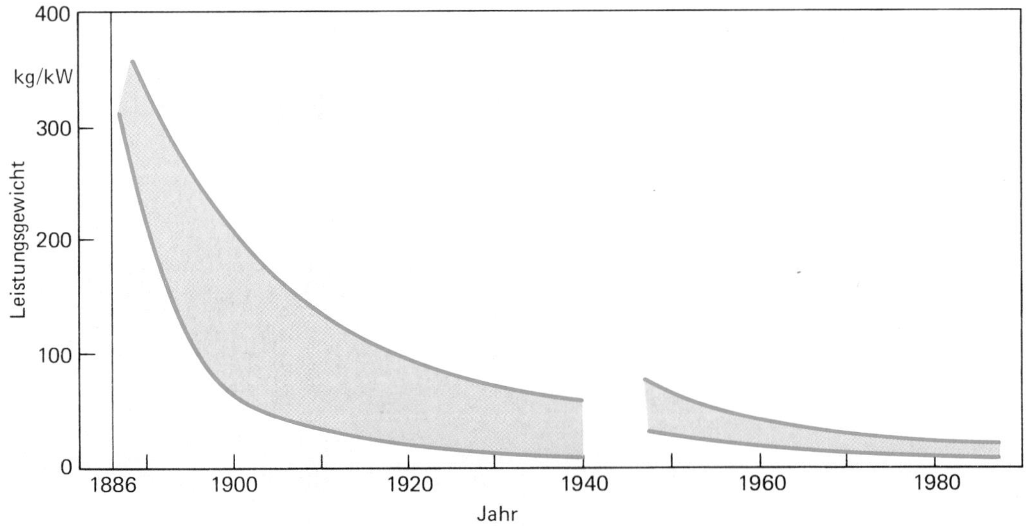

2

Die hervorragenden Eigenschaften und der Wunsch vieler Menschen nach seinem Besitz ließen das Automobil weltweit zum wichtigsten Transportmittel zu Lande werden; in den Industrieländern ist es zudem ein bedeutender Wirtschaftsfaktor. Somit reichen alle mit der Entwicklung und der Produktion von Autos zusammenhängenden Fragen weit über die Technik hinaus in die Bereiche der Volks- und Weltwirtschaft. Moderne Fahrzeuge müssen nicht nur den Anforderungen und Zielen des Kunden und des Herstellers, sondern sie müssen auch denen der menschlichen Gesellschaft entsprechen, im Hinblick auf Ressourcenschonung konstruiert werden und nicht nur den Fahrzeuginsassen, sondern auch Fußgängern und Radfahrern im Kollisionsfall Schutz bieten.

Heute sind an der Automobiltechnik eine Reihe wichtiger Teilbereiche der Natur- und Ingenieurwissenschaften beteiligt, die sowohl das Kraftfahrzeug mit seinem Umfeld systematisch behandeln, als auch den eigentlichen Entwicklungsprozeß direkt unterstützen. Alle Forschungsergebnisse und Voruntersuchungen münden in ein detailliertes Lastenheft mit allen vorgesehenen Merkmalen und Eigenschaften sowie mit den Forderungen der Sparten Produktion, Einkauf, Vertrieb, Kundendienst und Finanzwesen.

Je höher die Forderungen an ein technisches Produkt geschraubt werden, je komplizierter die Technik wird, und je näher man an die physikalisch-technischen Grenzen herankommt, um so größer wird der Aufwand. Die Verschärfung der Anforderungen hat zu an Anzahl und Ausprägung progressiv steigenden Zielkonflikten geführt, die nur zum Teil durch neue technische Lösungen bewältigt werden können, in jedem Fall aber zu höheren Kosten führen.

Konnte vor dem Zweiten Weltkrieg ein neues Modell noch in weniger als 12 Monaten geplant, konstruiert, erprobt und gebaut werden, ist hierfür heute ein Zeitraum von mindestens 4, je nach Neuheitsgrad der Aggregate meist aber von 5 bis 7 Jahren erforderlich. Die Produktionsdauer beträgt im allgemeinen 6 bis 10 Jahre, so daß wegen der durch-

Wichtige Anforderungen und Einflüsse auf ein Fahrzeugkonzept.

Für die Fahrzeugtechnik relevante Disziplinen.

- Mechanik
  - Kinematik
  - Statik
  - Kinetik
  - Festigkeitslehre
  - Strömungsmechanik
  - Schwingungslehre
  - Akustik
- Thermodynamik, Wärmetechnik
- Mathematik
- Allgemeiner Maschinenbau
- Werkstoffkunde
- Tribologie
- Chemie
- Elektrik/Elektronik
- Optik
- Meß- und Regelungstechnik
- Kybernetik
- Ergonomie/Anthropotechnik
- Biomechanik
- Systemtechnik
- Physik des Systems Fahrzeug – Umwelt
- Elektronische Datenverarbeitung
- Fertigungstechnik

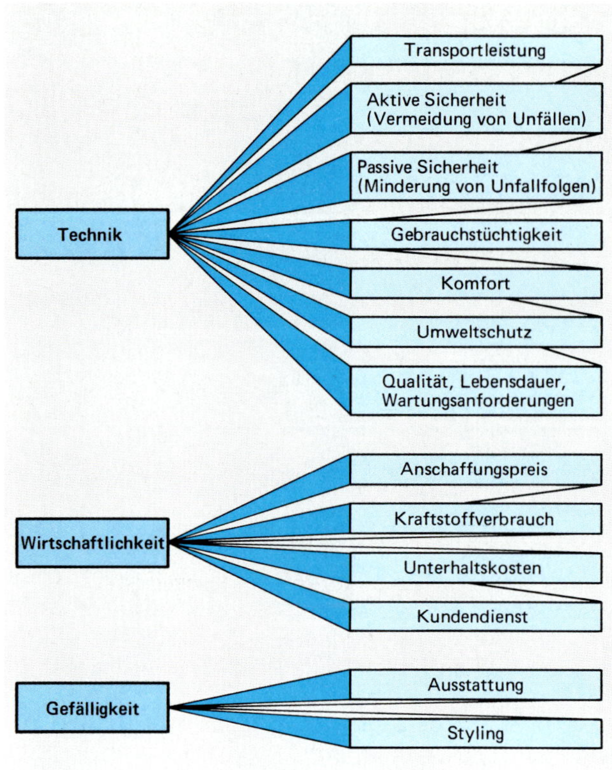

Grundanforderungen an einen Personenkraftwagen (aus Kundensicht).

schnittlichen Lebensdauer von 11 bis 13 Jahren noch Fahrzeuge benutzt werden, deren Grundeigenschaften vor mehr als 20 Jahren festgelegt wurden — ein extrem langer Zeitraum!

Es muß daher alles versucht werden, den dramatischen Anstieg des Zeit- und Geldbedarfs für die Entwicklung eines Fahrzeugs zu bremsen. Die Ansätze hierzu sind erfolgversprechend, denn heute stehen neue technische — elektronische — Hilfsmittel zur Verfügung wie z. B.

— computer-unterstütztes Konstruieren (CAD),
— verstärkte Verwendung von Berechnungsverfahren zur Auslegung und Vorausoptimierung,
— weitgehende Erprobung im Labor.

Dabei ist die Hauptaufgabe bei der Entwicklung zukünftiger Automobile nicht die maximal mögliche Erfüllung einiger weniger (vielleicht noch so berechtigter) Anforderungen, sondern die optimale Erfüllung möglichst aller gesetzten Ziele.

Warum sich der Hubkolben-Verbrennungsmotor mit Flüssigkraftstoffen so eindeutig durchsetzen konnte

„Am Anfang stand der Dampfwagen." Bereits 1769 baute der Franzose Cugnot den ersten, von einer 1-Zylinder-Dampfmaschine angetriebenen Wagen, den man schon als „Automobil" bezeichnen muß, da er sich ohne menschliche oder tierische Muskelkraft in Bewegung setzen konnte. Doch alle weiteren Bemühungen zeigten, daß die mit Dampfkraft ausgerüsteten Wagen noch keinen Beitrag zur Mobilität des Menschen darstellten: Kessel, Maschine sowie der Vorrat an Kohle und Wasser beanspruchten zu viel Raum und hatten zu viel Masse. Der Be-

Beispiele für Zielkonflikte im Pkw-Bau (bei gegebenem Fahrzeugkonzept)

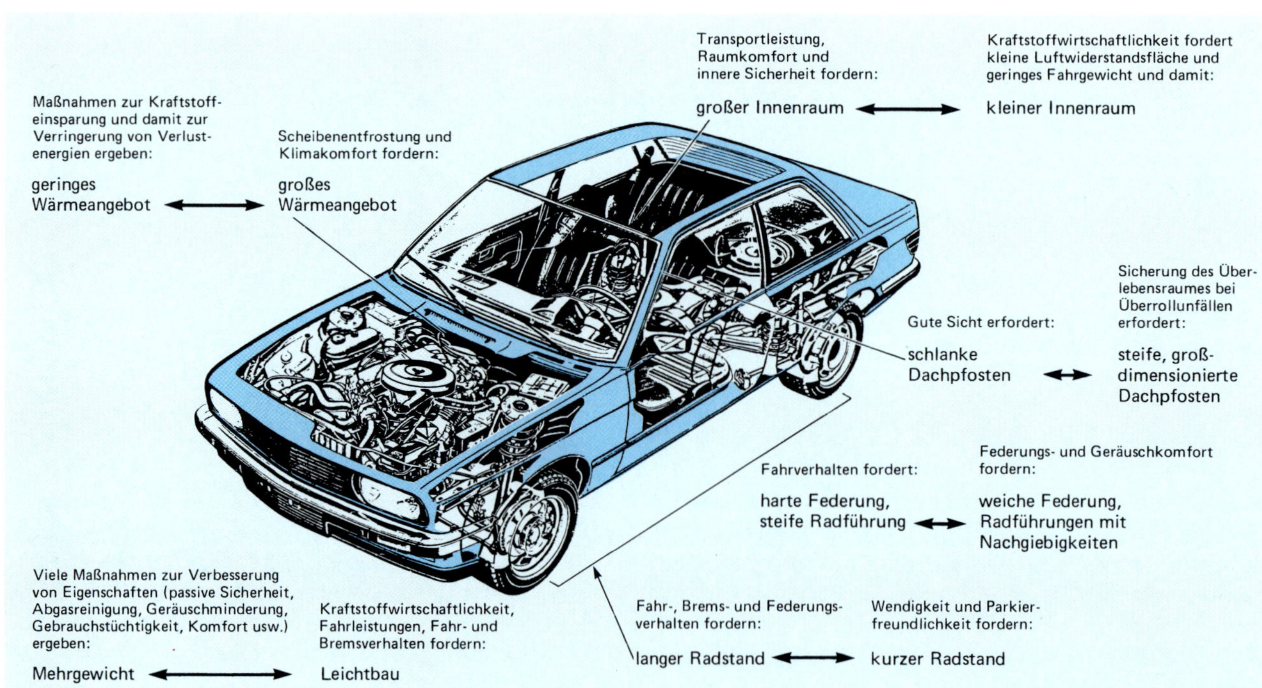

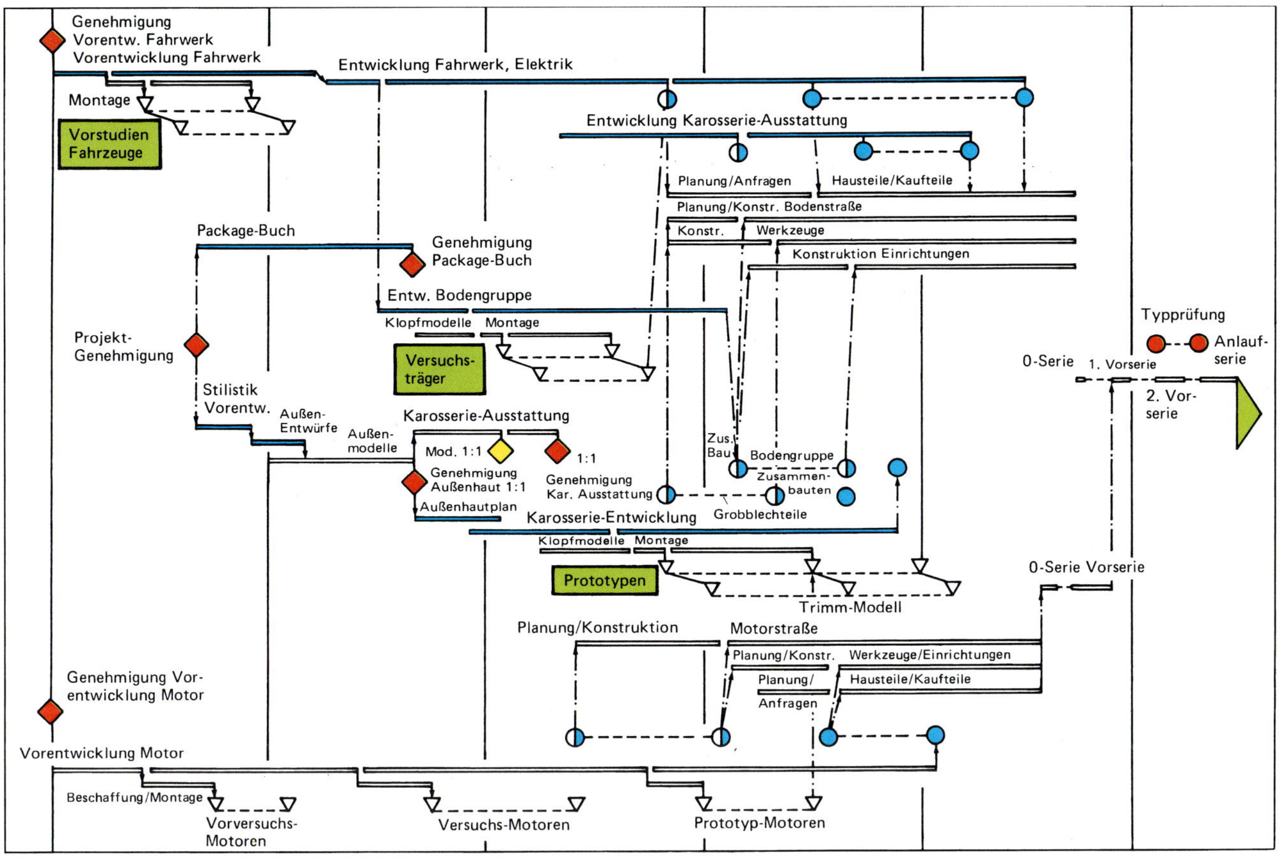

Beispiele für das Gesamtfahrzeug betreffende Eigenschaften bzw. Teilbereiche.

trieb mit frühzeitigem Anheizen, Kohle-Nachlegen während der Fahrt und Asche-Entfernen war viel zu unpraktisch.

Es besteht kein Zweifel, daß in späterer Zeit die kleinen und schnellaufenden Benzinmotoren von Daimler und Benz einen beachtlichen Fortschritt brachten. Sicherlich hätten sie sofort den Siegeszug angetreten, wenn auch sie nicht zunächst erhebliche Nachteile aufgewiesen hätten. So hielten besonders die Franzosen und Amerikaner noch längere Zeit am inzwischen verbesserten Dampfwagen fest, mit dem man so einfach anfahren konnte und während der Fahrt nicht durch Geräusche und Vibrationen belästigt wurde.

Um die Jahrhundertwende hatte sogar der Elektroantrieb trotz schwerer und energiearmer Bleibatterien eine echte Chance, bot er doch das Optimum an Selbstanlauf, Regulierung der Fahrgeschwindigkeit sowie Erschütterungs-, Geräusch- und Geruchsarmut.

Kurz vor dem Ersten Weltkrieg hatte der Ottomotor so große Fortschritte in der Entwicklung gemacht, daß er sich als eindeutiger Sieger qualifizieren konnte; später kam — ausgehend vom Nutzfahrzeug — auch der Dieselmotor in den Personenwagen.

Welche Gründe haben nun dem Hubkolbenmotor trotz einiger grundsätzlicher Mängel zu seiner noch

Volumen und Gewicht verschiedener Energiespeicher, bezogen auf die gleiche mechanische Energie für die Fortbewegung.

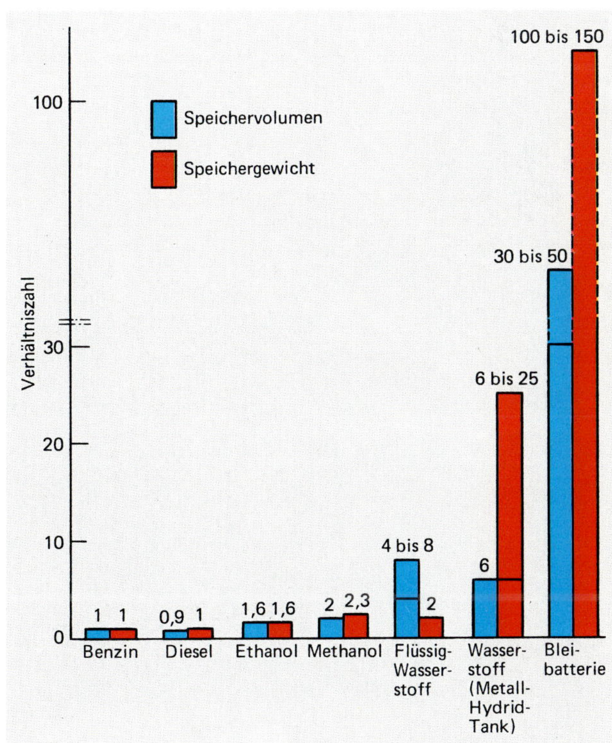

noch heute unangefochtenen Spitzenposition verholfen?
Die Antwort auf diese Frage ergibt sich aus der Analyse und der Bewertung aller Teilfragen, die eine Folge der Grundanforderungen an einen Pkw-Antrieb sind:

- Leistungs- und Betriebsverhalten,
- Energieträger, erforderliche Energiespeicher, Energiewirtschaftlichkeit,
- Umweltfreundlichkeit,
- Kompaktheit, Einbaueignung,
- Werkstoffe, Herstellkosten sowie
- Entwicklungsstand, Entwicklungspotential.

Da der Energieträger an Bord mitgeführt werden muß, soll der Speicher möglichst leicht sein und möglichst wenig Bauraum benötigen. Benzin und Dieselkraftstoff erfüllen diese Forderungen am besten. Der Betrieb z. B. mit Methanol, einem auch aus Kohle herstellbaren Alkohol, würde einen etwa doppelt so großen und schweren Tank erfordern, und die Bleibatterie schneidet, auch wegen der ungewöhnlich langen „Betankungszeit", besonders unvorteilhaft ab.
Aber auch der Motor selbst darf das Fahrzeug hinsichtlich Bauraumbedarf und Gewicht (Masse) nicht zu stark belasten. Außer dem in diesen Punkten recht günstigen Wankelmotor ist der Hubkolben-Benzinmotor auch diesbezüglich eine attraktive Lösung.
Mit einem Diesel-Saugmotor müssen bei Raum- und Gewichtsrestriktionen deutliche Leistungseinbußen hingenommen werden, während mit Aufladung die Leistungswerte eines nicht aufgeladenen Ottomotors fast erreicht werden.

Von den alternativen Antrieben Gasturbine, Stirling-Motor und Dampfmotor, die gegenüber dem Ottomotor geringere Ansprüche an den Kraftstoff stellen und hinsichtlich Abgasreinigung bessere Voraussetzungen bieten, sind bis heute nur Versuchsausführungen gebaut worden.
Sowohl zur Schonung der Energievorräte als auch zur Kostenersparnis und zur Erzielung großer Reichweiten muß jeder Fahrzeugmotor kraftstoffsparend ausgelegt sein. In diesem Punkt ist der Dieselmotor bekanntlich unerreichbar, wobei der Vorteil im Teillastbereich noch größer ausfällt als bei dem Vergleich der Wirkungsgrad-Maximalwerte.
Bei den alternativen Antrieben fällt besonders der Elektroantrieb auf, bei dem zwar der Motor selbst Vorteile bietet, dafür aber beachtliche Energieverluste von der Primärenergie über die Stromerzeugung im Kraftwerk über die Steckdose bis zur Batterie im Fahrzeug zu verzeichnen sind.
Das für manch einen vielleicht überraschend niedrige Wirkungsgradniveau der verschiedenen Antriebsaggregate hängt übrigens mit der Definition des energetischen Wirkungsgrades zusammen, der alle Energieanteile umfaßt, auch diejenigen, die aus rein physikalischen Gründen gar nicht in mechanische Energie umgewandelt werden können. Dies ist auch der Grund dafür, daß Maßnahmen zur Verringerung der Wärmeverluste im Motor nur eine begrenzte oder indirekte Wirkung haben können: So wird z. B. bei einer thermischen Isolierung des Brennraumes durch keramische Werkstoffe ein Teil der Kühlwasserenergie in die Abgasenergie verlagert. Nur mit einem Turbo- oder Druckwellenlader ist dann eine erhöhte Energienutzung möglich.

Gewichts- und Bauraumvergleich von Antriebssystemen (ohne Nebenaggregate und Getriebe) bei gleicher Nennleistung, jeweils bezogen auf die Werte eines durchschnittlichen Ottomotors.

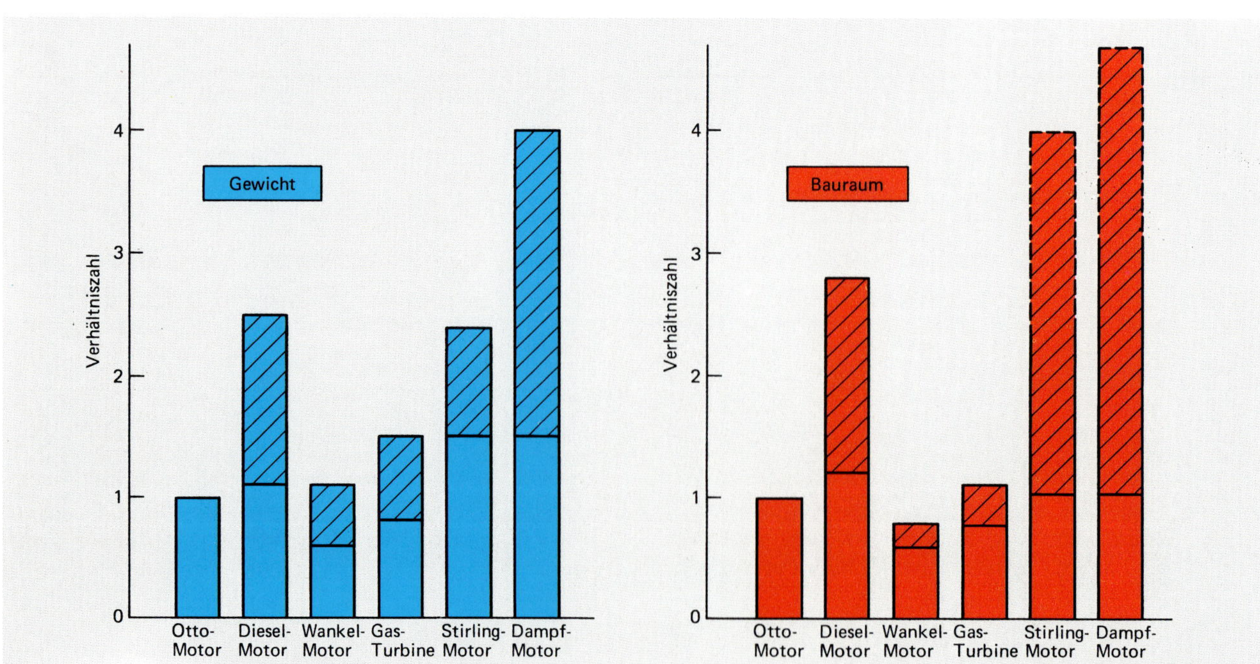

Eine Gesamtbewertung aller in Frage kommenden Antriebssysteme zeigt, daß der Ottomotor auf absehbare Zeit die besten Zukunftsaussichten hat. Für die weitere Entwicklung des Dieselmotors wird vor allem die Frage der Feststoffemissionen eine wichtige Rolle spielen. Der Elektroantrieb wird auf besondere Aufgaben beschränkt sein, während Stirling- und Dampfmotor bedeutungslos bleiben werden.
Sollte die Entwicklung keramischer Werkstoffe für hochtemperaturbelastete Bauteile zum Erfolg führen, kann die Gasturbine durch Erhöhung der Prozeßtemperatur und damit des Wirkungsgrades zunächst im Nutzfahrzeug und dann auch bei leistungsstarken Personenwagen eine Chance haben.

Vielfalt der Anforderungen — Vielfalt der Fahrzeugkonzepte

Stufenheck oder Schrägheck? Frontantrieb oder Standardantrieb? Längs- oder Quermotor? Doppelquerlenker- oder Federbeinachse?
Solche und viele andere Fragen stellen sich, wenn man heute über neue Fahrzeugkonzepte nachdenkt. Doch zunächst sei die Situation zu Beginn der Automobilgeschichte betrachtet. Eine Karosserie im heutigen Sinne war nicht vorhanden, Motor und Kraftübertragung waren in der Nähe der Hinterräder angeordnet. Die Konstrukteure entwickelten schon bald eine fast unerschöpfliche Flut von verbesserten Aggregaten und neuen Gesamtkonzepten, unterschiedlichen Karosserieausführungen, großen Reisewagen und Kleinwagen — darunter auch Dreirad-Autos — und schließlich von besonderen Fahrzeugen, die nicht dem Transportzweck, sondern der Demonstration und der gezielten Weiterentwicklung leistungsfähiger Motoren und Fahrwerke dienen sollten, nämlich wettbewerbsfähige Sport- und Rennwagen.

Typische Werte für maximale Nutzwirkungsgrade der Primärenergie verschiedener Antriebsaggregate.

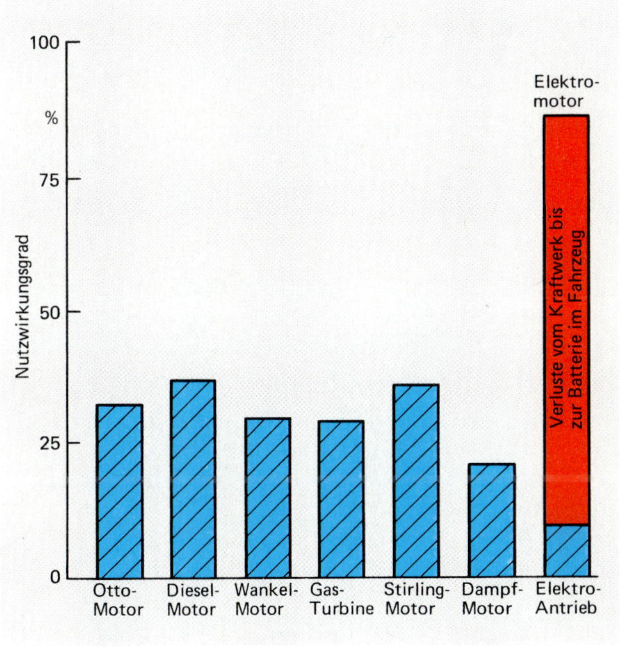

Basis - Merkmale

- Zahl der Sitzplätze, Nutzlast, Nutzungsvariabilität Modellvarianten
- Fahrleistungen, Kraftstoffverbrauch
- Abmessungen, Radstand, Spurweite, Reifengröße
- Lage der Antriebsachse (bzw. Allradantrieb)
- Gewicht, Gewichtsverteilung
- Art, Größe und Lage des Motors
- Art (und Lage) des Kennungswandlers
- Ausführung der Karosseriestruktur (bzw. Chassis)
- Zahl und Ausführung von Türen und Klappen
- Lage von Kraftstofftank und Reserverad
- Typen der Radaufhängungen und der Federung
- Hauptwerkstoffe (Motor, Karosserie usw.)

und: Anschaffungspreis

Zusatzmerkmale

- Unkonventionelle Lösungen für
  - ○ Antriebsmanagement
  - ○ Fahrwerk
- Abgasreinigungskonzept
- Geräuschkapsel
- Fahrschemel
- Besondere Ausstattungen
  - ○
  - ○
  - ○

Wichtige Konzeptmerkmale von Personenkraftwagen.

Die Entwicklungen verliefen nicht immer stetig, wie dies auch in anderen Gebieten der Technik zu beobachten ist. Beispiele für deutliche, dann wieder abgeklungene Wellenbewegungen waren die Bemühungen um strömungsgünstige Wagen in den dreißiger Jahren und etwa die Entwicklung von Heckmotor-Kleinwagen in Europa nach dem Zweiten Weltkrieg, wie z.B. VW-Käfer, Renault, FIAT und Skoda. Beispiel für ein noch heute erfolgreiches Konzept ist der BMC-Mini von 1959 mit Frontantrieb und Quermotor, das inzwischen viele andere Fahrzeughersteller aufgegriffen haben.
Heute stehen für praktisch jeden Anwendungsfall zahlreiche Auslegungsalternativen für Karosserien und Aggregate bereit, die wiederum auf unterschiedliche Weise zu einer großen Anzahl von Fahrzeugkonzepten „zusammengefügt" werden können.
Ob kleiner Stadtwagen oder große Reiselimousine, im Mittelpunkt steht bei der Konzipierung immer der Mensch und damit der Sitzraum für alle Insassen, vor allem der Arbeitsplatz des Fahrers. Dieser für die Funktion des Regelkreises Fahrer — Fahrzeug — Umwelt so wichtige Schnittstellenbereich muß so gestaltet sein, daß der Fahrer

— seine Entscheidungen schnell und richtig in Handlungen umsetzen kann,

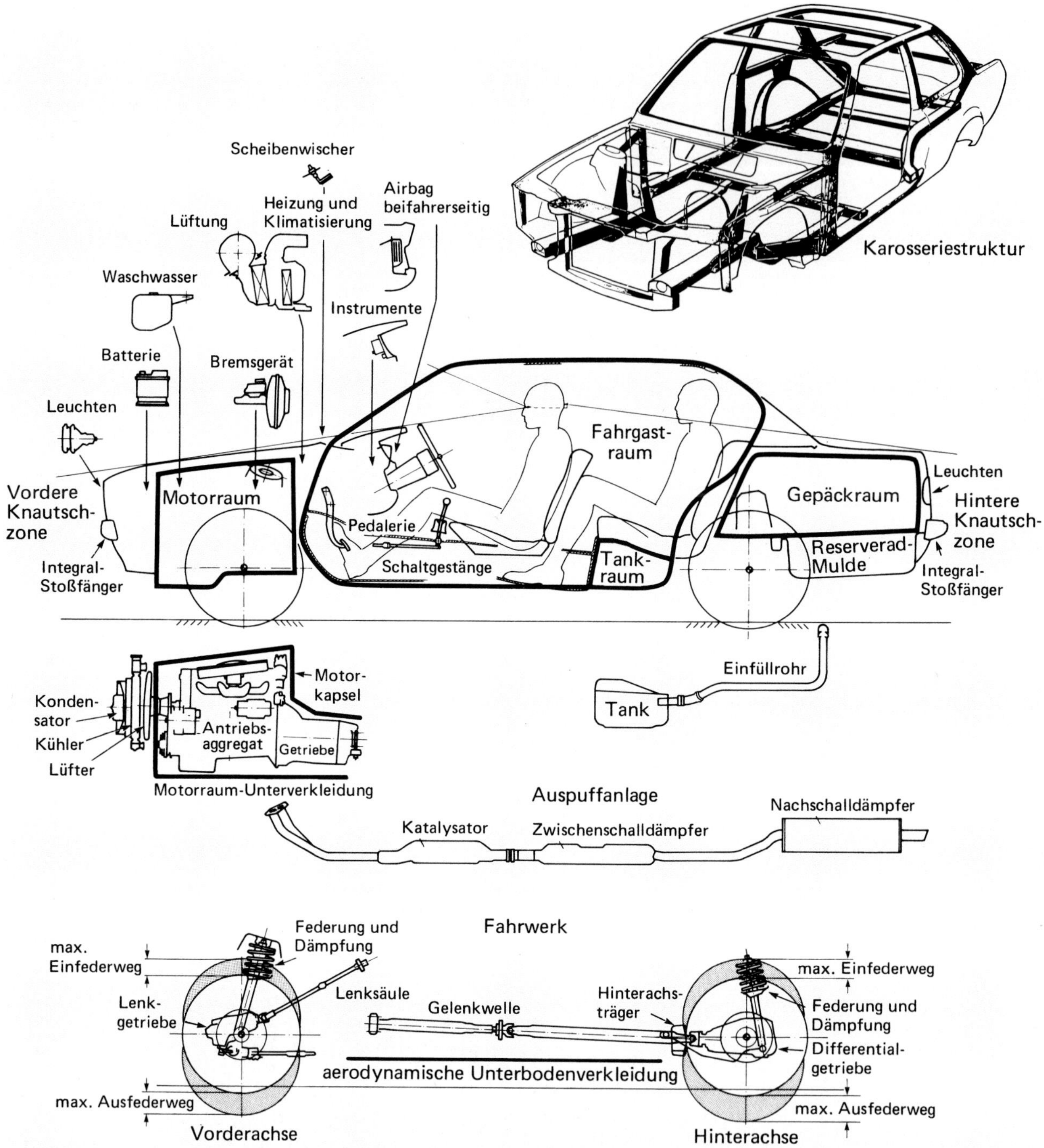

Beispiel für ein Fahrzeugkonzept mit seinen wichtigsten Komponenten.

— seine in langjähriger Fahrpraxis weitgehend automatisch ablaufenden Bewegungen optimal ausführen kann und

— dabei noch ein hohes Maß an Bequemlichkeit genießt.

Die daraus folgenden konkreten Anforderungen und vom Konstrukteur zu berücksichtigenden Einflußgrößen betreffen z. B. Sitzposition, Sichtverhältnisse, Gestaltung und Funktion aller Betätigungselemente sowie Klima- und Geräuschkomfort; darüber hinaus muß das Fahrzeug seinen Insassen in Unfallsituationen weitgehend Schutz bieten.

Die Lage der Antriebsachse beeinflußt alle Aspekte des Fahrverhaltens, darüber hinaus wichtige Baumerkmale des Fahrzeugs und damit letzten Endes auch die Herstellkosten.

Bei dem Versuch, eine Bilanz aller Vor- und Nachteile aufzustellen, erkennt man sehr schnell, daß es eine einzige Lösung nicht gibt. Vielmehr muß, und das gilt auch für sehr viele andere Entscheidungsfäl-

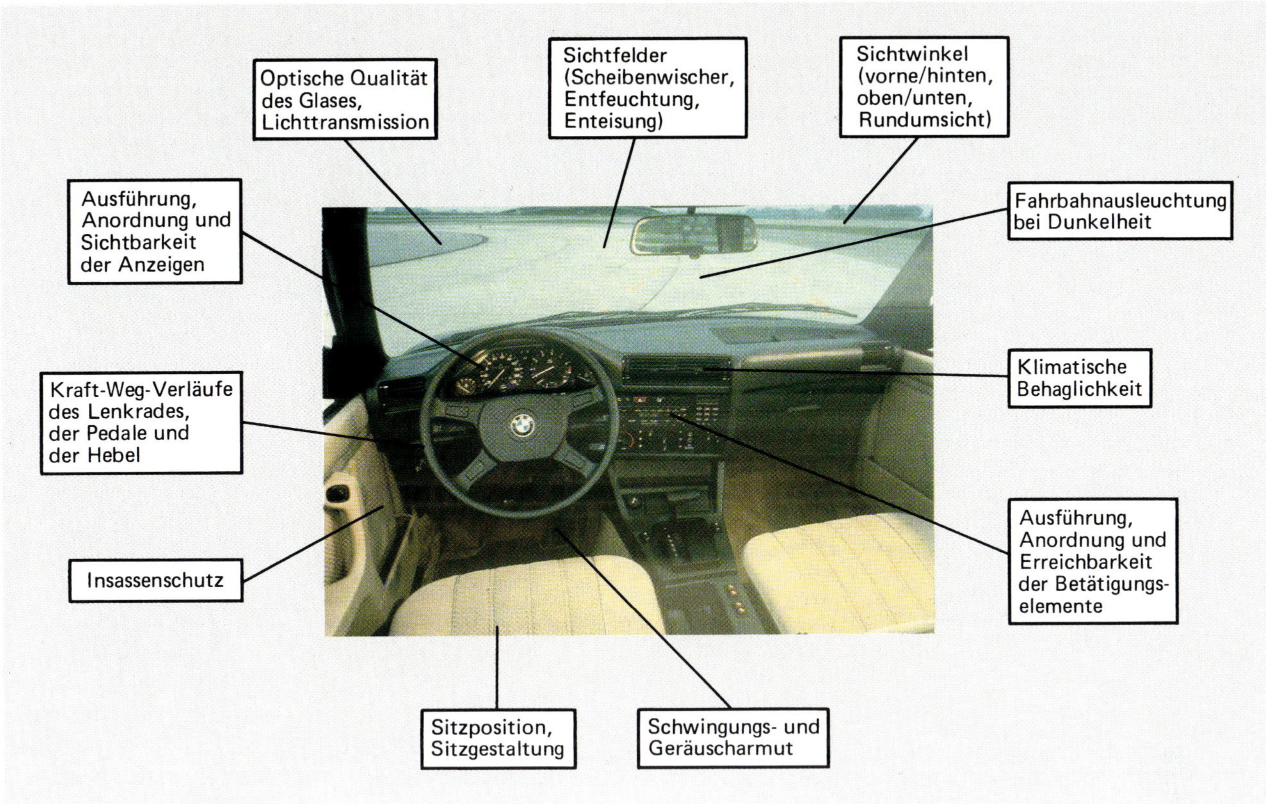

Fahrer-Arbeitsplatz: Anforderungen und Einflußgrößen.

Typische Zulieferteile für einen Personenkraftwagen.

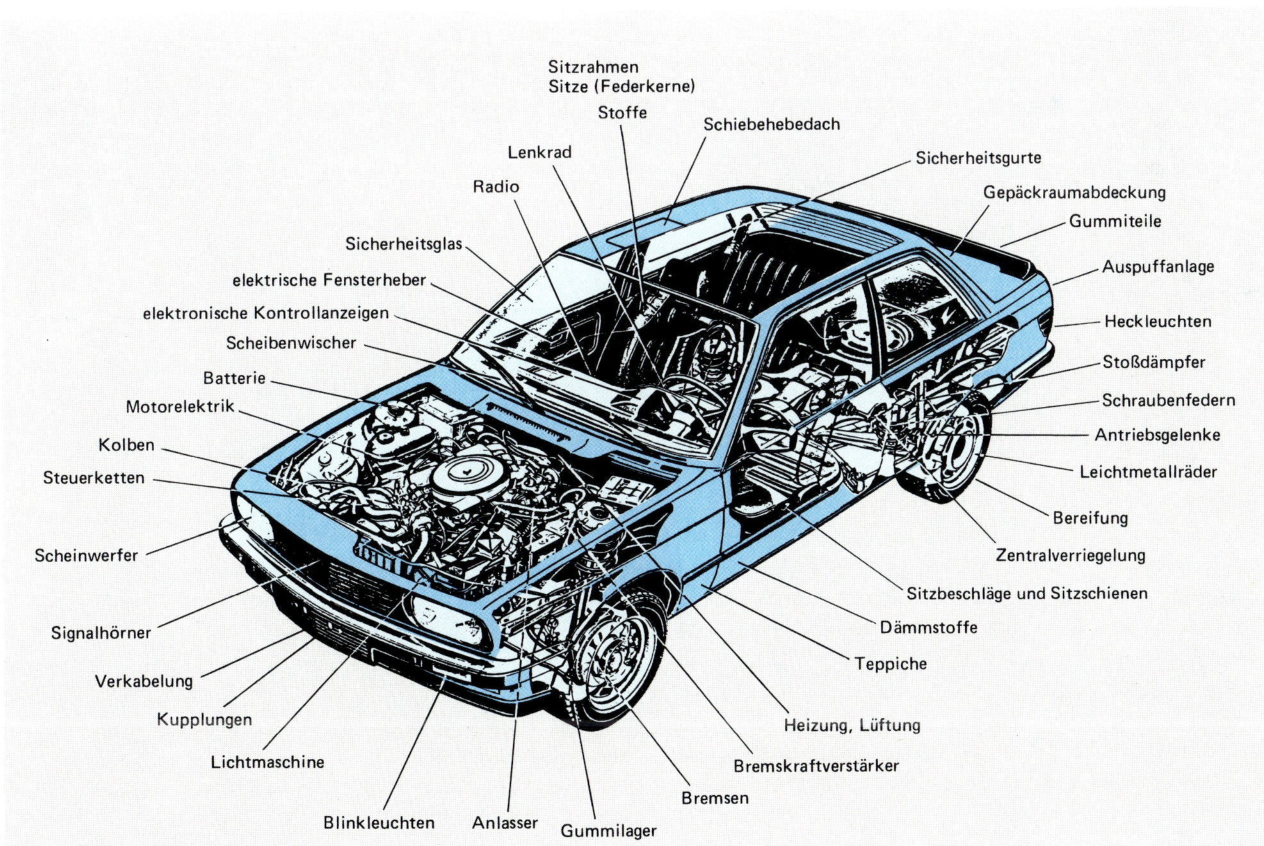

Bewertungskriterien	Standardantrieb	Frontantrieb	Allradantrieb
I. Fahrverhalten Anfahrbeschleunigung, Steigfähigkeit	Auf griffiger Fahrbahn und bei hoher Zuladung hohes Traktionsvermögen	Bis zu mittleren Fahrbahngriffigkeiten und mittleren Motorleistungen dem Standard-Antrieb entsprechend; mit zunehmender Beladung schlechter werden	Maximal mögliches Traktionsvermögen bei allen Fahrbahnbedingungen
Bremsverhalten	Je nach Achslastverteilung durchschnittliches bis gutes Bremsverhalten	Infolge geringerer Hinterachslast (einschließlich deren großer Schwankungsbreite) ungünstiger als beim Standard-Antrieb	Dem Standardantrieb entsprechend oder leicht besser
Eigenlenkverhalten, Beherrschbarkeit in schwierigen Situationen	Infolge weitgehenden Auslegungsspielraumes günstiges Eigenlenkverhalten möglich: mit abnehmender Fahrbahngriffigkeit und zunehmendem Vortrieb Änderung in Richtung Übersteuern (vom Fahrer gezielt einsetzbar)	Im Normalfall sehr gutmütiges Eigenlenkverhalten; bei geringer Fahrbahngriffigkeit deutliches Untersteuern, mit zunehmender Beladung Änderung in Richtung Übersteuern	Infolge sehr weiten Auslegungsspielraumes günstiges Eigenlenkverhalten auch bei geringer Fahrbahngriffigkeit möglich
Richtungsstabilität	Gute Richtungsstabilität möglich; bei winterlichen Straßen jedoch eingeschränkt	Sehr gute Richtungsstabilität möglich, mit zunehmender Beladung jedoch abnehmend	Gute bis sehr gute Richtungsstabilität möglich
Seitenwindverhalten	Je nach Schwerpunktlage und Karosserieform geringe bis mittlere Seitenwindempfindlichkeit	Infolge Schwerpunktvorlage geringe Seitenwindempfindlichkeit, mit zunehmender Beladung schlechter werdend	Zwischen Standard-Antrieb und Front-Antrieb liegendes Seitenwindverhalten
Lenkverhalten	Optimale Abstimmung des Lenkverhaltens möglich	Infolge Zusammenwirkens von Lenkung und Antrieb Beeinträchtigung des Lenkverhaltens, insbesondere mit steigendem Vortrieb oder bei unterschiedlicher Griffigkeit links/rechts	Mit abnehmendem Vortriebsanteil der Vorderachse bessere Abstimmung des Lenkverhaltens möglich
II. Gesamtfahrzeug Raumausnutzung	Gegenüber Frontantrieb Einschränkungen im Innenraum (Mitteltunnel) und im Hinterwagen (insbesondere infolge Achsgetriebe und Antriebswellen)	Optimale Raumausnutzung möglich	Je nach Konzeption dem Standardantrieb entsprechend oder leicht ungünstiger
Innengeräusche	Günstige Voraussetzungen im Vorderwagen durch relative Freizügigkeit bei der Aggregatlagerung, jedoch ungünstige Voraussetzungen durch Kardanwelle und durch Achsantrieb an der Hinterachse (Erreger, Überträger)	Besonders bei Quermotor ungünstige Voraussetzungen im Vorderwagen durch relativ harte Motorlager (schmale Abstützbasis), jedoch günstige Voraussetzungen im Hinterwagen infolge fehlenden Triebstranges zur Hinterachse	Gegenüber Standard- und Front-Antrieb benachteiligt durch zusätzliche Geräusch-Erreger und -Übertrager sowie bauraummäßig eingeengte Möglichkeiten bei Aggregatlagerungen und weiteren Maßnahmen zur Schwingungsminimierung
Gewicht, Gewichtsverteilung	Gegenüber Frontantrieb Mehrgewicht, mit zunehmender Fahrzeuggröße abnehmend; relativ ausgeglichene Gewichtsverteilung möglich	Vor allem bei kleineren Fahrzeugen geringes Gewicht, jedoch deutliche Veränderung der Gewichtsverteilung mit der Zuladung	Mehrgewicht gegenüber Standard-Antrieb; Gewichtsverteilung ähnlich Standardantrieb
Kosten	Besonders bei Kleinwagen Mehrkosten gegenüber Frontantrieb, mit zunehmender Fahrzeuggröße abnehmend	Bei Klein- und Mittelklasse-Wagen kostengünstig	Deutliche Mehrkosten gegenüber dem Standardantrieb

Beispiel für den Ablaufplan einer heutigen Fahrzeugneuentwicklung.

Aerodynamische Arbeitsgebiete und das Zusammenspiel mit Fahrzeug-Eigenschaften und -Auslegung

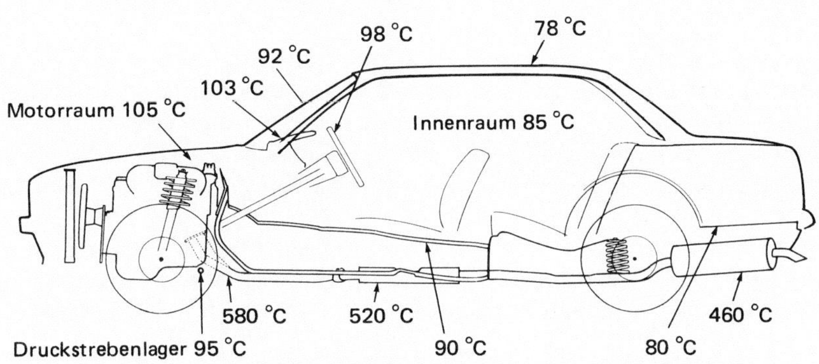

Temperaturbelastung des Fahrzeugs und seiner Bauteile
Beispiel von Einzelmeßwerten bei verschiedenen thermisch hochbelastenden Betriebszuständen

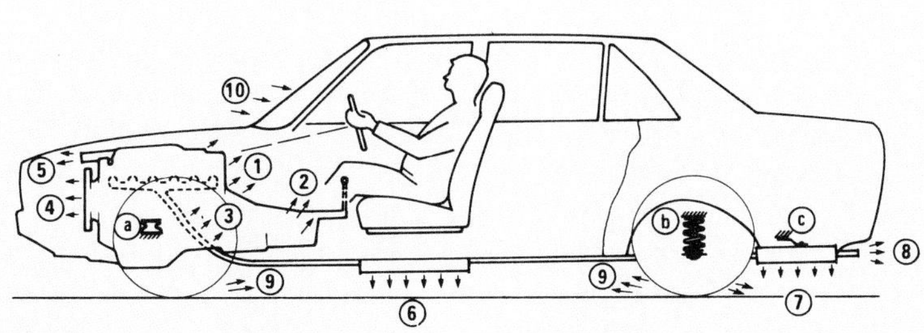

Luftschall
1 Geräuschabstrahlung des Motorblocks
2 Geräuschabstrahlung des Getriebes
3 Geräuschabstrahlung der Auspuffleitung
4 Geräusch des Kühlerventilators
5 Ansauggeräusch
6, 7 Geräuschabstrahlung der Schalldämpfer
8 Schalldämpfer-Mündungs-Geräusch
9 Reifengeräusch
10 Windgeräusch

Körperschall
(übertragen über Aufhängungselemente)
a Motorblockschwingungen
Getriebegehäuseschwingungen
Kardanwelle
b Achsen: Antriebs-Körperschall, Straßen-erregter Körperschall
c Schalldämpfer

Geräusch-Einleitung in Fahrzeug-Innenraum

Beispiele für das Gesamtfahrzeug betreffende Eigenschaften bzw. Teilbereiche.

le, für jede konkrete Anwendung die jeweils optimale Lösung gefunden werden. Und dies bedeutet: Bei kleinen Wagen überwiegen die Vorteile des Frontantriebs, während bei großen und besonders leistungsfähigen Wagen der Standardantrieb eine bevorzugte Stellung einnimmt. Der Allradantrieb schließlich ist dann in Betracht zu ziehen, wenn hohes Traktionsvermögen (z. B. für den Winterbetrieb im Gebirge) oder wichtige Aspekte des sportlichen Fahrverhaltens im Vordergrund stehen.

An der Nahtstelle, die sich zwischen dem Raumkonzept und der Stilistik befindet, liegt die Aerodynamik. Es sei erwähnt, daß die Aerodynamik nicht nur die Effekte der Außenhaut, sondern auch „interne" Funktionen, wie z. B. die Fahrgastraum-Klimatisierung oder die Kühlung und Belüftung der Aggregate beeinflußt; so hängen nämlich Gebrauchstüchtigkeit, Zuverlässigkeit und Lebensdauer eines Fahrzeugs nicht nur von der Höhe der mechanischen Beanspruchungen, sondern auch von der Temperaturbelastung seiner Bauteile ab.

Wenn man außerdem daran denkt, daß Auslegung und Anordnung aller Aggregate in großem Maß das Innengeräusch, das Crash-Verhalten, die Reparaturfreundlichkeit und weitere Eigenschaften beeinflussen, so sind damit eine ganze Reihe von Problemen, die bei der Entwicklung neuer Fahrzeuge zu lösen sind, angesprochen.

Während die Basismerkmale jedes Fahrzeug charakterisieren, kann ein Hersteller auch weitere, in einem „Durchschnittswagen" nicht enthaltene zusätzliche Merkmale so hervorheben, daß dadurch ein besonders attraktives Automobil entsteht. Dies gelingt nicht nur durch überzeugende technische Merkmale, einschließlich hoher Zuverlässigkeit und Qualität, sondern auch und manchmal gerade durch ein gefälliges, vielleicht sogar mitreißendes Styling (Aussehen). Anders als bei einer Lokomotive oder bei einem Flugzeug will der Besitzer eines Automobils außer handfesten Vorteilen nämlich auch Freude am Besitz und darüber hinaus Freude am Fahren haben, die sich bei wirklich guten Fahrzeugen durch ein harmonisches Zusammenspiel einer Vielzahl von Faktoren — wie z. B. Sitzposition, Übersichtlichkeit und Handlichkeit, Kraftentfaltung des Motors, Präzision der Lenkung, Kontrollierbarkeit des Fahrverhaltens, Schaltbarkeit des Getriebes, Geräuschkomfort, Gediegenheit der Innenausstattung, oder sogar ein „aufgeräumter" Motorraum — einstellen. Daß es großer Erfahrung bedarf, diese nur teilweise objektiv bewertbaren Eigenschaften in ein Auto hineinzukonstruieren, sei lediglich am Rande erwähnt.

Bald nach dem Erscheinen der ersten Automobile erkannten findige Unternehmer, daß die pferdelosen Vehikel nicht auf dem Niveau von „Kutschen mit Hilfsmotor" stehenbleiben, sondern eine rasche Entwicklung nehmen und zu einem bedeutenden Wirtschaftsfaktor werden würden. Sie ergriffen die Chance der Spezialisierung und begannen mit der Anpassung oder der Neuentwicklung bestimmter Fahrzeug-Bauteile, wie z. B. Maschinenelemente, Guß- und Schmiedeteile, Kühler, Batterien, elektrische Ausrüstungen oder Reifen. Den Fahrzeugherstellern wiederum war der Nutzen der Arbeitsteilung willkommen, nicht alles selbst entwickeln und produzieren zu müssen. So entstand eine enge Partnerschaft mit dem Ergebnis, daß heute etwa die Hälfte aller Teile eines Personenwagens von Zulieferfirmen kommen.

Da die Zusammenarbeit meist schon im frühen Konstruktionsstadium beginnt, ist es häufig schwierig festzustellen, wer den größeren Anteil an der erzielten Leistung erbringt. Ist es derjenige, der das neue Gesamtkonzept entwickelt und daraus Aufgaben für neue Bauteile ableitet, oder derjenige, der diese Bauteile optimieren und in der geforderten Stückzahl kostengünstig herstellen kann? Sicher ist, daß der Anstoß zu vielen Innovationen, wie z. B. bei Werkstoffen, Halbzeugen und Maschinenelementen, aus der Automobilindustrie kam. Andererseits profitierten aber auch die Fahrzeughersteller in nicht geringem Maß von den Beiträgen anderer, man denke nur an die Elektrik (Elektronik) oder an die Chemie.

Nur selten liegt die beste Lösung in einem großen Wurf von genialer Einfachheit — der vielleicht an irgendeiner Stelle unakzeptable Schwächen aufweist. Grundsätzlich Neues ist sehr selten. Einmal ist schon fast „alles dagewesen", wenn auch häufig nur in Form von Ideen, Konstruktionen oder Versuchsausführungen. Zum anderen haben sich immer wieder viele gute Ideen in der Praxis als nicht brauchbar erwiesen. Das Automobil stellt so viele und so harte Anforderungen, daß sich nur ein kleiner Teil aller Möglichkeiten durchsetzen kann.

Häufig kann man steigenden Ansprüchen und den sich verschärfenden Zielkonflikten nur mit aufwendiger und teurerer Technik begegnen. Die Hersteller müssen dafür sorgen, daß ihre Produkte trotzdem im Preis erschwinglich bleiben und die Anforderungen des täglichen Betriebes in jeder Hinsicht erfüllen. Die Vielfalt der Verkehrsbedürfnisse und der Kundenwünsche, aber auch die Konkurrenzsituation sorgen dafür, daß uns die Zukunft keine Einheitsautos bescheren wird.

Mercedes-Benz 300 E

Einige Monate vor ihrem 100. Geburtstag präsentierte die „älteste Automobilfabrik" der Welt ihre neue Baureihe 124. Nach 24 Jahren gab es dazu auch einen neuen Sechszylindermotor mit höchst beachtenswerter Technik.

Internationale Szene

Deutschland
Österreich
Tschechoslowakei

Eine Automobilindustrie beginnt mit dem Erscheinen des ersten Automobils zu existieren, und man hat sich daran gewöhnt, daß dieses mit einem Verbrennungsmotor ausgerüstet ist. Der Schöpfer des ersten Automobils dieser Auslegung war Karl Benz, der über einen Fertigungsbetrieb für stationäre Gasmotoren in Mannheim verfügte. Seine Gedanken aber kreisten um den „selbstfahrenden Motorwagen", den er als organische Einheit von Wagen und Motor sah. Das Patent für ein „Fahrzeug mit Gasmotorenbetrieb" wurde Benz am 29. Januar 1886 erteilt. Das genaue Fertigstellungsdatum des ersten Wagens ist nicht mehr präzise feststellbar. Entweder diente der 1885 schon fertige Wagen als Vorbild für die Patentanmeldung, oder das Fahrzeug entstand erst nach der Patenterteilung 1886. Benz selbst schreibt darüber in seiner Autobiographie: „Dies erste Patent auf einen fertiggestellten und praktisch brauchbaren Motorwagen zur Beförderung mehrerer Personen ist zum Geburtsschein des neuzeitlichen Motorwagens geworden."

Benz ließ erste Prospekte für seinen „Patent-Motorwagen" drucken und beschickte erstmals eine Ausstellung, die „Kraft- und Arbeitsmaschinen-Ausstellung" im September 1888 in München. Die Käufer aber blieben aus, das Geschäft konzentrierte sich nach wie vor auf den Bau ortsfester Motoren. In der Hoffnung auf größere Verbreitung meldete Benz den Wagen für die Pariser Weltausstellung 1889, und Emile Roger übernahm den Vertrieb der Benzschen Wagen für Frankreich.

Im gleichen Pavillon der Ausstellung war auch Gottlieb Daimler vertreten. Daimler hatte sich nach zehnjähriger Tätigkeit als technischer Direktor bei der Gasmotorenfabrik Deutz in Bad Canstatt bei Stuttgart niedergelassen, um sich seiner Idee der Entwicklung eines schnellaufenden, leichten Benzinmotors zu widmen. Eine erste zufriedenstellende Ausführung entstand 1883. Daimler war Motorenbauer, und im Gegensatz zu Benz schwebte ihm der Einbau seiner Motoren in Fahrzeuge aller Art vor. So entstand 1885 als Aggregateträger ein „Reitwagen", eine Vorform des Motorrades. Die Richtigkeit der Idee konnte damit zwar bewiesen werden, eine Weiterentwicklung fand jedoch nicht statt.

Daimler-Motoren wurden zuerst in Booten und in einer Straßenbahn erprobt. Eine motorisierte Kutsche ist als erstes Daimler-Automobil anzusehen. Die ersten Probefahrten fanden damit im Frühjahr 1887 statt. Aber Daimler selbst verspürte keine allzu große Neigung zu dieser Fahrzeuggattung. Es bedurfte großer Überredungskünste seines Konstrukteurs Wilhelm Maybach, die Genehmigung zum Bau eines von Grund auf als Einheit konzipierten Motorwagens zu erreichen, der dann als „Stahlradwagen" ebenfalls auf der Pariser Ausstellung 1889 gezeigt wurde. Diese Ausstellung muß als Grundstein für die Entstehung der Automobilindustrie überhaupt angesehen werden. Die früheste als solche geplante Automobil-Produktion basierte auf der Lizenzfertigung von Daimler-Motoren durch die Firmen Panhard-Levassor und Peugeot, die die Motoren in Fahrzeuge eigener Konstruktion einbauten.

Benz erzielte in der Folgezeit über seinen französischen Vertreter Roger zwar Verkaufserfolge, die sich jedoch mit denen der französischen Hersteller nicht messen konnten. Von seinem ersten Typ, einem im Lauf der Jahre ständig verbesserten Dreiradfahrzeug, wurden bis 1892 etwa 25 Exemplare hergestellt. Danach baute Benz nur noch Vierradfahrzeuge, darunter das 1894 erschienene Modell „Velo", ein kleiner, leichter, aber recht strapazierfähiger Wagen, der als erstes Automobil der Welt im „Serienbau" hergestellt wurde. Benz verkaufte von Oktober 1894 bis Oktober 1895 insgesamt 125 Fahrzeuge. Die Begründung einer deutschen Automobilindustrie ist daher mit dem Namen Benz ebenso verbunden wie mit der Schaffung des Automobils überhaupt. Daimler hatte sich im Motorenbau etabliert, der Motorwagenbau kam nebenher erst zögernd in Gang.

Anläßlich der Gründung des „Mitteleuropäischen Motorwagen-Vereins" im September 1897 fand eine

„Automobilrevue" statt, bei der Benz mit vier, Daimler und Kühlstein mit je einem Fahrzeug vertreten waren. Als vierter deutscher Hersteller präsentierte Lutzmann aus Dessau zwei Fahrzeuge. Die Firma Lutzmann war dann die erste, die für einen Vorgang das Modell lieferte, der später in der Automobilindustrie recht normal werden sollte. Sie wurde von der Firma Opel übernommen, die im Fahrrad- und Nähmaschinengeschäft aktiv war, und bildete die Urzelle der Opel-Automobilproduktion.
Die steigende Bedeutung der Automobilindustrie in Deutschland wurde durch die 1. Internationale Motorwagenausstellung in Berlin im Jahr 1899 wirkungsvoll unterstrichen. An ihr nahmen bereits 120 Aussteller teil, hierzu waren allerdings auch die Hersteller von Zubehör im weitesten Sinne zu zählen.
Am Ende des Jahrhunderts bot die deutsche Automobilindustrie das Bild einer gesunden Prosperität. Es existierten insgesamt 41 Fabriken. Von ihnen hatten sich 24 dem ausschließlichen Bau von Fahrzeugen mit Benzinmotor verschrieben, 10 von ihnen gaben dem Elektro-Antrieb den Vorzug und 7 hielten die Entscheidung zwischen beiden Antriebsarten dadurch offen, daß sie beide Systeme anboten. Bergmann's Industriewerke (Markenname „Orient Expreß") und Lutzmann hatten sich das System Benz zum Vorbild genommen. Sonst aber war ein Rückfluß französischer Technik zu beobachten. Verschiedene Firmen erwarben Nachbaurechte aus dem Nachbarland, so Cudell von de Dion-Bouton, Falke und die Fahrzeugfabrik Eisenach („Wartburg") von Decauville, und die im damaligen deutschen Lothringen ansässige Firma de Dietrich versuchte es mit einem Bollée-Nachbau.
Die Dürkopp-Wagen zeigten deutliche Einflüsse von Panhard-Levassor. Der bewährte De Dion-Bouton-Motor fand auch in Deutschland Liebhaber, so wurde er beispielsweise von Adler und Stoewer eingebaut. Bei Attila hielt man sich an den Aster-Motor. Bemerkenswert ist auch eine Untersuchung, welchen Branchen die Automobilhersteller entstammten. Adler, Falke, Primus und Opel waren ursprünglich Fahrrad-Hersteller, Benz und Daimler hatten ihren Ursprung im Motorenbau, ebenso Protos. Den direkten Weg zum Auto nahmen hingegen Horch, Maurer-Union und Scheibler. Kruse und Kühlstein kamen aus dem Wagenbau. Die Mehrzahl der Hersteller von Elektromobilen entstammte der Elektrobranche, als deren langlebigste die Firma Schuckert (später Siemens-Schuckert) zu nennen ist. Die Hamburger Firma Kruse bot außer Wagen mit Benzin- oder Elektroantrieb als einzige auch solche mit Dampfantrieb an.

Die deutschen Automobilhersteller um 1900.

Benzin-Automobile	AAG (1), Adler, Attila, Benz, Cudell, Daimler, de Dietrich (2), Dürkopp, Engelhardt, Falke, Gottschalk, Horch, Kempten, Kondor, Loutzky (3), Maurer-Union, Orient-Expreß (4), Opel, Patria, Primus, Protos, Scheibler, Victoria (5), Vindelica
Elektromobile	Andreas, Electra, Fiedler, Kliemt, Maxwerke, Mayer, Pflüger, Scheele, Schuckert (6), Vulkan
Benzinfahrzeuge und Elektromobile	Wartburg/Eisenach (7), Henschel (8), Kruse, Kühlstein (1), Lux, MMB (9), Stoewer

(1) Später Eingliederung in NAG
(2) Produktionsverlagerung in das französische Lothringen 1904
(3) Ab 1918 als französisches Fabrikat zu führen
(4) Später Benz, heute DB Gaggenau
(5) Produktion 1900 bis 1909, Wiederaufnahme 1957
(6) Später Siemens-Schuckert
(7) Ursprung der heutigen BMW
(8) Nicht identisch mit Henschel/Kassel
(9) Später Daimler-Marienfelde

Welche Firmen konnten sich von der Jahrhundertwende an bis heute behaupten? Es sind nur die Kombination Daimler-Benz, die 1917 gegründeten Bayerischen Motorenwerke (mit der 1929 übernommenen Ursprungsfirma Fahrzeugfabrik Eisenach/Dixi) und Opel. Fast alle anderen blieben nur kurze Zeit bestehen. Auf zehn und mehr Jahre brachten es u.a. Adler, Brennabor, Dürkopp, Hansa (Hansa-Lloyd), Horch, Protos und Stoewer sowie in einem

Produktion von Personenwagen in den Jahren 1907/08.

	Gesamt	Steuer-PS bis 6	6 bis 10	10 bis 25	über 25
1906	4806	1356 (27,7%)	873 (17,8%)	1460 (27,9%)	1177 (26,6%)
1907	3491	1268 (36,3%)	597 (17,1%)	1307 (37,4%)	219 (9,2%)
1908	4142	1912 (46,0%)	809 (19,6%)	1314 (31,8%)	107 (2,6%)
1909	6682	3865 (58,0%)	1623 (24,0%)	970 (14,7%)	224 (3,3%)
1910	8978	3976 (46,0%)	3134 (36,5%)	1228 (14,5%)	240 (3,0%)

neuen Verbund AAA und Kühlstein (NAG), Gottschalk (BMF, Oryx, Dürkopp), MMB (Daimler-Marienfelde), Orient-Expreß (Süddeutsche Automobilfabrik, Benz), Scheibler (Mulag). Bei Victoria in Nürnberg baute man von 1900 bis 1909 Autos und nahm dann nach langer Pause 1957 noch einmal eine Fertigung auf. Die Entwicklung im Nachbarland Österreich verlief ähnlich. Den Anfang machte die Wagenbaufirma Jacob Lohner in Wien 1896 unter Heranziehung französischer Pygmee-Motoren. Die Nesselsdorfer Wagenbau-Fabriksgesellschaft in Böhmen nahm die Herstellung von Automobilen 1897 nach Benz-Vorbild auf, in Wiener Neustadt entstanden 1899 die Österreichischen Daimler-Werke, anfangs als Zweigwerk des Stuttgarter Unternehmens. Die Leesdorfer Automobilwerke bauten Autos nach einer Lizenz von Amedée Bollée. Zur Jahrhundertwende waren ferner noch Bock & Hollender (später Wiener Automobilfabrik WAF bis 1926), Braun (Lizenzbau der französischen „Victoria Combination") und Kainz aktiv.

In dem am 19. 1. 1901 gegründeten „Verein Deutscher Motorfahrzeug-Industrieller" schuf man sich Organ und Interessenvertretung, auf dessen Panier auch die „Verteidigung des jungen Automobilismus gegen Steuerbehörden" stand. Festzustellen war aber auch das Ausscheiden der „Gründergeneration". Die Pioniere, wie beispielsweise Benz, Daimler und Horch, waren gezwungen, ihren Unternehmen neues Kapital zuzuführen. Es kam also zur Umwandlung ihrer Unternehmen in Aktiengesellschaften, in deren Folge sich die Gründer gegen die Kapitalseite nur selten durchzusetzen vermochten. Dies führte u.a. auch zu der Gründung der Firma

Im ersten Jahrzehnt des neuen Jahrhunderts gab es bereits eine Anzahl fahrtüchtiger Automobile. Dieses hier ist ein Benz Landaulet von 1909 mit einem 5-l-Vierzylindermotor. Es war mit 18 000 Goldmark allerdings recht teuer.

Aus dem gleichen Jahr stammt der Opel-„Doktorwagen". Es war ein „Selbstfahrer" —, der Herr Doktor sollte selbst chauffieren. Der Motor war mit 8 PS nicht sonderlich muskelstark.

„Carl Benz Söhne" in Ladenburg, in der Karl Benz eine bessere Wahrung seiner Ideen und Interessen erblickte. Einige Jahre später ging Horch mit der Gründung von Audi einen ähnlichen Weg. Opel traf nach Einstellung der Lutzmann-Konstruktionen ein Lizenzabkommen mit der französischen Firma Darracq, das bis 1906 lief. Die expandierende amerikanische Automobilindustrie sandte ihre ersten Fahrzeuge nach Europa. Die „Motorfahrzeug- und Motorenfabrik Berlin" (MMB) übernahm die Lizenzfertigung der Columbia-Elektromobile. Den Erfolgswagen jener Jahre, den Oldsmobile, bauten ab 1904 sowohl die Polyphon-Musikwerke als auch die Ultramobil-Gesellschaft in Lizenz. Die Firma Aachener Stahlwarenfabrik („Fafnir") und Deutsche Automobil-Industrie Richard & Hering in Ronneburg fertigten „Automobilbestandteile" (z. B. Rahmen, Achsen, Getriebe, Lenkung), mit denen zahlreiche Unternehmen — darunter etliche aus der Fahrradbranche — in die Lage versetzt wurden, die Produktion von Kraftfahrzeugen aufzunehmen.

Die Gründerwelle setzte sich in Deutschland bis in die Zeit 1906/07 fort. Zahlreiche Unternehmen hatten sich aus dem Kreis der Kraftfahrzeughersteller verabschiedet, andere wuchsen nach. Unter diesen konnte man sowohl etablierte Unternehmen aus anderen Branchen feststellen, als auch Neugründungen, die in dem neuen Industriezweig die Möglichkeit sahen, ihr Kapital gut zu verzinsen. Auffallend war das Engagement der Elektroindustrie. Die „Allgemeine Elektricitäts-Gesellschaft" (AEG) schuf durch die Übernahme der Allgemeinen Automobil-Gesellschaft (AAG) die Neue Automobil-Gesellschaft (NAG). Siemens & Halske war durch die Verbindung mit der Elektrizitäts-Aktiengesellschaft vorm. Schuckert & Co. in Nürnberg zum Hersteller von Elektromobilen geworden. Durch den Erwerb der Motorenfabrik Protos 1908 weitete man das Betätigungsfeld auf Benzinfahrzeuge aus. „Bergmann Elektrizitätswerke" begannen ebenfalls mit Elektromobilen, nahmen 1909 aber zusätzlich die Lizenzfertigung der belgischen Metallurgique-Wagen auf. Die „Gasmotorenfabrik Deutz", Keimzelle des Automobilbaus schlechthin durch die Entwicklung des Verbrennungsmotors, entschloß sich 1907 ebenfalls, den Schritt vom Motor zum Auto zu tun und nahm

Mit diesem Fahrzeug begann eigentlich die heute aktuelle Vierventiltechnik. Für die Prinz-Heinrich-Fahrten konstruierte Benz diesen Sporttyp mit 7,3-l-Vierzylinder von 100 PS. Der Motor hatte erstmals vier Ventile je Zylinder.

die Dienste des Konstrukteurs Ettore Bugatti in Anspruch, der kurz darauf selbst den Schritt zum eigenen Unternehmen wagte. Sogar ein Außenseiter, die Schiffahrtsgesellschaft Norddeutscher Lloyd, reihte sich mit Unterstützung der Norddeutschen Bank in den Kreis der Hersteller ein. Ihre „Norddeutsche Automobil- und Motoren-AG" (Fabrikmarke „Lloyd") begann mit Elektromobilen nach französischem Vorbild (Kriéger) und wandte sich bald außerdem dem Benzinantrieb zu. Im Verein mit der Marke „Hansa", die praktisch gleichzeitig im benachbarten Varel gegründet worden war, sollte sie unter wechselnder Firmenbezeichnung und mit unterschiedlichem Erfolg schließlich auf eine Jahrzehnte währende Existenz zurückblicken können.

Zwei weitere Hersteller hatten sich auf dem Gebiet der k.u.k. Monarchie etabliert. Beide kamen von der Zweiradproduktion und nahmen 1906 auch die Herstellung von Personenwagen auf. Es handelte sich um Puch in Graz und Laurin & Klement in Jungbunzlau (Mlada Boleslav). Sie entwickelten sich zu bedeutenden Unternehmen ihrer Branche. 1907 begann auch die Firma Gräf & Stift mit der Herstellung unter eigenem Namen. Willy Stift hatte bereits 1901 mit der Marke Celeritas begonnen, und im Lohnverfahren wurden die Spitz-Wagen gebaut, die später noch kurze Zeit bei der Ungarischen Maschinen- und Waggonfabrik in Raab entstanden. 1908 wurde auch bei Walter die Motorradfertigung durch Personenwagen ergänzt.

Der Benzinantrieb hatte sich durchgesetzt, und die

1911 brachte Wanderer einen originellen Kleinwagen heraus. Er hatte zwei hintereinanderliegende Sitze und einen Vierzylindermotor von 1150 cm³, der es auf eine Leistung von 12 PS brachte. Im Volksmund hieß das Auto „Puppchen" (Bild: Baujahr 1924).

Der Benz Typ 10/30 PS von 1923 hatte schon eine solide Limousinen-Karosserie. Mit einer Leistung von 35 PS aus einem Hubraum von 2,6 l kam er auf eine Spitze von 78 km/h.

um die Jahrhundertwende noch existierenden Hersteller von Elektromobilen waren weitgehend aus dem Wettbewerb ausgeschieden. Eine Renaissance des Elektroantriebs war in den Jahren 1906/07 festzustellen und machte sich besonders bei den Taxen in den Großstädten bemerkbar. Die Daimler-Motorenwerke in Marienfelde nahmen diesen Zweig sogar neu auf, indem sie die von Porsche beeinflußten Elektromobile mit Radnabenantrieb der Österreichischen Daimler-Werke in Lizenz herstellten. Der Dampfantrieb für Kraftfahrzeuge konnte sich dagegen in Deutschland nicht durchsetzen. Das amerikanische Fabrikat „Locomobile" wurde in Einzelstükken abgesetzt. Als Achtungserfolg wurde verbucht, daß Prinz Heinrich von Preußen, später ein großer Förderer des Automobils, als erstes Auto ein Fahrzeug dieses Fabrikats erwarb. Die Dampfwagen-Konstruktionen von Adolf Altmann und Peter Stolz blieben Einzelstücke.
Der Zufluß ausländischer Lizenzen hielt an. Die Hansa-Automobilgesellschaft nahm sich zunächst die französische Alcyon-Voiturette zum Vorbild, Achenbach in Hamburg den belgischen Nagant, die Argus-Wagen aus Berlin basierten auf der französischen Marke Panhard & Levassor, der Fahrradhersteller Presto begann 1907 mit der Montage von Delahaye-Wagen.
1907/08 waren in der Automobilindustrie Deutschlands Krisenzeichen zu erkennen. Zu sehr stand die Produktion von „Luxusautomobilen" im Vordergrund, ein Sektor, auf dem die Nachfrage offenbar bis zu einem bestimmten Grad eine Sättigung erreicht hatte. In den Vordergrund trat der Bedarf an kleineren Wagen, die in Anschaffung und Unterhalt auch dem Mittelstand die Motorisierung erlaubten. Die nach mehrjähriger Pause veranstaltete Automobil-Ausstellung 1911 — es sollte die letzte vor dem Ersten Weltkrieg sein — zeigte eine deutliche Erholung der Branche. Bei einigen Unternehmen nahm man erhebliche Erweiterungen der Produktionskapazitäten vor. Benz erwarb die „Süddeutsche Automobilfabrik" in Gaggenau und konzentrierte dort die Nutzfahrzeugproduktion. Dürkopp übernahm die Berliner Motorwagenfabrik „Oryx". Die Ausstellung 1911 zeigte einen Stand, mit dem die deutsche Automobilindustrie durchaus zufrieden sein konnte. Gegenüber 1907 mit einem Bestand von 27 026 Kraftfahrzeugen (davon etwa 60% Motorräder) hatte sich die Anzahl der Fahrzeuge im Deutschen Reich mehr als verdoppelt, und mit besonderer Genugtuung ließ man verlauten, daß die Bestandsvergrößerung nicht nur praktisch allein auf das Konto der heimischen Industrie kam, sondern daß man auch gegenüber 1910 eine Steigerung der Ausfuhren um 60% verzeichnen konnte. 42 deutsche Hersteller waren vertreten. Als ausländische Repräsentanten verzeichnete man Aussteller aus Frankreich (6), Österreich und USA (je 3), Belgien, Großbritannien, Schweiz (je 1).
Die durchaus erfreuliche Tendenz hielt während der nächsten Jahre an und lag über dem Durchschnitt sämtlicher Zweige der deutschen Volkswirtschaft.

Simson-Supra in Suhl (Thüringen) baute von 1911 bis 1931 Automobile. Ihren Ruhm verdankte die Marke vor allem den von Paul Henze geschaffenen sportlichen Modellen. Das letzte war ein Achtzylinder (im Bild das Modell von 1928).

1914 wurden von der deutschen Automobilindustrie nicht weniger als 230 Typvarianten angeboten. Neue Anbieter erschienen auf dem Markt (z. B. Phänomen, Miele, Fulmina, Elite). Die Nürnberger Hercules-Werke taten den Schritt vom Motorrad- zum Lastwagenbau, zu einem Gebiet, das auch durch Firmen wie Vomag, Mannesmann, Nacke Zuwachs erhielt. Ford und FIAT errichteten in Berlin eigene Verkaufsbüros für den deutschen Markt.

In diese Situation fiel der Kriegsausbruch 1914; die deutsche Heeresleitung war in keiner Weise auf eine motorisierte Kriegführung vorbereitet. Selbst die Regelung zur Schaffung eines militärtauglichen „Subventions-Lastwagens" führte nicht dazu, daß genügend motorisierte Transportkapazität zur Verfügung stand. So lief die Produktion auf vollen Touren mit einer ständigen Aufwärtsbewegung.

In der Automobilindustrie war der in der gesamten Volkswirtschaft zu beobachtende Produktionsrückgang nicht zu erkennen. Das in diesem Industriezweig ausgewiesene Aktienkapital hatte sich während des Krieges fast verdoppelt, die Dividenden wuchsen bis zum durchschnittlichen Höchststand von 21,2% im Jahr 1917.

Das Kriegsende und der damit entfallene Bedarf der Armee traf die Automobilindustrie schwer. Hinzu kam, daß die Produktionseinrichtungen auf Friedensfertigung umgestellt und vor allem erheblich modernisiert werden mußten. Diese Aufgaben konnten durch die politische Unsicherheit und den beginnenden Verfall der deutschen Währung nur unvollkommen gelöst werden. Die allgemeine Flucht in die Sachwerte kam allerdings auch der Industrie zugute. Die Nachfrage nach Fahrzeugen überstieg zeitweise sogar das Angebot. Zahlreiche neue Hersteller drängten in dieser Situation auf den Markt, teils kleine Unternehmen, die sich der Herstellung leichter Wagen widmeten, teils Firmen, die auf dem Sektor der Luxusautomobile aktiv wurden.

Im Herbst 1921 veranstaltete man vertrauensvoll die erste nationale Nachkriegs-Automobilausstellung. Viele Wagen zeigten sich nur als modernisierte Vorkriegsversionen, auf der anderen Seite erschienen aber auch viele Neuentwicklungen. Ehemalige Flugzeugfabriken (Rumpler, Grade) wandten sich wegen der ihnen auferlegten Produktionsbeschränkungen dem Kraftfahrzeug zu, ebenso einige Waffenfabriken. 21 Anbieter zeigten auf der Ausstellung insgesamt 90 verschiedene Modelle; bei den Nutzfahrzeugen waren es 21 Hersteller mit 49 Modellen.

In Österreich entstand neu die Marke Steyr als Fabrikat der Österreichischen Waffenfabriks-Gesellschaft. Auf dem Gebiet der neugegründeten Tschechoslowakei lag die Nesselsdorfer Wagenbau-Fabriksgesellschaft, die ihre Produkte unter dem neuen Namen „Tatra" auf den Markt brachte. Die Marke Laurin & Klement wurde 1925 von Skoda übernommen.

In den Folgejahren war eine Zunahme derjenigen Unternehmen zu beobachten, die zusätzlich zu ihren

bisherigen Tätigkeitsgebieten eine Automobilabteilung einrichteten. Die Gothaische Waggonfabrik erwarb zu diesem Zweck die Fahrzeugfabrik Eisenach. Durch den Einstieg der Lokomotivhersteller Hanomag, Krupp, Krauss-Maffei, Borsig und Henschel wurde das Bestreben deutlich, den Unternehmen eine breitere Basis zu verschaffen. Die AGA (Autogene Gas- und Akkumulatoren AG) setzte als Aktiengesellschaft für Automobilbau ebenfalls auf das Auto und begann als erstes deutsches Unternehmen mit der Serienherstellung eines 1,5-l-Typs. Verschiedene Hersteller versuchten sich durch die Gründung von Verkaufsgesellschaften und Typenabstimmung eine günstigere Position zu schaffen. So entstanden die „Gesellschaft deutscher Automobilfabriken — GDA" (Brennabor, Hansa, Hansa-Lloyd, NAG) und „Deutscher Automobil Konzern — DAK" (Magirus, Dux, Vomag, Presto), die sich jedoch nach einigen Jahren als nicht lebensfähig erwiesen.
In dieser Zeit traten zwei Persönlichkeiten als Initiatoren von Konzentrationen in der Automobilindustrie hervor. Es war Hugo Stinnes, der die Unternehmen Rabag, AGA und Dinos (vorher Loeb) unter seinen Einfluß brachte, die nach seinem Tod 1924 allerdings alle in Schwierigkeiten gerieten. Weitaus erfolgreicher agierte Jacob Schapiro, der durch geschickte, wenn auch äußerst umstrittene Börsengeschäfte starken Einfluß in der Industrie gewann. Von den Karosseriewerken Schebera in Berlin aus-

Hersteller von Personenwagen im Jahr 1924.

Adler	Fulmina	NAG
AGA	Grade	NSU
Alfi	Gridi	NUG
Apollo	HAG	Omikron
Audi	Hagea	Opel
Baer	Hansa	Peter & Moritz
Beckmann	Hansa-Lloyd	Phänomen
Benz	Hataz	Pilot
Benz Söhne	Heim	Presto
BF	Hildebrand	Protos
Bob	Horch	Rabag
Brennabor	Induhag	Rumpler
BZ	Joswin	SB. Schebera
Club	Koco	Schütte & Lanz
Cyklon	Körting	Schultz
Dehn	Komet	Schuricht
Diabolo	Komnick	Selve
Dinos	Ley	Simson
Dixi	Lindcar	Sphinx
Dürkopp	Lipsia	Steiger
Dux	Luther & Heyer	Stoewer
Ego	Magnet	Szawe
Ehrhardt	Maja	Traeger
Elite	Mannesmann	Trinks
Exor	Mauser	Turbo
Fadag	Maybach	Wanderer
Fafag	Mercedes	Willerd
Fafnir	Mikromobil	Wittekind
Falcon	Minimus	York
Faun	Moll	Zimmermann
Freia	Mölkamp	

Paul Henze konstruierte auch für andere Hersteller, so für Steiger den Typ 10/50 PS, dessen Motor mit obenliegender Nockenwelle dem Viersitzer zu einer Höchstgeschwindigkeit von 120 km/h verhalf. 1925 war das sehr schnell!

Der Szawe war ein technisch recht gewöhnliches Auto; er fiel aber durch seine von Ernst Neumann-Neander entworfenen Karosserien und seine luxuriöse Aufmachung und Ausstattung aus dem Rahmen. Die Marke existierte nur von 1920 bis 1924.

gehend war er schließlich Mehrheitsaktionär bei Cyklon, der Gothaischen Waggonfabrik (und damit Dixi), Benz und NSU, sprach aber auch ein gewichtiges Wort bei Hansa und NAG mit. Er konnte sich zu jener Zeit rühmen, über Deutschlands einzigen Automobil-Konzern zu gebieten. Im Zuge der Normalisierung der wirtschaftlichen Verhältnisse begann sein Einfluß jedoch zu schwinden und verlor gegen Ende des Jahrzehnts jede Bedeutung.

Mit der Einführung der Rentenmark gegen Ende 1923 näherte man sich wieder normalen Verhältnissen. Keineswegs normal und gesund war allerdings die Anzahl der in Deutschland tätigen Automobilhersteller. In einer Anfang 1924 veröffentlichten Aufstellung werden nicht weniger als 93 Firmen aufgeführt, die sich mit der Herstellung von Personenwagen beschäftigten. Dies war eine der Ursachen für die Krise, in die sich die deutsche Automobilindustrie hineinbewegte. Die Konstruktionen und die Produktionsmethoden waren in den meisten Fällen hoffnungslos veraltet. Für notwendige Investitionen waren die Mittel häufig nicht vorhanden. Hanomag, Brennabor und Opel führten zwar moderne Produktionsmethoden (Fließbandfertigung) ein, und moderne Neukonstruktionen konnten sich auch in bestimmtem Umfang auf dem Markt behaupten. Dieser Markt wurde aber dadurch enger, daß ausländische Importe — vor allem aus den USA — ins Land flossen und mit günstigen Angeboten Käufer lockten. Besonders nachteilig schlugen sich bei der deutschen Industrie die Herstellungskosten nieder.

Die deutsche Industrie stand vor einer praktisch unlösbaren Aufgabe: Sie hatte ein dem ausländischen Produkt qualitativ mindestens gleichwertiges Erzeugnis herzustellen und gleichzeitig die Produktionskosten soweit zu senken, daß sie gegenüber den amerikanischen Importen auch im Preis bestehen konnte. Technische Auslegung, Produktionskosten und Absatzmöglichkeiten mußten „stimmen" — und dies gelang nicht immer. So verringerte sich der Kreis der Anbieter, und weitere Konzentrationen waren eine notwendige Folge.

Nach einer bereits 1924 vereinbarten Interessengemeinschaft kam es 1926 zur Fusion der Traditionsunternehmen Daimler und Benz. Im gleichen Jahr gab Siemens-Schuckert seine Automobilabteilung Protos an die Nationale Automobil-Gesellschaft (NAG) ab, die sich kurz vorher schon Dux und Presto einverleibt hatte.

1926 wurde die Röhr Auto AG gegründet. Das tech-

Neuzulassungen von Personenwagen in den dreißiger Jahren.

1931	1932	1933	1934
56039	41118	82048	130938
1935	1936	1937	1938
180113	213117	216538	222778

1926 ist das Geburtsjahr des kleinen Opel-Modells, das zuerst nur in grüner Farbe zu haben war und deshalb bald allgemein „Laubfrosch" hieß. Mit ihm begann in Deutschland erstmals eine Serienfertigung großen Stils.

nische Konzept des geplanten Modells erschien vielversprechend. Die Herstellung erwies sich aber als zu aufwendig und die erforderliche Kapitaldecke des Unternehmens als zu gering. Nach dem Konkurs 1930 schied H. G. Röhr aus dem Werk aus. Die nun neugegründete Neue Röhr Auto AG baute den verbesserten Typ bis 1935 weiter und übernahm zusätzlich 1933 die Lizenzherstellung des tschechischen Tatra Typ 30. Der Abstieg des Werkes war jedoch nicht mehr aufzuhalten. 1935 wurde die Produktion eingestellt, und Stoewer übernahm Lizenz und Fertigung des Tatra-Modells.

Als wirksame Waffe gegen die amerikanischen Importe suchten zahlreiche Hersteller ihr Heil ebenfalls im Angebot großer Wagen (häufig gekennzeichnet durch die Verwendung von Achtzylindermotoren). Als erfolgreicher erwies sich jedoch die Strategie, sich am unteren Ende der Angebotsskala anzusiedeln. Die Fahrzeugwerke Eisenach (Fabrikmarke „Dixi") erwarben 1927 die Fabrikationsrechte für den englischen Austin „Seven". Als das Unternehmen 1929 von den Bayerischen Motoren-Werken übernommen wurde, war es dieses Modell, mit dem BMW den Schritt vom Motorrad zum Auto tat. Jörgen Skafte Rasmussen, mit seinen DKW-Motorrädern damals weltgrößter Hersteller, brachte 1928 ebenfalls ein erstes Personenwagenmodell heraus und legte 1931 mit seinem fortschrittlichen Kleinwagen F 1 mit Vorderradantrieb den Grundstein zu dem während der dreißiger Jahre konstant behaupteten zweiten Platz in der Zulassungsstatistik. Der Erwerb der Audi-Werke war nur ein Schritt auf dem Weg zur Konzernbildung. Zwei bedeutende deutsche Unternehmen gingen in dieser Zeit in ausländische Hände über. Die italienische FIAT übernahm das NSU-Autowerk, General Motors kaufte Opel in Rüsselsheim. Ford erwarb in Köln ein Grundstück zur Errichtung einer deutschen Produktionsstätte, in der 1931 die Montage, später auch die Fertigung aufgenommen wurde.

Die von den USA ausgehende Weltwirtschaftskrise machte sich auch in der deutschen Automobilindustrie nachhaltig bemerkbar. Angesehene Marken, wie z. B. Apollo, Dürkopp, Elite, Ley, Mannesmann und Selve, überlebten nicht. Unternehmen wie Hanomag, Brennabor, Stoewer stellten zeitweilig die Produktion ein. Anfang 1932 wurde in der Industrie nur noch etwa ⅓ der möglichen Arbeitsstunden geleistet.

Die sächsischen Unternehmen DKW, Audi und Horch blieben von den Schwierigkeiten nicht verschont und gingen eine Zwangsehe ein, die unter

Im gleichen Jahr debutierte auch — am anderen Ende der deutschen Modellskala — der Maybach W 5. Das riesige Automobil hatte einen Siebenliter-Sechszylindermotor von 120 PS und ein Zweigang-Planetengetriebe mit zusätzlichem „Schnellgang", den man heute neudeutsch „Overdrive" zu nennen pflegt.

Zu Beginn der dreißiger Jahre „entdeckten" die deutschen Automobilbauer den Frontantrieb. Der DKW F-1 trat 1931 an. Das kleine Auto erfreute sich bald großer Beliebtheit. Sein technisches Konzept überdauerte den Zweiten Weltkrieg.

der Bezeichnung „Auto Union" Realität wurde und der sich die Automobilabteilung der Wanderer-Werke freiwillig anschloß. Ab 1931 entwickelte sich aber auch eine „neue deutsche Schule" in der Automobilkonstruktion. Sie zeichnete sich aus durch kleinere Autos mit moderner Technik, die in den Fahrleistungen der alten 2-3-Liter-Klasse gleichwertig, zugleich aber billiger im Betrieb waren. Gekennzeichnet wurde diese neue Richtung durch die Namen Adler, BMW, Hanomag, Hansa, Mercedes, Stoewer und Wanderer. Die Steuerfreiheit begünstigte das Erscheinen einiger Dreiradkonstruktionen, die von den Firmen Framo, Goliath, Hercules, Rollfix und einigen anderen auf den Markt kamen. Ein langes Leben war ihnen nicht beschieden, da bei der 1934 allgemein eingeführten Steuerfreiheit für Neuwagen die „normalen" Autos die Zuneigung des Käuferpublikums eher erringen konnten.
Die Automobilausstellung 1934 sah nur noch folgende deutschen Hersteller von Personenwagen aktiv: Adler, Audi, BMW, DKW, Ford, Framo, Hanomag, Hansa-Lloyd, Horch, Maybach, Mercedes-Benz, Opel, Röhr, Standard, Stoewer und Wanderer. Die Waffenfabrik Simson in Suhl, die kurz vor dem Ersten Weltkrieg die Produktion von Automobilen aufgenommen hatte, war nicht mehr vertreten. Die Besitzer waren aus politischen Gründen nicht genehm; die Produktion lief 1934 aus. Brennabor war bereits 1933 ausgeschieden, und NAG stellte 1934 die Fertigung ein, nachdem man die Nutzfahrzeugproduktion schon 1931 mit der von Büssing vereinigt hatte. Die österreichischen Marken Austro-Daimler und Steyr sowie der recht eigenwillig kon-

Im gleichen Jahr versuchte es auch Brennabor mit dem Fronttriebmodell „Juvel 6 Front" mit 2,5-l-Sechszylinder. Die Leistung von 45 PS reichte für das 1400 kg schwere Auto nicht aus, es fand deshalb kaum einen Käufer.

Noch vor dem DKW F-1 brachte Stoewer in Stettin den Typ V5 mit Vierzylinder-V-Motor und Vorderradantrieb heraus. Der kleine Viersitzer hatte ausgezeichnete Fahreigenschaften, litt aber an seinem rauhen und wenig leistungsfähigen Motor.

Auch bei NAG hatte Konstrukteur Paul Henze seine Spur hinterlassen. Von ihm stammte der elegante NAG V8 Typ 218. Seine 100 PS konnten ihn nicht retten: In den frühen dreißiger Jahren fanden Luxuswagen kaum noch Anklang.

1931 wurde von Opel ein kleines Sechszylindermodell mit 1,8 l Hubraum ins Programm aufgenommen. Es erfreute sich bald großer Beliebtheit wegen seiner Handlichkeit und Robustheit. Die Motorleistung von 32 PS erlaubte eine Höchstgeschwindigkeit von 90 km/h, der Preis war mit 3 300 Mark recht günstig.

Der erste leistungsfähige kleine Sportwagen der frühen dreißiger Jahre war der BMW 315, mit dem das Münchner Werk sich einen Namen machte. Der 1,5-l-Sechszylindermotor kam auf eine Leistung von 40 PS, die Geschwindigkeit auf maximal 125 km/h.

„Sturm" hieß das Sechszylindermodell, das von 1934 bis 1939 von Hanomag in Hannover gebaut wurde. Die Baureihe schloß auch einen adretten Zweisitzer ein, der allerdings mehr auf Schau als auf Sport getrimmt war.

struierte tschechische Tatra genossen auf dem deutschen Markt gleichsam ein Heimrecht.
Was aber 1934 erstmals von Regierungsseite propagiert, ja gefordert wurde, war die Schaffung eines deutschen Volkswagens. Nach eifrigem Taktieren der Industrie zwischen Pro und Kontra stand der Entschluß der damaligen Machthaber fest, das Projekt ohne Beteiligung der Industrie zu realisieren. 1938 wurde mit dem Bau des Volkswagenwerks im heutigen Wolfsburg begonnen.
Die Entwicklung der Industrie in den dreißiger Jahren ist an den Neuzulassungen jener Jahre zu erkennen.
Seit 1923 bestand eine Interessengemeinschaft zwischen Austro-Daimler und Austro FIAT. 1928 folgte ein Zusammenschluß mit den Puch-Werken, dem 1934 die Fusion mit Steyr zur Steyr-Daimler-Puch AG folgte.
In der Tschechoslowakei blühte eine ausgesprochene Markenvielfalt. Außer Skoda und Tatra versuchten sich auf dem Personenwagenmarkt die Marken Aero, Jawa (Zusammensetzung aus Janecek und Wanderer nach Übernahme der Wanderer-Motorradfertigung), Walter, Wikow und Z-Wagen. Immer noch war es das Bestreben jeden Herstellers, eine möglichst umfassende Typenvielfalt zu bieten. Hier wollte der Staat lenkend eingreifen und schuf 1938 die Dienststelle eines „Generalbevollmächtigten für das Kraftfahrwesen", dessen erste Ausführungsbestimmungen zur Typenvereinheitlichung (das „Schell-Programm") im März 1939 erlassen wurden. Auf dem Personenwagensektor war vorgesehen, die Typen auf 31 zu beschränken, in die sich 12 Herstel-

Arbeitsaufwand bei der Herstellung von Personenwagen vergleichbarer Größe.

Ford	5,75	Arbeiter
Morris	29	Arbeiter
AGA	120	Arbeiter
Audi	350	Arbeiter
Benz	450	Arbeiter
Horch	über 500	Arbeiter
Daimler	1750	Arbeiter

Die Preise für fertige Wagen gleichen Typs betrugen bei deutschen Wagen umgerechnet 6,42 RM bis 12,56 RM je 1 kg des fertigen Wagens, für amerikanische Wagen dagegen 1,66 RM bis 7,18 RM je 1 kg.

Ein technisch recht interessantes Auto war der Röhr Typ FK „Olympier" mit Achtzylindermotor, der als Sauger 75 PS und mit wahlweise lieferbarem Kompressor 100 PS mobilisierte. Sein Fahrwerk war von Porsche überarbeitet worden.

Der Maybach „Zeppelin" mit einem V12 von 8 l Hubraum war in der Zeit zwischen den Kriegen das teuerste deutsche Modell. Mit 200 PS kam das über drei Tonnen schwere Auto auf 160 km/h.

ler teilen sollten. Zu praktischen Auswirkungen kam es wegen des Kriegsausbruchs 1939 nicht mehr.
Erwähnung finden muß noch ein Unternehmen, das außer den Herstellerfirmen in der Automobilindustrie eine bedeutende Rolle spielte: das Ambi-Budd-Preßwerk in Berlin. Es handelte sich in diesem Fall um eine Gemeinschaftsgründung der amerikanischen Budd Company und der Ambi AG. Das Unternehmen lieferte Ganzstahlkarosserien für Adler, Ford, Hansa, Hanomag und BMW. 1938 lag das Produktionsvolumen immerhin bei etwa 45 000 Karosserien.
Durch die Zerstörungen infolge des Zweiten Welt-

Der unbestrittene Traumwagen und bestauntes Vehikel der Filmprominenz hieß Mercedes-Benz 500 K. Sein Achtzylinder-Reihenmotor leistete 100 PS und mit zugeschaltetem Roots-Gebläse 160 PS. Für diesen Aufwand erscheint heute die Spitzengeschwindigkeit von 160 km/h enttäuschend.

Dritter im Bund deutscher Superautos war der Horch 853. Sein Achtzylinder-Reihenmotor schöpfte 120 PS aus 5 l Hubraum. Außer dem Cabriolet gab es auch eine Pullman-Limousine auf verlängertem Chassis.

kriegs wurde die Automobilindustrie praktisch vollkommen lahmgelegt. Das Kriegsende mit der Besetzung des Landes führte zu weitgehenden Demontagen der verbliebenen Anlagen. Der Alliierte Kontrollrat für Deutschland genehmigte die Herstellung von je 40 000 Personen- und Lastwagen im Jahr. Als erster Pkw-Hersteller begann das Volkswagenwerk 1945 wieder mit der Produktion, wenn auch zur ausschließlichen Verwendung durch die britischen Streitkräfte und die Post. 1947 folgten Opel und Mercedes, ein Jahr darauf Ford.

Die Exportmesse Hannover 1947 diente als erste Nachkriegs-Leistungsschau auch der Automobil-Industrie. In der sowjetisch besetzten Zone nahmen

Auch Opel versuchte einen Einstieg in die automobile Oberklasse mit Spezialkarosserien auf der Basis des Typs Admiral. Das elegante Sportcabriolet stammt von der Karosseriefabrik Hebmüller (1938).

1937 versuchte Wanderer mit dem Modell W 50 K mit von Porsche konzipiertem Zweiliter-Kompressormotor von 80 PS einen konkurrenzfähigen Sportwagen zu schaffen. Das Auto konnte sich gegen den BMW 328 nicht durchsetzen.

Außer den erfolgreichen Hansa 1100 und 1700 brachte das gleichnamige Werk 1937 den Typ 2000 heraus — mit Sechszylindermotor von 53 PS. Er wurde schon zwei Jahre später durch ein Modell unter dem Markennamen Borgward abgelöst.

die Auto-Union-Werke in Zwickau, das Framo-Werk in Hainichen und das Phänomen-Werk in Zittau als „Volkseigene Betriebe", das BMW-Werk in Eisenach als „Sowjetische Aktiengesellschaft" die Fertigung in anfangs bescheidendem Umfang wieder auf. Von der Bildfläche verschwunden waren die Stoewer-Werke in Stettin und die Lastwagenfabrik Vomag in Plauen.

In der aus der sowjetischen Besatzungszone entstandenen Deutschen Demokratischen Republik entwickelte sich die Personenwagenproduktion in den Standorten Zwickau und Eisenach. Die unter den Markenzeichen „Trabant" und „Wartburg" auf den Markt gebrachten Typen basieren auf dem bewährten DKW-Prinzip Zweitaktmotor und Vorderradantrieb.

Mit der Neuordnung der deutschen Währung 1948 und der Gründung der Bundesrepublik Deutschland

Ein besonders attraktives Cabriolet führte Audi mit dem Vorderradantriebsmodell 225 im Programm. Sein 2,3-l-Motor leistete 50 PS: zu wenig, um dem 1350 kg schweren Auto zu sportlichen Fahrleistungen zu verhelfen.

Zu den beliebtesten deutschen Autos der populären Preisklasse zählten die kleinen Zweitakter von DKW. Sie wurden für anspruchsvollere Kunden mit aufwendigen Cabriolet-Karosserien versehen, wie z. B. dieser F-8 von 1939.

Auch Ford führte sportliche Versionen seines kleinen Modells „Eifel" im Programm, wie z. B. das abgebildete niedliche Cabriolet und einen offenen Roadster.

Adler in Frankfurt hatte sich 1932 dem Vorderradantrieb zugewandt und führte die Modelle Trumpf und Trumpf-Junior im Programm. Das Bild zeigt das letzte Vorkriegsmodell des Trumpf mit Zweiliter-Motor von 45 PS und einer Cabriolet-Karosserie von Karmann.

1949 wurde auch der Automobilwirtschaft wieder die Möglichkeit gegeben, in geordneten politischen und wirtschaftlichen Verhältnissen ihre Tätigkeit auszuüben. Im Bereich der Bundesrepublik Deutschland waren die Firmen VW, Opel, Mercedes-Benz, Ford und die Borgward-Gruppe (Hansa, Goliath, Lloyd) wieder tätig. Dagegen war Adler nicht mehr in diesem Kreis zu finden, Hanomag nur noch als Hersteller von Nutzfahrzeugen. Die neugegründete Auto Union brachte 1950 unter der Tradi-

In der unmittelbaren Nachkriegszeit gab es in Deutschland nur eine Neuwagen-Wahl: den VW-Käfer. Er sollte während seiner „Lebenszeit" alle Fertigungsrekorde schlagen und wird bei Erscheinen dieses Buches noch immer gebaut — wenn auch in Übersee. Das Bild zeigt ein Karmann-Cabriolet des Baujahrs 1968.

Der Opel Rekord trug wesentlich zur rapiden Motorisierung der Bundesrepublik Deutschland bei. Das Modell ist im Lauf der Jahre im Opel-Programm aufgerückt. Es zählt heute — oberhalb Corsa, Kadett und Ascona angesiedelt — zur Mittelklasse.

tionsmarke DKW ein neues Modell heraus, BMW zog in München als Ersatz für das verlorene Werk Eisenach eine neue Personenwagenfertigung auf. Als neue Marke trat 1950 Porsche auf. Daneben erschienen zahlreiche neue Kleinwagen, die in den Zeiten wirtschaftlicher Not mit ihren Erzeugnissen einen Weg zur Motorisierung weisen wollten. Namen wie Gutbrod, Champion, Maico, Messerschmitt, Kleinschnittger, Fuldamobil kennzeichnen diese Bemühungen. Zu kleine und unwirtschaftliche Produktion und verhältnismäßig hohe Preise führten zu nur kurzen Produktionszeiten.

Nach langer Unterbrechung erschien 1958 NSU wieder mit einem Personenwagenmodell und behauptete sich auf dem Markt. Als Neuling gab die Firma Hans Glas aus Dingolfing 1955 ihr Debüt mit dem Goggomobil-Kleinwagen. Ein Unternehmen, dessen Wurzeln bis in die Gründerjahre zurückzuverfolgen

Mit dem Modell P3 von 1962 unternahmen die Ford-Werke in Köln den mutigen Versuch, ein Großserienmodell aerodynamisch zu verfeinern. Die „Badewanne", wie der P3 im Volksmund alsbald hieß, wurde ein großer Erfolg.

1963 führte die Auto-Union dieses elegante Cabriolet im Programm. Unter dem glänzenden Blech trieb ein Dreizylinder-Zweitaktmotor die Vorderräder an. Die Zeit der Zweitaktmotoren ging allerdings schon dem Ende zu.

Aus bescheidenen Anfängen mit dem Goggomobil-Kleinstwagen hatte sich die bayerische Marke Glas zu einer technisch innovativen Automobilfabrik entwickelt. Das abgebildete attraktive Cabrio „Glas GT" wurde wahlweise mit 1,3-l- und 1,7-l-Vierzylinder-Motoren ausgestattet. Das Unternehmen ist heute Teil der Bayerischen Motoren-Werke.

Der Audi 80 von 1972 war auch für das Volkswagenwerk insofern ein Wendepunkt, als die neuerworbene Tochter mit dem Audi 80 eine Konstruktion lieferte, aus der sich im Lauf der Jahre eine neue Modellgeneration für den Gesamtkonzern entwickeln sollte.

Der zehn Jahre später in Produktion genommene Audi 100 der zweiten Generation setzte in mancher Hinsicht neue Maßstäbe — vor allem durch seine luftwiderstandsarme Karosserie. Inzwischen setzte sich Audi auch für den Allradantrieb ein und bietet zur Zeit alle Modelle des Programms wahlweise als „Quattro" an.

Die 1984 von Grund auf erneuerte Kadett-Baureihe von Opel zeichnet sich außer der aerodynamisch hochwertigen Karosserieform durch hervorragende Fahreigenschaften aus. Das Spitzenmodell erreicht eine Höchstgeschwindigkeit von über 200 km/h.

sind, beendete 1961 seine Tätigkeit: Die Borgward-Gruppe konnte die Schwierigkeiten, in die sie geraten war, nicht meistern und mußte aufgeben. Die Auto-Union wechselte 1958 in den Besitz der Daimler-Benz AG, um dann 1964 an das Volkswagenwerk überzugehen, das sie 1969 zusammen mit NSU zur Audi NSU Auto Union zusammenfaßte. Die Marke Audi war 1965 wiederbelebt worden und trat an die Stelle von DKW. 1966 übernahmen die Bayerischen Motoren-Werke die Glas-Werke, die aus eigener Kraft den Anforderungen des Wettbewerbs nicht mehr gerecht werden konnten.

Zu einem „Evergreen", der die Welt erobern sollte, wurde der 1965 in Produktion genommene Porsch-Typ 911. Im Lauf von 20 Jahren hat das äußerlich nur wenig veränderte Auto eine sorgfältige Modellpflege erfahren und wird zur Zeit in mehreren Ausführungen — auch mit Turboaufladung — gebaut. Das Bild zeigt den 911-Turbo von 1985.

Der „Bayerische Traumwagen" BMW M-1 wurde zwischen 1978 und 1980 in kleiner Serie hergestellt. Er diente u. a. als Versuchsträger für den Sechszylinder-Vierventilmotor, der inzwischen auch in Limousinen eingebaut wird.

In Österreich wurde nach Kriegsende keine eigene Personenwagen-Fertigung mehr aufgenommen — sofern man von der Montage des FIAT-Kleinwagens 500 absieht, der von Steyr-Puch mit einem Motor eigener Konstruktion ausgerüstet wurde. Das gleiche Werk stellte darüber hinaus noch zwei Geländewagen-Modelle in kleinen Stückzahlen her. Ferner gab und gibt es einige Kooperationen wie zwischen BMW und Steyr (Motoren) und Daimler-Benz/Steyr-Puch (Geländewagen) sowie bei Wien ein großes General-Motors-Motorenwerk, in dem Triebwerke für das Opel/Vauxhall-Modell Corsa/Nova entstehen.

In der Tschechoslowakei treten nur noch Skoda und

Ein Sportwagen aus den zwanziger Jahren mit beachtenswerter Technik war der von Hans Ledwinka konstruierte Steyr „Klausen-Sport". Sein 5-Liter-Sechszylindermotor lieferte mehr als 150 PS. In den Jahren 1920 bis 1928 schuf Ledwinka für Steyr verschiedene Varianten des Sechszylindermotors mit obenliegender Nockenwelle.

Das berühmteste Modell von Austro-Daimler war der Typ ADR 6 „Bergmeister" (1932) mit 3,6-l-Sechszylindermotor mit obenliegender Nockenwelle. Leistung: 140 PS.
Die Rennversion wurde von Hans Stuck sen. erfolgreich vor allem in Bergrennen gefahren.

Tatra als Hersteller von Personenwagen auf, wobei der Tatra-Anteil unbedeutend ist, weil dieses Werk sich auf Nutzfahrzeuge spezialisiert hat.
Die Eigentumsverhältnisse beim Volkswagenwerk wurden 1960 durch den Beschluß zur Privatisierung neu geregelt, bei der 60% des Aktienkapitals von Kleinaktionären übernommen wurden. In den Beteiligungsverhältnissen einiger Unternehmen ergaben sich bestimmte Verschiebungen, die sich beim Daimler-Benz-Aktienverkauf an arabische Investoren

Der Steyr 120-S (1935) wurde von dem Typ 30 abgeleitet — einer Konstruktion von Ferdinand Porsche. Sein Motor hatte 2 l Hubraum, das Fahrwerk Einzelradfederung.

Der Nachfolgetyp Steyr 220 (1937 bis 1940) hatte einen Sechszylindermotor mit hängenden Ventilen und Leichtmetall-Zylinderblock mit auswechselbaren Laufbüchsen. Die Vorderräder waren an übereinander angeordneten Halbelliptikfedern geführt, die Hinterräder durch Pendelachsen und längsliegende Viertelelliptikfedern.

Der Gräf & Stift war der „Rolls-Royce von Österreich", ein exklusives Qualitätsauto. Bekannt wurden vor allem das Sechszylindermodell SP5 und der Achtzylinder SP8 (Bild: Baujahr 1935).

Hans Ledwinka schuf 1923 mit dem Tatra-Modell 11 eine richtungweisende Konstruktion mit luftgekühltem Boxermotor, Zentralrohrchassis und Einzelradfederung. Manche seiner Details haben die Konstruktion des VW-Käfers beeinflußt.

Der Typ 110 von Laurin & Klement von 1925 hatte einen 1,8-l-Vierzylindermotor. Die Marke wurde im gleichen Jahr von der Waffenfabrik Skoda übernommen.

Den Endpunkt einer Serie leistungsfähiger sportlicher Modelle setzte dieses Walter-Cabriolet vom Typ Regent mit 2,5-l-Sechszylindermotor von 80 PS Leistung. Das Unternehmen stellte 1937 die Automobilproduktion ein.

unter spektakulären Begleitumständen vollzogen. Dem VW-Konzern gelang es, mit dem legendären „Käfer" das erste deutsche „Weltauto" zu schaffen, einen Wagen, der nicht nur weltweit verbreitet ist, sondern auch in Produktionsstätten im Ausland gefertigt wird. Die grenzüberschreitende Fertigung ist heute vor allem in Westeuropa eine Selbstverständlichkeit (Ford mit Produktionsstätten in Deutschland, Belgien, Großbritannien, Spanien; Opel/General Motors in Deutschland, Belgien, Spanien und

Der Aero 1000 wurde von der gleichnamigen Flugzeugfabrik in Prag hergestellt. Der robuste Kleinwagen hatte einen Zweizylinder-Zweitaktmotor von 20 PS. 1935 wurde er durch den eleganten Typ 30 abgelöst, den es als Aero 50 auch mit Zweiliter-Vierzylinder-Zweitaktmotor gab.

Der Praga-Kleinwagen als Cabriolet (Baujahr 1939) hatte einen Einliter-Vierzylindermotor mit seitlich stehenden Ventilen. Er war das letzte Personenwagenmodell der Marke.

Großbritannien). 1983 betrug der Zulassungsanteil im Ausland hergestellter Wagen deutscher Marken 8%. Der Marktanteil der im Inland produzierten Fahrzeuge lag bei 68%. Auf insgesamt 24% belief sich der Anteil der Importe ausländischer Fahrzeuge.

Der Kreis der deutschen Hersteller ist seit mehreren Jahren unverändert. Neugründungen wie in anderen Ländern sind nicht zu verzeichnen. Als einzige Ausnahme gilt die Marke Bitter, die sich seit 1974 unter weitgehender Verwendung von Opel-Teilen in der Oberklasse angesiedelt hat.

Am 8. Oktober 1984 wurde in der Bundesrepublik Deutschland das dreißigmillionste Kraftfahrzeug zugelassen — ein Rekord, der sich sehen lassen kann. 1925 stellten rund 90 Automobilfabriken im damaligen Deutschen Reich 38 988 Personenwagen her. Heute produzieren sechs große, ein kleiner und ein winziger Hersteller zusammen jährlich rund 3,8 Millionen Automobile.

Der Tatra Typ 87 wurde von 1937 bis 1949 gebaut. Sein V8-Heckmotor hatte 3 l Hubraum und leistete 75 PS. Vorder- und Hinterräder waren einzeln gefedert. Dank seiner luftwiderstandsarmen Karosserie erreichte das Auto eine Höchstgeschwindigkeit von 160 km/h.

Ein Jahrhundert Automobilindustrie in Frankreich

Frankreich feierte im Jahre 1984 den hundertsten Jahrestag des nationalen Automobils. Man wird diesbezüglich noch lange zu ergründen versuchen, ob das erste mit einem Explosionsmotor ausgestattete Fahrzeug wirklich der vergängliche Delamare-Deboutteville von 1884 war, oder ob die Vaterschaft des modernen Automobils nicht eher Gottlieb Daimler und Karl Benz zukommt. Weniger strittig hingegen ist, daß die Automobil*industrie* sehr wohl in Frankreich geboren wurde, bevor sie einen noch bedeutenderen Aufschwung zu Beginn des 20. Jahrhunderts in den USA erfuhr. Die Geschichte belegt, daß das erste an einen Kunden verkaufte Fahrzeug der Panhard & Levassor war, der am 30. Oktober 1891 an einen M. Verlinde zum Preis von 3 500 Francs (Gold) geliefert wurde. Beginnend mit dem darauffolgenden Jahr brachten Panhard & Levassor, die ihre Fahrzeuge mit Daimlermotoren ausrüsteten, für die Emile Levassor im Februar 1889 den Alleinvertrieb für Frankreich erhalten hatte, 19 ihrer Fahrzeuge in den Handel; und Armand Peugeot, der den von Panhard hergestellten Daimlermotor V 2 mit 565 cm^3 benutzte, verkaufte 29 Automobile.

Es war übrigens Peugeot, der im Jahre 1894 seiner Kundschaft das erste echte Fahrzeugprogramm anbot. Seine vierrädrigen Automobile standen in sechs Versionen mit Motoren von 565 cm^3 bis 1 645 cm^3 zur Verfügung.

Frankreich, dessen industrielle Revolution später begann als die in Großbritannien, nahm das entstehende Automobil mit einer beispiellosen Begeisterung auf. Diese Begeisterung wurde besonders an der Entwicklung der Automobilrennen deutlich. Der im Jahr 1895 gegründete Automobile Club de France, der erste Verband dieser Art in der Welt, organisierte sogleich das erste Rennen: Paris—Bordeaux und zurück, 1 200 km nonstop. Sieger wird Emile Levassor, 53 Jahre alt, ein Mann der Tat, am Steuer eines Zweisitzers mit Phönixmotor, dessen Zylinder er von seinem Freund Daimler hatte aufbohren lassen!

Im gleichen Jahr erschienen die ersten Luftreifen der Brüder Michelin. Und der erste Rad- und Automobilsalon wurde im Dezember 1896 organisiert. Um das Recht zur Ausstellung zu erhalten, wurden

Sehr früh schon kam bei den Automobilpionieren der Gedanke auf, daß ziehen besser sein könnte als schieben: Dieser Latil von 1899 hatte angetriebene Vorderräder.

Das von Panhard & Levassor 1891 begründete „Système Panhard" mit dem Motor (von Daimler) im Vorderwagen und Antrieb auf die Hinterräder wurde alsbald zur Standard-Bauweise.

alle Fahrzeuge vorher einem Funktionstest auf der Strecke Paris—Versailles und zurück unter Kontrolle des Automobilclubs von Frankreich unterworfen. Schon drängelte man sich an den Ausstellungstoren. Die Anzahl der Konstrukteure, meistens Handwerker, nahm zu. Man zählte im Sommer 1899 in Frankreich 619 von 888 in ganz Europa, mit 1 095 „Reparatur-Mechanikern" (von 1 298). Namen, die oft Berühmtheit erlangten, tauchten damals auf: Delahaye im Jahr 1894, Darracq und Léon Bollée im folgenden Jahr, Mors, Amédée Bollée fils im Jahr 1896, Berliet, de Dietrich im Jahr 1898, Chenard und Walcker, Latil und die Brüder Renault im Jahr 1899.
Kurz vor Ende des Jahrhunderts, im Jahr 1898, wurden in Frankreich von bereits zehn Herstellern 1 631 Fahrzeuge produziert, in Deutschland dagegen nur 844 und in England gar nur 682. Bis 1903 wurden in Frankreich mehr Automobile hergestellt, als in allen anderen Ländern zusammen!
Es war die gleiche Epoche, in der der erste echte „Serienwagen" erschien. Er wurde im Juni 1899 vom Grafen (und späteren Marquis) Albert de Dion und seinem Partner Georges Bouton zum Patent angemeldet. Es handelte sich um einen beachtlich kompakten Wagen (Länge über alles 1,80 m) mit Vis-à-vis-Sitzen, die sich Peugeot bereits 1891 ausgedacht hatte, und mit einem quer vor die Hinterachse gestellten Motor. Der erste dieser Wagen (Typ D) erhielt (1899) einen Einzylinder von 400 cm^3. Die Typen E und G von 1900 wurden von einem 500-cm^3-Motor angetrieben. 1901 folgte der Typ L mit 700 cm^3. In vier Jahren, von 1899 bis 1902, wurden 2 970 De Dion-Bouton-Vis-à-vis herausgebracht.
Auch die Brüder Peugeot traten im gleichen Zeitraum mit einer Produktion von 1 900 Fahrzeugen aus ihrem Werk Audincourt in Erscheinung. Und Louis Renault setzte sich an die Spitze einer neuen Truppe ehrgeiziger Automobilhersteller: Richard-Brasier (1901), Hotchkiss, Clément-Bayard und Turcat-Mery (1903), Unic, Delage und Delaunay-Belleville (1905).
Louis Renault, der ein Getriebe mit direktem Gang baute, hatte zum Experimentieren einen kleinen vierrädrigen Wagen konstruiert, der vom De Dion-Dreirad inspiriert war. Der Wagen machte seine erste öffentliche Fahrt am Weihnachtsabend 1898, und Louis Renault erhielt auf der Stelle seine ersten Bestellungen. Einige Wochen später gründeten sei-

ne älteren Brüder Marcel und Fernand die Société Renault Frères, der Louis anfangs nur als schlecht bezahlter Angestellter angehörte! Er sollte zehn Jahre warten müssen, um seine eigenen Werkstätten in Betrieb zu nehmen, nach dem Tod von Marcel (der 1903 im Rennen verunglückte) und Fernand (1909).
Louis begann mit der Serienfertigung des Typs A im Jahre 1899: Es war ein Tilbury, abgeleitet vom Prototyp von 1898, 1,90 m lang und mit einem Einzylindermotor von 270 cm^3. Sein erster Trumpf war ein Preis von 3 500 Francs gegenüber 4 900 Francs des Bestsellers jener Zeit, des Vis-à-vis von De Dion-Bouton. Der Typ B kam im folgenden Jahr mit einem 450-cm^3-Motor und einer Limousinenkarosserie von Labourdette, der später als Karossier bekannt wurde.
Renault, der 17 Wagen im ersten Produktionsjahr baute (und ab 1902 eigene Motoren verwendete), lieferte im Jahr 1903 1 600 (gegenüber 775 seines damaligen Hauptrivalen Peugeot) und im Jahr 1910 bereits 6 800 Stück aus. Er war damals der erfolgreichste europäische Automobilhersteller, doch Ford produzierte im gleichen Jahr in Detroit schon 18 000 Fahrzeuge, noch bevor er das Fließband erfand, mit dessen Hilfe er im Jahr 1913 auf 168 000 Einheiten allen Konkurrenten davonzog und die amerikanische Vorherrschaft in der Massenproduktion von Automobilen begründete.
In der Zwischenzeit bestimmte die Suche nach ständig zunehmendem Komfort und immer vielseitigerer Verwendung den Bau von immer längeren und geräumigeren Limousinen, aber auch die Entwicklung von mehrzylindrigen Motoren. Im Jahr 1909 präsentierte De Dion-Bouton einen V8-Motor. 1910 nahmen Panhard und Levassor die Fabrikation des „ventillosen" Motors mit Hülsenschiebersteuerung des Amerikaners Charles Y. Knight auf. Delahaye stellte 1911 den ersten serienmäßigen Sechszylinder-V-Motor vor. Und die französische Filiale von Hispano-Suiza brachte 1912 einen mit einem Verdichter (Kompressor) versehenen Motor heraus. Immer größer wurde die Anzahl der Marken: Mathis 1905, Lorraine-Dietrich, Sizaire und Naudin 1906 und schon Bugatti 1909.
Es war derselbe Bugatti, der 1912 das „bébé Peugeot" für die neue Peugeotgruppe entwarf. Eine Familienfehde brachte bis zu diesem Zeitpunkt Söhne und Neffen von Eugène, dem Gründer der Peugeot-Dynastie, in Opposition. Armand Peugeot (Neffe von Eugène) begann 1898, unter der Firmenbezeichnung „Automobiles Peugeot" Autos zu produzieren. Aber seine Vettern Pierre, Robert und Jules (Söhne von Eugène) eröffneten 1905 unter dem Zeichen des Löwen und der Marke „Fils de Peugeot Frères" ein „Konkurrenzunternehmen". Fünf Jahre danach fusionierten beide zur „Société Anonyme des Auto-

Die Besteuerung der Kolbenfläche führte zu ungeheuer langhubigen Motoren. Das Foto zeigt den damals sehr bekannten Rennfahrer Jules Goux am Steuer einer Lion-Peugeot-Voiturette von 1910 mit Zweizylinder-Motor.

Der Bébé-Peugeot (1913 bis 1916) war eine Konstruktion von Ettore Bugatti, die bereits 1911 entstand. Der Motor, ein Vierzylinder von 855 cm^3, hatte seitlich stehende Ventile.

Bei dem Renault Typ CE von 1911 findet sich die für die Marke lange Zeit übliche Anordnung des Kühlers hinter dem Motor mit der charakteristischen Form der Motorhaube. Der Vierzylinder hatte einen Hubraum von 3,6 l.

mobiles et Cycles Peugeot", die vier Produktionseinheiten bis zur Eröffnung des Werks Sochaux (Schmiede und Preßwerk) im Jahre 1912 nutzen konnte, das von nun an Mittelpunkt des Peugeot-Imperiums blieb.
Es war die neue Gesellschaft, die das von Ettore Bugatti konzipierte „bébé Peugeot" produzierte und auslieferte (3 095 Stück in vier Jahren): Ein Zweisitzer von 2,65 m Länge mit einem Vierzylinder-Monoblockmotor von 855 cm³, dessen Hauptattraktion darin bestand, „komplett" verkauft zu werden (d. h. mit Karosserie, Verdeck, Windschutzscheibe und Beleuchtung), dies alles für den volkstümlichen Preis von 4 000 Francs.
Das Automobil wurde im übrigen am Vorabend des ersten Weltkonfliktes demokratisch. Während die sportlichen Erfolge von Panhard, Darracq, dann Sizaire-Naudin, Delage, Grégoire und Peugeot — Peugeot triumphierte 1913 in Indianapolis, Delage 1914 — dazu beitrugen, das Automobil volkstümlich zu machen, wurde in Paris im Jahr 1906 eine erste Autobuslinie eingeweiht, und man zählte 1914 in der französischen Hauptstadt 10 000 „voitures de place" (Platzwagen); man sprach noch nicht von Taxis.
Diese Taxis wurden im September 1914 von General Gallieni, dem französischen Chefkommandanten, requiriert, um Paris vor der 1. Armee des Generals von Kluck zu retten, die bis auf 30 km an die Hauptstadt herangekommen war. Aber wenn das Automobil eine Kriegswaffe wurde, so stellten die Automobilkonstrukteure ihrerseits noch furchtbare Maschinen her: Kampfpanzer bei Renault, Berliet und Delaunay-Belleville, Spähpanzer bei Peugeot, Clément-Bayard und Hotchkiss. Was André Citroen betrifft, von dem man bald in der Automobilwelt sprechen sollte, so hielt er damals sein Unternehmen durch die Produktion von Granaten über Wasser.
Citroen, von Beruf Ingenieur, gründete 1905 eine Spezialgesellschaft für die Fertigung von Getrieben. Er sammelte Erfahrungen in der Automobilindustrie, als er zwischen 1907 und 1914 die Gesellschaft Mors reorganisierte. Und er erkannte 1912 in Detroit die Möglichkeiten der Massenproduktion. Als der Krieg noch nicht zu Ende war, plante er, ein einziges Modell mit amerikanischen Fertigungstechniken herzustellen. Im April 1919 kündigte er durch Werbung den Citroen 10 PS mit 1 327-cm³-Motor (später 1 452 cm³) zum sehr verlockenden Preis von 7 950 Francs an. Es sollte das erste in großer Serie gebaute französische Automobil werden. Leider erwies sich Citroen als Visionär erfolgreicher als in der Managerrolle: Statt der ab Jahresende geplanten 100 Fahrzeuge am Tag rollten im Werk von Javel

Der kleine Citroen-Dreisitzer 5CV „Tréfle" (1923) war einer der beliebtesten Kleinwagen seiner Zeit. Er diente später dem Opel „Laubfrosch" als Vorbild — es kam deshalb zu einem Prozeß wegen „sklavischen Nachbaus".

Ein erfolgreiches Modell brachte Peugeot 1929 mit dem „201" heraus. Die 200-Baureihe hat sich bis heute erhalten; mit dem 204 zog der Frontantrieb ein. Der Typ 205 wurde zum erfolgreichsten Modell der Marke.

tatsächlich nur 20 Wagen vom Fließband, und Citroen war gezwungen, den Preis seines Modells auf 11 000 Francs zu erhöhen.
André Citroen war immer der erste, wenn es darum ging, neue, ja sogar revolutionäre Ideen oder Techniken zu verwirklichen. Er war ein Draufgänger, aber auch ein ungeduldiger Spieler, der oft verlor: Der 5-PS-Zweisitzer von 1921 und der 1923 vorgestellte Le Trèfle (Kleeblatt) getaufte Dreisitzer waren nicht rentabel. Gewiß war Citroen der führende französische Automobilhersteller geworden — er hatte 1924 67 400 Wagen gegenüber 25 000 seines

Unter den Konstrukteuren Frankreichs war Gabriel Voisin einer der einfallreichsten. Sein Vierliter-Vierzylindermotor von 1922 mit Hülsenschiebern statt Ventilen vertrug ein Verdichtungsverhältnis von 8:1 und leistete in seiner Sportversion 150 PS. Das Foto zeigt den späteren Schöpfer der Citroen-Modelle Traction Avant 2 CV und DS/ID, André Lefebvre, am Steuer des originellen Voisin „Laboratiore" mit Zweiliter-Motor, mit dem er im Großen Preis von Frankreich in einem Feld echter Rennwagen Fünfter wurde. Die originelle Karosserie entstand aufgrund von Voisins Erfahrungen im Flugzeugbau.

1929 erregte Citroen mit den neuen Modellen C4 und C6 Aufsehen. Sie waren mit Vier- und Sechszylindermotoren von 1,6 und 2,44 l Hubraum ausgerüstet. Leichtmetall-Regelkolben und Batteriezündung waren damals noch recht ungewöhnlich. Das Programm enthielt 16 Modellvarianten.

Hauptkonkurrenten Renault gebaut —, aber er schlug sich mit immer größeren finanziellen Schwierigkeiten herum, die ihn schließlich zum Konkurs zwangen.

Neue Konstrukteure erschienen wie Citroen gleich nach dem Krieg. Unter ihnen waren Voisin (1918), Farman (1919), Amilcar, Sizaire Frères und Salmson (1921) sowie Talbot, der 1923 auf Darracq folgte. Um Citroen einen Streich zu spielen, brachte Peugeot seine kleine zweisitzige „Quadrilette" mit 667-cm^3-Motor und den 10 CV 163 mit 1 437-cm^3-Motor heraus. Aber die Produktion blieb verhältnismäßig klein (21 500 Einheiten zwischen 1919 und 1924) im Vergleich zu der von Citroen und Renault.

Louis Renault, der seinen Platz als erster nationaler Automobilbauer verloren hatte, glaubte kaum an das kleine Volksautomobil. Wenn man von seinem kleinen 6 CV KJ von 1922 mit Vierzylindermotor von 951 cm^3 absieht, blieb er wie die meisten seiner Konkurrenten den großen und luxuriöseren Modellen treu. Sein 40 CV (Sechszylindermotor, 9,1 l, Länge 5,12 m) rivalisierte mit dem Hispano-Suiza H 6 (Sechszylindermotor mit 6 595 cm^3 von einem Flugzeugmotor abgeleitet), der 1919 auf den Markt kam, oder noch mit dem 35 CV Panhard aus dem Jahr 1922 (acht Zylinder mit 7,7 l und 165 PS).

Parallel dazu entstanden weniger luxuriöse, aber leichtere und sportlichere Modelle: Chenard & Walcker 3 l, Lorraine-Dietrich, Ballot 2 LS, Georges Irat, Delage, Delahaye, Hotchkiss und Bugatti — schon der letzte Schrei — und auch Voisin, der seine Erfahrung aus dem Flugzeugbau auf das Auto anwendete.

Am Vorabend der Krise von 1929 zählte man in Frankreich noch 82 Marken (die Handwerker vom Anfang des Jahrhunderts waren größtenteils während des Krieges verschwunden), und der Wagenpark war größer als eine Million Fahrzeuge, davon etwa 400 000 Citroen. André Citroen produzierte damals 400 Fahrzeuge am Tag — es war ein Europarekord.

Die Krise raffte eine ganze Reihe von Chassiskonstrukteuren und damit auch viele Karosseriebauer dahin. Die Überlebenden arbeiteten immer mehr für die „großen Konstrukteure", so für die beiden Amerikaner von Paris, Hibbard undDarrin, die 1928 den Reinastella von Renault zeichneten. Dies verhinderte jedoch nicht manche prächtige Torheiten wie die Serie der 6 Bugatti Royale, die während der Krise entstanden, der Hispano-Suiza von 1931 mit V12-Motoren von 9,4 l oder das von André Dubonnet auf dem Salon von 1932 vorgestellte Fahrzeug mit Tiefrahmen und Sechs-Zylindermotor von Hispano-Suiza. Dies bremste den technischen Fortschritt allerdings nicht — der Ingenieur J. A. Grégoire führte seine Theorien über den Vorderradan-

Mit dem Typ „Royale" setzte sich Ettore Bugatti 1929 ein Denkmal. Fünf Exemplare wurden gebaut, die noch alle existieren. Das „Coupé Napoleon" im Bild steht heute im Mittelpunkt der Schlumpf-Sammlung im Musée National de l'Automobile in Mühlhausen.

trieb in seinem Tracta von 1927 vor — und auch nicht den Sport: Bugatti mit seinen 35, 39 A, 51, dann T 54, Delage, Talbot, Peugeot, Delahaye und Lorraine-Dietrich drängten sich in die Rennen, während sich Panhard, Voisin und Renault mit der Jagd nach Rekorden begnügten, die weniger risikobehaftet waren.

Die Krise traf Frankreich härter als seine Nachbarn. War es 1930 der erste Automobilhersteller Europas mit 230 000 Fahrzeugen im Jahr, so stand es 1934 nur noch an dritter Stelle mit 179 000 Einheiten, hinter Großbritannien (403 000) und Deutschland (228 000). Um André Citroen zu entmutigen, hätte es jedoch schlimmer kommen müssen. Auf dem Pariser Salon von 1934 stellte er einen in jeder Beziehung revolutionären Wagen vor — mit Vorderradantrieb, vier einzeln gefederten Rädern, selbsttragender Ganzstahlkarosserie, niedrigem Schwerpunkt — entworfen vom Ingenieur André Lefebvre und dem Stilisten Flaminio Bertoni (die später auch die Väter des 2 CV und des DS waren). Es war der berühmte „Traction", der damals in vier Versionen angeboten wurde: 7 B (Motor von 1 529 cm^3), 11 leicht und 11 normal (länger und breiter), beide mit 1 911-cm^3-Motor, und 22 CV (Motor V8 mit 3 822 cm^3), von dem allerdings nur wenige Exemplare gebaut wurden.

Der Wagen war eine Sensation, aber ein Verkaufserfolg wurde durch Kinderkrankheiten verhindert: Die richterliche Liquidation der Société A. Citroen wurde am 21. Dezember 1934 verkündet. Einige Monate später starb André Citroen, und Michelin übernahm die Aufsicht über das Unternehmen.

Einige Konstrukteure von Rang überlebten die wirtschaftliche Talfahrt. So erschienen auf dem Salon von 1933 der Bugatti 57, im Jahr 1934 Delahaye 135, im Jahr 1935 Delage D 8 und D 6, im gleichen Jahr Talbot (von Lago gerettet), im Jahr 1936 Bugatti 57, Atlantic und Delage 3 l, im Jahr 1937 Talbot-Lago 5 S.

Am anderen Ende der Stufenleiter mehrten sich die sparsamen und „sozialen" Modelle. Der Pariser Salon von 1938 brachte mehrere Volksautomobile auf die Bühne, die schon den KdF-Wagen von 1939 ankündigten, der zum Volkswagen werden sollte. Die Firma Simca, die im November 1934 von dem Italiener Pigozzi gegründet wurde und schon den Simca 5 (französische Version des FIAT 500 Topolino) produzierte, führte damals den Simca 8 ein, Peugeot stellte den 202 vor, Rosengart den Super Cinq und Renault den Juvaquatre. Zur gleichen Zeit bereitete Citroen seinen künftigen 2 CV vor. Pierre Boulanger, der Nachfolger von André Citroen, bat seine Techniker, „vier Räder unter einem Regenschirm" zu konzipieren. Die ersten Prototypen von „TPV" (Très Petite Voiture), aus dem der 2 CV wurde, rollten im Jahr 1938. Im darauffolgenden Jahr produzierte man 250 Stück des Wagens, die alle bis auf einen einzigen während des Krieges zerstört wurden. Und 1942 drehten sich beim ersten Prototyp des 4 CV (angeregt durch die deutsche „Kraft-durch-Freude") zum ersten Mal die Räder: Der französische Automobilbau war für eine neue Phase seiner Geschichte bereit, die Demokratisierung des Automobils.

Nach dem Zweiten Weltkrieg fehlte es Frankreich

Dies ist wahrscheinlich der berühmteste Bugatti: der zweisitzige Rennwagen 35 B mit Reihen-Achtzylinder-Kompressormotor. Unter Fahrern wie Chiron, Nuvolari, Varzi, Lord Howe, Williams und anderen dominierte er viele Jahre lang die Rennszene.

Ein Renault „Vivastella" von 1931. Renault war zum Frontkühler übergegangen, behielt aber die Form bei. Der Sechszylindermotor mit seitlich stehenden Ventilen hatte einen Hubraum von 3180 cm³.

Bei Peugeot begann man sich um die Mitte der dreißiger Jahre ernsthaft um die Minderung des Luftwiderstandes zu bemühen. Der Peugeot 402 (1935 bis 1938) läßt diese Ansätze erkennen.

Einen weiteren großen Schritt nach vorn tat Citroen 1955 mit der Baureihe DS/ID — einer weiteren Lefebvre-Konstruktion: Erstmals wurde ein Serienfahrzeug mit einem hydropneumatischen Federungssystem und hydraulischem Lenk- und Bremsservo ausgerüstet.

Renault vollzog mit dem Modell Juvaquatre 1939 einen technischen Kurswechsel zur selbsttragenden Karosserie und zu Motoren mit hängenden Ventilen, doch der Kriegsausbruch stoppte bald die Produktion.

an allem, besonders an Kohle, Stahl und Gummi. Die Regierung beschloß daher, es dürften nur wirtschaftliche Wagen gebaut werden. Die Rohstoffe wurden auf fünf Marken aufgeteilt. Dies zwang die Firma Panhard, die Sechste auf dieser Liste sein wollte, auch ein wirtschaftliches Modell zu entwerfen: Es war der Typ Dyna, den J. G. Grégoire entwickelte, der zuerst mit einem 610-cm^3-Motor ausgestattet wurde, den man später auf 626 cm^3 und schließlich auf 850 cm^3 vergrößerte.
Der Salon von 1946 wurde zur Premierenbühne des neuen kleinen 4 CV Renault, 2 CV Citroen (dessen Fertigung erst zwei Jahre später begann), Mathis VL 333 (3 l, 100 km/h, drei Plätze, drei Räder), der keine kommerzielle Zukunft hatte, sowie des Peugeot 202 von 1938, des alten Simca 5 (FIAT 500 in Lizenz gebaut), und des Dyna Panhard. Eine fundamentale Wendung wurde offenbar: Von nun an machte sich Frankreich zum Spezialisten für leichte, kleine aerodynamische Fahrzeuge mit bescheidenem Hubraum, aber hoher Wirtschaftlichkeit, die beispielhaft war.
Und es überließ den anderen — Deutschen, Engländern, Italienern — die Nachfolge der Prestigekonstrukteure, die bis dahin den Ruhm des französischen Automobils begründet hatten. Diejenigen, die in Frankreich den Konflikt überlebten, hatten in der Tat weder die gewünschten Mittel noch die nötige Vorstellungskraft, sich einer Welt der Not anzupassen. Sie sollten der Reihe nach verschwinden, nachdem sie ihre letzten, von den Vorkriegskreationen abgeleiteten Modelle gezeigt hatten: New-Look-Karosserien auf veralteter Mechanik.
Ettore Bugatti starb im August 1947, seine Firma überlebte mit Mühe bis 1952. Delage verschwand im Jahr 1953. Hotchkiss und Delahaye (der einen letzten 235 vorstellte, abgeleitet vom 135 aus dem Jahr 1934) stellten ihre Produktion 1954 ein. Salmson hielt bis 1957 durch, Talbot-Lago wurde 1958 von Simca übernommen.
Mit einer Produktion, die von den 4 CV, dann den Dauphine Renault, den 2 CV Citroen, den Panhard PL 17, den Simca Aronde und den Peugeot 203 beherrscht wurde, fand Frankreich Mitte der fünfziger Jahre seinen Rang als zweiter europäischer Hersteller wieder, hinter Großbritannien, aber vor der Bundesrepublik Deutschland. Die schöpferische Dynamik war noch nicht tot, wie im Jahr 1955 das Erscheinen eines neuen Citroen bewies, der für seine Zeit ebenso revolutionär erschien, wie es der „11" vor 21 Jahren war. Er hatte die gleichen Väter, deren schöpferische Kraft nicht gealtert war. Außer seinem Motor von 1 911 cm^3 war an diesem DS alles neu, neu und erstmalig, vom Armaturenbrett bis zur hydropneumatischen Federung. Im gleichen Jahr kaufte Citroen 25 % der Firma Panhard zurück, um sie zehn Jahre später völlig zu absorbieren. Simca seinerseits kaufte 1954 Ford-Frankreich zurück.
Zu Beginn der sechziger Jahre waren die Positionen klar: Frankreich hatte nur noch vier größere Marken. Renault hielt die Spitzenposition trotz der Probleme, die das verstaatlichte Unternehmen in den

In der Nachkriegszeit begann bei Renault die Heckmotor-Ära mit dem kleinen 4 CV, dem die größere Dauphine folgte. Heute baut der verstaatlichte Renault-Konzern nur noch Fronttriebautos — mit Ausnahme des Alpine-Sportcoupés.

USA 1959/60 mit dem plötzlichen Zusammenbruch der Dauphine-Verkäufe erfuhr. Die Produktion — 521 000 Einheiten im Jahr 1960 — fiel auf 351 000 im darauffolgenden Jahr.

Auch 1962 lag Renault mit 371 000 produzierten Wagen in Führung, vor Citroen (284 000), Peugeot (222 000) und Simca (220 000). Panhard stellte 30 000 Fahrzeuge her, und Facel, ein Neuer, der allein

Die alten Prestigemarken verschwanden nach und nach in den fünfziger Jahren. Für die teuren Luxusfahrzeuge gab es keinen ausreichenden Absatz mehr. — Das Bild zeigt ein Delahaye-Cabriolet mit Chapron-Karosserie.

Grégoire versuchte — gemeinsam mit Hotchkiss — im Jahr 1957 mit einem beachtenswerten Prototyp mit Boxermotor und angetriebenen Vorderrädern ein Comeback. Es scheiterte.

und provisorisch die Fackel der Prestigekonstrukteure wieder ergriffen hatte, baute 388 Einheiten.
Einige Fusionen fanden noch statt, und Frankreich zählte nur noch zwei größere Gruppen. Citroen verzichtete 1973, nachdem es Panhard zurückgekauft hatte, auf die Ende 1968 skizzierte Annäherung an FIAT — und wird selbst von Peugeot übernommen. Dieselbe Firma Peugeot kaufte auch die europäischen Töchter von Chrysler (Ex-Simca, Ex-Rootes, Ex-Barreiros) zurück, für die der Name Talbot wiederbelebt wurde. Die gesamte private französische Automobilindustrie war somit unter dem Banner der Gesellschaft Peugeot S.A. (PSA) versammelt, die die Marken Peugeot, Talbot und Citroen vertreibt.
Angesichts dieser Umgruppierung blieb die Régie Nationale des Usines Renault ein anfälliger nationaler und nationalisierter Leader. Die Versuche kleiner spezialisierter Automobilbauer kamen zu spät: Die Firma Ligier, die noch in der Formel 1 mitmacht, war nur noch Industrie-Zulieferer, Alpine wurde eine Tochter von Renault. Und die Firma Matra ist nach einer Zusammenarbeit mit Simca-Chrysler künftig im Schoß der Régie, für die sie ein Sondermodell, den Espace, produziert.
Frankreich stellte 1979 mit 3 613 462 Fahrzeugen seinen Produktionsrekord auf gegenüber 4 249 743 Fahrzeugen der Bundesrepublik Deutschland, die von nun an der etablierte europäische Führer ist. Seitdem hat sich der Abstand vergrößert, da sich die Rezession in Frankreich stärker als in der Bundesrepublik Deutschland bemerkbar machte. Die Gruppe Renault und die Gruppe PSA liegen in der Weltrangliste auf dem sechsten und siebenten Platz. Werden sie diese Positionen angesichts der sozialen und finanziellen Probleme halten, die sie in den letzten Jahren stark gebremst haben?
Wenn auch Frankreich, das soviel zum Automobil beitrug, anderen überlassen hat, die Fackel seiner Konstrukteure von luxuriösen und leistungsfähigen Fahrzeugen zu übernehmen, so hat es doch nichts von seinem technischen Beitrag eingebüßt, der im Volksautomobil der großen Serie seinen Niederschlag findet. Renault 4, 5, 9—11 und 25 bei der Régie, Peugeot 205 und 505, Citroen BX und CX bei PSA bleiben geachtete Bestseller. Renault hat sich mit der Kontrolle über American Motors in den USA ehrgeizige neue Ziele gesetzt. Nach hundert Jahren ist das französische Automobil ein sehr junger Greis . . .
Frankreichs Automobilgeschichte ist reich an genialen Konstrukteuren — und etlichen geradezu skurrilen Schöpfungen. Zu den ersteren zählen in der Frühzeit Louis Renault sowie Vater und Sohn Bollée. Renault baute vor allen anderen Autos mit Hinterachsantrieb über die Kardanwelle und experimentierte bereits 1902 mit Kolben- und Teleskopstoßdämpfern. Bollée benutzte schon 1896 für seine Autos einen Schwimmervergaser mit über Saugrohrunterdruck gesteuerter Anreicherung.
Zu den großen französischen Automobilbauern zählte auch der Flugpionier Gabriel Voisin. 1922 wurde in seinem Werk ein Serienmodell produziert, dessen Vierlitermotor mit Hülsenschiebern und Leichtmetallkolben bei dem für die damalige Zeit unerhörten Verdichtungsverhältnis von 8 : 1 eine Leistung von 140 PS lieferte. Mit einer ziemlich seltsamen Stromlinienkarosserie erreichte die Sportversion gut 170 km/h.

Talbot ging mit Simca zusammen. Dieses schöne Lago-Talbot-Coupé von 1959 sollte mit einem Simca-Vedette-V8 (Ford-Konstruktion) auf einen attraktiven Preis kommen; die Rechnung ging nicht auf.

Nachdem die Marke bei einem verunglückten Versuch, mehrere Hersteller zu den „General Motors Européenne" zusammenzuführen, ihre Tore schließen mußte, ging einer ihrer jungen Ingenieure namens André Lefebvre zu Citroen. Dort konstruierte er zuerst das Modell 7 A (Traction Avant) und später die klassische „Ente" 2 CV und die außerordentlich fortschrittlichen ID und DS 19.
Ein weiterer Franzose, der in seiner Heimat die automobile Welt bewegte, hieß J. A. Grégoire. Er wurde vor allem durch das Gleichlaufgelenk bekannt, das freie Bahn für Fronttriebkonstruktionen schuf und als Tracta-Gelenk von vielen Autoherstellern benutzt wurde. Grégoire konstruierte ferner einen weitgehend aus Leichtmetall bestehenden Kleinwagen, den Panhard-Typ „Dyna", und ein Fronttriebmodell für Hotchkiss.
Unter den Konstrukteuren ungewöhnlicher Fahrzeuge finden wir wiederum Gabriel Voisin mit je einem Zwölfzylindermodell — einmal als Reihen- und einmal als V-Motor — und einem sechssitzigen Stromlinienauto mit je einem gelenkten Vorder- und Hinterrad auf der Mittellinie sowie zwei seitlichen Antriebsrädern, die von einem hinter der Triebachse stehenden Siebenzylinder-Sternmotor angetrieben wurden. Der Ruf der Marke war so groß, daß sich selbst für dieses ungewöhnliche Fahrzeug ein Käufer fand.

Unter den französischen Marken der Gegenwart hat sich Peugeot — im wesentlichen durch das Modell 205 — in den Vordergrund geschoben. Dazu haben die Sporterfolge des speziell für den Rallyesport geschaffenen „205-Turbo-16" mit Allradantrieb kräftig mitgeholfen.

Großbritanniens Automobilindustrie

Die industrielle Revolution hatte ihre Anfänge in Großbritannien, und sowohl im 18. als auch im 19. Jahrhundert kamen aus diesem Land eine große Anzahl wichtiger Anstöße und neuer Gedanken für die industrielle Evolution.

Dennoch hinkte man dort in der ersten Phase der Motorisierung hinter dem europäischen Festland her. Für den Straßenverkehr geeignete Dampfwagen gab es, seit Richard Trevithick 1801 ein solches Fahrzeug konstruiert hatte. Ähnliche Konstruktionen steuerten u.a. Sir Goldworthy Gurney, Sir Charles Dance und Walter Hancock bei. Diese Dampfwagen waren durchaus fortschrittlich konzipiert mit Hochdruckkesseln und Mehrgang-Getrieben, doch waren sie für einen regulären Verkehr zu schwer und unwirtschaftlich. Vielleicht hätten sie sich dennoch durchgesetzt, wenn die Betreiber von Pferden gezogener Verkehrsmittel nicht diskriminierende Straßengebühren gegen diese Konkurrenz erwirkt hätten.

Den Todesstoß gegen den mechanisierten Straßenverkehr führten dann aber die Eisenbahnen, deren parlamentarische Lobby u.a. das Gesetz von 1865 durchdrückte, das für mechanisch angetriebene Straßenfahrzeuge drei Begleitpersonen vorschrieb, von denen eine dem Fahrzeug 60 Yards vorausgehen und bei Tage eine rote Fahne, bei Dunkelheit eine rote Laterne schwenken mußte. Eine Höchstgeschwindigkeit von 6,5 km/h auf dem Land und 3,2 km/h im Stadtbereich war zu beachten.

Das erste Patent auf einen mit Terpentin betriebenen Motor wurde 1784 einem Mr. R. Street erteilt. Es ist leider nicht bekannt, ob ein solcher Motor gebaut wurde, geschweige denn jemals lief. Einen anderen Motor mit innerer Verbrennung, der sogar in ein Fahrzeug eingebaut wurde, hatte es 1826 tatsächlich gegeben. Er hatte zwei Zylinder und lief mit dem übelriechenden Gas Schwefelwasserstoff. Angeblich entwickelte er eine Leistung von 4 PS, und es gibt einen zeitgenössischen Bericht, wonach der Konstrukteur Samuel Brown mit dem Vehikel den Shooter's Hill in Blackheath hinaufgefahren sei. Es blieb allerdings bei diesem Versuch, und der Ruhm für die Erfindung praktisch brauchbarer Verbrennungsmotoren steht deshalb Otto, Benz und Daimler zu. Deren Arbeit wurde in Großbritannien sehr wohl gewürdigt, und zwischen 1884 und 1887 versuchte J. H. Knight, mit einem verhältnismäßig brauchbaren Zweitaktmotor die deutschen Patente zu umgehen.

Englischer Daimler von 1897 mit 1,1-l-Zweizylindermotor. Die Holzspeichenräder tragen Vollgummireifen.

Der eigentliche Grundstein zur Motorisierung Großbritanniens wurde dann 1892 durch den Hon. Evelyn Ellis gesetzt, als er sich für den eigenen Gebrauch in Paris einen Panhard & Levassor kaufte. Er und einige seiner aristokratischen Freunde waren entsetzt über den Vorsprung der Kontinental-Europäer vor den Technikern des eigenen Landes und beschlossen „etwas dagegen zu tun“. Ellis, sein Freund Hon. C. S. Rolls und Sir David Salomons, ein bekannter und einflußreicher Wissenschaftler, gründeten die „Self-Propelled Traffic Association“, deren Ziel es war, das den mechanisierten Straßenverkehr behindernde Gesetz zu Fall zu bringen. Sie organisierten außerdem die ersten Automobilausstellungen in England und gründeten die ersten Importfirmen. Bereits 1895 konnten auf diesem Wege die ersten Benz-Automobile bezogen werden.
Bei diesem Stand der Dinge betrat ein neuer Akteur die Bühne, der Finanzmann Henry Lawson. Dieser hatte bereits mit Erfolg den Fahrradhandel manipuliert und schickte sich an, den Automobilbau rechtzeitig in seine Hand zu bekommen. Er sicherte sich Patente von Daimler, Panhard und de Dion und gründete 1895 das Britische Motor Syndikat, den Motor Car Club und die Zeitschrift Autocar. In einer ehemaligen Baumwollspinnerei installierte er die englische Daimler Company. Dieses Werk in Coventry ist die eigentliche Urzelle der britischen Automobilindustrie und gehört heute zur Jaguar Car Co.

Die Aktivitäten des Mr. Lawson bremsten bis 1903 die Pläne anderer Unternehmer. 1896 wurden die Fesseln des Straßenverkehrs ein wenig gelockert. Fahrzeugen mit weniger als 3 t Gewicht brauchte kein Mann mit roter Fahne mehr vorauszuschreiten, und die zulässige Höchstgeschwindigkeit wurde auf 19,3 km/h heraufgesetzt. Dieses Ereignis wird bis in die heutige Zeit mit der erstmals von Lawson organisierten Fahrt London—Brighton gefeiert. An dieser ersten Fahrt nahmen 35 Fahrzeuge teil, von denen 15 das Ziel an der Südküste erreichten.
Das erste in England gefertigte Auto, ein Daimler, wurde im Sommer 1897 an seinen Käufer, Generalmajor Montgomery, ausgeliefert. In den nachfolgenden Jahren nahm die Anzahl der Autos auf der britischen Insel zu, vorwiegend durch Importe, doch drei britische Pioniere waren schon dabei, eigene Konstruktionen zu entwickeln: die Brüder Fred und George Lanchester und Herbert Austin, technischer Leiter der Wolseley-Fabrik für Schafschermaschinen.
Das erste Auto der Brüder Lanchester hatte einen Einzylindermotor und wurde bald von einer Neukonstruktion mit für die damalige Zeit beachtlichen technischen Details ersetzt. Der Motor wies bereits mechanisch gesteuerte Einlaßventile und eine elektrische Zündung auf. Die dritte Lanchester-Konstruktion stellte wiederum den Vorgänger in den Schatten. Der Motor hatte zwei übereinander angeordnete, gegenläufige Kurbelwellen, die ihn völlig schwingungsfrei laufen ließen, und eine Magnetzündung. Die Kraftübertragung erfolgte über ein

Dieser Daimler von 1911 wurde vom berühmten Carossier Hooper für den Earl of Lonsdale gebaut. Wegen seiner gewaltigen Dimensionen und seiner Farbe hieß er damals im Volksmund „Die gelbe Gefahr“.

Dreigang-Planetengetriebe mit direktem dritten Gang und eine Gelenkwelle auf eine Hinterachse mit Schneckenradtrieb. Eine Scheibenbremse wirkte auf den Antriebsstrang. Weitere, erstmals im Automobilbau angewandte Details waren mit Verschiebenuten versehene Antriebswellen und Rollenlager für die Räder. Ausleger-Blattfedern sorgten für einen ungewöhnlich guten Fahrkomfort.
Das erste von Austin konstruierte Fahrzeug war ein Dreirad mit Zweizylindermotor eigener Konstruktion. Das erste Vierrad-Auto entstand 1899. Allgemein wird angenommen, mechanisch gesteuerte Einlaßventile seien erstmals 1901 von Maybach angewandt worden. Dies trifft offenbar nicht zu, denn schon alle Austin-Konstruktionen ab 1896 wiesen mechanisch gesteuerte Ventile und Vergaser mit Drosselschieber auf, mit denen sich die Motordrehzahl regeln ließ.

Ins 20. Jahrhundert

Um die Jahrhundertwende entstand allmählich so etwas wie eine britische Automobilindustrie. Lanchester und Wolseley produzierten bereits zufriedenstellende Fahrzeuge eigener Konstruktion, Brooke schuf vor 1900 den ersten Reihen-Sechszylinder. Die Firma Napier, die später durch ihre Sechszylinder bekannt werden sollte, hatte damit begonnen, Automobile mit Zwei- und Vierzylindermotoren für die S.F. Edge Motor Vehicle Company zu fertigen. Für Edge und seinen Kopiloten C. S. Rolls baute Napier einen Rennwagen mit Leichtmetall-Zylinderblock. In Coventry waren inzwischen die Firmen Sunbeam und Star gegründet worden, und bei Daimler entstanden Modelle mit Zwei- und Vierzylindermotoren. Aus jener Zeit stammten auch die Marken Humber, Maudslay, Swift und Singer, während Rover erst im Jahre 1903 zum ersten Mal auftrat.
Ein Verbot von Automobilrennen auf öffentlichen Straßen wirkte sich erstaunlicherweise für die junge britische Automobilindustrie eher fördernd aus. Die verschiedenen Unternehmen ließen es sich angelegen sein, mit ihren Modellen den Käuferwünschen zu entsprechen, anstatt immer größere und stärker motorisierte Rennfahrzeuge zu entwickeln. Als Folge davon entstand eine wahre Flut fortschrittlicher Konstruktionen, wie z. B. die von Craig entworfenen Maudslay-Motoren mit obenliegender Nockenwelle von 1902 und der erste technisch reife Sechszylinder von Napier 1903. Rover stattete seine kleinen Einzylindermodelle 6 HP und 8 HP bereits mit angeblockten Getrieben und Schubrohr-Kraftübertragung (aus Leichtmetall) aus.
Im Jahr 1903 verabschiedete das Parlament ein neues Straßenverkehrsgesetz. Es sah Nummernschilder für die Fahrzeuge vor sowie eine Automobil-Steuer, und man hob die zulässige Höchstgeschwindigkeit auf 32 km/h an. Die Besteuerung lieferte als Nebenerscheinung erstmals statistisches Material: 1904 betrug die Gesamtanzahl der Motorfahrzeuge in Großbritannien 17 810. Sie setzte sich aus 8 465 Personenwagen, 5 345 „Hackneys" (Taxen) und

Kaum zu glauben — so sah 1906 ein erfolgreicher Rennwagen aus: der in der Tourist Trophy bewährte Rover. Vom Serienmodell unterschied ihn sein geringeres Gewicht und der frisierte Vierzylindermotor.

4 000 Nutzfahrzeugen zusammen. Vier Jahre später hatte sich die Autopopulation schon auf 73 500 erhöht, und es gab nicht weniger als 65 Herstellermarken. 1903 gilt auch als Geburtsjahr der Bezeichnung „Motor Car", die es vorher im offiziellen britischen Sprachschatz nicht gegeben hatte.
1905 gewann S. F. Edge auf einem Napier das Gordon-Bennet-Rennen, das die Siegernation verpflichtete, den nächsten Lauf um den Pokal des amerikanischen Zeitungskönigs zu veranstalten. Der Automobilclub von Großbritannien und Irland mußte dafür eine Sportabteilung ins Leben rufen und sich um ein Sondergesetz bemühen. Dieses erste Rennen auf britischem Boden fand als „Tourist Trophy" auf der Insel Man statt und wurde von fast allen inländischen Herstellern — nicht selten gegen ihr besseres Wissen — beschickt. Das siegreiche Fahrzeug war ein Arrol-Johnson mit Zweizylinder-Boxermotor mit gegenläufigen Doppelkolben; Zweiter wurde ein Wagen einer neuen Marke, die von Hon. C. S. Rolls und dem aus Lancashire stammenden Kranbauer Henry Royce gegründet worden war.
Dieser Royce war ein bemerkenswerter Mann. Er konstruierte mit 41 Jahren sein erstes Automobil, das er über die Rolls-Verkaufsorganisation an den Mann brachte. Danach entstanden gleich drei neue Prototypen mit Drei-, Vier- und Sechszylindermotoren, die auf dem Pariser Salon ausgestellt wurden. Darauf folgte der erste britische V8. Die Rolls-Royce-Wagen waren außerordentlich erfolgreich, und die Nachfrage war bald größer als die Fertigungskapazität im Werk Manchester. Das Unternehmen wurde deshalb nach Derby verlegt; dort entstand auch der erste „Klassiker" mit dem RR am Kühler: das Modell 40/50 h.p., das unter dem Namen „Silver Ghost" zum Inbegriff automobiler Qualität werden sollte.
Große Wichtigkeit für die technische Entwicklung britischer Automobile erlangte die im Jahr 1907 eröffnete Brooklands-Rennbahn, die erste ausschließlich für diesen Zweck gebaute Sportanlage der Welt. Damit stand der britischen Industrie ein Hochgeschwindigkeitskurs zur Verfügung, der den Vorteil ihrer kontinentaleuropäischen Konkurrenten ausglich, denen öffentliche Straßen für die Entwicklung leistungsfähiger und schneller Automobile zur Verfügung standen. Sicher war es auch den neuen Möglichkeiten der Brooklands-Bahn zu verdanken, daß fünf Jahre später ein Team von Sunbeam-Wagen im Coupe de l'Auto in Frankreich die drei ersten Plätze belegten und die Wagen im Großen Preis von Frankreich gegen schärfste Konkurrenz auf den Plätzen 4, 5 und 6 landen konnten. Die Sunbeam-Wagen waren zuvor auf der Brooklandsbahn gründlich erprobt worden und erschienen in Frankreich mit wichtigen aerodynamischen Verbesserungen.

Der Rolls-Royce „40/50" wurde von 1906 bis 1925 als Chassis gebaut und mit den verschiedensten Karosserien versehen. Der Sechszylinder-Reihenmotor mit seitlich stehenden Ventilen hatte einen Hubraum von 7 410 cm³.

Steuerformel zwingt zum Langhuber

Von wesentlicher Bedeutung für den britischen Automobilbau sollte ein 1909/10 in Kraft gesetztes Finanzgesetz sein. Es betraf die Besteuerung von Automobilen nach einer vom Royal Automile Club (RAC) erarbeiteten Formel, in der die Kolbenfläche und Zylinderanzahl eine wichtige Rolle spielten. Diese RAC-Formel zwang die britischen Motorenkonstrukteure für die nachfolgenden 40 Jahre zu einer langhubigen Auslegung der Motoren.
Während der „Edwardian Period" (Regierungszeit König Edwards VII. 1900 bis 1914) stieg die Anzahl der in Großbritannien verkehrenden Motorfahrzeuge von 107 635 im Jahr 1910 auf 265 182 im Jahr 1914. Die Mehrzahl der Personenwagen entfiel auf Fahrzeuge mit Motoren zwischen 1,5 l und 2,5 l Hubraum. Die kleinen Calthorpe, Swift, Singer, Talbot, Rover oder Humber galten als praktisch und erwiesen sich als mindestens so zuverlässig wie die Konkurrenz vom europäischen Festland. Von ihrem Konzept her waren diese Autos durchaus konventionell, doch gab es auch einige eher abenteuerliche Konstruktionen, wie z. B. den 11 h.p. Lagonda mit wahrscheinlich der ersten selbsttragenden Karosserie oder den Singer 10 von 1912, bei dem Getriebe und Differential vereinigt waren.
In diese Periode britischer Automobilgeschichte gehören auch die ersten britischen Sportwagen wie der Prinz-Heinrich-Vauxhall (1913), aus dem später der von Laurence Pomeroy sen. entwickelte berühmte Typ 30/98 hervorging. Ein weiterer Klassiker war der Talbot 25/50, von dem es eine Version mit Stromlinienkarosserie gab. Er war das erste Serienauto der Welt mit garantierter Höchstgeschwindigkeit von 160 km/h.
Nur 20 Jahre nach der Geburt der britischen Automobilindustrie hatten ihre Konstrukteure bereits technische Lösungen erbracht, die noch heute als modern gelten: Motoren mit obenliegender Nockenwelle (Maudslay), Achtzylinder in V-Form (Rolls-Royce), selbsttragende Karosserien (Lagonda), aerodynamisch geformte Aufbauten (Talbot) und Leichtmetallmotoren mit sechs Zylindern (Napier).

1922 konstruierte Herbert Austin das Modell „Seven". Das genial einfache Auto war wohl der erste wirklich gebrauchstüchtige Kleinwagen. Er wurde von Dixi/BMW, Rosengart in Frankreich und Bantam-Austin in den USA in Lizenz gebaut.

Wie in den übrigen Ländern Europas konnte die Technik auch in Großbritannien über die Kriegsjahre erhebliche Fortschritte verzeichnen. Außerdem kamen neue Werkstoffe und neue Bearbeitungsverfahren auf. Die Nachkriegsjahre begannen mit einer außerordentlich großen Nachfrage nach Motorfahrzeugen aller Art, und während der zwei ersten Friedensjahre ließ sich praktisch alles zu Phantasiepreisen absetzen.

In England gab es einen Boom sogenannter „Cyclecars", von Fahrzeugen, die man als Mittelding zwischen Auto und Motorrad betrachten konnte, meist mit luftgekühlten Motoren, die starre Hinterachsen über Gruppen von Rollenketten antrieben. Der Trend zu kleinen und leichten Fahrzeugen bezog seine Dynamik vor allem aus der Nachfrage ehemaliger Militärangehöriger und der ungenügenden Lieferfähigkeit der Hersteller „richtiger" Automobile. Zudem konnten solche Beinahe-Autos mit einem Minimum an Materialaufwand in primitiven Fertigungsanlagen zusammengeschraubt werden. In der damaligen Zeit verdiente ein Arbeiter einen Wochenlohn von etwa £ 3, ein qualifizierter Angestellter vielleicht £ 20. Dem stand eine Besteuerung von Automobilen mit £ 1 je HP nach der RAC-Formel gegenüber.

Die Blütezeit der Cyclecars fand ihr Ende, als zwei der großen Hersteller moderne Kleinwagen auf den Markt brachten. Der erste erschien 1920, nannte sich Rover 8 und wurde von einem luftgekühlten Boxermotor angetrieben. Er verdrängte zwar die Cyclecars vom Markt, mußte aber seinerseits einem Konkurrenten weichen, dem ein weltweiter Erfolg bevorstand: dem Austin Seven.

Zu den Vorbildern dieses vortrefflichen Kleinen gehörten mit Sicherheit sowohl der von Ettore Bugatti konstruierte Peugeot-Bébé als auch Henry Fords Tin Lizzy. Der Seven war zwar klein, aber immerhin ein richtiges Auto, und er erwies sich als außerordentlich zuverlässig und haltbar. Unter Lizenz wurde der Seven in Deutschland als Dixi und später als BMW 3/15 gebaut, in den USA als Bantam-Austin, in Frankreich als Rosengart und in Japan als Datsun.

Außer Austin hatte eine zweite Marke mit populären Modellen großen Erfolg: Morris. Die Fertigung nahm in einer alten Militärakademie in Cowley (Oxford) ihren Anfang. Zuerst wurden 1 018-cm^3-White & Poppe-Motoren eingebaut, danach ein 1,5-l-Vierzylinder amerikanischen Ursprungs, der in der ehemaligen Hotchkiss-Waffenfabrik in Coventry hergestellt wurde. Während der wirtschaftlichen Rezession setzte Morris die Preise radikal herunter, so daß der Absatz von 3 076 Einheiten im Jahr 1921 auf 6 956 stieg — im Jahr 1923 waren es 20 048 —, bis er schließlich 1925 mit einer Jahresproduktion von 55 582 die Spitzenposition des Ford-T-Modells erschütterte. 1919 betrug der Ford-Marktanteil 41 %, und auch 1930 war die Tochter des amerikanischen

Ein Morris „Bullnose" von 1921 — so genannt wegen seiner Kühlerform. William Morris konfektionierte seine Autos: Die Motoren lieferte das englische Hotchkiss-Werk, das später von Morris erworben wurde. Der Motor hat einen Hubraum von 2 227 cm^3.

Dies war Englands erstes Auto mit V-Zwölfzylindermotor. Der Daimler „Double-Six" war 5,6 m lang, mehr als die Hälfte davon beanspruchte der Motor. Er lieferte aus 7,2 l Hubraum immerhin 150 PS. Von dem eleganten Kabriolett gab es nur zwei Exemplare.

Victor Riley erregte 1929 mit seinem Modell „9" allgemein Aufsehen. Die kleine Sportlimousine mit einem Vierzylindermotor von nur 1 100 cm³ mit zwei Nockenwellen bot für die damalige Zeit überraschende Fahrleistungen.

Konzerns nach wie vor der größte Automobilhersteller Großbritanniens.
In der Mitte der zwanziger Jahre entdeckten die Briten ihr Herz für einen neuen Automobiltyp, die kompakte Sportlimousine. In dieser Gruppe tauchte 1926 eine neue Marke auf: Riley. Der Riley 9, eine kleine viertürige Limousine mit 1 100 cm^3 Vierzylindermotor, traf offenbar genau den Publikumsgeschmack. Mit zwei hoch im Zylinderblock gelagerten Nockenwellen und in V-Stellung hängenden Ventilen entwickelte er genügend Leistung für eine Höchstgeschwindigkeit von über 100 km/h, während die Konkurrenz meist nicht mehr als 90 km/h schaffte.
Das Traumauto dieser Epoche war unbestritten der Dreiliter-Bentley, dessen Vierzylindermotor mit vier Ventilen je Zylinder konstruktive Anleihen bei Peugeot und Hispano-Suiza verriet. Konstrukteur W. O. Bentley plante mit diesem Auto ein sportliches Gegenstück zum etablierten Rolls-Royce. Während der großen Krise der dreißiger Jahre zog der südafrikanische Millionär Barnato seine finanzielle Unterstützung Bentleys zurück, der sich gezwungen sah, sein Unternehmen an Rolls-Royce zu verkaufen.
Von den britischen Herstellern, die im Zeitabschnitt bis 1914 eine Rolle gespielt hatten, verschwanden viele von der Bildfläche: Maudslay konzentrierte sich auf Nutzfahrzeuge, Napier auf Flugmotoren, und Sheffield Simplex machte 1922 den Laden zu.
Daimler war 1902 mit dem Verkauf eines Automobils an König Edward VII. Hoflieferant geworden und lieferte danach alle offiziellen Automobile an den Hof. Am bekanntesten wurde das Modell mit Knight-Hülsenschieber-Motor — nicht zuletzt durch die blaue Rauchfahne, die den Schiebermotoren eigen war.
1930 erregte Daimler mit einer Neuerung Aufsehen, die später weltweite „Folgen" haben sollte. Die Kombination einer hydrodynamischen Kupplung und eines von Walter Wilson konstruierten „selbstschaltenden" Planetengetriebes war Vorläufer der später in den USA weiterentwickelten Automatikgetriebe. In den dreißiger Jahren wurde die Firma Lanchester von Daimler übernommen.

Anstöße durch den Motorsport

Das Verbot von Rennveranstaltungen auf öffentlichen Straßen wurde auch in der Zeit zwischen den Kriegen nicht aufgehoben. Es gilt heute noch. Kurze Bergrennen und Beschleunigungsprüfungen waren hingegen zugelassen, bis es 1925 bei einem Bergrennen zu einem Unfall kam. Trotzdem beteiligte sich Sunbeam an Grands Prix mit einem allerdings in Frankreich gebauten Rennwagen. Ein technisch fortschrittliches Rennfahrzeug entstand 1926 bei Alvis in Coventry. Der Einsitzer war mit einem aufgeladenen Reihen-Achtzylindermotor versehen, der über ein Vierganggetriebe die Vorderräder antrieb. Allerdings wurde das Auto nie zur Reife entwickelt. Es zog aber ein Sportmodell mit Vierzylindermotor und Frontantrieb nach sich, das u.a. 1928 beim 24-Stunden-Rennen in Le Mans gut abschnitt.
Englands erfolgreichster Rennwagen war der 1,5-Liter-ERA. Mehr als ein Dutzend dieser kleinen Einsitzer wurden gebaut —, alle sind bis auf den heutigen Tag erhalten und gehen bei Veteranenrennen an den Start. In den damals vorzugsweise auf der Brooklands-Bahn veranstalteten Rennen wurde überwiegend ein Handikap-System angewandt, von dem meist die kleinen Austin und MG auf Kosten der großen Bentley und Mercedes profitierten. Die 750-cm^3-Austin und MG waren die ersten Kleinwagen, die auf der Rennbahn Geschwindigkeiten von mehr als 160 km/h erreichten, und mit dem aufgeladenen 1 100-cm^3-MG-Magnette wurde schließlich bei Rekordfahrten auf der Autobahn in Deutschland eine Höchstgeschwindigkeit von fast 330 km/h registriert.
Im Jahr 1926 trugen sich zwei wichtige Ereignisse zu: William Morris gründete die Pressed Steel Company in Oxford und begann nach amerikanischen Budd-Patenten Ganzstahlkarosserien zu fertigen, und der amerikanische General-Motors-Konzern erwarb die Vauxhall-Werke. In das gleiche Jahr fällt auch die Inbetriebnahme des Ford-Werks Dagenham, das die Produktion eines Kleinwagens (Typ Y) aufnahm, dem kurz danach ein wenig größeres Modell und der Typ V 8 folgten.
In der Zeitspanne zwischen 1919 und 1929 hatte die Anzahl der in Großbritannien zugelassenen Personenwagen von 100 000 auf eine Million zugenommen. Nach weiteren neun Jahren waren es zwei Millionen.
In der Rückschau erweist sich die Wirtschaftskrise von 1930 als „Wasserscheide". Sie zwang eine große Anzahl von Herstellern mit technisch überholten Produkten und veralteten Produktionsanlagen zum Aufgeben. Nach dem Massensterben blieben praktisch nur acht größere Marken übrig: Austin, Morris, Rover, Standard, Hillman, Humber, Vauxhall und Ford.
Sie hatten sich alle auf amerikanische Fertigungsmethoden umgestellt und verfügten über eine Kapitaldecke, die ihnen die Umstellung auf Ganzstahlkarosserien erlaubte. Jährliche Modellwechsel und amerikanische Geschäftsmethoden waren damals die Regel. Das erste Modell mit vollständig selbsttragender Karosserie war die Serie M von Morris. An der Entwicklung des Morris „10" der M-Serie arbeitete u.a. ein junger Techniker namens Alec Issigonis mit, von dem später noch die Rede ist.
Zu Beginn der dreißiger Jahre bemühten sich mehrere Hersteller, ein Serienmodell zu einem Preis von nur £ 100 herauszubringen. Zuerst gelang dies bei Morris, indem man den aufwendigeren OHC-Motor durch einen schlichten mit stehenden Ventilen ersetzte. Der nächste war Ford mit dem Modell Y,

Das von vielen Herstellern angestrebte Ziel, ein Auto für £ 100 herzustellen, wurde 1931 von Morris zuerst erreicht. Der Morris „Minor" hatte einen Vierzylindermotor von 847 cm³. Die Baureihe schloß noch einen offenen Viersitzer und eine Limousine ein.

das 1935 erschien und ein großer Erfolg wurde. Im harten Wettbewerb versuchten sich die Hersteller von Modellen der preisgünstigen Kategorie durch wertvolles Zubehör zu übertrumpfen. Für £ 195 gab es beispielsweise 1938 eine viertürige Morris-Limousine mit Lederpolsterung, Schiebedach, Vierganggetriebe und eingebauten hydraulischen Wagenhebern für alle vier Räder. Der technische Fort-

Der „SS 1" war 1931 der Star der London Motor Show: Es handelte sich um ein Auto, das „doppelt so teuer aussah", als es tatsächlich kostete. Es war das erste Modell einer jungen Marke, die heute als Jaguar weltbekannt ist. Das Foto zeigt den SS 1 von1933.

Der berühmte „SS 100" wurde von 1936 bis 1940 mit Sechszylindermotoren von 2,7 l und 3,5 l Hubraum gebaut und erreichte schon 160 km/h. Er zählt heute zu den meistgeschätzten Liebhaberfahrzeugen.

MG war eine der wenigen Marken, die auch Rennfahrzeuge zum Verkauf herstellten. Mit den kleinen 750-cm³- und 850-cm³-Wagen wurde eine Vielzahl von Rennen gewonnen. Das Bild zeigt einen MG „Montlhery" mit Kompressor von 1934.

Unter dem von SS in Jaguar geänderten Markennamen erschien 1948 der zauberhaft schöne XK 120 mit Doppelnockenwellen-Sechszylinder, 160 PS stark und 200 km/h schnell.

schritt in bezug auf das Triebwerk ließ sich mehr Zeit. Motoren mit obenliegender Nockenwelle baute zwar Singer, und hängende Ventile gab es bei Rover und Vauxhall, die meisten anderen aber verharrten bei seitlich stehenden Ventilen und dem klassischen Ricardo-Brennraum.

In den dreißiger Jahren gab es einen beachtenswerten Neuzugang: die SS Car Company, die aus einem mehr handwerklichen Unternehmen hervorgegangen war, das Motorrad-Seitenwagen und sportliche Karosserien für die kleinen Modelle von Austin und Wolseley herstellte.

Der „SS 1" war die Sensation der Londoner Automobilausstellung von 1932. Es handelte sich um ein äußerst elegantes Auto, das nach einem Preis von £ 1 000 aussah und nur £ 310 kostete. Die Rechnung des SS-Chefs William Lyons ging in den folgenden Jahren auf: Die Käufer standen nach dem SS 1 Schlange. Das junge Unternehmen lief so gut, daß es schon drei Jahre später bei seinem Chassis-Lieferanten Standard einen vom Gasströmungsexperten Harry Weslake entworfenen Zylinderkopf mit hängenden Ventilen und ein verbessertes Chassis in Auftrag geben konnte. Der viertürige SS Jaguar setzte den Erfolgskurs fort, und kurz danach erschien der zweisitzige Sportwagen SS 100, der wiederum seine Konkurrenten vergleichbarer Fahrleistung im Preis um 50% unterbot. Mehrere andere Hersteller versuchten sich mit amerikanischen V8-Motoren nach ähnlichen Rezepten, hatten aber keinen Erfolg damit.

Auch in der Oberklasse tat sich einiges. Rolls-Royce brachte das Spitzenmodell 40/50 Phantom III mit Zwölfzylindermotor heraus, und die Tochtermarke Bentley bediente sich nunmehr aus dem RR-Regal mit Motoren, die ihre Vorgänger aus eigener Fertigung vor allem an Laufkultur in den Schatten stellten. W. O. Bentley setzte sich allerdings als Konstrukteur mit dem Lagonda V 12 ein Denkmal. Ein klassisches Modell in der Prestigklasse schuf auch Alvis mit dem 4½-Liter-Wagen.

Exportieren oder untergehen!

Die Zeit nach 1945 begann für die britische Industrie mit großen Hoffnungen. Man hatte in der Kriegszeit viel über Massenfertigung gelernt und umfangreiche Kenntnisse über Techniken und Werkstoffe gewonnen. Hinzu kam ein Vorteil gegenüber der kontinentaleuropäischen Industrie, deren Werke erhebliche Kriegsschäden erlitten hatten, während die Kriegszerstörungen in Großbritannien zumeist aus den ersten Kriegsjahren stammten und inzwischen ausgebessert worden waren. Das Problem lag primär in der Rohstoffknappheit.

Um die ungeheuren Kriegsschulden bei den USA abzutragen, wurde den Ausfuhren, wo immer möglich, der Vorrang eingeräumt. Eine Kaufsteuer von 50% des Lieferpreises und zeitweise sogar ein Aufschlag von 100% für Automobile der Preisgruppe über £ 1 000 sollten den Inlandabsatz dämpfen. Solche Maßnahmen und die Rohstoffrationierung begrenzten die Jahresproduktion auf etwa 110 000

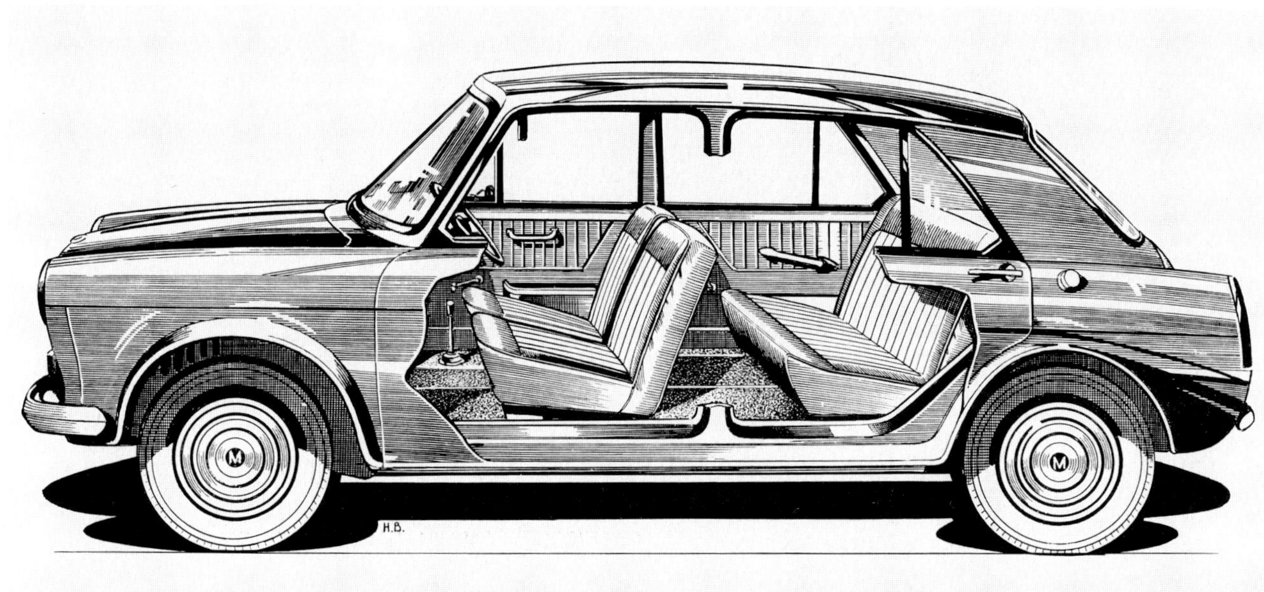

Der Austin/Morris 1100 von 1962 wurde zum Muster, nach dem heute weltweit die Gebrauchswagen der Mittelklasse gebaut werden. Durch Verlegung des Triebwerks quer vor die Vorderachslinie und raumsparende Radführung nahm der Nutzraumanteil auf 80 % der Hauptabmessungen zu. Die von Pininfarina gezeichnete Karosserie erhielt bereits ein schräges Heck, aber noch keine fünfte Tür. Diese tauchte erst mit dem Renault 16 und der Autobianchi Primula in der Serienfertigung auf.

Einheiten. Als weiteres Bremsmanöver wirkte sich die Benzinrationierung aus, die jene auf dem Kontinent an Schärfe übertraf. Sie wurde erst 1950 aufgehoben, und auch danach gab es nur das „Pool"-Benzin minderer Qualität. Kraftstoffe höherer Klopffestigkeit kamen erst 1952 wieder in die Zapfsäulen. Der Käufer-Markt bot Anreize, Neukonstruktionen schnell auf den Markt zu bringen. Eine der beachtenswertesten war die kompakte Jowett-Schrägheck-Limousine mit einem 1,5-l-Boxermotor aus Leichtmetall und vorderer Einzelradfederung durch Drehstäbe. Obwohl der Jowett rund 50% teurer war als die Modelle der Massenhersteller Austin und Morris, fand er reißenden Absatz. 1948 brachte Morris

Mit einem von General Motors erworbenen und gründlich überarbeiteten Aluminium-V8 brachte Rover 1968 die große Limousine „Rover 3,5 Litre" heraus.

mit dem von Alec Issigonis konstruierten kleinen Typ Minor ein Modell heraus, das einen Riesenerfolg haben sollte.
Rover stellte erst 1949 mit dem P 4 ein neues Modell vor, während SS — die Firma nannte sich nunmehr „Jaguar" — schon ein Jahr zuvor mit dem Sportwagen XK 120 international Aufsehen erregt hatte. Der Zweisitzer mit dem 3,5-l-Zweinockenwellenmotor hatte mit einer Demonstrationsfahrt auf der belgischen Autobahn seine Leistungsfähigkeit bewiesen: Die Spitzengeschwindigkeit von 200 km/h hatte sonst kein Wagen zu bieten.
Es folgten die Jahre, in denen britische Sportwagenhersteller zu den großen Dollarverdienern wurden: außer Jaguar auch Aston Martin und MG mit den schon nostalgischen T-Modellen. Der Absatzerfolg der MG-Zweisitzer veranlaßte Standard-Triumph mit Komponenten der Vanguard Limousine den Sportzweisitzer TR 2 zu entwickeln, während Austin vom Sportwagenhersteller Donald Healey das Sportmodell 100 für die eigene Modellpalette unter der Bezeichnung Austin-Healey übernahm. Die Karosserien für den Sportwagen lieferte Jensen, deren eigenes Modell Jensen 541 sich nur in bescheidenen Stückzahlen absetzen ließ.
In dieser Zeit fusionierten Austin und die aus Morris, MG, Riley und Wolseley bestehende Nuffield Gruppe — William Morris war als Baron Nuffield of Oxford geadelt worden — zur British Motor Corporation.
Während der Jahre 1952/53 gab es nicht weniger als 24 neue Modelle. Bedeutsam waren u.a. der von John Tojeiro konstruierte AC „Ace", Dreiliter Lagonda, Sunbeam Alpine, Daimler Conquest, Aston Martin DB 2—4, Jensen 541 und MG Magnette. Mit einem Modell mit 2,3-l-Sechszylindermotor versuchte Armstrong-Siddeley (erfolglos), in den Jaguar-Marktsektor einzubrechen. Es war gleichzeitig auch die Ära der Absatzerfolge auf dem autohungrigen kontinentaleuropäischen Markt. Die britische Industrie hätte ihre dort gewonnenen Positionen zweifellos erfolgreich verteidigen können, wenn sie einen klügeren Kurs gesteuert hätte. Statt ein engmaschiges und gut funktionierendes Kundendienstnetz mit prompt funktionierender Ersatzteilversorgung zu errichten, verbaute sie alles, was von den Produktionseinrichtungen geleistet werden konnte, zu Automobilen. Diesen Mißstand nutzten Wettbewerber, wie z.B. VW und Mercedes-Benz, die mit einem perfekten Kundendienst und wohlsortierten Ersatzteillagern die britischen Hersteller in wenigen Jahren aus ihren Positionen verdrängten.
Durch die Fusion Austin — Nuffield, die u.a. auch die Vergaserfabrik S.U. und den Spezialkarosseriehersteller Vanden Plas einbrachte, wurde die BMC zum drittgrößten Automobilhersteller Großbritanniens nach General Motors und Ford. Unter Führung von Lord Lambury (früher Leonard Lord) brachte die BMC 1959 und 1962 die von Alec Issigonis konstruierten Erfolgsmodelle Mini und 1100

Das Jensen-Coupé „Interceptor" (1966 bis 1971) mit Chrysler-V8-Motor wurde zeitweise auch mit dem Ferguson-Allradantrieb und Dunlop-Maxaret-Blockierverhinderer angeboten. Der erste serienmäßige Allrad-Personenwagen war mit 220 km/h ein sehr schnelles Auto.

Der bisher letzte Serien-Jaguar als offener Roadster war der „E-Type" (1961 bis 1971). Es gab ihn zuletzt auch mit dem 5,3-l-V12-Zylinder.

heraus, die eine weltweite Revolution des Fahrzeugkonzepts auslösen sollten.
Zu einem weiteren Wachstum des Konzerns kam es 1966 unter Sir George Harriman: zuerst durch Aufnahme von Pressed Steel Fisher mit neun Betrieben und einer Belegschaft von 36 544 Mann. Ein Jahr danach begab sich auch die Jaguar-Gruppe unter den Schirm des nunmehr als British Motor Holdings firmierenden Konzerns. Die von William Lyons gegründete Jaguar Car Company hatte zuvor Lanchester-Daimler, den Nutzfahrzeughersteller Guy, die Motorenfabrik Coventry Climax und die Spezialkarossiers Hooper und Barker an sich gezogen. Der BMH-Konzern rückte damit auf Platz 13 der Liste der größten Industrieunternehmen außerhalb der USA auf. Die Belegschaft von 120 000 Mann brachte allerdings 1966 als Jahresleistung nur 846 000 Fahrzeuge zustande. Was den Politikern allerdings zu imponieren schien, war der Exporterlös in Höhe von 1,8 Milliarden £.
Die Geschichte der Fusions-Lawine war damit allerdings noch nicht am Ende. Auf Drängen des Labour-Ministerpräsidenten Harold Wilson wurde ein gigantischer Plan entwickelt. Die Initiative ging seltsamerweise von einem Nutzfahrzeughersteller in den Midlands aus, nämlich von Leyland Motors. Deren langjähriger Chef, Sir Richard Sperrin, hatte schon früher damit begonnen, sich den Herzenswunsch nach einem großen Automobilkonzern zu erfüllen, indem er seinem Unternehmen die ins Taumeln geratenen Marken Standard-Triumph und Rover-Alvis angliederte.
Wilson ließ sich von maßgebenden Wirtschaftlern überzeugen, daß sich kein europäisches Land mehr als einen Automobilhersteller leisten könne. So wurde im Januar 1968 die schlecht geführte, durch Streiks geschwächte und durch eine viel zu große Belegschaft behinderte BMH mit Leyland zusammengeführt, wobei die regierungseigene Gesellschaft für wirtschaftliche Entwicklung als Heiratsvermittler auftrat. Das Ergebnis der Fusion kam einer Katastrophe nahe. Die Regierung mußte zur Stützung Geldmittel zuschießen, eine Fülle von Reorganisationsversuchen brachten keinen Erfolg, das zentralisierte Management versuchte von London aus kurzatmig zu regieren, so daß der Kontakt zwischen der Leitung der einzelnen Betriebe und ihren Belegschaften zu leiden begann. Zu leiden begann auch die Qualität der Produkte und danach der Absatz. In den Werken sank die Arbeitsdisziplin.
Die Wende sollte mit einem neuen Mann an der Spitze beginnen, der die Belegschaftsstärke drastisch beschnitt, die selbstherrlichen Gewerkschaften in langwierigen Verhandlungen zur Räson brachte und den Produktionsapparat zu modernisieren und zu rationalisieren begann: Michael Edwardes. Schritt um Schritt wurde die Qualität der Fahrzeuge verbessert und die Produktivität der Werke erhöht. Anfang 1985 arbeiteten Austin Rover, Jaguar und Land-Rover in Großbritannien mit einer Gesamt-Belegschaft von 57 000 Mann, die im Jahr 1984 568 000 Fahrzeuge herstellten. Verglichen mit der Produktivität deutscher oder japanischer Großhersteller ist dies zwar noch kein sonderlich gutes Ergebnis, aber man hat den tristen Stand der siebziger Jahre gut überwunden. Zudem schreitet die Modernisierung der Anlagen schnell voran.
Obwohl Teil eines amerikanischen Konzerns, können die in England gelegenen Ford-Werke zur britischen Industrie zählen, weil sie auch ihre Zulieferungen zum überwiegenden Teil aus dem eigenen Land beziehen und einer der großen Arbeitgeber sind. Ursprünglich sollte das noch durch Henry Ford I gegründete Werk Dagenham die europäische Ford-Zentrale werden, und die Unternehmen in Deutschland und Frankreich sollten lediglich deren Töchter sein. 1949 wurde diese Konzeption unter Henry II noch einen Schritt weitergetrieben: Es wurde die Ford International gebildet, die alle Anteile der Ford-England, Ford-Deutschland und Ford-

Der sportliche Nachfolger heißt XJ-S. Er zeichnet sich außer imponierenden Fahrleistungen durch eine hohe Laufkultur aus. Das Foto zeigt das XJ-SC-Kabriolett mit 3,6-l-Vierventilmotor.

Frankreich an sich zog und mit dem Kapital das Werk Dagenham großzügig ausbaute.
Gleichzeitig gab es eine Änderung in der Modellpolitik, die vorher ausschließlich von den USA aus gesteuert worden war. Dagenham erhielt nunmehr freie Hand, die europäische Modellpolitik selbst zu bestimmen.
Die erste Auswirkung der neuen Freiheit zeigte sich an den Modellen Consul und Zephyr. Es waren die ersten Ford-Modelle mit Einzelradfederung vorn und Motoren mit hängenden Ventilen. Zur Ford-Expansion gehörte auch der Erwerb des Briggs Car Body-Preßwerks; dies führte indirekt zur Einstellung des Jowett Javelin. Zwischen 1950 und 1960 konnte Ford-England seinen Produktionsausstoß vervierfachen. 1960 fertigte Dagenham allein 575 000 Automobile und gewann damit seine Position als Marktführer von BMC zurück.

Dieser Rover-SDI-Vitesse ist ein moderner Wagen der Oberklasse, der zur Zeit auch in europäischen Tourenwagenrennen eine dominierende Rolle spielt.

In einem neuen hochmodernen Werk baut Austin Rover den Kleinwagen Austin Metro. Als MG-Metro gibt es davon eine sportliche Variante und als Spitzenmodell den MG Metro Turbo. Wie der Mini imponiert der Metro durch viel Nutzraum.

Mit dem Vertrag von Rom 1957 wurden viele Hemmnisse des internationalen Güterverkehrs beseitigt. Ford eröffneten sich damit Möglichkeiten, Bauteile zwischen den verschiedenen europäischen Unternehmen des Konzerns zu bewegen und damit eine rationellere Fertigung einzuführen.
Im Lauf der vierzig Jahre seit Kriegsende hat die britische Automobilindustrie eine Anzahl technischer Leistungen zuwege gebracht, die in ihrer Art Marksteine für die Autotechnik sind. So ist z.B. die Issigonis-Konstruktion des Mini anzuführen — das erste Serienauto mit Quermotor, Frontantrieb und Einzelradfederung. Dieses Konzept hat die Heckmotorbauweise fast vollständig verdrängt und kann inzwischen als Standardkonzept für Kompaktautomobile gelten. Die Jaguar-Siege beim 24-Stunden-Rennen von Le Mans verhalfen der Scheibenbremse zum Durchbruch, und der Jensen FF mit Ferguson-Allradantrieb und Bremsanlage mit Blockierverhinderer ist der Vorreiter der heute so aktuellen Fahrzeugmodelle mit Allradantrieb. An diesem Auto fand bereits die Visco-Kupplung Anwendung, die heute an den Rallyefahrzeugen von Peugeot und Ford die Zahnraddifferentiale ersetzt.
Motoren mit vier Ventilen je Zylinder wurden von Cosworth für den Ford Escort entwickelt, Triumph bot einen Vierventiler mit origineller Steuerung als Serienmodell an, und im Jahr 1984 nahm Cosworth die Fertigung von Vierventil-Zylinderköpfen für den sportlichen Mercedes-Benz 190 2.3 16 auf.
Trotz der düsteren Prognosen der Ratgeber Harold Wilsons gibt es in Großbritannien auch heute eine Anzahl kleinerer Hersteller, die ihren Kopf noch ganz gut über Wasser halten. Morgan, der älteste von ihnen, stellt Sportwagen alten Stils her, für die gegenwärtig die Lieferzeiten bei zwei Jahren liegen. Aston-Martin-Lagonda erfreut sich u.a. reger Nach-

Ein „Traumwagen" ist die futuristische Lagonda-Limousine. Ihr V8-Motor mit vier obenliegenden Nockenwellen schöpft etwa 375 PS aus 5,3 l Hubraum.

frage bei kapitalkräftigen Bewohnern arabischer Ölstaaten, und Lotus erregte erst jüngst beträchtliches Aufsehen mit einem von Giugiaro eingekleideten Super-Coupé namens Etna mit Viernockenwellen-Achtzylinder eigener Konstruktion. Reliant baut Sportcoupés mit Kunststoffkarosserien in beträchtlichen Stückzahlen und betreibt ein blühendes Geschäft mit Bauteilen, die in anderen Ländern zu kompletten Autos zusammengebaut werden.
Auch die Erfolge britischer Rennwagen sollten nicht vergessen werden. Vanwall eröffnete die Serie der Weltmeisterschaften, Cooper und Lotus führten die große Wende zu den Konstruktionen mit Mittelmotor herbei, und nach ihnen waren es Namen wie Brabham, McLaren, Williams und andere sowie Coventry Climax und Cosworth als Motorenhersteller, die während einer langen Reihe von Jahren das Geschehen in der Formel 1 bestimmten.
Die aus Hillman, Humber und Singer bestehende Rootes-Gruppe hatte den Krieg zwar gut überstanden. Daß sie scheiterte, hing zu einem nicht unbedeutenden Teil mit der Politik der Regierung zusammen, die sie zwang, das moderne Werk für die Fertigung des Kleinwagentyps Imp nach Schottland zu verlegen, wo es zwar Arbeitslose, aber keine Facharbeiter gab. Die sich hieraus ergebenden Probleme und ein drei Monate währender Streik im Preßwerk gaben die Anstöße zum finanziellen Zusammenbruch.
Der amerikanische Chrysler-Konzern nutzte die Gelegenheit, zu günstigen Bedingungen Fuß in Europa zu fassen und erwarb die Rootes Gruppe. Trotz Reorganisation des britischen Unternehmens scheiterten die Amerikaner —, hierbei spielte allerdings auch die finanzielle Misere der Konzernmutter in den USA eine wichtige Rolle. Inzwischen gingen die europäischen Chrysler-Unternehmen in Frankreich und Großbritannien an die Peugeot-Gruppe (PSA) über, die nun in England Talbot-Modelle produziert. Peugeot hat inzwischen kräftig in die Modernisierung seiner britischen Besitzungen investiert und wird dort in Zukunft voraussichtlich Peugeot-Modelle bauen.
Von den gegenwärtigen „Großen" war das GM-Werk Vauxhall während der siebziger Jahre für den amerikanischen Konzern ein wahres Groschengrab. General Motors folgte Ford erst spät auf dem Kurs einer Koordination seiner europäischen Unternehmen. Als man aber in den späteren Siebzigern daran ging, Opel-Modelle unter eigenen Modell-Namen und mit geringen Änderungen zu produzieren, wandte sich das Blatt zum Vorteil.

Auch Holland und Belgien hatten eine Automobilindustrie

Mit dem gegenwärtigen Bild der Benelux-Staaten läßt sich die Vorstellung nur schwer verbinden, daß auch sie einst über eine bedeutende eigene Automobilindustrie verfügt haben. Innerhalb der Zeitspanne, die in diesem Buch dargestellt ist, gab es in Belgien nicht weniger als 42 und in den Niederlanden 11 Automobilhersteller. Hiervon ist in Holland nur ein Unternehmen übriggeblieben, das Personenwagen eigener Konstruktion produziert, während sich Belgien mit seinen wichtigen Seehäfen und einem beachtlichen Potential an Facharbeitern zu einem Zentrum von Montagebetrieben der großen internationalen Hersteller entwickelt hat.

Zu den ersten, die sich diese Möglichkeiten zunutze machten, gehörten die Briten. Kurz nach Kriegsende nahmen Standard, Rover, die British Motor Corporation und Triumph in Belgien die Montage ihrer gängigen Modelle auf. Von diesen Werken besteht heute keines mehr. Dafür entstand in Genk das angeblich größte Ford-Werk der Welt. Auch General Motors, das Volkswagenwerk, Renault und Volvo sowie einige andere Automobilkonzerne unterhalten außer kleineren Werken anderer Hersteller Produktions- und Montagebetriebe in Belgien.

Die einzige in den Niederlanden noch bestehende Automobilfabrik wurde 1928 von den Brüdern Hub und Wim van Doorne in Eindhoven gegründet. Man produzierte Nutzfahrzeuge für zivile und militärische Zwecke; hierbei erfreuten sich Modelle mit Allradantrieb alsbald eines guten Rufes. 1958 wurde das Unternehmen in „Van Doorne's Automobilfabriek" umgewandelt und nahm zusätzlich die Produktion des DAF-Kleinwagens auf. Kernstück der Kleinwagen-Konstruktion war ein originelles, stufenloses Automatgetriebe. Außer den Zweizylinder-Boxermotoren eigener Fertigung wurden später verbesserte Ausführungen des DAF auch mit 1 100-cm^3-Vierzylindermotoren von Renault ausgestattet. 1978 erwarb die schwedische AB Volvo einen 75%-Anteil an der DAF. Seither wurde unter schwedischer Regie gründliche Entwicklung geleistet, aus der ein modernes Mittelklassemodell, die Baureihe Volvo 300, hervorging. Das DAF-Volvo-Werk hat eine geplante Jahresleistung von 150 000 Fahrzeugen und beschäftigt gegenwärtig 5 650 Mitarbeiter. Außer diesem Großserienhersteller zählen noch einige kleine Unternehmen zur Automobilindustrie des Landes, beispielsweise Ruske, das mit einer Belegschaft von nur zwölf Mann Automobile auf der mechanischen Grundlage des VW-Käfers mit attraktiven Kunststoffkarosserien herstellt. Ein ähnlicher Betrieb namens Dankervoort in Tienhoven versieht seine Produkte mit Ford-Zweiliter-Motoren.

Derlei findet sich auch in Belgien. Dort fertigt Apal Kopien des klassischen Porsche 356 Speedster, und die Firma Ranger befaßt sich mit „spezialisierten" Opel-Modellen.

Die große Vergangenheit belgischen Automobilbaus verbindet sich mit Markennamen wie Minerva, Imperia, Metallurgique, Excelsior, Pipe, Nagant und FN. Von diesen Marken gingen die meisten schon in der Depression der frühen dreißiger Jahre unter. Die große Zeit der belgischen Automobilbauer wa-

In den fünfziger Jahren gab es nach langer Pause wieder einen in Holland konstruierten und gebauten Personenwagen, den Kleinwagen DAF mit stufenlos variablem Keilriemengetriebe. Später kam ein größeres Modell mit Renault-Vierzylindermotor, der DAF 66 (Bild), hinzu. Als Volvo Mehrheitsinhaber von DAF wurde, hieß das Modell ab 1975 Volvo 66.

Unter Volvo-Regie entstand bereits das nächste Modell, der Volvo 343 (1976). Es wurde zuerst mit einem 1,4-l-Renault-Vierzylinder ausgestattet; seit August 1980 gibt es den 340 mit 2-l-Volvo-Motor und seit 1982 als Volvo 360 mit Einspritzmotor von 86 kW (117 PS). Das Bild zeigt die seit 1984 zusätzlich angebotene Stufenheck-Ausführung.

ren vor allem die Jahre vor Ausbruch des Ersten Weltkriegs. Damals standen die belgischen Marken in hohem Ansehen und fanden vor allem in Großbritannien sehr guten Absatz. Belgien erlebte in der Zeitspanne seit der Selbständigkeit 1830 bis 1914 seinen größten Wohlstand. Die blühende Automobilindustrie des Landes lebte vorwiegend von der Ausfuhr. Schon vor der Jahrhundertwende gab es in Verviers die Automobilfabrik Dasse. Sie baute Dreiradwagen mit Einzylindermotoren. Anspruchsvollere Vehikel fertigte bald danach die Compagnie Belge de Constructions Automobile, aus der die spätere Marke Pipe hervorging.

Unter den Motoren mit zwei und vier Zylindern fand sich 1904 erstmals ein Typ mit halbkugelförmigen Brennräumen und hängenden Ventilen in V-Stellung. Auch die später sehr angesehene Marke Metallurgique hatte ihre Wurzeln noch im 19. Jahrhundert. Sie unterhielt rege Beziehungen nach Deutschland, und mehrere ihrer wichtigen Modelle waren Konstruktionen des früher für Daimler tätigen Ingenieurs Ernst Lehmann. Ihr 12/14-PS-Modell von 1908 wurde in Berlin von Bergmann gebaut. Das Metallurgique-Modell 26 PS von 1914 galt allgemein als Spitzenprodukt belgischen Automobilbaus.

1929 wurde das Unternehmen von der Imperia-Excelsior-Gruppe übernommen. Imperia war 1907 in Lüttich entstanden, verlegte die Aktivitäten aber bald darauf nach Nessonvaux. Die Firma erwies sich als die langlebigste belgische Automobilfabrik. Ihr erstes Modell war eine Konstruktion des recht bekannten deutschen Ingenieurs Paul Henze. Ein Modell der Oberklasse und echter Rivale des Hispano Suiza Alfonso hieß Imperia-Abadal. In den zwanziger Jahren baute Imperia mehrere Modelle mit Achtzylinder-Reihenmotoren mit obenliegender Nockenwelle und einen originellen Vierzylinder mit acht Ventilen je Zylinder. 1928 fusionierte Imperia mit der ebenfalls sehr angesehenen Excelsior Cie., übernahm ein Jahr später die Automobil-Abteilung von Metallurgique und 1936 schließlich auch Minerva. Von 1934 bis 1939 baute das Unternehmen den Adler Trumpf in Lizenz, wobei die Karosserien im eigenen Werk entstanden. Nach dem Krieg wurden von Imperia Standard Vanguard-Limousinen montiert und im Lizenzbau Land Rover für die belgischen Streitkräfte.

Zu den großen belgischen Marken zählte auch die Fabrique Nationale d'Armes de Guerre (FN) in Herstal, die zwischen 1899 und 1935 auch Automobile baute. Ihr erstes Produkt war ein leichter Zweizylinderwagen, der dem zeitgenössischen Panhard ähnelte. Im ersten Jahr wurden davon 100 Exemplare hergestellt. Bis 1908 fertigte FN dann unter Lizenz von Rochet Schneider und danach Automobile eigener Konstruktion, meist mit obengesteuerten Vierzylindermotoren von 1,3 l bis 2,0 l Hubraum. Kurze Zeit war auch ein 3,6-l-Reihen-Achtzylinder im Programm. Dieses Spitzenmodell und einen Zweiliter-Vierzylinder bot FN zeitweise mit einer eindrucksvollen „Stromlinienkarosserie" an.

Die Nobelmarke Minerva war eine Gründung des Fahrrad-Herstellers de Jong. Die Autos wurden in Großbritannien durch Hon. C. S. Rolls vertrieben, der — vor seinem historischen Zusammentreffen mit Henry Royce — verschiedentlich mit Minerva-Modellen in sportlichen Wettbewerben auftrat. Ih-

Zu den großen belgischen Marken zählte Minerva, nach dem Werbespruch des Hauses „das Auto der Könige — König unter den Autos". Meist mit Hülsenschieber-Motoren ausgestattet waren die Minerva für die damalige Zeit ungewöhnlich leise und kultiviert. Das Foto zeigt einen Minerva Torpedo von 1926.

ren legendären Ruf verdankten Minerva-Wagen vor allem den laufruhigen Hülsenschieber-Motoren (System Knight), die von 1908 bis in die dreißiger Jahre gebaut wurden. Rolls versuchte den Minerva durch den Sport bekannt zu machen — sehr zum Ärger seiner Konkurrenten, die sich über die für die Schiebermotoren typische Öldunst-Fahne in unsportlicher Weise behindert fühlten. Den größten sportlichen Erfolg — einen Sieg im Circuit-des-Ardennes-Rennen 1907 — erzielte die Marke allerdings mit einem Motor, dessen Gaswechsel durch kommune Tellerventile gesteuert wurde. Minerva baute zweifellos Qualitätswagen — nur waren sie fast immer wegen ihrer gewichtigen Luxuskarosserien recht temperamentlos.

Das Spitzenprodukt niederländischen Automobilbaus — ein Auto, um das noch heute Legenden gewebt werden — war das Werk der Brüder Spyker in Trompenburg. Sie hatten 1900 ihr erstes Autmobil gebaut: einen kleinen Zweizylinderwagen. Doch schon drei Jahre danach lieferten sie eine technische Sensation: Ihr Auto wies — früher als Napier, Brooke, Maudslay und Sunbeam — bereits einen Sechszylindermotor auf. Damit nicht genug, bauten sie diesen Motor zwölf Monate später in ein Chassis mit Allradantrieb und Allradbremsung ein, letzteres durch je eine Bremse am Antrieb der Vorder- und Hinterräder. Möglicherweise bestand die Absicht, das Wunderwerk für die Fernfahrt Peking—Paris zu benutzen — die dann allerdings von einem Spyker-Wagen konventioneller Bauart gewonnen wurde. Schöpfer des Allrad-Spyker war der belgische Ingenieur Laviolette.

Besonderer Beliebtheit erfreuten sich die Spyker-Wagen in Großbritannien. Vor 1914 lief eine beträchtliche Anzahl von Spyker-Taxen mit Zweizylindermotor in London, und in den Jahren 1904 bis 1906 wurde praktisch die gesamte Produktion des Vierzylindermodells 20/24 in Großbritannien abgesetzt. Den Spyker-Konstruktionen mangelte es nicht an Originalität. So wiesen alle nach 1909 gebauten Motoren zwei quer zur Längsachse angeordnete und durch Schraubenräder angetriebene Nockenwellen auf. In den zwanziger Jahren führte Spyker eine kurze Zeit lang ein Prestige-Modell mit einem 5,7-l-Maybach-Motor im Programm. Diese Konstruktion von Frits Koolhoven wurde u.a. mit einer aerodynamischen Karosserie angeboten.

Das nachweislich erste in den Niederlanden gebaute Auto entstand 1897 als Erstling der Marke Eysink. Dieser Hersteller gab aber bald wieder auf, wie u.a. Aerts, Altena, Anderkeggen, Brons und Van Guits. Lediglich Spyker brachte es auf über 25 Jahre Firmenbestand.

Die italienische Automobilindustrie

Die Entwicklung der italienischen Automobilindustrie, wie man sie heute kennt, unterscheidet sich wesentlich von den Abläufen in Deutschland und Frankreich. Ihre Pioniere sind längst vergessen, während man sich allenthalben noch der Namen von Daimler, Benz, Peugeot und Renault erinnert.
Im Jahr 1879 ließ sich ein gewisser Murnigotti ein Zwei- und ein Dreirad mit einem Gasmotor patentieren, und zwischen 1874 und 1898 reichte Professor Enrico Bernardi in Verona eine Anzahl von Patentanträgen ein, die unterschiedliche Bauelemente für ein Automobil betrafen. Darunter waren ein geometrisch korrektes Lenksystem, ein Viertaktmotor mit mechanisch gesteuerten Ventilen und ein aus heutiger Sicht durchaus brauchbarer Vergaser.
Auf der Grundlage der Bernardi-Patente wurde das Miari & Giusti-Automobil gebaut, eine Marke, die inzwischen ebenso in Vergessenheit geraten ist wie Lanza oder Prinetti & Stucchi. Unter denen, die sich länger halten konnten und in der Frühzeit des italienischen Automobilismus eine Rolle spielten, sind folgende Marken zu erwähnen: Ansaldo (1919 bis 1932), Aquila Italiana (1906 bis 1917), Edoardo Bianchi (1899 bis 1955), Ceirano, Giovanni Battista & Co. (1898 bis 1899), Diatto (1905 bis 1909), FAST (1919 bis 1925), Isotta-Fraschini (1904 bis 1949), Itala (1904 bis 1934), OM (1918 bis 1928), Chiribiri (1910 bis 1928) und Zust (1903 bis 1917).
Insgesamt hat es bisher in der Geschichte der italienischen Automobilindustrie mehr als 300 Marken gegeben. Manches Mal haben diese nur ein einziges Auto hervorgebracht, einige aus persönlichem Interesse an dem faszinierenden neuen Transportgerät, andere, um auf einer Automobilausstellung Beachtung zu finden.
Eines der Phänomene bei dem Auftauchen neuer Markennamen stand offenbar im Zusammenhang mit den beiden Weltkriegen: Nach der Gründerzeit traten nur noch nach den beiden Weltkriegen gleichsam stoßweise Neugründungen von Herstellungsfirmen auf. Offensichtlich sind Zeiten des Wiederaufbaus besonders attraktiv —, doch von denen, die es in den auslaufenden vierziger Jahren versuchten, hat es nur einer geschafft: Enzo Ferrari, dessen Unternehmen 1947 begann, Automobile zu bauen, zählt heute zu den renommierten Marken.

Die Geschichte beginnt mit FIAT

Die eigentliche Geschichte der italienischen Automobilindustrie beginnt im Juli 1899 mit der Gründung der Fabbrica Italiana Automobili Torino. Für einen raschen Start auf dem Markt erwarb das neu-

Lancia „Alfa" von 1908. Der 2,6-l-Vierzylindermotor leistete 53 PS. Die Magnetzündung stammte von Bosch.

gegründete Unternehmen die Automobilfabrik Ceirano. Der erste FIAT-Wagen war denn auch ein Ceirano mit neuem Markenzeichen. Im Lauf der folgenden Jahre sind manche anderen Werke im FIAT-Konzern aufgegangen, der erst in der noch überschaubaren Vergangenheit Abarth, Autobianchi, Lancia und Ferrari an sich zog.
Vincenzo Lancia war Testfahrer bei FIAT und persönlicher Freund des Firmengründers Giovanni Agnelli sen. Dieser ermutigte ihn sogar, ein eigenes Unternehmen zu eröffnen. Alfa Romeo war eine Schöpfung des Ingenieurs Nicola Romeo, der 1920 die Anonima Lombarda Fabbrica Automobili (ALFA) erwarb. Isotta-Fraschini entstand als Familienunternehmen. Isotta und Fraschini heirateten zwei Schwestern Bianchi Anderloni, deren Bruder wiederum die später sehr bekannte Karosseriefabrik Touring gründete.
Nach dem Tod der Gründer ging das Unternehmen in den Besitz des bekannten Flugzeugbauers Giovanni Caproni über. Dieser versuchte noch einmal, die italienische Nobelmarke zu beleben, die zwischen den Kriegen im Ansehen mit Rolls-Royce und Hispano-Suiza gleichgesetzt wurde. 1949 wurden allerdings nur zwei Prototypen gebaut, die heute in Museen erhalten sind.

Fortschritt in Zahlen

Das Wachstum der italienischen Automobilindustrie läßt sich an ihren Produktionsleistungen messen. Für die Zeit vor 1900 gibt es keine Angaben, für 1901 eine grobe Schätzung mit 300 Einheiten. 1903 wurden schon mehr als 1 000 Automobile gebaut, 1905 waren es dann fast neuntausend, doch dann blieb eine weitere Steigerung bis zum Jahr 1914 aus.
In den Kriegsjahren erreichte die Kraftfahrzeugproduktion Jahresraten von mehr als 20 000 Einheiten, doch wurde in jener Zeit nicht zwischen Personenwagen und Nutzfahrzeugen unterschieden.
Erst 1925 wurden 50 000 Kraftfahrzeuge im Jahresergebnis erreicht. Davon waren 45 800 Personenwagen. Nach diesem Hochstand drückte die Wirtschaftskrise der frühen dreißiger Jahre die Jahresergebnisse auf 30 000 bis 40 000 Einheiten herunter. 1937 wurde dann ein Rekordjahr mit 61 366 Einheiten. Diese Spitze übertraf man erst nach dem Zweiten Weltkrieg. 1946 ging es mit 11 000 Personenwagen und 18 Nutzfahrzeugen und Omnibussen langsam aufwärts; doch vier Jahre später wurden schon über 100 000 Autos gefertigt, 1955 waren es dann 230 988, und 1960 hatte man die halbe Million mit 595 923 kräftig überschritten.
Der italienische Markt zeigte erstmals deutliche Wachstumstendenzen und begann, sich den anderen westeuropäischen Märkten anzugleichen. Die heimische Industrie konnte nicht nur ihre Produktion steigern, sie war auch in der Lage, die Preise zu senken, um den ausländischen Herstellern erfolgreich entgegenzutreten, die am italienischen Markt Interesse zu zeigen begannen. Ein Beispiel hierfür war die Gründung der Firma Autogerma durch Gerhard Gumpert, einen persönlichen Freund des VW-Chefs Heinrich Nordhoff. Die Autogerma wuchs zu einem mächtigen Unternehmen heran — zum größten Importeur ausländischer Automobile.

Der klassische Lancia Lambda von 1922 bis 1930 war eine sensationelle Konstruktion mit Einzelradfederung vorn und einem Vierzylinder-V-Motor.

Alfa-Romeo-Sportzweisitzer von 1933 mit Achtzylinder-Doppelnockenwellenmotor von 155 PS Leistung.

Nach Agnellis goldener Regel

Wenn FIAT heute so mächtig und viel größer ist als alle anderen italienischen Hersteller, dann hat dies seinen Grund in einem klugen Management während der kritischen Jahre zwischen den beiden Kriegen. Es hat seinen Grund aber auch in einer einfachen Regel, die Agnelli sen. seinem erwählten Erben im Amt, Professor Vittorio Valetta, hinterlassen hatte. (Agnellis Sohn Edoardo war in jungen Jahren bei einem Flugzeugunfall ums Leben gekommen, und die nächste Generation steckte noch in den Kinderschuhen.) Die Anweisung lautete: „Finanzierung stets aus eigenen Mitteln, um Abhängigkeit von den Banken zu vermeiden, und ein Programm einfacher Modelle.“ Diese Hausregel mag es auch erklären, daß FIAT sich niemals im Sektor der Luxusfahrzeuge engagiert hat. Es gab zwar einmal in den zwanziger Jahren einen Super-FIAT mit Zwölfzylindermotor, der sich aber nicht durchsetzen konnte und bald aus der Produktion genommen wurde.
„Klein und vernünftig“, lautete die Agnelli-Devise für FIAT-Autos, und man erzählt sich, daß er einmal von einem besonders begabten Ingenieur gesagt habe: „Der ist zu gut für uns, lassen wir ihn zur Konkurrenz gehen, um sie zu ruinieren.“

In den dreißiger Jahren versuchten sich auch italienische Karossiers an aerodynamischen Formen: zweisitziges Alfa-Romeo-Coupé (1936).

Der Achtzylinder-Lancia „Astura" mit 82 PS aus 3 l Hubraum diente den Autocouturiers häufig als Basis für elegante Cabriolets.

Die Couturiers

Wie allgemein bekannt, beschränkten sich die Automobilbauer der Frühzeit meist darauf, Chassis zu bauen, die dann von verschiedenen Karosseriebauern mit Aufbauten versehen wurden. Als die Industrie dazu überging, die Karosserien selbst zu fertigen — wozu in den Dreißigern das Aufkommen selbsttragender Karosseriestrukturen wesentlich beitrug —, mußten viele der italienischen Karossiers ihre Betriebe schließen. Dafür entstand eine neue Zunft der Haute Couture in Blech. Unternehmen wie Farina, Bertone, Zagato, Ghia und Touring traten an die Stelle der „alten Schule", wie sie Castagna, Sala, Locati & Toretta, Alessio oder Garavini vertreten hatten.
Die Reihen der italienischen Blechkünstler lichteten sich weiter nach dem Zweiten Weltkrieg. Die Überlebenden befaßten sich vorwiegend mit Spezialaufbauten für betuchte Auftraggeber oder mit der Serienproduktion von Spezialmodellen, die von den Großserienherstellern aus Kostengründen nicht produziert werden konnten. Unter denen, die damals das Handtuch werfen mußten, befanden sich renommierte Designer wie Carozzeria Touring, Boano und Vignale. Manche wichen auf das Gebiet der Nutzfahrzeug-Aufbauten aus.
Von 1963 bis 1973 stieg der Jahresausstoß der italienischen Automobilindustrie von 1,105 Millionen auf das Rekordergebnis von 1,823 Millionen Einheiten. Danach begann — begleitet von häufigen Streiks und Arbeitskämpfen — ein Abstieg, an dem auch Managementfehler beteiligt waren. Die Talsohle mit einem Jahresergebnis von 1,257 Millionen Einheiten wurde 1981 erreicht. Danach besserte sich die Lage deutlich auf einen Stand von 1,5 Millionen im Jahr 1984.

Die Rolle des Motorsports

Schon während der Pionierzeit vor dem Ersten Weltkrieg hatten die größeren Hersteller wie FIAT und Lancia den Wert der Beteiligung am Motorsport erkannt. Zwar waren auch die Produzenten in anderen Ländern im Sport aktiv, doch gelang es den Italienern besonders gut, ihren Fahrzeugen eine sportliche Note zu geben. Das wurde schon in den zwanziger Jahren deutlich, als sich Alfa Romeo und FIAT offiziell an den Grands Prix beteiligten, doch gab es bereits vorher bei den italienischen Herstellern Aktivitäten in dieser Richtung. So beteiligte sich FIAT an vielen Rennen, und es war ein Itala, der die mit ungeheuren Strapazen verbundene Fernfahrt Peking—Paris im Jahr 1907 gewann. Ein Jahr zuvor hatte ein Auto der gleichen Marke im ersten Targa-Florio-Rennen gesiegt.
Die technische Fortschrittlichkeit der italienischen Konstrukteure war bekannt. So führte Ingenieur Giustino Cattaneo als einer der ersten für Isotta-Fraschini-Wagen Vorderradbremsen ein, und bei FIAT konstruierten Cappa, Bertarione und Jano höchst erfolgreiche Kompressor-Rennmotoren. Jano ging anschließend zu Alfa-Romeo, wo er die klassischen Rennmotoren P 2 und P 3 (Reihen-Achtzylinder mit Kompressor) für Alfa-Romeo und den V-Achtzylinder D 50 für Lancia schuf. Bertarione trug sein Wissen in gleicher Weise zu Sunbeam nach England, wie die britischen Rennwagenbauer seit den sechziger Jahren die Automobilingenieure der übrigen Welt einen neuen Stil im Bau von Formel-Rennwagen lehrten.
Die weise Voraussicht des älteren Agnelli hatte für FIAT ein solides Fundament geschaffen. Der Konzern wuchs zu einem der wichtigsten Industrieunternehmen Italiens heran und konnte Wirtschafts-

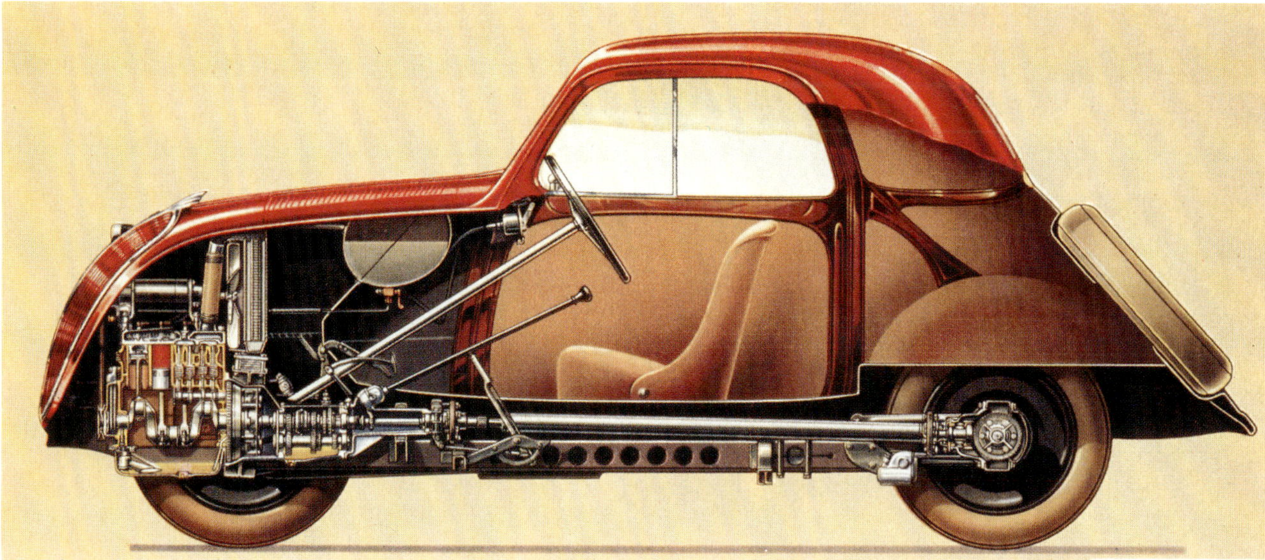

Eines der markantesten italienischen Autos der dreißiger Jahre war der kleine FIAT 500 „Topolino" (1936). Der Vierzylindermotor holte aus 569 cm^3 eine Leistung von 13 PS.

krisen und Arbeitskonflikte überstehen, die viele der kleineren Hersteller zum Aufgeben zwangen. In den zwanziger Jahren wurde der große Werkskomplex Lingotto in Turin in Betrieb genommen. Mit seinem 500 m langen, fünfstöckigen Hauptgebäude, in dem eine integrierte Fertigung stattfinden konnte, war er beispielhaft. Großes Aufsehen erregte die Einfahrbahn auf dem Dach mit ihren überhöhten Kurven.

Rennfahrer als Fabrikanten

Seit sich der Renn- und Testfahrer Vincenzo Lancia entschloß, selbst Automobilhersteller zu werden, sind in Italien etliche seiner „Kollegen" diesem Beispiel gefolgt. In den zwanziger Jahren wagte Felice Nazzaro den Sprung ins Unternehmertum, ihm folgte Alfieri Maserati mit seinen Brüdern Bindo, Ernesto und Ettore im Jahre 1926. Die Jahreszahl wählte er als Typenbezeichnung für sein erstes Maserati-Auto: Tipo 26.
Die Maserati-Brüder schufen eine Anzahl bemerkenswerter Konstruktionen, und ihre Rennwagen siegten u. a. zweimal im 500-Meilen-Rennen von Indianapolis (USA). Die Firma O. M., die in Brescia als Nachfolger von Brixia-Züst entstanden war, stellte den Sieger der ersten, im Jahre 1927 abgehaltenen Mille Miglia — des klassischen Langstreckenrennens in Italien auf öffentlichen Straßen. Später wurde die Produktion auf Nutzfahrzeuge umgestellt. Heute gehört die Marke O. M. zum FIAT-Konzern.
Der heute zweifellos bekannteste ehemalige Rennfahrer, der zum Automobilhersteller wurde, heißt Enzo Ferrari. Er beendete seine aktive Laufbahn, um Rennleiter bei Alfa Romeo zu werden, und gründete 1929 seine eigene „Scuderia Ferrari". Dieser Renn-

Der Lancia Aprilia (1937 bis 1939) war seiner Zeit weit voraus mit Einzelradfederung, selbsttragender Karosserie mit vier Türen ohne Mittelpfosten und Vierzylinder-V-Motor von 1 350 cm^3 und später 1,5 l Hubraum.

Die Marke Cisitalia hatte nur eine kurze Lebensdauer, brachte aber eine Anzahl beachtlicher Modelle auf FIAT-Basis heraus, wie dieses zweisitzige Coupé von 1946.

Die von 1957 bis 1963 gebaute „Giulietta" von Alfa Romeo war einer der beliebtesten kleinen Sportwagen, die auch in Rennen sehr erfolgreich waren. Der 1,3-l-Zweinockenwellenmotor leistete in den „heißen" Ausführungen mehr als 100 PS.

Zu den besonders geschätzten Lancia-Modellen zählte die „Aurelia" B-24 (1955 bis 1957), die eine Anzahl berühmter Rallyes gewinnen konnte. Hier ein besonders schöner Roadster mit Pininfarina-Karosserie.

stall betrieb nicht nur von Alfa Romeo hergestellte Rennwagen, sondern konstruierte auch selbst Wettbewerbsautomobile wie den bekannten Alfa „Bimotore", bei dem je ein P-3-Achtzylinder vor und hinter dem Fahrer im Chassis eingebaut war. Bevor er seine Bindung an Alfa Romeo aufgab, lieferte er noch so etwas wie ein Meisterstück, indem er die Konstruktion des berühmten Alfetta-158-Rennwagens veranlaßte.

1946 stürzte sich Ferrari in ein gewagtes Abenteuer: Zu einer Zeit, als allgemein an Kleinwagen und Dreiräder gedacht wurde, trat er mit einem raffinierten Sportwagen mit Zwölfzylindermotor an. In die-

Die norditalienischen Karosserie-Künstler versorgten die großen Automobilhersteller immer wieder mit aufsehenerregenden Vorschlägen. Hier ein Austin 1800, der möglicherweise als Anregung für ein späteres Citroen-Modell diente.

Manche Entwürfe waren lediglich als Blickfang für die großen Automobilausstellungen gedacht, um die Fertigkeit der Blechkünstler vorzuführen.

ser eigentlich recht kargen Aera gab es noch einige andere Italiener, die hoch hinaus wollten. So Pietro Dusio, der Gründer der Marke Cisitalia. Er hatte mit kleinen, wunderschön karossierten Sportwagen mit FIAT-Technik gute Erfolge. Dies genügte ihm nicht: Der beste je konstruierte Rennwagen sollte ein Cisitalia sein, den er bei Porsche in Auftrag gab. Das Auto kam allerdings nie richtig zum Laufen —, doch daß die Firma Cisitalia schließlich aufgab, hing nicht (wie es gelegentlich behauptet worden ist) mit dem überzogenen Rennwagenprojekt zusammen.
Nachdem die Maserati-Brüder ihr Unternehmen an den Grafen Orsi verkauft hatten, gründeten sie eine neue Sportwagenschmiede mit dem Namen OSCA.

Zu den italienischen Nobelmarken zählt seit der Nachkriegszeit Ferrari. Ein hochgeschätztes Modell war der 410 Superamerica (1959) mit 4,9-l-Zwölfzylindermotor von 410 PS.

Das kleine Modell Fulvia war der letzte „echte" Lancia, bevor das Unternehmen von FIAT übernommen wurde. Die Fulvia gewann u. a. die Europäische Meisterschaft (1966) und die Rallye-Weltmeisterschaft (1972).

Eine weitere Marke, die sich in dieser Sparte anzusiedeln suchte, hieß ATS Serenissima. Sie startete mit großen Plänen, schuf einen aufwendigen Rennwagen mit eigenem V8-Motor, mit dem sie 1963 Werbung für das geplante Serienprodukt treiben wollte, verschwand aber ebenso schnell wieder von der Bildfläche wie die ASA in Mailand, die 1962 bei Ferrari einen kleinen Sportwagen hatte konstruieren lassen, der im Volksmund alsbald „Ferrarina" — das Ferrarichen — hieß. In diesem Fall waren allerdings nicht die Finanzen an der Strandung schuld: Der Finanzmann verlor schlicht sein Interesse am Projekt.
Auch das mit viel Mut gegründete Unternehmen, das 1962 den luxuriösen Iso-Rivolta auf den Markt brachte, mußte 1974 wieder aufgeben. Das schön karossierte Auto mit amerikanischem V8-Motor war eine Konstruktion des ehemaligen Ferrari-Ingenieurs Giotto Bizzarrini. Gewissermaßen mit dem „Gegenteil" des Luxuswagens landete Iso in der Bundesrepublik Deutschland. Die Isetta war ein kleines Stadtwägelchen mit einem Zweitaktmotor, dessen Hinterräder — um ein Ausgleichsgetriebe zu sparen — eng beieinander auf der Hinterachse saßen. Diese Isetta wurde von 1953 bis 1956 in Italien gebaut. Als BMW-Isetta kam sie in der Bundesrepublik Deutschland — mit einem Viertakt-Motorrad-Motor des Münchner Unternehmens — zu Ansehen und Verbreitung.

Italienische Gegenwart

Die italienische Automobilindustrie verfügt heute über zwei große Unternehmen: den FIAT-Konzern und die staatliche Alfa Romeo S.p.A. Zu FIAT gehören die Marken Lancia, Autobianchi (inzwischen in Lancia aufgegangen) und Ferrari. Auch der ehemalige Sportwagenhersteller Abarth, dessen Gründer Carlo Abarth einst mit dem Cisitalia-Porsche-Projekt nach Italien kam und sich in Turin mit einem Tuningunternehmen niederließ, gehört zu FIAT und ist meist mit Entwicklungsarbeiten beschäftigt.
Ein weiterer „Ausländer", der in Italien zu einem Faktor der Automobilindustrie geworden ist, heißt Alejandro de Tomaso und ist eigentlich Argentinier. Er gründete 1950 in Modena ein bescheidenes Unternehmen und engagierte sich später in großem Stil im Management der mit der Regierung zusammenarbeitenden GEPI-Holding. Zuerst sanierte de Tomaso die Firma Maserati, und anschließend übernahm er die vorher mit Leyland liierte Firma Innocenti, die nunmehr Innocenti-Kleinwagen mit japanischen Daihatsu-Motoren herstellt. Außerdem besteht noch ein Unternehmen mit dem Namen de Tomaso, das zeitweilig technisch interessante Luxuswagen produzierte, in letzter Zeit aber nurmehr Forschungsarbeit leistet und Fahrzeugprototypen entwickelt.
Unter den exklusiven Marken der norditalienischen Automobilindustrie ist noch Lamborghini zu nennen. Auch in diesem Fall wurde ein Unternehmen gegründet, weil ein Mann seinen Traum von einem Super-Auto verwirklichen wollte. Unter der Ägide von Ferruccio Lamborghini wurden von seinem Unternehmen eine Anzahl sehr guter Autos und ein außergewöhnliches Modell gebaut, der Miura: Dies war ein bärenstarkes Sportcoupé mit quer eingebautem Zwölfzylinder-Mittelmotor. Sein Konstrukteur, der damals noch sehr junge Ingenieur Dallara, arbeitet heute für die FIAT-Sportabteilung.
Das Unternehmen Lamborghini hat mehrmals seinen Besitzer gewechselt. Sein gegenwärtiger technischer Leiter ist der gleiche Ingenieur Alfieri, der bis zur Mitte der siebziger Jahre im Chefsessel von Maserati saß. Mit Giacosa (FIAT), Forghieri (Ferrari) und Chiti (Autodelta) zählt er zu der kleinen Gruppe brillanter Ingenieure, die das bisher letzte Kapitel der italienischen Automobiltechnik geschrieben haben.

Preise und Löhne

Als Anhaltspunkt dafür, wo das Automobil etwa in der sozialen Struktur eines Landes angesiedelt ist, bietet ein Vergleich zwischen Lohnniveau und Autopreisen die beste Möglichkeit.
Im Jahr 1924 lag der Monatslohn eines durchschnittlichen Arbeiters ohne Fachausbildung bei 300 Lire, während ein Industriemanager etwa 1 200 Lire Gehalt bezog. Eine FIAT-501-Limousine (1,5 l, 23 PS) kostete damals 31 000 Lire, das Chassis des sportlichen Alfa Romeo RM 30 000 Lire.
Um die Mitte der dreißiger Jahre waren die entsprechenden Arbeitslöhne auf etwa 500 Lire gestiegen. Eine FIAT Balilla (1,0 l, 20 PS) kostete zwischen 9 900 Lire und 10 800 Lire, während man für einen Achtzylinder-Alfa Romeo schon 90 000 Lire bis 110 000 Lire anlegen mußte.
Als der FIAT 500 im Jahr 1936 auf den Markt kam

Mit Prestigemodellen hatten die italienischen Großhersteller kein Glück. Obwohl der FIAT 130 (Bild: Coupéversion) ein ausgezeichnetes Auto war, blieb ihm der Markterfolg versagt.

Träger des ruhmreichen Modell-Namens „Ferrari Testarossa" — ein Traumauto von 1985: Zwölfzylinder-Flachmotor, 4,9 l und 390 PS, 2 mal 2 obenliegende Nockenwellen und 4 Ventile je Zylinder; maximale Geschwindigkeit fast 300 km/h.

Mit dem Modell „Uno" führte FIAT für Kompaktautos einen neuen Stil ein: kurz und hoch. Die Uno-Baureihe wurde ein Welterfolg.

1971 nahm Alfa Romeo die Produktion eines neuen Modells in einem neuen Werk auf: Der Alfasud brach mit Frontantrieb und einem Vierzylinder-Boxermotor alle Alfa-Traditionen. Er wurde 1983 durch das Modell 33 mit der gleichen Technik abgelöst.

— und alsbald im Volksmund „Topolino" hieß —, eröffnete sich breiteren Volksschichten der Weg zum eigenen Auto. Der von Ing. Dante Giacosa genial einfach konstruierte Kleinwagen kostete nur 8 900 Lire.

Ein gewaltiger Kontrast bestand allerdings zwischen dem Preis für den volkstümlichen Kleinwagen und den Modellen der Nobelmarken: Das noch nicht einmal karossierte Chassis eines Isotta-Fraschini kostete 140 000 Lire, und das für elegante Cabriolets sehr beliebte Chassis des Lancia Astura schlug mit mindestens 43 000 Lire zu Buch, ehe sein stolzer Besitzer es dem Karosseriebauer zum Einkleiden übergeben konnte.

Einen bemerkenswert fortschrittlichen Kleinwagen stellte Lancia 1985 auf dem Genfer Salon vor. Das Modell Lancia Y 10 gibt es u. a. mit einem 80-PS-Turbomotor: ein Zwerg mit erstaunlichen Fahrleistungen.

Japanische Automobil-Historie

Erst spät begann Japan, sich ernsthaft um das Automobil zu kümmern. Im Jahr 1899, so wird erzählt, kam das erste benzinbetriebene Mobil (eine französische Voiturette) nach Japan, 1901 gab es etwa 30 „Motorwagen" aus Deutschland, Frankreich, England und den USA. In diesem Jahr fand die erste (private) Automobil-Ausstellung in Tokio statt, ein Jahr später wurde der erste Automobilklub in der „nördlichen Hauptstadt" gegründet. Kaiser Meiji bekam zum Zeichen seiner Weltoffenheit ein Auto geschenkt. Unter seiner Regierung begann die Industrialisierung des Landes, das bis 1854 zwei Jahrhunderte lang in völliger Isolation lebte.

Die Geschichte der japanischen Automobilindustrie läßt sich grob in fünf Zeitabschnitte gliedern:

- Vorzeit erster Versuche (1902 bis 1923),
- Kindheit der Industrie (1924 bis 1945),
- die Industrie erhält Konturen (1945 bis 1960),
- Japan motorisiert sich (1960 bis 1965),
- Evolution im Expreßtempo (etwa ab 1968); in dieser Epoche entstehen auch die Verbindungen und Kooperationen mit außerjapanischen Unternehmen des Automobilbaus.

1902 wurde in Japan das erste Automobil gebaut — ein aus importierten Teilen zusammengesetzter 12-PS-Dampfwagen. Er entstand bei der „Automobile Trading Co.", die schon 1907 als „Tokyo Automobilworks" ihr Projekt wieder aufgeben mußte. Das Autogeschäft lohnte sich noch nicht, denn nur wenige reiche Feudalherren konnten sich den Luxus eines Automobils leisten. Außerdem entsprach das Straßennetz des Landes etwa dem europäischen während des Mittelalters. Haupttransportmittel war der Mensch: Rikschas und Sänften waren die üblichen Mittel des Personenverkehrs, Pferde gab es nur wenige.

In der Anfangszeit setzten einige kleine Firmen Autos aus Importteilen zusammen; der Import von kompletten Fahrzeugen war jedoch erheblich höher. 1911 fand mit 37 Autos dennoch die erste japanische Autorallye über 100 km statt. Der Gesamtbestand an Personen- und Nutzfahrzeugen in diesem Jahr: 235 Einheiten!

Manche der kleinen Bastelbetriebe gelten heute als „Vorläufer". Die direkte Abstammung ist meist schwer nachzuweisen. Zu viele Umgruppierungen, Zusammenschlüsse und Zersplitterungen verwischen die historischen Zusammenhänge. Die tiefsten Wurzeln hat Daihatsu, die 1907 als Hatsudoki Seizo Kabushiki Kaisha in Osaka als Motorenhersteller gegründet wurde. Erst 1952 kam der erste Daihatsu-Pkw auf den Markt, ab 1930 waren es

Mit dem Modell „A" — das Bild zeigt einen Nachbau — begann 1917 die Automobilfertigung bei Mitsubishi. Von dem 35-PS-Modell wurden nur wenige Exemplare gebaut.

dreirädrige Transport-Motorräder. Marken wie DAT und Gorham kamen auf, aber die japanischen Autobauer fanden nur wenige Kunden: 1923 wurde der Gesamt-Automobilbestand mit 12 765 (Pkw, Lkw und Busse) angegeben, davon kamen aber weniger als 1 000 Einheiten aus japanischer Fertigung.
Im September 1923 beendete das Große Kanto-Erdbeben (Tokio-Yokohama) den ersten Abschnitt in Japans Automobil-Historie. Die Eisenbahnverbindungen brachen zusammen, die wenigen Automobile wurden für die Versorgung der Bevölkerung eingesetzt und hatten starken Anteil an dem schnellen Wiederaufbau der verwüsteten Landesteile. Das Auto wurde nicht länger als „Spielzeug der Reichen" angesehen. Naturgemäß wandte sich die junge Automobilindustrie in dieser Zeit vor allem dem Nutzfahrzeug zu.
1925 errichtete Ford (USA) in Yokohama ein Montagewerk (Kapazität etwa 8 000 Einheiten), 1927 folgte General Motors in Osaka diesem Beispiel mit einer Kapazität von 10 000 Einheiten. 1929 wurden bereits insgesamt 34 793 Automobile in Japan zugelassen, hiervon stammten jedoch nur 437 aus japanischer Fertigung. 10 674 Einheiten lieferte Ford-Japan, und 15 745 Autos rollten von den GM-Bändern in Osaka. Der Rest bestand aus Direktimporten. Die beiden US-Firmen importierten damals fast alle Werkstoffe und Rohteile, so daß sich eine lebensfähige Zubehörindustrie nicht entwickeln konnte.
Im gleichen Jahr richteten die beiden amerikanischen Konzerne eigene Finanzierungsgesellschaften ein: 70% bis 80% der gesamten Verkäufe wurden durch sie finanziert, zum Schaden der heimischen Autoindustrie. Hierzu ein Rückblick auf die „größeren" japanischen Hersteller: „Ishikawajima Ship Building Co.", ein vom Shogunat 1853 gegründeter Schwerindustriekonzern, begann 1918 mit dem Bau zweier Pkw- und eines Lkw-Modells in Lizenz der englischen Wolseley Company. Die „Tokyo Gas- und Electric-Co.", 1910 gegründet, erhielt 1917 von der japanischen Armee den Auftrag, Motoren und Lastkraftwagen zu produzieren. Bei „Kaishin-sha" (gegründet 1911) baute der in den USA ausgebildete Ingenieur Hashimoto den ersten DAT. Das zweite Modell bestand 1913 bereits zum Großteil aus heimischen Teilen, nur noch Magnetzünder und Räder kamen aus den USA. (Die Geldgeber der Kaishin-sha waren 1933 auch die Gründer von Nissan.) Die

Das Datsun Phaeton von 1933 hatte einen 495-cm³-Motor mit 10 PS Leistung. Es gilt als Urvater der heutigen Nissan-Automobile.

„Jitsuyo Jidosha Seizo" (1919) wurde erst durch das von dem amerikanischen Flugzeugkonstrukteur William Gorham in Japan entwickelte 8,8-PS-Dreirad bekannt. 1921 folgte der kleine Gorham-Lila (Vierrad), der sich besonders im Taxigeschäft der Großstädte durchsetzen konnte.
Mitsubishi, eine 1870 gegründete Reederei, die sich schnell zu einem riesigen Handels- und Industriekonzern wandelte, ließ 1917 einige Luxuslimousinen (Modell A) bauen; vier Jahre später folgten von der „Mitsubishi Internal Combustion Engine Manufacturing Co." (Marine- und Flugmotoren) noch etwa 20 Lkw und sechs Pkw, bevor dieser Versuch wegen der hohen Kosten 1921 beendet wurde. Im gleichen Jahr gründete ein Mitsubishi-Direktorensohn die „Hakuyosha Co.", die jedoch 1929 vor dem Konkurrenzdruck der amerikanischen Marken kapitulieren mußte. Erst 1932 konnte man wieder Autos mit dem Zeichen der „Drei Diamanten" sehen.
Die genannten Firmen (Ausnahme Mitsubishi) wurden etwa 1933 zur „Diesel Jidosha (Automobile) Kogyo Kabushiki Kaisha", Tokio, zusammengefaßt. Aus ihr entstanden 1937 die beiden Nutzfahrzeughersteller Hino Motor Co. und Isuzu Motors Ltd., die zeitweise auch Pkw herstellten (Isuzu heute noch).
1929 wurden 34 793 Fahrzeuge verkauft, 26 419 Einheiten lieferten die beiden US-Montagewerke, nur 437 Autos waren japanischer Herkunft, und 7 937 Fahrzeuge wurden in diesem Jahr importiert.
Die Gründer der 1933 entstandenen „Yoshisuko Aikawa of Nikon Sangyo Kabushiki Kaisha" (Abkürzung: Nissan) kauften von Diesel Jidosha die Rechte an Namen und Produkt von Datsun und nannten ihre Firma ab 1934 Nissan Motor Co. 1933 begann Kiichiro Toyoda in der Webstuhlfirma seines Vaters mit seinem ersten Prototyp, der als Toyota 1935 auf den Markt kam. 1940 stellte Mazda (1920 als Toyo Cork Kogyo gegründet) ihren ersten Kleinwagen, eine viersitzige Limousine, vor.
Wie bei vielen technischen Entwicklungen in aller Welt wurde auch bei der japanischen Autoindustrie oft das Militär zur treibenden Kraft. Nach dem Mandschurischen Krieg (1931) erkannte die Regierung die Wichtigkeit einer eigenen Automobilindustrie, erhöhte die Importzölle und stellte einen Finanzierungsplan für die heimische Industrie auf. Ford und GM planten zwar noch, ihre Montagewerke in selbständige Produktionswerke umzustellen, doch das „Automobil-Gesetz" von 1936 ließ den beiden keine großen Chancen mehr. Der japanischen Automobilindustrie wurden für fünf Jahre die Steuern sowie die Einfuhrzölle für Maschinen und Werkzeuge erlassen, um die eigene Industrie zu modernisieren.
Auf der anderen Seite behielt sich die Regierung vor, direkt in die Geschäftsführung der Firmen einzugreifen. (Danach bauten die japanischen Firmen in jener Zeit fast ausschließlich Nutzfahrzeuge, die auch militärisch verwendbar waren.) Gleichzeitig wurden für Ford und GM Produktionszahlen von 12 360 bzw. 9 470 Einheiten (meist Pkw) festgelegt, die Einfuhrzölle auf Autos und Fertigteile auf bis zu 70% erhöht. Bei Kriegsausbruch 1939 mußten beide US-Firmen die Werke schließen. Auch bei den Japanern stagnierte die Automobil-Produktion (1938) zugunsten von Nutzfahrzeug-Modellen, für die beim Militär großer Bedarf bestand, denn der Chi-

Honda — die jüngste unter den japanischen Marken — trat 1965 in Europa zuerst mit einem winzigen Sportzweisitzer an. Honda S-600 und S-800 sind heute gesuchte Sammlerobjekte.

Mitsubishis erstes Colt-Modell (1962) ließ eine Geistesverwandtschaft mit dem FIAT 600 erkennen. Es gelangte nicht nach Europa.

nesische Krieg war ausgebrochen und mündete für Japan in den Zweiten Weltkrieg, der am 2. August 1945 mit der bedingungslosen Kapitulation endete.

Nachkriegsaufbau

Die japanische Schwerindustrie war praktisch ausgelöscht; Materialknappheit, Inflation, Schwarzmarkt, Hunger lähmten alle Initiativen. Die Besatzungsmacht USA erlaubte den Wiederaufbau solcher Industriezweige, die „Friedensprodukte" herstellten, bereits 1946. Die Automobilindustrie wurde nicht gefördert, sie mußte sich selbst helfen. Aus altem Kriegsmaterial wurden (meist) Nutzfahrzeuge hergestellt; für die Bevölkerung blieb zunächst das Fahrrad das wichtigste Fortbewegungsmittel. Im Dezember 1950 verlangte General McArthur die Wiederbewaffnung Japans, und im März 1952 wurde die Besetzung aufgehoben.
Da die Flugzeugindustrie lange verboten blieb, wanderten viele Konstrukteure in die Automobilindustrie ab, und dies beeinflußte zwangsläufig die Konstruktion japanischer Autos. 1952 forderte das japanische Wirtschaftsministerium (MITI) die Automobilindustrie auf, sich um technische Zusammenarbeit mit ausländischen Firmen zu bemühen. Vier Verbindungen wurden akzeptiert: Nissan erhielt technisches Know-how von der englischen Austin Motor Co. (Dezember 1952), Hino schloß im März 1953 einen Lizenz-Vertrag mit Renault für die Dauphine, Isuzu baute zum gleichen Zeitpunkt das Rootes-Modell Hillman in Lizenz, und Mitsubishi übernahm im September 1953 den Jeep von Willys Overland.
Im April 1954 fand in Tokio die erste offizielle Automobilausstellung statt. 1960 forderte MITI die japanischen Automobilhersteller auf, „Volksmodelle" zu konstruieren , und gab als Richtwerte vor: zwei bis vier Sitzplätze, Zweitaktmotor von maximal 360 cm^3, Mindest-Nutzlast 100 kg, Höchstgeschwindigkeit 100 km/h, Benzinverbrauch maximal 3,4 l/100 km. Der Preis sollte nicht über 250 000 Yen (etwa 4 000 DM) liegen.
So kamen die Mini-Cars auf den Markt, die allgemeine Motorisierung der japanischen Bevölkerung setzte ein. Zum Beispiel wurden vom Toyota „Publica" (1961) in 3 Jahren und 5 Monaten über 200 000 Stück gebaut. 1962 entschied Soichiro Honda (54 Jahre alt, Präsident seiner 1948 gegründeten Motorradfirma), ebenfalls Automobile zu produzieren, denn die Konkurrenz, Suzuki, vertrieb seit 1961 den Minitruck „Suzulight".
Die Minicar-Entwicklungen der Firmen Mazda und Mitsubishi hatten große Ähnlichkeiten mit dem deutschen Goggomobil. 1961 kam es zur technischen Zusammenarbeit Mazda—NSU/Wankel. Mazda ist heute der einzige Automobilhersteller, der einen Wankelmotor im Programm hat.
Mit der Freigabe der Autoimporte im Oktober 1965 und der Kapital-Liberalisierung 1971 fand die bisher letzte Reorganisation der japanischen Automobilin-

Honda setzt bei seinen Modellen auf technische Fortschrittlichkeit. Motoren mit drei und vier Ventilen je Zylinder, eine eigene elektronische Benzineinspritzung, ein fortschrittliches Automatgetriebe und eine ebenfalls selbst entwickelte Blockierschutzanlage unterstreichen den Anspruch.

Der Nissan 300 ZX Turbo wird von einem Dreiliter-V 6-Motor mit 170 PS angetrieben. Der luxuriöse 2 + 2-Sitzer hat außer hohen Fahrleistungen auch Komfort und Fahrkultur zu bieten.

dustrie statt: 1966 übernahm Nissan die Prince Motors (gegründet 1951), und 1969 wurde Subaru (Fuji Heavy Industries) in den Konzernverband aufgenommen. Toyota öffnete die Arme auch für Daihatsu (1967) und Hino (1966). Isuzu sprang hin und her: Von Dezember 1966 bis Mai 1968 war das Unternehmen mit Fuji Heavy Industries liiert, dann bis Mai 1969 mit Mitsubishi, bis Juli 1971 mit Nissan, um schließlich, für alle überraschend, mit General Motors zusammenzugehen (GM hält 34,4 % der Isuzu-Anteile). Seit 1981 gehört Suzuki ebenfalls zu dieser GM-Isuzu-Gruppe. 1969 verabredeten Mitsubishi und Chrysler die Zusammenarbeit.
Die Verkaufserfolge der japanischen Automobil-Industrie heute sind hinlänglich bekannt. Die zwangsläufig herausgeforderten „Bremsmanöver" einiger Exportmärkte (Einfuhrbeschränkungen in Italien, Frankreich, England, USA und anderen Staaten) versuchen die Japaner zu umgehen, indem sie entweder eigene Werke im Ausland installieren oder mit dort heimischen Automobil-Herstellern zusammengehen (Joint-ventures).
Für dieses Erfolgsrezept seien einige Beispiele genannt: Honda kooperiert mit Austin Rover. Rover baut einen leicht modifizierten Honda Civic in Lizenz, und beide Hersteller entwickelten gemeinsam das größere Modell mit dem Codenamen XX, von dem in beiden Ländern unterschiedliche Varianten gefertigt werden.
Nissan und Alfa Romeo gründeten ein gemeinsames Unternehmen in Italien. Es produziert Personenwagen unter der Marke „Arna", für die Nissan die Rohkarosserien und Hinterachsen beisteuert. In Spanien unterhält Nissan einen „Brückenkopf": In der spanischen Firma Motor Iberica hält sie 70 % der Anteile und baut dort etwa 15 000 Autos jährlich.

Toyota überraschte die Fachwelt im Sommer 1967 mit einem echten Sportmodell mit Doppelnockenwellen-Motor von 2 l Hubraum und 150 PS Leistung. Mit 220 km/h blieb das Coupé lange Japans schnellstes Serienmodell.

Daihatsu war die erste japanische Marke, die auf den Exportmärkten mit einem modernen Dreizylindermotor antrat. Inzwischen gibt es davon auch eine Turbovariante mit 70 PS und 160 km/h.

Der winzige Suzuki-Geländewagen entwickelte sich zum Exportschlager. Er ebnete seinem Hersteller den Weg für die nachfolgenden kompakten Klein-Limousinen mit Drei- und Vierzylindermotoren.

Damit umgeht Nissan die sonst so hohen Einfuhrzölle für komplette Autos.
Als „Bein in der EG" wird auch das bald fertiggestellte Nissan-Werk in Wales (England) angesehen. Die hier montierten Fahrzeuge sollen über 60% englischer Herkunft sein und somit nicht mehr unter die Restriktionen fallen! 1984 hat sich Toyota mit General Motors über ein Joint-venture in den USA geeinigt: Die „New United Motor Manufacturing" in Fremont wird hauptsächlich japanische Modelle bauen.
Honda unterhält ebenfalls ein Montagewerk in den USA, Mazda plant eins, und Mitsubishi läßt ihre Fahrzeuge im australischen Chrysler-Werk bauen. Daß es auch umgekehrt geht, beweist die VW-Santana-Produktion in einem der japanischen Nissan-Werke (seit Ende 1983). Motoren, Getriebe und Lenkungsteile werden aus der Bundesrepublik Deutschland geliefert.
Als neuen Markt haben die Japaner Rotchina entdeckt: Hier werden zwar (noch) keine eigenen Montagewerke errichtet, aber die meisten japanischen Firmen haben bereis Joint-ventures oder wenigstens Know-how-Verträge mit der einschlägigen chinesischen Industrie geschlossen. Daihatsu z. B. schloß Anfang März 1984 einen Lizenzvertrag mit der Tianjin Automotive Industry Corp. ab: Jährlich sollen 50 000 bis 60 000 Kombis und Kleinlaster (550 cm^3) von den Tianjin-Bändern laufen. Der Verkauf von Know-how sowie Fertigteilen geht neuerdings auch nach Südkorea. Der dort größte Automobilkonzern Hyundai (gegründet Dezember 1967) bezieht von Mitsubishi Motoren und Getriebe u. a. für die neuen Fronttrieb-Modelle.
Was ist der Grund des japanischen Erfolges? Soichiro Honda drückte es so aus:

Japans Fahrzeugproduktion 1984 (Pkw, Lkw und Busse, ohne CKD-Material).

Hersteller	Anzahl	Hersteller	Anzahl
Toyota	3 429 249	Suzuki	689 871
Nissan	2 481 686	Subaru	549 415
Mazda	1 133 321	Daihatsu	566 076
Honda	989 036	Isuzu	432 257
Mitsubishi	1 095 156	andere	98 853
Summe: 11 464 920			

Anstieg der japanischen Fahrzeugproduktion (ohne CKD-Material).

Jahr	Anzahl der Pkw	Anzahl der Pkw, Lkw und Busse zusammen
1972	4 022 289	6 294 438
1974	3 931 842	6 651 840
1976	5 027 792	7 841 447
1978	5 975 968	9 269 153
1980	7 038 108	11 042 884
1982	6 886 866	10 737 034
1984	7 073 173	11 464 920

„Japaner sind Fanatiker der Information. Unsere Firmen wollen alles wissen, und zwar sehr schnell. Kein Markt darf uns entgehen, wenn wir gute Kaufleute sein wollen. Aber wir müssen auch die Entwicklung von Technik und Forschung kennen, um uns als gute Techniker und Fabrikanten zu bewähren!"
Und sie handeln alle danach . . .

Als einziger Hersteller führt Mazda in Japan Modelle mit Rotationskolbenmotoren nach dem System Wankel im Programm. Das Sportcoupé RX 7 ist mit einem solchen Motor von 95,3 kW Leistung (130 PS) ausgestattet.

Das Auto in Jugoslawien

Zwölf Jahre nach Benz und Daimler gab es auch im Gebiet des heutigen Jugoslawien die ersten Automobile. Es waren Benz-Wagen und Fahrzeuge der Nesselsdorfer Wagenbaufabrik AG, die 1919 den Markennamen Tatra aufnahm. Bald vergrößerte sich der Wagenbestand; es wurden vor allem Erzeugnisse der deutschen, österreichischen und französischen Hersteller bevorzugt. Die von wohlhabenden Autoliebhabern eingeleitete Motorisierung kam in den Kriegsjahren zum Stillstand.

Seltsamerweise entwickelte sich im selbständigen Staat Jugoslawien keine Automobilindustrie — doch gab es fünf Flugzeugwerke. Kurze Zeit vor dem Ausbruch des Zweiten Weltkriegs nahm das Flugmotorenwerk IMR in Belgrad eine verhältnismäßig bescheidene Lizenzfertigung von Nutzfahrzeugen des tschechoslowakischen Herstellers Praga auf.

Nach dem Zweiten Weltkrieg wurden in Jugoslawien vorerst nur Traktoren und Nutzfahrzeuge hergestellt, bis die Regierung Anfang der fünfziger Jahre beschloß, eine eigene Personenwagen-Fertigung aufzuziehen. Aus Zeit- und Kostengründen konnte dies nur eine Lizenzfertigung sein, denn für Eigenentwicklungen fehlten die Mittel und die Erfahrung.

Das Projekt begann mit umfangreichen Erprobungen von zehn leichten, geländegängigen Modellen aus England, Frankreich, Italien und USA, sowie gesondert mit Dieselmotoren aus Österreich, die versuchsweise in Fahrzeuge aus Italien und USA eingebaut wurden. Nach Abschluß der Erprobungen und der Verhandlungen mit den ausländischen Herstellern wurde 1954 das erste Lizenzabkommen mit FIAT geschlossen, deren Modelle wegen rationeller Fertigungsmöglichkeiten der Vorzug gegeben wurde. Das Bauprogramm umfaßte eine als „1400 BJ" bezeichnete Limousine, den Geländewagen Campagnola und ein leichtes Nutzfahrzeug. Für alle gab es den gleichen Benzinmotor mit 1,9 l Hubraum. Als spätere Programmerweiterung wurde ein FIAT-Dieselmotor gleichen Hubraums in Aussicht genommen.

Als Produktionsstätte wurde die einstmals größte Waffenschmiede der Balkanländer gewählt, in der vor 130 Jahren Kanonen gegossen wurden. Hieraus entwickelte sich im Lauf der nachfolgenden Jahre die Automobilfabrik Zastava in Kragujevać. Dieses Werk und die Motorenfabrik „21. Mai" in Belgrad bildeten die Voraussetzung für das Entstehen einer modernen Großproduktion. Während die kleinen Nutzfahrzeuge, breiteren Kreisen zugänglich, schnell auf größere Stückzahlen kamen, blieben die Zastava 1400 BJ und Geländewagen den staatlichen Behörden vorbehalten.

Erst die Erweiterung des Lizenzprogramms um die FIAT-Modelle 600 und 1300 schuf die Voraussetzungen für die Versorgung des privaten Marktes. Mit den Jahren wurde der 600er im Hubraum zuerst auf 750 cm^3 und danach auf 850 cm^3 vergrößert. Der 1955 in Produktion genommene kleine Viersitzer wird bis in die Gegenwart produziert. Der Zastava 1300 wurde hingegen 1971 durch eine vom FIAT-Modell 128 abgeleitete Eigenkonstruktion abgelöst, den Zastava 101. 1980 kam das Modell Yugo 45 dazu, das dem FIAT 127 ähnlich sieht und mit Motoren von 1,1 l und 1,3 l Hubraum ausgestattet wird.

In den vergangenen 30 Jahren baute Zastava insgesamt 2,3 Millionen Automobile. Gegenwärtig liegt die Jahresproduktion bei rund 200 000 Einheiten. Für 1986 befindet sich ein neues Modell „103" in der Entwicklung.

1955 wurde in Nove Mesto das Unternehmen IMV (Industrija Motornih Vozil) als Montagewerk für DKW-Lieferwagen gegründet. Es entwickelte sich zum führenden Hersteller von Transport- und Spezialfahrzeugen mit Motoren von Austin, Daimler-Benz und Renault. Als Kombi oder Krankenwagen waren diese Fahrzeuge die ersten jugoslawischen Automobile, die auch exportiert wurden. Die ersten Personenwagen aus der Montagekooperation waren

Die Zastava-Modelle Z-750 und Z-850 werden seit 1955 bis heute produziert. Sie sind vom FIAT 600 abgeleitet.

Von 1961 bis 1979 stand der Z-1300 im Zastava-Programm als Nachfolger des FIAT 1300.

der DKW 1000 (1960) und der Austin 1100/1300 (1967). Heute ist die IMV der zweitgrößte Personenwagen-Hersteller des Landes, der aufgrund eines 1974 geschlossenen Lizenzabkommens eine Anzahl von Renault-Modellen mit importierten Hauptaggregaten herstellt. Diese Produktion erreichte bisher einen Ausstoß von etwa 300 000 Einheiten, zu denen noch etwa 50 000 Transporter eigener Konstruktion kommen. Außerdem wird eine recht erfolgreiche Fertigung von Camping-Wohnwagen betrieben.
Unmittelbar nach der Betriebsaufnahme des Zweiradfahrzeug- und Kleinmotorenwerkes Tomos in Koper schloß dieses einen Kooperationsvertrag mit Citroen und nahm 1959 die Montage mehrerer Modelle des französischen Herstellers auf. Als Gegenleistung für die bezogenen Aggregate beliefert Tomos seinen französischen Partner mit Teilen und Komponenten. 1972 lieferte Tomos rund 7 500 Automobile aus. 1972 wurde ein neuer Vertrag mit Kapitalbeteiligung von Citroen geschlossen. Fortan firmierte das jugoslawische Unternehmen als „Cimos" und montiert heute in neuen Werksanlagen die Citroen-Modelle GS und BX.
Einen Kooperationsvertrag gab es auch zwischen NSU und Pretis in Sarajevo, der sich zuerst nur auf die Herstellung von Motorrollern und Motorrädern bezog, 1964 aber auf die NSU-Personenwagenmodelle Prinz 1100 und 1200 erweitert wurde. Nach der Übernahme von NSU durch das Volkswagenwerk änderte sich das Bauprogramm. Unter Beteiligung des VW-Werkes entstand 1972 das Unternehmen TAS (Automobil-Fabrik Sarajevo), wo zunächst der VW-Käfer und ab 1976 Golf und später auch Jetta montiert und VW-Bauteile hergestelllt werden. Ein markantes neues Beispiel der Zusammenarbeit ist seit 1982 die jährliche Fertigung von 35 000 VW-„Caddy"-Pickup-Fahrzeugen im Werk Sarajevo.

Auch der Z-101 hatte einen FIAT zum Vater: das Turiner Erfolgsmodell 128.

Als Bestandteil der jugoslawischen Automobilindustrie muß auch das Werk IDA (Autoteile-Industrie) angesehen werden, das 1977 im Zusammenhang mit einem Vertrag mit dem General-Motors-Konzern entstand. Es begann mit der Lieferung von Fein- und Hartgußteilen an Opel und nahm zwei Jahre später die Montage und Auslieferung von etwa 6 000 Opel-Wagen verschiedener Modelle auf.
Mit den fünf Personenwagen-Herstellern Zastava, IMV, Cimos, TAS und IDA sowie einigen hundert spezialisierten Zulieferern von Zubehör und Werkstoffen hat sich in Jugoslawien eine recht ansehnliche eigene Automobilindustrie entwickelt. An der gegenwärtigen „Population" von gut 2,7 Millionen Personenwagen ist Zastava am stärksten beteiligt. Die genannten Hersteller setzen nun im eigenen Land etwa doppelt so viele Fahrzeuge ab, wie die vier größten Wettbewerber aus dem Ausland zusammen. Der Exportanteil beläuft sich auf etwa 30%, und zu den Exportmärkten zählen seit neuestem auch die USA und China.

Der Yugo 45 kann dagegen als Eigenentwicklung gelten. Für ihn stehen Motoren mit 0,9 l, 1,1 l und 1,3 l zur Wahl.

Automobilindustrie in Polen

Das erste von polnischen Konstrukteuren entwickelte Automobil trug den höchst nüchternen Namen „CWS T-1". Die Konstruktion entstand 1923, die Fertigung wurde nach fünfjähriger Entwicklungszeit aufgenommen. Das Auto war für die damals noch sehr schlechten Straßen des Landes besonders robust gebaut; seine bewußt einfache Technik ermöglichte Reparaturen auch unter denkbar primitiven Verhältnissen. Für alle wesentlichen Arbeiten an Motor und Getriebe genügte ein einziger doppelter Maulschlüssel. Fortschrittliche Elemente waren hingegen die Anwendung von Aluminiumlegierungen (Al/Si) für den Block und die Kolben des Dreiliter-Vierzylindermotors. Mit einer Verdichtung von 4,5 und bei einer Nenndrehzahl von 3 000/min bot er eine Leistung von 44 kW (60 PS).
Das Fahrwerk mit Starrachsen an Halbelliptikfedern wurde mit unterschiedlichen Aufbauten versehen: Limousine, Coupé und Cabriolet. Bis zur Einstellung der Fertigung im Jahr 1931 wurden etwa 800 CWS T-1 produziert.
Mit einem Radstand von 3 400 mm und einer Spurweite von 1 400 mm war der CWS T-1 ein recht großes Automobil. Bemerkenswert erscheint das im Verhältnis geringe Gewicht von 1 150 kg.
1934 lief die Lizenzfertigung des FIAT-Modells 508 im Werk Fabryka Samochodow Osobowych i Polciezarowych (FSO i P) in Warschau, das zum PZInz-Konzern gehörte, mit einer Jahresrate von 2 500 bis 3 000 Einheiten an. Dieser erste „Polski FIAT" war praktisch mit dem wohlbekannten FIAT-Modell Balilla identisch. Sein 995-cm^3-Vierzylindermotor lieferte 18 kW, das fahrfertige Gewicht lag je nach Ausführung bei etwa 760 kg. In der Spanne von 1936 bis 1939 fertigte die FSO i P etwa 9 300 Einheiten.
Während der Zeit vor dem Zweiten Weltkrieg gab es in Polen noch eine Anzahl größerer Montagebetriebe. Der wichtigste war 1936 die Firma Lilpop, Rau & Löwenstein in Warschau, die eine Anzahl von Modellen des General-Motors-Konzerns aus importierten Teilen und Aggregaten zusammenbaute. Darunter waren die Opel-Modelle P 4, Kadett und Olympia, Chevrolet Master Sedan, Master Touring, de Luxe und Imperial sowie eine spezielle Taxi-Variante. 1939 kamen die Buick-Modelle 90 und 41 hinzu. Von 1937 bis zum Kriegsausbruch belief sich die Gesamtfertigung auf 4 528 Fahrzeuge.
In der letzten Phase des Krieges wurden die Produktionsanlagen der polnischen Automobilindustrie restlos zerstört.
Der Neubeginn fand in einem veränderten Wirtschaftssystem im Rahmen der bei den Ostblockländern üblichen staatlichen Planung statt. 1951 begann bei der reorganisierten FSO wieder eine Personenwagen-Fertigung.
Bei diesem Fahrzeug handelte es sich um eine Lizenzfertigung des sowjetischen Modells GAS-M20 „Pobjeda", einer viertürigen Limousine mit selbstragender Karosserie und einer Art von Fahrschemel für die vordere Einzelradführung. Das Modell wurde in Polen unter dem Namen „Warszawa M-20" produziert. Der wassergekühlte Vierzylindermotor mit seitlich stehenden Ventilen entwickelte eine Höchstleistung von 36,8 kW. In den nachfolgenden Jahren wurden die in der Sowjetunion am Pobjeda vorgenommenen Entwicklungsschritte auch für den Warszawa übernommen. Die bedeutsamste Ände-

Das erste in Polen in Serie gebaute Automobil war der CWS T-1 mit 44-kW-Aluminium-Vierzylindermotor.

Die Polski FIAT von 1936 bis 1939 und von 1965 bis heute basierten auf den FIAT-Modellen „Balilla" und „125".

rung im Rahmen der Modellpflege erfolgte 1962 mit der Einführung eines überarbeiteten Motors mit hängenden Ventilen und 51,5 kW. 1964 gab es dann auch eine modifizierte Karosserie für die Warszawa-Modelle 223 und 224. Die Warszawa-Baureihe blieb bis 1973 in Produktion — mit einem Gesamtergebnis von 254 000 Einheiten.
1957 erweiterte die FSO ihr Angebot durch einen Kleinwagen mit wassergekühltem Zweizylinder-Zweitaktmotor von 746 cm³ und 19 kW Leistung, die später auf 22 kW angehoben wurde. Das kleine Auto wies mit einem Kastenrahmen, aufgesetzter Blechkarosserie und Frontantrieb auch im Fahrwerk Ähnlichkeiten mit den letzten DKW-Vorkriegsmodellen auf. Mit 900 kg war es ziemlich gewichtig. Dem ersten Modell „100" folgten überarbeitete Varianten 101, 102 und 103. Das Modell 104 erhielt einen leistungsfähigeren Motor mit drei Zylindern als „Leihgabe" des DDR-Wartburg. Bei Einstellung der Fertigung zu Beginn der achtziger Jahre hatten immerhin 344 089 Syrenas das Werk verlassen.

Neuer Kurs — neuer Partner

Ein neuer Kurs mit westlich orientierter Technik wurde 1965 eingeschlagen. Der neue Lizenz-Partner hieß FIAT, mit dem die FSO schon vor 30 Jahren zusammengearbeitet hatte. Der neue Polski FIAT war eine Variante des FIAT 125. Er wurde wahlweise mit Vierzylindermotoren von 1,3 l und 1,5 l Hubraum ausgestattet. Selbsttragende Bauweise für die viertürige Limousine und ein damals aktuelles Fahrwerk zeichneten ihn ebenso aus wie die obenliegende Nockenwelle des Motors und das günstige Gewicht von knapp über 1 000 kg. Dieses italo-polnische Produkt hatte insofern auch einen aktuellen Vorgänger, als die FSO seit 1971 FIAT-Kombiwagen und

1951 nahm die FSO die Lizenzfertigung des sowjetischen Mittelklasse-Modells Pobjeda auf, das den Namen „Warszawa" erhielt. Das Bild zeigt die spätere Version „223".

Als Nebenlinie des FSO 125 entstand das Modell „Polonez" mit gleicher Mechanik, aber moderner Karosserie mit Schrägheck.

Fast 350 000 Exemplare wurden in etwa 20 Jahren vom Kleinwagen Syrena mit Zweitaktmotor und Frontantrieb gebaut. Die letzte Ausführung hatte einen Dreizylinder-Wartburg-Motor.

seit 1973 auch einen FIAT-Pickup in Lizenz fertigte. Es dauerte etwa zehn Jahre, bis 1976 der millionste polnische „125" ausgeliefert werden konnte. Eine modernisierte Ausführung des „125" mit der Typenbezeichnung FSO 125 befindet sich gegenwärtig noch in der Produktion.

1978 stellte die FSO dem „125" eine rein polnische Variante an die Seite: Der Typ Polonez war ein wenig länger und breiter, aber um 59 mm niedriger als der „125", wog 1 140 kg und unterschied sich von der Stufenheck-Limousine durch ein Schrägheck mit großer Hecktür. Der Motor wurde in der Leistung auf 60 kW gesteigert, und das Getriebe erhielt fünf Vorwärtsgänge.

In den FSO-Werken Bielsko Biala und Tychy wird außerdem das Kleinwagenmodell FIAT 126 in Lizenz gefertigt.

Unter den polnischen Eigenkonstruktionen ist noch der Mikrus-Kleinwagen zu nennen, dessen Produktion 1957 anlief. Das dem deutschen Goggomobil recht ähnliche Mobil war nur 3 010 mm lang, wog betriebsfähig 427 kg und konnte zwei Erwachsene und zwei Kinder aufnehmen. Der in Längsrichtung im Heck eingebaute Zweizylinder-Zweitaktmotor mit Luftkühlung lieferte aus 296 cm^3 Hubraum eine maximale Leistung von 10,7 kW. Die Mikrus-Produktion wurde nach einer Gesamtstückzahl von 1 723 Einheiten eingestellt.

Der Mikrus-Kleinwagen wies in seinem technischen Konzept Ähnlichkeiten mit dem Goggomobil auf, doch war sein Zweizylindermotor in Längsrichtung eingebaut.

Schweizer Automobilbau in der Rückblende

So vielfältig sich heute auch der schweizerische Fahrzeugpark präsentiert, er könnte noch weit bunter sein, hätte die Automobilherstellung in diesem Land aus wirtschaftlichen Gründen nicht wieder aufgegeben werden müssen. Nur ältere Semester erinnern sich dieser einst so verdienstvollen Fahrzeugindustrie, deren vor und nach der Jahrhundertwende entstandene, technisch zum Teil besonders bemerkenswerte und qualitativ hochwertige Personenwagen sich einen weltweiten Namen schufen.

Die Bedeutung der ehemaligen Automobilindustrie der Schweiz vermögen am deutlichsten die Exporterfolge zu illustrieren. Beschränkte sich die Ausfuhr von Schweizer Motorfahrzeugen im Jahre 1908 — bei der damaligen Kaufkraft — noch auf bescheidene 3,7 Millionen Franken, so betrug der Absatz in europäischen Ländern, in den USA, in Südamerika und im vorderen Orient 1912 wertmäßig bereits das Vierfache. Im gleichen Jahr erreichte der Anteil von Personenwagen schweizerischer Provenienz am inländischen Fahrzeugbestand mit 35% den Höchstwert.

Mit 539 bzw. 332 Exemplaren waren zu diesem Zeitpunkt hierzulande die Erzeugnisse der Schweizer Marken Martini und Pic-Pic die meistgefahrenen Personenwagen. Den dritten und vierten Rang nahmen Renault (217) und Peugeot (148) ein, gefolgt — unter anderen ausländischen Erzeugnissen — von den ebenfalls von schweizerischen Unternehmen entwickelten und gebauten Personenwagen von Turicum (140) vor FIAT (139), Tribelhorn (121), Fischer (105), Stella (101) und Sigma (84). Die Marke Opel brachte es auf bescheidene 83 Fahrzeuge.

Während die gesamte Motorfahrzeugbranche der Schweiz im Jahr 1914 noch rund 10 000 Personen beschäftigte und zusammen mit der Zubehörindustrie einen Umsatz von etwa 45 Millionen Franken erzielte, verlor dieser prosperierende Industriezweig in der Folgezeit schnell an Bedeutung. Trotz der qualitativen Vorzüge ihrer Produkte folgten den vielversprechenden Anfängen schon bald gravierende Schwierigkeiten, Krisen und schließlich Firmenschließungen. Bedingt durch den Ersten Weltkrieg sowie die anschließenden wirtschaftlichen Umstände vermochten sich die noch verbliebenen landeseigenen Personenwagen-Marken nur noch kurze Zeit zu behaupten. Der wahre Grund lag vor allem in der im Ausland bereits damals einsetzenden rationelleren Massenproduktion von Automobilen, mit der

Popp 1898: Über eine obenliegende Nockenwelle gesteuerte Auslaßventile sowie selbsttätige Einlaßventile waren die Besonderheiten des in diesem zweisitzigen Phaeton liegend eingebauten Zweizylindermotors mit 1,6 l Hubraum und 7 PS Leistung. Im Bug befinden sich die beiden Treibstoffbehälter.

Berna 1902: Das viersitzige Modell Ideal „Vis-à-Vis" mit einem 0,8-Liter-Einzylindermotor von 5,5 PS im Heck besaß als einer der allerersten Personenwagen eine Lenkradschaltung. Die Höchstgeschwindigkeit lag bei 40 km/h.

Ajax 1908: Den Erzeugnissen der Zürcher Firma Ajax wurde ein besonders leiser Motorlauf nachgerühmt. Der 20-PS-Vierzylinder mit 3 240 cm³ Inhalt verhalf diesem prächtigem Landaulet zu 60 km/h Höchstgeschwindigkeit.

Martini 1913: Rund 3 500 Wagen baute dieses Unternehmen bis zu seinem Firmenschluß im Jahr 1934. Das Bild zeigt einen fünfsitzigen Martini Torpedo mit bereits elektrischer Fahrzeugbeleuchtung, mit Vierzylindermotor von 13 PS Leistung und Vierganggetriebe.

die handwerkliche und damit wesentlich kostenintensivere Kleinserienfertigung nicht mehr Schritt zu halten vermochte. 1934 stellte schließlich auch Martini als letzte schweizerische Personenwagenmarke ihre Produktion ein.

Pioniere der Autoindustrie

Der Gedanke zur Motorisierung tauchte in der Schweiz bereits vor über 250 Jahren auf. Nachdem Pfarrer J. H. Genevois um 1725 ein Fahrzeug mit Segelantrieb erdacht hatte, visierten alsdann die Auto-Pioniere vor allem die Dampfkraft an. Von sich reden machte aber besonders der von einem Verbrennungsmotor bewegte Karren des Westschweizers Isaac de Rivaz Anfang des 19. Jahrhunderts, dem in den Jahren 1868 und 1877 die Dampfmobile des Zürchers Albert Schmid und von Thury & Nussberger in Genf folgten. Rivaz zugeschrieben wird die Idee, Schießpulver bzw. durch elektrische Funken entzündete Gase für den Antrieb zu verwenden.
Nur kurze Zeit nach den Motorwagen von Karl Benz und Gottlieb Daimler tauchten auch in der Schweiz die ersten Fahrzeuge mit Verbrennungsmotoren auf, so etwa jene von Rudolf Egg in Zürich und Fritz und Charles-Edouard Henriod in Biel. Erwähnt seien als weitere Personenwagen-Marken Dufour-Balabey in Nyon, Kaufmann-Millot in Zürich, Popp in Basel und Weber in Uster, aber auch die in Bern (später in Olten) bzw. Arbon ansässigen Firmen Berna und Saurer. Nach kurzzeitigem Bau von Personenwagen wandten sich die beiden letztgenannten Unternehmen mit großem Erfolg der Nutzfahrzeugproduktion zu, die allerdings kürzlich ebenfalls endgültig aufgegeben werden mußte.
Unter den zahlreichen Schweizer Personenwagen-Marken war nur wenigen eine längere Prosperität beschieden. Über etwa drei Jahrzehnte zu behaupten vermochte sich einzig die Marke Martini. Befaßte sich die vorerst in Frauenfeld, später in St. Blaise ansässige Firma Martini & Co. zunächst mit der Produktion von Buchbindemaschinen und Stutzern — daher das Gewehr im Markenemblem —, erschien kurz vor der Jahrhundertwende der erste Martini-Wagen mit Zweizylindermotor. Schon bald folgten Vierzylinder-V-Motoren, deren enger Gabelwinkel den italienischen Konstrukteur Vincenzo Lancia inspiriert haben dürfte. Der lange anhaltende Erfolg der Martini-Automobile ist außer auf deren weit über die Landesgrenzen bekannte Qualität ebenfalls auf die späteren rennsportlichen Erfolge der Marke, aber auch auf außergewöhnliche Leistungen zurückzuführen, so etwa auf eine Fahrt auf die Rochers-de-Naye auf der Trasse der damaligen Zahnradbahn. Bis zur Firmenschließung 1934 stellte Martini etwa 3 500 Personenwagen verschiedenster Typen und Modelle her.
Außer Martini zählten Pic-Pic und Turicum zu den renommiertesten Schweizer Personenwagenmarken.

Hispano-Suiza 1937: Maßgeblich zum Renommee der ehemaligen Marke Hispano-Suiza in Barcelona trug der Schweizer Konstrukteur Marc Birkigt bei. Der Typ K 6, als Berline, Coupé-de-ville und Cabriolet karossiert, hatte einen besonders geschmeidigen 5,2-Liter-Sechszylinder (140 PS), verstellbare hydraulische Stoßdämpfer sowie mechanische Bremsen mit am Getriebe angeordneter Servoeinheit.

Nach 13 bzw. 10 Jahren erfolgreicher Tätigkeit kam jedoch auch für sie ein vorzeitiges Ende. Zu Beginn bauten die Genfer Ateliers Piccard, Pictet & Cie. (Pic-Pic) für die Société d'Automobiles à Genève (SAG) verschiedene Wagentypen, deren geistiger Vater der Schweizer Marc Birkigt, der Konstrukteur der legendären Firma Hispano-Suiza, war. In den Jahren 1907 bis 1920 entstanden eine Vielzahl von Modellen und Karosserievarianten. Wesentlich zum Renommee von Pic-Pic trugen aber auch die zahlreichen Siege bei Straßen- und Rundstreckenrennen bei.

Die nach dem lateinischen Namen für Zürich bezeichnete Marke Turicum sorgte schon kurz nach der Firmengründung für Schlagzeilen. In Prototypform schuf Firmenchef Martin Fischer 1904 zuerst ein Volkswägelchen mit „Fußlenkung", um sich kurze Zeit danach durch Fahrzeugtypen hervorzutun, die erstmals über stufenlose Reibradgetriebe verfügten. Nicht lange auf sich warten ließen auch die sportlichen Erfolge dieses Unternehmens, das im Jahr 1914 angesichts der erdrückenden ausländischen Konkurrenz seine Tore schließen mußte.

Nicht unerwähnt bleiben darf die ruhmreiche Marke Dufaux aus Genf, die mit ihren besonders leistungsfähigen Vier- und Achtzylinder-Rennwagen die Aufmerksamkeit der Öffentlichkeit auf sich zog. Mit einer 150-PS-Ausführung stellte Dufaux bereits 1905 einen Weltrekord über einen Kilometer von nicht weniger als 156,5 km/h auf.

Berühmte „Blech-Couturiers"

Angesichts des sich zusehends verstärkenden Wettbewerbdrucks aus dem Ausland gelang es keinem der Dutzenden von Fahrzeugherstellern, sich während längerer Zeit zu behaupten. Dasselbe Schicksal ereilte auch die beiden Montagewerke von General Motors (Biel) und Chrysler (Schinznach), die in den Jahren 1975 bzw. 1972 ihre Betriebe einstellen mußten. Dessen ungeachtet tauchten seit Beginn der Motorisierungswelle hierzulande immer wieder Unternehmen auf, die sich entweder mit der Kreation von Sonderaufbauten oder dem Bau von exklusiven Luxus-, Sport- und Rennwagen befaßten.

Zählten die Firmen J. C. Geissberger (Zürich) und Heimburger (Basel) zu den allerersten Unternehmen, die Sonderaufbauten fertigten, so erlebte die Sparte der schweizerischen Couturiers ihre eigentli-

Pic-Pic 1912: Die Marke Pic-Pic, ein Produkt der Firma Piccard & Pictet & Cie., zählte zu den renommiertesten Automobilen schweizerischer Provenienz. Ihrer außergewöhnlichen Qualität wegen erhielten die Erzeugnisse dieses Genfer Unternehmens den Beinamen „Schweizerischer Rolls-Royce".

che Blütezeit erst ab den zwanziger Jahren. Außer Ramseier & Jenzer (Bern), den Gebrüdern Tüscher (Zürich), Gangloff (Genf), Carosserie Langenthal sowie F. Ramseier (Worblaufen) fanden vor allem die Kreationen von Hermann Graber in Wichtracht Anerkennung und Bewunderung. Ob als Einzelstücke oder in Kleinserie gefertigt, stets zeichneten sich die schweizerischen Aufbauten durch einen außergewöhnlichen Qualitätsstandard aus.

In den jüngsten Jahren zogen alsdann die Karosserieschneider Felber (Morges), Monteverdi (Basel) sowie Sbarro (Grandson) die Aufmerksamkeit auf sich. Mit ihren zahlreichen Eigeninterpretationen von Serienwagen, ihren vielbewunderten Repliken und mit dem Bau von sportlichen oder höchst luxuriösen Fahrzeugen in Form von Limousinen, Coupés und Cabriolets gelang es diesen, die Tradition der einst so renommierten „Blech-Couturiers" bis in die heutige Zeit aufrechtzuerhalten.

Unvergessen bleiben schließlich Pioniertaten von im Ausland tätigen Schweizer Konstrukteuren. Allen voran erwähnt sei der aus La Chaux-de-Fonds stammende Louis Chevrolet. In die Geschichte der Automobilindustrie ging auch dessen Zeitgenosse Marc Birkigt ein, der bereits 1904 die „Société Hispano-Suiza, Fabrique d'Automobiles" in Barcelona ins Leben rief und deren später in Frankreich gebaute, der Nachwelt erhaltene Wagen aufgrund ihrer ausgeklügelten Technik noch heute eine magische Anziehungskraft ausüben. Reichlich spät erkannt wurden die Vorzüge des bereits 1905 von Alfred Büchi patentierten Abgasturboladers, der heute vor allem bei Dieselmotoren immer häufiger angewendet wird.

Obschon die Schweiz heute keine eigenständige Personenwagen- und Nutzfahrzeugindustrie mehr besitzt, ist sie dennoch zu einem prominenten Exportland der Motorfahrzeugbranche geworden. So beliefert eine ganze Reihe von Industrie-Unternehmen verschiedene Automobilhersteller mit Bestandteilen und Bauelementen. Auch hat sie sich als Produzent und Lieferant modernster Fertigungsanlagen, z. B. von ferngesteuerten Elektro-Transportkarren (Robocarrier), einen weltweiten Namen geschaffen.

Ideenreichtum bei Turicum: Zu den technischen Besonderheiten bestimmter Modelle der in Zürich — lateinisch Turicum — beheimateten Marke zählten Reibrad- und Friktionsgetriebe als Kraftübertragung. Das Bild zeigt einen Turicum-Vierzylinder-Motor mit seitlicher Nockenwelle.

Haute Couture Suisse: Als zur Zeit dynamischster und erfolgreichster Karossier der Schweiz gilt der Süditaliener Franco Sbarro, der — in Les Tuileries-de-Grandson angesiedelt — 1968 die Firma ACA (Ateliers de Construction Automobile) gründete. Außer z. B. dem Flügeltüren-Coupé Mercedes 500 Gullwing und dem geländegängigen Kombi Windhound 4 × 4 zählen die Replicas BMW 328, Bugatti Royale, Ford GT 40 sowie Roadster Mercedes 540 K (im Bild) zu den bemerkenswertesten Kreationen von Sbarro.

Die Automobilindustrie in Skandinavien und Finnland

Im Gegensatz zu anderen europäischen Ländern erlebte der Automobilbau in Skandinavien erst verhältnismäßig spät einen Aufschwung zu einer Größenordnung, die es erlaubt, von einer Automobilindustrie im eigentlichen Sinn des Wortes zu sprechen. Dies bedeutet aber nicht, daß die Entwicklung verschlafen worden war; denn in der Entwicklung des Kraftfahrzeugs als praktisches Transportmittel hat Skandinavien durchaus beachtenswerte Leistungen erbracht.

Das kleine *Dänemark* konnte im Vergleich zu den anderen skandinavischen Staaten das neue Transportmittel am besten anwenden, weil es über eine günstige Topographie und ein verhältnismäßig gut entwickeltes Straßennetz verfügte. Bereits 1887 präsentierte der Kopenhagener Fabrikant Hammel ein Automobil mit Benzinmotor, den Hammel-Wagen,

Der erste fabrikmäßig produzierte Personenwagen in Dänemark führte den Namen Gideon. Er bestand ausschließlich aus in Dänemark produzierten Komponenten. Die Marke bestand von 1913 bis 1920.

Thomas B. Thrige baute unter eigenem Namen zuerst Elektromotoren und seit 1912 auch Automobile. Das Unternehmen ging 1918 mit anderen Herstellern in der „Vereinigung Dänischer Automobilfabriken" auf, die von 1920 bis 1940 nur noch Nutzfahrzeuge unter dem Namen Triangel herstellte. Das Bild zeigt das Modell Thrige 1913.

der übrigens heute noch fahrbereit ist. Und der erste Däne, der Kraftfahrzeuge mit dem Ziel baute, sie auch zu verkaufen, war der Maschinenfabrikant Brems, der zwischen 1900 und 1907 insgesamt acht Fahrzeuge herstellte.

Weitaus produktiver war jedoch der Fahrrad-Fabrikant H. C. Christiansen, dessen Betrieb „Dansk Automobil & Cycelfabrik" schon eine verblüffende Modellvielfalt vorzeigen konnte. Christiansens Modellpolitik war ohne Zweifel unrentabel, hinzu kam der verstärkte ausländische Konkurrenzdruck, so daß er 1908 die Produktion einstellen mußte. Den nächsten Versuch wagte der Motorenfabrikant Rudolf Kramper in der jütländischen Stadt Horsens, der 1913 die Herstellung von Kraftfahrzeugen mit dem Markennamen Gideon aufnahm. Kramper bot eine Anzahl von Typen an, außerdem bestand der Gideon vollständig aus dänischen Komponenten. Das Werk verfügte über einen hochmodernen Maschinenpark, der nun auch noch mit hydraulischen Preßanlagen ausgestattet wurde. Die Pkw- und Lkw-Herstellung dauerte bis 1920; insgesamt wurden 184 Fahrzeuge gebaut.

Ein weiterer Automobil-Pionier war der Fabrikant Thomas B. Thrige, der kurz vor der Jahrhundertwende mit der Herstellung von Elektromotoren begann und 1912 mit der Konstruktion eines eigenen Wagens in den Automobilbau einstieg. Die Thrige mit Benzin-Motoren wurden erstaunlich schnell so beliebt, daß man bereits ein Jahr später die Automobilproduktion in einen gesonderten Betrieb verlegte, der bis 1918 bestand. Der Thrige war ein echtes Qualitätserzeugnis, doch die steigenden Importe erzwangen schließlich eine Fusion mit zwei anderen dänischen Automobilfabriken.

Die „Jan"-Fabrik wurde 1915 von dem Autodidakten Jan Hagemeister gegründet und finanziell von einer der großen Banken Kopenhagens unterstützt. Ebenso wie der Gideon war der Jan eine rein dänische Konstruktion, auch in bezug auf den Motor. Immerhin konnte Hagemeister etwa 50 bis 60 Wagen herstellen, bis er wegen des Bankrotts seiner Hausbank sein Werk an Thrige verkaufen mußte. Die Anglo-Dane-Fabrik war 1905 von dem Fahrradhersteller H. C. Frederiksen gegründet worden und hatte bis zum Zusammenschluß etwa 80 Fahrzeuge gefertigt, die ebenso alle rein dänische Erzeugnisse waren. Die Fusion zwischen Thrige, Jan und Anglo-Dane erfolgte 1918. Das neue Unternehmen firmierte als „De forenede Automobilfabriker A/S" und stellte bis 1940 die Nutzfahrzeuge der Marke Triangel her.

Ab 1920 wurden keine rein dänischen Personenwagen mehr produziert, weil sie sich auf dem ohnehin recht begrenzten Binnenmarkt gegen die zahlreichen preisgünstigen Importfabrikate nicht behaupten konnten. Zwar errichteten Ford und General Motors Anfang der zwanziger Jahre bedeutende Montage-Werke in Kopenhagen, deren Absatzmärkte jedoch lagen auch außerhalb Dänemarks.

In *Finnland* waren die Voraussetzungen für eine Au-

Die Marke Scania-Vabis entstand 1911 durch eine Fusion zweier Personenwagen-Hersteller. 1922 stellte sie die Produktion von Personenwagen ein, nahm sie aber nach dem Zusammenschluß mit Saab 1968 wieder auf. Das Bild zeigt den Scania-Vabis 1916.

tomobilindustrie ausgesprochen ungünstig. Vor 1919, als das Land Teil des Zarenreiches war, versuchten die Behörden offen, die Motorisierung zu unterdrücken. Ein Auto wurde daher lediglich als Kuriosität betrachtet. Erst nach 1919, als Finnland selbständig wurde, gab es einige zögernde Versuche, eine Kraftfahrzeug-Produktion zu etablieren, wie z. B. die Riemu und Finlandia in den zwanziger Jahren sowie den Wiima 1957. Diese Wagen wurden nur in wenigen Exemplaren hergestellt und verschwanden schnell wieder vom Markt.

Seit einigen Jahren werden in Finnland lediglich bestimmte Modelle von Saab montiert. Als einziges rein finnisches Produktionswerk ist nur die 1931 gegründete Nutzfahrzeug-Marke Sisu zu nennen.

In *Norwegen* waren die Voraussetzungen für eine

Das erste Personenwagenmodell von Volvo (1927) hieß im Volksmund „Jakob". Es hatte einen Zweilitermotor von 28 PS Leistung.

Der erste Saab von 1947 war ein bescheidener Kleinwagen mit Zweitaktmotor. Seine Form läßt deutlich die Hand im Flugzeugbau geschulter Konstrukteure erkennen.

Der „PV 444" machte die Marke Volvo erstmals weit über die Grenzen des Landes bekannt. Er war auch der erste Volvo mit selbsttragender Karosserie. Mit diesem Modell und vor allem dem Nachfolger „PV 544" setzten die Schweden sich auch im Rallyesport effektvoll in Szene.

Mit der „Amazon" begann Volvo einen systematischen Vorstoß auf den Weltmarkt — vor allem in den USA.

einheimische Autoproduktion nicht viel besser. Die beträchtliche Ausdehnung und Unzugänglichkeit des Landes verzögerten die Ausbreitung des Kraftwagens in solchem Maß, daß es 1910 erst 200 Autos in ganz Norwegen gab. Erwähnenswert sind Pioniere wie Anton Løvstad, der sich 1878 querliegende Drehstabfedern patentieren ließ, oder Paul Irgens, der 1898 einen Benzin-Turbinenmotor erfand. Beide konnten jedoch keine heimische Produktion aufbauen. Lediglich der A/S C. Geijer gelang es vor 1930, Kraftwagen zu bauen; allerdings stammten die meisten Teile des von 1921 bis 1930 produzierten Geijer aus den USA.

Im Gegensatz zu den nordischen Nachbarländern schafften es nur die *Schweden*, eine Automobilindustrie von internationalem Rang aufzubauen. Auch in diesem Fall verlief die Anfangsentwicklung langsam, vor allem weil das Straßennetz schlecht ausgebaut war. Als erster Schwede baute Gustav Erikson 1897 ein Automobil mit Petroleummotor, von dem er dann eine Serie von Fahrzeugen mit Benzinmotoren ableitete. Sie wurden in der Eisenbahnwaggonfabrik Vabis hergestellt. Der Vabis mauserte sich schnell zu einem ernsthaften Konkurrenten einer anderen führenden Marke jener Zeit, dem Scania; dies war eine Schöpfung der Fahrrad- und Maschinenfabrik Scania A/B in Schonen.

1902 kam der Scania auf den Markt, und im nächsten Jahrzehnt erwarben sich die Wagen aus Malmø einen hervorragenden Ruf. 1911 fanden es Scania und Vabis zweckmäßig zu fusionieren und produzierten fortan unter der Marke Scania-Vabis Personenwagen in Södertälje und Lastwagen in Malmø. 1913 gründete Scania-Vabis in Dänemark eine Tochtergesellschaft, die außer Zahnrädern und Getrieben

Als einzige europäische Marke hat sich Volvo mit der 760-Baureihe amerikanischen Stylingvorstellungen verschrieben — mit Erfolg übrigens.

auch einen Wagen auf der Basis des deutschen Dessauer Typ G 3 herstellte, der einen Scania-Vabis-Motor erhielt. Die dänische Version des Scania-Vabis bekam 1917 einen in Dänemark konstruierten V-8-Motor und wurde bis 1927 hergestellt, obwohl das schwedische Stammhaus bereits 1922 das Werk verkauft hatte. Zur gleichen Zeit wurde übrigens auch der Personenwagenbau eingestellt, und man konzentrierte sich erfolgreich auf den Lkw-Bau in Södertälje.
1968 schlossen sich Scania-Vabis und Saab zur Saab-Scania A/S zusammen. Der Saab-Personenwagen wurde 1947/1950 in der Flugzeugfabrik Svenska Aeroplan A/B in Trollhättan entwickelt. Seine ungewöhnliche Form verriet deutlich die Herkunft. Der Saab wurde schnell beliebt, und ständige Konstruktionsverbesserungen haben der Marke im Laufe der Jahre zu internationalem Ansehen verholfen.
Auch die Thulinverken A/B in Landskrona beschäftigten sich mit dem Flugzeugbau, bevor sie sich 1920 auf die Kraftwagenproduktion einließen.
Als Vorbild für den Thulin diente hauptsächlich der deutsche AGA, obwohl die Konstrukteure in Landskrona so weit als möglich schwedische Teile verwendeten. Bis zum Bankrott des Werkes 1924 wurden 300 Fahrzeuge gebaut; die Wiederbelebung Ende der zwanziger Jahre schlug fehl, nicht zuletzt auch deshalb, weil sich in dieser Zeit Volvo auf dem Markt durchzusetzen begann. Die heute größte schwedische Autofabrik baute 1927 ihren ersten Wagen mit finanzieller Unterstützung der Kugellagerfabrik SKF. Die Firmengründer Assar Gabrielsson und Gustaf Larson waren aus dem SKF-Management hervorgegangen.
Als die neue Marke deutliche Markterfolge erzielte,

Saab 9000 heißt das Spitzenmodell der auf technische Fortschrittlichkeit setzenden Marke. Sein Vierventil-Motor mit Turboaufladung sorgt für beachtliche Fahrleistungen.

griffen die SKF-Werke ihren Ex-Angestellten erneut mit einer Kapitalspritze unter die Arme. 1934 hatten sich die Volvo-Werke so konsolidiert, daß sie sich vom Einfluß der SKF freimachen konnten. In den folgenden Jahren erlebte Volvo eine stetige Aufwärtsentwicklung; hierbei kam den Schweden zugute, daß sie hinsichtlich erstklassiger Rohstoffe gleichsam an der Quelle saßen.
Vor dem Krieg konnte Volvo sogar schon auf den Exportmärkten in Europa und Südamerika bescheiden Fuß fassen, richtig gelang der Einstieg in den Export jedoch erst in den Nachkriegsjahren. Der robuste Volvo 444 fand auch außerhalb Schwedens viele Käufer, und mit dem eleganten Nachfolgemodell Amazon wurde Volvo mit einem Schlag eine weltbekannte Marke. Auch mit den nächsten Volvo-Generationen verstanden es die Schweden, ihren Erfolgskurs auszubauen, besonders auf dem lukrativen USA-Markt.

50 Jahre Rostgarantie verheißt der dänische Kleinhersteller Ole Sommer für seinen „OScar"-Sportwagen. Das Chassis des Zweisitzers ist verzinkt, die Karosserie besteht aus Kunststoff. Ein 173-PS-Volvo-Turbomotor erzeugt rapiden Vortrieb.

Automobile in der Sowjetunion

Die zwei wichtigsten Werke baute Ford

Automobiljournalisten und Verkehrsredakteure sowjetischer Zeitschriften tragen nicht selten mit Stolz das Markenzeichen Russko-Baltisskj am Revers. Autos dieser Marke waren zwar nicht die ersten im damals kaiserlichen Rußland, aber sie waren immerhin die ersten, die aus einer geordneten Fabrikation als Serienerzeugnisse hervorgingen.

Nach offizieller Lesart begann die sowjetische Automobilhistorie erst unter der Räterepublik im Jahr 1924. Dies bedeutet allerdings nicht, daß es vorher keine in Rußland gebauten Automobile gegeben hätte. Die ersten Autos im Zarenreich waren importierte ausländische Erzeugnisse oder nach ausländischen Rezepten gebaute Einzelstücke. Das russische Reich war riesig und die Informationsvermittlung in den ersten Jahrzehnten nach 1900 mühselig und langsam. Die Industrie wuchs völlig unkontrolliert, Energien wurden häufig durch unzureichende Kooperationen vergeudet, und in vielen Fällen fehlte eine ausreichende industrielle Grundlage für das Entstehen einer Automobilfertigung — von einer Verkaufsorganisation ganz zu schweigen.

Im Kaiserreich gab es bis 1917 zwei Unternehmen, die serienmäßig Automobile herstellten. Beide hatten ihren Sitz in Riga: Russko Baltisskj Vagonny Stroitelny Sawod (Russisch-Baltische Waggonfabrik) und die Fahrradfabrik A. Leutner & Co.

Leutner hatte schon 1900 ein von ihm konstruiertes Automobil ausgestellt, von dem aber kaum viele Exemplare entstanden sein dürften. Russko-Baltisskj nahm 1909 den Automobilbau mit Konstruktionen des Schweizer Ingenieurs Julien Potterat auf. Bereits im kommenden Jahr bewährten sich die Fahrzeuge durch den Sieg in der Fernfahrt Petersburg—Kiew—Moskau—Petersburg. 1912 konstruierte Ernst Valentin, ein damals recht bekannter und erfolgreicher deutscher Automobilbauer, mehrere neue Modelle mit Vier- und Sechszylindermotoren. Im Werk Riga wurden etwa 3 500 Automobile hergestellt, ehe das Unternehmen 1915 zuerst nach Jaroslawl und danach nach Moskau verlegt wurde. Während des Ersten Weltkrieges beschäftigte es angeblich etwa 5 000 Arbeiter.

Nach der Revolution hat das Werk, wie es heißt, bis 1922 noch existiert. In den spärlichen Nachrichten aus der Frühzeit werden noch die Maschinenfabrik Bromlein & Skavronsky, die Landmaschinenfabrik Aksai als Automobilhersteller sowie die Karosseriewerke Frese und Liedtke & Iljin erwähnt, von denen vor allem Frese sich als Lieferant von Aufbauten für Russko Baltisskj hervortat.

Der Schwerpunkt des russischen Handels und der Industrie bildete sich in den frühen Jahren in und um St. Petersburg, dem späteren Leningrad. Hier

1896 bauten E. Jakowlew und P. Frese in St. Petersburg das wahrscheinlich erste Auto Rußlands. Der kleine Zweisitzer hatte einen 2-PS-Einzylindermotor und wog nur 300 kg.

siedelten sich auch die Importeure ausländischer Marken zuerst an. Zu den Absonderlichkeiten der Motorisierung jener Zeit zählte unter anderem die Ausstattung einiger Prachtexemplare von Kosaken mit belgischen FN-Motorrädern. Die in der Stadt verkehrenden Taxen, wie auch jene in Moskau, stammten zumeist von Renault. In Petersburg erregte 1900 ein gewisser Ippolit Romanow Aufsehen mit einem Elektrowagen. Dieser dürfte mit einer Höchstgeschwindigkeit von 38 km/h und einer Betriebsreichweite von mehr als 60 km nicht viel schlechter funktioniert haben als seine Nachfahren bis heute.

Die Russisch-Baltische Waggonfabrik in Riga war die erste „richtige" Automobilfabrik. Das Foto zeigt eine Limousine dieser Marke vom Baujahr 1912. Ihr 4,5-l-Vierzylindermotor leistete 40 PS, die Höchstgeschwindigkeit betrug 70 km/h.

Detroit kommt nach Gorki

Die Parallele der beiden Städte als Metropolen der Automobilindustrie ihrer Länder datiert aus den frühen dreißiger Jahren. 1918 hatte die Ford Motor Company erste Kontakte mit dem Sowjetregime aufgenommen, bei denen es vor allem um Lizenzverträge für die Produktion des T-Modells ging. 1928 lieferte Ford eine größere Anzahl von Fahrzeugen an die UdSSR. Nach Abschluß der Verhandlungen wurde von Ford-Ingenieuren eine komplette Produktionsanlage in Nischni-Nowgorod (später Gorki genannt) gebaut. Sie nahm 1932 die Produktion auf. Ein weiteres Ford-Werk entstand in der Nähe von Moskau.
Eine für das Projekt förderliche Begleiterscheinung ergab sich durch etwa 100 Finnen, die vor dem Krieg nach den USA ausgewandert und bei Ford in Detroit den Automobilbau kennengelernt hatten. Nach dem Krieg plante die Sowjetunion in Ost-Karelien an der Ostgrenze Finnlands einen finnisch-russischen „Idealstaat". Viele der finnischen Autoarbeiter fühlten sich durch diesen Plan angezogen und siedelten nach Ost-Karelien um — von dort war der Weg nach Gorki nicht weit, wo man ihr Können dringend brauchte.
Die Schwierigkeiten der neuen Automobilindustrie lagen vor allem im Mangel an Wissen und Ausbildung, aber auch bei der Zulieferindustrie und in permanentem Rohstoffmangel. Typisch hierfür war z. B. die Reifenproduktion. Obwohl das Land über reichliche Ölreserven verfügte, litt die Gummiindustrie unter ständigem Mangel. Die Lösung kam erst später in Form des synthetischen Gummis. Noch 1939 erreichte die Produktion dieses wichtigen Materials nur 50 000 t. Zeitweise liefen Versuche, synthetischen Gummi aus Kartoffeln herzustellen („Sowpren").

In den zwanziger und dreißiger Jahren entstanden in der Sowjetunion Personenwagenmodelle, die sich überwiegend an amerikanischen Vorbildern (hier Ford) orientierten.

Die Zeit nach 1945

Für die westliche Welt überraschend erschien 1947 ein Personenwagenmodell eigener Konstruktion als Serienprodukt der Automobilfabrik Gorki auf der Bildfläche. Das Modell GAS 20 oder „Pobjeda" (Sieg) genannte Auto war eine Konstruktion von Jewgeni Solowjew. Seine Technik zeigte Ähnlichkeiten mit dem Opel Kapitän, dem Ford BB und zeitgenössischen amerikanischen Modellen. Es war vor allem robust und mit einer sehr wirksamen Heizung recht wintertauglich.
Als Reparationsleistung hatte die Sowjetunion aus dem besiegten Deutschland die Produktionsanlage für den Opel Kadett mitgehen lassen. Sie wurde in Isschewsk wieder aufgebaut und produzierte fortan die Moskwitsch-Modellreihe.
In der sowjetischen Automobil-Nomenklatur findet man sich schwer zurecht, weil manche Werke von Zeit zu Zeit aus politischen Gründen ihre Namen wechselten. So hieß beispielsweise die heutige Automobilfabrik Gorki (GAS, Gorki Avtomobilny Sawod) früher einmal SIM (Molotow-Fabrik), und aus SIS (Stalin-Werk) wurde SIL (Lichatschow-Werk), umbenannt nach dem ersten Direktor Iwan Licha-

In dem als Reparationsleistung nach der Sowjetunion transplantierten Opel-Werk Brandenburg wurde viele Jahre lang der Opel Olympia als „Moskwitsch" produziert.

tschow. Das letztgenannte Unternehmen produziert in kleiner Serie große Luxuswagen für die Spitzen der Parteihierarchie. Bekannt wurden ferner das ebenfalls in Gorki gebaute Modell Wolga (M-21, M-22 und M-25), das in kleinen Stückzahlen auch in westliche Länder exportiert wurde, und die Prestigelimousine Tschaika (Möwe).

In einem Werk in Melitopol im Süden des Landes wurde das erste sowjetische „Volksauto" produziert. Es trug den Namen Saporoschez (nach der Stadt Saporoschje). Auf Exportmärkten trat es unter dem Namen Jalta auf. Dieses Mobil hatte einen luftgekühlten Vierzylinder-V-Motor im Heck, der aus einem Hubraum von 887 cm³ bei 4 000/min 27 PS holte. Äußerlich wies die kleine Limousine zunächst Ähnlichkeiten mit dem FIAT 600 auf, später mit dem NSU Prinz.

Eine selbständige Konstruktion war hingegen der GAS 21, auch Wolga genannt. Das robuste Auto hatte einen Vierzylindermotor von 2445 cm³ mit hängenden Ventilen (etwa 80 PS).

FIAT folgt dem Ford-Beispiel

Im Jahr 1966 wiederholte sich — nach 35 Jahren — das Kooperations-Projekt, dieses Mal jedoch mit der italienischen FIAT als Partner. Die Italiener planten und bauten in Stavropol — zu Ehren des italienischen Kommunistenführers in Togliattigrad (Togliatti-Stadt) umbenannt — eine moderne Automobilfabrik und lieferten auch gleich die auf dem damaligen FIAT 124 fußende Konstruktion des Autos mit, das seither dort gebaut wird. Es heißt in der Sowjetunion Schiguli und auf den westlichen Exportmärkten Lada. Diese technisch konventionelle Baureihe wird nun durch eine moderne Konstruktion mit Quermotor und Vorderradantrieb ersetzt, an deren Entwicklung die Porsche AG kräftig mitgewirkt hat.

Die sowjetische Wirtschaft rechnet in Fünfjahres-Plänen. Als Folge hiervon ist sie wenig flexibel und arbeitet mit langen Modellwechselzeiten. Zumeist bleibt ein einmal eingeführtes Modell gut zehn Jahre ziemlich unverändert in Produktion. Westliche Experten, die Gelegenheit hatten, die Fertigungsanlagen in der Sowjetunion zu besuchen, sind der Ansicht, daß die moderneren Anlagen inzwischen recht gut arbeiten. Ungewöhnlich ist das weitverzweigte System der Zulieferung bestimmter Bauteile. So werden die Anzeigeinstrumente für den Lada in Ungarn hergestellt, während die Scheinwerfer aus der DDR bezogen werden. Mit diesem System gab es in der Anfangszeit häufig Probleme, die inzwischen aber überwunden scheinen.

Wie langfristig geplant wird, ist beispielsweise an dem Wagen Saporoschez/Jalta zu erkennen, der seit vielen Jahren weitgehend unverändert mit einer Jahresrate von 120 000 Einheiten gebaut wird. Um die Jahreswende 1986/87 soll der Nachfolger starten. Er wird wie der neue Lada einen Quermotor haben, der die Vorderräder antreibt. Ebenso ist auch ein für 1986 eingeplanter blitzneuer Moskwitsch angekündigt.

Statistik ist rar

Ostblockstaaten scheuen meist aus Gründen der Geheimhaltung die Bekanntgabe statistischer Daten. Deswegen ist über den tatsächlichen Ausstoß sowjetischer Automobilhersteller keine fortlaufende Übersicht bekannt. Dazu mag auch beigetragen haben, daß bisher die Inlandnachfrage stets die Lieferkapazität der Industrie überstieg. Aus der Anfangszeit ist bekannt, daß 1932 vom GAS AA (Ford), auch

Die für hohe Funktionäre gebauten Repräsentationsmodelle waren praktisch ohne Ausnahme Kopien amerikanischer Vorbilder. Dieser SIS (Stalin-Werk) läßt die Ähnlichkeit mit einem Packard erkennen.

bekannt als Molotow-Lastwagen, täglich 60 Einheiten gebaut worden sind, und bei Nutzfahrzeugen liegt auch in unseren Tagen noch der Schwerpunkt. Angeblich wurde in den Gorki-Werken 1948 das millionste Kraftfahrzeug hergestellt, und vom Modell Pobjeda ist für den Zeitabschnitt 1946 bis 1958 eine Gesamtanzahl von 236 000 Einheiten genannt worden.
Die erste Wolga-Variante wurde von 1952 bis 1965 unverändert gebaut; dem jüngsten Nachfolger GAS 24 hat offenbar der Schiguli/Lada das Wasser abgegraben. Vom letzteren sollen schon im ersten Jahr der Produktion rund 600 000 Stück von den Bändern gerollt sein. Ob dies lediglich eine Planvorgabe oder ein tatsächliches „Ergebnis" gewesen ist, steht nicht fest. Gegenüber den in Großserie produzierten Gebrauchswagen nimmt sich der Anteil der Oberklasse-Modelle höchst bescheiden aus. So liegt die Jahresproduktion für das Nobelmodell GAS 14 (Tschaika) bei rund 250 Einheiten.

Als erste völlige Neukonstruktion entstand mit Hilfe von Porsche der Schiguli/Lada VAS 2108. Der Entwurf zu diesem Auto entstand im Herstellerwerk, die Gesamtentwicklung zur Serienreife erfolgte bei Porsche in Weissach. Die moderne Fronttrieb-Schräghecklimousine hat einen 1,3-l-Quermotor mit obenliegender Nockenwelle und 65 PS Leistung.

Die Automobilindustrie in Spanien

Die Geschichte des Automobils in Spanien läßt zwei klar unterscheidbare Epochen erkennen. Die erste reicht vom Beginn des Jahrhunderts bis 1936. Die zweite beginnt nach einer mehr als 20jährigen Pause und dauert bis heute an. Im ersten Kapitel ihrer Geschichte zeichnete sich die Automobilindustrie des Landes durch die Qualität ihrer Produkte aus, im zweiten durch die Hinwendung zur Großserienfertigung.

Pioniere und Ingenieure

Um die Mitte des 19. Jahrhunderts gab es in Spanien eine Anzahl von Fahrzeugen mit Dampfantrieb, nach der Jahrhundertwende dann die ersten Automobile mit Verbrennungsmotoren. Unter den ersten Marken ist „La Quadra" zu nennen; man stellte allerdings nur acht Automobile her, doch wurde diese Marke zur Keimzelle eines größeren Unternehmens. La Quadra wurde 1901 von J. Castro gegründet. 1904 wurde das Werk von B. Bisa und Marc Birkigt übernommen und in „La Hispano-Suiza" umbenannt. Von 1904 bis 1936 gewann dieses Unternehmen laufend an Bedeutung, vor allem durch die hervorragende Qualität und fortschrittliche Konstruktion seiner Automobile. Der Schweizer Ingenieur Birkigt entwickelte in jenen Jahren unter anderem Motore mit obenliegender Nockenwelle, vereinigte bereits Motor und Getriebe zu einer Einheit und stattete seine Luxusfahrzeuge mit Servobremsen aus.

In den dreißiger Jahren unterhielt Hispano-Suiza Tochterunternehmen in Frankreich und Argentinien, und im Ansehen konkurrierte die Marke mit Rolls-Royce, Mercedes und Isotta-Fraschini. Besondere Bedeutung erlangte 1905 der Sporttyp „Alfonso XIII" — benannt nach dem König von Spanien, der ein solches Auto fuhr. Birkigts Meisterstück war zweifellos der Typ 68 aus dem Jahr 1931, dessen Zwölfzylinder-V-Motor bei der bescheidenen Nenndrehzahl von 2 400/min eine Leistung von 210 PS bot. Die ruhmreiche Karriere der Marke endete mit dem spanischen Bürgerkrieg. Danach ging sie in der staatlichen Holding ENASA auf.

In dieser ersten Epoche gab es noch zwei weitere Marken, die erwähnt werden müssen: Elizalde (1914 bis 1928) und Ricart. Das erstgenannte Unternehmen baute Luxuswagen, z. B. die Typen 20, 26 und 16/20 mit seitengesteuerten Vierzylindermotoren zwischen 2,3 l und 3,4 l Hubraum, spätere Ausführungen hatten hängende Ventile. 1921 wurde

Aus der ersten Epoche der spanischen Automobilindustrie stammt dieser Quadra (später Hispano-Suiza). Das Modell von 1903 hatte einen 1106-cm³-Einzylindermotor.

der Typ 48 mit Reihen-Achtzylinder von 8,2 l Volumen vorgestellt. Sein Zylinderblock bestand aus Leichtmetall mit Grauguß-Laufbüchsen, der zweiteilige Zylinderkopf aus Bronze. Zwei seitliche Nokkenwellen betätigten vier Ventile je Zylinder. 1924 stand auch ein Zweiliter-Modell im Programm. Nach 1928 wurden nur noch Flugmotoren hergestellt.
Wilfredo Ricart trat 1922 mit einem sportlichen Modell hervor, dessen 1,5-l-Motor sich durch zwei obenliegende Nockenwellen auszeichnete. Er gründete 1927 das Konstruktionsbüro Ricart-Espana, wechselte aber 1936 zu Alfa Romeo, wo er mehrere Rennwagen und Flugmotoren konstruierte. Erwähnung verdient auch Nacional Pescara. Die Marke trat 1929 in Erscheinung, war mit einem Dreiliter-Auto im Sport recht erfolgreich, verschwand aber schon 1932 lautlos wieder von der automobilen Bühne.

Die Marke Hispano-Suiza sollte durch die Konstruktionen des Schweizer Ingenieurs Mark Birkigt zu den angesehensten der Welt werden — gleichrangig mit Maybach oder Rolls-Royce. Die abgebildete Sportlimousine von 1931 hatte einen V-Zwölfzylindermotor von 9,3 l Hubraum und 200 PS Leistung.

Neuer Beginn

Durch Bürgerkrieg und Weltkrieg hatte die spanische Industrie schwer gelitten. Erst 1949 nahm die staatliche ENASA die Fertigung von Nutzfahrzeugen auf und beauftragte Wilfredo Ricart (damals technischer Direktor bei Alfa Romeo), einen Traumwagen zu bauen, der dem spanischen Unternehmen zu weltweitem Ansehen verhelfen sollte. Das Ergebnis war der Pegaso Z-102 mit einem Viernockenwellen-V 8 von 2,5 l Hubraum, der dem eleganten Coupé zu einer Maximalgeschwindigkeit von 260 km/h und dem Titel des schnellsten Sportwagens verhalf. Der Pegaso wurde bewundert und verkaufte sich

Vor allem für die Markenwerbung baute das Nutzfahrzeugwerk ENASA während weniger Jahre einen brillanten Sportwagen unter dem Markennamen Pegaso. Das abgebildete Sportcoupé stammt von 1953. Sein V8-Motor hatte vier obenliegende Nockenwellen.

Die mit FIAT-Mitwirkung gegründete SEAT entwickelte auf der Basis von FIAT-Serientypen auch einige eigene Varianten, wie z. B. dieses Sportcoupé mit 1,2-l-Motor von 50 kW Leistung.

nicht schlecht — nur nicht kostendeckend. 1955 wurde die Fertigung wieder eingestellt. Der Name Pegaso war nun weltweit bekannt und zierte hinfort die Lastwagen der ENASA.

Um diese Zeit hatten zwei große europäische Unternehmen ihr Auge auf den spanischen Markt gerichtet: FIAT und Renault. Der italienische Konzern gründete gemeinsam mit dem spanischen Staat die Firma SEAT, während die Régie Renault mit der FASA ein eigenes Produktionsunternehmen eröffnete. Beides geschah 1954.

Der SEAT 1400 und der Renault 4 (in Spanien „4 × 4" genannt) waren die ersten Großserienautos, die im Lande hergestellt wurden. Die SEAT erweiterte ihr Programm alsbald um den populären Typ 600 und entwickelte auf der mechanischen Grundlage von FIAT-Modellen eigene Ausführungen, wie z. B. den Heckmotortyp 133 und das Sportcoupé 1430. Speziell für den spanischen Markt entstand eine viertürige Ausführung des Typs 127.

Die Ehe FIAT/SEAT zerbrach 1983. SEAT sah sich vor die Wahl gestellt, den Betrieb zu schließen oder die Flucht nach vorn anzutreten. Die Entscheidung fiel zugunsten der zweiten Möglichkeit. In den SEAT-Werken in Barcelona und Pamplona wurde ein Teil der Kapazität für die Fertigung von VW-Modellen (Polo, Passat und Santana) benutzt und für die eigene Marke mit Hilfe von Porsche, Italdesign und Karmann (Osnabrück) ein neues Modell entwickelt, das den Namen „Ibiza" erhielt, dem 1985 die Stufenheck-Version „Malaga" an die Seite gestellt wurde.

Renault produzierte auch den Typ Dauphine in Spanien, der dort in knapp sieben Jahren auf eine Stückzahl von mehr als 100 000 kam. Es folgte der R-5 mit dem „Ableger" 7 auf verlängertem Radstand mit vier Türen und Stufenheck.

Zu den weiteren ausländischen Herstellern, die dem

Nach der Trennung von FIAT brachte das spanische Werk 1984 sein erstes eigenes Modell mit Entwicklungshilfe von Porsche (Motor und Getriebe), Italdesign (Styling) und Karmann (Karosserie-Struktur) als SEAT „Ibiza" heraus.

spanischen Markt mit seinem niedrigen Lohnniveau und lohnenden Zukunftsperspektiven Interesse abgewannen, zählten Alfa Romeo und Citroen. 1920 wurde die „Motor Iberica" gegründet, die bis 1936 Ford-Modelle montierte; später stellte sie für Alfa Romeo einen kleinen Lieferwagen her, schloß sich 1966 mit Massey-Ferguson zusammen, um danach mit Nissan zu kooperieren. Santana, 1955 gegründet, nahm 1959 die Fertigung von Landrovern auf und arbeitet gegenwärtig auch mit Suzuki zusammen.
Citroen begann 1958 mit der Fertigung des 2 CV in einem eigenen Werk in Vigo. Nach dem Zusammenschluß mit Peugeot und Talbot zur PSA kamen in Vigo noch einige Peugeot-Modelle hinzu.
Ein weiteres wichtiges Unternehmen, das heute für die PSA arbeitet, ging aus der von Eduardo Barreiros gegründeten gleichnamigen Marke hervor. Sie hatte ursprünglich mit Dieselmotoren begonnen, dann kamen Nutzfahrzeuge hinzu und 1963 die Montage des Dodge Dart und Simca 1000 als Lizenzfertigung. Das Werk wurde dann von Chrysler übernommen, und als die europäischen Interessen des drittgrößten amerikanischen Herstellers an die PSA übergingen, organisierte diese im Werk Villaverde bei Madrid die Montage verschiedener Talbot-Typen sowie des Citroen LNA und des Peugeot 205.

Die Giganten marschieren auf

In den Jahren 1960 bis 1975 verzeichnete die Automobilproduktion in Spanien einen zwar langsamen, aber stetigen Aufschwung. Nach 1975 überstieg das Jahresergebnis die Millionengrenze. Danach ging es rasch aufwärts: 1976 errichtete Ford das Werk Almusafes bei Valencia. Es produzierte zunächst den Typ Fiesta, inzwischen aber auch Escort und Orion sowohl für den spanischen Markt als auch in erheblichen Stückzahlen für den Export.
Als General Motors den Kleinwagen Corsa plante, lenkten wohl auch die scharf beobachteten Erfolge des Konkurrenten Ford die Blicke auf Spanien. Dort entstand dann in Figueruelas bei Saragossa in Rekordzeit ein modernes Werk, in dem seit 1982 ausschließlich das Modell Corsa gebaut wird.
So hat sich im Lauf von rund 85 Jahren Spanien zu einem namhaften Automobilproduzenten entwikkelt, der gegenwärtig in der Weltrangliste den siebenten Platz einnimmt. Was einst mit winzigen Stückzahlen technisch hochwertiger Luxusfahrzeuge begann, hat sich zu einer modernen Großindustrie entwickelt, die sowohl den eigenen Markt versorgen als auch durch einen rasch wachsenden Export kräftig zur Handelsbilanz beitragen kann.

Nach Ford entschied sich auch General Motors für ein eigenes Werk in Spanien. In der hochmodernen Anlage, an deren Bau, Ausstattung und Betriebsorganisation Opel maßgeblich beteiligt war, wird der Kleinwagentyp Opel Corsa (auf anderen Märkten „Nova") produziert.

Die Automobilindustrie der USA

Es ist vor allem die Massenfertigung, durch die Amerikas Automobilindustrie ihren weltweiten Ruf gewonnen hat. Das Fließband hatte zwar seine Ursprünge in anderen Industriesparten — Henry Ford machte es aber zum Symbol amerikanischen Automobilbaus. Er war es, der als erster 1913 das laufende Band im Werk Highland Park einführte.

Technische Innovation war hingegen weniger das Ziel amerikanischer Hersteller. Für ihr Vorgehen war es vielmehr typisch, sich europäische Patente zu sichern und deren Ideen in brauchbare Produkte umzusetzen. Dies war der Fall beispielsweise bei automatischen Getrieben (Oldsmobile, 1940) und hydraulischen Bremsen (Chrysler, 1924).

Andererseits geht der Gedanke der hydraulischen Servolenkung auf Patente des Amerikaners Francis W. Davis zurück, dessen Konstruktion die General-Motors-Tochter Saginaw Steering Gear Division für die durch Buick, Oldsmobile und Cadillac 1952 eingeführte Hilfskraft-Lenkung nutzte.

Joseph Ledwinka war zwar in Europa geboren, das wichtige Patent für die moderne selbsttragende Karosseriestruktur wurde ihm jedoch 1931 in den USA erteilt (Patentantrag 1928), wo er langjährig als Chefingenieur der Budd Company (Preßwerk) tätig war.

Als wesentlicher Beitrag der amerikanischen Ingenieure zum technischen Fortschritt der Automobiltechnik haben ihre Bemühungen um die Zuverlässigkeit und Haltbarkeit der Automobile zu gelten. Die Leistungen auf diesem Gebiet haben eigentlich nie die ihnen gebührende Anerkennung gefunden.

Gesicherte Mobilität war stets das wichtigste Anliegen des amerikanischen Kraftfahrers, der wegen des heimischen Straßennetzes im Vergleich zur „alten Welt" als eindeutig unterprivilegiert gelten konnte. Bis in die zwanziger Jahre waren im amerikanischen Straßennetz unbefestigte Karrenpfade die Regel. Erst 1956 wurde der Ausbau eines Systems nationaler Schnellstraßen in Angriff genommen.

Die technische Evolution des amerikanischen Automobils wurde deshalb primär von den Betriebsbedingungen beeinflußt sowie von den ständigen Forderungen des Käuferpublikums nach mehr Komfort, mehr Nutzraum, vielseitiger Verwendbarkeit und Bedienungserleichterung. Die allgemeine Wirtschaftslage, Benzinpreise und Steuerpolitik der Obrigkeit wirkten ebenfalls dabei mit, die amerikanischen Automobilhersteller auf einen technischen Kurs zu drängen, der sich von den europäischen Trends mehr und mehr entfernte.

Kein Modell hat die Motorisierung der USA stärker beeinflußt und beschleunigt als das Modell T von Ford. Es wurde in der Zeitspanne von Oktober 1908 bis Mai 1927 in 15 007 033 Exemplaren gebaut. Die Ford Motor Company, die schon 1903 — im ersten Jahr ihres Bestehens — 1 708 Fahrzeuge fertigte, gehört zu den Gründern der amerikanischen Automo-

Das Chrysler-Modell „62" war in den späten zwanziger Jahren auch in Euorpa sehr verbreitet. Es war robust und preisgünstig, mit einem simplen seitengesteuerten Motor, unsynchronisiertem Dreiganggetriebe und Außenbandbremsen ausgerüstet, aber technisch eher primitiv.

bilindustrie. Damals war allerdings Oldsmobile mit einer Jahresproduktion von 4 000 Einheiten noch Marktführer. Auch Cadillac, Pope-Hartford und Rambler zählten in dieser Zeit zu den etablierten Marken. Gleichsam in die zweite Liga gehörten mit einem Ausstoß von 300 bis 900 Jahreseinheiten der Dampfwagenhersteller Stanley, Baker (Elektro-Autos), Winton, Knox und White.
Deutlich begann sich die Industrie in dieser Frühzeit bereits im Bundesstaat Michigan zu konzentrieren. Sowohl Ford als auch Cadillac hatten sich schon in Detroit niedergelassen. Oldsmobile hatte Lansing gewählt, und Buick nahm 1904 die Fertigung in Flint auf.
Als im Jahr 1893 die ersten in den USA gebauten Autos auftraten, war Detroit als Autostadt noch nicht im Blickfeld. Elwood Haynes wohnte in Kokomo (Indiana), Charles Duryea in Chicopee Falls (Massachusetts) und John W. Lambert in Ohio City (Ohio). Die Mehrzahl der Automobilfabriken entstand in solchen Gebieten, in denen bereits eine industrielle Infrastruktur vorhanden war: in den Neu-England-Staaten und im Gebiet der Kohlenzechen und der Erzverhüttung im Mittleren Westen.
Bis etwa 1903 konnten Fahrzeuge mit Dampf- und Elektroantrieb noch als ernsthafte Wettbewerber des Autos mit Benzinmotor gelten. In der folgenden Zeit stellten sich etliche prominente Dampfwagen-Produzenten wie Locomobile und White auf Ottomotoren um. Diesem Beispiel folgten nach und nach dann alle anderen Hersteller. Zwar wurden von Milburn, Baker und Detroit Electric noch bis in die frühen zwanziger Jahre Elektrofahrzeuge hergestellt — doch nur in unbedeutenden Stückzahlen.
Die typischen amerikanischen Automobile von 1903 waren technisch eher primitiv mit aus dem Kutschenbau abgeleitetem Fahrwerk, Einzylindermotor und schlichtester Kraftübertragung.
In der Folgezeit setzte sich — geführt von Peerless, Packard, Columbia, Locomobile und Winton — der Vierzylinder weitgehend durch, und in den Jahren 1906/08 traten die ersten Sechszylinder (bei Ford, Franklin, Stevens-Duryea, Pierce-Arrow und Thomas-Flyer) auf. Um diese Zeit befaßte sich Marmon in Indianapolis bereits mit der Entwicklung eines luftgekühlten V 8, und sowohl Winton als auch Franklin erprobten Achtzylinder-Reihenmotoren für Rennwagen.
Maxwell experimentierte bereits 1904 mit einem Zwölfzylinder-Boxermotor. Cadillac allerdings hielt bis 1908 am Einzylinder fest, den Ford schon zwei Jahre vorher aufgegeben hatte.
1906 setzte sich Ford mit einem Jahresergebnis von 8 729 Einheiten an die Spitze der Produktionsstatistik vor Cadillac (4 059), Rambler (2 765), Reo, Maxwell und Oldsmobile. In den Kinderjahren des amerikanischen Automobils traten alle Hersteller als „Einzelkämpfer" auf — dies sollte nicht lange so bleiben.
Der erste große Zusammenschluß bis dahin selbständiger Unternehmen wurde 1908 bis 1909 von W. C. Durant organisiert. Er ging von Buick als Basis aus und erwarb die Kontrolle über Oldsmobile, Oakland, Cadillac und eine Anzahl kleiner Unternehmen sowie über Zulieferfirmen und vereinigte sie zum Konzern General Motors. Ähnliches versuchte auch B. Briscoe mit den Firmen Maxwell, Columbia, Courier, Alden Sampson und Stoddard-Dayton, erlitt damit aber nach drei Jahren schon Schiffbruch.
Im zweiten Jahrzehnt entwickelte sich ein Kampf zwischen Buick und Ford um die Spitzenposition, und auch Willys-Overland gewann schnell an Bedeutung. Darüber hinaus tauchten neue Marken auf wie Hudson und Hupmobile. 1911 wurde die Studebaker Corporation gegründet, die schon ein Jahr danach Willys-Overland ihren Platz in der Rangfolge streitig machte. Chevrolet wurde 1911 gegründet, hatte sich aber fünf Jahre später die Kontrolle über General Motors gesichert. Es sollte dann noch einmal zwei Jahre dauern, bis aus einer internen Reorganisation die Marke Chevrolet als GM-Division hervorging.
Während des ersten Jahrzehnts zählte Dodge Brothers zu den wichtigsten Zulieferern von Ford. Die Verbindung endete 1913, als Dodge selbst den

Das Traumauto der zwanziger Jahre hieß Duesenberg. Am berühmtesten war das Modell „J" mit 6,9-l-Reihen-Achtzylinder-Zweinockenwellen-Motor von 265 PS. Als Spitzengeschwindigkeit wurden 187 km/h angegeben.

Zu den amerikanischen Nobelmarken zählte auch Packard. Die Limousine „845" hatte einen Sechszylindermotor von 6,3 l Hubraum und 120 PS bei 3 200/min.

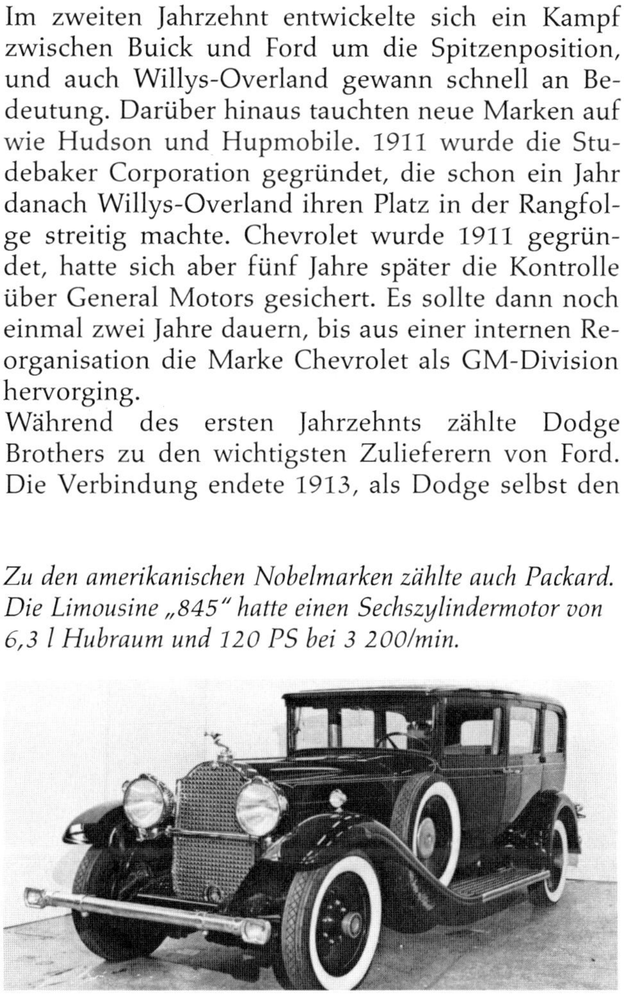

1935 war das Baujahr dieses Auburn „851" Speedster mit aufgeladenem Achtzylindermotor. Die Marke gehörte mit Duesenberg und Cord zum kurzlebigen Cord-Konzern, dessen Automobile heute zu den Sammler-Objekten zählen.

Automobilbau aufnahm, und zwar mit so gutem Erfolg, daß Dodge 1916 in der Produktionsstatistik bereits auf Platz drei hinter Ford und Willys vorgerückt war. Dahinter rangierte die wiederbelebte Marke Maxwell, die im gleichen Jahr mit Chalmers fusionierte.

General Motors büßte in den Jahren 1916 bis 1920, als der Konzern von Durant geführt wurde, eine Reihe wichtiger führender Persönlichkeiten ein. So stieg der Cadillac-Gründer H. M. Leland aus, um die Firma Lincoln zu gründen (die 1922 an Ford überging), und C. W. Nash (Ex-Präsident von GM) erwarb Jeffery (ehemals Rambler) und begann 1917 unter eigenem Namen Automobile zu bauen. Auch GM-Vizepräsident Walter P. Chrysler ging einen ähnlichen Weg. Zuerst sanierte er die ins Schleudern geratene Marke Willys-Overland, übernahm 1921 auch die Leitung von Maxwell-Chalmers und

Die zum Ford-Imperium gehörende Marke Lincoln überraschte in den dreißiger Jahren mit einem preiswerten Modell mit V12-Motor.

gründete schließlich 1924/25 die Chrysler Corporation.
In den Jahren 1921 und danach versuchte Durant es noch einmal, einen Großkonzern zusammenzuschweißen. Er faßte die Marken Flint, Star, Princeton, Rugby, Durant und Locomobile zusammen. Das Projekt scheiterte in der großen Depression der frühen dreißiger Jahre, in der auch eine beträchtliche Zahl mehr oder minder renommierter amerikanischer Marken aufgeben mußten, darunter Chandler, Peerless, Stearns-Knight, Stutz, Kissel und Marmon.
Eigensinnig hielt Ford an seinem Modell T fest, dessen Tage offensichtlich vorüber waren. Was schlimmer war: Einen Nachfolger hatte man bei Ford nicht in der Entwicklung. Als man damit begann und die Ford-Werke für die unvermeidliche Umstellung für sechs Monate geschlossen blieben (1927), schlug die große Stunde von Chevrolet. Auch mit Hilfe einer wirkungsvollen Werbung eroberte die GM-Marke Platz 1 im Markt. Als sich dann Ford mit dem neuen Modell A 1929 wieder an die Spitze setzen konnte, konterte Chevrolet mit seinem neuen Sechszylinder, und dieser konnte danach nicht einmal 1932 durch den damals sensationellen Ford V 8 mehr entthront werden.
Die Chrysler Corporation, inzwischen kräftig gewachsen, übernahm 1928 Dodge und brachte selbst zwei neue Marken heraus mit den Namen Plymouth und De Soto. Auf dem US-Markt entbrannte nun der Wettbewerb vor allem zwischen Chevrolet, Ford und Plymouth, während sich auf der nächsten Stufe Hudson, Studebaker, Graham-Paige, Hupmobile und Nash mühten, den General-Motors-Marken Pontiac (früher Oakland), Oldsmobile und Buick den Rang abzulaufen. Auburn mit den Nobelmarken Cord und Duesenberg ging 1938 unter, Graham-Paige und Hupmobile gaben 1942 auf.
Packard konnte sich durch das 1935 in Produktion genommene preiswerte Modell „120" und 1940 durch den Clipper mit pseudo-aerodynamischer Karosserie über Wasser halten und Willys-Overland durch ein kleineres Modell (als Ford). Diese Marke erholte sich nachhaltig während der Kriegszeit durch Militärlieferungen des Geländemodells „Jeep", das auch von Ford produziert wurde.
Während der Kriegszeit gab es ein sensationelles Ereignis in der amerikanischen Autobranche: Nach dem großen Sterben zahlreicher Marken trat plötzlich ein neuer Hersteller an: Kaiser-Frazer. Henry Kaiser war Stahlmagnat, Staudamm- und Schiffbauer, Frazer ehemaliger Vizepräsident von Graham-Paige. Die Marke hatte nur bis 1953 Bestand, doch inzwischen hatte sich Kaiser die Herrschaft über Willys-Overland gesichert.
Nash, Studebaker und Hudson starteten 1947 recht erfolgreich mit neuen Modellen, und ein Jahr danach leiteten Oldsmobile und Cadillac einen neuen Trend mit hochverdichteten V8-Motoren ein. Die nächste wichtige technische Innovation war das Automat-Getriebe. 1951 wurden solche Getriebe von allen amerikanischen Marken angeboten. Auch in

Das bekannteste Modell mit diesem Motor war der Lincoln „Continental", der in den USA zu einem ernsthaften Konkurrenten der GM-Spitzenmarke Cadillac wurde.

Ford-Thunderbird-Sportwagen. Das Foto zeigt einen Roadster mit abnehmbarem „Hardtop" aus dem Jahr 1955.

der Modellhierarchie entwickelten sich deutliche Stufen: Fords 1939 eingeführte Modellreihe Mercury etablierte sich als Rivale von Dodge und Oldsmobile, Lincoln war zur Alternative von Cadillac und dem Chrysler Imperial arriviert.
1954 fusionierten Hudson mit Nash und Studebaker mit Packard. Bei Nash ließ man den Modellnamen Rambler aufleben und baute ab 1957 nur noch unter diesem Namen Automobile. Studebaker ließ den Markennamen Packard fallen, verlegte 1963 die Fertigung nach Kanada und stellte die Personenwagen-Produktion schließlich 1966 ganz ein.
Um die Mitte der fünfziger Jahre begann das amerikanische Käuferpublikum reges Interesse an europäischen Modellen zu nehmen. General Motors, Ford und Chrysler sahen sich hierdurch veranlaßt, kompaktere Fahrzeuge anzubieten. Es entstanden damals Modelle wie der Ford Falcon, Chevrolet Corvair, Plymouth Valiant (1959). Anfang der Sechziger folgte Chevrolet mit dem Chevy II.
Der Markterfolg des Falcon half dazu mit, das durch die Katastrophe des Großmodells Edsel erschütterte Selbstvertrauen der Ford-Organisation wiederherzustellen. Der Edsel war das Produkt einer Marktforschungsaktion, deren Gültigkeit noch während der Produktionsvorbereitung zusammenbrach. Das Edsel-Projekt mußte mit erheblichem finanziellen Verlust eingestellt werden. Ende 1961 ließ Chrysler die De-Soto-Baureihe fallen.
Der Chevrolet Corvair mit seinem luftgekühlten Leichtmetall-Heckmotor — eine Konstruktion, bei der zweifellos auch der Markterfolg des VW-Käfer ein wenig mitgespielt haben mag — wurde später zur Zielscheibe einer Aktion des „Verbraucheranwalts" Ralph Nader. Pontiac, Oldsmobile und Buick nutzten die Corvair-Rohkarosserie für Kompaktmodelle mit Frontmotor, die unter den Typenbezeichnungen Tempest, F-85 und Special 1960 auf den Markt kamen.
Ford landete 1964 einen echten Renner mit dem

Aus der hohen Zeit des „Karosserie-Styling" stammt dieses Chrysler „Imperial Cabriolet" mit Panorama-Windschutzscheibe und Heckflossen. Die Fahreigenschaften entsprachen allerdings nicht dem Äußeren.

Der Chevrolet „Corvette"-Sportwagen war das erste amerikanische Serienauto mit Kunststoff-Karosserie. Das abgebildete Modell 1984 hat für die einzeln geführten Hinterräder auch eine Einblatt-Querfeder aus faserverstärktem Kunststoff.

sportlichen Modell Mustang, für das die Bodengruppe der kompakten Falcon-Limousine benutzt wurde. Diesem Erfolgsmodell setzten 2 Jahre später Chevrolet den Camaro und Pontiac den Firebird entgegen.
Offenbar wollten es die Käufer aber noch kompakter. Um die Flut der Importwagen zu dämmen, brachten in den Jahren 1970 und 1971 Ford den Pinto, Chevrolet den Vega und AMC (American Motors) den Typ Gremlin heraus. Es nutzte nichts, denn nun strömten die japanischen Autos in die USA.
1970 erwarb American Motors Kaiser-Jeep, und 1982 ging die Kontrolle des Unternehmens auf die französische Régie Renault über. Seitdem werden alle Personenwagenmodelle, mit Ausnahme der Jeep-Baureihe, in Frankreich konstruiert und entwikkelt.
Die weltweite Energiekrise von 1973/74 schockte die amerikanischen Automobilhersteller und zwang sie, auch die bisher noch recht beliebten Straßenkreuzer in ihren Ausmaßen radikal zusammenzustutzen. Einen weiteren Einschnitt in die amerikanische Automobiltechnik brachte die allgemeine Zuwendung zum Vorderradantrieb. General Motors konnte auf diesem Gebiet auf Erfahrungen mit den 1965 in Produktion genommenen Modellen Toronado (Oldsmobile) und Eldorado (Cadillac) zurückgreifen, während Ford sein Cardinal genanntes Fronttriebprojekt als Ford 12 M/15 M in Europa hatte zum Erfolg reifen lassen.
Anfang 1984 unterteilte General Motors seine amerikanischen Werke in zwei Gruppen: Pontiac und Chevrolet für Kompaktmodelle, Oldsmobile, Buick und Cadillac für die großen Wagen. Intern führte dies zu einer sicherlich nötigen Konzentration, die allerdings mit „Demontagen" auf der oberen Managerebene verknüpft war. Gleichzeitig wurden Ko-

Die Marke Studebaker gehörte einst zu den erfolgreichen der USA. Nachdem das Unternehmen in den Vereinigten Staaten seinen Betrieb eingestellt hatte, wurde die Produktion noch längere Zeit in Kanada fortgesetzt. Das Foto zeigt eine „Cruiser"-Limousine des Baujahrs 1966.

operationsverträge mit den japanischen Herstellern Toyota, Isuzu und Suzuki abgeschlossen, die für definierte Zeitabschnitte eine gemeinsame Entwicklung und Produktion bestimmter Kleinwagenmodelle zum Inhalt haben. Ähnliche Verbindungen gibt es auch zwischen Ford und Mazda oder Chrysler und Mitsubishi.
Die Zukunft der amerikanischen Automobilindustrie verdient das ungeteilte Interesse der übrigen Welt. Zu den Trümpfen, die sie ins Spiel bringt, zählen die in der Welt führende Position in der Computer-Technik, der sehr hohe Stand in der Entwicklung von Automation und Robotertechnik, eine Anzahl von der amerikanischen Bundesregierung unterstützter, unabhängiger Forschungsunternehmen von unschätzbarer wissenschaftlicher Kapazität sowie höhere Lehranstalten allererster Ordnung.

Auslandsunternehmen

Verhältnismäßig früh in ihrer Geschichte bemühten sich die amerikanischen Großhersteller, auch im Ausland mit eigenen Produktionsstätten Fuß zu fassen. Meist spielte dabei die Ford Motor Co. den Vorreiter. 1911 — knapp drei Jahre nach Beginn der Fertigung des T-Modells — wurde ein Montagewerk in Manchester (England) in Betrieb genommen. 1913 erreichte es ein Jahresergebnis von 6 000 Einheiten. Weitere Montagewerke entstanden in Bordeaux (1914), Kopenhagen und Cadiz (1919), Triest und Antwerpen (1922).
Die rasch wachsende europäische Ford-Organisation hatte damals ihre Zentrale in Paris. 1925 entstanden weitere Ford-Werke in Asnières bei Paris und Barcelona, ein Jahr danach wurde das Werk in Berlin eröffnet. 1928 entstand aus einer Umstrukturierung der europäischen Ford-Engagements die Ford of Europe mit Sitz in England.
Der Konzern stützte sich fortan überwiegend auf das neue große Werk Dagenham und die Produktionsbetriebe in Köln und Straßburg. 1939 kam zu Ford-France das Werk Poissy dazu, das später an Simca, danach an Chrysler und schließlich in den Besitz der Peugeot-Gruppe (PSA) überging. 1976 schuf sich Ford eine weitere starke Stütze in Spanien mit dem Werk Almusafes bei Valencia, in dem das Modell Fiesta gebaut wird.
Doch ein früheres Ford-Abenteuer verdient hier noch der Erwähnung: Nach langwierigen Verhandlungen mit der Regierung der Sowjetunion wurden die ersten Automobilfabriken moderner Art von Ford-Ingenieuren geplant, gebaut und ausgestattet. Das erste entstand in dem damaligen Nishni Nowgorod, dem heutigen Gorki, und ist nun das größte der Sowjetunion. Das zweite wurde im Moskauer Bereich eingerichtet.
Auch General Motors startete mit Montagebetrieben auf dem europäischen Markt. 1918 wurden in einem Werk in Hendon (England) Buick-Modelle zusammengeschraubt, 1924 kamen Chevrolet-Typen hinzu. GM wollte aber nicht nur montieren, sondern auch am Ort produzieren. 1919 liefen deshalb Verhandlungen mit Citroen über eine 50%-Beteiligung, und 1924 verhandelte man über einen ähnlichen Plan mit Austin. Einigungen wurden nicht er-

Die nach einer schweren Krise genesene Chrysler Corporation stellt mit der Modellreihe Le Baron Kompaktautos europäischen Zuschnitts mit Quermotor und Vorderradantrieb her. Ausführungen mit aufgeladenen Motoren (Garrett-Turbolader) gehören dazu.

zielt. 1925 wurde schließlich mit dem Erwerb der britischen Vauxhall-Werke ein Standbein nach Europa gesetzt, 1929 ging dann die Adam Opel AG in den Besitz des amerikanischen Konzerns über.
In jüngster Zeit verstärkte General Motors seine Position in Europa durch zwei weitere wichtige Produktionsanlagen, nämlich durch das Motorenwerk in Aspern bei Wien und die Automobilfabrik in Saragossa (Spanien), die für das kleine Modell Corsa errichtet wurde.
Chrysler, der dritte amerikanische Automobilriese, taktierte weniger glücklich. Er erwarb in Großbritannien die finanziell ins Schleudern geratene Rootes-Gruppe und die französische Simca, mußte aber wegen hoher Verluste in den USA und seiner britischen Tochter beide europäischen Unternehmen sowie das Montagewerk Barreiros in Spanien wieder abstoßen.
Es war wiederum Ford, der sich zuerst für den japanischen Markt zu interessieren begann. 1923 wurde in Yokohama die Montage des T-Modells aufgenommen, und 1929 errichtete Ford ein eigenes großes Werk in Koyasu für die Montage seines A-Modells. 1927 gründete Chrysler mit japanischen Partnern die Kyoritsu Automotive Manufacturing Works Ltd., die ein Jahr danach die Montage von Chrysler-Fahrzeugen in Tsurumi aufnahm, denen ein Jahr darauf Dodge und Plymouth folgten. General Motors begann 1928, in einem eigenen Werk in Tsurumaki bei Osaka Chevrolet-Modelle zu montieren.
Während der siebziger Jahre wandte sich das Interesse der amerikanischen Automobilhersteller erneut Japan zu, doch inzwischen hatte sich die Lage dort gründlich verändert. Aus dem Etwas-mehr-als-Nichts hatte sich eine blühende und schnell wachsende eigene Automobilindustrie entwickelt. Die Ära der Montagewerke war endgültig vorbei, Japan wurde als Partner wichtig. Es begann die Zeit der Beteiligungen und Kooperationen. 1971 erwarb der Chrysler-Konzern eine 35%-Beteiligung an Mitsubishi Motors, deren Modelle in den USA durch Chrysler vertrieben wurden. General Motors beteiligte sich mit 34,2% an Isuzu, und Ford nahm mit gleichem Ziel Verhandlungen mit Toyo Kogyo (Mazda-Automobile) auf. 1973 einigte man sich auf 15%, die 1980 auf 25% aufgestockt wurden.
Die Politik der „vorgeschobenen" Montagewerke wurde auch in Australien betrieben. Ford errichtete dort 1925/26 drei Betriebe, während GM sich mit der Holden's Motor Bodies in Adelaide zusammentat, die für importierte Chevrolet-Chassis die Karosserien fertigte. Holden's ging 1948 in den Besitz von GM über und produzierte anschließend in den USA konstruierte Modelle unter dem Markennamen Holden. Chrysler unternahm keinen Versuch, sich selbst in Australien zu etablieren, kooperierte aber mit der Richards Ltd., die 1929 die Montage von Chrysler-Modellen aufnahm.
Etwa um die gleiche Zeit begannen die US-Giganten, auch nach Südafrika Ausschau zu halten. GM nahm 1930 ein Werk in Port Elizabeth in Betrieb, Ford folgte 1934 und bald danach auch Chrysler und Hudson.
Ein besonderes Thema ist das Engagement in Südamerika. Wiederum setzte sich Ford an die Spitze

General Motors will den „Saturn" in einem neuen Werk und mit neuen Fertigungsverfahren in „Modulbauweise" produzieren. Das Kompaktauto erhält einen Vierzylinder-Einspritzmotor aus Leichtmetall, der die Vorderräder antreibt.

Geländegängige Fahrzeuge mit Allradantrieb erfreuen sich in jüngerer Zeit zunehmender Beliebtheit. Für den europäischen Markt stattet Ford sein Modell Bronco II wahlweise mit europäischen V 6- oder japanischen Mitsubishi-Turbo-Dieselmotoren aus.

und begann 1916 mit der Montage des T-Modells in Buenos Aires. Erst 1925 betrat GM mit Chevrolet die argentinische Bühne. Zunächst als Chrysler-Importeur nahm die Firma Fevre y Basset 1916 die Montage von Dodge-Modellen auf, begann dann selbst Karosserien zu fertigen und ging 1931 zur Chassis-Montage über.
In der Nachkriegszeit gab es neue Initiativen amerikanischer Unternehmen. Fevre y Basset eröffneten ein neues Montagewerk für Chrysler, Dodge und Plymouth (1950), und die 1953 gegründete Industrias Kaiser Argentina nahm die Montage des Kaiser „Manhattan" auf, der in Argentinien unter dem wohlklingenden Namen Carabela lanciert wurde. IKA baute den Jeep und schloß sich dann 1958 mit Renault zusammen. Aus dieser Ehe ging 1974 schließlich Renault Argentina hervor. 1980 gab es eine weitere wichtige Veränderung in der argentinischen Automobilindustrie: Chrysler Fevre Argentina wurde an das Volkswagenwerk verkauft.
Auch Brasilien wurde von Ford „entdeckt". 1919 ging es nach einem eher vorsichtigen Start rasch voran, und 1925 wurden mehr als 25 000 Fahrzeuge gebaut. Dies ließ GM nicht ruhen. In einem 1925 in Betrieb genommenen Werk wurden zuerst 25 Chevrolet-Autos je Tag montiert. Zwei Jahre später waren es bereits 180. 1930 stellte Ford die Produktion von Personenwagen in Brasilien ein, um sich auf Nutzfahrzeuge zu konzentrieren.
In der Zeit nach dem Zweiten Weltkrieg nahm GM ein neues Werk in Caetano do Sul (1949), eine Gießerei und Motorenfabrik in Sao José dos Campos (1959) in Betrieb. Willys-Overland do Brasil — gegründet 1952 — nahm die Montage des Aero-Willys auf und fügte dem 1955 eine brasilianische Jeep-Fertigung hinzu. 1967 ging das Willys-Unternehmen an Ford über und wurde auf Nutzfahrzeug-Produktion umgestellt. 1968 kam ein Motorenwerk hinzu, das über eine eigene Gießerei verfügt. Im selben Jahr begann die brasilianische Fertigung des Modells Galaxie, die 1971 um das Modell Maverick erweitert wurde.

Ganz „europäisch" mutet das Ford-Modell „Tempo" an. Sein quer eingebauter Vierzylindermotor schöpft aus 2,3 l Hubraum 64 kW (87 PS), eine Einspritzversion bringt es auf 75 kW (101 PS). Wahlweise gibt es auch einen 2,0-l-Diesel. Vorder- und Hinterräder werden an Feder- bzw. Dämpferbeinen einzeln geführt.

Fords „Tin Lizzy"

Henry Ford schuf zwar mit seinem T-Modell ein Auto, das die Welt im wahrsten Sinn des Wortes bewegen sollte, doch was ihn schließlich zur wahrscheinlich größten Erscheinung in der Automobilgeschichte stempelte, war etwas anderes: Er ebnete dem Automobil den Weg zum Massenverkehrsmittel und schuf erstmals die Voraussetzungen für eine beispiellose Großfertigung.

Das T-Modell — die legendäre „Tin Lizzy" — wurde zum Symbol amerikanischer Technik und Tüchtigkeit. Wo andere Autos versagten, hüpfte das spinnenbeinige Ford-Auto über Karrenpfade und Knüppeldämme. Jeder Dorfschmied konnte es reparieren, und sein Preis machte es in wenigen Jahren Millionen Menschen zugänglich, die sich vorher das eigene Auto nur in Träumen leisten konnten.

Die genial-einfache Konstruktion wich weitgehend von den damaligen Normen und Vorstellungen ab. Dies war ihre Stärke, die sich später zur Schwäche wandeln sollte. Erstmals zeigte es sich — nachdem über 15 Millionen Exemplare gebaut waren —, daß die Konstruktion sich nicht „verbessern" ließ. Das Ford-Imperium ging fast daran zugrunde, daß ein Nachfolgemodell fehlte, als die Tage der „Blechliese" zu Ende gingen.

Die Amerikaner verdanken dem T-Modell viel, doch es hatte auch einen verheerenden Einfluß: Sein niedriger Preis zwang den Wettbewerb auf Jahrzehnte, die Entwicklung rationeller Fertigungsmethoden über die Entwicklung technisch fortschrittlicher Automobile zu stellen.

Motoren – Triebfedern der Mobilität

Komplizierte und hochentwickelte technische Erzeugnisse, wie z. B. Kraftfahrzeuge oder ihre Motoren, beruhen nicht auf einer einzelnen „Erfindung". Sie bilden vielmehr das Endprodukt vieler Ideen mit sinnvollen, gründlich erprobten Kombinationen.

Lange Vorgeschichte in Kürze

Nach einem aufwendigen, letztlich gescheiterten Versuch mit einem Vierzylinder-Viertaktmotor (1861/62) und einer fruchtbaren Zwischenzeit brachte Nikolaus August Otto (1832 bis 1891) in der Gasmotorenfabrik Deutz im Mai 1876 einen liegenden Einzylinderviertakter zu befriedigendem Prüfstandlauf [1]. Schon den zweiten, von Wilhelm Maybach (1846 bis 1929) „in verkaufbare Form umkonstruierten Motor" konnte man im Oktober ausliefern und damit „die Zeit der Vorläufer beenden und die Motorentechnik der Welt begründen", wie es gemäß einer Inschrift im Deutschen Museum heißt. Den Begriff „Ottomotor" führte übrigens erst 1936, nach 50 Jahren Automobilgeschichte, der Verein Deutscher Ingenieure (VDI) ein [2].
James Watt (1736 bis 1819) schuf in den Jahren 1765 bis 1776 die ersten brauchbaren Dampfmaschinen. Ihre Vorläufer reichten ins 17. Jahrhundert zurück (D. Papin, Th. Savery und Th. Newcomen), doch dienten diese vorwiegend der Förderung von Wasser in Bergwerken. 1769/71 verfehlten die Urahnen unserer Automobile, zwei von Nicolas-Joseph Cugnot zum Transport von Kanonen gebaute Dampfwagen, ihre praktische Bewährung. Nicht besser erging es um 1785 Watts Mitarbeiter William Murdock. Die Maschinen waren zu schwach, zu groß und zu schwer.
Die nötigen Schritte zur Hochdruckdampfmaschine veranlaßten namentlich Richard Trevithick und der Amerikaner Oliver Evans um 1800. Fortan diente der Dampfantrieb der aufkommenden Industrie, dem Antrieb von Dampfwagen (Trevithick 1804 auf Geleisen), Schiffen (Rob. Fulton, 1807) und Eisenbahnen (G. Stephenson, 1829).
Dampfantriebe für Straßenfahrzeuge erreichten vor und nach 1900 (zuletzt im Zweiten Weltkrieg) einen beachtlichen Stand der Technik, verbunden mit Namen wie Sentinel in England, Bollée, De Dion-Bouton und Serpollet in Frankreich, Stanley und Doble in den USA, Altmann, Busch, Stoltzsche und Henschel in Deutschland. Kein Geringerer als Sir Harry R. Ricardo bezeichnete noch 1960 den Dampfantrieb als seine alte Liebe. Fred Marriott fuhr 1906 mit seinem Stanley einen Rekord mit 205 km/h (bevor der Wagen buchstäblich explodierte). 1899 erzielte der Belgier Camille Jenatzy mit Elektroantrieb seiner zigarrenförmigen „Jamais Contente" 106 km/h, 1902 der Amerikaner Baker mit einem „hochfrisierten" seiner Wagen sogar 145 km/h. Doch seien Details an dieser Stelle nicht erwähnt, wie auch die Heißluftmotoren des schottischen Reverend Robert Stirling (um 1816) bis zu heutigen hochentwickelten Philips-Maschinen.
Dampfmaschinen, Otto- und Dieselmotoren verwandeln als „Verbrennungskraftmaschinen" chemisch gebundene Energie in nutzbare Arbeit, und zwar auf dem Umweg über Verbrennungsprozesse, bei denen hohe Temperaturen und Drücke entstehen. Die Verbrennungen bei Dampfmaschinen erfolgen außerhalb, bei den Motoren innerhalb der Arbeitszylinder. Eine Grundlage für beide vermittelten die Erkenntnisse über die natürlichen Luftdrükke und die davon ausgehenden Kräfte (Otto von Guericke, Evangelista Torricelli).
„Alle folgenden Schritte zum Verbrennungsmotor erfolgten im Ausland — in Italien, Frankreich, England, den USA" [3]. Schon vor 1700 erzeugten Christiaan Huygens und de Hautefeuille mit in Zylindern verbrennendem Pulver und auspuffenden Gasen Unterdrücke, die dann Kolben (oder Wasser) ansaugten. Aber damit entstanden keine fortlaufenden Arbeitsspiele, keine Motoren. Insofern war die frühere Entwicklung von Dampfmaschinen verständlich — mit der äußeren Verbrennung und dem ständig vorhandenen Dampfdruck. Die innere Verbrennung verlangte ein völliges Um- und Neudenken, während die vorhandenen Maschinenelemente die Motorenentwicklung förderten.
Einen wertvollen Beitrag für künftige Motoren lei-

4

Otto 1876: Von der Kurbelwelle zweigt eine Steuerwelle ab, die mit einer kleinen Kurbel den Flachschieber im Zylinderdeckel bewegt. Federn pressen die Dichtflächen aufeinander. Luft wird von unten zugeführt, Gas von oben — und zusätzlich zur Zündflamme.

stete 1777 Alessandro Volta mit seiner „Pistole". Isaac de Rivaz (1752 bis 1829) baute nach Voltas Prinzip eine Maschine, in deren vertikalem Zylinder entzündete Gase einen Kolben nach oben schleuderten, der beim folgenden Rückhub über eine Zahnstange und Kette die Achse eines großen Wagens antrieb. Er fuhr zwar kurze Strecken, doch ohne wiederholbare Arbeitsspiele.
Kurz zuvor hatte einer der Leuchtgas-Erfinder, Philippe Lebon d'Humbersin, einen erfolgversprechenden Motor erdacht, mit elektrischer Zündung, ferner mit Pumpen für Gas und Luft, doch starb Lebon schon 1804 mit 37 Jahren. In der Folge gab es in England zahlreiche Ideen und Versuche, etwa 30 Patente (u.a. an Robert Street, Samuel Brown, William Barnett), doch bewerten Historiker die Maschinen des italienischen Kaplans Eugenio Barsanti am höchsten (1821 bis 1864). Sie ähnelten der Rivaz-Lösung, erzielten aber den „Ladungswechsel" selbsttätig mit einem Hilfskolben unten.
Indessen arbeiteten in und um Paris schon die Gasmotoren, die Jean-Joseph-Etienne Lenoir (1822 bis 1900) seit 1860 industriell fertigte. Es gab hunderte Motoren und Lizenzbauten im Ausland, deren Bauform direkt von Dampfmaschinen abstammte: mit einem großen liegenden Zylinder und der Kreuz-

kopfführung für den ultrakurzen Kolben, der auf jeder Seite — „doppeltwirkend" — ein „Dreitakt-Arbeitsspiel" abwickelte, mit jeweils zwei Hüben. Auf der ersten Hälfte seines Wegs saugte der Kolben durch eine schiebergesteuerte Öffnung Gasgemisch an, das, elektrisch gezündet, auf der zweiten Hälfte Arbeit leistete, bevor der gesamte zweite Hub das verbrannte Gas durch eine andere Schieberöffnung beseitigte [1].

Lenoirs Motoren waren wichtige Wegbereiter, doch für einen (1863 versuchten) Fahrzeugantrieb zu groß, zu schwer und wenig entwicklungsfähig. Sie liefen mit einer Drehzahl von nur 40 min^{-1} bis 80 min^{-1} und verbrauchten viel Gas. Wesentlich sparsamer arbeitete ein „atmosphärischer" Motor, den N. A. Otto nach dem Viertakter-Fiasko von 1862 als Zwischenlösung entwickelte — ohne Kurbelwelle und Pleuelstange: Der Kolben hing an einer senkrechten Zahnstange im (wieder stehenden) Zylinder und betätigte hoch oben ein Zahnrad, das einen Freilauf mit dem Schwungrad verband. Das unten entzündete Gasgemisch schleuderte den Kolben nach oben, Atmosphärendruck und Schwerkraft trieben ihn zurück — erst jetzt erfolgte die Leistungsabgabe ans Schwungrad. Die Neuerung gegenüber den Konzepten von Rivaz und Barsanti bestand im Gaswechsel durch gesteuerte Schieber, bevor das Schwungrad den Kolben ein wenig anhob und frisches Gasgemisch eintrat. Zudem wirkte Ottos „Flammenzündung" zuverlässiger als die (damaligen) elektrischen Funken.

Zur Herstellung der viel Lärm erzeugenden Motoren mit 2, später auch mit 3 PS gründete der Erfinder mit dem Industriellen Eugen Langen (1833 bis 1895) die „Gasmotorenfabrik"; von Langen stammte auch der endlich funktionierende Rollenfreilauf. Der zielstrebig entwickelte Motor erntete auf der Pariser Weltausstellung 1867 dank Zuverlässigkeit und Sparsamkeit eine Goldmedaille, ferner fand sich ein englischer Lizenznehmer, und man bekam zahlreiche Aufträge.

Das Unternehmen kam in Schwung, man produzierte innerhalb von zehn Jahren über 2 600 Motoren — die gleiche Anzahl bauten die Lizenznehmer. Die technische Leitung hatte 1872 Gottlieb Daimler (von Herkunft Däumler, 1834 bis 1900) übernommen, die Konstruktion Wilhelm Maybach (1846 bis 1929). Dennoch kündigten sich bald Absatzprobleme an; ein besserer Motor erschien dringend geboten.

Viertakter als Endlösung und tragfähiges Fundament

Otto sollte kurzfristig eine „Hochdruckmaschine" entwickeln. Unter strenger Geheimhaltung mit dem Rückgriff auf sein Viertaktverfahren gelang ihm dies innerhalb eines halben Jahres. Als historische „Geburtsurkunde" gilt das Indikatordiagramm, das den Druckverlauf beim Verdichtungshub (bis etwa 2,5 bar) und bei der Verbrennung (mehr als 7 bar) exakt aufzeichnete. Sogleich folgten das Deutsche Reichspatent Nr. 532 und die Konstruktionszeichnungen für den Serienmotor, von dem in 20 Jahren mit unwesentlichen Änderungen mehr als 8 000 Stück entstanden, außerdem auch größere Motoren, die bald Zylinderleistungen von 100 PS (74 kW) erreichten.

Ottos Grundpatente kamen nach zehn Jahren und erbittert geführten Prozessen zu Fall — weniger durch umstrittene „Privilegien" des aus Tirol stammenden, in München angesiedelten Uhrmachers Christian Reithmann (1818 bis 1909) als durch einen aufgefundenen Patentanspruch des französischen Eisenbahningenieurs Beau de Rochas (1815 bis 1893), der zwar einen Viertaktprozeß beschrieb, aber keinen einzigen Motor baute. Die höchstgerichtliche Entscheidung — im Geburtsjahr des Automobils — enttäuschte den Rheinländer schwer. Er fühlte sich in seinem Jahrhundert — mit Recht — als ein James Watt, dessen Relief die Fassade seines Wohnhauses am Kölner Neumarkt schmückte.

Freilich förderte das freigegebene Patent den internationalen Fortschritt ungemein — in einer aufblühenden Motoren-, Fahrzeug- und Zubehörindustrie. Ottos Motor war „da", wenngleich für einen Fahrzeugantrieb immer noch zu groß und zu schwer.

In einer Festrede im Mai 1976 resümierte Robert von Eberan (1902 bis 1982): „In 100 Jahren hat der Ottomotor eine fast unbegrenzte Entwicklungsfähigkeit bewiesen. Trotz anderer grandioser Errungenschaften ist als Fahrzeugantrieb kein brauchbarer Ersatz in Sicht. Die grundlegende Entwicklung kann als weitgehend abgeschlossen gelten. Für noch bessere Lebensdauer und Wirtschaftlichkeit, vor allem für saubere Abgase gehen die Arbeiten weiter. Allerdings müssen wir sie uns etwas kosten lassen."

Die Schritte zum leichten Schnelläufer

Für einen Fahrzeugantrieb mit erträglichen Abmessungen und Gewichten bedurfte es vor allem erheblich höherer Drehzahlen, sogenannter Schnelläufer. Die richtungweisenden Lösungen fanden unabhängig voneinander Karl Benz (1844 bis 1929) in Mannheim und Gottlieb Daimler mit Wilhelm Maybach. Beide hatten Ende 1881 Deutz verlassen und in Cannstatt einen eignen Versuchsbau begonnen.

Als das „Problem der Probleme" bezeichnete Karl Benz im Rückblick die Zündung. Otto bewerkstelligte sie mit einer ständig neben dem Zylinder brennenden Gasflamme, die ein besonderes Schiebersystem ins Innere schleuste, und Daimler mit einem außen beheizten Glührohr, aber Benz arbeitete bereits mit eigenen Zündkerzen und einem weiterentwickelten Ruhmkorffschen Funkeninduktor. Dem ersten Bosch-Magneten mit Niederspannung und „Abreißzündung" (ab 1897) folgte als langfristige

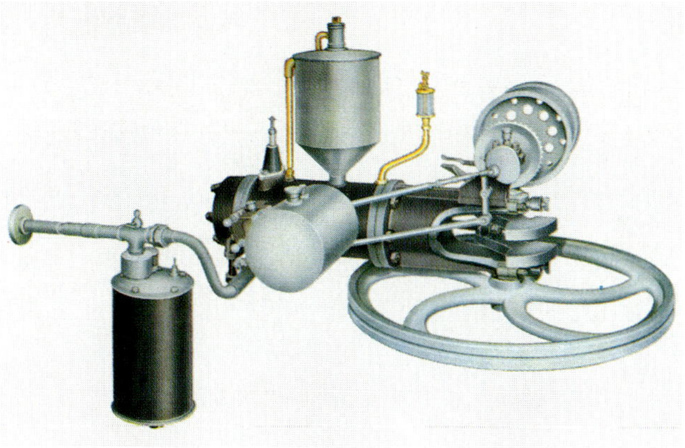

Im Benz-„Patent-Motorwagen" lag 1886 das Schwungrad horizontal, um die Lenkung nicht durch Kreiselkräfte zu erschweren, doch erwies sich diese Befürchtung als unbegründet. Besondere Kennzeichen sind Verdampfungskühlung, „brandsicherer" Vergaser, „Summerzündung", Einlaß durch Schieber, Auslaß ventilgesteuert.

Endlösung 1902 der von Gottlob Honold (1876 bis 1923) entwickelte Hochspannungsmagnet.
Alle anderen fundamentalen Aufgaben — vom „Spritzdüsenvergaser" nach primitiven Oberflächen- und Bürstenvergasern bis zu einem leistungsfähigen Kühlkreislauf — löste Wilhelm Maybach bis zum ersten „Mercedes" (1901) vorbildlich, so daß ihn die im Automobilbau führenden Franzosen als „Roi des Constructeurs" feierten.
Wichtige Stationen waren bei Benz 1889 der Ersatz der Einlaßschieber durch Ventile (automatisch arbeitende „Schnüffelventile") und der auf 2 l verdoppelte Hubraum, erzielt durch größere Zylinderbohrung (130 mm × 150 mm) bei 600/min für 3 PS (2,2 kW). Eine weitere Vergrößerung 1893 (150 mm × 165 mm) vermittelte 2,75 l und 5 PS (3,7 kW) bei 700/min und eignete sich gut für die ersten verkäuflichen (vierrädrigen) „Victoria"-Wagen.
Beim nachfolgenden Reihenbau von „Velos" verwendete Benz ab 1894 wieder leichtere und schwächere Motoren. Zwei Jahre danach folgten Parallel-Zweizylindern neue Boxermotoren, „Kontramotoren" getauft, mit 1,7 l und 5 PS (3,7 kW) und mit 2,7 l und 9 PS (6,6 kW) für 50 km/h Geschwindigkeit. Insgesamt 2 000 Wagen verkaufte Benz bis zur Jahrhundertwende, davon mehr als die Hälfte ins Ausland, allesamt ausgerüstet mit Heckmotoren, obwohl Emile Levassor (1842 bis 1897) die Daimler-Zweizylinder seit 1891 über der Vorderachse montierte.
Es handelte sich dabei um einen schlanken V-Motor von 1889, der im „Stahlradwagen" auf der Pariser Weltausstellung viel Anklang fand und fortan mehr Fahrzeuge von Panhard-Levassor sowie Peugeot mobilisierte als in Cannstatt selbst.
Schon 1892 kam bei Daimler ein „Phönix"-Parallelzweizylinder hinzu (67 mm × 108 mm, 0,76 l, 2,5 PS

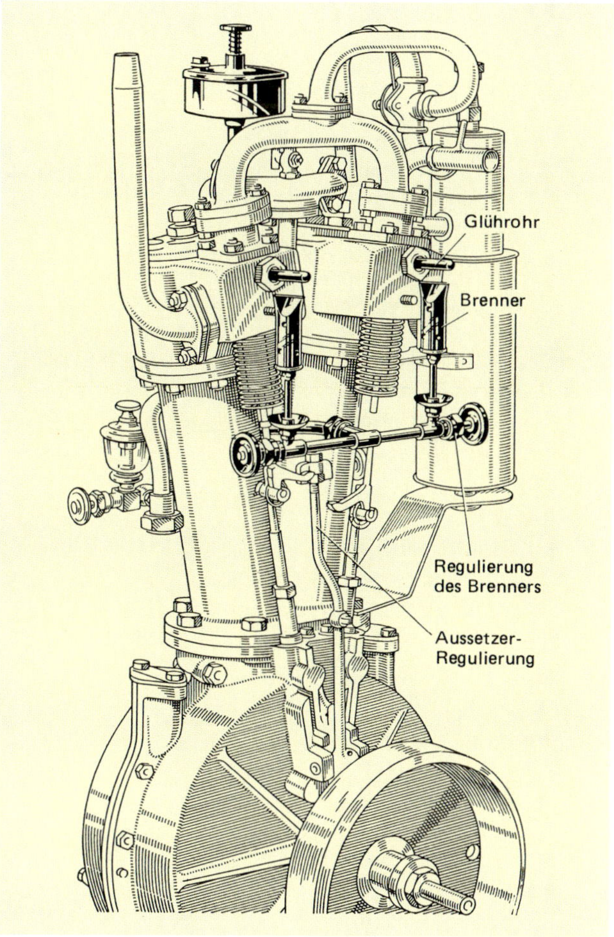

Daimler-Zweizylinder 1889 (Glührohrzündung herausgehoben): Der Aufbau entspricht dem Einzylinder mit gesteuerten Auslaß-, automatischen Ansaugventilen. Zusätzlich wirkt das geschlossene Kurbelgehäuse als (schlechte) Ladepumpe, weil der Kolbenboden ein weiteres automatisches Ventil trug. (Diese Art der Viertakter-Aufladung wurde immer wieder aufgegriffen, jedoch ohne Erfolg.)

Benz-„Kontra-Motor" ab 1897 mit 1,7 l für 3,7 kW (5 PS) bei 700/min bis 2,6 l für 6,6 kW (9 PS) bei 1 000/min, ab 1898 mit Bosch-Niederspannungs-Magnetzündung.

Mercedes-Vierzylinder von 1901: Leichtmetallgehäuse, je zwei Zylinder und -köpfe zusammengegossen, mit je einem Spritzdüsenvergaser und Drosselregelung anstelle der vorangegangenen „Aussetzerregelung". Unter den „T"-Köpfen beiderseits offenlaufende Nockenwellen; die Auslaßwelle treibt den Ventilator indirekt, in der Mitte sind der Magnetzünder und eine Kühlwasserpumpe, hinten eine Zahnradölpumpe.

bzw. 1,8 kW bei 750/min), den Maybach 1899 „verdoppelte", und zwar als ersten Pkw-Vierzylinder, in verschiedenen Größen mit 6 PS bis 23 PS (4,5 kW bis 17 kW). Ihm folgte kurzfristig auf Anregung Emil Jellineks (1853 bis 1918) der nach dessen Tochter „Mercedes" getaufte Wagen.

„Wilhelm Maybach ist der eigentliche Schöpfer des raschlaufenden Verbrennungsmotors. Alle konstruktiven Einzelheiten, die die Entwicklung förderten, stammen von ihm. Gottlieb Daimler bleibt das große Verdienst, als erster den Schnelläufer erkannt und zäh verfolgt zu haben, und damit Maybach seine schöpferischen Leistungen zu ermöglichen" [3].

100 Jahre mit Namen, Daten und Kennwerten

Um 1900 schien die Zeit — nicht nur in Frankreich — reif für das Automobil und veranlaßte vielerorts neue Marken und Motoren. In Frankreich, wo ab 1895 die ersten Rennen liefen und in Wagen von Panhard-Levassor und Peugeot Daimler-Motoren populär wurden, entstanden sie dutzendweise: Delahaye, Rochet & Schneider, De Dion-Bouton, Mors, Richard, Bollée, Renault u. a., in Belgien FN, Métallurgique, Minerva, Nagant und Pipe, in Holland Spyker.

In der k. u. k. Monarchie gab es, abgesehen von dem umstrittenen historischen Wagen und Motor des Mecklenburger Mechanikers Siegfried Marcus (1831 bis 1898), schon die „Nesselsdorfer Fabrik" — ab 1919 als Tatra bekannt — mit dem genialen Hans Ledwinka (1878 bis 1967), in Wien Lohner (bald mit Elektrowagen) und Gräf (vor Gräf & Stift), Puch in Graz sowie Laurin & Klement in Jungbunzlau. Die „Österreichische Daimler-Motoren-Gesellschaft" in Wiener Neustadt ging 1902 aus „Bierenz und Fischer" hervor.

Noch ältere Beziehungen verbanden Gottlieb Daimler mit dem Industriellen Fred.R. Simms (1863 bis 1944); hieraus entwickelte sich die Daimler-Motor-Co. in Coventry.

Am folgenden Aufschwung partizipierten außer Daimler die im Vorjahr gegründeten Marken Lanchester und Wolseley, in Schottland Arrol-Johnson. Bis 1900 waren es Humber, Riley , Sunbeam und — bald im Motorsport berühmt — Napier, 1903 Vauxhall, 1906 Rolls-Royce. Doch für große Serien kleiner und mittlerer Wagen sorgten ab 1906 Herbert Austin (1866 bis 1941) und ab 1913 William R. Morris (1877 bis 1963).

Wieder andere Probleme verzögerten einen frühen Fahrzeug- und Motorenbau in den USA. Zwar besaß Daimler auch einen „direkten Draht" zum Klavierbauer William Steinway, der Daimler-Motoren vertrieb; dieser starb jedoch noch vor dem geplanten Wagenimport. Die dünne Besiedelung des riesigen Landes mit noch wenigen und schlechten Straßen war für Automobile noch kein fruchtbarer Boden. Zudem hemmte das berüchtigte Selden-Patent manche Initiative.

Die Duryea-Brüder hatten 1893 ihren ersten Motorwagen gebaut, ein halbes Jahr vor E. G. Haynes. Aber noch im Jahr 1900 dominierten Dampf- und Elektroantriebe deutlich, bis Männer wie R. E. Olds, David D. Buick, Henry Ford und der General-Motors-Gründer W. C. Durant (1861 bis 1947) einen mächtigen Aufschwung auslösten [4].

FIAT — bis 1908 F.I.A.T. für Fabricca Italiana Automobili Torino — startete 1899, ein Jahr nach Isotta Fraschini und dem vergessenen Namen Ceirano. Itala, Lancia (1881 bis 1937) und Alfa Romeo folgten nach fünf, sieben und acht Jahren. Freilich gab es auch in Italien etliche Vorläufer, an erster Stelle Enrico Bernardi, der kleine atmosphärische Motoren baute, später Viertakter — und ab 1894 Automobile.

Der Periode der Pioniere folgte die Dekade der Konstrukteure und Erfinder. Die Patentämter quollen über von Ideen, die oft erst nach Jahrzehnten praktische Bedeutung erlangten — viele auch gar nicht.

Gut verdoppelt hatten sich binnen zehn Jahren die Fahrleistungen von „Gebrauchswagen" und erst recht von Rennwagen; der „Blitzen-Benz" erzielte 1909 mit einem gewaltigen OHV-Vierzylinder (185 mm × 200 mm, 21,5 l Hubraum, 200 PS bzw. 147 kW bei 1 600/min) über 200 km/h. Die Blitzen-Benz-Dimensionen enthüllen das damalige Rezept für hohe Leistungen mit fragwürdigen Hubräumen. Noch 1910 erntete der englische Konstrukteur Laurence Pomeroy Widersprüche mit seiner These, der hochtourige Motor sei dringend fällig — „Motor-

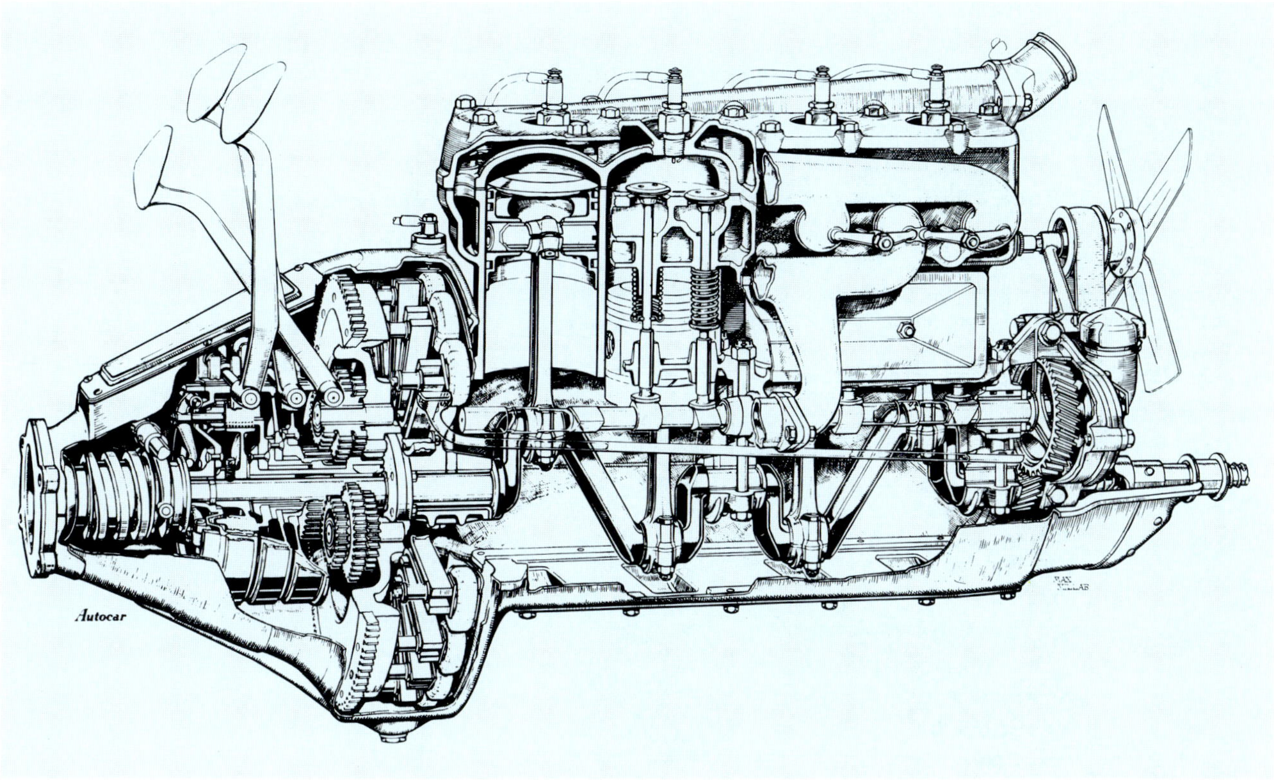

Ford-T-Modell (Daten in Zahlentafel): drei schlanke Kurbelwellenlager, einteiliger Zylinderblock mit aufgesetztem Deckel, Flachriemen zum Ventilator; im Schwungrad befindet sich ein Wechselstromgenerator für die Summerzündung und das Licht; Zündverteiler auf der Nockenwelle. — Trotz Handgashebel drei Pedale: das rechte für die Bremse, das mittlere für den Rückwärtsgang und das linke für beide Stufen des Planetengetriebes.

drehzahlen wiegen und kosten nichts". Zwar leistete Porsches „Prinz-Heinrich"-Austro-Daimler im gleichen Jahr mit 5,4 l (105 mm × 156 mm) etwa 90 PS (66 kW) bei 2 000/min, doch bestätigten Pomeroys Erklärung spätestens die 4,5-l-Rennmotoren von 1914 — für den „größten Grand Prix aller Zeiten", den französischen am 4. Juli 1914 bei Lyon, der mit einem Daimler-Dreifachsieg endete. Die Daten lauteten: 93 mm × 165 mm, 4,5 l, 85 kW (115 PS) bei 3 200/min.

Abgesehen von den Diesel- und Wankelversionen waren die wesentlichen Formen und Möglichkeiten der Fahrzeugmotoren nach 25 Jahren erkannt und mehr oder minder erprobt. Fortan bestimmten verfeinerte Konstruktionen, bessere Werkstoffe und Bearbeitungsverfahren, nicht zuletzt zweckvoll entwickelte Schmier- und Kraftstoffe den Fortschritt. Er betraf den Leichtbau, die Betriebssicherheit, Haltbarkeit und Wirtschaftlichkeit [6].

Am einfachsten sind dabei die technischen Daten zu übersehen, Zahlen und Kennwerte sowie Literleistung, zugehörige Drehzahlen, Hubverhältnisse und mittlere Kolbengeschwindigkeiten, Verdichtungsverhältnisse und damit zusammenhängende mittlere Nutzdrücke (Seite 200 und 210).

Die Schlüsselrolle des Hubraums (oder der „fiskalischen PS" in vielen Ländern und Epochen) förderte die Entwicklung des schnellaufenden Hochleistungsmotors. Dennoch bietet der technische Aspekt sinnvollere Maßstäbe an, z. B. die äußeren Abmessungen eines Motors — als „Kistenmaß" — oder sein Gewicht, wie z. B. in Nutzfahrzeugen, bei

„Blitzen-Benz": Je zwei parallele Ventile, 100 mm groß, die Ansaugventile mit flachem Sitz und „Lochkranz", kurzem Schaft und niedriger angeordnetem Kipphebel; nur ein Vergaser, aber Doppelzündung mit zwei Magneten; Kettenantrieb zu den Hinterrädern verbesserte die Straßenlage, daher vereinzelt erst spät aufgegeben.

ortsfesten Motoren und Schiffsmaschinen, oder gar in der Luftfahrt, wo Hubräume keine Rolle spielen.
Zum Leistungsgewicht (auf die Motoren allein bezogen) seien einige Zahlen genannt: Ottos erster Viertakter hatte etwa 680 kg/kW, der Daimler-Einzylinder von 1886 mit 92 kg/114 kg/kW, der Zweizylinder von 1889 mit 62 kg 51 kg/kW, der erste Mercedes-Vierzylinder mit 238 kg nur 9,3 kg/kW und der „Blitzen-Benz" 1909 schon 2,6 kg/kW.
Ein Querschnitt durch moderne Pkw-Motoren reicht von 3 kg/kW bis fast 1,0 kg/kW, mit einem Schwerpunkt zwischen 1,5 kg/kW und 2,0 kg/kW; Rennwagen haben noch bessere Verhältnisse. In der Bauraumleistung (dem „Kistenmaß") liegen moderne Otto-Viertakter im Bereich von 200 kW/m³ bis 250 kW/m³, freiansaugende Diesel bei 150, aber Rennmotoren, auch Gasturbinen und beste Wankel-Motoren, nahezu doppelt so hoch.

Anzahl und Anordnung der Zylinder

Der ideale Fahrzeugantrieb wäre vielleicht ein Elektromotor, wenn dieser seine Energie nicht über Stromschienen oder Drähte, erst recht nicht von bleischweren Batterien bezöge. Doch ist der Ottomotor bisher von allen Alternativen die beste, trotz seiner Geburtsfehler: Einmal benötigt sein Arbeitsspiel zwei Kurbelwellenumläufe für einen Arbeitshub, was zu einem stark schwankenden „Drehkraftverlauf" führt. Zum anderen läuft er, anders als Dampf- oder Elektroantriebe, nicht selbsttätig an.
Dem ersten Erbübel begegnet eine größere Anzahl von Zylindern — bei modernen Reihenmotoren vier und sechs (früher auch acht), seltener zwei, drei und fünf, bei V- oder Boxermotoren stets „gerade" Zylinderzahlen, d.h. von zwei bis zwölf (vereinzelt früher 16, aber keine zehn).
Die ersten Zweizylinder, ab 1889 gegabelt, ab 1892 auch in Reihe stehend, und die ersten Vierzylinder (im Automobil erst ab 1898) stammen von Daimler und Maybach. Ein Vierzylinder im „Parsifal-Benz" folgte 1903, als ähnliche vielerorts erschienen. Beispielsweise ersetzten bei Renault eigene Vierzylinder die vorher verwendeten De Dion-Bouton-Einzylinder; bei FIAT folgten sie den vorangegangenen

Audi-Vierzylinder, 1909 (Konstruktion Aug. Horch, seinen Sechszylindern verwandt): Paarweise gegossene Zylinder, wechelgesteuert, Rollenstößel. Brennräume schon kompakter, hier mit Doppelzündung (im dreifachen „Alpen(fahrt)sieger". Kurbelwelle desaxiert, wie verbreitet. 80 mm × 130 mm bis 90 mm × 140 mm, 2,6 l bis 3,5 l, 28 PS bzw. 21 kW bei 1 800/min bis etwa 45 PS oder 33 kW bei 2 000/min).

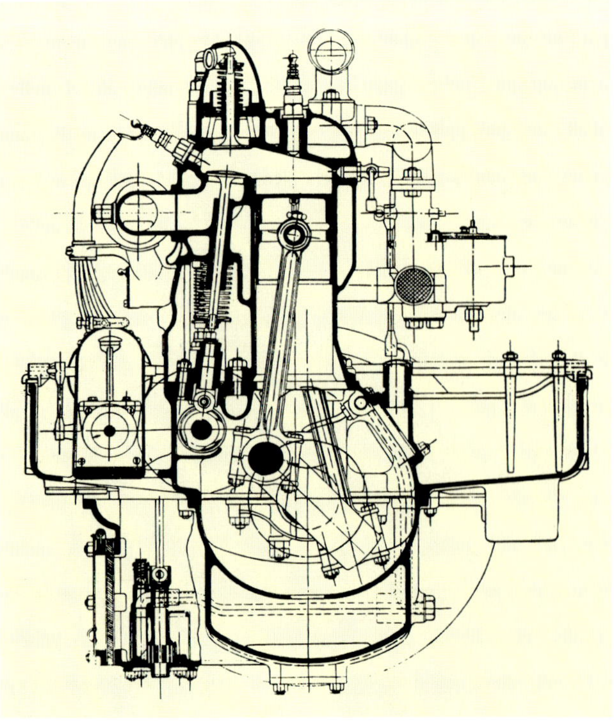

Horch-Vierzylinder, 1904: Stehende Auslaßventile, im einteiligen Zylinder und Deckel demontierbar durch Stopfen darüber, zentral hängende, gesteuerte größere Ansaugventile. Zündkerzen in kühler Zone, thermisch entlastet, aber für Verbrennung ungünstig. 80 mm × 120 mm, 2,4 l, 15 kW (20 PS). — Dieselbe Ventilanordnung hatte u. a. ein Windhoff-Sechszylinder 1912, doch mit Zündkerzen vertikal über den Auslaßventilen, ferner mit verschalter Ventilsteuerung (80 mm × 130 mm, 3,9 l, 33 kW bzw. 45 PS bei 1 000/min).

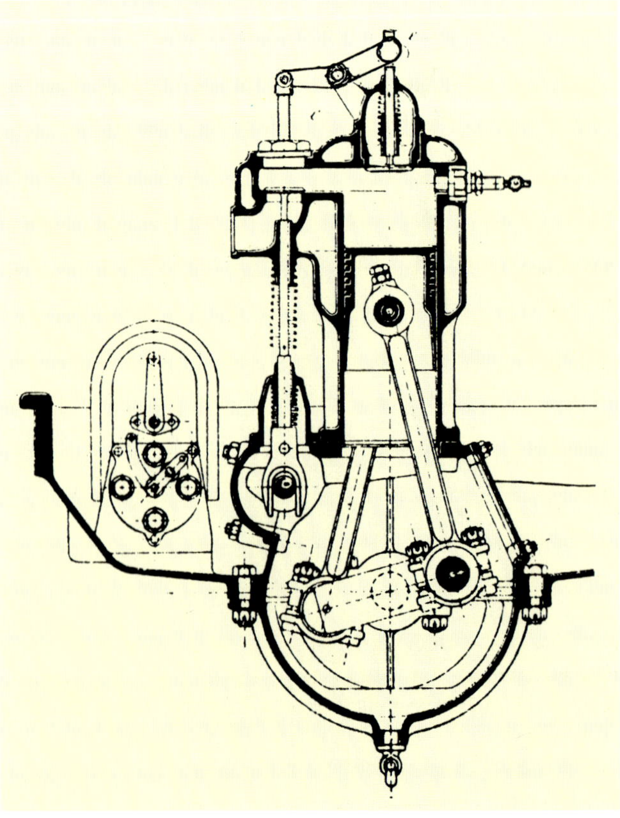

Wanderer 2-l-OHV-Sechszylinder ab 1932, Konstruktion Porsche auch in Frontantrieb-Audi. 70 mm × 85 mm, 1,95 l, 30 kW (40 PS) bei etwa 3 500/min; 7 Hauptlager im Zylinderblock aus Silumin-Gamma, nasse Laufbüchsen. Darüber hinaus entstand der 2,24-l-Typ (Zahlentafel), 1936 mit 2 l und Silumin-Zylinderkopf (statt Grauguß), der W 35 K mit Rootsgebläse, Verdichtung 6,0 (statt 6,4) und 62 kW (85 PS) [18].

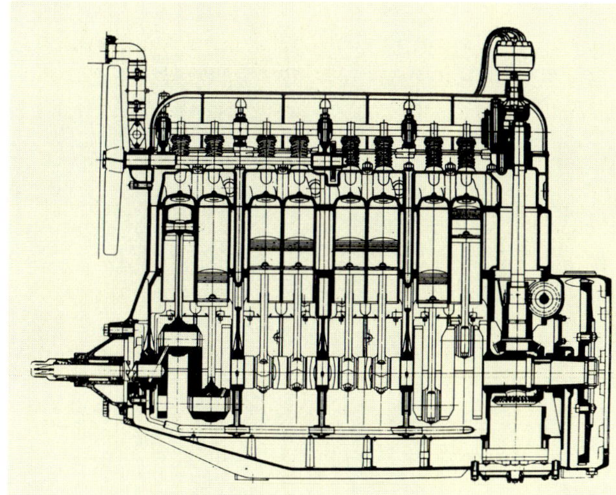

Horch-Achtzylinder (1927) von Paul Daimler (1869 bis 1945), Sohn des Pioniers. Daten gemäß Zahlentafel. Fünf Hauptlager, aber zwei über Königswelle und Schraubenräder angetriebene Nockenwellen betätigen die Ventile direkt, wie es zuvor der Schweizer Konstrukteur Marc Birkigt (1878 bis 1953) bei Hispano-Suiza einführte. Die Ventile (im Winkel von 25°) ragen über die Zylinderbohrung hinaus. — Fritz Fiedler modernisierte den Motor 1929: 3 l bis 5 l, 10 Hauptlager, aber einzelne Nockenwelle, Alu-Kolben, Graugußgehäuse, Fallstromvergaser und Keilriemen zum Ventilator (statt Zahnrädern an der Nockenwelle). Insgesamt wurden 30 000 Stück hergestellt.

Zweizylindern, deren erste quer und horizontal im Heck lagen (65 mm × 99 mm, 0,86 l, 3½ PS bei 400/min). Der vormalige Benz-Mitarbeiter August Horch (1868 bis 1951), 1903 von Köln-Ehrenfeld nach Zwickau verzogen, wählte statt seines eigentümlichen Zweizylinders (mit gemeinsamem Verbrennungsraum) einen Vierzylinder — mit je einem großen, mittig hängenden, gesteuerten Einlaßventil, daneben einem seitlich stehenden Auslaßventil (80 mm × 120 mm, 2,4 l, 20 PS bei 1 400/min).

Bei den harten Rennen „von Stadt zu Stadt" oder den ersten Gordon-Bennett-Rennen (ab 1900) vertrauten Panhard, Mors, Brasier, bald auch Daimler, FIAT und Renault für 60, 70 und 100 PS auf drastisch vergrößerte Hubräume. Der Zug zu sechs und acht Zylindern war schon in Fahrt . . .

Doch vorher verdienen Dreizylinder eine Reverenz, denn ihre völlige Mißachtung in den folgenden 50 Jahren (unter Automobilhauben) scheint bei einer nüchternen Abwägung ihrer Vor- und Nachteile schwerlich berechtigt. Sie entstanden vor 1900 bei Duryea in den USA, danach bei Protos in Berlin, in England bei Maudslay und sogar — vor dem feudalen Sechszylinder — bei Rolls-Royce, in Italien bei Brixia-Züst, später als Zweitakter.

Die ersten Sechszylinder stießen stellenweise auf Skepsis, weil mit der Anzahl der Bauteile vermeintlich die Störungsanfälligkeit der Motoren zunahm. Doch widerlegte die Technik diesen Irrtum in kurzer Zeit, weil auch hier das geflügelte Wort von der Kette gilt, die nicht stärker ist als ihr schwächstes Glied.

Abgesehen von früheren Versuchen präsentierte den ersten Sechszylinder-Wagen der Holländer Jacob Spyker 1903, freilich nur auf dem Pariser Salon. Übers Jahr folgten Napier, Isotta-Fraschini und Dürkopp, 1905 Panhard und Delaunay-Belleville; 1906 gab es eine wahre Flut von Namen wie Lanchester, Mercedes und Pic-Pic, die Hamburger Hexe, Horch, Protos, Stoewer und Sunbeam, zu denen sich in den USA Oldsmobile, Buick und Packard in den Jahren 1908, 1910 und 1912 gesellten [10]. Bald wurde der Sechszylinder ein Statussymbol. Das erste Indianapolis-Rennen gewann 1911 ein Marmon-„Six", doch mußte man dort auf einen zweiten Sechszylinder-Sieg 35 Jahre warten, weil bis 1920 Vierzylinder und anschließend Achtzylinder dominierten, wie bei europäischen Rennen in diesen Epochen, ausgenommen einzelne Sechszylinder-Erfolge von FIAT und Sunbeam.

Ein Arnstädter Ley-Sechszylinder besaß ab 1907 nur 2,6 l Hubraum für 25 PS (17 kW) — und war damit vergleichbar den BMW-Sechszylindern, deren Reihe im Jahr 1932 schon mit 1,2 l Hubraum begann (56 mm × 80 mm, 30 PS bzw. 22 kW bei 3 500/min). Ley eröffnete 1912 eine Niederlassung in London, wo die Sechszylinder besser „ankamen".

Den ersten Achtzylinder schreibt die Historie dem französischen Rennfahrer und Konstrukteur L. Girardot und der Marke C.G.V. zu (Charron, Girardot & Voigt), die — emigriert — (kurzzeitig und erfolglos) in den USA residierte. Der Motor war wie man-

British Leyland-Jaguar AJ 6, 1983: Da ein V 8 (aus einem V 12 „verkürzt", wie bei Horch 1934) nicht befriedigte, folgte der AJ 6 dem 30 Jahre alten 2-OHC-Reihensechszylinder. Je vier im Winkel von 47° hängende Ventile unter kettengetriebenen Nockenwellen; ein Zahnriemen hätte die Motorlänge vermehrt. Leichtmetallmotor mit trockenen Büchsen, 91 mm × 92 mm, 3,59 l, 166 kW (225 PS) bei 5 300/min und 325 Nm bei 4 000/min, Gewicht unter 200 kg.

Chrysler-V 8, 1951. Ersatz für einen langhubigen Reihenachtzylinder mit Kurzhubdaten 96,8 mm × 92 mm, 5,4 l. Halbkugelköpfe mit V-förmig hängenden Ventilen, hydraulischen Stößeln und zwei Kipphebelwellen. Mit 7,5 : 1 Ausgangsleistung 180 SAE-HP bei 4 000/min, stark steigerungsfähig.

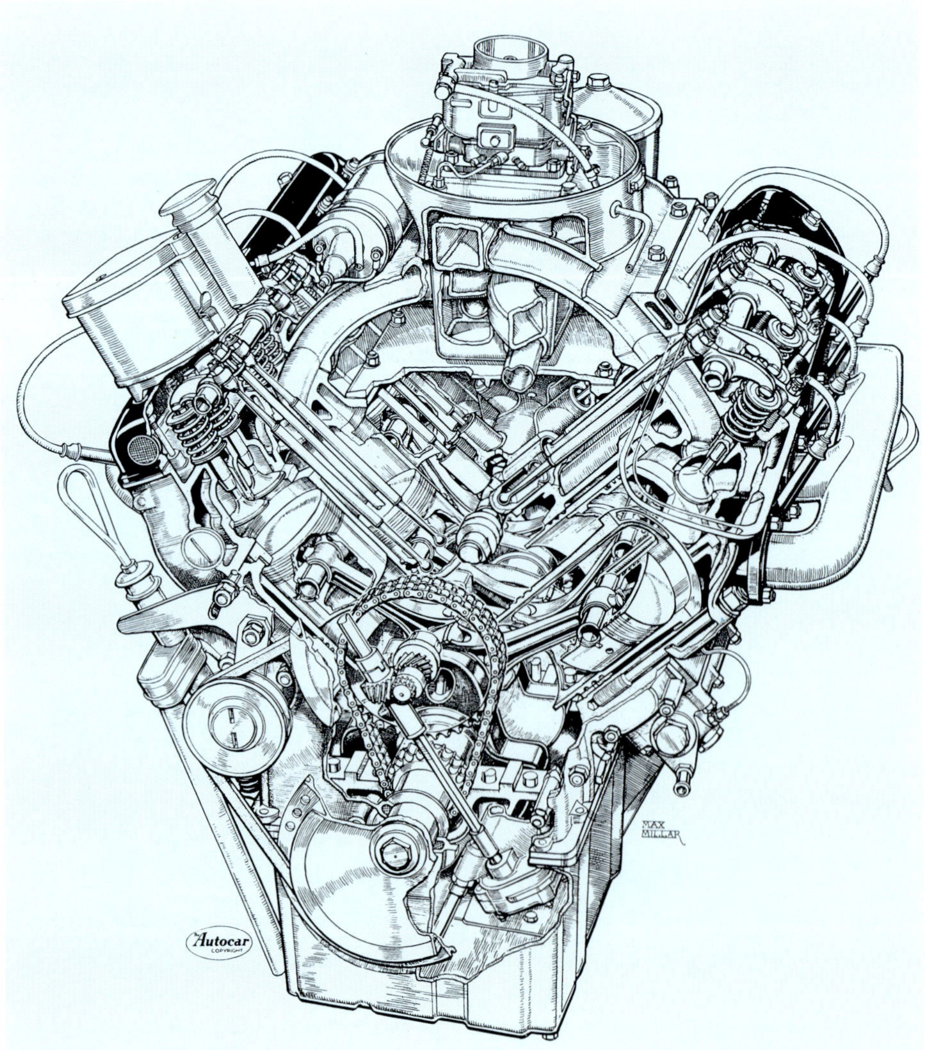

BMW-V 8, 1955 bis 1965, Leichtmetallmotor (210 kg) mit nassen Laufbüchsen und Wasser-Öl-Wärmeübertrager. Kipphebelböcke innen auf langen Stahlbolzen, Stößelstangen aus Dural und Stahl zum Ventilspielausgleich. Kurbelwelle in fünf Vandervell-Lagern. Für 3,2 l wanderte die Ölpumpe kettengetrieben unter die Kurbelwelle. 2,6 l und 3,2 l, 74 mm bzw. 82 mm × 75 mm, 7,3 bis 9 : 1, Doppelfallstromvergaser mit typischem „zweistöckigem" Ansaugsystem, 74 kW (100 PS) bei 4 800/min bis 118 kW (160 PS) bei 5 800/min.

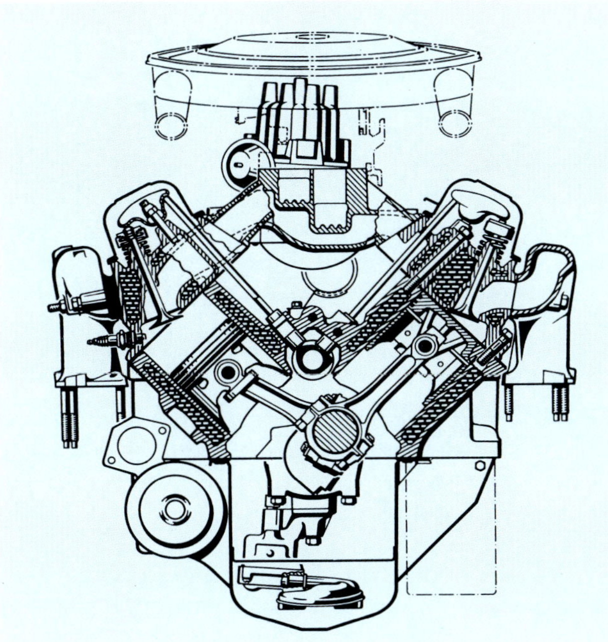

Chevrolet Kurzhub-V 8, 1955 bis 1985. Vielfach verbessert, 4,3 l bis 5,7 l, 162 SAE-HP bis 375 SAE-HP, verschiedene Vergaser oder Rochester-Einspritzung (z. B. in „Corvette"). Abgasentgiftung veranlaßte geringere Verdichtungen und Leistung; zuletzt mit etwa 147 „Netto-kW" (etwa 200 DIN-PS). — In großen Opel-Typen der siebziger Jahre: 101,6 mm × 82,55 mm, 5,35 l, 10,5 : 1, 170 kW (230 DIN-PS) bei 4 700/min.

cher spätere aus zwei Vierzylindern „komponiert". Nun folgten auf zeitgenössischen Fotos [11] ein horizontal eingebauter Achtzylinder, mit dem der Amerikaner Alex Winton das dritte Gordon-Bennett-Rennen bestreiten wollte (1903 in Dublin), aber an Vergaserproblemen scheiterte. Für das tragische, in Bordeaux abgebrochene Rennen Paris—Madrid hatte der Franzose Clement Ader einen V 8 gemeldet, der aus zwei V-Vierzylindern bestand, wie sie auch Mors schon vor 1900 baute — eine Version zwischen Daimler-Lizenz-Motoren und großen Reihenvierzylindern, die sich 1902 mit über 120 km/h in die Rekordliste eintrugen.
Der US-Buffum von 1904 mit einem riesigen Achtzylinder-Boxer kam weder zu Verkaufszahlen noch vermutlich zu einem einzigen Start; denn seine Väter „hatten alles nur denkbare verdoppelt, aber anscheinend mit dem Ziel, möglichst viele Pannen zu programmieren". Ein 7,6-l-Vierzylinderboxer in einem Vallée-Rennwagen scheiterte schon 1899 an Antriebsproblemen. Schließlich bleibt der 12,7-l-Reihenachtzylinder zu erwähnen, den die Brüder Dufaux zum Gordon-Bennett-Rennen 1904 (im Taunus) fuhren, der aber vor dem Start einen Achsschaden erlitt.
Somit zielten frühe Achtzylinder vornehmlich auf Rennerfolge, ein Darracq-V8 (160 mm × 140 mm;

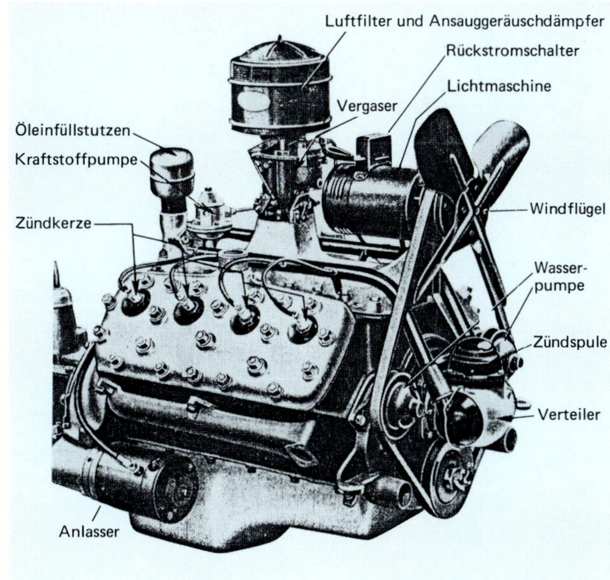

Ford-V 8, 1932, 3,6 l. Fords Antwort auf Chevrolets OHV-Sechszylinder, entwickelt mit größten Investitionen für rationelle Fertigung und niedrigen Preis, gebaut nur in Dearborn und Köln — dort ab 1935 mit Leichtmetallköpfen und Registervergaser für 63 kW (85 PS) bei 3 800/min statt 48 kW (65 PS) bei 3 400/min.

Porsche-V 8, 1977: „Open-Deck"-Block mit unbewehrten Laufbahnen, beschichteten Leichtbaukolben. „Zweistöckige" Ölwanne mit Hauptölkanälen in der Trennfuge, Sichelölpumpe für Umwälzzahl 450. Dachförmige Brennräume mit nach außen geneigten Ventilen (Motor breiter, aber niedriger). Geschmiedete Kurbelwelle, Pleuel aus Sintermetall gepreßt, Zahnriemen zu Nockenwellen, Hydrostößel, etwa 250 kg; als „928 S" (1985) 97 mm × 78,9 mm, 4,66 l, 10,4 : 1, 228 kW (310 PS) bei 5 900/min, 400 Nm bei 4 100/min. Ähnlichkeiten mit Mercedes-Benz-Achtzylindern beruhen auf dem zwingenden „Stand der Technik".

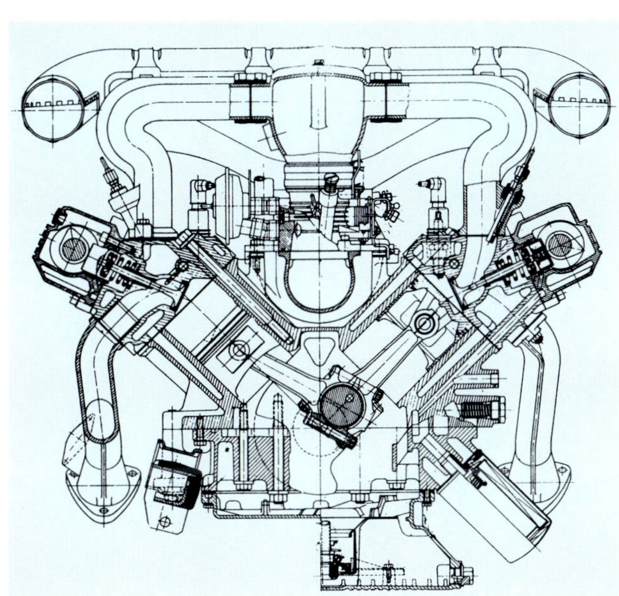

22,5 l) 1905 nur auf Rekorde. Ausnahmen bildeten die zeitgenössischen luftgekühlten Reihenachtzylinder des Amerikaners Franklin und ab 1907 eine kleine Serie von verhältnismäßig leichten 45-PS-Achtzylindern bei Laurin & Klement. Konstruiert hatte sie Otto Hieronimus (1879 bis 1922), der von Gräf & Stift kam (bekannt durch den ersten Frontantrieb 1898). Laurin & Klement gelangte 1925 zur Skoda-Gruppe.

Abgesehen von V8-Motoren für Rennen und Rekorde (und frühen Flugmotoren), umgekehrt auch von einem V 8-Prototyp, den Henry Royce (1863 bis 1933) Ende 1905 auf das 20-Meilen-Limit zuschnitt, verkaufte die ersten V 8-Wagen 1910 das Unternehmen De Dion-Bouton (90 mm × 120 mm, 6,1-l-SV, etwa 40 PS bei 2 200/min). Doch große Stückzahlen veranlaßte vier Jahre später Cadillac in den USA, zumal der Erfolg gleich starke Konkurrenten auf den Markt rief.

Reihenachtzylinder erlebten ihre große, etwa 20jährige Epoche nach dem Ersten Weltkrieg — vielfach

Minimale Gabelwinkel im gemeinsamen Block als Lancia-Tradition. Ventiltrieb mit zwei untenliegenden Nockenwellen, Querstromkopf, schräggeteilte Pleuelköpfe zum „Kolbenziehen" nach oben; zudem werden die Pleuelschrauben entlastet, doch verlangt der Pleuelfuß sorgfältige Dimensionierung. Im Bild „Appia"-Serie 3 (1960) 68 mm × 75 mm, 1,1 l, 8 : 1, 54 CUNA-PS bei 4 900/min.

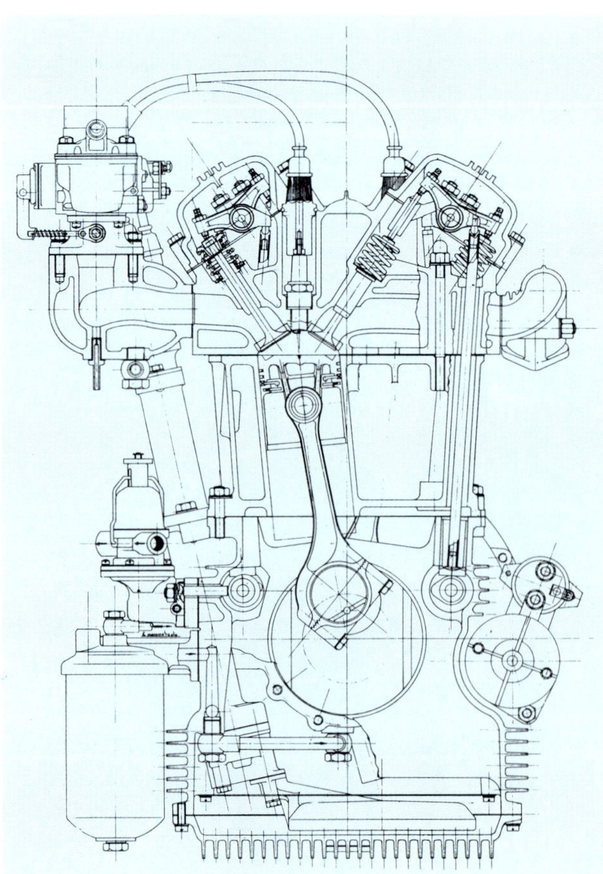

als Ausdruck einer Zeit, in der überdimensionale Motorhauben vor winzigen Windschutzscheiben ihre Fans beeindruckten. Man fand sie bei Röhr, Hansa-Lloyd und (Paul Daimlers) Horch, bei Adler, Stoewer, Opel, schließlich bei großen Mercedes-Benz und Renault, schon 1921 bei Leyland und Isotta-Fraschini, später bei Packhard, Auburn und Stutz. Während die beträchtliche Baulänge damals nicht störte, warfen die Drehschwingungen der Kurbelwellen stets Probleme auf, übrigens schon für Reihensechszylinder und noch heute, freilich mit konstruktiven Kunstgriffen und geeigneten Abmessungen beherrscht.

Nachdem „Rennformeln" die Hubräume auf 3 l und 2 l beschränkten, wurden außer Kompressoren viele kleine statt weniger große Zylinder eine direkte Konsequenz: Mit Reihenachtzylindern von Ballot, Duesenberg, FIAT, Mercedes, Miller, Alfa Romeo und Bugatti ergab sich eine Situation, die sich 1961 (mit 1,5 l statt 2,5 l) verblüffend wiederholte [12].

Auch die seit jeher überlegenen Literleistungen der Zweiradmotoren beruhen auf ihren kleinen Hubvolumen: Der kürzere Kolbenhub erlaubt höhere Drehzahlen — und die Wandflächen werden (gemäß der zweiten statt der dritten Potenz) relativ größer, somit auch die Steuerquerschnitte — zugunsten der durchgesetzten Gasmengen.

Theoretisch nimmt die Leistung bei vorgegebenem Gesamthubraum mit der Kubikwurzel der Zylinderzahl zu, z. B. bei sechs statt vier Zylindern um 14%. Doch ergeben sich in der Praxis Abstriche, weil bei vermehrter Zylinderzahl in der Regel die Füllungsgrade ab- und die Reibungsverluste zunehmen. Ferner leidet bei Motoren mit mehr Zylindern entgegen einem verbreiteten Vorurteil die Elastizität, der kräftige Durchzug schon bei niedrigen Drehzahlen. Schließlich kostet der größere technische Aufwand Gewicht und Geld.

Der Drang zu extremen Leistungen endete keineswegs bei acht Zylindern, und 1,5-l-Zwölfzylinder von 1965 fanden Vorläufer schon in der Kompressor-Epoche: 1926 bei Itala mit 1,5 l und sogar mit 1,1 l Hubraum (46 mm × 55 mm), doch gelangte dieser Itala ins Museum, aber nie zu einem Start, im Gegensatz zu einem 2-l-Delage-V 12.

Für die deutschen „Silberpfeile" gab es nach einer vierjährigen „Gewichtsformel" 1938 mit nur 3 l Hubraum offenbar keine Alternative. Denn die Erzrivalen Auto-Union und Daimler-Benz verfolgten beide dieses Konzept — in Untertürkheim nach vorangegangenen Reihenacht-, in Zwickau nach großvolumigen V 16-Zylindern. Beide waren mit mäßigen Literleistungen, aber hochgradigem Leichtbau eine glänzende Antwort auf die 750-kg-Gewichtsformel. Dagegen versuchte British Racing Motors (BRM) ab 1950 vergeblich, mit einem 1,5-l-135°-V-16 (49,5 mm × 48,3 mm), fünfstelligen Drehzahlen und einem mechanisch angetriebenen Schleuderlader die italienische Grand-Prix-Hegemonie zu brechen, während Porsches V 12-Cisitalia — trotz 180°

Gabelwinkel kein Boxer — an der fehlenden „Nabelschnur" zu seinen Vätern krankte. Ein 1,5-l-Coventry-Climax-16-Zylinder-Pseudoboxer mit Steuerung und Abtrieb in der Mitte kam 1965 nicht zum Einsatz, ein 3-l-BRM-16-Zylinder als liegender „H"-Motor mit zwei Kurbelwellen übereinander 1967 nicht zur Reife.
Ohne Zwang zu hohen Leistungen, dafür als Ausbund von Luxus und Laufkultur mobilisierten V 12 ab 1916 pompöse Packards und mehrere kurzlebige Konkurrenten, ein V 16 ab 1930 Cadillacs. Eine zweite V12-Welle rollte ausgerechnet in die schwere Weltwirtschaftskrise der frühen dreißiger Jahre mit Packard, Lincoln (dort bis 1951) und mit Auburn (deren Motoren allerdings Lycoming baute). Selbst im armen Europa glänzten gleichartige Wunderwerke: in England Daimler, Rolls-Royce und Lagonda, in Frankreich Hispano-Suiza und Voisin, in Deutschland Maybach ab 1929 und Horch ab 1932. Die jüngste V 12-Ära prägten die prominenten Namen Ferrari (ab 1947), Lamborghini (ab 1964) und Jaguar (ab 1971).
Nur einen Seitenblick verdienen bezüglich Zylinderzahl und -anordnung einzelne „Doppelmotoren" (die in der Luftfahrt bekannter wurden): bei FIAT 1925 ein 1,5-l-2 × 6-Zylinder-Rennmotor, später mit monströsen 2 × 8-Zylindern bei Maserati, Bugatti und Alfa Romeo, 1929 sogar für einen Luxuswagen mit 16 Zylindern und Frontantrieb bei den Brüdern Bucciali in Paris — es wurde ihr Schwanengesang.
Die moderne Großserienproduktion unterliegt eigenen Gesetzen, verteuert die Herstellung exklusiver Motoren doppelt und stempelt V-Achtzylinder weltweit zum vorherrschenden Antrieb ab 3,5 l.
Umgekehrt enthalten Vierzylinder nicht über 2,5 l, obwohl sie beim heutigen Stand der Technik, namentlich in bezug auf Auswuchtung und Motoraufhängung, nahezu die Laufkultur früherer Sechszylinder bieten. Diese reichen heute von 2 l bis 4 l Hubraum; Zweizylinder bleiben (in Europa und Japan) ein Attribut ausgeprägter Kleinwagen, während Dreizylinder unverkennbar vordringen.
Den verbreitetsten Motor der ersten 50 Jahre baute Ford (USA) für 15 Millionen T-Modelle (1907 bis 1926). VW-„Käfer" mit luftgekühlten OHV-Boxern (1,1-l- bis 1,6-l-Kurzhuber) erkletterten bis zur Einstellung der Produktion in der Bundesrepublik Deutschland (Januar 1978) die 20-Millionen-Produktionsgrenze. Wenngleich bei Citroen, Alfa Romeo und sogar bei Lancia zwischen 1971 und 1976 neue luft- und flüssigkeitsgekühlte Boxer entstanden und Porsches Sechszylinder zu einem „Immergrün" heranwuchs, sprechen für Reihenmotoren etwas geringere Gewichte und Herstellungskosten. Sicher leidet darunter die Vielfalt im Motorenbau — dies noch mehr auf konstruktiven Gebieten, bei Kurbeltrieben und Ventilsteuerungen, bei Aggregaten und Zubehör. In dieser Hinsicht gilt nämlich, was 1960 der Daimler-Benz-Chefingenieur Fritz Nallinger (1898 bis 1984) formulierte: „Technische Angleichungen zeugen nicht etwa von Phantasielosigkeit der Ingenieure, sondern ganz einfach davon, daß als optimal erkannte Dinge Allgemeingut werden und ohne funktionelle Einbußen nicht fehlen können.".

Nissan-V 6, ersetzte 1983 2,4-l- bis 2,6-l-„Datsun"-Reihenmotoren; als 3-l-Version: 87 mm × 83 mm, 9 : 1, 132 kW (180 PS) bei 5 200/min, mit Turboladung (und 8 : 1) 170 kW (230 PS), etwa 170 kg. — Sechs versetzte Hubzapfen und vier Hauptlager im Gußeisenblock, Zahnriemen zu Nockenwellen, um 50° V-förmig hängende Ventile, Hydrostößel und Leichtmetall-Kipphebel (auch als „Sollbruchstelle", wie seit 1961 bei BMW). — Die Geschichte europäischer und amerikanischer V6 beginnt 1961 mit V-60°-Lancia, von Vittorio Jano (1891 bis 1965) konstruiert. Weitere 4-OHC-Sechszylinder (V 65°) zeichnete Jano zusammen mit Enzo Ferraris früh verstorbenem Sohn Dino in Maranello (1958 und 1961 Formel-1-Weltmeister), auch in Ferrari- und FIAT-Serien. — Bei Buick und Oldsmobile entstanden aus Achtzylindern „verkürzte" 90°-V 6; in Europa folgten den Ford-V 6 als „echte" Gabelmotoren 1970 ein 4-OHC-Maserati, im Citroen-„SM" eingebaut, und 1975 der von Peugeot, Renault und Volvo gemeinsam entwickelte „Europa"-V6, beide mit 90°-Gabelwinkel und V-förmig hängenden Ventilen. — Weitere Maserati-V 6 gipfeln im „Biturbo": 2,5 l (91,6 mm × 63 mm) mit Dreiventilköpfen und zwei Turboladern 139 kW (189 PS) bei 5 500/min. — Alfa-Romeo-2,5-l-Kurzhub-V 6 erhielten (1979) sechs Hubzapfen trotz 60° Gabelung. Zahnriemen-getriebene Nockenwellen liegen direkt über den (inneren) Einlaßventilen und Tassenstößeln, während zu den kleineren Auslaßventilen „quergestellte" Stößel und Stoßstangen mit Kipphebeln führen, die an Auto-Union-16-Zylinder und BMW „328" erinnern.

Jahr	Marke	Anzahl Zylinder und Bauart	Steuerung	Hubraum in dm^3	D × s in mm	s : D	Verdichtungsverhältnis	
1886	Benz	1-liegend	Sch/AV	0,98	91,4 × 150	1,75	—	
1889	Daimler	2-V (17°)	aut./SV	0,57	60 × 100	1,66	2,5	
1901	1. „Mercedes"	4-R	SV (T)	5,9	116 × 140	1,21	3,5	2
1907	Renault	2-R	SV	1,2	80 × 120	1,5	4	
1907	Rolls-Royce	6-R	SV	7,04	114 × 114	1,0	3,2	3
1908	Ford („T")	4-R	SV	2,88	96,3 × 101,6	1,05	4,5	1
1910	Austro-Daimler	4-R	OHC	5,4	105 × 156	1,5	4,5	6
1913	Audi	4-R	I.O.E.	3,6	90 × 140	1,55	4	3
1920	Citroen	4-R	SV	1,45	68 × 100	1,47	4,5	1
1922	Tatra („11")	2-Bo.	OHV	1,06	82 × 100	1,22	4,5	1
1923	Lancia (La.)	4-V (14°)	OHC	2,12	75 × 120	1,6	4,8	3
1926	Horch	8-R	2 OHC	3,38	67,5 × 118	1,75	5,4	4
1927	Bentley	4-R	OHC (16 V.)	4,4	100 × 140	1,4	5	7
1932	FIAT (508)	4-R	SV	1,0	65 × 75	1,15	5,8	1
1936	Wanderer	6-R	OHV	2,24	71 × 95	1,34	6,4	3
1938	Opel	4-R	OHV	1,48	80 × 74	0,93	6,0	2
1948	Lagonda	6-R	2 OHC	2,58	78 × 90	1,15	6,5	7
1954	Borgward	4-R	OHV	1,5	75 — 84,5	1,13	7,0	4
1956	Alfa-Romeo	4-R	2 OHC	1,3	74 × 75	1,01	8,5	5
1963	Hillman	4-R	OHC	0,88	68 × 60,4	0,89	10	2
1964	Porsche	6-Bo	OHC	2,0	80 × 66	0,82	9,0	9
1966	FIAT	6-V (65°)	2 × 2 OHC	2,0	86 × 57	0,66	9,0	11
1977	BMW	6-R	OHC	2,0	80 × 66	0,82	9,2	9
1977	Peugeot	4-R	OHC	1,3	78 × 67,5	0,87	8,8	4
1984	Toyota	4-R	2 OHC (16 V.)	1,6	81 × 77	0,95	10	9

(PS)	bei n_1 in 1/min	Kolbengeschwindigkeit in m/s	korrigiert	Hubraumleistung kW/l (PS/l)	mittlerer Nutzdruck p_e in bar
9)	400	2,0	(1,5)	0,7 (0,9)	(2,0)
65)	920	3,1	(2,6)	2,1 (2,9)	(3,2)
	1000	4,7	(4,2)	4,4 (5,9)	(5,2)
	1800	7,2	(5,9)	6,2 (8,3)	(4,1)
	1200	4,6	(4,6)	5,0 (6,8)	(5,0)
	1400	4,7	(4,6)	5 (7)	5,5
	2000	10,4	(8,5)	12 (17)	(7,3)
	2000	9,3	(7,5)	8,2 (11)	(4,9)
	2200	7,3	(6,1)	10 (14)	(5,6)
	2400	8,0	(7,3)	10 (13)	(4,9)
	3250	13,0	(10,3)	17 (23)	(6,3)
	3400	13,4	(10,1)	14 (19)	(5,0)
	3500	16,3	(13,8)	17 (23)	(5,9)
	3400	8,5	(7,9)	16 (20)	(5,5)
	3500	11,0	(9,6)	16,5 (22)	(5,6)
	3200	7,9	(8,2)	18 (25)	7,5
	5000	15	(14)	30 (41)	(7,2)
	4700	13,2	(12,4)	30 (40)	8,4
	6000	15,0	(14,9)	46 (62)	9,6
	4800	9,7	(10,3)	33 (44)	10
	6200	13,6	(15)	48 (65)	10
	7200	13,7	(16,7)	59 (80)	10,8
	6000	13,2	(14,6)	45 (61)	10
	5750	12,9	(13,9)	34 (46)	9,0
	6600	16,9	(17,4)	57 (78)	11,2

25 ausgewählte (freiansaugende) Otto-Fahrzeugmotoren aus der 100jährigen Entwicklung.

Die Zusammenstellung umfaßt außer dem liegenden Benz-Einzylinder mit schiebergesteuertem Ein- und ventilgesteuertem Auslaß Zwei-, Vier-, Sechs- und Achtzylinder in V-, Reihen- und Boxerbauweise.

Die waagerechten Zeilen betreffen Jahr, Marke, Bauart, Steuerung der Ventile, Hubraum, Bohrung mal Hub, Hubverhältnis, Verdichtungsverhältnis, die Nennleistung in kW (PS), die zugehörige Nenndrehzahl n_1, die tatsächliche und die korrigierte Kolbengeschwindigkeit, die Hubraumleistung in kW/l (PS/l) und den mittleren Nutzdruck. Die korrigierte Kolbengeschwindigkeit berücksichtigt die unterschiedlichen Hubverhältnisse — nur „geometrisch ähnliche" Motoren erlauben einen direkten Vergleich — und ergeben sich mit der (reziproken) Quadratwurzel des Hubverhältnisses, vereinfacht, um die größeren bewegten Massen der Kurzhuber zu kompensieren [5]. Bei fehlenden Angaben des Drehmomentgipfels (bei n_2) sind die p_e-Werte aus der Nennleistung errechnet, naturgemäß um 10% bis 25% niedriger und daher eingeklammert.

Der (vielexportierte) Daimler-Zweizylinder ab 1889 hatte „automatische" Ansaug- und seitlich stehende Auslaßventile.
„T" beim ersten Mercedes-Vierzylinder bedeutet „T-Kopf".
Der Renault-Zweizylinder ab 1906 erlangte besonderen Ruhm in den „Marne-Taxi"; diese ermöglichten über Nacht eine Auffangstellung, die den deutschen Vormarsch im Krieg beendete.
Der Rolls-Royce-Sechszylinder beflügelte den ersten „Silver Ghost".
Das Ford-T-Modell (Tin Lizzy) wurde 19 Jahre lang — kaum verändert — gebaut, insgesamt mit über 15 Mio. Stück, erst 1972 vom VW-Käfer überboten.
Es folgen zwei im Rallye-Sport berühmte Typen: Ferdinand Porsches „Prinz Heinrich"-Austro-Daimler und August Horchs „Alpensieger"-Audi. Er hatte hängende Ein-, aber stehende Auslaßventile (I.O.E., inlet over exhaust, eine damals verbreitete Bauart, die letzten Endes auf die automatischen Ventile oder „Schnüffelventile" frühester und früher Motoren zurückging).
Der kleine Citroen erlangte besonderen Ruf durch seinen Nachbau von Opels „Laubfrosch" und ebenfalls eine starke Verbreitung.
Der originelle Lancia-V-Motor (alle Zylinder im gemeinsamen Block) diente dem revolutionären Typ „Lambda" ab 1922, später größer und stärker.
Horchs erster Reihenachtzylinder zielte nur auf Laufkultur, nicht auf Leistung.
Opel brachte 1938 den ersten Großserien-Kurzhubmotor heraus.
Alfa Romeos Doppelnocken-Vierzylinder stammt aus der Giulietta-Serie („ti").
FIATs V 6 war (fast) identisch mit Ferraris erfolgreichem „Dino-Typ".
Vierventilköpfe bei Bentley und Toyota. —
Bei der Leistungsangabe in kW und kW/l (PS und PS/l) können auf- oder abgerundete Werte geringfügige Verschiebungen ergeben.

Schiebersteuerungen

Geräuscharme Schieber, wie z. B. an Dampfmaschinen und frühesten Viertaktern, versprachen gegenüber Hubventilen klare Vorteile, besonders die mit rotierenden statt mit oszillierenden Bewegungen. Hauptsächlich als Drehschieber im Zylinderkopf — und somit höchsten Temperaturen und Drücken ausgesetzt — stoßen sie allerdings auf Abdichtungs- und Schmierungsprobleme. Das älteste Patent, 1905 von Charles Y. Knight in Chikago angemeldet, erlangte die weitaus größte Verbreitung, obwohl in den USA nur von Willys-Overland verfolgt. Knights europäische Pioniere wurden die Daimler-Werke in Coventry, Untertürkheim und Wiener Neustadt, und zwar nach einer gründlichen Erprobung in England ab 1907. Weitere Lizenzen nahmen Minerva in Belgien (später auch Imperia), Laurin & Klement sowie RAF in Böhmen und Puch in Graz, bevor die zwanziger Jahre eine zweite Konjunktur vermittelten — weniger bei Stoewer, Loeb & Co. (auch Dinos) als in Frankreich bei Voisin, Peugeot und Panhard-Levassor.
Erbfehler bei den doppelten Schieberhülsen waren die zu geringe Wärmeableitung (weniger Kühlwärme, aber heißere Auspuffgase) und die kritische Schmierung mit hochwertigem Öl in großer Menge. Besser, aber immer noch nicht zufriedenstellend, verhielt sich vergleichsweise der einzelne Rohrschieber, den (der Schotte) Peter Burt und (der Kanadier) James McCollum erfanden; sie einigten sich über die gemeinsame Patentvergabe, z. B. an Argyll in Schottland oder Piccard-Pictet in Genf. Ihre einzelnen Schieber trieb eine Kurbel an, aber zu einer elliptischen statt geradlinigen Laufbahn. Nachdem sich Ricardo stark für diese Bauart einsetzte, vor allem wegen der klopffesten Brennräume (ohne Auslaßventile), entstanden ab 1930 größte Flugmotoren, bei Bristol als (leider) luftgekühlte Sterne, bei Napier als flüssigkeitsgekühlte „H"-Motoren, deren weitere Entwicklung erst den neuen Flugturbinen zum Opfer fiel. Andererseits entstanden Schwingschieber als schmale vertikale Streifen in der Zylinderwand vorn und hinten, um die Knight-Nachteile zu vermeiden, aber zwangsläufig mit schwierig zu gestaltender Abdichtung. Außer einer französischen Konstruktion zählte dazu ein Schiebermotor des Schweizer Automobilbauers Martin Fischer (1866 bis 1947).
Das Endziel und Ideal einer Schiebersteuerung, nämlich ein gleichmäßig rotierendes Organ, fand in den zwanziger und dreißiger Jahren vielerorts Verfechter, vereinzelt auch noch nach 1950. Man erreichte aber in keinem Fall eine Serienherstellung, weder als Walzenschieber — entweder

Die beiden konzentrischen, auf und ab schwingenden Knight-Hülsenschieber, etwa 3 mm dick, liegen zwischen Zylinderwand und Kolben. Dem Antrieb dienen zwei kleine (ungleichlange) Pleuel auf einer 2 : 1-Kurbelwelle. Auch den eingesetzten Zylinderdeckel dichten Kolbenringe gegen den Innenschieber.

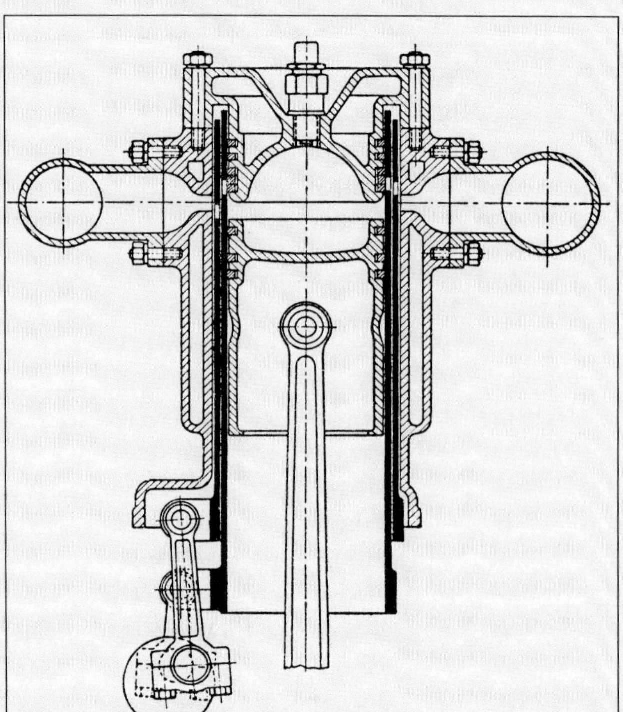

Aufgeschnittener Knight-Zylinder aus dem Daimler-Benz-Museum (Arbeitskolben am unteren Totpunkt). Ein Ölkanal mündet in halber Höhe, beide Schieberhülsen tragen reichlich Schmiernuten. Daimler-Knight-Motoren hatten 2,6 l und 4,2 l Hubraum und wurden von 1910 bis 1923 gebaut, zuletzt mit 16/50 PS; die Fundamente ähnelten hierbei den Ventilmotoren. Ausländische Knight-Motoren wurden, z. T. wesentlich größer, bis in die späten dreißiger Jahre hergestellt.

axial durchströmt (Cross, Brown) oder radial durchströmt (Baer-Heylandt, Darracq, Itala, Henriod) — weder als riesiger, sternförmige Zylinder einhüllender „Kugelschieber" (Bauart Sklenar bei Sachsenberg in Dessau) noch als kleiner Kegeldrehschieber (Aspin). Eine Ausnahme machten allenfalls große Plandrehschieber in Bristol-Nutzfahrzeugmotoren, deren neun Zylinder wabenförmig im Kreis standen, mit Kolben und Kolbenstangen, die eine „Taumelscheibe" statt eine Kurbelwelle bewegten. Der Planschieber enthielt paarweise Ein- und Auslaßkanäle und rotierte nur mit einem Achtel der Wellendrehzahl (vergleichbar den Nockentrommeln von Sternmotoren) [29].
Die letzten, am weitesten entwickelten Drehschieber entstanden ab 1936 bei der Deutschen Versuchsanstalt für Luftfahrt (DVL), dann bei Junkers und Daimler-Benz und erlangten, wenigstens für flüssigkeitsgekühlte Zwölfzylinder-Flugmotoren, dank neuartiger Dichtelemente von den Wankel-Versuchswerkstätten in Lindau Betriebsreife. In jedem Zylinderkopf (oder in je zwei benachbarten) rotiert ein flacher Plattenschieber über strömungsgünstigen Ein- und Auslaßkanälen. Zwar blieb ein Leistungsgewinn umstritten [36], doch kam eine vorteilhaft verminderte Stirnfläche hinzu. Ein Serienbau unterblieb wegen des Kriegsendes und — wieder einmal — wegen der aufkommenden Strahlturbine.
Maßgebliche DVL-Ingenieure übertrugen „ihren" Drehschieber nach 1950 auf kleine „zivile" Motoren: Walter Froede (1910 bis 1984) erzielte bei NSU gute Ergebnisse, doch lag das Projekt schon bei den Akten, als der Bericht erschien, zugunsten der angelaufenen Wankel-Entwicklung. Dann baute W. D. Bensinger (1907 bis 1974) ab 1958 bei Daimler-Benz einen 1,9-l-Vierzylinder-Boxer mit je einem DVL-Flachschieber über jedem Zylinderpaar (53 kW bzw. 72 PS bei 3 800/min!), dem auch in Untertürkheim die Wankel-Ära folgte [30].

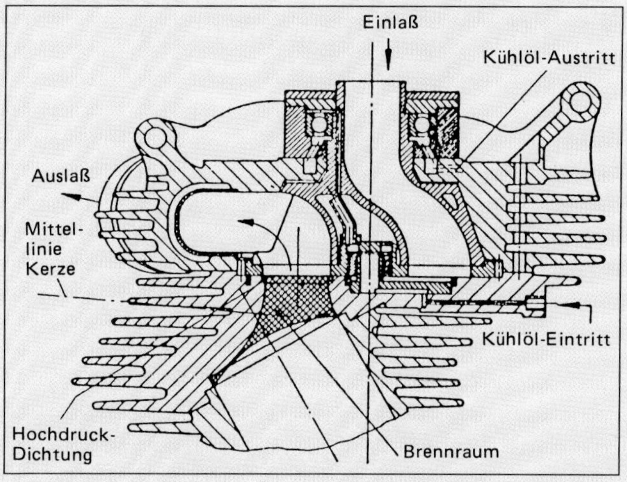

Der bei der DVL entwickelte Plandrehschieber wurde bei NSU (vor der Wankel-Entwicklung) an kleinen luftgekühlten Einzylindern erprobt und lag schräg zur Achse des geneigten Zylinders. Er enthielt einen S-förmigen Einlaßkanal und (versetzt) einen ähnlichen Auslaßkanal. Der Drehschieber war ölgekühlt, kugelgelagert und mit „wankel-artigen" Dichtelementen ausgestattet. — Beim späteren wassergekühlten Mercedes-Benz-Boxermotor steuerte je ein Plattenschieber zwei benachbarte Zylinder, selbstverständlich in einer rechtwinkligen Lage zu ihnen, angetrieben über eine „Königswelle" und Stirnräder.

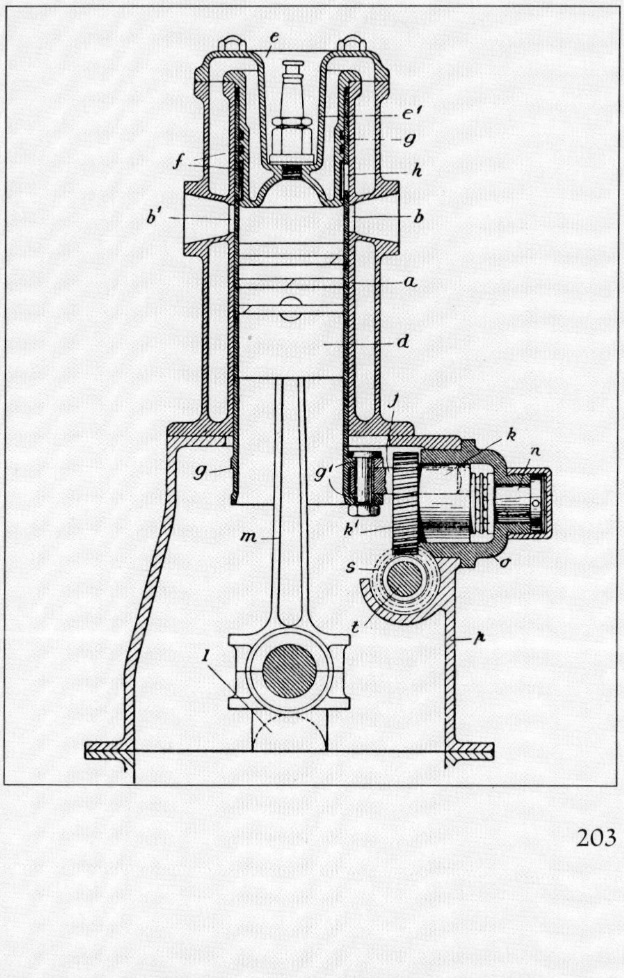

Burt-Hülsenschieber gemäß DRP 263 665: Der Schieber (g) vollführt eine kombinierte (sinusförmige) Dreh- und Schiebebewegung durch den Antrieb mit der Steuerkurbel (k), die mit halber Kurbelwellendrehzahl umläuft. Zur Übertragung dient ein Zapfengelenk (g'k'j), das außen am Schieber angreift. Die Abdichtung im Zylinderkopf obliegt, wie bei Knight-Schiebern, mehreren Kolbenringen. Die ununterbrochene Bewegung des Schiebers begünstigt die Schmierungsverhältnisse am oberen Totpunkt des Kolbenhubs. Der sonst kritische Verschleiß blieb dort auffallend gering. Vorteilhaft gegenüber den Knight-Schiebern war, daß dieselben Schlitze den heißen Auspuffstrom und die kühlenden Frischgase steuerten.

Zweitaktmotoren

Zweitakter konkurrierten im Automobil von 1928 bis 1965, eng verknüpft mit der Marke DKW. An dieser globalen These ändern die DDR-Nachfolger Trabant und Wartburg ebensowenig wie tschechoslowakische Typen der dreißiger Jahre (Aero, „Z" und Jawa als DKW-Lizenz [20]) oder erfolgreiche Zweitaktmodelle der fünfziger Jahre bei Goliath, Gutbrod, Lloyd, Saab, in Kleinstwagen von Glas (Goggomobil) oder Vespa.
Immerhin arbeiteten vor und nach dem Zweiten Weltkrieg Zweitakter in jedem sechsten deutschen Pkw. Den Nachteilen — in erster Linie dem unbefriedigenden Leerlauf, u. U. auch dem höheren Kraftstoffverbrauch — stehen beachtliche Vorzüge gegenüber: der einmalig einfache Aufbau mit drei bewegten Teilen je Zylinder, die doppelte Zündfolge, nach der man später das Schlagwort „3 = 6" einführte, geringe Abmessungen und Gewichte, geringe Reibungsverluste und guter Kaltstart.
Die Vorgeschichte des Zweitakters begann mit Lenoirs „Zweihub-Dreitakter", bevor die Gasmotoren von Benz insofern „umgekehrt" arbeiteten, als einem vollen Arbeitstakt (mit Hilfe von Gas- und Luftpumpen) ein gemeinsamer Auspuff-, Ladungs- und Verdichtungshub voranging. Für den Fahrzeugantrieb wählte auch Benz einen Viertakter, „der erheblich unkomplizierter als die damaligen Zweitakter war, mindestens doppelt so schnell lief und entsprechend leichter wurde".

Zur gleichen Zeit baute der englische Pionier Dugald Clerk (1854 bis 1932) seinen Zweitakter. Er hatte im Kopf des liegenden Zylinders ein gesteuertes Einlaßventil und am inneren Totpunkt kolbengesteuerte Auslaßschlitze, folglich schon eine vorteilhafte Gleichstromspülung, wie später mit Gegen- oder Doppelkolben (in „U-Zylindern" wie z. B. im Zoller-Motor, oder mit gemischter Ventil- und Schlitzsteuerung in Dieselzweitaktern). Die ersten „ventillosen" oder Dreikanalmotoren mit gasdichtem, pumpendem Kurbelgehäuse und reiner Kolbensteuerung entstanden um 1890 bei der Firma Day in England und bei Julius Söhnlein (1856 bis 1941) [31].
Abgesehen von frühen Kraftradmotoren in England und wenigen Zweitaktern von Hans Grade (für Motorräder, leichte Flugzeuge und Kleinwagen, alle mit automatischem Ansaugventil), und abgesehen von etlichen Sonderbauarten glückte der große Durchbruch dem Dänen Jörgen Skafte Rasmussen (1878 bis 1964), der mit dem Konstrukteur Hugo Ruppe 18-cm³-Spielzeugzweitakter („des Knaben Wunsch"), bald Fahrradhilfsmotoren („das kleine Wunder") und Motorräder baute. Er besaß schon 1928 die größte Motorradproduktion der Welt und startete den Bau der DKW-Kleinwagen ab 1931 mit Frontantrieb, ab 1933, schon im Verband der sächsischen Auto-Union, mit der Umkehrspülung von Adolf Schnürle (1897 bis 1951) [32]. In den frühen fünfziger Jahren verlegten sich Gutbrod

Bei der alten Querspülung liegen Überström- und Auslaßkanal direkt gegenüber, der Kolbenboden trägt einen scharf profilierten Ablenker (eine „Nase"), um den Spülstrom steil nach oben zu lenken. Der von der unteren Kolbenkante gesteuerte Ansaugschlitz liegt seitlich, gestrichelt markiert.

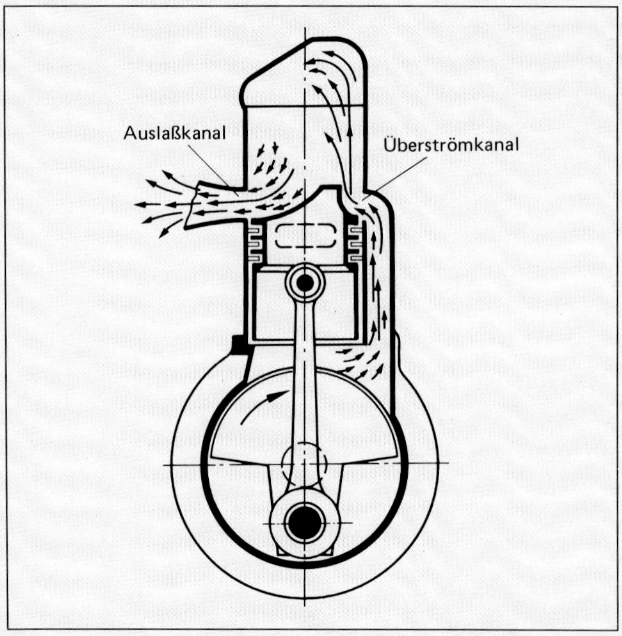

Die Schnürle-Umkehrspülung (bei DKW für Otto-Zweitakter in Generallizenz, in großen Dieselmotoren früher) erlaubt flache oder leicht gewölbte Kolbenböden. Zwei Spülströme münden symmetrisch beiderseits des Auslaßkanals und „blasen" auf die hintere Zylinderwand, so daß die Spülströme eine Schleife beschreiben (loop scavenging). Die Leistungs- und Verbrauchswerte wurden 1933 bei DKW sofort um 15 % bis 20 % besser. — Das Bild zeigt den Verdichtungshub; der Ansaugkanal ist freigelegt. Brennraumprofile unterstützen die Spülwirkung.

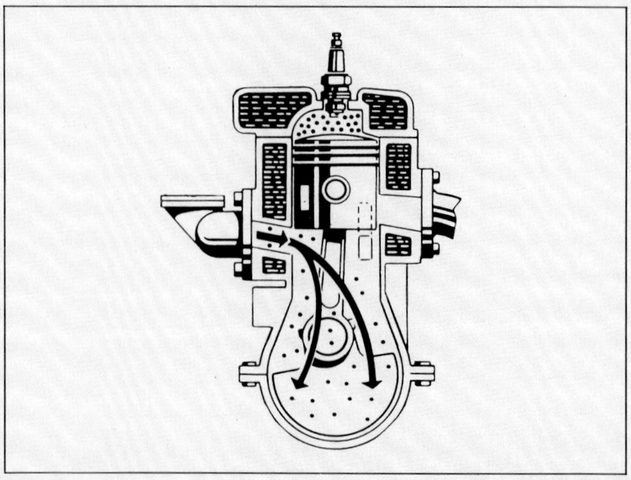

Der DKW-Zweizylinder wurde 1931 quer eingebaut und war der erste Großserien-Frontantrieb, hier noch mit Querspülung (0,6 l, 11,5 kW, 15 PS bis 16 PS bei 3 000/min bis 3 500/min). „Reichs-" und „Meisterklassen" — bis 1939 über eine Viertelmillion — leisteten mit 0,6 l und 0,7 l 13 kW und 14 kW (18 PS und 20 PS).

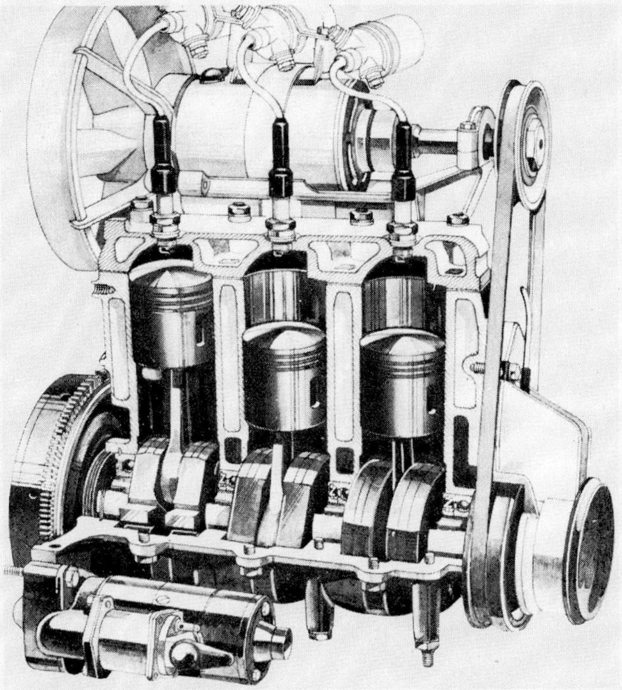

Der 0,8-l-Dreizylinder für den Typ „Junior" Ende der fünfziger Jahre; ausnahmsweise leicht kurzhubig (70,5 × 68 mm; Kurzhubwerte sind nämlich für die Geometrie der Steuerschlitze nachteilig). Hochfrisierte Wettbewerbsmotoren erreichten damals etwa 74 kW/l (100 PS/l), bevor die Leistungen kleiner Zweitaktrennmotoren förmlich „explodierten".

und Goliath auf Zweizylinder mit direkter Benzineinspritzung (und beachtlich geringen Verbrauchswerten), DKW (in Ingolstadt und Düsseldorf) auf Dreizylinder (bis 1,2 l Hubraum, 44 kW bzw. 60 PS) und dosierter Pumpen- statt Mischungsschmierung.
Die durch die Kurbelkammerspülung bedingte Mischungsschmierung (Frischölschmierung) veranlaßte fast ausnahmslos zusammengesetzte und wälzgelagerte Kurbelwellen (die ihrerseits den ruhigen, runden Leerlauf kaum begünstigen). Die Ölanteile nahmen bei einem Mischungsverhältnis von anfangs etwa 1 : 12 (8 %) mit rascher und starker „Verkokung" der Kolbenböden, Auslaßschlitze und -töpfe über 1 : 20 bis 1 : 25 (5 % und 4 %) auf 1 : 50 bis 1 : 100 (mit speziellen Zweitaktölen) ab, oder man benötigte entsprechend geringe Dosierungen der Ölpumpen, auch lastabhängig. Gegenüber Viertaktern fällt die größte abzuleitende Wärmemenge im Bereich der Auslaßzone an, d. h. im Zylinder selbst, wo überdies große Schlitze und Kanäle, z. T. verdoppelt, die gute Geometrie der Zylinder und die Betriebsbedingungen der Kolben erschweren.
Enorme Leistungssteigerungen moderner Sport- und Rennzweitakter beruhen auf gründlich erforschten und verwerteten Gasschwingungen in Kurbelkammern, Ein- und Auslaßsystemen, und zwar weit über die Möglichkeiten freiansaugender Viertakter hinaus, freilich auch mit schmalen und steilen Drehmomentkurven.

Plattendrehschiebern zur („unsymmetrischen") Einlaßsteuerung traten zur Verbreiterung des brauchbaren Drehzahlbereichs neue Membransteuerungen, jüngst sogar variable Auslaßschlitze und Auspuffvolumen, gegenüber, doch fanden diese Finessen als Automobilantriebe (noch) keine Verfechter. Dagegen könnte eine systematische Entwicklung moderner Zweitakter ebensogut ihre Nachteile vermindern oder gar ausmerzen [33].

Wankelmotor

Zahlreiche Ideen und Patente für reizvolle Rotationskolbenmotoren ohne störende schwingende Bauteile und Massen existierten schon in der Frühzeit der Hubkolbenmotoren. Doch die nicht zu umgehende Abdichtung war — anders als bei kreisrunden Zylindern und Kolben — eine hohe Hürde auf dem Weg zum störungsfreien Lauf. Erst mit den Dichtelementen für die Drehschiebermotoren bei der DVL und später NSU fand der Erfinder Felix Wankel 1954 nach vielen Studien, daß mit überlagerten Drehbewegungen von einem dreieckigen Rotor in einem „Trochoidengehäuse" ein exakter Viertaktprozeß abzuwickeln wäre.
Die Bewegungsverhältnisse eines dreieckigen Kolbens in einem solchen Gehäuse beanspruchen viel Phantasie, zumal bei den ersten „Drehkolbenmotoren" beide Bauteile in einem zusätzlichen feststehenden Gehäuse rotierten, und zwar um verschiedene Achsen und mit dem Drehzahlverhältnis 2 : 3, in etwa vergleichbar frühen Flugmotoren mit umlaufenden Zylindersternen. Der erste kleine Drehkolbenmotor lief nach drei Jahren mit beachtlichen Leistungen und Drehzahlen auf dem Prüfstand, naturgemäß vibrationsfrei.

Der Dreieckkolben mit Mulden rotiert um das feststehende innere Ritzel und wickelt mit einer Drittel Drehung — bei einer vollen Exzenterwellendrehung — den Viertaktprozeß ab. Links: Die Kammer A saugt das Zündgemisch an, in B wird es verdichtet, und bei C werden die Verbrennungsrückstände ausgestoßen. Rechts: A ist gefüllt, Expansion in B, Ausstoß bei C (Umfangseinlaß). — Die Geometrie ergibt sich aus dem Faktor $K = R : e$ mit R als dem Rotorradius bis zur Kolbenecke und e als der Exzentrizität. Die Werte liegen zwischen etwa 6 : 1 und 7 : 1. Bei großem K-Wert entstehen große Abmessungen, hohe Gleitgeschwindigkeiten, große Oberflächen und Dichtlängen, aber auch höhere Verdichtungsverhältnisse, kleinere Schwenkwinkel der Dichtleisten sowie steife Exzenterwellen. Hohe Verdichtungsverhältnisse und hohe Drehzahlen verhalten sich gegensätzlich und begrenzen die anfangs erwarteten Spitzendrehzahlen, im Gegensatz zu Hubkolbenmotoren. — Das Arbeitsvolumen einer Kammer beträgt $5{,}2 \times e \times R \times B$, überschlägig zu messen mit $0{,}325 \times B \times (C^2 - D^2)$. B ist die Breite, C die lange und D die kurze Achse.

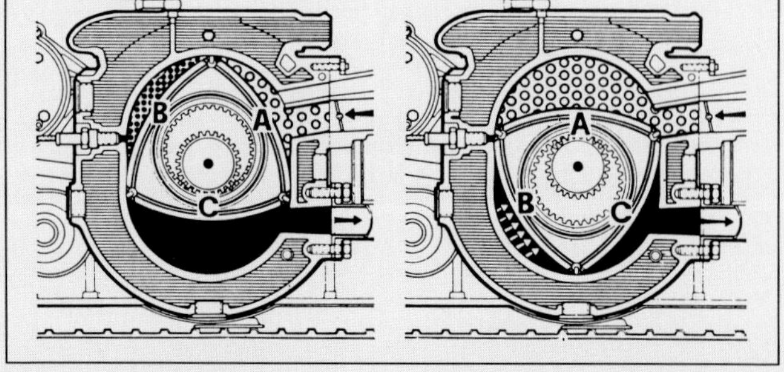

Doch veranlaßte der hohe konstruktive Aufwand wie bei den alten Umlaufmotoren eine „kinematische Umkehrung": NSU setzte das Trochoidengehäuse „fest" und verwandelte den Dreh- in den Kreiskolbenmotor, dessen Dreieckkolben um die eigene Achse rotiert und zusätzlich auf einer Exzenterwelle im Gehäuse.
Die Vorzüge des Wankelmotors sind nicht zu bestreiten: hohe Leistungsdichte dank geringer Abmessungen und Gewichte, überlegene Laufruhe dank perfekter Auswuchtung, günstiger Drehkraftverlauf infolge der Verbrennung über etwa 260 Grad Kurbelwinkel (statt über 140°), drehzahlfeste Schlitzsteuerung ohne empfindlichen Ventiltrieb, dazu bescheidene Ansprüche an die Kraftstoffqualität infolge geringer Klopfneigung und die minimale Verschmutzung des Motoröls, so daß sich ein Wechsel erübrigt.
Wichtige Etappen der Entwicklung wurden 1963 der NSU-„Spider", 1967 der „RO 80", auch erste Mazda-Wankel von Toyo Kogyo, 1969 die Daimler-Benz-Studie „C 111" mit einem Dreischeiben- und 1970 mit einem Vierscheiben-Wankel (260 kW bzw. 350 PS bei 7 000/min), abgesehen von etlichen japanischen, deutschen, zuletzt auch englischen Motorradantrieben. Fast alle namhaften Autohersteller zählten zu den Interessenten.
Inzwischen waren neuralgische Stellen der Konstruktion bekannt, nämlich in Form rasch verschleißender Scheitelleisten an den Kolbenecken und (durch deren periodisches Abheben) von „Rattermarken" auf der Trochoidenwand. Der „Wankel-Club" löste die Probleme hauptsächlich mit neuen Werkstoffpaarungen, mit Hartkohleleisten auf einer Chromlaufbahn (besonders bei „nicht-überlaufenem" Seiteneinlaß der damaligen Mazda-Wankel), beim Ro 80 mit „Ferrotic"-Leisten (aus Eisen und Keramik gesintert) auf „Nikasil" oder ähnlichen Dispersionsschichten. Der gestreckte Brennraum („Mövenschwinge") bewirkt leider außer dem unvorteilhaften Volumenverhältnis einen langen „Dichtkreis", die Scheitelleisten erlauben (gegenüber Kolbenringen) keine Verdoppelung, doch erwies sich ihr variabler Schwenkwinkel als verschleißhemmend. Die Gleitgeschwindigkeiten liegen etwa um 50 % über üblichen Hubkolbenwerten, dagegen fehlen schmierungskritische Totlagen.
Nun entschied General Motors über größte Wankelserien mitten in der Ölkrise und bei verschärfter Abgasgesetzgebung, beendete Daimler-Benz die Entwicklung, später Sachs den Serienbau kleiner luftgekühlter Wankelmotoren, verlegten große japanische Motorradwerke sich auf hochtourige Vierzylinder, gab schließlich die VW-Gruppe selbst zwar nicht die Entwicklung, aber 1977 den Ro 80 auf, verkürzte schließlich die Audi-NSU-Union den Firmennamen 1984 auf Audi-AG.
Allein Toyo Kogyo bewahrte und mehrte sein Engagement, brachte 1978 den „RX 7", mit dem die

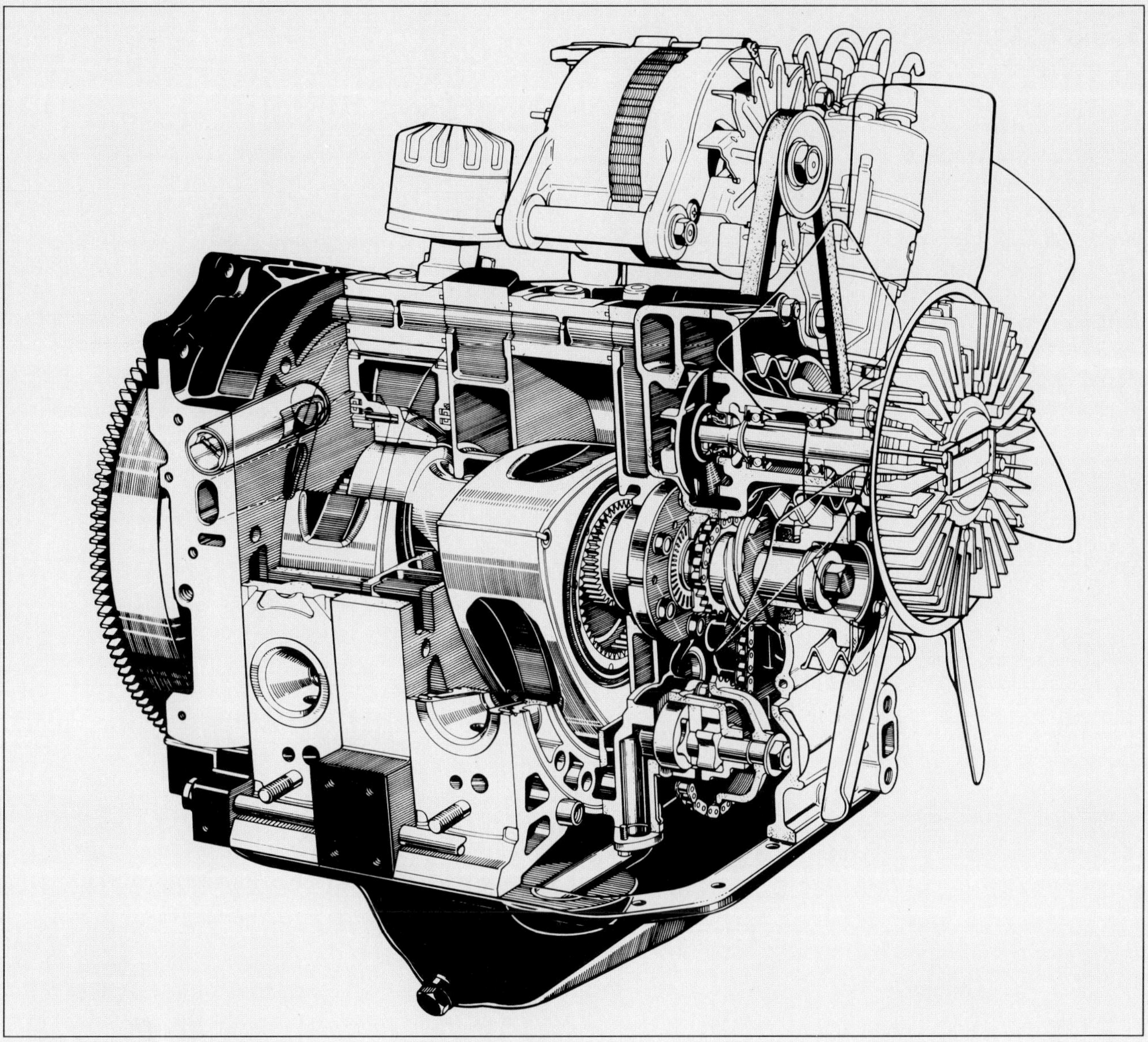

NSU-Ro-80-Motor mit zwei um 180° auf der Exzenterwelle versetzten Kreiskolben mit den typischen Mulden. Vorn unten die Zahnradölpumpe, hinten der Hauptstromfilter, oben die Wasserpumpe mit dem vorn aufgesetzten Behr-Viskolüfter. Der Antrieb enthält eine hydraulische und eine mechanische Kupplung. Viele Bauteile sind, auch bei neueren Mazda-Fahrzeugen, noch nicht gewichtsoptimiert.

Produktionszahlen wieder anzogen (bis 1984 auf über 1,3 Millionen insgesamt). Das Werk garantiert für die Motoren 100 000 km, in den USA sogar 100 000 Meilen. Andererseits zeitigten erneute Motorsporteinsätze Erfolge in den USA, auch Gruppensiege in Monza und Le Mans — dort sogar mit einem zusätzlichen Sparsamkeitspreis.

Neue Errungenschaften waren „flexible" Einlaßsysteme mit drei Kanälen an den Seiten und dem Umfang jedes Läufers, aktuellen Vierventilköpfen vergleichbar, ferner Benzineinspritzung bei einem KKM 871 in Neckarsulm und bei einem 550-kW-Motor von Curtiss-Wright. Dabei soll ausgeprägte Schichtladung eine Vielstoffeignung vermitteln (mit Fremdzündung ähnlich MAN-„FM" vor 20 Jahren) und eine reine Qualitätsregelung zu geringstem Verbrauch führen, wie z. B. bei Dieselmotoren ohne schädliche Drosselung der Füllung. Dies kehrt die zunächst nachteilige Brennraumform ins Gegenteil und kompensiert den Wärmeverlust durch den langen „Transport" der Gase [37]. Man müsse überhaupt erst lernen, so Toyo Kogyo, Wankelmotoren nicht aus der Perspektive und mit Maßstäben der Hubkolbenmotoren zu betrachten!

Die Förderung der amerikanischen Entwicklung durch die NASA zielt an erster Stelle auf Hubschrauber und Boote, also auf Fälle, bei denen es darauf ankommt, daß Wankelmotoren nicht schlagartig ausfallen, wie oft bei konventionellen Motoren, sondern „langsam sterben". Keineswegs ein schlechtes Omen ist schließlich die Übernahme des gesamten Wankelsektors von Curtiss-Wright durch John Deere (1984).

Gasturbinen für Pkw

Auch Gasturbinen sind Wärmekraftmaschinen mit innerer Verbrennung und arbeiten trotz der ausschließlich rotierenden Mechanik mit den klassischen vier Takten. Diese finden jedoch kontinuierlich und an verschiedenen Stellen statt mit Verdichtern, Brennkammern und Turbinen. Beim Wettbewerb mit anderen Kraftmaschinen haben Gasturbinen den Nachteil, daß als Nutzleistung nur der Überschuß der Turbinenleistung über den großen Leistungsbedarf des Verdichters wirkt — er schmälert die Bilanz stärker als die Verdichtungsarbeit in Hub- oder Rotationskolbenmotoren.

Der Verwendung größerer Gasturbinen in ortsfesten Aggregaten, Lokomotiven und Schiffen, vor allem dem Siegeszug der „Jet"-Antriebe in der Luftfahrt folgten ab 1950 zahlreiche Entwicklungen für Nutzfahrzeuge und Personenwagen. Das einfachste Aggregat enthält eine (durchweg axial durchströmte) Turbine, die Nutzleistung erzeugt und gleichzeitig einen Radialverdichter (Schleuderlader) treibt. Die damit belieferte Brennkammer benötigt nur beim Anlassen eine elektrische Zündung und vervielfacht das Volumen des Arbeitsmediums, das zur Turbine strömt und dann ins Freie gelangt.

Eine frühe Rover-Gasturbine, auch in ortsfesten Aggregaten und Booten verwendet, entfaltete über 200 PS (150 kW), eine leichtere, in Le Mans eingesetzte Ausführung noch 150 PS (110 kW) bei 62 000/min der Verdichterturbine und 43 000/min der Arbeitsturbine.

Ein Turbinen-Rover erzielte 1952 auf einer Autobahn bei Ostende über 244 km/h, Renaults „Etoile Filante" (mit einer 200-kW-Turboméca-Turbine) 1958 über 300 km/h. Ein weiterer Rover-Prototyp belegte bei dem 24-Stunden-Le-Mans-Rennen 1963 (außer Wertung, aber mit Sonderpreis) den achten Platz, 1965 zwar nur den zehnten, aber mit einem Verbrauch von knapp 21 l/100 km statt 40 l/100 km aufgrund eines inzwischen eingebauten Wärmeübertragers zwischen Auspuffgasen und Frischluft. Zudem hatten alle Rover bereits „Zweiwellenturbinen" — eine zum Antrieb, die zweite, mechanisch unabhängig davon, nur für die Verdichtung („Gaserzeugung"). Die Unterteilung erst ermöglicht stark zunehmende Drehmomente mit sinkenden Antriebsdrehzahlen und erspart viele Schaltstufen im Getriebe (allerdings mit Schaltungen ohne Lastunterbrechung). Zeitweilig wurden zur Gaserzeugung auch „Freikolben-Generatoren" eingesetzt mit gegenläufigen Stufenkolben ohne jeden Kurbeltrieb [34]. Die Wärmeübertragung ist für gute Kraftstoffökonomie unerläßlich. Dies geschieht in einfachen Rekuperatoren, Ladeluftkühlern vergleichbar, besser noch in Regeneratoren, die langsam rotieren (mit 20/min bis 50/min), seiten- bzw. segmentweise von Abgasen und Frischluft durchströmt werden, aber außer thermischen auch Abdichtungsprobleme aufwerfen. Diese vergrößern die zunächst sehr geringen Abmessungen und Gewichte, dämpfen andererseits, ähnlich Abgasturbinen, das Austrittsgeräusch.

Weitere Gasturbinen der „ersten Generation" entstanden bei General Motors (in Prototypen „Firebird I bis III"), bei Ford, Chrysler, FIAT, Renault und Austin. FIATs „Turbina" und die Ford-Typen „704, 705" arbeiteten mit zweistufiger Verdichtung und Zwischenkühlung, folglich mit zwei Verdichtern und insgesamt drei Turbinen (Hoch-, Niederdruck- und Arbeitsturbine) [13; 34]. Hingegen verlegte sich Ford zusammen mit Garrett (bekannt als Hersteller von Abgasturboladern) ab 1980 bei einem von Staat und NASA geförderten Langzeitprojekt für minimalen Kraftstoffverbrauch auf eine computergesteuerte „Keramik-Einwellenanlage".

Inzwischen hatten Volvo, Daimler-Benz und VW, auch Toyota und Nissan Gasturbinen aufgegriffen, abgesehen von zahlreichen deutschen und fremden Nutzfahrzeugantrieben. VW engagierte dazu den amerikanischen Spezialisten S. Williams (vormals bei Chrysler), doch folgte der 55-kW-„GT-70" (1973) bald eine 100-kW-„GT-150" mit praktisch halbiertem spezifischen Kraftstoffverbrauch (330 g/kWh statt 660 g/kWh). Daimler-Benz nannte für seine Vertreter der ersten und zweiten Generation (mit 94 kW bzw. 110 kW) — sie entstanden auch im Rahmen der staatlich geförderten „Auto-2000"-Projekte — errechnete DIN-Verbrauchswerte: mit 5,5 l/100 km bei 90 km/h (statt 7,2), mit 6,7 l/100 km bei 120 km/h (statt 8,0) und mit 14,2 l/100 km für den Stadtzyklus (statt 19,4).

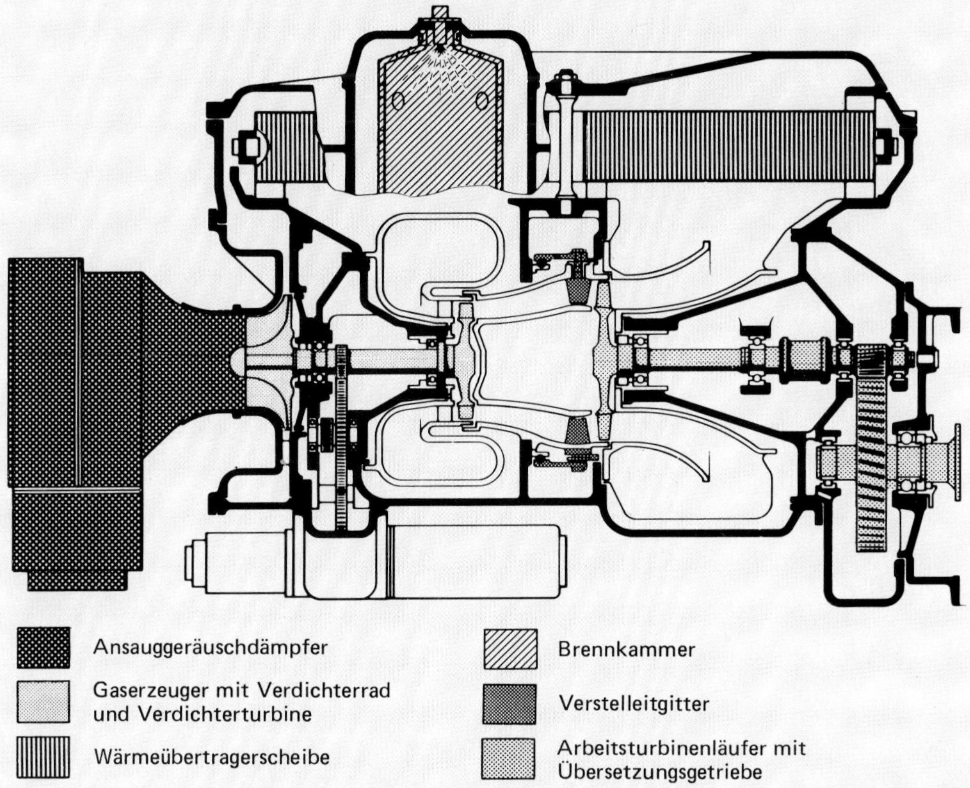

Das auf der IFMA 1981 vorgestellte Schema der Daimler-Benz-Gasturbine mit den wesentlichen Bestandteilen. Die Brennkammer ist um 57° in die Bildebene geschwenkt; sie steht schräg neben dem rotierenden Regenerator. Das Verstelleitgitter hängt vor der (größeren) Arbeitsturbine. Die Primärübersetzung vermindert die Drehzahl auf etwa 6 500/min.

Als wesentliche Vorzüge versprechen Gasturbinen außer dem vibrationsfreien (turbinenhaften) Lauf wegen der kontinuierlichen Verbrennung „Vielstoffähigkeit" und wenig Schadstoffe im Abgas, einfache Wartung und hohe Lebensdauer. Nachteilig wirken das verzögerte, aber mit verstellbaren Leiträdern verbesserte Ansprechen beim Lastwechsel und die durch Werkstoffe und ihre Bearbeitung bedingten hohen Herstellungskosten. Denn Verbrauchswerte von Otto- oder gar Dieselmotoren verlangen Gastemperaturen, die in bisherigen „Metallturbinen" (mit 1 000 °C bis 1 100 °C hinter der Brennkammer) nicht möglich sind. Erst „Keramikturbinen" zielen auf 1 300 °C — angestrebt wird 1 600 °C; doch ist die Entwicklung von keramischen Stoffen oder hochhitzebeständigen Sonderlegierungen noch nicht abgeschlossen (Siliciumnitrid, Siliciumcarbid, für Wärmeübertrager Aluminiumsilicat). Als Schmiermittel für die Gleitlager bietet sich übrigens Luft an.
Hinzu kommt das Größenproblem: Da sich Laufspiele und Spalte nur begrenzt verkleinern lassen, nimmt der Wirkungsgrad mit kleiner werdender Abmessung und Leistung ab, besonders unterhalb 80 kW bis 100 kW.

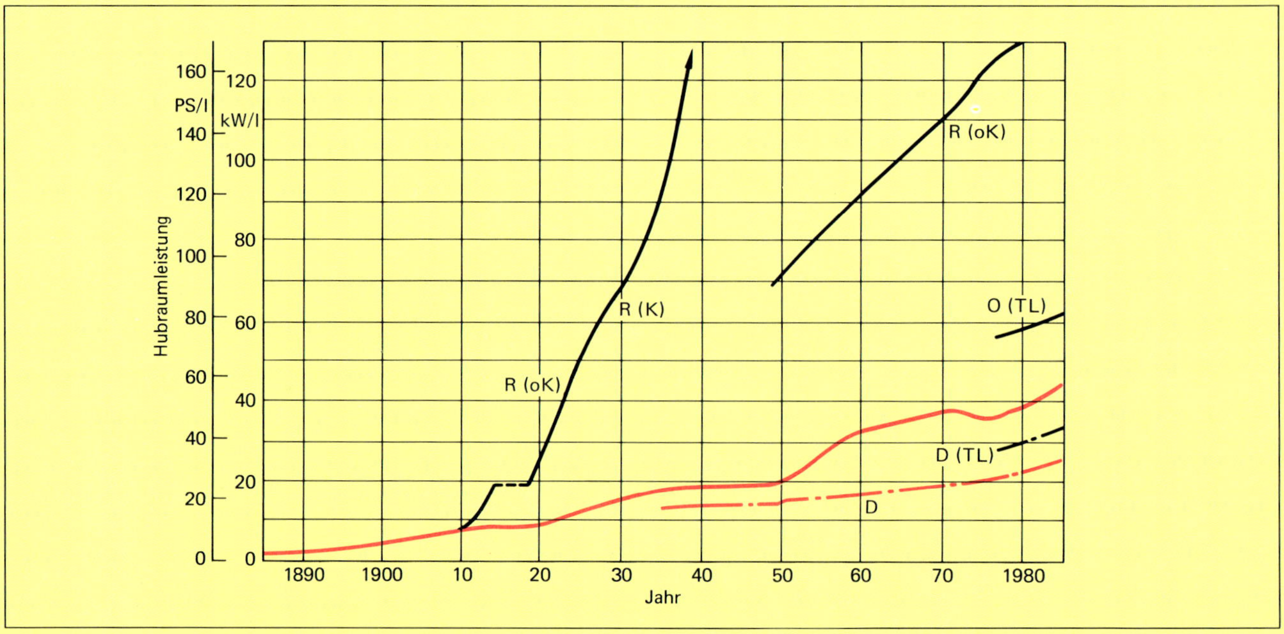

Von 1886 bis 1985 stiegen die durchschnittlichen Hubraumleistungen der deutschen Fahrzeugmotoren (in kW/l bzw. in PS/l) gemäß einer Porsche-Studie von 1965 für Gebrauchsmodelle jährlich um 0,7 PS/l, für Sportmodelle um etwa 1 PS/l und für Rennmotoren um über 2 PS/l. Die rote Linie gilt für freiansaugende Ottomotoren, die rote strichpunktierte für Pkw-Diesel (D), die dünne strichpunktierte für turbogeladene Diesel (D-TL), die dünne ausgezogene für turbogeladene Ottomotoren (O-TL). — Rennmotoren bezogen ihre Leistungen bis etwa 1910 vorwiegend aus großen Hubräumen, ab 1922 mit mechanisch angetriebenen Kompressoren (auch noch 1947 bis 1950), bevor die Formeln 2 und 1 nur mit Saugmotoren liefen. (Die Leistungen der modernen Turbo-Rennmotoren liegen seit 1978 weit oberhalb von 130 kW/l.) — Ein Vergleich mit zeitgenössischen europäischen und japanischen Marken enthüllt keine wesentlichen Unterschiede. Maßgebend für die Durchschnittswerte sind Typenzahlen, nicht deren Verbreitung auf dem Markt.

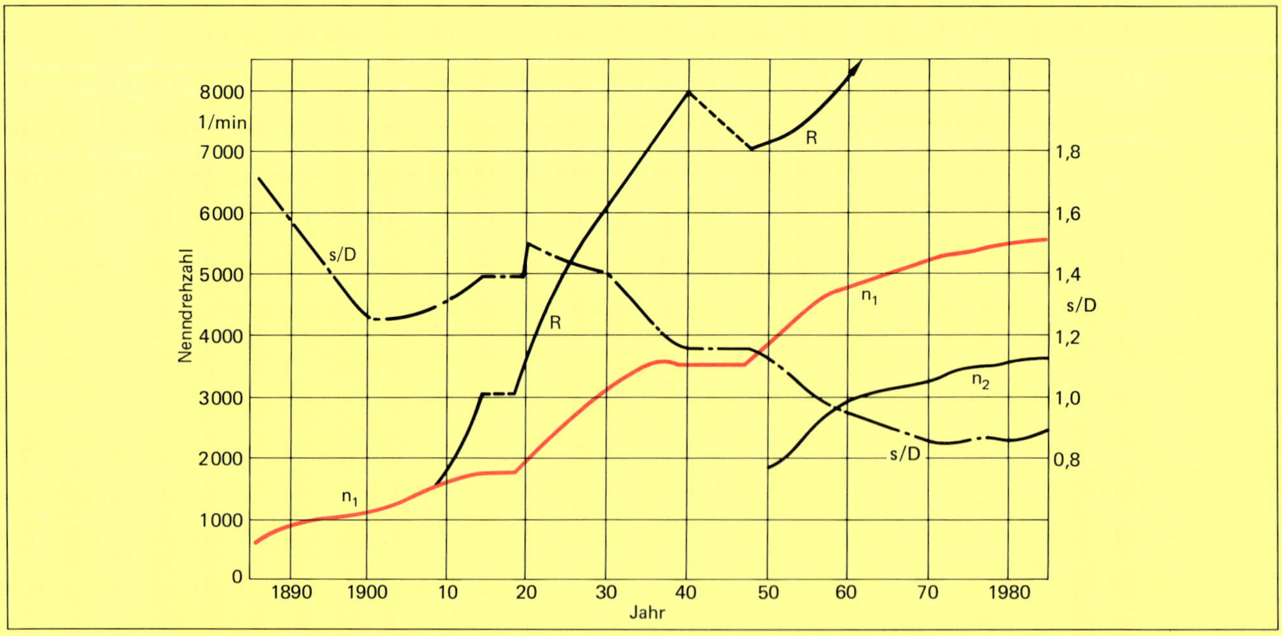

Literleistungen und Nenndrehzahlen (n_1 für die jeweils maximale Leistung). Die dünn ausgezogene Kurve n_2 kennzeichnet die Drehzahl für den Drehmomentgipfel, in etwa auch für die beste „Füllung". Die Kurve n_2 beginnt erst 1950, da dieser Wert vorher nur selten genannt wurde. Die Kurve R gibt die Drehzahlen der Rennmotoren zum Vergleich wieder. — Strichpunktiert ist das durchschnittliche Hubverhältnis eingezeichnet (Hub : Zylinderbohrung = s/D). Es beschreibt den Weg vom Lang- zum Kurzhuber: Die wichtigen mittleren Kolbengeschwindigkeiten sinken im Verhältnis zu den Drehzahlen.

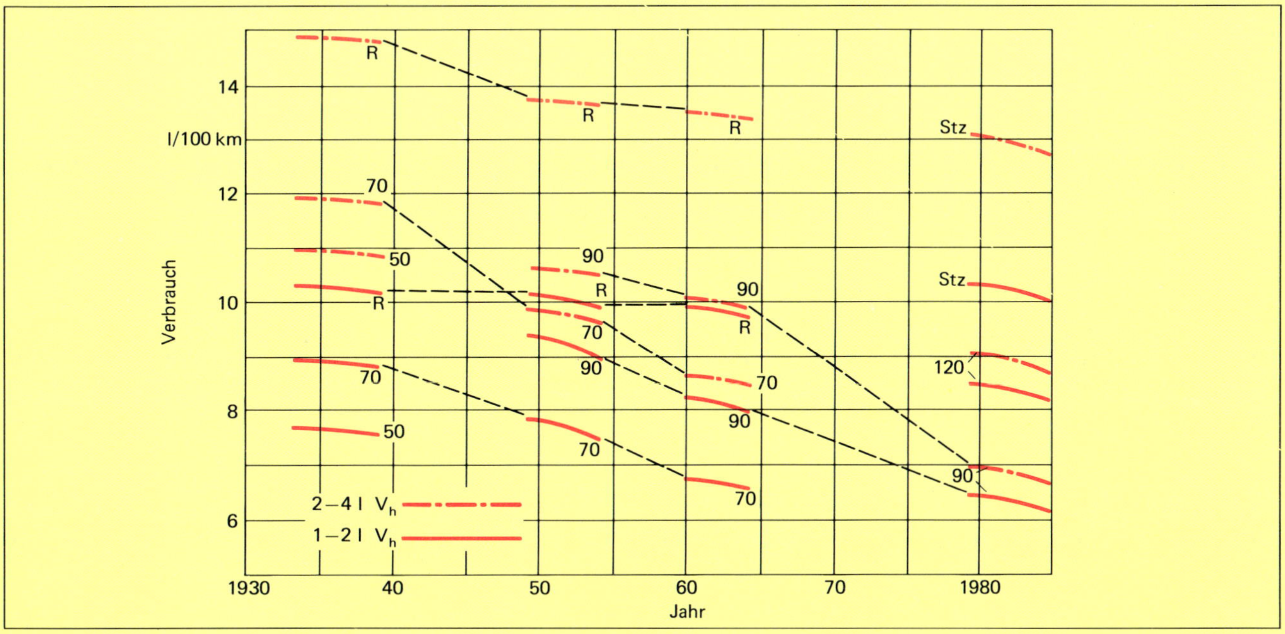

Der Kraftstoffverbrauch auf der Straße ist nicht so einfach zu erfassen wie Daten und Kennwerte von Anlagen und Maschinen. Überdies erscheint er in neutralen Tests erst seit den dreißiger Jahren. Meßwerte der „Motor Kritik" (1933 bis 1939), der nachfolgenden Frankfurter „Motor-Rundschau" (1949 bis 1954 und 1960 bis 1964) ermöglichten die hier dargestellten Durchschnittswerte, jeweils für Modelle von 1 l bis 2 l Hubraum und von 2 l bis 4 l. — In den dreißiger Jahren wurden 36 Typen bis 2 l gemessen. Beiläufig lief der langsamste Wagen nur 83 km/h Spitze (Hanomag-1,1-l), der schnellste 118 km/h (BMW 326). Strichpunktiert sind die Verbrauchsmittelwerte von 13 größeren Modellen (mit 109 km/h Spitze bei Steyr-2,3-l bis 155 bei Tatra-V 8). Der Verbrauch ist in dieser Epoche praxisnah bei 50 km/h und 70 km/h Konstantfahrt gemessen, ferner auch für (relativ) hohes Reisetempo, gekennzeichnet mit R. — Die „Motor-Rundschau"-Daten gelten für 70 km/h und 90 km/h, hierzu „R". Die Tempi reichten von 103 km/h (VW) bis 138 km/h (BMW 501) bzw. von 129 km/h (Opel 2,5 l) bis 164 km/h (MB 300). — In der folgenden Epoche lief der VW-1,2-l schon 113 km/h, der 2-l-Citroen 150 km/h; über 2 l der FIAT-2100 145 km/h, der BMW-2,6-l 162 km/h. Stark angestiegene Fahrleistungen lassen den Reiseverbrauch nur gering absinken, die Werte für 70-km/h- und 90-km/h-Konstantfahrt hingegen beträchtlich. — Der letzte Zeitabschnitt (ab 1979) ist gemittelt aus den aktuellen DIN- bzw. ECE-Angaben für 90 km/h und 120 km/h sowie für den genormten Stadtzyklus (Stz), der auch für die Abgasmessungen eine Rolle spielt. Diese dann gedrittelten Werte haben den früheren Normverbrauch ersetzt, der bei konstant ¾ der Höchstgeschwindigkeit, höchstens aber 110 km/h gefahren und um 10 % angehoben wurde.

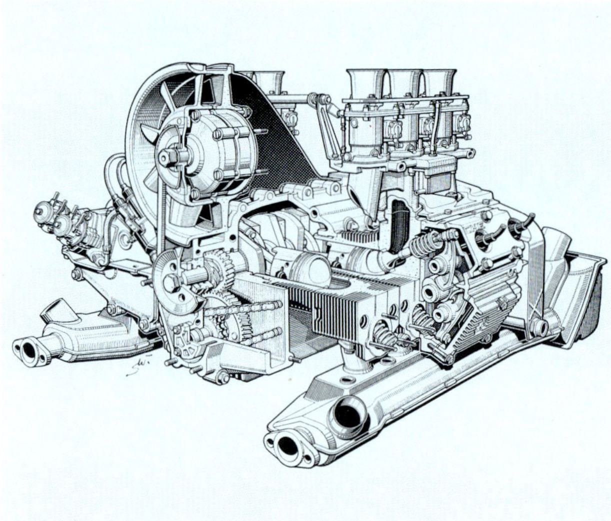

Porsche-Sechszylinder „911", 1963, 80 mm × 66 mm, 2 l, 9 : 1, 96 kW (130 PS) bei 6 100/min. „Carrera" 1973: Einspritzung, 2,7 l (90 mm × 70,4 mm) 155 kW (210 PS) bei 6 300. 1983: 3,16 l (95 mm × 74,4 mm, 10,3 : 1) 170 kW (230 PS) bei 5 900 und mit Turboladung und 3,3 l (97 mm × 74,4 mm, 7 : 1) 220 kW (300 PS) bei 5 500/min. — Achtmal gelagerte Kurbelwelle, doppelte Ölpumpe (Trockensumpf), zentrale Öleinspeisung in Kurbelwelle (vorher bei Ferrari u. a.) Duplexketten zu den Nockenwellen, 2 : 1-Übersetzung aufgeteilt in 28 : 48 und 24 : 28 Zähne, Kipphebel mit Kugelgelenken über den Ventilschäften.

Ferrari „312 B", 1974/79, V-180°-Zwölfzylinder, Kurbelwelle in vier Lagern, innen Gleitlager, außen Rollenlager. Vierventilköpfe mit 20°-V-förmig hängenden Ventilen und „Fallkanälen", zentrale 10-mm-Zündkerzen; Laufbüchsen nur im oberen Drittel „naß"; Schwungscheibe mit Schwingungsdämpfer; zuletzt 80 mm × 49,6 mm, 3 l, über 370 kW (500 PS) bei etwa 12 000/min. — Der Serienmotor im „BB 512" erhielt sieben Kurbelwellenlager und Steuerketten, 250 kW (340 PS) bei 6 000/min (82 mm × 78 mm, 5 l, 9,2 : 1).

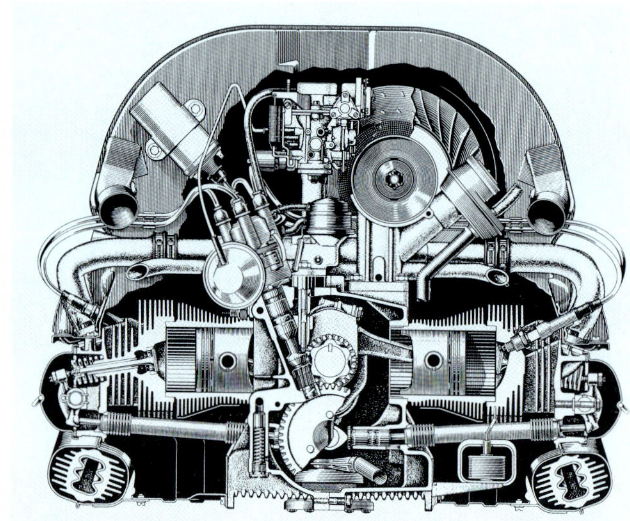

VW-Boxer, 1960. F. Porsche wählte für „Volksauto"-Prototypen bei Zündapp 1932 einen luftgekühlten Stern-Dreizylinder, doch wünschte Zündapp einen wassergekühlten Fünfzylinder-Stern. Bei NSU liefen 1934 unverkennbare „Käfer" mit luftgekühltem Vierzylinderboxer (80 mm × 72 mm, 1,45 l, 15 kW bzw. 20 PS bei 2 600/min). Für den „echten" VW standen u. a. Zwei- und Dreizylinder-Zweitakter zur Debatte (mit Umkehrspülung oder Gleichstromspülung mit Doppelkolben „U"-Zylindern), bevor die Ansprüche der neuen Autobahnen den Boxer-Drosselmotor veranlaßten: 70 mm × 64 mm, 0,985 l, 5,6 : 1, 23,5 PS bzw. 17,3 kW bei 3 000/min. 1945: 1,13 l (Bohrungen 75 mm); 1954: 1,19 l (77 mm ∅) für 22 kW (30 PS); Ende 1960: mit verstärkter Kurbelwelle, Pilzstößeln, geneigten Ventilen, Verdichtung 7 : 1, 25 kW (34 PS) bei 3 600/min, etwa 90 kg. — Neben dem Kühlgebläse befindet sich der Ölkühler; Thermostat zum Drosselring vor dem Kühlgebläse.

Verbrennungsräume und Ventilanordnung

Der Ablauf der motorischen Verbrennung entscheidet über die entstehende Leistung, die Kraftstoffökonomie und die Qualität der Abgase. Brennräume und die damit zusammenhängende Anordnung der Ventile beziehen somit eine Schlüsselstellung.
Ergiebige Verbrennungen verlangen ein einwandfreies Zusammenspiel des Motors mit dem Kraftstoff. Vor allem muß dessen Klopffestigkeit stets den Anspruch befriedigen, den der Motor bei allen Betriebsbedingungen stellt. Ihn, als die „motoreigene" Oktanzahl, bestimmen vielfältige, oft schwankende Einflüsse:
— der Zylinderinhalt, weil kleine Einheiten höhere Verdichtung vertragen,
— der unterschiedliche Füllungsgrad und die tatsächliche Verdichtung,
— Motordrehzahl und Vorzündung bzw. deren Verhältnis zur jeweiligen Verbrennungsgeschwindigkeit,

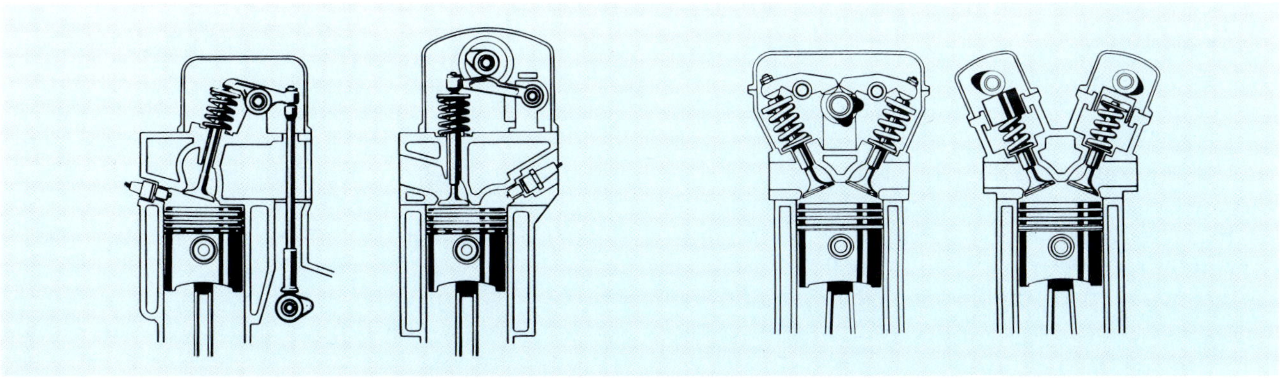

Links ein keilförmiger Brennraum mit geneigten, aber fluchtenden Ventilen, (zufällig) als OHV-Ventiltrieb mit Stößeln, Stoßstangen und Kipphebeln. Daneben ein wannenförmiger Brennraum; in der Regel liegt er unter den Ventilen, die ebenfalls parallel hängen, aber manchmal gestaffelt; hier unter einer obenliegenden Nockenwelle über Schlepphebeln. Es folgt ein halbkugel- oder linsenförmiger Brennraum mit V-förmig hängenden Ventilen, betätigt durch Kipphebel. Der rechte Querschnitt zeigt eine Halbkugel oder, mit vier Ventilen, ein Dachprofil. Zwei Nockenwellen (2 OHC oder DOHC, double OHC) über Tassenstößeln.

— die gesamten Temperatur- und Kühlungsverhältnisse, die Zusammensetzung und Verteilung des Kraftstoff-Luftgemischs mit erheblichen quantitativen und qualitativen Unterschieden, besonders dann, wenn einzelne Vergaser durch gegabelte Ansaugrohre mehrere Zylinder versorgen,
— der Motorzustand, weil Rückstände in Brennräumen die Klopfneigung deutlich verstärken können, z. B. nach ausgedehntem Stadt- und Kurzstreckenbetrieb,
— ganz besonders jedoch die Formen und Profile der Brennräume, eingeschlossen die Zündkerzenanordnung.

Beim Klopfen überlagert eine (mindestens zehnmal schnellere) „Detonation" die normale, vom Zündfunken eingeleitete und zügig nach allen Seiten verlaufende Verbrennung. Gasreste, von der Flamme noch nicht erfaßt, entzünden sich von selbst, prallen mit der regulären Flammenfront zusammen und schleudern starke Druckwellen gegen die Brennraumwände und den Kolbenboden. Abgesehen von kurzzeitigem und harmlosem „Klingeln" drohen Schäden an Kolben, Ventilen und Zylinderkopfdichtungen.

Nachdem schon früheste Ottomotoren trotz ihrer bescheidenen Verdichtung unter diesem (unerkannten) Phänomen litten — sicher auch Ottos Prototyp von 1861 —, fanden viele Forscher und Konstrukteure den Weg zu klopffesten Brennräumen (und Kraftstoffen). In diesem Zusammenhang stehen weltweit die Namen H. R. Ricardo (1885 bis 1974) in England und Ch. F. Kettering (1876 bis 1958) in den USA an erster Stelle. Beide kämpften schon im Ersten Weltkrieg gegen die den Hochleistungsmotoren gesetzten Hürden bis hin zu Versuchen, die Kettering ab 1946 bei General Motors bis zum Verdichtungsverhältnis 12,5 : 1 ausführte.

Der Erforschung von Verbrennungen widmen sich seither auch die namhaften europäischen Motorenhersteller, doch stammt ein systematischer Vergleich verschiedener Brennraumformen der sechziger Jahre aus einem holländischen Forschungslabor. Man analysierte die verwickelten Zusammenhänge, ausgehend von der „Einströmturbulenz" und der „Verdichtungsturbulenz". Beide beeinflussen vor allem den Druckanstieg, damals zwischen 1,5 bar und 3 bar je Grad Kurbelwinkel.

Brennraum-Merkmale erschienen als „Kompaktheit" und „Exzentrizität". Das Oberflächenverhältnis bestimmt in erster Linie die Dauer der Verbren-

„Heron"-Brennraum (Muldenkolben) im 1,7-l-Audi-Vierzylinder von 1965, bei Daimler Benz entwickelt, mit gestaffelt hängenden Ventilen. Die flache Zylinderkopf-Unterseite ist günstig und genau herzustellen. Zwei Jahre zuvor erschien ein 2-l-OHC-Rover mit Heron-Brennräumen. Audis „Mitteldruckmotor" zielte auf Ökonomie: 80 mm × 84,4 mm, 1,7 l, 11,5 : 1 (!), 53 kW (72 PS bei 5 000/min. Doch drosselte der starke Luftdrall die Leistung und wurde (laut Audi) „Stück um Stück geopfert".

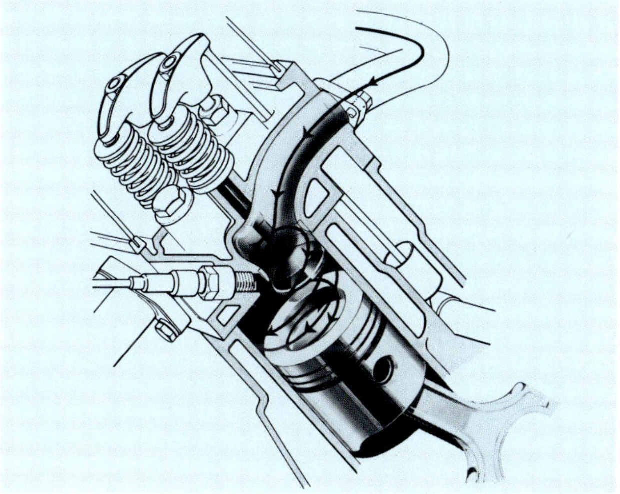

nung mit 30 bis 50 Grad Kurbelwinkel, während den Druckanstieg vorzugsweise der relative Zündkerzensitz beeinflußt [16].

Daß zu langsame Verbrennungen nachteilig wirken, erklärt schon das moderne Drehzahlniveau; denn bei 6 000/min dauert ein voller Hub nur 5 ms, eine Verbrennung für gute Leistung nur 1,2 ms bis 1,4 ms. Die zugehörige mittlere Verbrennungsgeschwindigkeit oberhalb 35 m/s entsteht nur mit kräftiger Gaswirbelung. Bei niedrigen und mittleren Drehzahlen liegt sie zwischen 15 ms und 25 ms. Der Motor arbeitet sonst, ohne zu klopfen, „hart".

Die höchsten Verbrennungsgeschwindigkeiten entstehen in „Heron"-Brennräumen. Ihnen folgen Keilprofile, während „wannenförmige", zylindrische Formen oder Halbkugelformen die niedrigsten Werte erzeugen. Doch genau umgekehrt zur Verbrennungsgeschwindigkeit verhält sich der zugehörige Oktanzahlbedarf. Bei BMW führte eine gezielte Entwicklung in den sechziger Jahren von der „Wirbelwanne" über die Zwei- zur Dreikugelwirbelwanne. Verschärfte Abgasgesetze, bleiarme Kraftstoffe und bessere Laufruhe erforderten danach weitere Schritte. Fünf verschiedene Parameter — Geometrie (mit Ventilstellung), Kerzenlage, Quetschflächen, Zerklüftung und Verdichtung — beeinflussen den „Klingelabstand", die Abgasqualität, die Füllung, den Verbrauch und die Laufruhe.

Nachdem Audi den Brennraumtyp des Amerikaners S. D. Heron verfolgte — den ersten Motor hatte Daimler-Benz entwickelt und zur Ablösung der DKW-Zweitakter nach Ingolstadt transferiert —, und VW die Boxer durch Reihenvierzylinder ersetzte, bestimmten deren Details den Schwerpunkt der Vorentwicklung. Dabei untersuchte man außer serienmäßigen Zylinderköpfen alle möglichen Varianten, u.a. die von Michael May entwickelten „Fireball"-Hochverdichtungsköpfe (die Jaguar 1971 für den Zwölfzylinder übernahm). Bei dieser Anordnung liegt der Hauptbrennraum mit der Zündkerze, zwischen Quetschflächen und einem Richtkanal vom Einlaßventil her, unter dem zurückverlegten Auslaßventil.

Mit Heron-Köpfen, deren Brennraumpartien versuchsweise zwischen 30% und 75% im Kolbenboden lagen, mit verschiedenen Zündkerzenstellungen und Turbulenz-Graden ergab sich als bester Kompromiß eine Quetschfläche von 45% bei einem 0,6 mm großen Spalt, wie er seit Ende 1981 im 1,05-l-„HCS"-Motor (High Compression and Sqish) in Serie vorliegt, dem größere ähnliche folgten [19].

Bei ähnlichen Studien von Ford erlebte die Doppelzündung (wie bei etlichen Zweiradmotoren von Honda) ihre dritte Jugend.

Charakteristisch für moderne Forschungen und Konstruktionen wurden Computer-Berechnungen, die viele Erkenntnisse außerordentlich beschleunigen und verbilligen.

In der Rückschau wirken die Brennräume von früheren Motorgenerationen simpel, ja primitiv, hingegen ihre Mechanik weit eher und höher entwickelt [7]. Die an einer Zylinderseite stehenden Ventile („L"-Kopf) bestachen mit ihrem kurzen Trieb und

Audi/VW-Vierzylinder, 1984: 81 mm × 86,4 mm, 1,78 l, 10 : 1, 82 kW (112 PS) bei 5 800/min und 153 Nm bei 3 500/min. Stärkere, leichtere Kurbelwelle, längere Pleuel, Leichtbaukolben und Drehschwingungsdämpfer. — Kleine Vierzylinder (1,05 l und 1,27 l) haben Sphärogußwellen mit vier Gegengewichten, eine Sichelölpumpe und Schlepphebel unter den Nocken. Der Übergang auf „hydraulische" Tassenstößel erforderte (1985) eine kettengetriebene Zahnradölpumpe im Sumpf. „HCS"-Brennräume (high compression and squish) für 9,5 : 1 mit Normalbenzin, für 11 : 1 mit Super im 55 kW-Motor (72 PS).

Bei VW untersuchte Brennraumtypen erinnern an „Kompaktheit" und „Exzentrizität" der holländischen Forschung. Gegenüber dem linken Brennraum verstärken die anderen die Gaswirbelung und erlauben höhere Verdichtung. In der Mitte Mays „Fire-Ball-Typ".

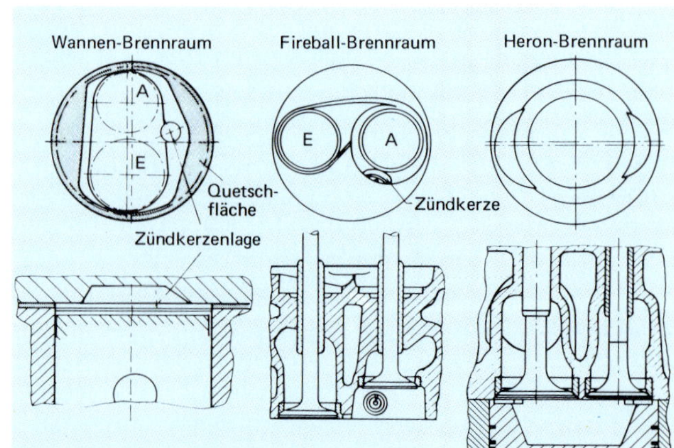

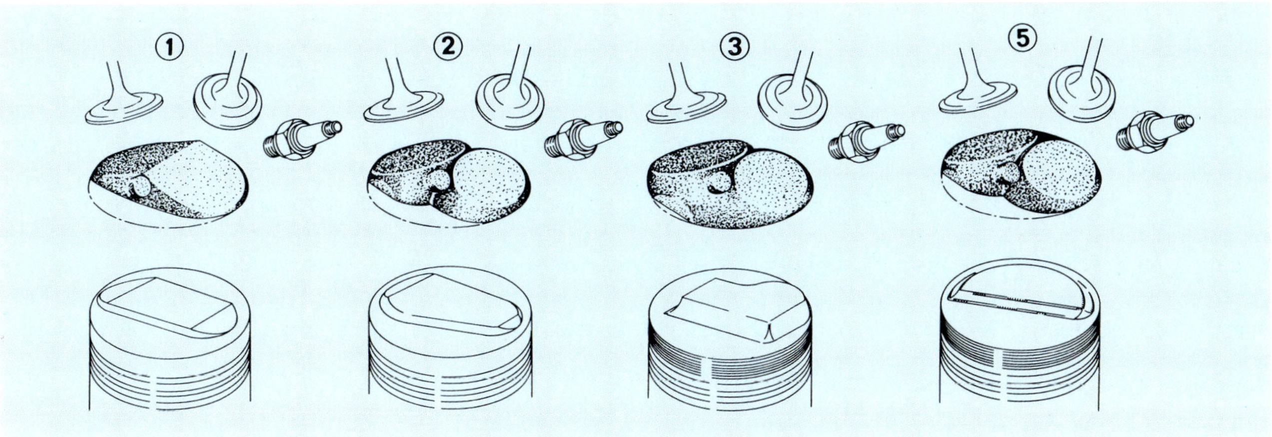

BMW-Brennräume unter schräghängenden, gegeneinander versetzten Ventilen: 1 „Wirbelwanne", 2 „Zweikugelwanne" (bessere Strömungsverhältnisse), 3 „Dreikugelwanne" (Volumenkonzentration an Zündkerze), weniger Vorzündung als Indiz guter Verbrennung, 5 ohne „kerzenferne" Quetschspalte. 4 entspricht 5, jedoch mit flachem Kolbenboden.

richteten bei einem Bruch wenig Schaden an. Doch verursachten sie eine schlechte Füllung durch winklige Ansaugwege, einen stark zerklüfteten Brennraum, lange Flammenwege und eine schlechte Temperaturverteilung.
Nur „T"-Köpfe, seit Maybachs erstem Mercedes 20 Jahre lang verbreitet (und für weitere 30 Jahre in Lehrbüchern), verhielten sich noch schlechter, beim Gaswechsel freilich — mit der ersten „Querstromgeometrie" — besser, auch mit geringerer Baulänge. Die SV-Nachteile milderte etwa ab 1920 Ricardos „Wirbelkopf" mit einem die Turbulenz fördernden Profil und einer breiten Quetschfläche für verringerte Klopfanfälligkeit. Nutzdrücke und Leistungen wurden etwa bis zu 10 m/s Kolbengeschwindigkeit konkurrenzfähig. Noch 1947 standen auf dem Genfer Salon je 42 SV- und OHV-Motoren, außerdem 13 OHC-Modelle. Zehn Jahre später lauteten diese Zahlen nach einem ausgeprägten „PS-Rennen" 5 : 53 : 16.
Weit verbreitet waren gegengesteuerte Motoren („F"-Köpfe), angelsächsisch mit der Bezeichnung

Ford-CVH-Vierzylinder, 1980 (Compound Valve-Angle Hemispherical Chamber), Ventile „doppelt" um je 14° geneigt, Kipphebel über Hydrostößeln. Gußblock und Sphärogußkurbelwelle, geschmiedete Pleuel, Sichelölpumpe. — Zwei Bohrungen und zwei Kurbelradien für drei Hubräume: 74 mm × 65 mm, 1,12 l; 80 mm × 65 mm, 1,3 l; 80 mm × 79,5 mm, 1,6 l, bis zu 77 kW (105 PS) bei 6 000/min. — Vorher untersuchte Ford sein „Proco-System" mit einer Vorkammer für die Zündkerze und einem gesteuerten dritten Ventil zum Thema „Schichtladung". Ähnliches taufte Honda „CVCC" (Compound Vortex Controlled Combustion, abgestimmte Wirbelung).

„i.o.e." geläufig (inlet over exhaust-valve). Sie gehen auf die ältesten Motoren zurück, die über dem gesteuerten Auslaßventil ein leichtes, mit schwachen Federn ausgestattetes Ansaugventil besaßen, das automatisch öffnete und schloß. Doch verlangten höhere Drehzahlen bald dessen Steuerung, meistens mit Stoßstange und Kipphebel, vereinzelt mit einer Zugstange.
Bei einer Variante hing ein besonders großes Einlaßventil mitten über dem Zylinder. Zu ihm komponierte Ernst Lehmann (1870 bis 1924) bei Metallurgique zwei und sogar vier stehende Auslaßventile je Zylinder. Vereinzelt entstanden „umgekehrte" Gegensteuerungen mit hängenden Auslaßventilen, z. B. in luftgekühlten MAF-Vierzylindern von Hugo Ruppe (1879 bis 1949) in Markranstädt.
Schließlich überlebten allein die hängenden Ventile der OHV- und OHC-Motoren (Over Head Valve bzw. Over Head Camshaft). „Obengesteuert" sind beide, weil die Normen nur die Lage der Ventile und Kanäle berücksichtigen, d. h. oberhalb der vom Kolbenboden erreichten OT-Stellung, unabhängig von der Betätigung der Ventile. Insgesamt schmolz die frühere Vielfalt zusammen, „weil als optimal erkannte Dinge ohne funktionelle Einbußen nicht fehlen können" (F. Nallinger).
Für die hohe Verdichtung von Dieselmotoren kamen von Anfang an nur parallel hängende Ventile in Betracht. Bei der ersten betriebsfähigen Maschine führte bereits eine (nahezu) vertikale Welle nach oben. Es war ein Vorläufer der Königswelle, deren Name vermutlich aus dem Mühlenbau stammt. Schon 1900 setzte August Horch zwei Nocken auf eine lotrechte Welle. Sie endete über dem Deckel des „niedrigen" der beiden Doppelzylinder und steuerte mit je einem Nocken das Auslaßventil und die „Abreißzündung" bei ungesteuertem Ansaugventil. Am Maudslay-Dreizylinder von 1902 dienten sogar Königs- und Nockenwelle allein den Auslaßventilen, erst ein Jahr später auch den Saugventilen.
Pipe baute 1904 in Brüssel Vierzylinder-Motoren mit V-förmig und symmetrisch in Halbkugeln hängenden Ventilen, zu denen von zwei untenliegenden Nockenwellen — wie unter „T"-Köpfen — Stoßstangen und Kipphebel führten. Der Konstrukteur Otto Pfänder kam, wie mancher Kollege im blühenden belgischen Automobilbau, aus Deutschland, und Pfänder nicht zufällig von Daimler. (Daimler hatte 1902 der russischen Marine einen 300-PS-Königswellen-Sechszylinder geliefert, mit vertikalen Einlaß-, aber um 70° geneigten Auslaßventilen; der bekannte Konstrukteur Boris Loutzky hatte daran mitgewirkt [3]).
In den folgenden Jahren entstanden OHV- und OHC-Motoren mit halbkugeligen oder scheibenförmigen Brennräumen bei Darracq (und Opel als Lizenznehmer), bei FIAT und Isotta-Fraschini für Rennen u. a. für den ersten Grand Prix (Le Mans 1906). Daß Wilhelm Maybach für einen Königswellen-Sechszylinder (140 mm × 120 mm, 10,6 l, 120 PS bzw. 88 kW bei 1 500/min, 285 kg) auf „umgekehrte" T-Köpfe zurückgriff, erklären extreme Ventilgrößen.
Von wenigen weiteren OHV-Motoren dieser Epo-

Bis 1967 baute Rover gegengesteuerte, freilich stark abgewandelte Brennräume mit einem schräg aufgesetzten Zylinderkopf, wie bei OHC-Mercedes-Benz 300 einschließlich 300 SL.

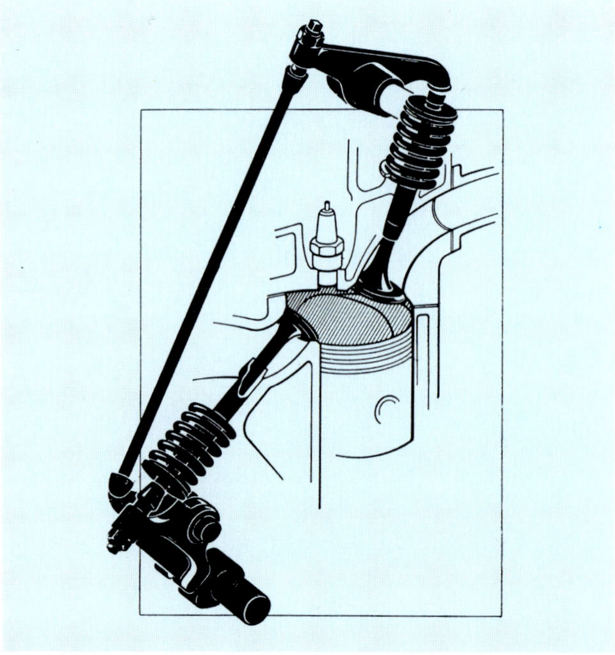

Horizontale Ventile im Maybach-Sechszylinder „W 5" von 1926. Zylinder und Kopf einteilig, Einlaßventile in „Käfig", riesige rollenbewehrte Kipphebel (in ähnlicher Form bei Duesenberg, USA, „walking beam" genannt). 94 mm × 168 mm, 7 l, 88 kW (120 PS) bei 2 200/min. Doppelzündung Batterie/Magnet. — „Zeppelin"-V12 mit normalem OHV-Trieb erschienen 1929.

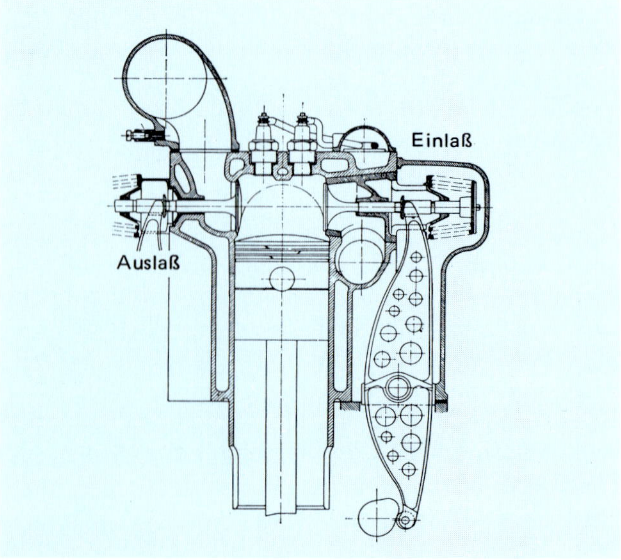

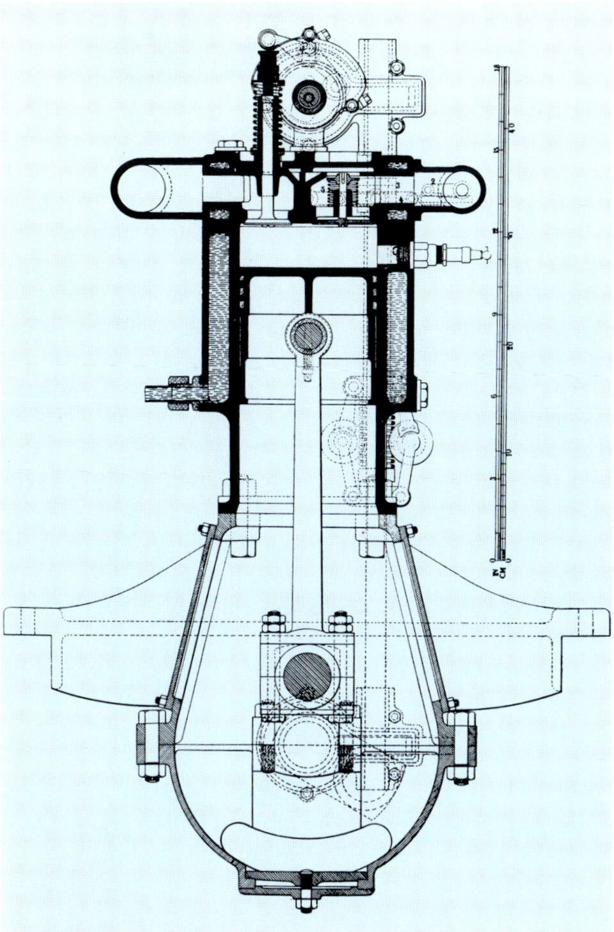

Dreizylinder-Maudslay, 1902: Königswelle mit Schraubenrädern, große, kurze Ansaugventile ungesteuert, bis 1903 eine OHC-Version alle Ventile öffnete. Auf der Königswelle rotierte (mangels Drosselklappenvergaser) der nötige Drehzahlbegrenzer. Zündverteiler auf der Nockenwelle, später der Zündmagnet. Er ragte durch die Spritzwand hindurch, vor Nässe geschützt (wie u. a. bei Bugatti). 15 kW (20 PS), etwa 124 mm × 124 mm, 4,5 l, Verdichtung etwa 3,5 : 1.

„Prinz-Heinrich"-Austro-Daimler, 1910. Stählerne Einzelzylinder mit aufgeschweißtem Kühlmantel (bei Mercedes-Rennmotoren bis 1955!). Ventilfedern oberhalb der Kipphebel (bei Opel-Rennmotoren ragten 4 × 4 Federn über die Motorhaube, 1913). Unter dem Ansaugsystem der (30 Jahre vorherrschende) Steigstromvergaser. Aufbau von Ernst Neumann-Neander (1872 bis 1954), extrem leicht, für 130 km/h nach 500 Metern Anlauf.

che bekundete von 1908 bis 1911 die „Deutz" den einzigen Einstieg der Gasmotorenfabrik in den Pkw-Bau. Sie engagierte dazu Ettore Bugatti (1882 bis 1947, vorher bei Mathis und de Dietrich, ab 1909 selbständig im elsässischen Molsheim), der zwischen vertikale Ventile und die obenliegende Nokkenwelle „bananenförmige" Stößel einfügte. Mit fünf Hubräumen von 2,6 l bis 9,9 l und Leistungen von 30 PS bis 65 PS (22 kW bis 48 kW) entstanden insgesamt nur 50 bis 75 Wagen, weil die Motoren den hohen Erwartungen nicht gerecht wurden [2; 20].

Eine ähnliche Enttäuschung bereiteten vorher bei Benz die „Parsifal" getauften Wagen des Konstrukteurs Marius Barbarou, bis ein neues Team mit Hans Nibel (1880 bis 1934), Fritz Erle (1875 bis 1957) und dem Maybach-Schüler Georg Diehl neue Modelle zeichnete. Für Wettbewerbe (ab 1908) kamen OHV-Vierzylinder-Motoren in Frage; am stärksten war der baldige Weltrekordler „Blitzen-Benz", dessen Maschine (21,5 l Hubraum, 200 PS) dank extremem Leichtbau nur 400 kg wog. Doch am elegantesten war ein „Prinz-Heinrich"-Motor von 1910 mit nur 7,3 l (115 mm × 175 mm) und V-förmig hängenden Ventilen, die zwei seitliche Nockenwellen über Stoßstangen und Kipphebel steuerten, wie bei Pipe [9]. Nur lag bei Pipe — als Kuriosum — die Schraubenfeder des Ansaugventils im Kanal selbst.

Indessen verweist das Stichwort „Prinz-Heinrich"-Fahrten auf einen Markstein im Motorenbau, den Ferdinand Porsche (1875 bis 1951) 1910 mit einem Königswellen-Vierzylinder setzte. Er verschaffte dem vom Konstrukteur selbst geführten Team einen Dreifachsieg. In jedem halbkugelförmigen Brennraum hingen zwei um 45° geneigte Ventile, flankiert von zwei Zündkerzen.

Einen weiteren Meilenstein — als die „Geburt des modernen Rennmotors" — errichtete 1912 Peugeot. Dort entwarfen drei technisch begabte Rennfahrer zusammen mit dem Schweizer Konstrukteur Ernest Henry (1885 bis 1950) giebeldachförmige Vierventilköpfe unter zwei Nockenwellen, die zunächst eine Königswelle, ab 1913 ein Zahnradsatz antrieb. Für die jeweiligen „Formeln" betrugen die Hubräume 7,6 l (110 mm × 200 mm), 3 l (78 mm × 156 mm) und 4,5 l (92 mm × 169 mm), allesamt um 5,3 verdichtet und mit 130 PS, 90 PS und 125 PS (96 kW, 66 kW und 92 kW) [21].

Zwar gab es 1912 einen französischen Alcyon-Vierzylinder mit je vier radialen Ventilen, von zwei Nokkenwellen über lange Zugstangen und Kniehebel betätigt, doch las man nichts von Erfolgen. Nun tauchten radiale vier Ventile, abgesehen von etlichen Motorrad-Einzylindern, erst 55 Jahre später und vorübergehend in BMW-Renn- und -Rekordmotoren wieder auf, sogar mit einer komplizierten „Überkreuz"-Funktion statt einer parallelen Funktion nach der Theorie des mitwirkenden Grazer Konstrukteurs Ludwig Apfelbeck.

Hingegen erregten Peugeot-Siege weltweit Aufsehen und bewirkten, daß zum Grand Prix 1914 von 13 Marken zehn mit ähnlichen Vierventilköpfen antraten, darunter die siegreichen Mercedes. Die restlichen Marken waren FIAT mit OHC-Zweiventilern, Piccard-Pictet mit Schiebersteuerung und Aquila Italiana, der einzige Sechszylinder, mit einzelnen Einlaß-, aber doppelten Auslaßventilen.

Dreiventilköpfe aus etlichen Epochen „passen" — besser als zur Brennraumgeometrie — zu den Ventilsteuerungen, wie eigentlich schon Nockenwellen und Übertragungsorgane.

Mechanik und Güte der Ventilsteuerung

Ventile prägen eine aufschlußreiche Visitenkarte: Anzahl und Anordnung im Zusammenhang mit den Verbrennungsräumen, gleichzeitig mit dem Einfluß von Querschnitten und Steuerwinkeln auf den Gaswechsel. Schließlich wirkt die Drehzahlfestigkeit des Ventiltriebs häufig als weiterer Parameter für mögliche Leistungen, zumal die Auslaßventile ihren harten Dienst rotglühend verrichten.

BMW „328", 1937. Fritz Fiedlers Kunstgriff: Vertikale Stoßstangen betätigen die Einlaßventile über Kipphebel, während zu den Auslaßventilen (nahezu) waagerechte zweite Stoßstangen führen. Drei Vergaser liefern das Gemisch durch „Fallkanäle" im Leichtmetallkopf, wie später bei weiteren Renn- und Serienmotoren. 66 mm × 96 mm, 59 kW (80 PS) bei 4 500/min, Wettbewerbsmotoren bis zu 99 kW (135 PS) bei 5 500/min.

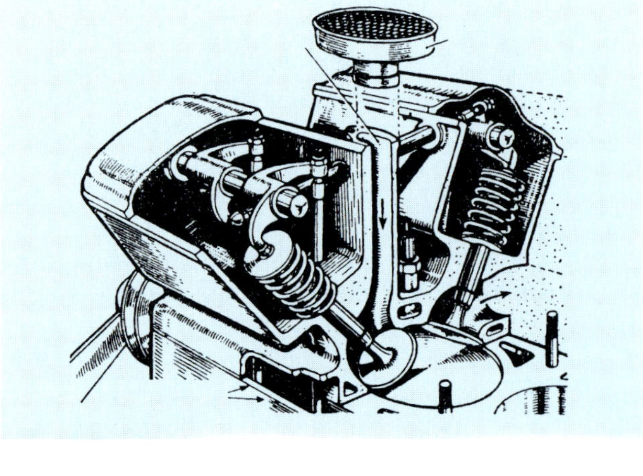

Größere oder mehr Ventile lösten schon zur Jahrhundertwende Interesse aus. So verdoppelte Hans Ledwinka in Nesselsdorf für Wettbewerbe die automatischen Ansaugventile des 9-PS-Benz-Boxermotors und erzielte 12 PS (9 kW) bei 1 300/min [24]. Konstruiert hatte die Wagen dort u. a. Edmund Rumpler (1872 bis 1940), der bald darauf bei Adler in Frankfurt wirkte und zahlreiche Patente anmeldete. Ab 1921 baute Rumpler — mit Sechszylinder-„W"-Motoren von Siemens & Halske (3 × 2 Zylinder) — große „Tropfenwagen" und vergab eine renntaugliche Form in Lizenz an Benz, doch fehlte deren Sechszylindern für größere Erfolge ein Kompressor.

Daß Vierventilköpfe mehr Leistung liefern als Zweiventiler, war erstaunlich lange umstritten. Sie erzielten einen totalen Erfolg bei den Rennen 1913/14, wurden nach dem Krieg aufgegriffen für Henry Ballot und seine Rivalen, vor allem und für Jahrzehnte bei amerikanischen Rennmotoren von Miller, Offenhauser, Meyer & Drake. Zudem entstanden in den USA Gebrauchsmotoren mit „T"-Köpfen und je vier Ventilen [10].

Peugeot „203", 1948: Eine „halbhohe" Nockenwelle und schräggestellte Stoßstangen steuern V-förmig hängende Ventile, wie später ähnlich bei Citroen, Peugeot, Simca, FIAT u. a. Basisdaten: 1,29 l, 75 mm × 73 mm, 33 kW (45 PS) bei 7,0 : 1 und 4 500/min. Nasse Laufbüchsen, in Frankreich verbreitet, dreifach gelagerte Kurbelwelle. Der Motor steht auf Gummielementen.

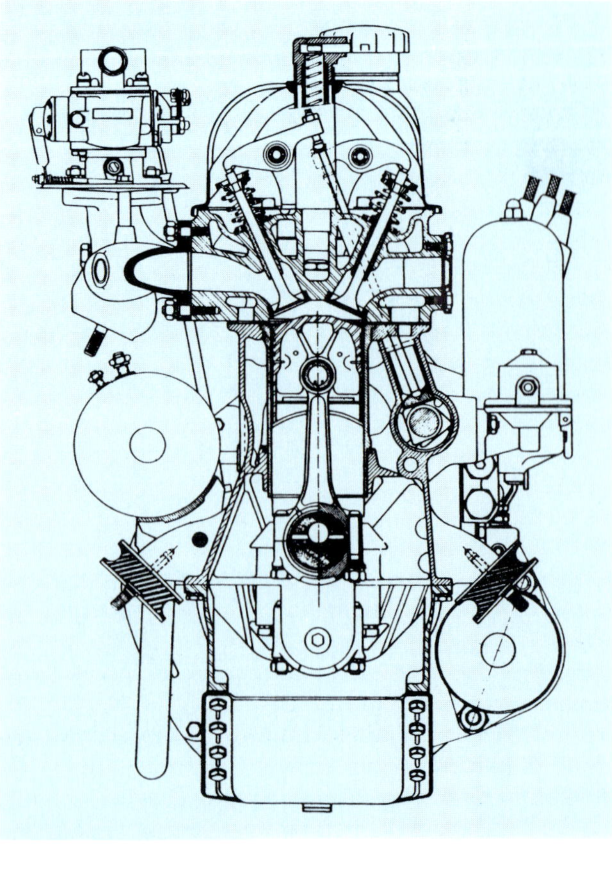

Dennoch dominierten schon 1922 neue FIAT-Zweiventiler, denen L. Pomeroy (jr.) bessere Füllungen zuschrieb, wie auch den zeitgenössischen Zweiventil-Talbot-Darracq gegenüber den Vierventil-Aston-Martin. Porsche hingegen bevorzugte für den Mercedes-Kompressor-Achtzylinder 32 winzige, schon mit Quecksilber gefüllte Ventile (62 mm × 83 mm, 2 l, 160 PS bzw. 118 kW bei 6 000/min). Auch Paul Henze verfocht damals Vierventilköpfe im sportlichen Simson-Supra in Suhl (70 mm × 128 mm, 2 l, 60 PS bzw. 44 kW bei 4 000/min), übrigens mit einer Kurbelwelle in drei großen Wälzlagern. Im Ausland waren es z. B. Ricardo für einen Motorrad-Einzylinder, auch W. O. Bentley (1888 bis 1972) und die Brüder Maserati.

Richard Bussien (1888 bis 1979) warnte im „Automobiltechnischen Handbuch" 1931 vor großen Auslaßventilen, während zwei kleine der Hitze besser widerständen. Er ergänzte dies 1941 mit dem Hinweis, vier Ventile fänden im zylindrischen Verbrennungsraum Platz, dagegen würden zwei große Ventile seitlich unvorteilhafte Erker benötigen.

Nun veröffentlichte im gleichen Jahr von Eberan, der die Auto-Union-Rennwagenentwicklung geleitet hatte, wissenschaftlich untersuchte „Grenzen des Gaswechselvorgangs durch die Ventilsteuerung" [5]. Demnach kommen vier Einlaß- und drei Auslaßventile der optimalen Raumausnützung im Halbkugelkopf am nächsten, während als praktischer Bestwert das Ventil-Verhältnis 3 + 2 gilt, dies um so mehr, als der Durchflußbeiwert benachbarter Ventile schlechter ausfiele. Trotzdem behielten alle Zwikkauer Rennmotoren Zweiventilköpfe, dagegen hatten alle Untertürkheimer Konkurrenten je vier Ventile.

Im übrigen gab es fünf Ventile 1920 beim Peugeot-3-l-Vierzylinder in Indianapolis. Ein riesiger Peugeot-Einzylinder (100 mm × 250 mm) für „Voiturette"-Rennen stampfte schon 1909 mit je drei Ein- und Auslaßventilen sowie drei Zündkerzen und erzielte 115 km/h. 70 Jahre danach verfiel Honda auf ein „exotisches" Konzept: Mit je zweimal vier Ventilen über vier V-förmig stehenden, stark ovalen (!) Ultrakurzhubzylindern rüstete man ein Rennmotorrad aus. Dann erschien Yamaha 1984 mit einer 20-Ventil-Vierzylinder-Serie und einem 30-Ventil-V-Sechszylinder für Rennwagen.

Nach dem Zweiten Weltkrieg standen erneut Zweiventiler hoch im Kurs, etwa bei W. D. Bensinger (1907 bis 1974) [22] oder im „Bussien" von 1965. Die Argumente erschienen schlüssig, obgleich Borgward ab 1956 beachtliche Vierzylinder-Rennmotoren mit 16 Ventilen und acht Zündkerzen einsetzte, zentral die Düsen für die Direkteinspritzung, und Honda ab 1960 mit überlegenen Vierventilern (zunächst in Rennmotorrädern) antrat.

Erst ab 1965 veranlaßten Grand-Prix-Motoren einen grundlegenden Wandel der Vorstellungen. Für Höchstleistungen sind Vierventiler seither unentbehrlich — selbst mit kräftiger Abgasturboladung.

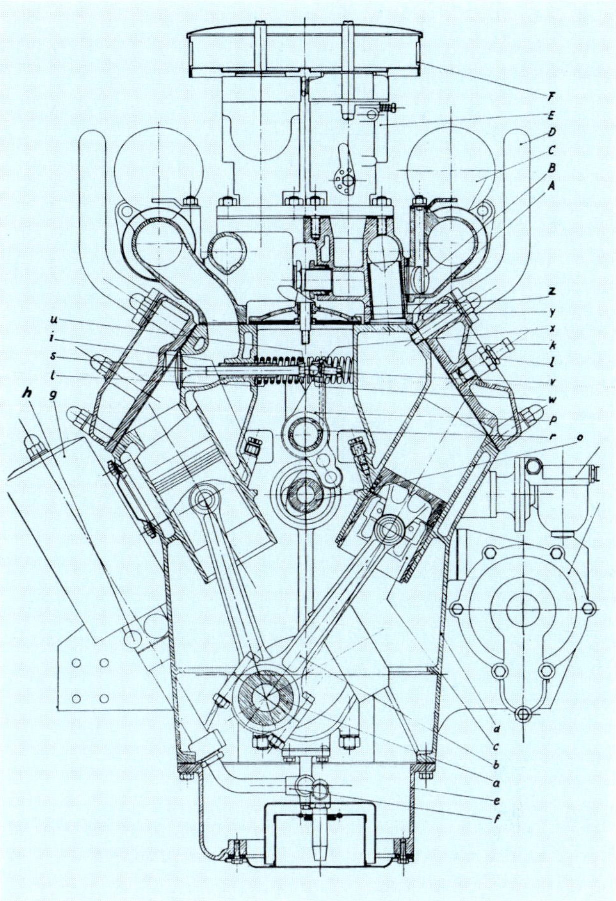

Horch-V 12, 1933: „Liegende" Ventile gab es zur Jahrhundertwende bei De Dietrich und in den dreißiger Jahren bei großen V-Motoren: bei Horch (1933 auf V 8 verkürzt), ähnlich bei Tatra-V 12 oder Oakland-V 8. Alle Ventile schwingen in einer Ebene, von Kipp- oder Schlepphebeln betätigt. Die Motoren sind normgerecht „kopfgesteuert". 80 mm × 100 mm, 6 l, 5,2 : 1, 88 kW (120 PS) bei 3 000/min. V 8: 78 mm × 85 bzw. 92 mm, 3,25 l bzw. 3,52 l, 5,8 : 1, 52 kW und 55 kW (70 PS und 75 PS).

Man findet sie in den achtziger Jahren mit zunehmender Tendenz in Großserien.

Schon 1968 betrachtete ein englischer Experte die Gasströmungen als dynamische Vorgänge und fand bemerkenswerte Ursachen der höheren Leistungen, vorweg die Feststellung, daß benachbarte Kanäle und Ventile den Gasdurchsatz vermehren können, statt ihn zu stören. Theoretisch verhält sich die erzielbare Hubraumleistung wie die Kubikwurzel aus der Anzahl aller Einlaßventile. Folglich kommt eine bestimmte Literleistung bei Vierventilern schon mit einer geringeren Zylinderanzahl zustande als bei Zweiventilern. Für Gebrauchsmotoren bedeuten doppelte Einlaß- und einzelne Auslaßventile einen guten Kompromiß [23].

Auf die früh „gebastelten" drei Ventile griff Ledwinka bei Tatra in den zwanziger Jahren zurück, als Bugatti sie in seinen Vier- und Achtzylindern bevor-

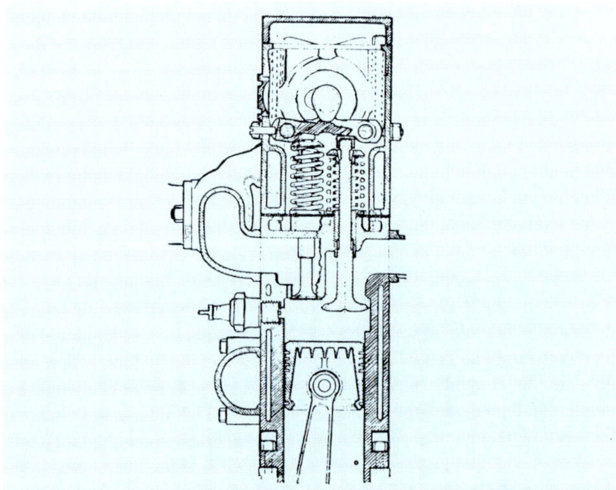

Bugatti-Reihenachtzylinder, Typ „35" (1924 bis 1930). Der Querschnitt durch den (einteiligen) Zylinder und Kopf erklärt die glatten und schlanken Konturen. Zwei parallele Einlaßventile, ein Auslaßventil (angehoben), alle unter Schwinghebeln (anstelle der früheren „Bananenstößel"). 60 mm × 88 mm, 1,99 l, 66 kW (90 PS) bei 5 000/min, mit Kompressor bis 96 kW (130 PS) bei 5 500/min.

zugte. Die umgekehrte Anordnung mit doppelten kleinen Auslaßventilen fand man bei Duesenberg und 1948 in kleinen AFM-Rennmotoren (Alex von Falkenhausen, München). Wiederum mit „2E : 1A" liefen 1966 etliche Ferrari und Maserati als Übergangslösung. Erst in den achtziger Jahren fand dieses Konzept bei Honda große, bei Maserati im „Biturbo-V 6" kleine Stückzahlen, doch folgten preiswerte Mitsubishi und Toyota, beide mit unterschiedlich großen Einlaßventilen, bei Mitsubishi sogar automatisch bei hohen Drehzahlen zugeschaltet. Mehrventiler benötigen für eine bestimmte Leistung kürzere Steuerwinkel und geringere Überschneidung als Zweiventiler. Dies ist günstig für die Abgasentgiftung und Verbrauchssenkung, zumal die neuen Ziele höhere Herstellungskosten rechtfertigen. Beim 1,8-l-Audi/VW-Vierzylinder mit 16 Ventilen haben der Einlaßquerschnitt um 30 %, der Auslaßquerschnitt um fast 50 % und die Leistung um 25 % zugenommen, hinzu kommen geringere CO-, HC- und NO_X-Werte [19]. Laut Porsche erhöhen verdoppelte Ventile Nennleistung und Drehmoment um je 15 % und vermindern um je 5 % Verbrauch und Oktanzahlanspruch.

Honda-Vierzylinder „Prelude" (ab 1983): Zahnriemen zur Nockenwelle mit Kipphebeln (12 Nocken) zu einzelnen Auslaß- und doppelten Einlaßventilen. Langhubzylinder 80 mm × 91 mm, 1,83 l, Ventile je 2 × 30 mm, 1 × 35 mm, 77 kW (105 PS) bei 5 500/min, 108 kg (ohne Kupplung). Bald brachte Honda zusätzlich Vierventiler, Toyota Dreiventiler heraus.

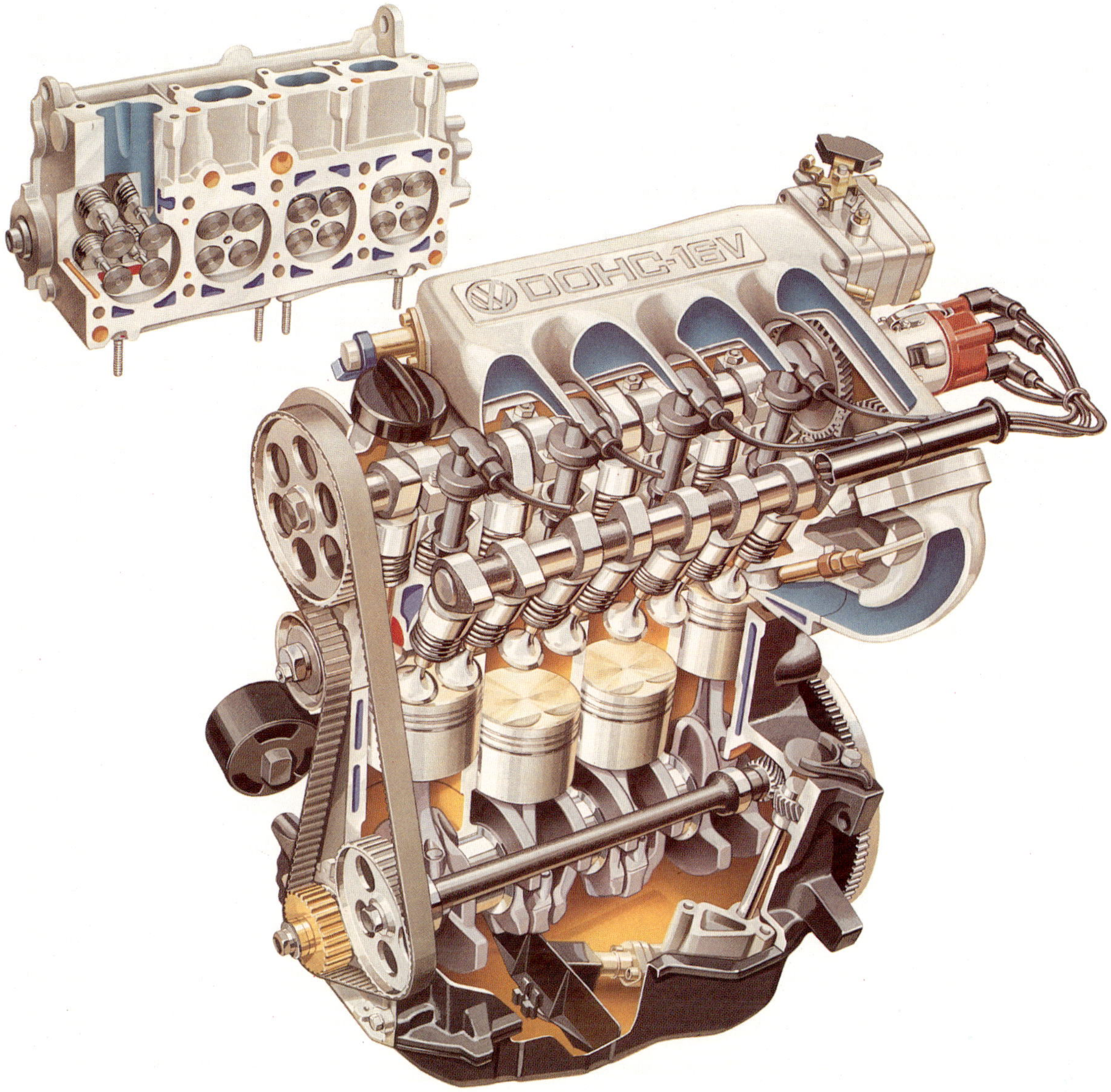

Vierventil-VW, 1,8 l (81 mm × 86,4 mm). Natriumgekühlte Auslaßventile hängen vertikal, die Einlaßventile um 25° geneigt, alle unter Tassenstößeln mit hydraulischem Spielausgleich. Die Entwicklung des einteiligen Leichtmetallkopfs und des Ventiltriebs veranlaßte gegenüber dem Farbbild (von 1983) etliche Änderungen: Der Zahnriemen wurde 25 mm breit statt 19 mm, das Radpaar am anderen Ende der Nockenwellen durch eine Rollenkette ersetzt, die Zündkerzen von 12 mm auf 14 mm vergrößert. Zündverteiler auf Auslaßnockenwelle, Ölpumpe über Schraubenräder angetrieben im Sumpf (statt als Sichelpumpe auf der Kurbelwelle, wie bei den kleineren VW-Vierzylindern). 102 kW (139 PS) bei 6 100/min (17,5 m/s Kolbengeschwindigkeit), 168 Nm (p_e = 11,9 bar) bei 4 600/min. Mehrgewicht des Vierventilmotors 17 kg (durch Kopf und Ansaugkrümmer).

Die mittlere Gasgeschwindigkeit als Maßstab für Ansaugsysteme beträgt etwa das vier- bis sechsfache der jeweiligen Kolbengeschwindigkeit. Noch 1940 verlangten gute Füllungsgrade eine Gasgeschwindigkeit unter 50 m/s, eine Geschwindigkeit, die heute mit verwerteter Gasdynamik doppelt so hoch liegt, sowohl in Renn- als auch in Gebrauchsmotoren.

Steuerwinkel und Überschneidungen berücksichtigen die Massenträgheit, die bei der Ventilsteuerung eine doppelte Rolle spielt: Sie verbietet zu schnelles Öffnen der Ventile und betrifft zudem die schwingenden Gassäulen in den Ansaugleitungen. Zunächst erfordert der Vorauslaßwinkel eine sorgfältige Abstimmung. Ohne vermeidbare Verluste an Nutzarbeit oder übermäßiges Aufheizen der Ventile soll der Gasdruck, rechtzeitig abgebaut, dem Kolben das Ausschieben erleichtern.

Von den vier typischen Steuerwinkeln beeinflußt das Einlaß-Nachschließen die Füllungen am stärksten — leider mit einer fatalen Abhängigkeit von der Drehzahl, die bei modernen Ottomotoren zwi-

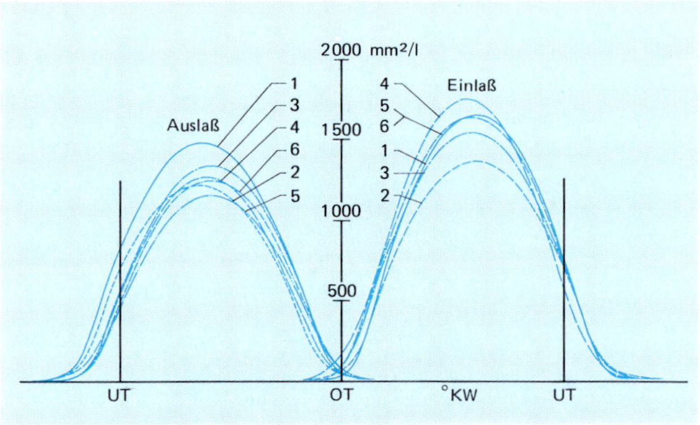

Ein Beispiel für viele: Opel 1,5-l-Ventilerhebungskurven von 1948 bis 1958, hier als tatsächliche Öffnungsquerschnitte. Kompromisse verlangen „rasches Abheben und schnelles Öffnen, aber geräuscharm, gute Füllung, aber niedrige Beschleunigungen und Federkräfte, Drehzahlsicherheit, aber guter Leerlauf und Übergang ..." [35]. Hubraumleistungen 18 kW/l (25 PS/l) bei 3 600/min bis 25 kW/l (33 PS/l) bei 4 250/min.

schen Leerlauf und Höchstdrehzahl einen Bereich im Verhältnis 1:8 überdeckt. Für optimale Verhältnisse wurden daher oft variable Steuerwinkel ersonnen und erprobt. Eine praxisgerechte Lösung bot erstmalig Alfa Romeo 1984, doch verändert eine „phasenverschobene" Einlaßnockenwelle lediglich die Überschneidung und den Einlaßnachschluß, (noch) nicht die Öffnungswinkel oder die Ventilhübe wie in „Forschungsmotoren". Die Beschreibung zahlreicher in- und ausländischer Patente, beginnend mit dem ersten 1895 für Josef Vollmer (1871 bis 1955) in Gaggenau, würde einen eigenen Abschnitt füllen.

Auch für die Erläuterung desmodromischer Ventilsteuerungen, die mit Gegen- oder Komplementärnocken und zusätzlichen Kipp- oder Kniehebeln die Ventile zwangsläufig auf ihren Sitz zurückholen, d.h. form- statt kraftschlüssig arbeiten, verbleibt kein Raum. Abgesehen von historischen Beispielen und Ducati-Zweiradmotoren seit 1956 waren damit erstmalig die Reihen-Achtzylinder der Mercedes-Benz-Renn- und Rennsportwagen 1954/55 erfolgreich. Der Aufwand bei der Entwicklung und Herstellung, mehr noch bei der Wartung, verbietet es, an Serienmotoren zu denken [12]. Mit ihrer Anordnung und Betätigung enthüllen Ventile einen klassischen Konflikt, zumal die Massenkräfte mit dem Quadrat der Drehzahlen ansteigen. Der „kurze" und leichte Ventiltrieb der alten SV-Motoren ermöglichte geringste Bauhöhen, Abmessungen und Gewichte der Motoren. Hingegen erfordern hängende Ventile einen „langen", schweren und auch elastischen Antrieb oder obenliegende Nockenwellen, die zwar den „Arbeitsweg" zu den Ventilen drastisch verkürzen, aber die Motorkonturen und — besonders mit zwei Nockenwellen — auch das Gewicht vergrößern.

Schwinghebel sind durchweg trägheitsärmer, mit Einstellschrauben für das Ventilspiel auch wartungsfreundlicher als kalibrierte Einstellscheiben. Topf- oder Tassenstößel arbeiten dafür steifer und entlasten die Ventilschäfte von Seitenkräften. Dank hoher Entwicklung halten Ventilspielkorrekturen heute bis zu 30 000 km und mehr vor — etwa zehnmal länger als vor 50 Jahren. Das erprobte Spiel muß allen Motortemperaturen (Wärmedehnungen) Rechnung tragen, nicht zuletzt beim Erwärmen und Abkühlen.

Eine nahezu ideale Lösung vermitteln „Hydro-Stößel" oder gleichwertige Öldruckelemente, die das Ventilspiel selbsttätig beseitigen. Sie gehen zurück auf amerikanische Zwölf- und Sechszehnzylinder (Cadillac) um 1930, gelangten dort später in die meisten Achtzylindermotoren, aber in europäische Großserien erst seit den siebziger Jahren. Als deutscher Vorreiter fungierte (von 1931 bis 1934) der Horch-V 12, den Fritz Fiedler (1899 bis 1972) konstruierte, bevor er bei BMW u.a. den „328"-Zylinderkopf entwarf.

Pilz- oder Tassenstößel sollen zwecks bester Haltbarkeit ständig etwas rotieren. Dazu schleift man sie minimal ballig und setzt sie außermittig über bzw. unter die (ihrerseits eine Spur schrägen) Nocken, verwendet ferner gründlich erforschte „Reibpaarungen" und Motorenöle (HD-Typen) mit einem Hochdruckeffekt. Diese Lehren stammen aus den fünfziger Jahren, als ein ausgeprägtes „Leistungs- und Drehmomentrennen" der Gebrauchsmotoren in der Neuen und Alten Welt Nocken- und Stößelschäden in einem alarmierenden Umfang veranlaßte.

Ebenso fördern rotierende Ventile die Zuverlässigkeit der Abdichtung. Man ermöglicht es durch besondere Haltungen an den Ventilschaftenden oder erzwingt es mit flachen, freilaufartig wirkenden Kugellagern am oberen oder unteren Federteller, stets in Verbindung mit Schraubenfedern, die durch sorgfältige Dimensionierung und progressive Wicklung, vor allem mit Hochleistungsfederstählen, frühere Alternativen verdrängten, nämlich die in Sport- und Rennmotoren verbreiteten Haarnadelfedern, vereinzelt auch Blatt- oder Drehstabfedern. Sie sollten eine bessere Federkennung bieten und Bauhöhe einsparen. Inzwischen erübrigen moderne Werkstoffe und Kühlsysteme meistens die Kraftverteilung auf äußere und innere Schraubenfedern.

Bei den Ventilen selbst überlagert Wärmebelastung die hohen mechanischen Beanspruchungen. Auslaßventile erreichen Rotglut, bei der normale Stähle ihre Festigkeit weitgehend verlieren. Deshalb sind Auslaßventile, obgleich seit den dreißiger Jahren um 10% bis 20% kleiner als Einlaßventile, in der Regel anfälliger für Schäden. Sie bildeten auf dem langen Weg zu hohen Leistungen und Laufstrecken häufig einen Engpaß. Neue Werkstoffe und Kunstgriffe, auch die fruchtbare Zusammenarbeit der Motorenbauer mit den darauf spezialisierten Lieferanten, überwanden jedoch alle Hürden.

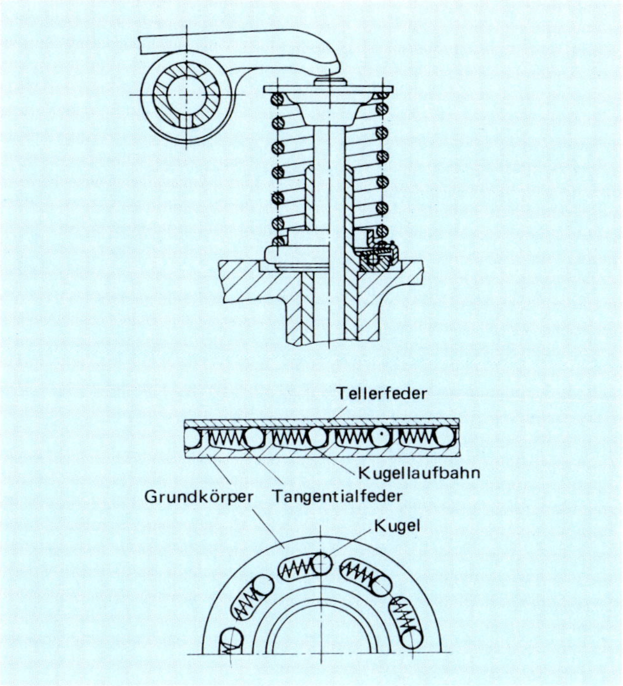

Ventildrehvorrichtung „Rotocap" als unterer Federteller eingebaut, wie meistens bei hochtourigen Ventiltrieben. In einzelnen „Taschen" liegen kleine Stahlkugeln neben einer Feder. Andere Ausführungen enthalten statt Kugeln, Taschen und Federn eine „Wurmfeder".

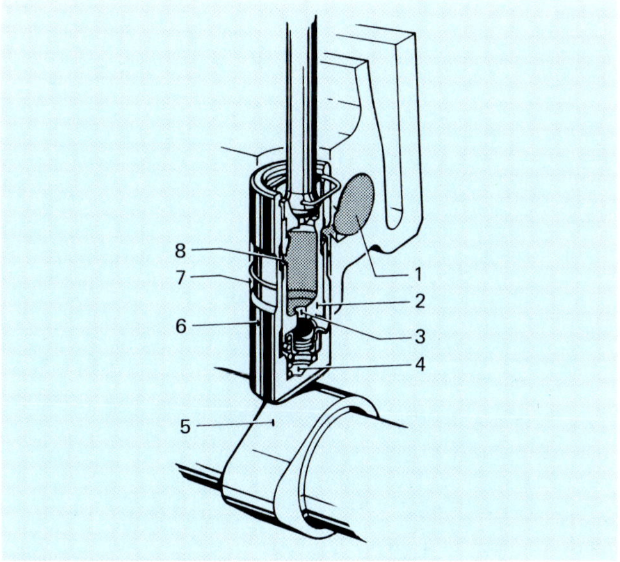

Hydraulischer Stößel: 1 Drucköl im Kanal, 2 Stößelkolben, 3 Füllbohrung mit Rückschlagventil, 4 Arbeitskammer mit Druckfeder, 5 Nocken und 6 Stößelgehäuse, 7 äußere, 8 innere Ölkammer. Für hohe Drehzahlen liegt die Hydraulik, wenn möglich, am Festpunkt.

Ventile profitieren beim Vergleich mit Schiebersteuerungen immer noch davon, daß sie während der Einwirkung höchster Temperaturen und Drücke fest auf ihrem Sitz ruhen statt zu gleiten. Als aufschlußreiche Begriffe gelten „Ermüdung" und „Warmfestigkeit": Bevorzugte Werkstoffe waren zunächst Legierungen mit Chrom und Silicium, danach mit Molybdän und Vanadium. Für Auslaßventile eignen sich austenitische Stähle mit einem zusätzlichen Mangangehalt. Die besten Ventile enthalten fast kein Eisen mehr zugunsten von Nickel oder Chrom-Nickel-Kobalt und weiteren Bestandteilen, die z.B. als „Nimonic" aus dem Flugturbinenbau stammen.

„Heißkorrodierte" Ventile und verbrannte Sitze waren die Folge, als verbleite Kraftstoffe Klopffestigkeit vermittelten, doch eine Panzerung der Sitzflächen mit Stellit oder Hartmetallen beseitigte dieses Problem, namentlich bei austenitischen Ventilen. Besonders diese benötigen außerdem aufgeschweißte harte Schaftenden und verchromte Schäfte, so daß moderne Hochleistungsventile aus drei und vier verschiedenen Werkstoffen bestehen. Einige Maßnahmen haben inzwischen fast das Gegenteil bewirkt: Da der Bleizusatz — in der Bundesrepublik Deutschland seit 1972 und 1976 stark vermindert — heiße Ventilsitze „schmiert", verlangt deren hohe Haltbarkeit für unverbleite Kraftstoffe neue Kunstgriffe, also wiederum andere Werkstoffe.

Dem Kegelwinkel der Ventilteller bleibt nachzutragen, daß der früheren Vielfalt mehr und mehr einheitlich 45°-Winkel folgten. Nach vereinzelten völlig flachen Sitzen in der Frühzeit, z.B. im „Blitzen-Benz", sprachen für Winkel von 60° oder 65° größere Ringspalte bei gleichem Hub, wie in vielen italienischen, englischen und französischen Motoren, auch im VW „412". Doch kompensieren den Gewinn schlechtere Strömungsverhältnisse und eine schwächere Zentrierung der Teller.

Nockenwellenantriebe prägten binnen 100 Jahren ein buntes Bild. Da konstatierte Bussien 1931, Kettenantriebe gingen deutlich zurück, „seit man lernte, einwandfreie Zahnräder herzustellen". Zu den damals seltenen obenliegenden Nockenwellen führten meistens kostspielige Königswellen, ausgenommen die Kettenantriebe bei Austro-Daimler und Gräf & Stift, oder aufwendige laute Zahnradsätze an Rennmotoren — dort freilich noch lange. Ein eignes Problem betraf die Anordnung: hinten neben dem Schwungrad als wenig montagefreundlich, oder vorn mit störenden Drehschwingungen der Kurbelwellen, gelegentlich auch in der Motormitte (Dinos u.a.).

Hingegen arbeiteten einfach 2:1-Radpaare in SV- oder OHV-Motoren zuverlässig, aber vielfach geräuschvoll; beides traf für Novotexträder etwa von 1930 bis 1960 nicht zu. Statt Königswellen oder langen Steuerketten brachten schon Anfang der zwanziger Jahre Konstrukteure wie W. O. Bentley, G. P. T. Thomas bei einem Leyland-8 und Alex Craig bei Maudslay Schubstangenantriebe. Gleich drei um 60° versetzte Stangen führten nach oben. Nach 30 Jahren griff Albert Roder (1896 bis 1970) für NSU-

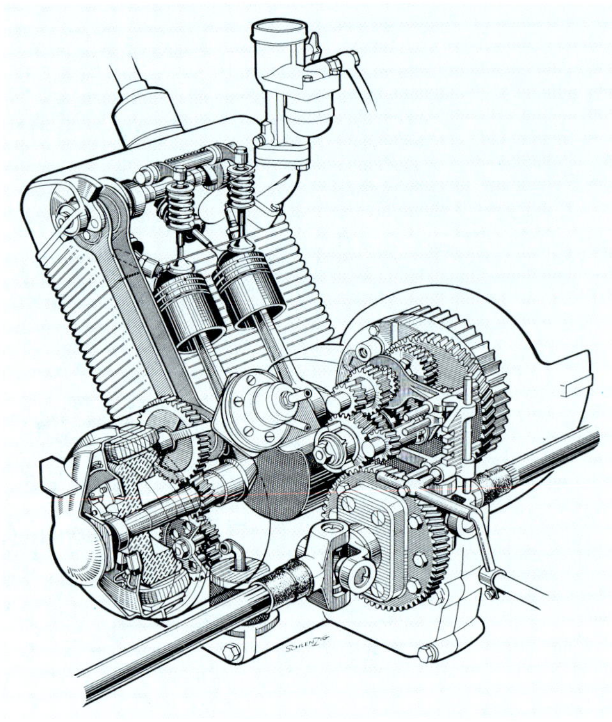

Schubstangenantrieb zur obenliegenden Nockenwelle in luftgekühlten NSU-Zweizylindern Ende der fünfziger Jahre. Zum Ausgleich von Temperaturdehnungen übertrug ein kleiner Schwenkarm den Antrieb zum Nockenwellenflansch. Auf der Kurbelwelle rechts befindet sich der Rotor der Gebläsekühlung. NSU-Reihenvierzylinder erhielten (1964) eine OHC-Kette.

Motorräder und „Prinz"-Kleinwagen auf zwei um 90° versetzte Stangen zurück. Bei Maudslay hatte sogar eine einzelne ausgereicht, die „über Kreuz" schwenkte, zog und schob, allerdings mit einer bedenklichen Gleitsteinführung in halber Höhe.

Inzwischen halten gut geführte und gespannte Steuerketten ein Motorleben lang. Als neuer Konkurrent trat der leise und trocken laufende Zahnriemen an, bei Ford entwickelt, aber auf „Eis gelegt", 1962 von Glas in Dingolfing (seit 1966 ein BMW-Werk), dann fast über Nacht im In- und Ausland eingeführt. Er begünstigte seither zweifellos die Entstehung neuer OHC-Motoren, ohne jedoch den Kettenantrieb auszuschalten. Neueste Motoren (ab 1985) bestätigen es.

Von Kurbeltrieben und Laufkultur

In modernen freiansaugenden Ottomotoren erreichen die Spitzendrücke etwa 70 bar, in unaufgeladenen Dieseln über 90 bar, und schon 60 bar bedeuten für einen 80-mm-Kolben eine Kraft von drei Tonnen.

Kolben prägten den Namen der gesamten Motorengattung, die Kolbenkraftmaschinen, sowie zwei aufschlußreiche Kennwerte für den Stand der Technik: die Kolbengeschwindigkeit (in m/s) für die Mechanik, die Kolbenflächenleistung (in kW/cm²) für die Wärmebelastung. Allerdings erlauben nur geometrisch ähnliche Motoren einen direkten Vergleich;

FIAT 500 (Topolino) ab 1936. Der winzige SV-Vierzylinder (52 mm × 67 mm, 0,57 l, 6,5 : 1) leistete 10 kW (13 PS) bei 4 000/min, ab 1948 mit einem OHV-Zylinderkopf 12 kW (16,5 PS) bei 4 400/min. Wasserkühlung ohne Pumpe, Kühler und (Druck-)Ventilator hinter dem Motor. Flachstromvergaser; Nockenwellenantrieb mit Duplexkette [25].

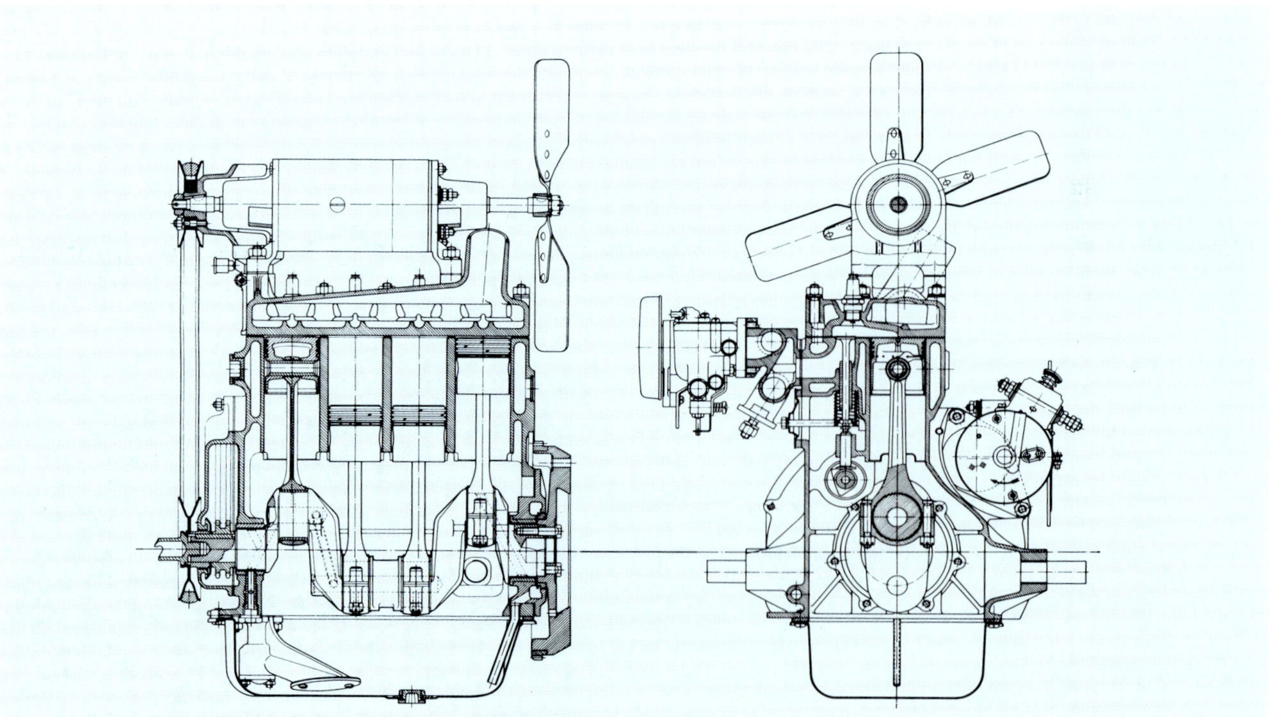

stark unterschiedliche Hubverhältnisse verlangen Korrekturen [5, 23].
Zunehmende Drehzahlen und Leistungen, dazu besondere Ansprüche an Laufruhe, Haltbarkeit und Wirtschaftlichkeit stellten dem Kolbenbau immer wieder neue Aufgaben. Die hochgradige Abdichtung, nach „oben“ gegen Gasdrücke, nach „unten“ gegen das Schmieröl, bestimmt den Zustand und die Lebensdauer der meisten Motoren. Durchblasemengen („Blowby“) müssen minimal bleiben — und längst mit der Motorenentlüftung ins Ansaugsystem gelangen. Normung und Typenbeschränkung, die sich sonst vorteilhaft auswirken, sind in diesem Fall Fremdworte.
Um Laufruhe, d.h. kleinstmögliche Laufspiele mit der nötigen „Freßsicherheit“ zu vereinen, entstanden außer der Anwendung von geeigneten Werkstoffen und konstruktiven Kunstgriffen ausgeklügelte Konturen der „Feuerstege“ und der Ringzone sowie individuelle „Schliffbilder“ der Kolbenschäfte statt einfacher konischer oder ovaler Profile. Schließlich mildert ausgeprägter Leichtbau die Massenkräfte, auch „Leichtlauf“ die Reibungsverluste, die bei hohen Kolbengeschwindigkeiten sehr zunehmen.
Kolben aus Alu-Legierungen führten infolge Gewichtsminderung und Wärmeableitung zu bedeutenden Fortschritten, wenn auch die Wärmedehnung neue Probleme aufwarf. Die frühesten Versuche blieben (entgegen etlichen Falschmeldungen) unbekannt — oder erfolglos (oder beides). Denn noch 1913 lehnte die Prüfungskommission für den „Kaiserpreis der Flugmotoren“ einen Selve ab, weil „seine Leichtmetallkolben mit ihrem etwa 600 °C hohen Schmelzpunkt den weit höheren Verbrennungstemperaturen keinesfalls gewachsen wären“. Doch binnen Jahresfrist erbrachten die Mercedes-Rennwagen den Gegenbeweis.
Nach Kriegs-, Nachkriegs- und Inflationsjahren, nach Leichtmetallkolben von Selve und Hellmuth Hirth (1886 bis 1938) in erstarkten, aber kurzlebigen Flugmotoren stieg 1921 ein Wettbewerb nur für Kolben, veranstaltet vom Reichsverkehrsministerium: Alu-Kolben errangen den zweiten und dritten, Magnesium-Kolben den ersten und vierten Platz. Bald herrschte eine lebhafte Rivalität zwischen beiden Leichtmetallen. Allein die Vorgänger der heutigen Mahle-Werke lieferten über eine halbe Million Magnesium-Kolben — 100 000 Stück in einem Jahr, die sie 50 Jahre später täglich produzierten — für Marken von Aga bis Presto, von Adler und Bugatti bis Steyr und Wanderer, vom 0,5-l-10-PS-Einzylinder in Hanomags „Kommißbrot“ bis zum 7-l-Kompressor-Mercedes. Doch die Magnesium-Kolben sausten mit hohem Verschleiß in eine Sackgasse.
Den nächsten Werkstoff-Wettlauf bestritten Aluminiumlegierungen auf Kupfer- oder Siliciumbasis. Hinzu traten übereutektische Al-Si-Legierungen, die zunächst schwierig zu verarbeiten waren, jedoch die

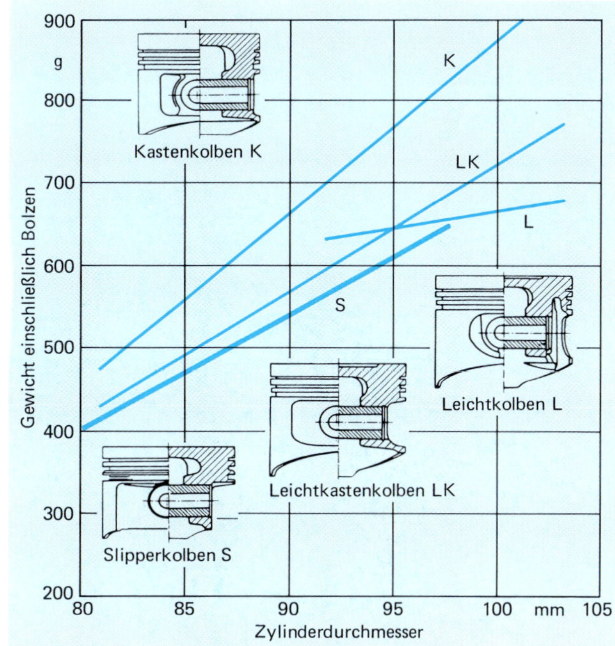

Jüngster Leichtbau führte bei Kolben zu Gewichtseinsparungen bis zu 20 % ohne Festigkeitseinbuße. Neben die altbekannten „Slipper“-Kolben (Gleitschuhtyp) traten Leichtkasten- und Leichtkolben. Außer dem Gewicht geht es um verminderte Reibung, u. a. mit reduzierten Schaftflächen und optimierter Kolbenringbestückung.

Lebensdauer der Kolben erhöhten. Sintal-Kolben, aus gesintertem Alu-Pulver gepreßt, bewährten sich in den fünfziger Jahren in etlichen Rennmotoren, blieben aber für den Alltag zu teuer. Geschmiedete Kolben behaupten sich dagegen fast von Anfang an bis heute bei höchsten Belastungen.
Umgekehrt hielten sich gußeiserne Kolben u.a. bei Ford und Chevrolet bis in die fünfziger Jahre, obwohl Chrysler und viele europäischen Unternehmen den 1926 von A. L. Nelson und der Firma Bohnalite entwickelten gleichnamigen Kolben einführten, ausgerüstet mit „Invarplatten“ an jeder Seite zugunsten enger Laufspiele. Kolben mit eingegossenen Stahlstreifen dienten bald demselben Zweck nach dem Bimetall-Prinzip, bei dem Wärmedehnungen zu Biegungen umgeformt werden.
Rolls-Royce ließ 1920 einen leichtmetallenen „Schlitzmantelkolben“ patentieren, dem überall vielfältige Versionen mit Quer- und Längsschlitzen folgten. Sie erlauben enge Passungen, vermeiden das störende „Kippen“ am Totpunkt, ertragen jedoch nur mäßige Belastungen. Dem guten Einlauf- und Notlaufverhalten dienen Laufflächenüberzüge aus Zinn, Blei, Graphit, zeitweilig aus eloxierten oder phosphatierten Schichten.
Die Endstation markieren moderne „Regelkolben“. Sie sind laufruhig, langlebig und hochgradig „freßsicher“, bei höchsten Beanspruchungen (Dieseln) mit eingegossenen oder gar eingeschmiedeten

Stahlringen für die obersten Kolbenringe besonders geeignet. Das amerikanische „Alfin"-Verfahren von Fairchild (1940) verbessert Haftung und Wärmeleitung.
Ein kurzer Seitenblick trifft in diesem Zusammenhang die Kolbenringe: Das Werden und Wesen dieser wichtigen Teile steht nicht hinter ihren Trägern zurück, zumal sie mit ihrer geringen Masse ein Motorleben lang schwerste Aufgaben bewältigen. So müssen sie z. B. vom Kolben große Wärmemengen ableiten, übrigens mit einer erst spät erkannten tatsächlichen Abdichtung durch den hinter ihnen wirkenden Gasdruck. Zwar erwiesen sich komplizierte Überlappungen am Stoß als entbehrlich, doch füllen Minuten- und Winkelringe, Trapez-, Nasen- und Fasenringe über ausgeklügelten Schlitz- und Ölabstreifringen eigne Kapitel.
Die hohe Verschleißfestigkeit verchromter Zylinderlaufbahnen läßt sich zu einem Teil auf herkömmliche Graugußzylinder übertragen, indem man dem Reibungspartner die harte Laufschicht verleiht, besonders dem obersten Kolbenring, der mechanisch, thermisch und korrosiv am höchsten beansprucht, zudem am schlechtesten geschmiert ist. Allerdings wird der Einlaufvorgang verzögert, gelegentlich auch die Gefahr der Brandspurbildung mit winzigen, feinen Freßstellen größer, so daß außer Chromringen Varianten mit Molybdänschichten oder eingespritzten „Ferroxstreifen", mit verzinnten, phosphatierten oder keramischen Überzügen traten. Schließlich spiegeln die ständig verminderte Anzahl und Breite der Ringe die moderne Entwicklung wider. Die größere Wärmebelastung der Kolbenböden wiederum — nicht nur in aufgeladenen oder luftgekühlten Motoren — bekämpfen dosierte Ölspritzmengen, während die früher üblichen Rippen unter dem Kolbenboden verschwanden.
Leichtmetallene Zylinder und Blöcke entstanden vereinzelt schon in den zwanziger Jahren, in großem Stil jedoch ab 1950. Sie benötigten sogleich brauchbare Gleitflächen, als klassische Lösung dünnwandige „trockene" oder stärkere „nasse" Laufbüchsen, durchweg aus hochfestem Schleuderguß. Für einzeln aufgesetzte luftgekühlte Leichtmetallzylinder folgten galvanisch erzeugte Chromschichten, zur besseren Ölhaftung „ränderiert" oder angeätzt, umgekehrt „tragende" Büchsen mit (Alfin-)umgossenen Kühlrippen aus Aluminium oder Magnesium (Biral und Birel), Alu-Zylinder mit aufgespritztem Eisen (Ferral-Zylinder), ab 1964 für Hochleistungsmotoren auch „Nikasil" oder ähnlich benannte Schichten. Sie stammen aus der Wankelmotor-Entwicklung und enthalten nichtmetallische Partikel, extrem harte Siliciumcarbidkristalle in Nickel als Grundmasse der Dispersionsschicht.
Die jüngste Ära von Leichtmetallmotoren dämmerte 1970 bei Chevrolet und der Metallgesellschaft Reynolds: Dort erhielt der superkompakte Vega-Vierzylinder nach einer dornenreichen Entwicklung endlich die „umgekehrte" Gleitpaarung. Der übereutektische „Open-Deck"-Block (im Druckguß herstellbar) harmoniert mit eisenüberzogenen, in Europa ab 1973 auch verchromten Kolbenschäften. Sie gelangten zuerst als „Ferrocoatkolben in Alusilzylindern" in Porsche-Serien, inzwischen auch in wassergekühlte Motoren aus Zuffenhausen und Untertürkheim.
Daß trotz aller Errungenschaften immer noch brandneue Graugußblöcke entstehen, beruht auf zeitgerechter CAD-Konstruktion und fortgeschrittenen Gießverfahren, die erheblich geringere Wandstärken als früher gestatten und die Vorzüge des dunklen Werkstoffs bewahren. Selbst der Vega-Motor startete mit einem eisernen Zylinderkopf.
Ungeachtet ihrer starken Bindung zum Zylinder und Verbrennungsraum sind Kolben ein Bestandteil des Kurbeltriebs. Als Bindeglied fungieren die Pleuel, deren Längen und Lagerung fast eine größere Rolle spielen als die Profile ihrer Schäfte oder Werkstoffe.
Außer üblichen Doppel-T-Profilen gab es gelegentlich rohr- oder schwertförmige Querschnitte. Leichtmetallpleuel erlebten in den zwanziger Jahren eine bescheidene Blüte: in Daimler-Motoren (kurzzeitig) und in August Horchs 4,65-l-OHC-Sechszylinder-Audi von 1923 (90 mm × 122 mm, 70 PS bzw. 52 kW bei 3 000/min), in dem kleinen Berliner EGO (1921 bis 1928), in dem Falcon aus Darmstadt-Ober-Ramstadt, deren Betrieb 1926 Gustav Röhr (1895 bis 1937) übernahm, oder im Bielefelder Dürkopp-Sportmotor. Hinzu kamen Lancia in Turin, Wikow in der Tschechoslowakei, Franklin in den USA.
Schon 1941 hatte Bussien sein früheres, günstiges Urteil revidiert: „Leichtmetallpleuel werden infolge ihrer ungeeigneten Schwingungsfestigkeit nur noch selten verwendet. Die vorteilhafte Wärmeabfuhr wiegt andere Nachteile nicht auf, die Gewichtsverminderung ist gering." Aber in den fünfziger Jahren gingen die Meinungen wieder auseinander; neue positive Versuchsergebnisse ließen, abgesehen von den englischen Motorrad-Twins, einen neuen „Alu-Anlauf" erwarten. Einzelne Wettbewerbsmotoren (Renault-Gordini) bestätigten es, nicht zuletzt die Meinung von Fachleuten [22]: „Die geringeren bewegten Massen, kleineren Gegengewichte an der Kurbelwelle und die gute Wärmeableitung lassen Leichtmetallpleuel reizvoll erscheinen und wiegen die höheren Werkstoffkosten wieder auf — erstaunlicherweise gewinnen sie nur wenig Boden . . ." Indessen blieb ein neuer Boom aus.
Dort, wo Leichtbau am meisten bedeutet und Kosten keine Rolle spielen — aber nur dort —, tauchten in Rennmotoren der sechziger Jahre Pleuel aus Titan auf. Für preiswerte Gebrauchsmotoren entstanden etwa zur gleichen Zeit bei General Motors, dann bei FIAT und Opel Pleuel aus perlitischem Temperguß, dazu wärmebehandelt und kugelgestrahlt, denen inzwischen aus Sintermetall gepreßte Pleuel folgten, u. a. in flüssigkeitsgekühlten Porsche-Motoren. Sie lagen nach dem durchschlagen-

den Erfolg gegossener Kurbelwellen „in der Luft". Schließlich stehen als zukünftige Werkstoffe — nicht nur für Pleuel — moderne Kunststoffe zur Debatte [19]. Außer den mechanischen Eigenschaften und den noch hohen Kosten spielen weitere Fakten eine Rolle, u.a. die Wärmedehnung.
Die Länge der Pleuel kommt als Kurbelverhältnis L:r zum Ausdruck. Übliche Werte liegen zwischen 3,5:1 und 4,5:1; hierbei vermindern kurze Pleuel — besonders aktuell bei Boxermotoren — die gesamten Motorabmessungen und -gewichte spürbar. Allerdings steigen mit kürzeren Pleueln die Massenkräfte der zweiten Ordnung stark an. Zwar wurden die Auswirkungen auf Reibungsverluste und Laufruhe unterschiedlich beurteilt, doch tendieren moderne Kurbeltriebe nach dem Vorbild erfolgreicher Rennmotoren zu längeren Pleueln, wenn möglich dank einer veränderten Kolbengeometrie ohne höhere Zylinderblöcke.
Kurbelwellen müssen samt ihren Gehäusen und Lagerböcken stabil und steif sein, gefeit gegen schädliche Biege- und Drehschwingungen. Die Anfälligkeit ergibt sich aus der Gestalt und Länge der Wellen, letztlich aus der Anzahl und Größe der Zylinder. Neuzeitliche Motoren haben grundsätzlich „vollgelagerte" Wellen — mit einem Hauptlager neben jeder Kröpfung — und dazu mit Auswuchtgewichten, die den Massenkräften dort entgegenwirken, wo sie entstehen, d.h. gleich neben jedem Hubzapfen.
Ein weiteres modernes Merkmal ist die Überlappung benachbarter Hub- und Wellenzapfen, von der Vollagerung und heutigen Kurzhubdaten begünstigt, anteilig auch als Voraussetzung für Kurbelwellen aus Sphäroguß statt aus geschmiedetem Stahl. Vergleichsweise enthüllte die Kurbelwellenlagerung in früheren Epochen eine bedenkliche Sparsamkeit, besonders in preiswerten und langhubigen Motoren. Da liefen kleinere Vierzylinder mit nur zwei Hauptlagern, sogar noch 1936 der „Topolino" von FIAT, allerdings mit einer sehr starken Welle und Gleitlagern anstelle der geplanten Wälzlager, manche Sechszylinder mit drei, dann vier Hauptlagern, während in der Oberklasse schon vollgelagerte Sechs- und Achtzylinder arbeiteten, u.a. bei Adler, Horch, Maybach, Mercedes-Benz, Opel und Selve.
Außer dem Trend zu kurzem Hub erleichterte die eigene Entwicklung der Gleitlager ihre vermehrte Anzahl mit einer „Schlankheitskur", größeren Durchmessern, aber geringerer Breite. Die Lagermetalle durchliefen einen langen Weg von der historischen „Bronzezeit" mit Rotguß und Messingsorten zunächst zum Weißmetall mit 80% und mehr Zinn. Aber sogar in den USA entstanden Gittermetalle auf Bleibasis mit Graphitnestern, zudem geeignete Leichtmetallegierungen sowie warmfeste, vom Dieselbau übernommene Bleibronzen (Thermodur), die allerdings wieder gehärtete oder nitrierte Zapfen erfordern.

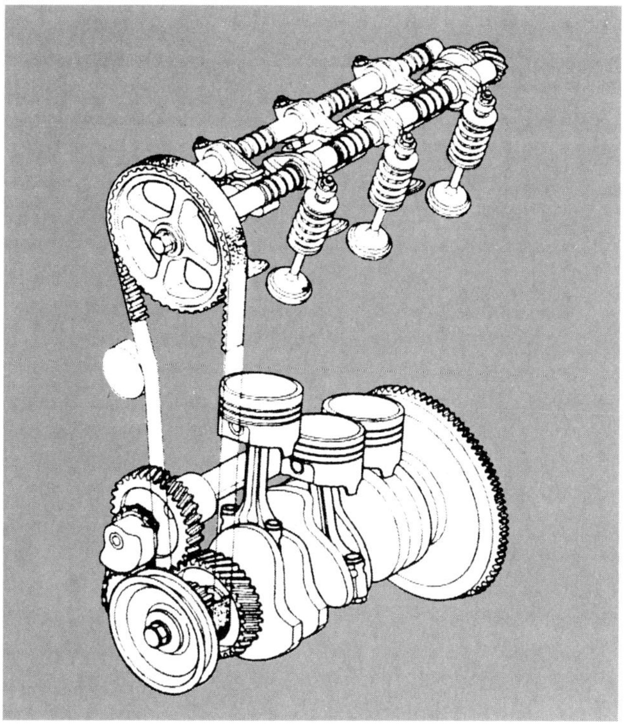

Nach Dreizylinder-Zweitaktern von DKW und Saab schuf Daihatsu 1977 einen Dreizylinder-OHC-Viertakter. Eine gegenläufige Ausgleichwelle kompensiert die Massenmomente. Seither erschienen Dreizylinder in „Forschungswagen" von VW und Leyland, FIAT und Citroen als Otto- und Dieselmotoren, in großen Serien bei Subaru und Suzuki.

Bei den heutigen Vielstofflagern verwertet man die Erkenntnis, daß nur eine sinnvolle Aufgabenteilung höchste Ansprüche erfüllt, daß ferner möglichst dünne Schichten der Ermüdung am besten begegnen. Auf stählernen Schalen liegen Bleibronzeschichten, darüber wiederum eine hauchdünne Ein- und Notlaufschicht, z.B. aus Indium oder Weißmetall, manchmal noch über einem Nickeldamm, um das Diffundieren von Zinn zu verhindern. Die Schmierkeilwirkung erzeugt und erträgt Pressungen von vielen hundert bar und begrenzt metallische Reibung auf das Anlaufen der Motoren.
Wälzlager eroberten sich einen Platz in mehreren leistungsfähigen Motoren der zwanziger Jahre, häufig von Korrosion stärker bedroht als von Überlastung der ständig elastisch verformten Wälzkörper und Laufbahnen. Freilich verursachen die Bewegungsverhältnisse an Hubzapfen unerwünschte Belastungen, verlangen zudem gebaute Kurbelwellen, in der teuersten Form als Hirth-Wellen mit radialverzahnten Trennflächen (in Rennmotoren und Porsche-„Super"-Serien bis 1955) oder bei geteilten Pleuelköpfen mit vergleichbarer höchster Präzision. Lediglich in Zweitaktern mit Kurbelkammerspülung und in hochtourigen Kraftradmotoren blieben zusammengepreßte Wälzlagerwellen zeitlos. Auf eine „gemischte" Lagerung mit Rollenlagern nur an den

Kurbelwellenenden verfiel nicht erst 1969 Ferrari für Formel-1-Motoren, sondern fast 60 Jahre vorher Bugatti für seinen 1,5-l-„13"-Vierzylinder. Dessen Nachfolger erhielten reine Rollenlagerwellen, meistens ohne mittlere Wellenzapfen, weil riesige Rollenkränze direkt auf kreisrunden Hubscheiben liefen: „Scheibenkurbelwellen", wie bald bei Steyr und später bei Maybach-Dieseln. Für gebräuchliche Bauformen entstanden vielerorts gemischte Lagerungen, vom kleinen Austin-Vierzylinder (Lizenzbau bei Dixi/BMW) über Phänomen und Austro-Daimler bis zu einem obengesteuerten Lkw-Motor von Daag, der schon nasse Laufbüchsen im Leichtmetallgehäuse trug.
Das nächste Stichwort betrifft die Zylinderanzahl. In „echten" V-Motoren wirken je zwei Pleuel auf einen gemeinsamen Hubzapfen. Nun bestimmt der Versatz der einzelnen Kröpfungen nicht nur die Zündfolge und den Drehkraftverlauf — zudem mit einer starken Bindung zum Ansaug- und Auspuffsystem — sondern auch die Massenkräfte und deren Ausgleich. V-Motoren benötigen für eine gleichmäßige Zündfolge bestimmte Gabelwinkel (720° : „z"). Anderenfalls dienen gleichen Zündabständen entsprechend versetzte Hubzapfen für die Zylinderpaare und verwandeln den Motor in einen „aufgeklappten Boxer". Dies betrifft besonders enge Gabelwinkel in einem gemeinsamen Block, traditionell bei Lancia, kurzzeitig ab 1928 bei einem Röhr-Achtzylinder.
USA-V-Sechszylinder verweisen die Zündfolge zuweilen ins zweite Glied, um auf denselben Transferstraßen wie ihre V 8-Geschwister zu entstehen. V-Vierzylinder arbeiten entweder mit zwei Hubzapfen (Stoewer 1931) oder mit vier, wie z. B. 30 Jahre später bei Ford, wo eine gegenläufige Auswuchtwelle hinzutrat. Derselbe Kunstgriff kultiviert Reihendrei-

Lancia-„Thema", 1985: Wie bei Mitsubishi und im Porsche „944" rotieren Lanchesterwellen höhenversetzt und gegenläufig mit doppelter Kurbelwellendrehzahl. Dazu dient ein zweiter, beiderseits verzahnter Riemen (wie bei Porsche), der die untere Welle mit seinem „Rücken" treibt. — Turboladung mit Ladeluftkühlung und Klopfsensor für Verdichtung 8,0. „Thema i. e.": 84 mm × 90 mm, 2 l, 9,8 : 1 verdichtet, mit LE-Jetronic, 88 kW (120 PS) bei 5 250/min, „Turbo": 121 kW (165 PS) bei 5 500/min; etwa 160 kg.

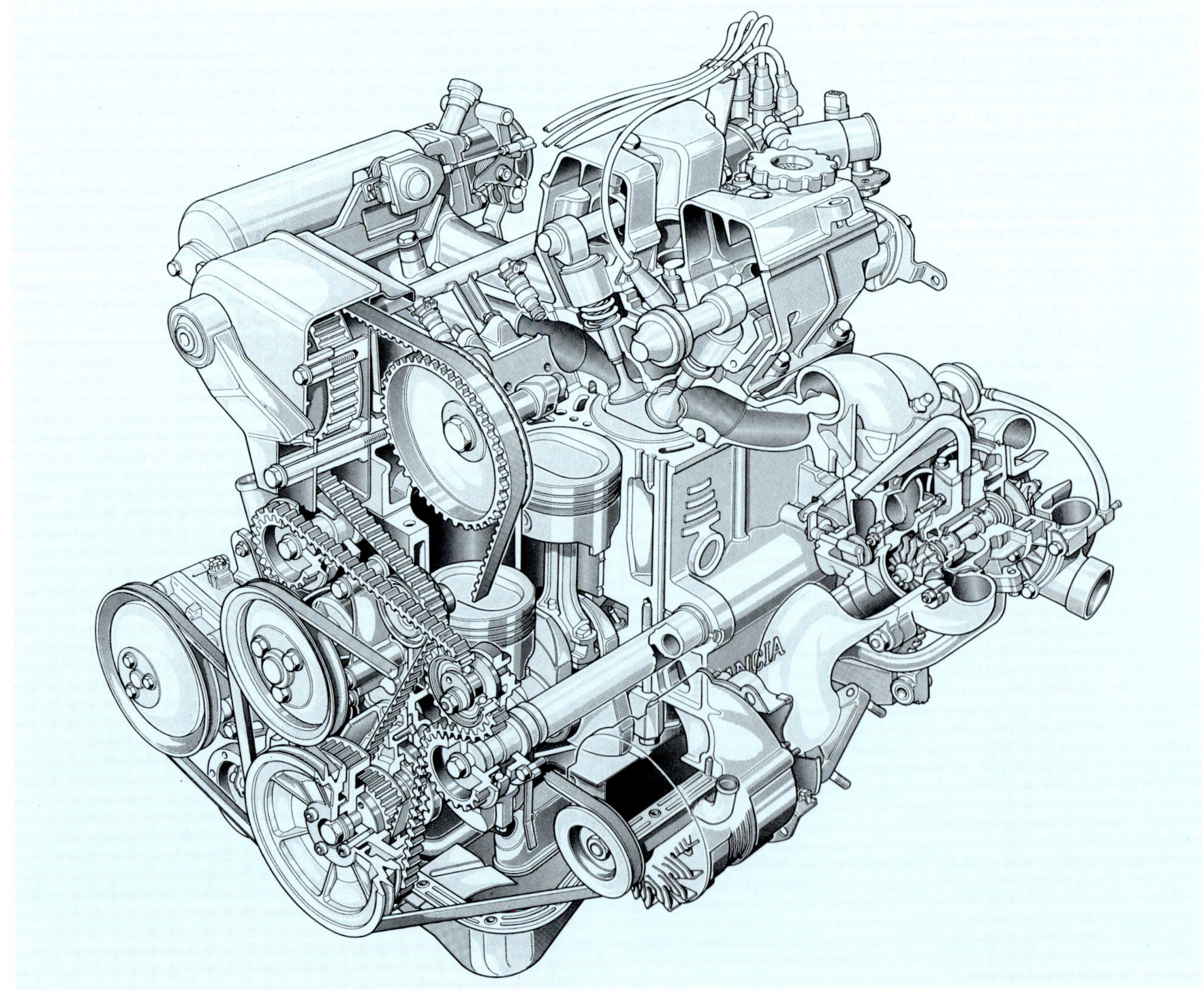

zylinder, in denen ohnehin nur Kippmomente entstehen. Fünfzylinder stehen mit ihrer Auswuchtung zwischen Vier- und Sechszylindern, ohne freie Massenkräfte, aber mit geringen Kippmomenten.
Das Prinzip der Ausgleichwellen geht auf den englischen Pionier Fred Lanchester (1868 bis 1946) zurück, der außer einem dank gegenläufiger Kurbelwellen perfekt ausgewuchteten Zweizylinderboxer Hilfswellen erfand, die gegenläufig mit doppelter Kurbelwellendrehzahl sekundäre Massenkräfte aufheben. Den großen mechanischen Aufwand investierten frühe Vauxhall-Vierzylinder, aber moderne Motoren erst ab 1975: Mitsubishi für einen 2-l-Chrysler und eigene Reihenvierzylinder, Porsche für den „944“, Lancia-FIAT für einen Motor des Jahrgangs 1985.
Historische Reihensechszylinder verfehlten häufig die erwartete Laufkultur infolge starker Drehschwingungen — stets mit kritischen Bereichen auch bei höheren Ordnungen. Sie bewirkten gelegentlich Brüche, weit häufiger aber klappernde Steuerräder und lästige Vibrationen. Auch dagegen wußte Lanchester Rat: mit einer zweiten Schwungmasse vorn auf der Kurbelwelle, an Reibscheiben im Ölbad federnd gelagert. Nur schwankte die Ölviskosität temperaturbedingt zu stark; Rolls-Royce umging dies mit einem nachgiebigen Sitz der Hauptschwungmasse [7]. Inzwischen vermitteln Silikonöle, mehr noch anvulkanisierte Gummielemente bessere Lösungen.
Abgesehen vom schwachen Anklang früherer Sechszylinder und den Erfolgen der jüngsten Auswuchtwellen profitierten Vierzylinder in der langen Zwischenzeit von den aufkommenden Leichtmetallkolben, später von einem sorgfältigen Gewichtsausgleich der einzelnen Kolben und Pleuel bei der Produktion, vor allem jedoch von der elastischen Motoraufhängung, die Chrysler 1931 als „Floating Power“ anpries. Nach vorangegangenen primitiven federnden Einbauten ruhte der Motor in diesem Fall auf Stellen, deren Verbindungslinie durch den Schwerpunkt lief, mit einer seitlichen Abstützung.
Nun folgte eine lange Entwicklung von Gummi-Metall-Elementen oder Elastomer-Lagerungen, die zeitweilig von den Kosten ebenso gebremst wurden wie von konstruktiven Problemen. Sie betreffen z. B. die sehr breiten Frequenzspannen, die mit großen Ausschlägen, aber niedrigen Frequenzen Vibrationen verursachen, umgekehrt mit hohen Frequenzen, aber minimalen Amplituden als Geräuschquellen stören. Neue Hemmnisse entstanden mit quer eingebauten Motoren und dem ökonomischen Leichtbau, der unvorteilhafte Massenverhältnisse mit sich bringt.
Neben weiche Lagerelemente traten hydraulische Teleskopdämpfer, die ein nächster Schritt kombinierte und individuell auf die Motorresonanzen einstellte. Weitere Etappen markieren Zweikammer-„Hydrolager“ in verschiedenen Formen, im Zusammenhang mit Audis „Auto 2000“ Lager mit einer gegenschwingenden „Tilgermasse“, schließlich „aktive“ Lager mit einer drehzahlabhängigen gesteuerten Charakteristik und als Zukunftsmusik mit einer elektronischen Signalverarbeitung [26].
Den Mehrpreis könnten die Motoren selbst kompensieren. Denn „die bisherigen Erfolge wie auch Zukunftsperspektiven lassen eine erheblich verbesserte Laufkultur erhoffen — auch bei Motoren mit weniger als vier Zylindern“, wie es Suzukis A-310-Dreizylinder bereits andeutet.

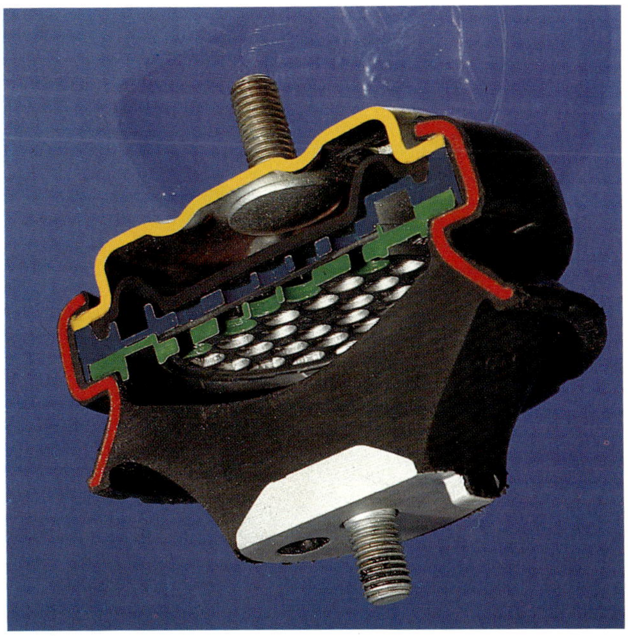

Weiche Motoraufhängung dämpft Erschütterungen und Geräusche. Deren unerwünschte Nebenwirkungen vermindern Kombinationen von Gummi-Metall-Elementen mit hydraulischen Dämpfern, in modernen Motorlagern integriert, individuell auf jeden Motortyp abgestimmt. Die Dämpfung im abgebildeten „entkoppelten“ Hydrolager erfolgt über den Ringkanal und die Membrane.

Als preiswerte Alternative zum Hydrolager entstanden „Verdrängerlager“ (z. B. im VW Golf 1984): In den Lagertopf ragt ein Stempel mit einer minimal beweglichen Verdrängerscheibe. Wegen des breiten Ringspalts ist das Dämpfungsmedium hochviskos (Silikonöl mit geringer Temperaturabhängigkeit).

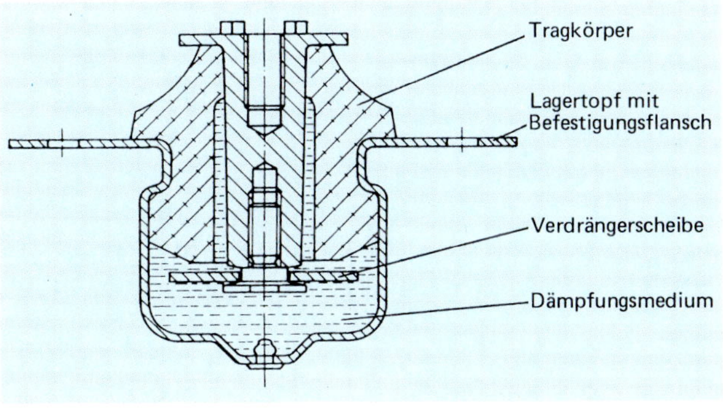

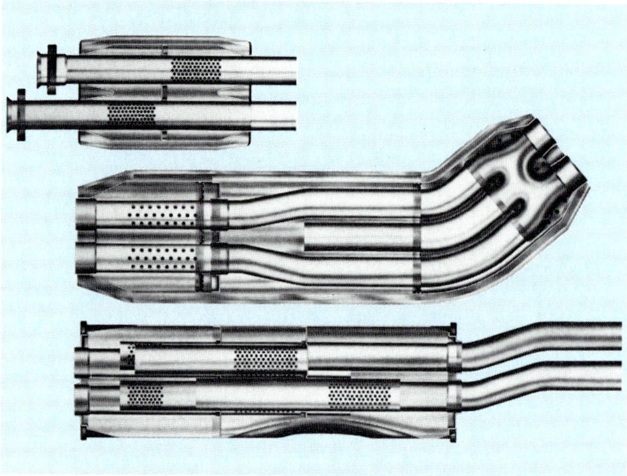

Auspuffanlagen beeinflussen Lärmpegel und Laufkultur sowie die Leistung, vergleichbar den Ansaugsystemen. Frühe Vorläufer als primitive Drosseln wurden lange Zeit außerorts mit einer „Auspuffklappe" umgangen. — Die Auslaßstutzen führen gemäß der Zündfolge in geeignete Krümmer, z. B. in „Hosenrohre", die nach abgestimmten Längen und Volumen zusammenlaufen. Zur Abstimmung und aus Platzmangel dominiert die Aufteilung: mit Vorschalldämpfer für Leistungskurve, mit Nachschalldämpfern für Akustik. Das Bild zeigt Vor-, Mittel- und Nachschalldämpfer nach Reflexionsprinzip, zwar aufwendig bei Entwicklung, Abstimmung und Herstellung, doch neigen Absorptionsdämpfer (mit Schallschluckstoffen) zum Korrodieren, Zerbröckeln und Verstopfen.

Freilich gelangen Geräusche nicht nur als Körperschall über die Motoraufhängung nach außen und ins Wageninnere, sondern durch Luftschall auf direktem Weg. Bei schneller Fahrt überwiegen deutlich die Reifengeräusche, doch im Stadtverkehr, ferner bei Vollast und hohen Drehzahlen die Lebenszeichen der hochbeanspruchten Mechanik, der Antriebe und mancher Nebenaggregate sowie der „Sound" von Ansaug- und Auspuffschwingungen. Zu ihrer Bekämpfung empfehlen sich verringerte Drehzahlen, gedrosselte Geräuschquellen sowie eine gedämpfte Abstrahlung und Fortleitung [27].

Ansaug- und Auspuffdämpfer bilden einen eigenen Komplex — wieder einmal von der Zulieferindustrie betreut, während am Motor selbst viele Faktoren zusammenkommen: Lager- und Laufspiele, Dreh- und Biegeschwingungen, Wärmedehnungs- und Werkstoffeinflüsse, umgekehrt die „Beruhigung" aller abstrahlenden Flächen und Wände. Sie gewährleisten den Konstrukteuren und Akustik-Spezialisten langfristige Beschäftigung, zumal kaum einzelne Maßnahmen zum Erfolg führen, sondern nur die systematische Behandlung aller Geräuschquellen. Auch ist die totale Kapselung von Motoren, wie z. B. bei Omnibus- und jüngsten Pkw-Dieseln, „theoretisch einfach, in der Praxis aber mit ihren eigenen Problemen verknüpft".

Energieverluste, Kühlung und Schmierung

Ottomotoren verwandeln bestenfalls ein Drittel der Kraftstoffenergie in Nutzarbeit, während ungefähr gleich große Anteile mit den Auspuffgasen und als Kühlwärme in die Atmosphäre verschwinden — abgesehen von der Fahrzeugheizung. Bekanntlich kranken andere Wärmekraftmaschinen an noch schlechteren Wirkungsgraden. Nur Diesel-Motoren übertreffen darin die fremdgezündeten Rivalen, weil sie grundsätzlich ungedrosselt und mit hoher Verdichtung arbeiten, dafür wiederum mit verhältnismäßig beschränkten Drehzahlen und Hubraumleistungen sowie mit etwas größeren Reibungsverlusten.

Mit der Äquivalenz von Wärme und Arbeit, die Robert Mayer (1814 bis 1878) 1842 erkannte, läßt sich die gewonnene Nutzarbeit auf den Kraftstoff-Heizwert beziehen (in Joule). Demnach entspricht der Kraftstoffverbrauch von 270 Gramm je kWh einem Gesamtwirkungsgrad von knapp 32%, ein Kraftstoffverbrauch von 350 g/kWh bis 400 g/kWh, wie im vorherrschenden Teillastbereich, 24,5% bis 21,5%. Nur die besten Großdiesel erreichen weniger als 200 g/kWh und mehr als 43%. Die größten Verluste beruhen auf dem begrenzten Temperatur-Quotienten beim Kreisprozeß der Verbrennung; hingegen kann der mechanische Wirkungsgrad bis zu etwa 85% ansteigen. Er sinkt allerdings deutlich mit zunehmender Drehzahl bzw. Kolbengeschwindigkeit.

Schon bevor Alfred Büchi (1879 bis 1959) zum Antrieb von Gasturbinen die Auspuffgase heranzog, versuchte Wilhelm Maybach, gleichzeitig die Motor- und Auspuffwärme in einer angekuppelten Dampfmaschine zu verwerten — wie in modernen Wärmepumpen. Doch scheiterte das Experiment am unzureichenden Stand der Technik [3]. Aber schon vorher bedeutete die ungenügende Motorkühlung eine hohe Hürde für zunehmende Leistungen. So benötigte beispielsweise der Freiherr von Liebieg Anno 1894 mit seinem Benz-„Victoria" für 920 Kilometer von Reichenberg zur Mosel bei einer durchschnittlichen Geschwindigkeit von 13,5 km/h nur 140 Liter Benzin, aber zehnmal mehr Wasser für die Kühlung des Einzylinders!

Deshalb folgten der schlichten Verdampfung bald eine Kühlung des Wassers im Innern des Schwungrads oder Wasserkästen mit luftdurchströmten Rohren und einem Ventilator dahinter. (Dies war ursprünglich ein Peugeot-Patent.) Für steigende Leistungen entwickelte Maybach den Röhrchenkühler, schließlich den richtungweisenden Bienenwabenkühler mit großen Kühlflächen, auf die es nämlich ankommt, weil der Wärmeübergang von Metall an Luft sehr schlecht ist: Erst 3 000 Liter Luft (bei gleicher Temperaturdifferenz) leiten soviel Wärme ab wie 1 Liter Wasser.

Bei luftgekühlten Motoren kompensieren Kühlrippen diesen Mangel und vermehren (mit größeren

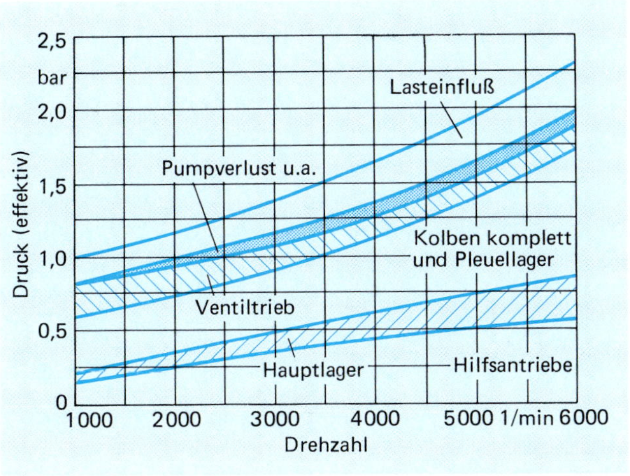

Reibungsverluste eines 1,27-l-OHC-Vierzylinders (75 mm × 72 mm) als Teile des Mitteldrucks (in bar) aufgetragen. Oben die Gesamtreibung unter Last; einzelne Komponenten aus Schleppversuchen bei 90 °C Wasser- und Öltemperatur. Die Reibung von Kolben, Kolbenringen, Pleuel- und Hauptlagern sowie Hilfsantrieben steigt steil an.

Temperaturunterschieden) die inneren Wandflächen um das 20- bis 30fache. In obengesteuerten Viertaktern belasten etwa drei Viertel der Gesamtwärme die Zylinderköpfe, die Restwärme die Zylinder selbst. Stets verdient die Auslaßzone besondere Beachtung: Um die Aufheizung der Kanäle zu vermindern, setzte man zunächst in luftgekühlte Leichtmetallköpfe Blechrohre mit einem isolierenden Luftspalt ein. „Portliner" getauft und jüngst auch aus Keramik, gewannen sie zusätzliche Bedeutung bei allen Motoren. Sie sollen das Auspuffsystem nach jedem Kaltstart rasch erwärmen, die Schadstoffe begrenzen, Katalysatoren kurzfristig anspringen lassen und vorzeitigem Wärmeverlust begegnen.

Für eine Nutzleistung von 55 kW muß das Kühlsystem stündlich etwa 200 000 Kilojoule abführen, die vergleichsweise als Heizleistung für ein 1 000-m^3-Etagenhaus im Winter genügen würden. Man unterscheidet wie bei einer Warmwasserheizung den einfachen, früher bei kleineren Motoren ausreichenden Wärmeumlauf (Thermosiphon) und den für größere Leistungen unerläßlichen Pumpenumlauf, bei dem weitaus kleinere Querschnitte, Kühler und Füllungen genügen. Er konnte seither den Umlauf ständig beschleunigen, die Temperaturdifferenzen verkleinern und die Wirkung des Kühlers verbessern, ferner die des Kühlstroms im Motor selbst — mit sorgfältig dimensionierten Passagen und eingegossenen Leitrippen.

Heute öffnet ein Überdruckventil den Weg nach außen — oder zu einem Ausgleichbehälter — erst bei 0,5 bar bis 1 bar und erhöht damit die Siedetemperatur der heute ausnahmslos verwendeten Frost- und Rostschutzmischung auf 110 °C bis 120 °C. Als einen Vorzug „plombierter" Kühler schätzen Karosse-

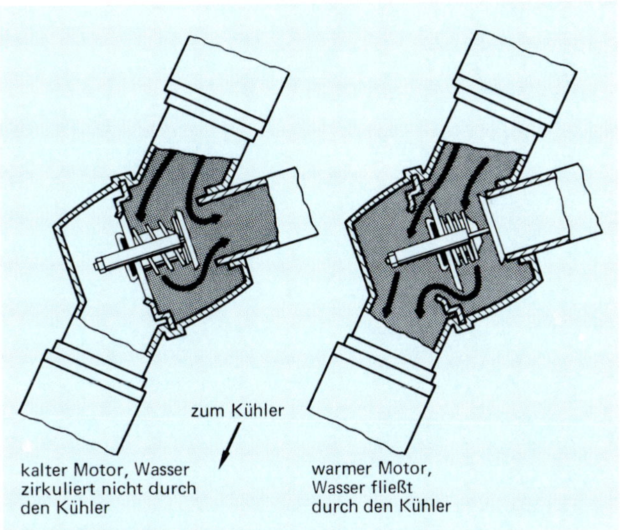

Kühlstoffregler (Thermostat) im Schema: Die Dehnstoffpatrone enthält eine Wachsfüllung, einen Gummikörper und einen Steuerstift mit Einstellgewinde.

Luftgekühlter De Dion-Bouton-Einzylinder, 1899, 1,3 kW (1,75 PS). Graf de Dion (1856 bis 1946) baute nach Dampfwagen und seiner Achse mit Georges T. Bouton (1847 bis 1938) schon bis 1902 etwa 30 000 Motoren für 55 Autohersteller. Eine mächtige Schwungmasse befindet sich am Einzylinder; automatisches Ansaug-, nockengesteuertes Auslaßventil. Die Hochspannungs-Batteriezündung ermöglichte bis zu 2 000/min.

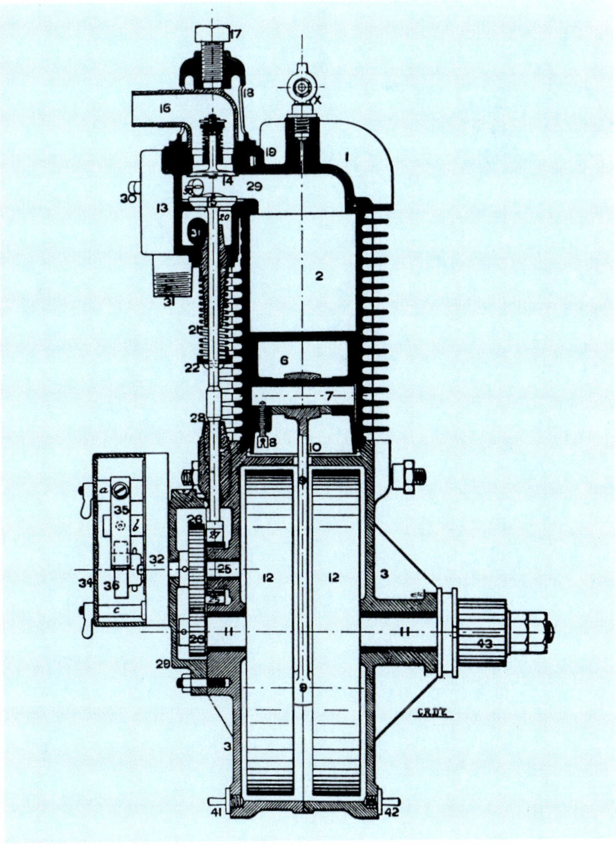

Hugo Ruppes „Piccolo", 1903: Vorn unter der Spritzwand befindet sich ein gegengesteuerter 704-cm³-V-Zweizylinder für 3,7 kW (5 PS) und 50 km/h. Zur Kühlung ergänzte den Fahrtwind ein Ventilator. Bis Ende 1905 entstanden 1 000 Stück. — Brennabor in Brandenburg baute ab 1908 das „Brennaborette"-Dreirad mit 450-cm³-Fafnir-Einzylinder vor der Hinterachse.

riebauer den zum Ausgleichbehälter verlegten Verschluß, weil er häufig niedrigere Motorhauben erlaubt, besonders bei Querstromkühlern.
Seit 50 Jahren verbessern Thermostaten die Wärmebilanzen, da unnötige Abkühlung ihnen und den Motoren schadet. Die Entwicklung verlief vom einfachen Drosselregler zum Kurzschlußthermostat, der das kühle Medium direkt zur Pumpe zurückleitet und den Motor und die Heizung rascher erwärmt. Außerdem sorgt die Luftseite für ökonomischen und leiseren Motorlauf, weil die Ventilatoren (ab 1960 erstmalig bei Peugeot) erst bei Bedarf anlaufen, ebenfalls thermostatisch gesteuert. Hierzu dienten elektromagnetische oder hydraulische Kupplungen, gelegentlich auch Ventilatoren mit verstellbaren Flügeln, doch dominieren heute Lüfter mit eigenen Elektromotoren. Sie sparen jeglichen mechanischen Antrieb ein und erleichtern oft die Raumaufteilung unter der Motorhaube, zumal sie gleich gut vor wie hinter dem Kühler wirken.
Ähnliches trifft bei luftgekühlten Motoren auf die stärkeren Gebläse zu, obwohl die Saugversion selten blieb (zeitweilig bei Tatra). Allgemein verschlingt ihr Antrieb drei bis acht Prozent der Motorleistung — bei mittleren Drehzahlen weniger, bei Teillast weit mehr. Jedoch kann die bessere innere Aerodynamik der Wagen einen Teil dieser Verluste ausgleichen. Schwerer wiegen die Einbußen an Laufruhe, die diffizilere Heizung und selbst bei Leichtmetall-Zylindern die größeren Temperaturunterschiede der einzelnen Motorzonen. Vermindert werden auch die möglichen Verdichtungsverhältnisse, und Ölkühler sind schon bei geringeren Hubraumleistungen erforderlich als bei wassergekühlten Motoren.
Gewicht und Herstellkosten zeichnen kein einheitliches Bild mehr, u.a. wegen der größeren Zylinderabstände für Kühlrippen und Luftstrom. Nachdem Frostschutzmischungen und Überdrucksysteme den Betriebsbereich der Flüssigkeitskühlung merklich erweiterten, nachdem Thermostaten Wärmeverluste verringern, sich auch die alten Kühlerjalousien erübrigen, hat der Werbespruch „Luft kocht und gefriert nicht" viel an Bedeutung verloren, abgesehen von extremen Klimaverhältnissen.
Obwohl 1985 schnellste Serienwagen mit Luftkühlung laufen (Porsche-911-Turbo) und am anderen Skalenende die schwächsten Modelle (FIAT 126, Trabant), obwohl stärkste Rennwagen zwölf luftgekühlte Zylinder hatten (Porsche 917), der Tatra-V 8 ein Evergreen wurde und mehr als 20 Millionen VW-„Käfer" entstanden, blieb die Luftkühlung insgesamt, auf über 500 Millionen Automobile bezogen, anzahlmäßig unbedeutend.
Die Geschichte des luftgekühlten Motors begann vor 1900 mit den als Einbaumotoren weit verbreiteten De Dion-Bouton-Einzylindern, in den USA ab 1901 bei Franklin. Berthold Ruppe (1854 bis 1932) baute in Apolda ab 1904 leichte „Piccolo"-Wagen mit luftgekühlten V-Zweizylindern, sein Sohn Hugo ab 1908 in Markranstädt Reihenvierzylinder mit einem Ventilator daneben. In Zittau entstanden gleichzeitig Phänomobil-Dreiradwagen, neben die später luftgekühlte Nutzfahrzeugmotoren traten. Eine lange Reihe von Tatra-Boxermotoren startete 1921 mit zwei, später mit vier Zylindern, auch von Röhr und Stoewer in Lizenz genommen.
Kleine Zweitakter von Hans Grade (1879 bis 1946)

Schmierkreislauf eines Vierzylinders (vorletzte Generation). Wartungsbedürftige Elemente sind vorn zusammengefaßt; Hydrostößel, Nockenwelle (als „cih", „camshaft in head " statt „over head").

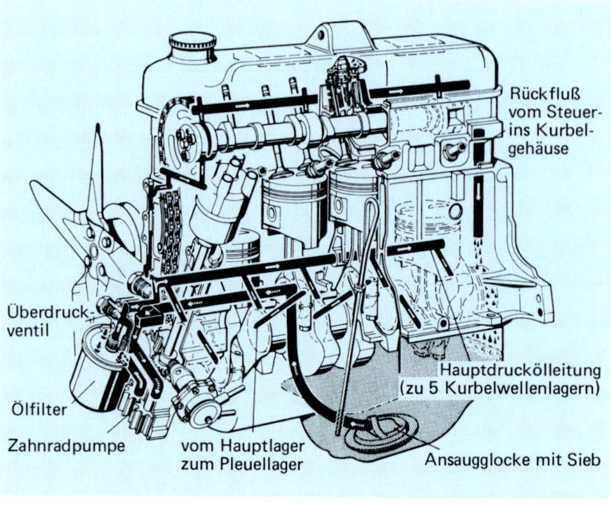

und luftgekühlte Motoren anderer Kleinwagen — im Ausland waren es die „Cyclecars“ — erlangten wenig Bedeutung, bevor Porsche 1934 das endgültige Volkswagen-Konzept festschrieb, obwohl er den größeren Entwicklungsaufwand für Luftkühlung kannte. Hinzu kamen 1949 Citroens 2-CV-Boxer sowie bald die vom VW-Motor abgeleiteten Porsche vor einer neuen Kleinwagen-Welle mit luftgekühlten Boxer- und Reihenmotoren (BMW, Glas, FIAT, Lloyd, NSU). Dann leisteten den letzten Beitrag zu diesem Thema drei Marken in drei Kontinenten: Chevrolet mit dem Sechszylinderboxer im Corvair 1960, Honda mit etlichen kleinen Zwei- und Vierzylindern in Reihe (1966), Citroen wiederum mit einem Vierzylinderboxer (1970).
Bei den Schmiersystemen erkennt man eine der Motorkühlung vergleichbare Evolution. In den Kindertagen des Automobils ähnelte die Bekämpfung der Reibung dem bei vielen Maschinen und Dampflokomotiven üblichen Verfahren: Öl sickerte aus kleinen Behältern durch Leitungen oder Bohrungen zu den Schmierstellen. Bald darauf durften die Fahrer den Ölzulauf dosieren und an der Spritzwand kleine Kolbenpumpen betätigen. Deren mechanischer Antrieb, meistens von der Nockenwelle aus, markierte den nächsten Schritt. Doch hielten sich zusätzliche Handpumpen als „Doping“ bei hoher Motorbeanspruchung bis in die zwanziger Jahre — auch als Indiz für Frischölschmierung, die dosiert an Kurbelwellenlager und Zylinder gelangte.
Darüber hinaus florierte die Tauchschmierung mit schlanken Schöpflöffeln unter den Pleuelköpfen, die bei jedem Umlauf in einen Öltrog tauchten, das Pleuellager direkt und alle anderen Stellen mit Schleuderöl versorgten. Indessen erkannte man, daß Öl nach so kurzzeitiger Wirkung keineswegs verbraucht war — und daß ein kräftiger Ölstrom viel Reibungswärme abführen könnte. Nun traten schnellaufende Zahnradpumpen an die Stelle der Kolbenpumpen. Aber erst in der jüngsten Generation kamen die Rotor- oder Eaton-Pumpen auf, gelegentlich auch innenverzahnte Paare direkt auf der Kurbelwelle sitzend ohne besonderen Antrieb („Sichelpumpen“).
Seit den zwanziger Jahren leitet Druckumlaufschmierung das Öl literweise an alle Schmierstellen. Ricardo empfahl einen Umlauf von drei Litern je PS-Stunde. Er beträgt inzwischen ein Vielfaches davon und wird mit der „Umwälzzahl“ anschaulich beschrieben, die auf die Nenndrehzahl bezogen für den Vorrat im „Sumpf“ der Ölwanne gilt. Nur wenige Hochleistungsmotoren haben separate Ölbehälter und für den Kreislauf eine zweite größere Pumpe als Trockensumpfschmierung, die u.a. die Bauhöhe des Motors vermindert.
Außer der reichlichen Schmierung und Kühlung, auch der Feinabdichtung, besonders an den Kolbenringen, vermitteln moderne HD-Öle ausgeprägten Korrosionsschutz, Hochdruckeffekte für Ventiltriebe, Schmutztragevermögen, flachere Viskositätskur-

FIAT „FIRE 1000“ (Fully Integrated Robotized Engine), 1985: Der gemeinsam mit Peugeot entwickelte Vierzylinder „aus dem Computer“ zielt auf optimale Wirtschaftlichkeit von der Herstellung über Leichtbau, geringe Reibungsverluste, niedrigen Verbrauch und Schadstoffgehalt, bescheidene Wartung bis hin zu einem guten Drehmoment. Dünnwand-Graugußblock, optimierte Wannenbrennräume, leichte Kurbelwelle, Leichtbaukolben (Slippertyp), Kurbelverhältnis 4,0, Sichelölpumpe, Leichtmetallkopf und -vergaser. Daten im Vergleich:

FIAT-Motorentyp	*FIRE 1000*	*900*	*1050*
Bohrung × Hub (mm)	*70 × 64,9*	*65 × 68*	*76 × 57,8*
Hubverhältnis	*0,93*	*1,05*	*0,76*
Hubraum (cm^3)	*999*	*903*	*1 048*
Verdichtung	*9,8*	*9,0*	*9,3*
Leistung in kW (PS)	*33 (45)*	*33 (45)*	*37 (50)*
Nenndrehzahl (1/min)	*5 000*	*5 600*	*5 600*
Kolbengeschwindigkeit (m/s)	*10,8*	*12,7*	*10,8*
*korrigiert (m/s *)*	*11,2 **	*12,2 **	*12,4 **
Drehmoment (Nm) bei n_2	*80/2 750*	*67/3 000*	*77/3 000*
Nutzdruck p_e (bar)	*10,1*	*9,4*	*9,3*
Einzelteile (Stück)	*273*	*ca. 300*	*368*
Motorgewicht (kg)	*69*	*78*	*96*
kg/kW (kg/PS)	*2,1 (1,53)*	*2,36 (1,73)*	*2,6 (1,9)*

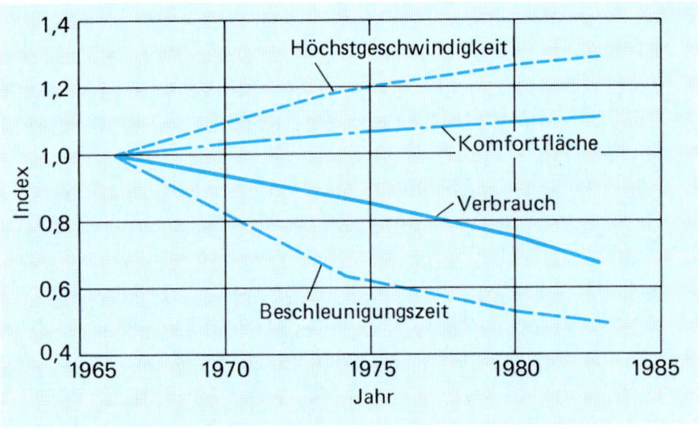

VW-Audi hat den Fortschritt in der jüngsten Epoche für sämtliche Pkw-Modelle nach Höchstgeschwindigkeit, Komfort- bzw. Transportfläche, Verbrauch und Beschleunigungszeiten relativiert. Die Erfolge beruhen auf der Motorenentwicklung und Fahrzeugdaten.

ven und für lange Wechselintervalle Alterungsschutz. Das Motorinnere bleibt seither hochgradig sauber, auch wenn das Öl selbst rascher dunkelt.
Gleich hinter der Pumpe verhindert ein Überdruckventil bei kaltem, zähflüssigem Öl Druckspitzen, die den Antrieb und die Pumpe selbst überlasten; der Kurzschluß führt zurück in den Vorrat oder zur Pumpensaugseite. Als neuzeitliche Zwischenstation wirkt ein Feinfilter mit austauschbarer Patrone und einem weiteren Überdruckventil, weil schlimmstenfalls ungefiltertes Öl immer noch besser ist als gar keins.
Bei luftgekühlten Motoren, vereinzelt bei flüssigkeitsgekühlten, leitet ein Regelventil kaltes Öl zum Hauptkanal, aber heißes vorweg zum Ölkühler. Einen frühen Ölkühler verzeichnet die Chronik an einem Stoewer-Achtzylinder 1931. Ein Adler-2,5-l-„Autobahntyp" besaß im oberen Kühlerkasten eine Rohrschlange für das Öl als „Wärmetauscher", auch zur schnelleren Erwärmung. In den fünfziger Jahren und in jüngster Zeit tauchte er erneut auf, früher im Zylinderblock angeordnet, jetzt mit dem Ölfilter kombiniert.
Schließlich strömt das Öl durch Kanäle und Bohrungen zu den Kurbelwellenlagern und von dort durch Bohrungen in der Welle zu den Pleuellagern. In allen Gleitlagern baut der Schmierkeil hundertmal stärkere Drücke auf, als die Ölpumpe liefert, verbietet dazu die ehedem verbreiteten Schmiernuten.
Bei manchen Hochleistungsmotoren, besonders bei der Turboladung, spritzt aus den oder neben den Pleuellagern ein Strahl unter die Kolbenböden und senkt deren Temperatur um 50 °C und mehr. Manchmal sind auch die Pleuelschäfte bis zur Kolbenbolzenbüchse durchbohrt. Mit Druck statt nur mit Schleuderöl versorgt arbeiten die Nockenwellenlager, vielfach auch die Nocken selbst, die Kipphebellager, Steuerräder — und bei Steuerketten deren hydraulische Spanner.
Die großen Ölmengen in den Ventilkammern würden ohne besondere Abstreifringe oder Kappen aus hitzebeständigen Kunststoffen längst die Ventilschäfte überschmieren. Die Versorgung von Hydrostößeln oder gleichwirkenden Schwinghebellagern stellt höchste Ansprüche an die Luft- und Schaumfreiheit des Mediums. Schließlich bekunden den Fortschritt im Motorenbau nicht nur angestiegene Leistungen und Laufstrecken, verbesserte Laufkultur und Kraftstoffökonomie, sondern ebenso der Ölverbrauch — mit einem Bruchteil der früheren Werte, dazu mit stark ausgedehnten Ölwechsel-Intervallen.

Der dornige Weg zum Personenwagen-Diesel

Der erste betriebsfähige Selbstzündermotor, den Rudolf Diesel (1858 bis 1913) und die Maschinenfabrik Augsburg 1897 der Fachwelt vorführten, ähnelte mit seinem Aufbau und der Kreuzkopfführung im Kurbeltrieb noch Dampfmaschinen. Er leistete nach einer fünfjährigen Entwicklung, nach vielen Rückschlägen und Enttäuschungen knapp 15 kW (20 PS) bei 172/min und benötigte zum „Einblasen" des Kraftstoffs in die hochverdichtete Verbrennungsluft und für die entscheidende feine Verteilung eine aufwendige Kolbenluftpumpe. Die beachtlichen Drücke und Temperaturen, mit denen die vorzügliche Wärmebilanz entstand, verlangten mit dem Luftkompressor und der schweren Maschine ihren Tribut. Ein Jahrzehnt später scheiterte Diesels Versuch, einen Saurer-Lastwagenmotor von Benzin- auf Dieselbetrieb umzubauen, an der Gemischbildung und Teillastregelung.
Kleine Schnelläufer krankten am Hauptproblem, jedes Kraftstoffteilchen im Zylinder mit der richtigen Luftmenge zu vermischen. Während in Ottomotoren, außer in wenigen Direkteinspritzern, zwei volle Hübe der Gemischbildung zur Verfügung stehen, soll der Dieselkraftstoff mit innerer Gemischbildung sofort verbrennen. Die gesamte Entwicklung verlief umgekehrt wie bei Ottomotoren, nämlich von großen zu immer kleineren Einheiten, auch ohne die fundamentale Regel, daß viele kleine Zylinder höhere Leistungen als wenige große entfalten können.
Weit stärker als bei der Fremdzündung stört der Zündverzug, selbst in der Größenordnung von nur einer Millisekunde. Denn sie bedeutet bei etwa 4 800/min moderner Pkw-Diesel schon eine Kurbelwellendrehung von 29 Grad; dagegen soll die völlige Verbrennung höchstens 45° dauern, und dies ohne allzu steilen Druckanstieg.
Somit erklärt sich die geringere Hubraumleistung mit begrenzten Drehzahlen und geringeren Mitteldrücken trotz der hohen Spitzendrücke. Die kleinen Mitteldrücke beruhen auf dem größeren Luftaufwand, der besonderen Brennraumgeometrie für Ver-

Der erste Dieselmotor wog, dampfmaschinenähnlich, etwa 5 Tonnen, allein der (zusammengeschraubte) Kolben mehr als 50 kg,erreichte aber bei der „Abnahme" durch Prof. Moritz Schröter schon 26,2 % Gesamtwirkungsgrad und übertraf weit die Werte anderer Wärmekraftmaschinen.

dichtungen von 18 bis 23 und der nötigen starken Luftwirbelung, die den Durchsatz drosselt. Während ein Ottomotor die Luft restlos verarbeitet und die beste Leistung durchweg mit leichtem Luftmangel liefert, benötigen Diesel zum rauchfreien Betrieb stets einen Luftüberschuß. Die hohen Verdichtungen wiederum verlangen parallele Ventile und eine sehr geringe Überschneidung der Steuerzeiten, damit die Ventile nicht mit dem Kolbenboden kollidieren.
Zur Verbesserung der inneren Gemischbildung und der Verbrennung experimentierten viele Ingenieure und Firmen an neuen Verfahren und Motoren, z. B. der Holländer Brons, die Schweden Hesselman und Leissner, die Briten McKechnie und Ricardo, vor allem der deutsche Hugenotten-Urenkel Prosper L'Orange (1876 bis 1939). Er entwickelte zuerst bei Deutz, dann bei Benz in Mannheim über dem Verbrennungsraum Vorkammern, in denen der eingespritzte Kraftstoff zündete. Der steile Druckanstieg fördert das brennende Gemisch und den restlichen Kraftstoff rasch durch einen engen Kanal in den

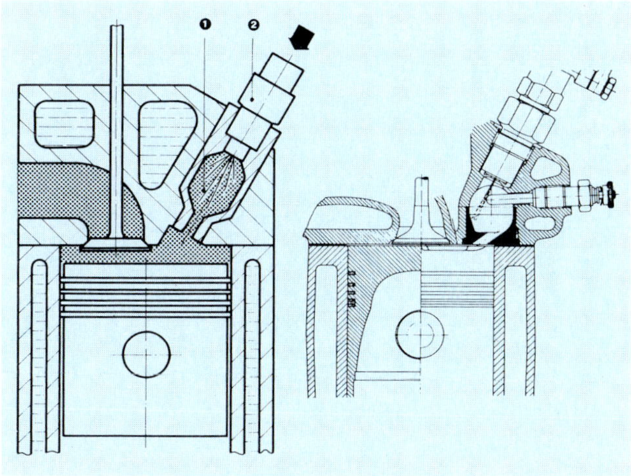

Pkw-Diesel sind „Kammermotoren": links eine Vorkammer (1) mit Einspritzdüse (2). Die ebenfalls in der Vorkammer sitzende Glühkerze fehlt in der Zeichnung — zuweilen auch als „Kugelstift", der hoch erhitzt den Zündverzug verkürzt. — Rechts „Ricardo-Comet-V" Wirbelkammer wie u. a. in Pkw-Dieseln von Opel. Sie nimmt den Hauptteil der verdichteten Luft auf, und der Einschußkanal trifft auf dem Kolbenboden eine achtförmige Mulde. Der robuste Glühstift ist gleichzeitig „Heißstelle".

Pkw-Diesel, 50 Jahre nach Benz und Daimler. — Mercedes-Benz 260 D als erste Alternative zum Ottomotor: 90 mm × 100 mm, 2,54 l, 33 kW (45 PS) bei 3 000/min. Er lief rauh und verfehlte offensichtlich die Fahrleistungen des 2,3-l-SV-Otto-Sechszylinders (mit 40 kW bzw. 55 PS), aber die Verbrauchswerte lagen um gut 30 % niedriger. Die für den Erfolg mitentscheidende Bosch-Einspritzpumpe steht links unter den Düsenhaltern und Glühkerzen.

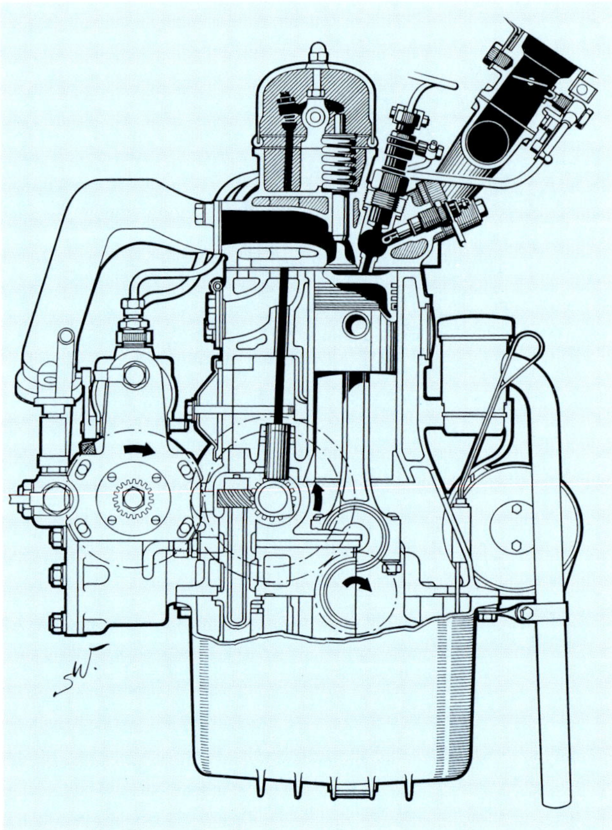

Mercedes-Benz 170 D (OM 636), 1949: Die Nennleistung entsprach der des gleichgroßen seitengesteuerten Ottovierzylinders. Einspritzpumpe jetzt rechts; statt einteiligem Zylinderkopf zwei „Doppelköpfe" unter Ventilkammerdeckeln aus Blech. — Die Drosselklappe im „Klappenstutzen" gehört zum (pneumatischen) Einspritzmengenregler; sie drosselt gegebenenfalls nur schwach, weil Diesel grundsätzlich volle Füllung benötigen.

Hauptbrennraum, um starke Turbulenz und feine Zerstäubung zu bewirken. Hesselman und die Engländer erzielten ähnliches mit einem Schirm auf dem Ansaugventil und weiteren konstruktiven Maßnahmen nach dem Motto: „Wenn der Kraftstoff unzureichend zu seiner Luft gelangt, muß eben die Luft ihn suchen und finden."

Die ersten verhältnismäßig kleinen und schnellaufenden Lastwagen-Diesel erschienen 1924, fast gleichzeitig als Direkteinspritzer bei der MAN und mit Vorkammern bei Benz. Doch den Durchbruch ermöglichte erst 1927 der gründlich vorbereitete Serienbau hochpräziser Einspritzpumpen und -düsen bei Bosch.

Nun begann eine stürmische Entwicklung neuer Kammermotoren mit Luftspeichern, Wirbel- oder Wälzkammern und Direkteinspritzern mit muldenförmigen Kolbenböden. Im Ausland tendierte der Dieselbau, ausgenommen Ricardos Wirbelkammern, zur direkten Einspritzung, namentlich bei Cummins in den USA sowie bei Gardner und Perkins in England.

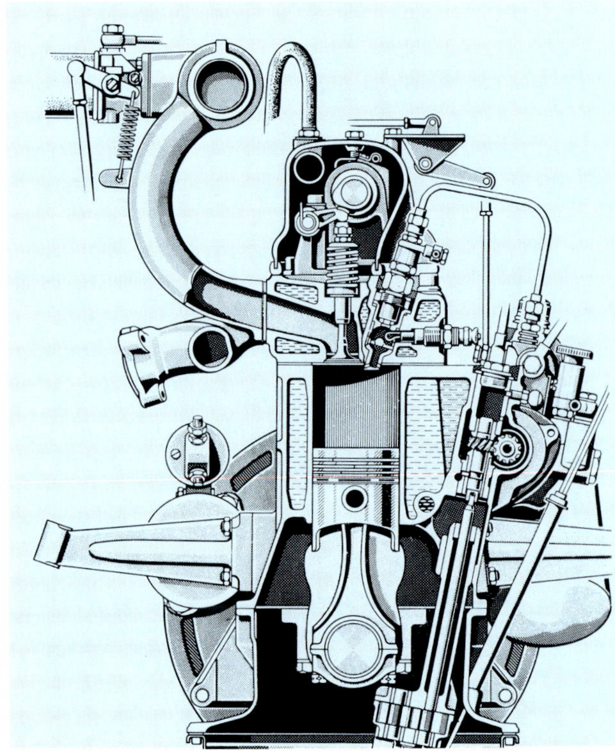

Mercedes-Benz-OHC-Diesel von 190 D bis 300 D (OM für Ölmotor 621, 615—617) prägten eine 25jährige Epoche. Vorkammern, Einspritzdüsen und -pumpe, von der Duplexsteuerkette getrieben, links; einteiliger Graugußzylinderkopf; „Schwingrohre" vor Ansaugkanälen entsprechen leistungsfähigen Ottomotoren. Die Zahnradölpumpe ist über Schraubenräder angetrieben.

Gleich zwei Firmen präsentierten 1936 als nächsten Markstein Personen-Wagen mit Dieselmotoren: Daimler-Benz den 260-D-Vierzylinder und Hanomag ebenfalls mit Vorkammern einen 1,9-l-Motor (80 mm × 95 mm, 26 kW bei 3 000/min). Noch im gleichen Jahr trat neben diesem auf dem Pariser Salon ein 3-l-37-kW-Sechszylinder als Alternative für den 2,24-l-Sechszylinder im Typ „Sturm". Freilich blieben Hanomags Stückzahlen weit hinter denen der Untertürkheimer zurück, die vor allem als Taxen wegen ihrer langen Lebensdauer bald guten Ruf genossen.

Während die Wiederaufnahme des Pkw-Baus in Hannover mit einem Dreizylinder-Zweitakter nicht zustande kam, ersetzte 1949 ein Mercedes-Benz 170 D den größeren Dieseltyp. Die lange Karriere begann mit bescheidenen 24 kW (32 PS) bei 3 200/min, doch kletterte die Leistung im Lauf eines Jahres mit 1,8 l (75 mm × 100 mm) auf 30 kW (40 PS), denen erst nach fast vollen Dekaden 190er und 200er Diesel folgten — zuletzt mit 44 kW (60 PS) bei 4 400/min.

Mit 220 D und 240 D standen wiederum größere Hubräume zur Wahl, und zwar bis zu 53 kW (72 PS) bei 4 400/min, und ab 1976 fünf Zylinder mit 3 l Hubraum, deren Leistung nach weiteren vier Jahren

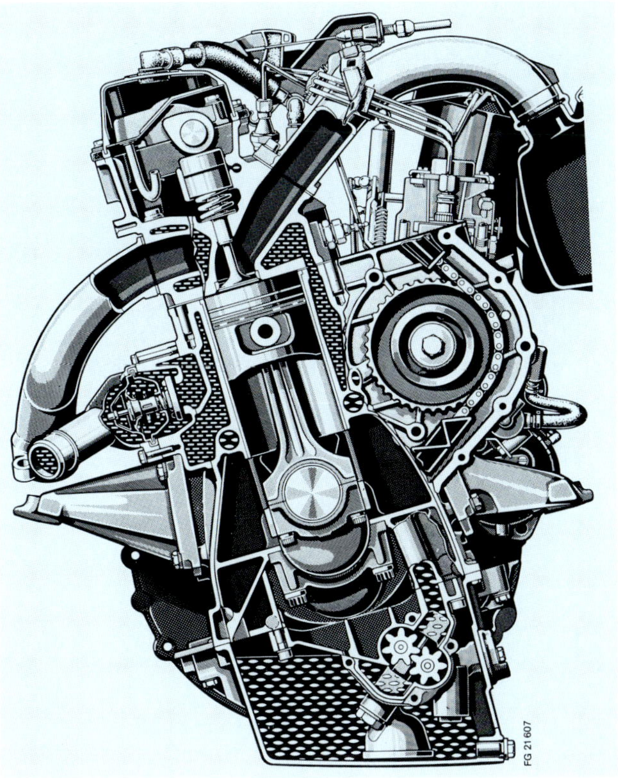

Die jüngste MB-Dieselgeneration ab 1983 mit vier, fünf und sechs Zylindern (OM 601 bis 603): Leichtmetallköpfe, hydraulische Tassenstößel, Duplexkette zur Nockenwelle, Kette zur Zahnradölpumpe; Kurzhubdaten 87 mm × 84 mm, trockene Laufbüchsen trotz Graugußblock, teilelektronisch geregelte Einspritzpumpe, neue „Flächenzapfendüsen", ein einzelner Keilrippenriemen für alle Nebenantriebe; 26,5 kW/l bzw. 36 PS/l bei 4 600/min, 61,5 Nm/l gemäß $p_e = 7{,}75$ bar bei 2 800/min. Eine thermostatgesteuerte Kraftstoffanwärmung (ab — 15 °C) begegnet Winterschwierigkeiten, eine schalldämmende Kunststoffkapselung im Motorraum dem Diesel-Naturell.

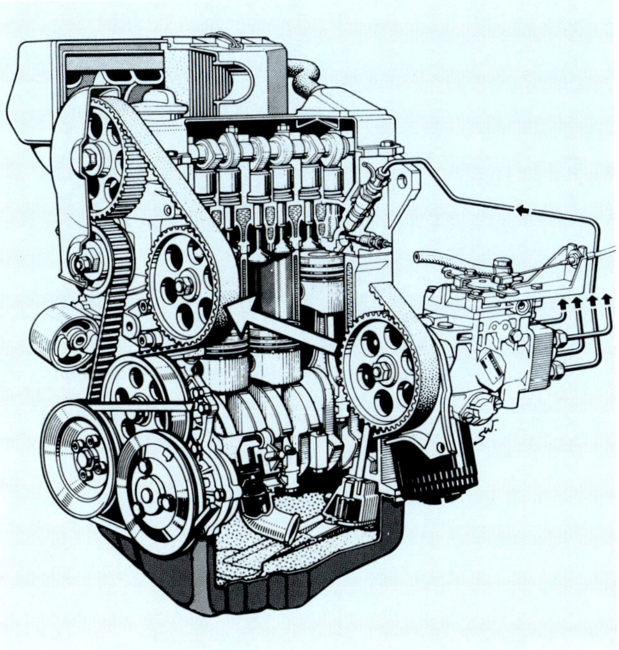

VW-Audi baut Diesel erst seit 1976, dafür um so zahlreicher. Die Verteiler-Einspritzpumpe ist verschoben gezeichnet: ein Zahnriemen treibt sie sowie die Nockenwelle; Wirbelkammer mit Einspritzdüse und Glühstift.
Seit 1980 einheitliche Hauptabmessung: 397 cm³/Zylinder, 76,5 mm × 86,4 mm, Hubverhältnis 1,13, 4 800/min für vier, fünf und sechs Zylinder (letztere in Transportern und Volvo-Pkw). 25 kW/l (34 PS/l) und 62 Nm/l ($p_e = 7{,}8$ bar), mit Turboladung um 30 % mehr.

ein Turbolader von 65 kW auf 90 kW (von 88 PS auf 122 PS) erhöhte, bevor eine völlig neue Motorengeneration mit vier, fünf und sechs Zylindern (87 mm × 84 mm) einheitlich bei 4 600/min die Hubraumleistungen auf 26,5 kW/l (36 PS/l) schraubte. Schnellglühkerzen verkürzen die „Diesel-Gedenkminute" auf wenige Sekunden, zahlreiche optimierte Bauteile fördern die Laufkultur und Wirtschaftlichkeit.

Den frei gewordenen Hanomag-Platz besetzten 1953 Dieseltypen von Borgward und FIAT, beide mit Wirbelkammern und (mit 1,8 l bzw. 1,9 l) aus leichten Nutzfahrzeugen transplantiert. Die Reihe vergrößerte sich in rascher Folge dank Peugeot, deren bewährte Pkw-Diesel (vorübergehend) Opel und Ford bezogen, sowie dank den englischen Marken Standard, Austin und Rover, weiterhin dank General Motors, Citroen, Renault und weiteren Namen, schließlich (ab 1976) mit Großserien des VW-Diesels und japanischen Konkurrenten. Die „Zähmung des widerspenstigen" kleinen, schnellaufenden Diesels gelang (nahezu) perfekt [28].

Die Einschränkung betrifft außer der spezifischen Leistung und dem höheren Herstellungspreis die Laufkultur. Sie krankt an erster Stelle am bekannten „Nageln" beim Kaltstart und im Leerlauf, verursacht durch längeren Zündverzug und steilen Druckanstieg danach. Diesel-Klopfen entsteht am Anfang, Otto-Klopfen am Ende der Verbrennung. Man experimentiert zur Zeit mit dosierter Abgasrückführung, auch zur Verminderung der Stickstoffoxide im Abgas, oder kapselt, wie erstmalig bei Daimler-Benz, den ganzen Motor vollkommen in Schallschluck-Material.

Kleine Direkteinspritzer ohne Nebenkammern stehen noch vor großen Problemen. Sie können zwar den Verbrauch um weitere zehn und mehr Prozent senken, benötigen aber dafür außer starker Luftwirbelung Mehrloch-Einspritzdüsen mit diffizilen Bohrungen von 0,2 mm und weniger sowie Einspritzdrücke in der Größenordnung von 700 bar, um befriedigend zu arbeiten. Was bei einzelnen Forschungsmotoren funktioniert, unterscheidet sich noch von Serien und Großserien mit einem angemessenen Herstellungsaufwand.

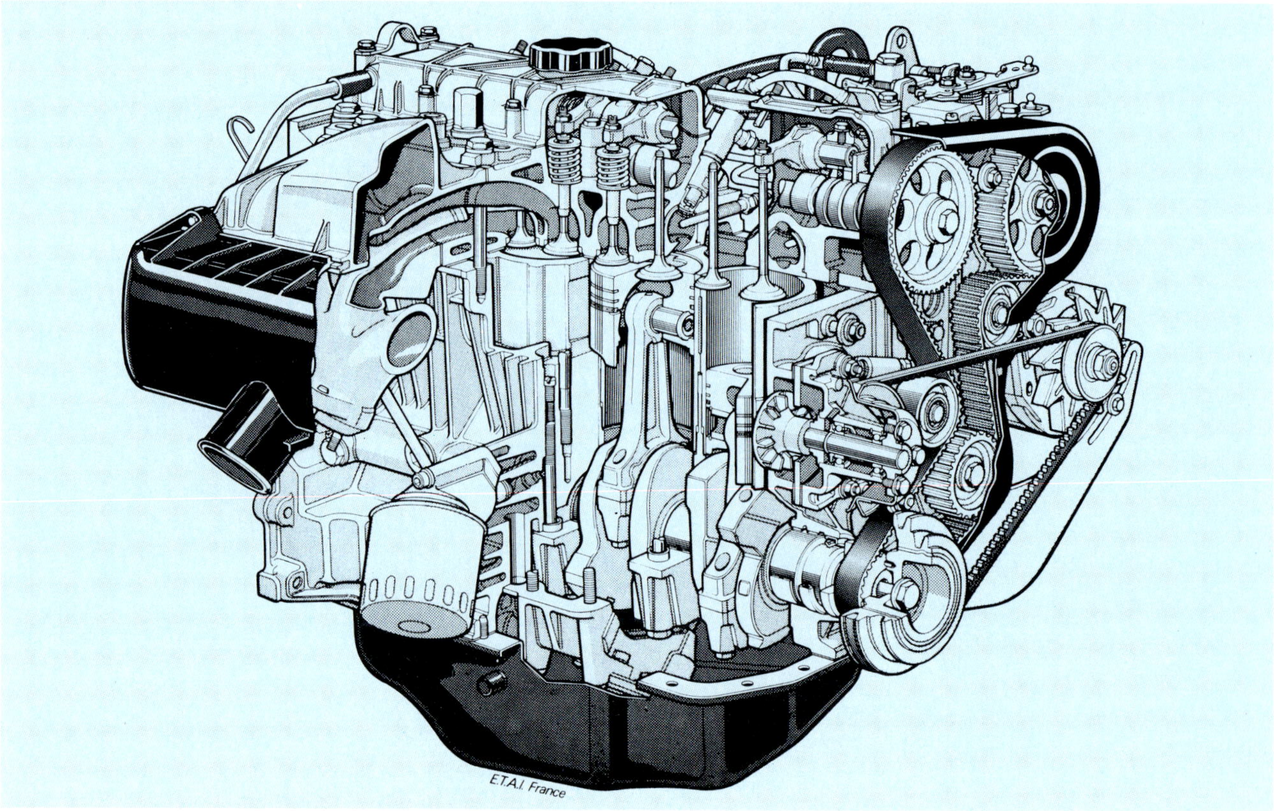

Renault-Diesel 2,1 l, 1980: Von Ottomotor abgeleitet „nasse" Laufbüchsen im Leichtmetallblock, (statt 88 mm × 82 mm) 86 mm × 89 mm, stärkere Pleuel und acht (statt vier) Gegengewichte, Zahnriemen zur Ölpumpe, Nockenwelle und Bosch-Verteiler-Einspritzpumpe; 49 kW (67 PS) bei 4 500/min und 127 Nm bei 2 250/min. Mit Turboladung und Ladeluftkühler, geschmiedeter statt gegossener Kurbelwelle und ölgekühlten Kolben 64 kW (86 PS) bei 4 250/min.

FIAT-1,3-l-Diesel, ab 1981 im „127", dann im „Uno". Er entstand in einem brasilianischen Tochterwerk auf der Basis eines 1,05-l-Ottomotors. Ventile um 12° geneigt (über schrägen Kolbenböden) im Leichtmetallkopf, Kurbeltrieb verstärkt, Gewicht (+ 18 kg) etwa 115 kg, Vorkammern mit „zwei Stufen". 76 mm × 71,5 mm, 33 kW (45 PS) bei 5 000/min.

Während die stärksten Pkw-Diesel in Europa 2,4 l bis 3 l Hubraum (bei Toyota 3,4 l) und Turboladung haben, entstanden die größten bei General Motors für Buick, Cadillac, Chevrolet, Oldsmobile und Pontiac als 5,7-l-V 8: 104 mm × 86 mm, 78 kW (106 PS) bei 3 200/min, in Exportversionen auch 90 kW (122 PS) bei 3 600/min, über 100 kg schwerer als der Otto-V 8. Anscheinend enttäuschten sie manche Erwartungen und schadeten in den USA dem Diesel-Ansehen. Am anderen Ende der Skala verleiten die kleinsten und schwächsten Diesel nach neutralen Berichten oft zu hohen Drehzahlen und Belastungen auf Kosten des dieseltypischen Verbrauchs, der im breiten Teillastbereich entsteht.

Schrifttum

[1] *Goldbeck, Gustav:* Gebändigte Kraft. H. Moos-Verlag, München 1965.
[2] *Graf v. Seherr-Toss, H. C.:* Die deutsche Automobilindustrie (1886 bis 1979). Deutsche Verlags-Anstalt, Stuttgart.
[3] *Sass, Friedrich:* Geschichte der deutschen Verbrennungsmotoren 1860 bis 1918. Springer-Verl., Berlin 1962.
[4] *Borth, Chr.:* Das Auto und wir/Fr. Schildberger: Daimler und Benz, in: Die Welt im Zeichen des Motors. Metz-Verl., Zürich 1962.
[5] *Eberan von Eberhorst, R.:* Der Einfluß des Hubverhältnisses auf die Triebwerkbeanspruchung, VDI-Z, H. 27/1957. Grenzen des Gaswechselvorgangs. MTZ 6/1941.
[6] Ders.: 100 Jahre Ottomotor (Festrede). ATZ 7,8/1976.
[7] *Ricardo, H. R.:* Story of the Engine. Autom. Engineer, London, Juni 1960, und: Der schnellaufende Verbrennungsmotor. Springer-Verl. 1954.
[8] *v. Frankenberg, R., und Mateucci, M.:* Geschichte des Automobils, Sigloch-Edit., Künzelsau 1973.
[9] *Pomeroy, L.:* The Grand Prix Car. Temple Press, London 1949/54.
[10] *Norby, J. F.:* The complete Handbook of Autom. Power Trains TAB Books Inc., USA 1981.
[11] *N. N.:* Racing Ancestors, Autocar, London, 8. 4. 1960.
[12] *Hütten, H.:* Schnelle Motoren, seziert und frisiert. 7. Aufl., Motorbuch-Stuttgart 1984.
[13] *Ders.:* Motoren-Technik, Praxis, Geschichte, 7. Aufl., Motorbuch-Stuttgart 1985.
[14] *Bosch:* Kraftfahrtechnisches Taschenbuch, 19. Aufl., Düsseldorf: VDI-Verl. 1985.
[15] *Bussien (Goldbeck):* Autom. techn. Handbuch, 18. Aufl., 1965, H. Cram-Verl.
[16] *v. Beckhoven, L. C.:* Das Klopfverhalten europäischer Fahrzeugmotoren. MTZ 9 und 12/1969.
[17] *Strobel, W. K.:* Der moderne Automobilmotor. 3. Aufl., Franckh-Verl., Stuttgart.
[18] *Wiecking, K. und Gebauer, R.:* Die Motoren der Personenkraftwagen. 1949, Nachtrag 1955, Chr. Belser-Verlagsb., Stuttgart.
[19] *Seiffert, U. und Walzer, P.:* The Future for Automotive Technology, Fr. Pinter, London, und VW-Wolfsburg.
[20] *Sloniger, J. und von Fersen, H. H.:* German High Performance Cars 1894—1965. Batsford London, 1965.
[21] *Borgeson, Griffith:* Die Geburt des modernen Rennmotors. Motor-Revue, Stuttgart H. 3/1969.
[22] *Bensinger, W. D.:* Die Steuerung des Gaswechsels ... 2. Aufl., 1968, *ders. u. Maier, A.:* Kolben, Pleuel und Kurbelwellen ... 2. Aufl. 1961, beide Springer-Verl.
[23] *King, F. R. B.:* The Inertia Theory of Engine Breathing. Autom. Engineer, H. 3—5/1967.
[24] *Seper, H., Krackowizer, H., Brusatti, A.:* Österreichische Kraftfahrzeuge von Anbeginn bis heute. Welsermühl, Wels 1982.
[25] *Giacosa, Dante:* 40 Jahre Konstrukteur bei FIAT, Automobilia, Milano, 1979.
[26] *v. Fersen, O.:* Der schwebende Motor. mot 9/1984.
[27] *Pilgrim, R.:* Außen- und Innengeräusche. mot 23, 24/1984.
[28] *Obländer, K.:* Entwicklung und Weiterentwicklung des Pkw-Dieselmotors. mot 14, 15/1984.
[29] *Riedel, W.:* Schiebergesteuerte Verbrennungskraftmaschinen ATZ 13/1938 oder Bussien, 1941.
[30] *Korp, D.:* Der Wankelmotor, Protokoll einer Erfindung. Motorbuch 1975.
[31] *Venediger, H. J.:* Zweitaktspülungen, insbesondere Umkehrspülung. Franckh-Verl., Stuttgart 1947.
[32] *Rauch, S.:* DKW, Geschichte einer Weltmarke. Motorbuch, 1981.
[33] *Bönsch, H. W.:* Der schnellaufende Zweitaktmotor. Motorbuch 1982, und: Fichtel & Sachs-Versuchsbericht über 50 000 km (1975), sowie *Hütten, H.:* Sachs-Wankel KC 30 in Radmarkt, Bielefeld, H. 4,5/1976.
[34] *Eckert, B.:* Automobil-Gasturbinen und ihre Entwicklungsmöglichkeiten. ATZ 1, 2/1959; 8, 9/1962; 4, 6/1964, 9—12/1967.
[35] *Stief, K., u. K. H. Huboi:* 10 Jahre Entwicklung eines Großserienmotors. ATZ 6/1959.
[36] *v. Gersdorff, K., u. K. Grasmann:* Flugmotoren und Strahltriebwerke. 2. Aufl. Koblenz: Bernard & Graefe 1985.
[37] *Korp, D., u. a.:* Neuer Wankelmotor. mot 22/1982, 6 und 18/1983.

Am Anfang stand der Docht

Gemischaufbereitung für Ottomotoren

Vom Docht zur „elektronischen Düse"

Die Vergaser heutiger Automobile basieren auf dem Prinzip des vor 94 Jahren erstmals in einem Auto eingesetzten Spritzdüsenvergasers von Wilhelm Maybach. Aus der Historie beibehalten, trägt der „Vergaser" seine Bezeichnung eigentlich zu Unrecht, denn er sorgt nur für eine Zerstäubung — vergasen tut er den Kraftstoff nicht. „Vergasen" im Sinne des Begriffs war das Arbeitsprinzip seiner Vorgänger im letzten Jahrhundert, der Oberflächenvergaser. Diese offenbarten allerdings sehr schnell die Grenzen ihrer Tauglichkeit in Fahrzeugen.
Die zum Teil widersprüchliche Geschichtsschreibung des Vergasers beginnt mit dem Jahr 1838, als der englische Ingenieur William Barnett ein Patent für einen Apparat zur Vergasung von Benzin erhielt. Damit gilt er als geistiger Vater des Vergasers. Bis zu Maybachs Spritzdüsenvergaser fanden Oberflächen- und Bürstenvergaser Verwendung. Beim Oberflächenvergaser vermischt sich die vom Motor angesaugte Luft mit den im Vergasergefäß über der Benzinoberfläche schwebenden Kraftstoffdämpfen. Um auch die schwerflüchtigen Bestandteile des Benzins zu verdunsten, führte man später die heißen Abgase des Motors durch eine separate Kammer im Vergaser. Dieses Prinzip kam von allen damaligen Systemen dem eigentlichen „Vergasen" am nächsten. Ein Benzinabscheider zwischen Verdunstungskammer und Motor leitete mitgerissene Benzintröpfchen ins Vergasergefäß zurück. Diese Vergaser wurden später mit Schwimmer ausgerüstet, verhinderten damit ein Überlaufen und waren schließlich sogar „brandsicher".
Eine Abart des Oberflächenvergasers war der Dochtvergaser, bei dem ein Docht etwa zur Hälfte im Benzinbad hing. Die vom Motor angesaugte Luft strich am getränkten Docht entlang, entzog ihm Kraftstoffdunst und bildete so mit ihm ein Gemisch. Mit dieser Vergaserart befaßten sich die Franzosen

Prinzip des Dochtvergasers.

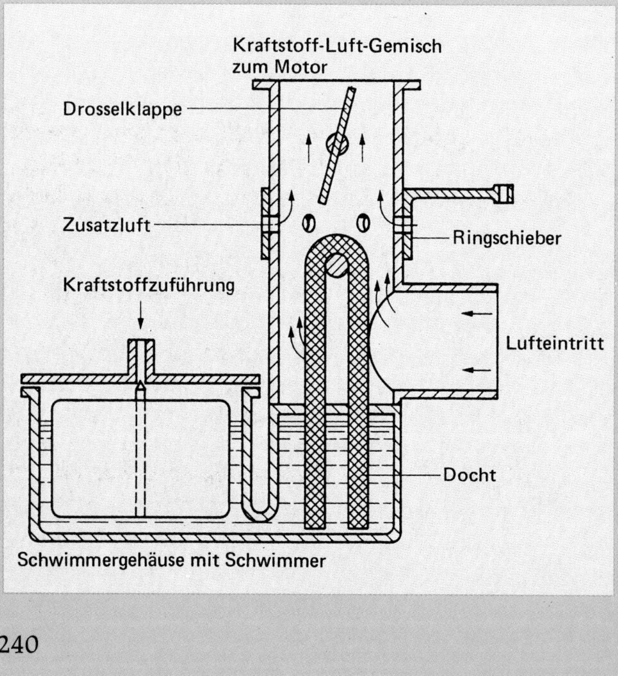

Oberflächenvergaser mit „Ventilschwimmer" von Karl Benz aus dem Jahr 1886.

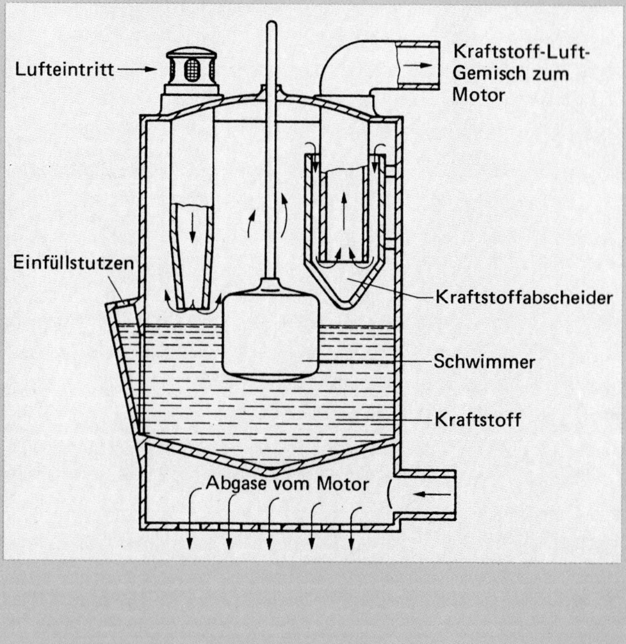

5

Delamare-Deboutteville und Malandin (1883) sowie der Münchner Uhrmacher Christian Reitmann ein Jahr später für Fahrzeug- und Werkzeugmaschinen-Motoren. Wirkliche Bedeutung erlangte dieser Vergaser allerdings nie. Bei beiden Oberflächenvergaser-Bauarten ließ sich im Laufe ihrer Entwicklung die Menge der Zusatzluft über einen Schieber regeln. Nach ersten Oberflächenvergasern des Italieners Luigi de Christofori (1841) für eine kolbenlose „Benzinmaschine" begann Nikolaus Otto (1860/61) mit Arbeiten an einem Vergasungsapparat für Verbrennungsmotoren, für deren Betrieb er Spiritus bevorzugte. 1874 baute der amerikanische Arzt George Baily in größeren Stückzahlen ebenfalls Oberflächenvergaser; 1875 skizzierte Eugen Langen einen Oberflächenvergaser für stationäre Deutz-Benzinmotore, und schließlich stellten Otto und Langen 1885 ihren ersten Viertakt-Benzinmotor mit Oberflächenvergaser und elektrischem Zündapparat vor. Ein Jahr später — also vor 100 Jahren — zeigte Karl Benz einen Oberflächenvergaser eigener Konstruktion in seinem legendären Patent-Motorwagen, der den historischen Anlaß für dieses Buch darstellt. Im gleichen Jahr präsentierte auch Gottlieb Daimler einen verbesserten Oberflächenvergaser nach dem System von Langen.

Prinzip des ersten Benzinmotors von Nikolaus August Otto (1885) und seiner Gemischaufbereitung über einen Oberflächenvergaser mit Kühlwassermantel.

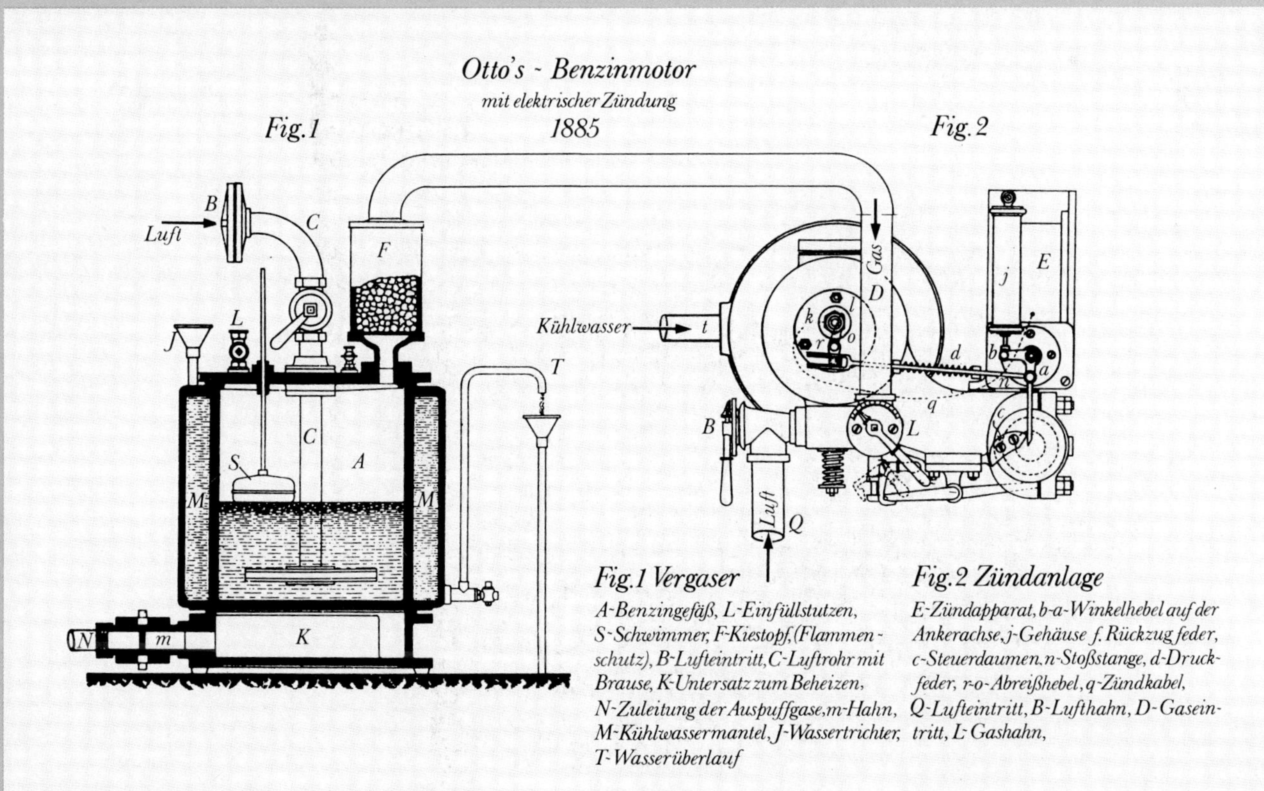

Nicht unerwähnt bleiben sollen die Bürstenvergaser des Wieners Siegfried Marcus, der in die Kraftstoffkammer eines Oberflächenvergasers eine riemengetriebene, rotierende Bürste integrierte, um auf diese Weise der Luft zusätzlich Kraftstoff in Form von kleinen Tropfen anzubieten (Patentanmeldung 1882, erste Anwendung im Automobil wahrscheinlich 1888).
Die große Wende im Vergaserbau trat 1892 mit dem Spritzdüsenvergaser von Maybach ein. Dieser „Phönix-Vergaser" mit Nebenschwimmerkammer erlaubte erstmals das Verwerten aller Kraftstoffbestandteile. Sein Prinzip — das Zerstäuben des durch den Unterdruck der angesaugten Luft aus einer Düse herausgerissenen Kraftstoffs — gilt noch heute. Von nun an begann eine rasante technische Entwicklung im Bau der Spritzdüsenvergaser, die Oberflächenvergaser verschwanden nach und nach. 1900

Der Bürstenvergaser des Wieners Siegfried Marcus bot über eine riemengetriebene, rotierende Bürste der angesaugten Luft zusätzlichen Kraftstoff in Tropfenform an (1882).

1,1 PS leistete dieser Fahrzeugmotor von Daimler und Maybach mit einem stehenden Zylinder und Oberflächenvergaser bei 650/min. Ein im Kolbenboden eingelassenes, federbelastetes Tellerventil ließ die im Kurbelgehäuse vorverdichtete Luft im Bereich der unteren Kolbenstellung in den Kolbenraum einströmen: also „Aufladung" bereits im Jahr 1887.

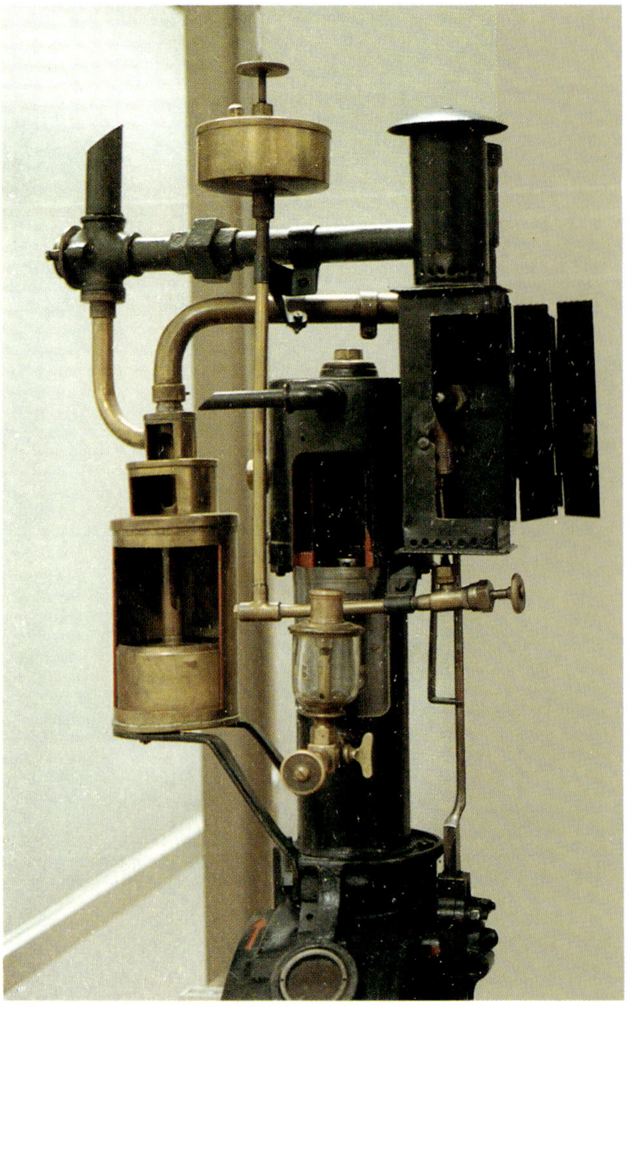

Dieser Zweizylinder-Motor von Daimler (1889), der ebenfalls die Zweitakt-Spülung mit dem Viertakt-Prinzip verband, fand bis zum Einsatz des Phoenix-Motors in allen Fahrzeugen aus der Daimler-Produktion Verwendung.

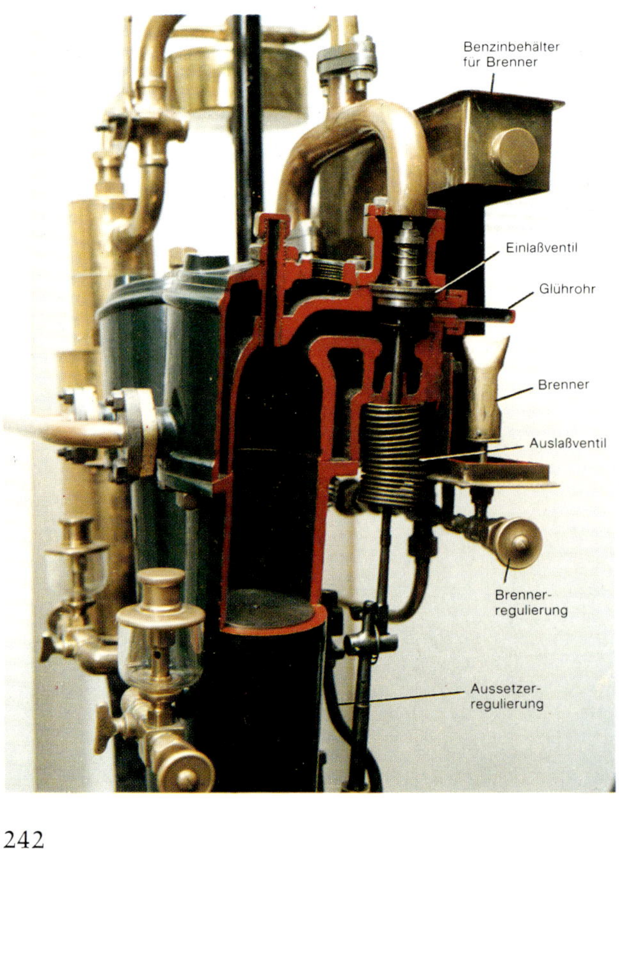

lief der erste Mercedes (2,9-Liter-Motor) mit je einem Spritzdüsenvergaser pro Zylinderpaar. Ähnliche Vergaser versorgten 1897 die 8-PS-Benz-Motoren und 1899 die 5-PS-Zweizylinder-Motoren im Horch (32 km/h) mit Gemisch.
Die Sthenos-Vergaser von 1900 mit Drosselklappe und ein erster brauchbarer Registervergaser des

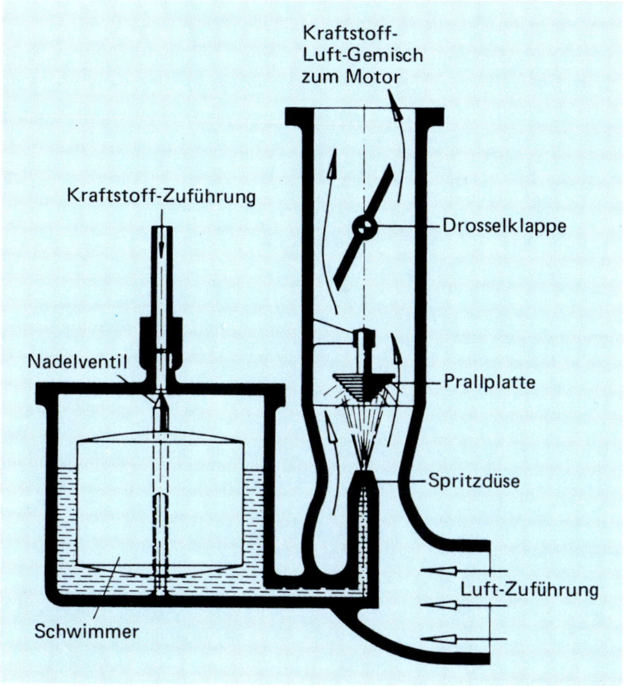

Spritzdüsenvergaser (Schema) von Wilhelm Maybach aus dem Jahr 1893.

Spritzdüsenvergaser von Wilhelm Maybach (1893): Erstmals konnten mit dieser Vergaserart alle Bestandteile des Kraftstoffs gleichzeitig und fortlaufend so erfaßt werden, daß keine Rückstände übrigblieben.

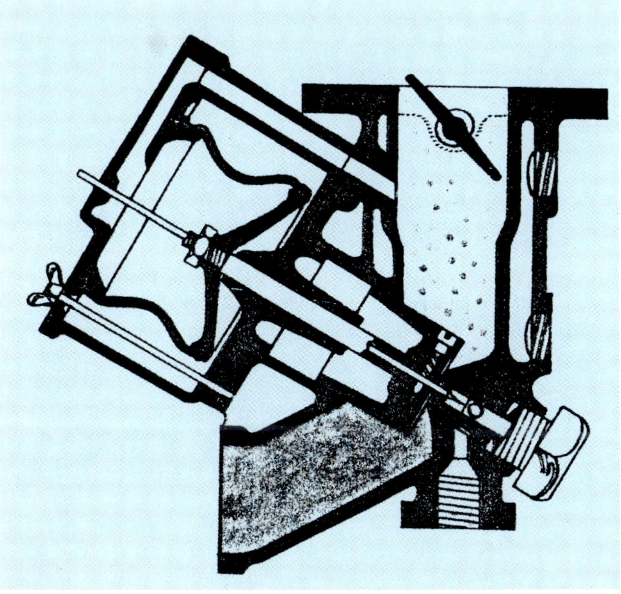

Mit diesem Vierzylinder-Reihenmotor — seinem ersten — schuf Daimler 1890 die heute noch gebräuchliche Form von Mehrzylindermotoren. Damals noch mit Oberflächenvergaser bestückt, leistete er 5 PS bei 600/min; 1896 stieg dann unter Verwendung des Spritzdüsenvergasers die Leistung auf 10 PS.

Dieser S.U.-Gleichstromvergaser von 1904 bediente sich noch einer Lederglocke, um — den Druckverhältnissen entsprechend — die Düsenöffnung durch die Nadel freizugeben.

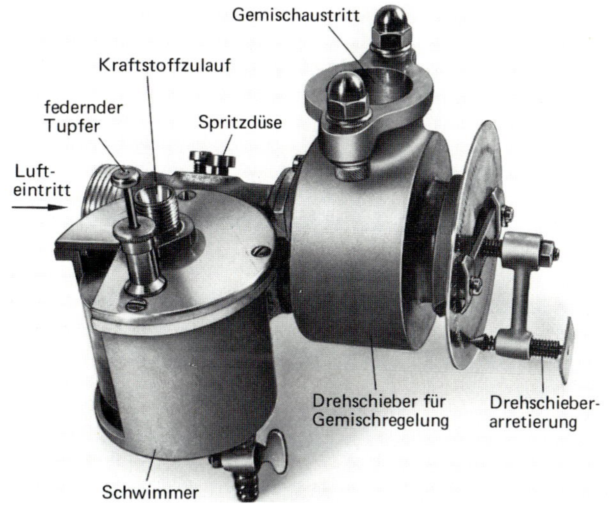

Amerikaners Krastin im Jahr 1901 folgten. Krebs (Direktor von Panhard und Levassor) baute 1902 einen zerlegbaren dreiteiligen Vergaser mit Drosselschieber und selbsttätiger Zusatzluftregelung über ein federbelastetes Kolbenventil. 1905 ließ sich der Engländer George Skinner das Gleichdruckprinzip patentieren, das heute noch z. B. in S.U.-, Ford-VV- und Stromberg-Vergasern angewandt wird. Er gründete mit seinen Brüdern die bekannte, heute zur Austin-Rover-Gruppe gehörende Firma Skinners Union (S.U.). 1906 erfand der Franzose François Bavery den Zenith-Vergaser; im gleichen Jahr gab es den Haak-Vergaser, der später von der Firma Pallas gebaut wurde. Es folgte 1907 der Claudell-Vergaser (später wie der von Bavery unter der Marke Zenith angeboten) und 1910 kamen die Vergaser von Mennesson und Goudard auf den Markt, die ab 1912 unter dem Markennamen Solex vertrieben wurden. Bekannte Namen und Marken wie Sum, Cudell, Favorit, Excoma und Graetzin gehören ebenfalls in diese Zeit. 1912 stellte die Firma Pallas einen von Schüttler und Deutrich entwickelten Vergaser mit Ringschwimmer (schräglagenunabhängiges Kraftstoffniveau) und Kombinations-Spritzdüse mit Kraftstoff-, Luftkorrektur- und Vorschaltdüse her. Bis nach dem Ersten Weltkrieg legten die Vergaserbauer eine Entwicklungs-Zwangspause ein, danach fuhr man mit der Detailarbeit am System fort und erreichte u.a. mit verbesserten Einfach-, Doppel- und Mehrfachvergasern höhere Motorleistungen. Markante Beispiele: der Mercedes mit Roots-Gebläse und Druckvergaser im Jahr 1921 (2-l-Vierzylinder, 120 PS) der Graetzin-Vergaser von 1923 für den wahlweisen Betrieb mit Benzin oder Schweröl oder einem Gemisch aus beiden, der Zenith-Vergaser TD mit Dreifachzerstäubung von 1924, der erste Doppelvergaser der inzwischen zwei Jahre alten Vergaserfabrik Weber in Bologna (FIAT 501), der Vera-Vergaser mit Iris-Lamellendrosselung (Irisblende wie beim Fotoapparat) aus dem Jahr 1926, der vermehrte Einsatz von Fallstromvergasern für Pkw-Motoren ab 1932 sowie verschiedene Lösungen zur Kraftstoffanreicherung für den Kaltstart- und den Beschleunigungsvorgang (Solex, Pallas, Zenith) im gleichen Jahr.

Einbaubeispiel eines Steigstromvergasers mit sehr langen Ansaugrohren aus dem Jahr 1905 für einen Vierzylindermotor mit 2,2 l Hubraum, 20 PS und einer Höchstgeschwindigkeit von 30 km/h (De Dion-Bouton CS 2).

Das Überfetten des Gemisches mit zunehmender Luftgeschwindigkeit (bei Verwendung von nur einer Düse) schloß der Zenith-Vergaser von 1907 aus: Eine zweite Düse (um die Hauptdüse herum) mit Drossel korrigiert durch Zusatzluft das Kraftstoff-Luft-Gemisch bei richtiger Einstellung auf ein konstantes Verhältnis. Dieses Verfahren wird im Prinzip noch heute angewandt.

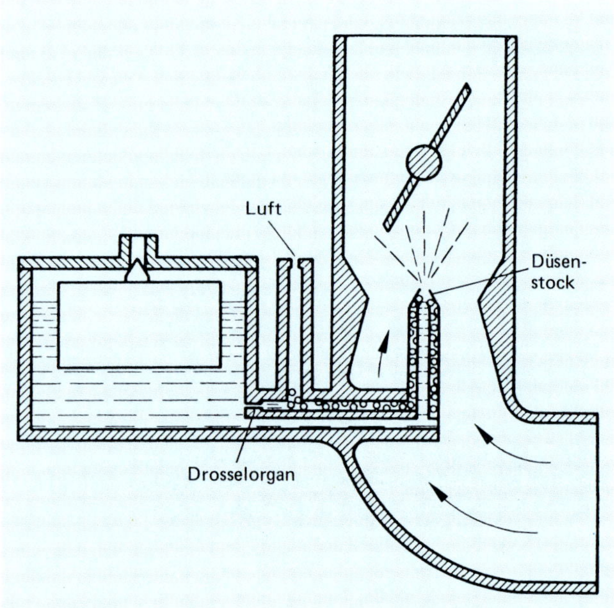

Wieder stellte sich eine kriegsbedingte Pause bis weit nach 1945 ein. In den fünfziger und sechziger Jahren erfuhr der Motorsport erneut eine starke Belebung — gefragt waren Doppel- und Mehrfachvergaser bzw. je Zylinder ein eigener Vergaser. Wer als Privatmann damals etwas auf sich hielt und seinem Fahrzeug eine sportliche Note geben wollte, bediente sich der Anlagen von Weber, Solex und anderen. Als der „Nachholbedarf" in den siebziger Jahren dann schließlich befriedigt war, begann man in zunehmendem Maß, auf geringen Kraftstoffverbrauch zu achten. 1972 schloß Pierburg die Entwicklungsarbeiten an einem Vierfachvergaser (einziger und größter Doppelregistervergaser in Europa) für BMW, Daimler-Benz, Opel und Rolls-Royce ab; 1974 ging der „2 B" als Vertreter dieser neuen Generation in die Großserie, und vier Jahre später legte man diesen Vergaser konstruktiv schon für die Aufnahme neuartiger elektronischer Regelsysteme aus. Im selben Jahr 1978 stellte Nissan im Datsun Skyline den ersten Vergaser mit elektronisch geregeltem Kraftstoff-Luft-Gemisch vor. Ein wichtiger Markt

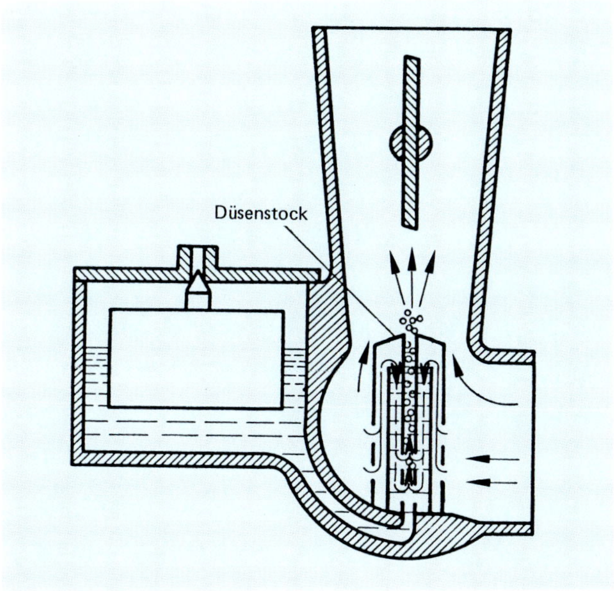

Der erste Vergaser mit Bremsluftdüse bzw. Schaumdüse war der von Claudel (später Zenith) aus dem Jahr 1907. Durch die kugelförmige Gestaltung des Raumes unterhalb des Venturi entstand am Düsenaustritt ein höherer Unterdruck als am Fuß des Düsenstocks. Dort konnte über Öffnungen des äußeren von drei übereinander angeordneten Rohren Zusatzluft zum Kraftstoff gelangen und so ein Überfetten bei hohen Luftgeschwindigkeiten vermieden werden.

„Ach so, Vergaserschwierigkeiten. Ich verstehe!" Dies galt in den Anfängen der automobilen Fortbewegung als plausible Entschuldigung für zu spätes Erscheinen bei einem wichtigen Termin. Die damals noch stark verunreinigten Kraftstoffe zwangen des öfteren zu Reinigungspausen. Dieser wartungsfreundliche, mit einer Schraube zerlegbare Vergaser brachte da deutliche Vorteile (Solex, Typ DHR von 1912).

für diese elektronischen Vergaser ist der amerikanische mit seinen strengen Abgasvorschriften.
Im Jahr 1982 erhielt der mechanische Pierburg-Vergaser 2E2 eine integrierte Schubabschaltung, ein Jahr später ging der Ecotronic in Serie. Dies ist ein elektronisch gesteuerter 2B-E-Vergaser, der gemeinsam mit Bosch entwickelt wurde. Das Prinzip von Nissan und Pierburg gilt heute als Stand der Technik mit beachtlichen Möglichkeiten (über die bloße Gemischregelung hinaus) bei entsprechend ausgelegter Elektronik: Schubabschaltung, Leerlaufdrehzahlregelung, Lambda-Regelung für den Katalysatorbetrieb, Abgasrückführung, Regelung des Gemisches nach einem dreidimensionalen Gemischkennfeld und die Kombination mit einer ebenfalls kennfeldgesteuerten Zündung. Diese Technik der elektronischen Gemischaufbereitung griffen inzwischen auch andere auf, so z. B. Austin am Maestro Anfang 1983 mit einem elektronisch geregelten S.U.-Gleichdruckvergaser.

Vergaserbauarten

Am besten läßt sich die Vielzahl der heute im Pkw eingesetzten Spritzdüsenvergaser durch eine Unterscheidung nach ihren besonderen Merkmalen überschaubar machen.

Der Pallas-Ringdüsenvergaser (1912), den Deutrich und Schüttler bauten, garantierte in jeder Schräglage ein gleichhohes Kraftstoffniveau und damit auch sicheren Betrieb. Weitere Besonderheit: die schräg von oben eingesetzte Kombinationsspritzdüse, die sämtliche die Gemischbildung beeinflusssenden Regelteile enthält.

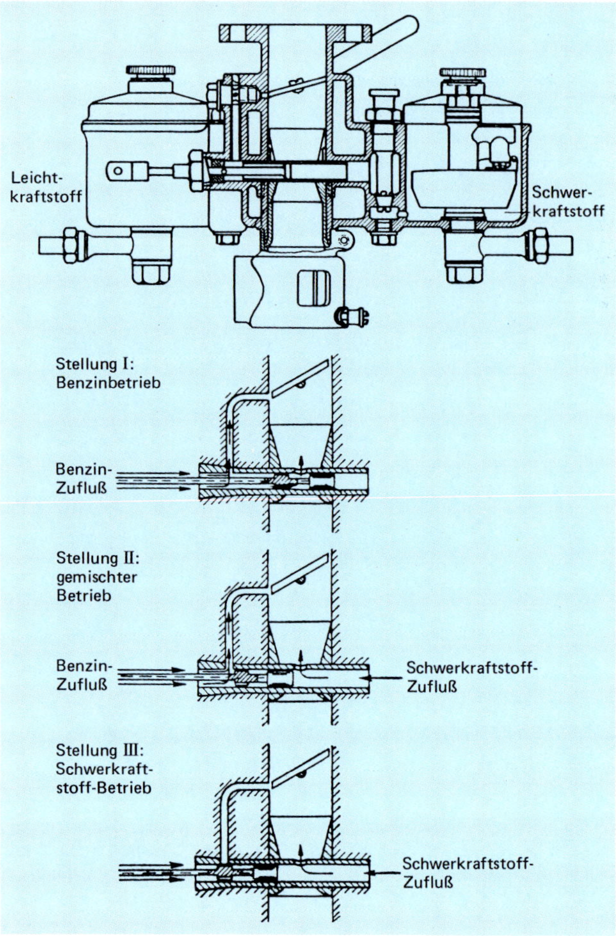

Eine erste „Vielstoff-Vergaser"-Version stellte Graetz in 1923 für reinen Benzin- oder reinen Schwerkraftstoffbetrieb oder gemischten Benzin-/Schwerkraftstoff-Betrieb vor.

Mit einer Lamellendrosselung in Form einer Irisblende, wie man sie von Fotoapparaten kennt, regulierte der Vera-Vergaser für Motorradmotoren (1926) seine sichere Gemischbildung. Diese englische Vergaser-Version wurde 1928 auch in Deutschland von Schwaegermann, Wandsbek, in Lizenz gebaut.

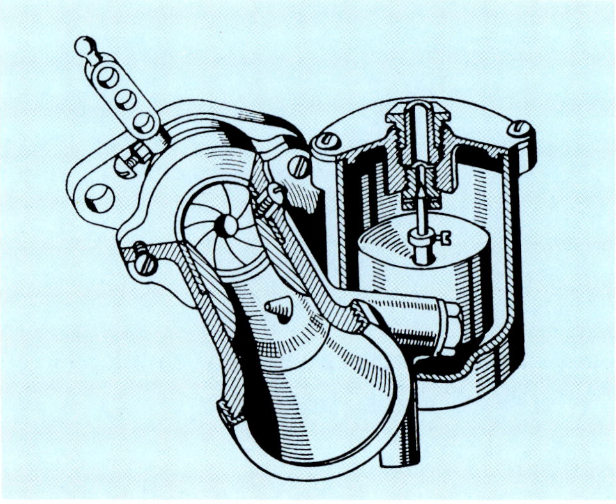

Entsprechend der Durchströmrichtung des Gemisches unterscheidet man folgende Bauarten:
Steigstrom-Vergaser: Bei dieser heute nicht mehr üblichen, nur der Vollständigkeit halber erwähnten Vergaserart steigt die Luft von unten nach oben durch den Vergaser.
Flachstrom-Vergaser: Sie sind in Ausführungen mit festem oder variablem Lufttrichter (Venturi) auf dem Markt und werden dort eingesetzt, wo wenig Bauhöhe zur Verfügung steht, da das Gemisch waagrecht angesaugt wird (Vorteil: Geringe Umlenkverluste bei Mehrfachanordnung).
Schrägstrom-Vergaser: Saugkanal für Gemisch schräg (zwischen waagrecht und senkrecht von oben) angeordnet. Diese Kategorie ist wegen der Schwerkraftwirkung eigentlich den Fallstrom-Vergasern zuzuordnen.
Fallstrom-Vergaser: Der Saugkanal verläuft senkrecht fallend — die heute gebräuchlichste Vergaser-Bauart. Der Fallstromvergaser zeichnet sich durch bestmögliche Zylinderfüllung, minimale Neigung zur Tröpfchenausscheidung und die Möglichkeit aus, durch flexible Anordnung von Schwimmer und verschiedenen Düsensystemen zweckmäßige Bauformen zu verwirklichen.
Sonderfall: In den sechziger Jahren kam der inzwischen auch der Historie zuzurechnende englische „Fish-Vergaser" auf den Markt, bei dem das Saugrohr wahlweise flach, schräg oder fallend positionierbar war.
Nach Anzahl und Bauart der Mischkammern sind folgende Vergaser zu unterscheiden:
Einfach-Vergaser: Dieser hat nur eine Mischkammer. Er ist zwar preisgünstiger, aber es machen sich Füllunsverluste bei höheren Drehzahlen bemerkbar und die heutigen Anforderungen hinsichtlich Schadstoffemissionen lassen sich kaum erfüllen. Eine Ausnahme stellt der Vergaser in Gleichdruck-Bauart mit variabler Venturi-Düse (S.U., Stromberg, Ford VV) dar.
Mehrfach-Vergaser: Zwei- oder Dreifach-Vergaser sind in einem Block mit einer oder mehreren Schwimmerkammern zusammengefaßt. Hierbei sind alle Drosselklappen parallel geschaltet. Jeder Vergaser versorgt zwei (beim Vierzylinder-Motor) oder drei Zylinder (beim Sechszylinder-Motor) mit Gemisch. Haupteinsatzbereich: Motoren mit verhältnismäßig hoher Hubraumleistung, z.B. im Motorsport.
Sonderfall des Mehrfach-Vergasers: die Kombination eines Einfach- mit einem Doppelvergaser (Renault R 30 TS und Alpine V6 GT). Der Einfach-Vergaser versorgt bei Leerlauf und niedrigem Kraftstoff-Verbrauch zu 80% alle sechs Zylinder, bei einem Kraftstoffmehrbedarf tritt der Doppelvergaser (Drosselklappen parallel geschaltet) in Aktion. Diese Vergaserkombination bedient sich eines gemeinsamen Ansaugkrümmersystems.
Register-Vergaser bzw. Stufen-Vergaser: Dieser Vergasertyp hat zwei Mischkammern mit je einer Drossel-

„Maschinenraum" des legendären 16-Zylinder-Grand-Prix-Wagens von Auto-Union, der 1934 auf der Avus in Berlin erstmals der Öffentlichkeit vorgestellt wurde. Der Vierventiler wurde von einem Roots-Gebläse aufgeladen, das hinter einem Solex-Doppelvergaser saß. Ergebnis: 520 PS bei 5 000/min, 350 km/h.

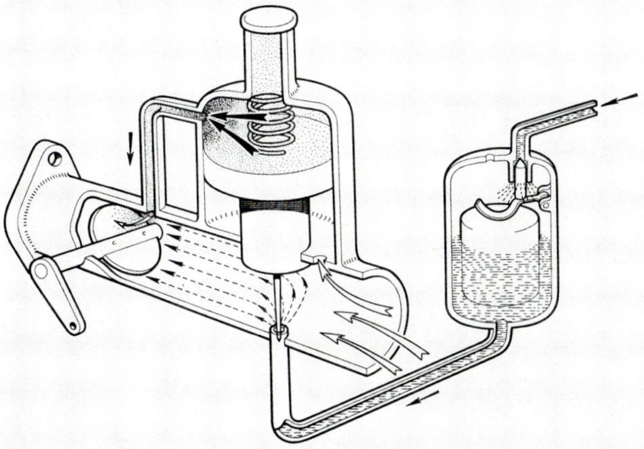

Funktionsprinzip der Basis-Konstruktion des S.U.-Gleichdruckvergasers.

klappe, von denen eine bis in den Teillastbereich das Gemisch regelt, die andere ab einem bestimmten Luftdurchsatz mechanisch oder pneumatisch zugeschaltet wird. Seine Vorteile liegen in guter Gemischaufbereitung in allen Last- und Drehzahlbereichen, verhältnismäßig niedrigen Verbrauchs- und Abgaswerten, Eignung inzwischen auch für kleinere Motoren. Für großvolumige Motoren kommen Doppel-Registervergaser zum Einsatz.
Nach dem Düsensystem unterscheidet man folgende Vergaser:
Fixdüsen-Vergaser: Sind durch ein mit unveränderlicher Düsenkalibrierung bestücktes Düsensystem für die Gemischaufbereitung gekennzeichnet, das unterdruckgesteuert ist und heute die weiteste Verbreitung in allen Vergaserbauarten findet.
Variabler Venturi-Vergaser: Bei diesem Vergasertyp wird die jeweils benötigte Kraftstoffmenge von einer langen konischen Düsennadel (veränderlicher Ringquerschnitt) zubemessen, die durch das sich selbsttätig regelnde Venturi-Ventil oder einen auf gleiche Weise funktionierenden Kolbenschieber gesteuert wird. Diese Vergaser arbeiten nach dem Gleichdruck-Prinzip und erreichen ohne besondere Anpassungsregelung eine gute Gemischaufbereitung in allen Lastbereichen (z.B. Audi, Daimler-Benz, Ford, Volvo).
Nach den Druckverhältnissen im Ansaugsystem lassen sich unterscheiden:
Saugvergaser: Der Motor saugt sich das Gemisch

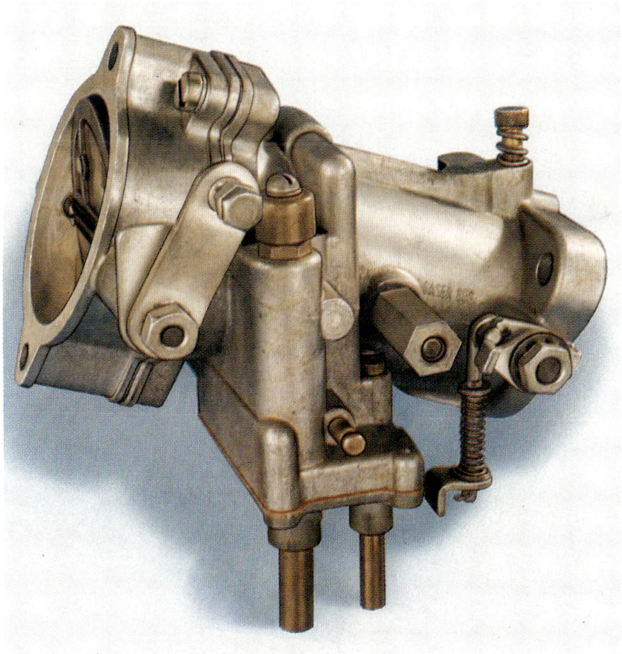

Schrägstrom-Vergaser mit Überlaufsystem (Solex RH, ab 1964 in Großserie an den leistungsstarken Motoren von Glas eingesetzt).

Die zwölf Zylinder des 3,3-l-Ferrari 275 GTB wurden von drei Weber-Doppelvergasern versorgt und leisteten je nach Düsenbestückung zwischen 260 PS und 280 PS — schon 1967 gut für eine Geschwindigkeit von mehr als 250 km/h.

über den Vergaser an (gebräuchlichste Bauart). Eine besondere Variante ist der hinter dem Vergaser angeordnete mechanische Turbolader (gute Zerstäubung).

Druckvergaser: Die Luft wird von einem Aufladegerät (Turbolader bzw. Kompressor) durch den Vergaser gedrückt. Bei diesem System kann der Vergaser im Vergleich zur Saugversion kleiner ausgeführt werden; eine Ladeluftkühlung ist möglich (Renault R 18 Turbo).

Gleichdruckvergaser für die Großserie (Stromberg 175 CDTU von Pierburg, 1968).

Vergaser werden auch entsprechend der Luftmengenregelung bezeichnet:

Drosselklappen-Vergaser: Hierbei handelt es sich um die Steuerung des Kraftstoff-Luft-Gemisches über eine mechanische oder elektrisch betätigte Drosselklappe; sie beeinträchtigt bei voller Öffnung allerdings den Gemischdurchfluß nachteilig.

Schieber-Vergaser: Er ist ausgeführt mit Flachschieber (hauptsächlich im Motorsport) oder als Zylinder- bzw. Kolbenschieber (Gleichdruck-Vergaser) in normalen Pkw oder im Motorrad.

Vergaser bei der Arbeit

Abgesehen vom Gleichdruck-Vergaser mit variabler Venturi-Düse oder Kolbenschieber, der außer beim Kaltstart in allen Lastzuständen des Motors für eine gute Gemischaufbereitung sorgt, werden bei allen anderen Vergasertypen besondere Anpassungsvorrichtungen (Korrektureinrichtungen) für die stets richtige, d. h. optimale Kraftstoff-Luft-Mischung erforderlich.

Kraftstoffniveau

Über eine Förderpumpe gelangt der Kraftstoff vom Tank über ein Filter in das Schwimmergehäuse und wird dort von Schwimmer und Schwimmernadelventil auf konstantem Niveau gehalten. Dieses Niveau muß tiefer als der Hauptdüsenaustritt liegen. Durch die Druckdifferenz zwischen atmosphärischem Druck im Schwimmergehäuse (innen- oder außenbelüftet) und in der Mischkammer anstehenden Unterdruck wird der Kraftstoff zur Gemischbildung in den Zerstäuberbereich gezogen. Eine weniger verbreitete Regelung der Kraftstoffzufuhr ist die mit Überlaufsystem (in einigen Sportfahrzeugen

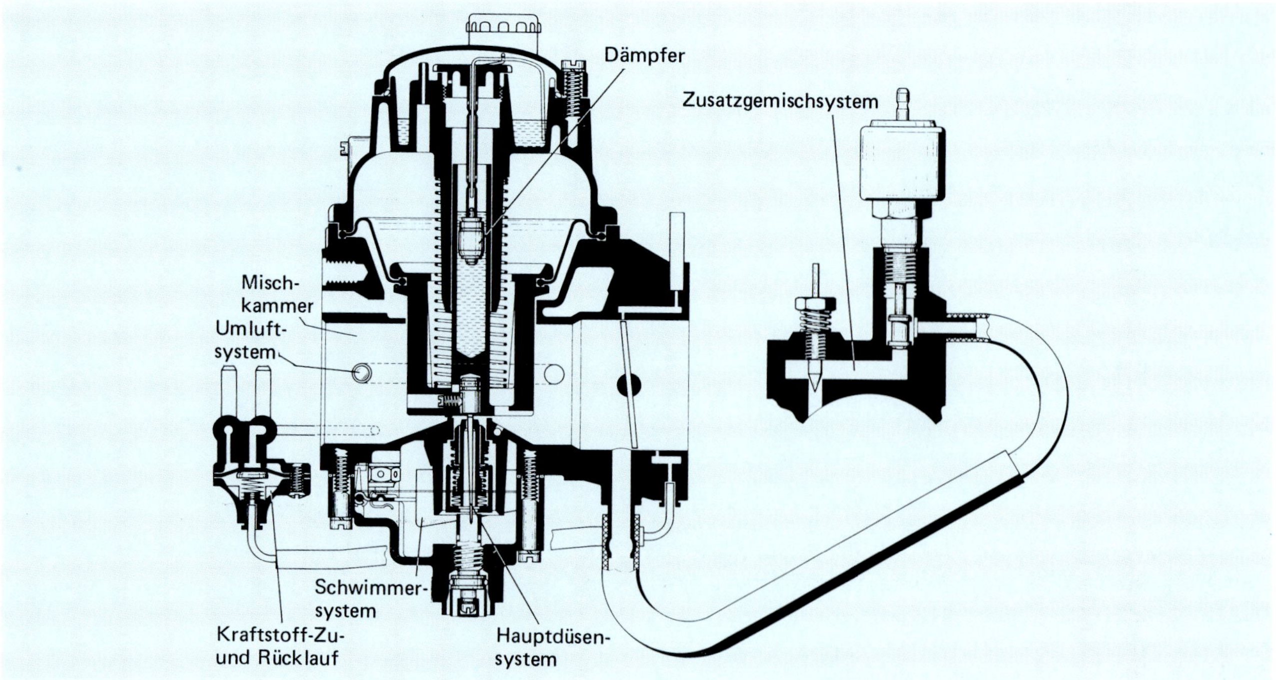

verwendet) und zwei Förderpumpen: Eine Pumpe fördert den Kraftstoff in eine Schwimmerkammer unterhalb des Vergasers, die andere transportiert ihn von dort zu einem sehr viel kleineren Überlaufraum im Vergaser. Überschüssiger Kraftstoff wird von dort zur Schwimmerkammer zurückgefördert. Dieses System ist verhältnismäßig unempfindlich hinsichtlich Lage, Fliehkräften bei starken Querbeschleunigungen in Kurven, an Steigungen oder Gefällstrecken.

Die Starteinrichtung

Kaltstart: Für den Kaltstart benötigt der Motor ein verhältnismäßig fettes Gemisch (hoher Kraftstoffanteil), um Kondensatverluste wegen kalter Ansaugrohre und Zylinderwände auszugleichen, da er sonst nicht anspringt. Bei unterdruckgesteuerter Kraftstoffzumessung wird zu diesem Zweck die vor dem Hauptsystem angebrachte Starterklappe kurzzeitig mehr oder weniger geschlossen. Dadurch entsteht ein höherer Unterdruck mit der Folge, daß das Hauptsystem mehr Kraftstoff zuteilt. Für diesen Regelvorgang stehen zwei Einrichtungen zur Verfügung: Die Starterklappe wird entweder direkt durch den Fahrer, halbautomatisch oder durch eine besondere Vorrichtung vollautomatisch betätigt. Alternativ erledigt dies ein integrierter Kaltstart-Vergaser, der einen besonderen Kanal für das Kaltstartgemisch freigibt, das nun unter Umgehung der Drosselklappe in den Saugkanal zu den Zylindern strömt.
Warmstart: Beim Warmstart liefert das Leerlaufsystem bereits ein ausreichendes Gemisch, jedoch heizt sich bei manchen Fahrzeugen nach dem Abstellen des Motors der Vergaser durch die aufgestaute Motorwärme so stark auf, daß der Kraftstoff im Schwimmergehäuse teilweise oder vollständig verdampft und durch die Belüftung in den Saugkanal gelangen kann. Dies hat zur Folge, daß das Gemisch bei ersten Startversuchen stark überfettet und somit nicht zündfähig ist und durch „Orgeln" erst abgesaugt werden muß. Um solche Heißstartprobleme zu vermeiden, wird die Schwimmerkammer durch ein Umschaltventil im Motorstillstand belüftet. Um die Kraftstoffdämpfe nicht ins Freie zu entlassen, bedient man sich eines Aktivkohlefilters, der sie umweltfreundlich speichert und später wieder an den Motor abgibt.
Leerlauf: Im Leerlaufbetrieb ist die Drosselklappe bis auf einen kleinen Spalt geschlossen, der Unterdruck am Lufttrichter (Venturi) zwar groß, aber die Luftmenge zu klein, um Kraftstoff aus dem Hauptdüsensystem anzusaugen. Deswegen befindet sich motorseitig hinter der Drosselklappe der Ausgang eines Leerlaufsystems, das eine separate Verbindung zum Schwimmergehäuse hat. An dieser Stelle tritt die zum Leerlauf benötigte Mischung aus Kraftstoff und Luft aus, die von Leerlaufdüse und Leerlauf-Luftdüse gebildet und über den Leerlaufkanal abgesaugt wird. Die zum Leerlaufbetrieb erforderliche Frischluft, bestimmt durch Motorreibung und gewünschte Leerlaufdrehzahl, wird durch ein leichtes Anstellen der Drosselklappe — sie schließt nicht ganz — gesteuert. Die richtige Leerlaufeinstellung erfolgt per Drosselklappen-Anschlagschraube und Leerlaufgemisch-Regulierschraube.
Mit dem Leerlaufsystem in Verbindung steht auch ein Bypass-System (Bohrungen oder Schlitz in Höhe der Drosselklappe), das die Aufgabe hat, beim Öffnen der Drosselklappe einen gleichmäßigen Übergang vom Leerlauf- auf das Hauptdüsensystem zu gewährleisten. Es wird deswegen auch als Übergangssystem bezeichnet. Beim Öffnen der Drosselklappe wird das Bypass-System der Wirkung des Saugrohrdrucks ausgesetzt, so daß zusätzliches Kraftstoff-Luft-Gemisch für den Übergang vom Leerlauf- auf das Hauptdüsensystem gebildet wird. Unterdruckveränderungen im Vergaser verändern aber über die Unterdruckdüse am Zündverteiler auch den Zündzeitpunkt, was zu einer Beeinflussung der Abgasemission führen kann: Zündzeitpunktverschiebung in Richtung „früh" führt z. B. zu mehr NO_x, kann aber CO und C_mH_n positiv beeinflussen. Aus diesem Grund rüstet man heute Vergaser mit einem zusätzlichen Umluftsystem aus: So läßt sich die Leerlaufdrehzahl über die Umluftregulierschraube einstellen, ohne daß sich der Unterdruck ändert. Die Gemischzusammensetzung wird durch die Auslegung bei normalen Leerlaufsystemen und auch bei Leerlaufsystemen mit Zusatzgemisch in einem für die Regulierung ausreichenden Bereich konstant gehalten.
Teillast und Vollast: Das Hauptdüsensystem versorgt den Motor im Teillast- und Vollast-Bereich (evtl. über verschiedene nacheinander geschaltete Stufen beim Register-Vergaser) mit der jeweils richtigen

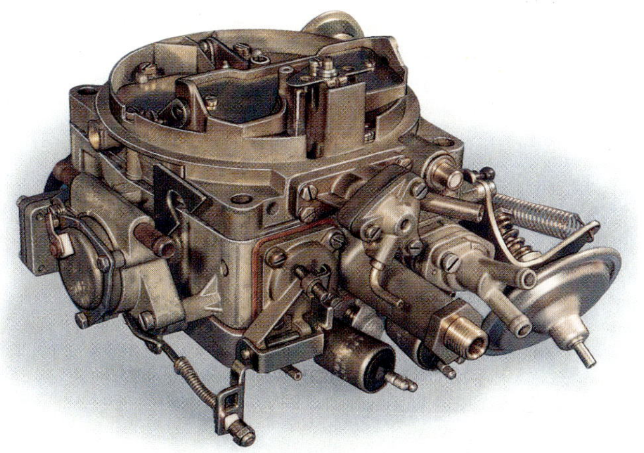

Vierfach-Fallstromvergaser in Doppelregisterbauart: der Solex 4 A l, ab 1972 gebaut und als einziger seiner Bauart in Europa bei hubraumstarken Motoren (BMW, Daimler-Benz, Opel und Rolls-Royce).

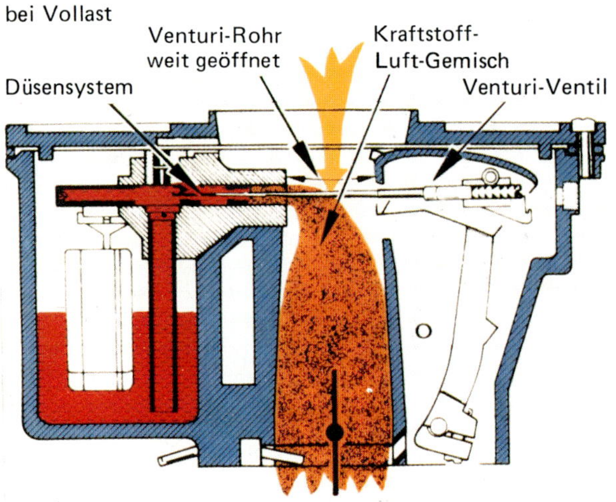

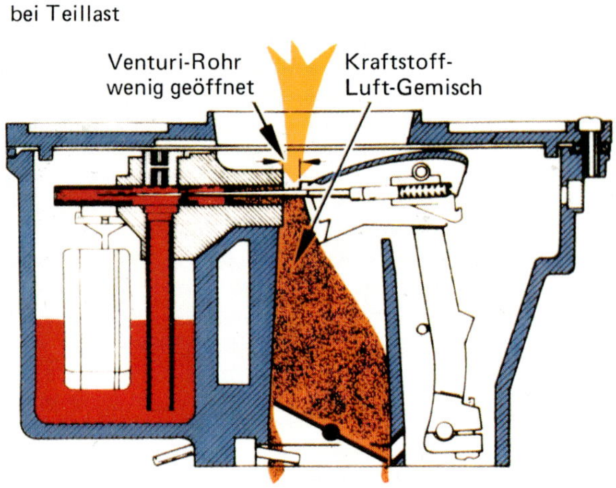

Gleichdruckvergaser mit „Venturi-Ventil" (Ford VV, Audi).

Kraftstoffmenge. Die Hauptdüse teilt die Kraftstoffgrundmenge zu, der Lufttrichter dosiert die Luftgrundmenge, und eine Luftkorrekturdüse fügt als Ausgleichdüse in Verbindung mit dem Mischrohr bei steigender Drehzahl dem Gemisch mehr Luft hinzu. Dies wirkt einem im Teillastbereich nicht gewünschten Anfetten des Gemisches mit steigendem Luftdurchsatz entgegen und erlaubt wirtschaftlicheren und verhältnismäßig schadstoffarmen Betrieb. Anders ist dies bei Vollast, wo man für Höchstleistung ein fetteres Gemisch ($\lambda = 0{,}9$ bis $\lambda = 0{,}95$) benötigt. In diesem Lastzustand muß das vom Hauptdüsensystem gelieferte Gemisch zusätzlich angereichert werden. Hierzu dienen Systeme (mitziehende Beschleunigerpumpe, Vollastventile oder kalibrierte Steigrohre mit Anreicherungsrohr), die durch den hohen Unterdruck im oberen Durchsatzbereich zusätzlichen Kraftstoff beisteuern.
Beschleunigen: Beim schnellen Beschleunigen, also bei plötzlichem Öffnen der Drosselklappe wird die Luft schneller angesaugt, als ihr der trägere Kraftstoff folgen kann. Es kommt zu einem plötzlichen Abmagern des Gemisches, dem „Beschleunigungsloch". Diesen Mangel gleicht eine Beschleunigerpumpe aus, die beim „Gasgeben" zusätzlichen Kraftstoff in das Mischrohr einspritzt.

Abgasqualität und Kraftstoffverbrauch: Entweder — oder?

War man vor 100 Jahren noch froh, wenn der Motor dank des neuen Spritzdüsenvergasers ein passables Fahren erlaubte, so stellt man mittlerweile neue Forderungen an die „fast schon perfekten" Vergaser von heute: Niedriger Kraftstoffverbrauch und gute Abgasqualität sind gefragt. Die Leistungsfähigkeit des Vergasers über den gesamten Lastbereich darf jedoch hierdurch nicht beeinträchtigt werden. Lösungen, die eine solch komplexe Aufgabenstellung realisieren können, gibt es:

Leerlaufdrehzahl-Absenkung zur Minderung des Kraftstoff-Verbrauchs läßt sich bei Vergasern (außer Maßnahmen an Motor und Zündung) sehr gut bewerkstelligen, da die Gemischaufbereitung auch bei niedrigem Luftdurchsatz noch sehr gut ist. Zusätzliche Belastungen des Motors (z. B. Servolenkung, Klimaanlage) lassen sich vergaserseitig durch automatisches Anheben der Drosselklappe, mit einer Leerlauf-Füllungsregelung oder mit einem gesonderten Zusatzgemischsystem kompensieren.
Schubabschaltung: Kraftstoffverbrauch und Schadstoffausstoß „gleich null" bringt die Schubabschaltung, die im Schiebebetrieb (Auto treibt Motor an, Motor bremst) die Kraftstoffzufuhr völlig sperrt. Oder zumindest ermöglicht dies, falls keine Schubabschaltung verwendet wird, die „Schubanhebung" als eine Einrichtung, die bei nicht völlig geschlossener Drosselklappe (sonst Gefahr von Verbrennungsaussetzern) nur noch die Leerlaufgemischmenge freigibt und verbrennen läßt, so daß C_mH_n-Spitzen im Schiebebetrieb vermieden werden.
Stopp-Start-Anlagen: Diese Anlagen sperren bei längerem Fahrzeugstillstand (Ampel, Stau, Warten) die Kraftstoffzufuhr oder den Zündstrom entweder selbsttätig nach einer Zeitspanne von etwa drei bis fünf Sekunden, oder sie werden vom Fahrer bewußt betätigt. Ein erneuter Start erfolgt entweder per Knopfdruck an einem besonderen Schalter oder automatisch beim Gangeinlegen (Sachs AKB) oder Gasgeben zum Weiterfahren. Man hat also keinen Leerlaufverbrauch und erzeugt keine Abgase bei stehendem Fahrzeug. Das Kraftstoff-Absperrventil verhindert darüber hinaus ein „Nachdieseln" bei heißem Motor oder Rückständen im Brennraum.
Unterbinden der Kraftstoffverdunstung: (Siehe „Warmstart": Aktivkohle).
Magerkonzept: Magere Gemische (bis zu maximal 20 : 1 Gewichtsanteilen Luft : Kraftstoff) ermöglichen ein Erhöhen des Verdichtungsverhältnisses (wirtschaftlicher Betrieb bei gleichzeitig geringen

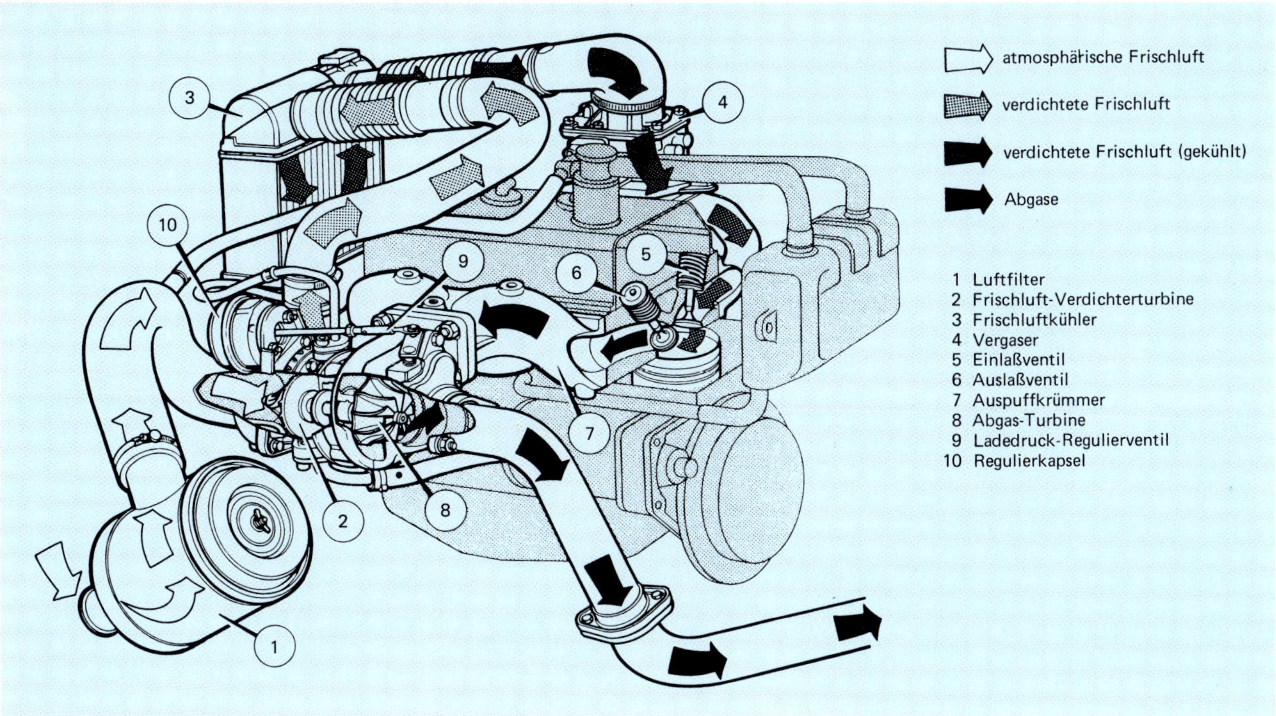

Turboaufgeladener Motor mit Einfach-Druckvergaser (Solex 32 DIS) und Ladeluftkühler (Renault 18 Turbo mit Garret T 3-Lader, Ladedruck bis 0,85 bar).

Stickoxidemissionen, ohne daß bei der relativ langsamen Verbrennung das auf Dauer motorzerstörende Klopfen auftritt. Die technischen Voraussetzungen müssen allerdings motor- und zündungsseitig geschaffen werden (Ricardo HRCC, Ford-Wirbelquetschraum, May-Fireball, Associated Octel, Porsche TOP.

Abgasrückführung: Man unterscheidet zwischen innerer (Überschneiden der Ventilsteuerzeiten) und äußerer Abgasrückführung (durch entsprechende Abgasrückführungsventile) in das Ansaugsystem. Sie dient dem Absenken der Verbrennungs-Spitzentemperatur und vermindert die Stickoxidbildung.

Höhenkorrektur: Da mit zunehmender Ortshöhe die Luftdichte abnimmt, also das Gemisch fetter wird und die Leistung sinkt, muß die Kraftstoffzufuhr von einer atmosphärendruckabhängig gesteuerten Einrichtung entsprechend verringert werden. Aufgeladene Motoren können diesen Luftmangel ausgleichen.

Drosselklappen-Schließdämpfer: Außer Ruckeln kann im Schiebebetrieb von Motoren durch Gemischüberfettung eine hohe Kohlenwasserstoff-Emission auftreten, die durch das verzögerte Schließen der Drosselklappe mittels eines Schließdämpfers vermieden werden kann.

Zerstäubungsgeräte: Solche Geräte, meist als Schaufelräder oder Impeller konzipiert, werden gelegentlich im Zubehörhandel für den nachträglichen Einbau zwischen Vergaser und Ansaugflansch angeboten. Sie sollen den Kraftstoff durch „Zertrümmern" in den Rädern dieser Einrichtung zerstäuben, führen dabei allein schon wegen des Strömungsverlustes (Luftwiderstand) zu Beeinträchtigungen. Eine Verbrauchsminderung läßt sich damit nicht erzielen.

Zugabe von Wasser zum Gemisch: Mit dem Gemisch zusätzlich angesaugtes, zerstäubtes Wasser senkt die Verbrennungstemperatur — wirkt also dem Klopfen des Motors entgegen —, so daß sich das Verdichtungsverhältnis konstruktiv anheben läßt. Der Regelungsaufwand für die jeweils richtige Wassermenge ist jedoch sehr hoch. Deshalb findet man eine solche Einrichtung nur in einigen Versuchs- und Rennfahrzeugen.

Ultraschall an der Hauptdüse: Einen verbesserten thermischen Wirkungsgrad und einen niedrigeren spezifischen Kraftstoffverbrauch ermöglicht ein ultrabeschalltes Düsensystem. Die Zerstäubung per Ultraschall ist wesentlich feiner als beim konventionellen Drucksystem. Infolge der kleineren Kraftstoffteilchen steht insgesamt eine größere Kraftstofftropfen-Oberfläche zur Bindung der Luft zur Verfügung, so daß sich homogenes Gemisch und bessere Zylinderfüllung ergeben. Dieses Verfahren befindet sich zur Zeit noch in der Erprobung (Ford und Autolite).

Thermische Nachverbrennung erfolgt über großvolumige, gut isolierte Vorrichtungen im Auspuffsystem, die eine längere Verweilzeit der heißen Abgase ermöglichen, damit (meistens) durch Lufteinblasung eine Oxidation der unverbrannten Bestandteile erfolgen kann. „Fette" Reaktoren ($\lambda = 0{,}8$ bis $0{,}9$) bewirken durch Sekundärluft bei hohem Temperaturniveau die Nachoxidation von Kohlenmonoxid (CO)

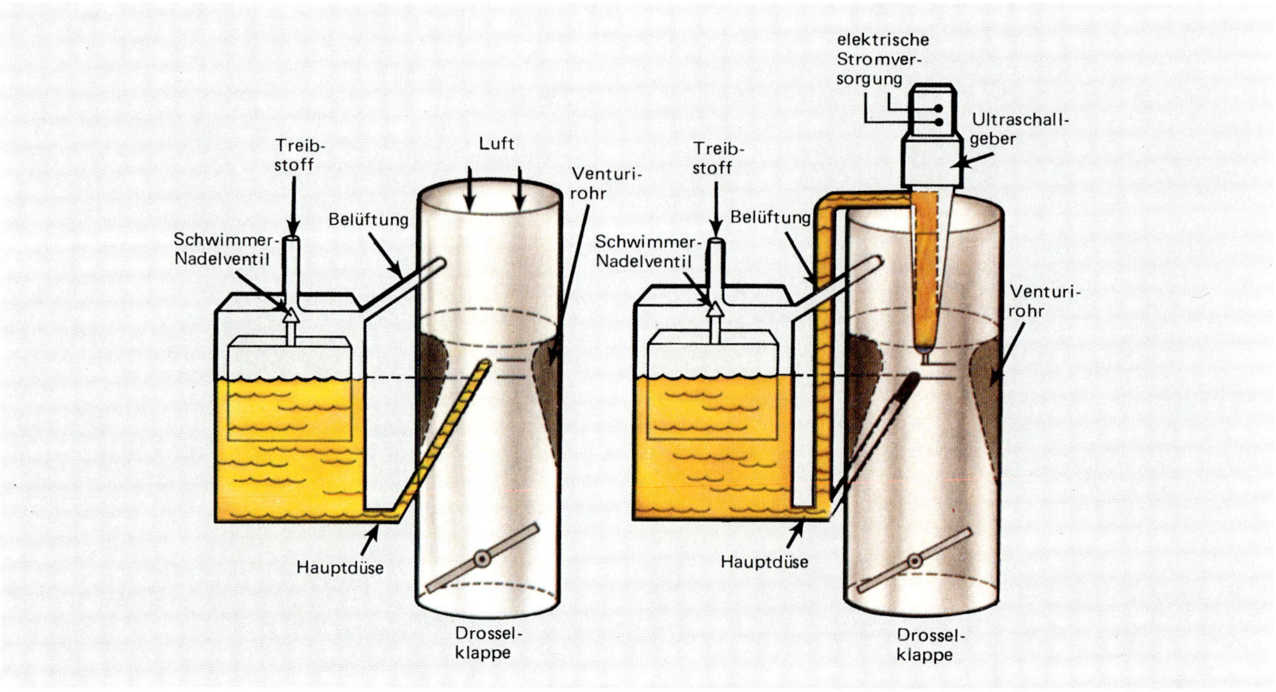

Ultraschallgeber an der Hauptdüse zwecks besserer Zerstäubung des Kraftstoffs (Autolite-Vergaser).

und Kohlenwasserstoffen (C_mH_n). „Magere" Reaktoren ($\lambda = 1,1$ bis 1,2) verwenden dazu den Restsauerstoff in den vergleichsweise kalten Abgasen. Der relativ niedrige Wirkungsgrad und der enge λ-Bereich, innerhalb dessen Grenzen sowohl Abgaswerte als auch Fahrverhalten gut sind, sind von Nachteil.

Katalytische Nachverbrennung erfolgt in schüttelfest gelagerten Katalysatoren, bei denen das Trägermaterial — in der Regel Keramik — mit einer „aktiven" inneren Beschichtung (Platin, Palladium, Rhodium) versehen ist, die allerdings bleiempfindlich ist. Katalysator-Konzepte benötigen deshalb bleifreies Benzin.

Oxidations-Katalysatoren arbeiten mit Luftüberschuß durch zusätzliche Lufteinblasung und vermindern die Anteile an Kohlenmonoxid und Kohlenwasserstoffen im Abgas.

Reduktions-Katalysatoren reduzieren den Anteil an Stickoxiden (NO_x) ohne Lufteinblasung, d.h. bei Luftmangel.

Zweibett-Katalysatoren stellen eine Kombination von Reduktions- und Oxidations-Katalysator in einem Gehäuse mit zwei „Betten" dar. Im ersten wird NO_x zu Stickstoff (N_2) reduziert, im zweiten werden CO und C_mH_n durch Zusatzluft fast vollständig oxidiert. Bei diesem Gesamtvorgang ist jedoch nur eine 70- bis 80%ige Reduktion der NO_x möglich. Nachteilig ist auch, daß der Motor mit fettem Gemisch

Gemischversorgung für sechs Zylinder einmal anders: Ein Einfachvergaser (Solex 34 TBIA) übernimmt im Leerlauf 80% des Gemischanteils und ist für niedrigen Leistungsbedarf zuständig. 20% des Leerlaufgemisches und die „Kraft bei Bedarf" übernimmt ein Doppelvergaser (Solex 35 CEEI) beim Renault Alpine V 6 GT.

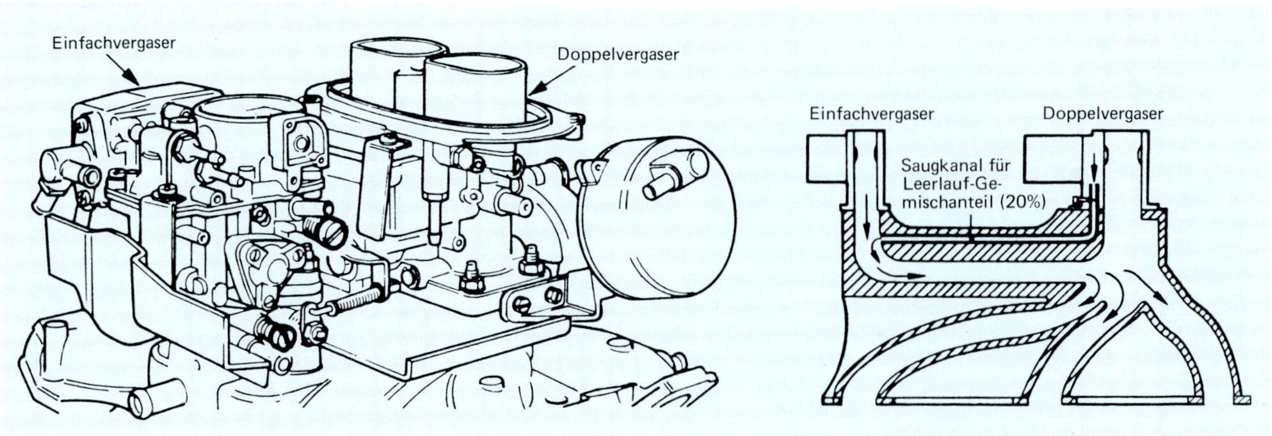

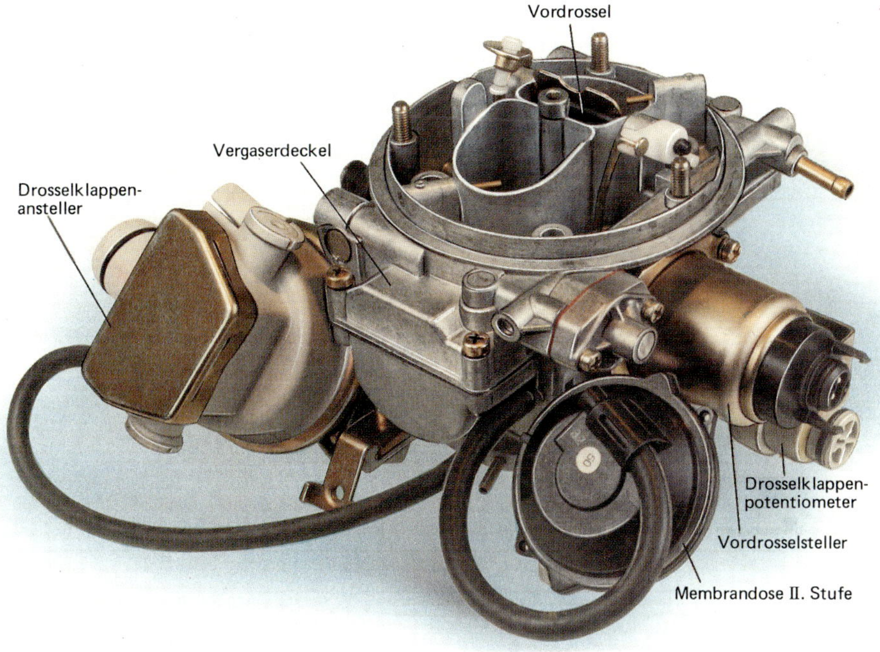

Der elektronisch geregelte Vergaser 2 B-E (Ecotronic) ist eine gemeinsame Entwicklung von Pierburg und Bosch (nach vierjähriger Entwicklung ab 1983 in Serie, z. B. BMW 316).

betrieben werden muß, woraus ein höherer Verbrauch resultiert.

Der Dreiwege-Katalysator, auch Selektiv-Katalysator genannt, stellt zur Zeit bei Otto-Motoren das leistungsfähigste Konzept dar. Er ist in der Lage, alle drei Schadstoffkomponenten (CO, C_mH_n, NO_x) abzubauen, wenn der Motor in einem ganz engen Bereich um $\lambda = 1$ (stöchiometrisches Gemisch) betrieben wird. Eine Motorsteuerung über unterschiedliche Gemische (fett oder mager) ist also nicht möglich. Hierdurch erklären sich Mehrverbrauch und Leistungsverlust bei Katalysator-Motoren. Um den λ-Wert 1 stets sicherzustellen, bedarf es einer Lambda-Sonde, die die Menge der Kraftstoffzufuhr durch den Vergaser regelt.

Lambda-Sonde: Sie ermöglicht den Motorbetrieb in engen Grenzen um den stöchiometrischen Wert $\lambda = 1{,}0$, indem sie als Sonde in der Abgasleitung ständig den Restsauerstoffanteil mißt, der auch bei der Verbrennung mit Kraftstoffüberschuß vorhanden ist. Der Gehalt an Restsauerstoff hängt in starkem Maß von der Zusammensetzung des Kraftstoff-Luft-Gemisches ab, so daß er als Maß für den λ-Wert des Gemisches herangezogen werden kann. Weicht dieser von $\lambda = 1{,}0$ ab, so gibt die Lambda-Sonde diese Information an eine elektronische Einrichtung weiter, die dann die Menge des zugeführten Kraftstoffes wieder soweit korrigiert, daß sich $\lambda = 1{,}0$ einstellt.

Eine *Kurbelgehäuse-Entlüftung* muß wegen des Drukkes, der durch die Erwärmung im Motor entsteht, erfolgen. Früher leitete man diese stark kohlenwasserstoff-angereicherten Luft-Öl-Kraftstoff-Dämpfe ins Freie, heute führt man sie dem Motor umweltfreundlich über das Ansaugsystem zur Verbrennung zu (gesetzlich festgelegt).

Vergaser-Zukunft: der elektronische Zerstäuber

Um den Forderungen nach niedrigerem Verbrauch, geringen Schadstoffemissionen, optimaler lastabhängiger Gemischaufbereitung und Anwenderkomfort gerecht zu werden, entwickelten sich die mechanischen Vergaser vom einst verhältnismäßig einfachen Gerät zu heute hochkomplizierten mechanisch-pneumatischen Regelsystemen. Doch schon jetzt läßt sich sagen, daß die große Zeit solcher Lösungen vorbei ist. Die anstehenden, noch schärferen Abgasforderungen und die Möglichkeiten, die die Elektronik bietet, zeigen die künftige Richtung auf: elektronisch gesteuerte bzw. geregelte Vergaser werden als Weiterentwicklung anstehen.

Pierburg, Weber, S.U. und japanische Firmen sind schon mit Geräten auf dem Markt, die auf einen bis auf die Grundsysteme reduzierten Basisvergaser zurückgreifen und die Regelung und Steuerung aller erforderlichen Anpassungen für den optimalen Motorbetrieb bei niedrigem Verbrauch und geringen Schadstoffwerten über eine digitale Elektronik besorgen — schneller, präziser und zuverlässiger, als dies mit herkömmlichen mechanischen Vergasern möglich war und wäre. Allerdings sind sie teurer als der „alte" Vergaser, jedoch billiger als eine Einspritzanlage.

Bei diesen Vergasern erfolgen Kaltstart-, Warmlauf- und Beschleunigungsanreicherung über die Steuerung der Vordrossel und des Drosselklappenaus-

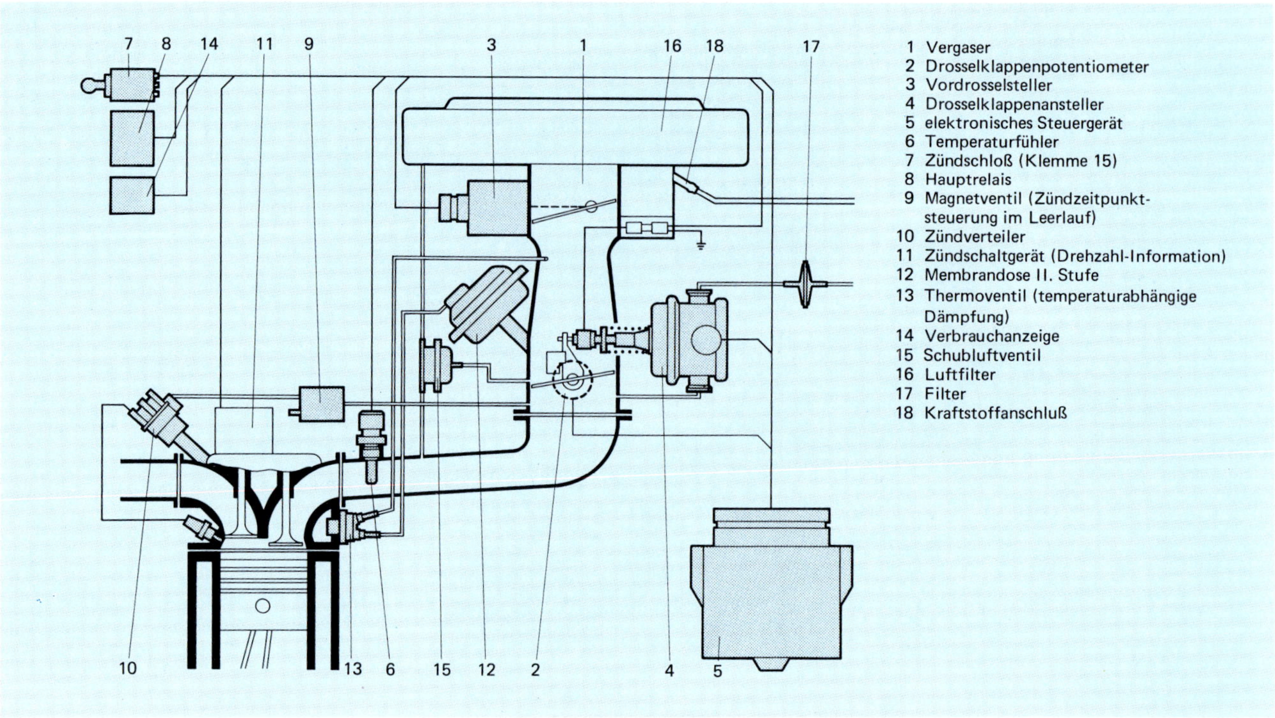

Schema des Motorkonzeptes Ecotronic, eines elektronisch geregelten Vergasersystems (hier Pierburg 2 B-E).

stellers. Die Gemischabmagerung zur Höhenkorrektur setzt z. B. automatisch über die Lambda-Regelung ein. Schubabschaltung mit Schließdämpfer und Motorstopp, Leerlaufdrehzahlregelung, Abgasrückführung und die mögliche Kombination mit der elektronischen Motorsteuerung gehören heute schon zum Stand der Technik. Die Selbstdiagnose dieses Systems, z. T. schon verwirklicht, ist auf breiter Ebene der nächste Schritt. Der Vergaser wird also auch künftig zahlreiche Fahrzeuge — nur dann eben elektronisch geregelt und gesteuert — mit Gemisch versorgen.

Benzin-Einspritzanlagen

Einspritzanlagen für Otto-Motoren unterscheiden sich von Vergasern durch ihren völlig andersartigen Aufbau. Die Zielsetzung ist bei beiden die gleiche, sie erreichen sie nur mit unterschiedlichen Mitteln:

Einfluß des Luftverhältnisses auf die Leistung und den spezifischen Kraftstoffverbrauch.

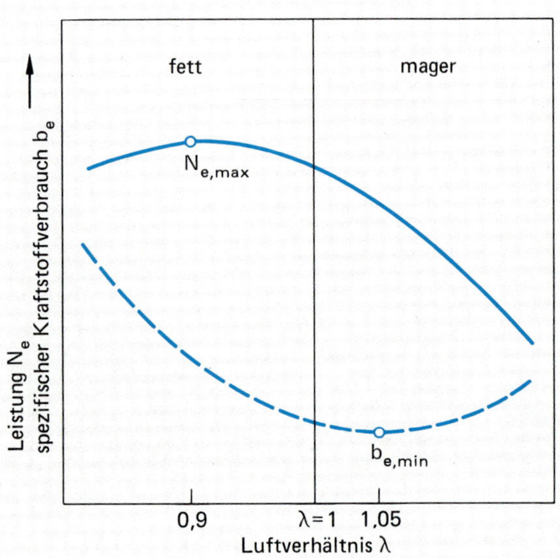

Einfluß des Luftverhältnisses auf die Abgaszusammensetzung eines Ottomotors.

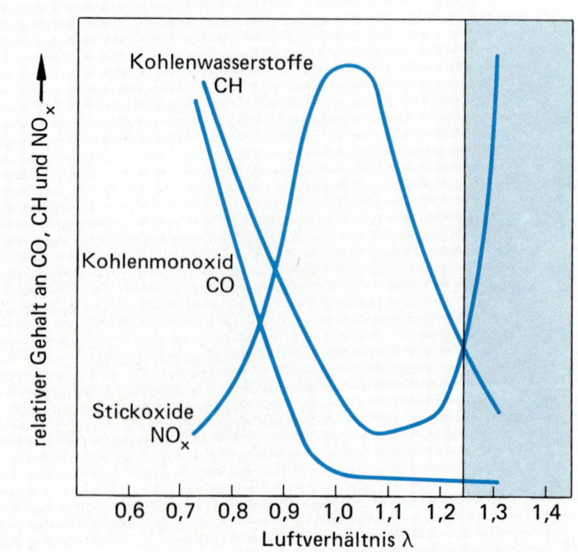

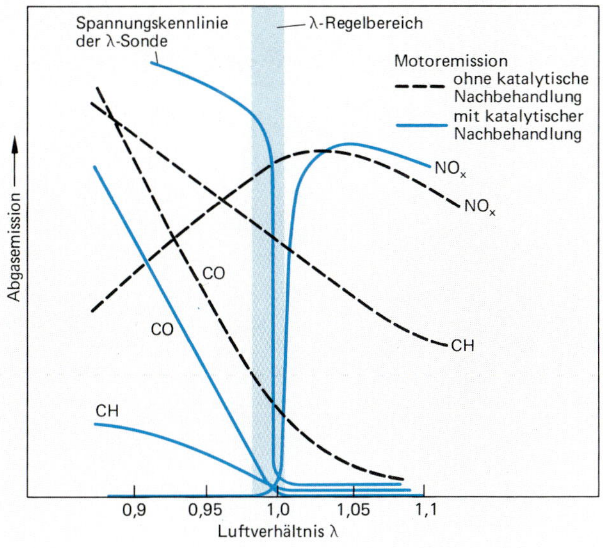

Regelbereich der Lambda-Sonde zur Verringerung des Schadstoffanteils im Abgas.

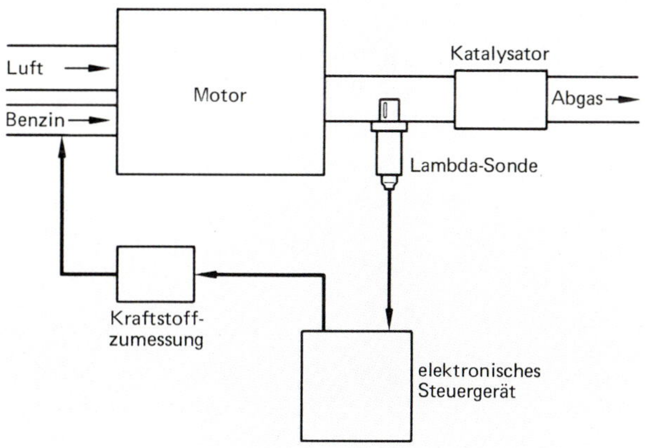

Funktionsprinzip der Lambda-Regelung.

optimale Gemischaufbereitung für einen bestmöglichen Verbrennungsvorgang in allen Drehzahlbereichen und Lastzuständen, niedriger Verbrauch, geringe Schadstoffemission.
Im Vergleich zum Vergaser sind Einspritzanlagen zwar technisch aufwendiger, und dies macht sich auch im Preis bemerkbar, doch sind ihre Vorteile gewichtig: Möglich sind eine höhere Literleistung des Motors und niedrigerer spezifischer Verbrauch (außer bei Mehrvergaser-Anlagen), bessere Abgaswerte (außer bei elektronischen Vergasern in der Warmlaufphase), Unempfindlichkeit gegenüber Schräglagen und Beschleunigung des Fahrzeugs sowie bessere Regelbarkeit.
Die Entwicklung der Benzineinspritzanlage, die erstmals 1898 einen stationären Deutz-Motor mit „Leuchtpetroleum" speiste, verlief nach emsiger Erfinderarbeit um die Jahrhundertwende, hauptsächlich für den Einsatz an Flugzeugmotoren, bis in die sechziger Jahre verhältnismäßig ruhig. Dann aber setzte eine stürmische Entwicklungsphase ein. Reihenstempel-Einspritzpumpen, eine Anleihe an die Dieseleinspritzanlage, wurden durch Zwei- und Einstempel-Ausführungen ersetzt, die problematische Direkteinspritzung bei Otto-Motoren gab man zugunsten der vorteilhaften indirekten Einspritzung in Saugkanäle oder -rohre auf, mechanische Fliehkraftregler und Raumnockenregler fanden durch andere mechanische, elektrische oder elektronische Regelarten Ersatz. Als Steuergröße dienen je nach Anlage Drehzahl, Saugrohrdruck bzw. Drosselklappenwinkel, Luftmenge oder Luftmasse.
Diese lebhafte Entwicklungsperiode wird noch eine ganze Weile andauern, denn die Einspritztechnik setzt sich nicht nur angesichts immer schärferer Abgasgesetze bei den Fahrzeugen mit Benzinmotor durch. Zur Zeit fahren in der Bundesrepublik

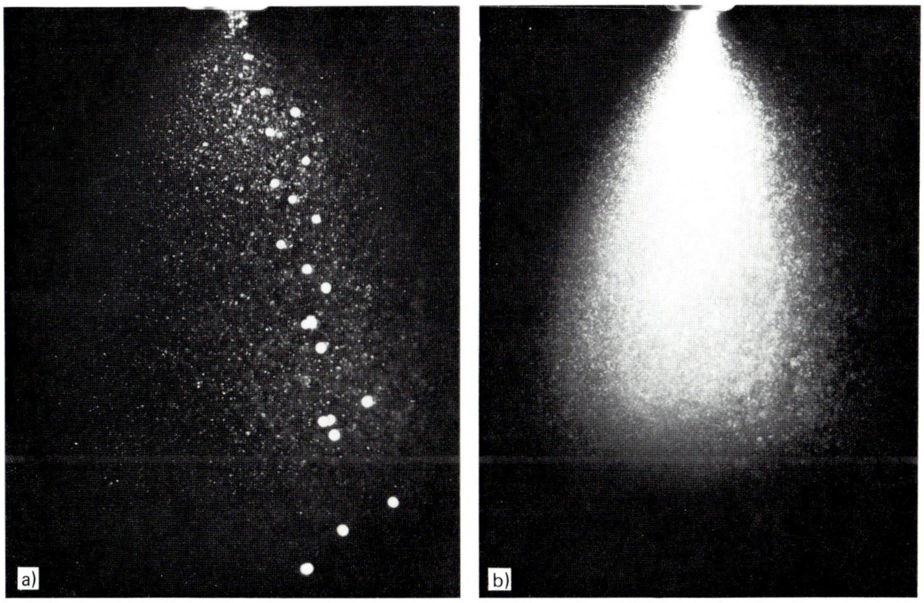

Benzineinspritzung: a) ohne und b) mit Luftumfassung (K-Jetronic, Bosch).

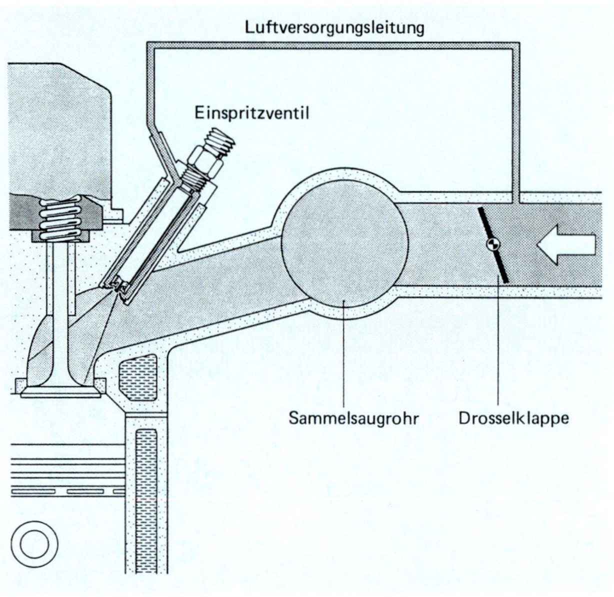

Benzineinspritzventil mit Luftumfassung bei einer mechanischen, kontinuierlich einspritzenden Anlage (K-Jetronic, Bosch).

Deutschland mehr als 20% der benzinbetriebenen Pkw mit Einspritzmotoren — in der Schweiz, in Japan und in den USA deutlich mehr. Tendenz: steigend.

Historie: Erst fliegen, dann fahren gelernt

Die ersten „Schritte" mit Benzineinspritzung machte ein stationärer Deutz-Motor im Jahr 1898 — zwölf Jahre nachdem der „Patent-Motorwagen" von Karl Benz als exklusive Alternative zum Droschkenfahren vorgestellt wurde. Die Entwicklung der damaligen Einspritzanlage, einer Stempelpumpe mit Saug- und Druckventil zum Fördern von Leuchtpetroleum, begann jedoch sehr viel füher. Der Anlaß dafür waren die nur unbefriedigend arbeitenden Oberflächenvergaser, die nicht ausreichend verdampften Kraftstoff anbieten konnten und deren Gemischbildung nur sehr schwer regelbar war.

Mit der Einführung des Maybach'schen Spritzdüsenvergasers und den daraus in den folgenden Jahren entstandenen verbesserten Lösungen mit geregeltem Kraftstoffniveau (kein Überlaufen, keine Brandgefahr), ließ sich eine deutlich bessere Gemischbildung erzielen. Benzineinspritzung für Autos war jedoch noch fast 40 weitere Jahre lang kein Thema, weil sich solche kleinen Einspritzmengen noch nicht realisieren ließen. Dies gelang seinerzeit nur für großvolumige Motoren. Im Flugzeugbau, wo solche Motoren verwendet wurden, kam die Einspritzung zum Zug, weil ihre damaligen Nachteile in diesem Fall weniger gewichtig waren als die Nachteile des Vergasers für Flugmotoren: Brandgefahr, Aussetzer bei Kurven- oder Steilflug, Aussetzer bei Vereisung.

Die weitere Entwicklungsgeschichte bis zum ersten Einsatz von Benzineinspritzanlagen für Fahrzeugmotoren im Jahr 1930 durch Moto Guzzi — an einem Rennmotorrad — schrieb der Flugmotorenbau: Beim ersten Motorflug der Geschichte durch die Gebrüder Wright spritzte eine Zahnradpumpe das Benzin in die Luftansaugrohre vor die Einlaßventile des Motors. Auch der berühmte Antoinette-Motor und die Zweitakter von Hans Grade im gleichen Jahr waren mit Benzineinspritzung ausgestattet. 1906 führte der Brasilianer Santos Dumont in Europa den ersten Kunstflug vor, zu dessen Gelingen eine Stempelpumpe mit kalibrierten Düsen und verstellbarem Kolbenhub zur Regelung der Einspritzmenge beitrug.

Aus dem Jahr 1911 weiß man von einem Versuch von Paul Fladrich und Georg Weise, die Direkteinspritzung in die Zylinder mit der Zündung zu kop-

Die Grundidee der Zentraleinspritzung wurde schon im legendären schwimmerlosen Bendix-Stromberg-Einspritzvergaser für Flugzeugmotoren aus dem Jahr 1925 verwirklicht.

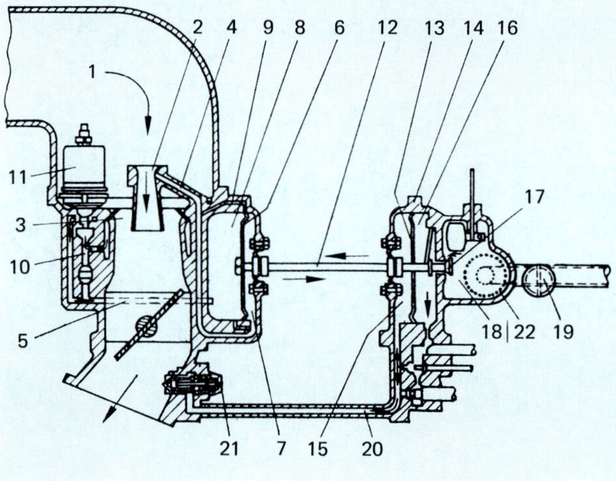

1 Lufteintritt
2 Venturirohr
3 Lufttrichter
4 Druckleitung
5 Druckleitung
6 Membrane
7 Druckraum für Druck im Venturirohr
8 Druckraum für Druck in der Saugleitung
9 Druckraum
10 Ventilkörper
11 selbsttätiger Gemischregler
12 Verbindungsgestänge zwischen Luft- und Kraftstoffmembran
13 Kraftstoffmembran
14 Einspritzgerät
15 Druckraum
16 Saugraum
17 Steuerventil
18 Kraftstoffraum
19 Kraftstoffpumpe
20 Einspritzleitung
21 Einspritzdüse
22 Regelgehäuse

peln. 1912 rüstete Bosch einen Bootsmotor mit einer zur Benzineinspritzung umfunktionierten Schmierölpumpe aus, die vor die Einlaßventile spritzte, jedoch eine zu geringe Dauerstandfestigkeit aufwies. Zwei Jahre später befaßte sich Pallas mit dem Thema Einspritzung an Benzinmotoren, bevor sich dann auf breiter Ebene durch den Ersten Weltkrieg eine zwangsbedingte Entwicklungspause einstellte. 1922 hielt man auf einer Bosch-Vorstandssitzung bereits fest, daß die ab diesem Zeitpunkt begonnene Entwicklung einer serienreifen Dieseleinspritzpumpe auch hinsichtlich ihrer Verwendbarkeit als Benzineinspritzung zu überprüfen sei. Die damaligen Versuche führten allerdings zu keinem befriedigenden Ergebnis — in der Hauptsache deswegen, weil sie mit einem für diese Zwecke ungeeigneten Pumpensystem durchgeführt wurden.

Auch in den USA beschäftigte man sich nach dem Krieg intensiv mit der Einspritzung für Flugmotoren. Der schwimmerlose „Stromberg-Flugmotoren-Einspritzvergaser" war 1925 das erste konkrete Ergebnis. Die Idee dieses Einspritzvergasers von damals findet sich heute in einigen, selbstverständlich wesentlich moderneren Systemen wieder. 1930 setzte Moto Guzzi bereits eine erste elektrisch gesteuerte Benzin-Saugrohreinspritzung an einer 500cm³-Rennmaschine mit Kompressor ein. Im Flugzeugmotoren-Bau verwendete man bis zu diesem Zeitpunkt ausnahmslos Niederdruckgeräte für die Gemischzufuhr. Ein Umdenken begann im selben Jahr mit den Untersuchungen von Schnauffer, der bei seiner direkten Benzineinspritzung an Ottoflugmotoren auf Erfahrung aus der Bosch-Diesel-Direkteinspritzung aufbaute.

Über eingehende Studien, die Alt bei Bosch an Einspritzanlagen von Deckel und L'Orange durchführte, und die Lieferung der ersten Benzineinspritzpumpen wird aus dem Jahr 1933 berichtet. 1936 befaßte man sich erstmals erfolgversprechend mit der Benzineinspritzung für Kraftfahrzeugmotoren: Bosch versuchte sich an Zweitaktmotoren, im Jahr 1937 an Viertaktern. Die Direkteinspritzung beim Zweitakt-Motor beseitigte die Spülverluste, führte so zu besserer Leistung und geringerem Verbrauch.

Nach einer Zwangspause infolge des Zweiten Weltkriegs lief die Entwicklung erst ganz langsam wieder an. 1946 machte Daimler-Benz erste Versuche mit der Direkteinspritzung, stellte sie aber bald wieder ein. 1949 liefen Versuche bei Gutbrod, und 1951 war die Serieneinführung an deren Zweitakt-Motoren im Gutbrod Superior (600 cm³) und Goliath GT-700, den ersten Serien-Automobilen der Welt mit Benzineinspritzung (Bosch). In diesem Zeitraum begann man auch bei Kugelfischer mit Entwicklungsarbeiten an der Benzineinspritzung.

1949 griff Daimler-Benz das Thema von 1946 erneut auf und präsentierte 1952 die legendären Silberpfeile, die mit ihrer dem System der Goliath-Lösung ähnlichen Einspritzung große Erfolge im internationalen Rennsport verbuchen konnten. Diese Direkteinspritzanlage von Bosch fand dann auch 1954 in den serienmäßigen Mercedes 300 SC und 300 SL, dem Flügeltürmodell (215 PS, 260 km/h), Anwendung. 1957 machte die mechanische Lucas-Saugrohreinspritzung Mk 2 durch den Jaguar-Erfolg in Le Mans von sich reden. Sie ging 1968 erstmals für den Triumph TR 6 in Serie.

Ab diesem Zeitpunkt setzte eine stürmische Ent-

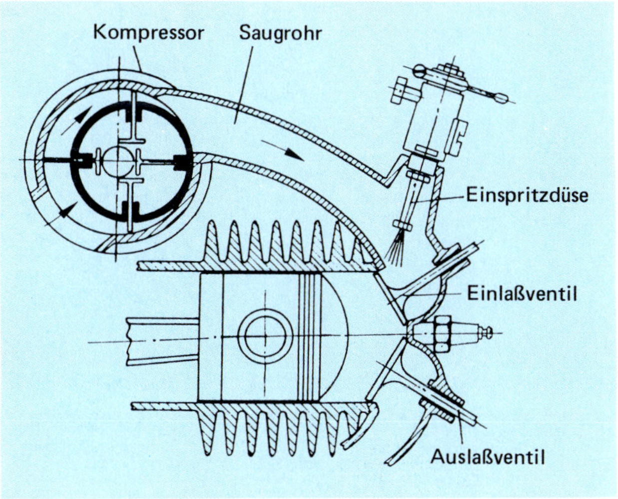

Mit Fuscaldo-Niederdruckeinspritzung und Kompressor fuhr breits 1930 eine 500-cm³-Rennmaschine von Moto Guzzi. Diese elektrisch angesteuerte Einspritzanlage gilt als die erste brauchbare Entwicklung für Fahrzeugmotoren mit kleinem Hubraum (im Vergleich zu Flugzeugmotoren). Für den Pkw gab es diese Anlage noch nicht.

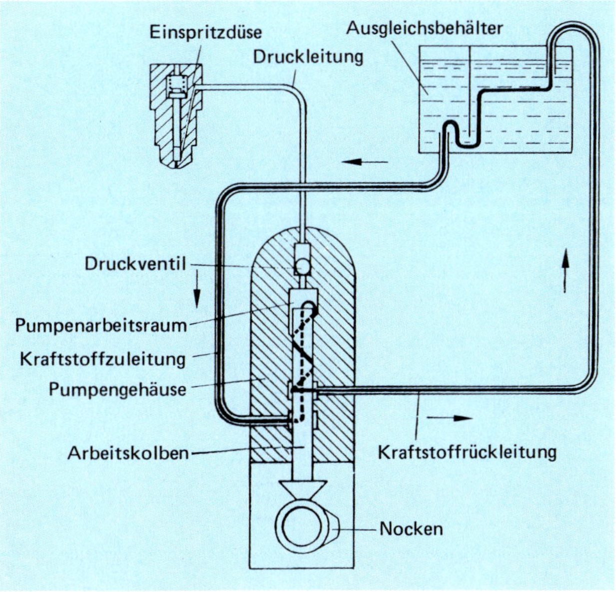

Nach dem Gleichstrom-Prinzip arbeitete die Einspritzanlage von L'Orange (Kraftstoff fließt überall nur in einer Richtung). Strömungsverluste, Schäumen, Erwärmen, Blasenbildung und Echowellen wurden auf diese Weise ausgeschlossen.

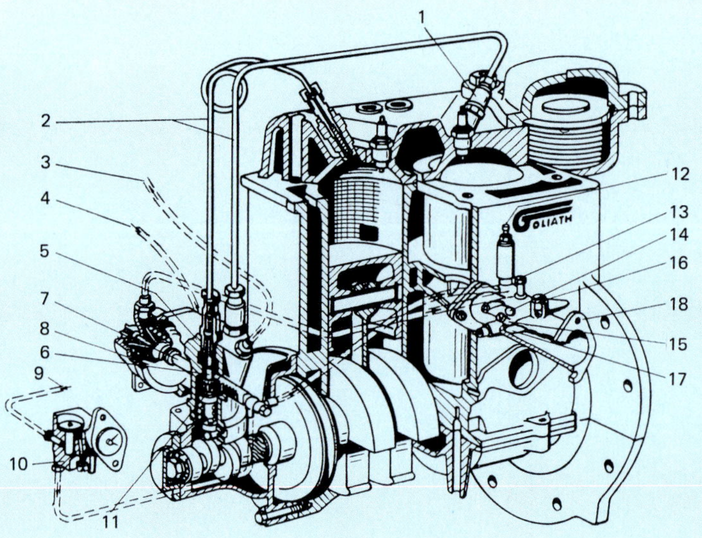

Die erste serienmäßige Anwendung von Einspritzanlagen an Pkw mit Ottomotor erfolgte 1951 an den Zweitaktern Goliath GT-700 (Bild) und Gutbrod Superior (600 cm³).

wicklungsphase im Bau von Einspritzanlagen ein: 1956 stellte Kugelfischer nach Versuchen im Goggomobil, DKW, Goliath und NSU seine mechanische Einspritzanlage vor (last- und drehzahlgeregelt). Ölverdünnung als Folge des fetten Gemisches während der Warmlaufphase bei der Direkteinspritzung bewirkten 1957 bei Daimler-Benz den Wechsel zur Saugrohreinspritzung (Mercedes 300 D). Mitte der fünfziger Jahre stellte die amerikanische Firma Bendix erstmals ein elektronisch gesteuertes Einspritzsystem mit besonders guter Gemischaufbereitung vor, das Bosch übernahm, serienreif machte und 1967 als „Jetronic" serienmäßig für den VW 1600 E lieferte. Dieses druckmessende System wurde später als D-Jetronic bezeichnet.

1958 begann Pierburg mit der Entwicklung von Einspritzanlagen für Benzinmotoren, und Daimler-Benz verwendete im Mercedes 220 SE eine intermittierende Saugrohreinspritzung mit Zweistempelpumpe. Ab 1958 noch für eine Kleinserie, lieferte Kugelfischer ab 1959 seine mechanische Einspritzanlage serienmäßig für den Peugeot 404 und für sportliche Fahrzeuge (1964/65: Lancia, 1968/69: BMW 2000 Tii, 1971: Capri RS 2600, 1979: BMW M1).
1964 tauchte die sehr einfach aufgebaute „Einspritzung" von Tecalemit-Jackson zum Nachrüsten auf, bei der eine Kraftstoffzerstäubung über Druckluft erfolgte und kontinuierlich Kraftstoff zugegeben wurde. 1965 befaßte sich auch Pierburg mit ihr, sie wur-

Direkteinspritzanlage für Viertakt-Ottomotoren in den sechziger Jahren (Bosch, hier: Mercedes-Benz 300 SL).

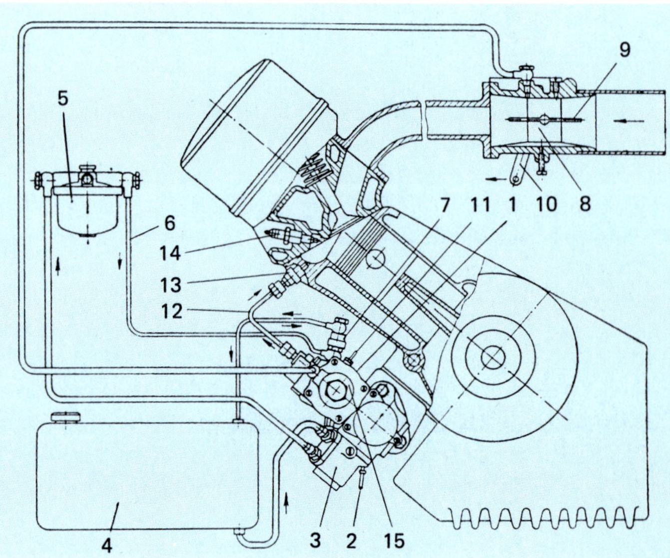

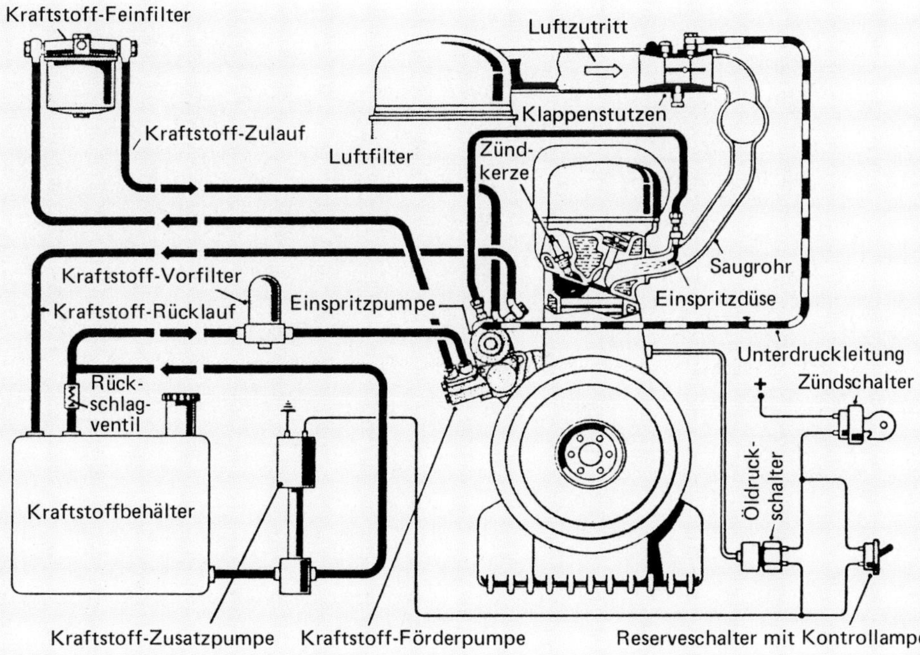

Anders als bei Renn- und Sportwagen zeigte sich bei „Normalfahrzeugen", daß durch die vielen Warmlaufphasen bei Direkteinspritzung eine Ölverdünnung entsteht, die zu Schäden führte. Daimler-Benz ging deshalb 1957 erstmalig zur Saugrohreinspritzung über. Bei Renn- und Sportmotoren bewährte sich hingegen die Direkteinspritzung.

Saugrohreinspritzung mit mechanisch angetriebener Einspritzpumpe und Raumnockenregler in den sechziger Jahren (Mercedes-Benz 280 SE).

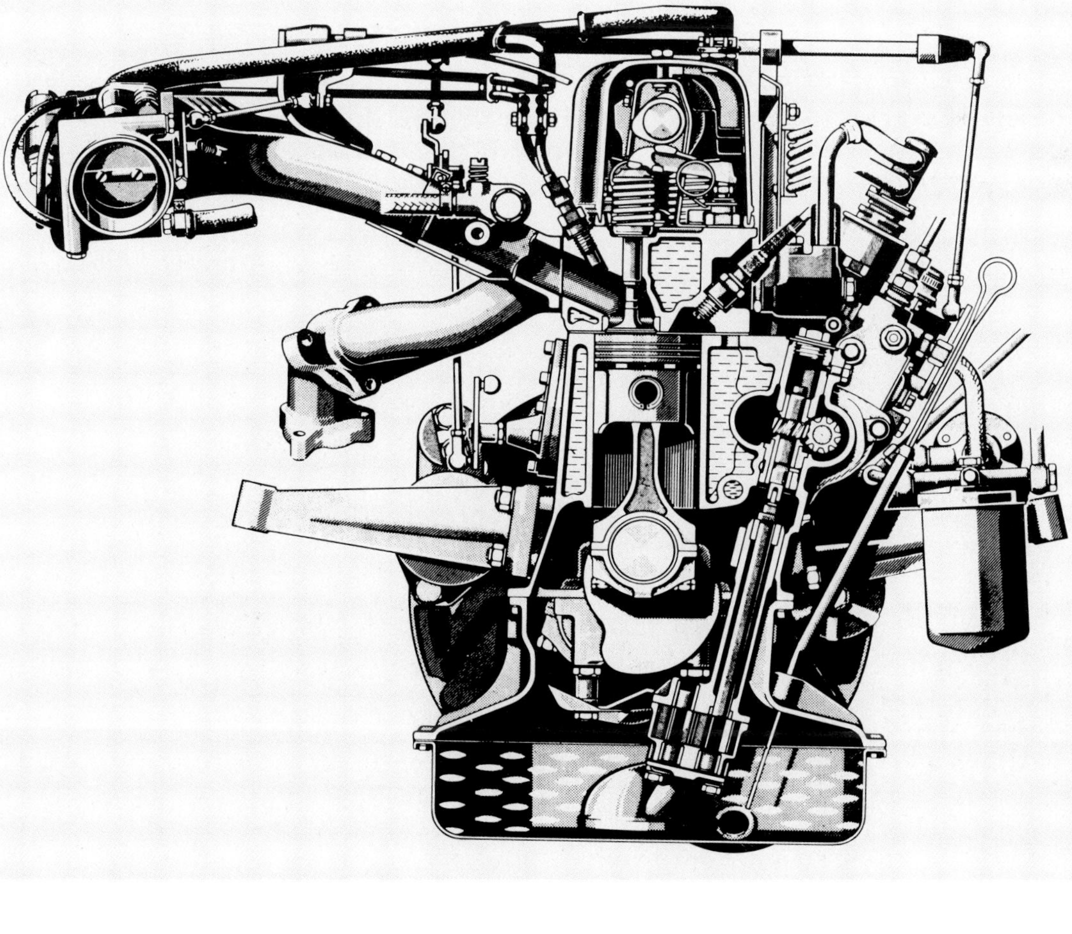

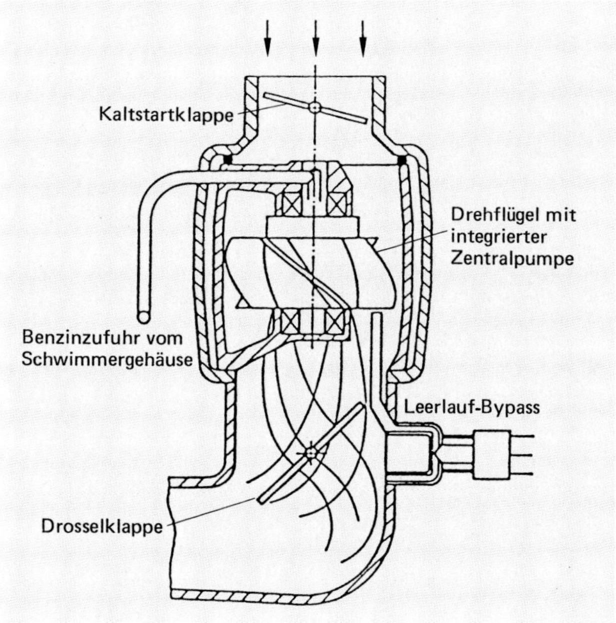

Zentraleinspritzung mit Impeller-Verwirbelung.

Mechanische Benzineinspritzung mit Fremdantrieb und je einem Pumpenelement pro Zylinder: Die Regelung der Fördermenge erfolgte über Verändern des Kolbenhubs (Kugelfischer-Einspritzung PL 004 mit Raumnockensteuerung).

de jedoch dann nicht weiter verfolgt. 1968 setzte Daimler-Benz beim Mercedes Coupé 250 E erstmals eine elektronische Benzineinspritzung ein (D-Jetronic); Porsche baute die kurze mechanische Sechs-Element-Doppelreihenpumpe von Bosch im 911 E und 911 S ein. 1972 startete der italienische Vergaserhersteller Weber, allerdings ohne Glück, mit der Entwicklung eines elektronischen Einspritzsystems.

Das Jahr 1973 erwies sich als ein wahres „Einspritzjahr": FIAT und Marelli begannen mit der Entwicklung eines mikroprozessorgesteuerten Einspritzsystems mit Luftmassenmessung durch Ultraschall; Bosch stellte die mechanische K-Jetronic für Porsche 911 T und die elektronische KE-Jetronic für schadstoffarme USA-Porsche und -Volvo sowie die ebenfalls elektronische L-Jetronic im VW 1600 vor. Pier-

Einfache mechanische — mit elektronischen Bauelementen kombinierte — kontinuierliche Einspritzung in Abhängigkeit von Drosselklappenstellung und Drehzahl: Speziell für maximale Motorleistungen im Rennsport ausgelegt, verzichtet diese Anlage auf Drosselorgane im Ansaugsystem. Sie steuert die Kraftstoffdosierung über einen „Kennfeld"-Raumnocken (Pierburg CS).

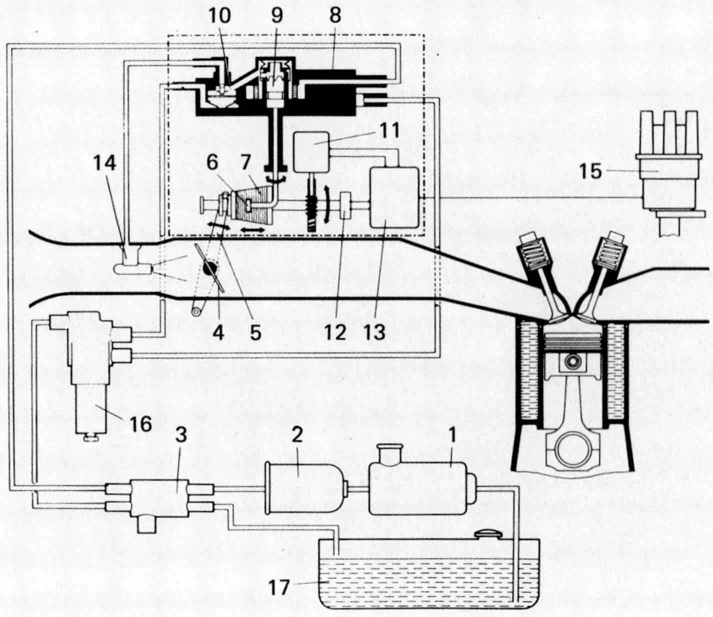

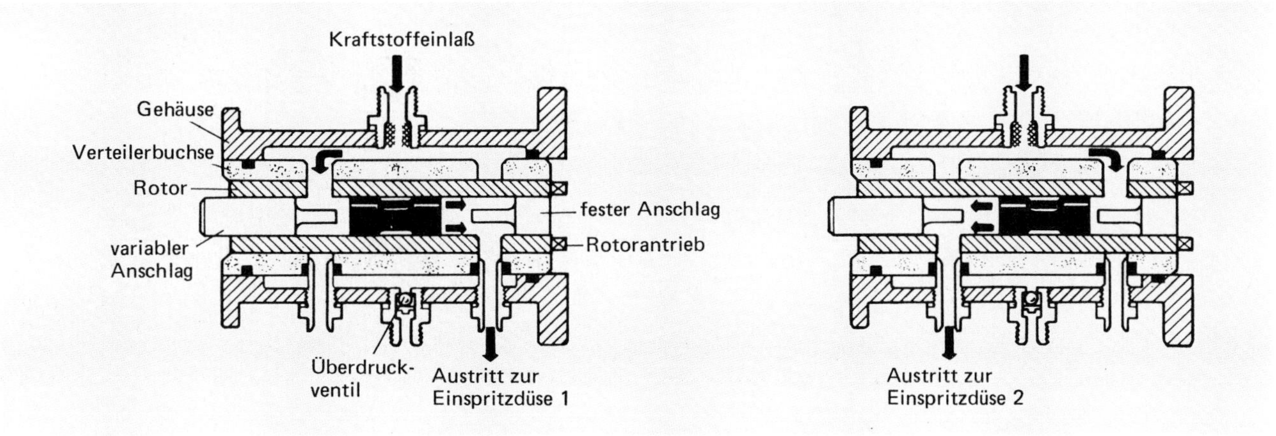

Kraftstoffzuteilung bei der mechanischen Saugrohreinspritzung Lucas Mk II, wie sie Ende der sechziger Jahre bei Triumph serienmäßig zum Einsatz kam und auch heute noch in der Formel 1 zu finden ist. — Der Kraftstoff wird der Dosiervorrichtung mit einem Systemdruck von 7 bar vorgelagert. Der in der Dosiervorrichtung axial hin und her bewegliche Kolben bringt die vorgegebene Kraftstoffmenge zu den einzelnen Einspritzdüsen. Das Bild zeigt zwei verschiedene Stellungen.

burg bot die raumnockengesteuerte Zenith CL an, die im Opel Manta Sport und beim BMW Alpina ab 1974 in kleinen Stückzahlen Anwendung fand. In diesem Jahr wurde die druckmessende D-Jetronic von Bosch völlig durch die luftmengenmessende L-Jetronic ersetzt (Opel Manta GTE, BMW, FIAT, Lancia). Auf der Basis von D-Jetronic baute Lucas das LSO-Einspritzsystem, das in den 6-Zylinder-Modellen von Jaguar und Daimler in England weiterhin verwendet wird.

1975 brachte Pierburg das DL-System, eine Weiterentwicklung der Zenith CL, auf den Markt (BMW Alpina Turbo). 1977 führte Bosch die Lambda-Sonde für Katalysator-Fahrzeuge ein, die den Kraftstoffanteil im Gemisch so dosiert, daß die Schadstoffemissionen abgasseitig im nachgeschalteten Katalysator erheblich reduziert werden können. 1978 rüstete Jaguar seinen 4,2- und 5,3-Liter-Typ mit dem „Air-Flow-System" aus. Es handelt sich hierbei um eine Anleihe an die luftmengenmessende L-Jetronic von Bosch.

So ist es kein Wunder, daß sich angesichts solcher Lösungen für die Gemischaufbereitung die Einspritzanlagen in den mittleren Hubraumklassen immer mehr und in den oberen nahezu überall durchsetzten. 1980 stellte Ford in seiner Continental-V 8-

Schnitt durch das Dosier- und Verteilergerät der mechanischen Einspritzanlage Lucas Mk II.

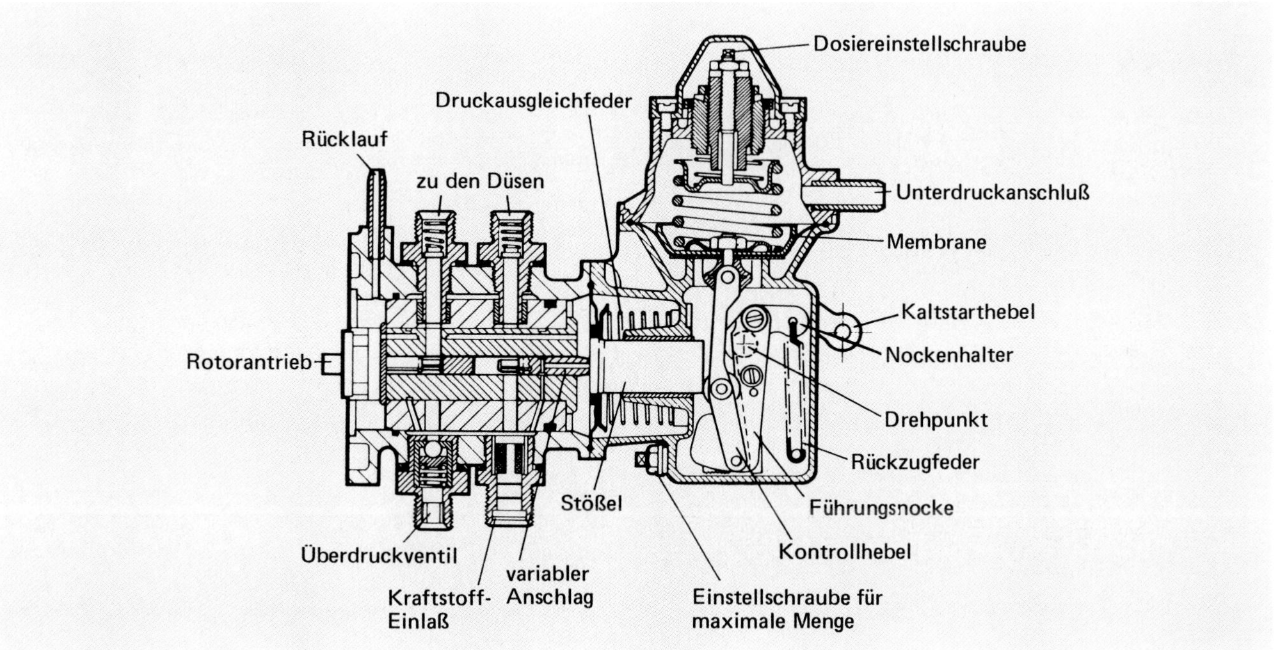

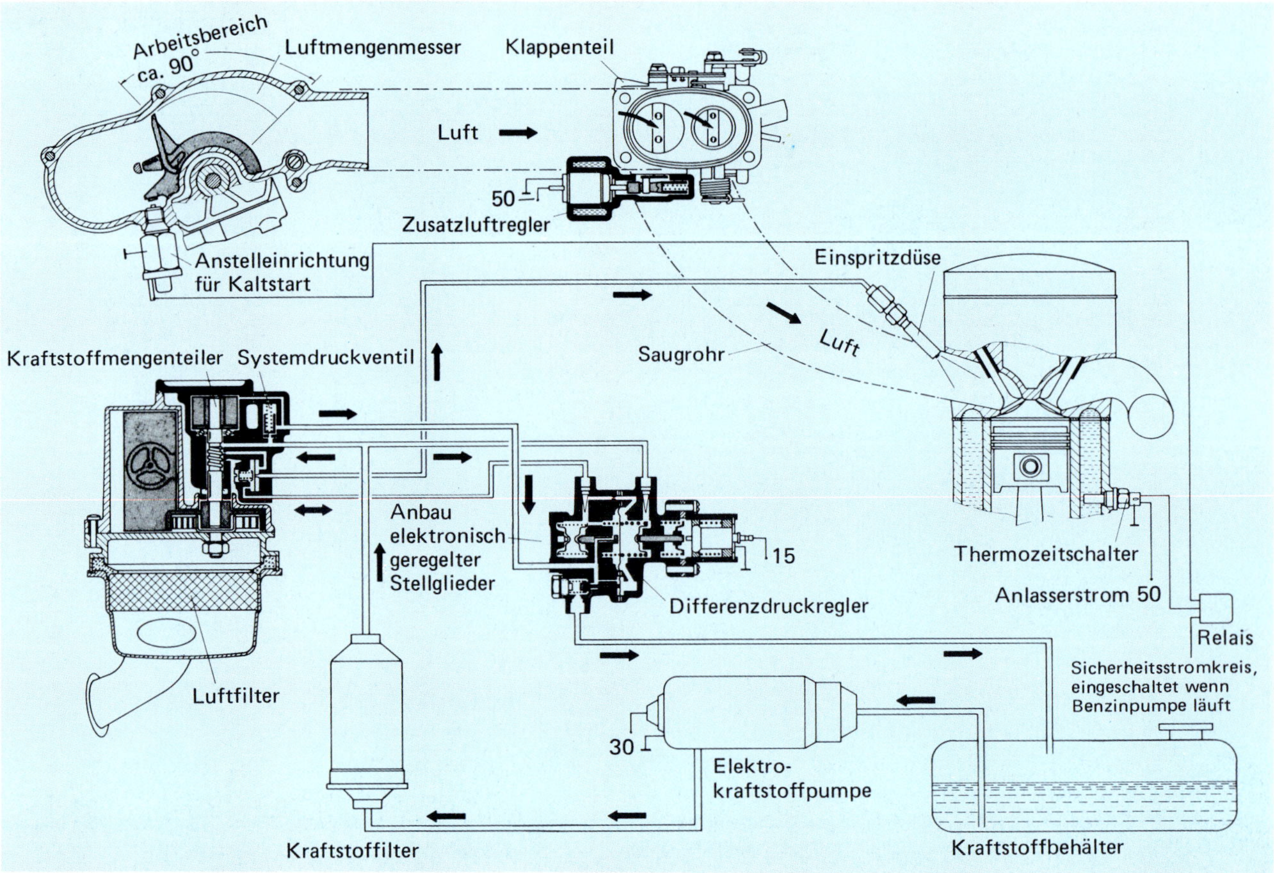

Luftmengenmessendes mechanisches Kraftstoffeinspritzsystem mit kontinuierlicher Einspritzung und progressiver Kraftstoffzumessung über dreieckige Steuerfenster (ein Fenster je Zylinder) im Steuerzylinder des Zumeßelements (Audi/NSU-Entwicklung).

Limousine den EEC III, eine Weiterentwicklung der elektronischen Steuergeräte EEC I und EEC II, vor, der eine exakte Zentraleinspritzung ermöglicht: für je vier Zylinder ein Einspritzventil (Single-Point-Injection-System, SPI). Ein ähnliches System, allerdings mit 0,7 bar Niederdruck, verwendete General Motors: das Throttle-Body-Injection-System (TBI), das der Rochester Fuel Injection entspricht.

Die Anzahl der Luftwirbel hinter einer Säule im Ansaugkanal wird durch Ultraschall ermittelt und dient als Maß für die angesaugte Luftmasse („Karmàn-Wirbel" beim Mitsubishi-ECI-Einspritzsystem).

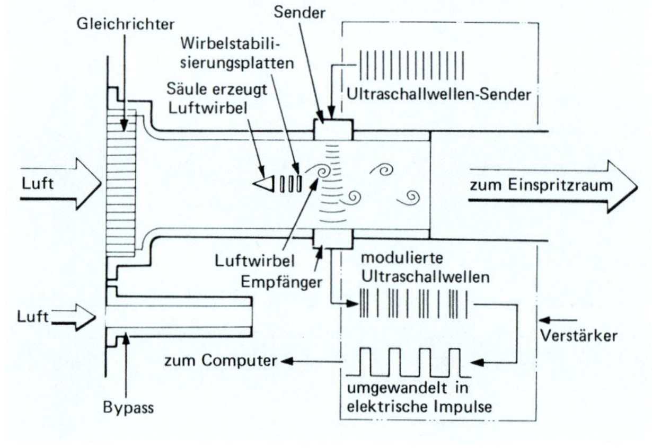

Einen besonderen Coup landete Bosch 1979 mit der Motronic, einem Zünd- und Benzineinspritzsystem mit gemeinsamer mikroprozessorgesteuerter Elektronik, in der dreidimensionale Kennfelder für nahezu alle denkbaren Betriebszustände gespeichert sind. BMW, an der Entwicklung beteiligt, setzt seither die Motronic in seinen Fahrzeugen in zunehmendem Maß ein. Audi befaßte sich 1979 mit einer eigenen mechanischen Einspritzung, bei der die luftmengenmessende Stauklappe im Ansaugstrom über ein Regelgestänge zum Mengenteiler dort dreieckige Zumeßfenster für die einzelnen Zylinder mehr oder weniger öffnete. Eine sich emissionsgünstig auswirkende progressive Kraftstoffzumessung im Teillastbereich zu den einzelnen Zylindern war das Ergebnis. Bereits damals sah man auch eine integrierbare Lambda-Regelung vor.
Der italienische Vergaserhersteller Weber wandte sich 1980 ebenfalls der Entwicklung eines digitalen Zünd-/Einspritzsystems (ähnlich Motronic) zu und definierte eigene Zielvorgaben für sein I.A.W.-System, das nicht luftvolumenmessend, sondern luftmassenmessend aufgebaut werden sollte. Bosch

Über Luftfilter und Turbolader gelangt bei den Mitsubishi-Turbo-Modellen die komprimierte Luft in die mit zwei intermittierend einspritzenden Düsen bestückte Zentraleinheit des ECI-Einspritzsystems.

setzte in diesem Jahr erstmals verbrauchs- und abgasreduzierende luftumfaßte Düsen ein, die den Kraftstoff feiner zerstäuben. 1981 folgte die LE-Jetronic mit Schubabschaltung (BMW, Opel, Volvo) für den europäischen Markt (in USA: LU), die wartungsfreundlicher und dauerstandfester als die L-Jetronic ist. Es folgte die LH-Jetronic, ein erstmals luftmassenmessendes System (über einen elektrisch geregelten Hitzdraht im Ansaugstrom), das in die US-Ausführungen der 240er Volvo eingebaut wird. Im gleichen Jahr präsentierte Nissan in seinem Datsun-Skyline eine elektronische Einspritzanlage, die mit einer kennfeldgesteuerten Zündung synchronisiert ist. Auf der Basis von Bosch-Patenten beruht das ebenfalls 1982 vorgestellte mikroprozessorgesteuerte Mitsubishi-Einspritzsystem ECI (Electronic Controlled Injection), dessen Steuergröße die per Ultraschall (Prinzip „Karmàn-Wirbel") ermittelte Luftmasse ist. Es handelt sich dabei um eine Zentraleinspritzanlage mit zwei intermittierend einspritzenden Düsen, die in den Turboversionen der Typen Lancer, Galant, Cordia und Starion Verwendung findet.
Mit der Ablösung des luftgekühlten Motors durch den Wasser-Boxermotor im VW-Bus 1982 trat mit diesem Fahrzeug auch die luftmengenmessende mikroprozessorgesteuerte VW-Einspritzanlage Digijet erstmals auf. Sie fußt zum Teil auf vorhandenen Systemen, spritzt zweimal je Zylinderarbeitsspiel ein und hat hauptsächlich niedrigeren Kraftstoffverbrauch sowie geringere Abgasemissionen zum Ziel. In der Annahme, die Transistorzündung werde sich auf breiter Basis durchsetzen, sah man als nächsten Entwicklungsschritt die Kombination von Zündung und Digijet bereits vor. Dieses System ging dann auch 1985 bei VW unter der Bezeichnung Digifant in Serie.
Bei Bosch erschien 1982 die KE-Jetronic, eine Fortentwicklung der mechanischen K-Jetronic — jetzt mit elektronischer Funktionserweiterung —, und 1983 folgte aus dem gleichen Haus mit der luftmengenmessenden Mono-Jetronic eine Zentraleinspritzung (ein gemeinsames Ansaugrohr mit einem Einspritzventil für alle Zylinder) für den japanischen und amerikanischen Markt (Single Point Injection, SPI). Diese ähnelt der Ford-Lösung von 1980 und ist eine „Mischung aus Vergaser und Einspritzanlage". Auch bei Chrysler gibt es etwas ähnliches für deren Vierzylinder-Motoren. Honda entwickelte die über einen Piezo-Sensor indirekt luftmengenmessende Einspritzung PGM-FI (Programmed Fuel Injection) mit Kennfeldsteuerung, intermittierender Einsprit-

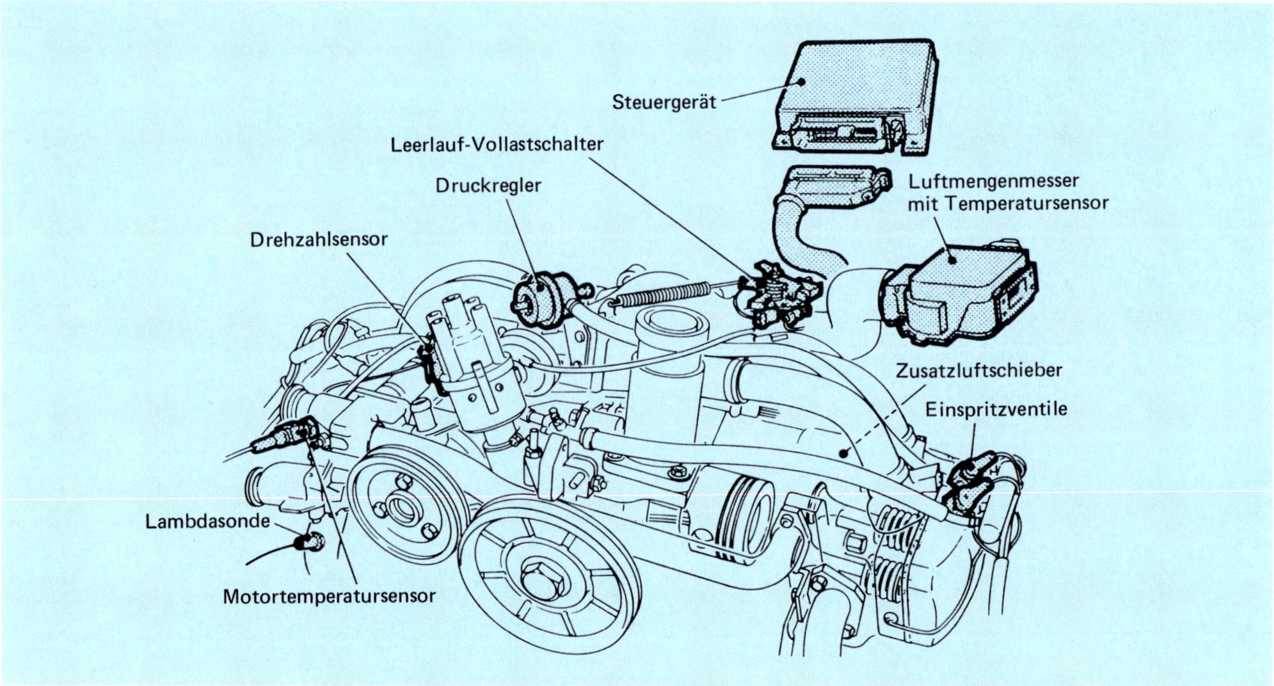

Auf vorhandenen Systemen aufbauend entwickelte VW mit der Digijet eine eigene Einspritzanlage mit Mikroprozessor, die 1982 erstmals in den wassergekühlten Boxermotoren des Transporters Anwendung fand.

zung, Schubabschaltung und Selbstdiagnose mit LED-Anzeige. Weber lieferte im selben Jahr das kennfeldgesteuerte elektronische Einspritz-/Zündsystem I.A.W. für die Gruppe C Lancia, Ferrari GTO und den FIAT Argenta 2000i-e. Im März 1985 bestückte Ford auch den Sierra RS Cosworth damit. „Speed density", wie dieses System auch genannt wird, orientiert sich an der Luftmenge, die aus Unterdruck (über einen Piezo-Sensor) und Temperatur errechnet, also indirekt ermittelt wird (ähnlich D-Jetronic). Die Einspritzung in den Saugkanal eines jeden Zylinders geschieht sequentiell phasengesteuert. Die Kraftstoffzuteilung erfolgt normalerweise während der Saugphase, kann aber je nach Erfordernis schon in die Expansionsphase (Arbeitstakt) vorverlegt werden.

Zentraleinspritzung als Niederdrucksystem (Mono-Jetronic, Bosch).

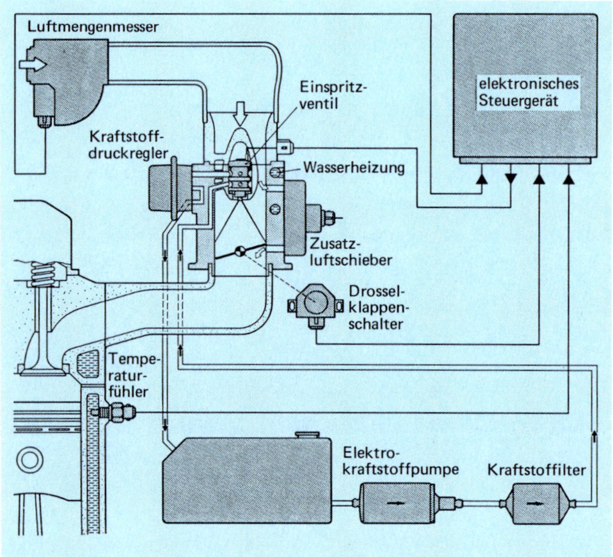

Das 1984 von Lucas vorgestelle „Hot-Wire-Air-Flow-System" im MG Montego entspricht mit einigen Änderungen der LH-Jetronic mit Luftmassenmessung mittels eines Hitzdrahts. Im selben Jahr wurde auch Bendix wieder in Euopa aktiv. Die elektronische Renix-Einspritzanlage (Renix als Tochterfirma von Renault und Bendix) mit Schubabschaltung und Klopfsensor versorgt den Renault 25 GTX und den Alpine V 6 Turbo kennfeldgesteuert mit Gemisch und gehört ebenfalls zu den neuen digitalen Einspritz-/Zündsystemen.

Ford führte das EEC-IV-System ein: eine redundante mikroprozessorgesteuerte Motorelektronik mit einer Leistung von über 1 Mio. Informationen je Sekunde im RS 200 (mit Ford-Einspritzung), im Sierra 2,0 und im Scorpio (beide mit L-Jetronic), deren Rechner die Leistung von zwei Heimcomputern haben. Den EEC-IV hat auch der Scorpio 2,8iV 6, der über zwei Einspritzanlagen für je drei Zylinder verfügt — ein „Abfallprodukt" aus der 1983 vorgestellten Ford-Studie zur Zylinderabschaltung — und deutliche Verbrauchsvorteile gegenüber seinen eingespritzten Vorgängern vorweisen kann. Im Jahr 1984 präsentierte VW das mit Pierburg entwickelte und inzwischen serienreife Einspritzsystem AFI (Air

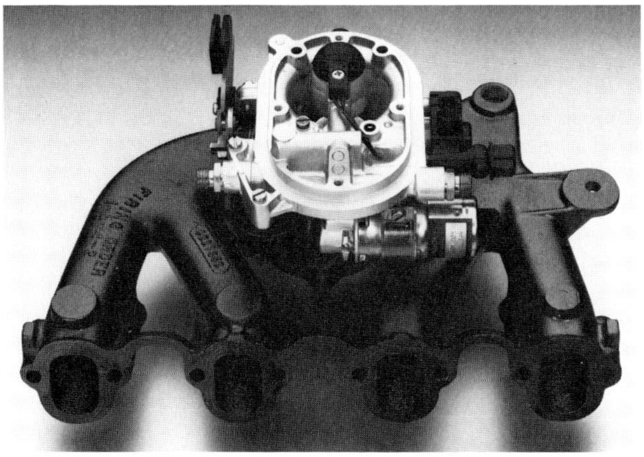

Zentrale Einspritzeinheit für das Niederdrucksystem (Mono-Jetronic, Bosch).

asisted Fuel Injection) auf dem SAE-Kongreß in Detroit: mechanisch aufgebaut, kontinuierliche luftunterstützte Einspritzung ohne Einspritzventile. Es basiert auf dem Prinzip des Gleichdruckvergasers.

Die Luft — Maß aller Dinge

Einspritzanlagen orientieren sich zur richtigen Dosierung des Kraftstoffs an der Menge des angesaugten Luftstroms, die sich entweder indirekt über den Unterdruck im Saugrohr und die Drehzahl des Motors oder direkt über eine Stauklappe im Ansaugstrom ermitteln läßt. Die Regelung kann mecha-

Zentrale Einspritzeinheit für das Hochdrucksystem (Mono-Jetronic, Bosch).

Beim Hitzdraht-Luftmassenmesser dient der zum Aufrechterhalten einer konstanten Drahttemperatur erforderliche Strom als Maß für die angesaugte Luftmasse.

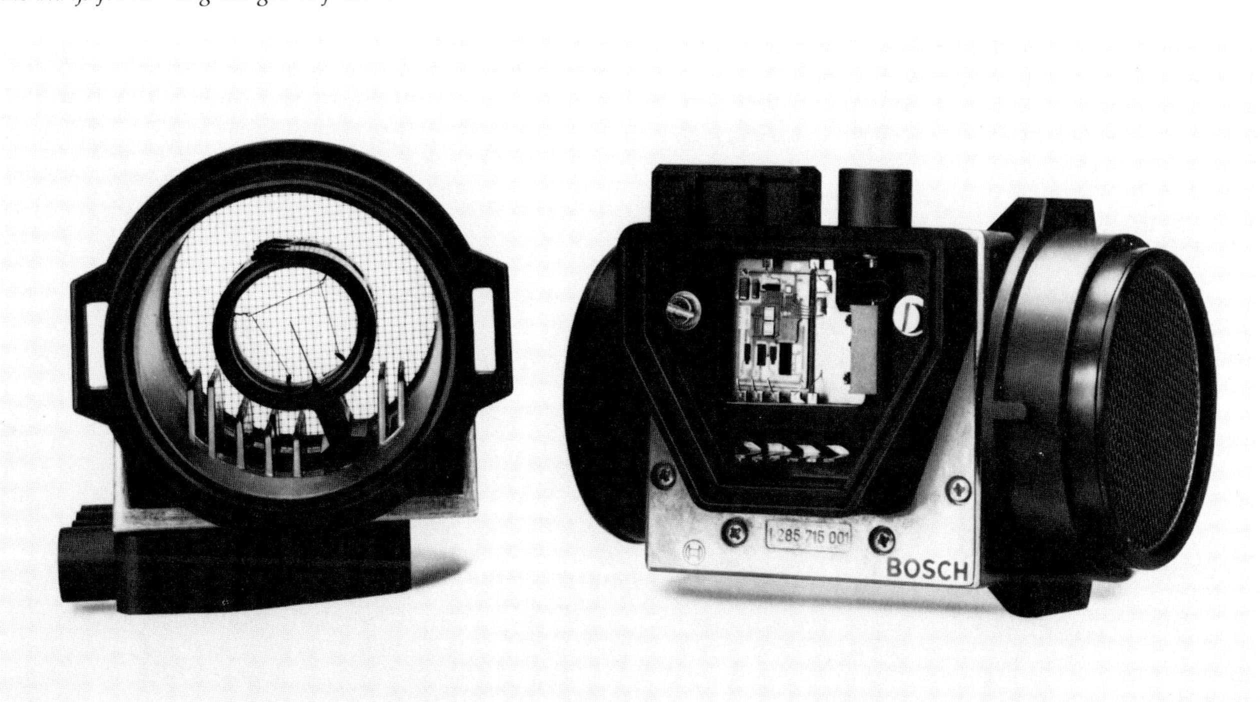

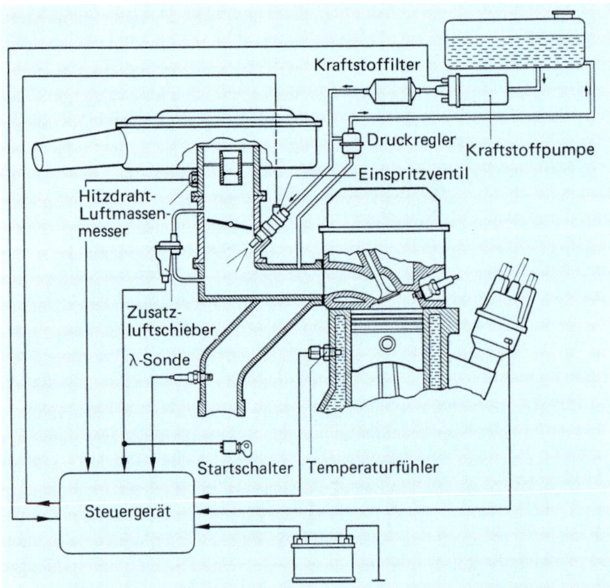

Zentraleinspritzung mit Hitzdraht-Luftmassenmesser und Lambda-Regelung.

nisch, mechanisch-elektrisch oder elektronisch erfolgen und berücksichtigt, je nach Aufwand, zur optimalen Anpassung an die jeweiligen Gegebenheiten noch Größen, wie z.B. den atmosphärischen Luftdruck, Motor- und Außentemperatur sowie die Lambda-Regelung beim Katalysatorbetrieb. Bei der Luftmassenmessung mittels Hitzdraht oder Ultraschall kann auf die Ermittlung von Luftdruck und -temperatur (Dichte) verzichtet werden, da diese Größen schon in der gemessenen Luftmasse berücksichtigt sind.

Vom Kraftstofftank über die Förderpumpe angesaugt, gelangt der Kraftstoff bei mechanischen Anlagen zur Einspritzpumpe und steht dann zum Abruf an die einzelnen Einspritzventile bereit. Diese sitzen entweder im Saugrohr oder kurz vor den Einlaßventilen im Saugkanal direkt vor den Zylindern und teilen, je nach Einspritzanlage, den Zylindern einzeln oder in zusammengefaßten Zylindergruppen die genau dosierte Kraftstoffmenge kontinuierlich oder intermittierend zur angesaugten Luft zu.

Zwei Sonderfälle sind zu erwähnen: die luftmengenmessende Zentraleinspritzung, bei der ein oder zwei Einspritzventile in einem Sammelrohr, (ähnlich dem Vergaser) den benötigten Kraftstoff einspritzen und den einzelnen Zylindern über die Ansaugkrümmer ein homogenes, gleich verteiltes Gemisch liefern — und die Kombination der Einspritzanlage mit der elektronischen Zündung über einen gemeinsamen Rechner, die als „Motorelektronik“ die Voraussetzung für eine optimale Steuerung des gesamten Motors, möglicherweise sogar einschließlich des automatischen Getriebes, erlaubt. „Antriebsmanagement“ nennt man letzteres.

Die Motronic, eine gemeinsame Entwicklung von BMW und Bosch, vereinte erstmals die elektronische Kennfeldsteuerung von Einspritzanlage und Zündung.

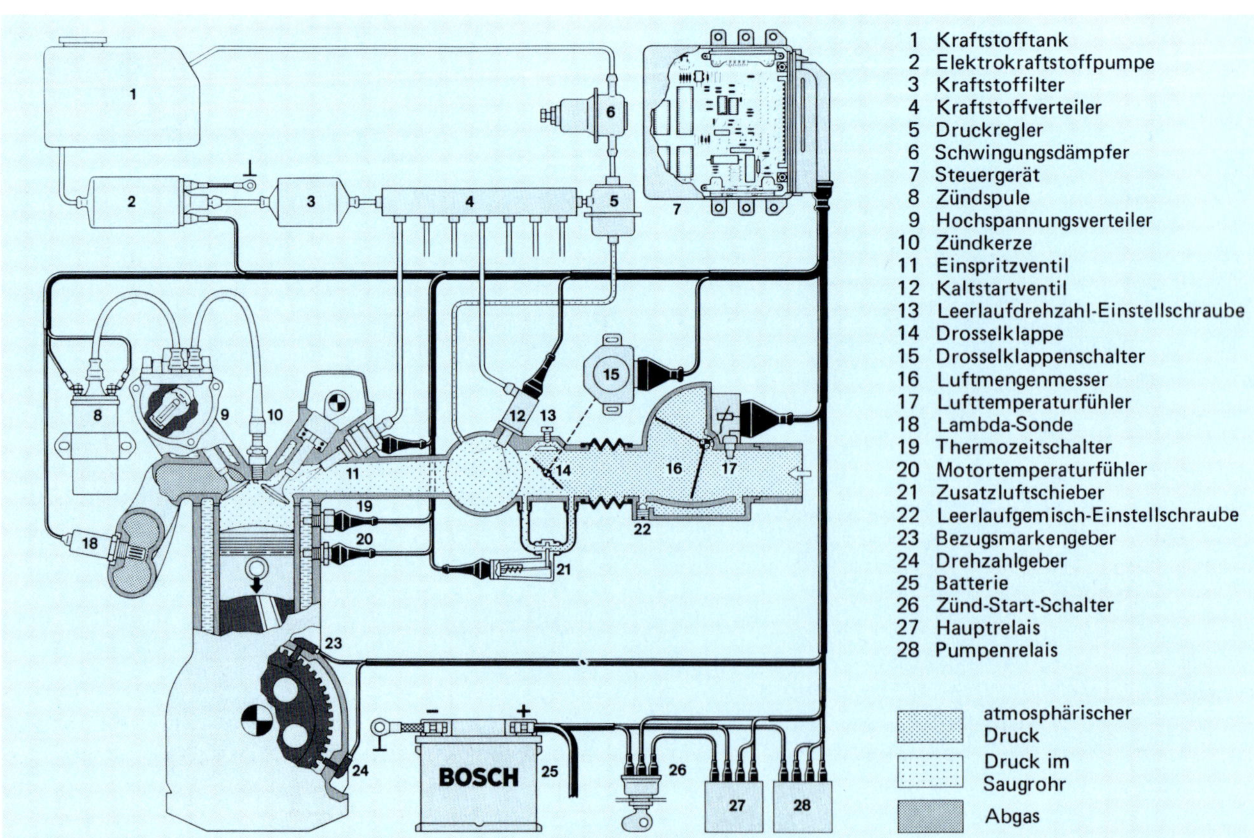

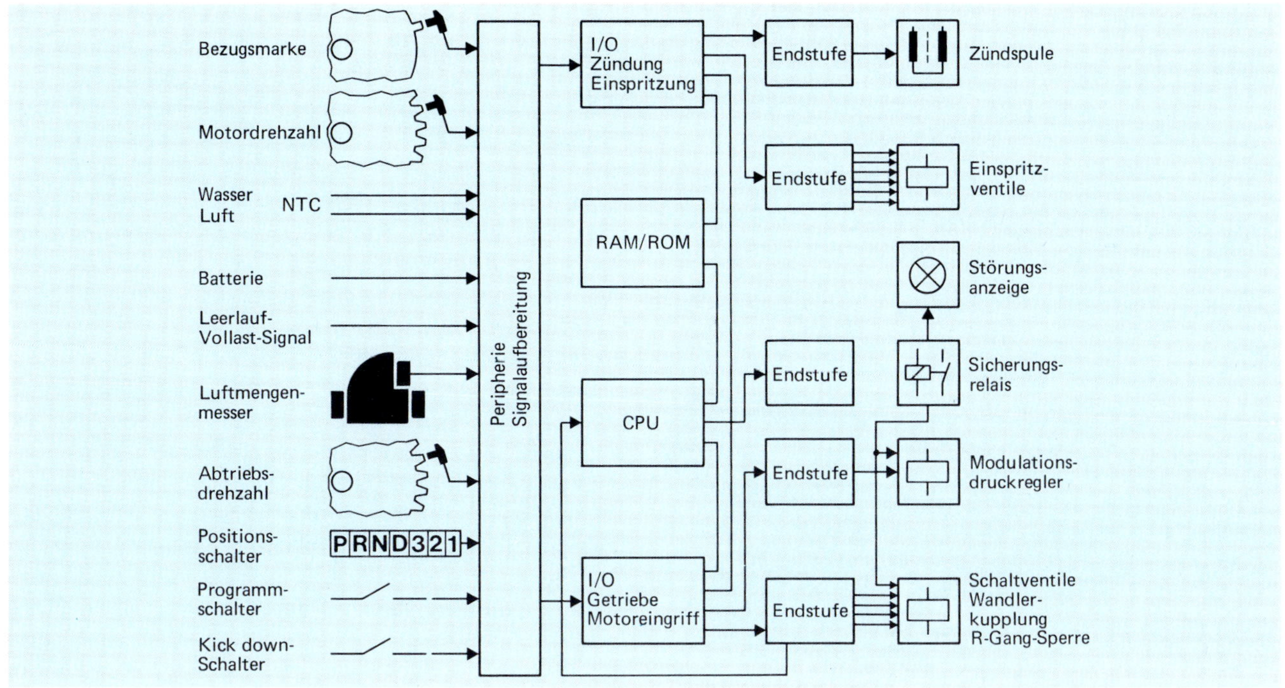

Motronic mit Getriebesteuerung: Wo Mikroprozessoren eingesetzt werden, läßt sich nahezu alles Regelbare regeln: Im Fall der Motronic beispielsweise kann in den Regelkomplex „Antriebsmanagement" auch die Steuerung des automatischen Getriebes mit integrierter Überbrückungskupplung einbezogen werden (für wahlweise sportliche, ökonomische oder mittels Programm vorgegebene Normal-Fahrweise).

Der „kleine große" Unterschied bei Benzineinspritzanlagen

In ihrem prinzipiellen Aufbau gleichen sich alle Einspritzanlagen, denn über das Kraftstoffsystem muß das Benzin unter Druck — in einigen Fällen auch mit zwischengeschalteter Luftdruckunterstützung — bis an die Einspritzdüsen herangeführt werden. Wieviel Kraftstoff dann anschließend den Zylindern zugeteilt wird, hängt von der Einspritzdauer der feststehenden Düsen oder von der Stellung des Steuerkolbens im Mengenteiler (starrer Hub mit veränderlichem Volumen oder veränderlicher Hub) ab. Der Mengenteiler erhält die Informationen vom Steuersystem, das entweder die jeweils richtig bemessene Kraftstoffmenge aufgrund der angesaugten Luftmenge indirekt (Drosselklappenstellung und Drehzahl oder Saugrohrunterdruck und Drehzahl) oder direkt über Stauscheiben im Ansaugkanal oder sogar über die Luftmasse (entweder per Hitzdraht oder Ultraschall) ermittelt. Die Genauigkeit der Kraftstoffzuteilung hängt von der Leistung des Steuersystems — elektronische Systeme bieten hier nahezu unbegrenzte Möglichkeiten — und der Qualität der Anlagenkomponenten ab.
Zur Zeit sind etwa 40 unterschiedliche Einspritzanlagen in Pkw und Rennwagen bekannt. Sie einigermaßen voneinander zu unterscheiden, gelingt nur, wenn man ihre besonderen konstruktiven Merkmale kennt, denn nur aus der Vielfalt der möglichen Kombinationen solcher bekannten Merkmale ergeben sich individuelle Systeme.

Man kann die Bauarten nach den Einspritzverfahren unterscheiden.
Bei der *Direkteinspritzung* sitzt das Einspritzventil im Zylinderkopf. Es ist dort den hohen Temperaturen, Drücken und Rückständen der Verbrennung ausgesetzt. Deshalb kam man von diesem Prinzip beim Ottomotor wieder ab.
Die *indirekte Einspritzung* erfolgt entweder über ein Einspritzventil je Zylinder ins Saugrohr bzw. in den Saugkanal direkt vor die Einlaßventile oder in ein Sammelsaugrohr mit einem Einspritzventil für gruppenweise zusammengefaßte Zylinder bzw. mit nur einem Einspritzventil für alle Zylinder (Zentraleinspritzung).
Steuergrößen: Sie sind entscheidend für die jeweils eingespritzte Kraftstoffmenge, die der angesaugten Luft für eine optimale Gemischzusammensetzung beizugeben ist. Im Rennsport findet man heute noch rein mechanische Regelungen (Regelgestänge über Saugrohrunterdruck oder von Drosselklappengestänge betätigt und Fliehkraftregler für die Drehzahlanpassung oder alternativ eine Raumnockensteuerung — eine Art „mechanische Kennfeldsteuerung" — mit pneumatischer Verstellung oder Fliehkraftverstellung).
Bei den meisten Einspritzanlagen kommt heute die Luftmengenmessung zum Einsatz, die die Luftmenge entweder direkt über vom Ansaugluftstrom ausgelenkte Stauklappen oder indirekt über Saugrohrunterdruck und Drehzahl ermittelt. Die entsprechende Kraftstoffzuteilung läßt sich mechanisch

Aus der „Ehe" zwischen Renault und Bendix ging die elektronische Benzineinspritzanlage Renix mit Schubabschaltung und Klopfsensor hervor. Einspritzvorgang und Zündung erfolgen kennfeldgesteuert (Renault 25 GTX und Alpine V 6 Turbo).

oder elektronisch steuern. Elektronische Steuerungen erlauben durch das Verwerten zusätzlicher Korrekturinformationen (z. B. atmosphärischer Druck, Luft- und Motortemperatur) je nach Ausbaustufe eine weiter optimierte Gemischanpassung an die unterschiedlichen Betriebszustände des Motors.
Bei der Luftmassenmessung berücksichtigt die ermittelte Größe bereits den atmosphärischen Luftdruck und die Lufttemperatur, so daß z. B. auf eine Höhenkorrektur verzichtet werden kann. Die Luftmasse läßt sich nach zwei Verfahren ermitteln: Ein elektrisch auf konstanter Temperatur gehaltener Hitzdraht befindet sich im angesaugten Luftstrom; die Heizstromaufnahme des Drahtes ist ein Maß für die ihn kühlende Luftmasse. Im zweiten Fall wendet man das Karmàn-Wirbel-Prinzip an, bei dem mittels Ultraschall die im Ansaugstrom hinter Strömungshindernissen entstehenden Luftwirbel registriert werden. Die geschwindigkeitsabhängige Frequenz dieser Wirbel wird elektronisch ermittelt und dient als Maß für die Luftmasse.

Einspritzanlagen bei der Arbeit

Für besondere Betriebssituationen des Motors hat unter Umständen eine Anpassung (Korrektur) des unter normalen Betriebsbedingungen vorgesehenen Kraftstoffanteils im Gemisch zu erfolgen. Obwohl bei Einspritzanlagen deutlich seltener eingegriffen werden muß als beim Vergaser, bleiben auch sie nicht von Korrekturen verschont. Einspritzanlagen müssen mit besonderen, allerdings weniger komplizierten Regeleinrichtungen angesteuert werden.
Kaltstart: Kondensatverluste des Kraftstoffs am kalten Motor werden durch Anreichern des Gemisches (fett) über längere Öffnungszeiten des Einspritzventils, über ein separates Kaltstartventil mit begrenzter Einspritzzeit oder über größere Fördermengen durch Steuerkolben ausgeglichen.
Warmlauf: Da nach der Startphase das Kaltstartventil nicht mehr anreichert, muß eine Gemischanreicherung über Zusatzluftschieber unter Umgehung der Drosselklappe und (oder) Warmlaufregler — durch Senken des Steuerdrucks öffnen Steuerdrosseln etwas mehr — oder Drosselklappenspaltöffnung erfolgen. Der Zusatz-Luftschieber kann bei Anlagen mit Leerlaufdrehzahlregelung entfallen. Eine andere Lösung für die Warmlaufphase ist das stufenweise Verringern der für den Kaltstart stark erhöhten Kraftstoffmenge während des Warmlaufs.
Leerlauf: Anreichern des Gemisches über eine Luft-Bypass-Leitung (bei Stauklappen) oder durch eine besondere Form des Lufttrichters kann erforderlich sein, um Verbrennungsaussetzer und somit unrunden Motorlauf zu vermeiden.
Teillast: Die Kraftstoffzumessung ist bei mechanischen Einspritzanlagen mit der Kennungslinie für den Teillastbereich festgelegt und kann bei elektronischen Ausführungen je nach Lastsituation auf die richtige Zusammensetzung beliebig korrigiert werden. Dieser Lastzustand ist der häufigste, und deshalb liegt in diesem Fall das Hauptaugenmerk auf niedrigem Verbrauch ($\lambda > 1$).
Vollast: Dieser Lastzustand verlangt eine erhöhte Kraftstoffzumessung ($\lambda < 1$) in Abhängigkeit vom Saugrohrunterdruck — durch eine besondere Form des Lufttrichters oder/und Steuerdruckabsenkung oder Drosselklappenstellung, Drehzahl und Saugrohrunterdruck —, da in dieser Phase das Hauptaugenmerk auf der Leistung und nicht auf dem Verbrauch liegt.
Beschleunigen: Für diese verbrauchsintensive Phase wird zusätzlicher Kraftstoff durch Impulse der überschwingenden Stauscheibe bzw. -klappe oder der Winkelbeschleunigung der Drosselklappe oder eines entsprechenden Servoverstärkers eingespritzt.

Abgas und Verbrauch

Der Weg von der rein mechanischen Einspritzanlage zur elektronisch gesteuerten war nicht nur von einem deutlichen Zugewinn an Leistungssteigerung, Ansprechverhalten und Komfort gekennzeichnet, er brachte auch mit der zunehmenden Anzahl meßbarer Steuergrößen (Drücke, Temperaturen, Drehzahl, Abgas) einen deutlich niedrigeren Verbrauch und schadstoffärmere Abgase. Wo dann im Einzelfall die Schwerpunkte liegen sollen, steht zur freien Entscheidung. Selbstverständlich hängt dabei

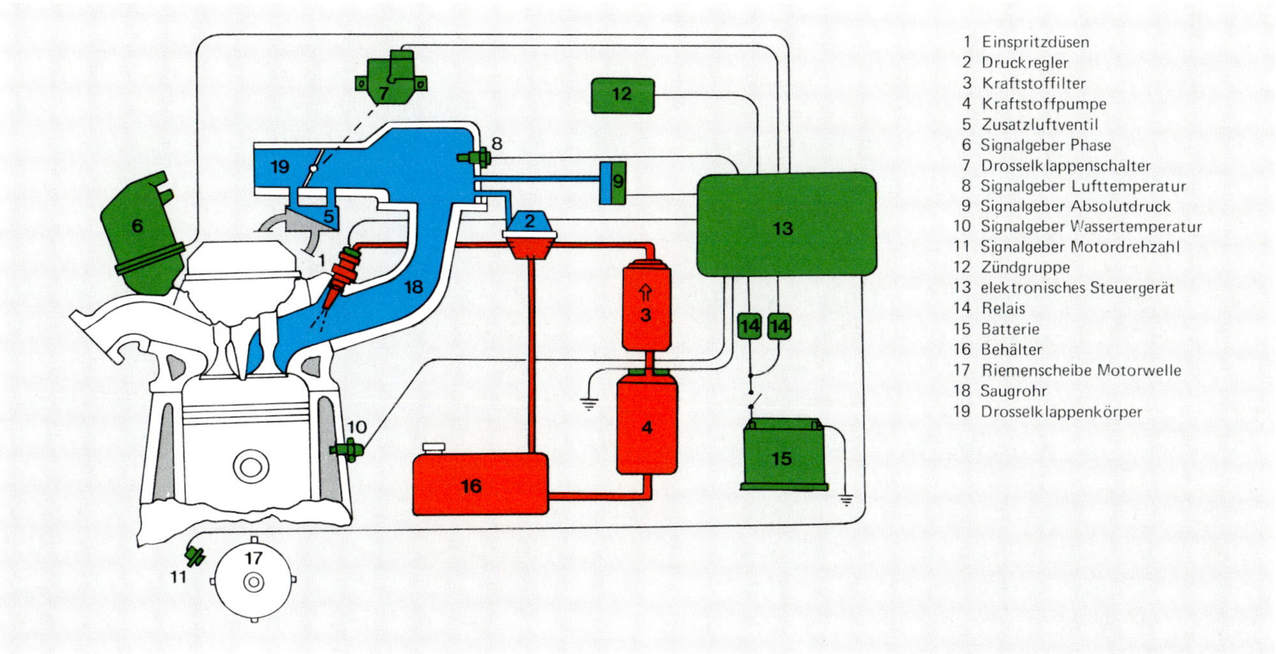

Außer im FIAT Argenta 2000i-e bisher hauptsächlich in sportlichen Fahrzeugen (Lancia Gruppe C, Ferrari GTO und Ford Sierra RS Cosworth) zu finden: das elektronisch kennfeldgesteuerte Einspritz-/Zündsystem I.A.W. von Weber.

die Qualität von Energieausbeute und Abgas von der Ausbaustufe der jeweils verwendeten analogen oder digitalen Elektronik und deren Peripherie ab, sofern man bei dieser Betrachtung die Einflußnahme des Fahrers über „unsinnige Betriebsweisen" außer acht läßt.

Leerlaufdrehzahlregelung: Eine konstante Drehzahl auch unter Last (kalter Motor, Zuschalten von Klimaanlage oder Betätigen der Servolenkung) wird z.B. durch Freigabe eines Zusatzluftkanals (Bypass) zum teilweisen Umgehen der Drosselklappe erreicht, was „unter Vorspiegelung falscher Tatsachen" letztendlich ein Anreichern des Gemisches bewirkt.

Höhenkorrektur: Die mit zunehmender Ortshöhe abnehmende Luftdichte hat ein fetteres Gemisch zur Folge, das durch Abmagern zu korrgieren ist. Als Steuergröße gilt der atmosphärische Druck, evtl. auch die Außenlufttemperatur. Diese Korrektur ist bei luftmassenmessenden Systemen nicht erforderlich, da sie bereits im Meßergebnis berücksichtigt ist. Auch bei Motoren mit Lambda-Regelung entfällt diese Korrektur, da sich diese Motoren nicht an der Dichte der angesaugten Luft, sondern am stöchiometrischen Gemisch ($\lambda = 1$) orientieren.

Lambda-Regelung (siehe Vergaser: Lambda-Regelung): Bei Ausfall dieses Regelkreises wird entweder auf einen „mittleren" Lambda-Wert gesteuert, oder die Störung wird dem Fahrer, der den Defekt sonst kaum bemerkt, durch absichtlich verschlechtertes Fahrverhalten und „Sägen" im Leerlauf unmißverständlich angezeigt.

Eine *Drehzahlbegrenzung* ist einspritzpumpenseitig durch Fliehkraftregler (ältere mechanische Systeme) oder durch Zurücknehmen bzw. Abschalten der Kraftstoffzufuhr möglich. Bei Katalysator-Fahrzeugen ist dies erforderlich, da bei sonst üblichem Unterbrechen des Zündstroms der weiterhin zugeführte Kraftstoff unverbrannt in den Katalysator ge-

Der turboaufgeladene Cosworth-Sechzehnventiler mit 200 PS im Ford Sierra RS Cosworth bedient sich der Einspritz-/Zündanlage I.A.W. von Weber.

langt, dort verbrennt und zu thermischen Ausfällen führt.
Schubabschaltung (siehe Vergaser: Schubabschaltung): Verzögertes Abschalten der Kraftstoffzufuhr im Schiebebetrieb des Motors bewirkt ein weiches Einsetzen der Motorbremswirkung. Wiedereinsetzen der Kraftstoffzufuhr erfolgt oberhalb einer definierten Mindestdrehzahl (plötzlich oder zeitgesteuert). Die Schubabschaltung kann auch zum Abfangen starker Drehzahländerungen (nach Gasstoß im Leerlauf) verwendet werden, um den Motor abzufangen.
Abgasrückführung (siehe Vergaser: Abgasrückführung)
Tankentlüftung (siehe Vergaser: Kraftstoffverdunstung): Die Tankentlüftung — bislang in den USA und Japan durch Gesetz angeordnet — entspricht im Prinzip der Schwimmergehäuse-Entlüftung mit Aktivkohle.
Stopp-Start-Anlage (siehe Vergaser: Stopp-Start-Anlage): Sie kann Bestandteil einer Motorelektronik für Zündung und Einspritzung sein.
Luftumfaßte Einspritzdüsen: Verbrauchs- und Abgaswerte verbessern sich besonders im Leerlauf, wenn ein Teil der Ansaugluft zum besseren Zerstäuben des Kraftstoffs über die Düsen der Einspritzventile zugeführt wird.

Zukunft der Benzineinspritzung: Das Management hat das Wort

Die Qualität der Gemischaufbereitung muß künftig noch strengeren Abgasgesetzen gerecht werden, ohne daß dabei wesentliche Zugeständnisse hinsichtlich Verbrauch und Komfort negativ in Erscheinung treten dürfen. Es wird — der Weg ist schon vorgezeichnet — zur vermehrten Anwendung umweltfreundlicher Einzeleinspritzanlagen und etwas preiswerterer Zentral-Einspritzanlagen kommen. Und auch kleinere Motoren werden zwecks Leistungssteigerung und als Folge des Trends zu sportlicheren Fahrzeugen sicher damit bestückt.
In den Fahrzeugen der gehobenen Kategorie wird sich langfristig das elektronische „Management" für Motor (Einspritzanlage und Zündung) und Antriebsstrang durchsetzen. Ob diese Fahrzeuge dann schließlich auch alle mit Lambda-Sonde und Katalysator ausgestattet sind, werden die Vorstellung des Gesetzgebers und die technische Weiterentwicklung der Automobilindustrie in Sachen Abgas zeigen. Schon jetzt gibt es vielversprechende Lösungswege, die den Katalysator nur als eine von mehreren Möglichkeiten erscheinen lassen.

Einspritzanlagen für Dieselmotoren

Mit einem tiefen Zug frischer Luft

Wer einen „Diesel" fährt, nimmt etwas mehr Geräusch als beim „Benziner" in Kauf, weiß er doch, daß er dafür ein sehr sparsames Gefährt bewegt. Das ist den meisten Diesel-Fahrern Grund genug. Daß hierfür die physikalischen Gegebenheiten des Diesel-Kreisprozesses die Grundlage liefern, zu dessen (fast) optimaler Umsetzung im Dieselmotor die Gemischaufbereitung von ausschlaggebener Bedeutung ist, wissen die wenigsten. Denn die Gemischbildung beim Dieselmotor unterscheidet sich nahezu in allen Punkten von der des Ottomotors — obwohl beide als Verbrennungsmotoren meist nach dem Viertakt-Verfahren arbeiten:
Der Kolben eines Dieselmotors saugt reine Luft in

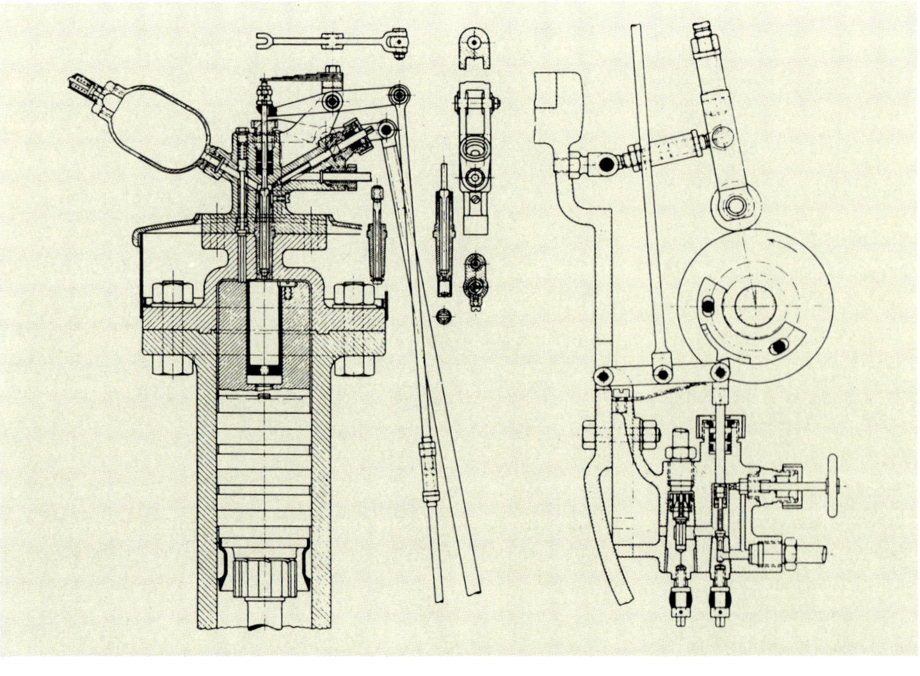

Einspritzpumpe und -düse des ersten Versuchsmotors von Rudolf Diesel aus dem Jahr 1893.

den Zylinder und komprimiert diese während des Verdichtungsvorgangs auf etwa 30 bar bis 60 bar. Im Bereich des oberen Kolbentotpunktes wird der schwersiedende Dieselkraftstoff je nach Einspritzart mit einem Druck zwischen 100 bar und 1 000 bar direkt in den Zylinder oder eine vorgelagerte Kammer eingespritzt. Dort entzündet sich der fein zerstäubte Kraftstoff (etwa 100 Millionen Tröpfchen) innerhalb einer Tausendstelsekunde an der durch den Verdichtungsvorgang auf etwa 700 °C bis 900 °C erhitzten Luft von selbst — ohne den Funken einer Zündkerze. Selbstzündung nennt sich dies.

Mit dem Einspritzvorgang setzt die eigentliche Gemischbildung erst ein, denn nun vereinen sich Kraftstoff und Luft zu einem heterogenen (ungleichmäßigen) Gemisch (homogenes Gemisch beim Ottomotor): In Strahlnähe herrscht relativer Sauerstoffmangel, dort entflammt das Gemisch zuerst. Dann entzündet sich mit einer kleinen zeitlichen Verzögerung von etwa einer Millisekunde (Zündverzug) das restliche Gemisch im Brennraum, in dem deutlicher Luftüberschuß vorherrscht. Wäre das Gemisch homogen, würde es schlagartig verbrennen, so daß extrem hohe Drücke und Temperaturen mit schädlichem Einfluß auftreten würden. Der Einspritzvorgang hat „aufs Grad genau" zu erfolgen, um den konstruktiv festgelegten Kompromiß zwischen Kraftstoffverbrauch und Geräusch (Ganghärte) zu gewährleisten.

Im Gegensatz zum Ottomotor kann der Dieselmotor auf eine Drosselung der zugeführten Luftmenge verzichten, da er ständig mit Luftüberschuß ($\lambda > 1$) betrieben werden muß. Der Motor erhält immer jenes Quantum Luft, das er sich von selbst ansaugt. Das Gesamtmischungsverhältnis Kraftstoff/Luft ist beim Dieselverbrennungsvorgang für die Zündwilligkeit völlig unerheblich, sofern Luftüberschuß vorliegt. Wie groß auch immer die eingespritzte Kraftstoffmenge ist, sie entflammt in jedem Fall. Der beste Wirkungsgrad liegt beim Dieselmotor in der Nähe der Vollast bei $\lambda \approx 1{,}2$ bis $\lambda \approx 1{,}3$.

Ausschlaggebend für die Leistung des Motors bleibt allein die Regelung der Kraftstoffmenge, die allerdings sehr exakt dosiert und eingespritzt werden muß, auch bei kleinsten Mengen im Leerlauf. Die überaus große Bereitwilligkeit, mit der der Dieselkraftstoff beim Verbrennen „zur Sache" geht, erfordert allerdings im oberen Drehzahlbereich eine Höchstdrehzahlbegrenzung, da ein unbelasteter Motor bei voller Kraftstoffmengenzuteilung (gedrücktes Gaspedal bzw. Regelstange auf Anschlag) bis zu seiner Selbstzerstörung hochdrehen würde.

„Vergasen" wie beim Ottomotor ist wegen der Zähigkeit des Dieselkraftstoffs und wegen der unkontrollierten Verbrennung, die irgendwann während der Verdichtungsphase im Zylinder stattfinden kann (Nageln, Leistungsverlust), nicht möglich. Einspritzen unter hohem Druck, entweder direkt in den Brennraum oder indirekt in eine Vorkammer oder Wirbelkammer, bleiben dem Dieselmotor folglich

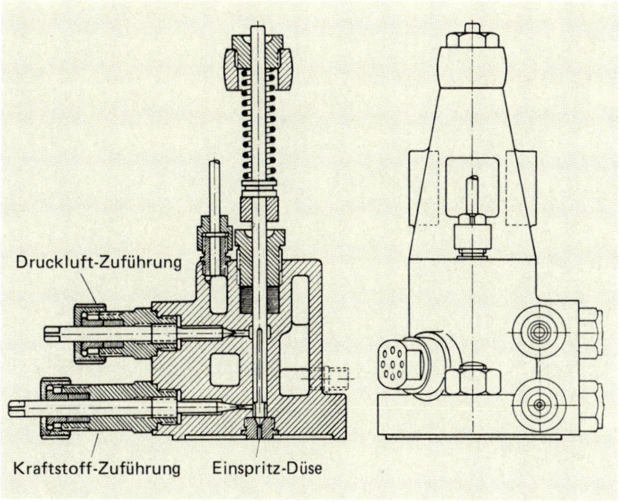

Einspritzventil aus der Entstehungszeit des Dieselmotors um 1895.

als einzige Alternativen. Dies erkannte Rudolf Diesel bereits sehr früh, doch sah man sich damals noch außerstande, derart präzise und dauerstandfeste Einspritzkomponenten zu fertigen. Man behalf sich infolgedessen seinerzeit noch mit dem Einblasen des Kraftstoffs über Preßluft bis zu 70 bar, bevor sich in den zwanziger Jahren dann die inzwischen tauglichen Einspritzanlagen durchzusetzen begannen.

Dieseleinspritzung — das Problem der Probleme

Fast hätte Rudolf Diesel 1894 die Hoffnung für seine Dieselmotor-Idee wieder aufgegeben, denn sein Hauptproblem, eine einigermaßen brauchbare Gemischaufbereitung für diesen Motor sicherzustellen, ließ sich zunächst nicht lösen. Er wußte, daß nur das Einspritzen von Kraftstoff unter hohem Druck zum Ziel führt, deshalb erwähnte er die „hydraulische Einspritzung" gleich in seiner ersten Patentschrift von 1892. Doch sah man sich zu jener Zeit nicht in der Lage, eine Vorrichtung zu fertigen, die den hohen Drücken, Temperaturen und Verbrennungsrückständen beim Dieselmotor gewachsen war und zuverlässig funktionierte. Die gemeinsamen Versuche Diesels mit der Maschinenfabrik Augsburg, die kontrollierte Kraftstoffzufuhr auf mechanisch-hydraulischem Weg in den Griff zu bekommen, führten zu keinem brauchbaren Ergebnis. Die Gemischaufbereitung beim Dieselmotor blieb noch für lange Zeit danach das „Problem der Probleme".

Notgedrungen griff Rudolf Diesel 1894 auf eine „Brennstoffpumpe" (Niederdruck) zurück, um den Kraftstoff in abgemessener Menge dem gesteuerten „Zerstäuber" oder „Einspritzventil" vorzulagern und ihn dann im richtigen Moment durch hochkomprimierte Druckluft in den Motorzylinder einzublasen.

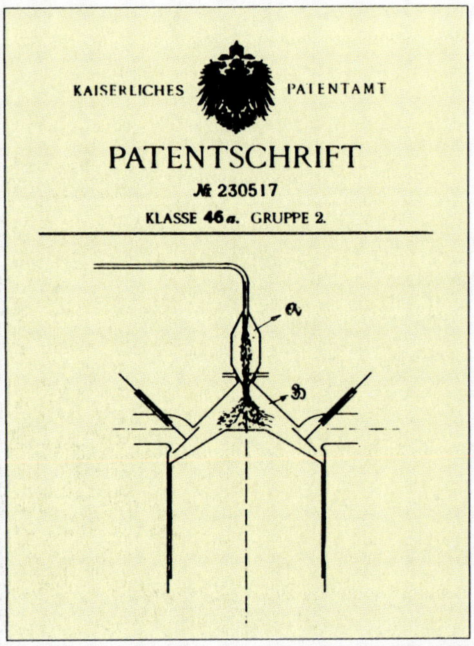

Anordnung der Benz-L'Orange-Vorkammer nach einer Patentschrift von 1909 mit A als Vorkammer und B als Hauptbrennraum. Mit dem in der Patentschrift niedergelegten Erfindungsgedanken wurde der Weg von der Einblasung zur Einspritzung des Kraftstoffs beschritten.

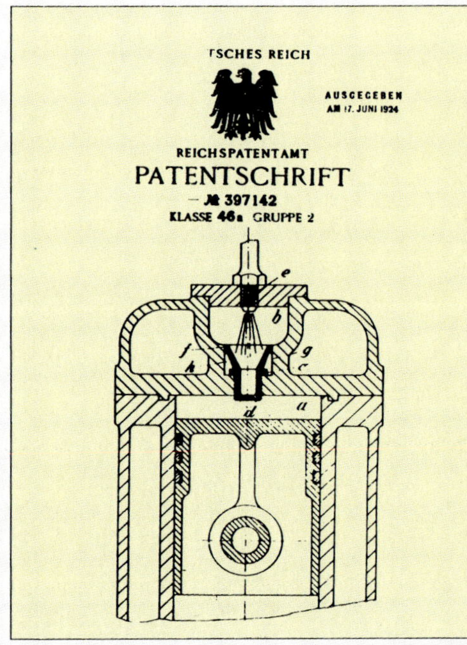

Das „Trichterpatent": Die Zündkammer nach dem Benz-Patent von 1919 hat einen Trichter als Einsatz, dessen Boden feine Löcher für den Durchgang von Luft oder Verbrennungsgasen aufweist. Der Trichter berührt nur am oberen Ende die gekühlte Wandung des Zylinderkopfes. Die Temperatur des Einsatzes konnte nunmehr auf der richtigen Höhe gehalten werden, so daß die Vorkammerbohrung sich nicht mehr durch Ölkoks verstopfte.

Im selben Jahr fanden auch Begegnungen mit Robert Bosch statt, die den Bau eines geeigneten Zündapparates zum Ziel hatten. Der Trugschluß, daß dieser Motor über Fremdzündung besser beherrschbar werde, stellte sich gleich beim ersten Versuch heraus: Außer schwarzen Rauchwolken und heftigen Schlägen ohne Leistung gab der Motor nichts von sich.

Nach seiner sechsten Versuchsreihe seit 1893 konnte Diesel 1897 schließlich auf Basis der Kraftstoffeinblasung nach einer offiziellen Abnahme durch Professor Schröter (TH München) den ersten Dieselmotor vorstellen: Leistung 20 PS, thermischer Wirkungsgrad 34% bis 38%, wirtschaftlicher Wirkungsgrad 26,2%. Für damalige Verhältnisse waren dies sensationelle Werte, doch schloß der konstruktive Aufwand für die Kraftstoffeinblasung die Verwendung dieses Motors in Fahrzeugen aus. Die Lösung konnte (immer noch) nur die direkte Einspritzung einer exakt bemessenen Kraftstoffmenge zum richtigen Zeitpunkt sein.

1907 war schließlich das Patent von Diesel erloschen, und Franz Lang startete erstmals Versuche mit der direkten Einspritzung. Aus der Zeit um 1909/1910 wird auch von einem (allerdings unbefriedigend arbeitenden) „kompressorlosen" Vorkammer-Dieselmotor berichtet, den Prosper L'Orange bei Benz in Mannheim baute. 1910 meldete der englische Ingenieur James McKechnie das erste Patent auf eine hydraulische Einspritzung über eine Kraftstoffpumpe für Drücke von 140 bar bis 420 bar an. Es galt als Basis für die Entwicklungsarbeit anderer. 1911 begann die Maschinenfabrik Augsburg mit der Entwicklung der luftlosen Kraftstoffeinspritzung, der Fortführung der Idee des „Luftspeicher-Motors" von Lang. 1912 befaßte sich Otto Maders bei der Firma Junkers ebenfalls mit dieser Aufgabe. In einem Dieselmotor der Gasmotorenfabrik Deutz besorgte im gleichen Jahr ein starker Luftwirbel zwischen Kolbenaufsatz und Verbrennungsraum beim Verdichtungstakt den nötigen Zerstäubungsstrom im Innern des Zylinders. Dieses Prinzip war die Grundlage für die Entwicklung weiterer kompressorloser Kleindiesel bei Deutz.

In der Folgezeit trat in der Entwicklung geeigneter Dieseleinspritzanlagen eine Zwangspause durch den Ersten Weltkrieg ein.

1919 verwirklichte Benz die Idee von Prosper L'Orange und konnte den Vorkammermotor mit Hochdruckeinsritzung vorstellen, bei dem die Gefahr der Verkokung beim Verdampfen nicht mehr bestand. Voraussetzungen dafür waren die Arbeiten des schwedischen Ingenieurs Harry Leissner in der

Erster Versuchsmotor von M.A.N. mit direkter Einspritzung von Dieselkraftstoff aus den Jahren 1919 bis 1923 (10 PS bei 700/min).

Zeit zuvor, dem es gelang, die wesentlichen Schwierigkeiten der Dieseleinspritzung zu überwinden. Zur Anwendung kam, auch in der Folgezeit, die Benz-Einspritzung mit Fliehkraftregler, über den der Fahrer die Drehzahl einstellen konnte. 1921 trug auch die Einspritzpumpen-Entwicklung bei Peugeot Früchte, als ein mit dem neuen Pumpensystem ausgerüstetes Fahrzeug am Pkw-Rennen Paris—Bordeaux—Paris teilnahm und diese Strecke auch ohne Zwischenfall erfolgreich bewältigte.

1922 begann Bosch, die Einspritzbedingungen bei kompressorlosen Dieselmotoren mit dem Ziel zu untersuchen, eine für alle flüssigen Kraftstoffe verwendbare Einspritzausrüstung zu schaffen. Franz Lang baute nach seinem Weggang von der Maschinenfabrik Augsburg im selben Jahr den Luftspeicher-Kleindieselmotor mit Hohlraum im Kolben (Mittelkugelprinzip, wandverteilend) und Einspritzanlage. Bei seinem früheren Arbeitgeber fand 1923 der erste Probelauf eines solchen Motors aus der Augsburger Fertigung in einem Fahrzeug statt: Es handelte sich hierbei um die direkte Strahleinspritzung durch zwei offene tangentiale Einlochdüsen im Zylinderkopf.

Auch Bosch führte in diesem Jahr einen Probelauf mit einem Einzylindermotor (einem umfunktionierten Benzinmotor) durch, nachdem man ein Dutzend verschiedene Pumpen mit Schieber- oder Ventilsteuerung und sogar Membranpumpen entworfen hatte. Bosch griff die Idee der neuentwickelten Einspritzpumpen mit Einspritzdüsen von Lang auf, dessen Patente die Firma Acro besaß. Die Fertigung von Einspritzpumpen gab Benz 1924 auf, als sich allgemein die Bosch-Anlagen durchgesetzt hatten. 1925 übernahm Bosch schließlich die Nutzung der Lang-Rechte von Acro für deren Einspritzpumpen mit Pumpenkolben und Steuerschieber, die beide von verschiedenen Nocken angetrieben wurden. Im gleichen Jahr noch reifte die Idee, die Steuerkante direkt am Pumpenkolben anzubringen. Nach umfangreichen Versuchen stellte Bosch erstmals 1927 serienmäßig solche Pumpen mit Zapfdüsen als Muster für interessierte Kunden her.

Inzwischen war das Verlangen nach Motoren mit lufteingeblasenem Kraftstoff auf breiter Basis verlorengegangen. Die Zukunft gehörte jetzt den Einspritzanlagen, die als letzter Stand der Technik anzusehen waren. 1928 hatte Bosch bereits über 1 000 solcher Einspritzpumpen ausgeliefert und im selben Jahr auch einen angebauten mechanischen Fliehkraft-Spritzversteller entwickelt. 1929 kam dann aus

Brennraumgestaltung und Einspritzverfahren:
a) Vorkammereinspritzung, b) Wirbelkammereinspritzung, c) Direkteinspritzung.

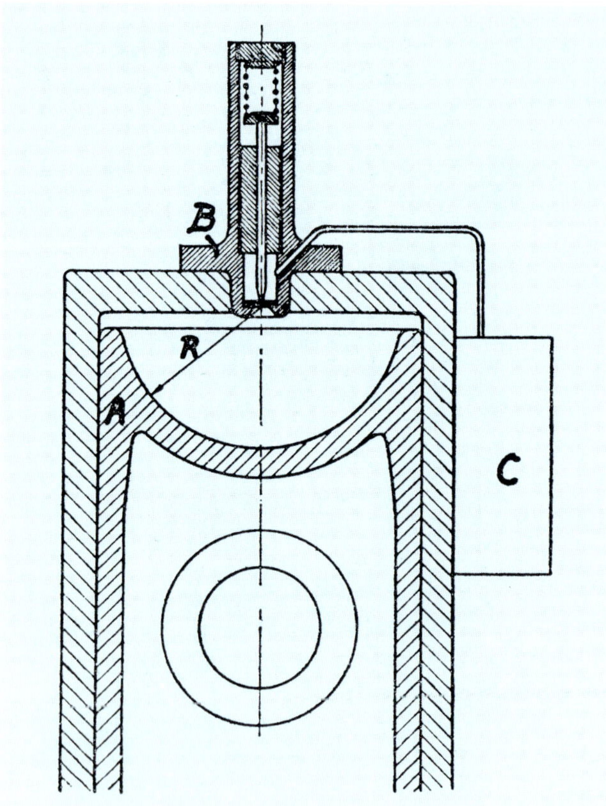

Patentzeichnung des kompressorlosen (ohne Lufteinblasung des Kraftstoffs) Deutz-Dieselmotors von 1921 mit direkter Einspritzung in die halbkugelförmige Aussparung des Kolbenbodens.

diesem Haus noch die Lochdüse für die Strahleinspritzung. Eine solche Düse hatte die Maschinenfabrik Augsburg allerdings schon 1927 als Mehrlochversion in einem Sechszylinder-Dieselmotor vorgestellt. 1929 fuhr der erste Diesel-Pkw der Geschichte als Versuchsfahrzeug mit einer Bosch-Pumpe: angetrieben von einem zum Dieselmotor umgebauten Vierzylinder-Stoewer-Ottomotor (27 PS, 65 km/h) bei einem für damalige Verhältnisse unglaublich niedrigen Kraftstoffverbrauch von 11 l/100 km.

Mit ähnlich umgebauten Pkw-Motoren von Buick, Mercedes (Nürburg), Mannesmann und Hotchkiss folgten weitere Dieselfahrzeuge. 1931 versah Bosch die Pumpen mit Leerlauf- und Enddrehzahlregler, ebenfalls fliehkraftgesteuert. Krupp stellte 1933 einen luftgekühlten Boxer-Dieselmotor (4 Zylinder, 50 PS) mit der Einspritzpumpe der Münchner Firma Deckel vor. Für einen von Heess gebauten 2,5-l-Vierzylindermotor, der als OM 138 in Daimler-Benz-Fahrzeugen (Typ 230) erprobt wurde, entwickelte Bosch im gleichen Jahr einen pneumatischen Regler (anstelle eines Fliehkraftreglers) zur Serienreife. 1936 tauchte dann der weltweit erste Serien-Diesel-Pkw auf — der Mercedes-Benz 260 D mit 45 PS und einem Verbrauch von 9,5 l/100 km.

Peugeot stellte der Öffentlichkeit im selben Jahr einen Vorserien-Diesel-Pkw mit eigener Einspritzanlage vor, der allerdings nicht in Serie ging. Mit daran Schuld war wahrscheinlich der Ausbruch des Zweiten Weltkrieges, der erneut für eine Zwangspause in der technischen Weiterentwicklung sorgte.

Zu diesem Zeitpunkt schienen bereits die mit Einspritzpumpen, -düsen und ihrer Regelung zusammenhängenden Überlegungen, was denn nun für welchen Einsatzzweck die richtige Lösung sei, abgeschlossen: Beim Pkw erwies sich das Vorkammer-System (noch) als vorteilhaft. Bei diesem indirekt einspritzenden System konnten Verdichtung und Einspritzdrücke niedriger ausgelegt werden, so daß dies der Haltbarkeit von Motor und Einspritzanlage sehr entgegenkam. Das gleiche gilt auch für das Wirbelkammerprinzip „Comet Marc V" von Sir H. Ricardo, das heute im Pkw-Dieselmotorenbau

Ausführung einer Einspritzpumpe, wie sie ab 1923 in verschiedenen Versionen versuchsweise an einzylindrigen Motoren (umgebaute Ottomotoren) erprobt wurde.

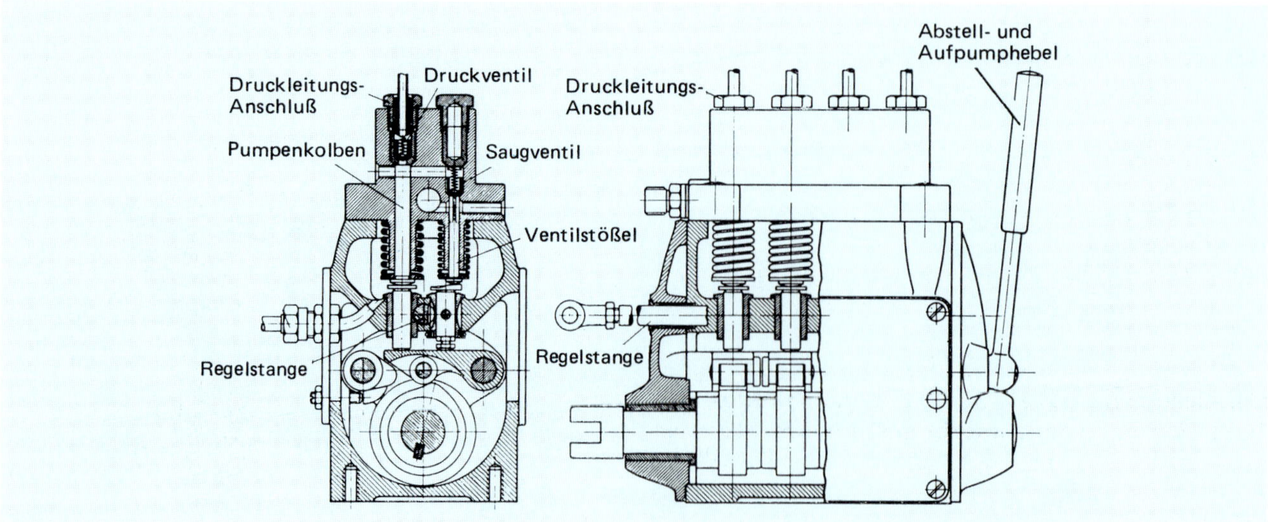

fast ausschließlich angewendet wird (Ausnahme: Vorkammerverfahren von Daimler-Benz). Durch die Unterteilung des Verbrennungsablaufs in zwei Phasen (Vorkammer und Zylinder) vermied man die stoßweisen Belastungen für Lager und Triebwerk: Damit liefen die Motoren verhältnismäßig ruhig, rauchfrei und im Teillastbereich sehr wirtschaftlich. In den Nachkriegsjahren kam selbst das Diesel-Pkw-Geschäft nur sehr langsam wieder ins Rollen — man hatte auf dem Kontinent andere Sorgen und Wünsche.

Die Hartford Screw Company stellte 1952 das Modell A der Roosa-Master-Pumpe her, benannt nach Vernon Roosa, der dieses Einspritzsystem im Zweiten Weltkrieg im Auftrag der US-Regierung zu entwickeln begann und nach dem Krieg zur Serienreife brachte. 1954 stellte die amerikanische Firma Cummins eine kompakte, nockenwellengesteuerte Einspritzpumpendüse PT (Pressure Time) vor: Einspritzdüse mit Einspritzpumpe in einer Baueinheit, die anstelle der herkömmlichen Einspritzdüse in den Zylinderkopf eingebaut wird — je Zylinder eine Pumpendüse. Die jeweilige Einspritzmenge wird durch den drehzahlabhängigen Förderdruck der Zahnradpumpe und eine gaspedalbetätigte Lastdrossel für den Kraftstoffdurchfluß gesteuert. 1955 übernahm Kugelfischer die Fertigung von Reiheneinspritzpumpen des Münchners Deckel: Typ PSA mit Saugventil, Steuerkolben, Fliehkraftspritzversteller und Regelstangendämpfer. 1955 erschien dann auch das Modell B der Roosa-Master-Pumpe von Hartford: eine wartungsfreie Doppelkolben-Verteilerpumpe mit druckgesteuertem Spritzversteller und wahlweise mechanischer oder hydraulischer Einspritzregelung. Diese Pumpe hat weder Kugel- noch Rollenlager, Zahnräder oder hochgespannte Federn. Die ebenfalls Mitte der 50er Jahre präsentierte Verteilerpumpe DPA von Lucas CAV war eine Lizenzfertigung der Hartford-Verteilerpumpe.

1960 entwickelte Bosch die Verteilereinspritzpumpe VM mit automatischem Spritzversteller, innenliegender Förderpumpe und automatischer Startmengenanhebung, die 1962 in die Serienfertigung kam. Eine weitere Version VA mit hydraulischem Regler, die sehr schnell Eingang im Pkw-, Transporter-, Industrie- und Baumaschinen-Motorenbau fand, folgte 1965.

Einen wesentlichen Schritt in Richtung zukunftsweisender Regelung machte Bosch 1966, als man sich dort erstmals mit der elektronischen Regelung von Diesel-Einspritzpumpen befaßte. Jedoch standen damals hoher Bauaufwand und unbefriedigende Zuverlässigkeit einer Serieneinführung noch entgegen.

Um den Wartungsaufwand zu verringern, setzte Daimler-Benz 1974 im Fünfzylinder-Mercedes 240 D 3.0 eine vom Motoröl geschmierte, also wartungsfreie Reiheneinspritzpumpe ein. Bei dieser Ausführung ging man auch wieder zur mechanischen Regelung über, da sie die Lastwechselreaktio-

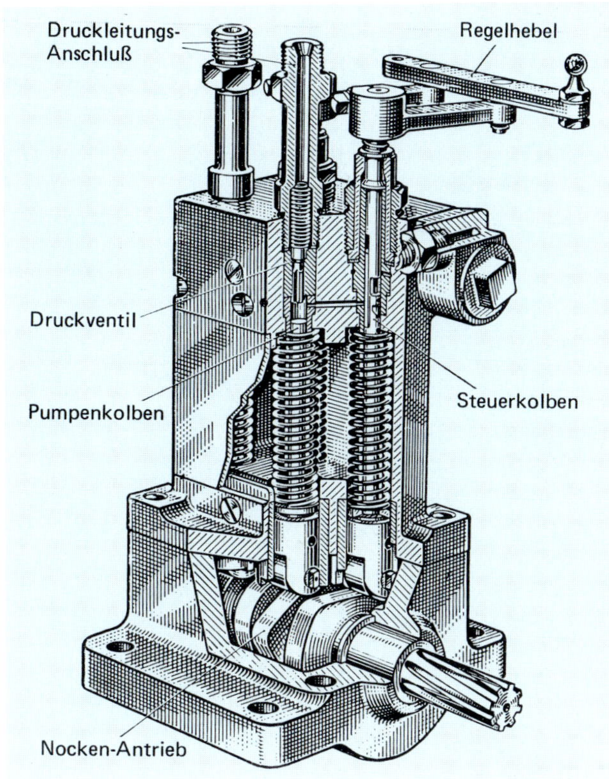

Acro-Lang-Einspritzpumpe, deren Nutzungsrechte Bosch 1925 übernahm: Dieses System hatte einen Pumpenkolben und einen Steuerkolben, betätigt von zwei verschiedenen Nocken. Der Steuerkolben — durch einen nach oben geführten Kupplungsbolzen drehbar — hatte zwei schraubenlinienförmige Steuerkanten zur Steuerung des Förderbeginns und des Förderendes.

Die Grundkonzeption der heutigen Reiheneinspritzpumpe stammt aus dem Jahr 1925. Bosch entwickelte ein Patent von Acro-Lang weiter und legte Pumpen- und Steuerkolben zusammen, die bis dahin getrennte Bauteile waren.

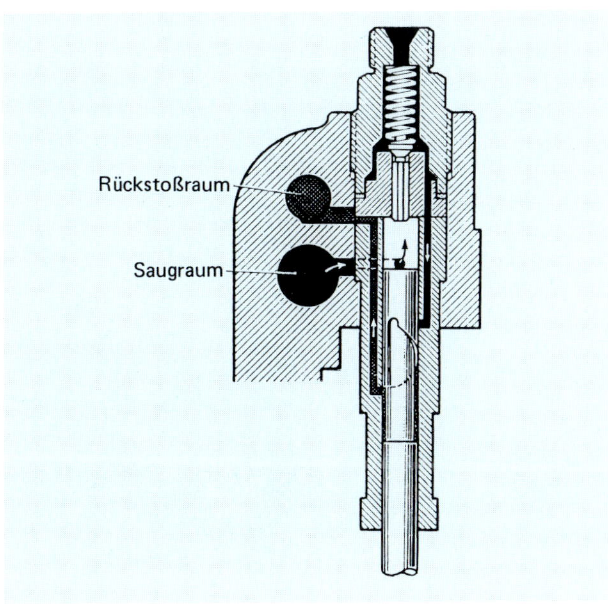

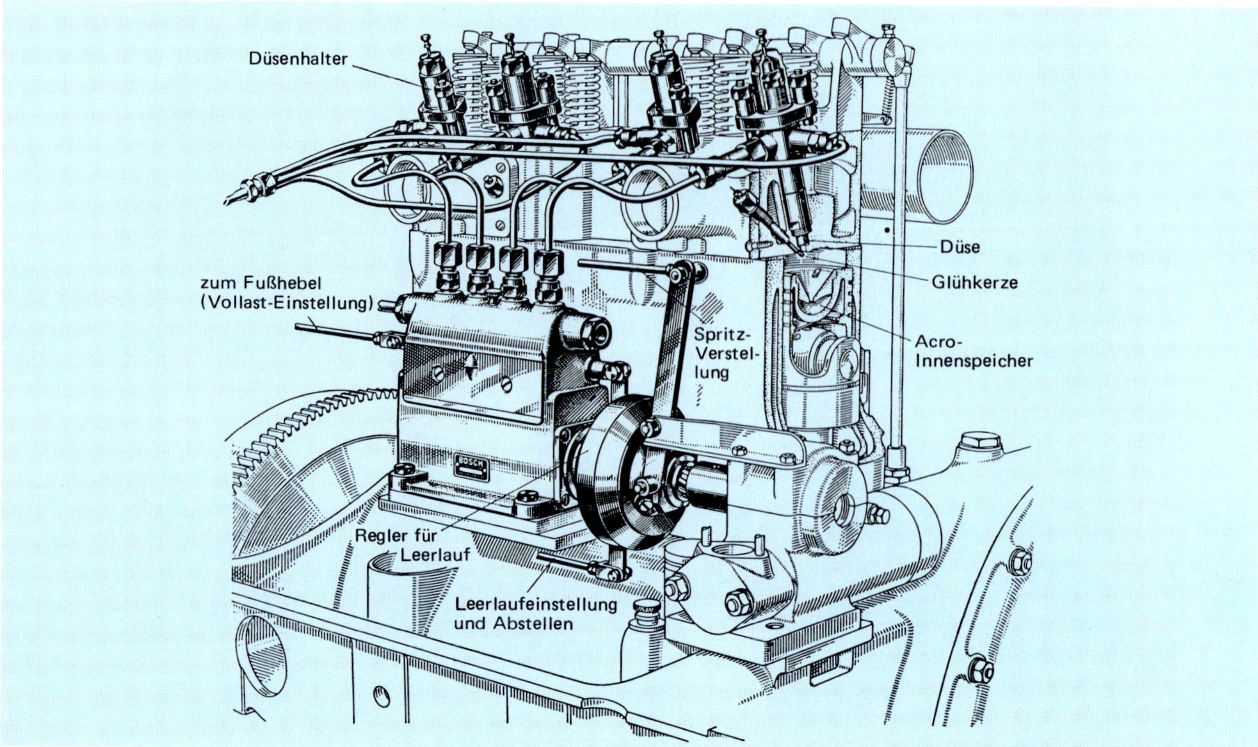

Ein von Acro zum Dieselmotor umgebauter Stoewer-Ottomotor mit Bosch-Einspritzung trieb 1927 einen Versuchs-Diesel-Pkw an (27 PS bei 2000/min, 65 km/h).

Die erste Bosch-Einspritzpumpe entsprach bereits in ihrer Grundform den noch lange danach gefertigten moderneren Versionen: Pumpenkolben und Steuerkolben sind zu einem Kolben mit Steuerkante ausgebildet, betätigt von einem einzigen Nocken. Durch die obere Kolbenkante wird der Förderbeginn und durch die Steuerkante — auch Schrägkante genannt — das Förderende gesteuert.

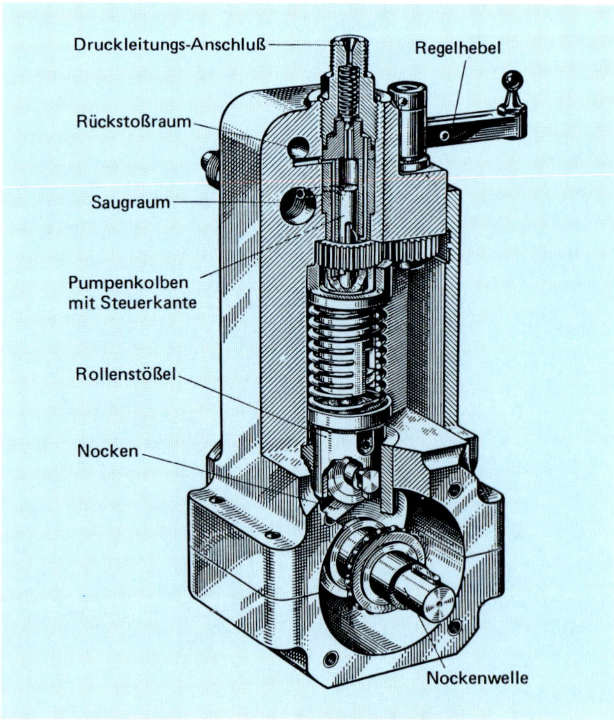

nen, die sich besonders bei Schaltvorgängen im automatischen Getriebe störend bemerkbar machen, besser dämpft als die bis dahin übliche Unterdruckregelung.

1975 löste die Verteilereinspritzpumpe VE endgültig die Version VA im Programm von Bosch ab.

Für Motoren mit direkter Einspritzung entwickelte die österreichische Firma Friedmann & Maier 1982 in Zusammenarbeit mit der Grazer Anstalt für Verbrennungsmotoren AVL (Professor List) eine Einspritzpumpendüse für einen Maximaldruck von 1 250 bar — Direkteinspritzer verlangen nämlich wesentlich höhere Einspritzdrücke als Vorkammermotoren — für den „schnellaufenden Leicht-Dieselmotor". Diese Pumpendüsen versorgten erstmals die beiden von BMW und Steyr gebauten Turbodieselmotoren mit direkter Einspritzung (4 Zylinder/100 PS und 6 Zylinder/150 PS). Im gleichen Jahr startete der Serienanlauf der ersten elektronischen Dieselregelung EDC (Electronic Diesel Control) mit der Bosch-Verteilereinspritzpumpe für Isuzu, die in Zusammenarbeit mit dem japanischen Bosch-Lizenznehmer Diesel Kiki entstand. Eine ebensolche elektronische Regelung für Bosch-Reiheneinspritzpumpen für Nutzfahrzeuge läuft noch im Feldversuch.

1982 gab es dann auch wieder Neues von Lucas CAV: die sehr kompakten Verteiler-Einspritzpumpen DPS (VW Golf Diesel, selbstentlüftend) und DPC von der französischen Tochter Lucas CAV Roto Diesel, beide mit Rotor in einem stehenden Ver-

teilerkörper mit Nockenring, der ein Doppelkolbensystem für Pumpen und Verteiler steuert, sowie mit axialen Hochdruckausgängen zu den einzelnen Zylindern. 1984 kam dann von Lucas noch eine elektronisch geregelte Einspritzpumpe EPIC (Electronically Programmed Injection Control) auf den Markt, die mit wesentlich weniger Komponenten auskommt als die mechanisch geregelte Verteilereinspritzpumpe: Sie ist deutlich kompakter und etwa 25 % leichter als die zwei Jahre zuvor präsentierte Lucas CAV DPV.
Zur Zeit arbeiten alle bedeutenden Hersteller von Pkw-Dieseleinspritzanlagen an noch kompakteren, für höhere Spitzendrücke ausgelegten und zu einem günstigeren Preis herstellbaren Verteilereinspritzpumpen, bei denen eine elektronische Regelung eine noch bessere Anpassung an die Motoren erlaubt.

Heiße Luft und ein Tropfen Dieselöl

Im Gegensatz zur äußeren Gemischbildung beim Ottomotor, deren Qualität im wesentlichen von den Anteilen von Luft und Kraftstoff abhängt, kümmert sich der Dieselmotor fast überhaupt nicht um die angesaugte Luftmenge, denn diese ist im Überfluß vorhanden. Nicht die Luftmenge, sondern die exakte Dosierung des jeweils zugemessenen Kraftstoffs entscheidet also über die Qualität des Verbrennungsablaufs, über Leistungsvermögen und Drehzahl. Diese exakte Zuordnung kleinster Kraftstoffmengen — sie war in den ersten zwanzig Jahren der Dieselentwicklung das „Problem der Probleme" — verlangt hinsichtlich Fertigung und Regelung von

Bessere Leerlaufregelung brachte der Kulissenregler (1931) mit veränderlichem Hebelverhältnis: kleiner Regelweg im Leerlauf, großer für die Enddrehzahlregelung.

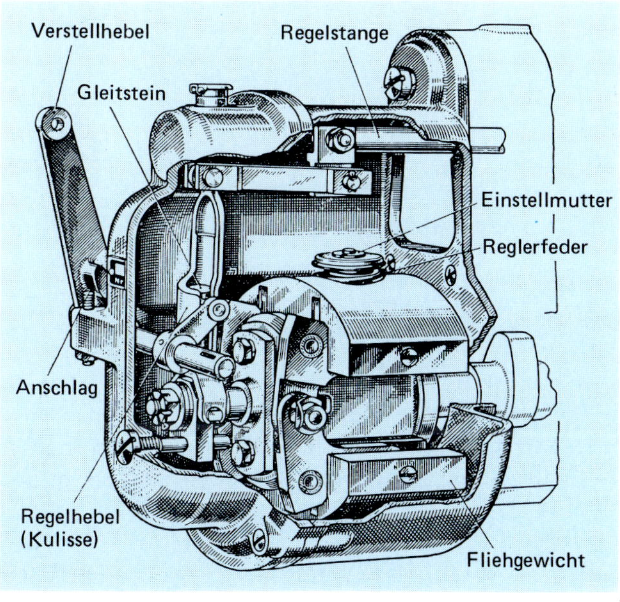

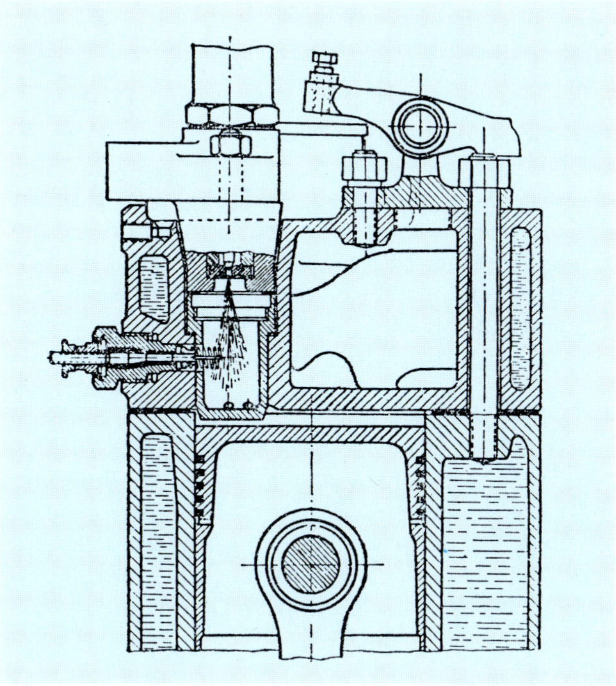

Das Vorkammer-Verfahren für Dieselmotoren, das Prosper L'Orange entwickelte, erlaubte 1928 die Verwendung schnellaufender (für damalige Verhältnisse) Dieselmotoren in Lastkraftwagen.

Der pneumatische Leerlauf- und Enddrehzahlregler von 1931 war für schnellaufende Fahrzeug-Dieselmotoren besser geeignet als der fliehkraftgeregelte: Er zeigte ein nahezu trägheitsloses Reagieren über die Ledermembrane und war kleiner, leichter und billiger.

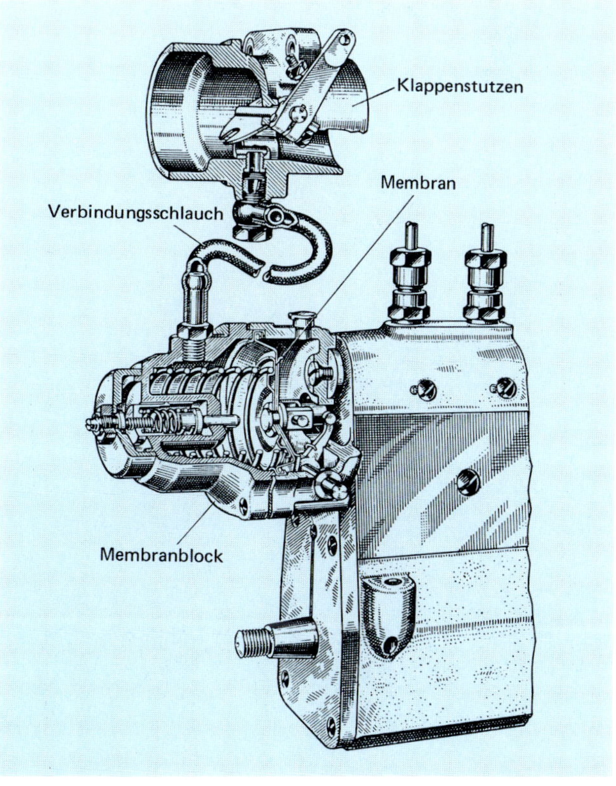

den Einspritzpumpen und -düsen ein beträchtliches Maß an Präzision und Zuverlässigkeit. Als wichtigste Kriterien für ihre Auslegung gelten dabei das „sehr genaue" Einhalten von Einspritz-Zeitpunkt und -dauer, die richtige Verteilung des unter Hochdruck zerstäubten Kraftstoffs, die zugeführte Kraftstoffmenge je Kurbelwinkelgrad während des Einspritzvorgangs, der Zeitpunkt des Verbrennungsbeginns und die dem jeweiligen Lastzustand entsprechend exakt dosierte Kraftstoffmenge seitens der Einspritzpumpe. So komplex diese Aufgabenstellung auch ist, erledigen die heutigen mechanischen Einspritzanlagen verhältnismäßig zufriedenstellend ihren Dienst — mit einem allerdings nicht unerheblichen Bauaufwand. Elektronisch geregelte Systeme erlauben künftig das Zurechtkommen mit auf einfache Bauelemente reduzierten Einspritzpumpen, deren Stellglieder für die Regelung Signale von einer digitalen Elektronik bekommen, die verschiedene dreidimensionale Last- und Regelkennfelder speichert und ständig durch Vergleichen von Soll- und Ist-Werten die Einspritzmenge regelt.
Der Aufbau aller Dieseleinspritzanlagen ist grundsätzlich gleich. Eine Hochdruckpumpe bezieht von einem Niederdruckpumpen- oder Saugsystem den Kraftstoff, um diesen unter hohem Druck in die einzelnen Zylinder einzuspritzen: entweder als Reihenpumpe oder Verteilerpumpe über separate Einspritzleitungen zu je einer Einspritzdüse je Zylinder oder in Form von mehreren Einspritzpumpendüsen (je Zylinder eine), die dort in den Zylinderkopf eingesetzt werden, wo sich sonst die „Nur-Einspritz-Düsen" befinden. Besondere Regler kümmern sich um Einspritzmenge, Einspritzzeit und Drehzahlüberwachung. Da stets mehr Kraftstoff gefördert als benötigt wird und die kraftstoffgeschmierten Düsen eine bestimmte Menge Leckkraftstoff freigeben, ist eine Rücklaufleitung zum Kraftstofftank erforderlich.
Auch bei den Einspritzanlagen für Dieselmotoren erleichtert eine Bauartunterscheidung nach ihren besonderen Merkmalen die Übersicht über bestehende Systeme, ähnlich wie bei den Benzineinspritzanlagen, obwohl der Markt für die Selbstzünder über ein zahlenmäßig deutlich geringeres Angebot verfügt.

Einspritzsysteme

Beim Dieselmotor mit innerer Gemischbildung wird der Kraftstoff in den Verbrennungsraum eingespritzt. Dort entzündet er sich an der hochkomprimierten, heißen Luft von selbst.
Bei der *luftverteilenden Einspritzung* geschieht dies entweder direkt im Zylinderraum oder indirekt in einer dem Verbrennungsraum vorgelagerten und mit ihm über einen Kanal verbundenen Vor- oder Wirbelkammer. Bei der *wandverteilenden Einspritzung*, dem M.A.N.-Prinzip (M-Verfahren nach Professor Meu-

Reiheneinspritzpumpe von Kugelfischer (Bauart Deckel): Typ PSA mit Saugventil, Steuerkolben, Fliehkraftspritzversteller und Regelstangendämpfer.

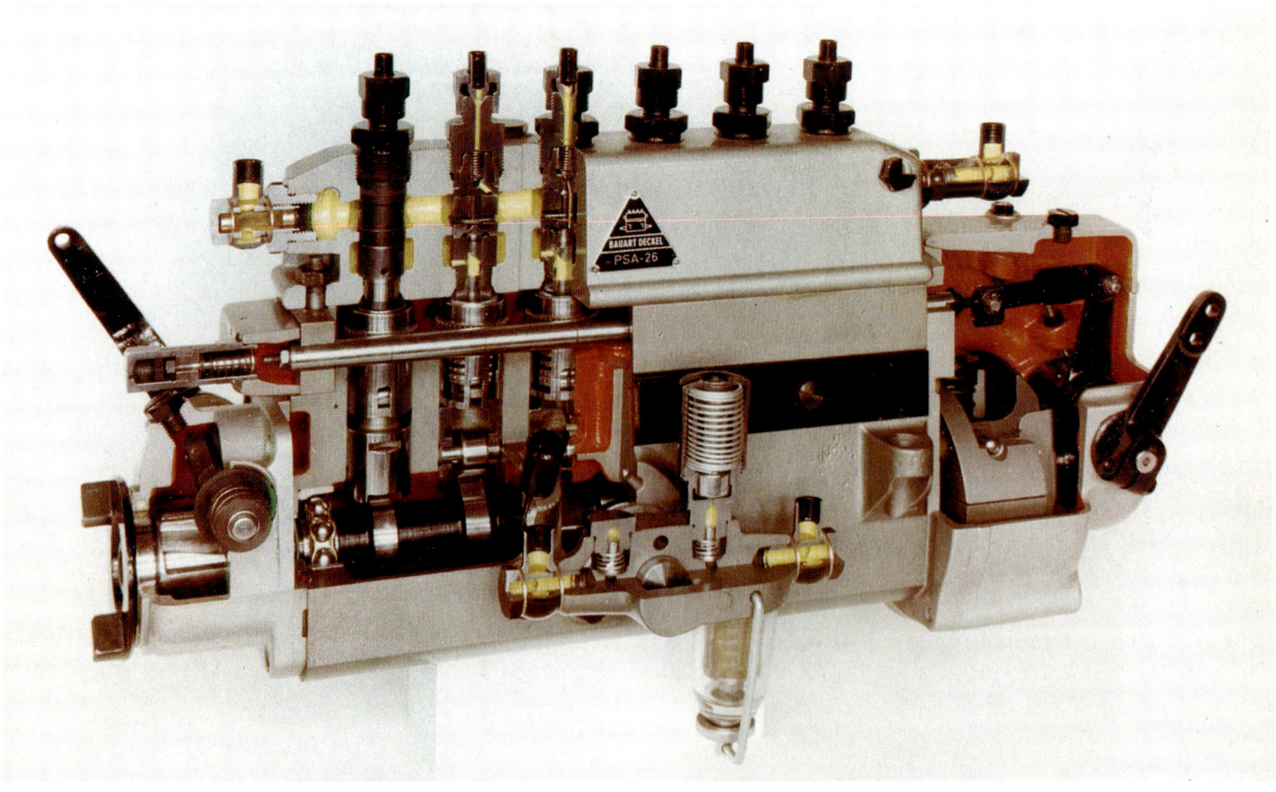

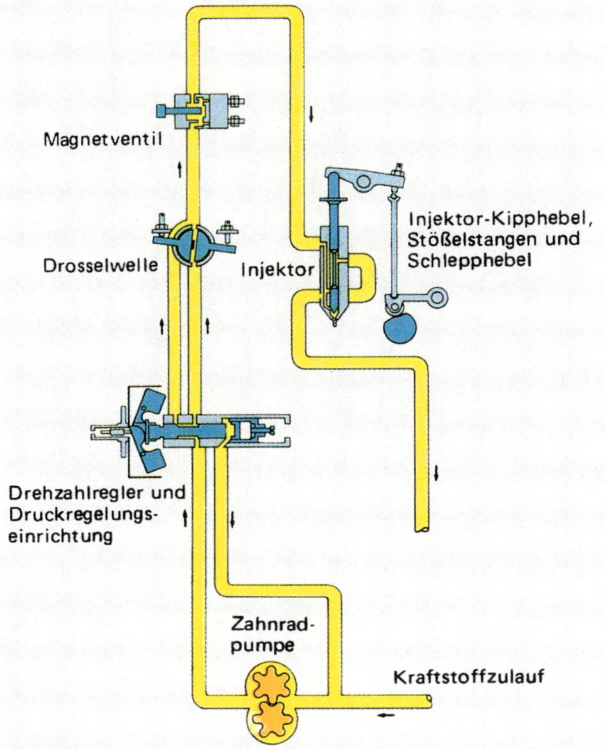

Komponenten des Cummins-PT-Systems.

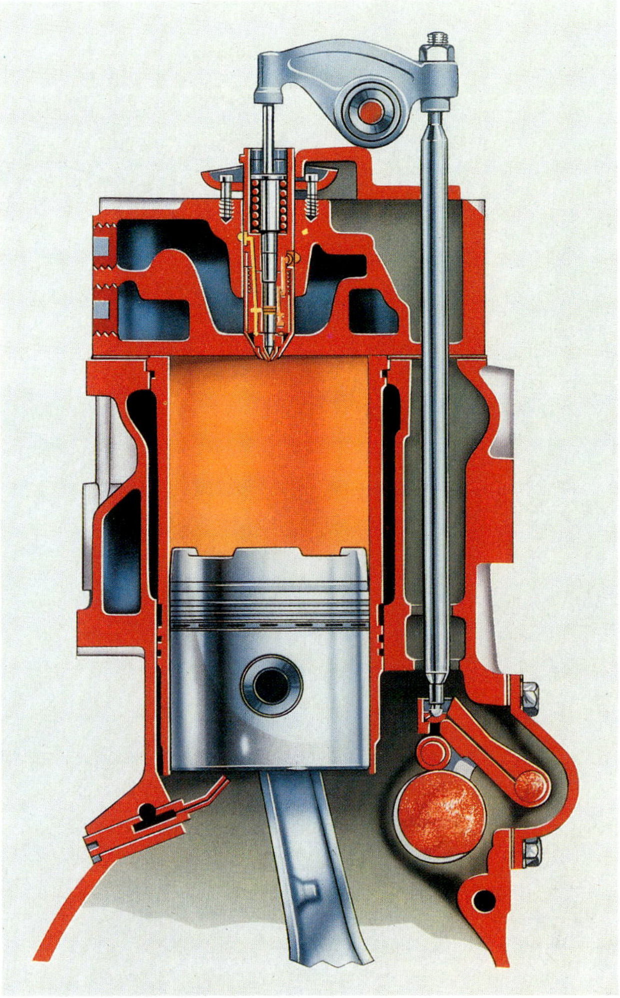

Cummins-PT (Pressure-Time)-System: Einspritzpumpendüsen für jeden einzelnen Zylinder bekommen von einer Kraftstoffpumpe den Dieselkraftstoff. Systemdruck und Steuerzeit bestimmen die der jeweiligen Pumpendüse zugeführte Kraftstoffmenge.

rer), wird der Kraftstoff direkt in eine kugelförmige Mulde im Kolbenboden (Mittenkugel-Verfahren) eingespritzt. Er lagert sich als Folge der Zentrifugalkraft durch einen konstruktiv bedingten starken Luftwirbel als dünner Film auf der Brennraumoberfläche ab, wo er verdampft. Dieses Verfahren eignet sich auch für Kraftstoffe mit großem Zündverzug, also für Vielstoffmotoren.

Pumpen-Bauarten

Reiheneinspritzpumpen enthalten in einer Baueinheit für jeden Zylinder des Motors ein Pumpenelement, bestehend aus Kolben und Zylinder. Von hier aus führt hochdruckseitig die Einspritzleitung zu der jeweiligen Einspritzdüse im Zylinderkopf. Diese Bauart findet trotz Qualität und Zuverlässigkeit wegen des Raumbedarfs und des relativ hohen Preises für Pkw-Motoren kaum noch Verwendung (außer bei Daimler-Benz). *Verteiler-Einspritzpumpen* sind die heute vielfach übliche Bauart in Pkw und leichten Nutzfahrzeugen. Sie vereinen in einer kompakten Baueinheit die Hochdruckerzeugung über nur ein Pumpenelement für alle Zylinder, den Drehzahlregler und den Spritzversteller, und beschicken die einzelnen Düsen nacheinander in Zündfolge.
Einspritz-Pumpendüsen, kurz auch nur „Pumpendüsen" genannt, sitzen direkt im Zylinderkopf eingeschraubt mit der Düsenöffnung zum Verbrennungsraum eines jeden einzelnen Zylinders. Sie stellen eine kompakte Baueinheit von integrierter Einspritzpumpe, integrierter Einspritzleitung und Einspritzdüse dar und werden von einer Nockenwelle des Motors gesteuert (Friedmann & Maier, Cummins sowie GM für deren Lkw-Zweitakt-Diesel). In ihrer Wirkungsweise entsprechen sie den Reiheneinspritzpumpen mit je einer Pumpeneinheit und einer Einspritzdüse.

Dieseleinspritzanlagen: Funktion im Detail

Im Gegensatz zum Prinzip des Ottomotors, den Verbrennungsvorgang kontrolliert durch den Funken einer Zündkerze einzuleiten, geschieht dies beim Dieselmotor ausschließlich durch die Wahl des richtigen Förderzeitpunkts. Dieser muß dann entsprechend den jeweiligen Motorbedingungen oder atmosphärischen Einflüssen verändert werden, muß dabei den Zündverzug in Abhängigkeit von

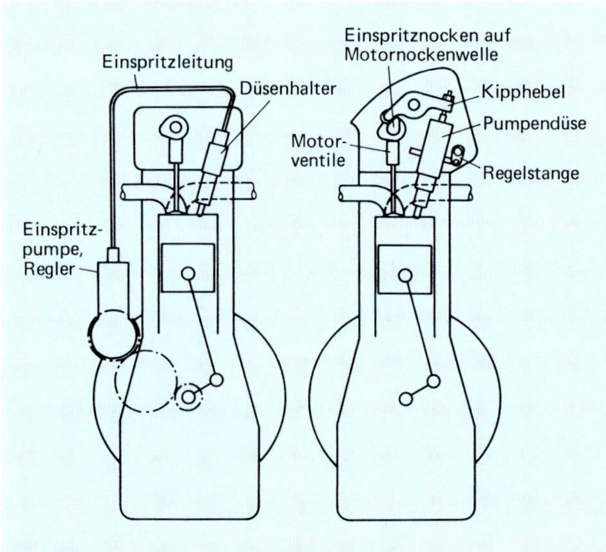

Prinzipvergleich zwischen einem konventionellen (links) und einem Pumpendüsen-Einspritzsystem (rechts Bauart Friedemann & Maier).

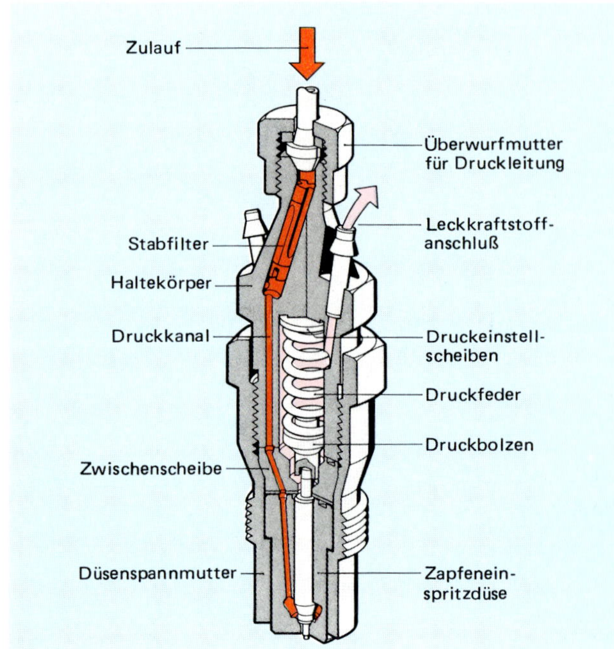

Düsenhalter mit Zapfendüse.

der Drehzahl berücksichtigen (und erforderlichenfalls natürlich auch die Einspritzmenge in besonderen Lastsituationen anpassen). Diese umfangreiche Regelaufgabe der Einspritzanlage beim Dieselmotor zu beherrschen ist bedeutend schwieriger als die Anpassung der Gemischaufbereitung beim Ottomotor und verlangt sehr viel mehr Präzision hinsichtlich der Fertigung der Anlagenteile.

Der *Kaltstart* erfordert erhöhte Kraftstoffzufuhr gegenüber der normalen Leerlaufmenge (Startmenge) und wird entweder vom Fahrer manuell mechanisch über einen Drahtzug oder automatisch über temperaturgeregelte Einrichtungen zum Erhöhen der Fördermenge auf Vollastmenge (doppelte Vollastmenge bei Saugmotoren) ermöglicht. Je nach Einspritzanlage und -verfahren kann damit auch ein Verschieben des Einspritzzeitpunktes in Richtung „früh" erfolgen.

Nach dem Anspringen werden diese Korrekturen entweder drehzahlabhängig oder temperaturabhängig langsam zurückgenommen. Bei sehr tiefen Temperaturen, bei denen sich die direkte Einspritzung etwas leichter tut als die indirekte, wird die Aktivierung *zusätzlicher Starthilfeanlagen* erforderlich: Bei Direkteinspritzern wärmt man entweder die Ansaugluft vor Eintritt in die Zylinder über Heizrohre, Heizflansche, Anheizkerzen, Flammkerzen oder

Längsschnitt: a) Lochdüse, b) gekühlte Lochdüse und c) Zapfendüse.

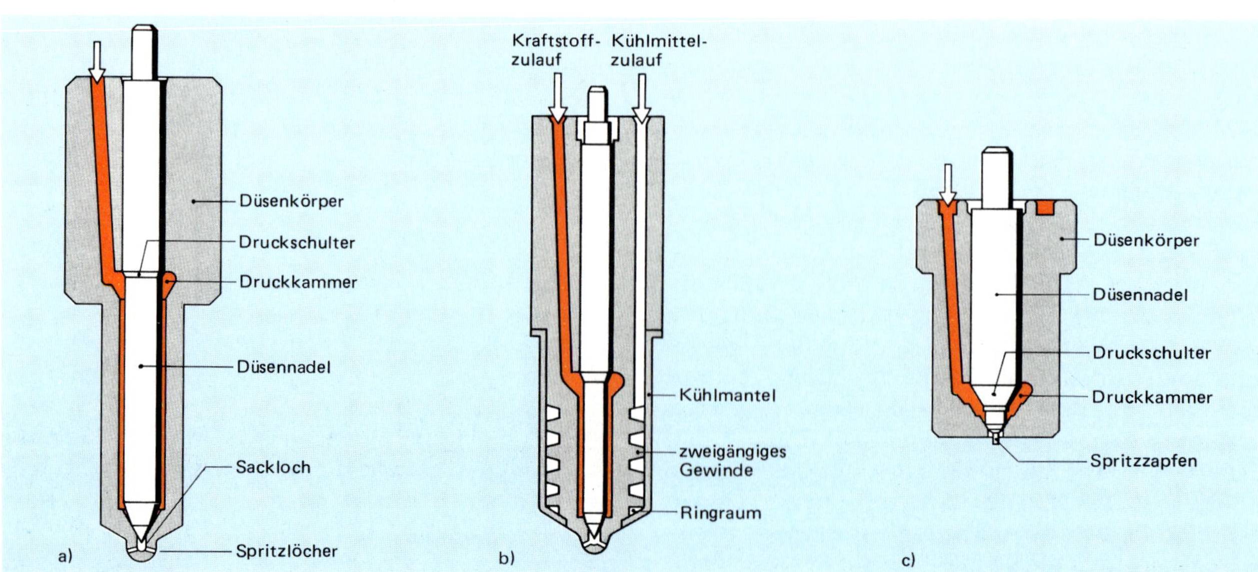

Glühstiftkerzen an, oder man verwendet einen besonders zündwilligen Sonderkraftstoff, der zusätzlich in das Ansaugrohr eingespritzt wird. Bei den Vorkammer- und WirbelkammerVerfahren wird die Luft in der Nebenkammer durch eine Glühkerze erhitzt. Dieser Vorglühvorgang läßt sich auch automatisch zeitabhängig über ein Thermo-Relais komfortabel erledigen. Erlöschen der Kontrolleuchte bedeutet „Start frei". Die „Diesel-Gedenkminute" von früher wurde inzwischen auf einige wenige „Gedenksekunden" verkürzt.
Leerlauf: Für die richtige Leerlaufdrehzahlmenge, bei der der unbelastete Motor nach dem Anspringen sicher und rund läuft, ist der Leerlaufdrehzahl-Regler verantwortlich. Es handelt sich meist um einen fliehkraftgesteuerten, federbelasteten Mechanismus mit einer verstellbaren Leerlaufanschlagschraube.
Lastbetrieb: Über das Fahrpedal steuert der Fahrer am Drehzahl-Verstellhebel eine bestimmte Drehzahlstellung an, ohne dabei direkt die Fördermenge zu beeinflussen. Der Regler (durch Fliehkraft, pneumatisch oder elektronisch angesteuert) verändert nun von sich aus die Fördermenge so lange, bis Ist- und Soll-Drehzahl übereinstimmen. Bei bloßer Leerlauf- und Enddrehzahlregelung ist im Lastbereich eine Zwischenfeder im Eingriff, die in Richtung Vollast ihre Wirkung verliert und dann als starr angesehen werden kann. In diesem Fall kann der Fahrer über das „kurzgeschlossene" Gaspedal die Fördermenge mit dem Regelgestänge direkt beeinflussen. Eine andere Möglichkeit der Fördermengenregelung ist der Weg über Drosselwelle (Kraftstoffdurchfluß) und drehzahlabhängigen Förderdruck.
Das Anpassen an bestimmte Betriebssituationen oder äußere Einflüsse kann in diesen Fällen erforderlich sein (siehe Anpassung). Um zu vermeiden, daß bei geringer Last unter Vollastmenge die maximal zulässige Höchstdrehzahl des Motors überschritten wird (Selbstzerstörungsneigung bei ungeregelten Dieselmotoren), verwendet man den Enddrehzahlbegrenzer, der entweder oberhalb der definierten Nenndrehzahl den Kraftstoffzufluß völlig unterbricht oder die Kraftstoffmenge entsprechend vermindert.
Spritzverstellung: Der Förderbeginn der Einspritzpumpe zum Ausgleich von Einspritzzeitpunkt- und Zünd-Verzug muß durch den Spritzversteller mit zunehmender Drehzahl in Richtung „früh" verändert werden. (Beim Ottomotor, der fremdgezündet arbeitet, erfolgen diese Korrekturen durch Vorverlegen des Zündzeitpunktes.) Die Druckwelle zwischen Einspritzpumpe und Einspritzdüse breitet sich im Kraftstoff zwar mit Schallgeschwindigkeit (ungefähr 1 500 m/s) aus, doch öffnet die Einspritzdüse bei hoher Drehzahl, bezogen auf die Motorkolbenstellung, später als bei niedriger Drehzahl. Dieser Einspritzverzug wird durch Vorverlegen des Förderbeginns ausgeglichen. Nach dem Einspritzvorgang benötigt der Dieselkraftstoff drehzahlunabhängig etwa eine Millisekunde, um mit der Luft ein zündfähiges Gemisch zu bilden. Deshalb stellt sich bei konstantem

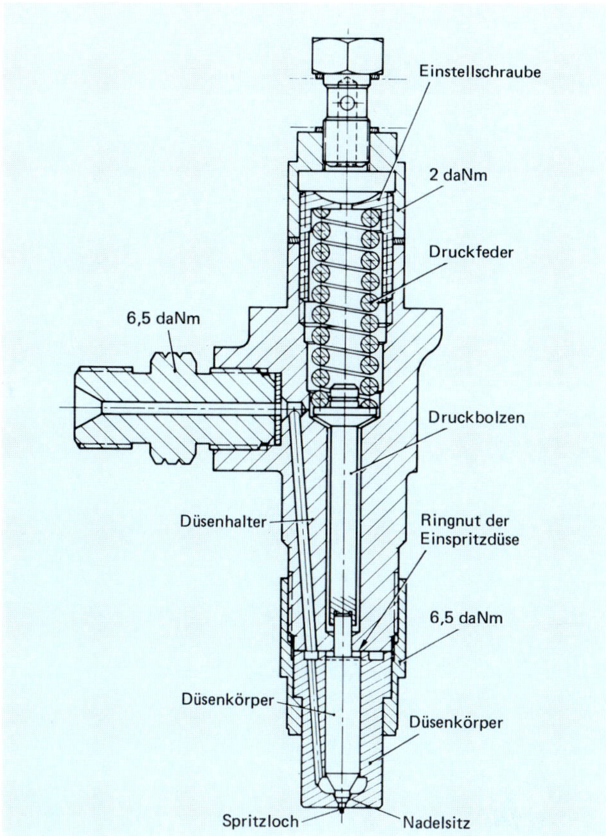

Einspritzdüsen und Düsenhalter im Schnitt (Roto-Diesel).

Einspritzbeginn mit zunehmender Drehzahl in bezug auf die Kolbenstellung ein zeitlicher Zündverzug ein, der ebenfalls durch zusätzliches Vorverlegen des Förderbeginns über den Spritzversteller korrigiert wird.
Schiebebetrieb: Im Schiebebetrieb, wenn also das Fahrzeug den Motor antreibt, gehen beim Flieh-

Spritzende Düsen: a) und b) Zapfendüsen, c) Drosselzapfendüse, d) Lochdüse.

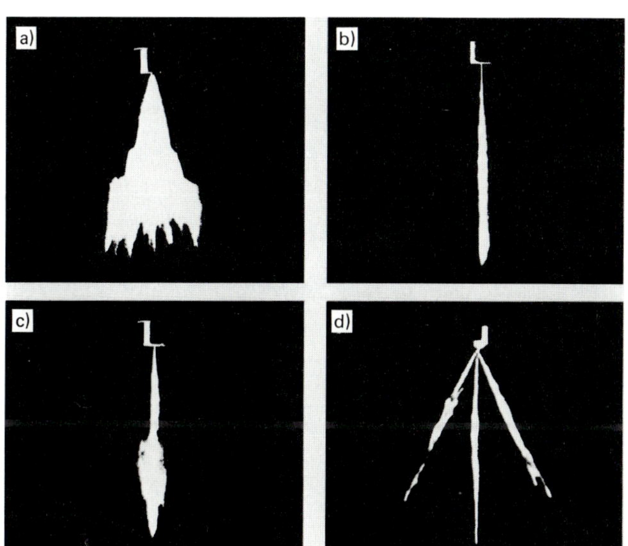

kraftregler die Fliehgewichte nach außen und bewirken über ein Zurückholen des Regelschiebers eine Verminderung der Kraftstoffmenge — notfalls bis zur Fördermenge null.
Abstellen kann nur durch Unterbrechen der Kraftstoffzufuhr erfolgen, da der Dieselmotor kein Fremdzünder (mit Zündfunke) ist: mechanisch (Stopp-Hebel), pneumatisch oder elektrisch (Magerventil, heute üblich) per Knopfdruck oder Schlüssel.

Diesel-Autos sind keine „stinkenden" Sparbüchsen mehr

Auch der von Haus aus an reglementierten Schadstoffen CO und C_mH_n ärmere Dieselmotor kommt nicht ganz ohne zusätzliche Einrichtungen aus, will er den immer strengeren Abgasforderungen gerecht werden. Da er stets mit hohem Luftüberschuß arbeitet, machen ihm die CO-Emissionen keine Probleme. Jedoch treten bei kaltem Motor und bei Niedriglast erhöht unverbrannte Kohlenwasserstoffe (C_mH_n) aus, während sich bei hohen Drehzahlen und Belastungen zunehmend Stickoxide (NO_x) bilden.
Schwarzrauch stellt sich als Folge von Sauerstoffmangel durch Abspalten von reinem Kohlenstoff (Partikelwolken) ein. Um ein Rußen des Motors zu verhindern, muß die maximale Kraftstoffmenge so begrenzt werden, daß ein Luftüberschuß von 15% bis 20% ($\lambda \approx 1{,}15$ bis $\lambda \approx 1{,}2$) herrscht.
Weißrauch (kleinste Tröpfchen von kondensierten Kohlenwasserstoffen) wird ausgestoßen, wenn sich Verdichtungstemperaturen unter 250 °C einstellen (Zündaussetzer).
Blaurauch entsteht bei Temperaturen über 250 °C. Die Kondensat-Tropfen sind lediglich kleiner geworden, aber immer noch zu groß.
Wie exakt eine Dieseleinspritzung arbeiten und geregelt sein muß, um nicht nur sparsamen, sondern auch schadstoffarmen Betrieb sicherzustellen, zeigt ein Beispiel sehr deutlich: Um 15% kann sich allein der Ausstoß an NO_x und C_mH_n erhöhen, wenn der Spritzbeginn lediglich um ein Grad an der Kurbelwelle vom Soll-Wert abweicht.
Abgasnachbehandlung kann, wenngleich nicht in dem Maß wie beim Ottomotor, auch am Dieselmotor angewandt werden. Wegen des Luftüberschusses, ge-

Der Selbstzünder-Golf von VW, für den Bosch und Lucas kompakte Verteilereinspritzpumpen liefern, leitete in den achtziger Jahren den Großserienbau schnellaufender Dieselmotoren im modernen Pkw ein.

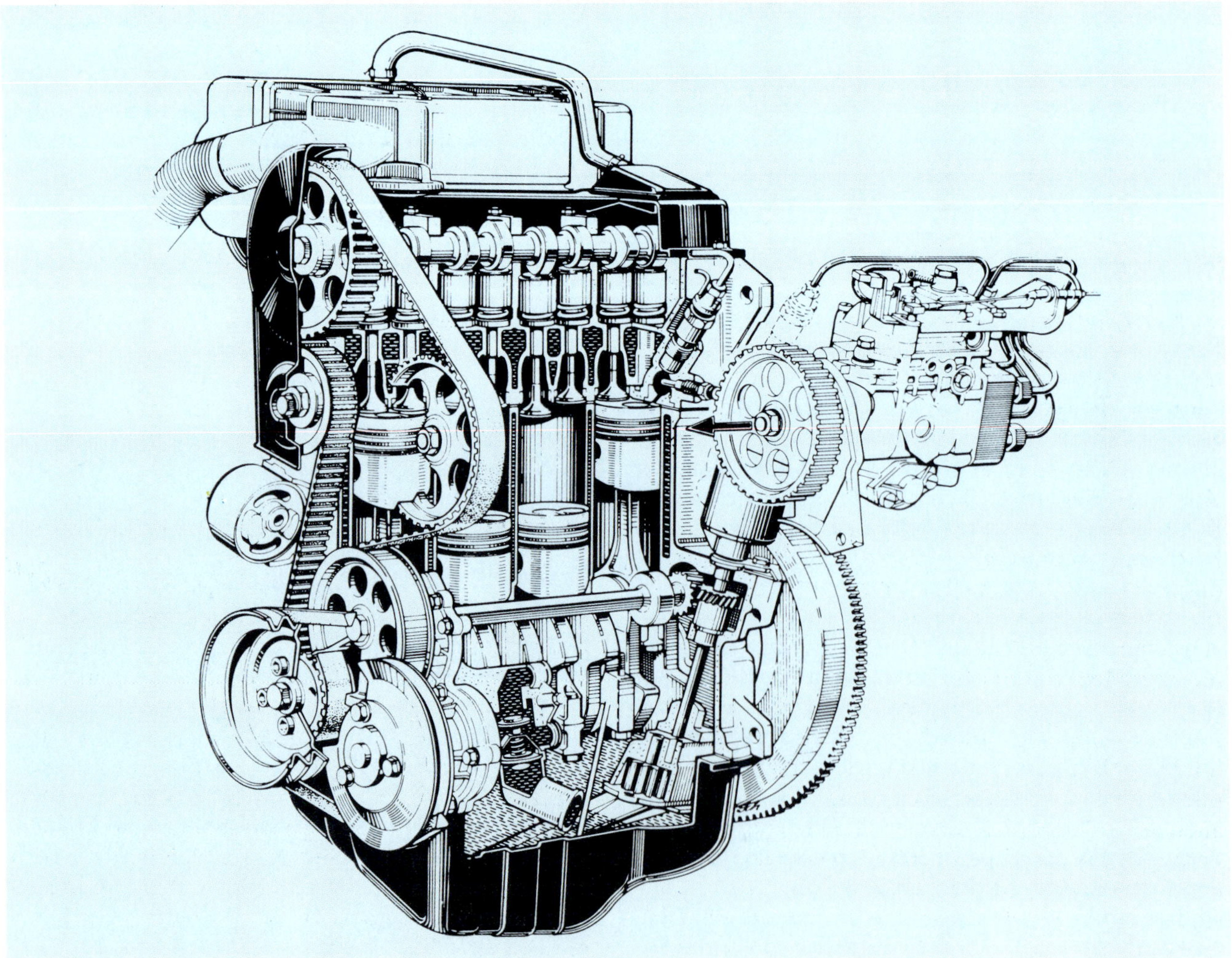

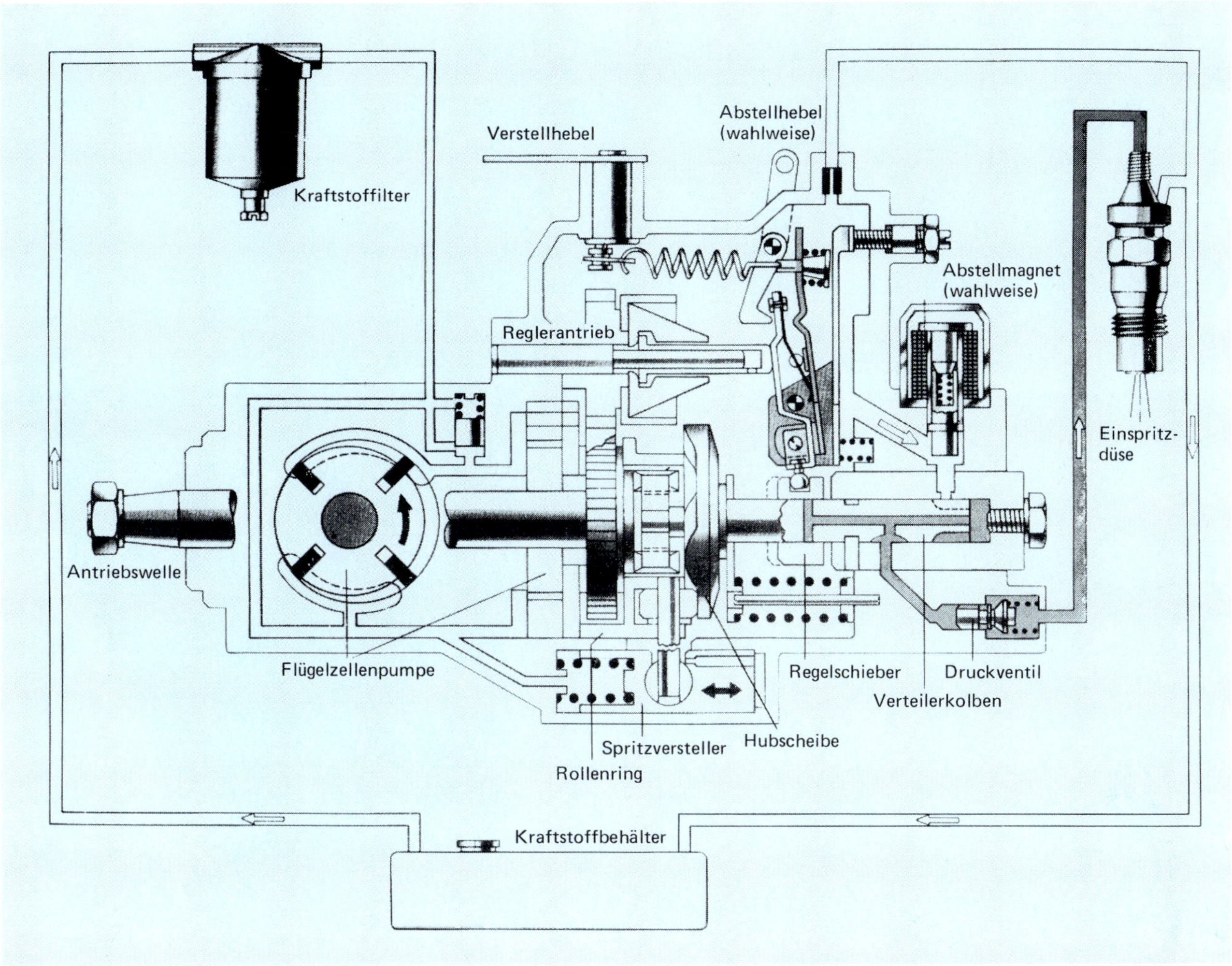

Baugruppen einer Verteilereinspritzpumpe in der Grundausführung und komplettes Kraftstoffsystem (Bosch VE).

messen am stöchiometrischen Verhältnis ($\lambda = 1$ bzw. Sauerstoffmangel beim Dieselmotor nicht möglich), wirken die beim Ottomotor eingesetzten Katalysatoren zur NO_x-Minderung beim Dieselmotor nicht. Allerdings stoßen Nebenkammermotoren sowieso weniger Stickoxide aus als Direkteinspritzer. Die CO-Emission ist dank des Luftüberschusses ohnehin sehr gering, und die unverbrannten Kohlenwasserstoffe C_mH_n lassen sich teilweise in Edelmetallkatalysatoren durch den im Abgas vorhandenen Sauerstoff verbrennen. Zur Minderung der Feststoffemission (Ruß) müssen künftig Filter in die Auspuffanlagen eingebaut werden.

Abgasrückführung: Durch Zurückführen einer definierten Menge Abgas in die angesaugte Frischluft wird die Sauerstoffkonzentration der Ladung vermindert und deren spezifische Wärmekapazität erhöht. Dadurch sinkt die Verbrennungstemperatur, mit der auch die Stickoxidbildung abnimmt, und auch die Menge des ausgestoßenen Abgases wird geringer. Ist die zugeführte Abgasmenge zu groß, nehmen als Folge des Sauerstoffmangels die Emissionen von Ruß, Kohlenwasserstoffen und Kohlenmonoxid zu.

Aufladung: Das Aufladen von Dieselmotoren zur Erhöhung der Luftmasse dient der Leistungssteigerung und einem niedrigeren spezifischen Verbrauch. Dabei steigt außer dem Druck auch die Temperatur der Ladeluft, die unter Umständen zwecks Vermeiden zunehmender Stickoxidbildung durch einen Ladeluftkühler wieder abzusenken ist. Bei Verwendung von Ladegeräten ist die Kraftstoffmenge auf die bessere Luftfüllung im Zylinder abgestimmt. Bei Teillast mit geringerer Luftfüllung reduziert ein ladedruckabhängiger Vollastanschlag aus diesem Grund unterhalb eines bestimmten (wählbaren) Ladedrucks auch die Vollastkraftstoffmenge der vorhandenen Luftmasse entsprechend.

Höhenkorrektur: Die geringere Dichte der Luft in höheren geographischen Lagen wirkt sich in kleinerer angesaugter Luftmasse aus. Die eingespritzte Kraftstoffmenge kann dann unter Umständen nicht vollständig verbrennen, so daß Rauchentwicklung und Motortemperatur steigen. Diese Erscheinung hebt ein atmosphärendruckgesteuerter Regler (mit Barometerdose) auf, indem er die Vollastmenge mit fallendem atmosphärischem Druck entsprechend zurücknimmt.

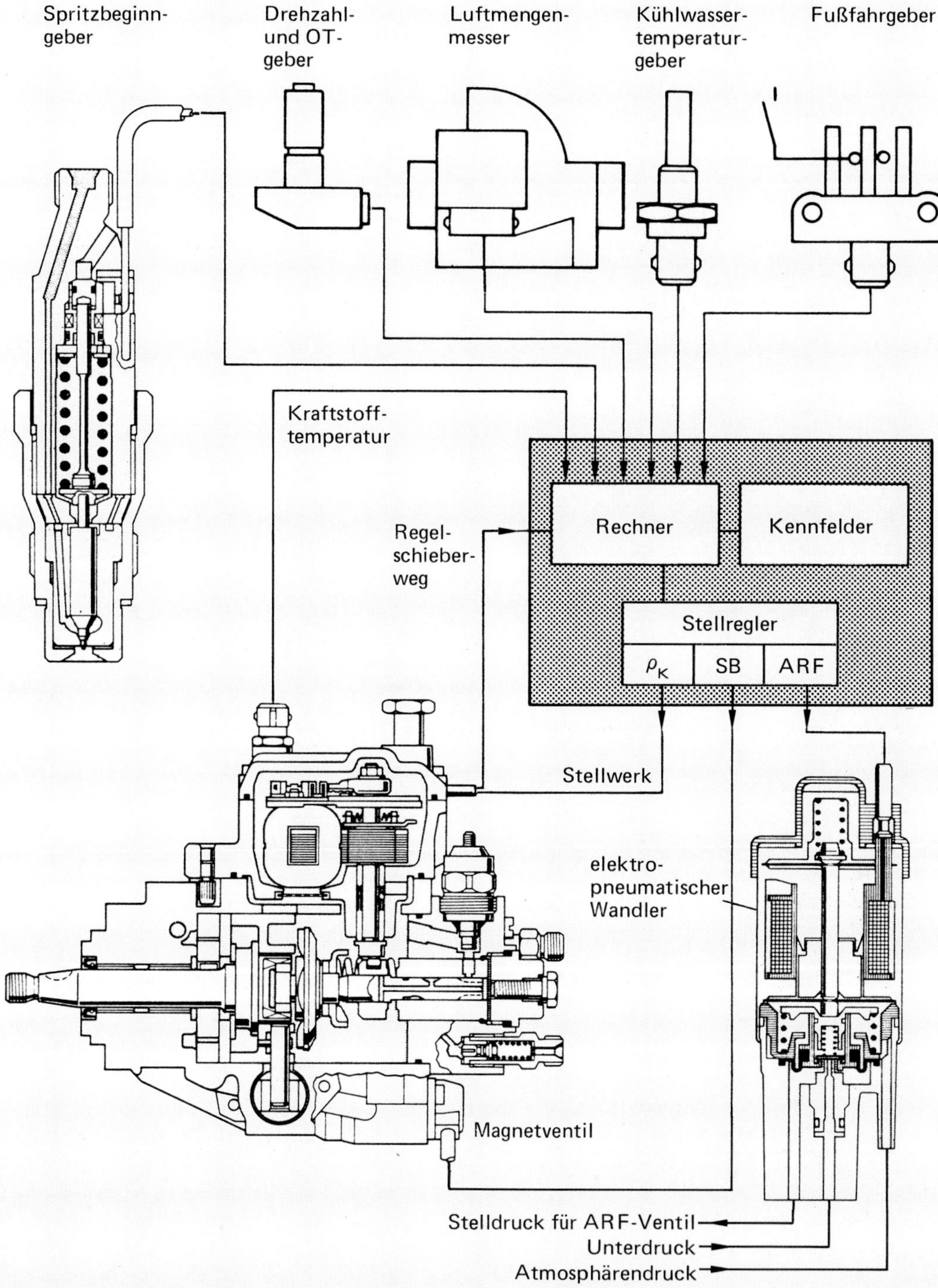

Elektronische Dieselregelung für Einspritzmenge, Spritzbeginn und Abgasrückführung (Bosch).

Zukunftsbetrachtungen: das flexible Diesel-Sparsystem

Angesichts des künftig in noch stärkerem Maß gebotenen sorgsamen Umgangs mit den Ressourcen und strengerer Abgasauflagen bleibt auch am sparsamen Dieselmotor noch viel Detailarbeit zu leisten. Soweit die Gemischaufbereitung daran beteiligt ist, wird dies hauptsächlich durch elektronische Einrichtungen zum Verbessern und wesentlichen Erweitern der Reglerfunktionen mit elektromagnetischen oder elektrohydraulischen Stellgliedern geschehen. Die elektronischen Dieselsysteme von morgen überwachen ihre Funktionstüchtigkeit ständig und teilen den Befund notfalls dem Fahrer über Anzeigen im Armaturenbrett mit, leiten bei Störungen entsprechende Sicherheitsmaßnahmen ein und erlauben eine schnelle und sichere Diagnose im Rahmen von Wartungsarbeiten.

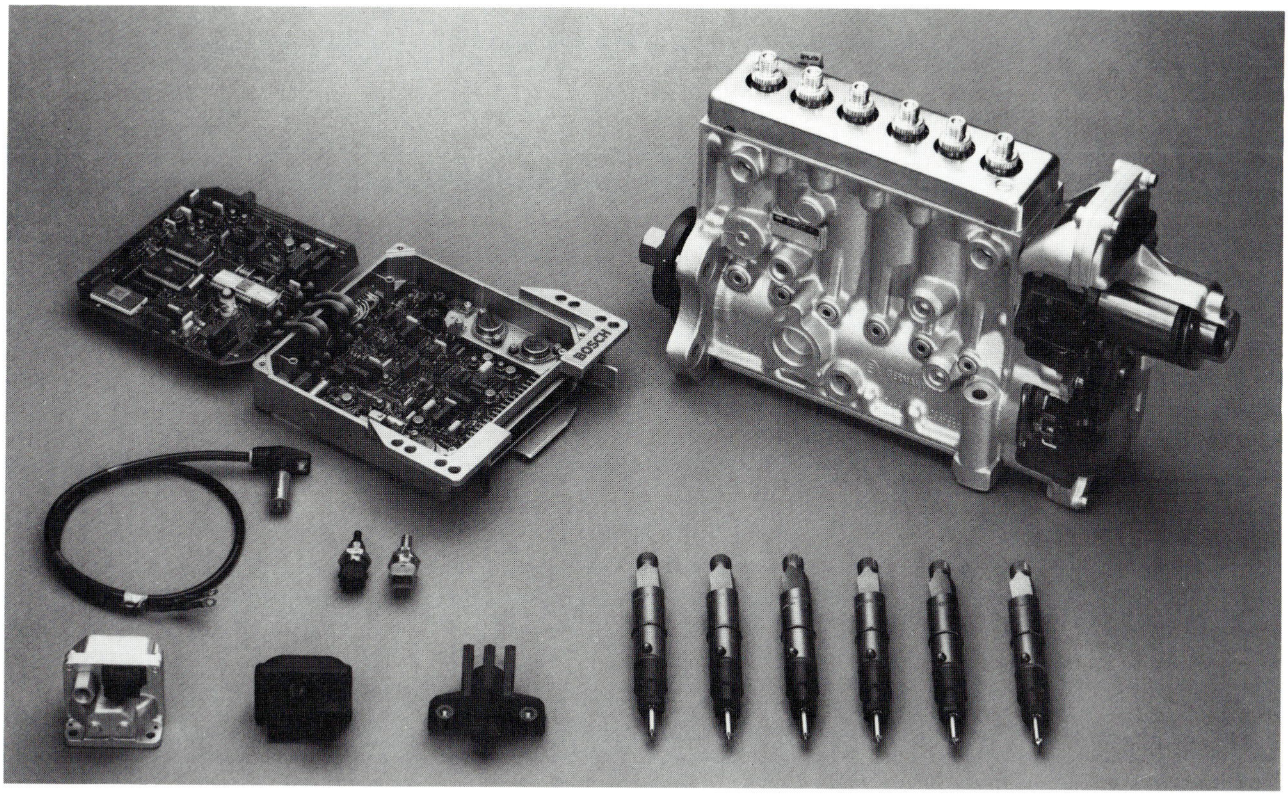

Einspritzausrüstung mit elektronischer Regelung für Reiheneinspritzpumpen.

Spektakuläre Ergebnisse hinsichtlich Verbrauchssenkung oder Leistungssteigerung allein über die Gemischaufbereitung sind nicht zu erwarten, doch eröffnet die Mikroelektronik Regelmöglichkeiten, die sich mit mechanischen Reglern überhaupt nicht oder in begrenztem Umfang nur mit sehr hohem Bauaufwand erzielen lassen: freie Gestaltung der Vollastcharakteristik und flexible Anpassung an verschiedene Kenngrößen, Ausgleich von laufzeitbedingten Funktionsabweichungen in der Einspritzanlage und mögliche Verknüpfung der Dieselregelung mit anderen Regelkreisen, wie z. B. mit elektronisch gesteuerten Automatikgetrieben mit Wandlerüberbrückungskupplung oder auch mit der elektronischen Steuerung an Arbeitsmaschinen, die nicht dem Pkw-Antrieb dienen.

Leistung unter Druck

Aller Anfang ist schwer

Die in den Anfängen des Automobils noch recht unvollkommenen Motoren entsprachen wenig den bald erhobenen Forderungen nach mehr Leistung, größerer Zuverlässigkeit und höherer Geschwindigkeit. Obwohl die Steigerung der Leistung und die Verbesserung der Wirtschaftlichkeit bereits damals gleiches Gewicht hatten, war es verlockend, lediglich dem Ruf nach einer aus der verbesserten Motorleistung resultierenden höheren Geschwindigkeit ohne Rücksicht auf anfallende Kosten zu folgen. Schon bald erkannten die Motorenbauer sowohl Möglichkeiten, dieses Ziel zu erreichen, als auch die damit verbundenen negativen Seiten.

Für eine Leistungssteigerung bot sich die Vergrößerung des Hubraums, die Erhöhung der Drehzahl und die bessere Füllung des Brennraums mit Kraftstoffgemisch an, sowohl für Viertakt- als auch für Zweitakt-Motoren. Vergrößerung des Hubraums bedeutete mehr Material, Gewicht und Raum. Eine Drehzahlsteigerung war mit höheren mechanischen Belastungen und kürzerer Lebensdauer verbunden, und beide Maßnahmen gingen zu Lasten der Wirtschaftlichkeit. Ließ sich jedoch die Füllung des Brennraums verbessern, also mehr Wärmeenergie zur Verfügung stellen, ohne die Drehzahl zu steigern oder den Hubraum zu vergrößern, konnte das gesteckte Ziel ebenso erreicht werden. Ob ein erhöhter Kraftstoffverbrauch ebenfalls die Wirtschaftlichkeit beeinflussen würde, blieb vorerst unklar.

Wenn auch eine bessere Füllung vermutlich am ehesten die Chance eröffnete, Leistung mit Wirtschaftlichkeit zu verbinden und die Erhöhung der „Hubraumleistung“ zu garantieren, verlief die Entwicklung der Motoren dennoch auf recht unterschiedliche Art und Weise. Verschiedenartige Konstruktionsprinzipien (Otto oder Diesel, Viertakt oder Zweitakt, Reihen-, Boxer-, V-Motoren), unterschiedliche Verwendungszecke (Gebrauchs- oder Sportmotor), primär geforderte Wirtschaftlichkeit (Herstellungskosten, Vereinfachung, Materialwahl, Kraftstoffverbrauch), neue technische Erkenntnisse, unterschiedliche Rennformeln (Saugmotor oder aufgeladener Motor) oder andere Zielmerkmale, die von Fall zu Fall oder von Zeit zu Zeit Vorrang hatten, waren bestimmende, aber oft stark divergierende Faktoren. Bei näherer Betrachtung der Entwicklungsgeschichte aufgeladener Automobilmotoren zeigt sich daher, daß nur zu oft jene stets relevante Zielvorstellung, den „Kosten/Nutzen-Faktor“ attraktiv zu halten, reiner Leistungssteigerung geopfert und in der Vergangenheit die Motorenaufladung oft nicht als Synthese von Leistungssteigerung und verbesserter Wirtschaftlichkeit gesehen wurde. Erst in jüngster Zeit ist der Vorstellung selbstzweckgebundener Leistungssteigerung durch Aufladung — vom Rennsportfahrzeug abgesehen — ein Ende gesetzt worden.

Kaum hatte also das Auto laufen gelernt, durchdachten seine Schöpfer auch die Möglichkeit, über eine Aufladung inner- oder außerhalb des Arbeitszylinders die dringend erforderliche Leistungssteigerung der recht kraftlosen Antriebsmotoren zu realisieren. Erfinder und Konstrukteure, wie z. B. Wilhelm Maybach, wußten selbstverständlich, wie wesentlich zusätzliche Aufladung des Kraftstoffgemisches und besserer Ausschub der verbrannten Restgase waren, um einen höheren Wirkungsgrad zu erzielen.[1] Dies schlug sich dann auch in Maybachs berühmten Motor („Die Standuhr“) von 1886 nieder. Bei jener Konstruktion komprimierte die Unterseite des Kolbens Luft im knapp bemessenen, geschlossenen Kurbelgehäuse. Das sich durch den Überdruck öffnende Ventil im Kolbenboden (Patent Konrad Angele von 1878) gab sodann der vorverdichteten Luft den Weg in den Verbrennungsraum frei. Das im heißen Kolbenboden sitzende, nicht zu kühlende Ventil hatte allerdings nur eine kurze Lebensdauer. Diese Art der Vorverdichtung wurde des-

[1] Gottlieb Daimler, Patent DRP 34926, 1885: „Bei diesem Motor kommen der Menge nach größere und von Verbrennungsrückständen freiere Gemischladungen als bisher üblich zur Verwendung. Dies wird dadurch erzielt, daß in den Verbrennungsraum, in welchem nur auf jeden zweiten Hub eine Ladung und Verbrennung stattfindet, durch die auf der anderen Seite des Zylinders gebildete Pumpe zu obiger Hauptladung auf jeden Hub eine Ladung Gemisch der Luft eingepreßt wird.“

6

halb nicht weiter verfolgt. 1896 befaßte sich Rudolf Diesel während der Entwicklung seines Selbstzünders ebenfalls mit der Aufladung. Diese erfolgte durch die Unterseite des Kolbens über einen Zwischenbehälter. Aber auch dieses Verfahren bewährte sich nicht.
Um des Kardinalproblems, der Verbesserung des „volumetrischen Wirkungsgrades"[2] und der damit zusammenhängenden Ausspülung der verbrannten Restgase Herr zu werden, sind bis auf den heutigen Tag sowohl unterschiedliche Verfahren als auch verschiedenartige Hilfskonstruktionen (Lader, Gebläse, Verdichter, Kompressor, Ladepumpe) entwickelt und benutzt worden. Hilfsmaschinen, um Luft zu pumpen, gab es schon, bevor der funktionsfähige Kraftfahrzeugmotor erfunden war. So lag es auf der Hand, daß man sich bevorzugt mit dem Verfahren befaßte, bereits außerhalb des Brennraums Luft oder Gemisch zu verdichten.
Für die Techniker galt es stets, entweder bereits vorhandene derartige Hilfsaggregate weiterzuentwickeln oder andere zu erfinden, um sie für diesen speziellen Zweck zu nutzen.

Viele Systeme

Um die Jahrhundertwende begann allenthalben ein Experimentieren mit verschiedenen Aufladeverfahren. Ladeaggregate wie etwa Schwing- und Hubkolbenverdichter, zur damaligen Zeit in der Industrie verwendet und vorwiegend elektrisch angetrieben, kamen wegen ihres konstruktiv bedingten großen Raum- und Gewichtsbedarfs und der nur stoßweise erfolgenden Druckleistung kaum in Betracht, so daß andere Wege zur Verdichtung der Luft oder des Kraftstoffgemisches beschritten werden mußten. 1902 meldete Louis Renault in Paris einen Motor mit hinter dem Vergaser angeordnetem Ventilator zum Patent an. Zur gleichen Zeit wurde auch mit in den Fahrtwind gerichteten Ansaugstutzen (Lufthutze) eines Vergasers oder der einen starken Luftstrom erzeugenden Luftschraube als Mittel zur Aufladung experimentiert. Ebenfalls 1902 entwarf Professor C. E. Auguste Rateau das erste Zentrifugalge-

„Kompressormotoren" standen in den zwanziger und dreißiger Jahren für Sportlichkeit und genossen einen enormen Prestigewert. Dieser „Blower-Bentley" war einer der großen Akteure im Motorsport. Sein aus zwei Vergasern gespeister Roots-Lader steckte vorn auf der Kurbelwelle.

[2] „Volumetrischer Wirkungsgrad": Infolge von Reibungswiderständen an den Wänden des Saugkanals, an den Ventilen (Wirbelungen) und der bei zunehmenden Drehzahlen sich verkürzenden Einströmzeiten entstehen Füllungsverluste. Die unter atmosphärischem Druck in das durch die Abwärtsbewegung des Kolbens entstehende Vakuum hineinströmende Gasmenge entspricht daher nicht der idealen, die gleich dem Hubvolumen wäre.

bläse. Bei einem solchen Gerät (Schleuder-, Schaufel-, Radial- oder Turbinengebläse) rotiert ein mechanisch angetriebenes Flügelrad in einem schnekkenhausartigen Gehäuse, wodurch im Zentrum Luft angesaugt und außen am Umfang unter hoher Beschleunigung weitergeleitet wird.
Aus jener Zeit gibt es außerdem eine Reihe von nicht weiterverfolgten Verfahren zur Aufladung. Im Schrifttum, das sich auf diese Versuche bezieht, stößt man häufig auf das sogenannte Roots-Gebläse. Diese Grundkonstruktion stammt aus der Zeit um 1860, als sich die Amerikaner Francis und Philander Roots diese als Wasserpumpe patentieren ließen, wobei allerdings die Funktionsidee (Zahnradpumpe) Johannes Kepler (1571 bis 1630) zugeschrieben werden muß. Sie beruht darauf, daß sich in einem ovalen Gehäuse ein Paar zwei- oder dreiflügelige, durch Zahnräder parallel angetriebene Dreh-(Wälz-)Kolben gegeneinander berührungsfrei abwälzen (Lemniskate, Kurve in Form einer Acht). Hierdurch wird die Luft aus der Atmosphäre über stets gleichbleibende Hohlräume im Ladergehäuse zum Brennraum des Motors befördert. Da bei diesem Vorgang die Luft im Lader lediglich verdrängt, also nicht komprimiert wird, entsteht die eigentliche Verdichtung erst hinter dem Lader (Verdrängungsprinzip).
Die Förderleistung wird, abgesehen von der Drehzahl (ein- bis zweieinhalbfach gegenüber der des Motors) und den Abmessungen des Laders, wesentlich von einer exakten Fertigung bestimmt. Je geringer die Spaltverluste sind, um so besser ist die erbrachte Leistung. Der Antrieb des Laders erfolgt durch die Kurbelwelle des Motors über Zahnräder, Kette oder Zahnriemen. Nachteile des Roots-Kompressors sind sein verhältnismäßig hoher Kraftbedarf, geringe Förderleistung im unteren Drehzahlbereich, unerwünscht starke Luft- oder Gemischerwärmung und schließlich sein Arbeitsgeräusch.
Mit amerikanischen und französischen Rennwagen (Lee Chadwick mit Zentrifugalgebläse 1908, Sizaire-Naudin mit Schleudergebläse 1911, Hispano-Suiza mit Kolben-, dann Zentrifugalgebläse 1912) traten erstmals Automobile mit aufgeladenen Motoren in Erscheinung. Selbstverständlich wurde die Motorenaufladung zunächst bei Rennwagen angewendet, bei denen Wirtschaftlichkeit wenig, Geschwindigkeit aber alles bedeutet.

Der Zoller-Kompressor

In jener Vor-Weltkriegsepoche, als das Flugzeug an Bedeutung gewann, setzte auch eine stürmische Evolution der Flugmotoren ein, die in der Folgezeit wiederholt nachhaltigen Einfluß auf den Kraftwagenmotorenbau nehmen sollte. Schon bald begann die Suche nach Wegen, um den Flugmotoren in größeren Höhen ausreichende „Atemluft" zu liefern.
Im Jahr 1906 entwickelte der Schweizer Grübler ein Sternkolbengebläse für Flugmotoren, das jedoch zunächst lediglich den durch die dünne Höhenluft bewirkten Ladeverlust ausgleichen sollte. Um 1911 entwarf der Schweizer Ingenieur Arnold Zoller ein Hochdruckgebläse als Hilfsaggregat für einen Zweitakt-Flugmotor. Damals übte die doppelte Anzahl der Arbeitstakte beim Zweitaktmotor eine faszinierende Anziehungskraft auf die Phantasie mancher Konstrukteure aus. Mit diesem System glaubten sie bei einer entsprechenden Leistungssteigerung die optimale Lösung des Kraftwagenantriebes gefunden zu haben.
Da der Zweitakter keinen eigentlichen Ansaughub kennt, leidet er im Vergleich zum Viertakter noch stärker unter der ungenügenden Füllung des Zylinders mit Kraftstoffgemisch, der unvollständigen Abführung (Spülung) der verbrannten Gase und der hieraus resultierenden permanent hohen Betriebstemperatur. Damit der Zweitaktmotor mehr leistet, bedarf es des Überdrucks, d.h. also einer größeren Gemischmenge, als sie dem Hubvolumen entspricht. Zoller erkannte bald die Nachteile des Turbogebläses, besonders dessen drehzahlabhängigen geringen Wirkungsgrad, und entwickelte einen Drehkolben-Verdichter (auch Stern-, Rotations- oder Kreiskolbenkompressor genannt), den er 1912 an einem 6-Zylinder-Zweitakt-Sternmotor vorführte.
Der Drehkolben-Kompressor ist ein Vielzellen-Verdichter. Er besteht aus einem trommelförmigen Gehäuse (Stator) mit Ein- und Auslaß, in dem an einem exzentrisch angeordneten Rotationskörper (Rotor) radial bewegliche Schieberplatten (Drehkolben), je nach Modell unterschiedlich in der Anzahl, angeordnet sind. Die umlaufenden Schaufeln bilden Zellen, die das Benzin-Luftgemisch ansaugen, wenn sie sich vergrößern, und verdichten, wenn sie sich verkleinern.
Entscheidend ist, daß diese vom Motor angetriebenen Kompressoren ständig mitlaufen und so stets für die entsprechende Füllung der Brennräume sorgen. Da bei zunehmender Drehzahl des Motors die Förderleistung des Kompressors ansteigt, bleibt die dem Motor zugeführte Ladung proportional. Es wird somit erreicht, daß der Motor mit steigender Drehzahl keinen Leistungsabfall durch nachlassende Füllung erleidet.
Anfangs war für die Zoller-Konstruktion typisch, daß der Kompressor mit seinen Drehkolben auf der Kurbelwelle saß und einen Teil des Schwungrads bildete. Motor und Verdichter stellten eine organische Baueinheit dar. Die Anzahl der Drehkolben entsprach der Zylinderzahl des jeweiligen Motors. Später wurden dann bei Zoller, wie bei anderen Herstellern von Drehkolben-Kompressoren allgemein üblich, die Lader als reine Anbaugeräte gefertigt, angetrieben über Kette oder Zahnräder.
Zur Vor-Weltkriegsepoche läßt sich abschließend sagen, daß man zwar in der Fachliteratur häufig Aufladeverfahren beschrieb, daß es auch eine Reihe

von Patenten gab und man praktische Versuche unternahm, dies alles aber auf die Entwicklung der Personenwagen keine nachhaltigen Auswirkungen hatte. Obwohl die Techniker begannen, sich mit dem Problemkomplex Aufladung auseinanderzusetzen, verhinderten unvollkommene Motorkonstruktionen, grundsätzlich andere Bauvorstellungen, ungenügende Werkstoffe und unzulängliche technische Kenntnisse vorerst eine praktikable Anwendung.
Zwangsläufig hatte der Erste Weltkrieg auf vielen, recht unterschiedlichen technischen Gebieten beachtliche Weiterentwicklungen zur Folge, und nicht zuletzt profitierten hiervon die Aufladeverfahren für Verbrennungsmotoren. Bald nach Kriegsbeginn zwang der Kampf um die Luftherrschaft die Konstrukteure, die Fluggeschwindigkeit und -höhe hinaufzuschrauben. Besonders in zu großer Höhe litten die Flug- und Luftschiffmotoren zunehmend an leistungshemmender „Atemnot". Die dringend geforderte Leistungsverbesserung versuchten die Techniker auf zwei konstruktiv völlig verschiedenen Wegen zu erreichen. Karl Maybach, Chefkonstrukteur der Maybach Motorenbau, und die Bayerischen Motorenwerke waren die Verfechter der überverdichteten und überbemessenen Motoren. Am Boden und in geringen Flughöhen gedrosselt gefahren, wurde bei zunehmender Flughöhe die Drosselung der Motoren mehr und mehr freigegeben. Um die beim Start und im Steigflug ungenügende Leistung zu kompensieren, mußte der Hubraum angehoben (überbemessen) werden. Ab 1915 hoffte Paul Daimler (Gottlieb Daimlers Sohn), Chefkonstrukteur bei der Daimler-Motoren-Gesellschaft (DMG), im Gegensatz zu obigem Verfahren „mittels Beipressen von Ladeluft" das Problem der Atemnot zu lösen. Hierfür benutzte er für die Daimler-Motoren flüssigkeitsgekühlte Wittig-Flügelgebläse, die Luft in die Vergaser preßten; dies erbrachte eine Leistungssteigerung bis zu 50%.
Die Engländer verzichteten bald auf die unpraktischen Kolbenkompressoren und gaben Zentrifugalladern den Vorzug. Auf französischer Seite kehrte Professor Rateau nach einem wenig erfolgreichen Versuch mit einem abgasgetriebenen Lader wieder zu mechanischen Zentrifugalgebläsen zurück. In gleicher Weise verfuhren die Amerikaner, verwendeten aber auch schon damals von Dr. Sanford Moss entwickelte und bei General Electric gefertigte Abgas-Turbo-Lader. Im Lauf des Krieges fanden auf deutscher Seite bei Großkampfflugzeugen mehrstufige Zentrifugallader Anwendung, die als vorläufigen Abschluß jener Entwicklungsrichtung einen eigenen Motor zu ihrem Antrieb erforderten. Geraume Zeit vorher hatten aber schon mechanische Unzulänglichkeiten dieser Lader sowie ihr zunehmend ungünstigeres Leistungsverhältnis Paul Daimler bewogen, die Eignung des seit langem bekannten Roots-Laders für die Aufladung der Flugmotoren zu untersuchen. Als greifbares Ergebnis dieser Arbeit

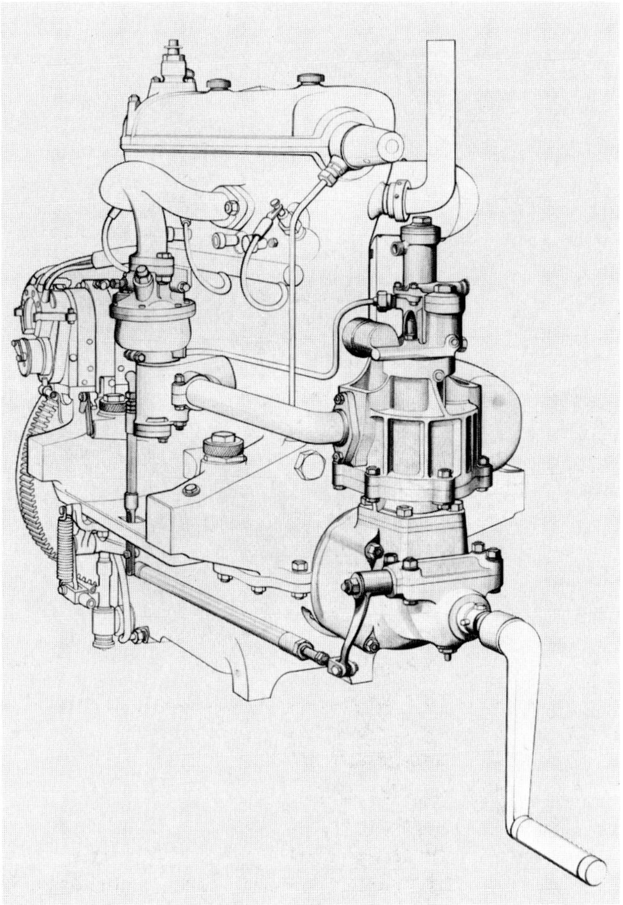

Der von Paul Daimler konstruierte „M 834" von 1919 war der erste serienmäßig gebaute, aufgeladene Automobilmotor. Der Vierzylinder mit aufrecht stehendem Roots-Lader und Druckvergaser hatte einen Hubraum von 2 l.

kam kurz vor Kriegsende der „D IV a"-Flugmotor der DMG mit Roots-Lader zu einem erfolgversprechenden ersten Einsatz.

Daimler und der Roots-Kompressor

Nach Kriegsende sahen sich die Automobilhersteller gezwungen, auf dem allgemeinen technischen Erfahrungsstand von 1914 aufzubauen. In ihre schwierige Lage paßte keineswegs eine weder gründlich erforschte noch genügend erprobte und kostenaufwendige Aufladung von Serienmotoren. Lediglich bei der DMG verfügte man über bestimmte Erfahrungen auf diesem Gebiet aus bald nach dem Waffenstillstand aufgenommenen Versuchen mit Roots-Ladern an Kraftwagenmotoren. Da sich im Lauf dieser Untersuchungen, nach einem anfänglichen Mißerfolg an Motoren mit Knight-Hülsenschiebern, annehmbare Resultate einstellten, nahm die Gesellschaft um 1921/22 Kompressorwagen in ihr Verkaufsprogramm auf. Dieser Entschluß war immerhin zum damaligen Zeitpunkt so mutig und ungewöhnlich, daß selbst die führende englische

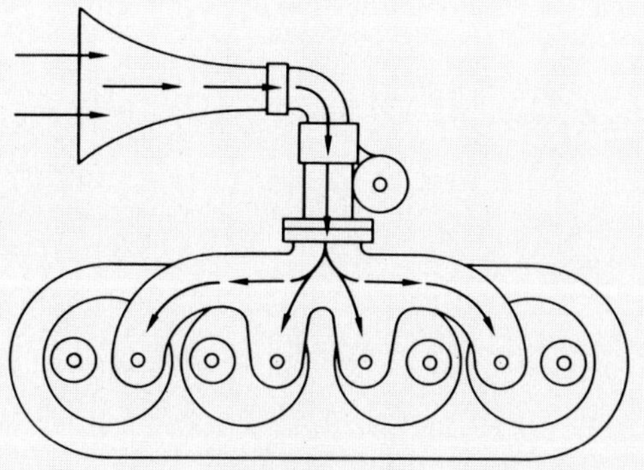

a)

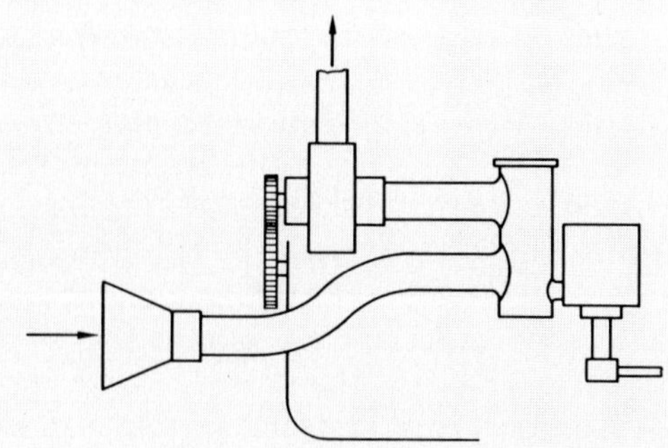

b)

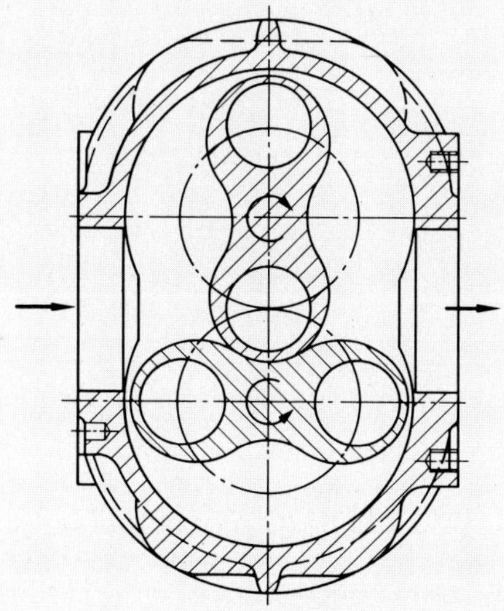

c)

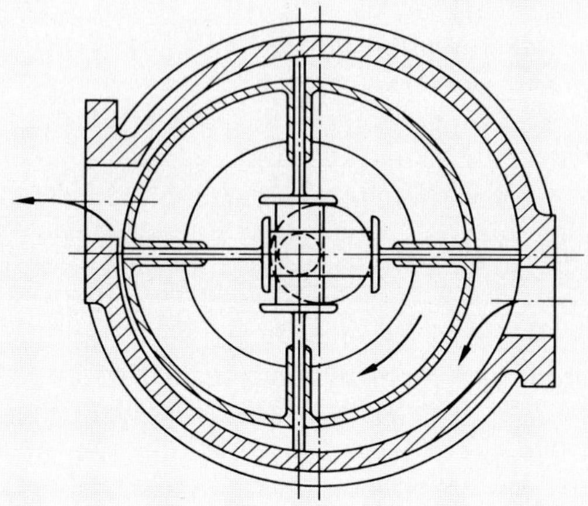

d)

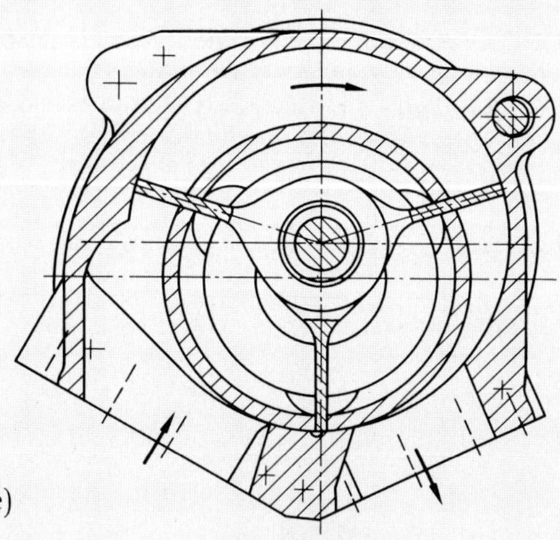

e)

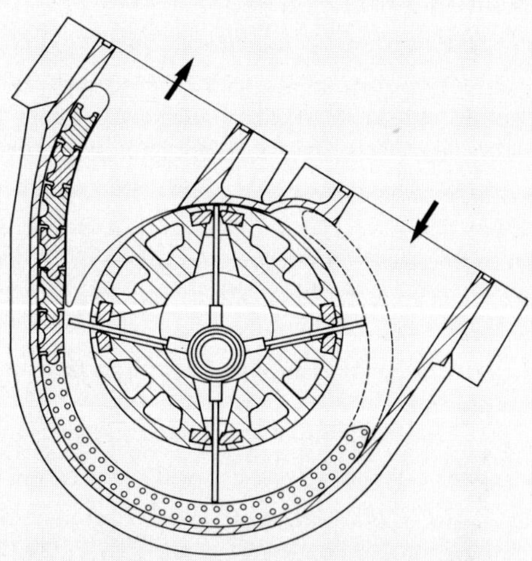

f)

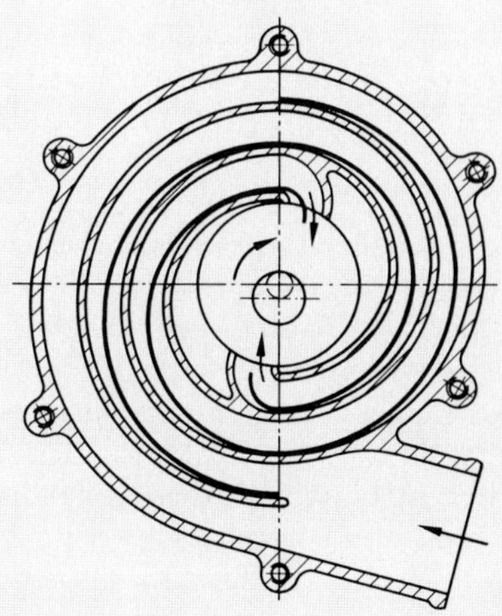

g)

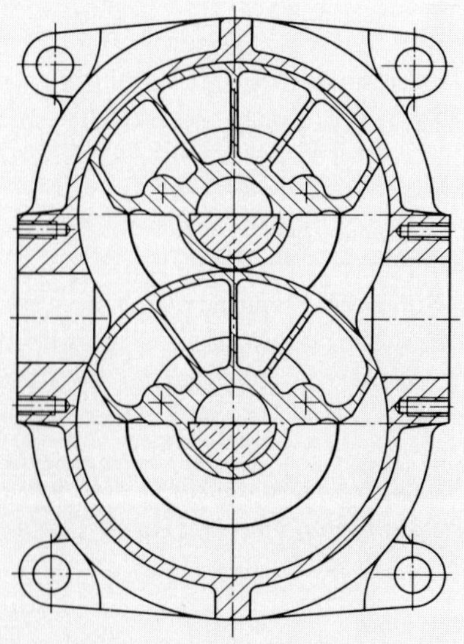

h)

Automobilzeitschrift „The Autocar" sich veranlaßt sah, am 14. 3. 1923 zu schreiben: „Dies bedeutet einen neuen Zeitabschnitt in der Automobilgeschichte."
Das Unternehmen DMG, die spätere Daimler-Benz AG, gilt somit zu Recht als der Vorreiter der Aufladung durch mechanisch angetriebene Kompressoren. Das stets verwendete Roots-Gebläse wurde bis 1937 von ihr grundsätzlich vor dem Vergaser installiert, und der Antrieb erfolgte von der Kurbelwelle über Kegelräder. Der Lader wurde durch das Niedertreten des Gaspedals über eine separate Kupplung eingeschaltet, lief also nicht ständig mit und preßte die angesaugte Luft in den Druckvergaser. Bei einigen Ausführungen war dem Vergaser eine

Die gebräuchlichsten Systeme

a) Schon unmittelbar nach der Jahrhundertwende wurde versucht, die Leistung der Motoren unter Zuhilfenahme des Fahrtwindes zu steigern. Eine vor dem Vergaser angeordnete, trichterförmige Hutze sollte den Zylindern mehr Verbrennungsluft zuführen.

b) Louis Renault meldete 1902 eine Konstruktion zum Patent an, bei der ein mechanisch angetriebener „Ventilator" das Gemisch aus dem Vergaser saugte und den Zylindern unter mildem Druck zufächelte.

c) Zu den beliebtesten Ladegeräten zählte der Roots-„Kompressor", der diesen Namen nicht verdient, weil er das Medium nicht verdichtet, sondern nur fördert (Verdränger-Prinzip). Die Verdichtung findet erst zwischen Lader und Motor statt.

d) Kreis-, auch Stern-, Rotations- oder Dreh-Kolben-Lader genannt, haben exzentrische Läufer mit in diesem verschiebbar eingesetzten Schieberplatten. Zwischen Läufer und Gehäuse entstehen Hohlräume variablen Volumens, in die das Gemisch angesaugt und in denen es verdichtet wird. Das Bild zeigt das Zoller-System.

e) Der Drehflügel-Lader von Centric arbeitet etwa nach dem gleichen Prinzip; die „Flügel" sind allerdings auf einer Achse gelagert, um Reibungen an der Gehäusewand unter der zunehmenden Zentrifugalkraft zu vermeiden.

f) Weiterentwicklung des gleichen Prinzips durch Pierburg. Ein wichtiges Detail ist die verschiebbare Einlaß-Steuerkante, durch die sich eine Drosselklappe erübrigt. Auch der Austritt läßt sich in ähnlicher Weise steuern.

g) Ein altes Prinzip, dem sich die Forschung neuerdings wieder zuwendet, ist der Spirallader: In einer in das Gehäuse integrierten „festen" Spirale kreist eine zweite (keine Rotation). Hierbei bilden sich zwischen den Wänden der beiden Spiralen Hohlräume, die zur Mitte wandern und sich dabei im Volumen verringern.

h) Von der Wankel R & D GmbH kommt der Vorschlag zu einem solchen mechanischen „Halbwalzengebläse", das mit Drehzahlen von — je nach Größe — 10 000 min^{-1} bis 20 000 min^{-1} betrieben werden kann. Es befindet sich einstweilen noch im Entwicklungszustand.

Vorratskammer zum Druckausgleich vorgeschaltet, und zudem sorgten sowohl das stark verrippte Kompressorgehäuse als auch längere Druckrohre für die erwünschte Kühlung der verdichteten Luft. Bei der gewählten Bauart hatte der Kompressor nur die Aufgabe, dem Motor kurzfristig beim Beschleunigen oder zwecks kurzfristigen Einhaltens der Höchstgeschwindigkeit zu verbesserter Füllung zu verhelfen. Auf diese Art sollte bei vernünftiger Fahrweise eine nachteilige und möglicherweise schädliche Überlastung des Triebwerks vermieden werden.
So erstaunlich das bullige Drehmoment des Kompressormotors war, so überlegen zeigte sich ebenso das Beschleunigungsvermögen der Kompressor-Automobile im Vergleich zu den Alltagswagen damaliger Jahre. An die Devise „Fahren bei kleinen Geschwindigkeiten im direkten Gang ist ideal, d. h. erstrebenswert" mag man wohl zunächst bei der DMG bei der Entwicklung aufgeladener Motoren für Serienwagen gedacht haben. Bald aber wurde dieser gute Vorsatz zugunsten hochgezüchteter Rennmotoren verlassen, und man beschränkte sich künftig lediglich auf den Bau kleiner Serien aufwendiger, teurer und luxuriöser Kompressor-Sportwagen. Diese Entwicklung wurde in den folgenden zwei bis drei Jahrzehnten symptomatisch für die allgemeine Einstellung zu aufgeladenen Motoren.
Der erste Anstoß kam also aus Untertürkheim, andere Konstrukteure zogen nach. Bei Wettbewerbsfahrzeugen beherrschten bald italienische, französische, deutsche und englische Kompressorwagen die Rennpisten, nachdem auch die internationale Rennformel aufgeladene Motoren zuließ. Allgemein gab man den robusten Roots-Ladern mit Ladedrücken zwischen 0,8 bar und 1,0 bar den Vorzug. Im Gegensatz zu Daimler-Benz wurden aber bei der Konkurrenz die Kompressoren permanent angetrieben und zwischen Vergaser und Brennraum angeordnet. Wenn auch durch diese Maßnahme die Kühlung des Gemisches problematischer und ein Überdruckventil notwendig wurde, erwies sich der Saugkompressor (nasser Kompressor) als vorteilhafter. Zoller, Cozette, Malbay, Powerplus, Centric und andere versuchten mit Drehkolben-Kompressoren gleichen Systems, aber unterschiedlicher Konstruktion, den Roots-Ladern Konkurrenz zu machen. Diese Lader haben eine echte innere Verdichtung, arbeiten mit einem besseren Wirkungsgrad und heizen das geförderte Gemisch nicht so stark auf, da sich dieses nach Austritt aus dem Ladergehäuse in die Ansaugleitung ausdehnt und dabei abkühlt.
Andererseits mußte aber wegen nie völlig beseitigter Material-, Fertigungs- und Schmierungsprobleme eine höhere Störanfälligkeit in Kauf genommen werden. Generell zwischen Vergaser und Brennraum installiert, erfolgte der Antrieb der Lader entweder direkt von der Kurbelwelle oder über Zahnräder bzw. Ketten. Besonders im unteren Drehzahlbereich des Motors sind sie dem Roots-Gebläse über-

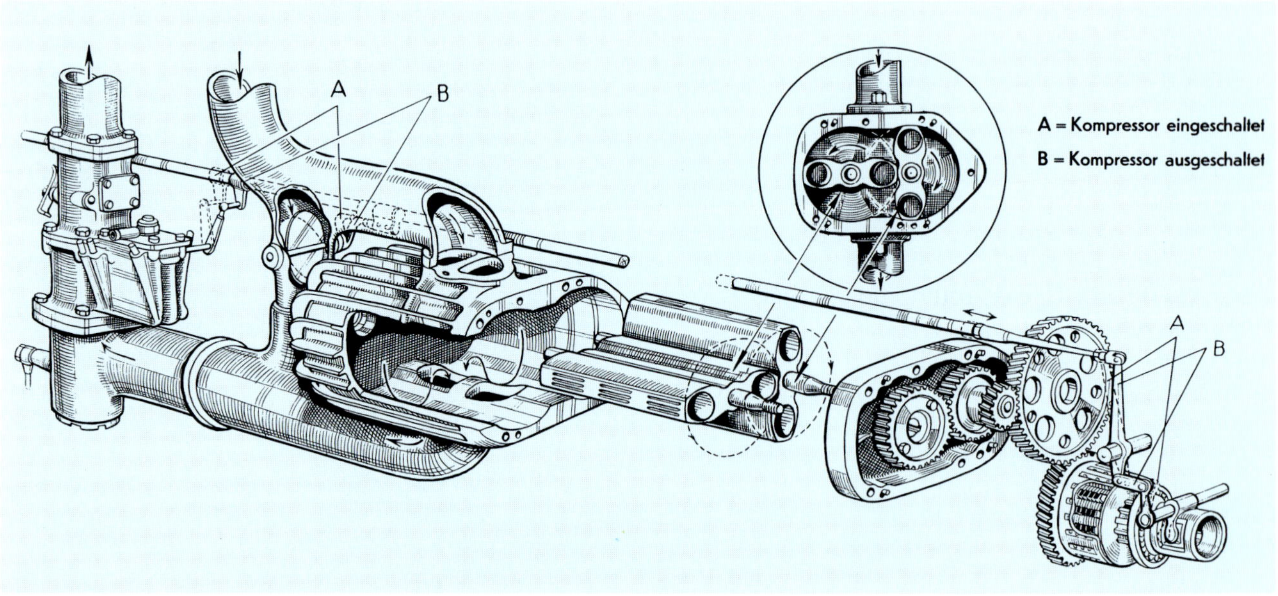

In den berühmten Mercedes-Kompressormodellen der zwanziger und dreißiger Jahre saß der „Kompressor" vor einem Druckvergaser. Die Aufladung wurde aber nur zur Erzielung der Höchstleistung herangezogen und im Bedarfsfall durch Niedertreten des Gaspedals über eine Lamellenkupplung zugeschaltet.

legen. Zuweilen waren sie auch stärker übersetzt oder im Verhältnis zur Hubraumgröße des betreffenden Motors überdimensioniert, um noch höhere Leistungen zu erzielen. Zogen auch die führenden Hersteller aufgeladener Rennsport- und Personenwagen den verhältnismäßig betriebssicheren, meist im eigenen Betrieb gefertigten Roots-Lader vor, so ließen sich wiederum kleine rennsportaktive Firmen oft von dem größeren Leistungsvermögen der Drehkolben-Verdichter, häufig zu ihrem späteren Ärger, blenden.
1925 zeigte ein ITALA-Rennwagen eine weitere, aber seltene Art der Motoraufladung. Ein Roots-Lader drückte unter Umgehung von Vergaser und Ansaugleitung verdichtete Luft direkt durch in der Nähe des unteren Totpunktes befindliche Schlitze in die Zylinder.
Bei Zweitaktmotoren wurde zuweilen eine zusätzliche Ladung durch Kolbenladepumpen entweder über das Kurbelgehäuse oder separat erreicht. Nach wie vor aber blieb die Aufladung weitgehend großen Luxuswagen kleiner Serien mit Viertaktmotoren vorbehalten. Aufladung bedeutete lediglich ein Mittel zu reiner Leistungssteigerung, d.h. zu besserer

Zu den beliebten kleinen Sportwagen der zwanziger Jahre zählte der französische Amilcar. Der Typ CGS von 1926 hatte einen 1,1-l-Sechszylindermotor mit zwei obenliegenden Nockenwellen und Cozette-Kompressor.

Dies ist der legendäre Achtzylinder-Kompressormotor des Bugatti-Typs 35 B von 1927. Vorn in der Mitte befindet sich das Roots-Gebläse. In der runden Öffnung oben auf dem Ansaugrohr hat das Überdruckventil seinen Platz.

Beschleunigung und höherer Endgeschwindigkeit. Beide Eigenschaften waren Voraussetzungen für Rennerfolge einerseits und zugkräftige Verkaufsargumente andererseits.

Aufladung als Getriebe-Ersatz

Ungeachtet dieser einseitigen Auffassung gab es jedoch damals schon eine völlig andere Ansicht über den eigentlichen Sinn der Aufladung, der der Vorstellung des „Verkehrskompressors" als Voraussetzung zur Verwirklichung des getriebelosen Kraftwagens zugrunde lag. Manche Techniker, Motorpublizisten und Hochschullehrer glaubten, über den kleinen aufgeladenen Motor mit hoher Elastizität im unteren Drehzahlbereich dieses Ziel erreichen zu können. Die Übertragung dieses Gedankens in die Praxis war zum Scheitern verurteilt, weil die Vorstellung, dem Hubkolbenmotor die Charakteristik einer Dampfmaschine verleihen zu können, sich nicht verwirklichen läßt.
Realistischer war Paul Daimler, wenn er sagte, daß „der Kompressor in einer Maschine die Sparsamkeit des kleinen mit der Leistung des großen Motors vereint", oder Dr.-Ing. Georg Bergmann, ebenfalls

In den dreißiger Jahren gab es auch Mercedes-Benz-Limousinen mit aufgeladenem Motor, wie z. B. den Typ 380 von 1933. Das technisch fortschrittliche Modell hatte einen Achtzylinder-Reihenmotor von 3,8 l Hubraum mit Roots-Lader.

Mit Hilfe handelsüblicher Lader verhalfen geschickte Tuningexperten häufig Serienfahrzeugen zu erstaunlichen Leistungen. Dieser MG Magnette von 1933 hat einen direkt durch die Kurbelwelle angetriebenen Powerplus-Drehflügellader.

Gegenwärtig ist die Aufladung bei Dieselmotoren besonders aktuell, bessert sie doch das gegenüber gleich großen Ottomotoren bestehende Leistungsdefizit ohne gleichzeitige Erhöhung der Nenndrehzahl beträchtlich auf. Das Foto zeigt einen Opel-Dieselmotor mit BBC-„Comprex"-Druckwellenlader.

Durch Umsteuerung der Gasströme im Rotor des Comprex-Druckwellenladers schiebt das Abgas des Motors die frische Verbrennungsluft in die Zylinder: Das abströmende Abgas (rot) saugt die Luft (blau) in den Rotor, komprimiert sie dort und schiebt sie, sobald der Steuerquerschnitt am Rotorgehäuse den Weg freigibt, dem Motor in die Arbeitskammern. Unmittelbar danach öffnet sich der Ausgangsschlitz, und das Abgas kann abströmen.

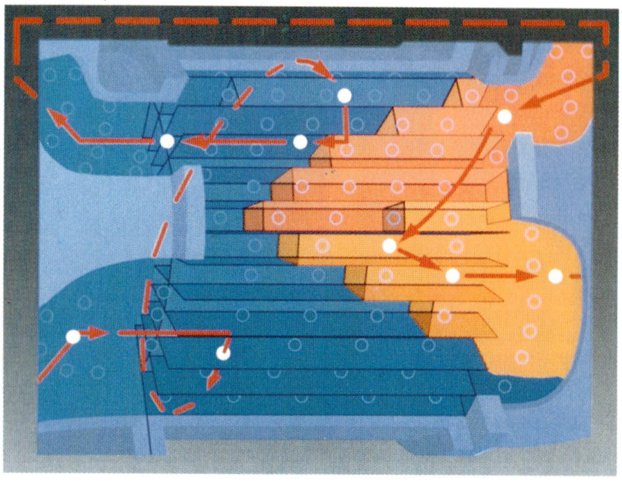

ein bekannter Konstrukteur: „Wenigstens sollte der Verkehrskompressor die Bedienung des Automobils vereinfachen oder wirtschaftlicher gestalten. Für den Sport- und Rennkompressor genügt schon, daß er die Fahrleistungen bei hohen und höchsten Geschwindigkeiten steigert." Aber es bedurfte vieler Jahre, bis sich die Techniker dieser Vorstellung in der Praxis annahmen und sie zu einem brauchbaren Konzept zu entwickeln versuchten.
In der Zeit zwischen den beiden großen Kriegen änderte sich zunächst wenig an der allgemein verbreiteten Auffassung über die Aufladung. Wie die Praxis durch verbesserte Ladesysteme bewies — aber auch durch kombinierte Verdichter oder mehrstufige Kompressoren[3], deren Antrieb bei Rennmotoren bis zu 170 PS erforderte —, schnellte die Literleistung der Boliden, aber auch deren Kraftstoffverbrauch in bedenkliche Höhen. Zu gleicher Zeit blieb

[3] Beim Zweistufen-Verdichter drückt ein großer Kompressor das verdichtete Gemisch in ein zweites kleineres Gebläse, welches nunmehr das noch stärker verdichtete Kraftstoffgemisch in die Einlaßkanäle weitergibt. Zweistufengebläse arbeiten im allgemeinen wirtschaftlicher (d.h. mit geringerem eigenem Kraftbedarf) als ein einzelnes großes Aggregat.

auch in den USA der Kompressormotor dem Renn- oder Luxuswagen vorbehalten.
Dennoch drückte der Kompressor weit über seine reale Bedeutung hinaus dieser Zeit seinen markanten Stempel auf, einfach deshalb, weil er die Motoren von Fahrzeugen beflügelte, von denen eine besondere Faszination ausging.
Die stete Verbesserung des normalen Saugmotors ließ schließlich die bisher als Vorzüge angesehenen Eigenschaften des Kompressormotors, also hohe Beschleunigung und Endgeschwindigkeit gepaart mit relativer Elastizität, verblassen. Da zudem die höhere Materialbelastung und der größere Kraftstoffverbrauch außer der Reparaturanfälligkeit nicht restlos eliminiert werden konnten, zeigte die Industrie wenig Bereitschaft, sich bei der Erforschung der Aufladung mit Zeit, Arbeit und Geld zu engagieren.

Die Turbos kommen

Dessenungeachtet gab es bereits in den zwanziger Jahren zaghafte Versuche, dem Motor über Abgasturbinen mit gekoppeltem Lader die erwünschte Füllung zuzuführen. Die Bemühungen fußten auf den Erkenntnissen des Schweizer Professors Alfred Büchi, der als erster Techniker konkrete Vorstellungen von der Nutzung der kinetischen Energie der Motorabgase hatte und sich diese 1905 in Form eines Patentes schützen ließ. Zunächst dachte Büchi nicht an eine Aufladung, denn er versuchte die flüchtende Energie (Abgase) über eine mechanische Verbindung zwischen Abgasturbine und Kurbelwelle direkt in Leistung umzusetzen. 1915 wandelte er sein Verfahren ab, so daß nunmehr die Abgasturbine eine Ladeluftturbine antrieb. Schon damals war Büchi sich bewußt, wie vorteilhaft es sein würde, diese Ladeluft zu kühlen. Obwohl ab 1925 in Europa der Abgasturboladung nach seinen Ideen bei Dieselmotoren für Schiffe, Schienenfahrzeuge, später auch für Lastkraftwagen ein Durchbruch gelang, stagnierte dieses Verfahren beim Benzinmotor trotz erfolgversprechender Versuche der Luftschraubenfirma Lorenzen und der etwa zu gleicher Zeit in England durchgeführten Untersuchungen. Die im Gegensatz zum Dieselmotor wesentlich höheren Abgastemperaturen und eine latente Gefahr unkontrollierter klopfender Verbrennung durch zu hohe Aufladung verhinderten zunächst die Anwendung dieses Verfahrens. Weder standen genügende Erfahrung noch entsprechende Werkstoffe zur Verfügung, um zu einer serienmäßigen Anwendung zu kommen.
Während des Zweiten Weltkrieges konnten aber mit der Abgasturboladung bei Flugmotoren in hohem, bei mit Holzgas angetriebenen Fahrzeugmotoren in geringerem Maß wertvolle Erkenntnisse gewonnen werden. Dennoch beschränkte sich nach 1945 die Aufladung der Benzinmotoren weiterhin auf den

Turbolader werden auch bei Ottomotoren gern zur Anhebung von Leistung und Drehmoment benutzt. Das Bild zeigt den Turbomotor der aufgeladenen Version des kleinen Lancia Y 10 mit Ladeluftkühler. Aus einem Hubraum von 1 049 cm³ „preßt" der Turbo 62 kW (85 PS) und ein Drehmoment von 122 Nm.

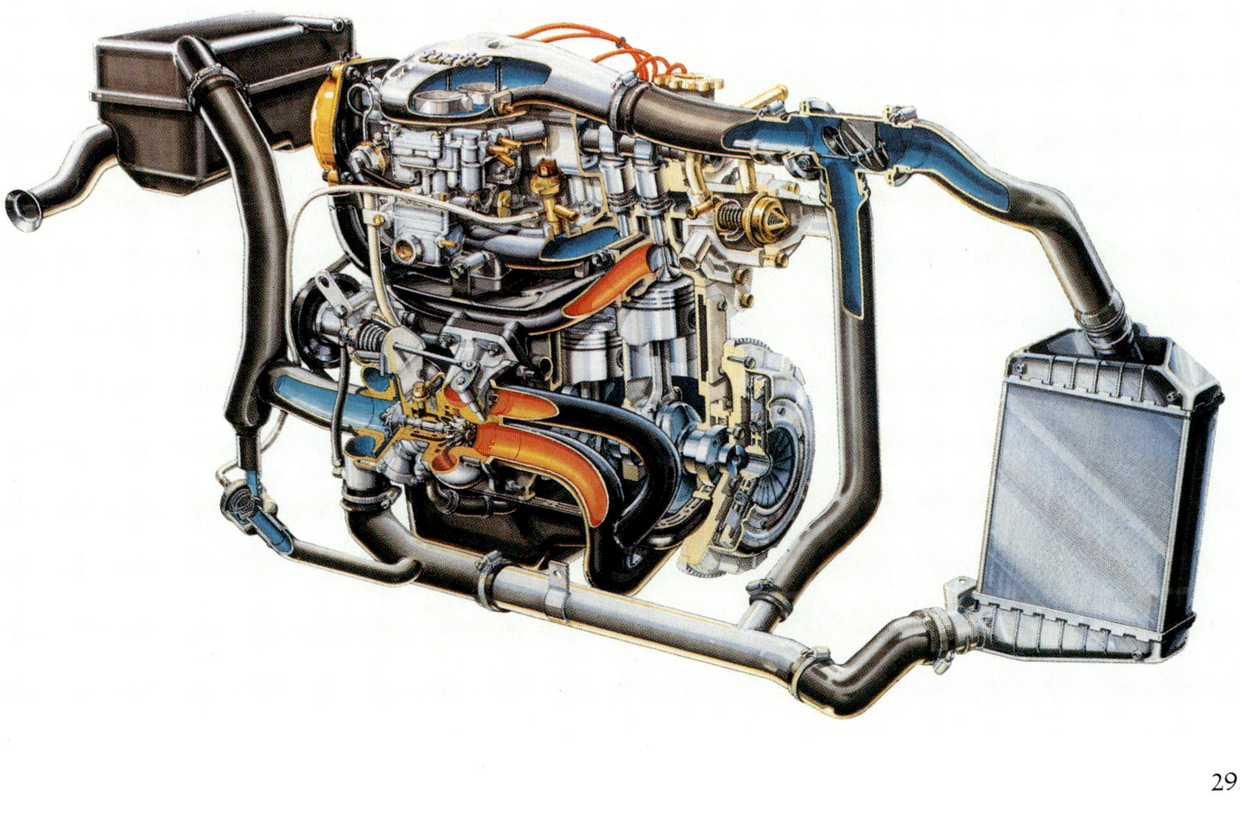

mechanischen Kompressor, und nach wie vor blieb dieser dem Wettbewerbsfahrzeug und wenigen rein leistungsorientierten Personenwagen vorbehalten. Diese Ära neigte sich allerdings bald ihrem Ende zu, da hochgezüchtete Saugmotoren dem Kompressor den Rang auf den Rennpisten und Landstraßen abliefen. Bei den Dieselmotoren der Lastwagen gewann der Abgasturbolader hingegen im Lauf der Jahre zunehmend an Boden. Wie 1908 beim Chadwick-Rennwagen mit Kompressor spielte auch dieses Mal Amerika bei den Personenwagen den Vorreiter. 1963 offerierte General Motors mit dem Chevrolet „Monza" und dem Oldsmobile „F 85" erstmalig Serienwagen mit Ottomotor und Abgasturboladung. 1967 experimentierte man dort außerdem mit der „RamAir"-Aufladung für Viertakter, bei der kolbenlose Strahlpumpen komprimierte Luft in den Ansaugstutzen des Vergasers drückten. Nach diesen nicht allzu erfolgreichen Tests zog Europa nach, und 1969 wurden erste Prototypen von Michael May, Broadspeed, Ford und BMW vorgestellt, während kurz darauf Porsche-Turborennsportwagen bereits die „Can-Am"-Rennen beherrschten.

Wegen der ersten Ölkrise und steigender Kraftstoffpreise sah man sich beim Personenwagen mit der alten Forderung, Leistung mit Wirtschaftlichkeit zu koppeln, nun ernsthaft konfrontiert. In der Praxis bedeutete dies hubraumkleinere und sparsamere Motoren mit höherer spezifischer Leistung. Beim Dieselmotor gelang dies mit Hilfe der Abgasturboladung verhältnismäßig schnell und problemlos. Eine ständig wachsende Anzahl von Modellen mittlerer und kleiner sparsamer Diesel-Pkw wurde als technisch durchaus akzeptable Alternative zum Benzinmotor vom Markt gut aufgenommen. War der mechanisch angetriebene Kompressor mit seiner meist einseitigen Zielsetzung bisher ein mehr oder weniger geschickt installiertes Zusatzaggregat, so erwies sich schon bald die Anwendung der Turboaufladung für den Otto-Motor als aufwendig und kompliziert.

So einfach der mechanische Aufbau eines Abgasturboladers mit seinen wenigen Hauptteilen erscheint, so schwierig erweist sich die Beherrschung dieser Strömungsmaschine, die mit dem Motor nicht mechanisch verbunden, sondern ausschließ-

Prinzip des Turboladers beim Ottomotor.

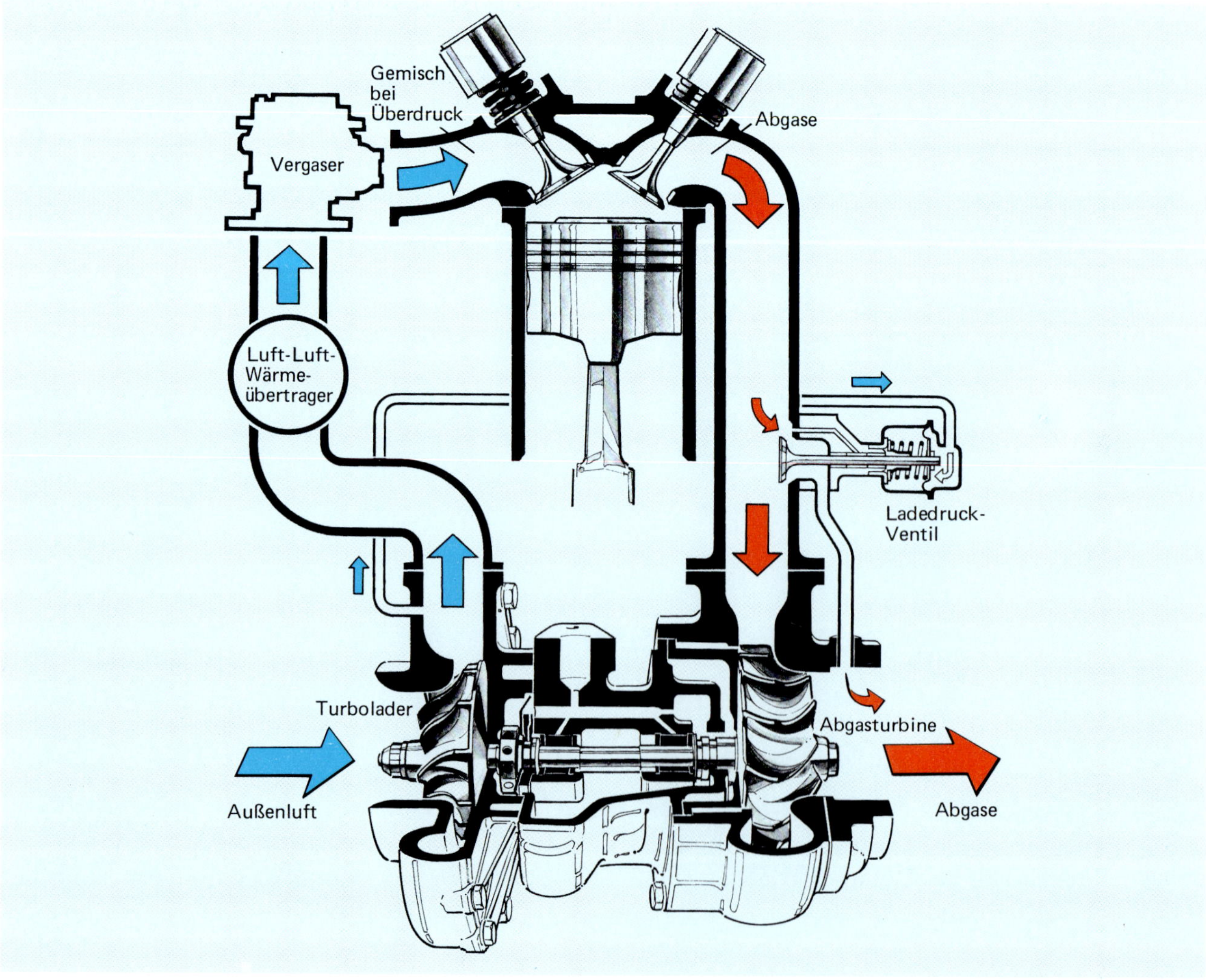

lich thermodynamisch gekoppelt ist. Beim Abgasturbolader wird eine kleine Turbine, die am Auspuffkrümmer installiert ist, von den Auspuffgasen angetrieben. Ein vorgeschaltetes Bypass-Ventil, auch „waste gate" genannt, läßt zur Regelung des Ladedrucks ein Ableiten eines Teils des Abgases in das Auspuffsystem zu. In einer getrennten Kammer sitzt auf der gleichen Welle der Abgasturbine das Lader-Turbinenrad.

Im Gegensatz zum mechanischen Lader treibt also die kinetische Energie der Abgase des Motors den Turbolader, und es bedarf hierfür keiner von der Motorleistung abgezweigten Kraft. Dieses Verfahren erscheint zwar bestechend einfach, ist jedoch teuer und kompliziert in Herstellung, Einbau und Betrieb. 150 000 Umdrehungen je Minute bei den Turbinen, Abgastemperaturen zwischen 750 °C und 1 000 °C, Ladelufttemperaturen von 100 °C und hohe Ladedrücke wollen beherrscht und geregelt sein. So sind verständlicherweise diese sich aus dem Betrieb ergebenden Probleme trotz aller Fortschritte noch nicht endgültig und zur vollen Zufriedenheit gelöst.

Wie beim altbekannten Zentrifugalgebläse verläuft beim Turbolader die Luftleistung nicht parallel zum Luftbedarf des Motors. Hieraus ergibt sich eine bis heute noch nicht restlos beseitigte Schwäche dieses Aggregats, da es entgegen mechanischen Ladern nicht bei niedrigen Drehzahlen, sondern erst ab etwa 2 500 U/min der Motor-Kurbelwelle das notwendige Luftvolumen liefert. In der Fahrpraxis äußert sich dies als Drehmomentschwäche im unteren Drehzahlbereich. Im oberen Drehzahlbereich wiederum steigt die Förderleistung so kräftig, daß sie dem Motor durch Überladung schaden kann, wenn nicht die Funktion des Bypass-Ventils den Ladedruck begrenzt. Auch die bei hoher Förderleistung beträchtlich zunehmende Ladelufttemperatur muß, um eine bessere Ausnützung der Ladung zu gewährleisten und die Klopfneigung zu verringern, möglichst um 40 °C bis 70 °C abgekühlt werden. Besondere, vom Fahrwind durchströmte Ladeluftkühler (Intercooler) sind hierfür Voraussetzung, während man einer klopfenden Verbrennung durch die Zurücknahme der Vorzündung, geringeren Ladedruck und ein reduziertes Verdichtungsverhältnis vorbeugen kann. Turbolader in Kombination mit Ladeluftkühler und Klopfsensor, vollelektronischer Kraftstoff- und Zündanlage mit Kennfeldsteuerung zeigen den heutigen hohen Entwicklungsstand dieses Aufladeverfahrens.

Die aussichtsreichste Kombination besteht in einer direkten Luftaufladung in Verbindung mit Benzineinspritzung. Grundsätzlich ist die erfolgreiche Anwendung eines Abgasturboladers vom richtigen Einbau und einer subtilen Abstimmung auf den jeweiligen Motor bestimmt. Die internationale Automobilindustrie offeriert bereits ein breitgefächertes Angebot von Personenwagen (Diesel- oder Ottomotoren) mit Turboladern.

Neue Wege

Wie die Praxis zeigt, kann der aufgeladene Motor etwa 30% kleiner (billiger, weniger Material, Gewicht und Raum) sein, geringere Reibleistung haben und sparsamer laufen. Diese Erkenntnisse ließen die Techniker den alten, oft unbefriedigenden mechanischen Lader (weil falsch eingesetzt) wieder in ihre Überlegungen einbeziehen. Der Roots-Lader, verbessert und verfeinert, wird nach einer erfolgreichen Vorstellung in einem Sportfahrzeug (Lancia, Rallye-Weltmeister 1983) neuerdings wieder bei Serienwagen verwendet. Die Bendix Corporation unternahm Versuche mit einem Lader in Form einer Flügelpumpe mit gegenüberliegenden Flügeln. Eine weitere Möglichkeit zeigt der Spirallader, dessen Konstruktion, gleich der von Roots, schon vor der Jahrhundertwende in den USA patentiert wurde. In einem kreisrunden Gehäuse, in dem eine Spirale fest mit diesem verbunden ist, führt eine zweite Planetspirale, durch den Kurbelwellenhub angeregt, eine kreisrunde Bewegung aus. Zwischen Fest- und Planetspirale bilden sich hierbei Taschen, die, zur Mitte laufend und im Volumen kleiner werdend, die Ladeluft oder das Gemisch komprimieren. Wesentlich langsamerer Druckanstieg sowie der Ablauf mehrerer Verdichtungsvorgänge sorgen für einen ruhigen Lauf. Die erforderliche Antriebsleistung ist im Vergleich zu anderen Ladern wesentlich geringer, und deren vielfach ungenügende, daher leistungshemmende Abdichtung ist problemlos gelöst.

Bei VW, wo mechanische Lader verschiedener Systeme im Versuch laufen, wurde u.a. ein Antrieb über ein variables Keilriemengetriebe entwickelt. Fliehgewichte regeln das Übersetzungsverhältnis zwischen Motor und Lader, so daß eine angepaßte Ladeleistung und ein besserer Wirkungsgrad erreicht werden. Im unteren und mittleren Lastbereich legt eine elektromagnetische Kupplung den Lader still, er wird erst über Kick-down eingeschaltet.

Selbst der Welt größter Hersteller von Turboladern, die Firma Garrett, hat einen mechanischen Lader in der Entwicklung, ebenso wie die anderen amerikanischen Firmen Eaton Corporation und Schwitzer. Nach ihrem Abgas-Drehkolbenlader entwickelte die Wankel R&D GmbH in Lindau den Einzahnlader mit dem Ziel des einfachen, kostengünstigen Aufbaus unter Vermeidung besonderer Fertigungstoleranzen. Bei dieser außenachsigen Drehkolbenmaschine wird der in einem kreisrunden Gehäuse laufende Hauptläufer mit aufgesetztem Zahn über eine elektromagnetische Kupplung angetrieben. Ein Zahnrad auf der Antriebswelle treibt mit einer Übersetzung 1:1 den Absperrläufer. Dieser hat lediglich eine Steuer- und Dichtfunktion. Über einen großdimensionierten Einlaß saugt der Lader Luft oder Gemisch an, das durch den auf der Rückseite offenen Zahn in den Arbeitsraum tritt, wonach der gleiche Zahn die Luft in radialer Richtung zum Motor weiterfördert. Der Einzahnlader arbeitet ohne innere Verdichtung, ist also wie das Roots-Gebläse ein Verdränger. Hoher Wirkungsgrad, kühle Ladeluft, geringe Geräuschentwicklung und günstige Verbrauchswerte sollen diesen Lader, der derzeit bei verschiedenen Automobilherstellern erprobt wird, auszeichnen.

Das Unternehmen Pierburg in Neuss, seit langem durch Pionierleistungen und Produkte auf dem Vergasergebiet bekannt, arbeitet seit Jahren an einem mechanischen Flügelzellenlader. Er soll nunmehr Serienreife erreicht haben. Hervorstechende Besonderheit dieses Laders nach dem Drehkolben-Prinzip ist eine mit dem Gaspedal gekoppelte, variable Einlaßsteuerkante in der Gehäusewand. Sie übernimmt die Funktion der konventionellen Drosselklappe. In einem bestimmten Betriebsbereich wird sogar der Rotor durch den Unterdruck im Saugrohr bewegt, was eine geringfügige Rückgewinnung kleiner Energiemengen bedeutet. Im Stator des Laders läuft ein geschlitztes Rohr mit vier Drehkolben (Flügeln), das direkt oder über Zahnriemen von der Kurbelwelle angetrieben wird. Im praktischen Betrieb konnten für diesen Lader, der bei 7 000 U/min einen Überdruck von 1 bar erzeugt, eine um 20% erhöhte Motorleistung, ein um 40% verbessertes Drehmoment im unteren und mittleren Drehzahlbereich, geringerer Kraftstoffverbrauch und verbesserte Abgasqualität verbucht werden.

Ein völlig anderes Aufladeverfahren zeigt der um 1940 in der Schweiz patentierte Druckwellen-Lader Comprex (Compression-Expansion) der Brown-Boveri, Baden. Bei diesem werden durch einen Druckwellenprozeß in einem trommelförmigen Rotor die Auspuffgase benutzt, um die Ansaugluft zu verdichten. Der mechanisch angetriebene Rotor versieht ausschließlich Steuerfunktionen und benötigt deshalb nur geringe Antriebskräfte. Verhältnismäßig hoher Ladedruck bei niedrigen Drehzahlen verleiht den Motoren mit dieser Ladeart große Elastizität. In Traktoren-Dieselmotoren bereits bewährt, wird der Comprex inzwischen im Opel „Senator" mit Dieselmotor serienmäßig eingebaut.

Vergleicht man Abgaslader und mechanische Lader, so lassen sich für beide Aufladesysteme Vor- und Nachteile anführen. Der Turbolader fordert für seinen Eigenantrieb dem Motor keine Kraft ab und verhilft ihm hauptsächlich im oberen Drehzahlenbereich zu deutlicher Leistungssteigerung. Ein höherer Entwicklungsstand, längere Lebensdauer und niedrige Geräuschentwicklung scheinen zumindest zur Zeit für ihn zu sprechen. Diesen positiven Eigenschaften stehen im Fahrbetrieb verzögertes Ansprechen und fehlende Elastizität im unteren Drehzahlbereich sowie auch ein erhöhter Kraftstoffverbrauch beim Ottomotor entgegen. Je höher seine Ladeleistung ist, um so höher ist der Staudruck im Abgasstrang.

Der mechanische Lader, der nach wie vor mindestens 4% bis 6% der Motorleistung für sich beansprucht und dem Turbolader im oberen Drehzahlbereich unterlegen ist, scheint auf den ersten Blick deutlich im Nachteil zu sein. Wenn das System aber nicht primär auf Leistungssteigerung ausgelegt und der Lader lediglich für etwa 10% der Betriebszeit beansprucht wird, dankt er dies mit beachtlicher Kraftstoffersparnis. Ferner kennt er keine Ansprech-Verzögerung, sondern er sorgt für überlegene Elastizität im unteren Teillastbereich, so daß sich dies in flüssigerem Fahrverhalten in vorteilhafter Weise niederschlägt.

Die Turbo-Aufladung des Ottomotors ist wesentlich aufwendiger als die beim Dieselmotor. Die Aufladung durch mechanische Lader erscheint für kleinere Benzin- und Dieselmotoren besonders geeignet. Dem Druckwellenlader (Comprex) müssen bei kleinen und mittleren Dieselmotoren gute Chancen eingeräumt werden.

Letztlich wird bei allen Aufladeverfahren für Serienwagen die Kostenfrage zukünftig in zunehmendem Maß ins Gewicht fallen, während die Aufladung beim Wettbewerbsfahrzeug nach wie vor ohne Rücksicht auf die Kosten rein leistungsorientiert bleiben wird.

BMC „Mini" 1959

Die Geschichte der Automobiltechnik verzeichnet eine große Anzahl hervorragender Konstruktionen und erfolgreicher Modelle. Darunter war aber nur ein Auto, das trotz seiner winzigen Dimensionen eine echte Revolution auslöste: der von Sir Alec Issigonis „erfundene" Mini. Dieses Minimalauto für vier Personen erreichte ein vorher unbekanntes Optimum an Nutzraum durch Verlagerung der Technik in für andere Zwecke unbrauchbare Randzonen. So steht der Motor vor der Vorderachslinie auf dem Getriebe, und die Radführungselemente stellen nur geringe Raumansprüche.
Hervorragende Fahreigenschaften schufen die Voraussetzungen für aufsehenerregende Sporterfolge und bewiesen die Meriten dieser originellen Konstruktion. Heute ist sie Stand der Technik und wird in mittlerweile weiterentwickelter Form weltweit für die Modelle europäischer, amerikanischer, japanischer und neuerdings auch einiger Hersteller im Ostblock angewandt.

Ohne Strom geht nichts

Der zündende Funke

Die ersten von Verbrennungsmotoren angetriebenen Fahrzeuge, deren Funktionieren öffentlich nachgewiesen wurde, stammen von Gottlieb Daimler und Karl Benz. Es gibt zwar — historisch oft umstrittene — Berichte über frühere Versuche, doch diese führten alle nicht zum Erfolg. Sicher scheint aber zu sein, daß bei allen diesen Versuchen die Zündsysteme verwendet worden sind, die bei Stationärmotoren schon eingeführt waren: Flammenzündung, Summerzündung und magnetelektrische Zündung.

Glührohrzündung für „schnellaufende Benzinmotoren", wie sie von Daimler in der Anfangszeit der Entwicklung verwendet wurde, an einem Motor mit automatischem Einlaßventil (1885).

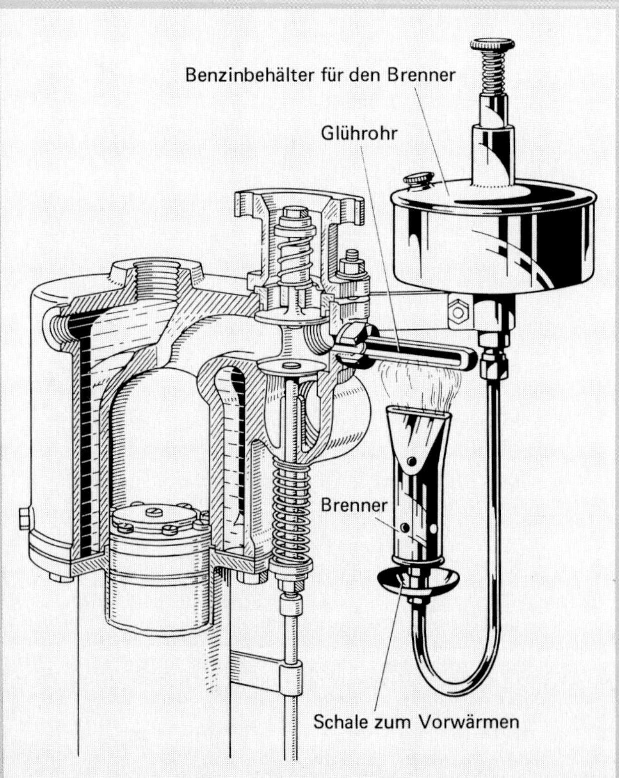

Bei der Flammenzündung wird eine offene Flamme durch Schieber in den Verbrennungsraum „eingeschleust". Die Summerzündung ist eine mit Batterien betriebene Hochspannungszündung auf der Grundlage des Ruhmkorffschen Funkeninduktors. Die magnetelektrische Zündung war damals ausnahmslos eine Niederspannungszündung. Um mit Niederspannung einen Funken oder Lichtbogen zu erzeugen, kann man keine Zündkerze mit festen Elektroden verwenden wie bei der Summerzündung. Man braucht vielmehr ein mechanisch aufwendiges, Zündflansch genanntes Bauteil. Dieser Zündflansch hat eine feste und eine bewegliche Elektrode, die sich in Ruhelage berühren. Im Zündzeitpunkt muß die bewegliche Elektrode von der festen abgehoben werden, so daß ein Lichtbogen entsteht.

Der erste Verbrennungsmotor, der industriell gefertigt und gewerblich angewendet wurde, war der 1860 patentierte kompressionslose Gasmotor von Jean Joseph Etienne Lenoir mit einer Summerzündung. Nikolaus August Otto begann seine Versuche mit einem selbstgebauten kleinen Lenoir-Motor, verwendete aber im Gegensatz zu Lenoir eine Flammenzündung. 1877 begann er dann mit einer magnetelektrischen Zündung zu experimentieren, zunächst in Zusammenarbeit mit Werner Siemens, später selbständig in der eigenen Firma, der Gasmotorenfabrik Deutz. Hier entwickelte er den Viertaktmotor mit Kompression, der ihn berühmt machte.

Die Zündung von Daimler und Benz

Gottlieb Daimlers Zündung muß hier erwähnt werden, obwohl sie nicht elektrisch war. Er kannte die verschiedenen Zündsysteme von seiner Tätigkeit bei der Gasmotorenfabrik Deutz, aus der er dann 1882 — gefolgt von Wilhelm Maybach — ausgeschieden war. Er war mit diesen Systemen nicht zufrieden und konstruierte eine ungesteuerte Glührohrzündung, die er 1883 patentiert bekam und über ein Jahrzehnt ausschließlich verwendete. Karl Benz benutzte von Anfang an eine Summerzündung ähnlich

7

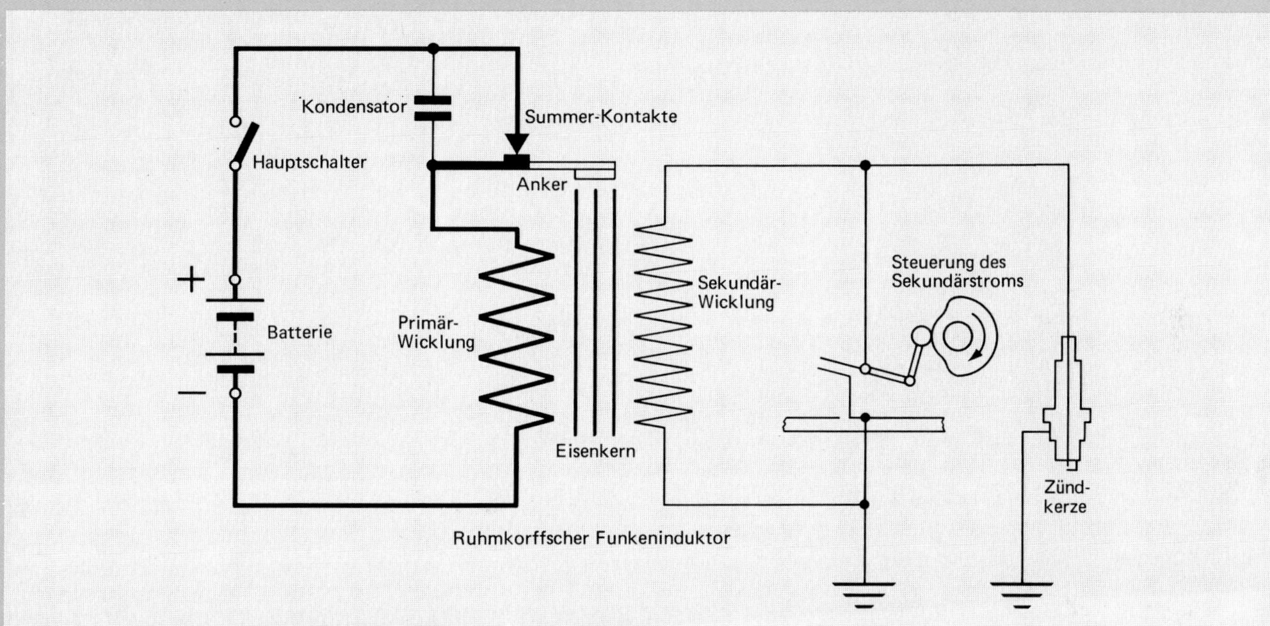

Prinzip der Batterie-Summerzündung. Diese Art der Zündung wurde von Karl Benz 1885 verwendet. Gegenüber der Glührohrzündung mutet sie bereits recht modern an.

der von Lenoir. Zunächst steuerte er den Strom auf der Sekundärseite, dann ging er 1893 zur Steuerung des Primärstroms über. Unabhängig von diesem Unterschied ist die Summerzündung immer eine Mehrfunkenzündung, d. h., eine Reihe von verhältnismäßig energiearmen Hochspannungsfunken bildet sich zwischen den Zündkerzen-Elektroden über einen bestimmten Zeitraum, anfänglich noch über die Dauer des Arbeitshubs hinaus. Nachteilig dabei ist — besonders bei der Sekundärstromsteuerung — der hohe Stromverbrauch, da als Stromquelle nur galvanische Batterien zur Verfügung standen oder Akkumulatoren, die nicht während des Betriebs geladen werden konnten. Rückblickend nannte Karl Benz die Zündung „das Problem der Probleme".
Daimlers Glührohrzündung hatte den Nachteil, daß bei ungeschickter Handhabung des Brenners Brandgefahr bestand und daß die Flamme, mit der das Glührohr beheizt wurde, bei Regen oder Sturm erlöschen konnte. Trotzdem wurde diese Zündung häufig auch von anderen Motorenherstellern benutzt.

Niederspannungs-Magnetzündung

Robert Bosch baute 1887 für einen Motorenhersteller seinen ersten Niederspannungs-Magnetzünder. Diese Bauweise war damals Stand der Technik. Auch der Doppel-T-Anker von Werner Siemens, ein wichtiger Bestandteil der Apparate, war nie geschützt worden. Von 1887 bis 1896 fertigte Robert Bosch 1 000 solcher Zündapparate ausschließlich für stationäre Motoren. Er hatte Gottlieb Daimler einen seiner ersten Apparate gezeigt, aber dieser war damals noch von der Überlegenheit seiner Glührohrzündung überzeugt.
Den Anstoß, die Magnetzündung in ein Kraftfahr-

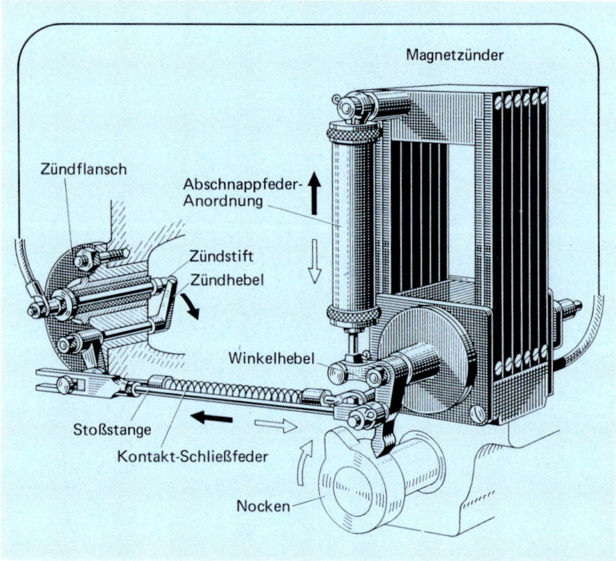

N. A. Otto verwendete in Deutz diese Abschnappzündung, die jedoch einen beweglichen Kontakt, den „Zündhebel" im Brennraum, benötigte. Später wurde sogar versucht, den Kolben als beweglichen Kontaktteil zu benutzen.

zeug einzubauen, gab schließlich der Engländer Frederick Richard Simms. Er beauftragte Robert Bosch 1897, ein De Dion-Bouton-Dreirad mit Magnetzündung auszurüsten. Der Motor dieses Dreirads hatte eine Drehzahl von 1 800/min. Die bisherige Ausführung der Niederspannungs-Magnetzündung, die sogenannte Abschnappzündung, eignete sich wegen der Massenträgheit des schweren Ankers aber nur für Drehzahlen bis etwa 300/min. Dieser Anker wurde von einem Mitnehmer auf der Steuerwelle des Motors gegen die Wirkung einer starken Feder aus der Ruhelage bewegt und schnellte nach dem „Abschnappen" des Mitnehmers zurück. Er rotierte also nicht, sondern pendelte nur hin und her.

Boschs Werkmeister Arnold Zähringer kam nun auf die Idee, statt des Ankers eine viel leichtere Weicheisen-Hülse als Kraftlinienleitstück zwischen den Polschuhen der Magnete und dem nun feststehenden Anker pendeln zu lassen und außerdem deren Antrieb mit Hilfe eines Exzenters und einer Schubstange zwangsläufig zu machen. Diese Ausführung wurde patentiert und fand unter dem Namen „Bosch-Abreißzündung" schnell Anklang bei den immer zahlreicher werdenden Motorenherstellern. Gottlieb Daimler und Karl Benz gingen von 1898 an immer mehr auf diese Zündung über.

Graf Zeppelin bestand ausdrücklich auf ihr bei den Daimler-Motoren für sein erstes Luftschiff, mit dem er 1900 seine erste Fahrt machte. Auch Emil Jellinek verlangte die Bosch-Zündung für die an ihn gelieferten Wagen. Auf den ersten Plätzen der schon sehr populären Rennen fand man immer häufiger Wagen mit dieser Zündung. Bei einem der berühmtesten Rennen der damaligen Zeit, dem Gordon-Bennett-Rennen, das 1903 in Irland stattfand, siegte der belgische Rennfahrer Camille Jenatzy auf einem 60-PS-Mercedes, ausgerüstet mit Bosch-Abreißzündung, obwohl es zu dieser Zeit schon ein sehr viel besseres Zündsystem gab, nämlich die Hochspannungs-Magnetzündung. Dieses System leitete eine neue Epoche im Verbrennungsmotorenbau ein.

Niederspannungs-Magnetzünder in einem De Dion-Bouton-Motordreirad von 1897. Der Zündapparat war noch fast so groß wie der Motor selbst, und die Übertragungsgestänge waren ein ständiges Ärgernis.

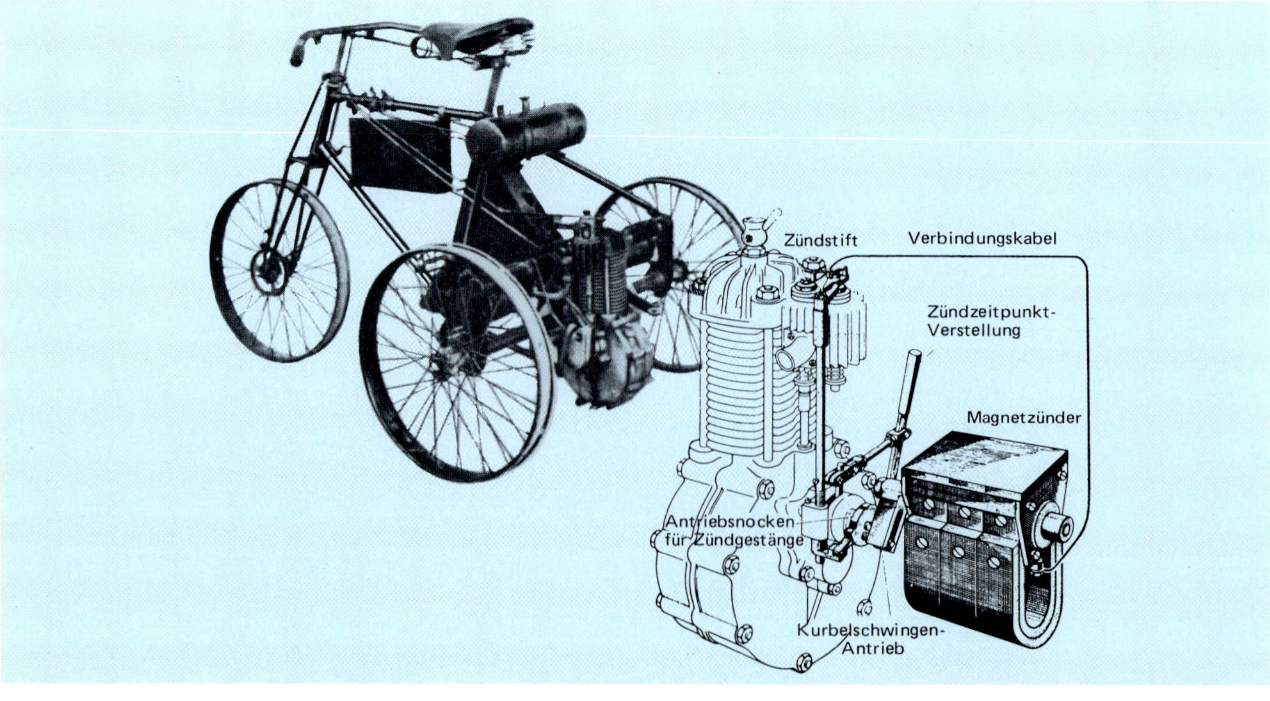

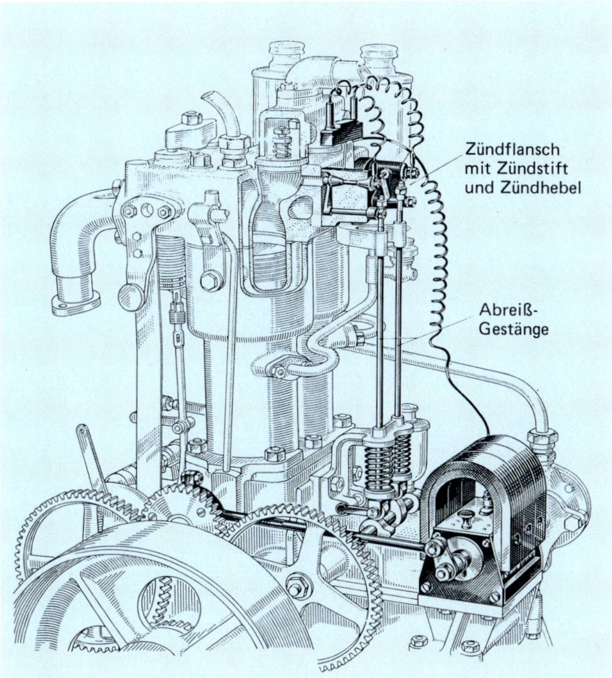

Einer der ersten Niederspannungs-Magnetzünder an einem Daimler-Zweizylinder-Lastwagenmotor von 1898. Auch er arbeitete noch mit beweglichen Zündhebeln im Brennraum.

Der erste, von Gottlob Honold konstruierte Hochspannungs-Magnetzünder, mit dem die Neuzeit der Zündung begann. Wie die Summerzündung arbeitete er mit einer Zündkerze mit festen Kontakten, war aber nicht auf eine Batterie angewiesen.

Hochspannungs-Magnetzündung

Trotz der vielen Erfolge und des zunehmenden Absatzes war Robert Bosch mit der Abreißzündung nicht zufrieden. Ihn störte der Zündflansch mit seinen in den Verbrennungsraum ragenden beweglichen Teilen und der mechanische Aufwand, der für den Antrieb notwendig war. Dieser Antrieb mußte von den Motorenfabriken selbst hergestellt werden und war erheblich störanfälliger als die Zündapparate selbst.
Als er im Frühjahr 1901 Gottlob Honold als ersten Ingenieur in seine noch kleine Firma einstellte, gab er ihm den Auftrag, einen Zündapparat zu entwikkeln, den man den Motorenherstellern als geschlossenes System anbieten könnte. Honold löste diese Aufgabe in erstaunlich kurzer Zeit: Schon im Dezember konnte er eine Versuchsausführung seiner Hochspannungs-Magnetzündung vorführen. Am 24. September 1902 erhielt die Daimler-Motoren-Gesellschaft den ersten Apparat der Serienausführung zusammen mit den ersten Bosch-Zündkerzen. Weil bei diesem Zündsystem nach der Ionisierung der Luftstrecke zwischen den Elektroden der Zündkerze durch den Hochspannungsfunken noch ein Niederspannungs-Lichtbogen entstand, nannte man es „Lichtbogenzündung". Aus heutiger Sicht mutet die Bezeichnung seltsam an, da der „Lichtbogen" eher auf ein Niederspannungs-System schließen läßt. Man wollte damit vor allem den Unterschied zu anderen, fast gleichzeitig entwickelten Systemen — z. B. von Eisemann — deutlich machen. Im Gegensatz zu diesen hatte der Bosch-Hochspannungs-Magnetzünder Primär- und Sekundärwicklung auf dem Anker im Apparat, brauchte also keine separate Zündspule.
Die Niederspannung für den Lichtbogen wird ebenfalls in der Sekundärwicklung induziert: Wenn nach

Zündmagnet des Lancia Lambda von 1928: Noch immer hat der Magnet eine beträchtliche Größe; selbst neben dem V-Vierzylinder-Motor ist er nicht zu übersehen.

Bugatti verwendete bei seinen Rennwagen in den frühen zwanziger Jahren für den Achtzylinder-Reihenmotor zwei Vierzylinder-Zündmagnete, deren Rückseite durch die Trennwand direkt vor dem Lenkrad zu sehen ist.

Die beiden Zündmagnete wurden durch kurze Kardanwellen direkt von den obenliegenden Nockenwellen angetrieben, während die Zündkabel durch ein Rohr zum Motor geführt wurden.

Zündmagnet des Mercedes-380-Kompressor-Achtzylinders von 1933. Damals waren Reihenachtzylinder groß in Mode. Trotz der Motorgröße ist der Magnet nicht zu übersehen.

dem Öffnen des Primärstromkreises durch den Unterbrecher das Magnetfeld im Anker zusammengebrochen und der Hochspannungsstoß in der Sekundärwicklung abgeklungen ist, induziert die weitergehende Flußänderung im Anker eben die niedrigere Spannung in der Sekundärwicklung, die den Lichtbogen auf der ionisierten Luftstrecke entstehen läßt. Dabei spielt es keine Rolle, ob der Anker selbst im Magnetfeld bewegt wird, oder ob er feststeht und die Flußänderung aufgrund der zwischen Anker und Polschuhen bewegten Hülse entsteht. Die ersten Ausführungen der Lichtbogenzündung hatten tatsächlich eine rotierende Hülse. Auf diese Weise ersparte man sich die Schwierigkeiten mit der Stromabnahme über Schleifkontakte und mit den recht beträchtlichen Fliehkräften in der Wicklung. Als man diese Schwierigkeiten beherrschte, ging man immer mehr auf rotierende Anker über.
Diese Zündung war in den Jahren bis zum Ersten Weltkrieg auf dem Weltmarkt eindeutig führend. Bosch erreichte damit eine monopolähnliche Stellung, obwohl von 1909 an kein Patentschutz mehr bestand: Ein Wettbewerber hatte herausgefunden, daß dem Ingenieur Paul Winand von der Gasmotorenfabrik Deutz schon 1887 ein Patent erteilt worden war, das als Vorveröffentlichung betrachtet werden konnte. Honold hatte von diesem Patent nichts gewußt, und das Patentamt hatte es bei der Anmeldung nicht bemerkt, weil das Winand-Patent in die Klasse 21 „Elektrische Apparate" eingeordnet worden war, während das Honold-Patent 1904 in die Klasse 46c „Einzelheiten von Brennkraftmaschinen" aufgenommen wurde.
Die Hochspannungs-Magnetzündung ermöglichte den Bau von schnellaufenden Hochleistungsmotoren, weil die bisher von den Zündsystemen gesetzten Grenzen für Drehzahl und Verdichtung weitgehend wegfielen. Trotzdem dauerte es mehrere Jahre, bis die Niederspannungs-Magnetzündung ganz aus dem Fahrzeugbau verdrängt war. Manche Kunden bestanden zunächst noch auf der Abreißzündung, weil sie gefühlsmäßig dem „fetten" Abreißlichtbogen mehr Energie zutrauten als dem scheinbar mageren Funken an der Hochspannungs-Zündkerze, obwohl es sich dabei ebenfalls um einen Lichtbogen handelte. Den endgültigen Durchbruch brachte dann der Sieg, den ein mit Bosch-Lichtbogenzündung ausgerüsteter Renault-Wagen 1906 beim ersten Grand Prix von Frankreich errang.
Eine ausgesprochene Sonderstellung nahm in den Jahren 1908 bis 1921 der Ford-T-Wagen ein: Er war mit einer Summerzündung ausgerüstet, die von einem Schwungrad-Wechselstromgenerator gespeist wurde. Man kann dieses System als erste Form einer Schwungrad-Magnetzündung ansehen, die in späteren Jahren im Motorradbau große Bedeutung erhielt.
Nach der bisherigen Schilderung könnte der Eindruck entstehen, als ob es außer Bosch keinen anderen Hersteller gegeben hätte, der sich mit Zündsy-

Coventry-Climax-V16-Zylinder-Rennmotor aus der Nachkriegszeit mit zwei Einspritzanlagen und zwei Zündverteilern, die auf dem Motor angeordnet sind und durch Zahnräder angetrieben werden.

stemen beschäftigte. In Wirklichkeit gab es eine Vielzahl von Aktivitäten zur Herstellung von Zündapparaten.
Der Grund für Boschs beherrschende Stellung auf dem Weltmarkt war die herausragende Qualität und Zuverlässigkeit seiner in großen Serien gefertigten Erzeugnisse. Ihm war es als erstem gelungen, so zu fertigen, daß die Teile einer Serie beliebig austauschbar waren. Die meisten Hersteller, die sich ebenfalls mit der Herstellung von Zündanlagen für Automobilmotoren beschäftigten, sind in Vergessenheit geraten, und nur von wenigen sind die Namen überliefert. So gab es allein in Deutschland um die Jahrhundertwende außer Bosch mindestens fünf weitere Hersteller von Zündanlagen. Ernst Eisemann in Stuttgart stellte Hochspannungs-Magnetzünder, Zündkerzen und Dynamos her (und wurde später von Bosch übernommen). In Berlin entwikkelte Professor Klinger für den ersten Wagen von AEG/NAG eine Batterie-Summerzündung (1901). Der Apparatebau Fischer — später Fischer-Amal — in Frankfurt hatte 1900 ebenfalls den Bau von Zündapparaten aufgenommen; Wacker & Decker in Oberramstadt bei Darmstadt stellte schon vor der Jahrhundertwende Teile für Magnetzünder her.
1905 wurde das Unternehmen Weckerlein & Stöcker in Nürnberg zur Herstellung magnetelektrischer Zündapparate gegründet, im gleichen Jahr lieferte die Fa. Norma in Cannstatt bereits Kugellager für Zündapparate.
1890 war die Accumulatorenfabrik Hagen gegründet worden, um fortan — bis auf den heutigen Tag — Batterien für die Beleuchtung und Zündung von Automobilen herzustellen. Hagen errichtete 1904 in Berlin eine Niederlassung, die den Namen Varta erhielt; heute ist die Firma Varta ein selbständiges Unternehmen. In Berlin gab es auch die Rapid-Accumulatoren- und Motorenwerke, die Magnet- und Spulenzündungen herstellten. Deren Vertreter für Süddeutschland war die in Frankfurt ansässige Firma Alfred Teves (ATE).
Zündkerzen konnte man aber auch von Robert Böhny aus Zürich (Schweiz) und anderen Herstellern beziehen; allerdings gab es damals noch keine einheitliche Richtung in der Zündkerzenentwicklung.
Nach Wegfall des Bosch-Patentes 1909 bauten auch andere Hersteller Hochspannungs-Magnetzünder, so Ruthardt, Unterberg & Helmle sowie Mafam.
Besonders bei großvolumigen Motoren machte das Starten durch Ankurbeln Schwierigkeiten, weil ein Magnetzünder eine Mindestdrehzahl haben muß. Um das Starten — bevor es Anlaß- oder Startanla-

gen gab — zu erleichtern, bauten einige Hersteller zusätzlich noch Summerzündungen oder handbetätigte sogenannte Anlaß-Magnetzünder ein, um schon während des Ankurbelns eine ausreichende Zündwirkung zu erreichen.

Batteriezündung

In den Jahren 1911 bis 1914 setzte in den Vereinigten Staaten eine Entwicklung ein, die der in Europa um etwa ein Jahrzehnt vorauseilte. Im Zusammenhang mit der sich damals vollziehenden Einführung leistungsfähiger Licht- und Anlaßanlagen begann schon während des Ersten Weltkriegs der Übergang von der Magnetzündung zur Batteriezündung.
Die Entwicklung der Batteriezündung geht auf Charles F. Kettering zurück, dessen „Delco"-System erstmals (1908) mit einem im Zündverteiler untergebrachten, federbelasteten Unterbrecher arbeitete. Um einen Funkenüberschlag an den Unterbrecherkontakten zu verhindern, benutzte er einen Kondensator. Das Kettering-Zündsystem wurde von Cadillac 1910 in die Serienfertigung übernommen.
Bereits 1916 hatte der überwiegende Teil der amerikanischen Personenwagentypen Batteriezündung. Dies war nun allerdings keine Summerzündung mehr, sondern Einzelfunkenzündung, d.h., der Zündkerze eines Zylinders wird im festgelegten Zündzeitpunkt ein Hochspannungsstoß zugeführt. Bestandteile dieses Systems — heute konventionelle Spulenzündung genannt — sind die Zündspule und der Zündverteiler. Die Zündspule ist schaltungsmäßig ein Spartransformator. Sie transformiert aber nicht nur die Spannung hoch, sondern speichert auch Zündenergie in ihrem Magnetfeld. Die Zündspule nimmt primärseitig während der Schließzeit der Unterbrecherkontakte elektrische Energie aus dem Bordnetz auf, speichert sie im Magnetfeld und

Einzelteile einer modernen elektronischen Zündung für einen Vierzylinder-Motor, die bereits mit Kennfeld-Zündpunktverstellung, aber noch mit Verteiler arbeitet.

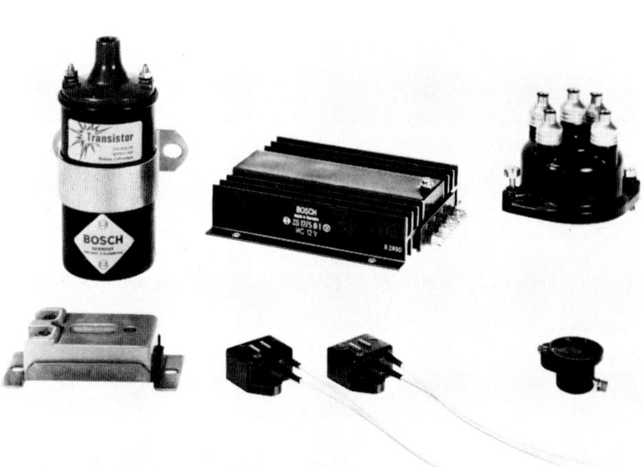

gibt sie beim Öffnen der Kontakte im Zündzeitpunkt sekundärseitig als Hochspannungs-Zündimpuls an die Zündkerze weiter.
Warum konnte die konventionelle Batteriezündung überhaupt die Magnetzündung so weitgehend verdrängen? Einen technischen Fortschritt — so wie die Hochspannungs- gegenüber der Niederspannungs-Magnetzündung — brachte die Batteriezündung nicht, im Gegenteil: Noch in den dreißiger Jahren bis zum Zweiten Weltkrieg hatten besonders exklusive Wagen Magnetzündung, Rennfahrzeuge sogar bis zur Einführung elektronischer Zündsysteme. Die Batteriezündung war, kurz gesagt, erheblich billiger. Für den normalen Straßenverkehr war sie auch ausreichend zuverlässig, als die Wagen Licht- und Anlaßanlagen erhielten. Der Markt verlangte billigere Fahrzeuge, und eine Maßnahme in dieser Hinsicht war die Einführung der Batteriezündung. Amerika hatte begonnen, und Europa mußte folgen — mit dem schon erwähnten zeitlichen Abstand, der vor allem wegen des Ersten Weltkriegs verhältnismäßig groß war.
Gegen Mitte der zwanziger Jahre begann sich in ganz Europa die Batteriezündung durchzusetzen. In den dreißiger Jahren war die Magnetzündung abgelöst, mit Ausnahme der schon erwähnten Sonderfälle. *Einen* technischen Vorteil hat die Batteriezündung allerdings gegenüber der Magnetzündung: Die automatische Zündzeitpunktverstellung ist bei ihr einfacher zu verwirklichen, weil es keinen magnetischen „Abriß" gibt.

Elektronische Zündsysteme

Der Transistor wurde zwar schon 1948 erfunden; er bewährte sich sehr gut in der Rundfunktechnik. Es dauerte aber noch bis zum Anfang der sechziger Jahre, bis die Entwicklung so weit abgeschlossen war, daß er als Schaltelement elektromechanische Schalter ersetzen oder entlasten konnte.
Als erste Generation der elektronischen Zündanlagen im weitesten Sinn kann man die kontaktgesteuerte Transistor-Spulenzündung bezeichnen. Sie braucht zwar noch einen Unterbrecherkontakt, dieser muß aber nicht mehr den gesamten Primärstrom unterbrechen, sondern nur noch einen sehr viel geringeren Steuerstrom. Dementsprechend verlängern sich die Wartungsintervalle, und die Zündleistung kann gesteigert werden. Dieses System eignet sich besonders zur Umrüstung von Fahrzeugen mit konventioneller Spulenzündung; für die Erstausrüstung von Fahrzeugen wird es schon seit längerer Zeit nicht mehr verwendet.
Die kontaktlos gesteuerte Transistorzündung hat anstelle des nockenbetätigten Unterbrechers einen Zündimpulsgeber, der die Elektronik durch kontaktlos erzeugte Spannungs- oder Stromimpulse zum Ansprechen veranlaßt und damit den Hochspannungs-Zündimpuls auslöst. Der Zündimpulsgeber

ist im Zündverteiler untergebracht. Er arbeitet entweder nach dem Induktions- oder nach dem Hall-Prinzip.
Der Zündimpulsgeber nach dem Induktionsprinzip ist im Bild schematisch dargestellt: Dauermagnet, Induktionswicklung und Kern bilden den Stator. Gegen diese Anordnung dreht sich das auf der Zündverteilerwelle sitzende Impulsgeberrad, der Rotor. Kern und Rotor sind aus weichmagnetischem Stahl. Im Prinzip ist der Induktionsgeber ein Wechselstromgenerator. Die erzeugte Wechselspannung hat aber keinen sinusförmigen Verlauf, wie im Bild zu erkennen ist. Auch in diesem Fall gibt es einen „Abriß", ähnlich wie beim Magnetzünder. Die Geberspannung wechselt sprunghaft, und dies ergibt den Zündimpuls, der im Schaltgerät die Unterbrechung des Primärstroms bewirkt.
Die Funktion des Hallgebers beruht auf dem Hall-Effekt, den der Amerikaner Hall 1879 entdeckte:
Ein Strom I_v durchfließt die Hallschicht genannte Halbleiterschicht. Wird diese Schicht senkrecht von einem Magnetfeld durchsetzt, so entsteht zwischen den Kontaktflächen A_1 und A_2 eine Spannung im Millivoltbereich, die man als Hallspannung bezeichnet. Ursache für diese Spannung ist die Ablenkung der bewegten Elektronen im Magnetfeld: Die Elektronen driften in Richtung auf den Anschluß A_1, dadurch entsteht dort ein Elektronenüberschuß, und A_1 wird negativ. Wenn man die magnetische Feldstärke im Zündtakt ändert, dann ändert sich auch die Hallspannung, diese bewirkt im Schaltgerät die Unterbrechung des Primärstroms. Die Änderung des Magnetfelds im Zündtakt erreicht man mit Hilfe einer Magnetschranke, bei der eine Blende das Magnetfeld in diesem Takt abschirmt und wieder freigibt.
Der entscheidende Vorteil von beiden Zündimpulsgebern ist, daß sie völlig verschleißlos arbeiten. Deshalb ist weder Nachstellen des Zündzeitpunktes noch sonstige Wartung erforderlich. Die Verteilung der Hochspannungsimpulse auf die Zündkerzen der einzelnen Zylinder erfolgt wie beim konventionellen System, ebenso die Regelung des Zündzeitpunktes mit Fliehkraft- und Unterdruckversteller. Die Transistorzündung mit Hallgeber ist im Gegensatz zu der mit Induktionsgeber für die Umrüstung von Motoren mit konventioneller Zündung geeignet.
Die Hochspannungs-Kondensatorzündung, auch Thyristorzündung genannt, arbeitet nach einem anderen Prinzip als die bisher beschriebenen Zündsysteme. Sie wurde für hochdrehende und leistungsstarke Hubkolben-Vielzylindermotoren der Sport- und Rennfahrzeuge sowie für Kreiskolbenmotoren entwickelt. Ihr wesentliches Merkmal ist, daß die Zündenergie nicht in einem Magnetfeld, sondern im elektrischen Feld eines Kondensators gespeichert wird. Als Leistungsschalter für den Primärstrom wird ein Thyristor verwendet, zum Hochtransformieren der durch die Kondensatorentladung entste-

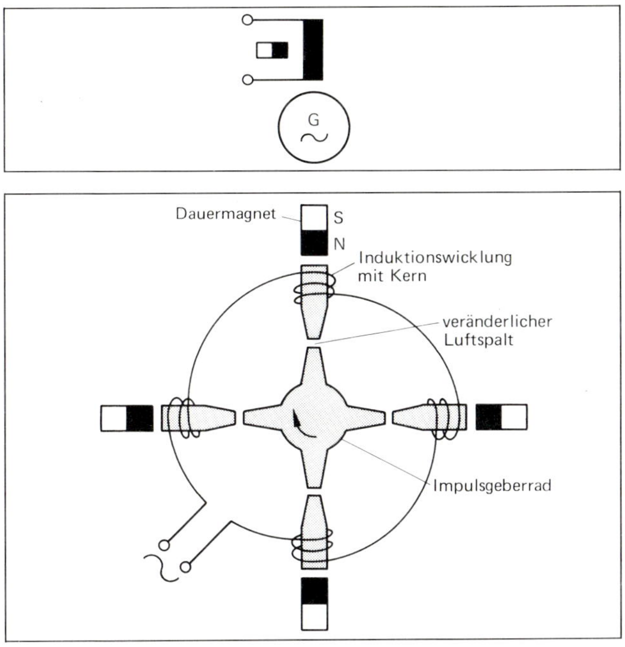

Zündimpulsgeber nach dem Induktionsprinzip: Schaltzeichen und Funktionsschema.

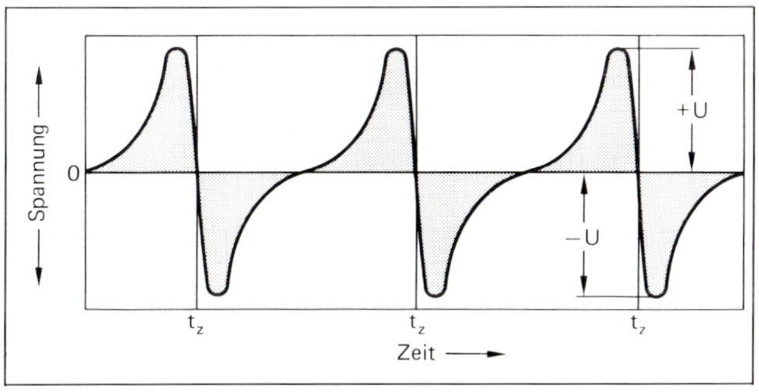

Zeitlicher Verlauf der vom Zündimpulsgeber erzeugten Wechselspannung (t_z Zündzeitpunkt).

Prinzipdarstellung der Wirkungsweise eines Hallgenerators. B Magnetfeld (Flußdichte); I_v konstanter Versorgungsstrom; $-I_v$ Elektronenstrom in Gegenrichtung; U_H Hallspannung; F_L Lorentzkraft; d Dicke der Hallschicht; A_1, A_2 Anschluß für die Hallspannung; K_1, K_2 Anschluß für den Versorgungsstrom.

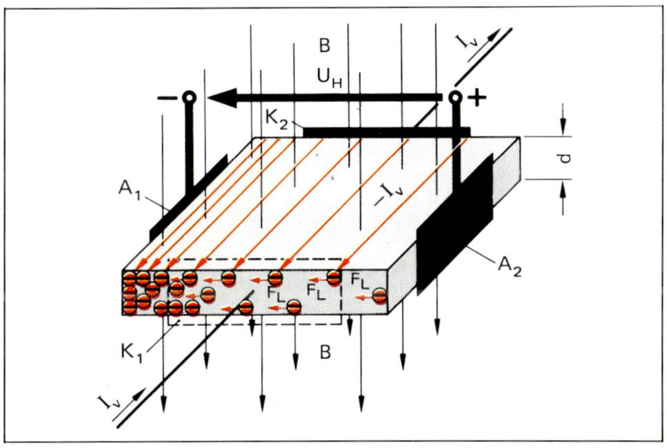

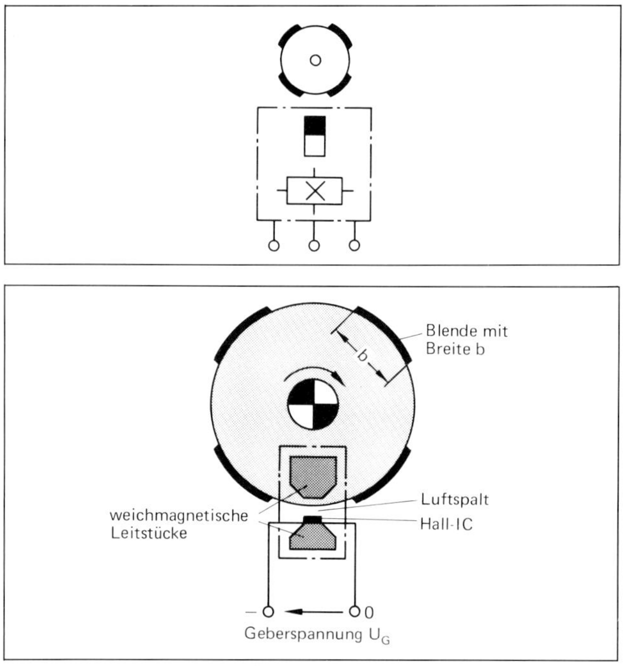

Schaltzeichen und Funktionsschema des Hallgebers.

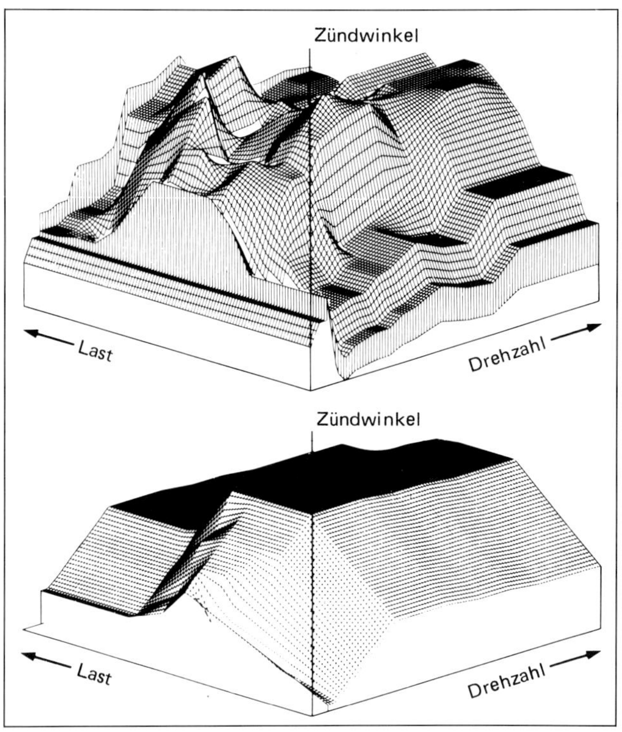

Zündzeitpunkt-Kennfelder zweier Zündanlagen: elektronische Zündanlage mit programmierten Zündwinkeln (oben) und konventionelle Zündung mit mechanischer Zündzeitpunkt-Verstellung (unten).

henden Primärspannung ein Zündtransformator (ohne Energiespeicherung). Die Funkendauer ist kürzer als bei den Zündsystemen mit energiespeichernder Zündspule. Für viele Anwendungsfälle ist sie zu kurz, um ein sicheres Entflammen des Luft-Kraftstoff-Gemisches zu garantieren. Aufgrund der hohen Spannung ist es jedoch möglich, mit größerem Elektrodenabstand der Zündkerzen den Nachteil der kurzen Funkendauer durch eine größere Funkenlänge zu mildern.

Etwas unglücklich gewählt ist die Bezeichnung elektronische Zündung für ein System, bei dem der Zündzeitpunkt elektronisch errechnet wird. Fliehkraftversteller und Unterdruckversteller werden dadurch überflüssig. Die notwendigen Informationen über Drehzahl und Belastung werden dem elektronischen Steuergerät in Form elektrischer Signale von Sensoren zugeführt. Darüber hinaus können weitere von Sensoren übermittelte Informationen über Motorparameter (z. B. Motortemperatur, Ansauglufttemperatur) oder bestimmte Betriebszustände (Schub, Vollast, Leerlauf) zur Ermittlung des optimalen Zündzeitpunktes berücksichtigt werden. Das Zündwinkelkennfeld muß für den jeweiligen Motorentyp in Abhängigkeit von Motordrehzahl und Motorbelastung festgelegt werden. Dieses optimierte elektronische Zündwinkelkennfeld ersetzt die konventionellen Fliehkraft- und Unterdruck-Kennlinien. Ein Vergleich dieses Kennfeldes mit den Kennlinien eines Zündverteilers zeigt, daß jeder Punkt des Kennfeldes unabhängig von anderen Punkten festgelegt werden kann. Somit ist je nach Betriebsbereich des Motors und möglichen Einschränkungen, wie z. B. Abgasqualität oder Klopfgrenze, eine optimale Festlegung des Zündwinkels gegeben. Die gesamte Anlage ist völlig wartungsfrei und bedarf keiner Einstellung während der Lebensdauer des Motors. Die Verteilung der Zündspannungsimpulse erfolgt allerdings noch mechanisch.

Das Ersetzen der mechanischen, rotierenden Hochspannungsverteilung durch statisch arbeitende, elektronisch angesteuerte Komponenten ergibt schließlich die vollelektronische Zündung, die heute die höchste Stufe der Einzel-Zündsysteme ist. Besonders attraktiv ist dabei die Möglichkeit der Verbindung mit anderen elektronischen Steuer- und Regelfunktionen, vor allem dann, wenn gemeinsam verwendete Geber vorhanden sind. Beispiele hierfür sind die Kombination von elektronischer Zündung mit elektronischer Benzin-Einspritzung (Motronic) oder eine Kombination von Zündungssteuerung und Klopfregelung.

Von Saab wird über eine vollelektronische Hochspannungs-Kondensatorzündung berichtet, bei der für jeden Zylinder ein eigener Zündtransformator vorgesehen ist, so daß eine Hochspannungsverteilung entfällt. Die einzelnen Zündtransformatoren sitzen dabei direkt über den Zündkerzen. Dieses System wird gegenwärtig erprobt.

Mit der Motronic, 1979 erstmals in Serienfahrzeugen eingebaut, ist der Rahmen des Themas Zündung als abgegrenztes System schon überschritten. In diesem Fall hat man es mit einem Motormanagement-System zu tun, das mindestens die Funktionen Zündung und Einspritzung umfaßt. Diese sind die

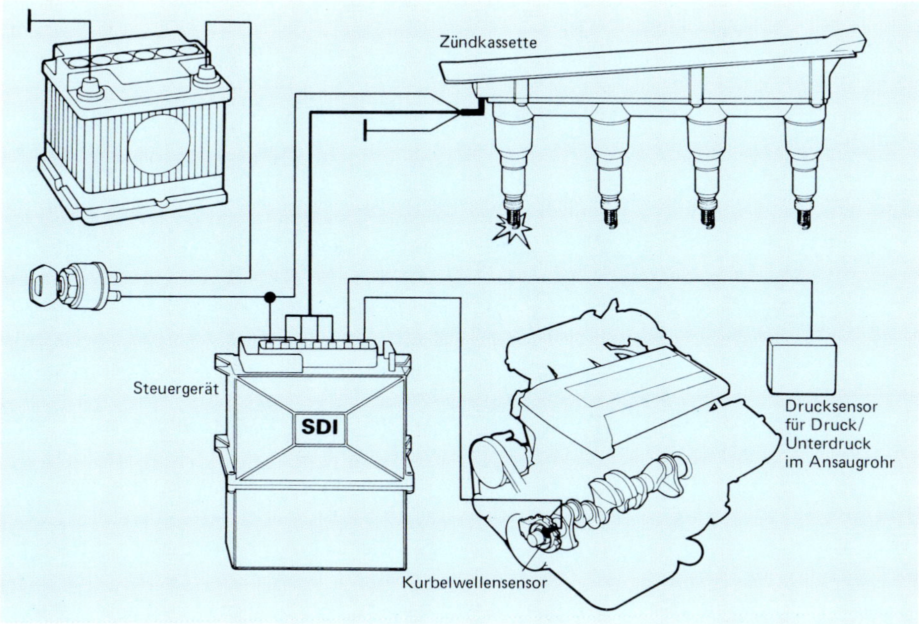

Verteilerlose elektronische Zündanlage (Saab):
Jede Zündkerze hat ihre eigene Hochspannungsspule in einer gemeinsamen „Kassette" zwischen den Gehäusen der beiden obenliegenden Nockenwellen.

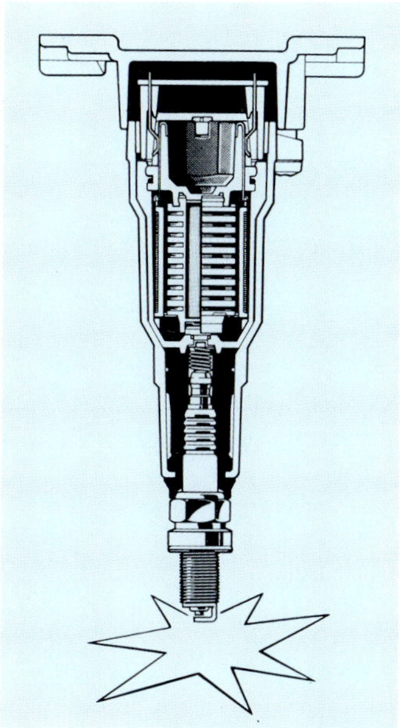

Bei der Saab-Zündung ist jede Zündkerze unmittelbar mit einer eigenen Hochspannungsspule verbunden.

Grundsysteme, zu denen je nach Bedarf noch Subsysteme zur besseren Motorsteuerung kommen können. Schon die zwei Grundsysteme sind zusammen flexibler und weisen mehr Funktionen auf als die entsprechenden Einzelsysteme. Charakteristisch ist die Vielzahl von dreidimensionalen, beliebig programmierbaren Kennfeldern für viele Teilfunktionen. Als Subsysteme kommen beispielsweise Leerlaufregelung, Klopfregelung und Regelung des Luft-Kraftstoff-Gemisches mit Hilfe der im Abgasstrom eingebauten Lambda-Sonde in Frage (Lambda-Regelung).

Lichtanlagen

Die ersten Automobile hatten — wenn überhaupt — die gleichen Beleuchtungskörper wie die Pferdekutschen, nämlich Kerzenlaternen. Diese genügten am Anfang, denn an Überlandfahrten bei Nacht dachte zunächst noch niemand. Als die Geschwindigkeiten höher und die Fahrzeuge zuverlässiger wurden, versuchte man es mit Petroleumlampen, mit denen man bei der Eisenbahn schon Erfahrungen gesammelt hatte.
Als höchste Stufe der nichtelektrischen Beleuchtung kamen danach die Acetylenlampen auf. Unter ihnen gab es recht bemerkenswerte Konstruktionen, bei denen man durchaus schon von Scheinwerfern sprechen konnte. Eine spezielle Bauart waren die Kalklichtscheinwerfer, die wegen übermäßiger Blendwirkung sogar in Einzelfällen verboten wurden. Hervorzuheben ist in diesem Zusammenhang der Beginn der gesetzlichen Regelungen: Bis 1902 war in den württembergischen Vorschriften nur von Beleuchtungen für Fuhrwerke die Rede. Nach 1902 wurde angeordnet, daß jedes Kraftfahrzeug „nach eingetretener Dunkelheit und bei starkem Nebel mit zwei an den Seiten vorne angebrachten, hellbrennenden Laternen von weißem Glas versehen sein muß". Die württembergische Beleuchtungsvorschrift wurde — inzwischen etwas verändert und er-

Die ersten Lichtanlagen — hier eine solche von 1913 — bestanden aus einer Gleichstromlichtmaschine, deren Spannungsregler in einem Schaltkasten am Spritzblech befestigt war. Von hier aus wurden die Verbraucher versorgt.

gänzt — 1909 in die erste Bundesratsverordnung übernommen, durch die zum ersten Mal die Kraftfahrzeugbeleuchtung für das deutsche Reichsgebiet geregelt wurde.
1895 war in Lippstadt die „Westfälische Metallindustrie" Hella gegründet worden, um den steigenden Bedarf an Beleuchtungen für „Wagen und Fahrräder" zu befriedigen. Ein Jahr später wurden bereits 50 Mitarbeiter beschäftigt, 1900 waren es 180; gleichzeitig begann man mit der Herstellung von Acetylenlampen. Schärfster Konkurrent war Riemann in Chemnitz, die ab 1902 Petroleum- und Carbidlaternen für Automobile herstellten.
1906 wurden die ersten Versuche mit elektrischen Scheinwerfern gemacht. Dies hing vor allem damit zusammen, daß Osram 1906 eine Glühlampe mit Wolframfaden herausbrachte, die sich für den Gebrauch in Kraftfahrzeugen erheblich besser eignete als die sehr erschütterungsempfindliche Kohlefadenlampe. Ein weiterer Vorteil dieser Wolframfadenlampe war ihr erheblich besserer Wirkungsgrad: Bei gleicher Lichtstärke ergab sich eine Stromersparnis von etwa 70 Prozent. Schließlich war auch ihre Lebensdauer erheblich höher als die der Kohlefadenlampe. Bevor sich aber elektrische Scheinwerfer durchsetzen konnten, durchliefen die Carbid- oder Acetylenlampen eine beachtliche Entwicklung mit dem Ziel, eine immer bessere Lichtausbeute zu erreichen. So hatte Riemann 1904 Carbidscheinwerfer mit getrenntem Gasentwickler angeboten, und er lieferte erstmals Scheinwerfer mit Stufenlinsen, denen 1905 Acetylenscheinwerfer von Hella mit Linsen hinter dem Brenner folgten.
Die ersten elektrischen Scheinwerfer wurden von Akkumulatoren gespeist, die nicht während der Fahrt aufgeladen werden konnten, weil es noch keine brauchbare Spannungsregelung für Lichtmaschinen gab, die — weil sie ja vom Fahrzeugmotor angetrieben werden — mit wechselnden, der Motordrehzahl proportionalen Drehzahlen laufen. Die abgegebene Spannung ist wiederum dieser Drehzahl proportional. Es gab zwar Versuche, die Lichtmaschinendrehzahl auf mechanische Weise konstant zu halten; man kam aber zu keiner befriedigenden Lösung.
Bevor Lichtmaschinen mit einer brauchbaren Spannungsregelung auf den Markt kamen, gab es sogenannte stromregelnde Lichtmaschinen auf der Grundlage eines britischen Patents, das Henry Leitner 1906 erhalten hatte.
Die Stromregelung erfolgt mit Hilfe einer dritten Bürste am Kollektor, die verstellbar zwischen den Hauptbürsten angeordnet ist. An diese dritte Bürste und eine der Hauptbürsten ist die Nebenschluß-Erregerwicklung angeschlossen.
Ausgenutzt wird bei dieser Regelung die Feldverzerrung, die bei Belastungsänderung und Drehzahlerhöhung auftritt. Die Erregerwicklung erhält nur die Teilspannung, die zwischen Hauptbürste und Hilfsbürste liegt, und diese Teilspannung hängt von der Feldverzerrung der Erregerwicklung ab. Sie wird um so kleiner, je größer der Belastungsstrom der Lichtmaschine ist. Bei steigender Drehzahl nimmt auch der durch die dritte Bürste verursachte Kurzschlußstrom im Anker zu und unterstützt mit seinem Magnetfeld die Verzerrung des Erregerfeldes. Auf diese Weise wird erreicht, daß auch bei starker Belastung und hohen Drehzahlen keine Überlastungsgefahr besteht. Die Stromregelung hat aber den grundsätzlichen Nachteil, daß bei hohen Drehzahlen die Spannung nicht mehr für die volle Leistung der Scheinwerfer ausreicht. Die Batterie erhält paradoxerweise einen hohen Ladestrom, wenn sie geladen ist, und einen niedrigen, wenn sie entladen ist. Die stromregelnde Dreibürstenmaschine ist technisch einfach und billig. Deshalb nahmen einige Hersteller die prinzipiellen Nachteile in Kauf und stellten sich ganz auf dieses System ein. Besonders Lucas in England und Delco in den USA gehörten dazu.
Von 1912 an entwickelte Tirrill einen elektromechanischen Kontaktregler, der von 1917 an von Bosch übernommen und weiterentwickelt wurde. Die ersten Lichtmaschinen von Bosch 1913 hatten einen Kohlekörnerregler. Dieser beruhte auf der auch im Mikrophon ausgenutzten Eigenschaft der Kohle, ihren elektrischen Übergangswiderstand bei wechselndem Berührungsdruck in sehr weiten Grenzen zu ändern. Mit diesem Regler lieferte die Lichtmaschine unabhängig von Drehzahl und Belastung eine nahezu gleichbleibende Spannung. Nachteilig war, daß durch Feuchtigkeit und Wagenerschütterungen die Kohlekörner zusammenkleben konnten, so daß der Regelvorgang verschlechtert wurde.
Dies war der Grund für den Übergang auf das Tirrill-System.
Bei einem solchen Kontaktregler ist bei niedriger Drehzahl ein Kontaktpaar des Reglers durch Federkraft geschlossen, und die Erregerwicklung erhält die volle Bürstenspannung der Lichtmaschine. Mit

Dieser Voisin Typ C 28 von 1935 hatte eine Dyna-Start-Anlage, bei der die Lichtmaschine auch als Starter arbeitete. Sie saß direkt auf der Kurbelwelle und ragte nach vorn aus dem Kühlergrill heraus.

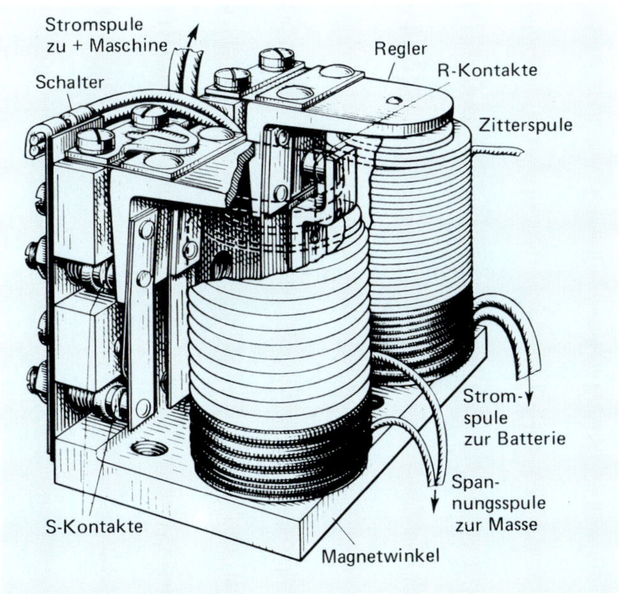

Spannungsregler mit Rückstromschalter, wie sie für Gleichstromlichtmaschinen über mehrere Jahrzehnte üblich waren, bis die Drehstrom- die Gleichstrommaschine ablöste.

steigender Spannung der Lichtmaschine überwindet der Anker des Reglers die Federkraft, die Kontakte öffnen, und der Erregerstrom wird über einen Widerstand geleitet, so daß der Erregerstrom und damit auch die Maschinenspannung abnimmt. Vermindert sie sich zu sehr, überwiegt die Federkraft, und die Kontakte geben wieder die volle Spannung in die Erregerwicklung.

Dieses Kontaktspiel — die Regelperiode — wiederholt sich mit zunehmender Drehzahl immer schneller, im Durchschnitt etwa fünfzigmal in der Sekunde. Dadurch ergibt sich der richtige Wert des Erregerstroms, um die Generatorspannung auf gleicher Höhe zu halten. Bei sehr hoher Drehzahl wird ein weiteres Kontaktpaar geschlossen, das die Erregerwicklung kurzschließt. Dadurch bleibt auch bei Höchstdrehzahl die Spannung des Generators nahezu gleich.

In der Zeit zwischen den beiden Weltkriegen kam es zu einem scharfen Wettbewerb zwischen den beiden Systemen. Es gab erbitterte Werbekampagnen. Besonders bei Bosch nannte man den stromregelnden Generator herablassend das „amerikanische System", mußte aber — dem Weltmarkt folgend — von 1925 an auch solche Geräte anbieten. Forciert wurde aber immer der spannungsregelnde Generator. Dieser und die elektromechanischen Regler wurden bis zur Einführung von Drehstromgeneratoren und Reglern mit Halbleiterbauelementen Anfang der sechziger Jahre ständig verbessert.

In Deutschland verwendete man für den Stromerzeuger im Kraftfahrzeug von Anfang an die Bezeichnung „Lichtmaschine", weil — abgesehen von der Ladung der Batterie — ihre elektrische Energie

Drehstrom-Lichtmaschine moderner Bauart in einem Audi 80. Durch die zunehmende Anzahl der Verbraucher mußte die Leistung in den letzten zwei Jahrzehnten ständig erhöht werden.

Links ein Drehstromgenerator üblicher Bauart, rechts ein solcher gleicher Leistung und dennoch kleinerer Ausführung; dieser läuft mit höherer Drehzahl als die Kurbelwelle und liefert schon bei Leerlauf Ladestrom (Honda).

Zur Zeit noch eine Kuriosität: Bei diesem Saab-Forschungswagen ist das Dach mit Solarzellen belegt. Sie liefern Strom für einen Lüfter, der das doppelt ausgebildete Dach permanent belüftet, auch dann, wenn der Wagen abgestellt wird. Je heißer die Sonne brennt, desto höher sind Lüfterleistung und Kühlluftstrom.

Kerzenlaternen und Ballhupe am Daimler-Riemenwagen von 1894. Sicher hat der Automobilist die Hupe häufiger benötigt als das Licht, das kaum unserem heutigen Standlicht entsprach; nachts fuhr man nicht.

zunächst ausschließlich für die Lichtanlage verwendet wurde. Genaugenommen jedoch handelte es sich immer um Gleichstrom-Dynamomaschinen. Gleichstrom mußte es sein, weil die Batterie nur mit Gleichstrom geladen werden kann; ein Generator auf der Grundlage des von Werner Siemens entdeckten dynamo-elektrischen Prinzips mußte es sein, weil nur er eine praktikable Möglichkeit der Spannungsregelung ermöglichte. In Großbritannien und in den USA war zunächst auch die Bezeichnung „dynamo" üblich. In Deutschland ging man mit der Einführung der Drehstrom-Generatoren von der Bezeichnung Lichtmaschine ab, und man spricht heute allgemein von Generatoren, sowohl bei Drehstrom (oder Wechselstrom) als auch bei Gleichstrom. Für die Erstausrüstung von Serienfahrzeugen werden allerdings heute nur noch Wechsel- oder Drehstrom-Generatoren verwendet.
Warum ist man überhaupt von Gleichstrom- auf Wechselstrom-Generatoren übergegangen? Der ständig zunehmende Leistungsbedarf wegen der größer werdenden Anzahl von Verbrauchern sowie das immer häufigere Zusammentreffen ungünstiger Fahrbedingungen (Fahrzeugstau) führten zu Erschwernissen, denen der Gleichstrom-Generator nicht mehr gewachsen war. Treffen mehrere ungünstige Bedingungen zusammen, dann kann die erforderliche Leistung von Gleichstrom-Generatoren bei den gegebenen Raumverhältnissen nicht mehr aufgebracht werden.
Wechselstrom-Generatoren bringen in dieser Hinsicht eine entscheidende Verbesserung. Ihre Einführung ist allerdings erst durch den Fortschritt in der Halbleitertechnik möglich geworden; denn erst mit Hilfe von Leistungs-Dioden war man in der Lage, den vom Generator erzeugten Wechselstrom in den für das Bordnetz erforderlichen Gleichstrom umzuwandeln. Diese Dioden als Gleichrichter-Elemente haben wesentliche Vorteile gegenüber den rotierenden, drehzahlabhängigen und dem Verschleiß unterworfenen Kollektoren der Gleichstrom-Generatoren. Hiermit hängt der entscheidende Vorteil des Wechselstrom-Generators zusammen: sein wesentlich größerer Drehzahlbereich. Dieser ermöglicht es, die Übersetzung des Antriebs so zu wählen, daß der Generator schon bei der Leerlauf-Drehzahl des Motors Leistung abgeben kann. Daher kann die Batterie selbst im Winter und bei Stadtfahrten in einem guten Ladezustand gehalten werden. Wegen der höheren Drehzahlen sind auch Leistungsvolumen und Leistungsgewicht beim Wechselstrom-Generator bedeutend günstiger.

Von 1910 bis 1914 gab es bei Ford diese Acetylen-Scheinwerfer, deren Gasentwickler auf dem rechten Trittbrett außen am Wagen untergebracht war — weniger aus Sicherheitserwägungen, sondern wegen des üblen Geruchs von Carbidgas.

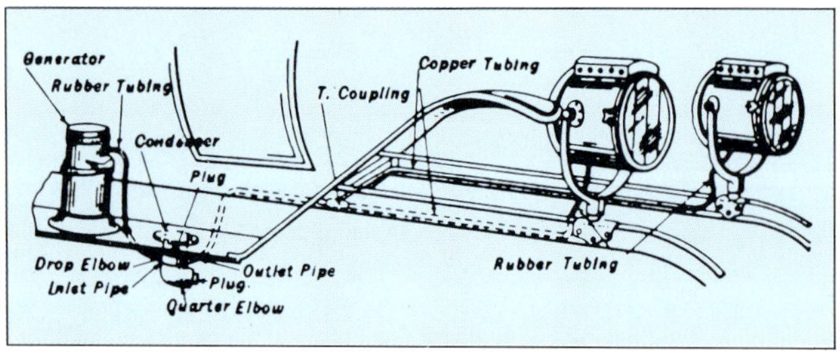

Acetylenscheinwerfer für getrennten Gasentwickler 1908 von Hella. Der Scheinwerfer hatte einen Durchmesser von 340 mm, wog 5,2 kg und brauchte 35 Liter Gas je Stunde. Er hatte bereits eine Abblendvorrichtung, mit der sich über Handhebel (links) und Bowdenzug vom Fahrersitz aus die Gasflamme aus dem Brennpunkt rücken ließ.

Scheinwerfer-Evolution

Die Scheinwerfer sollen einerseits die Fahrbahn, ihre Begrenzung und eventuelle Hindernisse bei Dunkelheit auf möglichst große Entfernung sichtbar machen; andererseits sollen sie ein Fahrzeug selbst

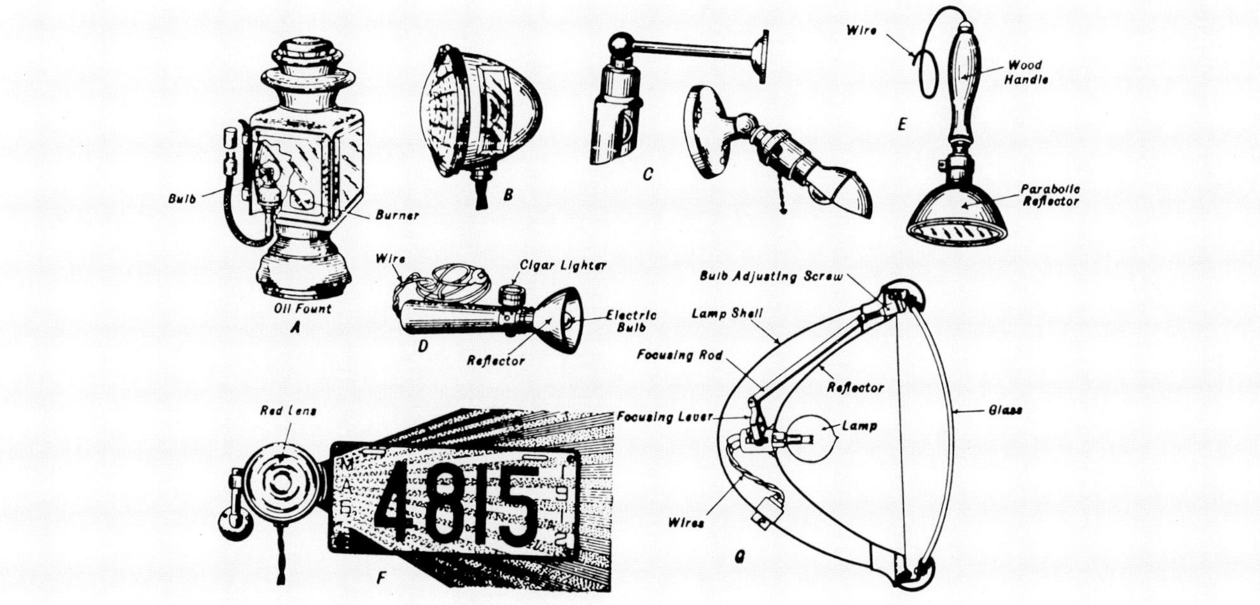

Bereits 1915 ging Ford zu elektrischer Beleuchtung über und bot den Besitzern älterer Ford-Automobile eine Reihe solcher elektrischer Beleuchtungskörper und Scheinwerfer an. Unten links eine Rückleuchte, mit deren (weißem) seitlichen Lichtaustritt das Nummernschild beleuchtet werden konnte.

Die wichtigsten Stationen der Scheinwerferentwicklung auf einen Blick.

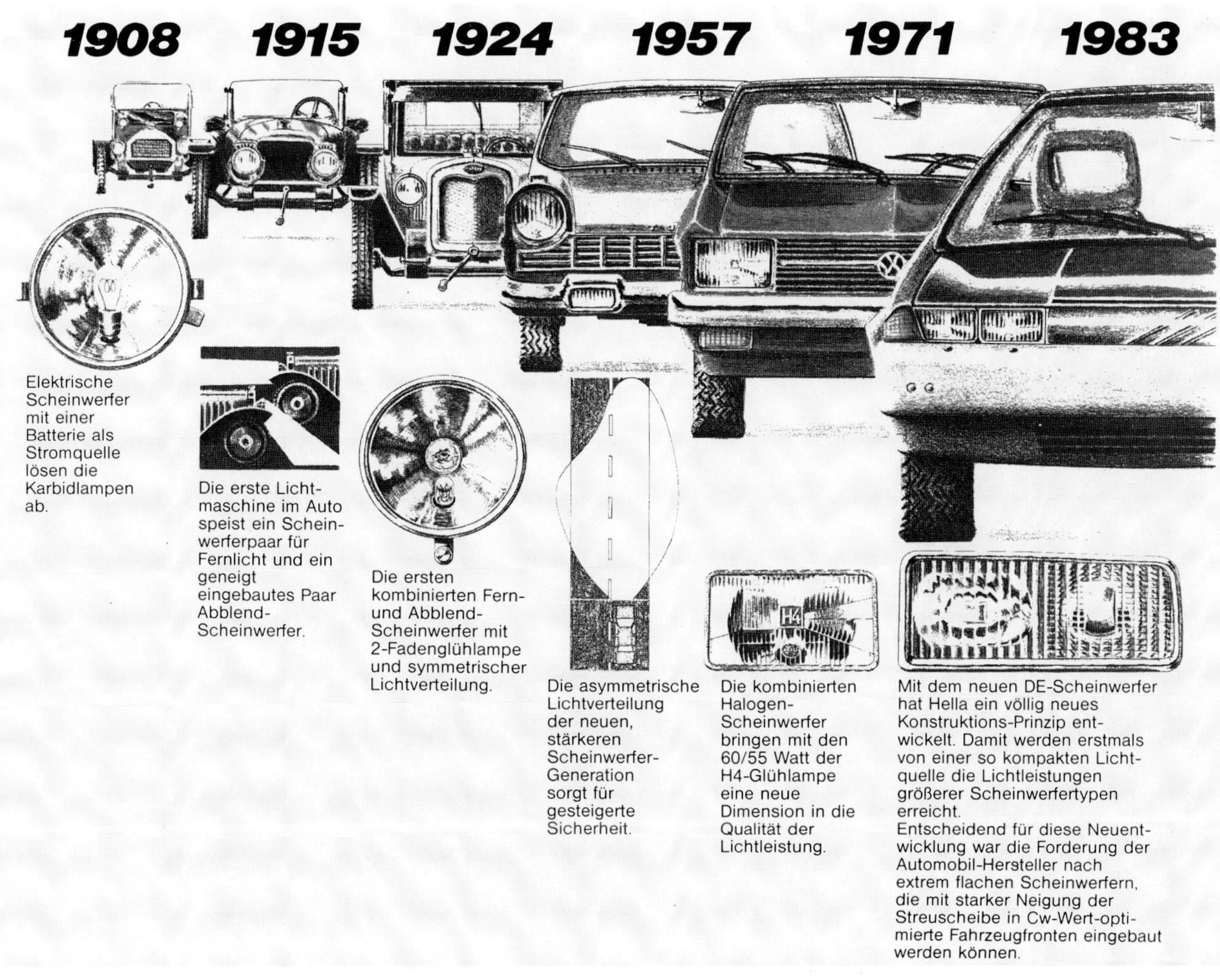

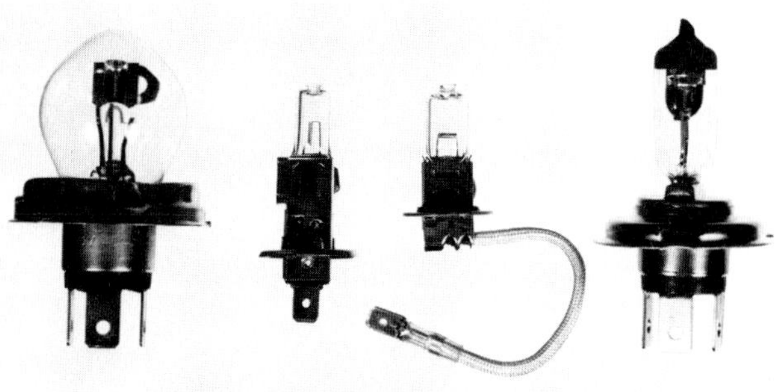

Mit der Erfindung der Zweifaden-Scheinwerferglühlampe durch Osram (links außen) tat man in der Scheinwerferentwicklung in den zwanziger Jahren einen großen Schritt vorwärts. Der nächste folgte mit der Einführung der Eindraht-Halogenglühlampe H 1 (zweite von links) in den sechziger Jahren. Die Eindraht-Halogenglühlampe (dritte von links) stellte den Anschluß zur Zweifaden-Halogenglühlampe (rechts) her.

sichtbar machen und dürfen dabei den entgegenkommenden Verkehr nicht blenden. Da sich diese Forderungen widersprechen, mußte man von Anfang an einen Kompromiß suchen. Bis zum Ende des Ersten Weltkriegs wurden in einfachen Scheinwerfern immer stärkere Glühlampen verwendet. Wenn sich zwei Wagen begegneten, war es meistens so, daß der mit der schwächeren Beleuchtung zum Halten veranlaßt wurde.
Man forderte dringend Maßnahmen gegen die Blendwirkung und ihre Gefahren. Da Vorschriften für das Reichsgebiet fehlten, erließen die Polizeipräsidenten von sich aus Beleuchtungsvorschriften für ihre eigenen Verwaltungsbezirke. Erst 1921 befaßte sich das Reichsverkehrsministerium mit einer Neuordnung der Verkehrsvorschriften und führte Verhandlungen mit den maßgebenden Herstellern von Scheinwerfern und anderen beteiligten Stellen. Ursprünglich bestand beim Ministerium der Wunsch, eine Dauerabblendung nach dem Vorbild der USA einzuführen. Diese Dauerabblendung sah nur ein Lichtbündel vor, dessen festgelegte Lichtverteilung einerseits eine bestimmte Beleuchtungsstärke auf der Straße geben und andererseits den Straßenbenützer nicht blenden sollte. In Amerika herrschten aber damals Verkehrsverhältnisse, die sich von denen in Deutschland völlig unterschieden: Dort gab es schon eine sehr große Verkehrsdichte in den Städten, und die gewöhnlichen Landstraßen waren von einer Beschaffenheit, die keine große Geschwindigkeit erlaubte; die ausgebauten Überlandstraßen waren beleuchtet.
Von deutschen Herstellern waren verschiedene Möglichkeiten der Abblendung versucht worden. Das einfachste Mittel, die Lichtstärke durch Vorschalten eines Widerstands herabzusetzen — die sogenannte Dunkelschaltung —, hatte sich nicht bewährt. Entweder wurde die Blendwirkung nicht beseitigt, oder die Beleuchtung der Fahrbahn war nicht mehr ausreichend. Ferner wurde versucht, die Scheinwerfer mit Hilfe eines Gestänges im Bedarfsfall zu neigen, um das Strahlenbündel nach unten zu richten; aber diese Einrichtung ergab keine befriedigende blendfreie Beleuchtung, besonders auf nassen Straßen; außerdem war sie zu teuer. Besser bewährte sich die Verwendung von zwei Scheinwerferpaaren, eines für Fern- und das andere für Abblendlicht. Dieses System konnte sich aber damals wegen zu hoher Kosten nicht durchsetzen. Aber der

Im Jahr 1966 erfand Philips die Zweifaden-Halogenglühlampe für Automobilscheinwerfer, deren hintereinander angeordnete Glühwendel gut zu erkennen sind. Die obere Wendel wird von einer Kalotte abgeschirmt und dient dem Abblendlicht.

Zu welch bizarren Formen die Hersteller moderner Scheinwerfer gezwungen werden, um Lichtleistung und Qualität zu verbessern, zeigt der Blick in den Cibie-Scheinwerfer mit Stufenreflektor und zwei Halogenglühlampen für Abblend- und Fernlicht.

Grundgedanke, durch Wechseln zwischen zwei verschieden starken und verschieden geneigten Strahlenbündeln abzublenden, konnte dann auf andere Weise verwirklicht werden: 1925 brachte Osram die Biluxlampe heraus, die den Wettbewerb mit den inzwischen auf dem Weltmarkt erschienenen Zweifadenlampen aufnehmen konnte.
Scheinwerfer mit Biluxlampen wurden für viele Jahrzehnte die Standard-Ausrüstung in Europa, während sich in Amerika das System mit der „Sealed Beam" genannten Einheit durchsetzte. Einen geeigneten deutschen Ausdruck gibt es dafür leider nicht. Wörtlich übersetzt heißt es „versiegelter Strahl". Es handelt sich dabei um eine Kombination aus Lampe und Scheinwerfer; Reflektor und Streuscheibe sind gasdicht miteinander verschmolzen. Ein oder zwei Glühwendeln befinden sich ohne weitere Kapselung in dem mit einem Edelgas gefüllten Raum. Fällt eine Wendel aus, muß die ganze Einheit ersetzt werden. Erst 1983 wurde die entsprechende Vorschrift geändert, so daß jetzt auch in den USA Scheinwerfer mit auswechselbaren Lampen verwendet werden können.
Bis 1956 war in Europa für das Abblendlicht eine waagerechte Hell-Dunkel-Grenze vorgeschrieben. Wegen der immer größeren Verkehrsdichte konnte das Fernlicht immer seltener eingeschaltet werden, und das Abblendlicht wurde zum eigentlichen Fahrlicht. Um die Sicherheit zu erhöhen und den rechten Fahrbahnrand besser auszuleuchten, wurde 1957 das asymmetrische Abblendlicht zugelassen, bei dem die Hell-Dunkel-Grenze nach rechts etwas ansteigt.
Eine entscheidende Verbesserung der Beleuchtung brachten die Halogenlampen. Mit ihnen wird ein prinzipieller Nachteil der normalen Glühlampen vermieden, nämlich der Niederschlag von verdampftem Metall auf dem Glaskolben der Lampe. Dieser Niederschlag schwärzt den Kolben und vermindert die Lichtstärke. Halogene („Salzbildner") sind die chemischen Elemente Fluor, Chlor, Brom und Jod. Sie haben die Eigenschaft, sich mit Metallen ohne Beteiligung von Sauerstoff und Wasserstoff zu Salzen zu verbinden. Verdampft Metall in der Halogen-Atmosphäre, so verbindet es sich mit dem Halogen. Diese Verbindung spaltet sich jedoch sofort wieder auf, wenn sie mit der heißen Glühwendel in Berührung kommt, d.h., das von der Glühwendel verdampfte Metall wird wieder auf diese zurücktransportiert — der Kolben bleibt somit während der ganzen Lebensdauer der Lampe klar. Weil unter diesen Bedingungen die Wendel auch stärker erhitzt werden kann als bei der normalen Glühlampe, ist auch die Lichtausbeute besser: Eine Halogenlampe mit 55 W liefert doppelt soviel Licht wie eine normale Scheinwerferlampe mit 35 W bis 45 W.
Halogenlampen mit einer Wendel wurden von 1964 an für Zusatzscheinwerfer — Weitstrahler und Nebelscheinwerfer — verwendet. H 1 bis H 3 sind die

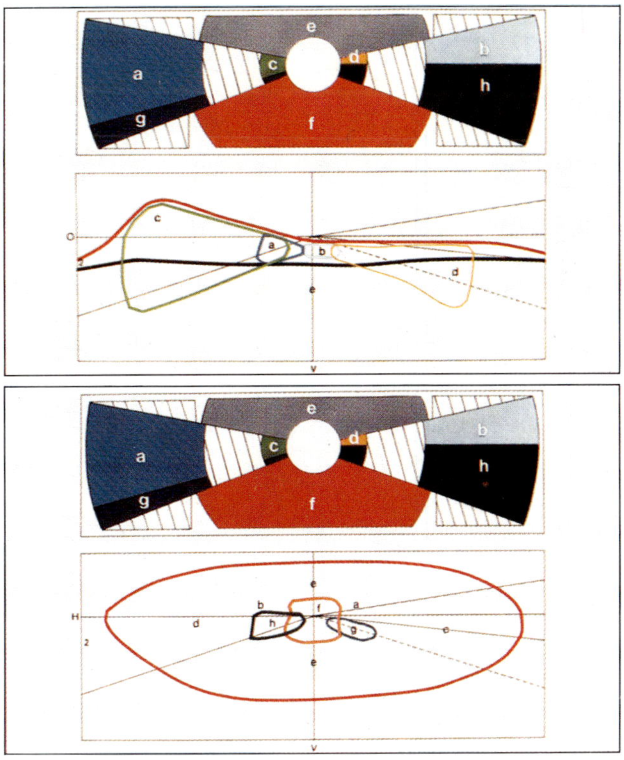

Isolux-Kurven eines Homofocal-Scheinwerfers von Lucas für Abblendlicht (oben) und Fernlicht (unten). Der äußerst kompliziert geformte Reflektor besteht aus einer Vielzahl von Einzelflächen, die in einem neuen Kunststoff-Spritzverfahren hergestellt werden.

Kurzbezeichnungen für diese Einfadenlampen. Durch Einbau von zwei solchen Lampen in ein Zweischeinwerfersystem (in einem Gehäuse) oder mit getrennten Scheinwerfern für Fern- und Abblendlicht (Vierscheinwerfer-System) wurden die herkömmlichen Bilux-Lampen teilweise ersetzt. Deren endgültige Ablösung begann 1971, als die neuentwickelten Halogen-Zweifadenlampen (H-4-Lampen) in immer mehr Ländern zugelassen wurden. In der Bundesrepublik Deutschland werden heute für die Erstausrüstung von Personenkraftwagen nur noch H-4-Scheinwerfer verwendet.
Die äußere Form der Scheinwerfer hat sich seit den Anfängen erheblich gewandelt. Bis in die dreißiger Jahre wurden fast ausschließlich Anbauscheinwerfer verwendet, die einen mehr oder weniger großen rotations-symmetrischen Parabolspiegel hatten. Dieser war üblicherweise galvanisch versilbert und poliert. Nach dem Zweiten Weltkrieg wurden die Scheinwerfer immer häufiger in Kotflügel oder Karosserie eingebaut. Zunehmend bestimmte der Designer die Form der Scheinwerfer. Pkw mit Anbauscheinwerfern gibt es schon lange nicht mehr.
Auch die Form der Reflektoren hat sich erheblich verändert: Von der einfachen Ausführung kam man zu zusammengesetzten Paraboloiden. Diese sind außerdem nicht mehr versilbert, sondern aluminiumbedampft und mit einer Schutzschicht überzogen.

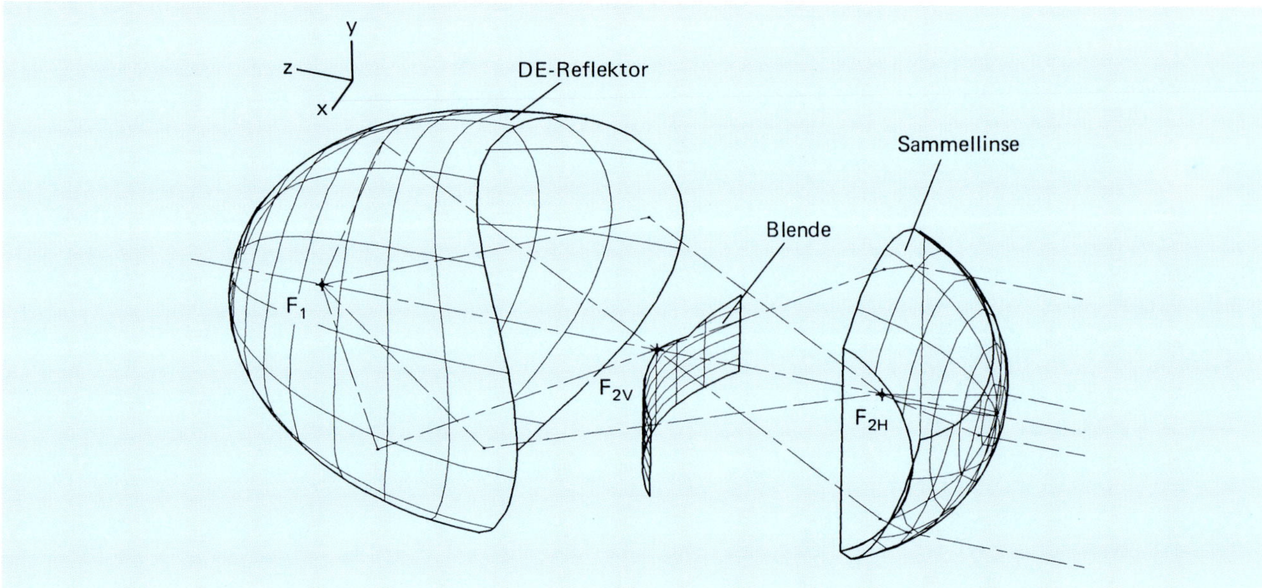

Während frühere Scheinwerfer parabolisch geformte Reflektoren enthalten, entwickelte Hella 1983 mit dem DE-System (dreiachsiges Ellipsoid) einen von den bisherigen Bauweisen völlig abweichenden Scheinwerfer, dessen Funktion hier dargestellt ist. An die Stelle einer Streuscheibe tritt die Sammellinse, mit der eine fleckenfreie Fahrbahnausleuchtung möglich ist. Die sehr große Blende erlaubt eine extrem scharfe Hell-Dunkel-Grenze.

Immer mehr geht man auch von metallischen Werkstoffen auf Kunststoffe über; sie sind für die teilweise sehr komplizierten Reflektorformen geradezu eine Notwendigkeit.

Der gegenwärtige Stand der Entwicklung läßt erwarten, daß in absehbarer Zeit neue Scheinwerfersysteme in die Serie eingeführt werden. Da gibt es zunächst die Scheinwerfer mit Homofocal-Reflektoren. Diese Reflektoren sind zusammengesetzt aus üblicherweise zwei Sektoren mit großer Brennweite (Grundreflektor) und ebenfalls zwei Sektoren mit kleiner Brennweite (Zusatzreflektor). Die Sektoren sind so zusammengesetzt, daß sie einen gemeinsamen Brennpunkt haben (homofocal). Scheinwerfer mit Homofocal-Reflektoren für Serienfahrzeuge gibt es schon von Lucas und von Bosch.

In den frühen sechziger Jahren kam das „Teilfernlicht" auf, bei dem der linke Scheinwerfer am Auto auf Abblendlicht geschaltet blieb, während der rechte Fernlicht aussandte. Diese Lösung konnte nicht befriedigen.

Aber auch polarisiertes Licht an Kraftwagen war schon zum Scheitern verurteilt, als es in den fünfziger Jahren geboren wurde. Denn dies hätte bedeutet, alle Fußgänger mit Polarisationsbrillen auszustatten, damit sie nicht geblendet werden.

1983 stellte Hella neuartige Scheinwerfer vor, die das Bild der bisher üblichen Scheinwerfer-Front am Auto verändern und das Abblendlicht nochmals verbessern können. Als Reflektor dient kein Parabolspiegel, sondern ein **d**reiachsiges **E**llipsoid, nach dem diese DE-Scheinwerfer benannt sind. Wurde bisher vom Parabolspiegel Licht in möglichst parallelen Strahlen ausgesandt, um dann in der Streuscheibe modifiziert zu werden, so erhält man aus dem Ellipsoid-Reflektor ein Lichtbündel mit klar definiertem Brennpunkt kurz vor dem Reflektor. Hier wird eine (kleine) Sammellinse angeordnet, die das Licht in der gewünschten Form modifiziert. Eine Streuscheibe in der bisherigen Art gibt es nicht mehr. Der Lichtaustritt beschränkt sich nur noch auf die Linsenfläche von wenigen Quadratzentimetern, und die alte Regel, daß die Lichtausbeute um so besser wird, je größer man den Scheinwerfer macht, stimmt nicht mehr. Vorteil des DE-Systems ist eine beträchtlich schärfere Hell-Dunkel-Grenze. Außerdem wird die Lichtverteilung auf der Fahrbahn wesentlich gleichmäßiger, heller und frei von Flecken. Schließlich wird auch die Eigenblendung des Fahrers bei Nebel, Regen oder Schneetreiben vermindert, so daß diese Abblendscheinwerfer auch als Nebelscheinwerfer wirken.

Die scharfe Hell-Dunkel-Grenze ergibt sich dadurch, daß die bisher innerhalb der Glühlampe untergebrachte Blende nun frei zwischen Reflektor und Linse steht und durch Größe wie Plazierung optimal eingerichtet werden kann. Die Einfaden-Halogenglühlampe sitzt normal innerhalb des Reflektors und kann auch in der bisher üblichen Weise ausgetauscht werden, wenn es erforderlich ist.

Von Bosch wurden ebenfalls Scheinwerfer mit Polyellipsoid-Reflektoren entwickelt. Alle diese neuen Scheinwerfersysteme werden (zumindest in bezug auf die Aerodynamik) Kompromißlösungen, wie z. B. Klappscheinwerfer, auch bei sehr sportlichen Fahrzeugen überflüssig machen.

Die Heckleuchten am Kraftfahrzeug haben in ihrer äußeren Form eine ähnliche Entwicklung mitge-

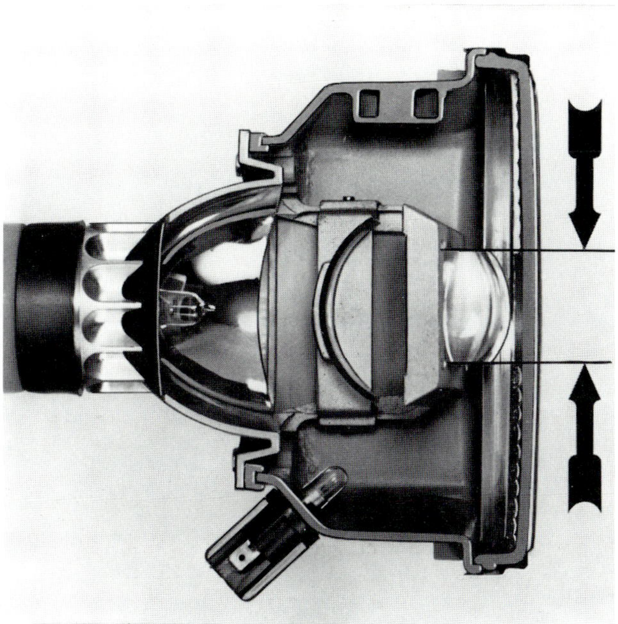

Aufbau des Hella-DE-Scheinwerfers. Er erstreckt sich zwar recht tief, doch nimmt er in Höhe und Breite äußerst wenig Platz ein. Die Pfeile markieren die Breite der Linse, während die wesentlich größere Streuscheibe nur für das Standlicht und als optische Warnung für den Gegenverkehr gedacht ist.

macht wie die Scheinwerfer: Von Anbauelementen ausgehend wurden sie zu Einheiten zusammengefaßt, die in die Karosserie einbezogen sind. Eine heutige Heckleuchteneinheit umfaßt üblicherweise Schlußleuchte, Bremsleuchte und Blinkleuchte, meist auch noch einen mit dem Rückwärtsgang gekoppelten Rückfahrscheinwerfer und häufig noch eine besondere Nebelschlußleuchte. Der schon von Anfang an vorgeschriebene Rückstrahler („Katzenauge“) ist üblicherweise mit der Schlußleuchte kombiniert, indem ein Teil von deren Streuscheibe reflektierend ausgebildet wird. (Brems- und Blinkleuchten gehören zu den Signalgeräten und sind dort beschrieben.) Lediglich die Kennzeichenleuchten sind — ihrer Aufgabe entsprechend — noch separat angebracht. Auch die Heckleuchten sind wie das vordere Standlicht mit konventionellen Lampen ausgerüstet.

An der Batterie hat sich — aber nur scheinbar — am wenigsten geändert, seit es Kraftfahrzeugbatterien gibt: Sie besteht immer noch aus Blei-Akkumulatoren-Zellen, gefüllt mit verdünnter Schwefelsäure. Aber gerade bei ihr mußte sehr viel Entwicklungsarbeit aufgewendet werden, bis der heutige Stand erreicht war: Die Batterien sind jetzt vollkommen oder wenigstens nahezu wartungsfrei; Leistungsgewicht und Leistungsvolumen sind erheblich günstiger geworden, und die Leistung bei tiefen Temperaturen (Winterbetrieb) ist wesentlich höher. In Forschung und Entwicklung wird an anderen Akkumulatorensystemen intensiv gearbeitet, aber gegenwär-

Typischer aufgebauter Scheinwerfer an einem Wagen der dreißiger Jahre: Scheinwerfergehäuse und Kotflügel sind bereits „aerodynamisch“ verrundet.

Jaguar XK 120 aus den fünfziger Jahren als Übergang von den frei stehenden Scheinwerfern zu den eingebauten. Bis auf die davor aufgebauten Zusatzscheinwerfer ist die Form der Frontpartie stilistisch sehr gut gelöst.

Leuchteinheit an einem Mercedes 300 SLR von 1957: Fern-, Abblend- und Standlicht, Nebelscheinwerfer, Blinkleuchte und Parklampe sind hinter einer gemeinsamen Streuscheibe untergebracht. Diese elegante Lösung wird, freilich in anderer Form, heute noch bevorzugt.

Frontpartie des Mercedes 200/300 E von 1985: Auch in diesem Fall bilden alle Frontlampen eine Einheit; lediglich die Blinkleuchten wanderten zur seitlichen Karosseriebegrenzung. Die großen Streuscheiben bilden eine glatte Fläche und sind für die Aerodynamik sehr erwünscht.

Besonders bei Sportwagen — in diesem Fall beim Porsche 928 — sind große Scheinwerfer in der erwünschten Anbauhöhe nicht unterzubringen; deshalb werden sie bei Nichtgebrauch in die Karosseriekontur zurückgeklappt.

tig ist noch nicht abzusehen, ob und wann eine Fahrzeugbatterie serienreif wird, die gegenüber dem Bleiakkumulator entscheidende Vorteile bringt — sei es als Batterie für das Bordnetz von Fahrzeugen mit Verbrennungsmotor oder für den Antrieb von Elektrofahrzeugen.

Wie man den Motor startet

Die Verbrennungsmotoren der Kraftfahrzeuge wurden über zwei Jahrzehnte von Hand angekurbelt. Dies wurde um so anstrengender, je größer und höher verdichtet die Motoren wurden. Es war auch nicht ungefährlich: Bei zu früh eingestellter Zündung „schlug der Motor zurück", was bei ungeschickter Armhaltung zu Verletzungen führen konnte. Die richtige Armhaltung mußte regelrecht erlernt werden. Zunächst war das Problem nicht allzu dringlich, weil anfangs zu einem Auto meist auch ein Chauffeur gehörte, der entsprechend fachkundig war. Die Anzahl der „Herrenfahrer", wie man selbstfahrende Autobesitzer nannte, nahm zuerst in den USA stark zu; daher war dort der Wunsch nach einer komfortablen Anlaßmöglichkeit am größten, und das erste serienmäßig mit elektrischem Starter ausgerüstete Auto war 1912 ein Cadillac. Daß es so lange gedauert hatte, liegt — wie bei den Lichtanlagen — daran, daß es vorher noch keine Generatoren zum Aufladen der Bordbatterie gab. Versuche, die Motoren anders zu starten, hatte es viel früher gegeben — gab es doch für Stationärmotoren schon verschiedene Anlaßeinrichtungen.
Im Jahr 1907 konnte man in der VDI-Zeitschrift folgenden Hinweis lesen: „Gasmotoren werden in vielen Fällen mit komprimierter Luft zum Anlaufen gebracht. Sind sie mit einer Gleichstrom-Dynamo gekuppelt und ist eine Akkumulatorenbatterie vorhan-

Ein Leuchtband über die ganze Bugbreite, etwa wie beim Mercury Sable, reizt die Stilisten immer wieder. Im Mittelteil ist jedoch wegen der Zulassungsbestimmungen kein Scheinwerfer vorhanden. Stilistisch ist dies eine elegante Lösung.

Damals reichten sie aus: Rückleuchten an einem Austin 7 von 1922. Dauerprobleme waren damals die ständig zerrüttelten Glühlampen sowie die an vielen Stellen frei hängenden Zuleitungen und deren schlechte Isolation — denn das Kunststoffzeitalter begann erst 30 Jahre später!

den, so läßt man die Dynamo von der Batterie aus als Motor laufen und bringt so die Gasmaschine in Gang." Es folgen dann noch Hinweise auf Elektromotoren, die nur zum Anlassen verwendet werden. Bemerkenswert ist, daß es damals also schon „Licht-Anlasser" gab (später auch Dyna-Start-Anlagen genannt), also elektrische Maschinen, die abwechselnd als Motor oder Generator verwendet wurden.
Anlaß-Einrichtungen mit Druckluft erwiesen sich für Kraftfahrzeuge als zu umständlich und zu teuer. Auch Versuche mit Federkraft-Anlassern führten nicht zum Ziel: Bei diesen sollte die in einer gespannten Feder gespeicherte Energie zum Anlassen ausgenutzt werden. Gespannt werden sollten die Federn entweder von Hand, oder — ganz praktisch — automatisch vom Motor selbst, wenn er mit höherer Drehzahl zuverlässig lief.
Einen guten Eindruck, wie man 1905 die Chancen einschätzte, vermittelt ein Preisausschreiben, das der Automobilklub von Frankreich in jenem Jahr veranstaltete: Verlangt war eine Anlaßvorrichtung anstelle der Handkurbel. Der erste Preis fiel auf eine Anlaßvorrichtung, die verdichtete Kohlensäure verwendete, der zweite auf ein System, bei dem der Motor durch eine Zusatzpumpe mit einem Gasgemisch versorgt wurde, das dann, von einer ebenfalls zusätzlichen Batteriesummerzündung gezündet, den Motor aus dem Stand starten sollte. Der einzige elektrische Anlaßmotor — ein Licht-Anlasser von Pellorce — erhielt lediglich einen Trostpreis.
In den Jahren 1912/1913 gab es in den USA schon drei konkurrierende Systeme, von denen keines den anderen gegenüber eindeutig überlegen war. Gemeinsam war bei allen, daß zum Starten ein Ritzel auf der Welle des Anlaßmotors mit einem Zahnkranz am Schwungrad des Motors in Eingriff gebracht wurde. Dies erreichte man aber auf drei verschiedene Arten:
Delco verwendete den sogenannten Schubtrieb, bei dem das auf der Anlasserwelle verschiebbar befestigte Ritzel hand- oder fußbetätigt „eingerückt" wird, bevor der Anlasser Strom erhält. Nach dem Anspringen des Motors und dem Loslassen des Einrückgestänges zieht eine Feder das Ritzel wieder in die Ausgangsstellung zurück. Damit der Anlasser auf keinen Fall vom Motor angetrieben und auf hohe Drehzahlen gebracht weden konnte, war zwischen Welle und Ritzel ein Freilauf eingebaut. Daß es sich bei der ersten Ausführung von Delco um einen Licht-Anlasser handelte, spielt in diesem Zusammenhang keine Rolle; es gab bald auch reine Schubtrieb-Anlasser.
Nicht zu verwechseln mit dem Schubtrieb-Anlasser ist der Schubanker-Anlasser von Rushmore. Bei diesem war der Anker in Ruhestellung axial aus der Symmetrielage des Felds herausgezogen, so daß das fest auf der Welle angebrachte Ritzel nicht in den Zahnkranz eingreift. Beim Einschalten des Anlassers wird auf einer ersten Schaltstufe des Fußschal-

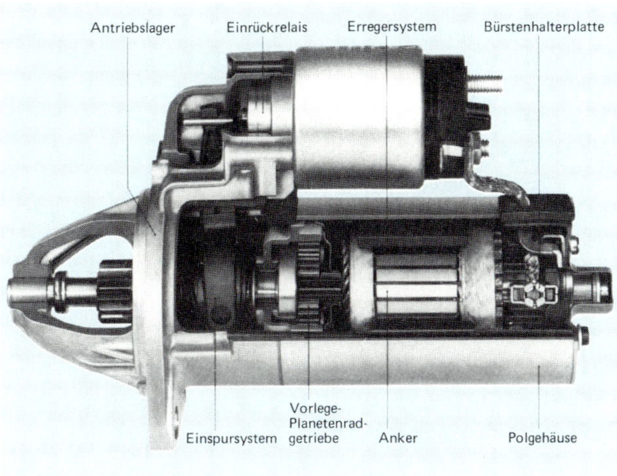

Aufbau des Vorgelegestarters, der durch seine schlanke Bauweise beeindruckt.

ters in einer Hilfswicklung ein Feld erregt, das ausreicht, den Anker in die zu den Polen symmetrische Lage zu ziehen und ihn gleichzeitig langsam zu drehen, wobei das Ritzel sanft einspurt. Auf einer zweiten Schaltstufe — wenn das Ritzel eingespurt ist — erhalten dann die Hauptstrom-Erregerwicklung und der Anker vollen Strom, und der Motor wird angeworfen. Das Ausspuren des Ritzels nach dem Anspringen des Motors erfolgt zunächst einfach dadurch, daß durch die Entlastung des Anlassers der von ihm aufgenommene Strom stark zurückgeht und damit auch der zwischen Anker und Feld wirksame Zug, so daß die Ankerfeder den Anker wieder in seine Ruhestellung zurückziehen kann.
Beim Schraubtrieb-Anlasser von Bendix — dem dritten System — sitzt das verhältnismäßig schwer ausgeführte und deshalb träge Ritzel ziemlich lokker auf einem Steilgewinde auf der Ankerwelle. Der Anlasser wird beim Betätigen des Schalters sofort voll eingeschaltet und läuft mit einem schnellen Ruck an. Das Ritzel schraubt sich aufgrund seiner Massenträgheit auf dem Steilgewinde vor bis zum Eingriff mit dem Zahnkranz. Allzu harte Schläge werden durch eine Feder aufgefangen, die zwischen Ankerwelle und Ritzel angeordnet ist.
Als 1912 die Entwicklung in den USA schon weit fortgeschritten war, begann man in Deutschland (Bosch) mit dem Bau eines Schwungkraft-Anlassers. Vorher hatte man sich darauf beschränkt, das Anlassen durch entsprechende Ausbildung des Zündvorgangs zu erleichtern. Beim Schwungkraft-Anlasser wird eine Schwungmasse von einem verhältnismäßig kleinen Motor langsam auf hohe Drehzahl gebracht; sie gibt ihre gespeicherte Energie zum Anlassen des Motors dann innerhalb kurzer Zeit ab. Auf diese Weise sollte vor allem die Batterie geschont werden, der man noch keine sehr große Belastung zutraute. Als dann gerade in dieser Zeit leistungsfähigere Batterien auf den Markt kamen, ging man von diesem Prinzip ab und entwickelte einen

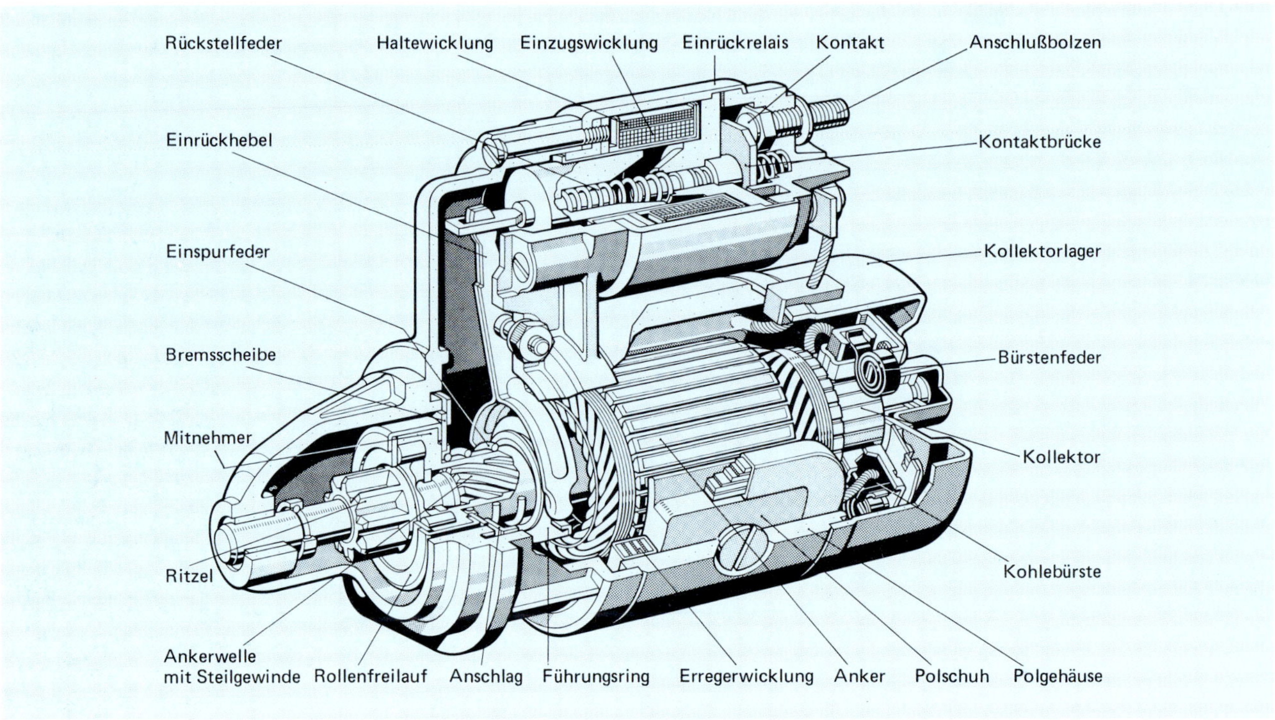

Der Schubschraubtrieb-Anlasser ist die weltweit wohl am häufigsten verwendete Bauweise.

Anlasser zum unmittelbaren Antrieb des Fahrzeugmotors (Durchdreh-Anlasser).

Abweichend von den amerikanischen Systemen baute man einen Freilauf-Anlasser, der über eine Kette und eine Freilaufkupplung direkt die Kurbelwelle antrieb. Diese Freilaufkupplung war in Zusammenarbeit mit Fichtel & Sachs entwickelt worden. Im Anlassergehäuse selbst war noch ein Planetengetriebe eingebaut, das benötigt wurde, um das notwendige Übersetzungsverhältnis zwischen Anlasser und Kurbelwelle zu erreichen. Dieser Anlasser kam Ende 1913 auf den Markt und wurde bis 1919 gebaut. Er konnte allerdings nicht an alle Motoren angebaut werden und war zu teuer. Deshalb erwarb Bosch 1914 die Rushmore-Patente und begann, den Schubanker-Anlasser weiterzuentwickeln. Als erste Verbesserung wurde ein federndes Ritzel eingeführt, das den Einspurvorgang sicherer machte, wenn beim Einspuren Zahn auf Zahn traf.

Nach dem Ersten Weltkrieg eroberte sich der Schraubtrieb-Anlasser den ganzen Weltmarkt mit Ausnahme von Deutschland. Zwar hatte Eisemann 1915 unabhängig von Bendix einen Schraubtrieb-Anlasser bis zur Marktreife entwickelt, gab ihn aber 1918 wieder auf. Bendix hatte für die Grundausführung des Schraubtrieb-Anlassers kein Patent, weil dieser Grundaufbau schon in einer britischen Patentschrift aus dem Jahr 1884 als Anlaßvorrichtung für Gasmotoren angegeben war, konnte aber Schutzrechte für die Federung und Bremsung des Ritzels erhalten, die für eine betriebssichere Ausführung unbedingt notwendig waren. In Großbritannien stellte Lucas einen etwas abgewandelten Schraubtrieb-Anlasser her, in der Schweiz Scintilla. Bosch erwarb 1926 eine Lizenz von Bendix.

Auch der ursprünglich von Delco an einem Licht-Anlasser verwendete Schubtrieb hatte sich zunächst in Amerika und dann auch in Europa bei Anlassern recht gut eingeführt, so daß Anfang der dreißiger Jahre alle drei Systeme mit ihren Vor- und Nachteilen miteinander im Wettbewerb standen. In Deutschland wurde dieses System auch Fußeinrück-Anlasser genannt, weil das Einrückgestänge meistens mit einem Fußschalter für den Anlasserstrom kombiniert war.

Mitte der dreißiger Jahre wurde dann als Kombination von Schubtrieb und Schraubtrieb der Schubschraubtrieb-Anlasser eingeführt, der heute bei Personenwagen fast ausschließlich verwendet wird. Bei diesem System zieht ein Einrückmagnet über Einrückhebel und Einrückfeder das mit einem Freilauf versehene Ritzel nach vorn. Gleichzeitig beginnt sich der Anker langsam zu drehen. Wenn das Ritzel am Ende des Schubwegs in den Zahnkranz einspurt, wird es festgehalten und durch die Drehung des Ankers mit Hilfe des Steilgewindes bis zu einem Anschlagring bewegt (Schraubweg). Gleichzeitig schließt ein Relais die bisher als Widerstand wirkende Einrückwicklung kurz, und der Motor erhält für den Startvorgang die volle Batteriespannung.

Auch die anderen Systeme werden — in ständig verbesserter Ausführung — heute noch verwendet: Schraubtrieb-Starter beispielsweise für Rasenmäher, Schneeschlitten und leichte Motorräder; Schubtrieb-Starter für die schweren Motoren von Lastkraftwagen, Bussen, Eisenbahnfahrzeugen und Schiffen.

Die Schubtrieb-Starter werden allerdings nicht mehr mit dem Fuß eingerückt, sondern elektrisch betätigt. Den größten Anteil auf dem heutigen Markt hat allerdings der Schubschraubtrieb-Starter für Personenwagen, leichtere Lastkraftwagen und schwere Motorräder.

Signalgeräte

Jahrhundertelang war das Posthorn die einzige — und zwar akustische — Signal- oder Warnvorrichtung auf der Straße. Da der Autofahrer während der Fahrt nicht gut ein solches Horn halten und blasen konnte, kam man auf die Idee, es mit einem zusammendrückbaren Gummiball zu versehen. Wohl um es nicht zu „verballhornen", nannte man dieses Instrument aber Ballhupe — anfangs auch Ballhuppe —, obwohl mit Hupe oder Huppe ursprünglich eine Weidenpfeife bezeichnet wurde.
Selbstverständlich gab es auch schon frühzeitig gesetzliche Vorschriften, die regional wieder recht unterschiedlich waren: in den neunziger Jahren z. B. bereits „Bestimmungen zur Regelung des Automobilverkehrs" des Polizeiamtes der Stadt Chemnitz. Dort heißt es: „Als Signal zum Ausweichen ist der Anruf ‚Heeh!' zu gebrauchen, doch soll bis auf weiteres auch der Gebrauch von Signalhuppen nachgelassen sein." In einer württembergischen Vorschrift von 1910 verlangten die Behörden eine „am Fahrzeug befestigte Huppe zum Abgeben von Warnungszeichen".

Außer Hand-Ballhupen gab es auch fußbetätigte Tret-Ballhupen, durch Seilzug zu betätigende Auspuffpfeifen und für kurze Zeit auch durchdringend zwitschernde Motorpfeifen, die den Druck von einem Zylinder des Motors abnahmen. In den USA war etwa von 1910 an das Klaxon-Horn üblich, das sich dort bald zum Marktführer entwickelte. Es wurde meist nur kurz „Klaxon" genannt und gehört zu der Gattung der Motor-Hupen. Anfangs gab es zwar auch handbetätigte Klaxons, aber meist wurde das Zahnrad, mit dem eine Federmembran in Schwingungen versetzt wird, von einem kleinen Elektromotor angetrieben. So kann man also sagen, daß das Klaxon das erste elektro-akustische Signalgerät für ein Kraftfahrzeug war. Die Art der Schallerzeugung wird auch heute noch bei den Ratschen, einem Spielzeug für Kinder, angewendet. Klaxons für Kraftfahrzeuge gibt es schon lange nicht mehr. Meist sind sie wegen ihres unschönen, krächzenden Geräuschs sogar verboten worden; ihre Warnwirkung war aber unbestritten und die Reichweite recht groß. Um eine Richtwirkung zu erzielen, waren sie meist mit einem Schalltrichter versehen.
Außer dem Klaxon entstanden die Summerhupen, deren Ton zwar rein, aber nicht weittragend genug war, und schließlich als Weiterentwicklung der Ballhupen die Zungenhupen, bei denen der Ton durch einen an Metallzungen vorbeistreifenden Luftstrom erzeugt wurde. Diese Zungenhupen benötigen zum Ansprechen einen geringeren Luftstrom als die gewöhnlichen Ballhupen, deshalb wurde bei ihnen zur

Ballhupe mit Metallschlauchzuführung zum als Schlangenmaul ausgebildeten Schalltrichter an einem Benz Typ 8/20 von 1913 — eine der fantasievollsten Hupenausführungen.

Bosch-Horn und elektrischer Scheinwerfer an einem Mercedes im Jahr 1924 waren damals noch vielbestaunte Neuheiten.

Erzeugung dieses Luftstroms vielfach eine von einem Elektromotor angetriebene kleine Kapselpumpe verwendet.
Dies war der Stand der Technik nach dem Ersten Weltkrieg. 1921 brachte Bosch ein Horn auf den Markt, das für die Weiterentwicklung der Signalgeräte bahnbrechend war. Der Name Bosch-Horn wurde geradezu ein Synonym für elektro-akustische Signalgeräte. Das Bosch-Horn war das erste dieser Art, das einen harmonischen Klang *und* eine große Reichweite hatte.
Im Grundprinzip gleicht das Bosch-Horn den Summerhupen: Von einem Elektromagneten wird eine Membran in Schwingungen versetzt, die mit dem Anker des Elektromagneten fest verbunden ist. Wenn der Anker angezogen wird, öffnet der Summerkontakt, der Elektromagnet wird stromlos und der Anker — mit der Membran — schwingt zurück. Dann schließen die Summerkontakte wieder, und der Anker wird erneut angezogen. Maßgebend für die Tonhöhe ist die Eigenfrequenz des Systems Anker/Membran.
Der Ton einer solchen Summerhupe ist zwar rein, aber nicht weittragend genug. Beim Bosch-Horn kamen nun zwei entscheidende Änderungen dazu: Man ließ den Anker nicht mehr ganz frei schwingen, sondern auf den Magnetkern aufschlagen („Aufschlaghorn"). Außerdem setzte man vor die Membran, mit dieser zentrisch starr verbunden, einen sogenannten Schwingungssteller. Der Schwingungssteller kann, angeregt durch den Aufschlag des Ankers, in seiner Eigenfrequenz frei schwingen. Diese Eigenfrequenz muß exakt auf die Grundfrequenz abgestimmt sein, so daß der Schwingungssteller die gewünschten harmonischen Oberschwingungen abstrahlt.
Viele Jahre lang wurden die Hörner mit einem Schalltrichter versehen. Dieser war zunächst nach unten geführt und in einem etwa rechtwinkligen Bogen nach vorn gerichtet. Damit wurde vermieden, daß sich Wasser im Gehäuse ansammeln konnte — die Hörner waren ja allgemein außen am Fahrzeug angebracht. Mehr noch als der Klang war diese gebogene Form auch der Grund, daß man das Instrument Bosch-Horn und nicht -Hupe nannte. Als die Hörner immer häufiger im Motorraum eingebaut wurden, verwendete man die billigeren geraden Trichter. Schließlich ergab die Weiterentwicklung, daß ein Trichter beim Aufschlaghorn für die Richtwirkung und Lautstärke nicht unbedingt notwendig ist. So kam man noch vor dem Zweiten Weltkrieg zur heutigen Form der Normal- und der Starktonhörner. Dabei unterscheiden sich die Starktonhörner von den Normalhörnern nur durch ihren größeren Durchmesser und den stärkeren elektrischen Antrieb.
Außer den Hörnern — heute handelt es sich allgemein um Aufschlaghörner — haben auch die Fanfaren eine beachtliche Verbreitung gefunden. Sie zählen allerdings zur Sonderausrüstung, während serienmäßig wohl ausschließlich Hörner eingebaut werden. Die heute üblicherweise verwendeten elektropneumatischen Fanfaren haben den gleichen Grundaufbau wie ein Horn, aber der Anker schwingt ohne Aufschlag frei vor dem Magnetsystem. Die schwingende Membran bringt die Luftsäule in einem Rohr zum Schwingen. Die Resonanzfrequenz der Membran und der Luftsäule sind aufeinander abgestimmt; sie bestimmen die Tonhöhe des Signals. Die trichterförmige Erweiterung am Ende des Rohrs ergibt einen besseren Wirkungsgrad beim Abstrahlen des Tons.
Die Fanfare hat nicht den etwas harten Klang des Horns, sondern klingt voll und melodisch. Auch die Ausstrahlungs-Charakteristik ist anders: Bei der Fanfare breitet sich der Schall nach allen Richtungen gleichmäßig aus, während er beim Aufschlaghorn vorwiegend nach vorne abgestrahlt wird. Wegen seiner ausgeprägten Abstrahlrichtung muß das Horn mit seiner Achse in Fahrtrichtung eingebaut werden. Daraus ergibt sich, daß die Fanfare im Stadtverkehr besonders geeignet ist, während im Fernverkehr — als Überholsignal — das Aufschlaghorn günstiger ist — besonders natürlich das Starktonhorn. Dieses wiederum ist in der Stadt verboten.
Verboten sind auch, außer für bevorrechtigte Kraftfahrzeuge, sogenannte Tonfolgeanlagen. Mit solchen Sondersignalen (tatü-tatü) verbindet man landläufig den Begriff „Martinshorn". Dieser sehr populäre Name, der selbst in renommierten Konversations-Lexika nicht immer zu finden ist, hat nichts mit St. Martin zu tun, wie oft vermutet wird. „Martin-Horn" ist vielmehr die Wortmarke, unter der die „Deutsche Signal-Instrumenten-Fabrik Max B. Mar-

Richtungsanzeiger und Stopplicht an einem Chrysler im Jahr 1925. In dieser Hinsicht waren die amerikanischen Hersteller schon erheblich weiter als ihre europäischen Wettbewerber.

tin" diese mit einem elektrischen Gebläse betriebenen Fanfaren 1932 herausbrachte. Nach dem Zweiten Weltkrieg wurden für Tonfolgeanlagen auch Aufschlaghörner (Starktonhörner) verwendet. Heute gibt es außerdem noch elektronische Ton-Generatoren mit Lautsprechern. Diese elektronischen Geräte und die Starktonhörner haben gegenüber den Fanfaren den Vorteil der gerichteten Schallabstrahlung.

Zu den akustischen Signalgeräten kamen in den zwanziger Jahren auch optische. In der damals geltenden „Verordnung über den Kraftfahrzeugverkehr" (später Straßenverkehrsordnung) steht im § 26:

„Der Führer hat anderen Personen die Absicht des Stillhaltens durch senkrechtes Hochhalten des Armes, die Absicht des Umwendens und des Verlassens der bisher verfolgten Fahrtrichtung durch waagrechtes Halten des Armes in der Richtung des Wechsels rechtzeitig zu erkennen zu geben; zum Abgeben der Zeichen kann auch eine mechanische Einrichtung benutzt werden."

Der Ausdruck „mechanische Einrichtung" umfaßt in diesem Zusammenhang selbstverständlich auch elektrische Geräte; er steht hier einfach als Alternative zu der Zeichengebung mit den Armen. Die ersten Einrichtungen, mit denen „die Absicht des Stillhaltens" mechanisch, d.h. automatisch angezeigt wurde, waren die elektrischen „Stopplaternen" — heute Bremsleuchten. Sie wurden von Anfang an durch einen Schalter betätigt, der mit dem Bremspedal oder -gestänge verbunden war. Die Stopplaternen ließen üblicherweise ein sinnfälliges Symbol aufleuchten: entweder die Schrift „Stopp" oder ein gleichseitiges Dreieck, das damals ein Kennzeichen für ein Fahrzeug mit Vierradbremse war. Bis 1921 hatten die Kraftwagen nämlich nur zwei gebremste Räder.

Bei den Fahrtrichtungsanzeigern gab es zunächst die verschiedensten Versuche, beispielweise Blechpfeile, zum Teil auch wie ein Arm geformt und bemalt, die von Hand betätigt ausgeschwenkt oder ausgeschoben wurden. 1924 kam ein „Gehäuse-Fahrtrichtungsanzeiger" auf den Markt, bei dem hinter einer Glasscheibe ein Pfeil, der auch beleuchtet werden konnte, aus der Geradeausstellung nach links oder rechts gedreht wurde. Nachteilig war dabei, daß — bei üblicherweise nur einem Gerät — die Anzeige nur von vorn zu erkennen war.

Von 1928 an gab es elektromechanisch ausschwenkbare Winker, die unabhängig voneinander von verschiedenen Firmen entwickelt worden waren. Diese Winker wurden schnell zur Standard-Ausrüstung und blieben es bis in die fünfziger Jahre. In der Straßenverkehrs-Zulassungsordnung war auch lange Zeit vorgeschrieben, daß ein Fahrtrichtungsanzeiger die „Kontur des Fahrzeugs verändern" muß. Die Winkerarme waren von innen beleuchtet; für große Fahrzeuge gab es auch Pendelwinker, die ihre Arme bei Betätigung auf und ab bewegten.

Als die Geschwindigkeiten — vor allem auf den Autobahnen — immer höher wurden, kam es zu Schwierigkeiten: Betätigte man die Winker bei hoher Geschwindigkeit, konnte es vorkommen, daß sie entweder gar nicht ganz ausschwenkten, oder sich nach dem Ausschwenken nicht mehr zurückstellten. In den USA wurden schon während des Zweiten Weltkriegs Blinkleuchten als Fahrtrichtungsanzeiger verwendet; als nach dem Krieg viele amerikanische Fahrzeuge nach Deutschland kamen, mußten die Blinkleuchten schon aus diesem Grunde zugelassen werden. 1956 wurden dann in der Bundesrepublik Deutschland für die Erstausrüstung von Fahrzeugen Blinkleuchten als Fahrtrichtungsanzeiger vorgeschrieben, und 1961 mußten auch alle älteren Fahrzeuge auf Blinker umgerüstet werden. 1963 wurde das Doppelblinken bei liegengebliebenen Fahrzeugen als Warnsignal zugelassen, später mußten alle Fahrzeuge mit einer Warnblinkanlage ausgerüstet werden.

Ausklappbarer Richtungsanzeiger aus Blech am Rumpler-Tropfenwagen von 1928 — eine zwar bemerkenswerte, aber wenig haltbare Konstruktion.

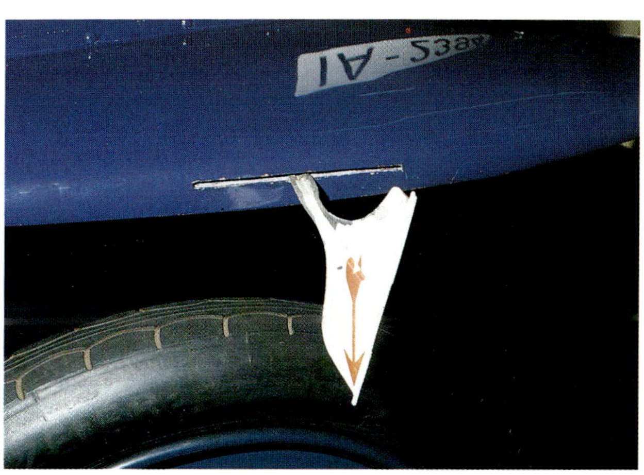

Komfort mit Kleinmotoren

Die Grenzen zwischen Versuch, Sonderausführung und Serie bei elektrischem Zubehör sind oftmals verwischt. Abgesehen vom Klaxon mit seinem Elektromotor — das aber üblicherweise Sonderausstattung war — ist wohl der elektrische Scheibenwischer von Bosch das erste Erzeugnis mit einem elektrischen Antrieb. Er wurde von 1926 an serienmäßig in immer mehr Fahrzeugmodelle eingebaut.

Scheibenwischer mit anderem Antrieb hatte es schon vorher gegeben: 1908 erhielt Prinz Heinrich von Preußen (ein Bruder von Kaiser Wilhelm II.) ein Patent auf einen von ihm erdachten Scheibenwischer. Der von ihm als „Abstreichlineal" bezeichnete Scheibenwischer mußte allerdings — möglichst vom Beifahrer — von Hand betätigt werden.

Durch Saugrohr-Unterdruck betätigte Wischer wurden Anfang der zwanziger Jahre in den USA viel verwendet, in Deutschland in größerem Umfang von Ford und Opel. Dieses System hatte den Nachteil, daß die Wischergeschwindigkeit bei geschlossener Drosselklappe, also im Leerlauf oder beim Schiebebetrieb, am höchsten ist; bei Vollast dagegen bewegten sich die Wischer nur sehr langsam hin und her. Ob bei der Entscheidung für dieses System die erzieherische Überlegung, daß man bei starkem Regen zwangsläufig „vom Gas" gehen muß, eine Rolle gespielt hatte, ist nicht überliefert. Jedenfalls war das Fahren mit einem so ausgerüsteten Wagen bei starkem Regen nicht angenehm. Nicht umsonst hat man heute üblicherweise wenigstens zwei kontinuierliche Geschwindigkeitsstufen und eine Intervallstufe, die nach Bedarf einzuschalten sind.

In den Scheibenwischern steckt viel „unsichtbare" Entwicklungsarbeit, sowohl im Motor als auch im Antrieb und in den Wischblättern. Kam man beispielsweise — um ein möglichst großes Wischfeld zu erhalten — schnell vom Einhebel- zum Zweihebelsystem, so gibt es heute wieder Einhebelsysteme, die, mit einem besonderen Getriebe gesteuert, ein optimales Wischfeld erzielen. Auch die Ermittlung der geeigneten Gummisorte und die Gestaltung der Wischlippe sowie das Vermeiden des Ratterns oder Abhebens bei hohen Geschwindigkeiten hat viel Entwicklungsarbeit erfordert.

Zum Wischer gehört seit den fünfziger Jahren die Scheiben-Waschanlage. Auch bei ihr hat sich der elektrische Antrieb allgemein durchgesetzt.

Scheinwerfer-Reinigungsanlagen gibt es als Wisch-Wasch-Anlage oder als reine Waschanlage. In diesem Punkt ist die Entwicklung, auch die bei der Gesetzgebung, noch in vollem Gang. In Schweden etwa ist eine Scheinwerfer-Reinigungsanlage vorgeschrieben, während sie in der Bundesrepublik Deutschland noch längst nicht zum Standard gehört.

Ein weiteres frühes Anwendungsgebiet für Kleinmotoren sind die Gebläse für die Heizungsanlagen. Auch sie gehören längst zum Standard, haben sich aber verhältnismäßig langsam allgemein eingeführt. Noch in den fünfziger Jahren gab es Wagen mit Heizungsanlagen ohne Gebläse. Üblich sind heute motorabhängige Anlagen, die die Abwärme des Kühlmittels über Wärmeübertrager an die zugeführte Luft abgeben. Außerdem gibt es wieder als Sonderausstattung motorunabhängige, meist mit dem Kraftstoff des Fahrzeugs betriebene Anlagen, mit denen das Fahrzeug bei kaltem Motor beheizt werden kann. Auch sie haben ein elektrisches Gebläse und meist noch eine Kraftstoff-Förderpumpe. Klimaanlagen, mit denen nicht nur geheizt, sondern auch gekühlt werden kann, sind in Europa noch nicht sehr verbreitet. Sie benötigen — wie ein Kühlschrank — eine Kompressions-Kälteanlage.

Serienmäßig werden Kleinmotoren noch für Fensterheber, Schiebedächer und — allerdings sehr selten — für die Verdecke von Cabriolets benutzt. Auch der Lüfter für die Kühlung des Motors wird heute meist nicht mehr zwangläufig von der Kurbelwelle über einen Keilriemen angetrieben (wie Was-

Prinz Heinrich von Preußen am Lenkrad seines Wagens, der mit dem von ihm erfundenen Scheibenwischer ausgerüstet ist, im Jahr 1911. Das „Abstreiflineal" wurde mit der Hand bedient.

Außen angebauter Scheibenwischermotor von Bosch etwa aus dem Jahr 1927. Die Winker waren noch nicht in die Windschutzscheibenholme eingebaut, wie dies später geschah.

serpumpe und Generator), sondern thermostatisch gesteuert von einem Kleinmotor.
Für höchste Komfortansprüche gibt es automatische Sitz-Verstelleinrichtungen, bei denen die Positionen für mehrere Fahrer programmiert werden können. Zu erwähnen sind schließlich noch die Motorantennen.

Elektronik im Auto

Das erste elektronische Gerät im Auto war das Radio. Versuche, im Auto Radio zu hören, gab es schon, seit es regelmäßige Rundfunkprogamme gibt. Mit den schweren, voluminösen Röhrengeräten, die einen hohen Energieverbrauch hatten, machte dies allerdings Schwierigkeiten. Trotzdem gab es schon 1933 ein serienmäßig hergestelltes Gerät von Blaupunkt. Bis in die fünfziger Jahre wurden die Röhrengeräte zwar ständig verbessert, eine große Verbreitung fanden die Autoradios aber schon wegen der hohen Preise nicht.
Die Halbleitertechnik brachte den Durchbruch: Als die Röhren zunehmend durch Transistoren ersetzt werden konnten, wurden die Geräte immer kleiner, leichter und billiger; auch der Energieverbrauch ging entscheidend zurück. Heute gehört ein Autoradio zur Standardausrüstung; es wird häufig schon im Automobilwerk eingebaut. Dem Komfort bei Ausstattung und Bedienung sind kaum noch Grenzen gesetzt. Nur eine spezielle Einrichtung, die heute praktisch alle Autoradios haben, sei besonders erwähnt: der ARI-Decoder. Das 1971 von Blaupunkt entwickelte System ARI (Autofahrer-Rundfunk-Information) wurde 1974 in der Bundesrepublik Deutschland offiziell eingeführt, seither auch in mehreren Nachbarländern. Mit Hilfe dieses Systems kann man Sender mit Verkehrsdurchsagen erkennen. Solche Verkehrsdurchsagen kommen auch dann über den Lautsprecher, wenn man Kassette hört oder das Radio stumm geschaltet hat.

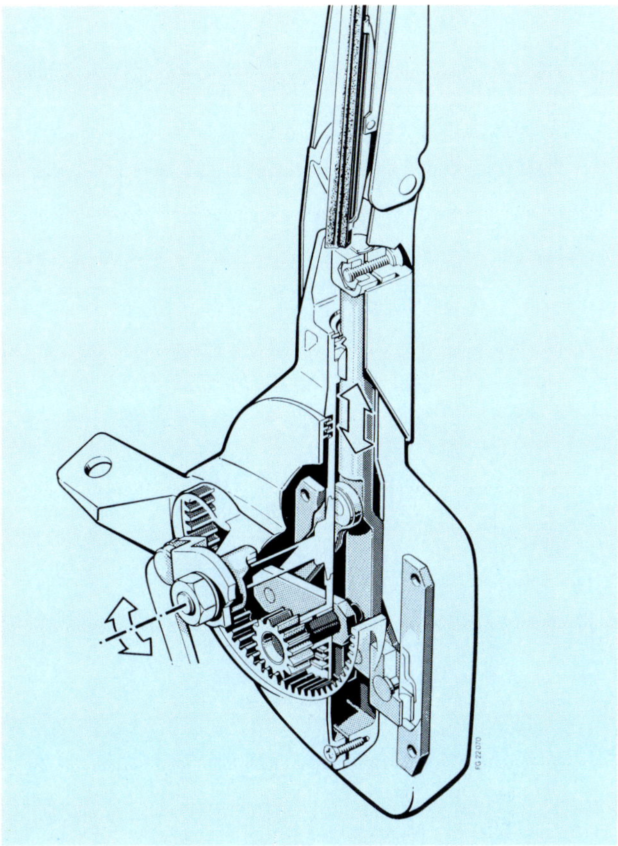

Etwa 75 Jahre lang wischten die Scheibenputzer in einer Kreisbewegung die Scheiben blank. 1984 wartete Daimler-Benz an seinen neuen Personenwagenmodellen mit einem Wischermechanismus auf, der auch in die oberen Ecken langte. Der Mechanismus des Einzelwischers ist recht aufwendig.

In Entwicklung und Erprobung sind bei mehreren Firmen Leit- oder Lotsensysteme, mit denen ein Autofahrer auf dem vorteilhaftesten Weg zu seinem eingegebenen Ziel geführt wird. Auch die Bordcomputer oder Fahrdatenrechner müssen an dieser Stelle erwähnt werden, von denen man während der Fahrt verschiedene Informationen abrufen kann, z. B. gefahrene Durchschnittsgeschwindigkeit, voraussichtliche Ankunftszeit, den augenblicklichen und durchschnittlichen Kraftstoffverbrauch.
Kommunikationsmöglichkeiten im Auto bieten außer dem Autotelefon auch Sprechfunkgeräte: CB-, Taxi- und Polizeifunk. (Letztere dürfen selbstverständlich nur von berechtigten Personen benutzt werden.)
Abschließend sei auf die modernen Möglichkeiten der Diebstahlsicherung hingewiesen. Zu den konventionellen Methoden — also Zünd- und Lenkschlössern, versteckten Schaltern und ähnlichem — sind die verschiedenen Systeme der Alarmanlagen gekommen, die den Alarm nicht nur dann auslösen, wenn Türen oder Hauben geöffnet werden, sondern auch bei Veränderung der Lage des Fahrzeugs oder Einschlagen einer Scheibe.

Wege der Drehmomentwandlung

Vorgeschichte

Mechanische Energie wandeln und transportieren mußte der Mensch von jeher, wenn er seine Kraftwirkung steigern wollte. Hebel, Räder, Wellen und Lager begleiten den Menschen, so weit sich die Geschichte verfolgen läßt. So wurden schon vor Jahrtausenden in Schöpfwerken zum Antrieb der Eimerketten oder in Mühlen Kammräder benutzt. Sie erlaubten eine Kraftübertragung: Drehzahl- und Drehmomentwandlung sowie Energietransport. Kammräder — anfangs aus Holz, später aus Bronze und Eisen — sind aber nichts anderes als Zahnräder, die Grundelemente des heutigen Getriebes im Automobil.
Als vor etwa 300 Jahren die Dampfmaschine entwickelt wurde, hatte schon 100 Jahre vorher Leonardo da Vinci Getriebesysteme mit Kegel- und Schraubenrädern sowie Klinken-Werken beschrieben. Ebenso befaßte sich Dürer mit der Idee des Selbstfahrwagens und eines Antriebs über Zahnräder.
Der aus dem Jahr 1769 stammende Straßen-Dampfwagen von Cugnot als Ahnherr des Automobils setzte die hin- und hergehende Bewegung zweier Kolben in eine Drehbewegung durch Zahnräder und Sperrklinken um. Damit war das erste Schaltwerkgetriebe entstanden, um das sich viele Erfinder bis zum heutigen Tag bemühen.
James Watt hatte bei der Entwicklung der Dampfmaschine deren Verwendung als Antrieb für Landfahrzeuge im Auge. Bemerkenswert ist, daß Watt in einem Patent von 1784 konkrete Vorstellungen über ein Zahnradschaltgetriebe entwickelte, bei dem Zahnräder verschiedener Durchmesser ständig im Eingriff sind. Mit diesen Gedanken war gegenüber den damals üblichen zum Austausch bestimmten „Wechselrädern" eine höhere Entwicklungsstufe der Antriebstechnik angedeutet.
Der Dampfmaschinen-Antrieb — zuerst in Straßen-, dann in Schienenfahrzeugen — bestimmte die Entwicklung der Kraftübertragung nahezu 100 Jahre, bevor es zur Verwendung der Brennkraftmaschine als Antrieb und damit zum Automobil kam.
Systematische theoretische Untersuchungen unter-

Kraftübertragung seit Jahrtausenden.

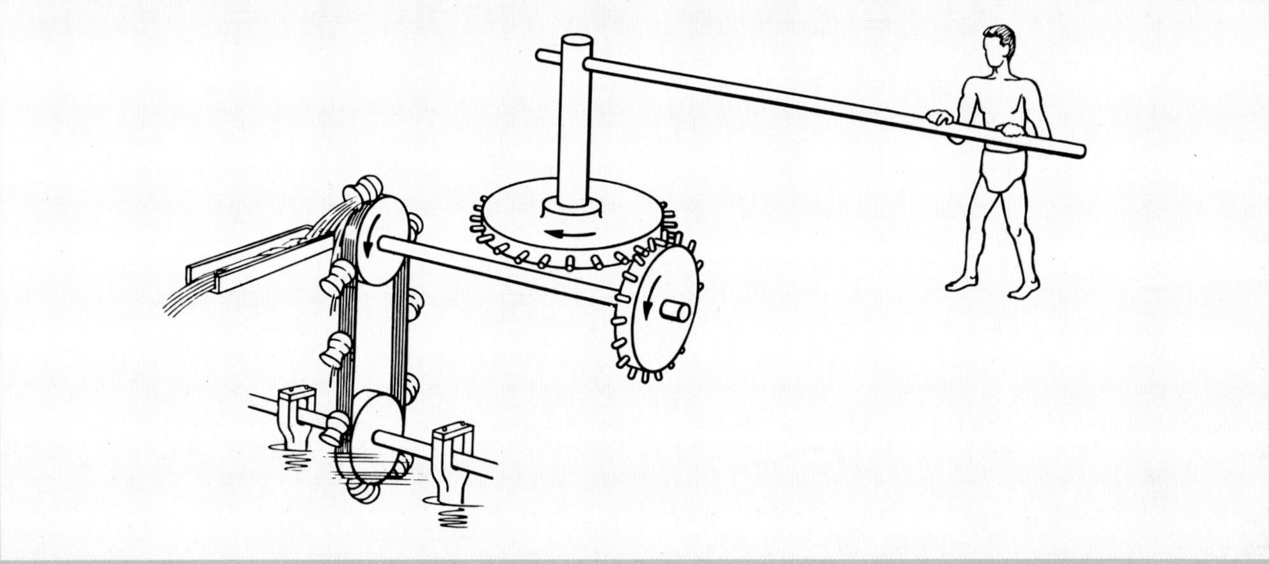

8

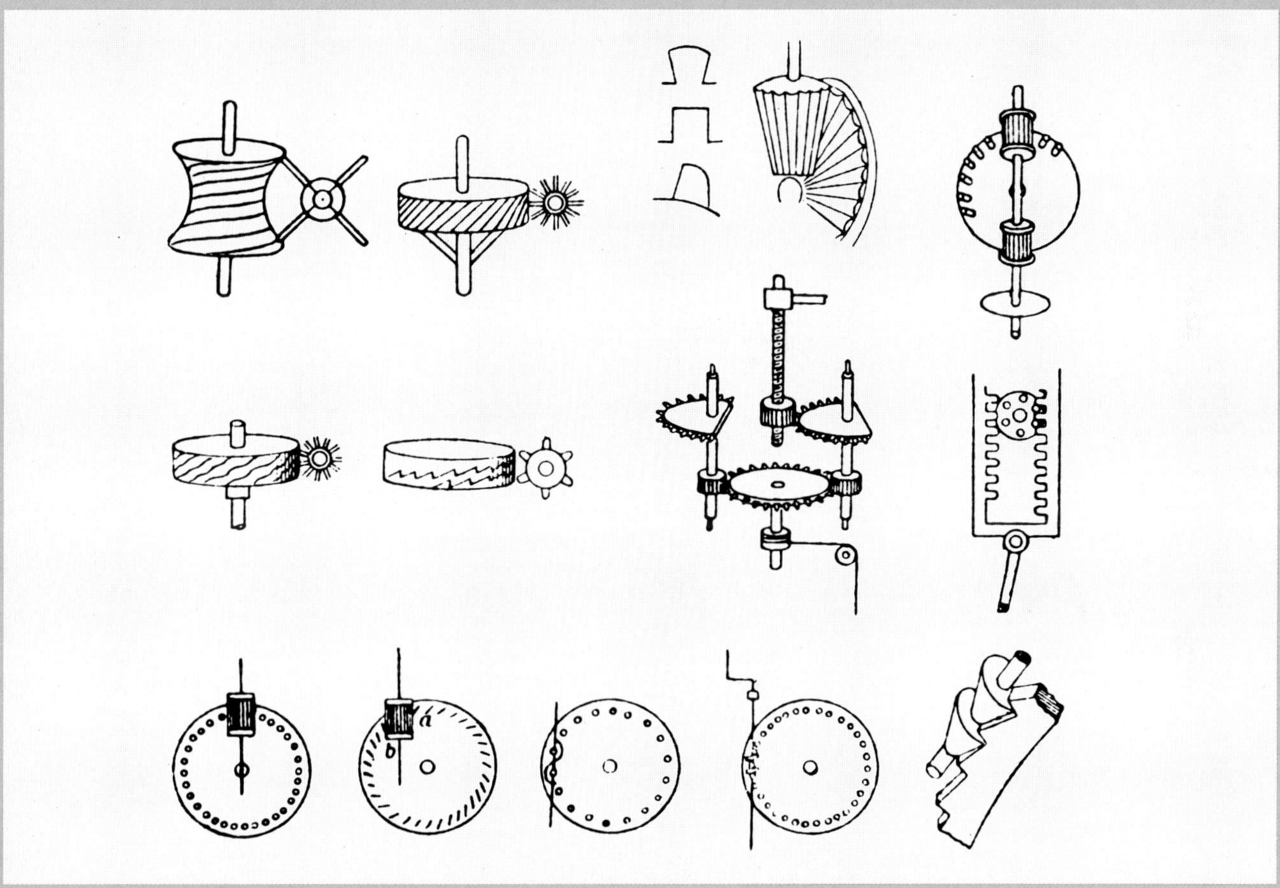

Leonardo da Vincis Vorschläge für Getriebe und Getriebesysteme.

stützten die Bemühungen der Konstrukteure und Fahrzeugbauer. Der französische Gelehrte de La Hire hatte 1694 nachgewiesen, daß für einen Zahn von kreisförmigem Querschnitt, wie er bei den damaligen Triebstockverzahnungen verwendet wurde, die Epizykloide ein günstiges Gegenprofil liefert. Euler (1707—1783) hatte eine andere, heute maßgebende Zahnform vorgeschlagen, die Evolvente.

Das Zahnrad wurde noch handwerklich gefertigt, indem man eine nach Faustregeln entstandene Zahnform oder später eine Zykloide oder Evolvente aufzeichnete und die Zahnlücke aus dem Vollen herausarbeitete. Dieses Verfahren war nicht nur außerordentlich arbeitsintensiv, sondern auch zugleich unzulänglich in bezug auf die Gleichförmigkeit der Drehmomentübertragung und das Geräusch. Der in Aachen geborene, in Zürich am eidgenössischen Polytechnikum und später in Berlin lehrende Franz Reuleaux vermittelte in seinem ersten Werk über die Maschinenelemente in deutscher Sprache Erkenntnisse über die „Allgemeine Verzahnung" und prägte 1865 auch den Begriff der Eingriffslinien. Das Buch von Reuleaux, betitelt „Der Constructeur", gibt um 1880 erstmalig einen sehr guten

Selbstfahrwagen nach Dürer.

Stand der Technik wieder, der durch die Entwicklung der Antriebstechnik in Dampfwagen, Lokomotiven, Werkzeug- und Arbeitsmaschinen erreicht worden war. Zum technischen Stand trugen auch Erkenntnisse im Bereich der Festigkeitslehre von Leonardo da Vinci über Galilei, Hooke, Bernoulli, Euler, Grashof bis zu Bach bei.
Die Antriebstechnik, die Kraftübertragung, hatte bereits einen beachtlichen technischen Stand erreicht, als Daimler, Maybach und Benz ihre ersten Straßenfahrzeuge schufen.

Die Kraftübertragung und ihre Elemente

Der leistungführende „Strang" im Automobil setzt sich zusammen aus dem generatorischen Teil, der die Leistung der Kraftmaschine aufnimmt, dem konduktiven Glied als Energieträger und dem motorischen Teil, mit dem das Getriebe die Leistung abgibt. Auf dieser Strecke vom generatorischen zum motorischen Teil findet die Drehzahl- und Drehmomentwandlung statt. Der motorische Teil kann ein anderes Drehmoment bzw. eine andere Drehzahl abgeben, als im generatorischen Teil aufgenommen wird.
Je nach dem konduktiven Glied (dem Energieträger) unterscheidet man zwischen mechanischen, hydraulischen und elektrischen Drehzahl- und Drehmomentwandlern. In vielen Fällen treten im Automobil diese Arten von Leistungsübertragungen in Kombinationen auf. Auch mehrere Systeme werden miteinander in Einzelfällen verknüpft (Hybridantriebe).

Eine Kraftübertragung im Automobil muß die Funktionen des Anfahrens und der Drehzahl- und Drehmomentwandlung erlauben. Um dies zu erreichen, muß man durch Stellglieder in den Leistungsfluß eingreifen. Es werden Schaltelemente betätigt oder Verstellungen vorgenommen, die die Wandlungseffekte hervorbringen.
Die Stellglieder erzeugen Wirkungen, zu denen sie vom Fahrer oder von einem Regler veranlaßt werden. Falls der Fahrer die Stellglieder nicht unmittelbar betätigt, werden dem Regler Informationen über den jeweiligen Zustand vermittelt, den das Fahrzeug hat, z. B. die Information über die Fahrgeschwindigkeit. Es kann für eine Optimierung der Drehzahl- und Drehmomentwandlung richtig sein, dem Regler auch Informationen über andere Zustandsgrößen zu vermitteln, so z. B. von der Antriebseite her (Getriebe-Eingangsdrehmoment) oder vom konduktiven Glied (Stellung der Schaltelemente). Unter Verwertung dieser Informationen von Sensoren als „Rückführung" und Auslösung von Impulsen an die Stellglieder durch den Regler wird der Wirkungsverbund jetzt zu einem geschlossenen Regelkreis.
Mit Kupplung und Getriebe „steuert" der Fahrer die Kraftübertragung nach den ihm richtig erscheinenden Gesichtspunkten. Die Sinnesorgane des Menschen sind allerdings bessere Sensoren, als es technische Bauelemente bis heute sein können. Trotz der Elektronik, die heute sehr feinfühlige Geber zur Verfügung stellt, ist die „Sensorik" des Menschen in ihrer Vollkommenheit nicht zu erreichen. Das gleiche gilt für den Regler. Die logischen Verknüpfungen, die der Mensch in seinem Gehirn vollzieht,

Kraftübertragung des Straßendampfwagens von Cugnot 1769.

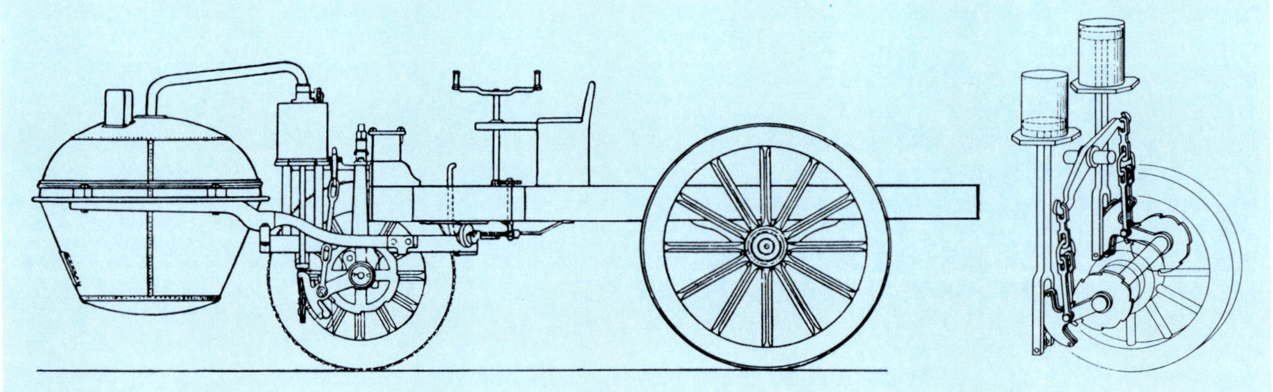

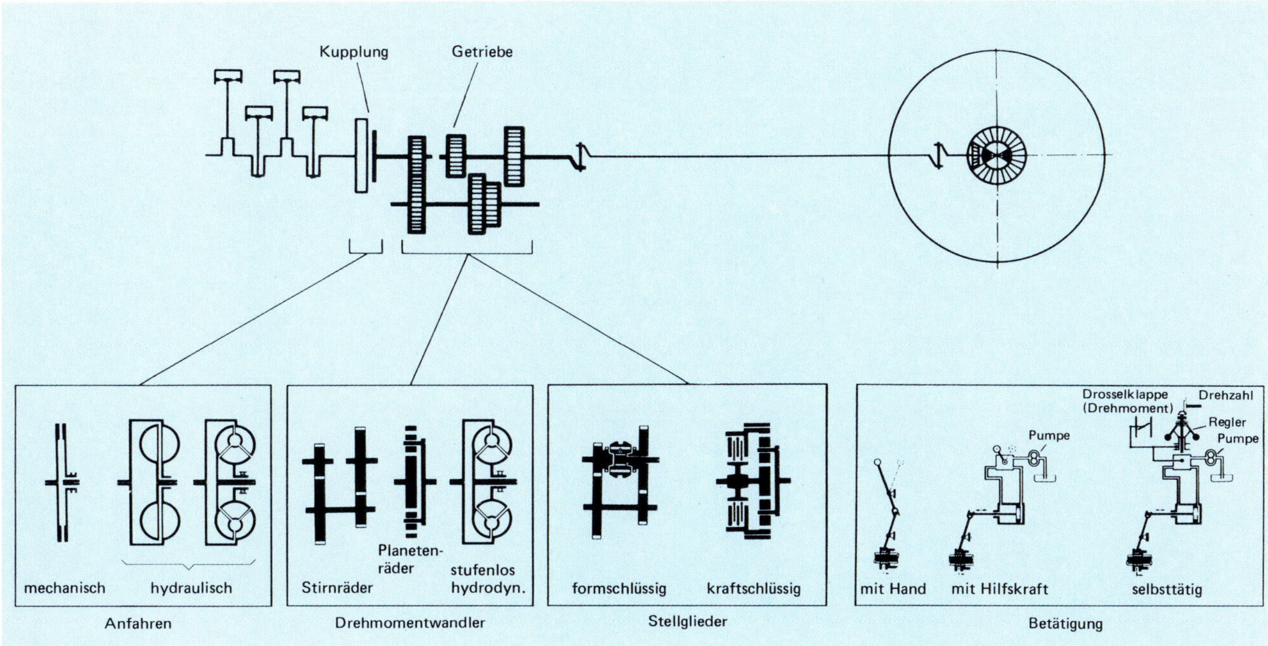

Die Kraftübertragung und ihre Komponenten im Automobil.

können nur in den wichtigsten Funktionen von einem Steuer- und Regelgerät nachvollzogen werden. In diesem Fall ist mit dem Mikrocomputer z. B. bei Automatgetrieben viel, aber nicht die menschliche Intelligenz zu erreichen.
Die Regelgeräte bezeichnet man als „intelligent"; sie können dies aber nur in dem Maß sein, wie es ihnen von Menschen eingegeben wurde.
Diese Überlegungen zeigen, daß es bei der Kraftübertragung um ein „System" aus einigen Subsystemen geht, nämlich aus der eigentlichen Leistungsübertragung mit Kupplung und Drehmomentwandler, den Stellgliedern, den Gebern und dem Regler. Diese Subsysteme haben jeweils ihre eigene Entwicklung durchgemacht und werden sich wohl auch weitgehend unabhängig voneinander weiterentwikkeln.

Die Kupplung

Eine Kupplung wird benötigt, um eine „Kolbenbrennkraftmaschine" bei stehendem Fahrzeug starten und während der Fahrt die Zahnradschaltgetriebe mit formschlüssigen Elementen ohne Last schalten zu können. Die Funktionen einer „Anfahrkupplung" und einer „Trennkupplung" sind meistens in einer Baueinheit zusammengefaßt.
In den Anfängen des Automobils wurde zunächst auf eine Anfahrkupplung verzichtet. Der leichte Wagen wurde angeschoben, um den Motor in Gang zu setzen. Auch die ersten Maybach-Wagen kamen 1922 ohne Anfahrkupplung aus: Ein kräftiger Anlasser bewältigte das Anfahren.
Die riemengetriebenen Wagen in den Anfängen des

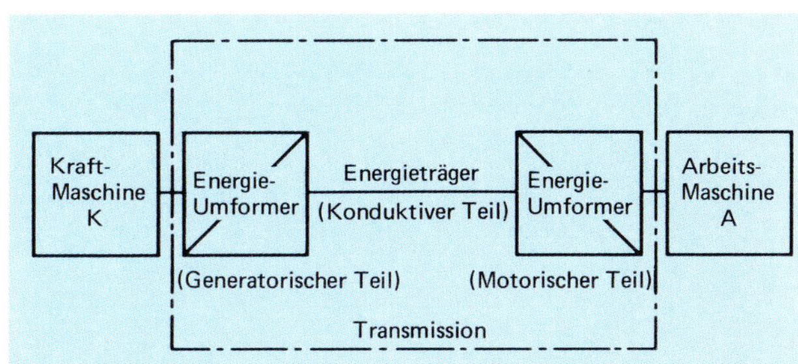

Die Kraftübertragung (Transmission) und ihre Komponenten.

Die Kraftübertragung im Regelkreis.

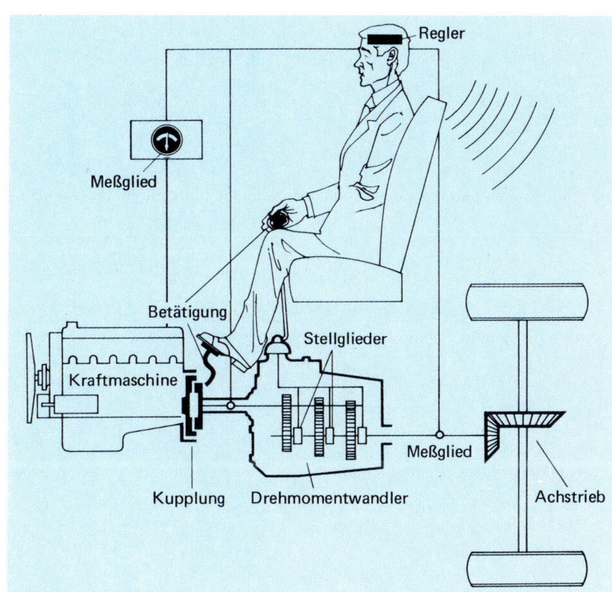

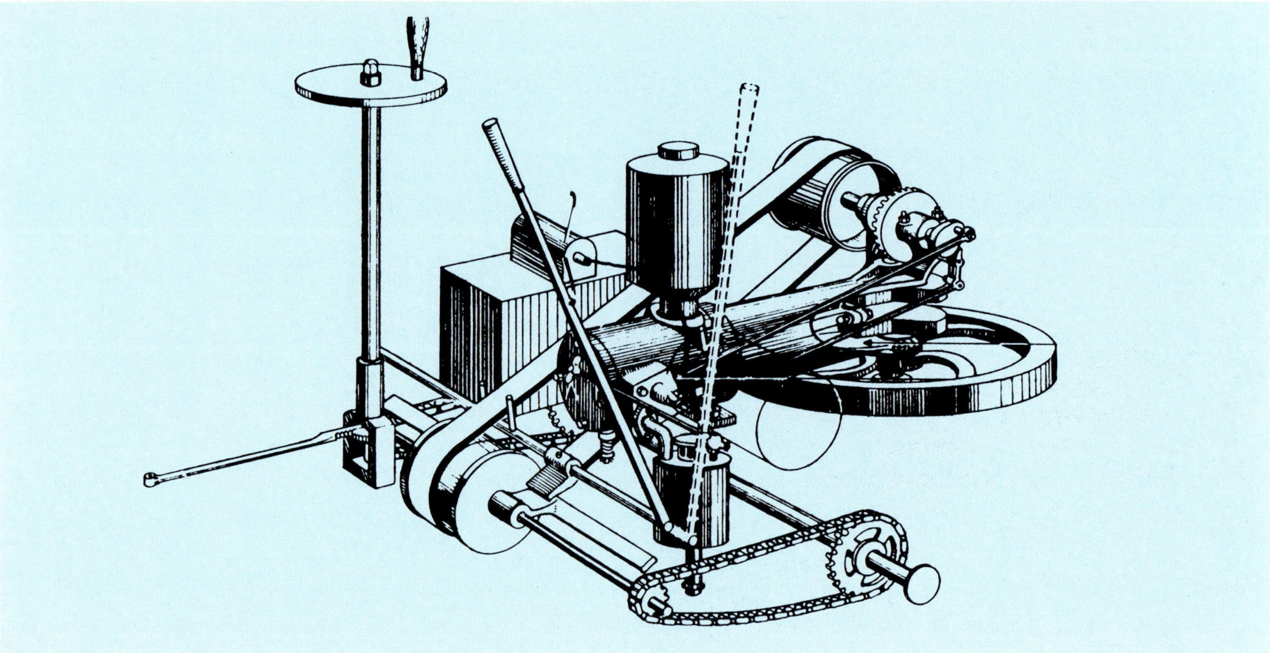

Maschinenelemente im Fahrzeugantrieb von Benz 1886.

Automobils konnten durch Verschieben des Riemens von der Los- zur Treibscheibe oder durch Andrücken einer Spannrolle anfahren. Der Riementrieb hielt sich als Anfahrelement auch dann noch, als schon Zahnradwechselgetriebe eingeführt wurden. So ergaben sich — aus heutiger Sicht — eigenartig anmutende Kombinationen aus Riementrieb, Zahnradschaltgetriebe und Kettentrieb. Der Kettentrieb wurde in Personenkraftwagen bis 1910, bei stark motorisierten Fahrzeugen vereinzelt noch einige Jahre später verwendet.
Daimler hatte in seinem Stahlradwagen 1889 eine Konuskupplung vorgesehen, die er für seine stationären Motoren entwickelt hatte. Zu einem echten Durchbruch einer gesonderten Anfahrkupplung kam es erst, als der Riementrieb aus dem Antriebsstrang der Automobile verdrängt wurde.
Zunehmende Motorleistung erforderte höhere Leistungsdichte der Bauteile in der Kraftübertragung. Das Zahnradgetriebe wurde zwingend. Panhard und Peugeot führten 1891 Schieberadgetriebe in Motorfahrzeugen ein, bei denen man nur mit einem Handschalthebel zu schalten brauchte. Mit diesen Wechselgetrieben wurde die Konuskupplung zur Standardlösung.
Weiter steigende Motorleistungen und höhere Mo-

Konus-Kupplung in der Kraftübertragung des Daimler-Stahlrad-Wagens.

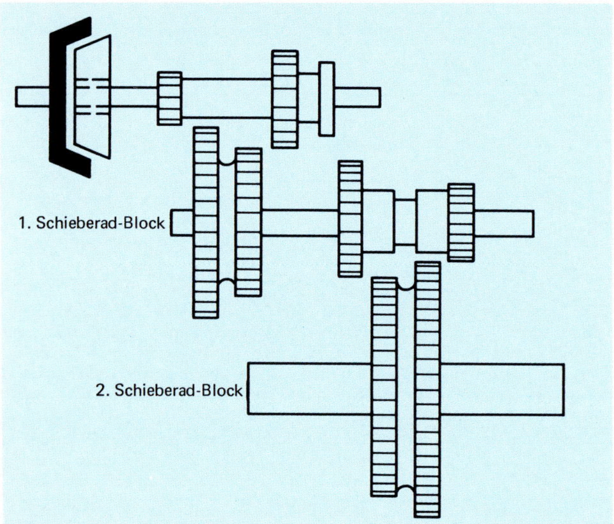

Federband-Kupplung der Daimler-Motoren-Gesellschaft.

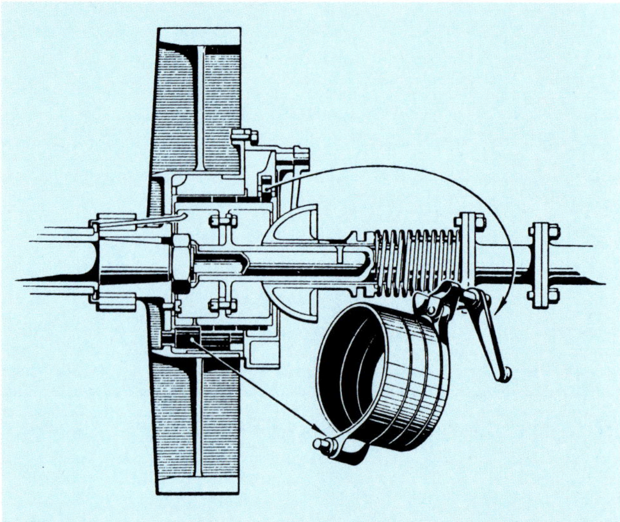

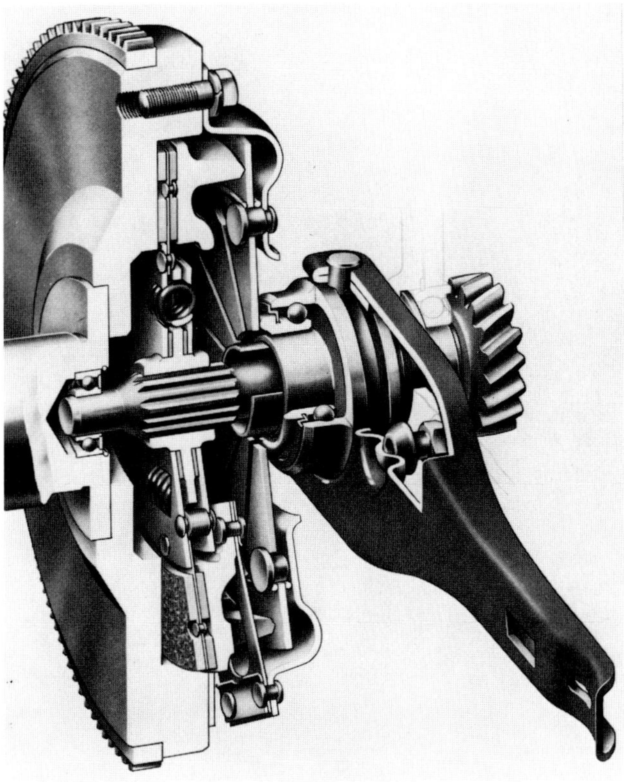

Einscheiben-Kupplung mit Membranfeder.

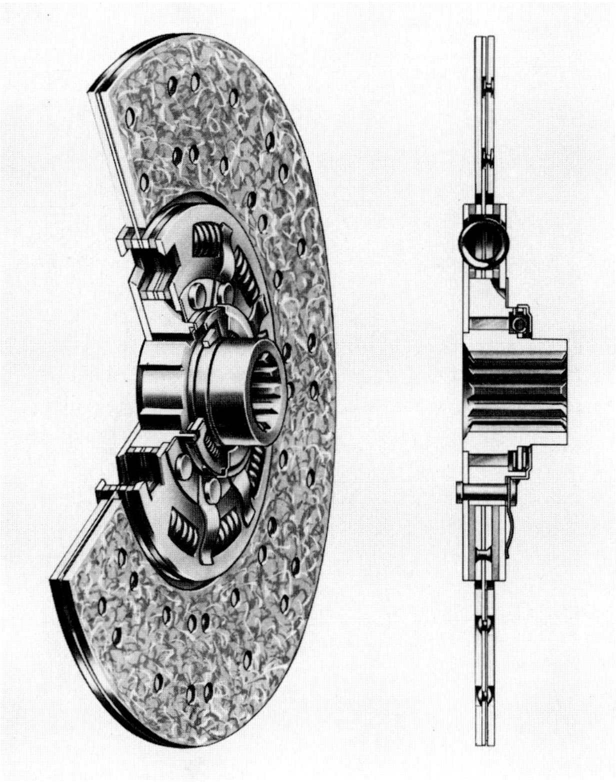

Kupplungs-Torsionsdämpfer.

tordrehzahlen ließen die Kupplung zum Engpaß der Entwicklung werden. Die große, schwere Scheibe und damit das hohe Massenträgheitsmoment der Kupplung machte „saubere" Schaltungen schwierig. Dem versuchte man durch eine Kupplungsbremse beim Aufwärtsschalten — etwa im Jahr 1910 — zu begegnen. Das stoßfreie Zurückschalten im Getriebe mußte durch Zwischengasgeben unterstützt werden.

Hele-Shaw verwendete um 1900 in England eine Mehrscheibenlamellenkupplung, in der bis zu zwölf Lamellenpaare in Öl liefen. Die Lamellen waren mit einer konischen Eindrückung zur Verminderung der notwendigen Ausrückkraft versehen. Die Abmessungen konnten klein gehalten werden. Das Öl ermöglichte höhere Leistungsübertragung über die Reibung beim Anfahren und Schalten. Aber die Schleppwirkung der Lamellen und die damit verbundene unvollkommene Leistungsunterbrechung erschwerten das Schalten.

Etwa zur gleichen Zeit wie Hele-Shaw verwendete die Daimler-Motoren-Gesellschaft in allen Wagen ihres umfangreichen Bauprogramms zur Verbesserung des Anfahrens eine Federbandkupplung, die durch Aufwickeln eines angespannten Umschlingungsbandes (Feder) die Kraftübertragung einleitete. Diese Kupplungsart wurde 1912 bei Daimler durch eine Doppelkonuskupplung ersetzt, die den Vorteil höherer Übertragungsfähigkeit mit dem Ausgleich der Anpreßkräfte verband.

Eine schon 1904 von De Dion-Bouton gezeigte Einscheibenkupplung konnte sich noch nicht durchsetzen. Dagegen kam in den USA nach 1915 bei vielen Herstellern die Einscheibenkupplung auf, während in Europa noch die Konuskupplung vorherrschte und die Lamellenkupplung nur selten verwendet wurde. Das rasche Vordringen der Einscheibenkupplung ist den Zulieferanten in den USA zu verdanken. Sie wurden um 1930 Lizenzgeber für entsprechende Hersteller in Europa.

Die Anpreßkraft am Belag der Reibungskupplung lieferte anfangs eine zentral angeordnete Schraubenfeder. Der zentral angeordneten Feder folgten mehrere am Umfang des Kupplungsgehäuses verteilte einzelne Schraubenfedern, bis sich mehr und mehr die Teller- oder Membranfeder als zentrales Organ durchsetzte. Sie benötigt keinen Ausrückhebel, weil der Ausrücker direkt auf die geschlitzten Zungen der Membranfeder wirkt. Auch die höheren Drehzahlen sowie das geringere Gewicht und eine mit zunehmendem Ausrückweg nicht mehr ansteigende, sondern eher fallende Ausrückkraft (Pedalkraft) sprechen für diese Kupplungen.

Die Entwicklung der Belagwerkstoffe führte über Leder zu gesinterten Metallen (metallkeramische Beläge), Stahl- und Aluminiumwolle als Träger mit Bakelit und Buna bis zu den organischen Belägen. Diese sind auf der Basis organischer Substanzen (Fasern) aufgebaut, in Ringen gewebt, gewickelt und mit einer Masse verpreßt, die Gleit- und Reibeigenschaften sicherzustellen hat.

Am weichen Schalten durch steten Anstieg des zu

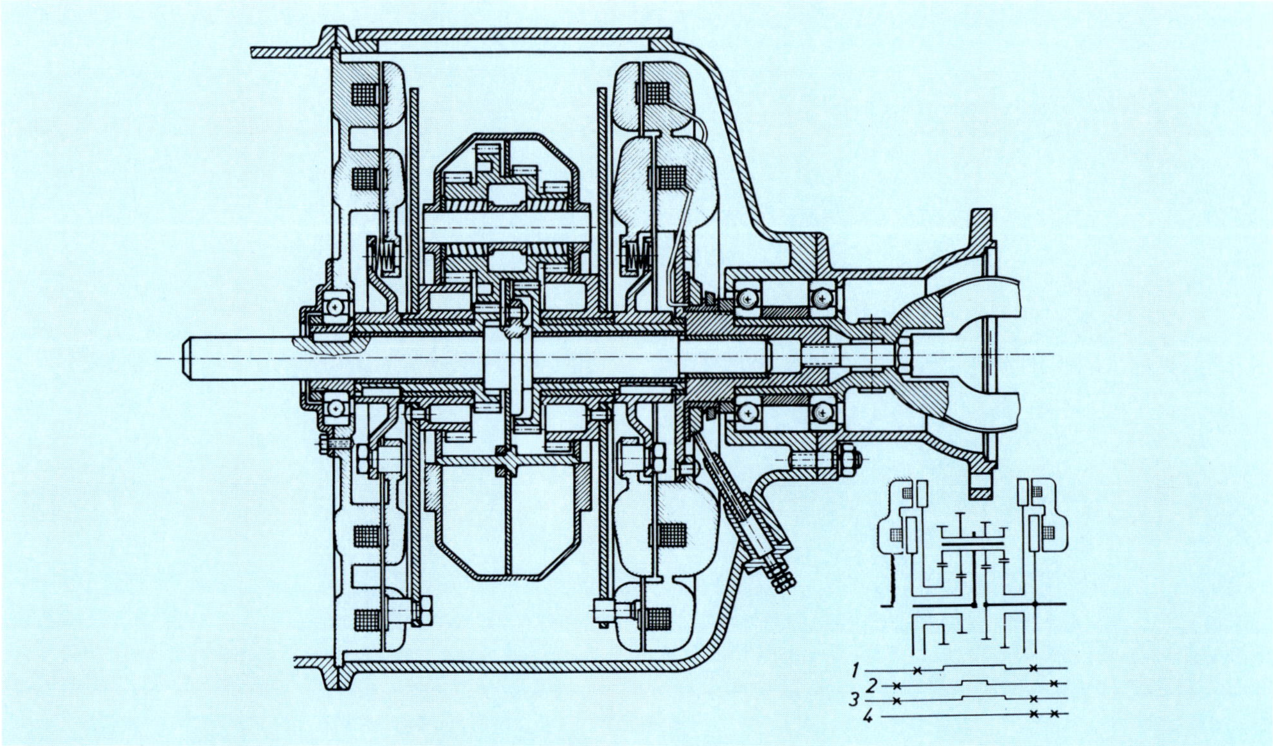

Elektromagnetisch betätigte Kupplungen im Cotal-Getriebe.

übertragenden Drehmomentes hatte die Belagfederung maßgeblichen Anteil. Zuerst wurden Belagelemente auf gewellte Federsegmente genietet, später dann Federn zwischen Belag und Scheibe verwendet, um einen Kuppelvorgang ohne „Rupfen“ zu erzielen. Schwankendes Drehmoment und Reibwert-

Magnetpulver-Kupplung im Automatgetriebe von Renault.

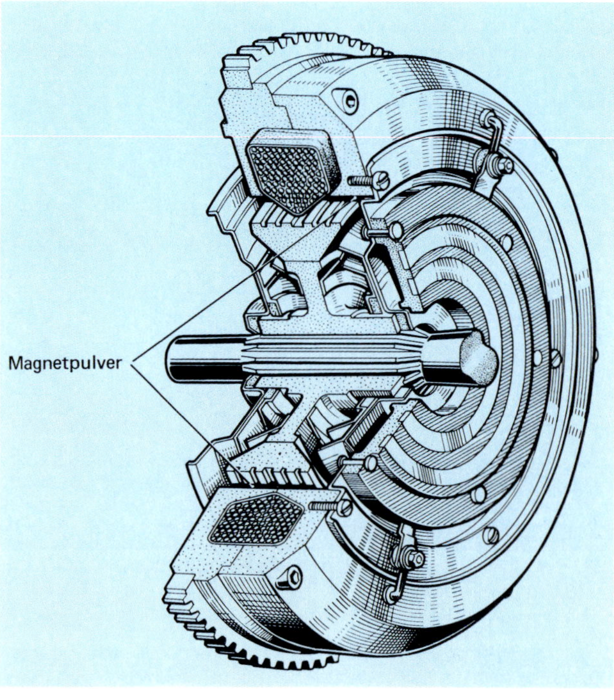

schwankungen sowie Massen- bzw. Federsysteme im Leistungsstrang haben zur Vermeidung von Drehschwingungen und entsprechenden Geräuschen die Anordnung von Torsionsdämpfern in der Kupplung erzwungen. Hierbei konnten sich Reibungseinrichtungen durchsetzen, bei denen die Relativbewegung von Schraubenfedern ermöglicht und die Energieumwandlung (in Wärme) von kleinen Reibbelägen bewirkt wurde. Federn mit mehrstufigen Kennlinien sorgen heute für progressive Reibungskraft über dem Verdrehwinkel. Um auch im Leerlauf des Motors bei gegebenem Flankenspiel der im Getriebe mitlaufenden Zahnräder das „Rasseln“ zu vermeiden, wurden „Vordämpfer“ in die Kupplung eingesetzt, die auf niedere Drehmomente eingestellt sind und sich bei Leistungsdurchfluß gegen Anschläge legen.

In der 100jährigen Geschichte des Automobils gab es zu jeder Zeit Bestrebungen, dem Fahrer den Vorgang des Kuppelns zu erleichtern oder sogar die mechanische Anfahr- und Trennkupplung zu automatisieren. Elektromagnetisch betätigte Kupplungen brachten schon eine erhebliche Erleichterung. Der Bauart Cotal waren 1918 Vorschläge von Wolseley vorausgegangen. Ähnliche Wirkungen wurden mit der Magnetpulverkupplung erreicht, die Anfang der sechziger Jahre im Automat-Getriebe T 124 von Renault in Frankreich und im Smith-Getriebe in England serienmäßige Verwendung fand. Im Kupplungsspalt zwischen dem Eisenkern mit Wicklungen und dem mit der Kupplungsscheibe rotierenden Anker stellte Eisenpulver im Magnetfeld

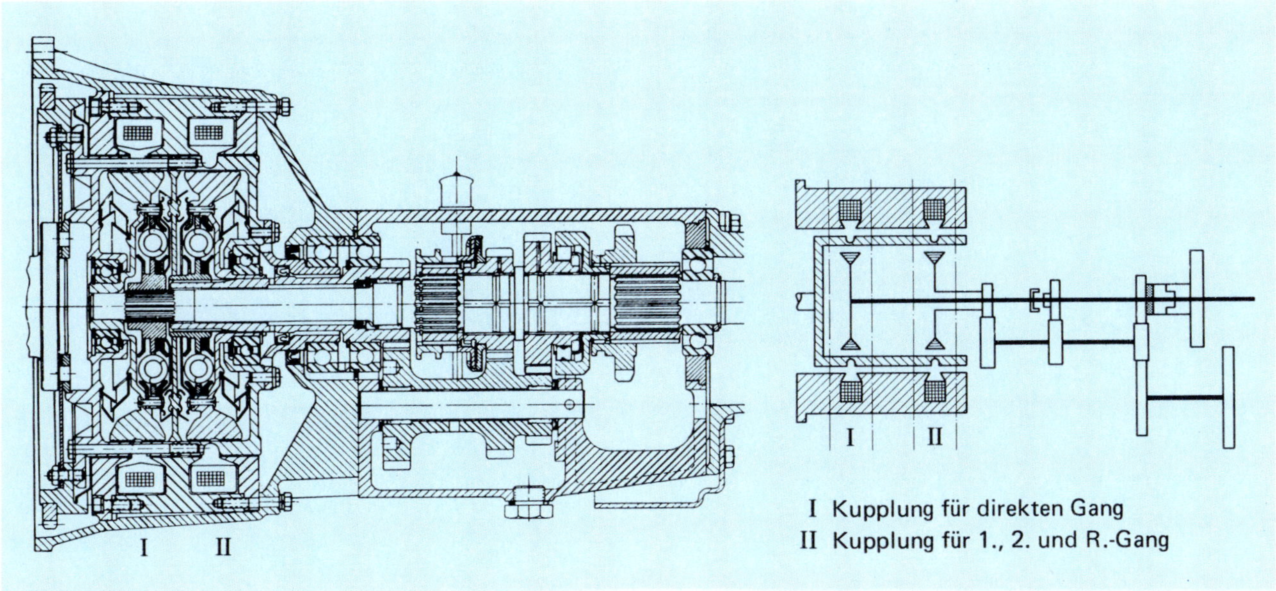

Magnetpulver-Kupplungen im Smith-Getriebe.

eine kraftschlüssige Verbindung her, die eine in Abhängigkeit von der Stromstärke wirkende Reibungskraft erzeugte.
Das Hobbs-Getriebe enthielt zwei öldruckbetätigte Anfahrreibungskupplungen, deren Betätigung ein unter Fliehkraft stehender Schaltschieber bewerkstelligte.
Das gleiche Ziel, nämlich den Kupplungsvorgang zu automatisieren, verfolgte man bei der Entwicklung der Fliehkraftkupplung. Fliehgewichte mit Rückholfedern wirkten motorseitig auf Mitnehmerbacken, die sich bei steigender Motordrehzahl in einer mit dem Getriebe verbundenen Trommel anlegten. Die Rückholfedern lösten die Kupplung bei niederen Drehzahlen. Sofern die Fliehkraftkupplung auch als Schaltkupplung verwendet wurde, mußte eine zusätzliche Betätigung vorgenommen werden. Der Saxomat sah Anfang der fünfziger Jahre hierfür eine elektro-pneumatische Steuerung vor. Der Unterdruck im Ansaugrohr des Vergasers — später der im Ansaugkanal des Vergasers herrschende Staudruck — wurde zur Bemessung der Kraftwirkung in

Hydraulisch betätigte Kupplungen im Hobbs-Automat-Getriebe.

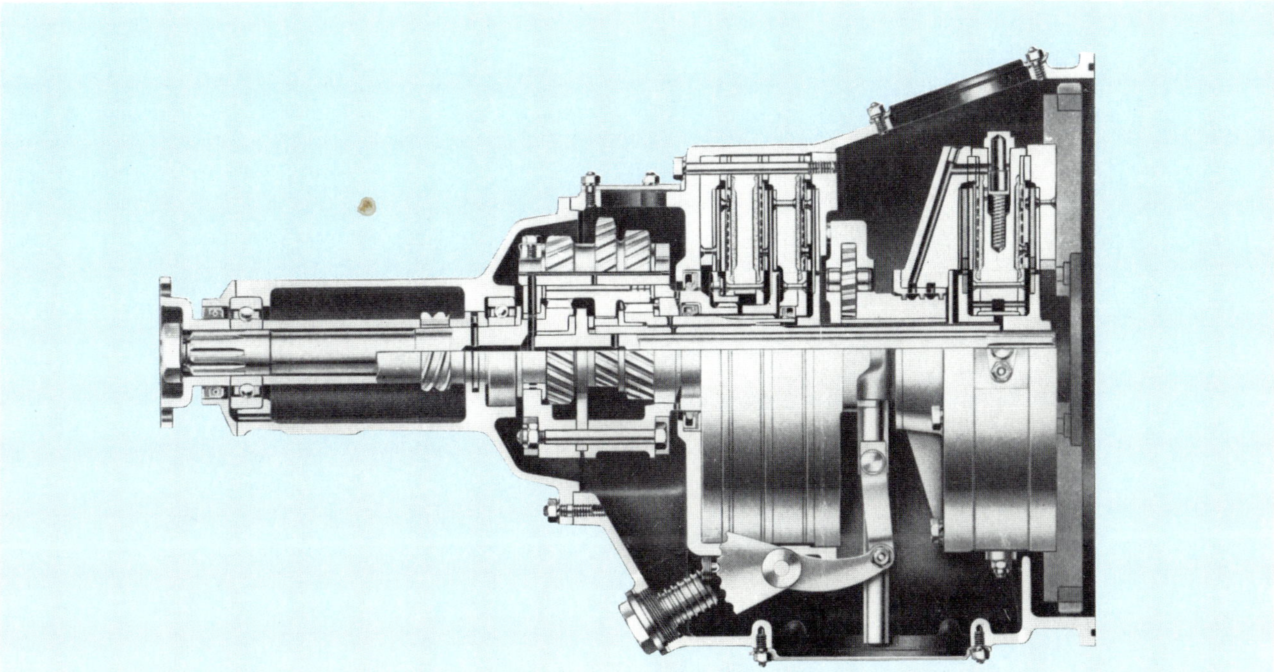

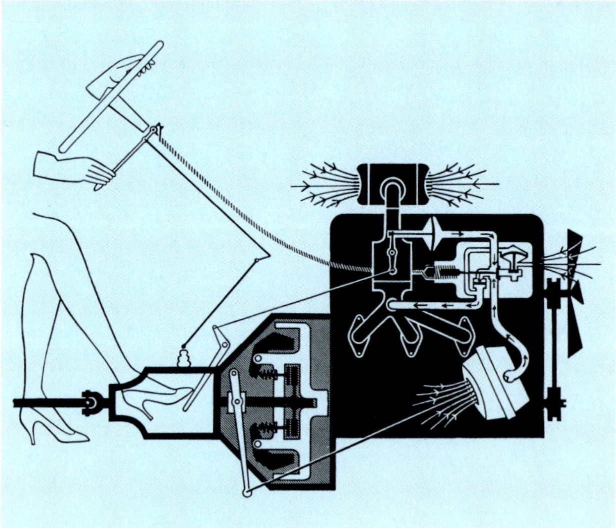

Selbsttätige Fliehkraft-Kupplung „Saxomat".

einem Servomotor herangezogen, der über ein Hebelsystem die Kupplung ausrückte.
Das Kreisgetriebe, Ende der dreißiger Jahre als vollautomatisches, rein mechanisches Schaltgetriebe entwickelt, umging diese Schwierigkeiten. Für jeden einzelnen Gang hatte es eine Fliehkraftkupplung und einen Schaltfreilauf. Diese Schaltfreiläufe ließen Gangwechsel ohne Unterbrechung des Kraftflusses zu. Für den Motor-Bremsbetrieb wurden die Freiläufe gesperrt.
Im Jahr 1905 hatte Hermann Föttinger zwei Grundpatente auf hydrodynamische Getriebe erhalten. 1908 wurden Schiffe damit ausgerüstet und 1912 auch Automobile damit erprobt. Ab 1924 wurden Eisenbahntriebwagen und Lokomotiven mit Föttinger-Kupplungen ausgerüstet, und 1930 führte auch Sinclair die Föttinger-Kupplung zusammen mit dem Wilson-Planetengetriebe bei Daimler in England ein. Es sollte jedoch noch ein Jahrzehnt vergehen, bis das Automat-Getriebe in die Großserie übernommen wurde.
Trotz der Vorteile hydrodynamischer Kraftübertragungen wurde immer wieder versucht, mechanische Reibbelagkupplungen zu automatisieren, doch konnte sich keine dieser Konstruktionen auf die Dauer halten.
Dagegen behauptete sich die klassische fußbetätigte Reibungskupplung zusammen mit dem Handschaltgetriebe bis heute, während als selbsttätige Anfahrhilfe der hydrodynamische Wandler dominiert. Um seinen gegenüber mechanischer Kraftübertragung schlechteren Wirkungsgrad in weiten Fahrbereichen zu verbessern, überbrückt man ihn durch eine zusätzliche Reibungskupplung.

Das Getriebe als Drehmomentwandler

Seit Beginn der Motorisierung wurde die Getriebekonstruktion wesentlich durch die Lage dieser Komponente im Fahrzeug beeinflußt. So bildeten Getriebe und Hinterradantrieb bei den kettengetriebenen Fahrzeugen der Frühzeit häufig eine Einheit, bis es

Fliehkraftbetätigte Kupplungen im Kreis-Getriebe mit Schaltfreiläufen.

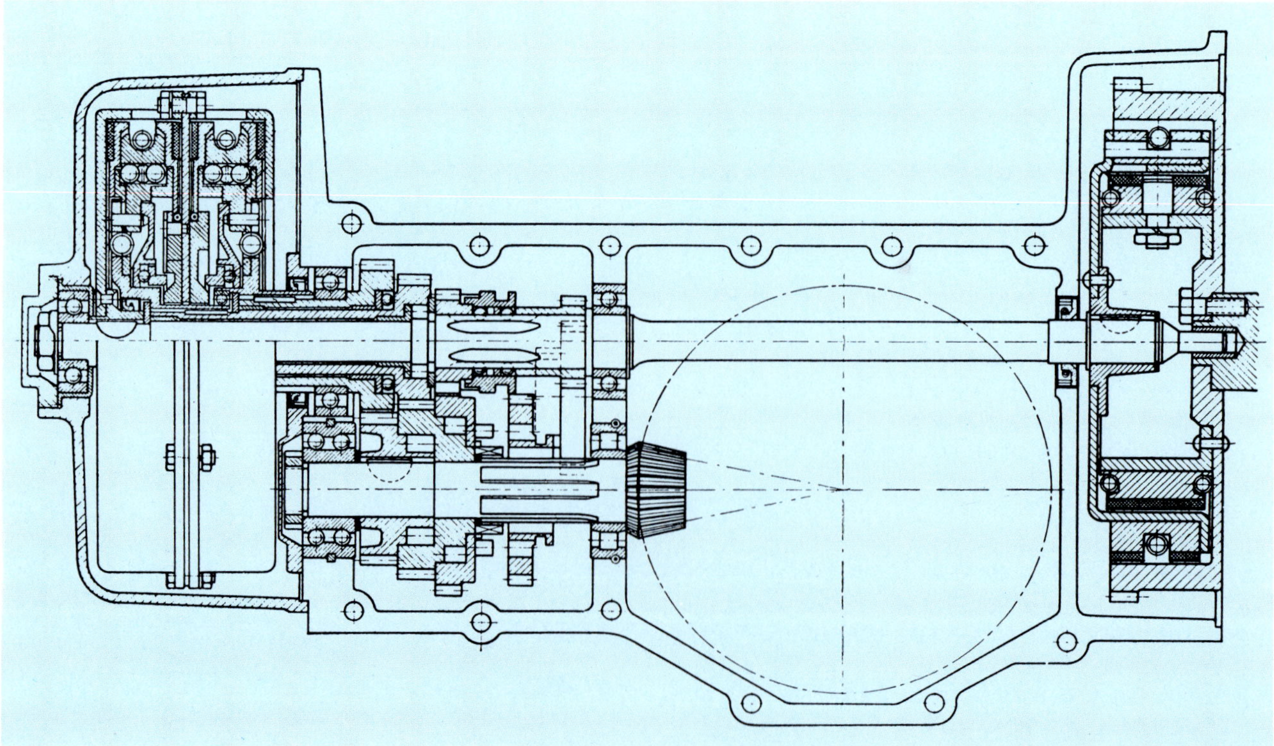

durch die Einführung der Kardanwelle zu einer räumlichen Trennung kam. Somit war die klassische Anordnung geboren — Motor im Fahrzeugbug, dahinter das Getriebe, von dem die Hinterachse durch eine Kardanwelle angetrieben wird. Motor und Getriebe — zunächst noch zwei getrennte Baugruppen — rückten aneinander; hierbei wurde die Kupplung vom Schwungrad aufgenommen.
In Europa gibt es inzwischen wieder eine Bauart, bei der Getriebe und Differential zu einer Gruppe vereinigt und — bei vorn eingebautem Motor — im Heck untergebracht sind. In der Bundesrepublik Deutschland hat sich dafür die Bezeichnung „Transaxle" eingeführt. Sie bezeichnet die Vereinigung von Getriebe (transmission) und Radantrieb (axle) zu einer Baugruppe und ist im englischen Sprachraum ebenso für Getriebe-Differentialeinheiten bei Wagen mit Frontantrieb üblich.
Um 1930 entstanden sowohl Heckmotor- als auch Frontantriebswagen, nachdem es zuvor schon Versuche mit Mittelmotorfahrzeugen (Benz) gegeben hatte. Bei den ersten Fronttriebkonstruktionen wurden die Aggregate „umgekehrt" zusammengesetzt. An das Differential schlossen sich Getriebe, Kupplung und Motor an. Diese recht raumaufwendige Bauart wurde u.a. von Tracta (1928), Brennabor (1931), Adler (1932) und anderen Herstellern angewandt. Eine Ausnahme machte DKW: Der Typ F-1 von 1931 hatte als erstes Serienmodell einen Quermotor. Es handelte sich dabei um ein abgewandeltes Motorrad-Triebwerk. Die Bauart mit Getriebe vor der Vorderachse, die zu einer angestrebten höheren Vorderachsbelastung wesentlich beitrug, tauchte 1934 erstmals bei Citroen in Serie auf.
Eine grundlegend andere Anordnung der Triebwerkskomponenten mit dem Ziel eines maximalen Nutzraumanteils wurde 1959 für den Austin/Morris Mini gewählt. Der Motor steht hierbei quer zur Fahrtrichtung und treibt über Stirnräder das Differential an. Da diese Bauart einen erheblichen konstruktiven Aufwand bedeutet, wurde bei den meisten späteren Quermotorfahrzeugen das Getriebe in der üblichen Weise an den Motor angesetzt. Der Antrieb erfolgte dann — ebenfalls über einen Stirnradsatz — auf das an der Rückseite des Triebwerks angesetzte Ausgleichgetriebe.
Formschlüssige Getriebe haben noch heute größere Bedeutung als kraftschlüssige. Letztere bieten zwar einige Vorteile, z.B. die stufenlose Wandlung bei Reibrad- und Riementrieben. Die kraftschlüssige Transmission kann aber nicht jene Leistungsdichte erreichen, wie sie bei den formschlüssigen Getrieben möglich ist.
In der Vergangenheit wurde vielfach versucht, die Wandlung stufenlos vorzunehmen. Diese stufenlose Kraftübertragung bietet zwar die besten Voraussetzungen, die Kraftentfaltung des Motors den Bedingungen des Fahrzeuges anzupassen, doch bis heute ist es nicht zu einem Durchbruch stufenloser Getriebe gekommen.

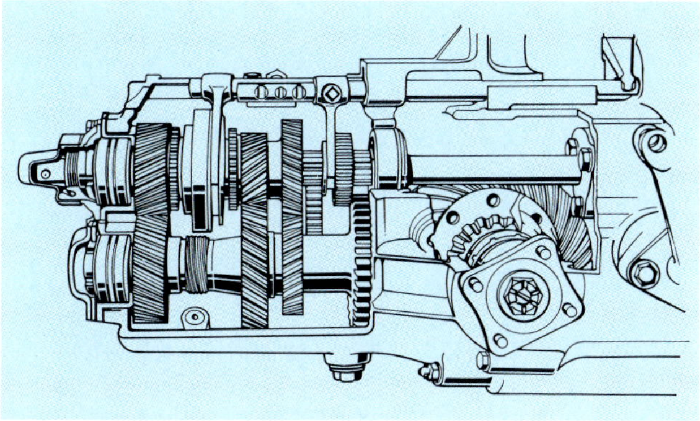

Citroen-Dreigang-Getriebe für Frontantrieb („Traction Avant").

Formschlüssige mechanische Drehmomentwandler

Der Stahlradwagen von Daimler hatte bereits ein mit zwei Schalthebeln bedientes Viergang-Getriebe und eine Konuskupplung, dennoch behauptete sich der von Benz eingeführte Riementrieb im Automobil über ein Jahrzehnt. Der Riemen hatte den Vorteil, einfaches Anfahren mit Schlupf zu erlauben, und dies notfalls über längere Dauer. Außerdem gestattete der Riemen die Kraftübertragung über größere Abstände und somit eine größere Freiheit in der Anordnung der Aggregate im Fahrzeug.
Der Riemen war durch die Transmissionen in den Fabriken gut eingeführt. Nicht so das Zahnrad, zumal die Verfahren zur Herstellung der Zahnräder wenig entwickelt waren. Das Hobeln oder Stoßen bei der Herstellung der Zähne war aufwendig und ungenau, Härten und Schleifen kannte man noch nicht. Nur in der Endstufe, im Achsantrieb bei hohen Drehmomenten, wurden formschlüssige Elemente als Zahn- oder Kettentriebe schon in der Anfangsphase des Automobils benutzt. Daimler verwendete im zweirädrigen „Reitwagen" ein innenverzahntes Großrad mit Ritzel, in der Motorkutsche einen außenverzahnten Stirntrieb hinter einem zweistufigen Riementrieb, während Benz im dreirädrigen Motorwagen hinter dem Riemen zwei Kettentriebe für den unmittelbaren Antrieb der Hinterräder und sogar schon ein Kegelraddifferential wählte. Alle wesentlichen Maschinenelemente der Kraftübertragung im Automobil wurden von bekannten Anwendungsfällen übernommen.
Anfangs wurde am Getriebeausgang auch die zweite Fahrzeugbremse, die „Getriebebremse", angeordnet. Mit der allgemeinen Einführung der Vierrad-Bremse verlor diese Bauart ihre Bedeutung.
Panhard & Levassor und Peugeot hatten von Daimler die Lizenz zum Nachbau seiner Motoren erworben und begannen 1890, selbst Autos zu bauen. Beide verwendeten für sämtliche Fahrgänge Getriebe mit einem einzigen Schieberad-Block, d.h. ein

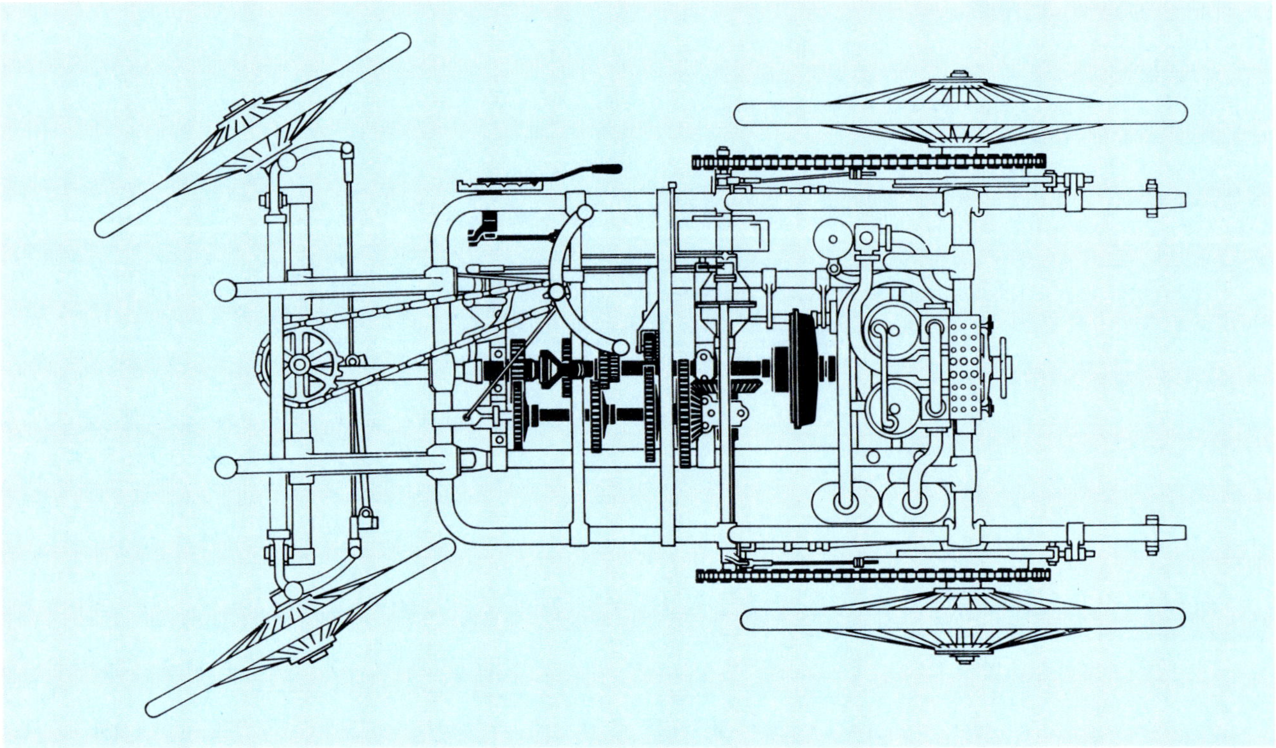

Schubrad-Getriebe im Kraftwagen von Panhard 1891 mit Kegel- und Kettentrieb in der Endstufe.

Schaltgetriebe, dessen Zahnradpaare beim Gangwechsel durch Verschieben außer Eingriff bzw. in Eingriff gebracht wurden. Dem Dreigang-Getriebe hatte Panhard noch ein Doppelkegelgetriebe als Wendegetriebe nachgeschaltet.
Das Schubradgetriebe kann als Basis aller nachfolgenden Stirnradgetriebe gelten. Im Lauf der Weiterentwicklung wurde es stetig verbessert. Zuerst geschah dies durch besondere Ausgestaltung der Zahnkanten. Nach 1920 blieben die Zahnräder im Eingriff, und die formschlüssige Verbindung wurde durch Verschieben von Klauenkupplungen mit geringem Verschiebeweg hergestellt. Damit konnten das Getriebe verkürzt, die Wellendurchbiegung verkleinert sowie der Eingriff der Zahnräder und das Geräuschverhalten verbessert werden. Als nächster Schritt kam zu den Klauenkupplungen die „Vorkupplung/Synchronisierung" hinzu. Diese Vorkupplung wurde als kleine Konus- oder als Lamellenvorkupplung ausgeführt. Synchronisierungen mit Sperrwirkung führte als erster Hersteller General Motors 1929 bei Cadillac und La Salle ein.

Das synchronisierte Schaltgetriebe ist heute noch die Standardlösung im Kraftfahrzeugbau. Es ist nur in den USA vom unter Last schaltenden Automat-

Getriebe mit Klauenschaltung.

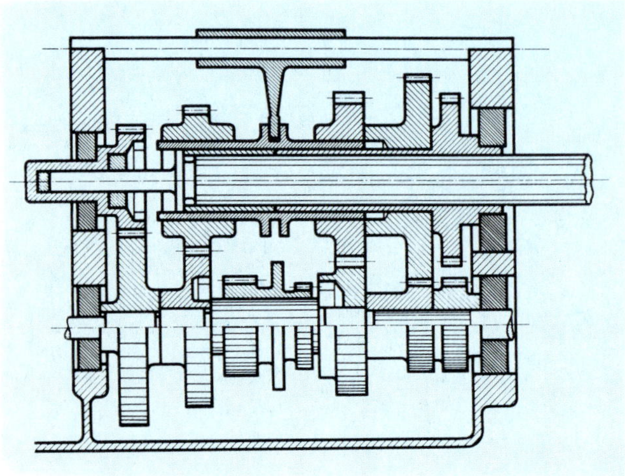

Vorkupplung mit Synchronisierung.

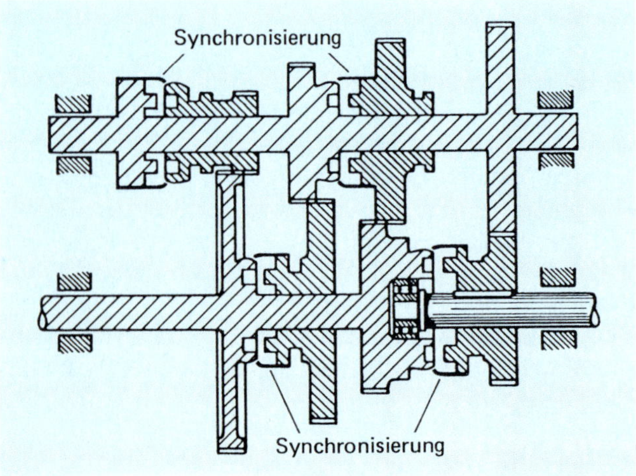

Getriebe im Personenkraftwagen weitgehend verdrängt worden.
Bei Zahnradschaltgetrieben werden außer Vorgelege- auch Planetengetriebe verwendet, die schon vor dem Aufkommen der Automobile bekannt waren. Sie haben den Vorteil höherer Leistungsdichte, d.h., sie nutzen den Bauraum gut aus, weil sich die Zahnkräfte auf mehrere Eingriffe verteilen (Leistungsteilung). Geringere Geräuschentwicklung und Gleichachsigkeit von An- und Abtrieb sind weitere Vorzüge. Während beim Vorgelegegetriebe die Vorgelegewelle im Gehäuse fest gelagert ist, läuft beim Planetengetriebe der Steg (oder Planetenträger) in der Regel um. Wird dieser festgehalten, z.B. durch eine Bremse, dann ist dies ein Standgetriebe und mit einem Vorgelegegetriebe oder Mehrwellenvorgelegegetriebe vergleichbar. Das innere Sonnenrad und das äußere Hohlrad laufen in diesem Fall entgegengesetzt um.
Bei drehendem Steg gibt es verschiedene Bewegungszustände. Entweder haben das Sonnenrad und das Hohlrad gleiche Drehrichtung, oder Sonnen- und Hohlrad laufen entgegengesetzt. Auch das Hohlrad kann durch eine Bremse festgelegt werden, so daß Steg und Sonnenrad gleichsinnig drehen.
Aber nicht nur Drehrichtungen lassen sich mit einem Planetengetriebe verändern, sondern auch die Übersetzungen. Mit einem einfachen Planetengetriebe lassen sich theoretisch bis zu fünf Vorwärts- und zwei Rückwärtsgänge einschließlich eines Direktganges verwirklichen. Die geforderten Gesamtübersetzungen und Gangsprünge im Fahrzeug sind aber oft nicht ausreichend, daher wird häufig den einzelnen Gängen jeweils ein bestimmter Planetensatz zugeordnet, wie z.B. beim 1919 von Walter Wilson konstruierten, nach ihm benannten Viergang-Getriebe. Außer dieser Hintereinanderschaltung von Planetensätzen, auch Reihenplanetengetriebe genannt, gibt es solche, bei denen einzelne Elemente der verschiedenen Planetensätze zu einer Baueinheit zusammengefaßt sind. Mit solchen zusammengesetzten Planetengetrieben werden die Anforderungen an Gangzahl und Übersetzungen in automatischen Fahrzeuggetrieben mit einer geringen

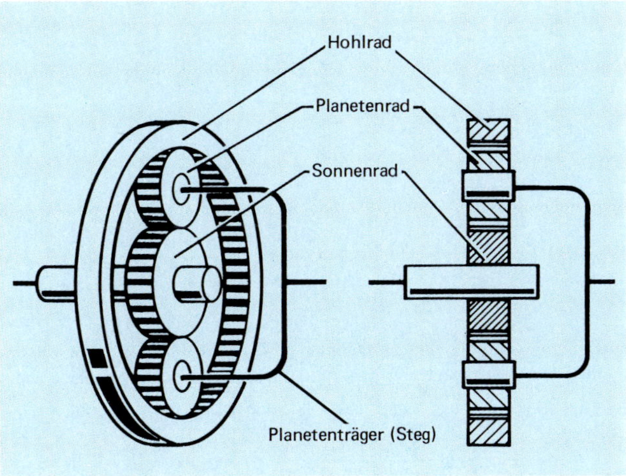

Aufbau eines einfachen Planetengetriebes.

Anzahl von Zahnrädern, Stegen und Schaltelementen möglich.
Ein Umlaufgetriebe kann auch aus Kegelrädern aufgebaut sein. Die mittlere Achse, der Steg, ist dann in einem äußeren Gehäuse (Korb) gelagert. Das „Differential" als Ausgleichsgetriebe eines Kraftfahrzeuges ist ein typischer Vertreter dieser Getriebebauart und wurde schon von Benz im Dreirad-Wagen 1886 benutzt. Beim Kegelrad-Differential stehen Ein- und Abtriebsräder mit mehreren Planeten-Kegelrädern in Eingriff. Bei Geradeausfahrt und gleichen Drehzahlen der angetriebenen Fahrzeugräder steht der Korb still. Er dreht sich in der Kurve oder beim Durchrutschen eines Rades. Der freie Umlauf des Korbes kann gebremst werden, wie bei selbstsperrenden Differentialen, oder es wird jeglicher Drehzahlausgleich der Fahrzeugräder ausgeschlossen, indem der Korb am Drehen gehindert wird (sperrbare Differentiale).
Aber auch als Zahnradschaltgetriebe hat sich das Kegelrad-Umlaufgetriebe angeboten. Die Freizügigkeit, größere Planetenräder wählen zu können, wurde dem Nachteil größerer Baulänge vorgezogen.
Schon bei Dampfwagen wurden vereinzelt Planetengetriebe verwendet. In sein erstes Automobil baute

Aufbau des Wilson-Vorwählgetriebes.

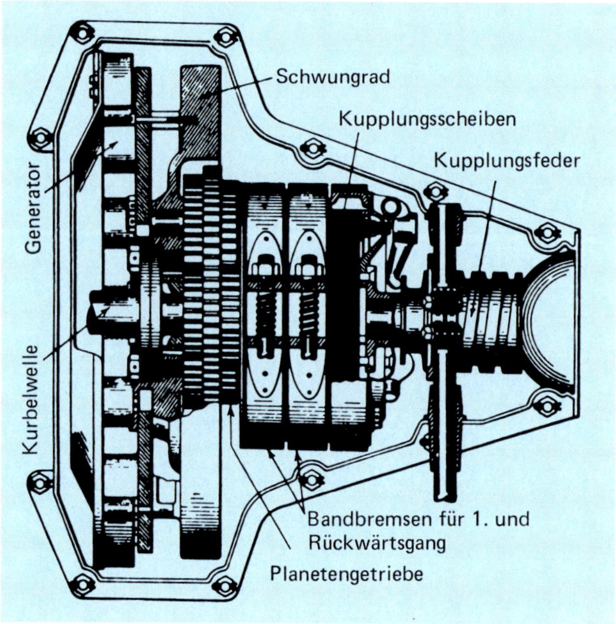

Schaltgetriebe in Planeten-Bauweise im Ford-T-Modell 1908.

Dr. F. Lanchester 1901 in England ein solches Schaltgetriebe ein, bei dem zwei Planetensätze zu einem Dreigang-Getriebe hintereinandergeschaltet waren. Das Ford-T-Modell brachte 1908 das Planetengetriebe zu einer beachtlichen Verbreitung.
Die Planetenträger bzw. Zentralräder werden von Bremsen betätigt; auf diese Weise bewirkt man die Schaltvorgänge im Sinne von Übersetzungs- und Fahrtrichtungsänderungen.
Das Schalten der Planetensätze war in den Anfangsphasen des Automobils sehr attraktiv. Die Bremsen konnten über Fußpedale bedient werden, Handschalthebel wurden nicht benötigt. Diese Möglichkeit nutzte Maybach in den zwanziger Jahren in seinem „schaltungslosen" Wagen W 3.
Größere Bedeutung konnte das Planetenstirnradgetriebe von Wilson (England) gewinnen. Seine Anfänge reichen bereits in die Zeit um 1915 zurück. Der durchschlagende Erfolg kam erst 1930, als eine Föttinger-Kupplung in der Ausführungsform von Sinclair dem Schaltgetriebe vorgebaut wurde (Daimler in England). Die Eigenart des Wilson-Getriebes besteht darin, daß jedem Gang ein eigener Rädersatz zugeordnet ist. Damit wird die Betätigung sehr vereinfacht, gleichgültig, ob diese rein mechanisch oder mit hydraulischer oder pneumatischer Unterstützung erfolgt. Die Planetensätze waren so untereinander verbunden, daß das Hohlrad des vorhergehenden Ganges mit dem Steg des nachfolgenden fest verbunden war. Die Bremsbänder als Stellglieder der Gänge stellten sich über eine selbsttätig wirkende Abtast-Vorrichtung ein. Auch in Getrieben für Rennwagen hat sich das Wilson-Getriebe bewährt. Heute sind Planetengetriebe in automatisch schaltenden Getrieben sehr verbreitet.

Viergang-Planetengetriebe mit Kegelrädern.

Elemente der mechanischen formschlüssigen Drehmomentwandler

Drehmomentwandler haben das Zahnrad als wichtigstes Element. Es hat unter den möglichen Energieträgern die höchste Leistungsdichte und kann wirtschaftlich hergestellt werden.
Schon vor 1885 hatte das Zahnrad weite Verbreitung im Werkzeugmaschinenbau gefunden. Auch die Theorie der Zahngeometrie war durchgearbeitet. Die genaue Herstellung der Zahnräder bereitete jedoch noch Schwierigkeiten, so daß die Laufgeräusche ein besonderes Problem waren. Mit zunehmenden Drehzahlen und Leistungen der Motoren wurde dieses noch verschärft. Das Hobeln und Stoßen der Zahnräder durch Hobelkämme und Schneidräder sowie die Herstellung mit schneckenförmigen Abwälzfräsern wurde um die Jahrhundertwende eingeführt. Mit dem Profilschleifen der Zahnflanken entwickelte 1913 Maag (Zürich) ein Herstellungsverfahren, das höhere Genauigkeit der Zahngeometrie auch bei gehärteten Zähnen und damit geringe Geräusche erbrachte.
Durch Verwendung legierter Chrom-Nickel-Stähle und das Härten mittels Aufkohlen (Pulveraufkohlen) ließen sich die Flankentragfähigkeit und Zahnbiegewechselfestigkeit ganz entscheidend steigern.
Bereits um 1900 hatte die Diamant Speed Gear Comp. in Triest Getriebe mit schrägverzahnten, ständig in Eingriff befindlichen Rädern gebaut. Wegen des hohen Bearbeitungsaufwandes wurde die Schrägverzahnung im Automobilgetriebe aber erst wesentlich später, nämlich in den zwanziger Jahren auf breiter Basis eingeführt. Vereinzelt wurde auch Pfeilverzahnung verwendet. In dieser Zeit entwickelte Hofer die Hochverzahnung, die durch gleichzeitigen Eingriff mehrerer Zähne das Geräusch maßgeblich verminderte.
Die Verwendung von Zahnrädern in Land-, Wasser-

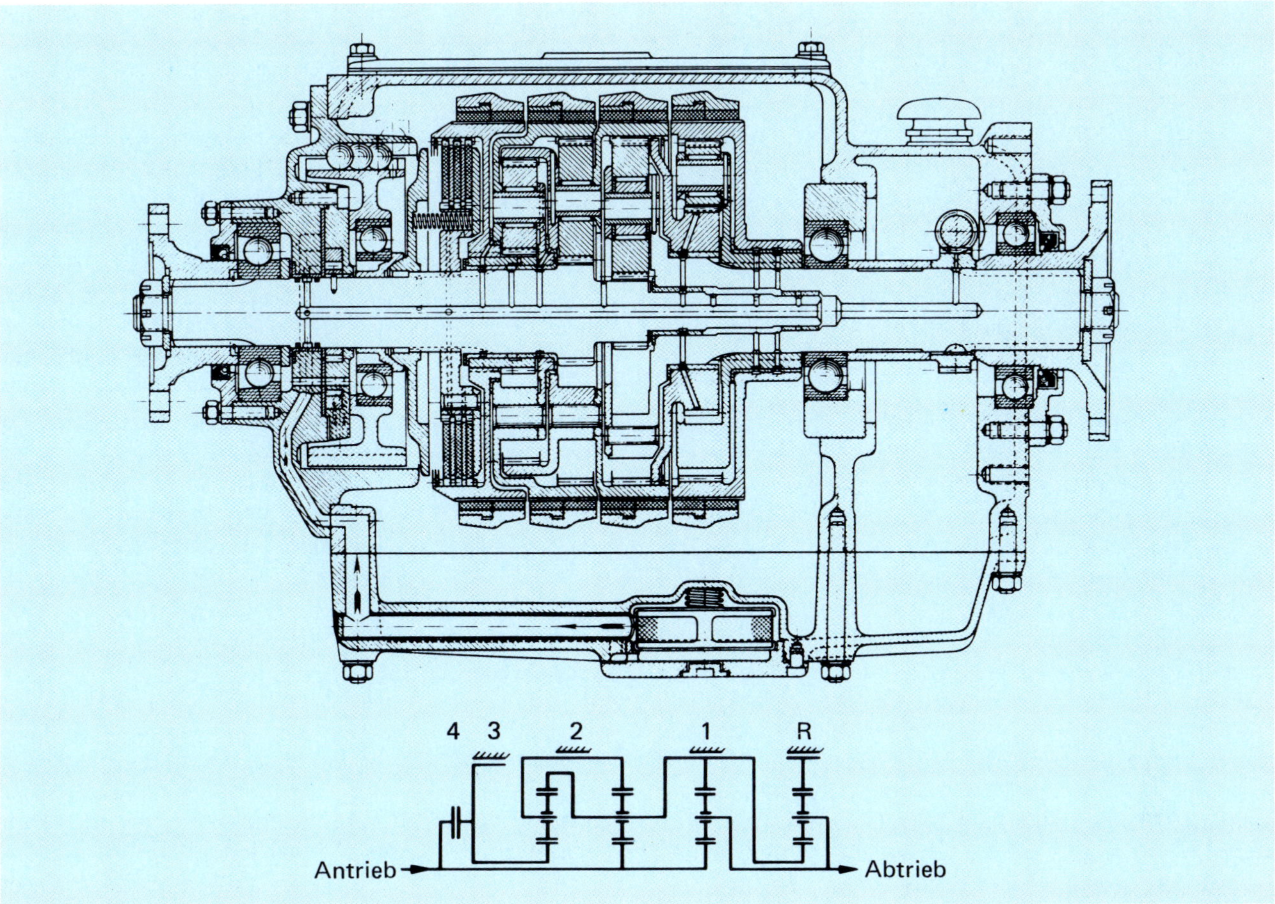

Wilson-Getriebe in Planetenbauweise als Vorwählgetriebe.

und Luftfahrzeugen förderte die Weiterentwicklung der Zahnradherstellung außerordentlich. Das Gasaufkohlen wurde für die Massenherstellung von Zahnrädern eingeführt und mit Durchlauföfen auch in den kontinuierlichen Fertigungsprozeß integriert. Später brachte das Schleifen mit Schleifschnecken eine wirtschaftlichere Hartbearbeitung. Das Kugelstrahlen führte zu einer Erhöhung der Festigkeit, weil die von der Bearbeitung noch vorhandenen Eigenspannungen in der Oberfläche der tragenden Zahnflanken abgebaut wurden. Für die Werkzeuge ergab sich eine Erhöhung der Spanleistung und der Standzeiten durch Verwendung hochlegierter Werkzeugstähle bis zur Beschichtung der Schneiden, beispielsweise mit Titan- bzw. Carbonnitrid.

Getriebewellen der ersten Automobile wurden im Fahrzeugrahmen gelagert. Unter den freiliegenden, in Gleitlagern geführten Zahnrädern und Wellen wurden später Lederschürzen aufgehängt zum Schutz gegen Staub, aber auch, um triefendes Fett aufzunehmen. Dieses wurde als Schmiermittel benutzt bis mit dem Aufkommen der Getriebegehäuse die Öltauchschmierung üblich wurde. Die Ölumlaufschmierung nach dem Vorbild des Motorenbaus ist im Automobilgetriebe selten anzutreffen, z. B. nur in Hochleistungsgetrieben für Rennwagen, schwere Nutzfahrzeuge oder in Automat-Getrieben, in denen eine Ölpumpe alle Lager und gleitenden Teile, aber auch die Stellglieder versorgt.

Getriebegehäuse aus Grauguß wurden 1895 bekannt. Panhard erreichte hierfür einen Patentschutz. Die Notwendigkeit, Gewicht einzusparen, führte schon in den zwanziger Jahren vereinzelt zu Aluminiumlegierungen als Werkstoff der Getriebegehäuse. Die Aluminium-Druckgußausführung ist bei Personenkraftwagengetrieben heute die Regel.

Wälzlager kamen um 1900 in den Automobilgetrieben auf; sie waren schon von den Fahrrädern her bekannt. Ende des vergangenen Jahrhunderts hatte Stribeck wertvolle Vorarbeit bezüglich der Belastbarkeit von Wälzlagern geleistet und damit deren Einführung im Automobilgetriebe stark gefördert. Im Laufe der Zeit haben sich auch Zylinderrollen- und Kegelrollenlager für Kraftfahrzeuggetriebe angeboten, und zwar um so mehr, je höher die Belastbarkeit und Genauigkeit der Lagerung werden mußten.

Zunächst waren Motor und Getriebe im Fahrzeugrahmen meist getrennt angeordnet, die Schaltkupplung war mit dem Motor verbunden. Nach 1900 kam in Frankreich und 1904 bei den Adler-Werken die Blockbauweise auf, d. h., Motor, Kupplung und Schaltgetriebe bildeten eine Baueinheit.

Außer dem Viergang-Getriebe von Daimler wurden besonders in Frankreich dreigängige Getriebe verwendet, die geringere Schalthäufigkeit erforderten. In den USA begann es mit Zwei- und Dreigang-Getrieben. Nach 1910 wurden allgemein Viergang-Getriebe verwendet, um die Leistung des Motors für den Fahrzeugantrieb besser auszunutzen. Mit stärkeren Motoren führte sich in den zwanziger Jahren in den USA wieder das Dreigang-Getriebe ein, während in Europa das Viergang-Getriebe vorherrschend blieb. Ausnahmen gab es bei denjenigen Fahrzeugen, die mit Rücksicht auf die Preiswürdigkeit bewußt mit geringerem Bauaufwand hergestellt wurden. Die Elastizität der Motoren unterstützte diese Absicht.

Mit höheren Fahrgeschwindigkeiten, die nach 1925 auf Schnellstraßen erzielt werden konnten, ergab sich die Notwendigkeit größerer Gesamtübersetzung. Zur Schonung der Motoren bei hohen Fahrgeschwindigkeiten war man gezwungen, als zusätzliches Bauglied einen „Schnellgang" (Overdrive) einzuführen, der die Leistung des Motors bei geringeren Motordrehzahlen zu übertragen erlaubte. Rolls-Royce-Getriebe hatten diese Möglichkeit schon um 1907 in Form eines Viergang-Getriebes. Dem direkten dritten Gang folgte ein ins Schnelle übersetzter vierter Gang. Die Maybach-Schnellgang-Getriebe um 1926 waren wieder als Zusatzgetriebe konzipiert. Solche Getriebe wurden auch in Planetenbauweise von der ZF gebaut.

In England wurden seit 1930 von Laycock de Normanville solche Schnellgang-Overdrive-Getriebe in Planetenbauweise mit Freiläufen versehen. Die Schaltung ist als Vorwählung durch einen kleinen Handhebel am Armaturenbrett, im Schalthebelknauf oder vollautomatisch durchgebildet, wie auch bei Borg-Warner in den USA.

Für Sportwagen kamen Fünfgang-Getriebe auf, die eine höhere Gesamtübersetzung anboten. Für Komfortfahrzeuge erlaubte das Fünfgang-Getriebe die besondere Möglichkeit, den letzten Gang als Schnellgang-Übersetzung ohne Zusatzgetriebe auszuführen. Zur Zeit sind Fünfgang-Getriebe im Personenkraftwagen zur Grundausstattung geworden, nicht zuletzt aus dem Bedürfnis heraus, kraftstoffsparend fahren zu können.

Eine Entwicklungslinie besonderer Art sind die Vorwählgetriebe. Schon die mit Elektromagneten oder Druckluft geschalteten Getriebe, die um 1913 aufkamen, erlaubten, den Gang vorzuwählen, um den Schaltvorgang nur durch Treten der Kupplung auszulösen. 1921 erregte das Soden-Getriebe insofern Aufsehen, als das Vorwählen mechanisch über eine Schaltwalze geschah und somit Unabhängigkeit von Hilfskräften erreicht wurde. Die Schaltwalze hatte radiale Bohrungen, in die bei ihrem Verdrehen die Taststifte der Ganghebel einfallen konnten. Durch die Stellung des Ganghebels war die Bewegung der Schaltwalze über eine Feder vorgespannt. Mit dem Treten des Kupplungspedals wurde die Verdrehung der Schaltwalze ausgelöst bis zu der vom Ganghebel vorgewählten Stellung. Die Soden-Getriebe wurden vereinzelt in Luxuswagen (Szawe) eingesetzt; auch Taxis wurden damit ausgerüstet.

Ein weit verbreitetes Vorwählgetriebe wurde das Wilson-Getriebe, besonders für große Personenkraftwagen, u.a. auch für Daimler in England und Rennwagen der dreißiger Jahre. Jeder Gang hatte einen Planetensatz, der durch Bandbremsen geschaltet wurde. Die Vorwählung geschah ebenfalls mit einem kleinen Hebel. Im Pkw wurde die Kraft zum Schalten durch den Fahrer aufgebracht, indem er das Kupplungspedal durchtrat. Die Kraft zur Betätigung der Bandbremsen wird durch vorgespannte Federn herbeigeführt. Die Vorspannung der Federn erfolgte durch einen sehr anspruchsvollen Hebelmechanismus mit selbsttätigem Ausgleich des Verschleißes in den Bremsbändern.

Das Vorwählprinzip hat sich im Pkw nicht durchsetzen können, zumal im heutigen Straßenverkehr die Beherrschung aller oft nicht vorhersehbaren Situationen eine zwingende Notwendigkeit ist. Die Vor-

Schnellgang als Zusatzgetriebe mit Abweisklauen-Schaltung (Maybach).

Laycock-De-Normanville-Overdrive.

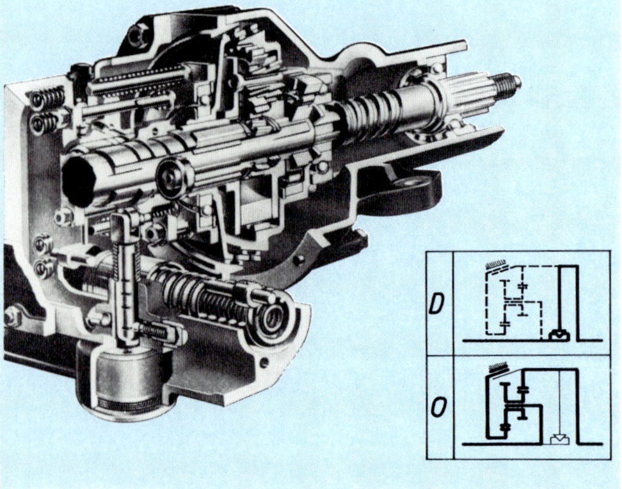

Reibradgetriebe im Kraftfahrzeug um 1920 (Turicum).

wählgetriebe verstanden sich wegen des geringeren Aufwandes als Alternative zum vollautomatisch selbsttätigen Drehmomentwandler. Aus Gründen der Bedienungssicherheit mußte jedoch der Aspekt hinsichtlich geringerer Kosten zurückstehen mit der Folge, daß solche Kompromißlösungen sich nicht einführen konnten. Das vom Fahrer zu jeder Zeit zu beherrschende Synchrongetriebe und das unter Last schaltende oder stufenlos wirkende Automat-Getriebe lassen keine Zwischenlösungen zu.

Kraftschlüssige mechanische Drehmomentwandler

Riemen-Antriebe traf man noch um 1905 in Automobilen an, und Keilriemen hatten sich im Motorrad zum Antrieb des Hinterrades eingeführt. Büssing erprobte in dieser Zeit einen Flachriemen mit angeschrägten Kanten ähnlich einem Keilriemen als stufenlosen Drehmomentwandler im Lastkraftwagen. Stufenlose Getriebe mit verstellbaren Riemenscheiben wurden später bei Motorrollern verwendet.

Sehr früh begannen auch im Personenkraftwagen Versuche mit stufenlosen, kraftschlüssigen Getrieben. Das Reibradgetriebe bot sich mit seinen Vorzügen an, nachdem Reuleaux schon vor der Jahrhundertwende sehr eingehend die physikalischen Grundlagen beschrieben hatte.

Das Reibradgetriebe bestand aus rechtwinklig angeordneten Scheiben, von denen eine auf ihrer Welle verschoben werden konnte, so daß sich der wirksame Abroll-Durchmesser und damit die Übersetzung veränderte. Durch Hinausschieben der Scheibe über den Mittelpunkt der Planscheibe konnte eine Drehrichtungsänderung erreicht werden. Maurer (Nürnberg) rüstete seine Maurer-Union-Wagen mit diesen Antrieben aus und war über mehrere Jahre hinweg um die Weiterentwicklung sehr bemüht. In der Schweiz stellte Turicum Fahrzeuge mit einem solchen Antrieb her, und der Luftfahrtpionier Hans Grade stattete seine Automobile der zwanziger Jahre ebenfalls mit Reibradantrieb aus.

Mit steigenden Motorleistungen war das Prinzip des Reibrades überfordert. Die übertragbare Kraft mußte über die Erhöhung der Anzahl der Reibungsstellen vergrößert werden. Auf dieser Grundlage entstand das Hayes-Getriebe Anfang der dreißiger Jahre. Über Reibrollen in größerer Anzahl, die am Umfang verteilt waren, erfolgte die Kraftübertragung. Die Reibrollen konnten in einem Lagergestell so in ihrer Neigung geschwenkt werden, daß sich die wirksamen Halbmesser und damit die Übersetzung veränderten. Solche Getriebe wurden 1939 in England von Austin serienmäßig angeboten. Die höhere Leistungsdichte war mit erheblichem Aufwand verbunden —, dies war mit ein Grund dafür, daß sich das Reibradgetriebe damals nicht durchsetzen konnte. Die Vorteile der Stufenlosigkeit und des Fortfalls der Anfahrkupplung durch Verstellbarkeit bis in den Rückwärtslauf hinaus wird in der heutigen Zeit auf dem Nutzfahrzeugsektor weiterverfolgt.

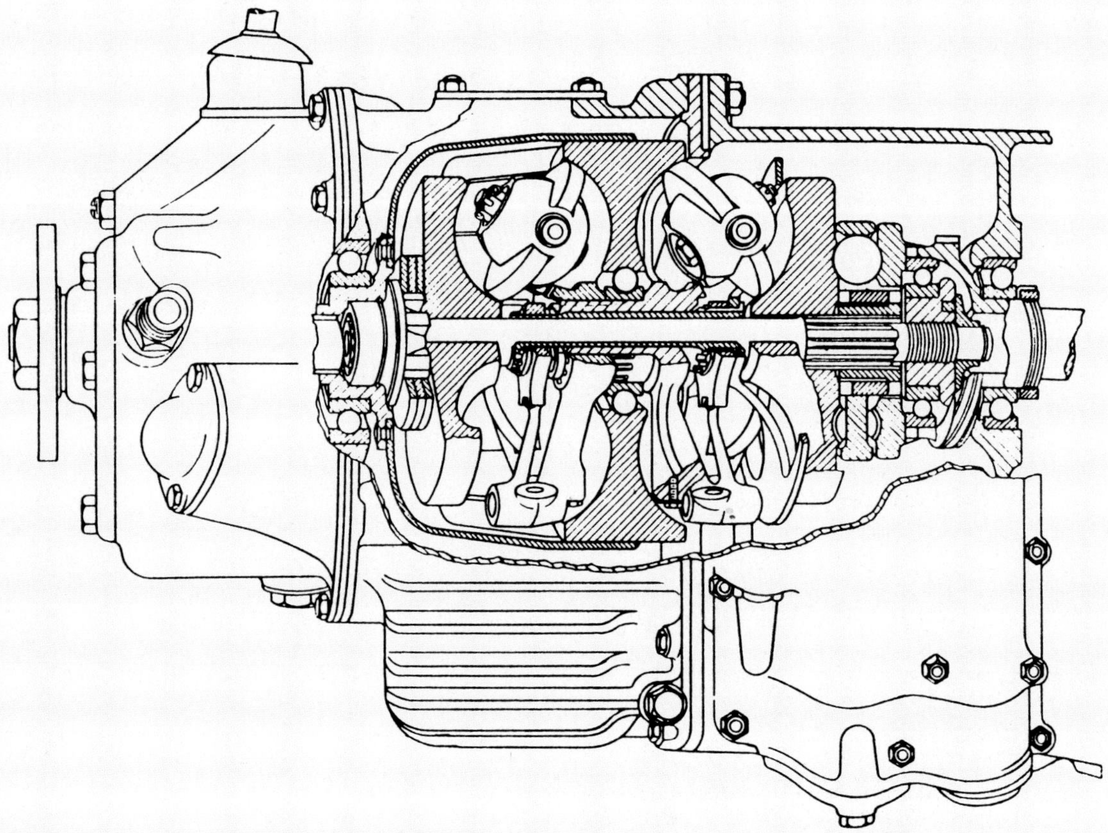

Stufenloses Getriebe mit Reibrollen um 1930 (Hayes-Globoid-Getriebe).

Stufenloses Getriebe mit Gummi-Riemen (DAF).

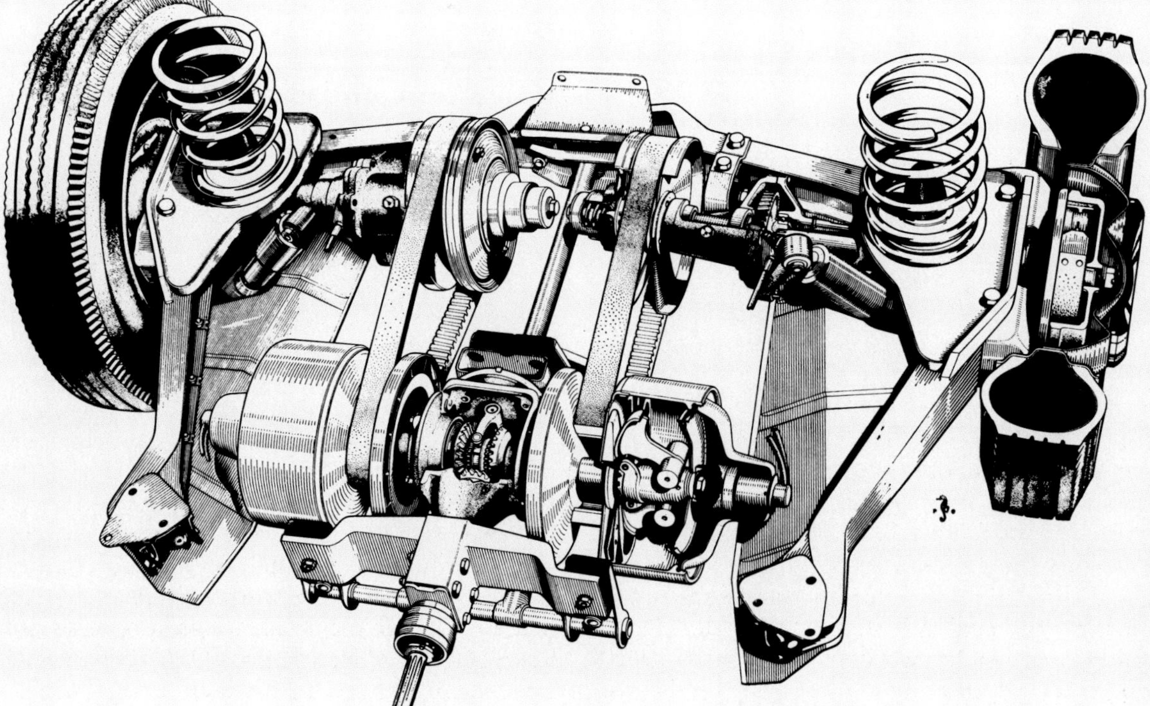

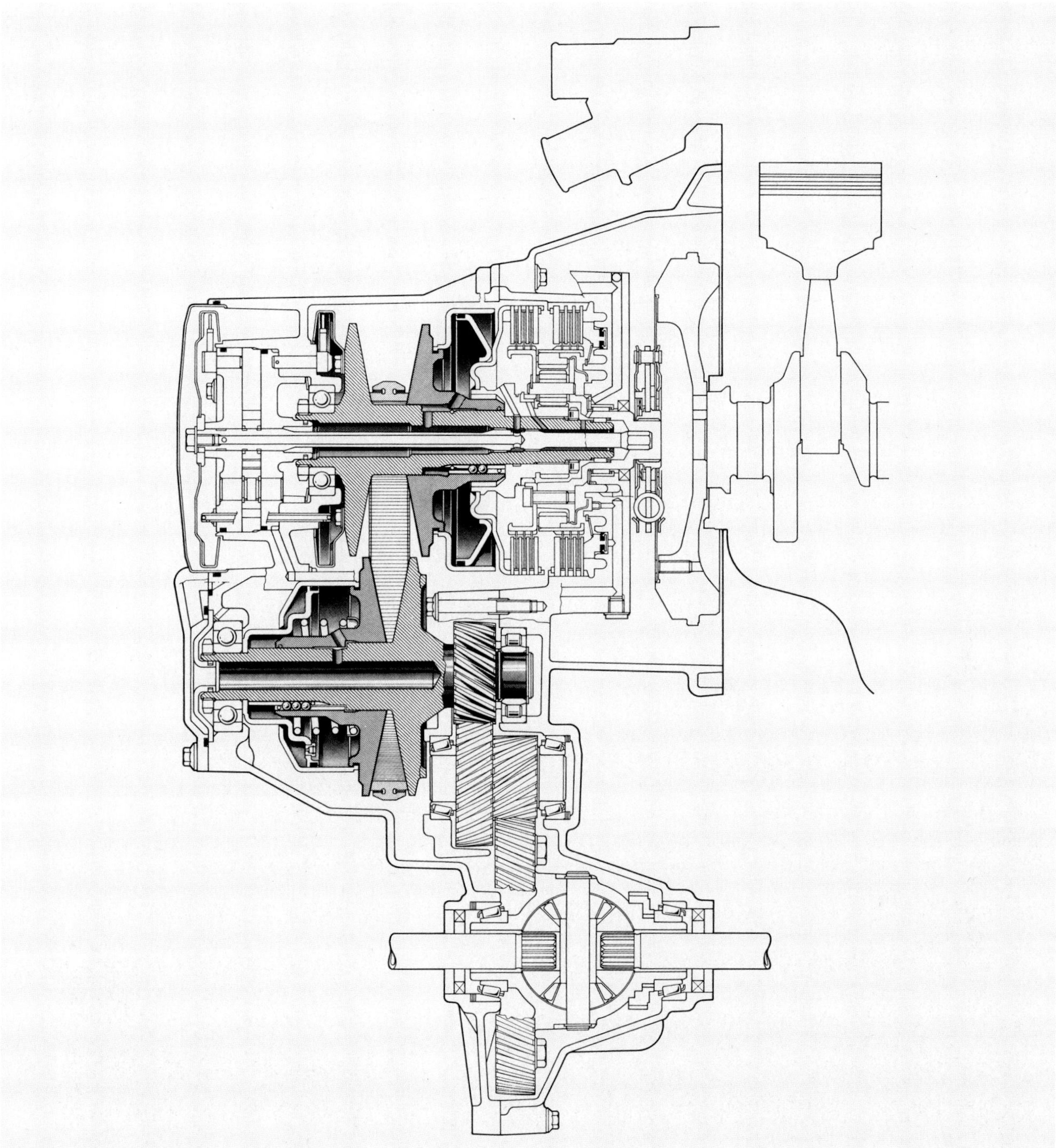

Stufenloses Getriebe mit Stahl-Riemen in Lamellenbauweise (Transmatic).

Eine beachtliche Verbreitung erreichte in den sechziger Jahren in kleinen Personenwagen wieder das Keilriemengetriebe mit zwei Gummiriemen als Kraftübertragungsglied. Dieses Getriebe ist über viele Jahre in einem holländischen Wagen der Van-Doorne-Automobilfabriken unter der Bezeichnung „Variomatic" als ausschließliche Form der Kraftübertragung verwendet worden. Auch nach Übernahme dieser Fertigung durch Volvo wurde das Getriebe noch verwendet. Der Rückwärtsgang war über ein Zahnradwendegetriebe dargestellt; die Drehmomentwandlung geschah selbsttätig in Abhängigkeit von der Fahrgeschwindigkeit und der Motorleistung. Die Verstellung der Keilriemenscheiben erfolgte unter Ausnutzung des Saugrohrunterdrucks als Hilfskraftquelle.
Neuerdings soll ein Schubgliederband mit Stahllamellen (Transmatic) beziehungsweise eine auf Zug beanspruchte Gliederkette (P.I.V.) den stufenlosen Getrieben neuen Antrieb geben.
Die Bänder, auf Zug oder Druck belastet, laufen zwischen Kegelscheiben, deren Abstand axial verän-

derbar ist, so daß sich die wirksamen Durchmesser der Riemenscheiben vergrößern oder verkleinern. Weil auf der treibenden und der getriebenen Welle die Kegelscheiben gleichzeitig zum kleineren und größeren Durchmesser verstellt werden, ändert sich die Übersetzung. Dem Drehmoment entsprechend müssen die Kegelscheiben über Druckzylinder das Stahlband zusammendrücken, um den notwendigen Reibschluß zu erzielen. Ein Ölfilm zwischen Kette bzw. Stahlband und Scheiben verringert die Übertragungsfähigkeit oder erhöht die notwendige und ständig aufzubringende Anpreßkraft; dies geht in die Bewertung des Anlagewirkungsgrades ein. Ein Durchrutschen kann Verschleiß zur Folge haben. Feinfühlige Drehmomentsensoren und Stellglieder sollen dies durch rasche Druckerhöhung vermindern.
Auch dieses auf Reibschluß beruhende stufenlose Getriebe benötigt eine Anfahrhilfe. Fliehkraftkupplungen, Föttinger-Kupplungen und -Wandler werden mit diesen Umschlingungsgetrieben kombiniert. Der hydrodynamische Wandler kann in diesem Fall auch die Funktion des Wendegetriebes übernehmen, das andernfalls durch einen Planetensatz oder eine Kombination von Stirnrädern dargestellt werden müßte. Die Wirkungsweise einer Drehrichtungsänderung im Wandler wird dadurch erreicht, daß das Leitrad — im Anfahrbereich rückwärts drehend — mit dem Antrieb verbunden wird.

Die Vorteile dieser auch als Kettenwandler bezeichneten stufenlosen Getriebe kommen besonders bei mit Frontmotor und Vorderradantrieb ausgestatteten Fahrzeugen zur Geltung. Hierbei ist zwischen Motor und Getriebeeingangswelle ein Achsversatz zu überbrücken, und der Riementrieb bietet sich vom Prinzip her dafür an.
Die Erwartungen bei diesen stufenlosen Getrieben richten sich heute auf die Möglichkeit, den Motor immer im Bereich eines guten spezifischen Kraftstoffverbrauchs führen zu können. Auch geht man von der Annahme aus, daß der Bauaufwand gegenüber konventionellen Automat-Getrieben (mit Föttinger-Wandler und formschlüssigem Zahnradschaltgetriebe) geringer wird. Trotz vieler funktioneller Vorteile hat es das stufenlose Getriebe schwer, sich gegen diese bewährte Getriebekombination durchzusetzen.

Schubräder mit Schrägverzahnung und Spiralnuten auf der Welle.

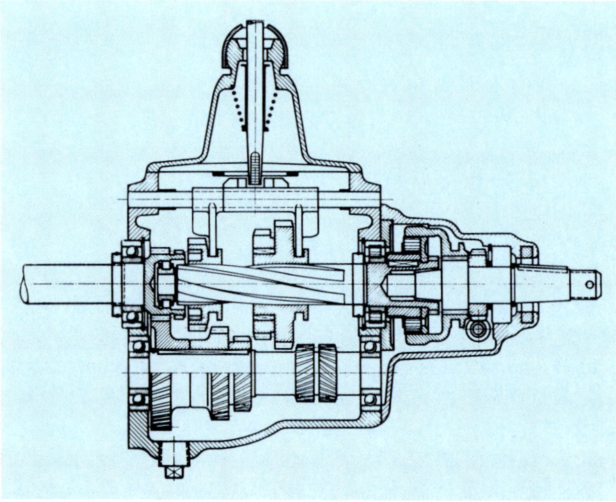

Die Stellglieder

Das Zahnrad setzte sich durch und mit ihm das Schalten durch Verschieben der Zahnräder auf einer Zwischenwelle (Vorgelege). Das im ersten Daimler-Automobil angewandte und von anderen Automobil-Herstellern übernommene Stufengetriebe als Schieberadgetriebe dominierte jahrzehntelang. Jedoch konnte es den Forderungen nach leichter Schaltbarkeit während der Fahrt nicht entsprechen. Denn das Verschieben der Räder bis zum Eingriff der Zähne hatte in der Regel Ratschgeräusche zur Folge und war mit starker Abnutzung an den Kanten der Zähne verbunden.
Selbst nach Einführung der Schrägverzahnung in den zwanziger Jahren wurde das Prinzip der Schieberäder beibehalten. Das Verschieben geschah auf Spiralnuten der Welle, um den notwendigen Eingriff zu erzielen und den Axialschub zu kompensieren.
Die Schaltbarkeit der Zahnradgetriebe wurde mit der Einführung der Klauen-/Muffenschaltung um 1910 merklich verbessert. Formschluß zwischen Losrad und Welle erzielte man mit der schon vom Maschinenbau her bekannten Schaltklaue. Die gröberen, robusten Zähne konnten bei kleineren Umfangsgeschwindigkeiten als bei Zahnrädern eingelegt werden, Schaltkraft und Geräusche verminderten sich. Aber die Klauenschaltung bei Dauereingriff der Zahnräder bedeutete Mehraufwendungen in der Herstellung. Dies hatte zur Folge, daß bei einfachen Schaltgetrieben die Schubradschaltung für den Rückwärtsgang beibehalten wurde.
Die Weiterentwicklung führte zur Vorkupplung oder Synchronisierung. Eine kleine Kegel- oder Lamellenkupplung mußte die beim Hochschalten mit zu hoher Drehzahl laufenden Zahnräder der Vorgelegewelle nach Unterbrechung des Leistungsflusses durch die Haupt- oder Schaltkupplung zuerst abbremsen, bevor die Klaue den Formschluß herstellte. Beim Herunterschalten hatte die Vorkupplung (Synchronisierung) das zu schaltende Rad in der Drehzahl hochzuziehen. Graf von Soden, der Geschäftsführer der 1915 gegründeten ZF, schlug 1916 die Kombination der Merkmale, nämlich Dauereingriff der Räder, Klauenschaltung und Synchronisierung vor. Diese Anordnung mit ihren Weiterentwicklungen ist noch heute technischer Stand der Handschaltgetriebe in Personen- und Nutzfahrzeugen.
Zunächst zeichneten sich andere Lösungsmerkmale

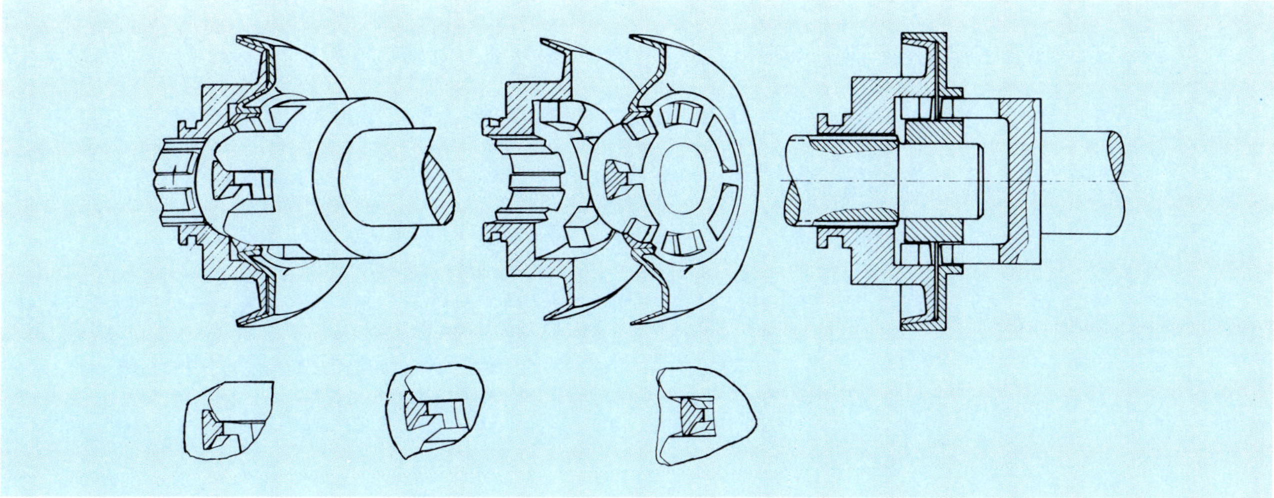

Sperr-Synchronisierung nach Thompson (1933).

für gute Schaltbarkeit ab. Anfang dieses Jahrhunderts wurden in den USA und in England Planetengetriebe verwendet, die durch Abbremsen und Festhalten eines Rades den Gangwechsel erlaubten, wobei die Zähne im Eingriff blieben. Dieses Prinzip wurde 1922 für die ersten Maybach-Wagen der Bauart W 3 übernommen. In der Weiterentwicklung hatten die Maybach-Nachfolgetypen W 3 und W 6 außer dem Zweigang-Planetengetriebe noch einen zusätzlichen Schon- oder Schnellgang, der durch eine Überhol- oder Abweisklauenschaltung betätigt wurde. Sie hatte eine einfache, aber richtungweisende Eigenschaft. Solange das zu schaltende Zahnradpaar zu schnell lief, wurde die Klaue „abgewiesen". Sobald das zu schaltende Rad langsamer zu laufen begann und von der mit der Welle drehfest verbundenen Klaue „überholt" wurde (beim Gaswegnehmen), rückte die Überholklauenkupplung über Federkraft ein. Diese Getriebe mit zwei Schnellgängen mit Überholklauen wurden als Vorwahlgetriebe mit unterdruck- oder öldruckbetätigten Schaltklauen weiterentwickelt (Variorex- und Olvar-Getriebe).
General Motors führte 1928 das Dreigang-Getriebe mit Kegelsynchronisierung im zweiten und dritten Gang ein. Die Kegelsynchronisierung ist nach Vorbild der Konuskupplung aufgebaut.
Anfang der dreißiger Jahre führte Thompson (USA) Drehzahlangleichung mit Sperrwirkung ein. Die Klauenkupplung kam erst bei Drehzahlgleichheit zum Eingriff. Die Zahnradfabrik Friedrichshafen beschäftigte sich etwa zur gleichen Zeit mit Getriebesynchronisierung auf der Basis einer Lamellenkupplung. Sie wurde in die Aphon-Getriebe eingebaut. Die Bezeichnung Aphon ist gleichbedeutend mit geräuscharm durch geschliffene Schrägverzahnung und Lagerung jedes Zahnrades für sich im Getriebegehäuse.
Die Kegelsynchronisierung heutiger Ausführung im Handschaltgetriebe hat Änderungen nur noch in Einzelheiten erfahren. Lediglich die Sperrwirkung, die einen Eingriff bzw. Formschluß verhindert, solange kein Gleichlauf der zu schaltenden Teile gewährleistet ist, wurde verbessert.
Bei Synchronisierungen mit Sperrwirkung, die heute ausschließlich verwendet werden, sind geschlossene, kegelförmige Reibringe und offene Reibringe zu unterscheiden. Geschlossene Reibringe arbeiten mit Sperrgliedern zusammen, die durch eine Längsbewegung der Schaltmuffe radial nach außen gedrückt werden und ein Einrücken der Klauen vor dem Gleichlauf verhindern. Sperrglieder können sein

— Riegel, die bei Drehzahlunterschied an Schrägflächen aufsteigen und eine Verschiebung in Endstellung der Muffe verhindern. Beim Erreichen des Gleichlaufes kann die Schaltmuffe den Sperriegel wieder zurückdrücken und das Durchschalten der Klaue freigeben;
— abgesetzte Bolzen, die an Schrägflächen eine Feder nach innen drücken können, sobald Gleichlauf erzielt ist;
— federbelastete Kugeln, in der Wirkungsweise

Lamellen-Kupplung als Synchronisierung.

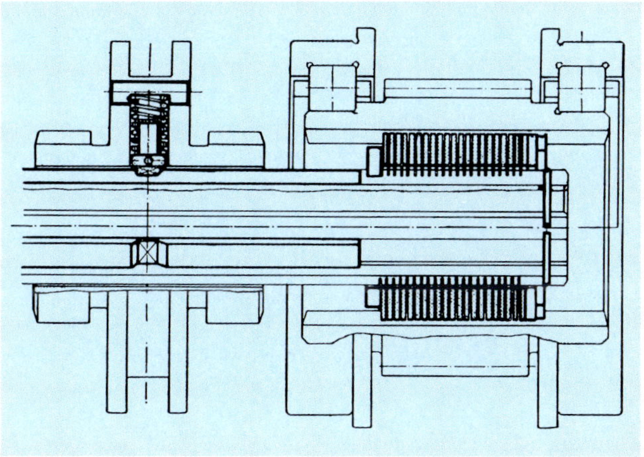

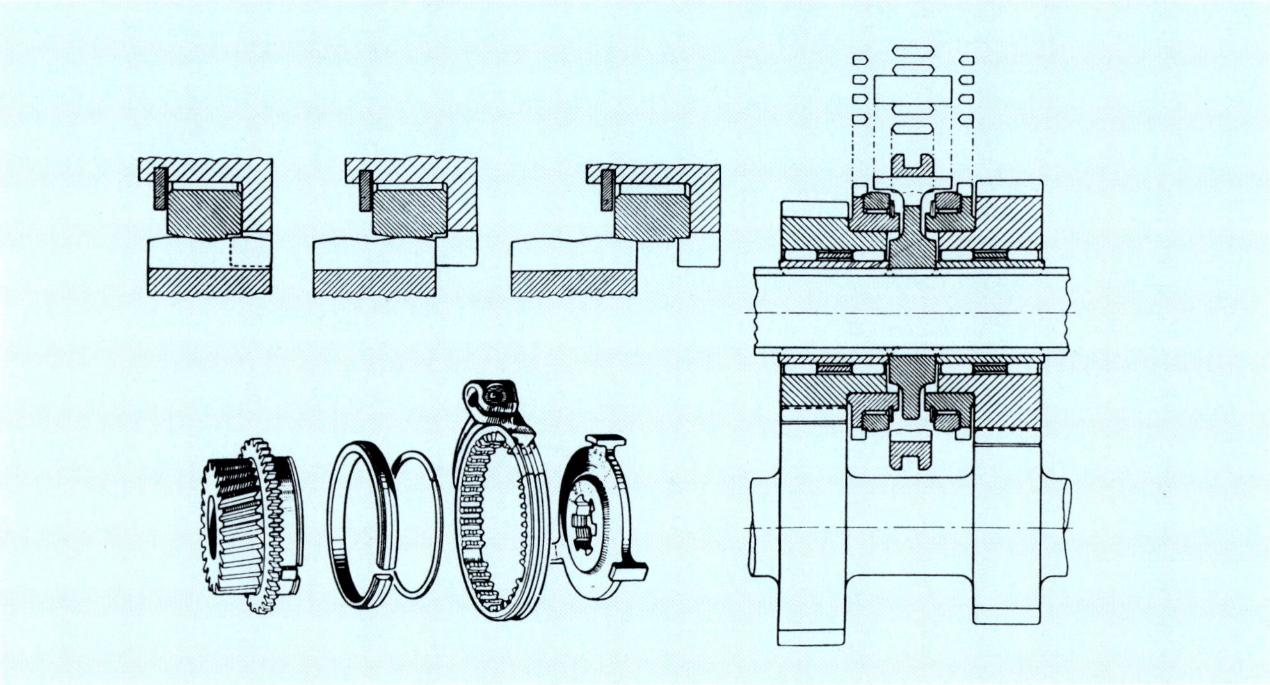

Synchronisierung mit offenen Reibringen.

ähnlich den Sperriegeln, aber mit günstigerer Umsetzung der vom Fahrer aufzubringenden Schaltkraft. Diese Ausführung erhielt große Bedeutung.

Synchronisierungen mit offenen Reibringen sollen ebenfalls das Durchschalten verhindern. Ähnlich einem Kolbenring geschlitzt, spreizt sich der Synchron-Kegelring um so mehr auf und unterstützt dabei die Reibwirkung, je größer die Drehzahldifferenz der beim Gangwechsel ineinanderzuschaltenden Glieder ist. Die hemmende Wirkung beim Versuch des Durchschaltens kommt durch die aufgespreizten Teile zustande und erlischt beim Erreichen der Drehzahlgleichheit.

Intensive Weiterentwicklung von Werkstoffen und Oberflächenbehandlung der früher als empfindlich geltenden Reibglieder — z. B. Beschichtung mit Molybdän — haben die Synchronisierungen zu hoher Betriebssicherheit gebracht.

Ein Versuch, die Vorkupplungen bzw. Synchronisierungen für die einzelnen Zahnradstufen zu vermeiden und an ihrer Stelle durch ein besonderes Maschinenelement alle Gänge leicht schaltbar zu machen, ist der dem Getriebe nachgeschaltete Freilauf. Das Schalten geschah nur durch Auskuppeln und Einlegen des Hebels. Letzteres konnte durch Ausnutzung des Unterdrucks in der Saugleistung des Motors auch mit entsprechender Kraftunterstützung vonstatten gehen, so daß für das Einlegen der Gänge nur eine elektromagnetische Druckknopfschaltung benötigt wurde. Durch eine Blockierung war sichergestellt, daß der Freilauf nur beim Gang-

Sperrsynchronisierung mit Riegel.

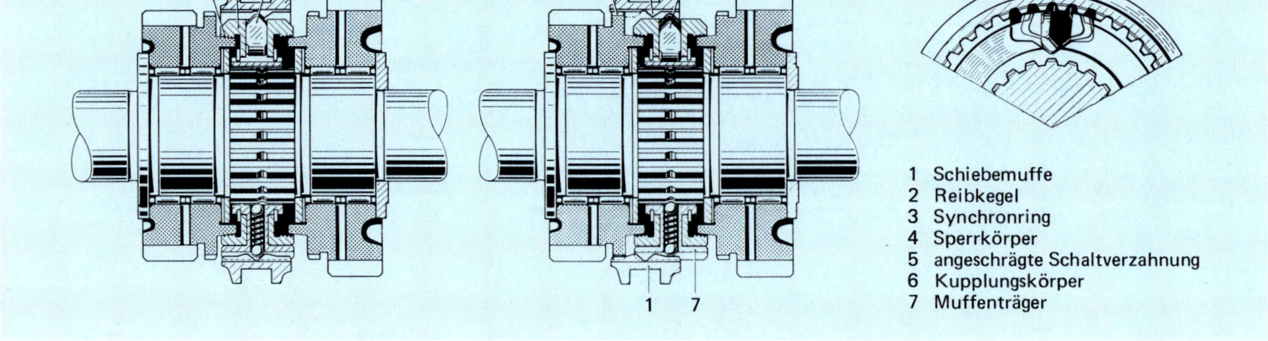

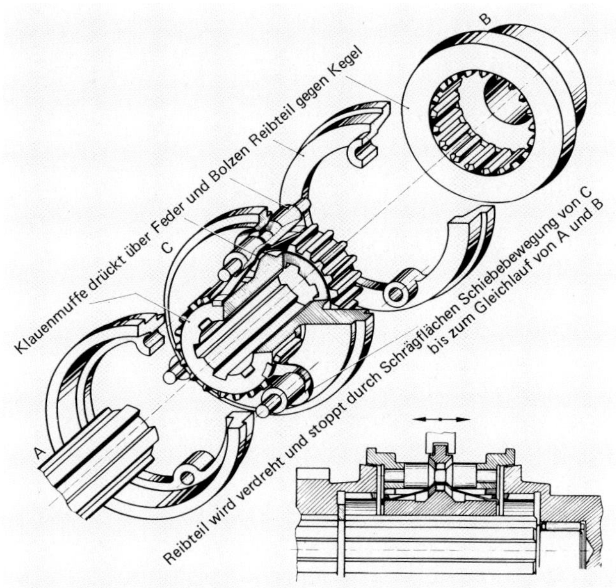

Synchronisierung mit Bolzen.

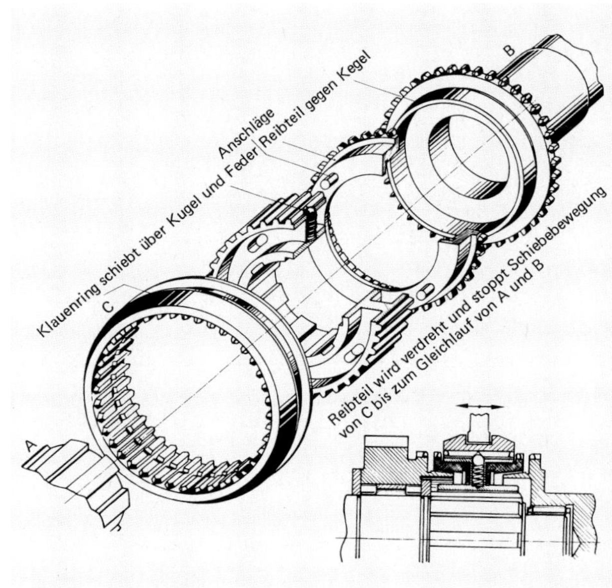

Synchronisierung mit Kugeln als Sperrglieder.

Getriebe der ZF mit Wandlerschaltkupplung, Schaltfreilauf und saugrohrdruck-unterstützter Schaltung (1932).

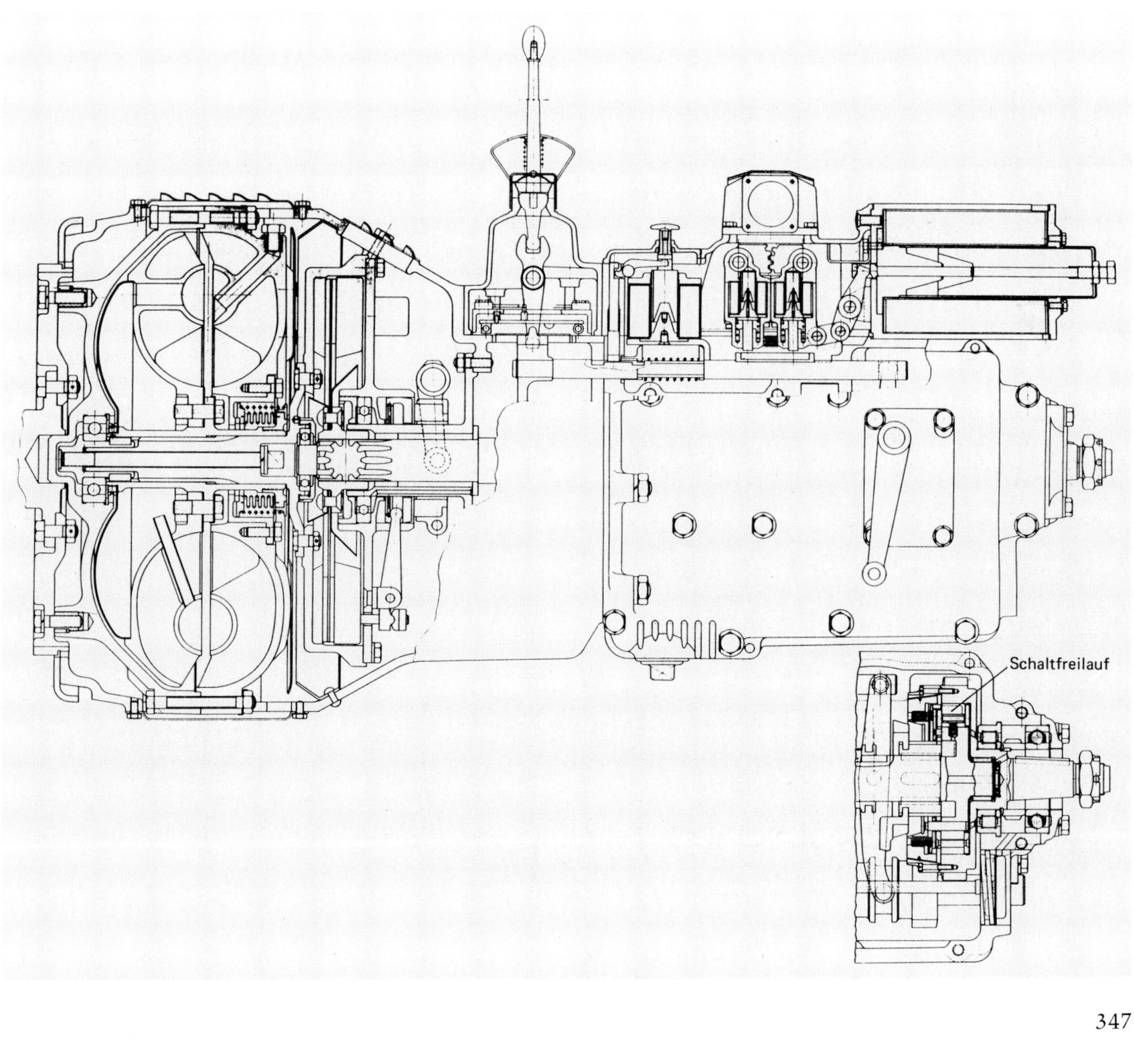

wechsel wirkt und nach dem Gangwechsel gesperrt war, um die Motorbremswirkung nicht zu verlieren. Synchronisierungen und Schaltfreiläufe setzen eine Unterbrechung in der Übertragung der Motorleistung im Antriebsstrang voraus. Das Schalten ohne Leistungsunterbrechung, wie es im Gelände erwünscht ist und beim Automat-Getriebe zum Stand der Technik gehört, setzt eine Neugestaltung der Stellglieder voraus. Sie müssen fähig sein, die Schaltarbeit unter Leistung zu übernehmen.
Hermann Rieseler verwendete 1925 in seinem Automat-Getriebe hierfür mechanisch betätigte Scheiben- und Lamellenkupplungen. Cotal benutzte Anfang der dreißiger Jahre in Frankreich elektromagnetisch wirkende Kupplungen in seinen Planetengetrieben, die in Luxus-Automobilen verschiedener Marken auftauchten. Die Betätigung erfolgte durch einen kleinen Schalthebel an der Lenksäule. Die Gangstellungen waren in der vom üblichen Schaltgetriebe her gewohnten H-Form angeordnet.
Eine dem Cotal-Prinzip ähnliche Lastschaltung wurde 1939 durch elektromagnetisch angepreßte Lamellen erreicht (Ryba, ZF). Die Kraftübertragung mußte von den Reibflächen übernommen werden. Smith verwendete Ende der fünfziger Jahre Magnetpulverkupplungen, Hobbs etwa in der gleichen Zeit öldruckbetätigte Scheibenkupplungen. Bei Planetengetrieben wurde die Lastschaltung zunächst durch Bandbremsen vollzogen, die vor dem Gangwechsel umlaufende Hohlräder zum Stillstand brachten. Solche Stellglieder wurden schon von Ford 1908 und später in Wilson-Getrieben, u. a. bei Daimler-, Lanchester-, BSA- und Singer-Wagen, verwendet.
In heutigen Automat-Getrieben werden vorzugsweise Lamellenschaltkupplungen und -bremsen verwendet, die mit moduliertem Druck beaufschlagt werden, dessen Höhe vom zum übertragenden Drehmoment abhängig ist. Dabei wird die Gaspedal- oder Drosselklappenstellung bzw. die Einspritzpumpenstellung über Signalgeber dem Getriebesteuergerät vermittelt. Hier finden dann in einem sehr komplexen System von Steuerkolben, Reduzierventilen und Dämpfern die Druckmodulation und die Beaufschlagung der Stellglieder statt. Anstelle der Seilzüge als Signalgeber werden bei elektronischen Steuerungen von Automatgetrieben auch Potentiometer verwendet, deren Eingabe in Mikrocomputer als Höhe des herrschenden Motordrehmoments registriert wird.

Schnitt durch ein Automatgetriebe-Steuergerät.

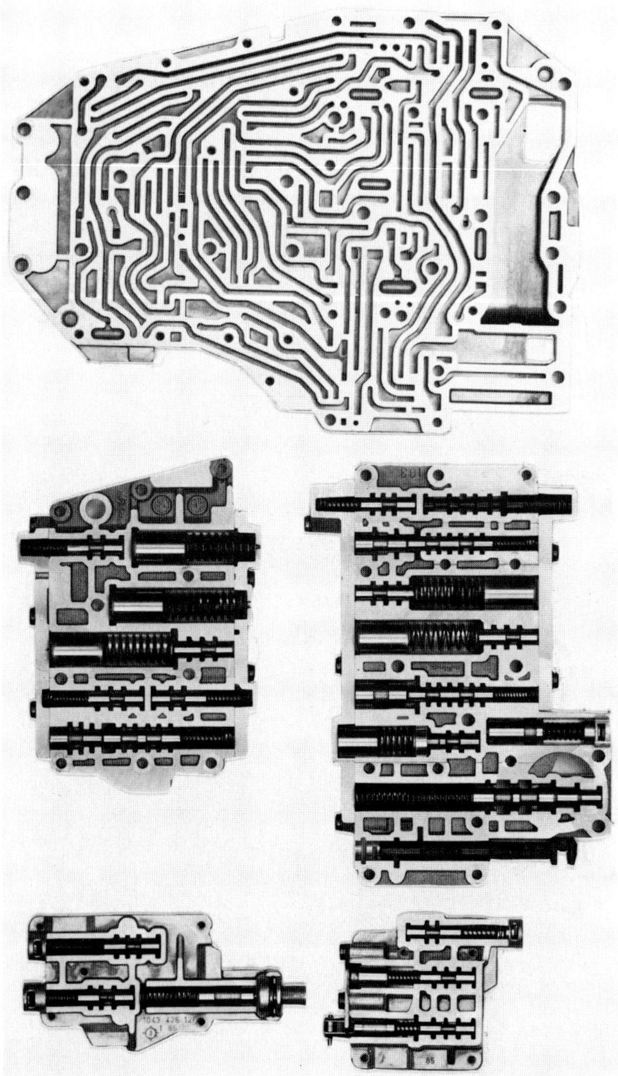

Die Betätigung

Bei den ersten Automobilen wurden die Wechselgetriebe durch Handhebel geschaltet. Lange Zeit gab es an der Außenwand eines Wagens einen oder mehrere Schalthebel, die über Stangen, Gelenke und Gabeln das Verschieben der Räder oder der Schaltmuffen bewirkten. Die Führung des Schalthebels in einer Kulisse führte schon Maybach bei Daimler im Sinne eines H-Schemas ein. Zu Beginn der zwanziger Jahre kamen Getriebe mit Kugelkopfschaltung auf, bei denen der Schalthebel auf dem Getriebe gelenkig angeordnet war und mit einem Schaltfinger die Schaltgabeln im Getriebe bewegte. Außer der ursprünglichen Kulisse kamen Rasten in den Schaltstangen auf, die das Festhalten einer Wählstellung präzise und sicher erlaubten.
Das Bedürfnis nach Erleichterung beim Schalten blieb bestehen, der Fahrer sollte von der Schaltkraft befreit oder zumindest entlastet werden. Zumeist geschah dies durch Saugrohrunterdruck. In den USA kamen schon 1913 Konstruktionen auf, bei denen Elektromagnete oder Druckluftkolben die Schaltstangen verschoben. Der Fahrer hatte somit nur noch einen kleinen Hebel am Lenkrad oder Druckknöpfe zu bedienen.
Die Betätigung der Stellglieder ist auf Hilfsmittel angewiesen, wenn die Übertragungswege vom Schalthebel zum Getriebe groß sind. In diesem Zusammenhang kamen schon um 1910 Lösungen zu-

stande, bei denen die Schaltgabeln zwangsläufig über Kurvenführungen in Schaltwalzen betätigt wurden.

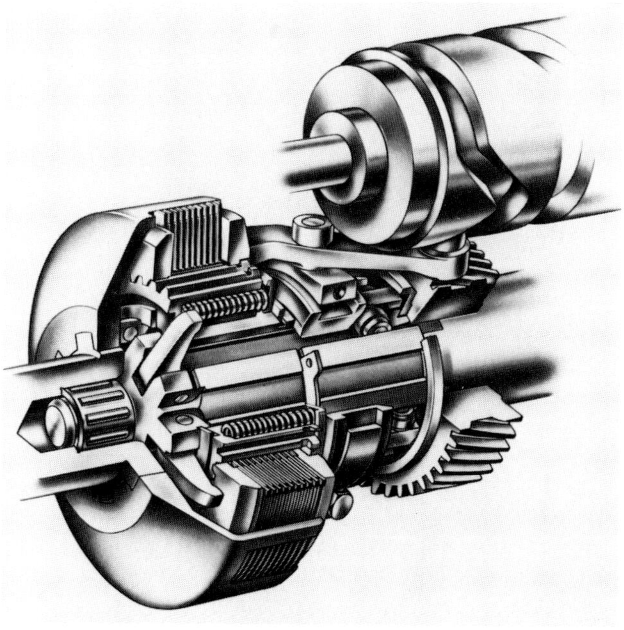

Mechanisch betätigte Schaltkupplung; Hebel in Kurvenführung der Schaltwalze.

Meßglieder und Regler im geschlossenen System der Kraftübertragung

Beim Handschaltgetriebe ist der geübte Fahrer mit Auge und Gehör ständig über die Betriebsbedingungen des Fahrzeuges informiert und handhabt die Stellglieder nach angelerntem und durch Erfahrungen ergänztem Programm. Über den Fahrer schließt sich der Wirkungskreis mit der Folge, daß das System „Kraftübertragung" als geregelter Prozeß abläuft.

Die Sensoren (Auge und Gehör) des Fahrers und seine Programme im Gedächtnis und Unterbewußtsein zur Bedienung der Stellglieder werden beim Automat-Getriebe durch technische Bauelemente ersetzt. Dem Automat-Getriebe wird der Betriebszustand des Fahrzeugs und des Motors gemeldet. Es verarbeitet die Daten in einem Regelgerät, in dem auch die Programme gespeichert sind, und gibt Befehle an die Stellglieder aus. Der Fahrer hat die Möglichkeit, durch vollständiges Durchtreten des Gaspedals (Kick-down) ein Zurückschalten zu erzwingen. Die ausgelösten Schaltvorgänge gewährleisten, daß der Motor im günstigen Betriebsbereich seines Kennfeldes „geführt" wird.

Bei konventionellen Automatgetrieben sind die Sensoren, die Aktuatoren und der Regler auf dem Prinzip der hydraulischen Steuerung aufgebaut. Drücke in Kolbensystemen bewirken im Verbund mit Federn die Betätigung von Stellgliedern durch Druckflüssigkeit. Der Regler hat ein nur in engen Grenzen veränderbares Schaltprogramm, das durch den Ablauf bestimmter Verbindungen in den Druckleitungen dargestellt wird.

Eine elektronische Regelung erlaubt Schaltprogram-

Blockschaltbild der elektronischen Steuerung eines ZF-Automatgetriebes.

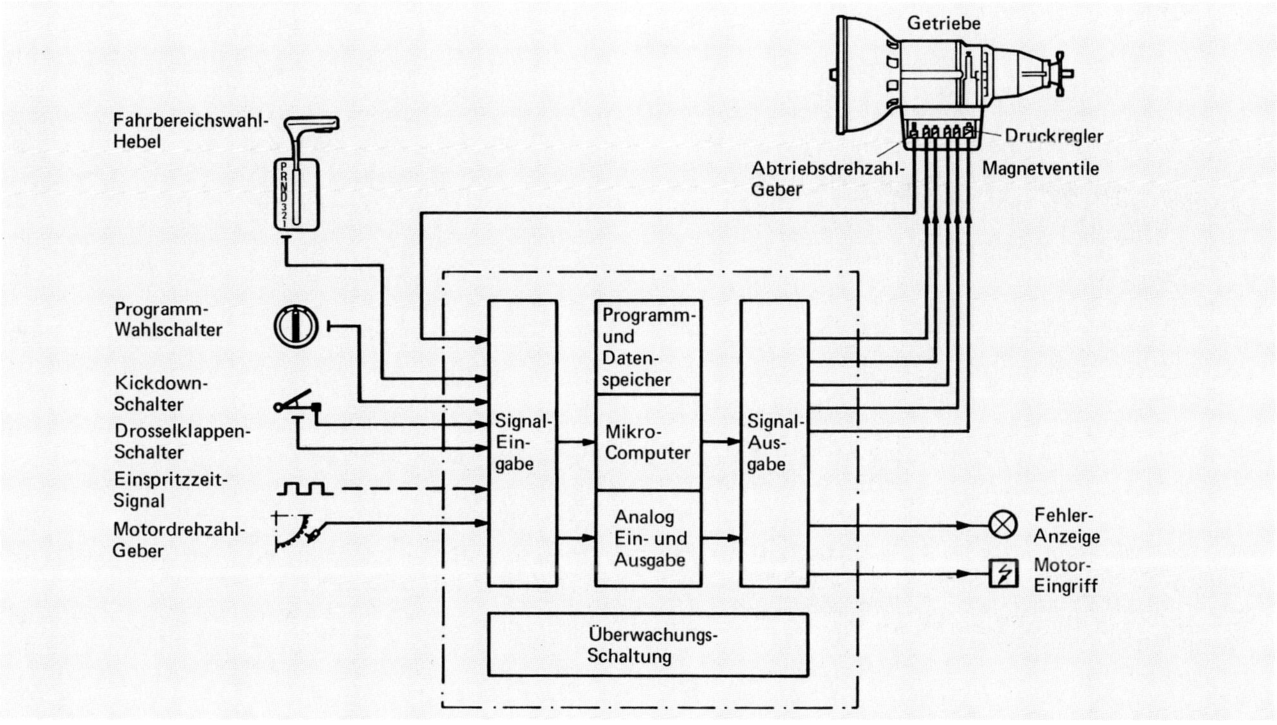

me höherer Komplexität und gleichzeitig höherer Variabilität. So können z. B. mehrere Fahrprogramme gespeichert und vom Fahrer gewählt werden, wie z. B. Sport- und Komfortprogramm, sowie das Festhalten jedes einzelnen Ganges im Getriebe. Entsprechend der konventionellen hydraulischen Steuerung werden auch bei der elektronischen Steuerung Fahrgeschwindigkeit und Lastzustandssignale sowie das Signal über das gewählte Fahrprogramm über eine Signaleingabe dem Mikrocomputer (Mikroprozessor) vermittelt. Dieser wiederum ruft vom Programm- und Datenspeicher die für die Signalausgabe benötigten Befehle ab. Sie werden den einzelnen Stellgliedern (Magnetventile, Druckregler, Regler und Elemente für Hilfsfunktionen) übermittelt.
So lösen Veränderungen des Fahrzeugbetriebszustandes (Drehmoment des Motors, Fahrgeschwindigkeit) Schaltvorgänge aus, die gewährleisten, daß ohne Zutun des Fahrers der Motor in günstigen Betriebsbereichen seines Kennfeldes läuft. Im Fall der elektronischen Steuerung gibt das Getriebe Signale an die Motorsteuerung ab mit der Folge, daß während des Schaltvorgangs der Zündwinkel zur Leistungsminderung verstellt wird. Auf diese Weise kann man hohe Schaltqualität und somit auch hohen Fahrkomfort erzielen.

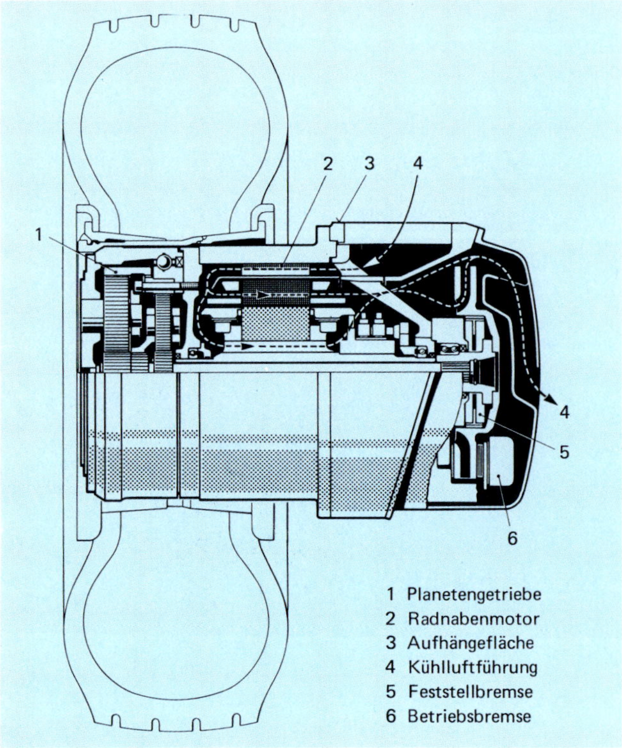

Elektro-Radnabenantrieb mit dreistufigem Planetengetriebe.

Elektrische Leistungsübertragung; Drehmomentwandler

1882 fuhr auf dem Kurfürstendamm in Berlin ein umgebauter Jagdwagen von einem 3-PS-Elektromotor angetrieben am Fahrdraht. Aber auch noch zu Beginn des Jahrhunderts beherrschten in vielen Städten die Elektrodroschken (freilich mit Batterieantrieb) das Straßenbild, bevor sie im Wettbewerb mit dem Automobil unterlagen. Bei der Post und bei Brauereien hielten sich Batterie-Elektrowagen bis Ende der vierziger Jahre. Leistungsfähige Akkumulatoren (Blei — Säure, Nickel — Eisen, Nickel — Zink, Natrium — Schwefel) sollen in Zukunft dem Elektroauto in Ballungsgebieten und Städten neuen Auftrieb geben.
Der konventionelle elektrische Antrieb besteht aus einem Gleichstromhauptschluß-Motor, dessen Erregewicklung in Reihe zum Anker liegt, und der ein im Stillstand hohes und mit zunehmender Drehzahl abnehmendes Drehmoment — genau entsprechend den Bedingungen des Fahrbetriebs — liefert. Dies war sicher oft Anreiz genug, die elektrische Leistungsübertragung zu verwenden auch unter Nutzung des Vorteils, einzelne Räder verhältnismäßig einfach antreiben zu können, meistens unter Zwischenschaltung eines Zahnradgetriebes, um den Elektromotor klein halten zu können.
Eine weitere Variante des Elektroantriebs wurde ebenfalls schon sehr frühzeitig erprobt, nämlich der benzin-elektrische Antrieb, wie er vor allem durch Lohner-Porsche bekannt wurde. Auch dabei wurden Radnabenantriebe verwendet. Hohes Gewicht, hoher Preis und der schlechte Gesamtwirkungsgrad erwiesen sich als große Hindernisse für eine breite Verwendung der elektrischen Leistungsübertragung.

Hydrodynamische Leistungsübertragung

Als Hermann Föttinger 1905 erstmals hydrodynamische Drehmomentwandler für den Antrieb von Schiffschrauben verwendete, ging es um große Leistungen und hohe Übersetzungen. Zahnradgetriebe waren für die hohen Drehzahlen der Dampfturbinen noch nicht geeignet. Föttinger hat den hydrodynamischen Wandler weit über die ursprüngliche Aufgabe hinaus durchdacht und seine vielfältigen Eigenschaften aufgezeichnet. Jahrzehnte später sollten diese im Kraftfahrzeug zur Entfaltung kommen.
Hermann Rieseler, ein Mitarbeiter Föttingers bei der Vulkan-Werft zu Stettin, stellte 1925 eine Kraftübertragung für Automobile vor, die mit einem Föttinger-Wandler und einem nachgeschalteten Zahnradschaltgetriebe alle wesentlichen Merkmale heutiger Automat-Getriebe aufwies. Der Wandler war in den beiden ersten Gängen voll wirksam und in den beiden letzten Gängen überbrückt, um den Übertragungswirkungsgrad in den Hauptfahrbereichen groß zu halten. Dem Wandler war ein Viergang-Pla-

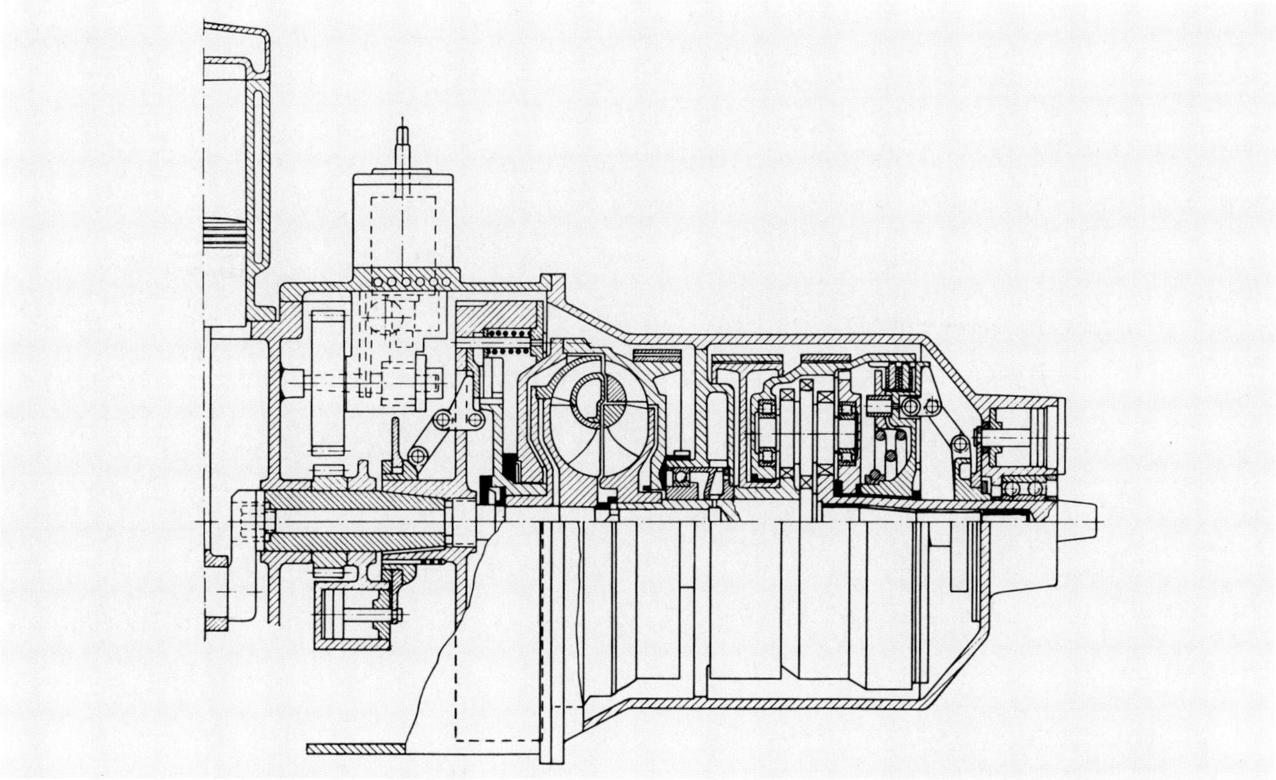

Vollautomatisches Rieseler-Getriebe (1925).

netengetriebe nachgeschaltet. Eine heute wieder moderne Überbrückungskupplung trat beim Einschalten der oberen beiden Gänge in Tätigkeit, um die Wandlerverluste auszuschalten.

1928 erfolgten Messungen auf Prüfständen und in einem Mercedes-Wagen, wobei gute Wirkungsgrade festgestellt wurden (85% in den Wandlergängen, 95% im Zahnradgang).

Trilok-Getriebe für Kraftfahrzeuge (Porsche 1925/1934).

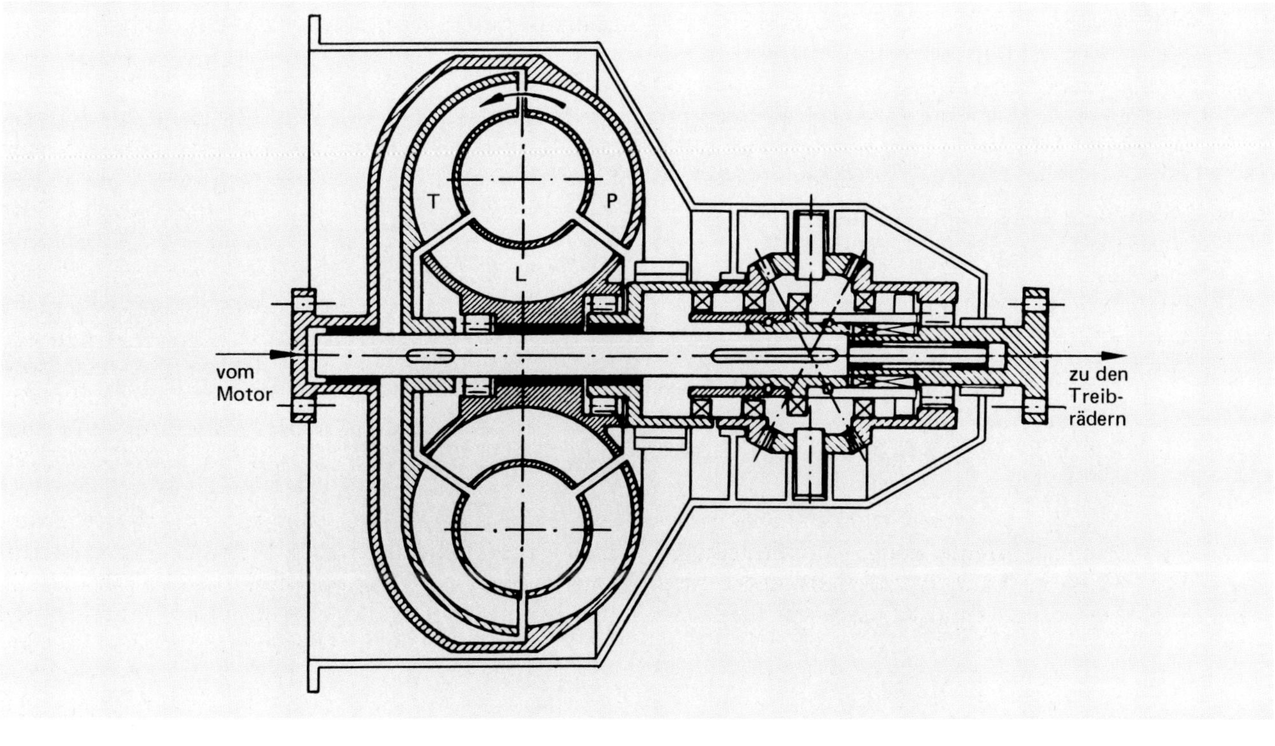

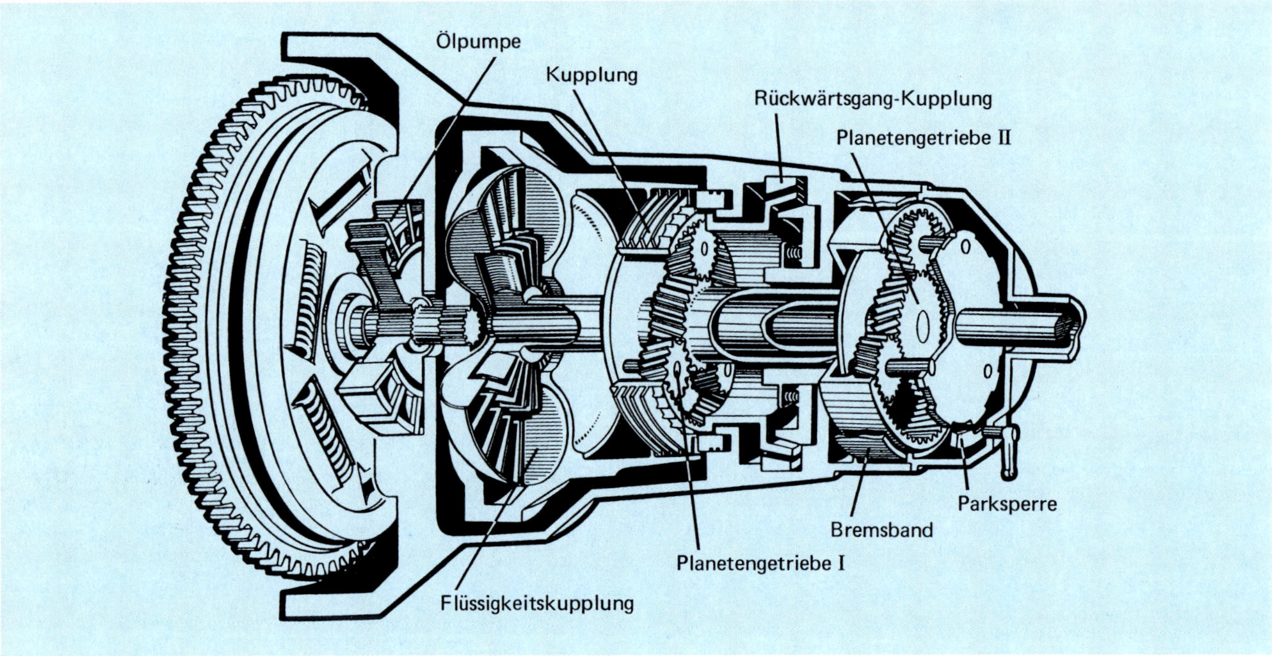

Hydramatic-Getriebe von General Motors 1939.

1925 entwickelten Kluge, Spannhake und von Sanden auf der Basis des Föttinger-Wandlers mit drei Schaufelrädern das Trilok-Getriebe, das den Anforderungen des Fahrzeugantriebs in besonderer Weise entsprach. Der Trilok-Wandler kann in zwei Phasen arbeiten: in der ersten Phase mit Drehmomentsteigerung und in der zweiten Phase als hydrodynamische Kupplung, die bei höheren Abtriebsdrehzahlen einen guten Wirkungsgrad hat. In dieser Phase wird das Leitrad über einen Freilauf an die Turbine gekuppelt oder läuft frei um, nachdem es vom Freilauf abgehoben und ein Drehmoment nicht mehr zu übertragen hat.

1934 stellten Porsche und Klein, Schanzlin & Becker (KSB) ein Pkw-Getriebe unter Verwendung des Trilok-Wandlers vor. Es enthielt ein Kegelrad-Planetengetriebe zur Erhöhung der Anfahrwandlung und für den Rückwärtsgang. Das Prinzip dieses Trilok-Wandlers — ursprünglich bei Klein, Schanzlin & Becker in Frankenthal gebaut — wird heute weltweit und nahezu in allen Personenwagen-Automatgetrieben verwendet.

Die Verbreitung hydrodynamischer Wandler und Kupplungen in Automobil-Getrieben kam in Europa trotz der Entwicklungen bei Rieseler, Trilok (KSB) und Sinclair/Wilson nicht in Gang. Erst 1939 be-

M-6-Getriebe von Chrysler mit Zugkraftunterbrechung beim Schalten.

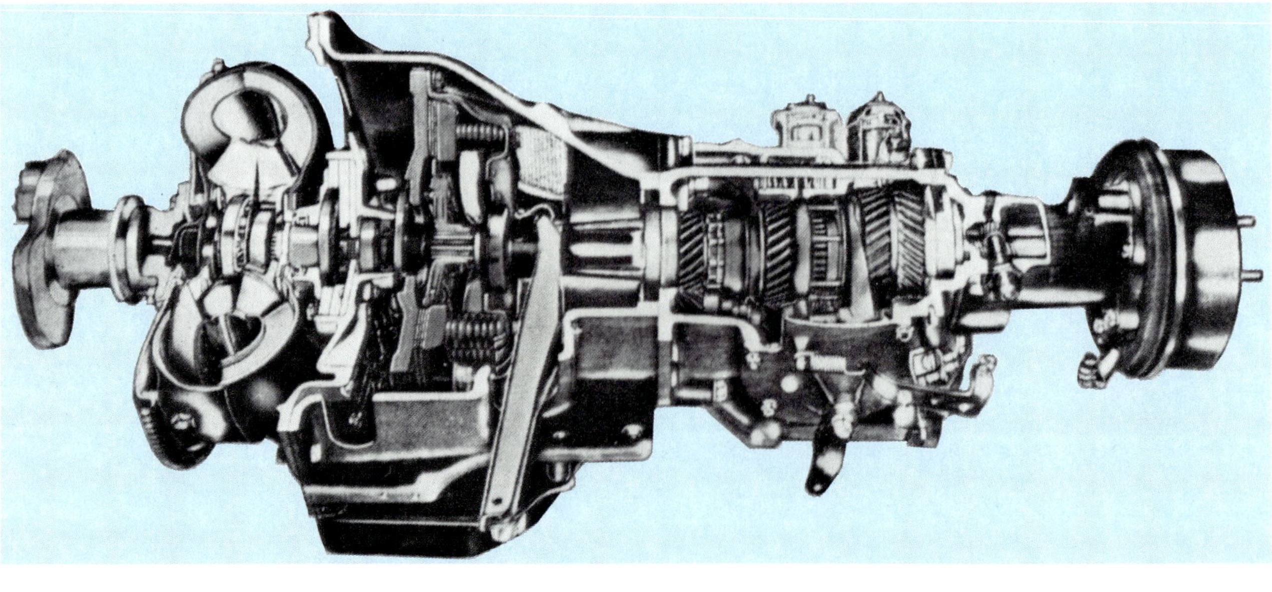

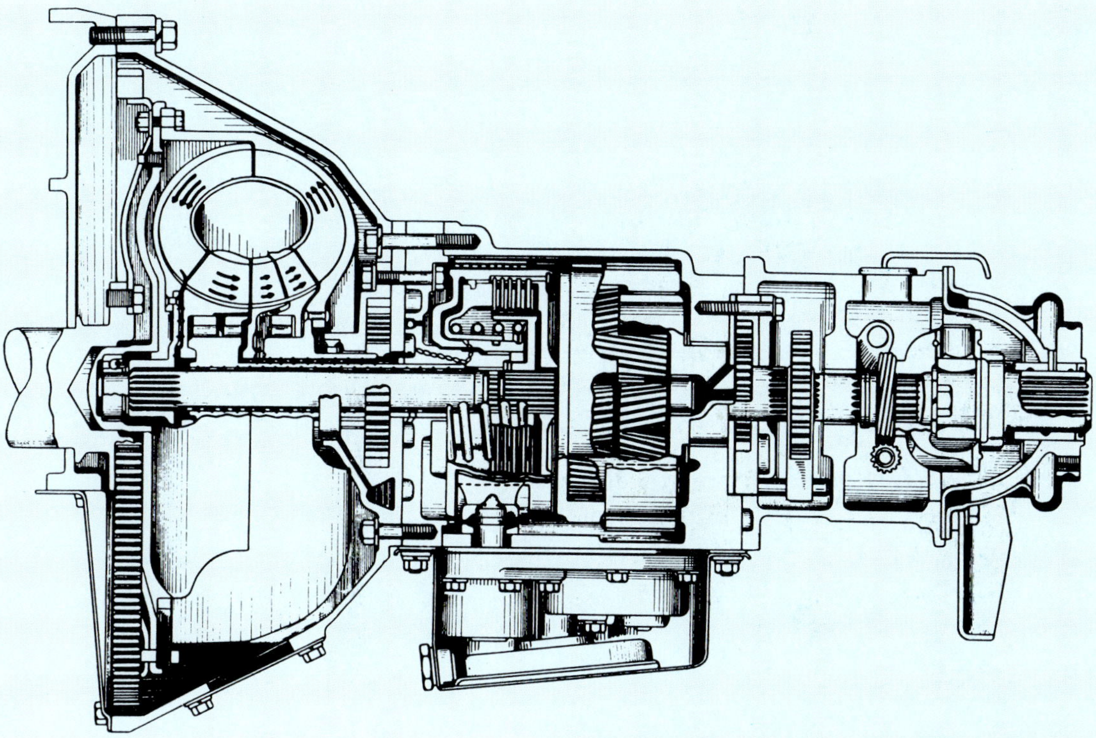

gann durch General Motors in den USA die Markteinführung von Automat-Getrieben für Personenkraftwagen unter Verwendung von hydrodynamischen Kupplungen und später auch von Föttinger-Wandlern im größeren Stil.

Wandlergetriebe waren in Europa von Schienenfahrzeugen und Omnibussen her bekannt. Die Verwendung im Personenwagen legte es nahe, die Übertragungswirkungsgrade in den Hauptfahrbereichen groß zu halten, etwa so ähnlich, wie dies Rieseler schon vorgeschlagen hatte. Bei General Motors verfolgte man dabei zwei Wege. Der eine führte zum mechanischen Drehmomentwandler mit unter Last schaltbaren Zahnradstufen und einer hydrodynamischen Kupplung als Anfahrhilfe. Daraus entstand das über viele Jahre in großen Stückzahlen gebaute Hydramatic-Getriebe. Der zweite Weg führte zu einer rein hydraulischen Lösung mit einem mehrkränzigen Wandler (Polyphase) ähnlich dem Trilok-Wandler, der in Abhängigkeit von der Fahrgeschwindigkeit die Drehmomentwandlung in jeweils veränderter Schaufelräder-Kombination vornahm. So wurde in mehreren Phasen die Wandlercharakteristik in die Kupplungscharakteristik mit ihrem besseren Wirkungsgrad überführt. Beim Dynaflow-Getriebe schalteten sich die Schaufelräder über Freiläufe ab oder zu. Es gab keine Drehmomentsprünge, wie dies beim Automat-Getriebe mit nachgeschalteter Zahnradstufe der Fall ist. Die Schaltqualität war beim Dynaflow-Getriebe daher besser.

Den Erfolgen mit Automat-Getrieben bei General Motors zogen die anderen amerikanischen Automobil-Hersteller nach. Bei Packard wurde das Ultrama-

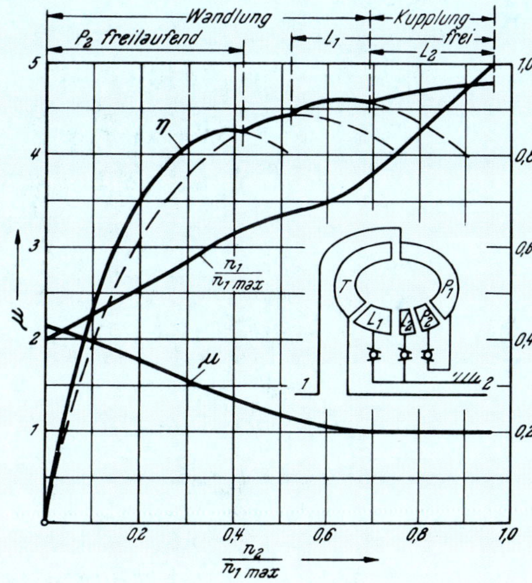

Dynaflow-Getriebe von General Motors; Wandlungs- und Kupplungscharakteristik.

tic-Getriebe entwickelt, das im Grundaufbau dem Rieseler-Getriebe sehr ähnelte. Es enthielt eine zweistufige Turbine, eine Wandlerüberbrückungskupplung und ein nachgeschaltetes Planetengetriebe. Im überbrückten Zustand des Wandlers hob das Leitrad über einen Freilauf ab.

Borg Warner entwickelte 1950 für Studebaker und danach auch für Ford Automat-Getriebe, die aus dem einfachen Trilok-Wandler und nachgeschalteten Planetensätze bestanden. Mit diesem Grundaufbau entsprachen die Borg-Warner-Getriebe weitge-

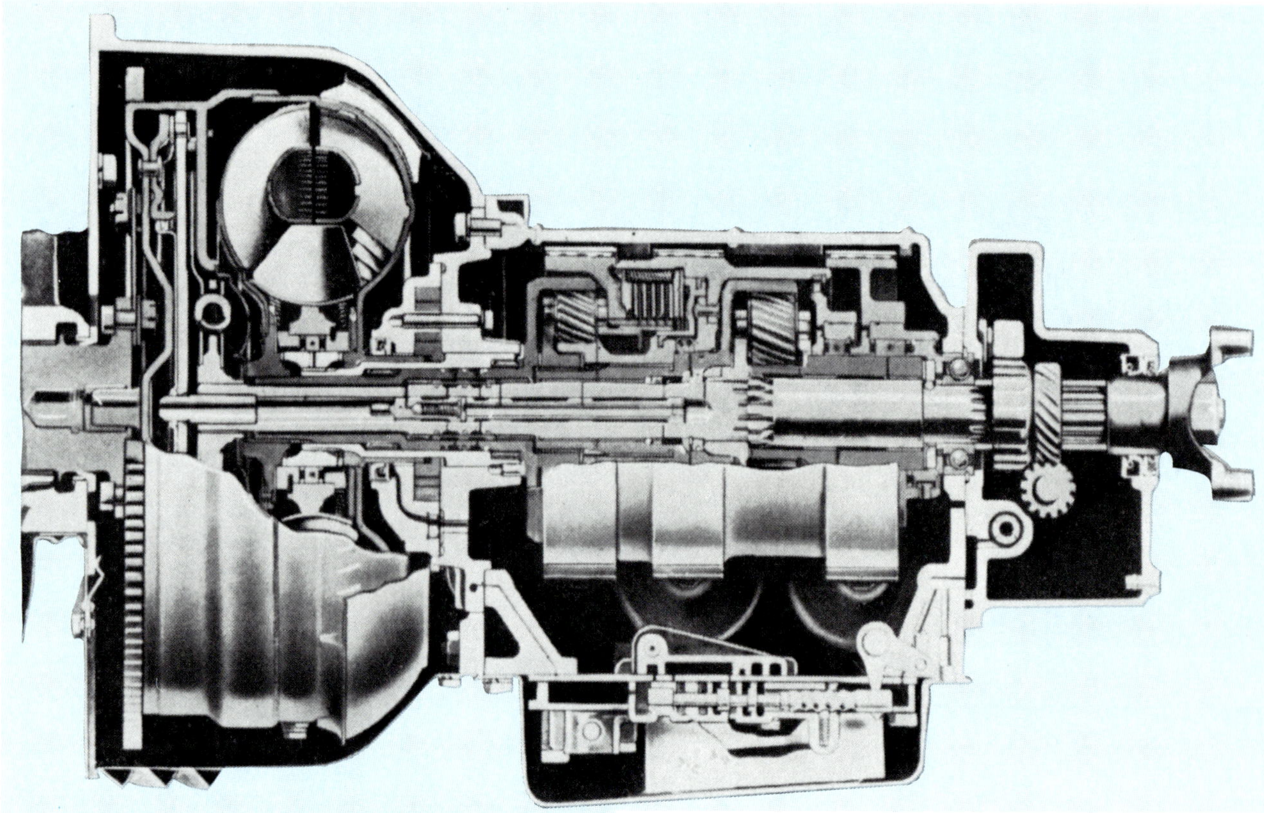

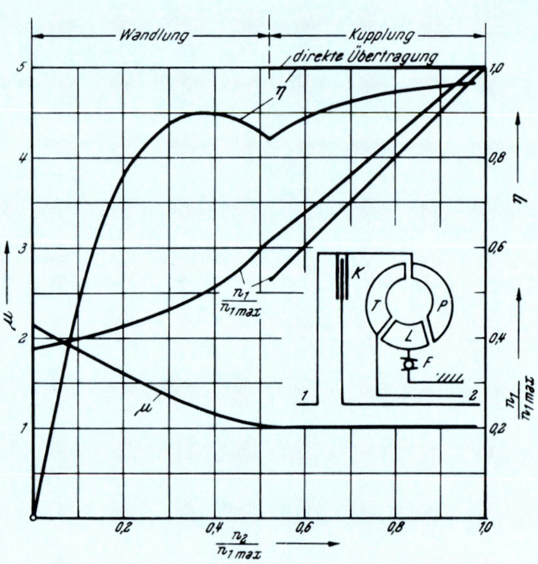

Studebaker-Getriebe von Borg Warner (1950); Wandlungs- und Kupplungscharakteristik.

hend den heutigen Ausführungen. Sie wurden in den fünfziger und sechziger Jahren sehr oft in europäischen Fahrzeugen benutzt.
Chrysler versuchte lange, die Drehmomentwandlung auf rein mechanischem Weg zu erreichen. Das M-6-Getriebe als Zweigruppen-Vorgelegegetriebe hatte zwei handgeschaltete Grundgänge, die jeweils von einem automatisch schaltenden Schnellgang ergänzt wurden. Dieser Schnellgang war im Getriebe integriert. Der Einscheibentrennkupplung hatte man einen Föttinger-Anfahrwandler vorgeschaltet.
1953 präsentierte Chrysler ein Automat-Getriebe mit Föttinger-Wandler — zuerst mit geteiltem, später mit einteiligem Leitrad. Das nachgeschaltete Dreigang-Planetenkoppelgetriebe bestand aus zwei Planetensätzen mit gleichen Verzahnungen. Mit dem Antrieb über das am großen Durchmesser liegende Hohlrad bot dieser Planetensatz besonders vorteilhafte Abmessungen. Wegen seiner Vorzüge wurde dieser von Simpson entworfene Planetensatz häufig auch in anderen Automat-Getrieben verwendet.
Reife und Markteinführung der Automat-Getriebe vollzog sich in Europa etwa zehn Jahre später als in den USA. Der „Weg zurück" erfolgte in mehreren Schritten. Nach 1950 wurden in einigen Fahrzeugen, die auch für den Export nach USA vorgesehen waren, Getriebe amerikanischer Herkunft eingebaut und später in England von amerikanischen Firmen (Borg-Warner) hergestellt.
Das erste in Europa entwickelte und in Serienautomobilen verwendete Automat-Getriebe mit hydrodynamischem Wandler war das Hansamatic-Getriebe von Borgward 1952. Der Wandler hatte eine zentrifugal durchströmte Turbine im Gegensatz zu den zentripedal durchströmten der Trilok-Kreisläufe. Außerdem wurde der Wandler mit einer Konuskupplung durch Verschieben der Schaufelräder und Verbindung von Pumpe und Turbine überbrückt. Das Leitrad kuppelte sich dabei über einen Freilauf an die Turbine an. Nachgeschaltet war ein Zwei-

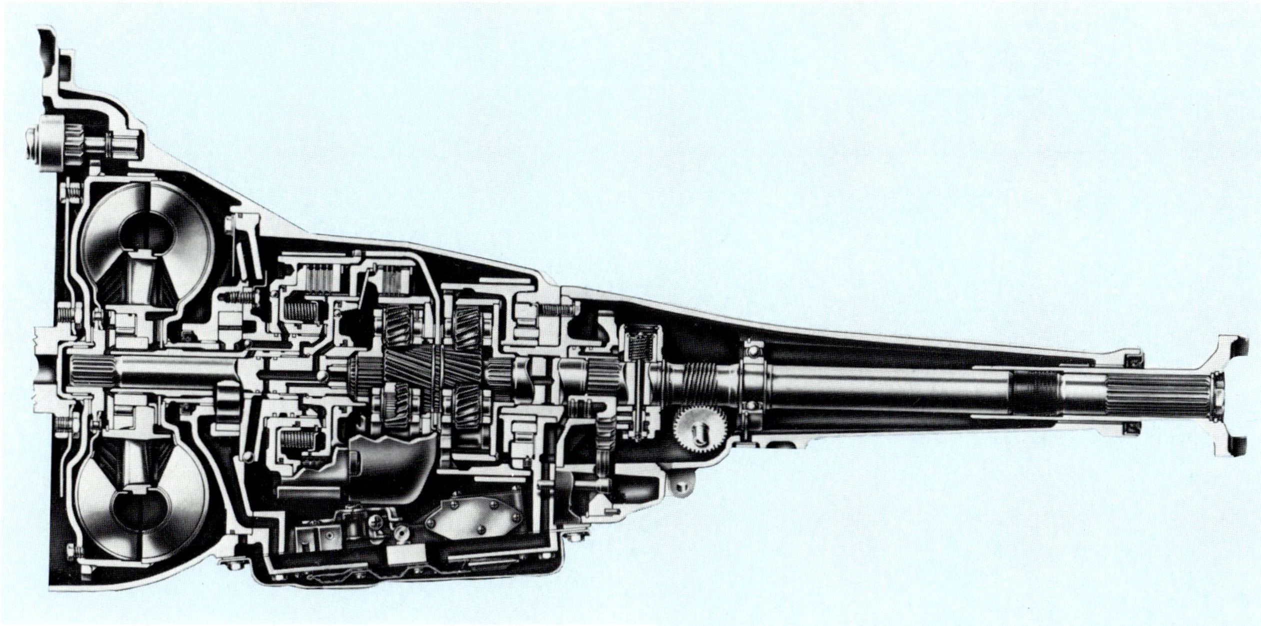

gang-Vorgelegegetriebe mit Klauenkupplungen für den ersten Gang und für den Rückwärtsgang. Eine Lamellenkupplung schaltete den direkten Gang. Der Wandler diente nur zum Anfahren und wurde auch im ersten Gang nach Erreichen der entsprechenden Fahrgeschwindigkeit überbrückt. Dem Hansamatic-Getriebe war ein Markterfolg nicht vergönnt.
Bei Voith (Heidenheim) wurde 1960 nach dem Prinzip des Differentialwandlers mit äußerer Leistungsverzweigung ein Automat-Getriebe für Personenkraftwagen entwickelt, dessen Prinzip sich in Omnibussen schon bewährt hatte. Die Eingangsleistung wird in diesem Fall zum Teil über den Wandler geführt, zum Teil mechanisch durchgeleitet. Der bessere Wirkungsgrad des mechanischen Stranges kommt somit auch im Wandlerbetrieb zur Geltung. Durch eine Verteilerbremse, die das Pumpenrad feststellt, während sich die Turbine über einen Freilauf abhebt, wurde ein zusätzlicher, rein mechanischer Gang erreicht. Ein zweistufiges, durch eine Klauenkupplung schaltbares Vorgelegegetriebe erlaubte es, einen Straßen- und einen Autobahn-Gang einzulegen. Aber auch dieses Getriebe schaffte nicht den Sprung in eine Serienfertigung.
Erst als 1961 Daimler-Benz ein eigenes Automat-Getriebe anbot, änderte sich das Bild. Es trug der Forderung nach gutem Übertragungswirkungsgrad Rechnung. Ebenso erlaubte es die Lastschaltung in einem vierstufigen Zahnradgetriebe und entsprach der Forderung nach Eignung für hohe Drehzahlen europäischer Pkw-Motoren. Außerdem bot das Getriebe die Möglichkeit, jeden Gang anzuwählen. Die Föttinger-Kupplung hatte die Anfahrfunktion zu übernehmen, blieb aber zur besseren Schwingungsdämpfung in allen Gängen tätig. Später übernahm Daimler-Benz den Trilok-Wandler, und schließlich wurden Automat-Getriebe eigener Fertigung in allen Daimler-Benz-Modellen angeboten. Damit wur-

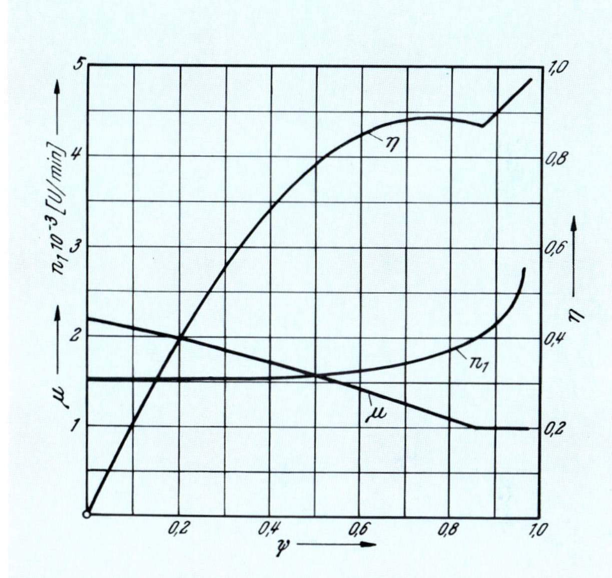

Chrysler-Automatgetriebe (1953) und Wandlungscharakteristik.

Voith-Pkw-Getriebe (1960) mit Leistungsteilung.

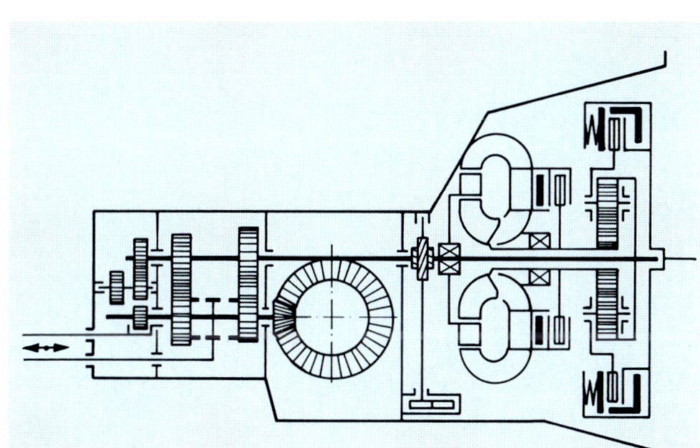

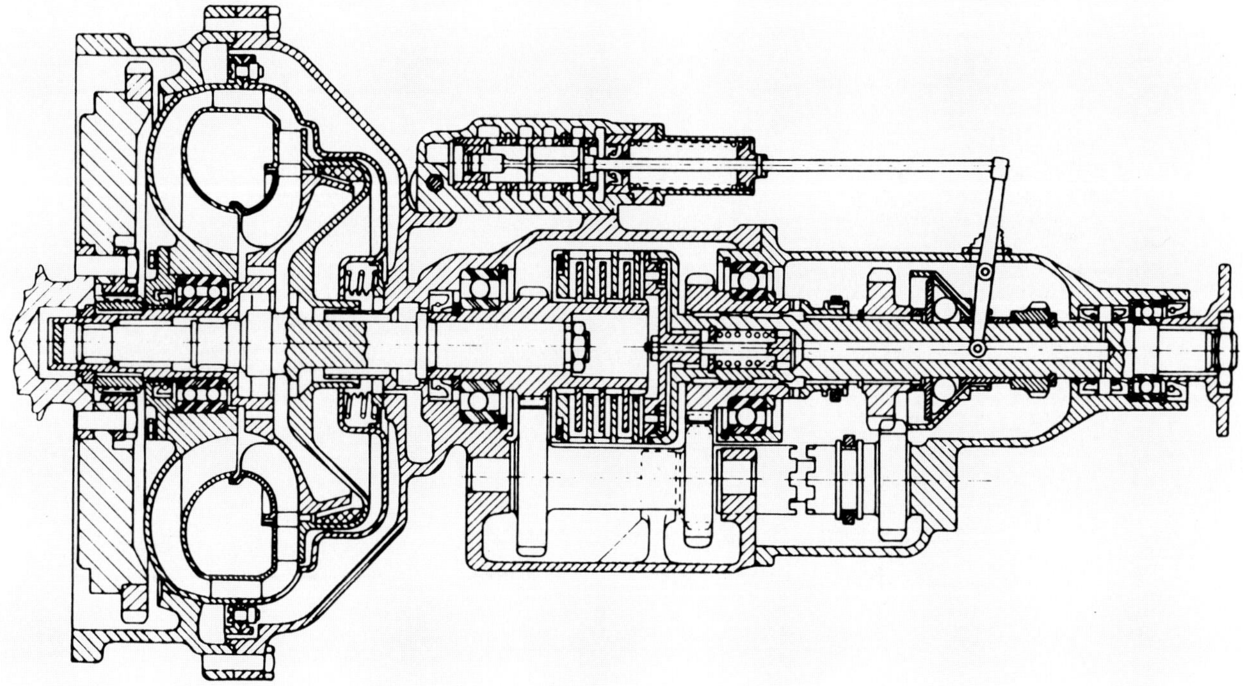

Hansamatic-Getriebe von Borgward (1952).

Daimler-Benz-Getriebe (1961).

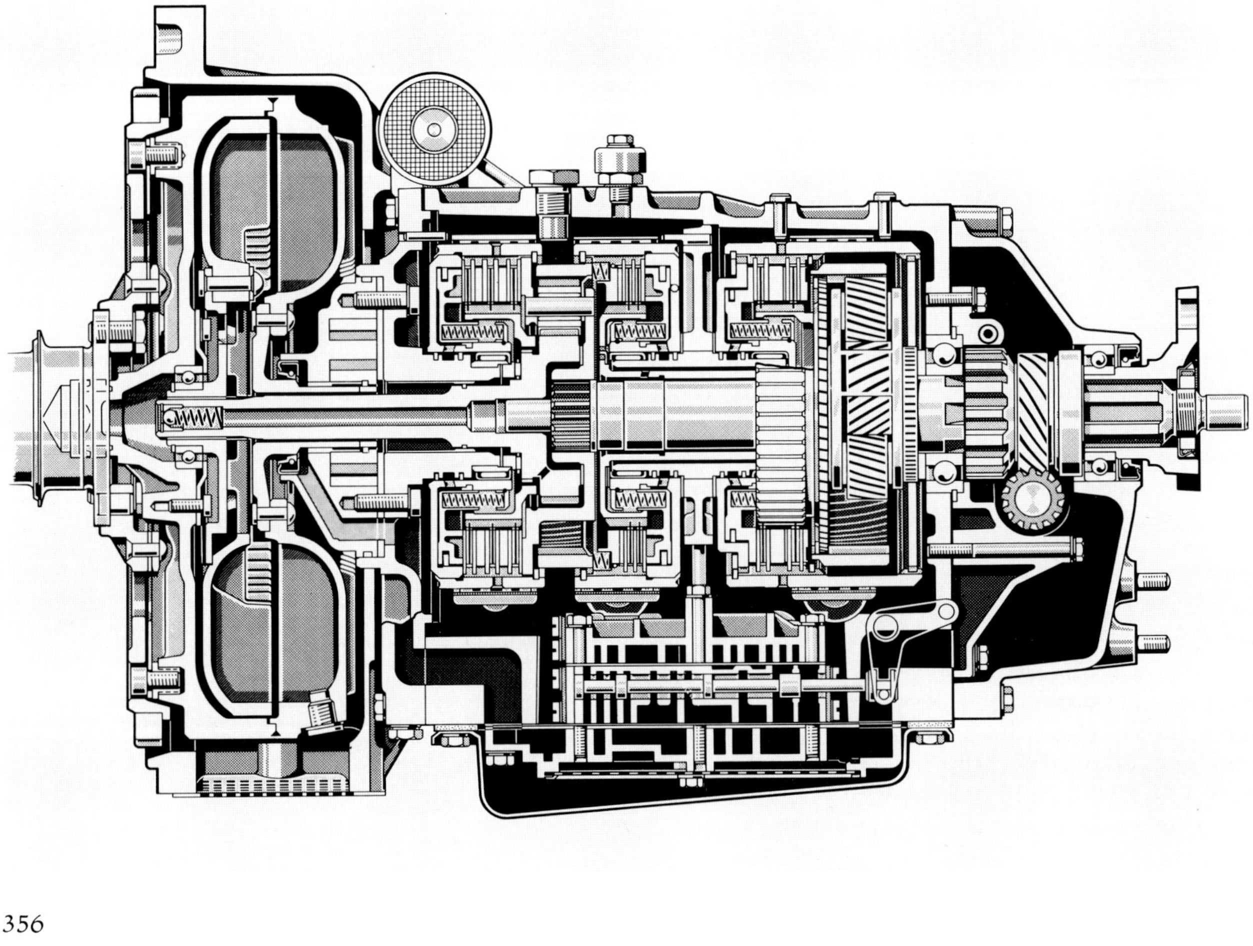

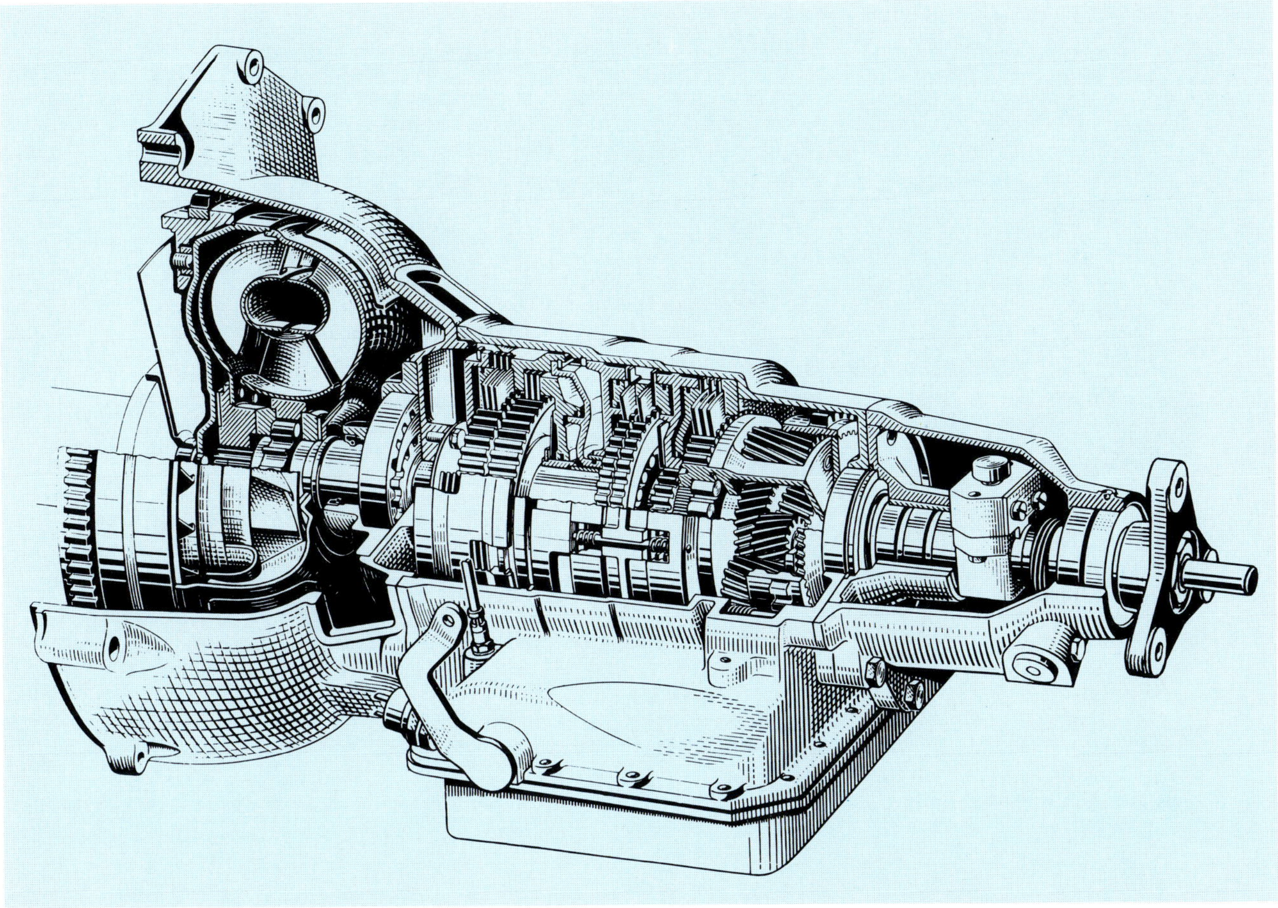

ZF-3-Gang-Automatgetriebe (1963).

den Schrittmacherdienste für die Entwicklung und den Bau von Pkw-Automat-Getrieben in Europa geleistet.
1963 folgte die ZF mit Automat-Getrieben, die für europäische Mittelklasse-Wagen ausgelegt waren. Sie bestanden aus Trilok-Wandler und Dreigang-Planetengetriebe, das später den Simpson-Satz mit Antrieb über das Hohlrad und somit günstigere Abmessungen erhielt, um mit dem gleichen Einbauvolumen wie bei Handschaltgetrieben auszukommen. Neu war bei den ZF-Getrieben, daß für alle Kupplungen und Bremsen für die Schaltung der Gänge des Planetengetriebes die Lamellenbauweise angewendet wurde, und daß alle Gänge über Freiläufe geschaltet wurden. Somit waren alle Möglichkeiten zur Erzielung hoher Schaltqualität genutzt.
Guten Wirkungsgrad versprach ein hydrodynamischer Wandler von Hobbs 1967 unter der Bezeichnung „VKD" (Variable Kinetic Drive). Die Grundprinzipien: Leistungsteilung durch Einschaltung eines Kegelrad-Planetengetriebes (äußere Leistungsverzweigung) und Verwendung von zwei Turbinenstufen im Wandler, die über ein Stirnrad-Planetengetriebe zusammengeschaltet sind (innere Leistungsverzweigung). Die außenliegenden Turbinenstufen waren zudem noch mit Schaufelverstellung versehen, die durch Fliehgewichte gesteuert wurden. Durch diese Verbesserung der Anströmung des Turbinenrades verringerte man Strömungsverluste des Wandlers im Anfahrbereich.

Hobbs-Getriebe mit Leistungsteilung; schematisch.

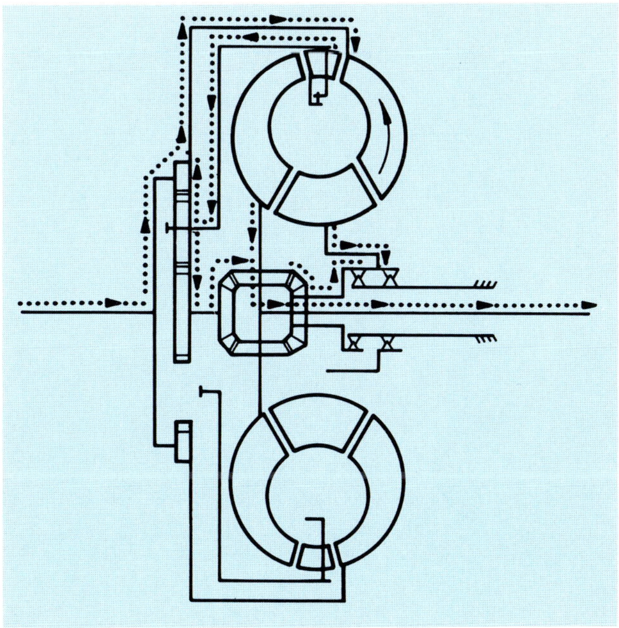

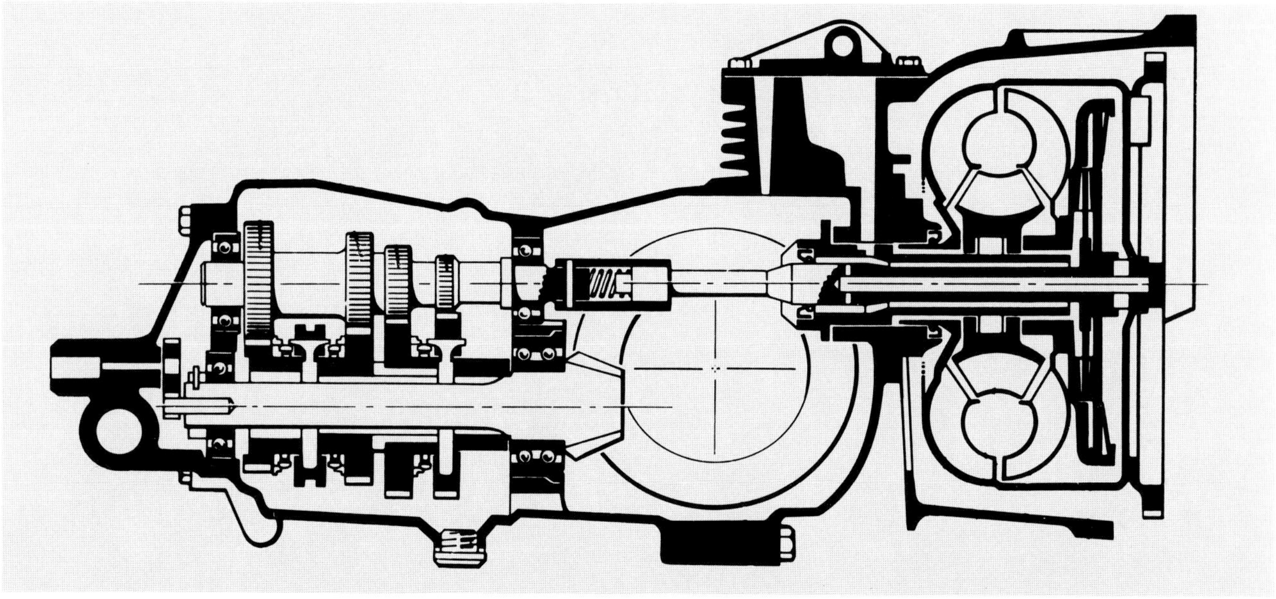

Wandler-Schaltkupplung und Synchron-Handschaltgetriebe (Simca-Ferodo-Getriebe).

Automatgetriebe mit Trilok-Wandler für Vorderradantrieb (VW).

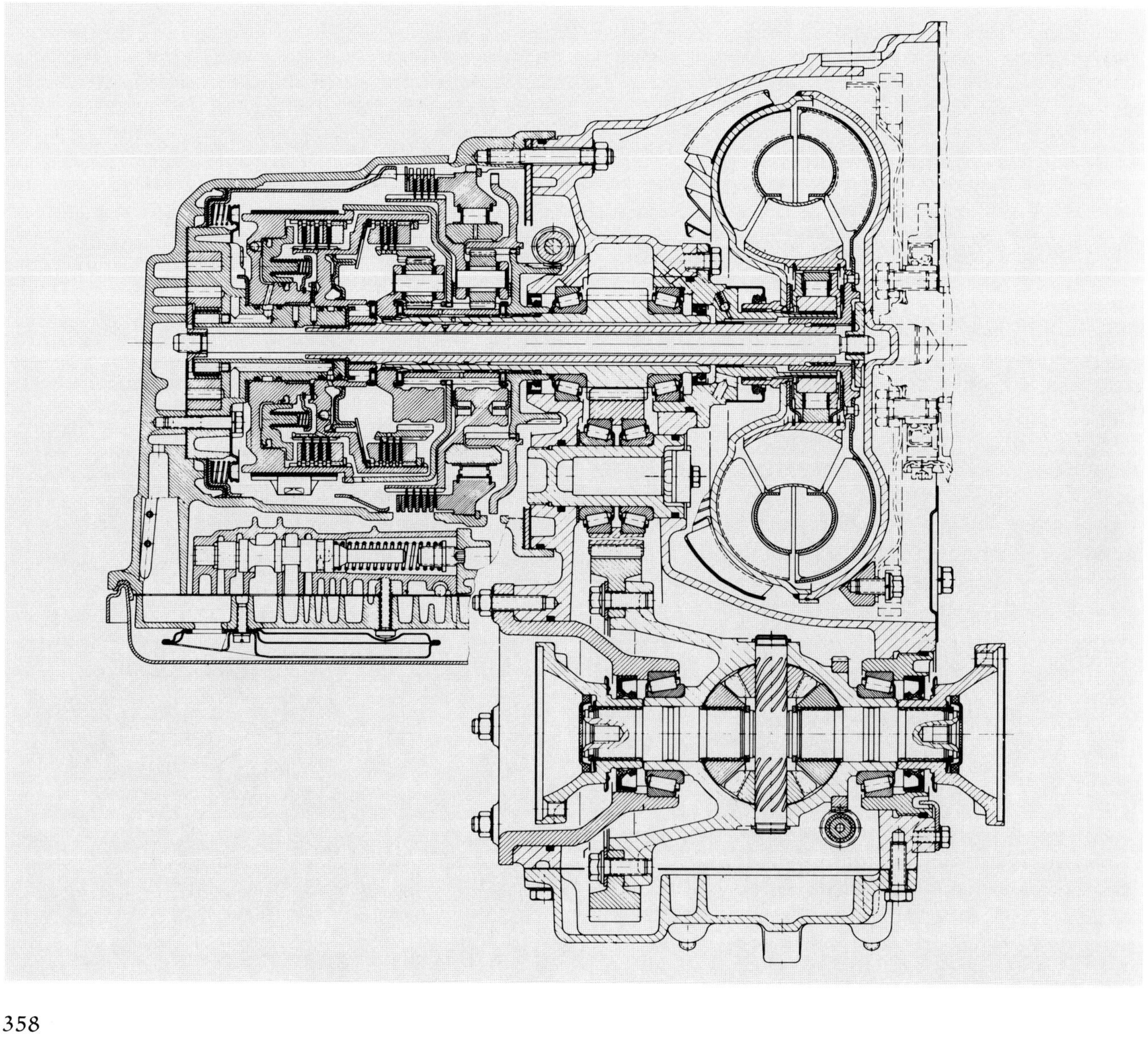

Während sich Automatgetriebe in den sechziger Jahren in den USA längst durchgesetzt hatten, stießen sie in Europa bei den Käufern von Mittelklasseautos auf erhebliche Zurückhaltung. Zu hoher Anteil an den Fahrzeugkosten und zu hoher Verlust sowohl an Wirtschaftlichkeit als auch an Fahrleistung waren die Gründe. Bei den Fahrzeugen der Oberklasse spielten diese Argumente hingegen kaum eine Rolle: In diesem Fall nahm der Anteil der Automat-Getriebe ähnlich wie in den USA auf etwa 90% zu.

Für Mittelklasse-Wagen stellte sich vordergründig die Aufgabe nach kostengünstigen Lösungen, um die größte Hemmschwelle für eine Markteinführung zu überwinden. Eine Teilautomatik bot diese Möglichkeit. Hierbei kam eine Erleichterung für den Fahrer nur beim Anfahren zur Geltung, bewirkt durch einen Föttinger-Trilok-Wandler. Bei Simca-Ferodo (1960) wurde das synchronisierte Dreiganggetriebe von Hand geschaltet. Hierfür war eine pneumatisch betätigte Trennkupplung notwendig, die bei Berühren des Schalthebels den Leistungsfluß unterbrach. Im Prinzip konnte in jedem Gang angefahren werden. Der Wandler stellte in jedem Gang den Leistungsfluß sicher — allerdings nicht mehr mit guten Wirkungsgrad. Dabei erwärmte sich die Wandlerflüssigkeit zu stark. Diese Lösung konnte sich im Pkw nicht durchsetzen.

Automat-Getriebe mit Trilok-Wandler und Dreigang-Planetengetriebe wurden nahezu von allen Herstellern gewählt, auch bei vorderradangetriebenen Fahrzeugen. Eine Besonderheit stellt das Automat-Getriebe von Automotive Products dar, das in einer Viergang-Ausführung ab 1966 in den Austin/Morris-Modellen Mini 1100/1300 und Maxi angeboten wurde sowie mit drei Vorwärtsstufen von Lancia verwendet wird. Das Planetengetriebe aus verschachtelten Kegelrädern bietet den Vorteil sehr geringen Raumbedarfs. Bei den Modellen des britischen Herstellers war das Automatgetriebe in der Ölwanne unter dem Motor angeordnet.

Einige der um die gleiche Zeit geschaffenen Getriebekonstruktionen erreichten durch Leistungsverzweigung guten Wirkungsgrad. Im Anfahrbereich übernimmt bei ihnen der Wandler die Kraftübertragung und gibt sie an den mechanischen Leistungszweig ab. Im letzten — vierten — Gang, der als Schnellgang ausgelegt ist, wird die Leistung nur noch mechanisch übertragen.

Von den sechziger Jahren an gab es Automat-Getriebe auch in Japan. Die amerikanischen Hersteller von Getrieben dieser Art hatten Lizenzen vergeben und sich an Gemeinschaftsunternehmen in Japan beteiligt. Dementsprechend lehnen sich die Konstruktionen japanischer Automat-Getriebe stark an die amerikanischen Vorbilder an. Mit den neuen Ausführungen haben japanische Hersteller heute in der technischen Entwicklung aufgeschlossen.

Honda verfolgte einen eigenen technischen Kurs. Die erste Konstruktion (1972) war ein Halbautomat mit Trilok-Wandler und Zweiwellen-Zahnradgetriebe, dessen zwei und später drei Fahrstufen durch

Automatgetriebe, im Motorblock integriert, mit AP-Kegelrad-Planetengetriebe (Austin/Morris).

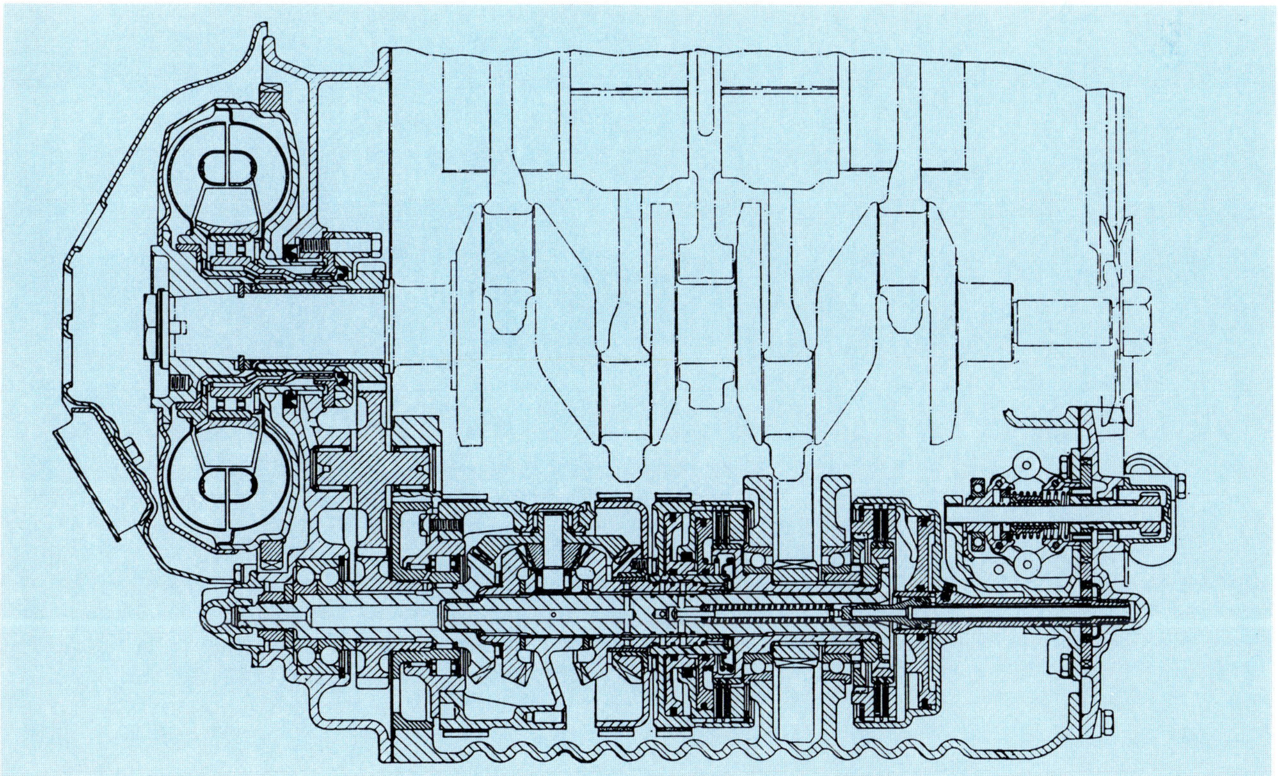

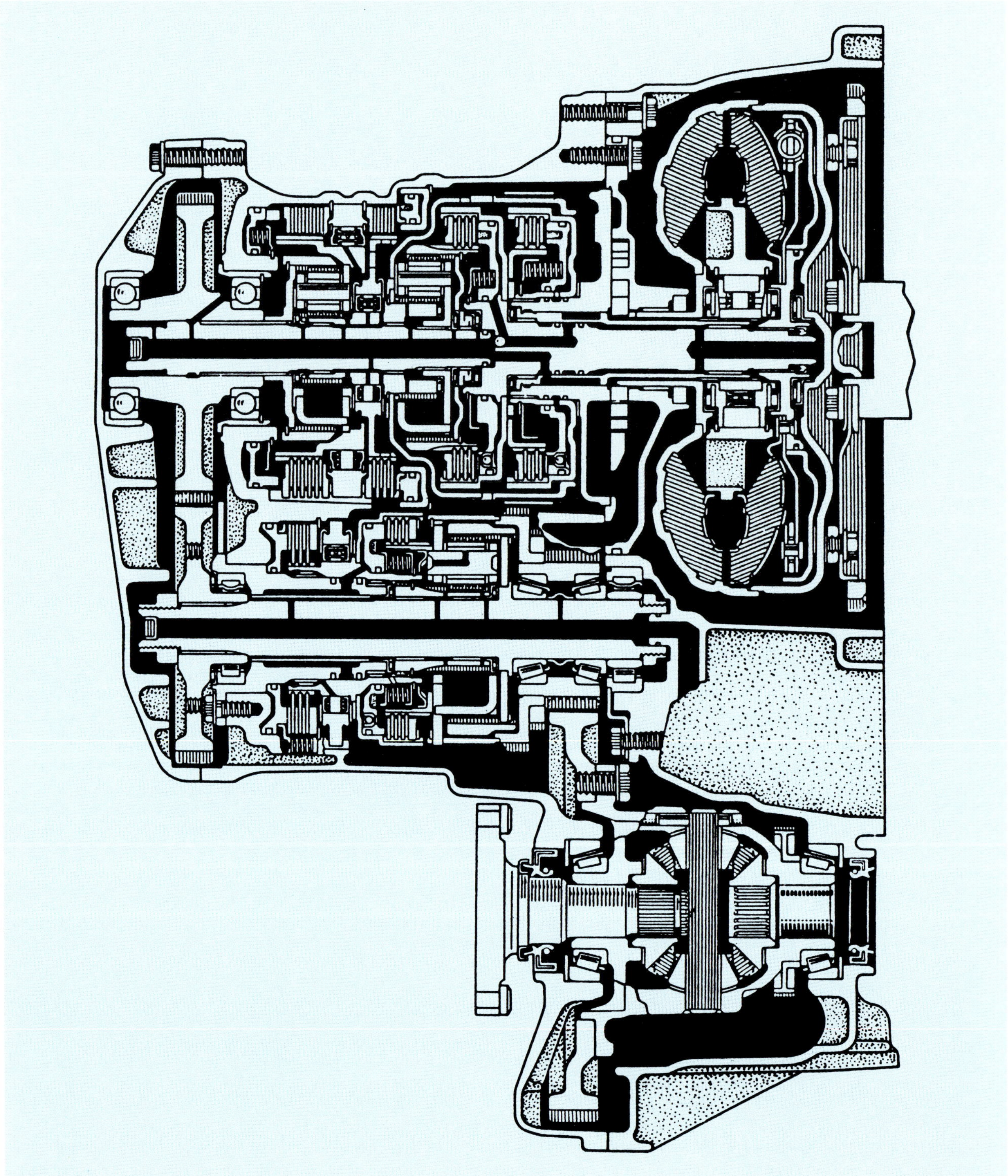

Toyota-Automatgetriebe.

hydraulisch beaufschlagte Lamellenkupplungen geschaltet wurden. Die neueste Ausführung ist ein kompaktes Vollautomatgetriebe mit vier Vorwärtsstufen nach dem gleichen Prinzip mit Wandlerüberbrückung.
Einige Automat-Getriebe neuer Ausführungsformen sind mit elektronischer Steuerung ausgestattet. Sie erlaubt die Wahl verschiedener Schaltprogramme. Tieferliegende Schaltpunkte ordnen den jeweiligen Fahrgeschwindigkeiten höhere Gänge zu mit der Folge geminderter Motordrehzahlen und geringerem Kraftstoffverbrauch. Höhere Schaltpunkte zielen auf lebhaftere Beschleunigungsfähigkeit. Ein drittes Programm gestattet, jeden Gang des Schaltgetriebes im Bremsbetrieb auch manuell anzuwählen.

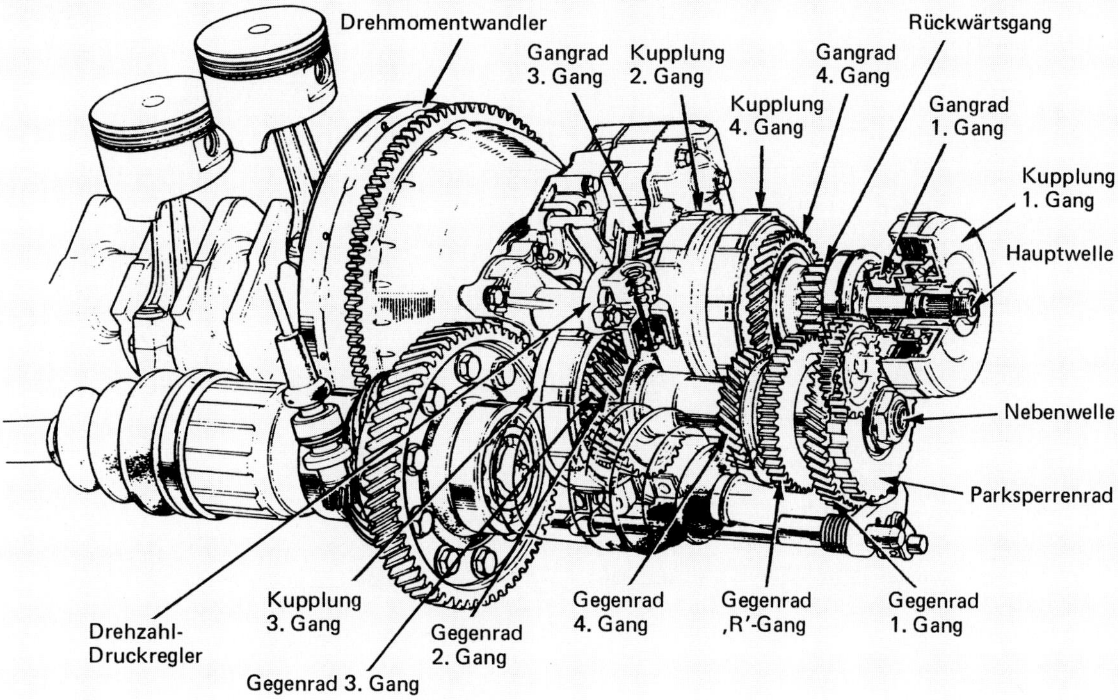

Viergang-Automatgetriebe von Honda mit Wandlerüberbrückung und Lamellen-Schaltkupplungen.

Die hydrostatische Leistungsübertragung

Die Näh-, Strick- und Werkzeugmaschinenfabrik Pittler in Leipzig baute 1898 einen Kraftwagen mit hydraulischem Getriebe. Dieses „Hydromobil" wurde 1906 auf der Internationalen Automobil-Ausstellung in Berlin gezeigt. Der Motor trieb unmittelbar eine Flügelpumpe (Kapselwerk) an, die drei parallel liegende Rotoren mit verschiedenen Hubvolumina hatte. Auf der Hinterachse des Fahrzeuges wurde je-

Pittlers „Hydromobil" mit hydrostatischem Antrieb (1906).

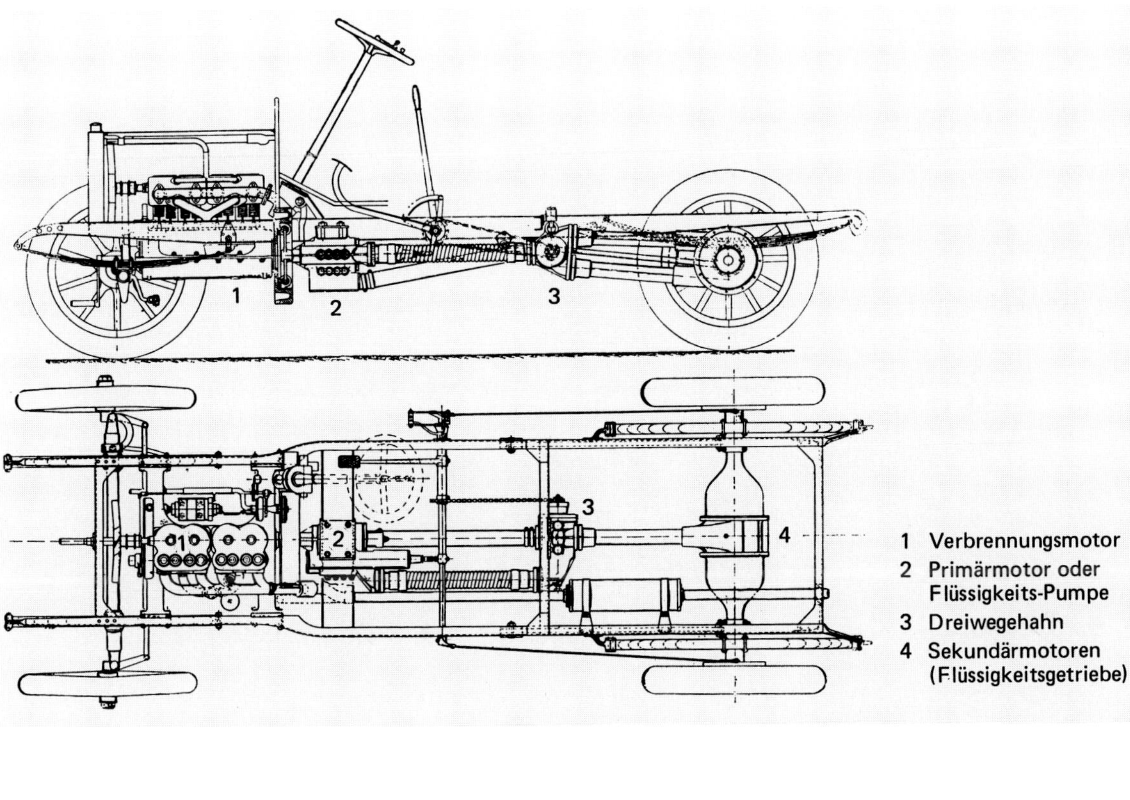

des Rad von einem Hydromotor mit der Druckflüssigkeit angetrieben. Ein Differential erübrigte sich. Durch Umschaltung eines Drei-Wege-Hahns konnten die Rotoren der Pumpe einzeln oder in Kombination so auf die Hydromotoren wirken, daß fünf Geschwindigkeitsstufen eingestellt werden konnten — für Vorwärts- als auch für Rückwärtsfahrt. Der Drei-Wege-Hahn konnte so eingestellt werden, daß er den Flüssigkeitsumlauf drosselte. Auf diese Weise war Bremsbetrieb im Gefälle oder bei Verzögerung möglich, wenn die Sekundärseite an den Rädern als Pumpe wirkte. Stufenlosigkeit der Drehmomentwandlung gab es bei diesem System noch nicht. Sie wurde erst später als Entwicklungsziel aufgegriffen.

Auch Versuche mit Leistungsverzweigung blieben beim Straßenfahrzeug erfolglos, obwohl es damit gelang, den Wirkungsgrad bei hohen Abtriebsdrehzahlen zu verbessern. Heute gibt es die hydrostatische Leistungsübertragung in Antrieben von Flurförderfahrzeugen und Arbeitsgeräten, also dort, wo kleine Fahrgeschwindigkeiten (Drehzahlen) und hohe Zugkräfte (Drehmomente) vorherrschen.

Achsantrieb

Zahnradvorgelege und Kette hatten zu Beginn der Motorisierung für die Übersetzung im Endantrieb zu sorgen. Die Kette war vom Dampfwagen her bekannt und erprobt. Den Kegelradtrieb gab es schon beim ersten Benz-Wagen, aber als Kraftübertragungsglied vor dem Schaltgetriebe, nicht als Endstufe. Die heutige klassische Lösung des Kegeltriebs in der Endstufe entstand, als Renault 1898 die Kardanwelle einführte und die Kraftumlenkung im Hinterachsgetriebe stattfand.

An diesem Prinzip hat sich bis heute nicht viel geändert. Hypoidlösungen mit aus der Achsmitte tiefergesetztem Ritzel kamen in den dreißiger Jahren in den USA und auch in Europa auf, um den Wagen tiefer legen zu können. Auch als man bei Daimler-Benz um 1930 die Einzelaufhängung der hinteren Räder einführte und das Differentialgehäuse fest im Rahmen gelagert wurde, änderte sich bei den Kegelrädern nichts Wesentliches.

Bei frontangetriebenen Fahrzeugen, die 1898 Graef in Wien und ein Jahr später Latil in Frankreich bauten, wurde die Endstufe zu den getriebenen Rädern als Zahnradvorgelege ausgeführt und die Kraftübertragung auf die Räder jeweils über Gelenke vorgenommen. Diese Anordnung hatte dann 1934 durch Citroen (Traction Avant) Eingang in die Großserie gefunden. Durch Anordnung des Schaltgetriebes vor der Vorderachse konnte hier erstmals die Achslastverteilung verbessert werden. Zur gleichen Zeit hielten Hersteller wie Adler oder Stoewer noch an dem Prinzip der in der Reihenfolge Differential — Getriebe — Motor aneinandergesetzten Komponenten fest. 1959 wurde mit dem BMC Mini das raumsparende Konzept des Quermotors eingeführt. Das Getriebe wurde unter dem Kurbelbetrieb angeordnet — dies war eine Bauart, die später allerdings nur noch bei einigen Peugeot-Modellen auftrat. Seither hat sich die Bauweise mit Quermotor weltweit in der kleinen und mittleren Klasse durchgesetzt, doch meist mit außermittig plaziertem Motor, an der Schwungradseite angeflanschtem Getriebe und an der Rückseite des Triebwerkblocks angesetztem Differential.

Es gelang, Automat-Getriebe trotz größerer Baulänge in kompakten Vorderradantrieben mit integriertem Differential unterzubringen. Der hydrodynamische Wandler sitzt am Motor und ist mit dem

Ketten-Achsantrieb als Endstufe um 1900.

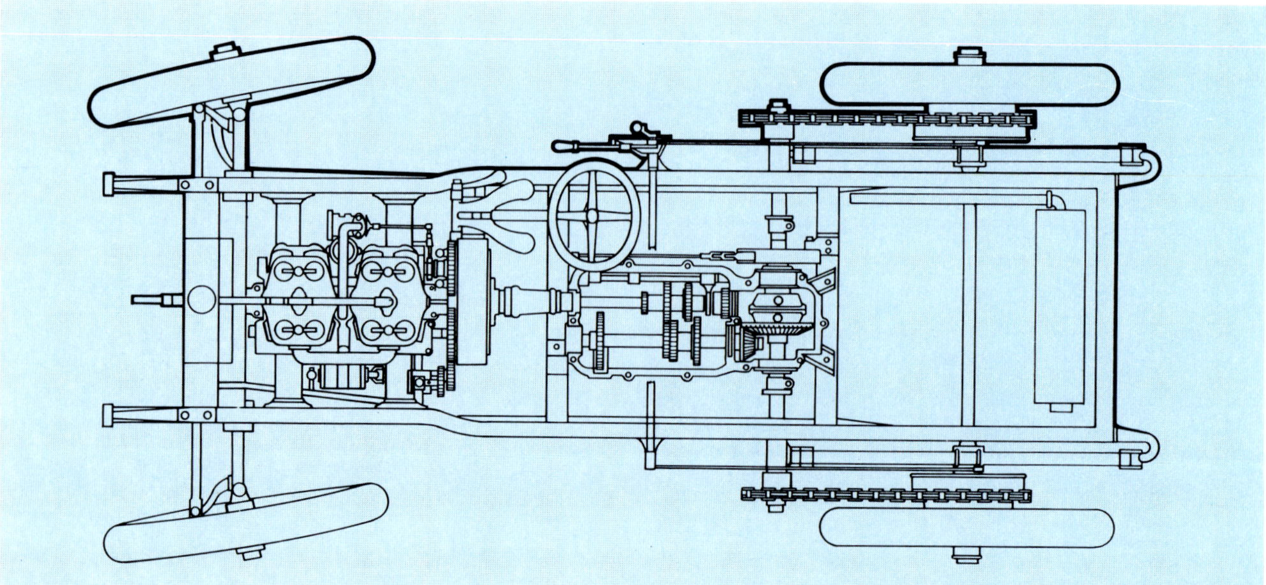

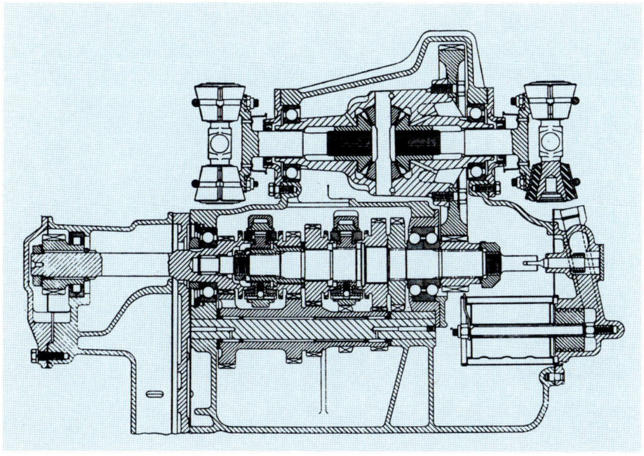

Triebwerk des BMC Austin; Schaltgetriebe und Achstrieb integriert (1959).

Schaltgetriebe über Zwischenräder oder Kettentrieb verbunden.
Selbstsperrdifferentiale gab es zunächst bei geländegängigen Nutzfahrzeugen. Anfangs wurde die Sperrwirkung durch eine schwergängige Verzahnung der Ausgleichräder des Differentials erzielt. Diese sollten bei einer plötzlich einsetzenden Ausgleichbewegung, z. B. beim Durchdrehen eines Rades, den Ausgleich behindern. Eine ähnliche Wirkung liegt der Torsen-Differentialbremse zugrunde, bei der die Innenreibung durch steilgängige Schraubenräder erreicht wird. Später kamen Klemmkörper zwischen dem Käfig und den Kegelrädern des Differentials auf, die bei einer Ausgleichbewegung einen Bremseffekt bewirkten. Danach wurde diese Funktion von Lamellenbremsen übernommen, die eine definierte und veränderbare Sperrwirkung im Differential erlaubten.
In jüngster Zeit findet das „Visco-Differential" von GKN-Ferguson starke Beachtung, dessen beeinflußbare Sperrwirkung über die Scherbeanspruchung in einer synthetischen Flüssigkeit erreicht wird. Mit dem Grad der Befüllung des Differentialgehäuses kann die Sperrwirkung in Abhängigkeit von der Differenzdrehzahl zwischen Käfig und Kegelräder eingestellt werden. Solche Flüssigkeiten weisen mit zunehmender Scherbeanspruchung zunehmende Zähigkeit auf und können schließlich die Lamellen nahezu starr miteinander verbinden.
In jüngster Zeit gewann der Allradantrieb bei Personenwagen erheblich an Bedeutung. Von Jensen (England) wurde 1966 das erste Serienmodell (Jensen FF) mit von Ferguson entwickeltem, permanentem Allradantrieb herausgebracht. Auch Audi entschied sich für den ständig eingeschalteten Antrieb aller Räder (Modell Quattro 1980). Ausgehend vom Frontantrieb mit dem Motor in Längsrichtung vor der Vorderachse ist bei Audi das Zwischendifferential im Schaltgetriebe hinter der Vorderachse untergebracht, während Porsche beim „959" mit hinter der Hinterachse eingebautem Motor und Getriebe vor

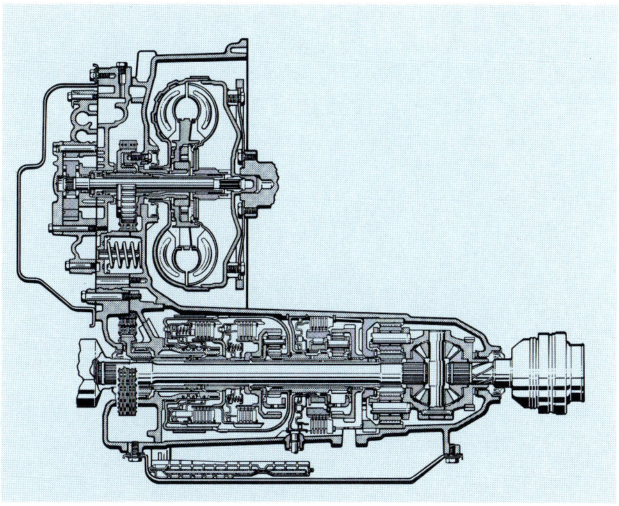

Automatgetriebe mit vor dem Getriebe angeordnetem Wandler (Opel).

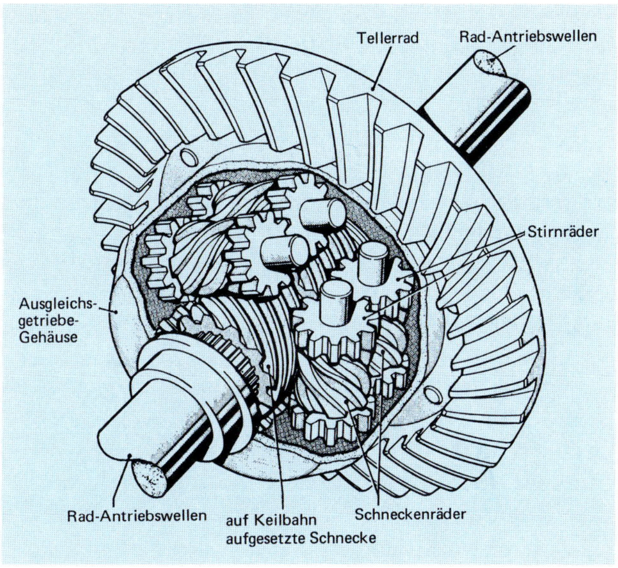

Torsen-Differentialbremse.

Selbstsperrdifferential mit Klemmkörpern.

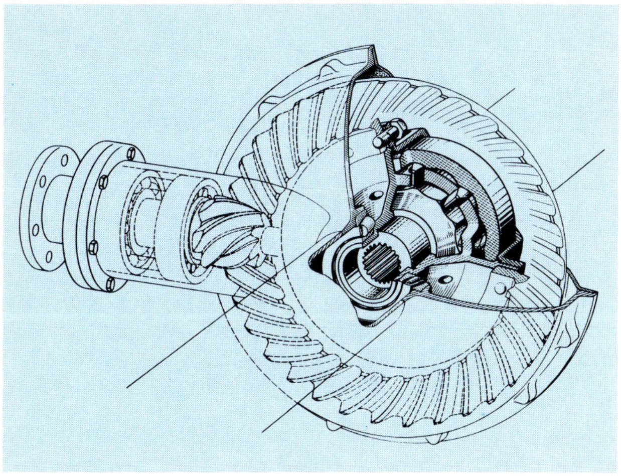

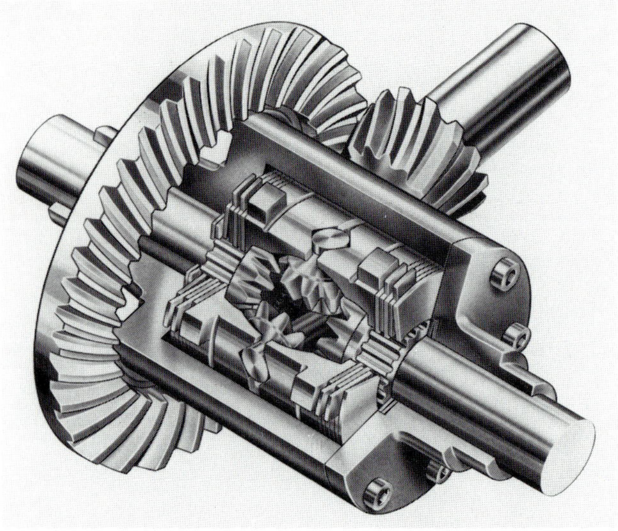

Selbstsperrdifferential mit Lamellenbremsen.

Visco-Sperrdifferential.

der Hinterachse das gleiche Prinzip, lediglich um 180 °C gedreht, verwendet. VW und andere verfolgen einen zweiten Weg, bei dem das Zwischendifferential durch eine Visco-Kupplung ersetzt wird.
Parallel dazu entstanden zunächst in Japan vereinfachte, zuschaltbare Allradantriebe, die ohne Zwischendifferential ausgeführt sind. Der Antrieb der zweiten Achse wird nur bei schwierigen Wegeverhältnissen zugeschaltet, auf trockener Fahrbahn aber wieder getrennt. Meist wesentlich preiswerter, verfügen diese Konstruktionen oft über eine zusätzliche Übersetzungsstufe für den Radantrieb, die langsamste Fahrt im Gelände erlaubt.
Zur Traktionsverbesserung bei Schnee, Eis und im Gelände kann bei allen gängigen Ausführungen das Hinterachs- und wenn vorhanden auch das Zwi-

Zuschaltbarer Hinterradantrieb an einem Quermotor (Honda).

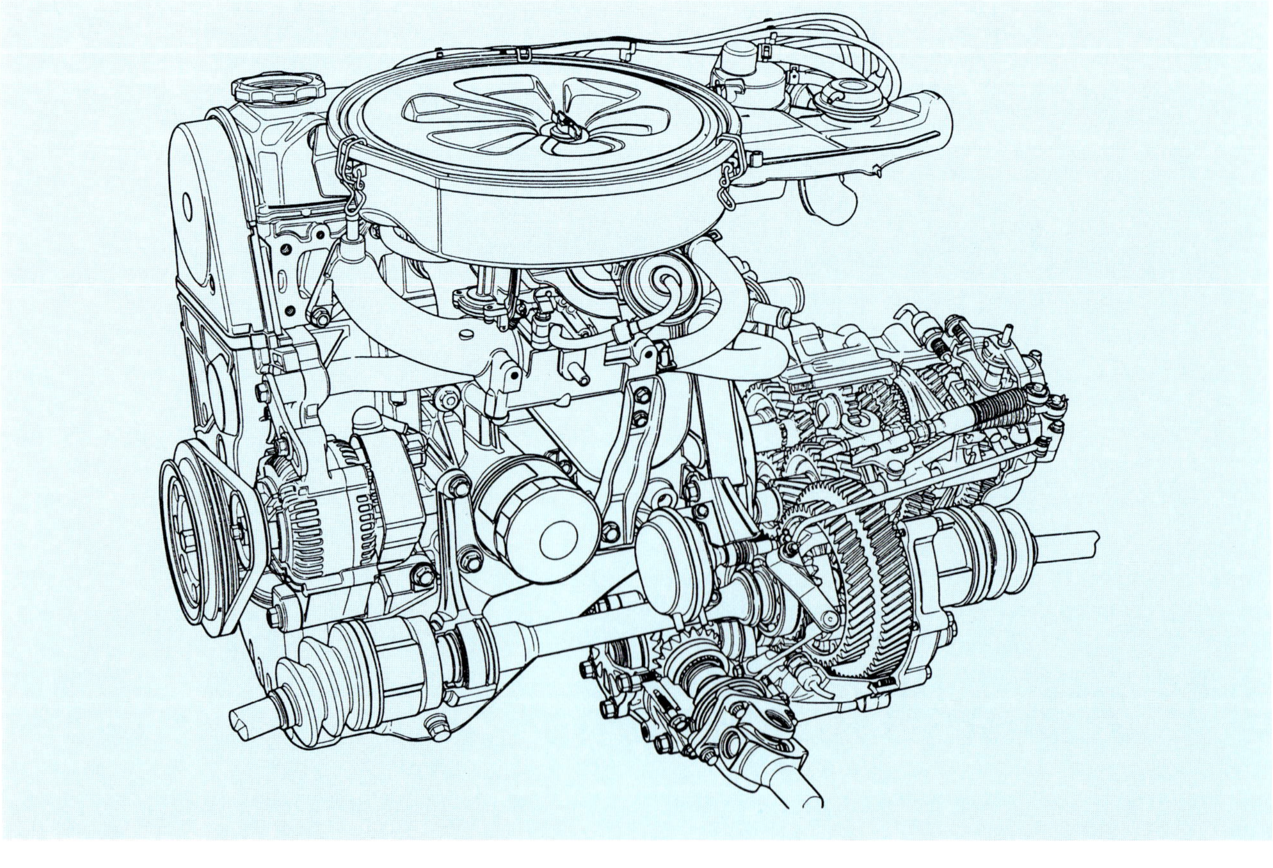

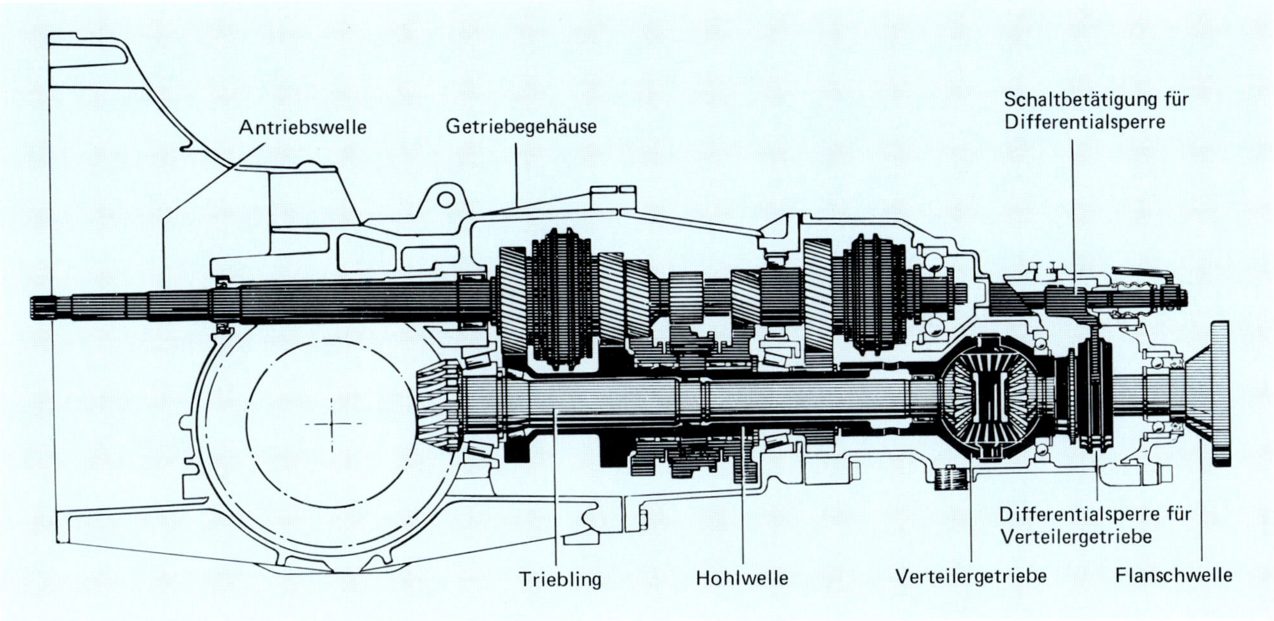

Permanenter Allradantrieb mit in das Getriebe integriertem Verteilerdifferential von Audi.

schendifferential gesperrt werden. Bei neueren Ausführungen des zuschaltbaren Antriebs der zweiten Achse erfolgt die Zuschaltung bei zunehmender Drehzahldifferenz zwischen Vorder- und Hinterrädern. Diesbezüglich eröffnen sich aussichtsreiche Anwendungen für elektronische Steuerhilfen.

Allradantrieb mit Planetengetriebe und Kettentrieb.

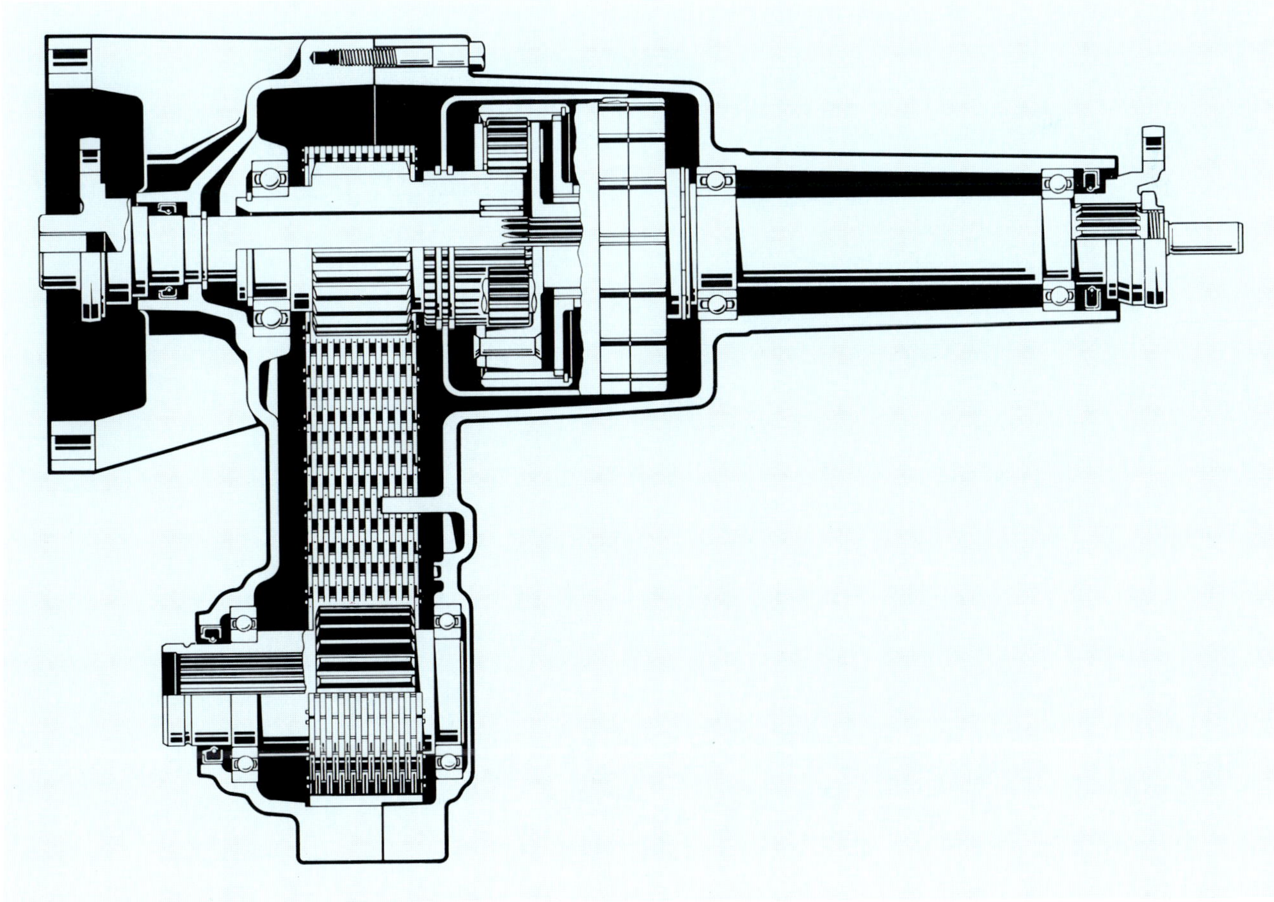

Fahren – Lenken – Federn

Ohne Fahrwerk fährt kein Auto

Als Benz sein Dreirad und Daimler zusammen mit Maybach ein Motorrad bauten, die heute als erste, echte Kraftfahrzeuge gelten, gab es bereits schienenunabhängige Straßenfahrzeuge: Fahrrad, Pferdekutsche und Dampfwagen. Der Luftreifen mußte erst entwickelt werden, die Straßen waren weitgehend unbefestigt, und Erfahrungen mit schnellaufenden Fahrzeugen fehlten völlig.
Sowohl Benz als auch Daimler sahen ihre Hauptaufgabe darin, zunächst Motoren zu entwickeln, die sich für den Einbau in Straßenfahrzeuge eigneten. Erst danach bauten sie die Fahrzeuge, die in Handwerksmanier mit den bescheidenen Mitteln jener Zeit hergestellt wurden. Aus heutiger Sicht waren die Fahrwerke der ersten Fahrzeuge primitiv, doch sie erfüllten durchaus ihren Zweck.
Bis zur Jahrhundertwende sorgten eine Vielzahl von Erfindungen und Entwicklungen dafür, daß sich die Automobile auf immer längeren Strecken fortbewegen konnten: der Luftreifen durch Michelin, die Einführung der Achsschenkellenkung durch Panhard & Levassor, Peugeot, später Benz und schließlich Daimler, die Kardanwelle durch Renault, bessere Achsführungen, bessere Federungen, der Übergang zu hochwertigen Stählen für Achsen und Rahmen und anderes.
Aber auch die Absenkung des Fahrzeugschwerpunktes, veränderte Achslasten und verbesserte Lenkungen beeinflußten die Fahreigenschaften der Automobile erheblich. Dennoch hinkte die Fahrwerkentwicklung den Fortschritten an Motoren und Karosserien nahezu 100 Jahre hinterher, und so waren die Automobile bis in die Neuzeit immer schneller, als dies ihre Fahrwerke vertrugen.
Erst innerhalb der letzten 20 Jahre holte das Fahrwerk gewaltig auf, und heute verfügen selbst Kleinwagen über Fahreigenschaften, von denen die Konstrukteure aufwendiger Sportwagen noch vor wenigen Jahrzehnten nicht einmal zu träumen wagten.
Die methodische Auswahl und Optimierung des Fahrwerks wurde erst möglich, nachdem experimentelle und theoretische Erkenntnisse der Fahrzeugtechnik zusammengetragen waren. Heute vermag der Konstrukteur durch computerunterstützte Konstruktions- und Berechnungsverfahren sowie gezielte Auswahl technischer Konzepte konstruktive Lösungen zu treffen. Trotzdem ist die Aufgabe des Fahrwerkkonstrukteurs nicht leichter geworden; denn mit den technischen Möglichkeiten sind auch die Anforderungen an das Fahrwerk und dessen Bedeutung im Rahmen der Fahrzeugentwicklung gestiegen. So hat die Fahrwerkentwicklung heute einen beachtlichen Anteil an den Gesamtentwicklungskosten eines Fahrzeuges.

Schwieriger Anfang

Die Evolution des Fahrwerks begann lange vor der Geburtsstunde des Automobils mit der Erfindung des Rads. Historisch nachgewiesen ist, daß die Sumerer um 3000 v. Chr. mit dem Einachswagen eine Fahrzeuggattung besaßen, die mit ihren fest an den Aufbau gelagerten Rädern in Form der indischen Ochsenkarren bis heute besteht. Zweiachsfahrzeuge mit ebenfalls starrer Radaufhängung sowie gelenkter Drehschemel-Vorderachse wurden u. a. von den Römern benutzt und fanden selbst in Europa bis in die Neuzeit Anwendung.
Abbildungen aus dem frühen Mittelalter weisen darauf hin, daß die Lenkbarkeit über viele Jahrhunderte vergessen war, bis sie etwa um 1500 erneut erfunden wurde. Damals entstanden auch die ersten Kutschen. Deren Weiterentwicklung kam in den folgenden Jahrhunderten nur langsam voran, denn ihre Geschwindigkeit wurde durch das Pferd bestimmt und ihre Bauweise durch die zur Verfügung stehenden Baumaterialien, bei denen das Holz dominierte.
Der zunehmende Personentransport mit steigenden Anforderungen an Komfort und Spurhaltung bei angehobenen Geschwindigkeiten förderte schließlich die Evolution der Kutschenfahrwerke. So wurden die Kutschenkabinen zunächst mit Ketten oder Lederriemen (1500) und später über metallische C-Federn (1700) am Fahrwerkrahmen aufgehängt. Ge-

9

gen 1800 entstanden die ersten vollelliptischen Blattfedern.
Abgesehen von den teilweise sehr fortschrittlichen Fahrwerken der Dampfwagen des 19. Jahrhunderts, von denen einige schon über unabhängige Radaufhängungen verfügten, waren die Kutschenfahrzeuge die Ausgangsbasis der Fahrwerkstechnik beim Automobil. Ebenfalls von Bedeutung war die Technik des bereits zum Gebrauchsgegenstand entwickelten Fahrrads, dessen Steuerkopflenkung und Speichenräder sich Benz 1885 beim Bau des Motor-Wagens bediente. Auch der Rahmen war nach Art des Fahrrads aus Stahlrohr gefertigt. Die angetriebene Hinterachse wurde über Vollelliptik-Blattfedern und zusätzliche Längslenker geführt.
Daimlers erstes Automobil von 1886 entstand dagegen aus einer Kutsche, die um eine Lenkvorrichtung erweitert wurde, und deren Hinterräder über ein Riemengetriebe motorisch angetrieben wurden. Die Federung aus vollelliptischen Blattfedern wurde übernommen, und die stahlbandbereiften Holzspeichenräder waren unter positivem Sturz am Achsträger gelagert. Bei senkrecht angeordnetem Rad bestand die Gefahr, daß die Radnabe gegen die Radmutter lief, und diese konnte sich lösen. Zum Ausgleich des positiven Sturzes hatten die Räder eine schüsselähnliche Form, so daß die belasteten Speichen senkrecht zum Boden zeigten (Speichensturz).
Trotz der zunächst niedrigen Reisegeschwindigkeit des Kutschenwagens von etwa 10 km/h war die Auslegung der Lenkung nur schlecht gelöst. Bedingt durch den großen Hebelarm der Drehschemellenkung entstanden beim Überfahren einseitiger Hindernisse für den Fahrer nur schwer beherrschbare Lenkkräfte an der Lenkpinne; diese wurde dadurch zum gefährlichen Schlaginstrument.
Benz ging beim Patent-Motorwagen diesem Problem durch Verwendung eines einzelnen, nach dem

Römerwagen mit Drehschemel-Lenkung.

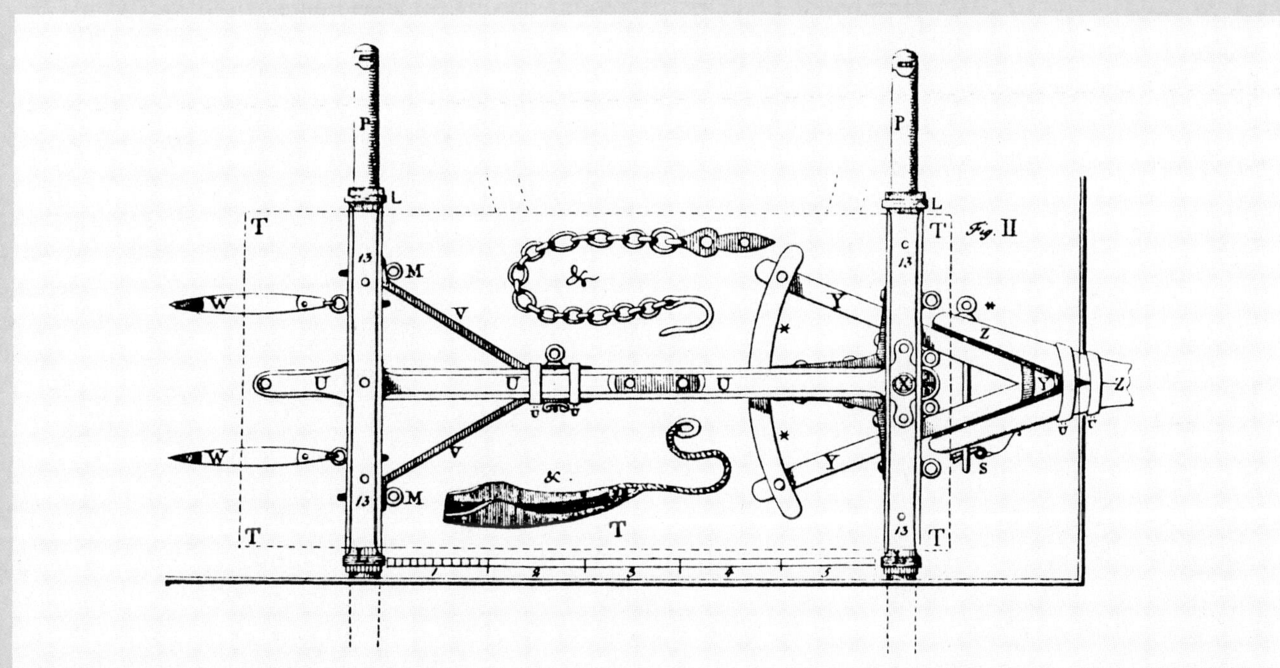

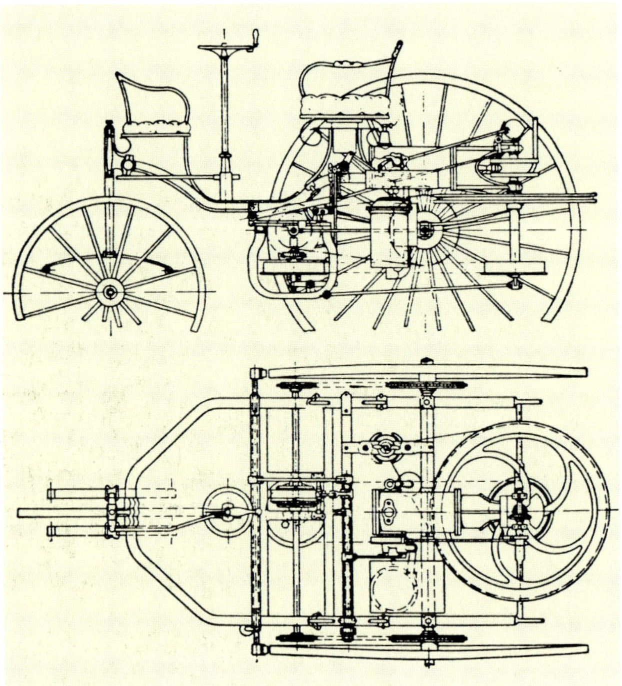

Benz-„Motorkutsche".

Steuerkopfprinzip gelenkten Vorderrades aus dem Weg. Ein Nachteil war allerdings die geringe Kippstabilität, so daß Maybach schließlich 1889 mit dem Stahlradwagen ein vom Kutschenbau gelöstes Automobilchassis entwickelte; hierbei ließ er sich ebenso wie Benz von der Fahrradtechnik leiten.
Maybach übertrug die Bewegung der Lenkpinne über einen V-förmigen Lenkstockhebel und zwei Spurstangen auf die Vorderradgabeln. In Unkenntnis der schon 1818 in England patentierten Ackermann-Lenkung, bei der sich die Kursradien der einzelnen Räder in einem Punkt schneiden, um Verspannungen der Vorderräder und der Achse zu vermeiden, spurten die vollgummibereiften Stahlspeichenräder des Stahlradwagens auch bei Kurvenfahrt parallel.
Nach Ackermann hatte sich Bollée in Frankreich die Achsschenkellenkung zum zweiten Mal patentieren lassen, und Benz erhielt schließlich 1893 das (mindestens!) dritte Patent auf die gleiche Lösung. Er verwendete sie erstmals bei einem Victoria-Wagen. Trotz beträchtlich verbesserter Lenkbarkeit waren die Lenkkräfte sehr groß, so daß in der Folgezeit zunehmend Lenkgetriebe entwickelt wurden, mit de-

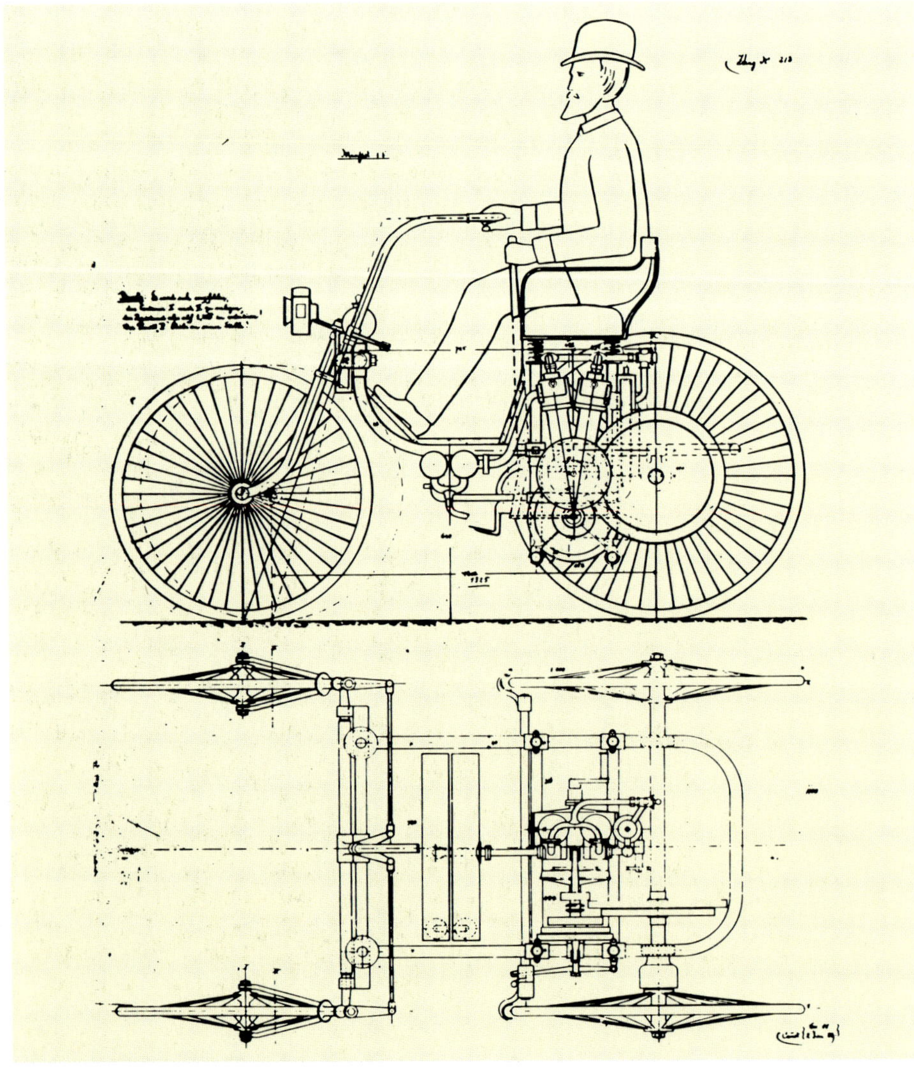

Maybach-„Stahlradwagen".

nen ab etwa 1902 praktisch jedes neue Automobil ausgerüstet war.
Inzwischen waren die Motoren leistungsfähiger und die Automobile schneller, aber auch schwerer geworden. Die überwiegend verwendeten Vollelliptik-Blattfedern ließen zwar ausreichend große Federwege zu, konnten aber die steigenden Anforderungen an die Radführung nicht mehr erfüllen.
Bei den zu Beginn des 20. Jahrhunderts noch überwiegend verwendeten Kettenantrieben führten die Federbewegungen außerdem zu veränderlichen Kettenspannungen und damit zu erhöhtem Verschleiß der Kette. Abhilfe schaffte zusätzliche Führung der Achse an Längslenkern, die in der Nähe des Antriebsritzels oder fluchtend mit diesem gelagert waren.
Technisch beachtenswerte Konstruktionen, wie z. B. die Kombination aus Gabeln und Schraubenfedern des Engländers Knight oder die Experimente von Daimler, konnten sich wegen der komplizierten Federherstellung und der fehlenden Radführungseigenschaften von Schraubenfedern vorerst nicht durchsetzen. Dagegen zeichnete sich ein Trend zur querblattgefederten vorderen Starrachse ab. Sie wurde erstmals im Peugeot Vis-à-vis von 1891 verwendet und danach bei Ford bis 1950 (auch an der Hinterachse).

Daimler-Schroedter-Wagen mit hülsengeführter und schraubengefederter Vorderradaufhängung.

Daimler-„Riemenwagen" von 1892 mit hinteren Schraubenfedern.

Bei den meisten anderen Herstellern entwickelten sich längsblattgefederte starre Achsen zur Standardradaufhängung. Die Verwendung von Blattfedern war über die Erfüllung reiner Federungsaufgaben hinaus vorteilhaft, weil die Federpakete auch zur Radführung und zur Dämpfung der Achs- und Aufbauschwingungen dienten. Mit dem 1891 entwikkelten Standardantrieb leitete Panhard & Levassor den Trend zu diesem vorteilhaften Antriebskonzept ein.

1898 führte Renault den Kardanantrieb ein. Damit änderte sich die gesamte Hinterachskonstruktion. Das Differentialgetriebe wurde in das Achsgehäuse integriert, dies erhöhte die ungefederten Massen und führte dazu, daß zusätzlich zu den Längs-, Quer- und Vertikalkräften auch noch die Antriebsmomente abzustützen waren. Renault nahm die Schubkräfte über die Blattfedern und eine Dreieckstrebe auf, die den Achskörper gleichzeitig gegen Verdrehen sicherte. Die Kardanwelle war mit zwei Gelenken und Längenausgleich ausgestattet.

Durch Erweitern des Achskörpers um ein sogenanntes Schubrohr konnte Mathieu ein Gelenk einsparen. Das Schubrohr war am Fahrzeugrahmen gelenkig gelagert, so daß die Achse um diesen Punkt schwingen konnte. Das Schubgelenk stützte sowohl die horizontalen Schubkräfte als auch die Antriebsmomente ab. Die Schubrohrkonstruktion setzte sich wegen ihrer Einfachheit schnell durch und wurde bis in die siebziger Jahre weltweit verwendet. So waren zahlreiche Ford-Modelle und in Europa die ersten kardangetriebenen Fahrzeuge von FIAT, Mercedes und Benz nach diesem Antriebskonzept gebaut.

Inzwischen hatten die Brüder Michelin, aufbauend auf den Patenten von Thompson (1845) und Dunlop (1885), den Luftreifen für Automobile entwickelt, der sich innerhalb weniger Jahre durchsetzte. Aus der Kombination niedriger Federsteifigkeiten und nahezu fehlender Dämpfungseigenschaften der Luftreifen und den erhöhten Massen der angetriebenen Hinterachsen ergab sich ein erhöhter Dämpfungsbedarf zwischen Achse und Aufbau, der durch die Eigendämpfung der Blattfederelemente nicht gedeckt werden konnte; dies erforderte den Einbau von Zusatzdämpfern.

Zunächst griff man auf die schon bekannten Reibungsdämpfer mit symmetrischer Reibungscharakteristik zurück. Gegen 1915 kamen unsymmetrische Reibungsdämpfer auf, die nach dem System der Duplex-Bremse oder als Banddämpfer arbeiteten. Hydraulische Kolbendämpfer kamen erst in den dreißiger Jahren dazu, obwohl Renault bereits 1905 mit hydraulischen Kolben- und Teleskopdämpfern experimentiert hatte.

Die Weiterentwicklung der Schwingungsdämpfer half zwar, die schweren Antriebsachsen wirkungsvoller zu bedämpfen, die Auswirkungen auf die Achseigenfrequenz aber ließen sich nur durch konsequente Gewichtsverminderung senken. Es lag deshalb nahe, den höheren Führungsaufwand der Hinterachse mit zwei Kardangelenken in Kauf zu nehmen oder einfach die Kardanwelle ohne Schubrohr frei laufen zu lassen und die Schubkräfte und Antriebsmomente allein über die Blattfedern abzustützen.

Dieses von Hotchkiss entwickelte einfache und

Hinterachse mit Kettenantrieb und Führungslenkern (Mercedes-„Simplex" von 1902).

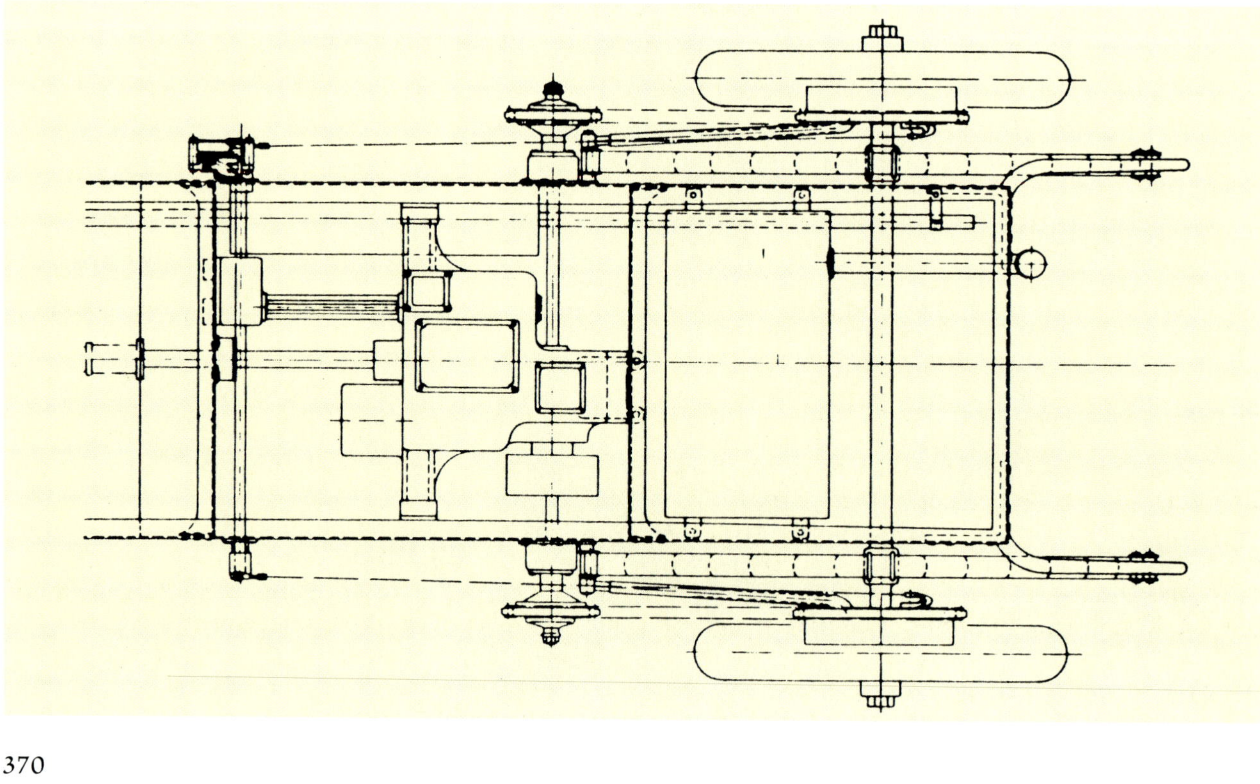

preisgünstige System konnte sich später bei General Motors durchsetzen und wurde bis in die fünfziger Jahre auch bei vielen europäischen Herstellern, wie z. B. Citroen, Opel, FIAT und Rolls-Royce, zur Standardbauweise.
Eine elegantere, aber auch aufwendigere Lösung entwickelten De Dion und Bouton bereits 1896 mit einer Hinterachse, die eine Trennung zwischen Differentialgehäuse und Achskörper vorsah. Bei der De Dion-Achse werden die Antriebsmomente über den Fahrzeugboden abgestützt. Die Führung des leichten Achskörpers und die Abstützung der Längskräfte übernehmen Längsblattfedern oder Führungslenker. Die Antriebsmomente werden über Halbwellen mit je zwei Kardangelenken auf die Räder übertragen. Diese recht teure Ausführung gewann erst in der Folgezeit besonders bei Rennfahrzeugen und Luxuslimousinen an Bedeutung.

Die Starrachse dominiert

Infolge des Ersten Weltkriegs erloschen für viele Jahre alle Entwicklungsaktivitäten, und in den ersten Nachkriegsjahren waren in Europa neue Radführungsideen dünn gesät. Doch auch in den USA tat sich auf dem Fahrwerksektor nichts. Die Starrachse dominierte hier uneingeschränkt bis in die dreißiger Jahre.
Zwar waren unabhängig geführte Räder spätestens seit den sechziger Jahren des vergangenen Jahrhunderts bekannt, als Bollée seinen Dampfwagen La Manchelle damit ausrüstete, doch den interessierten Automobilherstellern fehlte die wirtschaftliche Kraft, um solche Ideen aufzugreifen und weiter zu verfolgen. Zudem waren andere Probleme wichtiger, z. B. die Einführung der Serienfertigung und der Übergang von der Holz- zur Stahlkarosserie.
Mit zunehmenden Motorleistungen und Fahrgeschwindigkeiten wurden bessere Bremsen notwendig, die es zu dieser Zeit ausschließlich an der Hinterachse gab. Erst gegen 1920 wurden auch Vorderradbremsen allgemein eingeführt.
Zur Verringerung der Aufbauneigung bei Kurvenfahrt ließ sich der Fahrzeugschwerpunkt am einfachsten durch eine Kröpfung der vorderen Starrachse und des Rahmens über der Hinterachse tiefer legen. Eine weitere Verbesserung ergab die Erhöhung der Aufbaufedersteifigkeit; allerdings war dies dem Komfort abträglich.
An der Vorderachse führten die Bremskräfte zu höherer Belastung der quer oder längs eingebauten Blattfedern. Unvorhergesehene Schwingungsprobleme entstanden aus der Verbindung der durch die Bremstrommeln erhöhten Massen und der hohen Reifenelastizitäten. Dies führte zu Drehschwingungen der Radaufhängung um die Laufachse der Räder, zu Flatterschwingungen der Räder um deren Lenkachse und zu Vertikalschwingungen zwischen Achse und Aufbau. Diesen vielfältigen dynamischen Belastungen waren die Blattfedern häufig nicht gewachsen; sie brachen.

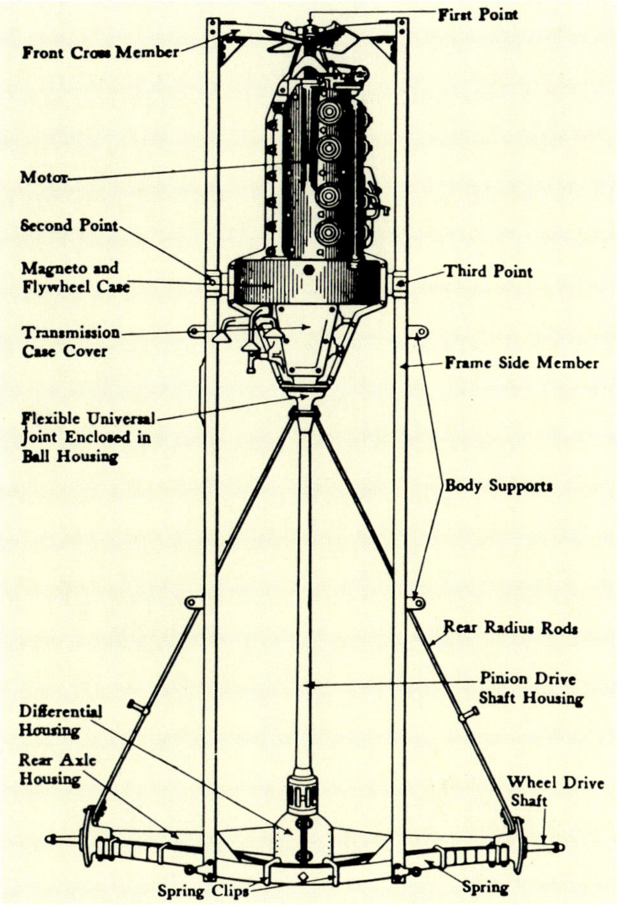

Querblattgefederte Hinterachse mit Schubrohr (Ford T 1908).

Die technischen Schwierigkeiten bei der Verbesserung der blattfedergeführten Starrachsen waren schließlich der Anlaß, mit unabhängiger Aufhängung der Vorderräder zu experimentieren.
Starre Hinterachsen waren anfangs recht schwer und wurden von Längsblattfedern geführt. Man verwendete überwiegend halbelliptische Blattfedern mit rahmenseitiger Befestigung in Büchsen und Federlaschen. Die zunächst aus Bronze hergestellten Lagerbüchsen wurden später zur Schwingungsisolierung durch Gummikolben oder Gummikissen ersetzt.
Im Gegensatz zur Befestigung des Achskörpers an der zentralen Federbride erfolgte die Achsbefestigung bei der Auslegerfeder am hinteren Federauge, wobei die Feder zentral an einer drehbaren Lasche gelagert war. Lanchester nutzte diese Federbauart erstmals 1903 zur Erzielung eines großen Radstands bei kleiner Aufbaulänge und zur Verringerung der ungefederten Masse. Im übrigen führte Lanchester die Achse bereits zusätzlich an einem Vierlenker-Parallelgestänge, was sich erst in den sechziger Jahren auch bei Großserien-Pkw durchsetzen sollte. In einer besonderen Bauform stützten sich bei Rolls-

Royce die vorderen Blattfederenden an den Federaugen einer querliegenden zusätzlichen Blattfeder ab, so daß sich das Ansprechverhalten der Federung und die Schwingungsisolierung gegenüber dem Fahrzeugrahmen verbesserte.
Eine weitere Bauform bei sportlichen Fahrzeugen war die an Viertelelliptik-Blattfedern geführte Starrachse. Während Bugatti beim Typ 13 von 1911 die Federn hinten anlenkte und die Starrachse an den nach vorne gerichteten Federaugen schob, entschieden sich Austin 1922 beim Typ Seven und später Talbot für das umgekehrte Konzept mit nach hinten zeigenden Federaugen. Bei sportlichen Fahrzeugen wurden die niedrigen ungefederten Massen dieser Achsanlenkung geschätzt, wobei der schlechtere Komfort durch geringere Federwege in Kauf genommen wurde.
Zur Erhöhung des Fahrkomforts mußten die Blattfedern besser ansprechen, also geringere Eigenreibung erhalten. Hohlwalzen der Federblätter, Kapseln und Schmieren der Federpakete sowie Verringern der Blattanzahl führten zum Ziel. Allerdings verschlechterten sich dabei die Führungseigenschaften der Federn, so daß die Achsaufhängungen durch zusätzliche Lenker ergänzt werden mußten. Als geeignet erwiesen sich Panhardstäbe, Wattgestänge, Dreieckslenker oder Vierlenkerführungen, die es erlaubten, die Starrachse schließlich auch mit Schraubenfedern zu versehen und akzeptablen Komfort zu erzielen.
Durch Länge und Anordnung der Lenker konnten das Eigenlenkverhalten der Starrachse beeinflußt und unerwünschte Über- oder Untersteuertendenzen des Fahrzeugs abgebaut werden.
Ein Beispiel für den gegenwärtigen Entwicklungsstand von angetriebenen Starrachsen ist die schraubengefederte Hinterachse des Volvo Typ 760, die über Längslenker, zwei in einem Subchassis elastisch gelagerte Dreieckslenker und einen Panhardstab geführt wird. Durch solche Konstruktionen konnte sich die angetriebene Starrachse bis heute behaupten und gilt beispielsweise in den USA noch immer als ein häufig angewandtes Achskonzept. Eine angetriebene Starrachse von ebenfalls unverminderter Aktualität ist die De Dion-Achse, die im Lauf der Automobilgeschichte immer wieder bei besonders sportlichen oder aber komfortablen Fahrzeugen angewandt wurde. So wählte Daimler-Benz sowohl beim Grand-Prix-Wagen von 1937 als auch beim „großen Mercedes 155/230 PS" diese Achsbauart.
Lancia entschied sich 1953 beim Typ Aurelia für eine De Dion-Achse, und zur Zeit findet dieser Achstyp auch bei den Limousinen und Sportwagen von Alfa-Romeo Anwendung. Die Vorteile der Starrachse, wie z. B. Spurweiten-, Vorspur- und Sturzkonstanz, wirken sich heute besonders bei Verwendung von Breitreifen aus. Durch innenliegende Scheibenbremsen werden außer den Antriebsmomenten auch die Bremsmomente über das Differentialgehäuse abgestützt, so daß die Führung der Achse ausschließlich auf die Übertragung von Vertikal-, Längs- und Querkräften ausgelegt ist. Nach dem Lancia-Vorbild nutzte Alfa-Romeo die Anordnung von Wechselgetriebe, Differential und Achsgetriebe in einem über der Hinterachse angeordneten Gehäuse neben einer großen Befestigungsbasis zur Abstützung der Momente auch für ein ausgeglichenes Achslastverhältnis aus.
Nichtangetriebene starre Hinterachsen erhielten durch den Trend zum Frontantrieb erhebliche Bedeutung, da sie leicht gebaut werden können, über gute Führungseigenschaften verfügen und in der Regel erheblich billiger sind als unabhängige Radführungen. Die Achsen führte man anfangs ebenfalls über Längs- oder Querblattfedern; hierbei wurden bei einigen Konstruktionen die Bremsmomente zusätzlich über am Achsrohr angelenkte Schublenker abgestützt.
Da ursprünglich ein hohes Momentanzentrum zur Verringerung der Kurvenneigung als vorteilhaft angesehen wurde, ist die mit dem Typ Reichsklasse eingeführte „Schwebeachse" eine konsequent nach diesem Gesichtspunkt ausgelegte Starrachskonstruktion. Die starre Achse wurde an zwei Schubstreben und einer hoch liegenden Querblattfeder geführt, deren linkes Ende die Querkräfte übertrug. Außer der Verringerung des Wankmoments wurde durch Lagerung der Feder in Schwerpunkthöhe die

Das erste Fahrzeug mit Standardantrieb (Panhard-Levassor).

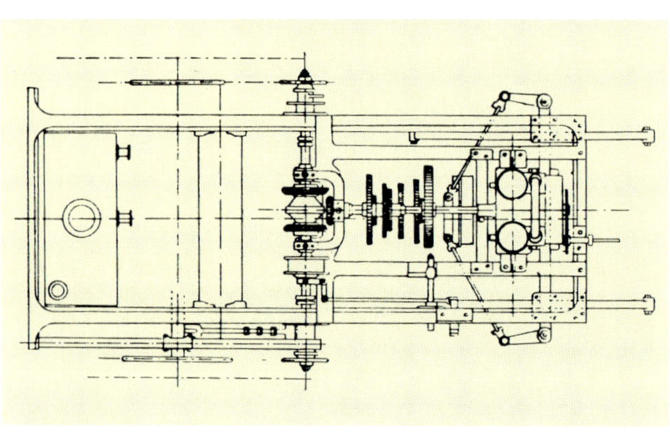

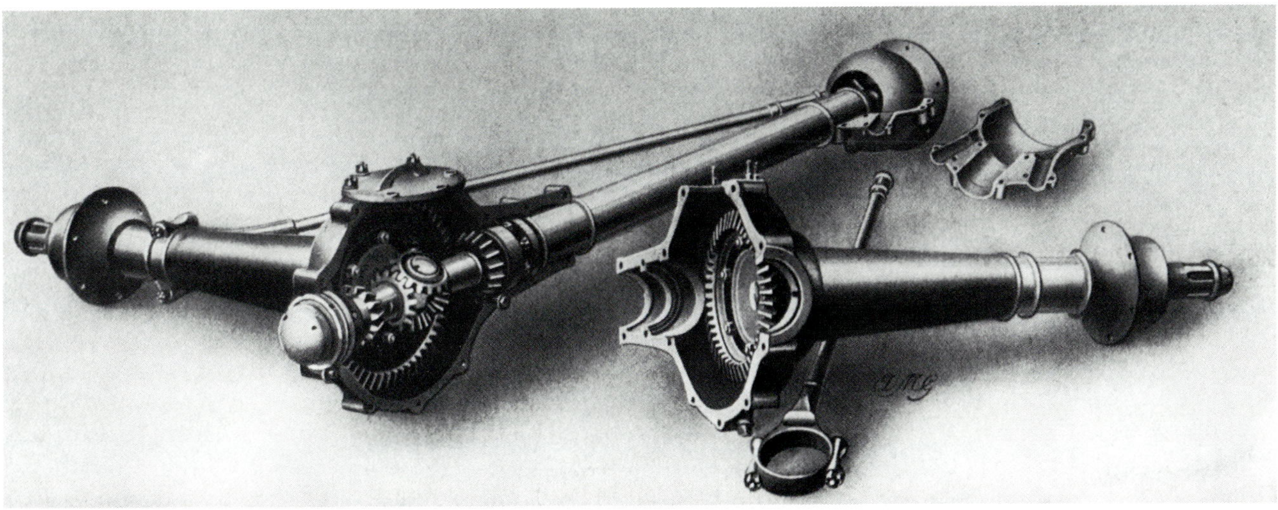

Hinterachse mit Schubrohr und Schubkugelgelenk.

Torsionsbelastung von Feder und Rahmen in Grenzen gehalten.
Die „Schwebeachse" wurde im AU 1000 bis 1963 verwendet und verschwand, als die Produktion des Wagens eingestellt wurde. Darüber hinaus ergaben sich bei der Schwebeachse infolge der einseitigen Querführung beim Federn Querbewegungen, die den gestiegenen Anforderungen an die Achsführung in den sechziger Jahren nicht mehr gerecht wurden.
Zehn Jahre zuvor hatte man bei den Vorarbeiten zum DKW Junior eine modernere Hinterachse entwickelt, die später als „Torsionskurbelachse" bekannt wurde und im Prinzip noch heute bei Audi 80/90 und Coupé verwendet wird. Dabei wurde ein geschlitztes Achsrohr durch zwei drehweiche Längslenker und einen diagonalen Panhardstab ge-

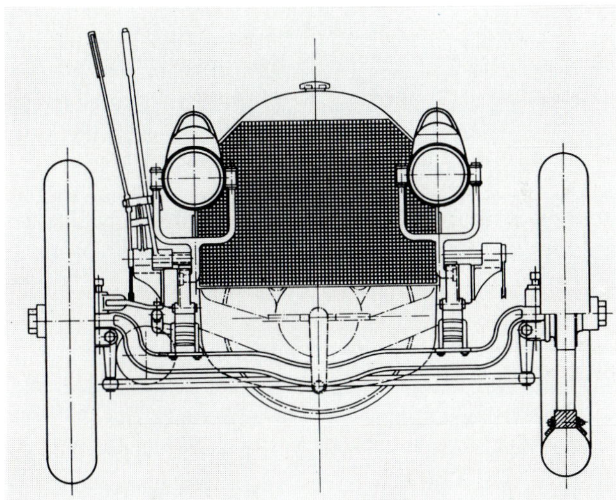

An Längsblattfedern geführte vordere Starrachse mit Kröpfung zur Verringerung der Schwerpunkthöhe (Mercedes-„Simplex" 1904).

Lenkung und Einzelradfederung des La-Manchella-Dampfwagens von 1878.

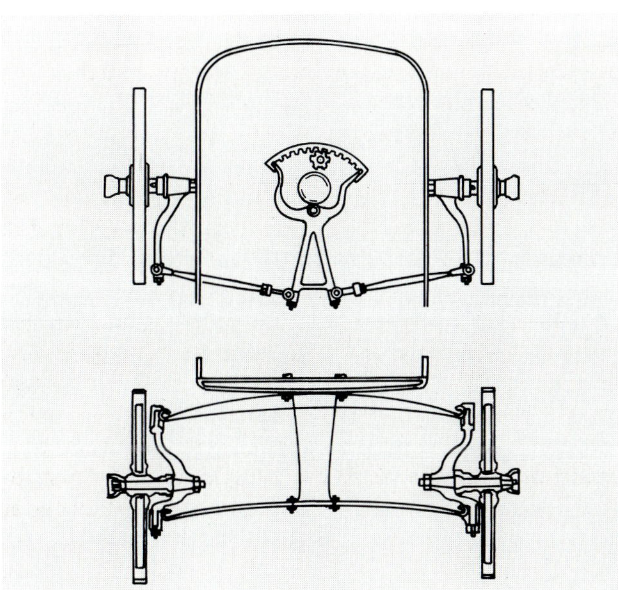

De Dion-Hinterachse mit Doppelgelenk-Antriebswellen.

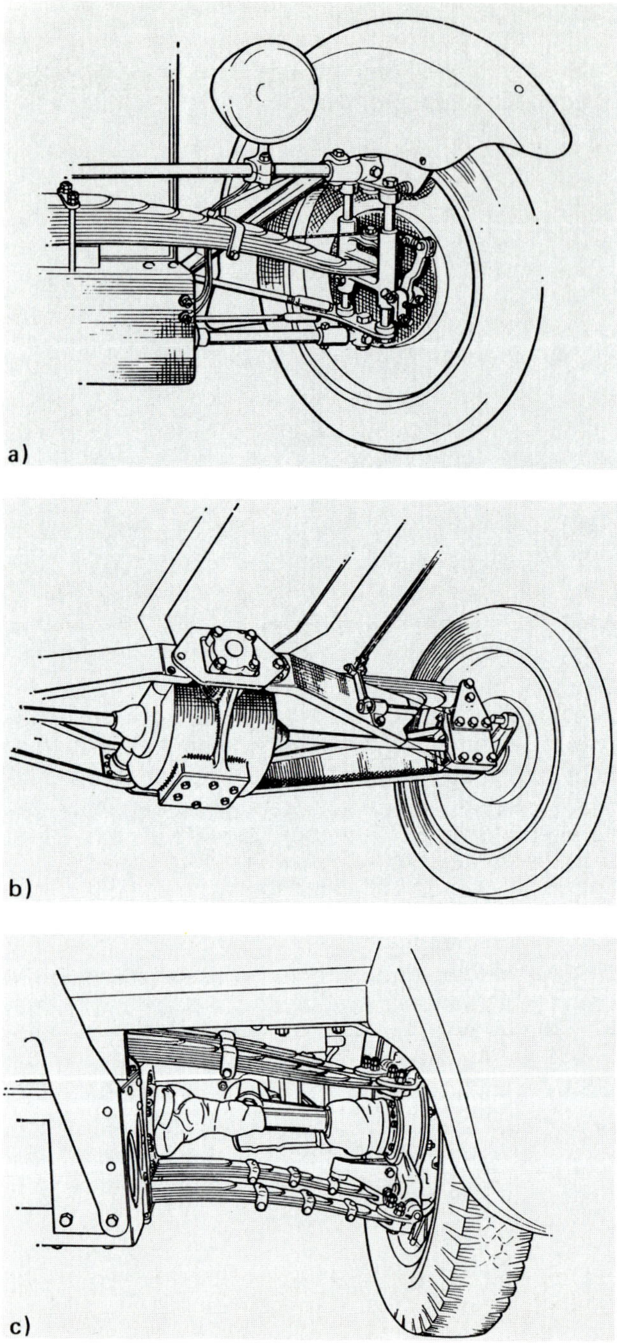

Französische Fahrwerkskonstruktionen aus den zwanziger Jahren:
a) Vorderradführung mit schwenkbaren Doppelhülsen und Querblattfeder des Kleinwagens von Clement-et-Rochelle. Die Querfeder ist hier frei von Führungsaufgaben, die Doppelhülsen sind Teil der gefederten Massen (1927).
b) Die Führung der Hinterräder erfolgte bei dem gleichen Fahrzeug nach dem Pendelachs-Prinzip; Abstützung auch hier durch eine Querblattfeder.
c) 1926 führte die französische Firma Cottin & Desgouttes ein Modell mit Einzelfederung aller Räder ein. Für die Vorderräder gab es eine Konstruktion, die als Vorläufer des MacPherson-Systems gelten kann; allerdings übernahm hier eine Querblattfeder die Aufgabe des Querlenkers. Die Führung der angetriebenen Hinterräder erfolgte durch vier Querblattfedern.

Peugeot Vis-à-vis mit querblattgefederter Starrachse.

führt. Man federte zunächst durch Drehstäbe, später durch Schraubenfedern ab. Inzwischen wurde das (teure) Rohr durch ein noch leichteres Preßstahlprofil ersetzt.
Zwar beansprucht diese Achse unter dem Wagenboden zum Einfedern viel Platz. Doch löste man das Problem durch Kröpfen des Stahlprofils und erhielt sich so den Vorzug unerreicht leichter Bauweise sowie ausgezeichneter Fahreigenschaften.
Andere Wege beschritten Saab und Alfa Romeo beim Alfa-Sud. Saab verwendete ein in der Mitte nach vorn gebogenes Achsrohr, das in Wagenmitte gelenkig am Wagenboden befestigt wurde. Zwei Längslenker außen neben den Rädern sorgten für exakte Führung. Alfa Romeo lenkte die mit Federbeinen versehene Starrachse über ein Wattgestänge am Aufbau an. Durch die nahezu vertikale Führung der Räder werden Lenkeffekte durch Federbewegungen vermieden. Darüber hinaus wandert der Nickpol mit zunehmender Beladung nach hinten, so daß die Nickbewegung in eine Vertikalbewegung überführt wird. Die Hinterachse des Saab 99 ist ähn-

Eine der ersten Einzelradfederungen mit Hülsenführung (Sizaire-Naudin 1905).

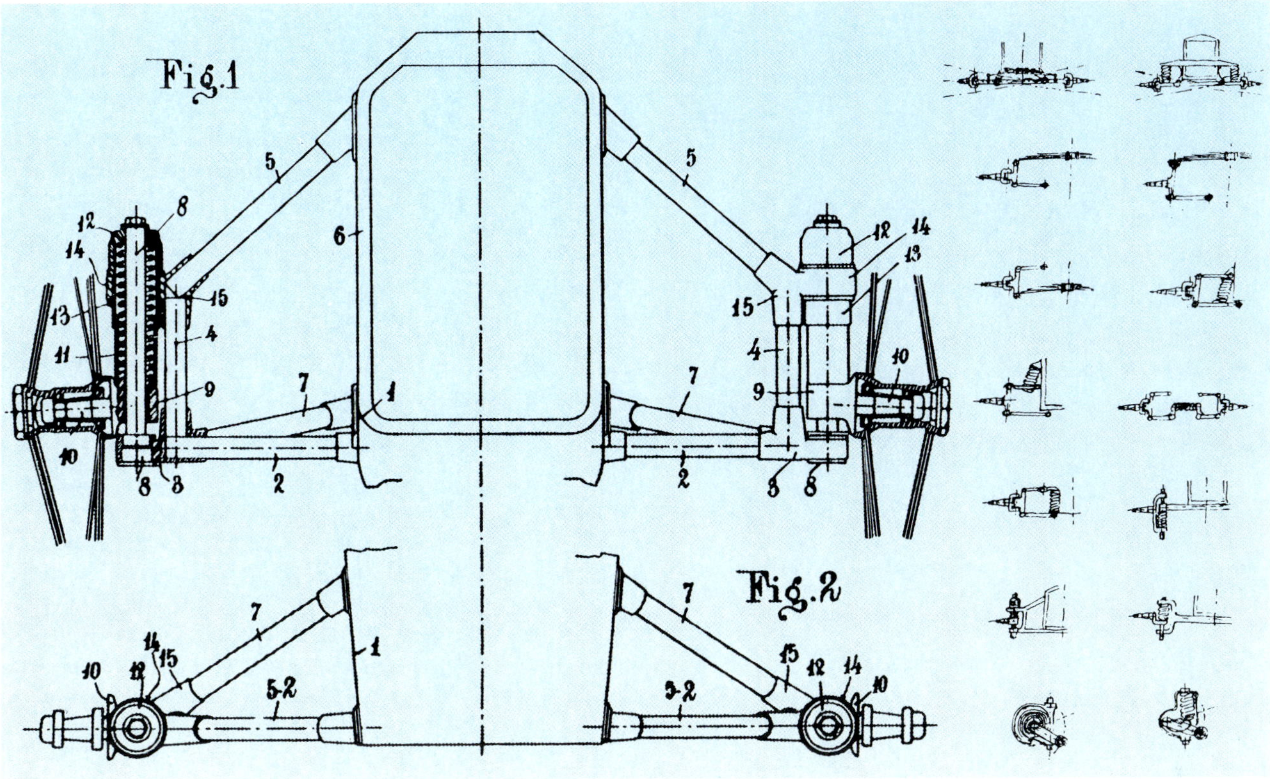

Diese Zeichnung aus dem Lancia-Werksarchiv ist nicht zuletzt durch die kleinen Skizzen am Rand von Interesse, die Überlegungen von Vincenzo Lancia zu recht unterschiedlichen Möglichkeiten zeigen. Für den Typ Lambda wählte er dann die Hülsenfederung mit minimalen ungefederten Massen.

lich aufgebaut; hierbei werden die Querkräfte zusätzlich über einen Panhardstab abgestützt.
Ähnlich wie bei angetriebenen Achsen wählten die Konstrukteure besonders in den letzten zehn Jahren immer aufwendigere Führungen; man wendete zentrale Querkraftabstützungen an Dreieckslenkern (Renault R 18) ebenso an wie diagonal angeordnete Lenkerpaare (Nissan Micra). Auch künftig wird die nichtangetriebene Starrachse ihre Position behaupten.

Die Teleskopachse

Eine viel beachtete Vorderachskonstruktion wurde 1923 von Lancia mit der Teleskopführung entwickelt. Lancia besann sich auf ein bereits 1898 von Cornuilleau patentiertes und 1905 bei Bergmann Liliput angewandtes Achskonzept. Er lagerte das Rad an einer aufbaufesten Teleskopführung, in die er einen hydraulischen Dämpfer integrierte. Diese Konstruktion verband mit der Radführung, Federung, Dämpfung und Bremsmomentenabstützung vier Funktionen in einem sehr kompakten Bauteil. Bedingt durch Längs- und Querkräfte war die Teleskopführung allerdings mit hoher Reibung zwischen Gleitrohr und Führungskolben behaftet, so daß sich dies nachteilig bezüglich der Ansprechempfindlichkeit, Materialpaarung und Fertigungstoleranzen auswirkte. Durch die vertikale Lage der Teleskopführung lag das Momentanzentrum des Fahrzeugaufbaus auf der Fahrbahn, so daß große Wankmomente entstanden. Ähnlich wie bei Längslenkerachsen führen bei Kurvenfahrt die großen Sturzwinkel der Räder zu einer Untersteuertendenz der Achse.

Teleskop-Federbeinachse mit integriertem hydraulischem Stoßdämpfer (Lancia „Lambda“ von 1923).

Hülsengeführte unabhängige Radaufhängung (Morgan „Super Sport" 1933).

Lancia behielt diese Radführungen unter ständiger Verbesserung der Federungs- und Dämpfungseigenschaften sowie der Materialpaarungen zwischen Gleitrohr und Kolben bis in die fünfziger Jahre bei. Ein auch heute noch mit Teleskopachsen ausgestattetes Fahrzeug ist der Morgan Plus 8, ein Fahrzeug, bei dem das reibungsbedingte schlechte Ansprechen der Federung aufgrund des besonderen Fahrzeugcharakters vom Fahrer offenbar akzeptiert wird.

Doppellängslenker-Vorderachse mit Torsionsfederpaketen (VW-Käfer).

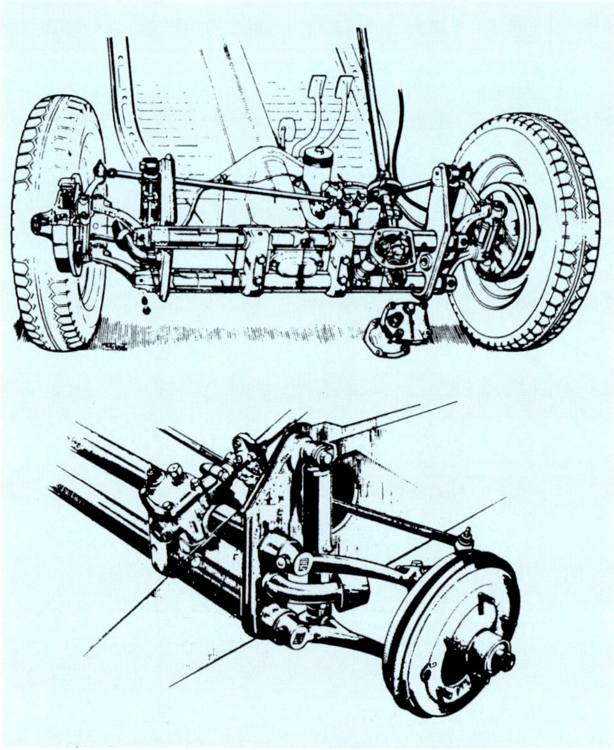

Die Längslenkerachse — ein Porsche-Patent

Als Porsche 1931 die Längslenkerachse patentiert erhielt, erschien es ihm vorteilhaft, daß sich diese Radführung mit querliegenden Torsionsfederstäben kombinieren ließ und Raumvorteile gegenüber blatt- oder schraubengefederten Achsen aufwies. Zur Begrenzung von Nachlaufänderungen konzipierte Porsche die Vorderachsen des Volkswagens, des Grand-Prix-Wagens von Auto-Union und des Porsche 356 als Doppel-Längslenker-Achsen. Die Torsionsfedern des Volkswagens und des Porsche 356 sind aus Blattfederpaketen zusammengesetzt und in der Mitte des Fahrzeugs festgelegt. Zur Verminderung des hohen Wankmomentes erweiterte VW die Achse später um einen Stabilisator.
Doppel-Längslenker-Vorderachsen wurden dann nur noch selten realisiert, so z. B. von Alfa Romeo und Aston Martin (DB 2—4). Die angetriebene Vorderachse des Citroen 2 CV besteht dagegen nur aus je einem geschobenen Einzellenker. Den Nachteilen großer Nachlaufänderungen und hoher Wankneigung stehen Vorteile bezüglich der Lage des Nickzentrums und Raumbedarfs gegenüber. Die Nachteile wurden zur Zeit der Entstehung des 2 CV (1936 bis 1939) als für einen Kleinwagen unerheblich angesehen, und die hohe Wankneigung hat aus heutiger Sicht sogar den Charakter dieses Fahrzeugs mitgeprägt.
Zur Führung der Hinterräder wählte Citroen ebenfalls nahezu baugleiche, aber gezogene Längslenker, die über eine Ausgleichfeder mit den vorderen Lenkern verbunden waren. Durch die Unterbringung der Federelemente in je einem schwimmend gelagerten zentralen Gehäuse auf jeder Wagenseite heben sich bei reiner Vertikalfederung die auf das Gehäuse wirkenden Kräfte nahezu auf, so daß die Befestigungselemente zwischen Federgehäuse und Bodengruppe nur geringfügig belastet werden.
An Längslenkern geführte, nichtangetriebene Hinterräder kamen Anfang der dreißiger Jahre mit dem Durchbruch von Frontantriebswagen auf und konnten sich bei Fahrzeugen mit diesem Antriebskonzept bis in die heutige Zeit behaupten. Eine frühe Konstruktion entwickelte Röhr 1930 für den Trumpf-Junior von Adler. Die Räder wurden an geschobenen Längslenkern geführt und über Torsionsstäbe gefedert. Wegen der weit hinten liegenden Anlenkung mußte der Rahmen sehr lang und steif ausgeführt werden. Außerdem war die geschobene Längslenkerachse offenbar sehr stoßempfindlich, so daß Röhr die Lenkerrohre in Gummielementen lagerte. Gleichwohl war der Trumpf-Junior eines der beliebtesten Vorkriegsautos und erreichte hohe Stückzahlen.
In Frankreich leitete die Hinterachse des Citroen 2 CV eine bis heute reichende Tradition in der Anwendung gezogener Längslenkerachsen ein. Als

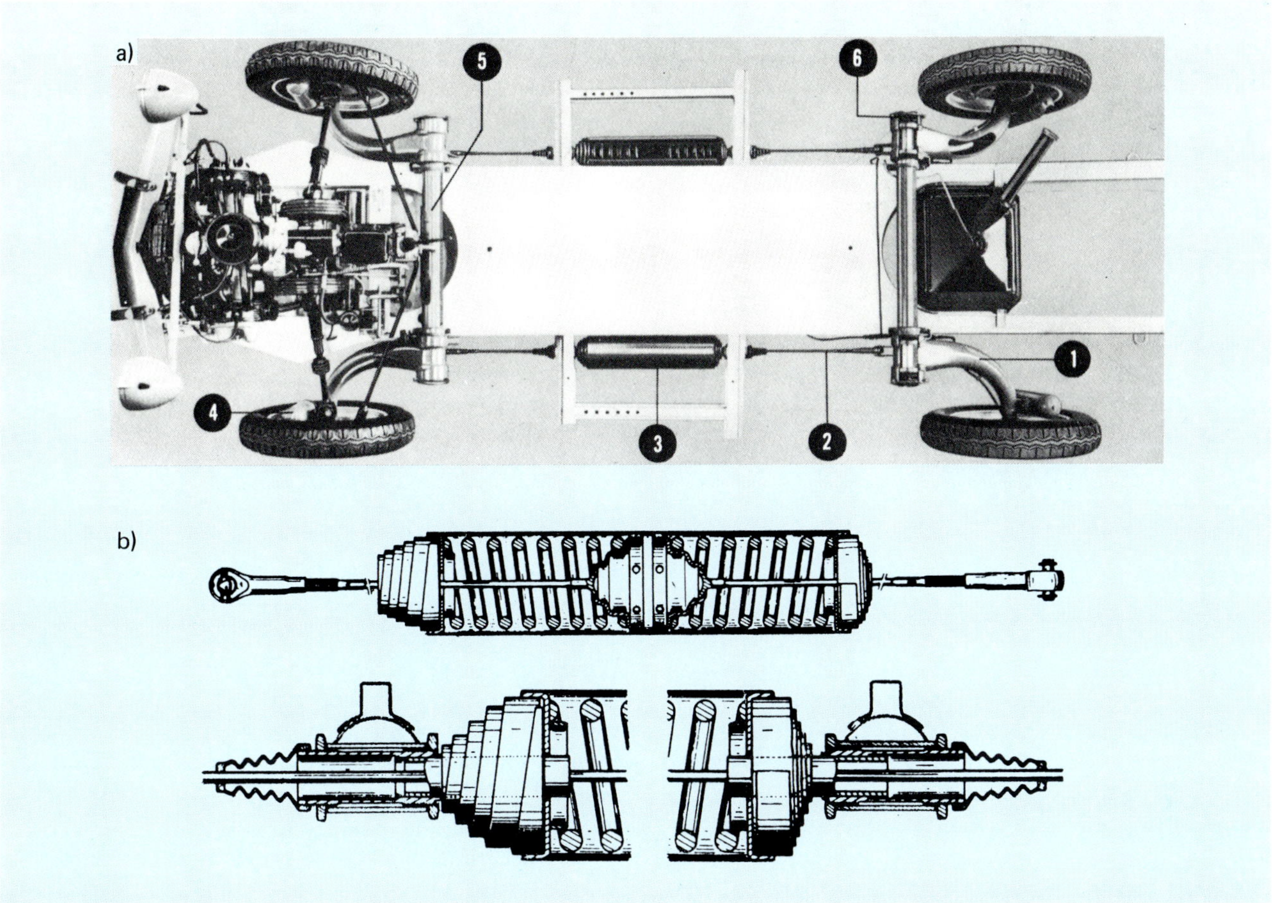

Fahrgestell mit vorderen und hinteren Längslenkern und Verbundfederelementen (Citroen 2 CV).

klassische Form der Längslenkeraufhängung setzte sich die torsionsstabgefederte Längslenkerachse durch, deren Lenker zur Abstützung der Längs- und Querkräfte mit möglichst breiter Lenkerbasis versehen wurden. Zur Erzielung großer Drehstablängen nahm Renault es beim Typ R 4 in Kauf, die Drehstäbe und Lenkerachsen versetzt hintereinander anzuordnen. Der Radstandunterschied wirkt sich nicht erkennbar auf die Fahreigenschaften aus.
Beim Simca-Chrysler 1100 von 1967 wurden die Drehstäbe gekreuzt angeordnet; diese Lösung ließ einen seitengleichen Radstand und aufgrund der Neigung der Lenkerachse einen erhöhten Momentanpol zu.
Anfang der siebziger Jahre ging Peugeot mit dem Typ 204 auf eine Längslenkerachse mit Federbeinen über, die für den Typ 104 in weiterentwickelter Form beibehalten wurde. Die breite Lenkerlagerung gewährleistet trotz der zur Isolierung von Abrollgeräuschen dienenden Gummilager ausreichend präzise Radführung.
Eine neue Variante drehstabgefederter Längslenker ist die Hinterachse des Peugeot 205. Die hintereinanderliegenden Drehstäbe fluchten nicht mit den Lenkerlagern und werden somit auf Torsion und auf Biegung beansprucht. Ein dritter Drehstab fluchtet mit den Lenkerachsen und dient als Stabilisator. Ein großer Stauraum im Hinterwagen wird durch schräggestellte Stoßdämpfer erreicht.
Die erste angetriebene Längslenker-Hinterachse entwickelte Lancia 1937 für den Typ Aprilia. Während eine Querblattfeder als Aufbaufeder diente, hatte ein konzentrisch zur Lenkerachse gelagerter Drehstab die Funktion eines Stabilisators. Bei der angetriebenen Längslenkerachse des Simca Matra Bagheera dagegen übernehmen zwei kurze Drehstäbe die Aufbaufederung. Ein zusätzlicher Stabilisator ist durch Pendelstützen mit den Längslenkern verbunden.

Die Dubonnet-Achse

Eine weitere wichtige Längslenkervariante ist die Dubonnet- oder Kurbellenkerachse. Das Rad wird von einem einzigen Längslenker geführt, der über einen Winkelhebel auf eine Schraubenfeder wirkt. Längslenker und die in einem gegossenen Gehäuse geführte Schraubenfeder sind am Achsschenkel gelagert und machen die Schwenkbewegungen des Rads mit. Ein hydraulischer Stoßdämpfer ist in das Gehäuse integriert.
Dieses Radaufhängungssystem bestach durch niedrige ungefederte Massen, war aber wegen des ho-

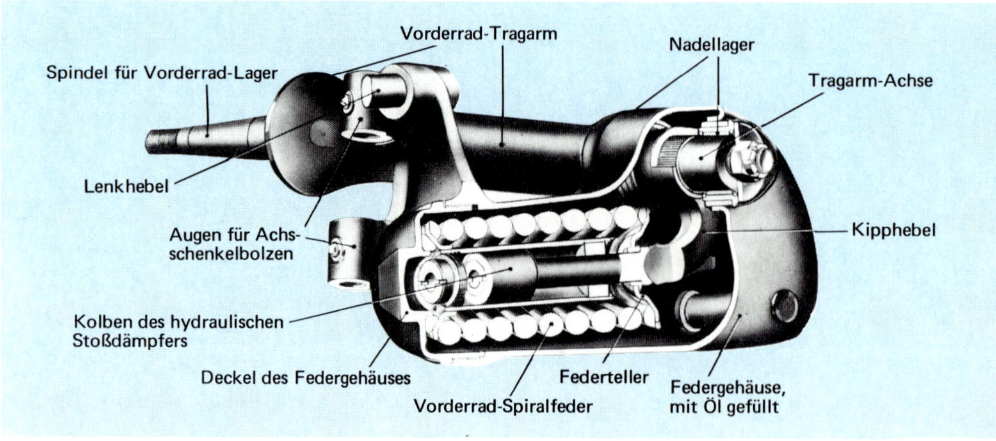

Dubonnet-Vorderachse (Opel-„Olympia" 1938).

hen Massenträgheitsmoments um die Lenkachse flatterempfindlich. Eine Abwandlung der Dubonnet-Achse arbeitete mit Drehstabfedern.

Dubonnet-Achsen wurden zwischen 1930 und 1950 besonders bei General Motors und deren europäischen Tochtergesellschaften Opel und Vauxhall angewandt, tauchten aber auch an Alfa-Romeo-Sport- und Rennfahrzeugen auf.

Pendelachsen

Die Geschichte der angetriebenen, unabhängigen Radaufhängungen begann in den zwanziger Jahren mit der Entwicklung der Pendelachse. Das Prinzip basiert auf einem Patent von Rumpler aus dem Jahr 1903. Jedoch war die Konstruktion seinerzeit noch zu aufwendig und zu schwer. Außerdem waren die damals üblichen Hochdruckreifen den erhöhten seitlichen Belastungen durch Sturzänderungen beim Einfedern nicht gewachsen. Erst 1921 führte Rumpler dann im Tropfenwagen eine Pendelachse aus.

Das Rumplersche Patent beschrieb eine Eingelenk-Pendelachse mit im Differential zentral angeordnetem Momentanpol. Diese Bauart fand 1923 bei Tatra in den Typen T 11 und T 12 Anwendung. Das Differential war direkt an das Tragrohr des Zentralrohrrahmens geflanscht und diente gleichzeitig als Befestigungsbasis für eine Querblattfeder. Die Längs- und Querkräfte sowie die Bremsmomente wurden über die Tragrohre auf das Differentialgehäuse und damit auf den Zentralrohrrahmen übertragen.

Benz entwickelte für den Tropfenwagen erstmals eine Zweigelenk-Pendelachse mit oberhalb des Differentials liegendem Momentanpol. Diese Konstruktion gestattete die Anpassung der Momentanpolhöhe an die Schwerpunkthöhe, was fahrdynamische Vorteile bei schneller Kurvenfahrt versprach. Durch innenliegende Bremstrommeln und Viertelelliptikfedern konnten dabei niedrige ungefederte Massen erzielt werden.

Mercedes-Benz stattete ab 1931 den Typ 170 ebenfalls mit einer Zweigelenk-Pendelachse aus. Aus Schwingungs- und Geräuschgründen war das Hinterachsdifferential über drei großvolumige Gummielemente am Chassis gelagert. Je zwei hintereinanderliegende Schraubenfedern stützten sich auf den Tragrohren ab. Die fahrzeugfeste Lage des Differentials erlaubte es, außer der Verminderung der ungefederten Massen den Fahrzeugaufbau gegenüber starrachsgetriebenen Fahrzeugen abzusenken und somit den Schwerpunkt des Fahrzeugs tiefer zu legen. Nachteilig waren allerdings die mit der Momentanpolhöhe verbundenen Spurweiten- und Sturzänderungen.

Der Fahrzeugrahmen wurde durch unterschiedliche Wanksteifigkeiten vorn und hinten stärker auf Torsion beansprucht; dies erforderte entsprechende Versteifungen und damit Gewichts- und Kostennachteile. Eine Ausgleichfeder ermöglichte es schließlich, bei konstanter Aufbaueigenfrequenz die Steifigkeit der außenliegenden Tragfeder und damit die Wankfedersteifigkeit zu verringern. Die Spurweiten- und Sturzänderungen ließen sich mit derartigen Maßnahmen allerdings nicht verringern, so daß Daimler-Benz nach dem Zweiten Weltkrieg wieder auf die Eingelenk-Pendelachse zurückkam und damit die Pendellänge vergrößerte. Darüber hinaus wurde das Pendelgelenk tiefer gelegt; hierdurch ließen sich die Momentanpolhöhe und damit auch die Spurweitenänderungen weiter vermindern. An diesem Achskonzept hielt Daimler-Benz bis zum Anfang der siebziger Jahre bei den Fahrzeugen der S-Klasse und dem Typ 600 fest.

Stützten sich bei den Vor- und ersten Nachkriegsmodellen die Längs- und Querkräfte über das Differential ab, so ging Daimler-Benz mit dem Typ 180 dazu über, die Pendelachse um zwei weit auseinanderliegende Längslenker zu erweitern; diese dienten gleichzeitig zur Abstützung der Schraubenfedern. Die breite Abstützbasis erlaubte die Verwendung großvolumiger, schwingungsisolierender Gummilager, ohne an Präzision der Radführung zu verlieren.

Bei der Eingelenk-Pendelachse des Typs 600 wurden die Längskräfte über Schubstreben in Parallellenkerform aufgenommen, deren Kinematik gleichzeitig einen relativen Bremsnickausgleich ermöglichte. Das Achsgehäuse war über zwei pleuelartige

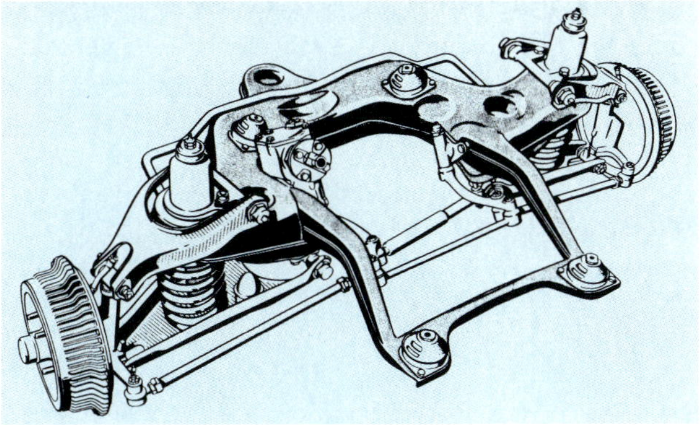

Evolution der Vorderradführung an Mercedes-Benz-Modellen:
Links oben: Doppelquerblattfedern und Zusatzlenker am Typ 170 V (1928);
Oben: Querblattfeder und Querlenker, Fahrschemel und Zusatzschraubenfedern (Typ 290, 1932);
Mitte: Doppelquerlenker-Vorderachse mit Schraubenfedern und Teleskopstoßdämpfern (Typ 380, 1933);
Unten: Radführung, Federung und Lenkung an einem Fahrschemel zusammengefaßt (Typ 220).

Schwingen mit Querabstützungen aufgehängt, und das Pendelgelenk war wegen der großen Federwege von 280 mm als homokinetisches Gelenk aufgebaut. Diese Achse zeichnete sich (nicht zuletzt wegen der verwendeten Luftfedern) durch guten Komfort aus, war aber für die Anwendung in preisgünstigeren Fahrzeugklassen zu kostspielig.
In Verbindung mit Pendelachsen sind schließlich die Entwicklungen von Porsche zu nennen, der sich im Rahmen der Vorentwicklungen zum Volkswagen intensiv mit der Pendelachse auseinandersetzte. Porsche hatte sich nach Experimenten bei Austro-Daimler und später bei Steyr mit Pendelachsen beschäftigt. 1932 entwarf er für Zündapp und 1933 für NSU Kleinwagen, die Vorentwürfe zum Volkswagen waren und über Zweigelenk-Pendelachsen verfügten. 1932 konstruierte er den ersten Auto-Union-Rennwagen ebenfalls mit Pendelachse.
Den ersten Volkswagen entwarf Porsche 1934. Die Tragrohre der Zweigelenk-Pendelachse wurden an verdrehweichen Längslenkern geführt, die mit querliegenden Torsionsfedern verbunden waren. An dieser Konstruktion hielt VW bis 1969 fest, um den Käfer anschließend mit einer Schräglenker-Achse auszurüsten.
Erwähnenswert ist, daß auch nichtangetriebene Achsen nach dem Pendelachsprinzip gebaut wurden. So wählte Audi beim Typ Front von 1934 eine aus zwei Querlenkern und einer Querblattfeder aufgebaute Pendelachse. Einige Hersteller wandten in den sechziger Jahren das Pendelachsprinzip sogar an Hinter- und Vorderachse an. Beispiele sind der Hillman Imp und das Glas Goggomobil.

Schräglenkerachsen

Mit der Schräglenker-Hinterachse versuchte man, die Nachteile von Pendel- und Längslenkerachsen zu kompensieren.
Nachteil der Längslenkerführung waren u.a. der an die Aufbauneigung gebundene Radsturz, das auf

der Fahrbahn liegende Momentanzentrum und die schlechte Längsfederung. Wesentliche Nachteile der Pendelachsen waren dagegen die Spurweiten- und Sturzänderungen, die schlechte Querfederung und die fehlende Eignung zum Anfahr- und Bremsmomentenausgleich.
Lancia erzielte mit der 1951 für den Typ Aurelia entwickelten Schräglenkerachse einen Kompromiß aus den Eigenschaften beider Achstypen. Die Schräglenkerachse bot zudem die Vorteile, daß sich mit den Pfeilungswinkeln der Lenkerbasis die Momentanpolhöhe vorgeben ließ, und auch ein Anfahr- und Bremsmomentenausgleich möglich war. Die Schräglenker waren in großvolumige Gummibüchsen gelagert; dies verbesserte noch mehr die Längs- und Querfedereigenschaften der Achse, verschlechterte allerdings die Führungspräzision unter Längs- und Seitenkräften. Eine breite, mit Gummilagern versehene Abstützbasis der an der Hinterachse zusammengefaßten Getriebe-/Differentialeinheit gewährleistete eine unproblematische Übertragung der Antriebsmomente auf das Chassis.
1961 griff BMW mit dem Typ 700 und 1963 dann mit dem Typ 1500 die Schräglenkerachse auf und veranlaßte die direkten Konkurrenten wegen der ausgeglichenen Eigenschaften dieser Achse hinsichtlich Fahrsicherheit und Fahrkomfort, Hinterachsen mit vergleichbaren Eigenschaften zu entwickeln.
Die breite Lagerung des Fahrschemels erlaubt es, für die Schemellagerung verhältnismäßig weiche Gummilager vorzusehen, die Schräglenker demgegenüber aber steifer am Fahrschemel zu lagern, so daß sowohl eine gute Schwingungsisolierung als auch eine verhältnismäßig präzise Führung der Schräglenker möglich ist. Nachteilig sind die Vorspur- und Sturzänderungen beim Ein- und Ausfedern, mit denen sich bei Kurvenfahrt zwar die Lenktendenz des Fahrzeugs beeinflussen läßt, die bei Geradeausfahrt allerdings den Reifenverschleiß fördern und den Geradeauslauf verschlechtern.

Zum Begriff Nickmomentenausgleich.

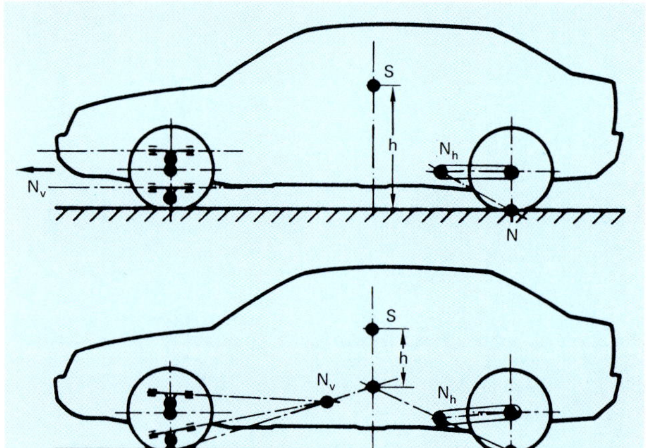

Während die Längselastizitäten zur Verbesserung des Abrollkomforts durchaus erwünscht sind, führt die Drehelastizität der Schräglenker zu unerwünschten Lenkwinkeln der Hinterräder. So ergibt sich bei Kurvenfahrt unter Seitenkräften eine Nachspurtendenz des Lenkers, die das Lenkverhalten des Fahrzeugs in Richtung Übersteuern beeinflußt. Eine zusätzliche Überlagerung von Bremskräften verstärkt diese Tendenz noch und führt während der Kurvenfahrt beim Bremsen oder Lastwechsel zu unerwünschten Fahrzeugreaktionen.
BMW schränkte bei der Schräglenkerachse der leistungsstärkeren Fünfer-Modelle die Drehelastizitäten durch einen Zusatzlenker ein. Der Zusatzlenker vergrößert weiterhin die effektive Pendellänge des Schräglenkers und führt zu einer Verringerung der Sturz- und Spurweitenänderungen. Durch Anheben des Nickpols wird der Brems- und Anfahrmomenten-Nickausgleich verbessert.
1966 wählte NSU in Anlehnung an die Hinterradaufhängung der heckangetriebenen Kleinwagen des Typs Prinz für den frontangetriebenen Ro 80 ebenfalls eine Schräglenker-Hinterachse, die in Anbetracht der hohen Komfortansprüche dieses Fahrzeugs auch an einen Fahrschemel angelenkt war.
Während Schräglenker-Achsen bei Frontantriebsfahrzeugen keine große Anwendung fanden, haben sie sich bis heute als angetriebene Hinterachsen zum meist angewandten Achskonzept entwickelt und werden besonders bei europäischen Mittelklassefahrzeugen gern zur Radführung gewählt.

Torsionsrohr-Achsen

Diese heute vielfach verwendeten, nichtangetriebenen Hinterachsen gehen auf das Achskonzept des Panhard Dyna aus den fünfziger Jahren zurück. Ein torsionsweiches Achsrohr wird über biegesteife, aber verdrehweiche Längslenker geführt; hierbei werden die Querkräfte über ein zentrales Gummilager aufgenommen. Bei wechselseitiger Federung wird das Achsrohr auf Torsion beansprucht und hat die Wirkung eines Stabilisators.
Nach dem gleichen Konzept sind die Hinterachsen des Saab 96 und des Lancia Y 10 aufgebaut; anstatt der Torsionsfederelemente des Dyna verwendet man Schraubenfedern.
Mit dem DKW Junior von 1957 und später dem F 102 von 1963 wandte sich auch die Auto-Union einer solchen Achse zu. Ein geschlitztes Achsrohr wurde in Längsrichtung an zwei blattförmigen, also drehweichen Lenkern und in Querrichtung an einem diagonalen langen Panhardstab geführt. Das biegesteife, aber torsionsweiche Achsrohr wurde beim wechselseitigen Federn verdreht und hatte somit eine Stabilisatorwirkung. Diese Verdrehung gab der Achse den Namen Torsionskurbelachse. Die Federung erfolgte über in Fahrzeugquerrichtung angeordnete, aus Blattfedern gebündelte Drehstäbe.

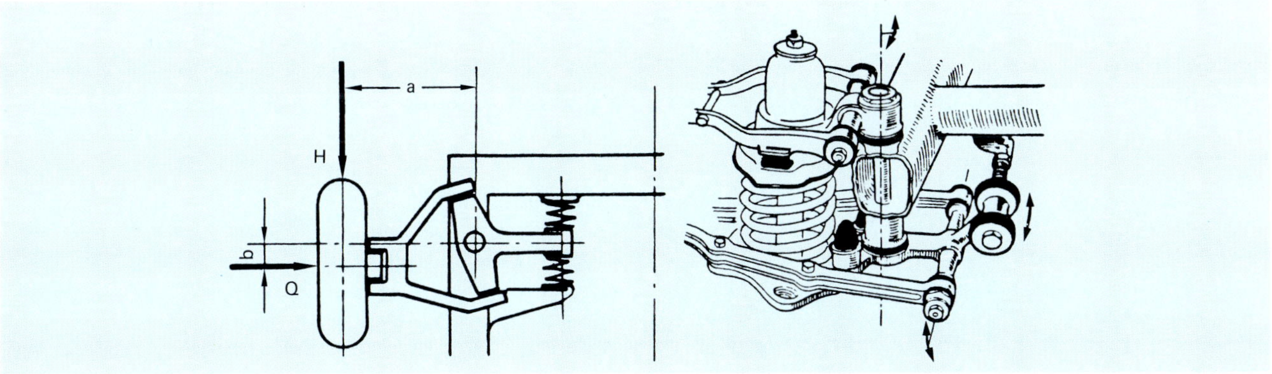

Schrägfederung (Daimler-Benz).

Die Achse des DKW Junior war Vorbild für die Hinterachsen der nachfolgenden Audi-Fahrzeuge. Als wesentliche Änderungen wurden bei den Nachfolgetypen die Lenker in Gummibuchsen gelagert und das geschlitzte (teure) Rohr durch ein noch leichteres offenes Preßstahlprofil ersetzt. Langhubige Federbeine und ein gekröpftes Stahlprofil halfen beim Audi 80, die Platzverhältnisse im Fondbereich zu verbessern.

Halbstarre Achsen

Die heutige Form der halbstarren Achsen entstand Anfang der siebziger Jahre mit den Entwicklungen des Audi 50 und VW Golf. Seinerzeit wurden Achskonzepte gesucht, die dem begrenzten Raumangebot der Kompaktklasse im Heckbereich gerecht wurden, ohne Einbußen der Führungseigenschaften und des Fahrzeugkomforts zuzulassen. Gleichzeitig mußte die Achse leicht, kostengünstig und automatisiert montierbar sein und durfte im Hinblick auf die Strukturauslegung der Karosserie nur über zwei Aufhängungslager verfügen.
Diese Anforderungen führten zur Koppellenkerachse des Audi 50 und zur Verbundlenkerachse des VW Golf. Im Grunde bestehen beide Achsen aus steifen Längslenkern, die über einen biegesteifen, aber torsionsweichen Profilkörper miteinander ver-

Doppelquerlenker mit Torsionsfedern und Reibungsdämpfern (Citroen 7 CV).

Vorderradführung an doppelten Längslenkern (Maserati).

bunden sind. Während der Verbundkörper der Golf-Achse die Längslenker in Höhe der Lenkerlager miteinander verbindet, liegt er bei der Audi-Achse zwischen Lager und Achszapfen, so daß sich Unterschiede hinsichtlich der Kinematik und des Raumbedarfs ergeben.

Übernimmt der Verbundkörper bei der Golf-Achse außer der Übertragung von Querkräften im wesentlichen eine Stabilisatorfunktion, so wirkt er sich beim Audi auch auf die Kinematik der Achse aus. Bei gleichseitigem Federn schwenken beide Lenker mit dem Verbundkörper um die Lenkerlager, so daß sich die Kinematik einer Längslenker-Achse (Spurweiten-, Sturz- und Lenkwinkelkonstanz) ergibt und gute Geradeauslaufeigenschaften resultieren. Bei wechselseitigem Einfedern stellt sich der Achskörper schräg, so daß die Sturz- und Lenkwinkel beider Räder dieser Schräglage entsprechen.

Auslegungsgrößen sind der Abstand und die Höhe

Querblattfeder mit Feder-/Dämpferbein (Cottin und Desgouttes).

zwischen Koppel und Lenkerlager. Demzufolge bietet die Lage der Koppel vergleichbare achskinematische Möglichkeiten, wie z. B. die Pfeilungswinkel der Schräglenkerachse, und erlaubt es, die kinematischen Vorteile des Längslenkers bei Geradeausfahrt mit den Vorteilen der Schräglenkers bei Kurvenfahrt zu kombinieren.

Die Lagerung in weichen Gummielementen führt ähnlich wie bei der Schräglenkerachse zu Lenkfehlern aufgrund von Drehelastizitäten, die eine Übersteuertendenz verursachen. VW ging deshalb beim Passat von 1981 zu sogenannten spurkorrigierenden Lagern über, deren Längssteifigkeit bei axialer Verschiebung der Lagerelemente zunimmt. Unter reiner Längskraftwirkung gestatten die Lager geräuschisolierende, große Verformungen; bei zusätzlicher seitlicher Belastung nimmt der Verformungsspielraum und somit die Drehelastizität ab.

Inzwischen wird das Prinzip der Koppellenkerachse von zahlreichen Automobilherstellern (wie z. B. Opel, Austin-Rover, Alfa-Romeo) angewandt; hierbei verlieren die anfänglichen konstruktionstechnischen Schwierigkeiten der betriebsfesten Gestaltung des Übergangs von Koppel und Lenker durch den zunehmenden Einsatz computergestützter Berechnungsverfahren an Bedeutung.

Querlenkerachsen

Erste Experimente mit querlenkergeführten Radaufhängungen nach Bollée begannen in den zwanziger Jahren. Es entstanden zahlreiche Kombinationen von Querblattfedern und Lenkern unterschiedlicher Länge. Einen guten Überblick über die Evolution der Querlenker-Achsen vermitteln die Daimler-Benz-Vorderachsen, die die systematische Entwicklung von den Parallellenkern bis zu den heutigen Doppelquerlenkern widerspiegeln.

Ausgehend von der querblattgefederten vorderen Starrachse ersetzte Röhr 1918 den Starrachsträger durch eine zweite Blattfeder. Die Blattfedern waren durch Vertikal-, Längs- und Querkräfte sowie Bremsmomente hoch belastet. Nibel von Mercedes-Benz ergänzte beim Typ 170 von 1939 die Aufhängung um zusätzliche Dreieckslenker, die einerseits die Reibungsdämpfer betätigten und weiterhin bei Bruch der Federelemente als Ersatzlenker die Führung der Räder sicherstellen sollten.

Ucelli trennte bereits 1922 die Radführungs- und Federungsaufgaben auf, indem er vier gleich lange Parallellenker mit einer nicht führungsbelasteten Querblattfeder kombinierte. Herauszustellen ist, daß Ucelli dieses Achsprinzip auch an der angetriebenen Hinterachse verwendete und damit eines der ersten Fahrzeuge mit vier unabhängig geführten Rädern realisierte. Gleiches trifft auf ein Fahrzeug der Brüder Sizaire zu, das an Vorder- und Hinterachse über obere Querlenker und untere führungsbelastete Querblattfeder-Kombinationen zu einem

Der Sizaire Frères von 1922 war einer der ersten Serienwagen mit Einzelfederung der Vorder- und Hinterräder, hier durch einen Querlenker mit darunter angeordneter Querblattfeder, die mit je einem diagonalen Einzelblatt einen Dreiecksverband bildet. Die am Chassis angelenkte Spurstange erlaubte eine Spureinstellung der Hinterräder.

Dreiecksverband verfügte. Eine weitere Hinterachsvariante entwickelte 1927 Desgouttes mit vier als Parallellenker dienenden Viertelelliptikfedern.

Der Bedarf nach genaueren Erkenntnissen über die Achskinematik ergab sich aus der gegenüber den Starrachsfahrzeugen angestiegenen Kurvenneigung und den großen Spurweitenänderungen der Fahrzeuge mit Parallellenkerachse. Nibel ersetzte 1932 beim Mercedes-Benz Typ 290 die obere Blattfeder durch Hebellenker, die er am Chassis lagerte und mit zusätzlichen innenliegenden Schraubenfedern versah. Er erzielte damit eine exaktere Radführung und verringerte aufgrund der trapezartigen Geometrie der Radanlenkung auch die Spurweitenänderungen. Diese Achse war zudem mit der Lagerung der Hebellenker in einem mit Gummipuffern isolierten Subchassis noch eine weitere zukunftsweisende Besonderheit, die zu den heutigen Fahrschemeln führte.

Ebenso wie bei den Teleskop- und Längslenkerachsen liegt das Momentanzentrum bei der Parallellenkerachse auf der Fahrbahn, und dies führt aufgrund des großen Abstandes zum Fahrzeugschwerpunkt zu einer hohen Aufbauneigung bei Kurvenfahrt. Kinematische Lösungen zur Anhebung des Momentanpols sind noch nicht bekannt. 1949 ging Daimler-Benz dazu über, die Wanksteifigkeit durch einen Stabilisator zu erhöhen, der es erlaubte, Aufbau- und Wankfedersteifigkeit voneinander zu entkoppeln.

Die letzten Voraussetzungen zur Weiterentwicklung vorderer Doppelquerlenkerachsen auf heute bekannte Lösungen wurden mit der Verfügbarkeit von Schraubenfedern sowie verbesserten Schwingungsdämpfern geschaffen. Die seit 1933 bekannten, nach dem Zweirohrdämpferprinzip arbeitenden Teleskopdämpfer ließen sich gegenüber den bis dahin verwendeten Kolbendämpfern aufgrund größerer Kolbenwege und Ölvolumina feiner abstimmen. Erst die Umstellung auf Doppelquerlenker und Schraubenfedern erlaubte es allerdings, die verbesserten Dämpfereigenschaften zu spürbarem Komfortgewinn zu nutzen. Eine derartige Achse entwarf Nibel 1933 für den Typ 380 und realisierte damit ein Fahrwerk, an dessen Prinzip Daimler-Benz bis in die heutige Zeit festhält, und das als Vorbild für zahlreiche andere Fahrzeughersteller galt.

Der Schritt zum Doppelquerlenker eröffnete schließlich ein weites Feld kinematischer Möglichkeiten, die u.a. zur exakten Festlegung der Momentanpolhöhe, zur Beeinflussung der Seitenkraftsteuerung, des Reifenverschleißes und der Ansprechemp-

findlichkeit auf Lenkeingaben sowie zur Realisierung eines Nickmomentenausgleichs genutzt werden konnten. So kann die Momentanpolhöhe durch Schrägstellen der Querlenker verändert werden. Sturz- und Spurweitenänderungen lassen sich durch Anpassen der Lenkerlängen abstimmen, und das Verschränken der Querlenkerbasis erlaubt eine Festlegung des Nickpols. Auf die Weise kann das Bremstauchen des Fahrzeugaufbaus verringert werden, und dies wirkt sich über den Komfort hinaus auch vorteilhaft auf die Radstellungs- und Seitenkraftänderung beim Bremsen aus.
Das Seitenkraftsteuern der Vorderachse läßt sich durch gezielte Vorspur- und Sturzänderungen beim Ein- und Ausfedern beeinflussen. Mit der Vorspur werden symmetrische Seitenkräfte aufgebaut, die die Räder über das Lenkgestänge gegeneinander verspannen und das Ansprechverhalten des Fahrzeugs auf Lenkeingaben verbessern. Zusätzlich werden hierdurch bei Geradeausfahrt Spiel und verschleißfördernde Schwingungen im Lenkgestänge verhindert.
Die Doppelquerlenkerradaufhängung entwickelte sich im Lauf der Jahre zur Standardvorderradaufhängung; und außer der schraubengefederten Ausführung gewann besonders bei französischen und britischen Fahrzeugen das torsionsstabgefederte Konzept an Bedeutung. Diese erstmals 1934 im Citroen 7 CV realisierte Konstruktion bietet gegenüber der schraubengefederten Achse insbesondere Raumvorteile.
In Verbindung mit dem Frontantrieb ergibt sich schließlich mit dem großen Breitenbedarf der Doppelquerlenkerachse ein konzeptbedingter Nachteil, denn der obere Lenker schließt bei Realisierung großer Lenkerlängen und damit großer Federwege und kleiner Spurweitenänderungen eine querliegende Antriebseinheit aus.
Speziell die deutschen Hersteller von Frontantriebswagen hielten übrigens noch bis in die sechziger Jahre an dem bereits vor dem Zweiten Weltkrieg entwickelten Konzept mit oberer Blattfeder und unterem Dreieckslenker fest, bis dann in den siebziger Jahren ein allgemeiner Übergang zu den MacPherson-Federbeinachsen zu verzeichnen war.
Nachdem man erkannt hatte, daß die vielfältigen Abstimmungsmöglichkeiten der Doppelquerlenkerführung auch an der Hinterachse genutzt werden konnten, beschäftigten sich namhafte Fahrzeughersteller, wie z. B. General Motors, versuchsweise mit diesem Achstyp. Für Großserienfahrzeuge waren die Doppelquerlenker-Hinterachsen wegen der mit zwei Kardangelenken und Längenausgleich versehenen Gelenkwelle aber zu aufwendig. Erst britische Renn- und Sportwagenhersteller wie MG, Cooper, AC und Lotus leiteten mit der Doppelquerlenkerachse im Rennwagenbau einen Trend ein, der sich trotz gelegentlicher Versuche mit Pendel- und De Dion-Achsen bis heute behaupten konnte.
Lotus sparte dabei zur weiteren Verminderung der ungefederten Massen den oberen Querlenker ein und beaufschlagte die Antriebswelle mit Radführungsaufgaben. Dieses Beispiel wurde 1961 mit dem E-Typ von Jaguar aufgegriffen und bildet bis heute das Hinterachskonzept der Sportwagen und Limousinen von Jaguar. General Motors wandte 1963 beim Typ Corvette ein ähnliches System an, benutzte statt der Schraubenfedern allerdings eine Blattfeder.
Mit der Einführung von Gummimetallen als Lagerelemente gewann die Elastizität der Radaufhängung an Bedeutung. Die elastischen Lagerungen wurden zur Isolierung von Schwingungen zwischen Rad

MacPherson-Federbein mit negativem Lenkrollradius.

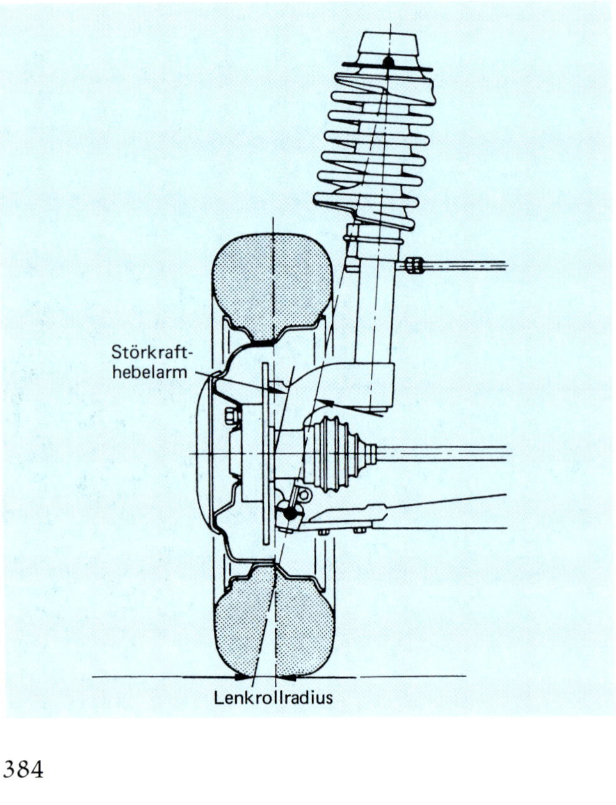

Angetriebene vordere Starrachse mit Schraubenfeder, Längslenkern, Panhardstab und Stabilisator (Mercedes-Benz, Typ G).

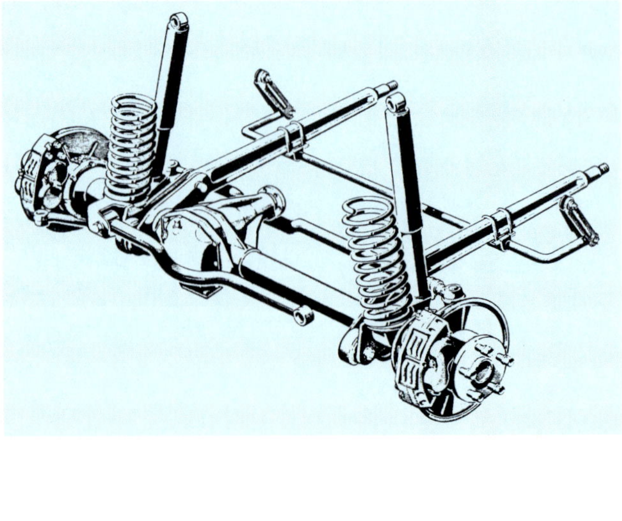

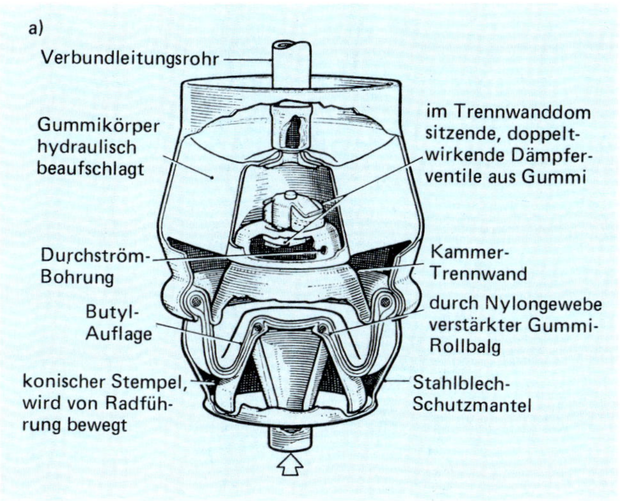

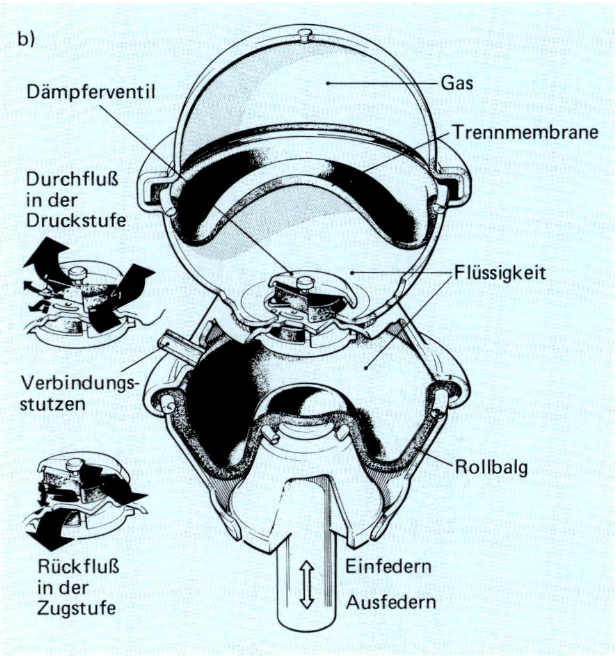

Die 1959 für das BMC-Modell „Mini" eingeführte Gummifederung wurde 1962 für das größere Modell „1100" durch ein „Hydrolastic" genanntes Verbundsystem weiterentwickelt. 1973 folgte mit dem „Hydragas"-System die dritte Phase: Der hydraulische Verbund zwischen Vorder- und Hinterrädern blieb bestehen, an die Stelle der Gummifedern traten jedoch Stickstoffpolster, die durch einen Rollbalg vom flüssigen Medium isoliert waren. Die Dämpfung in der Zug- und Druckstufe wurde durch Ventile in der Zwischenwand der Hydraulikzylinder besorgt.

und Fahrzeugaufbau eingeführt, verschlechterten aber die Führungspräzision der Radanlenkung. Ein frühes Beispiel einer solchen Lagerung ist die Vorderachse des Mercedes-Benz 170 S von 1949. Später lagerte man die Querlenker an Fahrschemeln, um somit die Elastizitäten auf die Fahrschemel- und Querlenkeraufhängungen aufzuteilen. So konnten die Lenker verhältnismäßig steif gelagert werden, während der Fahrschemel mit breiter Abstützbasis über weichere Gummielemente aufgehängt wurde.
Nicht zuletzt auf die im Vergleich zur Schräglenkerachse bessere Abstimmung von Elastizitäten ist es zurückzuführen, daß sich heute auch einige Hersteller technisch aufwendiger Mittelklasse-Pkw der Doppelquerlenker-Hinterachse zugewandt haben. Beim Typ 200 Quattro wählte Audi eine Konstruktion aus unterem Trapezlenker mit breiter Abstützbasis und oberem, stabförmigem Querlenker. Die breite Abstützbasis des Trapezlenkers schränkt dabei dessen Drehelastizitäten ein und erlaubt es, großzügig dimensionierte Gummilager mit guten Dämpfungseigenschaften gegenüber Fahrwerkschwingungen zu verwenden.
Nach einem ähnlichen Konzept ist auch die nach dem Porsche-Versuchsgelände benannte Weissach-Achse des Porsche 928 aufgebaut. Ein unterer Schräglenker mit breiter Abstützbasis ist mit einem oberen, stabförmigen Querlenker kombiniert, der ausschließlich Querkräfte zu übertragen hat. Die Anlenkung des Schräglenkers am Chassis läßt ein definiertes Ausweichen des Lenkers infolge von Längs- und Vertikalkäften zu. Diese als Elastokinematik bezeichnete Eigenschaft zielt darauf ab, der

Aufhängungen von Blattfedern.

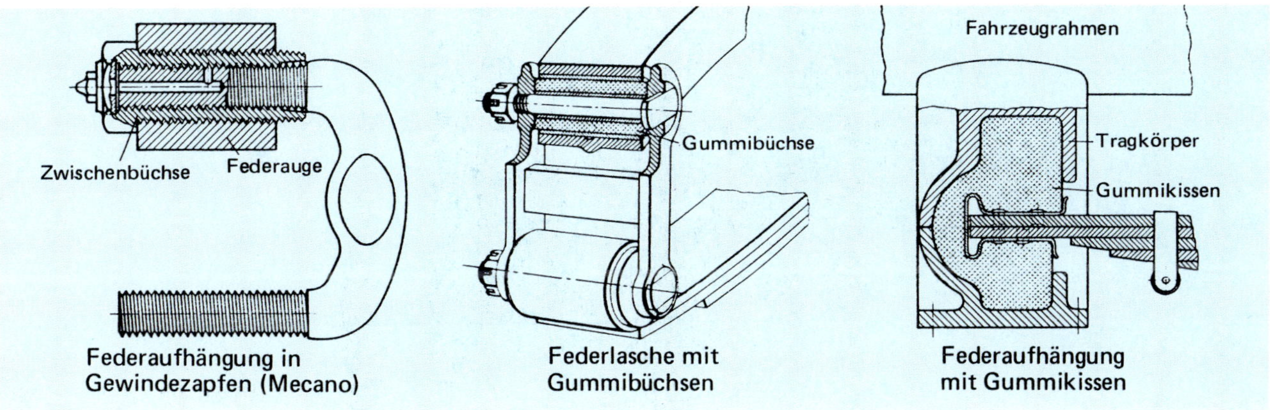

Nachspurtendenz des Schräglenkers unter Längs- und Seitenkräften entgegenzuwirken. Durch einen außerhalb der Radmittelebene liegenden Lenkpol stellt sich unter Längskräften ein Vorspurwinkel des Rads ein, der die Übersteuertendenz des leistungsstarken Fahrzeugs beim Lastwechsel in der Kurve vermindert. Die Auslegung der Weissach-Achse erwies sich jedoch als äußerst abstimmungsempfindlich, so daß Porsche die Anwendung bisher nur auf den Typ 928 beschränkte.
Daimler-Benz griff bei der Fünf-Lenker- (oder Raumlenker-)Hinterachse die konsequente Einbeziehung der elastokinematischen Eigenschaften in die Auslegung einer angetriebenen Doppelquerlenker-Hinterachse wieder auf. Die Querlenker bestehen aus fünf räumlich angeordneten Einzellenkern. Ein Lenker stützt Feder und Dämpfer ab und nimmt Trag- und Führungskräfte auf. Bei den anderen vier Lenkern handelt es sich um reine Führungslenker. Die räumliche Lage dieser Lenker bestimmt mit der Lage des Nickpoles den 60%igen Nickausgleich gegenüber Anfahr- und Bremsmomenten sowie die Sturz- und Spurweitenänderungen des Rads. Der fünfte Lenker hat die Funktion einer Spurstange und bestimmt den Spurwinkel des Rads beim Ein- und Ausfedern.
Zur Geräusch- und Schwingungsisolierung sind die Lenker über Gummielemente an einem Fahrschemel gelagert, der wiederum mit breiter Einspannbasis über vier weitere, verhältnismäßig weiche Gummielemente am Chassis aufgehängt ist. Elastizitäten und Kinematik der Achse sind so aufeinander abgestimmt, daß Lenkfehler aufgrund von Elastizitäten durch konstruktiv vorgegebene, kinematische Eigenschaften kompensiert werden. Ebenso wie bei der Weissach-Achse nutzt Daimler-Benz eine auf der Außenseite des Rads liegende, ideelle Lenkachse, um die Übersteuertendenz beim Lastwechsel und Bremsen zu verringern.
Die Ausführung der Querlenker durch Einzelstäbe ist weiterhin mit guten Leichtbaueigenschaften verbunden, da die Führungslenker theoretisch als reine Zug-/Druckelemente ausgelegt werden können. Aufgrund der elastischen Gelenke treten jedoch auch Biegebelastungen der Führungslenker auf, die eine entsprechende Dimensionierung der Stäbe erfordern und den Gewichtsvorteil einschränken.
Auch in den USA wird mit der Hinterachse der Chevrolet Corvette eine Fünf-Lenker-Hinterachse gebaut, deren Details für die weitere Evolution des Fahrwerks von Wichtigkeit sind. Die Achse besteht aus zwei parallelen Längslenkern, einem unteren Querlenkstab, einer oberen Spurstange und einer Kunststoff-Querblattfeder. Außer der geringen Bauhöhe der Achse bietet besonders die Carbonfeder Gewichtsvorteile. Sollte dieser Werkstoff speziell für die Federherstellung an Bedeutung gewinnen, so könnte die Blattfeder auch aus herstellungstechnischen Gründen wieder an Bedeutung gewinnen.

MacPherson-Achse

Die MacPherson-Achse entspricht kinematisch einer Doppelquerlenkerachse, bei der der obere Lenker durch eine Vertikalführung ersetzt wurde. Die Achse wurde 1945 dem für General Motors tätigen Earl MacPherson patentiert, aber erst 1950 wiederum unter Leitung des inzwischen zu Ford übergewechselten MacPherson im standardgetriebenen Ford Zephyr realisiert. Nach weiteren Anwendungen in standardgetriebenen Fahrzeugen bei Peugeot, BMW und japanischen Herstellern setzte sich die MacPherson-Federbeinachse dann in den siebziger Jahren bei den frontangetriebenen Fahrzeugen der Kompaktklasse durch. Bei diesen Fahrzeugen wirkt sich besonders der geringe Raumbedarf der Achse in Verbindung mit der quereingebauten Antriebseinheit positiv aus.
Die MacPherson-Achse erlaubt ähnlich wie der Doppelquerlenker eine Höhenanpassung des Momentanzentrums und eine Anfahr- und Bremsmomentenabstützung. Sturz- und Spurweitenänderun-

Hintere Starrachse (Volvo 760).

De Dion-Deichselachse, Getriebe und Differential vereinigt (Alfa Romeo-„Alfetta").

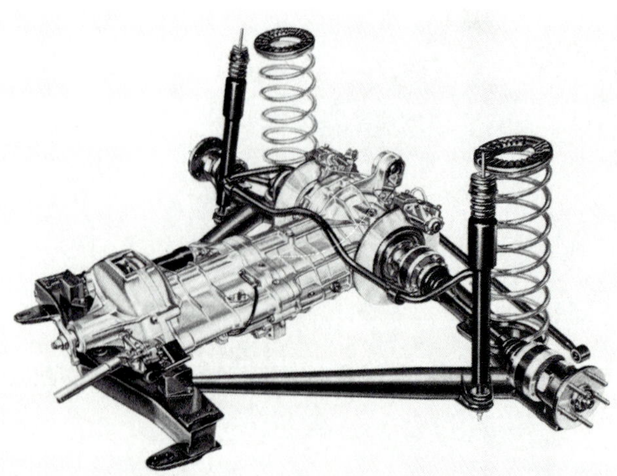

Chevrolet Corvette 1985

Ein technisch so aufwendiges Automobil hat es in den USA seit dem legendären Duesenberg-S wohl nicht mehr gegeben. Die erste Corvette (1953) hatte bereits eine Karosserie-Außenhaut aus Kunststoff, das neueste Modell ebenso. Die Hinterachskonstruktion zieht außer Längslenkerpaaren aus Aluminium auch die Antriebswellen zu Führungsaufgaben heran. Erstmals an einem Serienwagen findet eine Querblattfeder aus Verbundkunststoff Verwendung.

De Dion-Achse (DAF 66) mit Längsführung durch Einblattfedern.

gen lassen sich durch geeignete Anpassung der Lenkerlage und -länge verändern. Durch die hohe Lage des oberen Drehlagers und die über dem Rad angeordnete Feder lassen sich bei nur geringer Spreizung kleine positive und negative Lenkrollradien erreichen. So wirken sich Längskraftschwankungen auf das Rad nur in geringem Maß auf die Lenkung aus, so daß die MacPherson-Achse besonders auch bei Verwendung von ABS-geregelten Bremsen mit pulsierenden Längskräften von Vorteil ist. Bei ungleichen Bremskräften bewirkt ein negativer Lenkrollradius ohne Eingreifen des Fahrers eine Lenkkompensation, die dem Schiefziehen des Fahrzeugs entgegenwirkt. Bei Ausfall eines diagonalen Bremskreises unterstützt diese Auslegung die selbsttätige Stabilisierung des Fahrzeugs. Durch die radnahe Lage der Spreizachse lassen sich bei Frontantriebsfahrzeugen die Antriebseinflüsse auf die Lenkung vermindern.

Unter Berücksichtigung von Kosten, Fertigung und Raumbedarf ist die MacPherson-Vorderachse heute die modernste Vorderachseinheit und bietet noch ein großes Potential von Entwicklungsmöglichkeiten.

Auch bei Hinterachsen wird das MacPherson-Prinzip angewandt. So war der FIAT 128 mit einer nichtangetriebenen MacPherson-Hinterachse ausgestattet, bei der eine Querblattfeder mit Dämpferbeinen und zusätzlichen Querlenkern kombiniert wurde.

Lancia wählte bei den Typen Gamma, Delta und Prisma ebenfalls eine Querlenkerführung des Rads in Verbindung mit einem MacPherson-Feder-/Dämpferbein. Zur exakten Einstellung der Vorspur ist ein Lenkerstab längenverstellbar.

Eine angetriebene Hinterachse nach dem MacPherson-Prinzip wurde erstmals im Lotus Elan von 1959 verwirklicht. Während Lotus ein Feder-/Dämpferbein mit einem Querlenker kombinierte, wählte FIAT beim Typ 130 eine Kombination aus Dämpferbein und die Feder tragendem Diagonallenker, der durch die Antriebswelle zum Querlenker ergänzt wurde. Die Querkräfte wurden anteilmäßig noch über zusätzliche, einstellbare Spurstangen aufgenommen, die es weiterhin erlaubten, die statische und dynamische Vorspurcharakteristik zu beeinflussen.

Ein aktuelles Beispiel eines deutschen Herstellers für ein derartiges Hinterachskonzept ist der Audi Quattro. Audi ersetzte die starre Hinterachse des frontangetriebenen Audi 80 durch modifizierte Vorderachseinheiten; hierbei wurden die Spurstangen am Chassis festgelegt.

Lenkungen

Nachdem die Drehschemel- durch die Achsschenkellenkung abgelöst worden war, begnügte man sich bis in die vierziger Jahre mit der statischen Akkermann-Auslegung, die grundsätzlich einen gemeinsamen Kurvenmittelpunkt der spurenden Räder aufweist.

Für die Lenkstabilisierung bei Geradeausfahrt waren die Einflüsse von Radsturz, Vorspur, Spreizung und Nachlauf schon frühzeitig als kinematische Parameter bekannt. So wurden positiver Radsturz und Vorspur dazu genutzt, symmetrische Seitenkräfte aufzubauen, die das Lenkgestänge verspannten und störendes Spiel verhinderten.

Die Wirkung des Nachlaufs war ebenfalls bekannt

und wurde von Maybach erstmals beim Stahlradwagen angewandt. Der Nachlauf bewirkt, daß der Radaufstandspunkt hinter der Lenkachse geführt wird und das Rad sich — abgesehen von dynamischen Effekten — in den stabilen Gleichgewichtszustand zurückdreht. Benz erzielte diesen Effekt über einen senkrechten, vor der Radachse angeordneten Lenkzapfen (Nachlaufversatz) und vermied somit ein Anheben des Fahrzeugaufbaus beim Lenken.

Die Spreizung des Lenkzapfens wurde 1902 von Cosmo und Built eingeführt. Spreizung bewirkt ein Anheben des Fahrzeugs beim Lenken. Aufgrund der Gewichtskraft des Aufbaus wird die Lenkung selbständig in Geradeausstellung zurückgedreht. Weiterhin ermöglicht die Spreizung in Verbindung mit dem Radsturz einen kleinen Lenkrollradius. Dieser hilft, die Massenträgheitsmomente um die Lenkachse abzubauen und die Stößigkeit der Lenkung zu verringern; dies kommt dem Lenkungskomfort bei höheren Geschwindigkeiten zugute.

Die oben beschriebenen Lenkungsparameter bilden bis heute die Grundlage der Lenkungsauslegung für die Geradeausfahrt und werden in Abhängigkeit von Achslasten und Antrieb zur Erzielung einer gewünschten Lenktendenz aufeinander abgestimmt.

Die weitere Evolution der Lenkung war eng mit der Entwicklung der Vorderradaufhängung verknüpft. Als Schnittstelle zwischen Lenkung und Fahrwerk waren die Kinematiken von Lenkgestänge und Radaufhängung so aufeinander abzustimmen, daß Lenkfehler beim Ein- und Ausfedern vermieden wurden. Diese Lenkfehler konnten schwingungsempfindliche Vorderachsen zu störenden Flatterschwingungen anregen. In Verbindung mit Starrachsen war die einteilige Spurstange achsfest und bildete mit den Spurhebeln das Lenktrapez. Der Lenkradwinkel wurde nach Untersetzung durch das aufbaufeste Lenkgetriebe über eine Lenkschubstange direkt auf den radseitigen Lenkhebel übertragen. Zur Erzielung möglichst geringer Lenkfehler waren

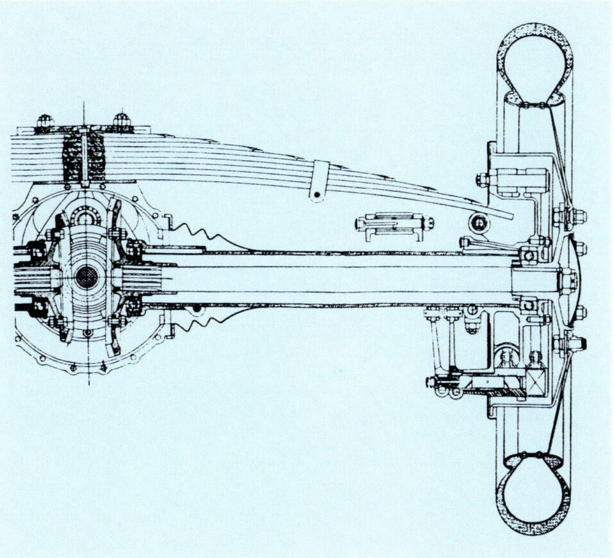

Eingelenk-Pendelachse mit Querblattfeder (Tatra).

lange Schubstangen erforderlich, die häufig durch diagonale Anordnung zwischen Lenkgetriebe und Spurhebel erzielt wurden.

Mit den Einzelradaufhängungen mußte die Spurstange geteilt werden; hierbei wurden zunächst die Spurhebel der Radaufhängung über zwei ungleich lange Spurstangen mit dem Lenkhebel des Lenkgetriebes verbunden. Die ungleich langen Spurstangen führten zu unsymmetrischen Lenkfehlern beim Ein- und Ausfedern. Erst der Übergang auf Lenkvierecke erlaubte neben der Symmetrie des Lenkgestänges auch die Anpassung von Lage und Länge der Spurstangen an die Kinematik der Radaufhängung. In Verbindung mit Zahnstangengetrieben war man dann in der Lage, auch symmetrische Lenkdreiecke zu realisieren.

In den fünfziger Jahren führten neue Erkenntnisse der Reifenmechanik zur weiteren Evolution der Len-

Pendelachse mit torsionselastischen Längslenkern und Federung durch Drehstäbe (VW-Käfer 1938).

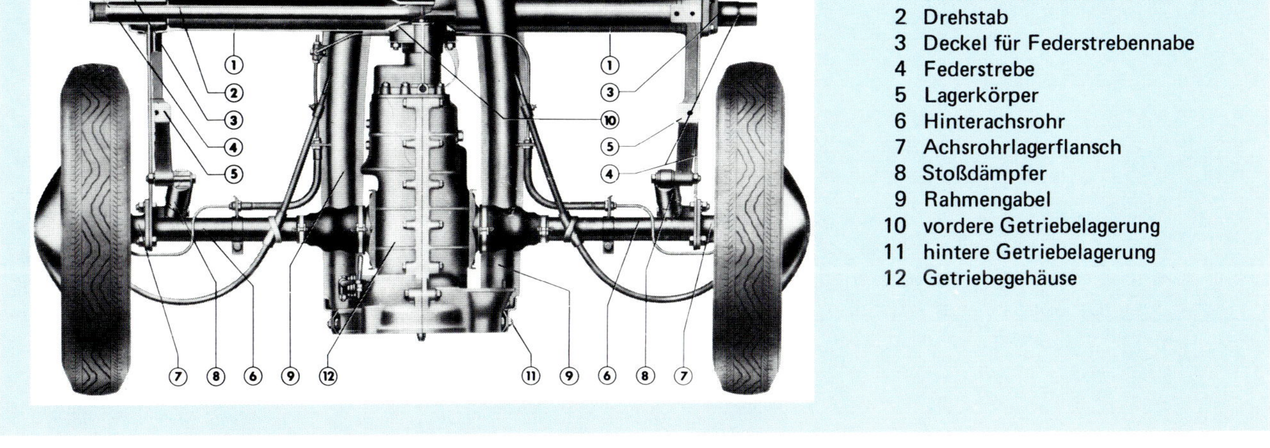

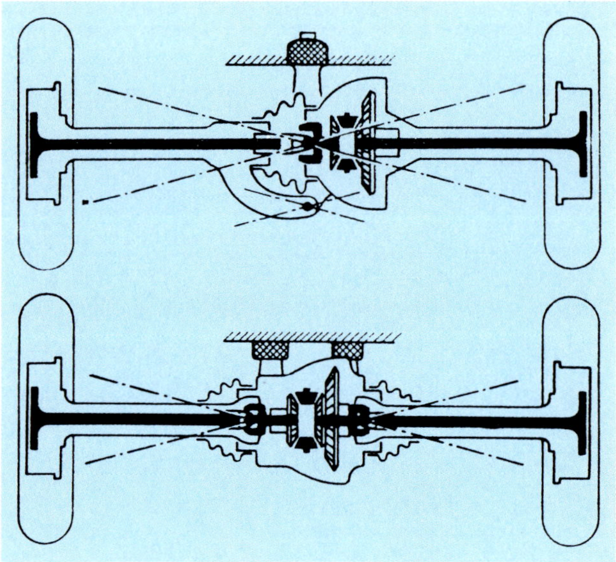

Ein- und Zweigelenk-Pendelachse.

kungsabstimmung. Wesentliche Erkenntnisse betrafen den Schräglauf des Reifens und dessen Auswirkung auf die Seitenkraftbildung sowie den Reifennachlauf und das damit zusammenhängende Rückstellverhalten des Rads. Für das Lenken bedeutet dies, daß das Rad um den Schräglaufwinkel stärker eingelenkt werden muß, als es der Ackermann-Bedingung entspricht.

Eine weitere Erkenntnis betraf den degressiven Anstieg der Schräglaufseitenkraft mit steigender Radlast. Zur Erzielung verschleißarmen Rollverhaltens der Vorderräder ergaben sich somit bei zunehmenden Kurvengeschwindigkeiten und entsprechenden Radlastverlagerungen Abweichungen von der Ackermann-Auslegung.

Der Patent-Motorwagen von Benz 1896 und der Stahlradwagen von Daimler und Maybach 1889 hatten „neutrale" Lenkrollradien, da die Drehachse durch die Mitte der Aufstandslinie der gelenkten Räder führte. Die danach verwendeten Drehschemellenkungen dagegen hatten positive Lenkrollradien von der Größe der halben Spurweite, und die Autos waren auf den schlechten Straßen extrem schlecht zu beherrschen. Mit der Übernahme der Achsschenkellenkung schrumpfte der Lenkrollradius zwar beträchtlich, blieb aber immer noch positiv.

Zwar hatte es — vermutlich kaum bekannte — Versuche gegeben, den Lenkrollradius zu verkleinern, aber erst Fritz Ostwald erkannte die Bedeutung des Lenkrollradius für die Fahr- und Bremsstabilität der Automobile und ließ sich 1958 den negativen Lenkrollradius patentieren, der 1972 von Audi in die Großserie eingeführt wurde und seither in der Mehrzahl neuer Frontantriebswagen zu finden ist.

Mechanische Lenkungen

Das erste Automobil-Lenkgetriebe stammt von Benz. Die Lenkbewegung wurde durch ein Ritzel an der senkrechten Lenksäule auf zwei Zahnstangen übertragen. Eine quer eingebaute Vollelliptikfeder diente als Übertragungsglied zwischen Zahnstange und zentralem Lenkhebel und glich auf diese Weise die Relativbewegungen zwischen Achse und aufbaufesten Zahnstangen aus.

Die weitere Entwicklung von Lenkgetrieben wurde in den USA forciert, wo sich anfangs die Electric Motive Power Co. und später die Entwicklungsabteilung der Automobilproduzenten um die Evolution der Lenkgetriebe bemühten. In den zwanziger Jahren hatten sich Lenkschrauben- und Lenkschnekkengetriebe durchgesetzt. Die Getriebe waren wegen der hohen Reibung selbsthemmend; dies war zur Dämpfung von Flatterschwingungen durchaus erwünscht, jedoch verschlechterten sich Lenkpräzision und Verschleißverhalten. Da die Getriebe nicht über Nachstellmöglichkeiten verfügten, nahm das Lenkungsspiel schnell zu und beeinträchtigte zusätzlich Lenkpräzision und Flatterempfindlichkeit.

Nach 1945 wurden fast nur noch Spezialformen der Spindellenkung angewandt; bei VW war bis 1961 eine Spindellenkung mit Kugelkalotte im Einsatz. Bis heute noch aktuelle Bauformen sind die Schnekkenrollenlenkung — von ZF auch Gemmer-Len-

Pendelvorderachse des Hillman-„Imp" 1963.

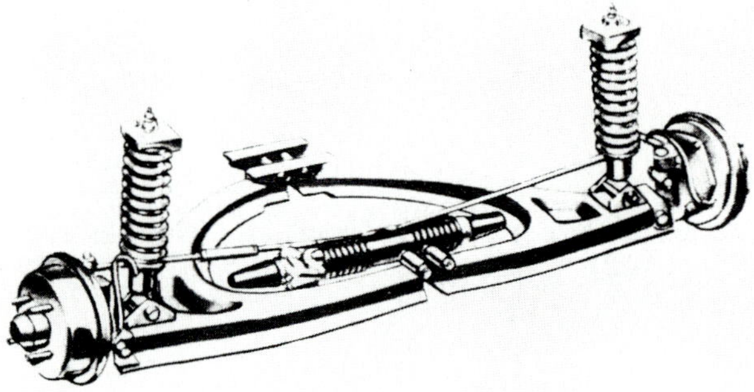

Schräglenker-Hinterachse des VW-Passat-Syncro.

kung genannt — und die Kugelmutter- oder Kugelumlauflenkung. Bei der Gemmer-Lenkung verjüngt sich die Lenkschnecke zur Mitte hin, und die Nutensteigung nimmt nach außen hin zu; hierdurch ändert sich das Untersetzungsverhältnis mit zunehmendem Lenkwinkel.
Die „Kugelmutter"- oder „Kugelumlauf"-Lenkung wurde 1953 für alle Fahrzeuge von Daimler-Benz eingeführt und wird auch von ZF für andere Fahrzeughersteller gefertigt. Die Lenkschraube verfügt über ein Rundgewinde, in dem sich Kugeln bewegen, die wiederum die Lenkmutter mitnehmen. Diese Lenkungsbauart zeichnet sich durch geringe Selbsthemmung und geringen Verschleiß aus und ermöglicht wie die Gemmer-Lenkung, das Lenkungsspiel nachzustellen.
Zahnstangenlenkungen kamen in den dreißiger Jahren besonders in Deutschland in Verbindung mit frontangetriebenen Fahrzeugen, wie z. B. dem Adler Trumpf und der DKW-Meisterklasse, auf und sind heute in den meisten frontangetriebenen Fahrzeugen mit Quermotor zu finden. Die Zahnstangengetriebe erwiesen sich als kostengünstig und verfügten wegen der direkten Übertragung der Lenkkräfte auf die Spurstangen über große Steifigkeit, was be-

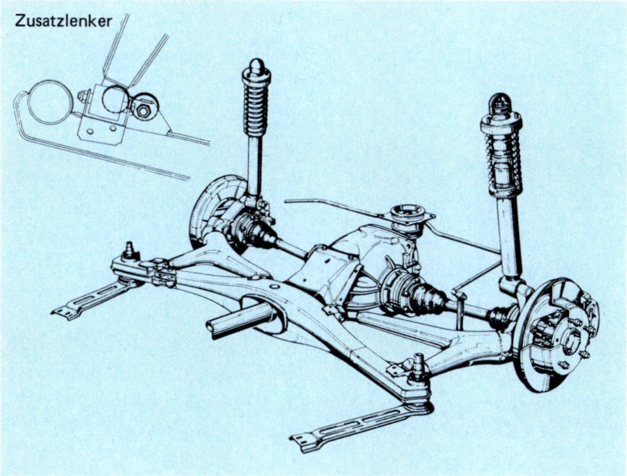

Schraublenker-Hinterachse des BMW 528i.

Der letzte Mini-Rennwagen von MG war der R-Typ von 1935. Er war auch der einzige mit Einzelradfederung durch Drehstäbe. Der 750-cm³-Motor mit Aufladung leistete etwa 130 PS, die über ein Wilson-Vorwählgetriebe übertragen wurden.

sonders der Lenkpräzision zugute kam, die Stößigkeit der Lenkung allerdings erhöhte. Durch Lagerung des Lenkungsgehäuses in Gummi und Verwendung von elastischen Kupplungen in der Lenksäule konnte man die Stößigkeit und Schwingungsübertragung auf den Fahrer verringern; hierdurch verschlechterte sich jedoch die Lenkpräzision.
Während man bisher bemüht war, Lenkgetriebe ohne Selbsthemmung zu entwickeln, war man nun zur Dämpfung von Lenkungsschwingungen auf einen zusätzlichen Schwingungsdämpfer angewiesen, der bei drehenden Lenkgetrieben häufig am Lenkzwischenhebel oder der Lenkzwischenstange angelenkt war. Bei Zahnstangenlenkungen mit an den Enden der Zahnstange angelenkten Spurstangen ließ sich der Dämpfer parallel zur Zahnstange anordnen bzw. in das Lenkungsaggregat integrieren.

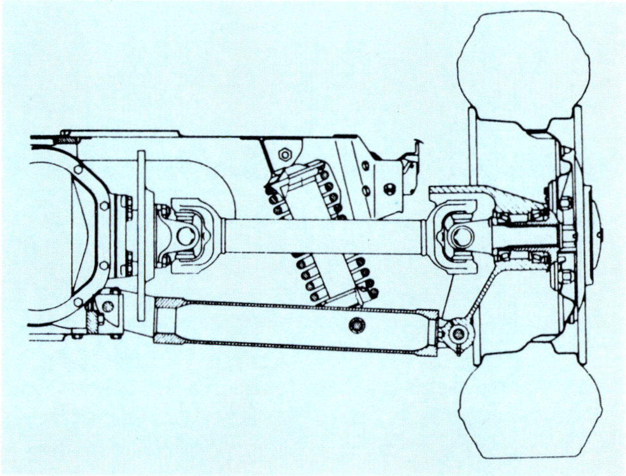

Verschiedentlich wurden die Antriebswellen zur Radführung mit herangezogen. Jaguar wählte eine solche Konstruktion bereits 1968 für den E-Type-Sportwagen und behielt sie später auch für die Limousinen bei. Bemerkenswert: die „Innenbord-Scheibenbremse".

FIAT stattete den großen Typ 130 mit Dämpferbeinen aus, deren unteres Führungsdreieck durch Antriebswelle und Schräglenker gebildet wurde. Die Lenker waren vorn durch einen Querstabilisator verbunden.

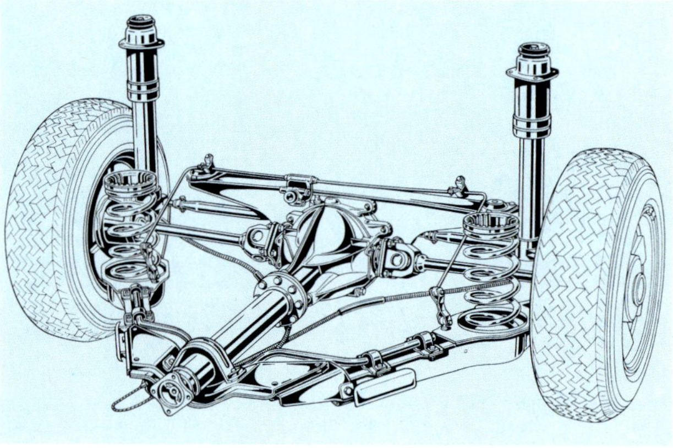

Die Wahl der Lenkübersetzung ist ein Kompromiß zwischen zumutbarer Lenkkraft im Parkierbetrieb und vertretbaren Lenkwinkeln bei zügiger Kurvenfahrt. Bei Zahnstangenlenkungen besteht die Möglichkeit, durch stetiges Verändern des Zahnstangenmoduls das Übersetzungsverhältnis mit dem Lenkeinschlag zu vergrößern. Allerdings ist diese Lösung nur für Fahrzeuge bis zur Kompaktwagenklasse von Bedeutung. Für schwerere Fahrzeuge haben sich hydraulisch unterstützte Lenkungen durchgesetzt.

Hilfskraftlenkungen

Erste Patente über Hilfskraftlenkungen sind schon aus dem Dampfwagenbau des 19. Jahrhunderts bekannt. In Verbindung mit dem Automobil stellte Davis 1926 ein erstes, hydraulisch unterstütztes Aggregat vor: Ein mit Drucköl versorgter Hydraulikzylinder war an den Lenkstockhebel gekoppelt und wurde über ein von der Lenkspindel betätigtes Doppelventil geregelt. Heute sind die Hilfskraftaggregate in die Lenkgetriebe integriert. Bei Zahnstangenlenkungen kann die Zahnstange dabei gleichzeitig als Arbeitskolben verwendet werden.
Hilfskraftlenkungen erlauben es, das Übersetzungsverhältnis nach fahrdynamischen Kriterien auszulegen, ohne den Parkierkomfort zu verschlechtern. Allerdings zeigte zuerst nur die Nutzfahrzeugindustrie hierfür Interesse. Erst in den fünfziger Jahren wurde die Servolenkung auch in Pkw verwendet. Sie setzte sich in den USA schnell durch, während sie in Europa nur Fahrzeugen der gehobenen Klasse vorbehalten blieb.
Bislang führte die Auslegung von Hilfskraftlenkung zu einem Kompromiß aus zumutbaren Parkierkräften und ausreichender Momentenrückmeldung bei hohen Fahrgeschwindigkeiten, so daß beide Forderungen nur befriedigend erfüllt werden konnten. Heute strebt man an, dem Fahrer mit zunehmender Fahrgeschwindigkeit das Lenkgefühl mechanischer Lenkungen zu vermitteln. So entwickelte Citroen für den Typ SM eine hydraulische, geschwindigkeitsabhängige Steuerung der Servounterstützung. ZF wählte bei der Servotronic eine elektronische Regelung der Betätigungskraft und variiert die für die Höhe des Lenkmomentes verantwortliche hydraulische Rückwirkung der Lenkung.
Honda entwickelte für die Zahnstangenlenkung der Accord-Modellreihe eine hydraulische Lenkkraftunterstützung, die ebenso wie bei Citroen und ZF in Abhängigkeit von der Fahrgeschwindigkeit abgebaut wird: Ab etwa 50 km/h entfällt die Lenkhilfe vollständig.
Mitsubishi variiert die Lenkkraftunterstützung sowohl aus der Funktion der Fahrgeschwindigkeit als auch aus der Lenkwinkelgeschwindigkeit. Inzwischen wird von Uni-Cardan ein servopneumatisches System vorbereitet, bei dem ein parallel zur Zahn-

stange angeordneter Pneumatikzylinder durch Unterdruck betätigt wird.

Federelemente

Schraubenfedern

Da die Schraubenfeder heute das am meisten verwendete Federelement ist, soll sie hier gesondert für den Einsatz im Pkw beschrieben werden. Zwar wurde sie schon 1893 im Daimler-Riemenwagen erstmals verwendet, konnte sich jedoch erst mit dem Aufkommen exakter Radführungen durchsetzen.
Mechanisch entspricht die Schraubenfeder einem gewickelten Drehstab; sie wird auf Torsion beansprucht. Außer der kompakten Form bei großer Einfederlänge benötigt die Schraubenfeder weniger aufwendige Lagerungen und geringerwertige Oberflächen als die Drehstabfeder.
Zur progressiven Gestaltung der an sich linearen Kennlinie gibt es mehrere Möglichkeiten: Außer der Stufenschaltung mehrerer Federn bieten sich Maßnahmen der Federgestaltung selbst an. Während konisch oder sphärisch geformte Federn sowie Federn mit veränderlichen Windungsdurchmessern und Drahtstärken erst in jüngster Zeit Verwendung finden, gab es Federn mit ungleichem Windungsabstand schon 1959 im Lloyd Arabella, im Opel Record und Kapitän. Eine Kombination aller drei Maßnahmen findet sich 1978 beim Opel Senator/Monza erstmals in Form der Miniblockfeder. Mit Vorteilen wie geringerem Gewicht, geringem Platzbedarf, progressiver Kennlinie und Geräuschfreiheit repräsentiert die Miniblockfeder gegenwärtig die am weitesten entwickelte Stufe der Schraubenfeder.

Gummifedern

Gummi und vergleichbare Materialien werden im Automobilbau vielseitig als Federwerkstoff verwendet, z. B. zur Aggregatelagerung, als Zusatzfeder in Form von Endanschlägen und als Werkstoff zur Lagerung von Fahrwerksbauteilen. Vorteile von Gummifederelementen sind hohe Eigendämpfung, Progressivität, geringes Gewicht und hohe Geräuschabsorption.
Als Hauptfederelement wurde Gummi besonders in den fünfziger und sechziger Jahren verwendet. Im Kleinschnittger F 125 von 1950 wurden auf Zug belastete Gummibänder und im Isotta-Frachini Monterosa schubbelastete Gummi-Metall-Elemente verwendet. Nachteilig waren Alterungs-, Temperatur- und Ölempfindlichkeit sowie Setzerscheinungen unter statischer Last.
Als Hauptfederelement dient Gummi heute noch beim Austin Mini. Bei geringem Eigengewicht und hoher Zuladung bildete die Gummifederung beim Mini den besten Kompromiß hinsichtlich erzielba-

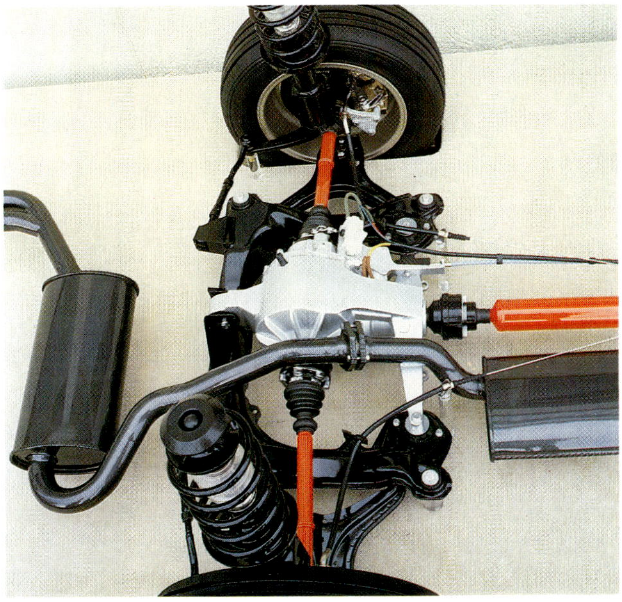

Vom Vorderrad- zum Allradantrieb: Eine konstruktive Glanzleistung war die „Erweiterung" der Antriebsart des Audi 80 durch ein integriertes Mitteldifferential. Der „zusätzliche" Antrieb der Hinterräder bedient sich wesentlicher Teile des serienmäßigen Frontantriebs (Audi-Sport-Quattro).

Die „Quattro"-Version des großen Audi 200 erhielt statt der improvisierten Hinterradführung eine neue Konstruktion mit einem unteren Dreiecklenker mit sehr breiter Basis. Auch hier finden sich die kurzen Spurstangen.

rer Progressivität, Gewicht und Platzbedarf. Die an Vorder- und Hinterachse identischen Gummifederelemente werden über konische Betätigungselemente auf Zug und Druck belastet. Infolge geringer Federwege und großer Härte entsprechen die Komforteigenschaften allerdings nicht dem heutigen Standard.
Eine Sonderbauform der Gummifeder ist die Hydrolastic-Feder, die Austin 1962 für den Typ 1100 entwickelte. Ähnlich wie bei der reinen Gummifeder wird ein in einem konischen Gehäuse gelagerter Gummiring auf Schub beansprucht. Beim Einfedern wird ein in den Federelementen eingeschlossenes Fluid verdrängt. Durch eine Hochdruckverbindung zwischen Hydrolastik-Elementen der Vorder- und Hinterachse erreichte Austin eine Federkopplung, die Nickbewegungen entgegenwirkt, die Federung bei Hubschwingungen allerdings verhärtet.

Luftfeder

Die Idee der Luft- bzw. Gasfederung stammt schon aus der Zeit vor den Anfangstagen des Automobils. Die Briten Walker und Mills meldeten bereits 1845 ein entsprechendes Patent für die Federung von Pferdewagen an. Das erste deutsche Patent zur Luftfederung wurde im Jahr 1900 erteilt.
Erste Anwendungen im Automobilbau betrafen das französische Fahrzeug Aeros von 1905, bei dem ein Ballon zwischen Blattfeder und Rahmen installiert war. Kolbenbetätigte Aggregate wurden bereits 1905 in den USA entwickelt. Die ersten in Fahrzeugen erprobten Systeme mit reiner Luftfederung entstanden 1909 bei Cowey in England und bei Delpeuch in Frankreich und arbeiteten mit Kolben, die die Luft in den Zylindern über ein Ventil in einen Vorratsbehälter verdrängten.
Ein erstes Luftfederaggregat mit wirtschaftlicher Bedeutung wurde zwischen 1912 und 1924 in den USA von Westinghouse angeboten und bestand aus einer ölgefüllten Zylindereinheit und einem durch eine Membran getrennten, luftgefüllten Ausgleichraum. Beim Einfedern wurde das Öl in den Ausgleichraum verdrängt und komprimierte das Luftvolumen. Darauf aufbauend entwickelte Messier in Frankreich Systeme, die über die reinen Federungsaufgaben hinaus auch eine Niveauregulierung ermöglichten. Messiers Chefkonstrukteur Breguet war später maßgeblich an der Entwicklung der Hydropneumatik von Citroen beteiligt.
1930 stellte Firestone ein Luftfederprogramm zur wahlweisen Installation in Pkw vor. Die vier Rollbalg-Federelemente waren untereinander verbunden und erlaubten über eine Regeleinheit eine Wank- und Nickkompensation. Das Firestone-System wurde schon in den dreißiger Jahren erfolgreich bei General Motors verwendet. Ende der fünfziger Jahre verfügten eine Vielzahl amerikanischer Automobile über Luftfedersysteme, die teils nur an der Hinterachse, vielfach aber auch an allen vier Rädern Verwendung fanden. Anfang der sechziger Jahre gab die amerikanische Automobilindustrie die Luftfeder jedoch wieder auf, da der bauliche und finanzielle Aufwand zu hoch und die Zuverlässigkeit zu schlecht waren.
In Europa wandten sich Daimler-Benz und Borgward der Luftfederung zu. Für Mittelklassefahrzeuge baute mit der Hydropneumatik nur Citroen ein System, das auch aus wirtschaftlicher Sicht bestehen konnte.
Als Weiterentwicklung des Hydrolastik-Verbundsystems präsentierte Austin 1973 die Hydragas-Federung am Modell Allegro. Wiederum erfolgte in diesem Fall der Druckausgleich zwischen den Federelementen durch ein Wasser-Frostschutzmittel-Gemisch. Anstelle der hydraulisch beaufschlagten Gummikörper enthielten die „Kanister" durch flexible Membranen abgeteilte Stickstoffpolster als eigentliches Federelement. Einwegdämpfer für

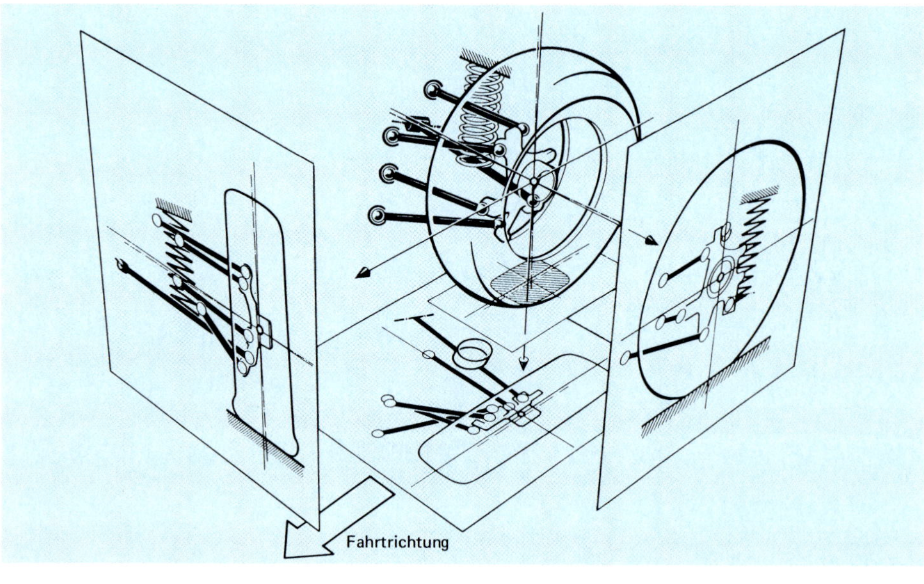

Als erstes Daimler-Benz-Personenwagenmodell erhielt der Typ 190 eine neuartige Führung der Hinterräder. Die „Raumlenkerachse" genannte Computerkonstruktion sorgt mit fünf Lenkern für eine bei allen Bedingungen korrekte Radführung. Inzwischen wurde sie auch für die größere Baureihe 124 übernommen.

Druck- und Zugstufe waren in jedes Federelement integriert.
Sämtlichen Systemen gemeinsam ist die Aufnahme der Federarbeit durch Volumenänderung eines Gases. Unterschiede ergeben sich hinsichtlich Regelung und Funktion. Bei den Luftfedern wird die Niveaukonstanz durch Anpassen der eingeschlossenen Luftmenge an den Beladungszustand erreicht. Dies führt zu progressiver Federrate und zu steigender Aufbaueigenfrequenz bei zunehmender Beladung.
Bisher wird das Medium Luft in Serienfahrzeugen nur zur Federung verwendet. Systeme, bei denen durch Drosselung des Luftstroms bei Federbewegungen auch eine Luftdämpfung genutzt wird, werden derzeit erprobt.

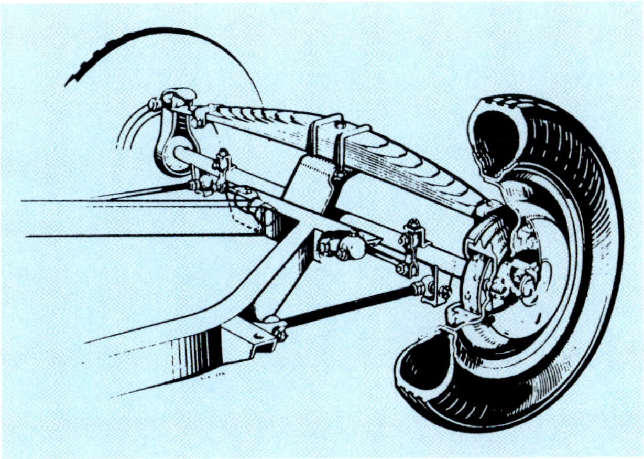

Mit dieser „Schwebeachse" strebte DKW in den dreißiger Jahren einen hohen Momentanpol an.

Dem Teleskopdämpfer gehört die Zukunft

Nach ersten Experimenten Renaults zur Jahrhundertwende ist die Entwicklung des Teleskopdämpfers Vincenzo Lancia mit dem im Typ Lambda vorgestellten Teleskopfederbein zuzuschreiben. 1933 wurde dann von Monroe erstmals ein eigenständiger Teleskopdämpfer hergestellt, dessen Funktionsprinzip später von Koning perfektioniert wurde.
Bereits 1946 standen eine Vielzahl unterschiedlich ausgelegter Zweirohrteleskopdämpfer zur Verfügung. Diese Dämpfer hatten verschiedene Vorteile gegenüber den Hebeldämpfern: Außer dem Wegfall der Verschleißteile Dämpferwelle, Hebel und Betätigungsnocken waren bei entsprechendem Einbau des Dämpfers die Feder- und Dämpferwege etwa gleich groß; dies wirkte sich positiv auf die Dämpferfunktion aus. Die durch lange Kolbenwege bedingte größere Flüssigkeitsumwälzung ermöglichte niedrigere Drücke, die sich günstig auf die Lebensdauer auswirkten.
Beim Zweirohrdämpfer bewegt sich unter Überwindung des Strömungswiderstandes ein mit Drosselelementen versehener Kolben in einem flüssigkeitsgefüllten Zylinder; die mechanische Arbeit wird dabei in Wärme umgewandelt. Das von der Kolbenstange verdrängte Flüssigkeitsvolumen wird über das Bodenventil und den Mantelraum zwischen Innen- und Außenrohr ausgeglichen.
In den vierziger Jahren entwickelte De Carbon den Gasdruck-Einrohrdämpfer, bei dem man die Nachteile des Zweirohrdämpfers, wie z. B. Gasblasenbildung und die Beschränkung des Einbauwinkels, weitgehend vermied. Im Gegensatz zum Zweirohrdämpfer wird die von der Kolbenstange verdrängte Flüssigkeit durch Komprimieren eines vorgespannten Gasvolumens aufgenommen. Der permanente hohe Druck im Dämpfer ergibt einerseits die verschiedenartigen Vorteile, erfordert andererseits aber einen besonderen Herstellungsaufwand im Bereich der Kolbenstangen-Dichtung.
Ein- und Zweirohrdämpfer wurden später u. a. auch bei den Herstellern Fichtel & Sachs, Boge und Bilstein weiter verbessert. Die Entwicklungsarbeit konzentrierte sich, besonders bei den Einrohrdämpfern, auf die Kolbenstangen-Dichtung und die Ansprechempfindlichkeit.

Starre Hinterachse mit Wattgestänge und Panhardstab (Alfa 33).

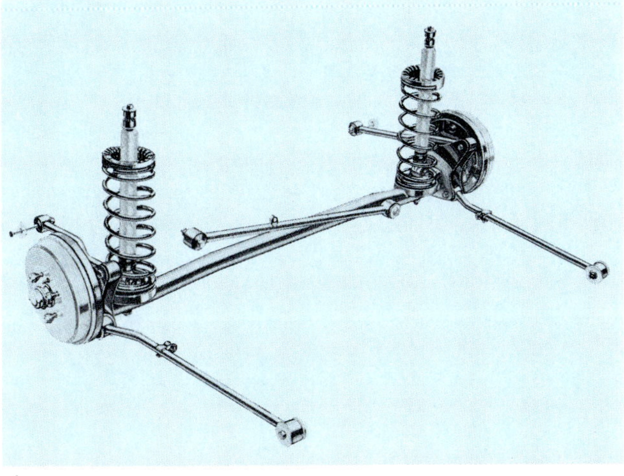

Hinterachse eines Fronttriebfahrzeugs mit gekoppelten Längslenkern und oberem Dreiecks-Mittellenker.

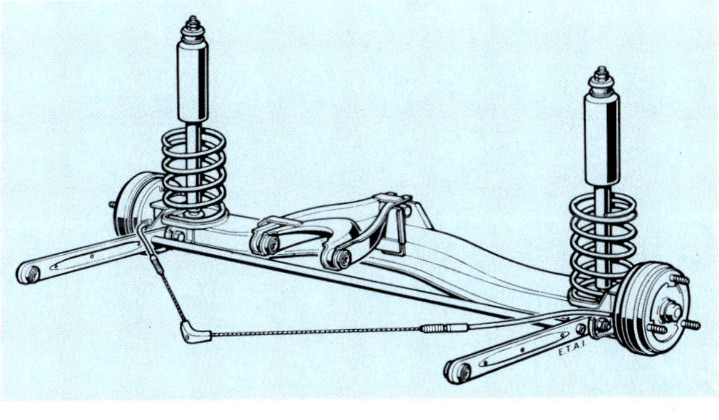

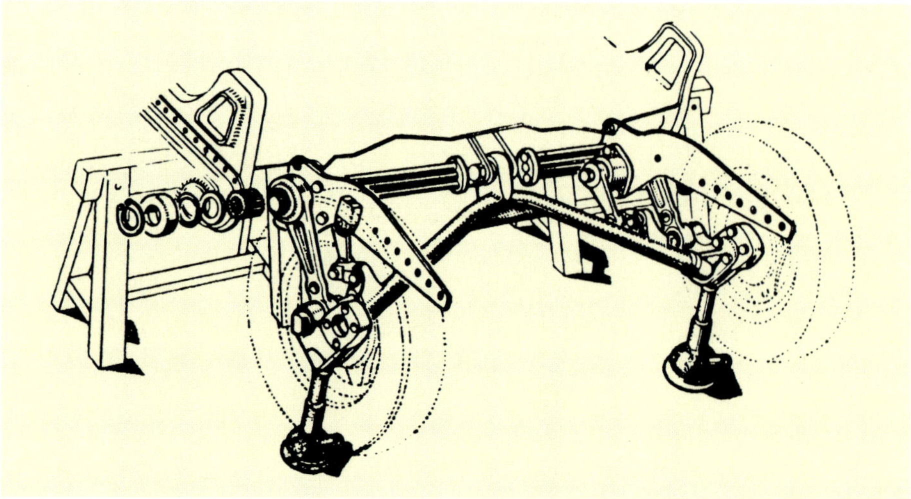

Torsionsweiche Hinterachse (Panhard-„Dyna").

Durch den Trend zum Feder-Dämpferbein wurden die Aufgaben des Dämpfers um Radführungsaufgaben erweitert, und dies stellte zusätzliche Anforderungen an die Gleit- und Führungseigenschaften zwischen Kolben und Dämpferrohr. 1977 entwickelte Boge ein Gasdruck-Zweirohrdämpferbein, bei dem der Ausgleichraum mit komprimiertem Gas gefüllt war und ähnliche Zusatzfedereigenschaften wie beim klassischen Gasdruckfederbein erzielt wurden.

Bei der Nutzung des Gasvolumens als Zusatzfeder lag es nahe, durch konstante Gasvolumina den Dämpfer um die Funktion des Niveauausgleichs zu erweitern. Zur Anpassung des Gasvolumens dient entweder eine Selbstpumpvorrichtung des Dämpfers, eine Pumpeneinheit oder ein Füllventil, mit dem extern der Druck eingestellt werden kann.

Bereits in den dreißiger Jahren wurden z. B. von Koni Dämpfer mit verstellbarer Ventilcharakteristik entwickelt, die allerdings später nahezu ausschließlich im Rennsportbereich eingesetzt wurden.

Inzwischen erlauben motorische Verstellvorrichtungen, die Charakteristik des Dämpfers den jeweiligen Anforderungen anzupassen. Erste Anwendung erfolgte beim Mitsubishi Galant von 1984 und — mit Handverstellung — bei Nissan im gleichen Jahr. Bei Mitsubishi wird die Dämpfercharakteristik in zwei Stufen in Abhängigkeit von der Fahr- und Lenkwinkelgeschwindigkeit verstellt. Da beide Hersteller Zweirohrdämpfer verwenden, bei denen die Verstellbarkeit von Zug- und Druckstufe erheblichen Aufwand erfordert, beschränkte man sich auf die Verstellung nur einer Stufe.

1983 begann bei Porsche die Erprobung eines von Bilstein entwickelten fortgeschrittenen Systems. Als Grundlage dienen Einrohr-Gasdruckstoßdämpfer mit Trennkolben von Bilstein, bei denen durch Verdrehen einer in der Kolbenstange gelagerten Gewindespindel ein Ventilhebel angehoben oder abgesenkt wird, der den Öldurchgang sowohl der Druck- als auch der Zugstufe verändert. Mit dieser Neuerung ist erstmals eine kontinuierliche Verstellung von Zug- und Druckstufe möglich und die Voraussetzung gegeben für eine sinnvolle Regelung der Dämpfungskräfte in Abhängigkeit von der Fahrgeschwindigkeit, dem Zustand der Fahrbahn oder anderen Parametern — bis hin zu „aktiven" Federungssystemen.

Geschobene Längslenker-Hinterachse mit Torsionsstab-Federung (Adler-„Trumpf-Junior").

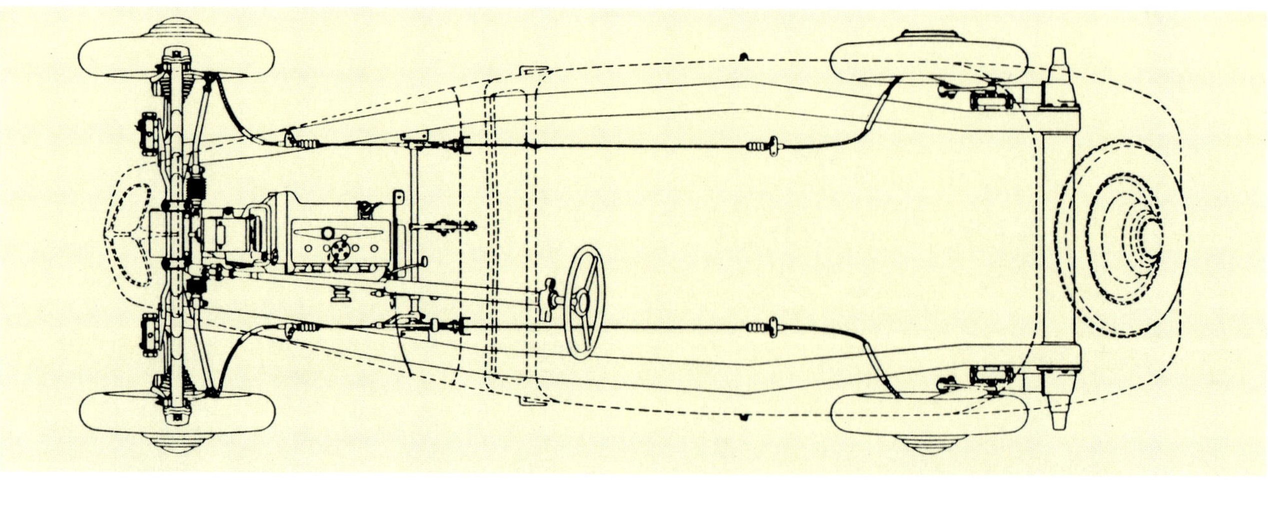

LANCHESTER 1903

- A Hecktür
- B abnehmbare Sitzgruppe
- C Gepäckbrücke
- D Zweizylinder-Boxermotor
- E seitlicher Lenkhebel
- F Fahr- und Bremshebel
- G 1., 2. und Rückwärtsgangschaltung
- H klappbare Schürze
- I Auslegerfeder
- K Längslenker
- L Schneckentrieb-Hinterachse
- M Andrehkurbel
- N Dekompressor und Zündverstellung
- O Dochtvergaser
- P Benzintank
- Q Auslegerfeder
- R Längslenker
- S Achsrohr
- T Kühler

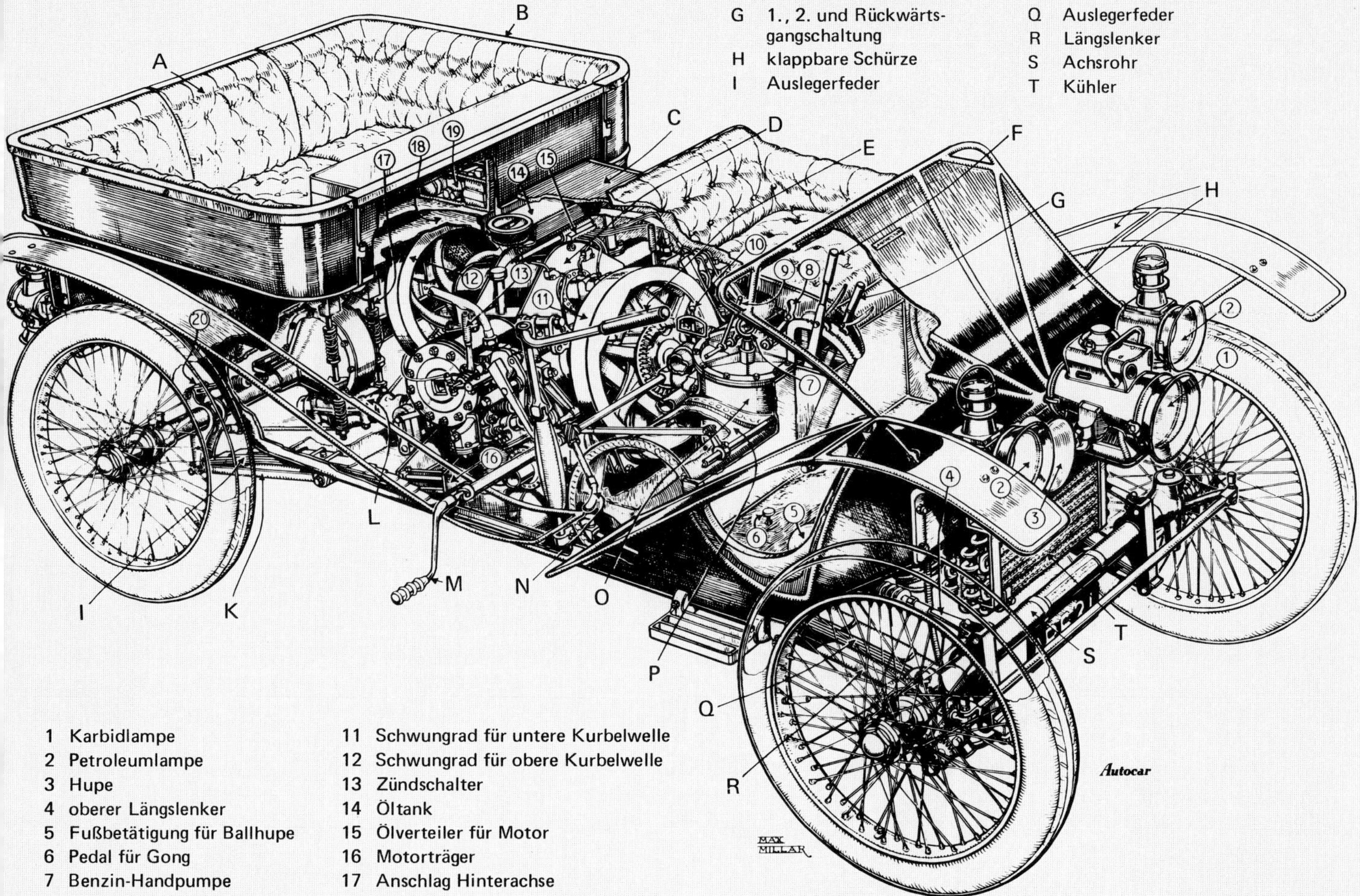

1. Karbidlampe
2. Petroleumlampe
3. Hupe
4. oberer Längslenker
5. Fußbetätigung für Ballhupe
6. Pedal für Gong
7. Benzin-Handpumpe
8. Gangschaltung Vorwähler
9. Motor-Drehzahlregler
10. Gemischregler
11. Schwungrad für untere Kurbelwelle
12. Schwungrad für obere Kurbelwelle
13. Zündschalter
14. Öltank
15. Ölverteiler für Motor
16. Motorträger
17. Anschlag Hinterachse
18. Wassertank
19. Werkzeugkasten
20. oberer Längslenker

Lanchester 1903

Noch vor der Jahrhundertwende konstruierte Dr. Fred Lanchester ein für die damalige Zeit technisch sensationelles Automobil. Die ersten Exemplare erhielten luftgekühlte Zweizylindermotoren, ab 1903 ging man zur Wasserkühlung über. Der Motor arbeitete als Boxer mit zwei übereinander angeordneten Kurbelwellen völlig schwingungsfrei und trieb über ein Planetengetriebe und einen Schneckenradtrieb die Hinterachse an. Erstmals in der Automobilgeschichte wurde im Antriebsstrang eine Scheibenbremse benutzt. Die Federung mit den „modernen" Raten von 105 vorn und 90 hinten ermöglichte einen erstaunlich guten Fahrkomfort.

Von Klötzen, Trommeln und Scheiben

Bremsen — so alt wie das Rad

Die ersten „Fahrzeuge" der Menschheit, Schleife oder Schlitten, brauchten noch keine Bremsen, sie bremsten selbst. Räder rollen leichter, und so gab es an persischen und ägyptischen Fuhrwerken Bremsvorrichtungen, bei denen ein Stock durch ein in die Radscheibe gebohrtes Loch gesteckt wurde. Doch dies war wohl lediglich eine „Feststellbremse", um das Fahrzeug daran zu hindern, selbständig Hänge hinabzurollen.

Vor etwa 2 000 Jahren waren dann „Außenbandbremsen" in Gebrauch. Hierbei wickelte sich eine Kette, die an einem Ende am Wagen befestigt war, um die Radnabe. Bandbremsen aus Leder oder Metall jedoch wurden erst bei englischen Dampfwagen benutzt. Solche Bremsen hatten bereits Selbstverstärkung, während der gegen das Rad gepreßte Holzklotz — ebenfalls bei Dampfwagen — keine Selbstverstärkung aufbrachte. Pferdekutschen wurden auf ähnliche Weise gebremst: In diesem Fall hat sich die „Blockbremse", der gegen das Rad gepreßte Holzklotz, bis in die Neuzeit erhalten und wird auch heute noch für eisenbereifte Pferdewagen verwendet.

Dies war der Stand der Bremsentechnik, als das Auto erfunden wurde. Jedoch hatten aufmerksame, technisch versierte Zeitgenossen den Bremsvorgang bereits eingehender studiert, als es dem jeweiligen Stand der Technik entsprach, so z. B. Leonardo da Vinci um 1500, Amontons um 1699, Coulomb 1781, Rennie 1829 und Hirn 1854. Da sowohl Karl Benz als auch Gottlieb Daimler und Wilhelm Maybach nicht aus dem Kutschen- sondern dem Maschinenbau kamen, waren ihnen jene Arbeiten über Bremsen fremd. Und da sich die ersten Automobile langsamer bewegten als ein trabendes Pferd, kam den Bremsen auch noch keine große Bedeutung zu.Dies änderte sich erst mit zunehmenden Geschwindigkeiten und größerem Fahrzeuggewicht.

Seither haben sich die Automobilbremsen erheblich gewandelt und eine so vielfältige Entwicklung durchlaufen wie alle anderen Bauteile des Autos.

Band- oder Klotzbremse?

Bis zur ersten Innenbackenbremse Wilhelm Maybachs für den an Emil Jellinek gelieferten ersten Mercedes im Jahr 1900, der die Zeit der außenliegenden Reibpartner beendete und somit auch die Zeit der Kutschwagenbremsen am Automobil, ging der Wettbewerb zwischen Band- und Klotzbremse unentschieden aus. Häufig waren beide Bremsenarten am gleichen Wagen zu finden, wobei die Bandbremse auf die Kraftübertragung und die Klotzbremse auf die Räder wirkte — oder umgekehrt.

Benz ließ 1886 beim „Patent-Motorwagen" die Bandbremse auf eine Trommel an der Vorgelegewelle wirken und bediente sie mit dem gleichen Handhebel, mit dem der Flachriemen der „Gangschaltung" verschoben wurde. Dabei blieb er auch noch zwei Jahre später, doch ordnete er zusätzlich Klotzbremsen an, die auf die Gummireifen der Antriebsräder wirkten. Das Daimler-Motor-Zweirad von 1885 dagegen wurde durch eine Klotzbremse verlangsamt, die auf das Hinterrad wirkte. Eine Vorrichtung verhinderte die Betätigung der Bremse bei laufendem Motor. Eine sehr ähnliche Bremsvorrichtung bauten Daimler und Maybach auch in die Motor-Kutsche von 1886 ein.

Beim Stahlradwagen von 1889 ordnete Maybach einen Handhebel vor dem Fahrer an, mit dem sowohl die Kupplung als auch eine Bandbremse an der Hinterachse bedient wurden. War die Kupplung eingerückt, konnte die Bremse nicht bedient werden. Zusätzlich wirkten pedalbetätigte Bremsklötze auf die Reifen der Antriebsräder.

Benz behielt zwar am „Velo" von 1893 die durch Handhebel bedienten Reifenbremsklötze bei, doch dienten sie vorwiegend als Feststellbremse. Die durch Pedal bediente Fahrbremse wirkte über Bremsbänder auf Trommeln an den Naben beider Antriebsräder.

Es war selbstverständlich, daß sowohl Peugeot als auch Panhard & Levassor zunächst die Bremsen von Daimler und Benz übernahmen: Bandbremse mit Pedalbetätigung für die Getriebewelle und handbetätigte Bremsklötze für die Reifen der Hinterräder.

10

Emile Levassor verband Bremsen und Kupplung derart, daß bei jeder Betätigung der Bremsen die Kupplung ausgerückt wurde. Ähnliche Bremsanlagen fand man an allen anderen Automobilen dieser Zeit, und es gab zahlreiche Variationen. So wirkten beim Coventry-Daimler von 1898 die pedalbetätigte Klotzbremse auf eine Trommel an der Vorgelegewelle und handbetätigte Bandbremsen auf Trommeln an den Hinterrädern.

Der De Dion-Bouton von 1899 dagegen hatte zwei pedalbetätigte Bremssysteme, von denen das eine auf eine Bandbremse an der Verlängerung der Getriebe-Zwischenwelle, das andere ebenfalls auf eine Bandbremse am Differential wirkte.

Eine weitere Variante zeigte das Leon-Bollée-Dreirad von 1897, bei dem eine Klotzbremse den Reifen des Hinterrads abbremsen konnte und gleichzeitig die Kupplung „ausgerückt" wurde. Der Bremsklotz

Ein Meisterstück ist diese „Uhrmacherarbeit": Radführung und radausfüllende Bremse am kleinen Austin-Einsitzer von 1936. Der aufgeladene 744-cm³-Vierzylindermotor kam auf 116 PS bei 9 000/min. Zu beachten ist die Momentabstützung durch eine Rohrgabel.

stand fest, und das in einem gelenkigen Bügel gelagerte Rad wurde gegen den Bremsklotz gedrückt. Durch den dabei verkürzten Radstand wurde der Antriebsriemen gelockert und der Motor „ausgekuppelt".
F. W. Lanchester wählte für seinen Wagen von 1896 eine andere Lösung. Eine Leder-Konuskupplung auf der Abtriebswelle griff mit ihrer Vorderseite am Schwungrad an, während ihre Rückseite beim Bremsen und gleichzeitigen Auskuppeln gegen eine ortsfeste Scheibe gepreßt wurde — dies war der erste Schritt zur Scheibenbremse!

Maybach baute die ersten Trommelbremsen

Der von Maybach bei der Daimler-Motoren-Gesellschaft für Emil Jellinek gebaute Mercedes zeichnete sich durch eine Vielzahl völlig neuartiger Lösungen aus, so auch durch die ersten Trommelbremsen an den Hinterrädern, die durch den Handbremshebel betätigt wurden. Das Bremspedal dagegen wirkte über einen wassergekühlten Bremsklotz auf die Getriebe-Vorgelegewelle. Maybach ließ sich offenbar weder die Trommelbremsen noch die Wasserkühlung für den Bremsklotz patentieren, so daß sich die Trommelbremsen in kürzester Zeit im Automobilbau durchsetzten.
So beantragte Louis Renault im Jahr 1902 Patente für zwei Arten von Innenbackenbremsen, die beide mit zwei Backen je Trommel arbeiteten. Bei der ersten Ausführung hatten die Backen einen gemeinsamen Drehpunkt gegenüber dem Spreiznocken, bei der zweiten getrennte Drehpunkte, so daß sich die Kontaktfläche vergrößerte. Die zweite Bauart wurde nach und nach bei Renault in die Serienfertigung übernommen.
Während der „Phoenix" der Daimler-Motoren-Gesellschaft von 1899 noch Außenbandbremsen auf Trommeln neben den Antriebskettenrädern besaß, rückte Maybach die Innenbackenbremsen beim ersten Mercedes auf die Hinterachse neben die Antriebsräder. In den folgenden Jahren wurden die Bremstrommeln, besonders bei den Rennwagen, immer größer, denn nur die Hinterräder wurden gebremst. Die Daimler-Werke in England blieben hingegen bis 1911 bei Außenbandbremsen.
Kurz nach der Jahrhundertwende begannen auch in den USA zahlreiche Konstrukteure, die Bremsen zu verbessern. Riker baute für den Columbia von 1903 Bandbremsen für die Hinterräder, die durch Pedale über Gestänge und Hebel bedient wurden, während eine handbetätigte Innenbackenbremse kurz vor dem Differential saß.
Es gab Innenbandbremsen und andere Konstruktionen, doch blieben Außenbandbremsen bei amerikanischen Automobilen bis etwa 1927 die vorherrschende Bauweise.
Zu den Ausnahmen zählt Ford, der schon im Modell N von 1906 Innenbackenbremsen mit zwei Backen je Trommel vorsah. Ein Pedal bediente die zusätzliche Bandbremse auf der Gelenkwelle. Das Ford-Modell T von 1908 hatte jedoch ein verbessertes System. 1910 schließlich wurden auf die Trommeln der Innenbackenbremsen an den Hinterrädern zusätzlich Außenbandbremsen gesetzt.

Problem Bremsbelag

Bis zum Ersten Weltkrieg waren in Europa nahezu alle Außenbandbremsen verschwunden; die Innenbackenbremse an den Hinterrädern dominierte. Deren Trommeln und Reibflächen wurden mit zunehmenden Geschwindigkeiten und Fahrzeuggewichten immer größer. Aber auch Übersetzungsverhältnisse und Lagerungen wurden stetig verbessert.
Die zunächst üblichen Belagmaterialien Holz und Leder genügten längst nicht mehr. Sie verbrannten bei Überhitzung, und der Verschleiß war auch bei vorsichtiger Benutzung viel zu hoch. Zudem sank der Reibwert bei Erwärmung zu stark ab.
Bereits 1900 wurde Herbert Frood aus London Asbest für Bremsbeläge patentiert, und er gründete die Ferodo Ltd., um diese Beläge herzustellen. Schon 1897 begann er mit Bremsbelägen zu experimentieren. Nach Versuchen mit zahlreichen Werkstoffen vom Hartholz bis zu den unterschiedlichsten Metallen gelangte er zu gewirktem Asbest, das — mit Kunstharz getränkt — die besten Eigenschaften zeigte.
Die mineralische Asbestfaser, unbrennbar auch bei extremen Bremsentemperaturen und gegen Verschleiß sehr widerstandsfähig, blieb bis in die Neuzeit wichtigster Bestandteil von Brems- und Kupplungsbelägen. Doch seit Frood wurde unablässig versucht, die Eigenschaften der Belagmaterialien zu verbessern.
So durchzogen Gerhard & Co. in Berlin 1909 das Asbestgewebe mit Metallfäden, während Ford bis in die zwanziger Jahre Baumwollgewebe mit Asphalttränkung benutzte.
1920 stellten die Jurid-Werke in Coswig bei Dresden erstmals formgepreßte Bremsbeläge her, die sich der Trommelkrümmung anpaßten. Sie setzten sich in Europa rasch durch, während in den USA Gewebe bis in die dreißiger Jahre vorherrschend blieb.
Im Rahmen der Autonomiebestrebungen wurden in Deutschland nach 1933 asbestfreie Bremsbeläge entwickelt (Emero von Max Oswald), die bereits als Semimetallik-Beläge anzusprechen waren. Sie verschwanden nach 1945 zugunsten der Asbestbeläge und wurden erst Ende der siebziger Jahre in der Bundesrepublik Deutschland durch die Asbestdiskussion wiederbelebt, um heute den Faseraustauschbelägen zu weichen. Erst mit diesen Faseraustauschbelägen, bei denen die Asbestfasern durch Kunststoffasern ersetzt werden, gelang es, vollstän-

dig auf Asbest zu verzichten, ohne Nachteile in Kauf nehmen zu müssen. Es ist anzunehmen, daß sich die Faseraustauschbeläge in den nächsten Jahren weltweit durchsetzen werden, zumal sie — nach ATE — eine erheblich höhere Lebensdauer bei gleichen Bremseigenschaften bieten.
Bremsbelagmaterialien wurden von Anfang an auf die Träger aufgenietet. Ende der vierziger Jahre aber wurden Kunststoffkleber entwickelt: 1949 führten Crosley, Chevrolet und Chrysler geklebte Bremsbeläge in die Großserie ein. Im folgenden Jahrzehnt folgten alle anderen Hersteller.
Langwierig war auch die Entwicklung von Einstellvorrichtungen an den Bremsen, um den Verschleiß auszugleichen. Bei Außenbandbremsen konnte das Gestänge nachgestellt werden, allerdings nur mit geringer Genauigkeit. Timken in Detroit kündigte 1924 eine Außenbandbremse an, deren Justierung wesentlich verbessert war.
Bei Innenbackenbremsen war eine Nachstellung weit schwieriger. Die erste Vorrichtung dieser Art wurde 1922 W. A. Cocking und W. E. Hean patentiert: Durch eine Öffnung in der Bremsankerplatte konnte eine Mutter am Nockenmechanismus verdreht werden. Bendix und Lockheed entwickelten ähnliche Lösungen. Die Selbstnachstellung kam jedoch erst über ein Jahrzehnt später.
Der Mercedes 500 K von 1935 scheint der erste Wagen gewesen zu sein, der mit selbstnachstellenden Trommelbremsen ausgerüstet war, die ATE in Frankfurt entwickelt hatte. Bei dieser Konstruktion stellten sich die Bremsbacken nach jedem Bremsvorgang neu ein, wenn das Spiel ein Maximum überschritt.
Studebaker übernahm 1946 eine ähnliche Bendix-Lösung; Chrysler, General Motors und Ford folgten in den fünfziger Jahren.

Bremsenvielfalt ohne Ende

Anfang der zwanziger Jahre gab es noch keinen eindeutigen Trend in der Bremsen-Konstruktion. Viele Hersteller experimentierten mit recht unterschiedlichen Bauarten. Die Detroiter Wagen und Keeton-Autos hatten 1913 zwei konzentrische Trommeln je Hinterrad, jede mit ihrem eigenen Satz Bremsbacken. Im folgenden Jahr verbreiterte Stutz die Trommeln und montierte einen doppelten Satz Bremsbacken nebeneinander in jede Trommel. Ferdinand Porsche übernahm 1925 diese Bauart von Stutz für den Mercedes 24/100/140 und später auch für die S-, SS- und SSK-Modelle.
In Amerika dominierten bis 1930 die Bremsen im Antriebsstrang. Zwei Hersteller hielten bis 1934 an ihnen fest. Bei der Lockheed-Getriebebremse wirkte ein Bowdenzug nur auf eine Innenbacke. Diese war mit einer Außenbacke so verbunden, daß sie beim Bremsen selbsttätig angezogen wurde.
1924 entwickelte Renault eine Verbindung zwischen

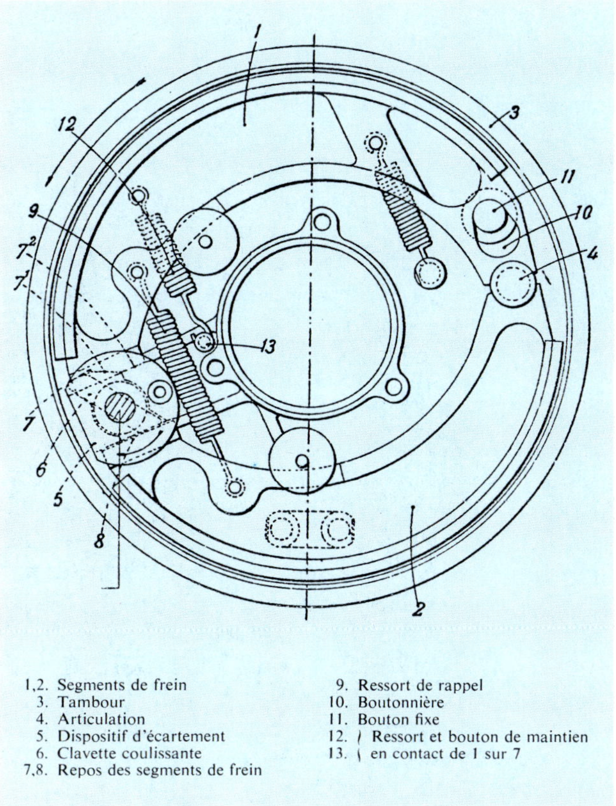

Selbstverstärkung der Bremswirkung durch schwimmende Lagerung der Bremsbacken führte Renault schon 1927 am großen Modell 40 CV ein. Der Führungsbolzen (11) steckt in einem Langloch, das die Backen bei greifender Bremse ein Stück in Drehrichtung mitgehen läßt und vor allem die ablaufende Backe gegen die Trommel drückt.

Auch die Bendix-Duo-Servo-Bremse erreichte mit einem schwimmenden Stützlager zwischen den Bremsbacken die gewünschte Selbstverstärkung. Sie wurde serienmäßig in amerikanischen Wagen verwendet.

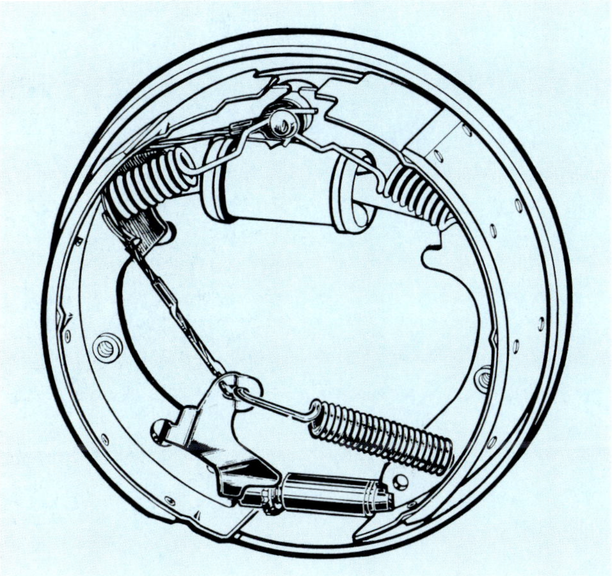

der Bremse im Antriebsstrang mit den Hinterradbremsen. Das Bremspedal, verbunden mit der Querwelle des Gestänges für die hinteren Bremsen, arbeitete gegen ein Federlager. Das Bremspedal betätigte die Getriebebremse mit Hilfe von zwei Schraubenrädern. Der Sinn war, die Pedalkraft zwischen Radbremse und Getriebe auszugleichen.

Eine hervorragende Konstruktion war der Spreizkeil anstelle des Nockens. Er verminderte die Reibung im Mechanismus erheblich und wurde ab Mitte der zwanziger Jahre verwendet.

Ein Patent von Alfred Girling (1928) sah die Spreizung der Bremsbacken mit Hilfe von Stößeln vor, die durch Kegel und Rollen erfolgte. Diese Konstruktion wurde 1932 von der New Hudson Ltd. hergestellt, und Rover übernahm sie sofort. Innerhalb von zwei Jahren folgten Daimler und Lanchester.

Die Doppel-Servo-Bremse von Bendix wurde 1927 bekannt und tauchte 1930 in verschiedenen Serienfahrzeugen auf. Sie war als Trommelbremse konstruiert, bei der sich die Bremskraft selbsttätig verstärkte. Der Bremszug war mit einem Nocken verbunden, der das freie Ende der auflaufenden Backe gegen die Trommel drückte. Der Drehzapfen der Backe war schwimmend gelagert und mit der zweiten Bremsbacke verbunden.

Diese „Duo-Servo-Bremse" war nicht die erste wirtschaftlich genutzte Konstruktion mit Selbstverstärkung, kam aber als erste in Massenproduktion. Es gab mehrere Vorläufer, die mehr oder weniger brauchbar waren. Charles Waseige von Farman schlug 1920 eine Bauart mit auflaufender Hilfsbacke vor, und im folgenden Jahr ließ sich Louis Coatelen eine Bremse patentieren, bei der sich die auflaufende Bremsbacke um einen Hebel in Bremstrommelmittel drehte; eine Lasche stellte die Verbindung zum freien Ende der zweiten Bremsbacke her.

Die Räder des berühmten Bugatti-Rennwagentyps 35 B bestanden aus Leichtmetall mit eingegossener Grauguß-Bremstrommel. Zu beachten ist auch die typische Betätigung durch ein über Rollen „um die Ecke" geführtes Stahlseil.

Eugene Renaux kann als Erfinder der Dreibackenbremse gelten, die er 1924 vorschlug. Rochet-Schneider baute die Renaux-Bremse 1924 in ein Fahrzeug ein. Weitere Anwendungen sind nicht bekannt.

Während die Bendix-Duo-Servo-Bremse für die Hinterräder bei amerikanischen Autos häufig verwendet wurde, entwickelte Lockheed eine Bremse mit zwei auflaufenden Backen für Vorderräder. Jede Bremsbacke wurde von einem eigenen Radzylinder betätigt.

Chrysler übernahm diese Bremse 1940 und behielt sie bis 1962 bei. Girling bot sie 1938 auch britischen Herstellern an, fand aber keinen Abnehmer, bis Jaguar sie im Jahr 1950 übernahm.

In den dreißiger Jahren fanden Mehrfachbacken-Bremsen verstärkt Anwendung, weil es mit ihnen möglich war, die durch die Differenz zwischen Backen- und Trommelradius bei der Zweibacken-Ausführung verminderte Kontaktfläche zu vergrößern: Mehrere kurze Backen passen sich der Innenfläche der Trommel besser an.

Zu den frühesten Mustern solcher Bremsen zählte die Loyd-Lord von 1923 mit vier Bremsbacken in jeder Hinterradtrommel, von denen jede Backe über einen Sektor von weniger als 80° gegen die Trommel wirkte.

Alfa-Romeo experimentierte mit drei Auflaufbacken je Trommel bei seinen 1938/39er Rennwagen, und Auto-Union arbeitete mit vier Auflaufbacken bei seinem D-Typ von 1938, bei dem Backen aus Stahlblech auf einem Elektron-Bremsschild verankert waren.

Ein anderes Problem, das bei den Bremsen von schnellen Autos Schwierigkeiten bereitete, war das Fading. Dieses ist auf chemische Reaktionen zurückzuführen, die bei hohen Temperaturen zu einer Beeinträchtigung der Reibwerte der Beläge führten. Zur Abhilfe wurden die Bremstrommeln mit Kühlrippen versehen, und man suchte nach geeigneten Werkstoffen, um die Hitze schneller abzuführen.

Schon 1919 ließ sich Marc Birkigt von der Firma Hispano-Suiza eine Aluminiumtrommel patentieren, die mit einer Grauguß-Reibfläche versehen war. Bugatti übernahm 1924 ein gegossenes Aluminiumrad mit vollständig integrierter Bremstrommel für seinen berühmten Typ 35. Wellworthy Ltd. verbesserte 1933 seine Al-fin-Trommel, indem er Aluminiumkühlrippen auf die Bremstrommel schrumpfte. Diese Bremsen wurden von Maserati, Alfa Romeo, Talbot, Riley und ERA benutzt.

In den fünfziger Jahren überschritten amerikanische Automobile mit V8-Motoren das Leergewicht von zwei Tonnen. Etliche dieser Supermodelle waren über 170 km/h schnell. Zusätzliche Schwierigkeiten entstanden noch durch Automatgetriebe, so daß das Fading-Problem gefährliche Dimensionen annahm.

Buick löste es durch Aluminiumtrommeln mit Kühlrippen und Graugußreibflächen. Sie wurden von Delco-Moraine für alle 1959er Buick-Modelle geliefert.
Ford, Pontiac und Kelsey-Hayes erprobten wassergekühlte Raybestos-Bremsen, übernahmen sie aber nicht für die Serie. Briggs Cunningham verwendete sie 1954 an einem V12-Ferrari im 24-Stunden-Rennen von Le Mans und ein weiteres Mal fünf Jahre später an einem Lister-Jaguar. Roy Sanford entwickelte im Jahr 1952 die Raybestos-Manhattan-Bremse. Sie arbeitete mit wassergekühlten Kupferbacken gegen Beläge auf der Reibfläche der Trommeln. Erst mit dem Aufkommen der Scheibenbremsen wurde das Fadingproblem gelöst.
Inzwischen hatte die Industrie erkannt, daß Bremsen mit zwei Auflauf-Backen mit dem Risiko von unregelmäßiger und ungleicher Bremskraftverstärkung belastet waren. An die Stelle der Selbstverstärkung traten kostengünstigere Bremskraftverstärker. Lockheed rüstete die Bremsen mit zwei ablaufenden Bremsbacken und Verstärker aus. Armstrong-Siddeley, Jaguar und Rover übernahmen diese Konstruktion 1957 für bestimmte Modelle. Bendix entwickelte eine Bremse nach dem gleichen Prinzip. Diese „Thermostable"-Anlage wurde 1964 für den Peugeot 404 verwendet.
Alternative Lösungen wurden von anderen Bremsenherstellern entwickelt. Der 2,4-l-Jaguar, Baujahr 1956, hatte Lockheed-Brakemaster-Trommelbremsen mit ungleich großen Radzylindern für auflaufende und ablaufende Bremsbacken. Ferodos Autostable-Bremsen von 1964 hatten Rücklaufleitungen vom Vorderrad-Bremszylinder, um ungleiche Bremsmomente auszugleichen, die durch die schwimmend gelagerten vorderen Backen ausgelöst wurden. Diese Konstruktion setzte sich allerdings nicht durch.
Seit Anfang der sechziger Jahre sind Trommelbremsen zunehmend an die Hinterräder verbannt, wo ihre Nebenrolle als Feststellbremse eine kostengünstige Alternative zur Vierrad-Scheibenbremse ist.

Vierradbremsen ließen auf sich warten

Die Pioniere unter den Automobilherstellern schreckten davor zurück, Bremsen an den Vorderrädern anzubringen, um die Lenkung nicht zu beeinträchtigen, wie sie meinten. Es dauerte aber nicht lange, bis selbständige Erfinder dies widerlegten und bewiesen, daß vier gebremste Räder besser seien als zwei; sie entwickelten Gestänge, die es möglich machten, Vorderradbremsen zu bedienen, ohne die Lenkung zu beeinflussen.
Wissenschaftler wiesen auf die veränderten Achslasten während des Bremsvorgangs hin und stellten fest, daß die Vorderräder imstande sind, größere Verzögerungskräfte aufzubringen als die Hinterräder.

Bei den Renn- und Rennsportwagen füllten die Trommelbremsen in den fünfziger Jahren bereits die ganze Radschüssel aus, wie z. B. bei diesem Alfa Romeo Tipo 159. Die tiefgekühlten Graugußringe wurden in die Aluminiumtrommeln nach dem Wellworthy-System eingeschrumpft.

Zwei unterschiedliche Arten, die Vorderradbremse zu betätigen, aus den zwanziger Jahren: einseitig am Rahmen gelagerte Bremswelle mit radseitigem Kardangelenk (Hispano-Suiza) und die originelle Konstruktion am Maybach-Zeppelin (unten).

Eduard Tucher baute bereits 1902 eine Vierradbremse in ein benzingetriebenes Auto ein. Ein weiterer selbständiger Ingenieur, Eugen Ludwig Müller aus Straßburg, experimentierte 1906 mit Vierradbremsen und führte ein funktionsfähiges Modell vor. Mercedes stellte Versuche mit den Bremsen nach Müller an. Es handelte sich um Außenbandbremsen mit aufgenieteten Reibbelägen.
FIAT wendete im Jahr 1906 ein Patent für Vierradbremsen an. Itala und Maybach experimentierten 1908 mit Vierradbremsen, und Tatra stellte 1909 ein ähnliches System vor.
Hans Ledwinka, Ingenieur bei Tatra, hatte in Wien bereits 1905 Vierradbremsen in das Knoller-Friedmann-Dampfauto eingebaut. Weyher & Richmond erwarben eine Lizenz für das Knoller-Friedmann-Bremsensystem und nutzten es für die Automobile, die sie in Pantin bei Paris herstellten.
Schon 1904 war dem englischen Erfinder P. L. Renouf ein Patent für Vorderradbremsen erteilt worden. Es war ein mechanisches System und wurde erstmals an einem 15-HP-(PS-)Humber von T. Gaskell Allen erprobt. Dieser übernahm das Patent und begann 1909 mit der Fertigung der Allen-Liversidge-Bremse. 1910 wurde diese Vorderradbremse in Automobilen von Adams, Alldays, Arrol-Johnston, Newton-Bennet, Sheffield-Simplex, Spyker und Thames auf Kundenwunsch geliefert.
Um jegliche Beeinträchtigung der Lenkung zu verhindern, konstruierte Oreste Fraschini ein System für Innenbackenbremsen mit einer Welle, die an der Vorderachse gelagert war und durch das Bremsschild in die Bremstrommel reichte. Die äußeren nockenförmigen Enden machten die Bremsbetätigung unabhängig vom Lenkwinkel.

Bevor die Hydraulik das Problem löste, bereitete die Betätigung der Bremsen an den gelenkten Vorderrädern einige Schwierigkeiten. Am Mercedes-1,5-l-Kompressorwagen wurden Drahtseile benutzt.

Dieses System wurde 1910 an einem Isotta Fraschini erprobt und später serienmäßig für alle Modelle von 1912 verwendet. Zwischen 1921 und 1925 übernahmen u. a. Austin, Metallurgine, Berliet und Ballot diese Konstruktion.
Eine andere Lösung wurde von dem französischen Ingenieur Henri Perrot vorgeschlagen, der Kardangelenke in die Bremswellen einbaute, die den im Rad integrierten Mechanismus mit dem im Chassis befestigten Gestänge verbanden.
Perrot verließ 1909 Brasier und ging zu Argyll nach Schottland, wo er 1910 ein Patent für eine Vorderradbremse anmeldete. Sein System wurde erstmalig 1911 für den 12-HP-Argyll verwendet. Peugeot und Delage benutzten es 1914 mit guten Erfolgen für ihre Grand-Prix-Rennwagen.
Im gleichen Jahr übernahm Perrot ein Bremsen-Patent von John M. Rubury und verbesserte damit seine eigene Konstruktion. Nachdem Perrot von Schottland nach Amerika übergesiedelt war, gründete er eine kleine Fabrik und stellte Bremsen her. Sein Haupteinkommen bezog er aus Lizenzgebühren für seine Erfindungen.
Cadillac begann im Frühjahr 1922 das Vierrad-Bremssystem nach Perrot zu erproben, und ungefähr drei Monate später erwarb General Motors eine Lizenz. Außenband-Vierradbremsen erschienen 1923 bei Buick und Oakland. Danach erwarb Bendix eine Lizenz. Bendix-Perrot-Bremsen wurden 1924 von Marmon, Hupmobile, Packard, Durant und Locomobile verwendet.
Selbstverständlich ließ Perrot den europäischen Markt nicht außer acht. Seine Vierradbremsen waren die Standardausrüstung für den Delage-Sechszylinder und den Hispano-Suiza M6, beide aus dem Jahr 1919. Weitere Lizenznehmer waren Talbot-Darracq (1920) und Renault (1921).
Es gab eine Reihe von Konkurrenzsystemen, die aber wieder verschwanden. Maurice Sainturat von Hotchkiss entwickelte eine Konstruktion, die aus einer Welle an der Vorderachse und einem komplizierten System von Stangen und Hebeln bestand, das für eine gleichmäßige Bremskraftverteilung sorgen sollte, ohne die Lenkeigenschaften zu beeinflussen. Diese Bremse wurde im Hotchkiss Typ AK, Baujahr 1919 eingebaut, der nicht bis zur Produktionsreife gedieh. Napier erwarb die britischen Rechte.
Morris-Autos erhielten ab 1924 Vierradbremsen. Die Zulieferer, Alford & Alder, richteten sich nach J. M. Rururys Patent von 1921; sein System bestand aus einer Welle unter der Vorderachse und einem Wellengelenk, das mit den Bremsnocken verbunden war.
Bei den 1923er Modellen von Chenard und Bignan hatten die Vorderräder große Bremstrommeln, die Hinterräder jedoch überhaupt keine Bremsen. Sie wurden nur durch eine Trommel an der Gelenkwelle gebremst.
Zu den Wagen, die zusätzlich zu den Trommel-

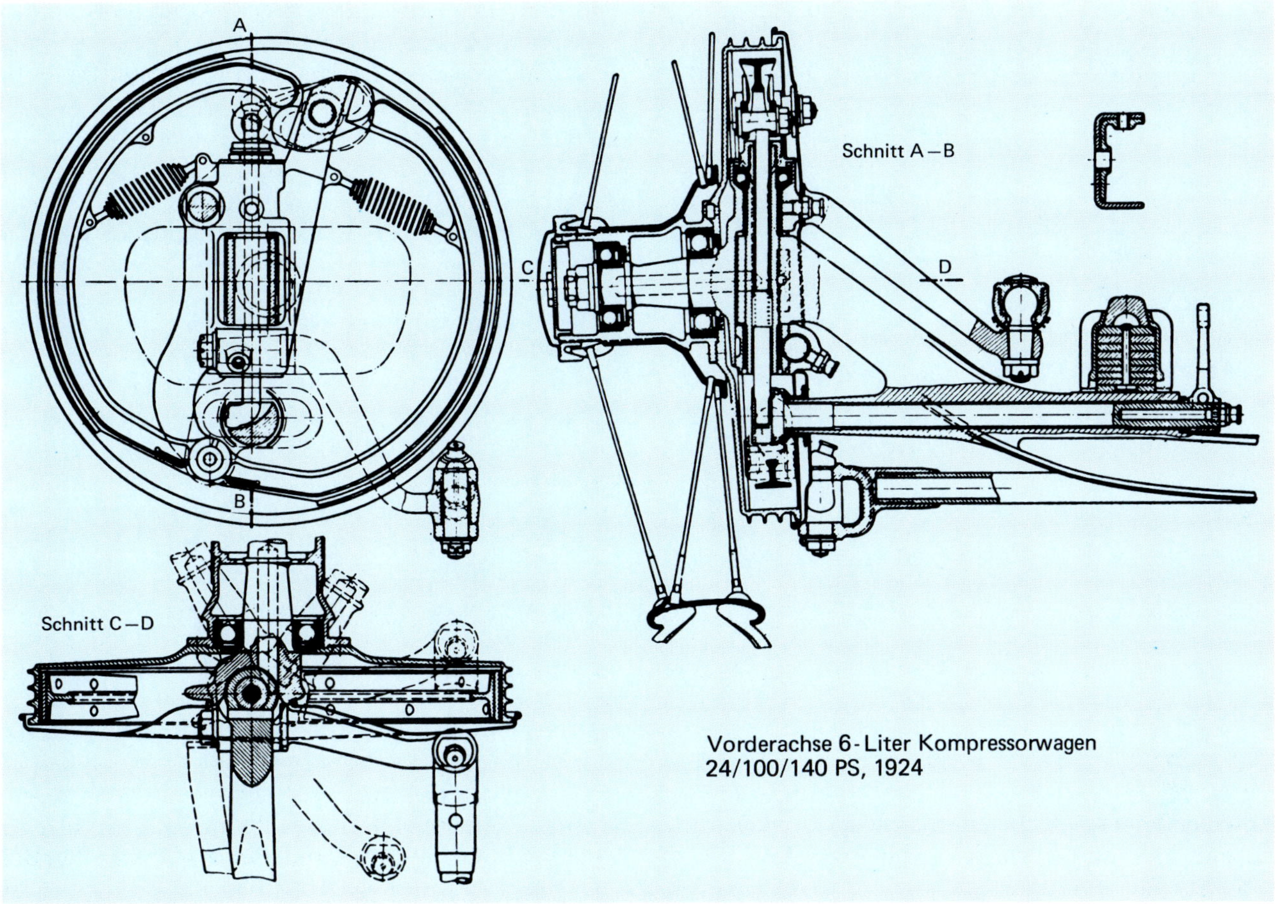

Für den 24/100/140-PS-Mercedes-Kompressorwagen von 1924 gab es eine aufwendige Konstruktion mit einer durch den hohlen Achsschenkelbolzen geführten Schubstange.

bremsen an allen vier Rädern auch noch eine Bremse im Antriebsstrang hatten, gehörten Vauxhall, Rochet-Schneider, Delaunay-Belleville und SPA. Ein geteiltes Bremssystem hatte der Austin Seven von 1922. Das Pedal wirkte nur auf die Hinterräder, während die Handbremse auf die Vorderräder arbeitete. Bei Bugatti war dies anders. Er gab seinen Fahrern die Gelegenheit, „mit den Hinterrädern zu lenken", indem man sie kurz per Handhebel blockierte. Maybach entwickelte 1924 ein Gestänge für mechanisch betätigte Vierradbremsen. Eine Stange stellte die Verbindung zwischen einem Hebel an der Pedalachse und einer Ausgleichswelle her, die die Bremskraft gleichmäßig auf die Vorder- und Hinterräder verteilte, die Einstellung auf ein von 50 : 50 abweichendes Verhältnis aber zuließ.
Um 1930 kamen verstärkt Bowdenzüge für die Betätigung der Radbremsen auf. Sie verbesserten die Bremswirkung infolge des geringen Reibungsverlustes und erlaubten es, auf Gestänge und Gelenke zu verzichten. Obgleich Bowden den nach ihm benannten Drahtzug schon 1896 erfunden hatte, dauerte es lange, bis die Ingenieure diesen für Bremsen nutzten. Rolly-Royce führte die Vierradbremse 1925 mit dem Modell Phantom ein; Ford übernahm sie erst 1926 in das T-Modell. Der endgültige Durchbruch der Vierradbremse kam erst mit der Einführung der Hydraulik.

Hydraulische Bremsen

Das Wissensgebiet der Hydraulik reicht in die graue Vorzeit zurück. Von der Industrie wurde sie schon im 18. Jahrhundert genutzt. Krane und Ausrüstungen, die sich der Hydrokraft bedienten, gab es bereits um 1850. Daher war es gar nicht so abwegig, mechanische Bremsgestänge durch Öldruckleitungen zu ersetzen.
Die erste Erfindung dieser Art, die nachgewiesen werden kann, stammte von Hugo Mayer aus Rudolfstadt. Er ließ sich im Jahre 1895 eine Öldruckbremse patentieren (DRP 84 748), bei der auf Pedaldruck eine Flüssigkeit die Bremsklötze an den Reifen drückte. Da jedoch niemand davon Gebrauch machte, geriet das Patent in Vergessenheit.
Die erste Anwendung einer solchen Erfindung verdankt man H. Heathly aus Birmingham, der 1897 den hydraulischen Druck statt eines mechanischen Gestänges nutzte, um die Bremsen eines Zweirades zu betätigen. Das gleiche Prinzip mit einem durch

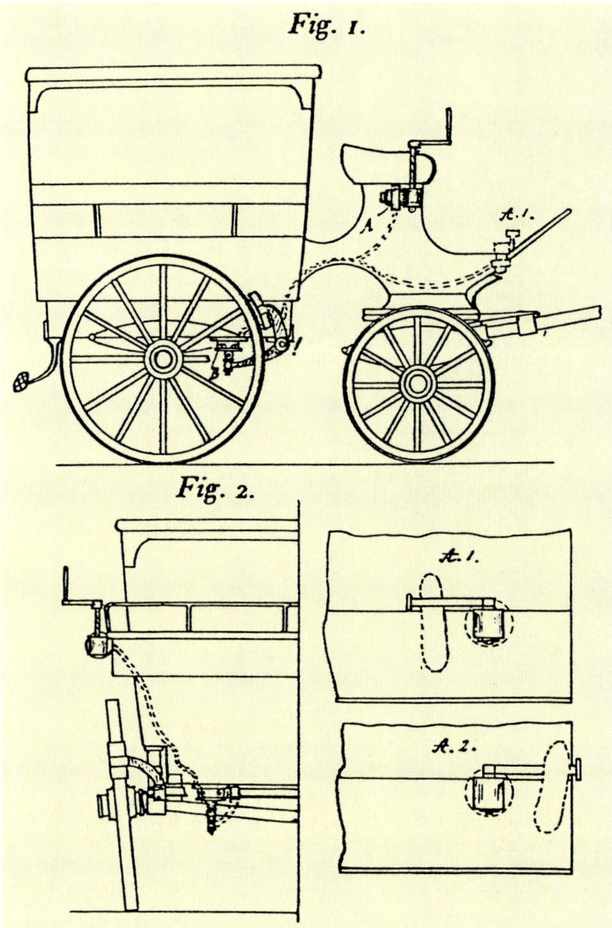

Hydraulische Radbremsen gab es — zumindest in der Vorstellung fortschrittlicher Wagenbauer — schon lange vor dem Automobil.

Pedal bedienten Hauptzylinder und Nebenzylinder in jedem der Hinterräder benutzte J. E. Hutton 1904 für einen von ihm konstruierten Wagen. Die Anlage wurde nach Huttons Angaben in den Napier-Werken in Acton bei London erstellt; zu einer Serienproduktion kam es allerdings nicht.

Louis Chavrier, ein Ingenieur von Rolland-Pilain in Tours, begann 1910 mit Öldruckbremsen zu experimentieren und erhielt 1911 ein Patent, das nur die hydraulische Wirkung auf die Vorderradbremsen zum Inhalt hatte. Doch eine Reihe von Rolland-Pilain-Autos wurden mit Vierrad-Öldruckbremsen ausgestattet und von 1912 bis 1914 verkauft. Bei dem Modell von 1919 und allen späteren kehrte Rolland-Pilain zu einer Bremsanlage zurück, bei der nur die Vorderradbremsen hydraulisch gebremst wurden, während es für die Hinterräder bei einem mechanischen Gestänge blieb.

Der hydraulische Radbremszylinder war in dem Achsschenkelbolzen enthalten. Ein Mechanismus spreizte die Bremsbacken. Der hydraulische Druck wurde von Pumpen erzeugt, die auf den Vorder- und Hinterachsen befestigt waren; sie wurden durch das Bremspedal aktiviert.

Merkwürdigerweise fand Rolland-Pilain keine weiteren Anwender für seine Öldruckbremsen. Ein allgemeines Interesse für Öldruckbremsen erwachte erst, als Jimmy Murphys Duesenberg, ausgerüstet mit Vierrad-Öldruckbremsen, 1921 den Grand Prix in Le Mans gewann. Dieses Bremssystem war das Ergebnis von mehr als fünf Jahren Entwicklungsarbeit von Malcolm Longhead — dem Bruder von Allan Longhead (Gründer der Lockheed Aircraft Company in Kalifornien).

Malcolm Longhead entwarf 1914 seine erste Vierrad-Öldruckbremse. Seine erste Zeichnung zeigte eine Trommel mit einem Außenbremsband und einem vertikalen Hauptbremszylinder, der in den Achsschenkelbolzen eingeschlossen war. Die Firma Lockheed wurde 1919 gegründet, um sein Patent zu verwerten, während Malcolm Longhead für Gustav Heine tätig wurde und seine Vierrad-Öldruckbremse 1919 in den Heine-Velox einbaute.

Fred S. Duesenberg war einer der ersten, die das

Hydraulische Vorderradbremse des Duesenberg „J" (1929): Der senkrechteBremszylinder spreizte über einen Hebelmechanismus die Bremsbacken.

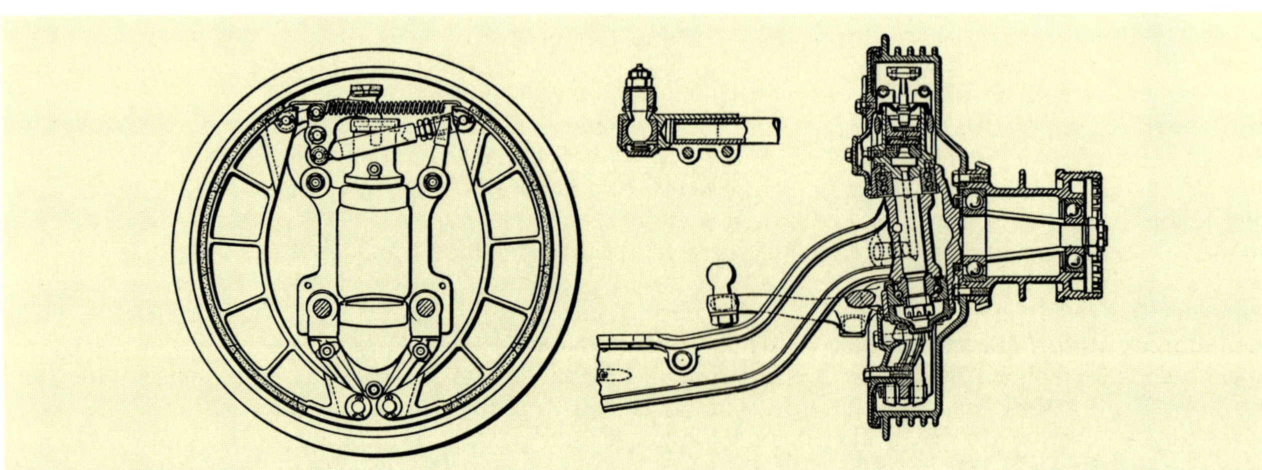

Lockheed-Bremssystem ernsthaft prüften. Das Ergebnis war so überzeugend, daß er sich 1920 entschloß, dieses System im Modell A in der Serie zu verwenden. Jedes Rad trug eine 16-Zoll-Trommel mit Kühlrippen und Innenbackenbremsen. Ein vertikaler Radzylinder spreizte die Bremsbacken mit Hilfe eines Winkelhebels auseinander.
Duesenbergs System arbeitete mit einer Mischung von Wasser und Alkohol als Bremsflüssigkeit. Es gab keine dehnbaren Schläuche, sondern ein System von metallischen Rohrleitungen, Verbindungen und Bohrlöchern. Es wurde keine Bremskraftverstärkung benötigt, weil Duesenberg die Hauptzylinder groß genug bemaß, um allein durch Pedalkraft einen angemessenen Druck in den vier Radbremszylindern zu erzeugen. Die Radbremsen wurden durch das Pedal betätigt, während die Handbremse als Bandbremse auf eine Trommel am vorderen Ende der Gelenkwelle wirkte. Mit dieser Bremsanlage war der Duesenberg-Rennwagen ausgestattet, der 1921 alle europäischen Konkurrenten in Le Mans besiegte. Sowohl die europäische als auch die amerikanische Automobilindustrie zögerte noch, die Öldruckbremse in Serienfertigung zu nehmen. Die Duesenberg-Öldruckbremse war eine ausgezeichnete Konstruktion, weil die Hydraulik es ermöglichte, die Kraft auf die Bremsbacken in einem Maß zu verstärken und darüber hinaus die Bremskraft auf die Räder völlig gleichmäßig zu verteilen, wie dies mit mechanischen Gestängen nicht möglich war.
Doch der Vorschlag von Duesenberg enthielt auch eine Schwachstelle. Der hydraulische Kreislauf hatte noch eine Anzahl möglicher Leckstellen, die ein häufiges Ergänzen der Bremsflüssigkeit nötig machten. Das Risiko des totalen Bremsversagens als Folge eines Lecks schreckte viele der sonst so fortschrittlichen Ingenieure ab.
Die Hydraulic Brake Company arbeitete intensiv daran, die Lockheed-Bremsen zu vervollkommnen, und die chemische Industrie entwickelte Bremsflüssigkeiten meist auf der Basis von Alkohol mit konstanter Viskosität und hoher Beständigkeit gegen Frost, Verdampfung und Aufnahme von Fremdstoffen.
1922 beauftragte Walter P. Chrysler sein Team, Öldruckbremsen für einen neuen Chrysler-Wagen zu entwickeln, der sich gerade in Vorbereitung befand. Sie wählten das Lockheed-System, das hier — statt mit metallischen Rohrleitungen — mit flexiblen Schläuchen versehen war und über Innenbremsbänder auf alle vier Trommeln wirkte. Eine zusätzliche Bandbremse auf der Gelenkwelle wurde von Hand betätigt.
Das hydraulische Bremssystem wurde dann 1924 von Chrysler eingeführt. Europäische Zulieferfirmen waren schnell dabei, sich die Rechte an den Lockheed-Öldruckbremsen zu sichern. William Emmot erwarb 1924 die Rechte für Großbritannien für seine Firma Automotive Products, Alfred Teves 1926 für Deutschland.

Hydraulisch betätigte Trommelbremse am Vorderrad eines Maserati-Sportwagens. Schöne Technik — nur war die Scheibenbremse schon im Anmarsch.

Vor allem war es Chrysler, der weltweit die Zuverlässigkeit der Öldruckbremse bewies. Als sie dann 1928 auch für den preiswerten Plymouth und De Solo eingeführt wurde — der preisgünstigere Dodge folgte 1929 —, war es klar, daß die gesamte Industrie folgen würde. Für weiteren Auftrieb sorgte Bendix, als dieses Unternehmen 1930 die Hydraulic Brake Company übernahm.
In Europa, wo die Produktionszahlen niedriger lagen, schien die Industrie rascher bereit, die Öldruckbremsen zu akzeptieren, ohne sie vorher ausgiebig zu prüfen. Triumph rüstete das Modell 13/35 Ende 1924 mit Lockheed-Öldruckbremsen aus. Wolseley benutzte sie ab 1927 für ein Exportmodell und ab 1930 für den Hornet 12.
Audi übernahm 1926 das Öldruck-Bremssystem nach Ate-Lockheed für den 18/70; 1931 folgte das Sechszylindermodell Dresden und 1934 der Audi-Front. Als nächster kam 1928 der Adler Standard 6, im gleichen Jahr der Stoewer S 8/S 10; der Hansa Konsul 8/35 und der Wanderer W-11 folgten im Jahr 1930.
Das Modelljahr 1931 brachte eine Anzahl von Neukonstruktionen, wie z. B. den von Porsche konstruierten Steyr XXX, die Tatra-Modelle 52 und 70 von Hans Ledwinka, den Hansa Matador, den NAG V8 und den Horch 600. Mercedes-Benz stattete das Modell 170 (Baujahr 1932) mit Öldruckbremsen aus und 1933 die Modelle 200 und 290. 1938 hatten alle Hersteller auf Öldruckbremsen umgestellt.
In den USA hatte Chrysler (mit Ausnahme von Duesenberg) das Monopol für Öldruckbremsen über drei Jahre. Erst 1927 schlossen sich Stutz, 1928 Reo (Modell Flying Cloud), 1929 Auburn, Gardner und Graham-Paige dem Trend an. Amerikas Massenhersteller Ford und GM verhielten sich noch zurückhaltend. Pontiac und Oldsmobile übernahmen die

Öldruckbremsen erst für die 1935er Modelle, und 1936 folgten Chevrolet, Buick und Cadillac. Als Hudson für die 1936er Modelle zu Vierrad-Öldruckbremsen überging, blieb das mechanische Gestänge zu den Hinterrädern als Sicherung erhalten — für den Fall eines Hydraulik-Defektes.
1938 entschloß sich schließlich auch Ford und führte die Öldruckbremse für alle Modelle ein. Die deutschen Ford-Werke übernahmen 1939 Ate-Öldruckbremsen für den Taunus, aber die britische Ford Company wartete mit der Umstellung noch bis 1950.
Das Prinzip „halb hydraulisch — halb mechanisch" wurde von Bugatti für seinen Typ 30 erprobt und 1946 auch für den Rolls-Royce Silver Wraith und den Bentley Mk VI angewandt.
Die meisten britischen und kontinental-europäischen Hersteller vollzogen den Wechsel zur hydraulischen Bremsbetätigung Mitte der dreißiger Jahre. FIAT begann damit 1933 für den Balilla und 1934 für den Ardita; Lancia setzte ihn 1933 mit dem Augusta fort. Das erste Modell von Opel mit Öldruckbremsen war 1935 der Super-Six, gefolgt vom Kadett (1937) und Olympia (1938). BMW führte die Öldruckbremsen 1933 für den 303 ein.
Unter den Herstellern, die Öldruckbremsen lange Zeit ablehnten, befanden sich Renault (der 4 CV von 1947 hatte sie als erster), Standard und Riley in Großbritannien, die sich 1948 und 1952 bekehren ließen.
Bis zu diesem Zeitpunkt hatte auch die Bremsflüssigkeit eine ausgiebige Entwicklung hinter sich. Lockheed verwandte ein Diaceton-Alkohol-Gemisch mit Rizinusöl. Die Automobilhersteller und ihre Zulieferer begannen schon vor 1947 mit Silikon zu experimentieren, doch zu dieser Zeit hauptsächlich im Hinblick auf den Ersatz für Schmiermittel. Die Anwendung von Silikonen in der Bremsflüssigkeit wurde erst ab 1970 eingehend untersucht. Man wollte diese Öle einsetzen, weil sie ihre Eigenschaften länger erhalten, wasserabstoßend sind und nicht so leicht verdampfen. Sie lassen sich höher verdichten und haben beim Erhitzen eine nahezu konstante Viskosität. Als Nachteile gelten Gasbildung und vor allem die hohen Kosten (drei- bis viermal höher als bei konventionellen Bremsflüssigkeiten).

Servobremsen als nächster Schritt

Da Pedal- und Hebelwege begrenzt sind, ebenso wie die Muskelkraft des Fahrers, begannen die Automobilingenieure schon in der Frühzeit der Industrie nach einer Hilfskraft für das Bremssystem zu suchen. Um 1910 schlug James T. Dickson aus Los Angeles vor, den Unterdruck im Saugrohr zur Bremskraft-Verstärkung heranzuziehen. Andere Vorschläge suchten ein wenig von der Motorleistung abzuzweigen, um die Bremsen zu bedienen. Ein solches System wurde 1919 für Marc Birkigt von Hispano-Suiza patentiert. Es wurde für alle späteren Modelle dieser Marke angewandt. Das Prinzip fand schon in grauer Vorzeit auf Segelschiffen Anwendung, wo bei einem Ankerspill ein Seil um eine Trommel gewickelt wurde. Die Vorrichtung wurde auf die Abtriebwelle des Dreiganggetriebes montiert und bestand aus einem Schneckengetriebe, einer Trommel und zwei konzentrischen Wellen. Das

Für die großen und schweren Luxusfahrzeuge waren Bremskraftverstärker eine Notwendigkeit. Die Zeichnung zeigt das mechanische Servo von Rolls-Royce, wie es u. a. für den Typ Phantom Verwendung fand. Beim Betätigen des Bremspedals übertrug ein von der Getriebewelle abgezapfter Nebentrieb die Energie mittels einer Reibungskupplung.

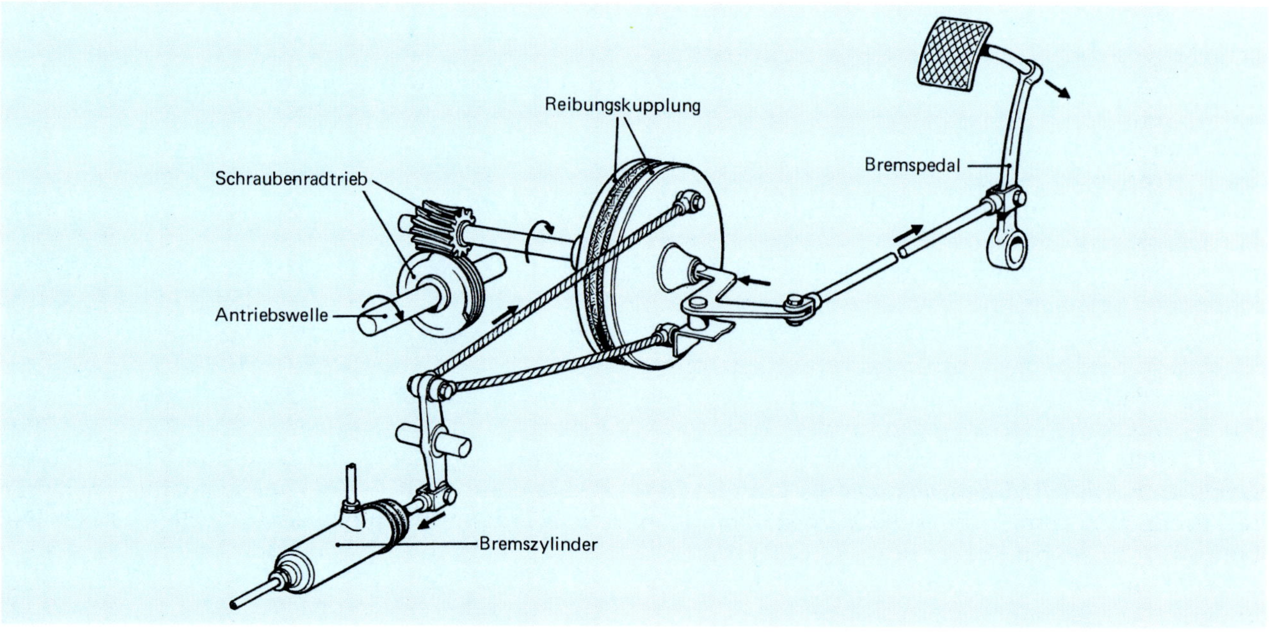

Schneckengetriebe bewegte die Zwischenwelle, die die Trommel trug und drehte sie langsam, der Geschwindigkeit der Gelenkwelle entsprechend.
Das Bremspedal war mit einem Paar Bremsbacken verbunden, die innerhalb der Trommel wirkten, so daß die Backen beim Bremsen Kontakt zu der drehenden Trommel bekamen. Dieser Kontakt bewirkte eine Teildrehung der rückwärtigen Scheibe, die auf die konzentrischen Wellen übertragen wurde. Diese waren ihrerseits mit dem Bremsgestänge — eine Welle für die Vorderräder (über ein Differential), die andere für die Hinterräder — verbunden. Da diese Vorrichtung nur während der Vorwärtsfahrt des Automobils wirkte, wurde eine Sperre eingebaut, die die Vorrichtung beim Rückwärtsfahren unwirksam machte.
Rolls-Royce, deren Wagen damals nur Bremsen an den Hinterrädern hatten, erwarben eine Lizenz für Birkigts Patent, das sie umkonstruierten, indem sie anstatt der Trommelbremse eine Scheibenkupplung einbauten. Diese wurde nach 1933 im Rolls-Royce und bis 1965 im Bentley verwendet.
Auch Louis Renault erwarb eine Birkigt-Lizenz und entwarf seine eigene Variante einer mechanischen Servobremse, die bei zwei großen Sechszylinder-Modellen des Baujahrs 1924 Verwendung fand.
Zwischen 1921 und 1939 wurde die Hispano-Suiza-Servobremse für bestimmte Modelle von Mors, Sunbeam und Delage benutzt. Bei mechanischen Servorbremsen von Renault waren die Scheiben gekapselt, nur die Hülse der angetriebenen Scheibe trat hervor. Ein Stift auf der Hülse führte eine kurze Kette, die mit dem Hebel auf dem Bremsgestänge verbunden war. Wahrscheinlich zahlte Rolls-Royce Lizenzgebühren sowohl an Renault als auch an Hispano-Suiza.
Eine andere Konstruktion mit Reibungs-Servo war die Hallot-Bremse, die 1921 im Ballot-Grand-Prix-Rennwagen und im Panhard & Levassor-Achtzylinder benutzt wurde. Sie wurde 1924 von Bignan und Chenard-Walcker übernommen. Chenard-Walcker benutzte sie nur für die Antriebsräder, während Sunbeam die Hallot-Bremse später auf alle vier Räder wirken ließ.
Die Hallot-Bremse war äußerst kompliziert. Die Bremsstange war mit einem Bremsband verbunden, das eine Hilfstrommel umgab. Das andere Ende des Bandes spannte einen Hebel, der über Spreizknebel die Innenbacken einer Trommelbremse spreizte. Ein Fliehkraftregler löste die Bremse, sobald der Wagen zum Stillstand kam.
Um 1927 erfand Eugen Mathieu, Chefingenieur bei Unic in Paris, ein System, das die Energie einer Bandbremse auf der Gelenkwelle zur Bremskraftverstärkung für die Vorderradbremsen benutzte. Der allgemeine Trend ging aber bereits in eine andere Richtung: zum Unterdruck-Verstärker. Ein brauchbarer Verstärker dieser Art wurde von J. G. Parry Thomas, F. C. Godeau und Albert Dewandre in den Jahren 1919 bis 1926 patentiert.

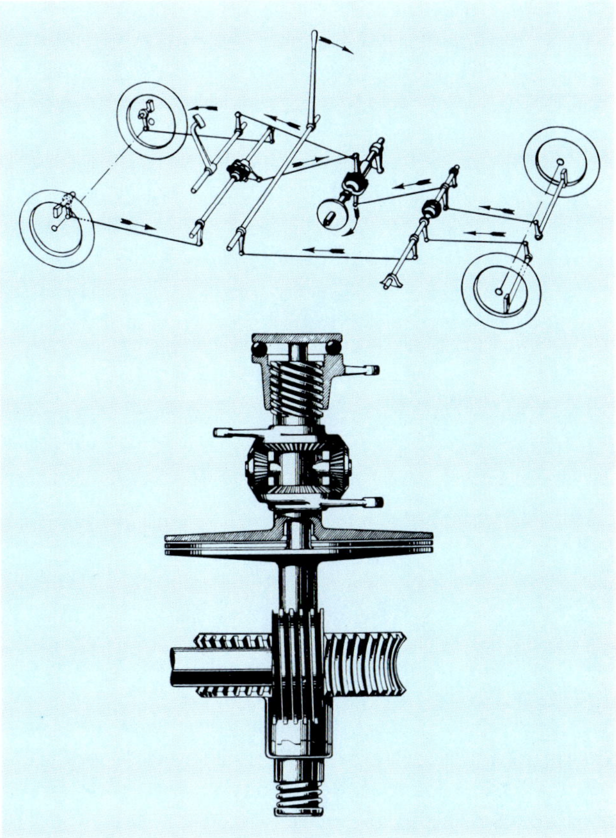

Mechanische Bremskraftverstärkung, wie sie von Hispano-Suiza, Rolls-Royce und Renault für die Luxusmodelle benutzt wurde. Den Ausgleich zwischen den Bremsen der Vorder- und Hinterräder besorgte ein kleines Differentialgetriebe unmittelbar an der mit einem Reibbelag versehenen Scheibenkupplung.

Die Servobremse nach Dewandre erschien 1924 auf dem Markt und wurde unmittelbar von Nagant, Ballot und Voisin aufgegriffen. Nachdem sich Robert Bosch die deutschen Rechte dafür gesichert hatte, wurde sie auch von Mercedes und Horch übernommen.
Auf der anderen Seite des Atlantik begannen Victor W. Kliesrath und Caleb Bragg 1922 in Long Island mit der Produktion von B-K-Vakuum-Servobremsen für die Nachrüstung. Da sie bei den Herstellern keine Aufträge für die Erstausrüstung erhielten, blieb der Produktionsumfang niedrig.
Die Prest-O-Lite-Vakuum-Servobremse wurde um die gleiche Zeit hergestellt wie die B-K-Bremse; die Automobilindustrie war allerdings auch in diesem Fall nicht bereit, sie in größeren Stückzahlen in die Erstausrüstung zu übernehmen.
Danach entwickelte der Ingenieur Rupert L. Atkin von Westinghouse eine ähnliche Vakuum-Servobremse, die 1928 von Chandler übernommen wurde. Hierdurch alarmiert, nahm Bendix 1930 die Herstellung von B-K-Bremsen auf. Kliesrath wurde Forschungsdirektor bei Bendix und entwickelte den Mastervac-Verstärker. Diese Servo-Vorrichtung ver-

einigte den Servozylinder mit dem Hauptbremszylinder und integrierte das Unterdruck- und Belüftungventil in das Hauptzylindergehäuse. Die Vakuumkolbenstange war direkt mit dem Hauptbremskolben verbunden.
Dieser Bremskraftverstärker und sein Abkömmling „Hydrovac" fanden bald in den USA allgemeine Anwendung. Als man die Öldruckbremse einführte, lag es nahe, sie durch einen hydraulischen Verstärker zu ergänzen. Die ersten Servobremsen arbeiteten jedoch mechanisch. FIAT und Delage boten 1927 auf vier Räder wirkende Öldruck-Servobremsen an. Eine vom Getriebe angetriebene Ölpumpe erzeugte den Druck, um das mechanische Gestänge zu betätigen. Diese Anwendung war wohl noch nicht ausgereift, und die Idee wurde vorübergehend beiseite gelegt.
Da zu der Zeit elektrische Antriebe und elektrische Retarder auf den Markt kamen, lag eine elektrische Servobremse gleichsam „in der Luft". Das elektrische Hartford-Bremsservo war wahrscheinlich das erste seiner Art. Bei Edward V. Hartfords Bremsverstärker zog ein mit Batteriestrom betriebener Elektromotor ein Kabel an, das mit dem Bremsgestänge verbunden war. Das System wurde zwischen 1924 und 1934 auf dem Zubehörmarkt angeboten, hatte aber keinen Erfolg.
Auch Bendix entwickelte eine Elektro-Servobremse, die 1934 in den USA und in Frankreich erhältlich war.
Der Markt für die Vakuum-Servobremse weitete sich schnell aus, als die Fahrzeuge allgemein auf Scheibenbremsen umgestellt wurden. Nach 1960 wurden auch kleinere und leichtere Autos mit Servobremsen ausgestattet.
Einem neuen Problem waren die Vakuum-Servobremsen nach 1967 durch die ersten amerikanischen Abgasnormen ausgesetzt. Die fortlaufend verschärften Emissionsgrenzen zwangen die Autoindustrie zu Regelvorrichtungen, durch die sich die Unterdruckverhältnisse völlig veränderten. Zusätzlich stellten die ebenfalls durch Unterdruck betätigten Regelvorrichtungen zur Emissions-Minderung Anforderungen, die das Problem noch erschwerten.
Bei Bendix hatte man dies bald erkannt, ließ die Öldruck-Servobremse wieder aufleben und stellte 1972 den Hydro-Booster vor. Der hydraulische Druck wurde von der Pumpe für die Lenkkraft-Unterstützung abgezweigt und dem Hauptbremszylinder zugeführt; für den Fall eines Versagens der Hydraulik blieb das Pedal direkt mit dem Hauptbremszylinder verbunden.
Der Hydro-Verstärker wurde erstmals 1977 für den Lincoln Continental übernommen, später auch für einige andere amerikanische Luxuswagen.
Die logisch am besten durchdachte hydraulische Servobremse wurde 1955 bei Citroen als Standardausrüstung des Typs DS-19 eingeführt. Sie war ein Teil des Hydrauliksystems, das die Lenkung, die Kupplung, die Getriebeschaltung, die Federung und die Bremsen aus einem zentralen Speicher bediente. Eine Siebenzylinder-Taumelscheibenpumpe, die durch einen einzelnen Keilriemen vom Motor mit Nockenwellendrehzahl angetrieben wurde, lieferte einen Höchstdruck von etwa 160 bar. Der Hauptzylinder konnte seinen vollen Servo-Bedarf dem zentralen Hochdruckspeicher entnehmen. Vorder- und Hinterradbremskreise waren voneinander unabhängig, jeder Bremskreis hatte einen eigenen Speicher.
Als sich Rolls-Royce endlich dazu entschloß, die mechanische Servobremse aufzugeben, erwarb die angesehene Firma Crewe eine Lizenz für das hydraulische System von Citroen und machte daraus eine eigene Version für den Silver Shadow, der 1965 vorgestellt wurde. ATE war die erste Zulieferfirma in Europa, die hydraulische Servobremsen herstellte. Ähnlich wie beim Bendix-System zweigte man auch in diesem Fall die Hilfskraft von der Lenkservopumpe ab. Erster Anwender war BMW für die Serie 7, die 1977 in Produktion ging.

Scheiben lösen die Trommeln ab

Unter dem Begriff Scheibenbremse versteht man heute die Kombination einer rotierenden Scheibe mit einem umgreifenden Sattel, in dem die Reibbeläge gelagert sind. Bevor die Industrie zu diesem einheitlichen Trend fand, gab es eine Vielzahl unterschiedlicher konstruktiver Vorschläge, von denen nur wenige den Weg in eine Fertigung fanden.
Die einer Einscheibenkupplung ähnliche Bremse, die F. W. Lanchester 1895 für eines seiner ersten Fahrzeuge schuf, kann als Startpunkt der Scheibenbremsen-Entwicklung gelten. Ab 1907 erhielten die Lanchester-Modelle mit Vier- und Sechszylindermotoren Innenbacken-Trommelbremsen für die Hinterräder, die durch einen Handhebel betätigt wurden, während eine Lamellenbremse auf der Abtriebwelle des Planetengetriebes mit dem Bremspedal verbunden war. Das nachweislich erste Patent auf eine Scheibenbremse wurde Frederick Lanchester 1902 erteilt. Diese Konstruktion fand für den kleinen Zweizylinder-Lanchesterwagen Anwendung, der in der Zeit von 1903 bis 1905 in Produktion war.
Diese Lanchester-Scheibenbremse bestand aus einer verhältnismäßig dünnwandigen Stahlscheibe, die von zwei zangenartigen Gliedern umfaßt wurde, von denen eines mit der Grundplatte fest, das andere gelenkig verbunden war. Die Konstruktion war jener der heute noch bei Fahrrädern üblichen Felgenbremsen nicht unähnlich.
Wie man erkennt, war Lanchester noch nicht darauf verfallen, die Bremsscheiben an die Radnaben zu verpflanzen. Er sah sie statt dessen als Getriebebremse vor, die über die kurze Kardanwelle und das Schneckenrad-Differential auf die Hinterräder wirkte. Die erwähnte Felgenbremse für Fahrräder — die in diesem Fall als „Inspiration" gewirkt haben mag

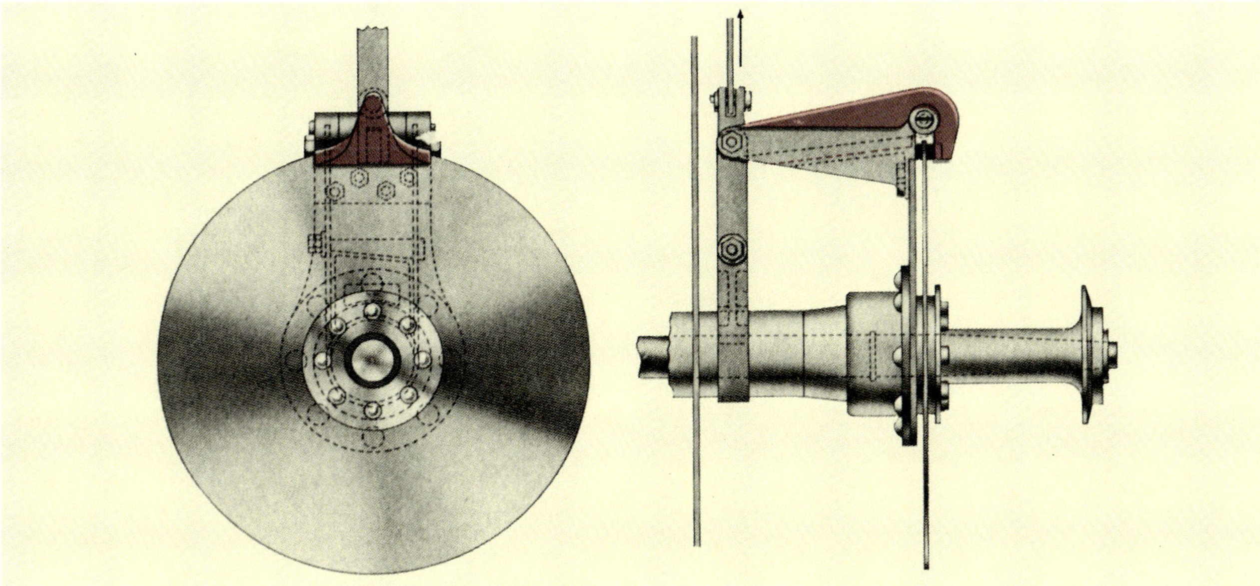

Dr. F. W. Lanchester ließ sich 1902 eine Scheibenbremse mit Betätigung durch eine Zangenkonstruktion patentieren. Die Konstruktion wurden für die Modelle ab 1905 benutzt. Die Betätigung erfolgte mechanisch.

— war eine Erfindung von J. K. Starley (1875), dem späteren Gründer der Rover-Werke.
Noch vor dem Lanchester-Patent benutzte Elmer A. Sperry eine recht ähnliche Scheibenbremse für einen Elektrowagen, den er 1898 gebaut hatte.
Der Amerikaner W. H. Barrett ließ sich 1904 eine Bremse patentieren, bei der eine rotierende Scheibe zwischen zwei ortsfeste Scheiben gepreßt wurde. Dieses Prinzip wurde anscheinend nie für ein Fahrzeug benutzt — jedenfalls ist hierüber nichts bekannt. Vier Jahre später verfielen gleich drei Briten auf das gleiche Prinzip. Sie hießen Wearham, Riley und Ives und hatten durchaus eine Anwendung im Automobil im Auge. Die Anpressung der festen Scheiben an die zwischen ihnen rotierende Platte erfolgte durch Nocken und Hebel.
Noch im gleichen Jahr meldete der Deutsche Ernst Holz eine Scheibenbremse zum Patent an, die für Pferdefuhrwerke gedacht war. Die Wirkung wurde durch Metallhülsen auf der Achswelle erreicht, die durch einen Hebelmechanismus gespreizt wurden und gegen die Nabe drückten. Die Reibfläche war recht klein, und die Reibung fand zwischen metallischen Oberflächen statt.
Ab 1911 wurde das in Waltham (Massachusetts) hergestellte Metz-Automobil mit einer Lamellen-Scheibenbremse versehen. Sie bestand aus 18 kleinen Bronze-Scheiben, die im Inneren der Radnabe in einem Ölbad angeordnet waren. Neun Scheiben waren mit der rotierenden Nabe verbunden, die neun anderen mit der feststehenden Achse. Eine Hebelkonstruktion setzte sie im Bedarfsfall axial unter Druck. Ähnliche Lamellenbremsen wurden auch für den Glide benutzt, und 1921 fand das Prinzip als Getriebebremse für den Aero-Four Verwendung. Bei dieser Konstruktion lagen Raybestos-Reibbeläge zwischen den 20 metallischen Bremsscheiben.
Den nächsten wichtigen Schritt in der Entwicklung der Scheibenbremsen für Automobile tat John Weller 1914. Er war damals Chefkonstrukteur der Automobilfabrik AC in Thames Ditton im englischen Surrey. Weller war mit der Wirkung der Bandbremsen an seinen AC-Dreiradwagen unzufrieden und wandte sich um Rat an Herbert Frood, Gründer des Ferodo-Unternehmens. Dieser hatte offenbar Lanchesters Scheibenbremse noch nicht vergessen: Er wählte für Weller eine recht ähnliche Konstruktion mit einer Bremsscheibe von 252 mm Durchmesser, die auf das äußere Ende der Schnecke gesetzt wurde, die das Ausgleichgetriebe der Hinterräder antrieb. Diese Bremse war als Feststellbremse gedacht

Im März 1932 reichte Chichester P. Weldon in Connecticut (USA) ein Patent auf eine solche Lamellenbremse in der Radnabe ein. Sie war vor allem für Flugzeuge gedacht. Das Patent wurde 1936 erteilt.

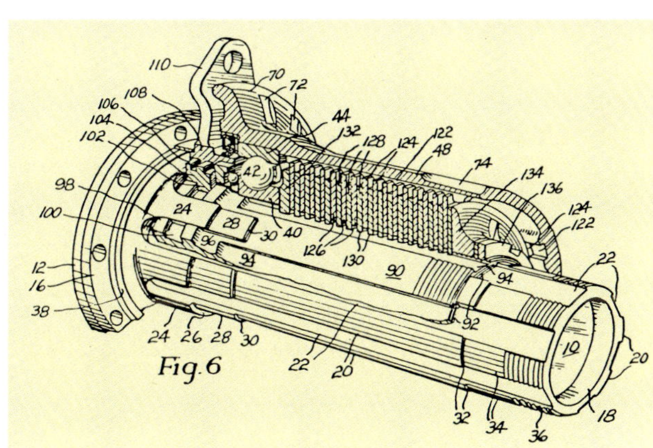

und wurde per Handhebel und Zugkabel betätigt. Bis 1919 fand sich diese Bremse an den AC-Dreiradwagen, dann wurde sie auf die Innenseite des Differentials umgesetzt und blieb bis 1926 in Produktion. Scheibenbremsen mit Bremssattel — bereits an den Rädern — fanden sich am Harper-Dreirad (Großbritannien) von 1923. Hier dienten sie als Hauptbremse — eine Feststellbremse war nicht vorhanden. Die Fertigung des Harper-Dreirads wurde 1926 eingestellt, als das Unternehmen von der Automobilfabrik Bean in Wolverhampton übernommen wurde.
In den USA dominierte in den zwanziger Jahren die Bandbremse am Getriebeausgang. Doch es gab Ausnahmen. So bot die American Chain & Cable Co. unter dem Namen „Tru-Stop" 1928 eine Scheibenbremse als Getriebebremse zum Nachrüsten an. Bei ihr arbeiteten zwei Reibklötze in Form eines Kreissektors beiderseits gegen die Scheibe. Diese war ein 6,35 mm dickes Preßteil. Die Scheibenbremse wurde zwar im Zubehörhandel zeitweise zu einem Renner, fand in Detroit aber keine Gegenliebe.
Die Weiterentwicklung der Scheibenbremse nahm in den USA den Umweg über die Luftfahrtindustrie. Das „Airwheel" von Goodyear, das sich seit 1928 als Flugzeugbremse eingeführt hatte, wurde in seiner Neukonstruktion von 1932 mit einer integrierten Scheibenbremse versehen. Diese Bremse läßt sich als Lamellenkupplung innerhalb einer Trommel beschreiben. Die abwechselnd aus Stahl und aus Bronze bestehenden Scheiben waren im stählernen Träger und in der Nabe des Rads verankert. Die rotierenden Bronzescheiben wurden hydraulisch gegen die feststehenden Stahlscheiben gepreßt. Um die gleiche Zeit ließ sich die Sikorsky Aviation Corporation eine Teilbelag-Bremse mit zwei rotierenden Scheiben schützen. Die Reibbeläge saßen an elastisch gelagerten Trägerplatten zwischen und außerhalb der Bremsscheiben. Die Mittelplatte hatte beiderseits Reibbeläge. Auch in diesem Fall erfolgte die Betätigung hydraulisch mit Hilfe von Hebeln, die die beiden äußeren Platten nach innen preßten.
Auch in Großbritannien erlebte die Entwicklung der Scheibenbremse eine „Luftfahrt-Phase". 1935 wurde Joseph Wright und Ernest F. Goodyear von der Firma Dunlop ein Patent auf eine Flugzeug-Scheibenbremse erteilt. Diese Bremse hatte zwei Scheiben, die in die Radnabe integriert waren und hydraulisch betätigt wurden.
In Deutschland erhielt Dr. Hermann Klaue von der Argus-Motoren-GmbH in Berlin 1939 ein Patent auf eine Vollscheiben-Flugzeugbremse, von der eine entsprechend abgewandelte Ausführung auch in den „Tiger"-Panzerwagen eingebaut wurde.
Die Klaue-Bremse fand auch Anwendungen im Industriebereich. Weitere Entwicklungen waren 1933 bei der English Electric Co. Ltd. und in Deutschland bei der Bergischen Stahl-Industrie zu verzeichnen. Letztere entwickelte eine hydraulisch betätigte Scheibenbremse für Schienenfahrzeuge.
Als weltweit führender Hersteller von Diesel-Lokomotiven und Konzern-Mutter von Bendix Aviation war General Motors keineswegs blind für diese

Das Grundprinzip der heutigen Scheibenbremsen war bereits vor 50 Jahren bekannt, wie diese Darstellung aus der Patentschrift der English Electric Co. vom Februar 1933 beweist. Die Scheibe hat bereits Innenbelüftung. Die Konstruktion war allerdings nicht für Automobile gedacht.

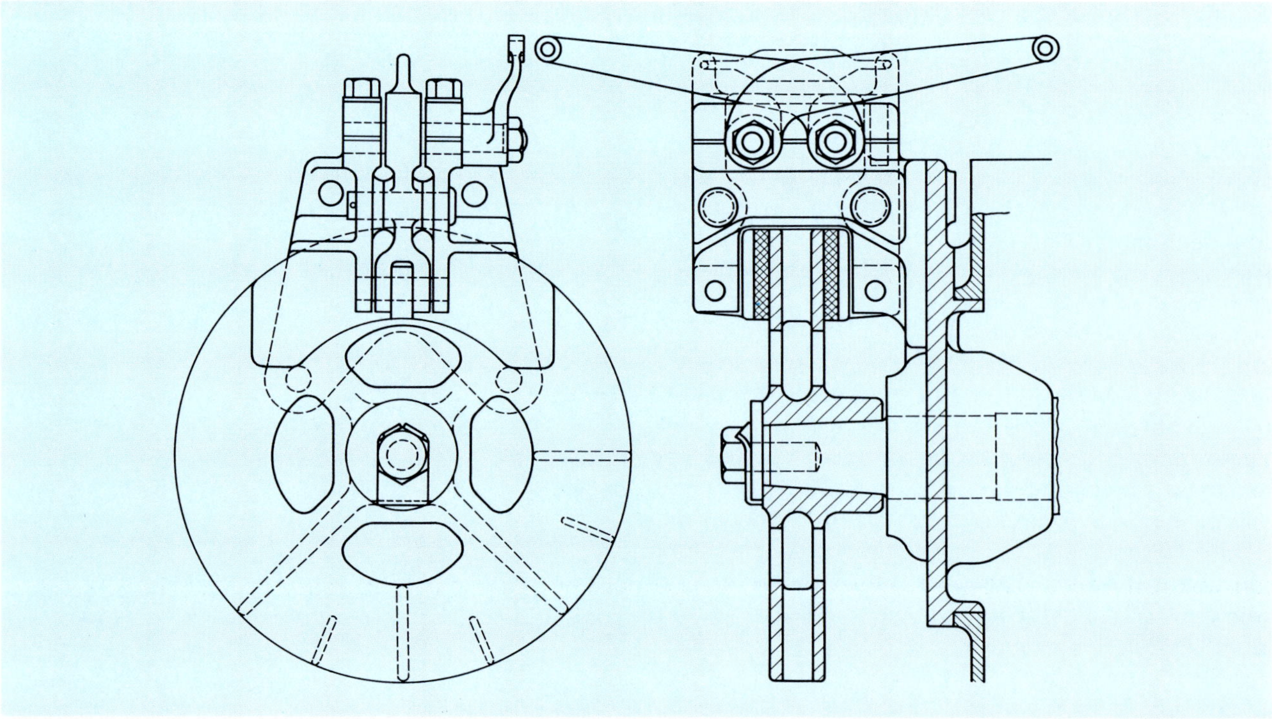

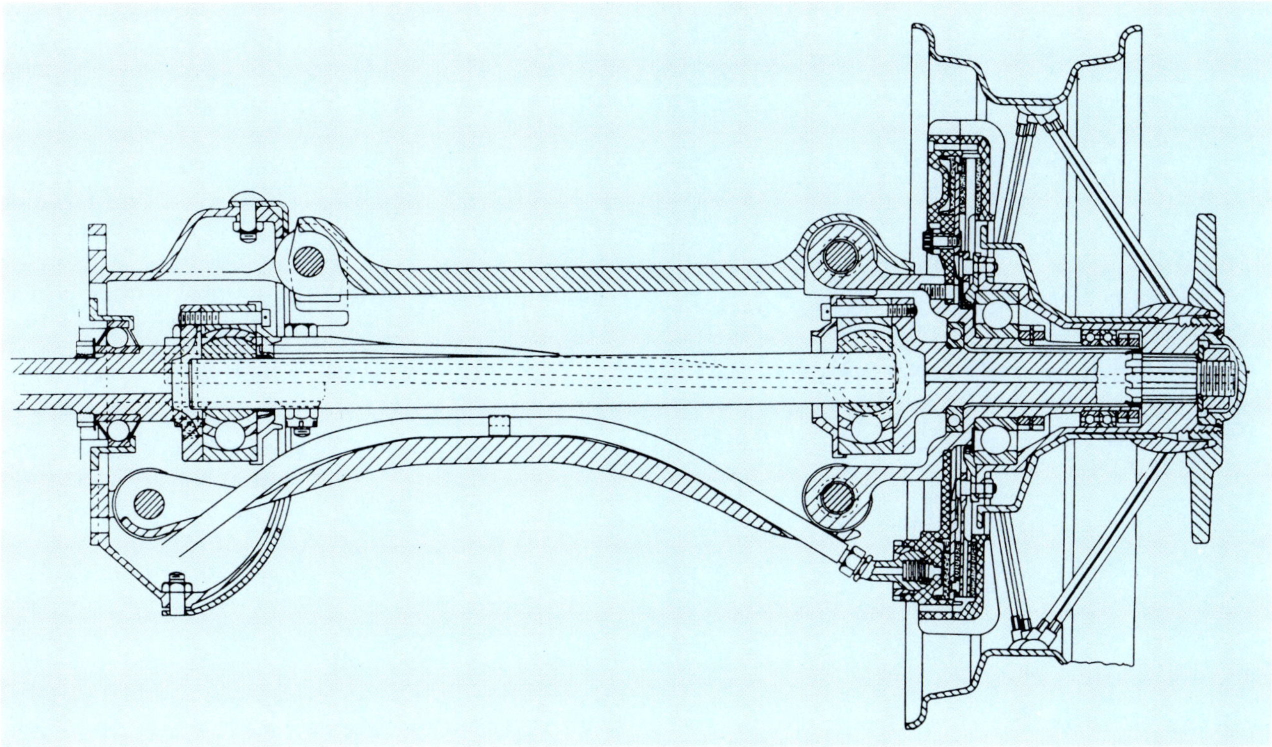

Scheibenbremsen an allen vier angetriebenen Rädern hatte der technisch überaus bemerkenswerte Miller-Rennwagen von 1940. Die Zeichnung zeigt die Hinterachse.

Vorgänge. Seit 1937 experimentierten GM-Konstrukteure mit dieser Bremsenart — erlebten aber bei den praktischen Erprobungen eine Reihe herber Enttäuschungen. Typisch für GM ließ man sich hierdurch nicht entmutigen. So schuf die Delco Brake Division eine Anzahl von Versuchskonstruktionen: mit expandierender Kupplung,mit konischem Eingriff zur Selbstverstärkung, mit schwimmender Scheibe und mit schwimmendem Sattel. Alle waren aber nach Aussage des führenden Delco-Ingenieurs Arthur R. Shaw „völlig ungeeignet, um ein Automobil zum Stehen zu bringen".

Dem amerikanischen Motorsport kam in diesem Zusammenhang eine wichtige Rolle insofern zu, als er bei der Industrie auf die Vorteile der Scheibenbremse immer wieder hinwies. Die Teilbelag-Scheibenbremse schien die besten Chancen zu haben, aber sie hatte noch bedeutende Rivalen.

Am Indianapolis-500-Meilen-Bahnrennen nahmen 1940 erstmals zwei Fahrzeuge mit Scheibenbremsen teil. Die Milan-Bremsen des Lencki-Special bestanden aus einer mit dem Reibbelag versehenen, rotierenden Scheibe zwischen zwei Druckplatten, die auf einer Trägerplatte verankert waren.

Das zweite Auto mit Scheibenbremsen war ein Miller mit Allradantrieb. Harry Millers Bremskonstruktion war recht bemerkenswert: Eine dünne Scheibe rotierte in einem belüfteten Gehäuse, dessen Hauptaufgabe darin bestand, als Anker zu dienen. Alle vier Räder des Wagens waren mit diesen Bremsen ausgerüstet.

Nach dem Ende des Zweiten Weltkriegs wurde die Milan-Scheibenbremse als Nachrüst-Aggregat von Kinmont produziert. Ford erprobte sie einige Zeit lang im Jahr 1955, konnte sich aber für eine Serienfertigung nicht erwärmen.

Übrigens war auch der „Thunderbolt" mit Scheibenbremsen versehen, das Rekordauto, mit dem Captain G. E. T. Eyston 1938 den absoluten Geschwindigkeitsrekord auf dem Salzsee von Bonneville auf 575 km/h schraubte. Die Vorderradbremsen des Rekordwagens saßen innenbords und standen mit den Rädern durch Wellen in Verbindung, während die Hinterräder über eine einzige Scheibenbremse auf einer Verlängerung der Kardanwelle gebremst wurden. Die vorderen Scheibenbremsen stammten von Lockheed, die Bremse für die Hinterräder von Borg & Beck. Die Getriebebremse bestand aus einer mit dem Reibbelag versehenen Scheibe und zwei seitlichen Druckplatten, die durch vier Hydraulikkolben zusammengepreßt wurden.

1941 erhielten J. H. Pratt, G. E. Manley und die Firma Girling ein Patent auf eine Scheibenbremse mit Selbstverstärkung. Die Entwicklungsarbeit an dieser Konstruktion hatte etliche Jahre gedauert. Sie fand ihre erste Anwendung im Daimler-Scout-Panzer-Spähwagen. Bei dieser Konstruktion sitzt die beidseitig mit dem Reibbelag versehene Scheibe seitlich begrenzt verschiebbar auf einer Welle. Auf einer Seite ist die fixierte Druckplatte, auf der anderen die bewegliche angeordnet, die durch zwei Bremszylinder angepreßt wird. Die Selbstverstärkung besorgen

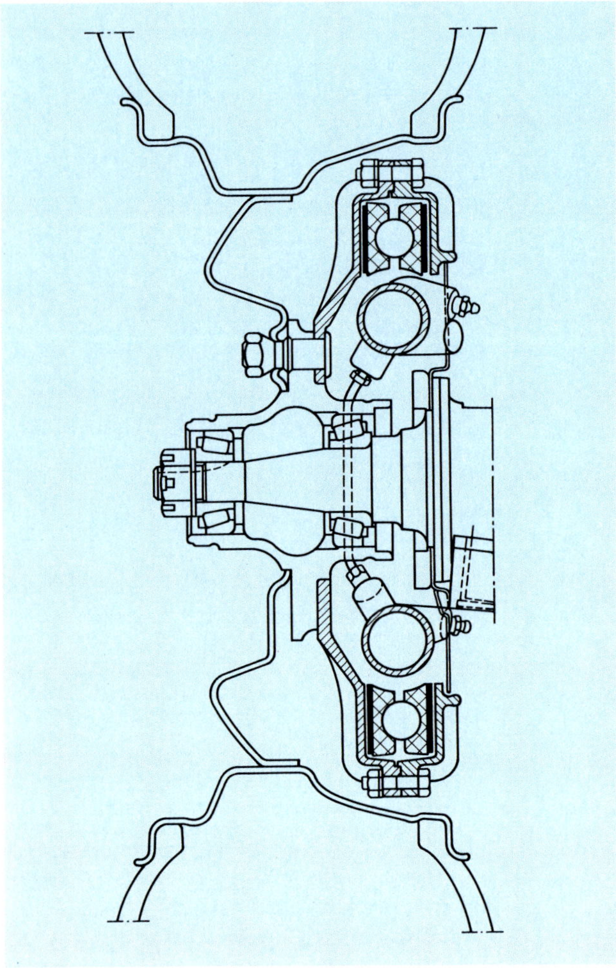

Bei der gekapselten Chrysler-Scheibenbremse arbeiten zwei mit Belägen versehene Bremsscheiben gegen die Innenwände der Kapsel. Durch in Auflauframpen bewegliche Kugeln wird eine Selbstverstärkung erreicht.

Stahlkugeln auf eingefrästen Auflauframpen. Betätigt man die Bremse, so wird die Druckplatte ein wenig mitgezogen, so daß die Kugeln auf den Rampen hochlaufen und durch Spreizung den Bremsdruck steigern.

Im Amerika der unmittelbaren Nachkriegszeit wandte sich General Motors von der Scheibenbremse ab, während Chrysler sich ihr zuwandte. 1949 trat dieses Unternehmen dann mit dem Modell Crown Imperial mit selbstverstärkenden Scheibenbremsen an und erregte damit in der Öffentlichkeit beträchtliches Aufsehen.

Die Scheibenbremsen waren in mit Kühlrippen versehenen Gehäusen verkapselt. Im Inneren befanden sich zwei Druckplatten mit Belagsegmenten auf ihren Außenseiten, die bei Betätigung des Pedals hydraulisch gegen die Innenwandungen des rotierenden Gehäuses gepreßt wurden. Zwischen den beiden Druckplatten befanden sich — ähnlich wie bei der Girling-Bremse — Kränze von Stahlkugeln in Auflauframpen. Beim Anbremsen machten die Druckplatten die Drehbewegung kurz mit, so daß die Kugeln auf den Rampen aufliefen und die Druckplatten mit zusätzlicher Energie gegen die Gehäusewände drückten. Diese aufwendige Bremse wurde bis zum Auslauf des Modelljahrs 1954 von Chrysler benutzt.

Homer T. Lambert beantragte 1934 erstmals ein Patent auf Scheibenbremsen. Die Darstellungen in der Schrift lassen einen zentralen „Bremsring" mit Reibscheiben auf beiden Seiten mit einer Selbstverstärkungsvorrichtung durch Kugeln oder Rollen erkennen, die auf konischen Bahnen auflaufend den Anpreßdruck erhöhen, sobald die Scheiben mit dem Ring in Berührung kommen. In seinem ersten Antrag hatte Lambert noch eine mechanische Betätigung vorgesehen. 1937 folgte eine kupplungsartige Konstruktion mit hydraulischer Betätigung. Eine Anzahl von Versuchsfahrzeugen verschiedener Hersteller wurden mit Lambert-Bremsen ausgestattet — in der Mehrzahl von Ford und Plymouth, mit denen in den Jahren 1937 bis 1941 Vorführungen bei der Industrie stattfanden.

Die St. Joseph Company, ein namhafter Zubehör-Hersteller, erwarb nach Kriegsende die Lambert-Patente und begann, die Bremse unter dem Namen Ausco-Lambert für das Nachrüst-Angebot zu produzieren. Das Beispiel von Chrysler brachte offenbar die Weiterentwicklung der Scheibenbremse nicht voran. Es waren die Briten und die amerikanischen Reifenhersteller (sowie deren Tochterunternehmen), die den noch schwachen Trend auf den richtigen Kurs steuerten.

Während des Krieges hatte Goodyear die Rechte an der Hawley Teilscheibenbremse erworben, einer Konstruktion, die aus einer Scheibe mit Bremssattel bestand. Das Hawley-Patent war im Jahr 1940 erteilt worden und betraf eine Scheibe mit zwei diametral gegenüberstehenden Sätteln mit je einem Bremskolben.

In der Zeit zwischen 1948 und 1949 arbeiteten die Bendix-Ingenieure mit dem Kleinwagenwerk Crosley gemeinsam an einer Adaption der Goodyear-Hawley-Teilbelag-Scheibenbremse, die ursprünglich für Flugzeuge entwickelt worden war, für eine Sportversion des kleinen Autos. 1950 wurde das Ergebnis der Kooperation für den Crosley „Hot Shot" als Erstausstattung eingeführt. Zu weiteren Anwendungen kam es dann allerdings nicht.

Die Historie der Dunlop-Scheibenbremse geht auf das Jahr 1928 zurück, als Henry James Butler in den technischen Stab eintrat und mit Entwicklungsarbeiten von Flugzeug-Bauelementen beauftrag wurde. 1946 ließ sich Dunlop für den ersten Butler-Vorschlag ein Patent erteilen. Bei dieser Konstruktion handelte es sich um eine Lamellenbremse mit äußeren und inneren Scheiben. Aus dieser Konstruktion entstand dann die Dunlop-Mehrscheibenbremse für Flugzeuge.

Drei Jahre später hatte sich diese Bremse im Flugzeugbau gut bewährt, und Butler wandte sich Untersuchungen zu, deren Ziel eine Scheibenbremse für

Automobile war. Auf Nuten bewegliche Scheiben kamen in diesem Fall nicht in Frage, weil die notwendige Schmierung der Schiebenuten bei den zu erwartenden Scheibentemperaturen kaum möglich erschien. Außerdem strebte Butler eine Bremse mit vollständigem Druckausgleich der Kolben beiderseits der Scheibe an. Die Erwägungen führten zu einer Einscheibenbremse mit umfassendem Bremssattel, die 1952 patentiert wurde.
Wesentlicher Bestandteil des Butler-Patents war die axiale Verankerung des Sattels. Diese Bremse brachte hervorragende Ergebnisse, erwies sich in der Fertigung aber als unnötig aufwendig. Noch im gleichen Jahr nahm Jaguar Versuche mit dieser Bremse auf, die mit je drei Kolben auf jeder Seite der Scheibe ausgestattet war. Ein XK-120-C-Sportwagen mit Scheibenbremsen an allen Rädern und doppelten Bremssätteln an den Vorderrädern (insgesamt 12 Kolben je Rad) nahm 1953 an der Mille Miglia teil.
Bei den vorangegangenen Versuchen hatte sich die Bremse als zuverlässig erwiesen, doch im Rennen gab es erhebliche Probleme mit Dampfblasenbildung in der Hydraulik. Als Ursache wurde ungeeignetes Material für die Reibbeläge ermittelt. Daß die Fehler umgehend behoben werden konnten, zeigte sich im kommenden Jahr, als Jaguar das 24-Stunden-Rennen von Le Mans gewann. Doch von hier bis zur Einführung in die Serienausstattung war der Weg noch weit.
Die Überlegenheit der Jaguar-Scheibenbremse schlug auch in den USA Wellen: Ted Halibrand und Conze Engineering brachten eine Festsattel-Scheibenbremse heraus, an der besonders die Konstrukteure für Indianapolis-Rennwagen Gefallen fanden. Auch die Hersteller der Offenhauser-Rennmotoren, Meyer & Drake, traten mit einer Scheibenbremse eigener Konstruktion auf, und bei General Motors kam in der Vorentwicklung das Problem Scheibenbremse wieder auf den Tisch. Die GM-Tochter Delco-Moraine stellte schon bald eine Konstruktion mit schwimmend gelagerter, innenbelüfteter Scheibe und Metallic-Reibbelägen vor, die erstmals am Forschungsauto Firebird II (mit Gasturbinenantrieb) vorgewiesen wurde. Dies war im Jahr 1955. Auch hier waren alle Räder mit der neuen Bremse versehen, deren Scheiben aus Grauguß bestanden.
Der nächste Schritt wurde mit dem Firebird III getan, einem Gasturbinen-Experimentierauto, das GM 1958 vorstellte. Wieder einmal wurde die Lamellen-Bauart hervorgeholt — dieses Mal mit Ölkühlung. Eine mit dem Radantrieb verbundene Pumpe brachte das Öl in einen Kreislauf, der einen Kühler einschloß. Diese aufwendige Sache wurde nicht weiterverfolgt, und Delco-Moraine wandte sich nunmehr energisch der Weiterarbeit an der Bremse zu, wie sie am Firebird II erprobt worden war.
In Europa war die Entwicklung der Scheibenbremse inzwischen erheblich weiter vorangeschritten. Die erste Scheibenbremse von Girling hatte einen Bremssattel mit sechs Kolben. Die Konstruktion fußte auf dem Dunlop-Patent. Die Bremse wurde im Herbst 1951 vorgezeigt, ging aber nicht in die Fertigung. Zwei Jahre danach nahm die Dunlop Rim & Wheel Company eine begrenzte Produktion ihrer eigenen Scheibenbremse für die Rennwagenhersteller auf, und Girling entwickelte eine Neukonstruktion mit nur zwei Kolben im Bremssattel — die umgehend für den Cooper-Alta-Rennwagen aufgegriffen wurde.

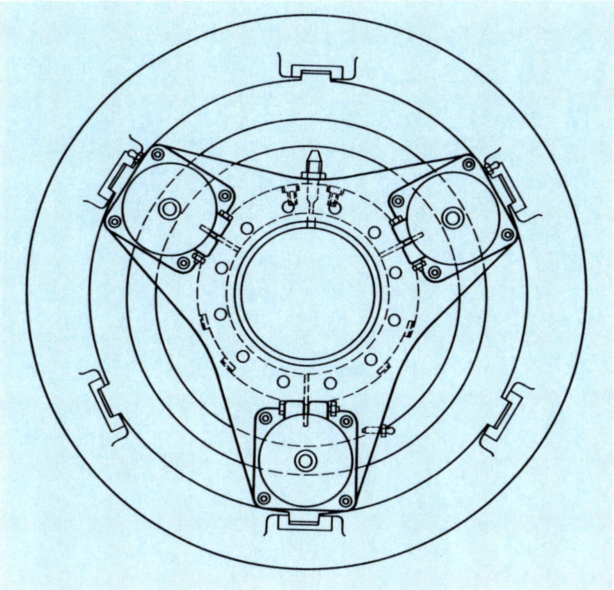

Das Dunlop-Patent vom 4. Juli 1949 gilt einer Fahrzeugbremse. Mit dieser Konstruktion begann die moderne Scheibenbremse praktisch ihren Siegeslauf. Hier sind drei Bremszylinder in einem Winkel von 120° an einem gemeinsamen Träger angebracht.

In enger Zusammenarbeit zwischen Dunlop und Jaguar entstand die Festsattel-Konstruktion. Dieses Prinzip mit je drei Bremszylindern auf jeder Seite der Scheibe wurde auch für den Jaguar benutzt, der 1953 das 24-Stunden-Rennen von Le Mans gewann.

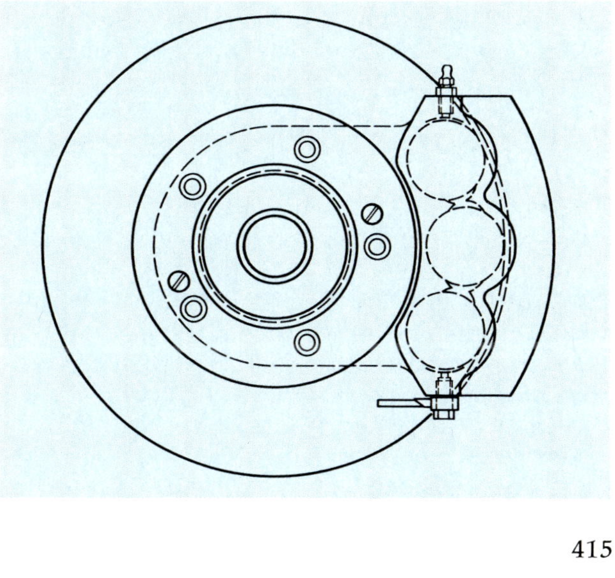

Am Experimentierfahrzeug mit Gasturbine von General Motors, dem „Firebird III", wurde eine ölgekühlte Scheibenbremse erprobt.

1954 stattete der Lagerhersteller Tony Vandervell seinen modifizierten Ferrari (Thinwall Special) mit Goodyear-Scheibenbremsen aus, die dann auch für den sehr erfolgreichen Vanwall-Formel-1-Rennwagen (1957/58) benutzt wurden. In diesen Jahren setzten sich in Großbritannien die Scheibenbremsen für Rennfahrzeuge restlos durch, und in Frankreich erschien auch der letzte Bugatti-Rennwagen (Typ 251) mit Scheibenbremsen eigener Konstruktion. Die Scheiben verjüngten sich bei dieser Bauart zum Umfang hin, und die Betätigung der Bremse erfolgte nach Art der Fahrrad-Felgenbremse durch Bremszangen an gegenüberliegenden Seiten. Die Scheiben waren zur Gewichtsminderung und zwecks Innenbelüftung hohl ausgeführt, und im Inneren eingegossene Schaufeln erzeugten einen kühlenden Luftstrom.

Zu dieser Zeit war in Frankreich der Citroen DS-19 bereits in Serienfertigung. Für ihn hatten die Citroen-Ingenieure mit Unterstützung der Firma Messier (Hersteller von Flugzeug-Hydraulik, Einziehfahrwerken und anderen Flugzeug-Bauteilen) eine eigene Scheibenbremse geschaffen. Bei ihr waren zwei Bremskolben auf der gleichen Seite angebracht, und der Sattel war axial beweglich gelagert, um den Anpreßdruck auf beiden Seiten der Scheibe auszugleichen.

Dieser kühne Sprung in die Serienproduktion löste in Großbritannien unmittelbare Reaktionen aus. Auf der London Motor Show 1956 traten Triumph mit Girling-Scheibenbremsen am Sportmodell TR-3 (Vorderräder), Jensen mit dem Typ Interceptor (vorn und hinten) mit Dunlop-Bremsen und kurz danach auch Jaguar mit dem XK 150 an. Der erste Großserien-Hersteller, der zu Scheibenbremsen an den Vorderrädern überging, war Ford (England). 1960 gab es sie zuerst am großen Modell Zodiac und ab 1961 für alle Ford-Modelle.

Die Ford-Scheibenbremsen wurden zwar unter Dunlop-Lizenz hergestellt, unterschieden sich von der Grundkonstruktion aber durch das Fehlen der Rückholfedern für die Bremskolben. War die Bremse drucklos, so gab es einen leichten Kontakt zwischen Belag und Scheibe. Diese von Girling eingeführte Vereinfachung verfolgte das Ziel, die Reibfläche auf der Scheibe stets sauber zu halten und jede Spur von totem Gang zu vermeiden.

Die Dunlop-Ingenieure hielten es demgegenüber

Der im Oktober 1955 in Produktion genommene Citroen DS-19 war das erste Serienautomobil mit Zentral-Hydraulik, über die sowohl die Bremskraft-Dosierung als auch die Bremskraftverstärkung erfolgte.

für wichtiger, in drucklosem Zustand eine Berührung zu verhindern, damit Reibungsverluste und eine unnötige Aufheizung der Bremsflüssigkeit vermieden würden. 1955 trat als neuer Hersteller von Scheibenbremsen der Konzern Automotive Produkts mit der Lockheed-Festsattel-Scheibenbremse auf den Plan. 1960 sicherte sich auch Teves (ATE) in der Bundesrepublik Deutschland die Dunlop-Lizenz. Als erstes deutsches Fahrzeug war schon 1958 der BMW 507 mit Scheibenbremsen an den Vorderrädern versehen worden. Drei Jahre später folgte der Mercedes-Benz 300 SL.
In Italien eröffneten Lancia und Maserati den Reigen der Scheibenbremsen-Anhänger. Die Lancia Flaminia erhielt 1960 Dunlop-Scheibenbremsen an allen vier Rädern, während Maserati der Girling-Bremse für den 3500 GT den Vorzug gab. Noch im gleichen Jahr schlossen sich Abarth und Ferrari an, während FIAT zuerst die Modelle 1800/2100 mit Girling-Scheibenbremsen (vorn/hinten) ausstattete und drei Jahre danach in den Modellen 1300/1500 Vorderrad-Scheibenbremsen einbaute. Als erstem Modell der populären Preisklasse wurden 1966 dem FIAT 124 FIAT-Bendix-Scheibenbremsen an allen Rädern zugestanden.
Das wichtigste Problem, das mit der Scheibenbremse gelöst werden konnte, war das durch Überhitzen und Verändern der Werkstoffe zwischen Bremsbelag und Trommel-Reibfläche entstehende Fading. Infolge der wesentlich besseren Kühlung der Bremsscheiben findet eine raschere Wärmeabfuhr statt. Ein weiteres Problem für die Trommelbremse war die Tendenz zu kleineren Rädern und Karosserieformen, die den kühlenden Luftstrom zu den Bremsen weitgehend unterband. Scheibenbremsen bieten auch Vorteile in der Fahrstabilität, weil sie

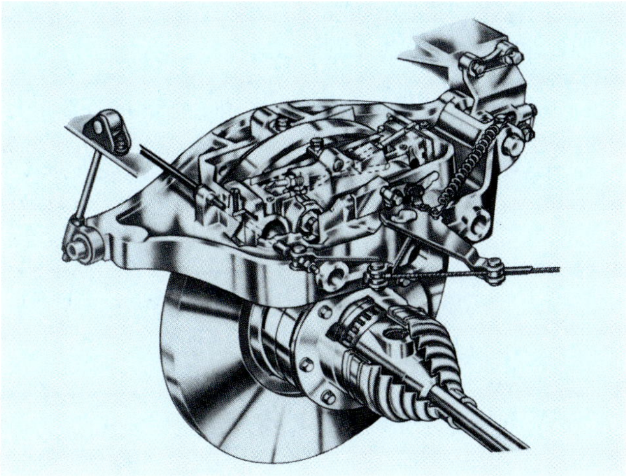

Für die neuartige Scheibenbremse im DS-19 wurden u. a. Messier-Patente genutzt. Die Betätigung erfolgte durch je zwei Kolben auf einer, und durch feste Reibbeläge auf der anderen Seite der Festsättel.

Die Einzel-Bremskolben der Hinterrad-Trommelbremsen wirkten auf eine auflaufende und eine ablaufende Bremsbacke.

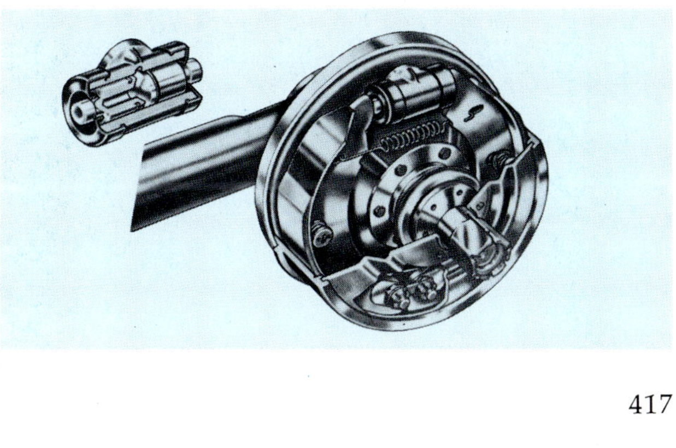

ohne Eigenverstärkung wirken. Die Kontaktflächen sind nicht mehr gewölbt, sondern eben; dies dient einer besseren Druckmodulation, und außerdem werden äußere Verunreinigungen zu einem überwiegenden Teil infolge der Zentrifugalkraft abgeschleudert. Schon das Grundprinzip der Scheibenbremse weist einen höheren Herstellungspreis aus. Dies war auch der Grund, warum diese Bremsenbauart zuerst an Fahrzeugen der gehobenen Preisklasse Anwendung fand.
Scheibenbremsen arbeiten mit wesentlich höheren Drücken auf kleinere Flächen. Dies bedeutet u. a. eine entsprechend verstärkte Auslegung des hydraulischen Systems und höhere Fertigungspräzision. Auch hierdurch entstehen Mehrkosten.
Die kleinen Reibflächen führen zu einer verminderten Lebenserwartung der Beläge. Demzufolge sieht die Konstruktion moderner Scheibenbremsen die Möglichkeit zu einem schnellen Wechsel der Beläge vor. Er erfordert nur einen Bruchteil des Zeitaufwands, wie er für den Wechsel der Reibbeläge von Trommelbremsen unumgänglich ist.
Eine erhebliche Kostensenkung für Vierrad-Scheibenbremsanlagen brachte 1962 die Einführung der französischen Lockheed-Bremse mit Schwimmsattel. Diese Konstruktion benötigte je Rad nur einen einzigen Bremskolben und schloß eine sehr einfache Feststellbremse ein. Renault übernahm die Anlage für die Modelle Floride und Caravelle (1959) und behielt sie später auch für die Typen R 8 und R 10 bei.
Eine ähnliche Konstruktion gab es in den USA auch bei der Wingfoot-Corporation: Der Schwimmsattel hatte auf der einen Seite einen „festen" Reibbelag und auf der gegenüberliegenden den Arbeitskolben, der bei Bremsbetätigung den Sattel auf der Scheibe „zentrierte".
Die Blütezeit der Scheibenbremsen brach in den USA erst 1965 an. Vorher hatte lediglich der Studebaker Avanti von Bendix unter Girling-Lizenz hergestellte Scheibenbremsen für die Vorderräder. Außer der vorgenannten Bendix-Girling-Bremse gab es lediglich eine einzige andere inländische Scheibenbremse. Sie stammte von Franklin B. Airhart, der sie in Kalifornien überwiegend für Hot-Rods und Dragster herstellte. 1971 verkaufte Airhart das inzwischen gut laufende Geschäft an George Hurst, der sich ebenfalls als Zulieferer des blühenden Tuninggewerbes etabliert hatte.
Ford (USA) hatte 1957 eine eigene Entwicklung von Scheibenbremsen aufgenommen, konnte sich aber für eine Serien-Anwendung nicht entscheiden. Dazu kam es erst nach einer mehrjährigen Zusammenarbeit mit dem Bremsenhersteller Kelsey-Hayes. Der erste US-Ford mit Scheibenbremsen an den Vorderrädern war das Modell Galaxie von 1965. Die Scheiben hatten Innenbelüftung, die Festsättel trugen vier Bremskolben. Im gleichen Jahr ging auch Chrysler mit mehreren Modellen zu Scheibenbremsen an den Vorderrädern über. Bei General Motors brach im gleichen Jahr das Sportmodell Corvette der Scheibenbremse die Bahn. Die Anlage stammte von Delco-Moraine und wies in die Scheiben der Hinterräder integrierte kleinere Bremstrommeln als Feststellbremse auf.

Mit einer solchen Vierzylinder-Budd-Scheibenbremse rüstete Chrysler 1965 zuerst die für die Polizei bestimmten Modelle Dodge Polara aus. Bald danach wurde die Bremse als Serienausstattung für Polara und Monaco eingeführt.

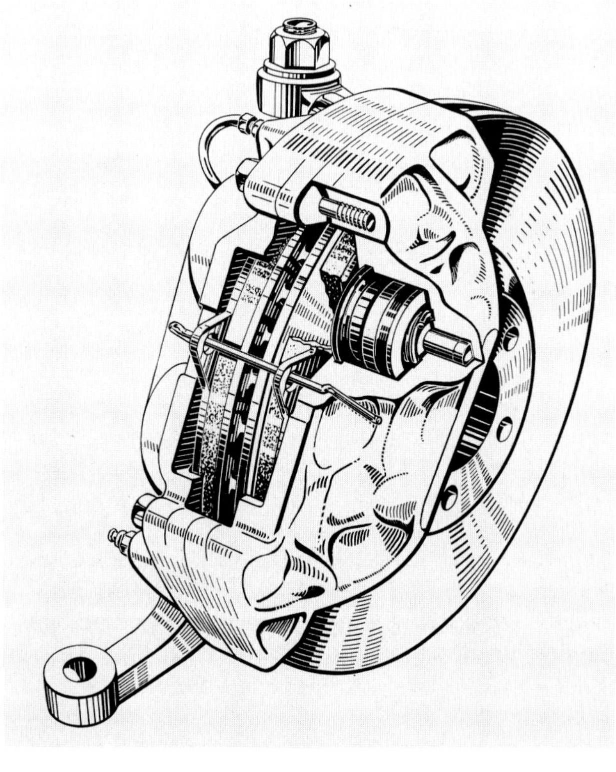

Der Chevrolet-Corvette-Sportwagen war (1965) das erste amerikanische Serienmodell mit Scheibenbremsen an allen vier Rädern. Die Feststellbremse wurde als kleine Trommelbremse in die belüfteten Bremsscheiben der Hinterräder integriert.

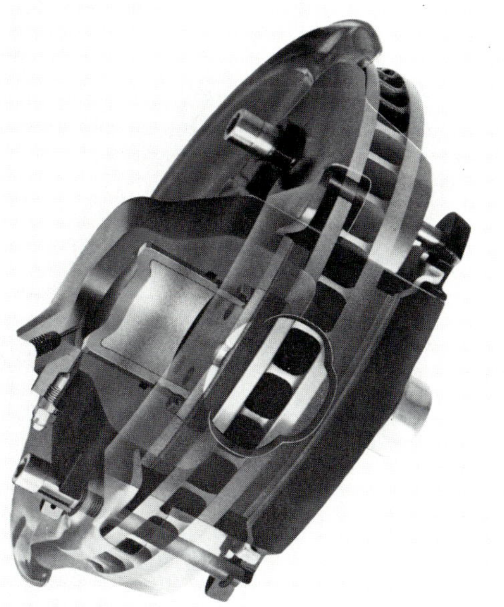

Die erste Einzylinder-Scheibenbremse mit schwimmendem Sattel war eine gemeinsame Entwicklung von Chevrolet und Delco-Moraine. Sie half, die Produktionskosten kräftig zu senken, ohne daß dies mit Nachteilen verbunden war (1969).

Innenbelüftete Kohlenstoffaser-Bremsscheibe am Williams/Honda-Formel-1-Rennwagen (1985) mit seitlichem Luftschacht. Der neue Werkstoff erlaubte es, das Gewicht der Bremsscheibe um die Häfte zu verringern.

1969 gab es einen neuen Wendepunkt: Chevrolet führte eine Schwimmsattel-Scheibenbremse mit einem einzigen Bremskolben ein. Sie wurde alsbald von den anderen GM-Unternehmen übernommen, und es dauerte nicht lange, bis auch die übrige Industrie nachzog.

Als wichtiges Ereignis seither wäre die Einführung von Vierrad-Scheibenbremsanlagen für den Lincoln Continental (Ford) im Jahr 1975 zu nennen. General Motors folgte 1979 diesem Beispiel für die Modelle Buick Riviera, Oldsmobile Toronado und Cadillac Eldorado.

Für Serienfahrzeuge wird allgemein Grauguß als Material für Bremsscheiben benutzt, während die Konstrukteure von Wettbewerbs-Automobilen in letzter Zeit mit leichteren Werkstoffen experimentieren. Das Brabham-Formel-1-Team unternahm 1976 erste Versuche mit Kohlefaser-Scheiben nach Anweisungen von Dunlop. Sie wurden im Brabham-Alfa Romeo BT 45 erprobt. Zehn Kohlefaserelemente in einem gegossenen Träger aus Stahl verminderten das Gewicht von 4 auf 3 kg. Danach wurden im BT 46 Bremsscheiben erprobt, die völlig aus Kohlenstoffasern bestanden. Mit ihnen verringerte sich das Gewicht auf 2 kg.

Ähnliche Untersuchungen nahm die Société Européenne de Propulsion (SEP) gemeinsam mit dem italienischen Bremsenhersteller Brembo auf. Die SEP ist eine Tochter der staatlichen Aérospatiale und des Strahltriebherstellers SNECMA. Die Carbon-Scheiben der SEP wurden 1979 erstmals in die Rennfahrzeuge von Ligier-Gitanes und 1982 auch von Renault in Rennen erprobt. In der Rennsaison 1984 fanden sie sich an den Formel-1-Fahrzeugen von Williams, Renault, Lotus, TAG-McLaren und Ferrari.

Getrennte Hydraulikkreise

Defekte in der Bremshydraulik treten bei Serienautomobilen äußerst selten auf. Es mögen die beängstigenden Aspekte der Folgen eines solchen Versagens an Rennwagen gewesen sein, die Konstrukteure dieser schnellen Fahrzeuge veranlaßten, die Betätigungshydraulik der Bremsen in zwei unabhängige Kreise aufzuteilen.

Die Jaguar-Rennsportwagen Typ C wurden 1953 mit Zweikreisbremsen ausgestattet, bei denen ein Kreis auf die Vorderräder, der zweite auf die Hinterräder wirkte. Ein ähnliches System wurde 1955 auch in die Aston-Martin-DB3S-Rennsportwagen eingebaut. Danach wurde die Zweikreisbremse mit Tandem-Hauptzylinder allgemein für Wettbewerbsfahrzeuge benutzt — in einigen Fällen auch zwei nebeneinander angeordnete Einzel-Hauptzylinder.

Die Teilung erfolgte damals stets nach dem Muster vorn — hinten; bei einem Ausfall des vorderen Kreises konnte von den noch aktiven Hinterradbremsen weit weniger als die Hälfte der Verzögerungsleistung aufgebracht werden. Bei Rolls-Royce gab man sich mit einer solchen Lösung nicht zufrieden und stattete 1956 Silver Cloud und Bentley mit doppelten Bremsbacken an den Vorderrädern aus,

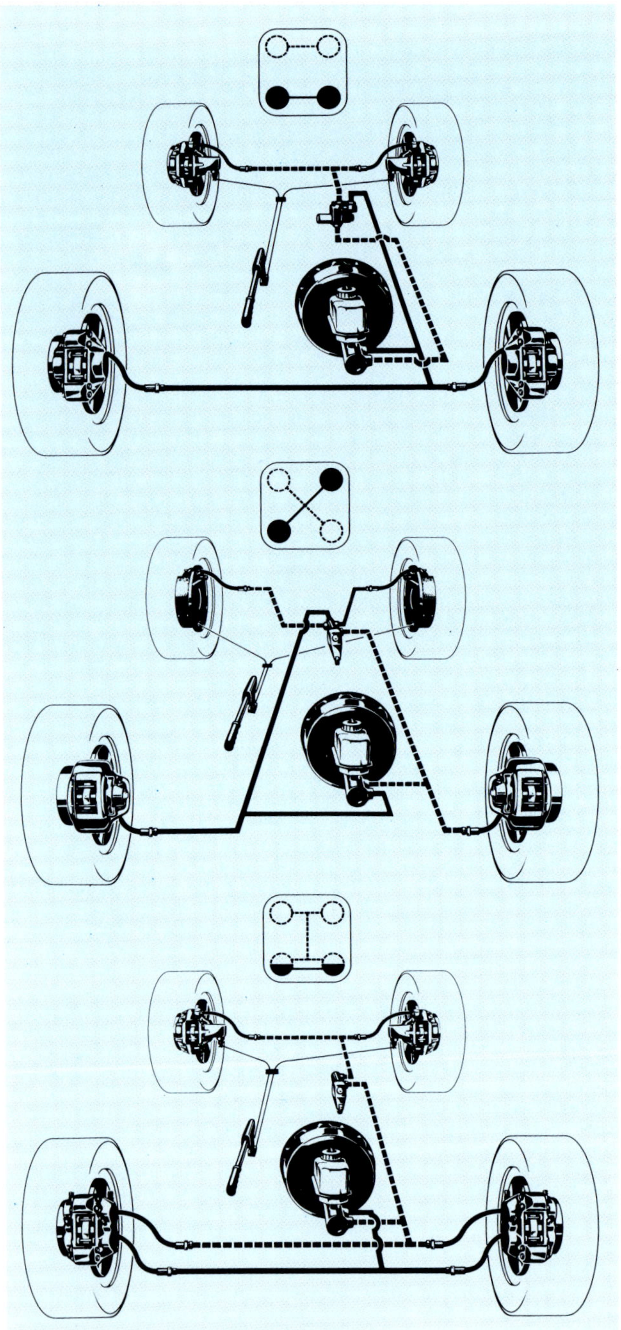

Die drei gebräuchlichen Arten der Aufteilung hydraulischer Bremskreise. Oben: die auch schwarz/weiß genannte Teilung vorn/hinten. Mitte: die vor allem bei Modellen mit Vorderradantrieb häufig anzutreffende diagonale Teilung. Ein weiteres Prinzip (unten): ein Kreis für alle vier Räder, ein zweiter für einen eigenen Satz von Radbremszylindern an den Vorderrädern.

von denen ein Satz gemeinsam mit den Hinterrädern betätigt wurde. 1962 führten Cadillac und Rambler (American Motors) Zweikreisbremsen mit Vorn-hinten-Teilung ein, Studebaker folgte ein Jahr danach.
Erster Anwender einer diagonalen Teilung der Bremskreise war Saab mit den Modellen 95 und 96 (1963). Eine solche Lösung erwies sich für Fahrzeuge mit Vorderradantrieb und dem Lenkrollradius null als vorteilhaft. Der Ausfall eines Bremskreises beließ einem Vorderrad und dem Hinterrad auf der anderen Wagenseite die volle Bremsflüssigkeit — insgesamt also 50% der Gesamtbremswirkung.
Eine aufwendigere, aber wesentlich bessere Lösung wurde 1967 für den NSU Ro 80 angewandt: Der erste Bremskreis arbeitete auf alle vier Räder, der zweite betätigte einen zweiten Satz von Bremskolben in den Sätteln der Vorderrad-Scheibenbremsen. Eine modifizierte Teilung fand für den Volvo 144 Anwendung. Jeder Kreis bediente in diesem Fall ein eigenes Kolbenpaar in den vorderen Scheibenbremsen und ein Hinterrad. Das aufwendigste Bremssystem mit drei hydraulischen Kreisen entstand bei Rolls-Royce (unter Nutzung von Citroen-Patenten) 1965 für den Silver Shadow. Für die vorderen Scheibenbremsen gab es zwei getrennte Kreise, ein dritter bediente die Hinterräder.
Die Diagonal-Aufteilung, die sich am Saab bewährte, ließ sich nicht ohne weiteres bei anderen Fahrzeugen anwenden. Sie eignete sich lediglich unter der Voraussetzung der Harmonie mit der Lenkgeometrie. Was der dem vorn-hinten-geteilten System deutlich überlegenen diagonalen Aufteilung der Bremskreise zum Durchbruch verhalf, war das dem Diplom-Physiker Fritz Ostwald 1960 erteilte Patent auf den „negativen Lenkrollradius". Diese Art der Lenkgeometrie wird heute für etwa zwei Drittel aller Personenwagen mit Vorderradantrieb und gut ein Drittel der nach konventionellem Konzept gebauten Automobile angewandt. Das Prinzip des negativen Lenkrollradius war zwar schon 1966 für die Vorderradführung des Oldsmobile Toronado genutzt worden — allerdings aufgrund ganz anderer Überlegungen: Die GM-Konstrukteure hatten herausgefunden, daß durch den Versatz der verlängerten Schwenkachse des Rades die beim Beschleunigen sonst auftretenden Antriebsreaktionen in der Lenkung zu beheben waren. Die erste „bewußte" Anwendung des Ostwald-Patents erfolgte 1972 am neuen Audi 80.

Die Kronen-Bremse

Die Befürworter der Trommelbremse weisen gern darauf hin, daß bei Scheibenbremsen der Hebelarm des Scheibenradius nicht ausreichend genutzt werden könne. Größere Bremsscheiben könnten meist innerhalb der Radschüsseln nicht untergebracht werden. So sei es logisch, der Scheibe einen Rand (Krone) aufzusetzen, und an diesen eine um 90° gedrehte Bremszange anzubringen. Die Wölbung des Randes erfordert dann ein entsprechendes Segmentprofil der Reibbeläge.
Das Prinzip einer solchen Bremse war schon 1930 in den USA bekannt. Detroit-Duo-Grip nannte sich eine Getriebebremse dieser Art, die über einen äuße-

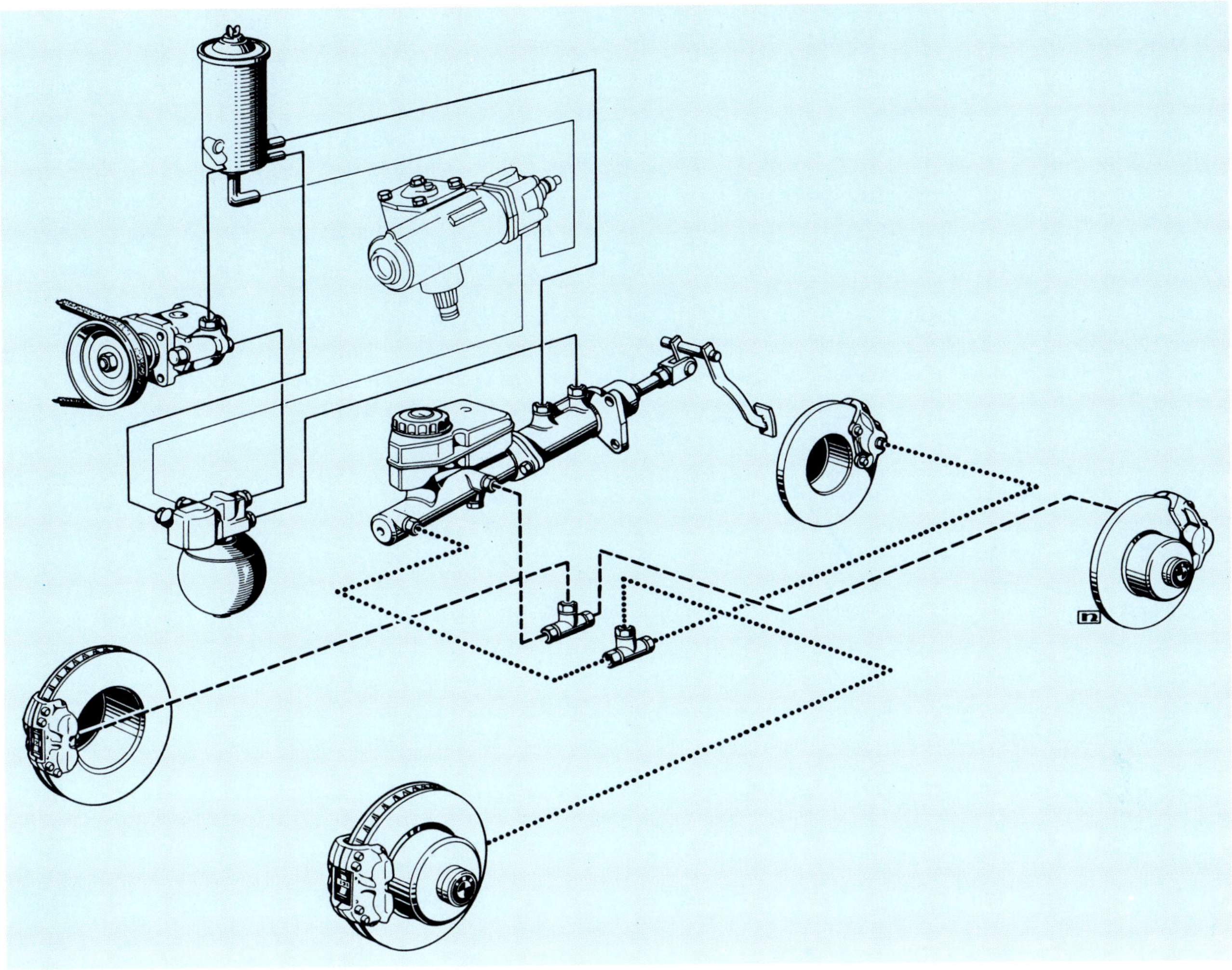

Zentralhydraulik an den großen BMW-Modellen: Ein durch eine eigene elektrische Pumpe versorgter Speicher liefert die Energie sowohl für die Lenkung als auch für die Verstärkung der Bremskraft. Die Hydraulik reagiert rascher und überträgt größere Hilfskräfte als ein Unterdruckverstärker.

ren und einen inneren Reibklotz auf die Krone wirkte. Nachdem das Prinzip lange in Vergessenheit geraten war, wurde es wieder hervorgeholt und von Glenn T. Randol 1973 zum Gegenstand eines Patentantrags gemacht. 1982 wurde die Valeo-Kronenbremse durch J. C. Mouza in Frankreich aktualisiert. Für sie werden bessere Kühlung und höherer Widerstand gegen Fading in Anspruch genommen, außerdem bietet sie für Fronttriebkonstruktionen mehr Innenraum für das Antriebsgelenk. Versuche fanden mit dem Peugeot Typ 504 und Ferrari 400 statt. Zu einer Anwendung für die Serie entschloß sich bisher keiner der Hersteller.

Automatische Blockier-Verhinderer

Ins Gleiten geratene Räder können keine Seitenkraft übertragen, und blockierte Vorderräder sind nicht mehr lenkbar. Blockieren die Hinterräder, folgt mit großer Wahrscheinlichkeit ein Schleudervorgang. Schon bald nach der Jahrhundertwende wurden die-

Die Kronen-Bremse von Valeo (Frankreich) vereint die Vorteile eines langen Hebelarms der Trommelbremse mit der wirkungsvollen Kühlung und dem hohen Anpreßdruck bei der Scheibenbauart, benötigt aber der Reibfläche anqepaßte, gewölbte Reibbeläge.

se Gefahren erkannt, doch erwies sich das Problem für den damaligen Stand der Technik als unlösbar. Gegen Ende des Ersten Weltkriegs befaßten sich etliche kluge Köpfe mit Lösungsversuchen. Einer von ihnen war Gabriel Voisin, der bekannte Flugpionier und Automobilbauer. 1920 stattete er einen Voisin C-2 mit einer hydraulischen Bremsanlage aus, bei der jedes Rad eine kleine Pumpe für die Hydraulikflüssigkeit antrieb. Sobald eines der Räder beim Bremsen blockierte, brach dort der Bremsdruck zusammen und die Bremse wurde — für dieses Rad — freigegeben. Im darauffolgenden Jahr ließ sich Rudge-Whitworth in England eine vorgespannte Feder im Bremsgestänge der Hinterräder patentieren. Die Vorspannung reichte gerade aus, um eine normale Bremsung bis zur maximalen Verzögerung zuzulassen. Beim Überschreiten des Maximums wurde die Bremse automatisch freigegeben.
Einem Erfinder namens Wessel wurde 1928 ein Patent erteilt, das einen Schwungrad-Regler betraf, der eine Verzögerung in eine axiale Verschiebung zweier Hülsen auf einer Nutwelle bewirkte. Die Hülsen waren mit einer Servovorrichtung verbunden. Wenn Blockiergefahr drohte, wurde die Bremskraftverstärkung automatisch vermindert.
Ein anderer Erfinder namens Balk hatte sich ein System schützen lassen, bei dem ein innerhalb der Bremstrommel angebrachtes kleines Schwungrad bei verzögertem Umlauf axial auf seiner Welle verschoben wurde. Durch ein Hebelwerk wurde dabei ein Steuerventil in der hydraulischen Verbindung zwischen Hauptzylinder und Radbremse verstellt.
Ein amerikanisches Patent auf einen Blockierverhinderer wurde 1932 Werner Mom erteilt. In Frankreich erfand Gerard Piganeau in Clichy, ein ehemaliger Partner von Henri Perrot, einen Zentrifugalregler, der ein Blockieren der Radbremsen verhindern sollte. Auch der Niederländer Hendrik Wevers aus Hengelo meldete (1934) eine Vorrichtung zum Patent an, die mit Hilfe eines Zentrifugalreglers und eines zusätzlichen, nach dem Trägheitsprinzip arbeitenden Sensors ein Blockieren der Radbremsen ausschließen sollte.
Etwa um die gleiche Zeit erschien in den USA Bendix mit einem Blockierverhinderer für ein mechanisches Vierrad-Bremssystem. Er griff das Rudge-Whitworth-Prinzip mit den vorgespannten Federn wieder auf. Auch in diesem Fall kam es nicht zu einer Serien-Anwendung.
Während des Zweiten Weltkrieges begann mit einer Arbeit des an anderer Stelle bereits erwähnten Fritz Ostwald eine neue Entwicklungsphase. Nach einer eingehenden Analyse der Probleme und der Möglichkeiten ihrer Lösung beschrieb Ostwald 1940 einen gangbaren Weg zu einem automatischen Blokkierverhinderer und erhielt 1942 ein Patent auf ein verbessertes System.
In der unmittelbaren Nachkriegszeit tauchten verschiedene Blockierschutz-Geräte für Flugzeugbremsen auf, darunter das Maxaret von Dunlop, dem die meiste Bedeutung zukam. In den Jahren 1955 bis 1959 entwickelten die Dunlop-Ingenieure eine Abwandlung dieses Geräts für Automobile, die erstmals in dem allradgetriebenen Ferguson-P-99-Rennwagen erprobt wurde (1961). Das Maxaret-Gerät bildete einen Teil des Verteilergetriebes; somit war nur *ein* Steuergerät erforderlich, während es bei Flugzeugen für jedes Rad vorhanden sein mußte.
Sein wesentlicher Bestandteil war ein kleines Schwungrad auf einer mit Gewinde versehenen Welle, auf der es sich bewegen konnte wie eine Mutter auf einem Bolzen. Wurde einer dieser beiden Bestandteile plötzlich beschleunigt oder verzögert, behielt der andere momentan seine Geschwindigkeit bei, und das Schwungrad veränderte seine Position auf der Welle in axialer Richtung. Durch ein System von Federn wurde der Weg des Schwungrads eingeschränkt. Bei Erreichen der Blockiergrenze schloß sich ein elektrischer Kreis, über den eine Magnetspule den Bremskraftverstärker belüftete.
Aufgrund der hohen Kosten und der Tatsache, daß die Konstruktion Allradantrieb voraussetzte, war sie für Großserien nicht geeignet. Sie fand lediglich Anwendung für das 1966 vorgestellte Modell Jensen FF (Formula Ferguson). 1967 folgte zwar noch eine elektronische Steuerung des Maxaret, doch sie kam praktisch nicht mehr zum Zug, weil Jensen den Automobilbau aufgeben mußte.
Im Lauf der fünfziger Jahre wurden in den USA ebenfalls eine beträchtliche Anzahl von Patentanträgen auf Blockierverhinderer gestellt, so 1955 von Gordon Yarber und 1957 von J. R. Steigerwald. Auch der Bremsen-Hersteller Kelsey-Hayes begann 1957 mit einer systematischen Untersuchung der Theorien und Systeme. Achille Sampietro (TRW, Detroit) meldete ein System zum Patent an, das mit einem Verzögerungsmesser und einem über Keilriemen von der Kardanwelle angetriebenen Schwungrad arbeitete, und 1967 ließ sich Robert A. Horvath von Delco-Moraine ein Gerät schützen, das mit Sensoren für die Kompensation der Trägheitskräfte arbeitete.
1966 erwarb Dunlop die Rechte an einem Patent des Professors Giovanni Francia (1961) von der Universität Genua, das sich der Regelung eines Pendels bediente. Der Pendelregler stand in direkter Verbindung mit dem Hauptbremszylinder und regelte die Bremskraftverteilung sowohl in Längs- als auch in Querrichtung. Die meisten dieser auf mechanischer Grundlage arbeitenden Vorrichtungen konnten mit dem Auftreten der Elektronik als überholt gelten, und es dauerte nicht lange, bis die ersten entsprechenden Patentansprüche auf elektronische Systeme geltend gemacht wurden.
Das 1966 von F. Poynton angemeldete Prinzip bediente sich kleiner Magnetspulen an den Radträgern, vor denen umlaufende, gezahnte Rotoren angeordnet waren. Ein ähnliches Prinzip für die Sensoren benutzte G. C. Giles, nur sah er kleine Gleichstromgeneratoren vor. Ein zweiter Generator erhielt

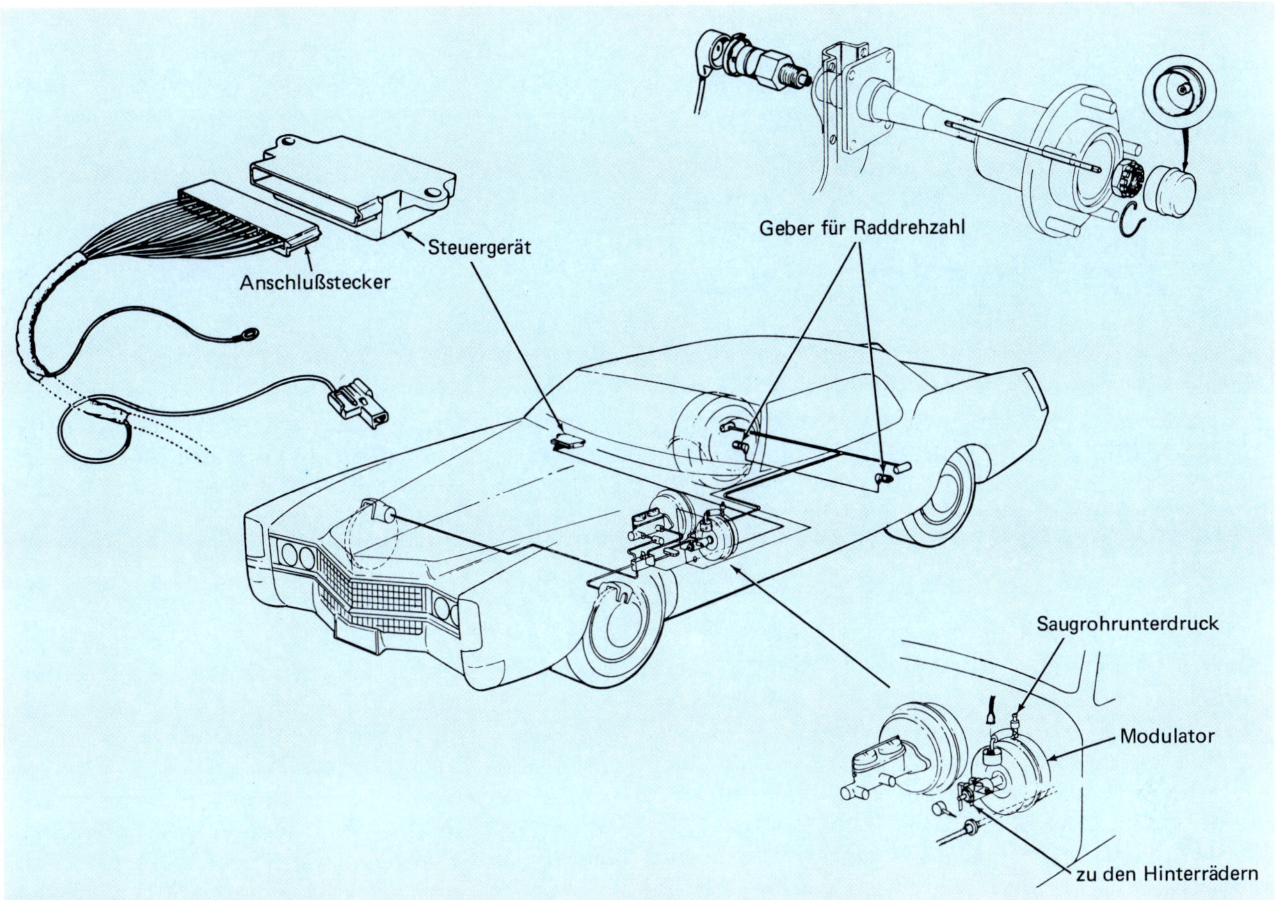

Das Cadillac-Modell Fleetwood Eldorado — ein großer Luxuswagen mit Vorderradantrieb und Schwimmsattel-Scheibenbremsen an den Vorderrädern — wurde 1970 wahlweise mit einer Blockierschutz-Vorrichtung für die Hinterräder angeboten. Das Ziel war, bei Vollbremsungen die Seitenführungskraft der Hinterräder zu erhalten und damit einen Schleudervorgang zu verhindern. Das gleiche Ziel verfolgte zwölf Jahre danach Mitsubishi mit dem ASBS.

seinen Antrieb vom Getriebe, während ein Beschleunigungsmesser (Pendel) durch seine Spannungsschwankungen die Vergleichsgröße lieferte.
1968 experimentierte Volvo mit einem von Gösta Kullberg erfundenen Prinzip mit elektromagnetischen Radsensoren und elektronischem Steuergerät, das die Signale für einen hydraulischen Modulator lieferte. In den USA befaßten sich sowohl Bendix als auch Kelsey-Hayes mit ähnlichen Geräten, und Ford führte für den Lincoln Continental III und kurz danach auch für den Thunderbird unter dem Namen „Sure-Track" den Kelsey-Hayes-Blockierschutz für die Hinterräder ein.
1970 trat auch Delco-Moraine mit einem Anti-Blokkiergerät für die Hinterräder an, das 1970 als Wahlausstattung für den Buick Riviera, Oldsmobile Toronado und Cadillac Eldorado angeboten wurde. Die erste Vierrad-Regelung führte Chrysler unter dem Namen Sure-Brake 1971 für das Modell Imperial ein. Die Anlage war von Bendix entwickelt worden und arbeitete mit vier Radsensoren. Als Modulator diente ein Unterdruckspeicher, von dem aus die Steuerventile im hydraulischen System betätigt wurden. Zwar arbeitete dieses System mit 16 Impulsen je Sekunde schneller als andere, jedoch ließ die Zuverlässigkeit zu wünschen übrig, und so zog Chrysler es zwei Jahre später wieder zurück.
Inzwischen hatte in der Bundesrepublik Deutschland eine wichtige Entwicklung begonnen: 1969 gab die Firma Teldix — eine gemeinsame Tochter von Telefunken und Bendix — Details eines elektronisch gesteuerten Anti-Blockier-Systems (ABS) bekannt, das auf Patenten fußte, die Heinz Leiber in den Jahren 1967 und 1971 erteilt worden waren. Die Teldix ging um die Mitte der siebziger Jahre an Bosch über, und Daimler-Benz nahm an der weiteren Entwicklung ein starkes aktives Interesse. Es folgte eine langjährige Reifezeit, in der die ursprüngliche Version stark verändert wurde.
Heinz Leiber, der inzwischen zu Bosch gewechselt war, entwickelte gemeinsam mit Daimler-Benz ein ABS der zweiten Generation mit digitaler Elektronik und Sensoren ohne mechanische Elemente. Dieses neue ABS wurde 1978 für mehrere Mercedes-Benz-Modelle als Wahlausstattung angeboten. Für die Anlage wurde eine gemeinsame Regelung für beide Hinterräder eingeführt. Auch BMW hatte sich inzwischen zur Anwendung des ABS für einige Aus-

Die Bausteine des von Bosch und Daimler-Benz gemeinsam entwickelten ABS der zweiten Generation: 1) Drehzahlfühler an beiden Vorderrädern, 2) elektronische Steuereinheit, 3) hydraulischer Modulator, 4) beiden Hinterrädern gemeinsamer Drehzahlfühler am Antriebskegelrad der Hinterachse.

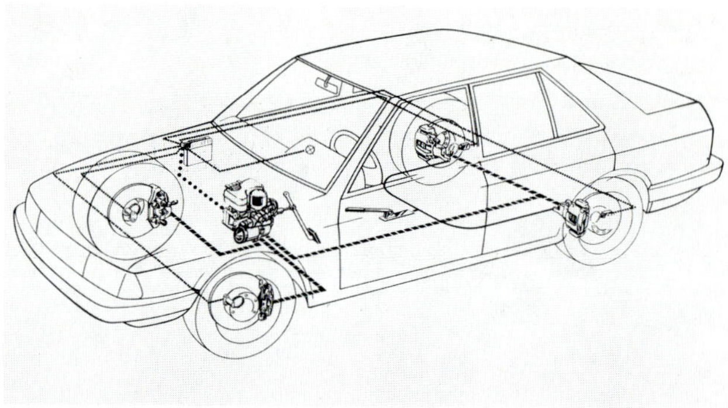

Auch Teves kam erst mit der zweiten Generation seines Antiblockiersystems zum Zug. Die ATE-Konstruktion zeichnet sich durch Integration ihrer Hauptelemente aus und benötigt aufgrund ihrer Kompaktheit nicht mehr Einbauraum als ein konventioneller Vakuum-Verstärker (erste Serienanwendung am Ford Scorpio 1985).

führungen der sechser und siebener Baureihe entschlossen; Audi führte das ABS 1981 für die Spitzenmodelle 200 5E und 5T ein, und Volvo tat das gleiche 1983 für die neue Baureihe 760.
Auch andere Hersteller hatten inzwischen Blockierschutzgeräte für alle vier Räder entwickelt, kamen aber nicht zum Zug. Borg Warner versuchte es 1969 mit einem Gerät, das der Bendix-Konstruktion recht ähnlich war, Girling mit einer WSP (Wheel Slide Protection) genannten Anlage — beide ohne Erfolg. In der Bundesrepublik Deutschland ging es ATE nicht viel besser. Das Unternehmen bot sein System bereits 1972 den Automobilherstellern an. Sie erprobten es ausgiebig, konnten sich aber zu einer Anwendung nicht entschließen. Erst 1984, nachdem die Konstruktion überarbeitet und durch Integration ihrer Bestandteile vereinfacht worden war, entschloß sich Ford, das ATE Anti-Skid Mark II als Serienausstattung für das neue Spitzenmodell Scorpio zu übernehmen. Es arbeitet mit vier Radsensoren und drei hydraulischen Kreisen — je einer für die Vorderräder und ein gemeinsamer für die Hinterräder. Die Steuerung besorgen zwei Mikroprozessoren, deren Rechner sich gegenseitig überwachen. Das glei-

Das ALB (Anti Lock Brake) von Honda arbeitet mit Drehzahlfühlern an allen Rädern, einem elektronischen Steuergerät, hydraulischem Modulator und Druckspeicher. Das Select-High-Regelungsmuster für die Vorderräder läßt bei Vollbremsungen im Extremfall ein Vorderrad blockieren.

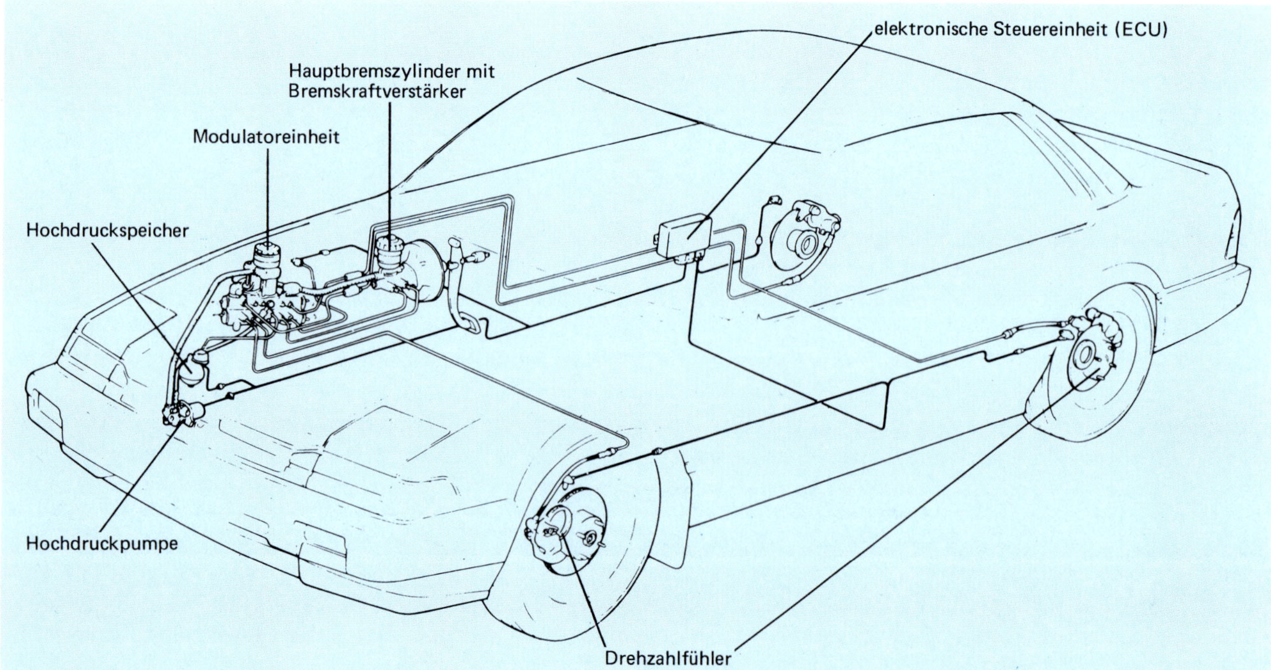

che System findet auch für den Lincoln Continental des Modelljahres 1986 Anwendung.
Auch AP-Lockheed fand keine Gegenliebe für seine TAB-Bremsanlage, die zwar ein Blockieren nicht verhinderte, bei Kurvenfahrt aber für eine der Radlast angepaßte Bremsdruckverteilung sorgte.
In Japan war in aller Stille emsig an Blockierschutzgeräten gearbeitet worden. Seit 1981 wird in Kooperation zwischen Nissan und Hitachi ein Gerät entwickelt, das die Fahrgeschwindigkeit exakt mit Doppler-Radar messen soll. Es hat die Serienreife bisher nicht erreicht.
Mitsubishi trat 1982 mit einem Blockierschutzgerät für die Hinterräder des Sportmodells Starion auf, das den Namen Anti Skid Brake System (ASBS) führt und mit einem Fliehkraft-Pendel sowie elektronischem Steuergerät einen Unterdruck-Modulator steuert, der ein Überbremsen der Hinterräder verhindert. 1983 bot auch Honda ein Vierrad-Anti-Blockiergerät (ALB) für einige Modelle an. Es arbeitet mit Zweikanal-Regelung, bei der die Vorderräder nach der Logik „select high" und die Hinterräder nach „select low" bedient werden, d.h, im ersten Fall kann unter extremen Umständen ein Vorderrad die Blockiergrenze überschreiten, während im zweiten das Rad, das sich der Blockiergrenze zuerst nähert, den Abbau des hydraulischen Drucks auslöst.

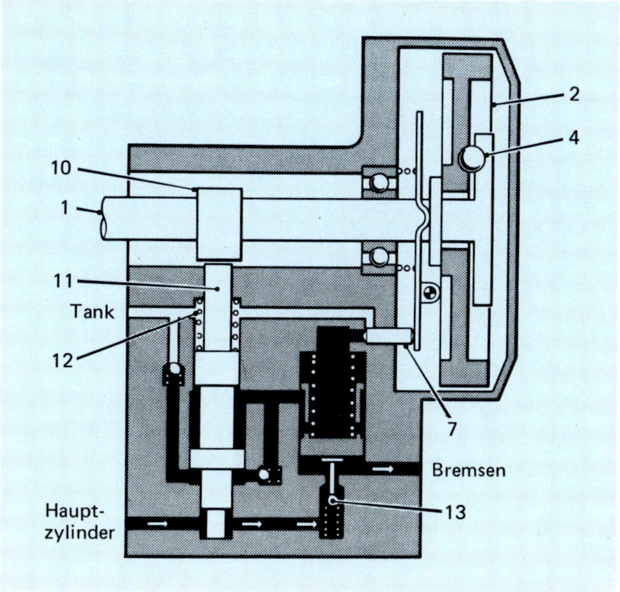

Der SCS-Regler besteht aus der Exzenterwelle 1, dem Modulatorschwungrad 2 mit dem zugehörigen Kugel/Rampen-Mechanismus 4, der über einen Hebel bei Blockiergefahr das Schnellablaßventil 7 öffnet. Ist die Blockiergefahr gebannt, gibt das Sperrventil 13 den Weg zu den Radbremsen wieder frei, und der Pumpenkolben gleicht den Druck wieder aus.

Diese Darstellung der Komponenten des ALB zeigt die verwirrende Komplexität einer hydraulischen Bremsanlage mit elektronisch gesteuertem Blockierschutz.

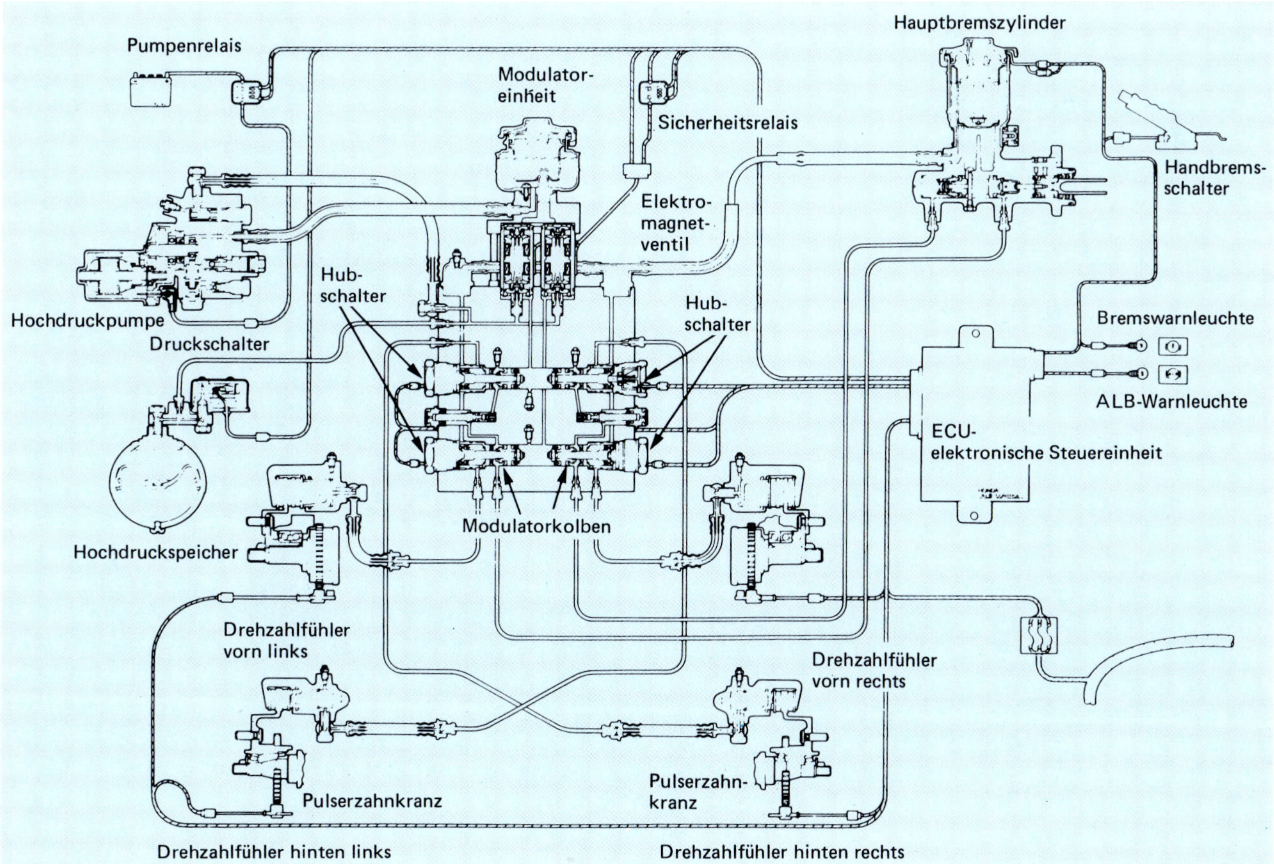

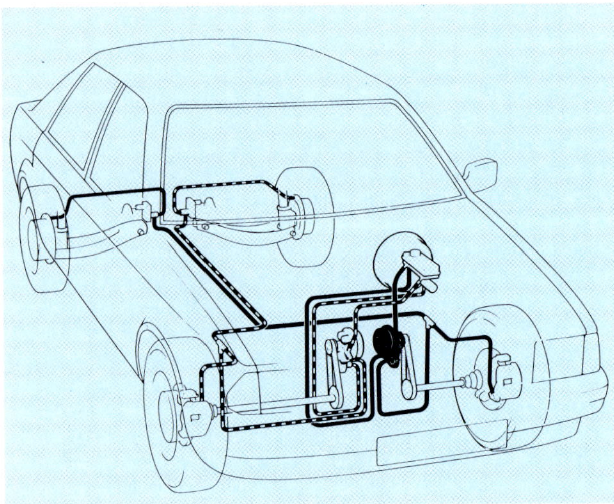

Es geht auch ganz einfach — ohne Speicher und ohne Elektronik: Das SCS (Stop Control System) von Lucas-Girling für das Ford-Fronttriebmodell Escort arbeitet mit über Zahnriemen angetriebenen Regeleinheiten. Jede bedient einen Bremskreis, der ein Vorderrad und das Hinterrad der anderen Wagenseite verbindet.

Da alle diese Systeme aufwendig und recht teuer sind, hat es nicht an Bemühungen gefehlt, eine preiswerte Lösung des Problems zu finden — die vielleicht nicht ganz so perfekt funktioniert. Dies ist offenbar Girling mit dem SCS (Stop Control System) gelungen, das demnächst an bestimmten europäischen Ford-Modellen in Erscheinung treten soll. Es ist eine rein mechanisch-hydraulische Anlage, bei der ein gemeinsamer Regler den Bremsdruck für ein Vorderrad und das Hinterrad auf der anderen Fahrzeugseite an der Blockiergrenze abregelt. Die Einheit wird jeweils von einer Vorderrad-Antriebswelle über einen Zahnriemen angetrieben und enthält eine Pumpe und den Druckmodulator. Da die Pumpe nur im Blockierbereich der Bremse arbeitet, ist die Antriebsleistung minimal. In den hydraulischen Leitungen zu den Bremsen der Hinterräder sind Druckbegrenzer der üblichen Art eingeschlossen.

Was die zukünftige Entwicklung der Automobilbremsen betrifft, so ist mit Sicherheit eine Ausbreitung der Anti-Blockier-Anlagen zu erwarten — mit Zeitverzug auch auf die Modelle der mittleren und niedrigeren Preisklassen. Lebensdauer und Betriebssicherheit werden weiter zunehmen, doch eines läßt sich von den Bremsen nicht erwarten: eine Verkürzung der Bremswege — denn dies ist eine Angelegenheit, die zwischen Reifen und Straßenoberfläche ausgemacht wird.

Antiblockiersystem für die Bremsen des schnellen Citroën-Modells CX 25 GTI Turbo: 1) Druckspeicher für Vorderradbremsen, hydropneumatische Federung und Lenkung, 2) Hydraulikkreis für Bremsen und Federelemente der Hinterräder, 3) Dosierventil, 4) hydraulischer Modulator, 5) und 6) Radsensoren, 7) elektronisches Steuergerät, 8) optische Funktionskontrolle.

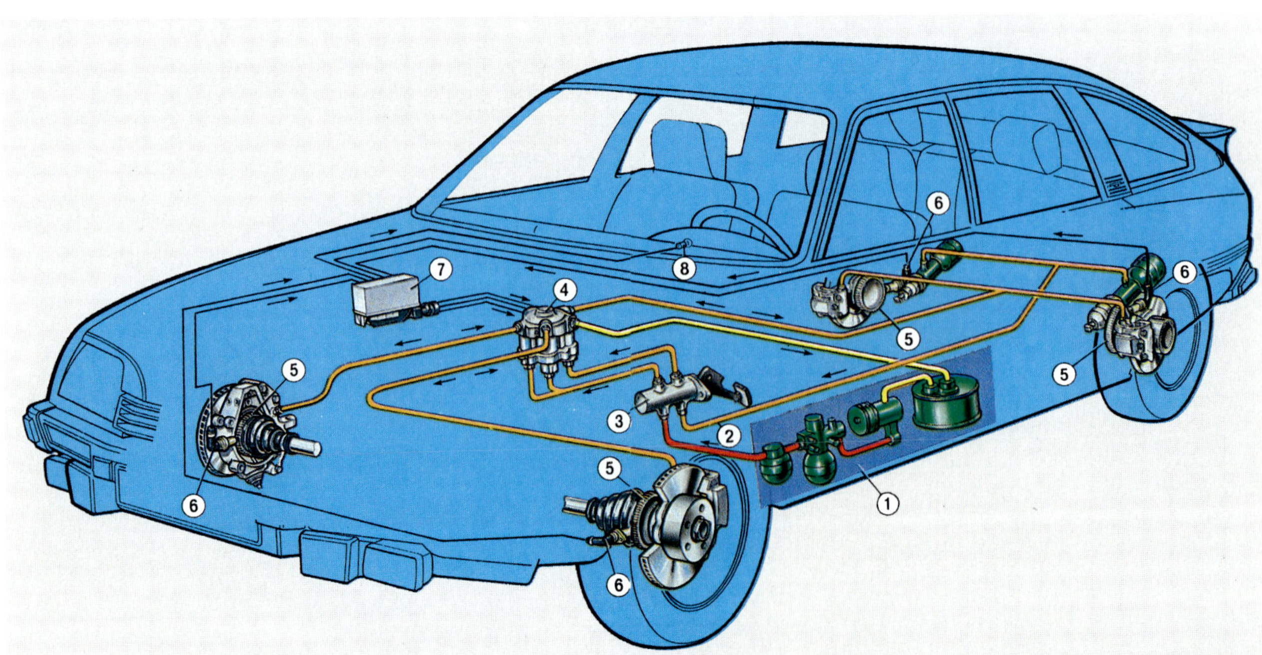

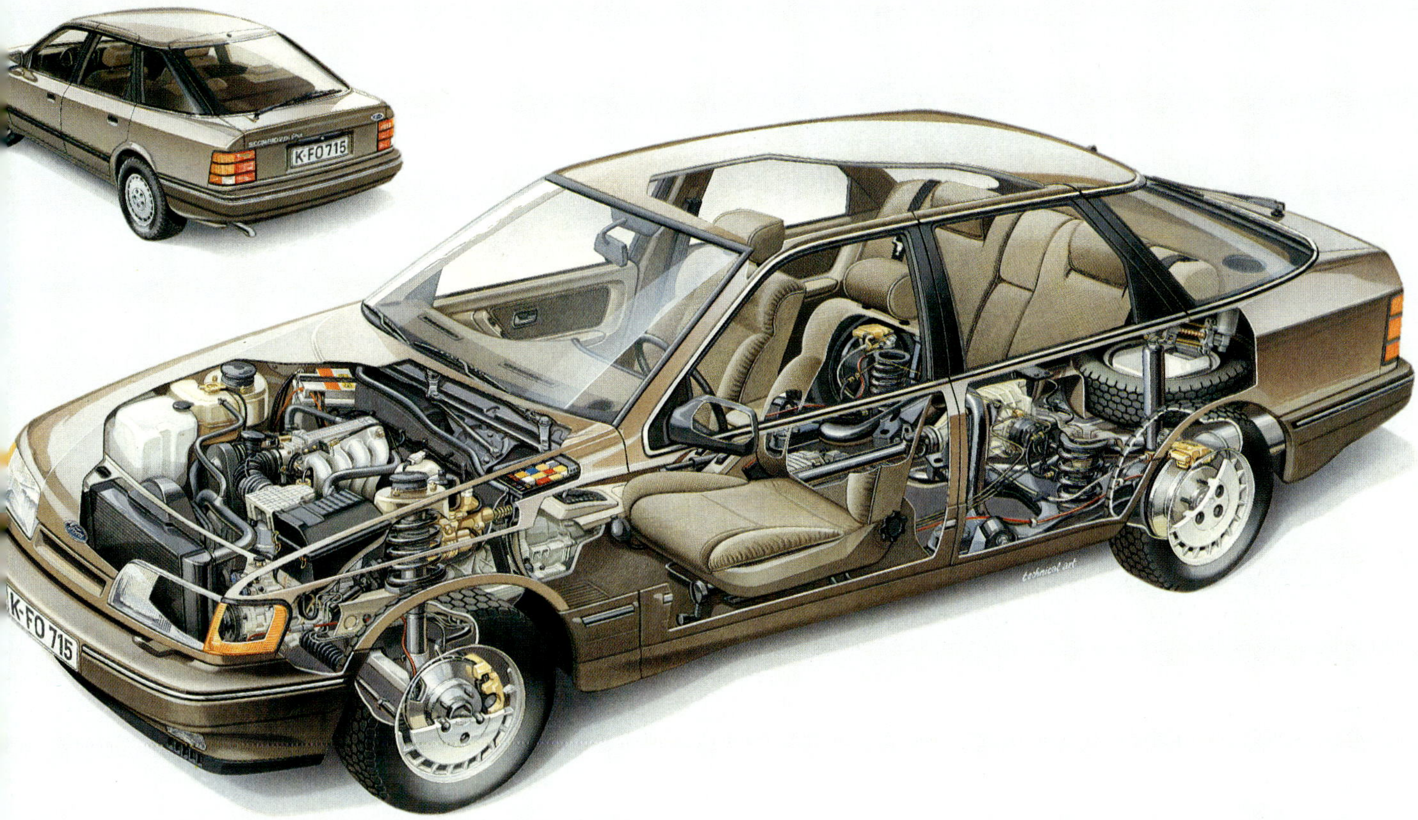

Ford Scorpio 1985

Als erster in Großserie hergestellter Personenwagen wird das 1985 eingeführte Modell Scorpio von Ford serienmäßig mit einem Antiblockier-Bremssystem ausgestattet. Die Anlage wurde von Teves (ATE) entwickelt. Sie faßt Hauptbremszylinder, Bremsflüssigkeitsbehälter, Bremskraftverstärker und Druckmodulator zu einer kompakten Einheit zusammen. Das elektronische Steuergerät arbeitet mit zwei Mikroprozessoren.

Vom Eisenrad zum Breitreifen

Am Anfang war das Rad

Der Reifen beherrscht Dynamik

Das Rad als Medium der Fortbewegung wurde vor etwa 5 000 Jahren erfunden. Aber erst im letzten Jahrhundert wurden ihm Aufgaben übertragen, die es 4 900 Jahre lang nicht zu erfüllen brauchte. Denn als das rollende Element eines Fahrzeugs wurde es ehedem gezogen. Es hatte nur Last zu tragen. Antrieb und Richtung bestimmten die Muskelkraft des Zugtieres, oft auch des Menschen. Erst als das Auto aufkam, wurde das Rad „aktiv". Es hatte nun Kräfte zu übertragen, die den Antrieb erzeugen und die Richtung bestimmen. Zwar nach dem Willen des Fahrzeuglenkers, aber das dynamische Vollzugsorgan ist das Rad. Und nicht nur dies. Ohne den Reifen, wie er sich in den zurückliegenden Jahrzehnten entwickelt hat, könnte das Rad diese Dynamik nicht beherrschen. Den entscheidenden Schritt tat der schottische Tierarzt John Boyd Dunlop (1840 bis 1921), als er im Jahr 1888 luftgefüllte Gummischläuche für das Dreirad seines Sohnes anfertigte.
Aber auch die Erfindung Dunlops wäre 50 Jahre früher nicht möglich gewesen. Denn erst 1839 hatte der Amerikaner Charles Nelson Goodyear die Vulkanisation entdeckt, die Umwandlung des klebrig-plastischen Kautschuks in eine trocken-elastische Masse, den Gummi. Kautschuk als geronnener Baumsaft, aus dem man kurzlebige Gegenstände formen konnte, war schon den Eroberern Südamerikas bekannt. Aber sie und ihre Nachfahren wußten 300 Jahre lang nicht viel damit anzufangen. Erst in der ersten Hälfte des vergangenen Jahrhunderts begannen die wissenschaftlichen Analysen, die systematische Verarbeitung und kommerzielle Auswertung des Kautschuks.

Alle 150 km ein Reifen

Als Vater Dunlop die Luftschläuche auf das Dreirad seines Sohnes klebte, hatte er an Autos gewiß nicht gedacht. Davon gab es damals auf der ganzen Welt nur einige Hundert. Aber Fahrräder gab es schon viele, und der Luftreifen gehörte bald zu ihrer üblichen Ausstattung. Es lag daher nahe, daß sich auch die Hersteller von Motorwagen für die luftgepolsterten Räder interessierten. Denn die Rüttelei auf Eisenreifen oder — wenn es nobel zuging — auf Vollgummireifen stand jeder Weiterentwicklung entgegen.
Die ersten Luftreifen für Automobile stellten 1894 die Brüder Edouard und André Michelin in Clermont-Ferrand (Frankreich) her. Seit 1889 betrieben sie bereits eine Fahrradreifen-Fabrikation. 1895 meldeten sie sich zum 1 200-km-Autorennen Paris—Bordeaux—Paris mit selbstgebauten Reifen. Zwar gewannen sie das Rennen nicht. Aber von 19 gestarteten waren sie unter den letzten 9 Teilnehmern im Endlauf. Bilanz: Alle 150 km eine Reifenpanne. Vermutlich hatten die Brüder Michelin Wulstreifen oh-

Räder-Allegorie.

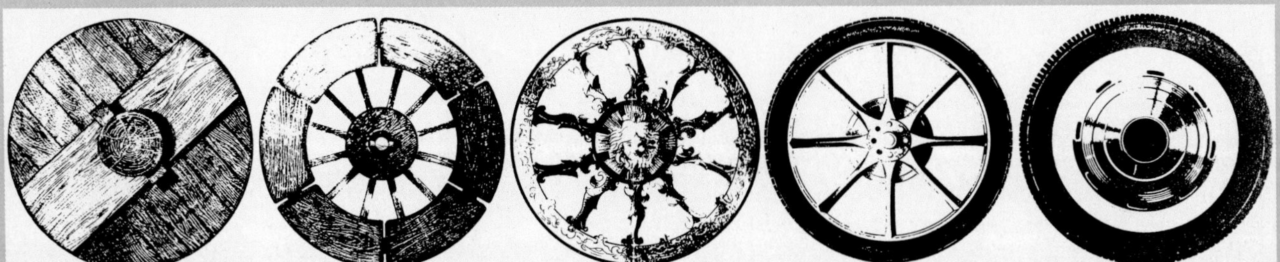

11

ne Drahtring. Bei dieser Bauart waren die Felgenhörner klauenartig einwärts gebogen (Clincher-Felge) und hielten die nach außen gerichteten Wulstkanten fest. Diese Technik blieb bis in die Zeit kurz vor dem Ersten Weltkrieg vorherrschend.
1896 gab es in der ganzen Welt 3 000 Automobile. Immerhin war dies ein Anlaß für die deutsche „Continental-Caoutchuc- und Guttapercha-Compagnie", sich mit der Bereifung der in ihren Zukunftschancen noch skeptisch beurteilten Motorwagen zu befassen. Autoreifen waren vorerst wohl kein Ertragsprodukt, aber ein Prestigeobjekt. So entschloß man sich 1898 in Hannover zur Herstellung von Automobil-Luftreifen. Es waren Wulstreifen mit glatter Lauffläche und einer Haltbarkeit bis 500 km.

Ereignisreiche Jahrhundertwende

In den Jahren um die Jahrhundertwende jagte in der Automobilbranche ein Ereignis das andere:
1897 fand in Berlin die erste Motorwagenausstellung statt. 1898 nahm Opel den Automobilbau auf. 1899 gab es in Frankreich 57 Betriebe, die Automobile mit Benzinmotoren herstellten, in Deutschland 12. In Berlin fuhren die ersten Autodroschken. In

John Boyd Dunlop (1840 bis 1921) erfand den ersten praktisch brauchbaren Luftreifen. Der geborene Schotte war erst in Irland als Tierarzt tätig und dann Teilhaber der Dunlop Rubber Comp. Ltd. In seinen letzten Lebensjahren zog er sich von den Geschäftstätigkeiten zurück.

Das Rad, mit dem Dunlop seine ersten Versuche mit dem Luftreifen machte.

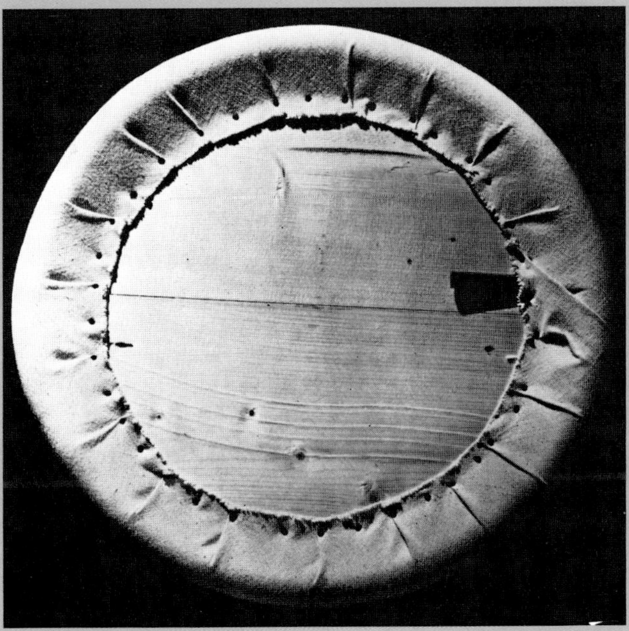

Charles Nelson Goodyear (1800 bis 1860) entdeckte bei seinen Experimenten mit dem Kautschuk zufällig den Vorgang der Vulkanisation.

der ganzen Welt gab es 12 000 Automobile, davon 8 500 in Europa. Ford richtete mit der „Ford Motor Automobile" in Berlin eine Generaldirektion für Deutschland ein.
Vor dem Hintergrund dieser Ereignisse und im Zusammenhang mit ihnen sind auch in der Reifenentwicklung bemerkenswerte Daten zu verzeichnen: 1898 nahm die Metzeler & Co. in München die Produktion von Autoreifen auf. Englebert in Lüttich lieferte die ersten Autoreifen. In Akron (Ohio, USA) wurde die Goodyear Tire and Rubber Company gegründet. 1899 fuhr der Belgier Camille Jenatzy mit einem elektrisch angetriebenen Wagen auf Michelin-Luftreifen zum ersten Mal schneller als 100 km/h.

Der „Blitz", mit dem die Brüder Michelin 1895 auf ihren Reifen das Rennen Paris — Bordeaux — Paris durchhielten.

1899 erreichte Camille Jenatzy zum ersten Mal eine Geschwindigkeit von mehr als 100 km/h auf Michelin-Reifen.

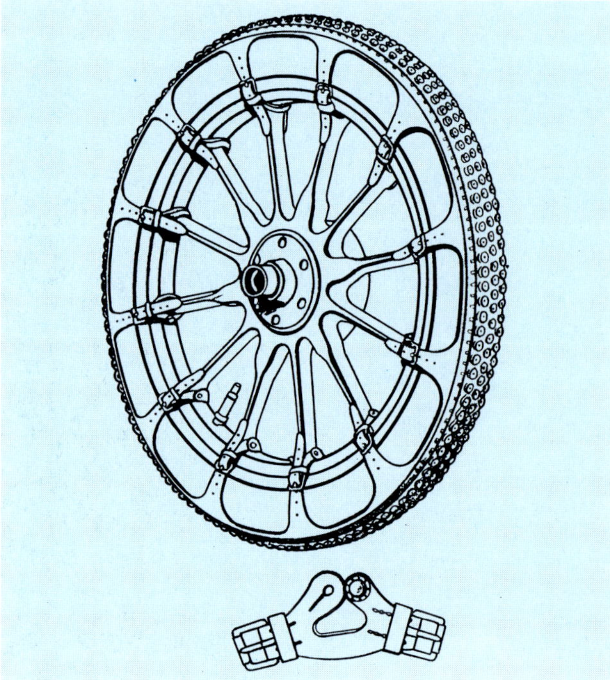

Da die ersten Autoreifen noch kein Profil hatten, bemühte man sich mit besonderen, manchmal kuriosen Mitteln um Gleitschutz.

Im Jahr 1900 wurden die Gummiwerke Fulda gegründet. Semperit in Österreich nahm Autoreifen ins Fertigungsprogramm. 1901 stellte Goodyear einen leicht montierbaren Luftreifen mit einem Drahtkern-Wulst vor. 1902 lieferte Dunlop (Hanau, Deutschland) Autoreifen für die Adler-Automobile. Die Gummifabrik Harburg-Wien fertigte die ersten Autoreifen mit dem Phoenix-Zeichen.

Die Technik stellt Ansprüche

Doppelte Straßenbreite beim Bremsen nötig

Wenn auch die Autos zwanzig Jahre nach ihrer Erfindung nach heutigen Vorstellungen sehr gemächlich fuhren, so wurden sie doch meß- und sichtbar immer schneller. Hierzu gab Rolls Royce den Fahrern dieser Wagen einen aufschlußreichen Hinweis: „Es muß immer daran gedacht werden, daß ein Wagen, der abgebremst wird, das Doppelte der Straßenbreite benötigt, die er bei normaler Fahrt einnimmt."

Anfangs hatten die Autoreifen völlig glatte Laufflächen. Die Einsicht, daß diese „Würste" die Aufgaben einer guten Fahrbahnhaftung nur schlecht erfüllten, ließ nicht lange auf sich warten. So haben die Reifenhersteller zuerst versucht, ihren rutschempfindlichen Pneus allerlei griffiges Beiwerk anzuschnallen, überzustülpen oder umzubinden. Es wurden z. B. mit Nieten besetzte Lederstreifen über die Laufflächen gelegt, teils mit seitlichen Drahtringen festgespannt, teils mit Riemen an die Speichen geschnallt, teils mit der Reifendecke vernietet. 1904 fertigte Continental zum ersten Mal einen Autoreifen mit einem einfachen längslaufenden Rillenprofil. 1906 kam Metzeler mit dem „Orange", einem Gleitschutzreifen mit Spezialnägeln, den auch Veith in Sandbach (Odenwald) übernahm. Gleichfalls 1906 lieferte Dunlop (Irland) einen Reifen mit Querrillen. Dabei wurde offensichtlich schon an das Greifvermögen auf Steigungen und beim Bremsen gedacht. Blockprofile, also mit sich kreuzenden, versetzten oder im Zickzack verlaufenden Rillen gab es noch nicht. 1906 begannen die Gummiwerke Fulda mit der Herstellung von Autoreifen. Die Continen-

Veith „benagelte" seine Pneus, damit sie besser greifen konnten.

Durch Klemmschrauben wurde der Reifen auf der Felge und die Felge auf dem Rad gehalten.

1906 verhalf die abnehmbare Michelin-Felge durch Zeitgewinn beim Reifenwechsel zum Grand-Prix-Sieg.

tal AG zahlte 27 Prozent Dividende — das Reifengeschäft blühte.

Wechselfelgen

Ein Problem war immer noch die Pannenhäufigkeit der Luftreifen. Das lag einerseits in der Verletzungsempfindlichkeit der Reifen, andererseits an der Beschaffenheit der damaligen Straßen. Wie auch heute noch war es nötig, bei einem Reifendefekt das ganze Rad zu wechseln. Aber gerade dies war die Schwierigkeit. Es gab unterschiedliche Befestigungsarten der Räder, es war schlecht zu handhabendes Werkzeug erforderlich — es war auf jeden Fall eine „Quälerei".

1905 meldete der Franzose Gaston Vinet das Patent für ein Autorad mit abnehmbarer Felge an. Michelin kaufte es sofort und rüstete damit einen Rennwagen aus, der in Le Mans den Großen Preis gewann. Der Fahrer hatte durch schnelle Radwechsel viel Zeit gespart. 1907 sicherte sich Continental Rechte an der Wechselfelge und ging damit ein Jahr später in Großproduktion.

Auch die Befestigung des Reifens auf der Felge war noch problematisch. Im wesentlichen existierten zwei Systeme nebeneinander: der auf C. K. Welch zurückgehende und 1903 von Paul W. Lichfield weiterentwickelte Drahtreifen auf der Tiefbettfelge und der Reifen mit dem Klauenwulst auf der „Clincher-Felge". Die letztgenannte Bauart hatte den dehnbaren Wulst zur Voraussetzung; sie wurde um so bedenklicher, je schneller die Autos wurden. 1905 wendete Goodyear in den USA zum ersten Mal einen aus mehreren Drähten gewickelten Wulstring an. Im Jahr darauf stellte Goodyear den „schnell abmontierbaren Reifen" vor. Es war ein Wulstreifen mit Drahtkern auf einer Flachbettfelge. Diese Felge hatte auf einer Seite ein abnehmbares Felgenhorn in Form eines Sprengrings. Diese Flachbettfelge mit Sprengring übernahmen andere Automobil- und Radhersteller erst Anfang der zwanziger Jahre, um sie dann für lange Zeit als Standardfelge beizubehalten.

Der kritische Rohstoff

Kautschuk war wegen der starken Nachfrage teuer und wegen der entlegenen Anbaugebiete krisenempfindlich: Bei politischen Auseinandersetzungen wäre das begehrte Naturprodukt aus deutscher Sicht „in Feindeshand" gewesen. 1906 setzten die Farbenfabriken Bayer (Leverkusen) einen Preis von 20 000 Mark aus für denjenigen, der innerhalb von drei Jahren ein Verfahren zur Herstellung von künstlichem Kautschuk entwickelt. Dr. Fritz Hofmann (1866 bis 1956), ein Chemiker der Bayer AG, ging von der Erkenntnis aus, daß Naturkautschuk aus dem Kohlenwasserstoff Isopren aufgebaut ist. Es gelang ihm, Isopren synthetisch herzustellen und in einen kautschukähnlichen Stoff umzuwandeln. 1909 wurde das erste Patent zur Herstellung von künstlichem Kautschuk erteilt. 1912 baute Conti-

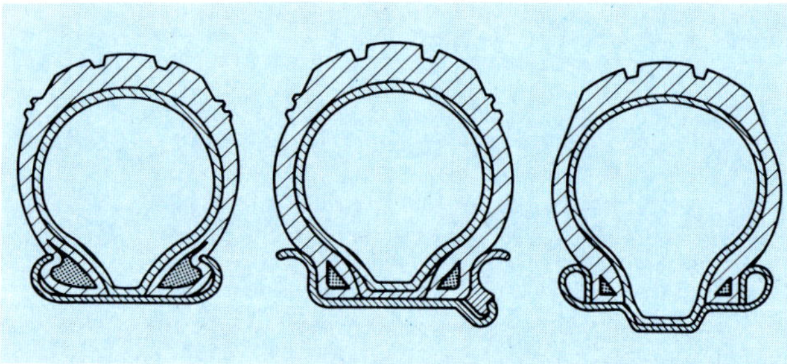

Die sich wandelnden Felgenbauarten (von links): Clincher-Felge, die den dehnbaren Reifenwulst klauenartig festhielt, Reifenwulst mit Drahtkern auf der Flachbettfelge mit abnehmbarem Felgenhorn-Ring, Reifen mit Wulstring auf der Tiefbettfelge.

nental die ersten Versuchsreifen aus Synthesekautschuk, und der Generaldirektor der Bayer AG, Carl Duisberg (1861 bis 1935), fuhr mit den ersten Reifen aus synthetischem Gummi von Leverkusen nach Freiburg im Breisgau.
Im Ersten Weltkrieg stand Deutschland vor der Notwendigkeit, den Naturkautschuk durch einen ähnlich beschaffenen legierten oder synthetischen Werkstoff zu ergänzen oder zu ersetzen. Bayer produzierte einen Methylkautschuk. Dieser ließ sich aber fast nur zu Hartgummi verarbeiten. Er tauchte im wahren Sinn des Wortes unter, denn er war für die Gehäuse der Batterien von U-Booten bestimmt.

Das Publikum jubelt

Die technische Weiterentwicklung des Automobils und des Reifens fand immer wieder Bestätigung und Anreiz durch Autorennen und motorsportliche Veranstaltungen: 1907 legen die Italiener Prinz Scipione Borghese und Luigi Barzini die 17 000 km lange Strecke Peking—Paris zurück (68 000 Reifen-Kilometer) und verbrauchen dabei zehn Pirelli-Reifen. 1908 veranstalten die Zeitungen Paris Matin und New York Herald Tribune die Automobil-Wettfahrt New York—Paris. Ein deutscher „Protos" wird Zweiter und verbraucht 18 Dunlop-Felgen und -Reifen. 1910 beschert die Zar-Nikolaus-Tourenfahrt Petersburg—Kiew—Moskau—Petersburg den Mercedes-Wagen einen dreifachen Sieg mit Reifen von Peters Union. 1914 gewinnen drei Mercedes-Wagen auf Continental-Reifen den letzten Großen Preis von Frankreich vor dem Krieg.
Auch die Reifenindustrie blieb in Bewegung. Goodyear entwarf ein Allwetterprofil. 1909 gründete Pirelli, Stammsitz Mailand, ein Zweigwerk in England, und 1910 wurde die Reifenfabrik von Harvey F. Firestone in Akron (Ohio) umgegründet in die Firestone Tire and Rubber Company. Im selben Jahr gründete Goodrich die „Société Française B. B. Goodrich" in Colombes (Paris), aus der später die Gruppe Kléber-Colombes hervorging.

Gewebtes Gerippe

Kautschuk oder Gummi allein sind es nicht, die dem Reifen Form und Festigkeit geben. Jeder Luftreifen hat einen Festigkeitsträger: die Karkasse. Diese Gewebeeinlage bestand in den ersten Reifenjahren aus Grobleinen in Kreuzbindung. 1916 ging Goodyear in Amerika dazu über, die Gewebeeinlagen aus Baumwolle herzustellen. Baumwolle zeigte ein besseres Dehnungsverhalten und hatte sich deshalb bald

Der italienische Wagen, der 1907 auf der Fahrt von Peking nach Paris mit „nur" zehn Reifen auskam.

Das Ford-T-Modell in den zwanziger Jahren. Die Reifen werden von einem mit der Felge verschraubten Ring gehalten.

durchgesetzt. Das zweite Problem lag in der Gewebeart. Bei der Kreuzbindung sind die Kett- und Schußfäden im rechten Winkel miteinander verwoben. Beim Reifen traten kritische Momente an den unzähligen Punkten auf, in denen sich die Fäden kreuzten. Dadurch entstanden bei der ständigen Walkarbeit des Reifens Reibungen und eine unzuträgliche Erwärmung. Oft löste sich der Gummi vom Gewebe, so daß sich die Lebensdauer des Reifens verkürzte. Zu Unfällen im Straßenverkehr kam es allerdings wegen der geringen Geschwindigkeit der Fahrzeuge selten.
Überlegungen, andere Gewebearten anzuwenden, wurden schon bald nach der Erfindung des Luftreifens angestellt. Bereits 1903 erhielt der Amerikaner John Fullerton Palmer das Patent für ein Cordgewebe. Dieses bestand nur aus Kettfäden. Zwei in einem bestimmten Winkel übereinander gelegte oder geklebte Schichten dieser Cordfäden ergaben ein Gewebe, das sich in mehreren Richtungen dehnen ließ. Und wenn die Fäden in Gummi gebettet waren, berührten sie sich nicht. Dies war ein zusätzlicher Vorteil. 1910 stellte Goodrich den ersten auf Zweilagen-Cord aufgebauten Reifen her. 1913 produzierte dieses Unternehmen den ersten Reifen mit Mehrlagen-Cord.

Die verschiedenen Faden- und Gewebearten beim Karkassen-Cord.

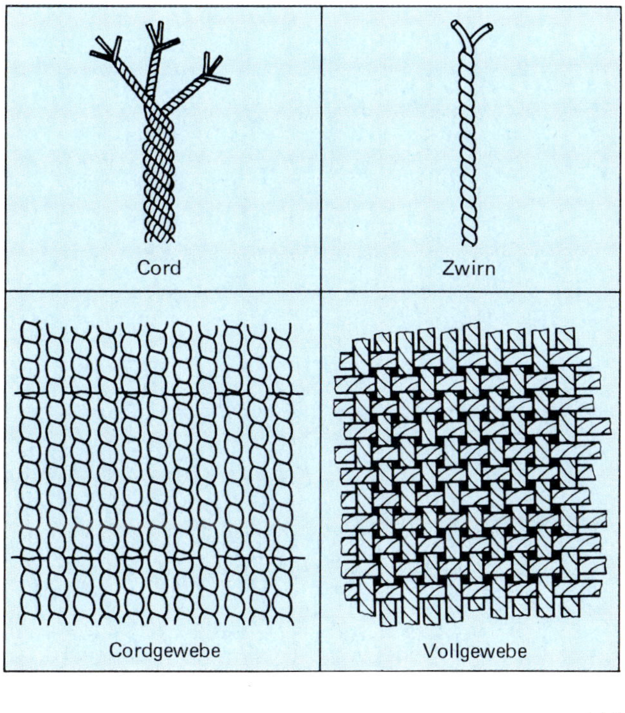

Bessere Qualität mit Ruß

Kautschuk ist ein Naturprodukt, dessen Erzeugungsmenge sich nicht beliebig steigern läßt. Es waren rechnende Amerikaner, die darüber nachdachten, wie man den Kautschuk durch Füllstoffe strekken könnte. Sie stießen bei ihren Versuchen auf den Ruß, der bei industriellen Verbrennungen reichlich anfiel. Es stellte sich heraus: Die Rußbeimengung funktionierte tatsächlich. Auf alle Fälle wurde Geld gespart!
Aber als die ersten rußhaltigen Reifen rollten, ergab sich noch etwas anderes: Sie waren haltbarer und widerstandsfähiger gegen Abrieb als Reifen aus reinem Kautschuk. Nun begannen die Forscher in der Gummiindustrie sich für diesen überraschend nutzbringenden Kohlenstoff zu interessieren. Sie entwickelten Herstellungsverfahren, bei denen die Eigenschaften der verschiedenen Rußarten gezielt herausgearbeitet wurden, die für die Qualität des jeweils vorgesehenen Gummis von Bedeutung sind. Ruß beeinflußt beim Reifengummi z. B. die Elastizität, Reiß- und Abriebfestigkeit, Kerbzähigkeit, Wärmebeständigkeit und andere Eigenschaften.
Ruß ist nahezu reiner Kohlenstoff. Die einzelnen Teilchen sind unvorstellbar klein. Dicht an dicht nebeneinander gelegt passen 30 000 bis 200 000 Teilchen auf einen Millimeter. Je feiner die Teilchen sind, um so aktiver ist der Ruß. Für den Laufstreifen eines Reifens werden aktive Ruße verwendet, die Abrieb-, Kerb- oder Reißbeanspruchungen besser standhalten, für Schläuche, Innenliner und andere weniger beanspruchte Teile inaktive Ruße. 1917 war Goodrich der erste Reifenhersteller, der den Gummimischungen seiner Reifen Ruß beimengte. Andere folgten dem Beispiel, zuerst in Amerika, bald aber auch in Europa.
Außer Ruß werden dem Rohgummi für Autoreifen auch verschiedene Chemikalien beigemischt, z. B. Schwefel, der — nach der Entdeckung Goodyears — unter Hitzeeinwirkung die Vulkanisation des Kautschuks herbeiführt. Ferner gehören zu den Zusatzstoffen Weichmacher, Vulkanisationsbeschleuniger und Alterungsschutzmittel.

Der Reifen — das Bindeglied zwischen Auto und Straße

Mehr Komfort durch größeres Luftvolumen

Um 1920 übernahm die europäische Reifenindustrie das Cordgewebe für die Struktur der Karkasse. Der diagonal gewinkelte Cord war wesentlich elastischer als ein Kreuzgewebe. Die Reifen wurden voluminöser, der Reifendruck niedriger, die Einfederungswege länger, das Abrollen komfortabler. Die Lebensdauer der Reifen nahm allmählich zu und betrug bald mehr als 20 000 km Laufleistung. 1920 nahmen Michelin und Pirelli die Herstellung von Cordreifen auf, 1921 folgte Continental. Die schon vor eineinhalb Jahrzehnten von Goodyear konstruierte Flachbettfelge, die die Clincher-Felge lange Zeit nicht verdrängen konnte, setzte sich bei den Niederdruckreifen vollständig durch. Denn die auf ihr montierten Reifen hatten stählerne Wulstringe, die ein Abspringen von der Felge verhinderten.
Der nächste Entwicklungsschritt war der Ballonreifen. Mitte der zwanziger Jahre gingen die Autokonstrukteure zum Absenken der Fahrzeugschwerpunkte über und zu kleineren Rädern. Noch 1922 war das 24-Zoll-Rad an Mittelklassewagen keine Seltenheit. Heute ist dies eine Reifengröße bei Nutzfahrzeugen. Ein kleines Rad bedingt einen größeren Reifenquerschnitt. Denn der Fahrkomfort eines Fahrzeugs hängt auch vom Luftvolumen des Reifens ab. Im Laufe der Zwanziger waren eine ständige Verringerung des Felgendurchmessers und eine fortwährende Vergrößerung des Reifenquerschnitts zu beobachten. Die schon 1890 erfundene Tiefbettfelge kam wieder zu Ehren. Sie hatte vor allem den Vorteil, aus einem Stück zu sein.
1920 führte Michelin den Drahtkern im Wulst ein. 1924 baute Continental den ersten Ballonreifen. Die USA, die schon in großem Umfang Ballonreifen in Europa vertrieben, führten bei der Reifenkennzeichnung die Zollmaße ein, die auch diesseits des Atlantiks übernommen wurden. 1926 gehörten Ballonreifen auf Tiefbettfelgen überwiegend zur Serienausrüstung europäischer Personenwagen.

Neue Werkstoffe

Infolge der schnell gestiegenen Kautschukpreise nahm 1926 Prof. Dr. Fritz Hofmann die auf synthetischen Kautschuk gerichteten Forschungen wieder auf. Als Ausgangsstoff wählte er Butadien, einen Kohlenwasserstoff, der sich aus den in Deutschland reichlich vorhandenen Grundstoffen Kohle und Kalk herstellen ließ, und ihm gelang die Polymerisation (Verkettung vieler Moleküle) des Butadiens mit Hilfe von Natriumkatalysatoren. Aus den ersten Silben der Worte Butadien und Natrium entstand der Name Buna. Obwohl sich die Kunstkautschuk-Herstellung inzwischen grundlegend geändert hat, wird der Name Buna noch heute verwendet. 1926 erprobte Goodrich in den USA ein gummiähnliches Polyvinyl-Material, und auch in den Labors von Goodyear wurde an synthetischem Kautschuk gearbeitet. 1928 fanden erste Vergleichsversuche statt zwischen Reifen aus dem damals von Bayer erzeugten Buna und auf Naturkautschuk basierenden Reifen von Continental und Peters Union.
Seit 1928 war Goodyear nicht nur der größte Reifenhersteller der Welt, sondern auch der größte Hersteller von Gummierzeugnissen überhaupt. 1929 schloß Englebert einen Vertrag mit der Stadt Aachen zur Errichtung einer Reifenfabrik und lieferte dort 1931 die ersten Pkw-Reifen aus. Die deutsche

Das Reifenwickeln war in früheren Jahren eine stramme Muskelarbeit.

Michelin Pneumatic AG, die bis zu diesem Zeitpunkt nur eine Verkaufsniederlassung in Mainz hatte, errichtete ein Herstellungswerk in Karlsruhe. In den ersten dreißiger Jahren erfolgte die Umstellung des Karkassen-Cord von Baumwolle auf Kunstseide. Dieses Gewebe erhielt den Namen Reyon (engl. Rayon). Die Entwicklung nahm etwa gleichzeitig in den USA und in Deutschland ihren Anfang. In Deutschland jedoch wurde die industrielle Großfertigung zuerst aufgenommen. Die Kunstseide erlaubte aufgrund ihrer höheren Festigkeit, die Anzahl der Gewebeeinlagen zu verringern. Dünnere Reifenwände begünstigten das Wärmeverhalten des Reifens.

Autobahnen als Reifenfresser

Dem Reyon-Cord folgte ein neuer Entwicklungsschritt: der Superballon-Reifen. Er kam wegen der Zeitereignisse in Deutschland erst nach dem Krieg vollständig zum Zug. Beim Superballon-Reifen wurden die Räder noch kleiner (15 Zoll und darunter), die Reifen noch fülliger (bis 7,50 Zoll) und die Luftdrücke noch niedriger (bis 0,9 bar).
1932 bringt Michelin den „Superconfort", einen weiterentwickelten Niederdruckreifen heraus. Gleichfalls ins Jahr 1932 fiel das Erscheinen der „gesommerten" Reifen. Der Berliner Ingenieur Robert Sommer hatte herausgefunden, daß ein Reifen bei Nässe erheblich weniger zum Rutschen neigt, wenn in sein Profil quer zur Laufrichtung in dichten Abständen feine Rillen geschnitten sind.

Goodyear ging zur Massenproduktion von Reifen mit Reyon-Karkasse über. Auf der Internationalen Automobil- und Motorrad-Ausstellung (IAMA) 1935 in Berlin zeigte die DEKA (Reifenzweig der Deutschen Kabelwerke AG) einen Autobahnreifen „Tourist". Inzwischen drohten nämlich die hohen Dauergeschwindigkeiten auf den ersten fertiggestellten Autobahnabschnitten in Deutschland zu einem Problem für die Reifen zu werden.
In den dreißiger Jahren befaßten sich die Konstrukteure eingehend mit dem Reifenprofil. Das reine Blockprofil mit Längs- und Querkanten erwies sich als zu abriebempfindlich, da beim Abrollen auf der

Ein „gesommerter" Reifen in den dreißiger Jahren (nach dem Berliner Ingenieur Robert Sommer).

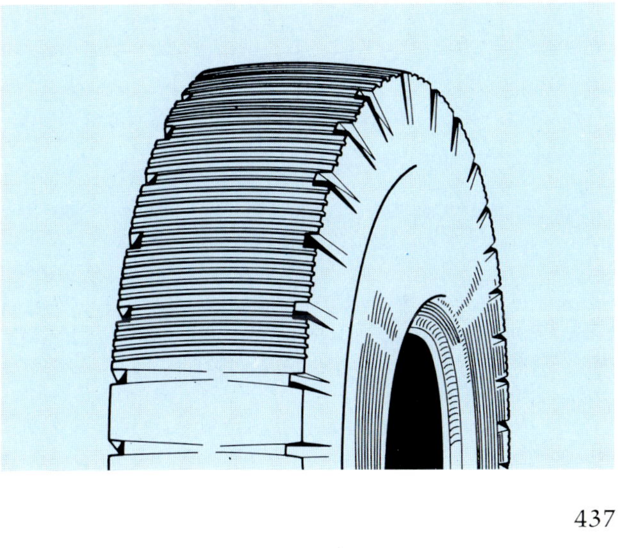

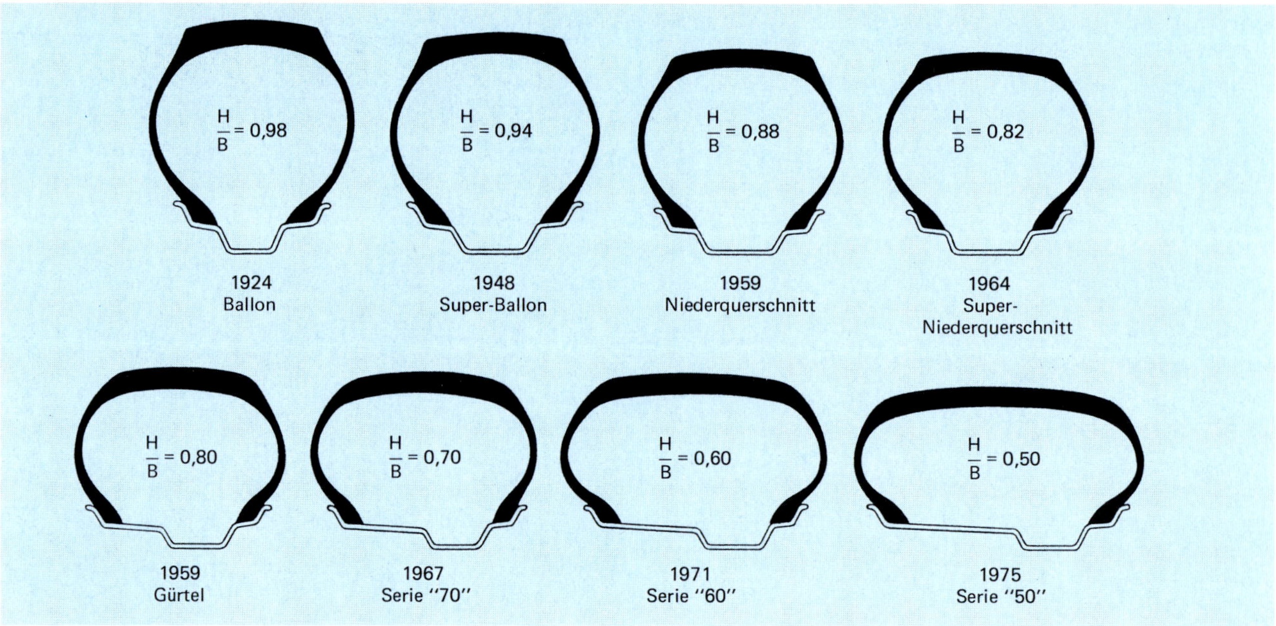

Entwicklung der Reifenquerschnitte innerhalb von 50 Jahren.

Fahrbahn jeder Block Eigenbewegungen ausführte. Man bevorzugte wieder durchgehende Rippen oder zumindest Stege zwischen den Blöcken. Beim Dunlop „90" (1931) wurden in die Längsrippen Kerben eingeschnitten, die sowohl den „grip" als auch die Langlauf-Eigenschaft verbesserten. Bald darauf wurde das an den Reifenschultern gezahnte Profil von Dunlop beiderseits des Atlantiks zum Vorbild. Michelin entwickelte 1934 das „Stop-Profil", in dessen Seitenpartien tiefe und gewellte Lamellen eingeschnitten waren. Auch dieses Muster hielt sich über Jahrzehnte. Dunlop entwarf 1937 ein Profil, bei dem die Lamellen in größeren Abständen und nur in die äußeren Rippen geschnitten waren.

Buna-Land USA

Bei der Deutschen Kautschuk-Gesellschaft wurden ab 1933 unterschiedliche Typen synthetischen Kautschuks zur Fabrikationsreife entwickelt. 1935 übernahmen die Gebrüder Vorwerk ein Aktienpaket der Gummiwerke Fulda, wo die Produktion von Buna-Reifen anlief. Ein Jahr später stellte Metzeler den ersten Reifen aus Perbunan her. Auch bei Continental begann die Herstellung von Buna-Reifen. Noch im Jahr 1936 wurde das erste Bunawerk in Schkopau bei Merseburg an der Saale errichtet. Damit war der synthetische Kautschuk aus der Phase der experimentellen in die der industriellen Herstellung getreten. Außer in Leverkusen entstanden weitere Buna-Fertigungsstätten in Ludwigshafen und in Marl-Hüls. 1938 wurden in diesen Werke 5 700 Tonnen Buna produziert. Auch in den Vereinigten Staaten schritt die Entwicklung von künstlichem Kautschuk voran. Ab 1941 wurde der Bau von Fabriken zur Herstellung synthetischen Kautschuks mit großer Intensität betrieben. Durch den Kriegseintritt Japans waren die Westmächte von ihren Plantagengebieten abgeschnitten, die nahezu 90 Prozent der Welterzeugung von Naturkautschuk lieferten. 1945 war die Produktion von synthetischem Kautschuk in den USA auf 840 000 Tonnen gestiegen. Die deutsche Buna-Erzeugung erreichte 1944 etwas mehr als 130 000 Tonnen.

Neuanfang auf alten Grundlagen

Nach dem Krieg durfte in Westdeutschland nur Naturkautschuk verwendet werden. Die Herstellung von Synthese-Kautschuk war verboten. Die deutschen Reifenfabriken stellten sich nun wieder auf die Verarbeitung von Naturkautschuk ein. Auch im Karkassengewebe ging eine Umstellung vor sich. Der Reyon-Cord wurde allmählich teilweise mit anderen neuen Kunststoffasern, den Polyamiden Nylon und Perlon verstärkt. Der Stahlcord sei nur der Vollständigkeit halber erwähnt. Er findet als Karkassengewebe bisher nur Anwendung im Bereich der Nutzfahrzeugreifen.
Als in Westdeutschland der Automobilbau etwa ab 1948 wieder in größerem Umfang einsetzte, kamen überwiegend Superballon-Reifen mit einem Höhen-Breitenverhältnis von 0,94[1] auf Felgen mit breiterer Maulweite zum Einsatz. Dunlop in Hanau baute ab 1948 Superballon-Reifen. 1950 gab es in Westdeutschland die ersten M+S-Reifen. Die Gummiwerke Fulda stellten 1950 als erstes deutsches Un-

[1] Höhe, gemessen von der Felgenschulter bis zum Reifenzenit, Breite , gemessen zwischen den seitlichen Außenwänden

ternehmen Butyl-Schläuche her. Butyl ist bedeutend luftdichter als Naturkautschuk. Das Material fand in der Folgezeit auch Anwendung bei der Innenhaut (Innenliner) von schlauchlosen Reifen. 1940 trat Goodrich seine Anteile an dem französischen Werk in Colombes (Paris) ab. Das Unternehmen nannte sich von nun an Kléber-Colombes. Bis 1950 hatte Goodyear in USA eine halbe Milliarde Fahrzeugreifen gebaut.
Die beim Superballon-Reifen mit dem H/B-Verhältnis von 0,94 begonnene Entwicklung setzte sich in den nächsten Jahren fort. Sie führte zum Niederquerschnitt-Reifen mit einem H/B-Verhältnis von 0,88. Eine solche Entwicklung konnte nur in engem Austausch mit den Fahrzeug-Konstrukteuren betrieben werden. Die jeweilige Reifencharakteristik und die Fahrwerkskinematik der Automobile mußten aufeinander abgestimmt werden. Die 13-Zoll-Felge wurde nach und nach zum Standard von Mittelklassewagen.

Das neue Reifen-Zeitalter

Michelin macht's möglich

Die Mitte des zwanzigsten Jahrhunderts kann in der Reifenentwicklung wahrhaftig als eine Zeitenwende bezeichnet werden: Das Gürtelreifen-Zeitalter brach an. Gegen Ende des vierten Jahrzehnts überraschte Michelin die Fachwelt mit dem „Pilote"-Reifen. Geleitet von der Erkenntnis, daß sich das Fahrverhalten eines Autos bei höherer Geschwindigkeit mit einem niedrigeren Reifenquerschnitt erheblich verbessern ließe, ging Michelin zu einem Verhältnis Höhe zu Breite von 0,85 über. Damit war eine Entwicklung eingeleitet, die sich bis in unsere Tage fortgesetzt hat. 1946 wurde das Michelin-Patent für den Gürtelreifen veröffentlicht. 1948 erschien der erste Gürtelreifen der Serienfertigung.
Jeder Luftreifen „walkt". Die Längs- und Querrundung des Reifens plattet sich bei der Bodenberührung ab, um sich beim Weiterrollen des Rades sofort wieder zu runden. Bei diesen ständigen Verformungen wird Arbeit geleistet, die einen Teil der Motorleistung verbraucht. Diese Verlustleistung ergibt sich aus einer physikalischen Größe, die man als Rollwiderstand bezeichnet. Die durch den Rollwiderstand aufgenommene Energie wird in Wärme umgewandelt. Heißer Gummi-Werkstoff reibt sich schneller ab als kühler. Wegen der größeren Leistungsausbeute, der Kraftstoffersparnis und der Verschleißminderung ist eine Verringerung der Walkarbeit somit ein großer Vorteil — nicht nur für den Reifen sondern auch für den Autobesitzer.
Ein zweiter Punkt kommt hinzu: Beim Abplatten des Reifens in der Aufstandsfläche verändert sich am Reifenumfang eine elliptische Kalotte in eine ebene Fläche. Dabei treten in der Aufstandsfläche Schiebebewegungen der Profilelemente auf. Es fin-

Schema der Gürtelbauweise: Die Fäden der Karkasse verlaufen radial. Darüber liegt der Gürtel mit gekreuzten Seilen.

Der Rollwulst am Diagonalreifen (rechts auf der Prüftrommel) verschwindet beim Gürtelreifen (links) fast völlig.

Aufbau des epochemachenden Reifens Michelin X.

det also ein ständiges Radieren statt, das die wesentliche Ursache des Abriebs ist und die Lebensdauer des Reifens verkürzt. Und ein weiterer Punkt ist wichtig: Die unvermeidlichen Profilbewegungen in der Fahrbahn-Berührungszone des Reifens bedingen ein fortwährendes Gleiten einzelner Profilelemente. Bei Nässe oder Glätte verringert dieses Gleiten die Straßenhaftung.

Größere Felge — breiterer Reifen. Bei diesem Anschauungsmodell sind zwei Reifentypen aneinandergefügt: unten ein Reifen der Serie 70 auf einer 13"-Felge, oben ein 60er Reifen auf einer 14"-Felge. Der Abrollumfang bei den Reifen ist gleich.

Diese drei negativen Einflüsse — Leistungsverlust, Reifenabrieb und Gleitgefahr — werden durch den Gürtelreifen erheblich gemindert. Der Gürtel spannt sich unterhalb der Lauffläche um die gesamte Reifenperipherie als eine im Längsumfang fast unveränderliche Bandage. Etwas anderes kommt hinzu: Der Umfang eines Diagonalreifens wird bei schnellen Umdrehungen durch die Zentrifugalkraft größer, der Reifen „wächst". Der Gürtelreifen, der ja im Umfang „bandagiert" ist, wächst kaum. Der Rollwulst, den ein Diagonalreifen am Übergang von der Rundung zur Abplattung ständig vor sich herschiebt und der ein beachtlicher Faktor des Rollwiderstandes ist, fehlt beim Gürtelreifen fast völlig.

Radial kommt nicht von Radieren

Bei den Gürtelreifen ist ein Teil der Elastizität in die Reifenflanken verlagert. Diese „verlagerte Elastizität" aufzunehmen, wäre das herkömmliche Cordgewebe mit diagonal gekreuzten Karkassfäden nicht in der Lage. Gürtelreifen werden auch „Radialreifen" genannt. Mit dem Begriff „radial" ist der Verlauf der Karkassfäden gemeint, die wie Radien auf den Radmittelpunkt gerichtet sind. Die Karkassfäden verlaufen beim Radialreifen quer zur Laufrichtung des Reifens auf dem kürzesten Weg von Wulst zu Wulst.
Michelin hat in seinen neuen Radialreifen auch gleich einen Stahlgürtel eingezogen. Er besteht aus feinen Stahldrähten, die zu Litzen gedrillt sind; es handelt sich also um ein äußerst dehnfestes, aber elastisches Gefüge. Der Gürtel setzt sich aus mehreren Lagen zusammen; dabei liegen die in Gummi eingebetteten Drahtseile spitzwinkelig zur Laufrichtung, gegenläufig und berührungsfrei übereinander. Die Drähte haben einen Durchmesser von 0,2 mm bis 0,4 mmm und liegen in Winkeln von 20° bis 26° zur Längsrichtung. Bei „schnellen" Reifen sind die Winkel spitzer als bei normalen.

Triumph des Gürtels

Nach Bekanntwerden des Gürtelreifen-Prinzips und Anerkennung seiner unbestreitbaren Vorteile stürzten sich fast alle europäischen Reifenhersteller auf die Entwicklung der neuen Bauart, d.h. auf die Bestandteile, zu denen das Patentrecht einen Zugang offenließ. Der Stahlgürtel blieb vorerst Michelin vorbehalten. Einmal war er durch Patente abgesichert, zum anderen fehlte es den Wettbewerbern an Know-how in der Herstellung der gummifreundlichen Stahlseile.
Vorerst war der schlauchlose Reifen aktuell, der technische und wirtschaftliche Vorteile erwarten ließ. 1948 hatte Goodrich den ersten „Tubeless" vorgestellt, 1951 war Firestone gefolgt. Im gleichen Jahr wartete Kléber-Colombes dank noch bestehen-

Die Aufstandsfläche eines Stahlgürtelreifens verformt sich in der Kurve weitaus weniger als die eines Diagonalreifens.

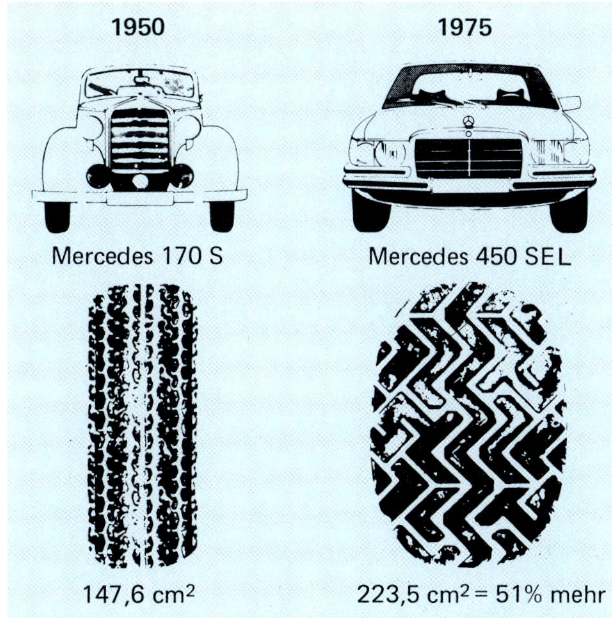

Die Wagen und die Reifen werden breiter, die Aufstandsflächen der Reifen größer.

der Verbindungen zu Goodrich mit einem schlauchlosen Reifen auf. Dunlop GB trat 1952 mit einem Schlauchlosen auf den Plan. 1953 meldete sich Fulda mit einem Reifen ohne Schlauch, 1954 folgten Dunlop (Hanau) und Pirelli, 1955 Continental und Michelin.
Als erster „Monopolbrecher" erschien Pirelli mit dem „Cinturato", dem „Gegürteten", der 1951 als Prototyp vorgestellt wurde und 1953 in die Serienfertigung ging. In schneller Folge zogen die anderen europäischen Reifenunternehmen nach. Heute weiß man, daß die Gürtelbauweise allen bisherigen Reifenkonstruktionen überlegen ist, sowohl in der Sicherheit als auch in der Wirtschaftlichkeit und auch im Komfort. Seit dem Beginn der siebziger Jahre gibt es auch Stahlgürtel-Reifen anderer Fabrikate und seit dem Ende der Siebziger überhaupt keine Diagonalreifen für Pkw mehr.

Breit ist „in"

Das Kapitel über den Gürtelreifen kann nicht abgeschlossen werden, ohne die Breitreifen zu erwähnen, die seit Beginn des neunten Jahrzehnts immer mehr von sich reden gemacht haben und die ohne die konstruktiven Voraussetzungen des Gürtelreifens nicht denkbar sind. Breitreifen haben nur dann einen Sinn, wenn sie bei gleichem Abrollumfang breiter sind als Standard-Reifen. Die vergrößerten Aufstandsflächen haben ein besseres Greifvermögen beim Beschleunigen und Bremsen — mehr durch Formschluß als durch Kraftschluß —; sie gestatten eine bessere Seitenführung und daher eine höhere Lenkpräzision und sicheren Kurvenverlauf, und sie leben länger. Der anfänglich vermutete größere Rollwiderstand der Breitreifen hat sich nicht bewahrheitet. Kritisch allerdings wird das Aquaplaningverhalten der „Breiten", sobald eine Mindestprofiltiefe unterschritten ist. Mängel zeigt der Breitreifen auf Schnee und Eis infolge des niedrigen Flächendrucks.
Eine neuere Entwicklungsrichtung zielt darauf ab, die Reifen im Querschnitt flach zu halten, etwa im Verhältnis 0,65. Damit sie nicht zu sehr in die Breite gehen, werden sie auf Felgen mit einem um ein Zoll größeren Durchmesser montiert. Die vergrößerte Felge verschafft den Bremsen bessere Kühlung oder gibt dem Fahrzeug-Konstrukteur die Möglichkeit, größer dimensionierte Bremsaggregate einzubauen.

Der schlauchlose Reifen bringt technische und wirtschaftliche Vorteile, wie diese Werbeanzeige zum Ausdruck bringt.

Profilschneiden auf dem „Null-Reifen". Nach Entwürfen des Designers und Berechnungen des Computers wird das Musterprofil von Hand eingeschnitten.

So entsteht Aquaplaning. — Die Aquaplaning-Gefahr wird größer, wenn die Profiltiefe kleiner wird.

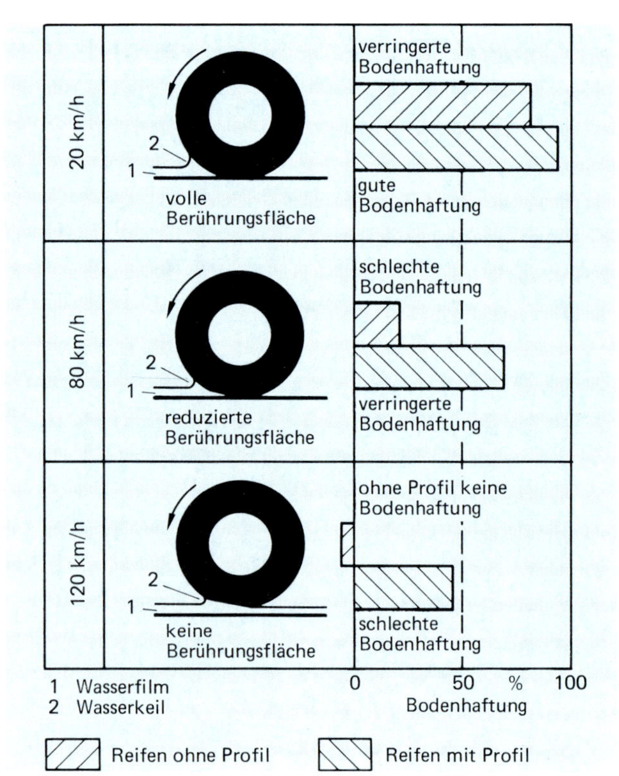

Mit abnehmender Lautstärke schwindet die Sicherheit

In zunehmendem Maß befaßt man sich nun mit dem Reifen als Geräuschquelle. In den Konstruktionsabteilungen der Reifenhersteller arbeitet man am „Anti-noise"-Reifen.Untersuchungsobjekte sind dabei die Gummimischungen und das Profil der Lauffläche. Einer der Zielkonflikte sind Geräusch und Sicherheit. Teillösungen bieten sich an durch Profilkanten, die nicht quer, sondern schräg zur Laufrichtung stehen sowie durch eine „Längsasymmetrie" des Profils. Hierbei ändert sich der Rapport des Profilmusters, so daß durch die Unregelmäßigkeit der Impulse beim Abrollen Frequenzen „gebrochen" werden.

Eine besondere „Welle" entfachten Mitte der Sechziger die Spikes-Reifen. Spikes bieten zweifellos einen guten Gleitschutz auf Eisglätte und glattgefahrenem Schnee. Jedoch wurden frühzeitig Bedenken gegen diese Nägel in der Reifenlauffläche in bezug auf die entstehenden Straßenschäden erhoben. Seit 1971 war deshalb in der Bundesrepublik Deutschland die Benutzung von Spikes-Reifen nur noch zeitlich begrenzt und bei Einhaltung einer Höchstgeschwindigkeit von 100 km/h zulässig, ab 1975 gänzlich verboten. In anderen europäischen Ländern wie z. B. Österreich und Schweden ist die Benutzung nur während bestimmter Fristen zulässig.

Auch in der Reifenindustrie geht es rund

In der Reifenindustrie blieben die Geschehnisse ständig im Rollen. 1951 lief in Marl die Herstellung des Buna wieder an. Mit diesem Elastomer wurde jedoch nicht wie in Mangelzeiten der Naturkautschuk ersetzt, sondern ergänzt. Heute besteht der Gummi eines Autoreifens etwa zu 60 Prozent aus synthetischem Material und zu etwa 40 Prozent aus Naturkautschuk. Der synthetische Kautschuk hat auch längst nichts mehr mit dem von Kohle und Kalk abgeleiteten Urprodukt zu tun. Er basiert vielmehr auf Ausgangsstoffen der petrochemischen Industrie. 1952 schloß Phoenix (Harburg) einen auf 20 Jahre befristeten Vertrag mit Firestone (USA) und erhielt gegen eine Aktienübertragung das Recht der Nutzung von Patenten, Sachwerten und Erfahrungen. 1954 schlossen die Veith-Gummiwerke (Sandbach im Odenwald) und Goodrich (USA) einen Beratungsvertrag.

1957/1958 nahm Goodyear die Produktion des synthetischen Kautschuks „Natsyn" auf, der im molekularen Aufbau und in den Eigenschaften dem Naturkautschuk weitgehend gleicht. Der Name „Natsyn" leitet sich ab von „natural" und „synthetic". 1961 übernahm Goodyear die Aktienmehrheit von Fulda. Es gab 1962 in der Bundesrepublik Deutschland 600 verschiedene Ausführungen von Kfz-Reifen: 230 Pkw-Reifen, 170 Lkw-Reifen und 200 Reifen für andere Fahrzeuge. 1963 kaufte das Unter-

Das Contidrom in der Lüneburger Heide, eine ausgedehnte Versuchsanlage für Materialtests.

nehmen US-Rubber Anteile der Englebert GmbH in Lüttich. Eineinhalb Jahre später wurde diese Firmengruppe „Uniroyal" getauft. Im gleichen Jahr beendete Veith den Beratungsvertrag mit Goodrich und räumte der Firma Pirelli (Mailand) eine Mehrheitsbeteiligung ein. Ebenfalls 1963 erreichte Goodyear eine Gesamtproduktion von einer Milliarde Reifen. 1967 ging Englebert vollständig auf Uniroyal über. Continental eröffnete das Versuchsfeld „Contidrom" in der Lüneburger Heide. Die Reifen-Marktanteile verteilten sich 1969 in Europa auf

- Michelin 25 %
- Dunlop 15 %
- Pirelli 10 %
- Continental 7 %.

Der Rest von 43 % verteilte sich auf US-Fabrikate, auf Vredestein, Kléber-Colombes und Semperit.
1970 lief der Vertrag zwischen Firestone und Phoenix aus. Continental, Dunlop (Hanau) und Veith Pirelli gründen bei anteilmäßig gleicher Beteiligung die Drahtcord Saar GmbH & Co. KG in Merzig.

Wenn der Reifen schwimmt

1964 stellte die britische Dunlop eingehende Untersuchungen über den Aquaplaning-Effekt an und lieferte überzeugende Erkenntnisse. In früheren Jahren war Aquaplaning eine unbekannte Erscheinung. Im Vergleich zu den heutigen Straßen mit fast geometrisch glatter Oberfläche waren die Straßen früher nahezu „Kraterlandschaften", auf denen sich ein gleichmäßiger Wasserfilm gar nicht bilden konnte. Und ein zusammenhängender Wasserfilm ist immer die Voraussetzung für das Aquaplaning. Die zweite Voraussetzung ist eine höhere Geschwindigkeit des Fahrzeugs, bei der der Reifen nicht mehr die Zeit hat, diesen Wasserfilm zu zerteilen. Dadurch bildet sich zwischen Boden und Lauffläche ein Wasserkeil, der das Rad anhebt. In der Profilgestaltung wurde also künftig der „Drainage" erhöhte Aufmerksamkeit geschenkt.
1965 brachte Michelin den XAS heraus. Er ist ein Gürteilreifen der Geschwindigkeitsstufe HR (bis 210 km/h) mit asymmetrisch gestalteter Lauffläche und asymmetrischem Unterbau. Diese Merkmale sollen Lenkpräzision und Richtungsstabilität gewährleisten. 1968 offerierte Fulda, von der Goodyear-Technik profitierend, einen Pkw-Reifen mit Polyester-Karkasse und Glasfaser-Gürtel.

Das Rad und seine Notfälle

Reifen und Felgen sind aufeinander angewiesen

Reifen und Felge sind nur materialbedingt getrennte Bauelemente. In der Funktion sind sie eine Einheit. Die Clincher-Felge, die die schwalbenschwanzartig gespreizten Wulstkanten des Reifens umgreift, wich

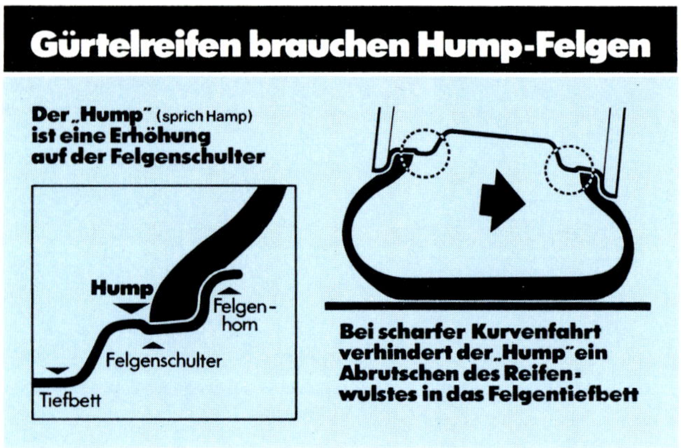

Die Hump-Felge erschwert das Abspringen des Reifens im Fall einer Panne.

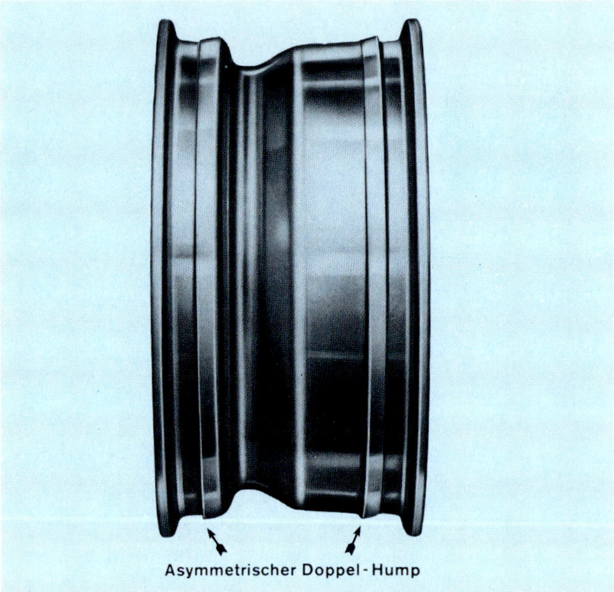

Asymmetrische Hump-Felge (AH) von Goodyear/Pirelli.

Wirkungsweise der AH-Felge.

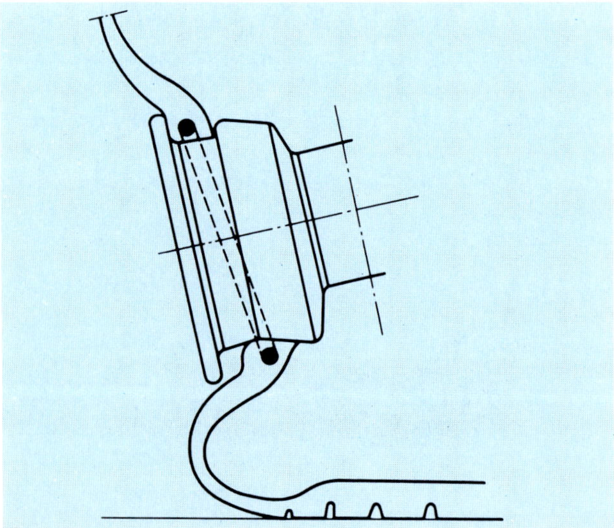

der Flachbettfelge mit abnehmbarem Felgenhorn. In den zwanziger Jahren wurden die Ballonreifen auf Tiefbettfelgen montiert. Als der schlauchlose Reifen aufkam, wurden neue Anforderungen an die Felge gestellt. Sie muß absolut luftdicht sein und darf im Bereich des Felgenbettes keine Schraublöcher, keine Nieten oder undichte Schweißnähte haben. Die Felgenschultern müssen eine glatte Oberfläche zum schlüssigen Anliegen des Reifenfußes haben. Die Einführung der Niederquerschnitt-Reifen erforderte eine weitere Anpassung durch die Hump-Felge.
Der Hump ist eine höckerartige Erhebung, die ringförmig die Felgenschulter gegen das Felgenbett abgrenzt. Er hat den Zweck zu verhindern, daß bei plötzlichem Luftverlust während der Fahrt der Reifenwulst über das Felgenhorn springt. Zuerst kam der einseitige Hump an der äußeren Felgenschulter auf. Später wurde die Doppelhump-Felge bevorzugt.
Eine von Goodyear und Pirelli gemeinsam betriebene Entwicklung galt der AH-Felge, der Felge mit asymmetrischen Humps. Ein derartiger Hump steigt auf der einen Seite seines Umfangs von der Felgenschulter in Richtung zur Felgenmitte schräg an. Auf der gegenüberliegenden Umfangseite bildet der Hump eine steile Kante. Beim Rollen des Rades mit drucklosem Reifen vollführt der Wulst demnach ein ständiges Aufsteigen auf die Humpschräge und Zurückgleiten auf die Felgenschulter, aber kein Abrutschen ins Felgenbett und Überspringen des Felgenhorns. Freilich, bei starken Seitenkräften — z. B. bei vollem Lenkeinschlag bei hoher Geschwindigkeit — wirft auch eine AH-Felge den Reifen ab. Vergleichstests haben gezeigt, daß sich ein Reifen von herkömmlichen Felgen bei scharfer Kurvenfahrt bereits bei einem Reifenluftdruck von 1,0 bar bis 0,8 bar löst, von AH-Felgen jedoch erst bei 0,4 bar bis zum vollen Druckverlust.

Von innen versiegelt

Seit der Luftreifen existiert, haben sich die Reifenkonstrukteure bemüht, das Pannenproblem zu lösen oder wenigstens zu verringern. Erste Lösungsversuche bestanden darin, eine zähflüssige Gummimasse in den Schlauch zu geben, die sich beim Rollen durch die Zentrifugalkraft an die Innenwand im Laufflächenbereich schmiegt und bei Stichverletzungen das Loch oder die Löcher abdichtet und versiegelt. Der Nachteil war, daß sich nach längerem Stehen des Wagens der „Kleister" im Bodenbereich sammelte und nach dem Anfahren eine störende Unwucht beim Reifen verursachte. Der nächste Schritt war, diese Gummilösung zwischen Doppelwandungen des Schlauches in der Zenitpartie unterzubringen, so daß ein einseitiges Zusammenlaufen verhindert wurde. In diesem Fall ergaben sich aber Herstellungsschwierigkeiten und erhebliche Mehrkosten.

Dann wurden Schläuche ausprobiert, die durch Gewebe verstärkt waren. Früher bestand meist die Gefahr, daß bei Beschädigung der Decke auch der Schlauch platzte. Das sollte durch den gewebeverstärkten Schlauch verhindert werden, dies war aber dennoch ein unzureichender Schutz. Weitere Möglichkeiten bot das Zweikammersystem. In den normalen Schlauch wurde ein zweiter mit geringerem Querschnitt eingelegt, dessen Wand durch eine Nylonverstärkung dehnfest war. Wenn durch Verletzungen des Reifens die äußere Kammer drucklos wurde, legte sich die Decke auf die innere, noch unter Druck stehende Kammer, die dann die Radlast trug. Auch bei schlauchlosen Reifen fand dieses System Anwendung. All diese Lösungen waren kostspielig, erhöhten das Gewicht der Räder und damit der ungefederten Teile.

Schmierung, Druck und Kühlung

1972 stellte Dunlop den Denovo vor, einen Reifen, der weitgehende Pannensicherheit gewährleisten sollte. Er hatte zunächst einen Seitenwand-Gummi, der so dick war, daß er notfalls einen Teil der Tragfähigkeit übernehmen konnte. Dann war er innen mit einem Gel beschichtet, das bei Druckverlust die Reibung der Innenwände herabsetzte. Schließlich waren auf das Felgenbett kleine Behälter aufgesetzt, die eine Zweikomponenten-Flüssigkeit enthielten. Die eine Komponente verstärkte das Gel mit einem Dichteeffekt, die andere war ein flüchtiger Stoff, der bei der in einem drucklos rollenden Reifen entstehenden Wärme verdampfte und einen Druck von 0,6 bar bis 1,2 bar aufbaute. Freigesetzt wurde die Flüssigkeit durch Ventile, die von dem abgeflachten Reifen geöffnet wurden. Das System war wirksam, bedurfte aber einer zweiteiligen Felge, und war daher kompliziert und teuer.
1976 kam Goodyear mit einem zum Denovo fast kongenialen, aber einfacheren System. Es ging von einem völlig normalen Rad mit konventioneller Felge und handelsüblichen Reifen aus. Auf das Felgenbett war ein umlaufender Stützring aus glasfaserverstärktem Kunststoff montiert. Bei Druckabfall legte sich der abgeflachte Reifen auf den Stützring, so daß weiterhin ein verhaltenes Fahren und kontrolliertes Manövrieren möglich war. Da sich aber auch bei diesem System zusätzlich Wärme entwickelte, waren zwei Behälter eingebaut, die — ähnlich wie beim Denovo von Dunlop — eine Kühlflüssigkeit freigaben.

Die Felge muß den Reifen halten

Die Weiterentwicklung ließ Dunlop offensichtlich nicht ruhen. 1979 kam der Denovo 2. Er benötigte zwar eine spezielle, aber einteilige Felge und verzichtete auf besondere Flüssigkeitsbehälter. Der

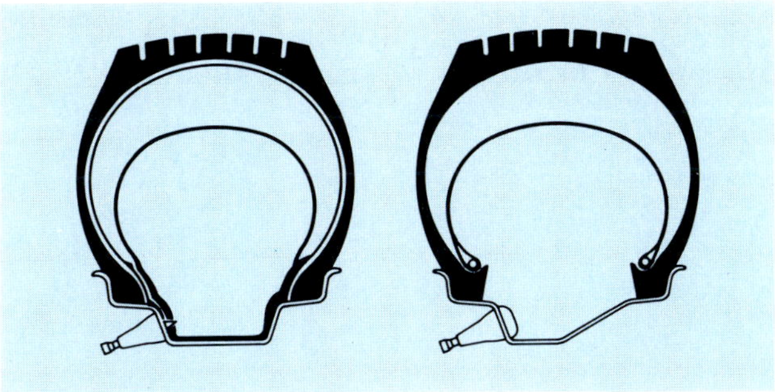

Zweikammer-Schläuche als Pannensicherung, links ein Reifen mit Schlauch, rechts eine schlauchlose Ausführung.

Reifen war innen beschichtet mit „Polygel", einer Masse, die reibungsmindernd und abdichtend wirkte. Eine spezielle Doppelhump-Felge wurde für den Reifen gebraucht, der eine ausgeprägte und verstärkte Wulstzehe hatte. Er konnte aber auch auf die üblichen Tiefbettfelgen montiert werden. Das Rad erhielt die Bezeichnung Denloc-System.
Im Falle einer Panne kommt es hauptsächlich darauf an, den Reifen auf der Felge zu halten. Die Felgen mit Hump, Doppelhump oder asymmetrischen Humps erfüllen diese Aufgabe in bestimmten Grenzen, d.h. bei mäßiger Geschwindigkeit ohne starke Einwirkung von Seitenkräften. In den letzten Jahren wurden Reifenkonzeptionen erstellt, die die Pannenempfindlichkeit nicht durch Ergänzungselemente und Zusatzbauteile, sondern in ihrer Grundkonstruktion und Funktionsweise verringern.

„Run-Flat"-Rad von Goodyear, das auch bei Druckverlust noch auf dem Kurs bleibt.

Das Notrad

Der Automobilindustrie wäre es am liebsten, wenn das Reserverad entfallen würde. Die Autos könnten — wenn auch nur geringfügig — billiger sein, sie wären leichter (Kraftstoff-Ersparnis!) und erübrigten mehr Platz für Fahrgäste oder Gepäck. Die mit dem Notrad angebotene Lösung ist zumindest fragwürdig. Besonders bei amerikanischen Wagen sind die Noträder dermaßen unterdimensioniert, daß es sich damit nur wenige Kilometer im Schleichtempo mit Schieflage fahren läßt. Das herkömmliche, typengleich zur Normalausstattung passende Reserverad hat zumindest den Vorteil, daß man es — sofern es intakt ist — am Ort der Panne anschrauben und ohne erneutes Ummontieren damit fahren kann.

Reifen für jedes Wetter?

In bestimmter Hinsicht sind auch Spikes-Reifen eine Art Sicherheitsreifen, die einige Gefahren verhüten oder mildern. Das Spikes-Verbot stellte in Deutschland die Gummi-Chemiker der Reifenindustrie vor völlig neue Aufgaben. Während sich bei den spikesbewehrten Winterreifen die Gummi-Fachleute um den Gleitschutz überhaupt nicht zu kümmern brauchten, waren sie plötzlich genötigt, hochgradig adhäsive Gummimischungen zu entwickeln. Teilweise wurden erstaunliche Ergebnisse erzielt, besonders für das Fahren auf tiefgeforenem trockenem Eis. Im Temperaturbereich um den Gefrierpunkt allerdings bleiben diese Reifen in der Griffigkeit weit hinter den Spikes-Reifen zurück.
Immer wieder taucht der Begriff „Ganzjahres—" oder „Allwetter-Reifen" auf. Es ist sicher ein bestechender Gedanke, auf Reifen zu fahren, die bei jedem Wetter und zu jeder Jahreszeit optimal fahrtüchtig sind. Tatsächlich hat Goodyear mit seinem Typ „All Weather" Anerkennung bei der Fachwelt und guten Zuspruch beim Publikum gefunden. Aber ein Kompromiß wird auch ein solcher Reifen vorerst bleiben müssen, und es ist nicht zu empfehlen, mit ihm im Sommer nach Süditalien oder im Winter nach Lappland zu fahren. In gemäßigten Zonen wird er den Anforderungen einer breiten Autofahrerschicht sicher gerecht. Nur soll man keine extremen Leistungen von ihm verlangen. Immerhin liegen zwischen Sizilien im Sommer und Lappland im Winter nicht nur 4 000 Kilometer, sondern auch Temperaturunterschiede von etwa 80 °C.

Goodyear Declathon, ein Diagonalreifen mit Gürtel.

Harter Wettbewerb und neue Ideen

Qualität als Absatzbremse

Das achte Jahrzehnt unseres Jahrhunderts war gekennzeichnet durch in Stufen einsetzende Ölkrisen mit ihren technischen und wirtschaftlichen Rückwirkungen auf Reifenbau und Reifenabsatz. 1970 endete der vertragliche Erfahrungsaustausch zwischen Firestone und Phoenix. Ein Jahr später gingen Continental und Phoenix eine Interessenverbindung in Form der Corona GmbH ein. 1971 schlossen sich Dunlop und Pirelli zusammen. Mitte der siebziger Jahre ging die Ära des Textilgürtelreifens zu Ende, der Stahlgürtel beherrschte von nun an das Feld. Im Bau von Gürtelreifen lagen die USA zunächst um fünf Jahre zurück. Erst allmählich wurde jenseits des Atlantiks das Prinzip des Gürtelreifens übernommen, anfangs noch auf Diagonalkarkasse. Bayer (Leverkusen) erwarb einen Aktienanteil von Metzeler. Um die Bayer AG bahnte sich bald die Sammlung einer großen deutschen Kautschuk- und Reifengruppe an. 1973 ging Vredestein (Niederlande) in den Besitz von Goodrich über. Goodrich führte den Stahlgürtelreifen GT 200 in Europa ein.
Durch die Verteuerung des Kraftstoffs schränkten die Autofahrer ihre Jahreskilometer ein, die Reifen hielten also länger. Die Reifenindustrie erhöhte zudem die Kilometerlaufleistungen ihrer Pneus immer mehr, so daß sich der Reifenabsatz verminderte. Mit einiger Ironie könnte man sagen: Die Reifenindustrie hat durch ständige Qualitätssteigerungen ihre Absatzchancen verringert.

Die Amerikaner gehen — die Japaner kommen

Im Jahr 1975 wurde Bayer (Leverkusen) Alleinaktionär von Metzeler. Im gleichen Jahr trat Bridgestone mit einer eigenen Vertriebsgesellschaft in der Bundesrepublik Deutschland auf. Bridgestone ist der größte japanische Reifenhersteller mit zehn Werken in Asien. Veith Pirelli führte einen Langstrecken-Test mit einem Satz P-3-Reifen über 31 000 km von Alaska nach Feuerland durch. 1977 zogen sich Continental und Phoenix aus der Corona Beteiligungsgesellschaft zurück. Dann — im Jahr 1978 — stellte Metzeler die Produktion von Pkw-Reifen ein. 1979 gab Goodyear seine Beteiligung an Bridgestone auf.

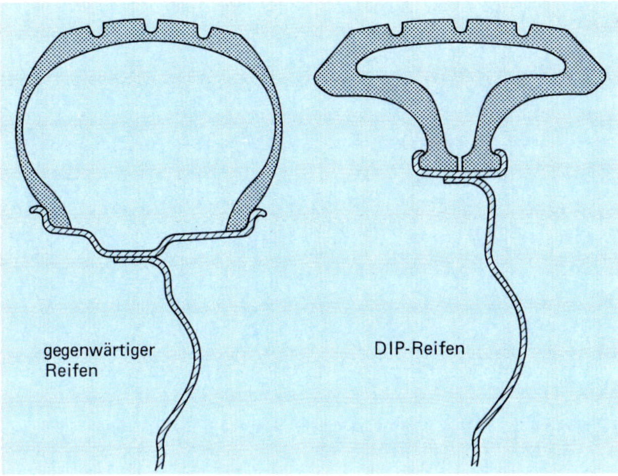

DIP-Reifen von Pirelli. Die Seitenwände aus Vollgummi ermöglichen ein behelfsmäßiges Fahren auch ohne Reifeninnendruck.

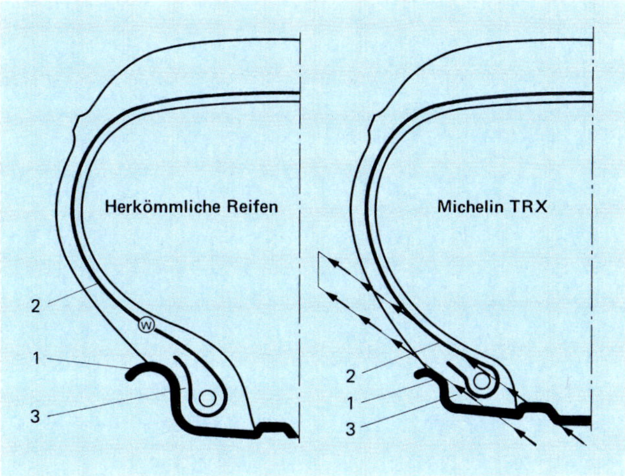

Wirkungsweise des Michelin TRX-Reifens mit Spezialfelge.

Goodrich verkaufte seine Aktien von Vredestein an den niederländischen Staat. Continental beschloß, die gesamte westeuropäische Reifengruppe von Uniroyal zu übernehmen.

In den achtziger Jahren zogen sich die US-amerikanischen Reifenhersteller mehr und mehr vom europäischen Markt zurück. 1981 löste sich die Ehe Dunlop/Pirelli wieder auf. Michelin steigerte seinen Anteil an Kléber auf 90 Prozent. Dunlop Ltd. (London) beschloß, mehrere europäische Reifenwerke an die japanische Sumitomo Industries Ltd. (Kobe) zu verkaufen. Sumitomo war früher Partnerin von Dunlop. Im Herbst beantragte Dunlop-France den Konkurs. 1984 erhielt Sumitomo von der französischen Regierung die Genehmigung zur Übernahme von Dunlop-France. Zum Jahreswechsel 1984/85 ist das Reifenwerk Dunlop (Hanau) in den Besitz von Sumitomo übergegangen. Damit hat Dunlop seine letzte Reifenaktivität auf dem europäischen Kontinent aufgegeben.

Reifentechnik auf den Kopf gestellt

Nun war es nicht so, daß die Reifenindustrie in den siebziger Jahren nur mit sich selber beschäftigt gewesen sei. In den Labors und auf den Prüfstrecken wurde weiter an der Zukunft gearbeitet. 1973 präsentierte Pirelli einen Reifen, der sehr deutliche „futuristische" Züge trug: den DIP-Reifen (Development Integrated Project). Dieser Reifen stellte tatsächlich einige Kriterien der bisherigen Reifentechnik auf den Kopf. Die Reifeningenieure in Mailand gingen von der physikalischen Gegebenheit aus, daß Gummi einer Verformung durch Zug geringeren Widerstand entgegensetzt als einer Verformung durch Druck. Die Seitenwände eines herkömmlichen Reifens werden beim Einfedern auf Zug beansprucht. Pirelli entwickelte nun einen Reifen mit nach innen gewölbten, gleichsam „gekehlten" Seitenwänden aus dickem Vollgummi ohne Cordeinlage. In dem pilzartigen Querschnitt überragt der breite Laufstreifen die Seitenwände und setzt diese beim Einfedern unter Druckspannung. Die Federkraft eines Reifens ist gleich der Summe der Federkräfte der Seitenwände und der Luftfüllung. Beim

Das TDX-Rad mit Denloc-Rille und Wulstzehe gewährleistet einen erhöhten Grad von Sicherheit.

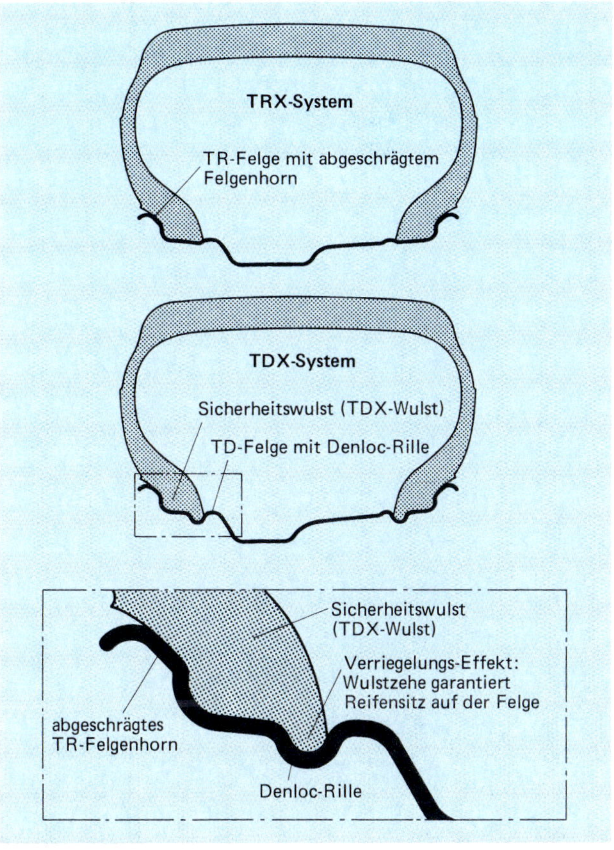

DIP-Reifen ist der Anteil der Seitenwände an der Gesamtfederkraft wesentlich höher. Der DIP-Reifen ist demnach „von Natur aus" ein wirksamer Pannenreifen und erübrigt das Reserverad. Das Verhältnis Breite/Höhe beträgt 0,5. Die extrem schmale Felge ähnelt mit ihren klauenartigen Hörnern der einstigen Clincher-Felge.
Im Jahr 1975 erschien der Michelin-Reifen TRX. Dieser Reifen war eine folgerichtige Weiterentwicklung. Der TRX (Tension repartie) hat entsprechend der Erkenntnis, daß ein niedriges H/B-Verhältnis Vorteile in den Fahreigenschaften bietet, Werte zwischen 0,60 und 0,50. Es ist unvermeidlich, daß flache Reifenflanken nur eine begrenzte Federzone aufwiesen. Michelin kam nun auf die Idee, die Felgenhörner so zu erniedrigen und nach außen zu neigen, daß die Seitenwände Bewegungspielraum bis zum Wulstbereich bekommen. Die Seitenwände eines üblichen Reifens knicken beim seitlichen Auswölben über dem Felgenhorn ab, die des TRX drehen sich um den Wulstkern wie um einen Angelpunkt. Hierdurch wurde ein erheblicher Komfortgewinn erzielt bei gleichzeitiger Optimierung des Fahrverhaltens infolge des Niederquerschnitts. Für den TRX ist eine spezielle Felge erforderlich.
Acht Jahre später, im Jahr 1983, machte Michelin aus dem TRX den TDX. Für diesen im Prinzip wie der TRX aufgebauten Reifen übernahm Michelin das Denloc-Patent von Dunlop. Die Felgenschulter hat am Übergang zum Felgenbett noch eine Vertiefung, die umlaufende Denloc-Rille. In diese Rille greift eine besonders ausgeprägte Wulstzehe ein und stellt somit eine zusätzliche Verklammerung zwischen Reifen und Felge her. Der Michelin TDX ist demnach ein TRX-Reifen mit Abwurfsicherung.

Zwei Reifen auf einer Felge: Das Twin-Rad für Personenwagen.

Zwillingsräder

Eine der Überraschungen der Frankfurter Automobil-Ausstellung 1983 war das Twin-Rad. Es sieht aus wie das verkleinerte Zwillingsrad eines Lastwagens, ist aber für alle Radpositionen eines Pkw geeignet. Als Unterschied zum Lkw-Zwilling hat das Twin-Rad nur eine Felge, die aber aus zwei Felgenbetten besteht zur Aufnahme je eines Reifens. Gepaart auf einer Felge haben beide zusammen etwa die Breite eines wuchtigen Breitreifens. Die von Konstruktion und Anordnung herzuleitenden Vorteile liegen auf der Hand: Die Aquaplaning-Gefahr ist wegen der schmalen Einzelreifen mit runder Kontur und kürzeren Drainagewegen beträchtlich herabgesetzt. Die Urheber schreiben dem Twin-Rad geringeren Rollwiderstand, geringere Erwärmung, geringeren Verschleiß sowie geringeren Kraftstoffverbrauch zu. Daß im Falle einer Reifenpanne nur mit kleinerer Geschwindigkeit weitergefahren werden kann, leuchtet ein. Das Reserverad dürfte also überflüssig werden.
Der Erfinder des Twin-Rades ist der ehemalige tschechische Rennfahrer Jaroslav Juhan; die Felgen baut der italienische Radspezialist Speedline, die Reifen stammen von Goodyear.

Der Reifen umklammert die Felge

Nach einer Vorankündigung im Herbst 1983 stand im April 1984 auf der Hannover-Messe ein VW Jetta mit Rädern nach dem neuen „ContiReifenSystem" (Schreibweise des Urhebers). In weitgehender Abkehr vom Gewohnten hat man ein grundlegend neues System entwickelt. Die Felge hat im Querschnitt die Form eines T mit nach innen, also zur Radachse hin gebogenen Felgenhörnern. Der Reifen greift mit den Seitenwänden von außen um die Felgenhörner herum und legt sich mit dem Wulst in deren Ringnut. Ins Auge fällt dabei die vermutlich bessere Pannentauglichkeit. Denn bei einem Druckverlust läuft die Felge mit ihrer glatten Scheitelpartie auf der Innenseite des Laufstreifens ab. Man soll — so betonen die Ingenieure von Continental — mit einem drucklosen Reifen nach dem ContiSystem noch 400 km bei 80 km/h fahren können. Die Sei-

Das neue ContiReifenSystem, bei dem nicht die Felge über den Reifen, sondern der Reifen über die Felge greift.

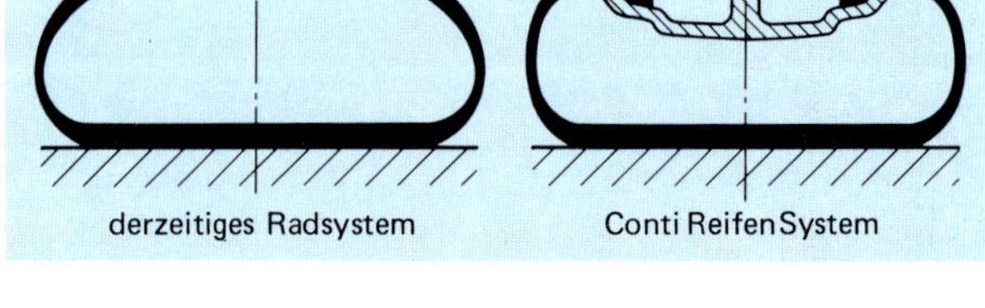

tenwände haben einen breiten Federbereich, der nicht von einer starren Wulstzone eingeengt ist. Diese Seitenelastizität ermöglicht auch eine bessere Fahrbahnanpassung der Lauffläche und somit einen besseren Kraftschluß. Geringeres Gewicht, größerer Einbauraum für Bremsaggregate, bessere Bremsverzögerung und Kurvenstabilität, höhere Aquaplaningresistenz, geringerer Rollwiderstand sowie eine längere Lebensdauer des Reifens sind nach Continental weitere Vorteile des Systems.
In Hannover ist man sich darüber klar, daß sich ein solches System nicht durchsetzen kann, wenn es nur von einem Reifenhersteller angeboten wird. Continental ist daher zu Partnerschaften bereit.
Erwähnt sei noch der „gegossene" Reifen, hergestellt aus einem homogenen Kunststoff ohne oder mit nur wenigen Strukturelementen aus anderen Werkstoffen. Das Problem bei den thermoplastischen Kunststoffen, die als Reifenmaterial geeignet erscheinen, ist das Temperaturverhalten. Hierbei geht es nicht um klimatische Temperaturunterschiede oder um übliche Betriebstemperaturen — in diesen Temperaturbereichen ist ein sonst reifentauglicher Kunststoff problemlos. Aber bei einer Vollbremsung z.B. auf einer Beton-Straßendecke schmelzen von der oberen Schicht des Laufstreifens in der Aufstandsfläche in kürzester Zeit einige Millimeter weg. Die Lebensdauer eines solchen Reifens dürfte deshalb nicht allzu lang sein. Vielleicht wird die Weltraumchemie eines Tages auch für diesen Anwendungsbereich geeignete und bezahlbare Materialien liefern.

ContiReifenSystem im Schnitt: Ringkeile halten den Wulst im umgekehrten Felgenbett.

Chemie, Physik und Technik

Viele Funktionen — viele Bestandteile

Seit der Erfindung des Luftreifens hat sich am Prinzip nichts geändert. Aber die Konstruktion, das Material und die Funktionen haben viele Wandlungen durchgemacht. Aus dem luftgefüllten Schlauch ist ein Reifen geworden, in dem ein halbes Dutzend Rohstoffe, ein gutes Dutzend verschiedene Werkstoffe und mehr als zwei Dutzend unterschiedliche Zusatzstoffe enthalten sind.
In seiner Grundkonstruktion besteht jeder Luftreifen aus den gleichen Baugruppen:
— Unterbau oder Karkasse,
— Laufstreifen,
— Seitenwände und
— Wulst.
Für Personenwagen werden heute fast ausschließlich Gürtelreifen verwendet. Bei diesem Reifentyp tritt als weiteres Konstruktionselement noch der Gürtel unterhalb des Laufstreifens dazu, bei schlauchlosen Reifen noch die Innenseele oder der Liner, eine völlig luftundurchlässige Schicht.
Nun fragt der Laie mit gutem Grund, warum und wo in diesen wenigen Baugruppen so viele Werkstoffe und Zusatzmittel stecken. Dies ist darauf zurückzuführen, daß die einzelnen Gruppen jeweils vielfältige Aufgaben und Anforderungen zu erfüllen haben. Die Karkasse muß elastisch, aber dehnfest sein, außerdem widerstandsfähig gegen Ermüdungen, reißfest und fäulnissicher. Der Laufstreifen muß griffig auf trockener und haftfähig auf nasser Fahrbahn, weiterhin rollwiderstandsarm, abriebfest und wärmebeständig sein. Der streck- und bruchfeste Wulst muß die Seitenwände gut stützen, er muß

Aufbau eines modernen Gürtelreifens.

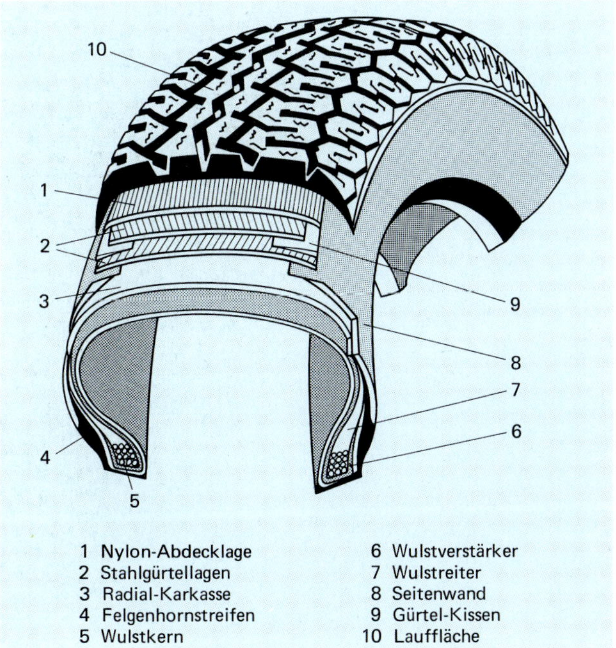

— besonders bei schlauchlosen Reifen — eine große Dichtungselastizität haben und montagewillig sein. Der Gürtel schließlich hat eine eng begrenzte Längsdehnung, er muß formelastisch und ermüdungsresistent sein. Dieser — noch keineswegs vollständige — Anforderungskatalog macht deutlich, daß ein Reifen in chemischer und physikalischer Hinsicht einwandfrei sein muß.

Ein Pkw-Reifen mittlerer Größe wiegt etwa 7,5 kg und besteht etwa aus

3 000 g Kautschuk, davon
1 200 g Naturkautschuk,
1 800 g Kunstkautschuk,
1 900 g Ruß und Füllstoffen,
1 250 g Stahl, davon
975 g Gürtelseile,
275 gWulstkabel,
250 g Textil- oder Faserstoffen,
1 100 g chemischen Zusätzen.

Der Naturkautschuk wird dank seiner guten elastischen Eigenschaften vorzugsweise in Gummimischungen verarbeitet, die für die Reifen-Seitenwände vorgesehen sind; teilweise wird er auch mit Kunstkautschuk verschnitten. Diese synthetischen Kautschuke sind heute „Werkstoffe nach Maß". Man hat längst gelernt, Polymere mit genau definierten chemischen und physikalischen Eigenschaften herzustellen. So sind die heutigen Elastomere dem Naturkautschuk in manchen Eigenschaften überlegen. Ja, man ist sogar in der Lage, Kautschuk herzustellen mit Eigenschaften, die der Naturkautschuk gar nicht hat, z. B. Ölbeständigkeit und Wahrung der Elastizität in weiten Temperaturbereichen.

Ein Autoreifen enthält zahlreiche Bauelemente, Werkstoffe und Zusatzstoffe.

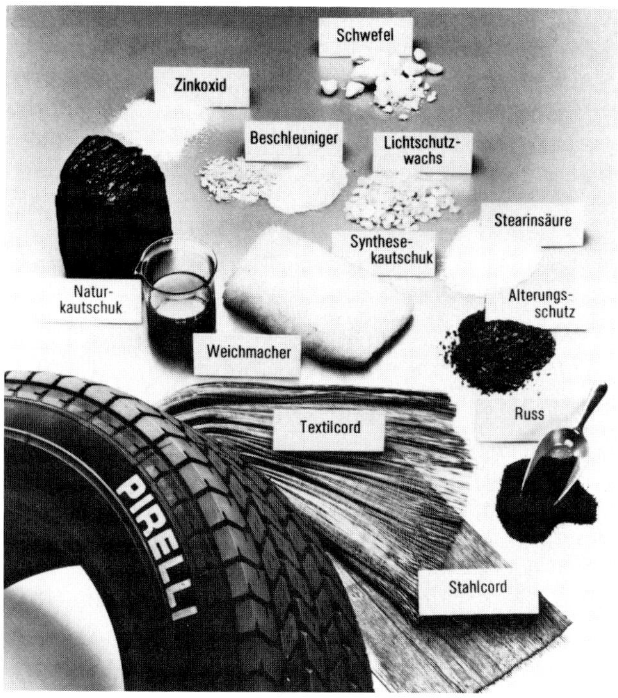

Von den für den Reifenbau geeigneten synthetischen Kautschuken gibt es drei Hauptgruppen (der Buchstabe R bei den Kennbuchstaben steht für „rubber"):

— Styrol-Butadien-Kautschuk (SBR),
— Polybutadien-Kautschuk (BR) und
— Polyisopren-Kautschuk (IR).

SBR ist ein vielseitig verwendbarer Synthese-Kautschuk mit ausgewogenen Eigenschaften: Er hat eine große Festigkeit, eine hohe Elastizität, einen großen Abriebswiderstand sowie eine gute Alterungsbeständigkeit. Die Pkw-Laufstreifen werden fast ausschließlich aus SBR hergestellt. BR hat einen hohen Abriebswiderstand. Da er jedoch eine ungenügende Straßenhaftung ergibt, wird er fast nur gemischt mit Naturkautschuk oder SBR verwendet. IR kommt in seinen Eigenschaften dem Naturkautschuk sehr nahe. Er hat gute mechanische Eigenschaften und läßt sich leicht verarbeiten. — Diese Charakterisierung ist allerdings nur grob.

Vielfach werden den Gummimischungen auch Recycling-Produkte beigemengt, so z. B. Gummi-Regenerat oder Gummimehl. Etwa bis zum Mischungsverhältnis 1 : 10 treten keine Qualitätsminderungen des Fertigprodukts ein.

Ruß und Schwefel

Der Ruß als „aktiver" Füllstoff und Verstärker ist aus dem Reifenbau nicht mehr wegzudenken. Er gibt dem Gummi viele der Eigenschaften, die beim Autoreifen besonders gefragt sind: Abriebwiderstand, Härte, Reiß- und Bruchfestigkeit und Kerbzähigkeit. Außer Ruß sind in geringen Anteilen noch Kieselsäure, Kaolin, Kreide und andere Füllstoffe im Reifengummi enthalten.

Unter den chemischen Zusätzen sind anteilmäßig gesehen zunächst die Weichmacher zu nennen. Sie bestehen zum großen Teil aus Mineralölen. Außerdem werden Pflanzenöle und synthetische Weichmacher eingesetzt. Sie machen den als Rohprodukt sehr zähen und festen Kautschuk geschmeidig und verarbeitungswillig.

Ein weiterer wesentlicher aktiver Bestandteil der Gummimischung ist der Schwefel. Er bewirkt beim Erhitzen die Umwandlung der Gummimasse vom plastischen in den elastischen Zustand (Vulkanisieren) und nimmt dem Rohgummi die Klebrigkeit. Es handelt sich um einen Vorgang, den Charles Nelson Goodyear vor fast 150 Jahren mehr zufällig als absichtlich entdeckte. Vulkanisationsaktivatoren und Vulkanisationsbeschleuniger intensivieren die Vulkanisation und verkürzen den Vulkanisationsvorgang; hierdurch spart man Zeit, Energie und Kosten. Zur Verzögerung der Alterung des Fertigprodukts werden noch Ermüdungs-, Licht- und Ozonschutzmittel eingearbeitet.

Für die Herstellung von Reifengummi gibt es etwa 50 verschiedene Rezepturen. In einem Reifen sind

15 bis 18 verschiedene Mischungen verarbeitet. Für den Laufstreifen ist eine andere Mischung erforderlich als für die Seitenwände, für die Cordgummierung wiederum eine andere als für die Gürtelschicht, für den Innenliner eine andere als für den Wulstsitz.

Festes Gefüge

Die Karkasse besteht aus Cordfäden (Reyon, Polyester, Polyamid), die dicht nebeneinander rechtwinklig zur Längsrichtung des Reifens verlaufen und mit ihren Enden auf beiden Seiten um den Wulstkern herumgeschlagen und dadurch fest verankert sind. Die Cordfäden sind völlig vom Gummi eingeschlossen und fest an diesen gebunden. Der Wulstkern ist ein Ring, der aus ein Millimeter dikkem Edelstahl-Draht in zahlreichen Windungen gewickelt ist. Die Windungen sind einzeln und der Ring als Ganzes in Gummi gebettet. Der Wulstkern ist das einzige absolut zugfeste Element im ganzen Reifen, den er mit Hilfe des ihn umgebenden Wulstgummis fest auf der Felge hält. Bei den meisten heutigen Pkw-Reifen haben die Seitenwände nur eine Cordlage, die äußerst reißfest und zugleich federelastisch ist.
Der Laufstreifen trägt das Profil. Es gibt längsorientierte Führungsprofile, querorientierte Traktionsprofile, feinlamellierte Sommerprofile, grobstollige Winterprofile und natürlich „Kreuzungen" zwischen allen diesen Versionen. Ein gebrauchstüchtiger Mehrzweckreifen wird immer ein Kompromiß sein zwischen den unterschiedlichen Eigenschaften. Unterhalb des Laufstreifens „bandagiert" der Gürtel die Cordlagen. Es werden fast nur noch Stahlgürtel verwendet. Eine Gürtellage besteht aus Stahlseilen, die entweder aus mehreren Einzeldrähten oder aus Litzen gedrillt sind. Die Stahlseile liegen parallel nebeneinander, sind in Gummi eingeschlossen und verlaufen spitzwinklig zur Längsrichtung des Reifens. Normale Pkw-Reifen haben zwei Gürtellagen, deren Seilrichtungen gegenläufig liegen, so daß sie sich spitzwinklig kreuzen. Da sie in Gummi eingebettet sind, findet keine Berührung statt.

Zielkonflikte

Im Reifenbau gibt es zahlreiche Zielkonflikte. Daß sich bei der Optimierung einer Eigenschaft gleichzeitig eine andere zum Nachteil verändert, ist im Reifenbau fast an der Tagesordnung. Welche Probleme hierbei auftreten, sei an folgenden Beispielen mit einseitig optimierten Eigenschaften geschildert.

- Ein betont *komfortabler Reifen* wäre teuer, hätte einen großen Rollwiderstand und wäre daher verbrauchsungünstig; er hätte ein unpräzises Lenkverhalten, wäre abriebsempfindlich und kurzlebig.

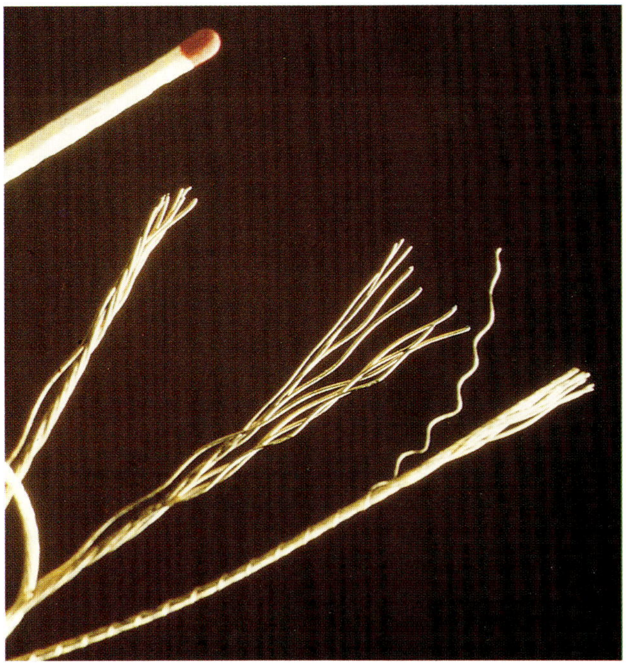

„Aufgedröselte" Stahlseile eines Gürtelreifens für Nutzfahrzeuge.

- Ein extrem *wirtschaftlicher Reifen* wäre hart im Abrollen, geräuschvoll, nässeempfindlich und ungeeignet für den Winter.
- Ein spezieller *Regenreifen*, das heißt ein Produkt, das auf nasser — nicht auf überschwemmter! — Fahrbahn überlegen fahrtüchtig ist, wäre geräuschvoll, abriebsanfällig, kurzlebig und empfindlich gegenüber Aquaplaning.
- Ein vorsätzlich auf *Auqaplaning träge reagierender Reifen* (einen gegen Aquaplaning unempfindlichen Reifen gibt es nicht!) wäre laut, unpräzise in der Lenkung und kurvenunsicher.

Aus diesen herausgegriffenen Gegenüberstellungen ist zu ersehen, wie problematisch es ist, Autoreifen „restlos" gut zu machen. Die Reifenkonzeption wird immer auf Kompromisse hinauslaufen. Eine gewisse Abstufung ist durch die Geschwindigkeitskategorie gegeben. Reifen der S-Klasse, also zugelassen bis 180 km/h, sind für das breite Segment der Mittelklassewagen bestimmt und daher auf Wirtschaftlichkeit ausgelegt. VR-Reifen hingegen, zugelassen für Geschwindigkeiten oberhalb 210 km/h, sind Autos zugedacht, deren Besitzer sich das Autofahren etwas kosten lassen. Bei den dazwischenliegenden HR-Reifen (oberhalb 180 km/h bis 210 km/h) sucht man den goldenen Mittelweg.

Nicht jeder Reifen ist der richtige

Natürlich ist es das Ziel eines jeden Reifenherstellers zu erreichen, daß ein oder einige Autowerke einen Reifentyp seines Programms als Serienausrüstung auf ihre Neuwagen montieren. Automobil-

Schon beim Entstehen eines Reifens arbeiten die Autoindustrie und die Reifenindustrie zusammen.

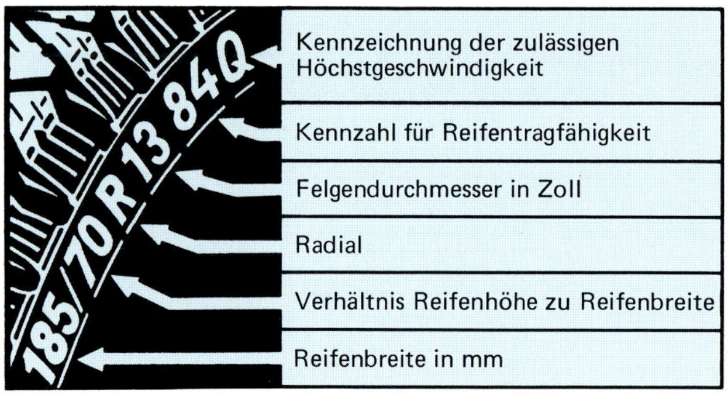

Die Reifenbezeichnung sagt aus, was für die Wahl des richtigen Reifens wichtig ist.

Bei einer Nach- oder Umrüstung sollte der Rat des Fachmanns eingeholt werden.

werke und Reifenhersteller stehen meistens in enger fachlicher Verbindung. Bereiten die Autowerke ein neues Fahrzeugmodell vor, dann werden oft in beiderseitigen Versuchen die geeigneten Reifen entwickelt und gebaut. Denn der Reifen ist heute kein Zubehör mehr, sondern ein Konstruktionselement des Autos wie das Getriebe oder die Achse, die Bremsen oder die elektrische Anlage.
Für Nach- oder Umrüstungen gibt es im allgemeinen keine markengebundenen Reifenfreigaben seitens der Autohersteller oder — umgekehrt — ausdrückliche Sperren. Es sind nur die in den Fahrzeugpapieren genannten Größen und Geschwindigkeitsstufen einzuhalten. Bei der Umrüstung auf Spezialreifen, wie z. B. ausgesprochene Sportreifen, Rallye-Reifen, Breitreifen oder Winterreifen ist es stets ratsam, sich über die amtliche Zulassung zu vergewissern.

Reifeprüfung der Reifen

Jeder größere Reifenhersteller hat eine Versuchsabteilung, in der sowohl in der Entwicklung begriffene als auch in der Serienherstellung befindliche Reifen ständig erprobt, kontrolliert, auf Höchst- und Dauerbelastung geprüft werden. Außer den gemeinsamen Projekten mit den Automobilwerken betreiben die Reifenunternehmen auch eigene Entwicklungen, mit denen sie erst dann an die Öffentlichkeit treten, wenn sie ein gebrauchstüchtiges Produkt anzubieten haben. Hierzu sind eingehende Versuchsreihen und lange Erprobungszeiten erforderlich. Auf Rotationsprüfständen, deren Trommeln Durchmesser bis zwei Meter haben, werden die Reifen auf Schnellauftauglichkeit getestet. Dabei können verschiedene Radlasten, Schräglaufwinkel, Schulterbelastungen usw. simuliert werden.
Darüber hinaus werden ausgiebige Straßenversuche gefahren, in hiesigen Regionen, am Polarkreis, in den Tropen, bei unterschiedlichem Klima und Straßenzustand. Viele Reifenwerke haben eigene Prüfgelände, auf denen unter wechselnden Fahr- und Fahrbahnbedingungen die Reifen erprobt werden im Höchstgeschwindigkeitsbereich, im Langstreckenversuch, auf gefluteter Fahrbahn, bei der Bremsprüfung, im Wedeltest, auf dem Schleuderkreis. Denn trotz aller elektronischer Hilfsmittel hat sich gezeigt, daß der subjektive Fahreindruck des Versuchsfahrers unentbehrlich ist.

Vielstufige Fertigung

Die Intelligenz der Hand

Die Reifenfabriken standen früher einmal in dem Ruf, unsaubere Arbeitsstätten zu sein mit üblem Geruch, Lärm und drückender Hitze. Eine heutige Reifenfabrik bietet jedoch in bezug auf die Betriebs-

Versuchswagen mit Kameras, die die Reifen bei allen Geschwindigkeiten in Nahaufnahmen filmen.

Neuzeitlicher vierfacher Trommel-Prüfstand für Reifen. Es können Geschwindigkeiten bis 250 km/h simuliert werden.

hygiene und das Umfeld keine ungünstigeren Arbeitsbedingungen als andere Produktionsbetriebe.
Die Reifenfertigung war in ständiger Wechselwirkung mit der Reifenentwicklung vielen Wandlungen unterworfen. Wer 1970 eine Reifenfabrik besichtigt und sich das Aussehen der Fertigungsstätten eingeprägt hat, würde in einem heutigen Reifenwerk seine Erinnerungen kaum noch bestätigt finden.
Trotz Mechanisierung und Automatisierung spielt in der Reifenherstellung auch bei der Großserienfertigung heute noch die Handarbeit eine Rolle. Kautschuk — ob natürlicher oder synthetischer Herkunft — und Gummi sind „lebende Stoffe", deren Werdegang vom Rohmaterial bis zur Heizpresse mit beobachtendem Auge und tastender Hand begleitet werden muß. Kautschukmischungen, „grün" oder vulkanisiert, haben keine definierten Zustandsformen. Sie sind zwischen den flüssigen und festen Stoffen einzuordnen und ändern ihre physikalischen Eigenschaften mit der Temperatur. Plastizität und Elastizität lassen sich dann nicht berechnen. Zum Behandeln von Kautschuk gehören Erfahrung, Behutsamkeit und Gefühl für das Material. Diese Fähigkeiten sind besonders im Reifenbau gefragt. Arbeitswissenschaftler nennen das Können, das von einem Reifenfacharbeiter verlangt wird, die Intelligenz der Hand.

Gebändigter Kautschuk

Die Reifenherstellung vollzieht sich in vier großen Produktionsbereichen, in
— den Rohbetrieben,
— der Vorbereitung,
— dem Fertigbau und
— der Vulkanisation.
In den Rohbetrieben werden die Gummimischungen nach den im Labor ausgearbeiteten und in Pilotfertigungen erprobten Rezepturen hergestellt. Die Materialien kommen vom Rohstofflager, werden automatisch abgewogen und in die in diesem Bereich wichtigste Maschine gegeben, in den Innenmischer. Er ist ein Walzwerk, das den zähen Kautschuk „zermalmt" und mit den Zusatzstoffen vermischt. Der Kautschuk wird dabei stark erwärmt und von einem zäh-elastischen in einen geschmeidig-plastischen Zustand gebracht. In diesem Zustand ist der Kautschuk aufnahmefähig für die zahlreichen Zusatzstoffe, wobei die Zufuhr von Sauerstoff einen wichtigen Einfluß ausübt.
In den meisten Reifenwerken läuft der Mischvorgang in zwei Stufen ab. Im ersten Innenmischer wird die Grundmischung hergestellt. Diese wird nach dem Verlassen des Mischers gekühlt, in Bahnen gewalzt und in „Felle" geschnitten. Die Felle gibt man zum zweiten Innenmischer, in dem die Fertigmischung hergestellt wird. Hier werden die Vulkanisationsmittel, in der Hauptsache Schwefel, hinzugefügt. Nun erklärt sich auch das zweistufige Verfahren: Im ersten Innenmischer entsteht so viel Wärme, daß — wenn schon die Vulkanisationsmittel eingemischt wären — stellenweise bereits ein Vulkanisationsprozeß eingeleitet würde. Dies wäre aber noch zu früh. Denn die Mischung muß noch mehrere Bearbeitungsvorgänge durchlaufen und hierfür plastisch verformbar und klebefreudig bleiben.

Gummi und Gewebe

Nach dem Verlassen des zweiten Innenmischers, Kühlen und Schneiden der Felle gelangt das Material in die Vorbereitung. Dabei verzweigt sich der Weg der fertigen Mischungen. Beschrieben seien hier nur die hauptsächlichen Fertigungszweige. Eine Mischung geht zur Karkassenfertigung. Sie passiert Schneckenpressen (Extruder), die eine weitere Homogenisierung der Mischung und eine Mengensteuerung vornehmen. Anschließend werden die aus den Extrudern austretenden Stränge zu Bahnen gewalzt.
Der Karkassencord ist meistens ein Reyongewebe — auch Polyester oder mit Nylon verstärkt —, das in langen Bahnen auf Rollen gewickelt angeliefert wird. Die Gewebebahnen durchlaufen ein Bad und werden dabei mit einer Latex- oder Kunstharzflüssigkeit getränkt, die eine „Affinität" zwischen Cord und Gummimischung herstellt. Dann treffen sich beide — die Gewebebahnen und die Bahnen der Fertigmischung — an der Dublierrolle. Hier werden die beiden Komponenten zusammengebracht: Ein aus mehreren Walzenpaaren bestehender Kalander preßt Gummi und Gewebe fest zusammen zu einem Verbund, als Vorstufe zur späteren Reifenwandung. Für schlauchlose Reifen wird meistens im gleichen Arbeitsgang der Innenliner dubliert. Die vorerst endlosen, beschichteten — „bekappten" — Karkassenbahnen werden aufgerollt. Die Rollen werden auf Schneidemaschinen je nach Reifengröße auf das entsprechende Maß geschnitten. Zwischen den einzelnen Arbeitsgängen sind immer wieder Stufen eingefügt zum Trocknen, Vorwärmen oder als Pufferzonen.

Gummi und Stahl

Ähnliche Vorgänge spielen sich bei der Gürtelherstellung ab. Die Drahtseile für den Gürtel liefern Spezialfabriken in Form von Spulen. Diese werden, um bei der weiteren Verarbeitung Maßdifferenzen durch Wärmedehnung oder Schrumpfung auszuschließen, in genau temperierten Räumen aufgesteckt. Die Seile führt man parallel durch Ösen und legt sie zu Bahnen zusammen. Es muß sichergestellt sein, daß sich die Seile nicht berühren oder gar überlagern. Anschließend erfolgt das Beschichten

In der Reifenfabrik: Schneidetisch mit Schlagschere, auf dem die Stahlgürtellagen in dem Winkel geschnitten werden, in dem sich die Lagen kreuzen sollen.

mit der Gummimischung. Die beschichteten Gurtbahnen werden dann auf Schneidetischen mit der Schlagschere in dem Winkel und in der Länge geschnitten, die für den vorgesehenen Reifentyp und die Dimension erforderlich sind, und dubliert. Denn es liegen ja mindestens zwei Gürtellagen übereinander. Im Gegensatz zum Cord einer Radialkarkasse kreuzen sich die Gürtelseile der verschiedenen Lagen in einem bestimmten Winkel, der sich je nach Reifentyp ändert. Nach dem Schneiden und Dublieren sind die Gürtel fertig zum Einbau.

Der dritte konstruktiv wichtige Verarbeitungszweig ist die Herstellung des Wulstkerns. Auch in diesem Fall kommen Stahl und Gummi zusammen. Die Drähte aus Edelstahl werden gummiert und entsprechend der vorgegebenen Felgengröße in etwa 16 Windungen zu Ringen gewickelt, die dann noch einmal ummantelt werden.

Ein weiterer Fertigungsvorgang ist das Spritzen der Laufstreifen. Wieder wird eine Gummimischung aus dem Innenmischer in einen Extruder eingegeben. Am Austritt des Extruders ist die sogenannte Spritzleiste angebracht. Sie ist eine Stahlplatte mit einem Schlitz, der schon den Querschnitt des Laufstreifens hat, natürlich noch ohne Profil. Die Öffnung des Schlitzes ist so berechnet, daß genau die Menge an Gummimischung durchgesetzt wird, die für den Laufstreifen nach Breite und Dicke gebraucht wird. Auch der Laufstreifen wird in der Länge geschnitten, die für den im Programm befindlichen Reifen vorgesehen ist.

Sorgfalt und handwerkliches Geschick

Die Fertigung des Reifens findet auf Reifen-Aufbaumaschinen statt und vollzieht sich meistens in zwei Schritten. Bei der ersten Aufbaumaschine wird aus der Karkasse und dem Wulstring der vorläufige Rohling gebildet. Die Karkasse wird auf einer Trommel zylindrisch gewickelt und „zusammengespleißt". Beiderseits setzt man die Wulstringe an, legt Kernreiter und Wulstfahnen auf und schlägt die Karkassenränder um die Wulstringe. Durch „Rollieren" werden die Bauteile schon so eng aneinandergefügt, daß eine fest klebende Verbindung hergestellt ist. Im zweiten Schritt — wieder an einer Aufbaumaschine — wird der Reifenrohling „bombiert".

Ein Reifen-Rohling wird von der Aufbaumaschine abgenommen. Die Lauffläche ist noch profillos.

Er bekommt dabei schon die Querrundung, aus der beim Heizen der am Fuß fast geschlossene Reifen entsteht. Denn bei diesem zweiten Aufbauschritt wird der Gürtel aufgelegt. Nach dem Auflegen des Gürtels wäre ein Bombieren nicht mehr möglich. Das Auflegen des Gürtels ist eine Millimeterarbeit, die viel Sorgfalt und handwerkliches Geschick erfordert. Über den Stahlgürtel mit gekreuzten Seilen wird häufig noch eine Nylonbandage mit exakt längsliegenden Fäden gezogen. Über den Gürtel wird der Laufstreifen gelegt. Manche Reifen bekommen noch besondere Seitenwandbeschichtungen, Schulterkissen oder Zwischenlagen zur Verstärkung, zur Erhöhung der Elastizität oder zur Minderung der Verletzungsempfindlichkeit.

Der Feuergott Vulkanus waltet

Der so konfektionierte Reifenrohling, der nun eine tonnenförmige Gestalt hat, wird jetzt zur Heizpresse transportiert. Die geteilten Formen der Heizpresse — etwa wie das Ober- und Unterteil eines Waffeleisens — haben an ihren Innenwänden das Negativ des für den Reifen bestimmten Profils. Nach dem Schließen der Formen wird der in den Reifen gelegte Heizbalg unter hohen Dampfdruck gesetzt. Dabei wird der Reifen an die Formwände gepreßt, wobei sich in die Lauffläche das Profil einprägt. Bei Heiztemperaturen von 170 °C bis 200 °C ist der Vulkanisationsprozeß in 12 bis 18 Minuten je nach Mischung, Reifentyp und -größe beendet.
Der fertige Reifen wird ausgeworfen. Nach dem Abkühlen durchläuft das schwarzglänzende Endprodukt verschiedene Kontrollen: die Sichtkontrolle, Unwuchtkontrolle, Kraftschwankungsprüfung, Röntgenkontrolle; dann wird er zum Lager transportiert.
Nach modernsten Fertigungsmethoden hergestellt hat ein solcher Reifen ein Höchstmaß an Sicherheit. Er ist einer von Millionen, die täglich in aller Welt hergestellt werden und Milliarden Kilometer zurückzulegen haben.

Die von der Heizpresse ausgeworfenen Reifen durchlaufen nach der Abkühlung mehrere Qualitätskontrollen.

Mercedes 1904

Dieses Auto setzte unmittelbar nach der Jahrhundertwende einen unübersehbaren Markstein in der Geschichte der Automobiltechnik. Es war auch das erste, das den Markennamen Mercedes trug.
Sein Entstehen verdankt es dem österreichischen Generalkonsul in Nizza, Emil Jellinek, der sich privat als Importeur von Daimler-Automobilen betätigte. Als begeisterter Automobilsportler beauftragte er Wilhelm Maybach, für ihn „das Auto von übermorgen" zu konstruieren.
Die Maybach-Schöpfung war ihrer Zeit weit voraus. Merkmale: Chassisrahmen aus Stahlblech, Motor mit mechanisch gesteuerten Ventilen und Druckschmierung, Wabenkühler, Vierganggetriebe mit Kulissenschaltung und Niederdruckbereifung an den gleich großen Vorder- und Hinterrädern. Langer Radstand und tiefe Schwerpunktlage sorgten für überragende Fahreigenschaften.
Aus „politischen Gründen" wollte Jellinek (der Krieg 1870/71 war noch keineswegs vergessen) die bestellten 36 Autos des neuen Typs unter einem neutralen Namen anbieten. Er nannte sie nach seiner Tochter Mercedes.
Der neue Mercedes erwies sich alsbald im Motorsport allen Gegnern überlegen und wurde zu einem Vorbild, an dem sich weltweit die Automobilkonstrukteure orientierten. Aus diesem ersten Mercedes wurde in den nachfolgenden Jahren das Modell „Simplex" entwickelt, so bezeichnet wegen der vereinfachten Bedienung.
Das Bild zeigt einen Mercedes Simplex von 1904.

Das Haus, in dem wir reisen

Wer ein Auto betrachtet, sieht zunächst die Karosserie — ihre Form und ihre Farbe. Innenraum- und Sitzgestaltung, Instrumentenanordnung, Art und Farbe von Verkleidungen und Sitzbezügen, Größe und Form des Kofferraums — dies alles sind Elemente der Karosserie, die im Anschluß an die äußere Form beurteilt werden. Die nicht sichtbaren Einzelheiten eines Automobils folgen erst danach — wenn überhaupt.

Die Karosserie bildet heute die tragende Struktur des Automobils, in und an der alle übrigen Bauteile befestigt sind, die das Auto fahren lassen. In die Karosserie sind die Glasscheiben eingelassen, die Radaufhängungen sind an ihr befestigt, sie trägt den Motor, das Getriebe, das Differential.

Alle Personenwagen-Karosserien werden heute in „selbsttragender" Bauweise hergestellt. Sie haben keinen separaten Tragrahmen mehr, wie er früher üblich war. Damit ist die Karosserie zum Hauptteil des Automobils geworden, nachdem sie zu Beginn der Entwicklung und danach noch etwa 50 Jahre lang lediglich ein mit dem Rahmen verschraubtes, leider notwendiges Detail war, um den Insassen Wetterschutz und ein bestimmtes Maß an Komfort zu bieten.

Motor, Getriebe, Radaufhängungen, Federungen und Räder haben sich in der einhundertjährigen Geschichte des Automobils erheblich verändert. Doch den größten Wandlungen war die Karosserie unterworfen. Vom primitiven Kutschwagen-Holzsitz bis zur aerodynamich optimierten Leichtbaukarosserie, die den Insassen höchste Sicherheit bietet, erfolgte eine Evolution mit zahlreichen Tiefen und Höhen, die längst noch nicht abgeschlossen ist.

So hat zwar das Stilempfinden die Form zahlloser Automobile wesentlich beeinflußt. Doch in der Rückschau ist festzuhalten, daß nüchterne, ingenieurmäßige Überlegungen und die jeweils zur Verfügung stehenden Baumaterialien und Fertigungsmittel die Entwicklung der Karosserie sehr viel stärker geprägt haben. Selbst stilistische Verirrungen haben nichts daran ändern können, daß die Automobile zu langlebigen, immer sparsameren Gebrauchsgegenständen geworden sind.

Die Entwicklung der Karosserie geht — wie die aller anderen Bauteile eines Automobils — stetig weiter. Bessere Aerodynamik ohne Beeinträchtigung der Alltagsbrauchbarkeit, leichtere Bauweise zur Einsparung von Werkstoffen und Antriebsenergie und besserer Insassenschutz, leichtere Bedienbarkeit und höherer Komfort sowie bessere Raumausnutzung sind die Ziele, an denen überall in den Automobilfabriken der Welt gearbeitet wird.

Von der Kutsche zum Automobil

In der Frühzeit der Entwicklung war das Rad lediglich Mittel zum Zweck, es sollte die Gleitkufen primitiver Transportmittel ersetzen, höhere Geschwindigkeit und höheres Transportgewicht zulassen. Somit entstanden die ersten „Wagenkästen", die ersten primitiven Karosserien.

Schon die Römer hatten ein ausgedehntes Transportwesen mit recht geräumigen Pferdewagen, deren Holzkästen mit Planen überdeckt werden konnten. Die damals benutzten Radachsen waren direkt mit der „Karosserie" verbunden, eine Federung gab es nicht.

An dieser Technik änderte sich bis weit ins 15. Jahrhundert nichts, erst dann wurde in Ungarn die Kutsche erfunden — ein festes Gehäuse, um den darin reisenden Menschen besseren Witterungsschutz zu geben. Die Weiterentwicklung erfolgte nur langsam, denn die Geschwindigkeit der von Pferden gezogenen Kutschen blieb unverändert, zumal die schlechten Straßen nicht einmal die vollständige Ausnutzung der von Pferdegespannen erreichbaren Geschwindigkeiten erlaubten.

Mit der Einführung der Federung erfolgte die Trennung von Fahrwerk und Karosserie bei der Kutsche. Es war eine Bauweise, die in den ersten beiden Jahrzehnten nach 1886 von manchen Anfängern der Kunst des Automobilbaus gewählt wurde.

Beim Kutschenbau verwendete man Holz für den Aufbau und Metalle für Scharniere, Schlösser, Federn und Beschläge. Der Kutschenbau war reines Handwerk, von der fabrikmäßigen Herstellung noch

12

weit entfernt. Dennoch beschäftigte man sich etwa ab Mitte des 19. Jahrhunderts auch theoretisch mit dem Kutschenbau, freilich ohne grundlegend neue Ideen zu entwickeln. Von diesem Bereich waren Karl Benz und Gottlieb Daimler sowie Wilhelm Maybach weit entfernt, denn alle drei kamen aus dem Maschinenbau, und ihr Hauptanliegen galt der Entwicklung brauchbarer Motoren, die es noch nicht gab.
So ist es verständlich, daß sowohl der dreirädrige Patentmotorwagen von Karl Benz als auch das Motor-Zweirad von Daimler und Maybach keinerlei Ähnlichkeit mit den Kutschwagen ihrer Zeit hatten.
Sowohl Benz als auch Daimler, in Frankreich auch Peugeot und Panhard & Levassor, übernahmen von den drehschemelgelenkten Kutschwagen die unterschiedlich großen Räder. Vorn waren sie klein, hinten groß. Da die Motoren zunächst im Wagenheck untergebracht waren, hatte dies wegen der höheren Hinterradbelastung seine Berechtigung, die aber

Wie die Motorkutsche von Daimler (1886) war auch der Benz-Victoria von 1893 ein typischer Vertreter der Kutschwagenepoche.

„Verbund"-Rahmen des Benz-Victoria (1893) aus Holz und geschmiedetem Flacheisen.

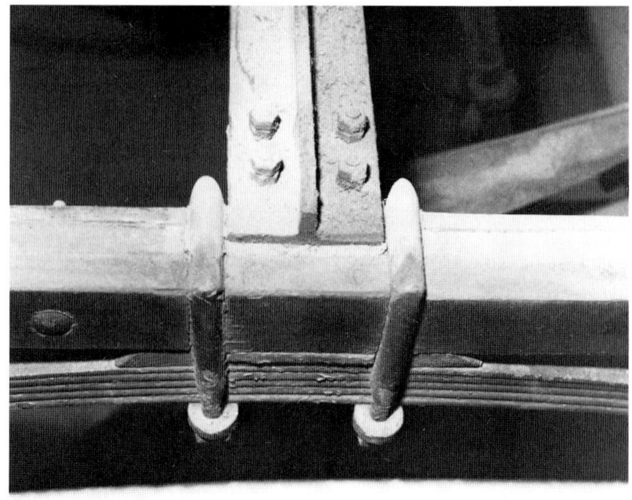

Blattfederbefestigung am Benz-Victoria durch handgeschmiedete Briden. Da man noch nicht schweißen konnte, sind die Traversen mit den Rahmen-Längsholmen ebenfalls verschraubt.

Schloßschrauben halten Holz- und Flacheisenteile des Benz-Victoria-Rahmens zusammen. An den unregelmäßigen Schraubenabständen läßt sich ablesen, daß an diesen Stellen von Hand ohne Zeichnung gebohrt wurde.

nicht mehr galt, als Emile Levassor ab 1891 den Motor in den Wagenbug verlegte (System „Panhard"). Erst Maybach führte 1900 bei der Daimler-Motoren-Gesellschaft (DMG) für vorn und hinten gleich große Räder ein, wogegen der Phoenix von 1899 und der erste Mercedes-Wagen noch auf ungleich großen Rädern rollten.

1886 hatten Daimler und Maybach durch Einbau ihres Einzylinder-Motors und Anbau einer Lenkung eine komplette Kutsche in ein Automobil umgewandelt, das allerdings eine originale Kutschwagen-„Karosserie" behielt. In den Jahren danach blieb das — bei anderen Herstellern — kein Einzelfall; man war sich jedoch auch darüber klar, daß dies nur eine Notlösung sein konnte.

Auch die französischen Wagen der Jahre nach 1890 hatten zunächst Holzkarosserien, die dem Kutschwagenbau zumindest formal entlehnt waren. Bei Peugeot blieb das so, bis man 1901 ebenfalls zum vorn liegenden Motor überging. Aber auch Benz, später Lutzmann/Opel, in England Daimler, Humber, Rover und andere, der erste FIAT in Italien 1899 und die frühen Versuche in den USA folgten dem gleichen Schema. Das ist verständlich, da sich die Wagen- und Kutschenbauer nach Bekanntwerden der ersten Automobile für diese neue Gattung zu interessieren begannen oder von den Automobilherstellern zu Rate gezogen wurden. Allmählich entstanden dann aus den Kutschenbaubetrieben die Karosseriehersteller, die über viele Jahrzehnte das Aussehen der Automobile wesentlich bestimmten.

In Frankreich entwickelte sich der Automobilbau nach 1890 rascher als in Deutschland und mit so durchschlagendem Erfolg, daß viele Anfänger im Deutschland der Jahrhundertwende zunächst mit französischen Lizenzbauten begannen. Andererseits gab es schon durch die zunehmende Anzahl von Ausstellungen, auf denen „auch" Automobile gezeigt wurden, und solchen, die ausschließlich dem Automobil gewidmet waren, aber auch durch Rennen und Zuverlässigkeitsfahrten einen ständigen Gedanken- und Erfahrungsaustausch über die Grenzen hinweg. Außerdem blühte bereits vor 1900 der internationale Handel mit Zulieferteilen, und neue Entwicklungen führten sich bei den größeren Herstellern in überraschend kurzer Zeit ein.

Selbstverständlich gab es bereits vor 1900 Moderichtungen auch bei Automobilkarosserien, wobei man sich an beständigere Formen heranzutasten suchte, ohne diese zu erreichen. Denn die Entwicklung schlug auf allen Gebieten ein so schnelles Tempo an, daß sich zukunftsträchtige Karosserieformen nicht ausbilden konnten.

Die Neuzeit begann mit dem Mercedes Simplex

Dem begabtesten und erfindungsreichsten Konstrukteur seiner Zeit, Wilhelm Maybach, blieb es vorbehalten, die automobile Kutschwagenepoche zu beenden und das Automobil auf einen eigenständigen Weg zu führen.
Dazu hatte freilich eine ganze Generation von Konstrukteuren in Deutschland und Frankreich die Grundlage geschaffen: Maybach selbst durch leistungsfähige Motoren, Bosch durch die Zündung, Michelin durch die Entwicklung der Luftreifen und Levassor durch den Einbau des Motors im Bug. Auch die Zuliefersituation hatte sich gebessert. Mußten nahezu alle Teile des Fahrzeugs zunächst vom Automobilhersteller in Handwerksmanier angefertigt werden, so konnte er um die Jahrhundertwende bereits fertige Teile von der Zulieferindustrie erwerben.
Doch die Karosserien thronten noch immmer hoch über dem Boden. Tragendes Element der damaligen Automobile war der Rahmen aus Holz, Stahl-Holz-Verbund oder Stahlrohr. Am Rahmen waren alle lebenswichtigen Teile des Automobils befestigt, und die Fahrzeuge waren auch ohne aufgesetzte Karosserie fahrfähig. Der Einfallsreichtum beim Bau von Karosserien war fast grenzenlos, denn jedes Automobil war eine Einzelfertigung, die oft von den Wünschen und Vorstellungen des Käufers bestimmt war. Die Serienfertigung begann erst mit De Dion-Bouton um die Jahrhundertwende, aber die Wagen waren durchaus nicht absolut identisch, wie man das heute gewohnt ist.
Die Rennbegeisterung in Frankreich hat die Entwicklung des Automobils wesentlich beschleunigt. Sie strahlte auch nach Deutschland aus. So ist bekannt, daß der Kaufmann Emil Jellinek als österreichischer Generalkonsul mit Wohnsitz in Nizza erheblichen Anteil an der Entwicklung bei Daimler nahm. Kurz vor der Jahrhundertwende forderte er vom Bad Cannstatter Unternehmen einen Wagen mit verbesserten Fahreigenschaften, tiefer liegendem Schwerpunkt und stärkerem Motor.
Gottlieb Daimler und Wilhelm Maybach waren erst zum Jahresende 1895 auf massiven Druck des führenden englischen Fachmannes F. R. Simms wieder zur inzwischen dahinvegetierenden Daimler-Motorengesellschaft zurückgekehrt. Und erst von diesem Zeitpunkt an entwickelte sich das Unternehmen zur Automobilfabrik, da zuvor hauptsächlich — sowohl gegen Daimlers als auch Maybachs Wünsche — Motoren für andere Hersteller gefertigt und Lizenzen vergeben wurden. Komplette Automobile blieben Ausnahmen, während Benz in Mannheim bereits mit gutem Erfolg Automobile fertigte und verkaufte.

Der Victoria war der erste Benz-Wagen mit Achsschenkellenkung. Sie wurde über die beiden hier sichtbaren Zahnstangen betätigt.

Bei dem letzten von der Daimler-Motoren-Gesellschaft gebauten Wagen alter Bauweise, dem 28-PS-Daimler-Phönix-Vierzylinder von 1899, lag der Rahmen noch hoch über den Achsen. Doch der im Dezember 1900 an Jellinek in Nizza gelieferte Daimler-Wagen hatte einen langen Radstand, der Rahmen lag erheblich tiefer, und die Sitze befanden sich zwischen den Achsen. Ein weitgehend aus Aluminium und Magnesium hergestellter Motor mit elektrischer Zündung, verbessertem Vergaser und leistungsfähigem „Bienenwabenkühler" senkte das Fahrzeuggewicht.
Der Wagen war offen und bot vier Personen Platz. Selbstverständlich hatte Maybach den Motor hinter dem Kühler im Bug untergebracht. „Alles, was wir machten", schrieb er, „hat bis jetzt keine Vorbilder, wir maschieren heute an der Spitze . . ."
Der von Jellinek nach seiner damals 11 Jahre alten Tochter „Mercedes" genannte Wagen errang bereits bei seinen ersten Starts in der „Woche von Nizza" so überwältigende Erfolge, daß der französische Journalist Paul Meyan erklärte: „Wir sind in die Ära Mercedes eingetreten."
Hatte zehn Jahre zuvor Emile Levassor durch den Einbau des Motors im Bug den ersten Schritt zum modernen Automobil getan, so vollzog Maybach mit dem Mercedes nun den zweiten. Die Daimler-Motoren-Gesellschaft konnte mit dem Erfolg überaus zufrieden sein. Im Jahr 1902 betrug der Auftragsbestand für die Maybachschen Mercedes-Wagen mehr als 12 Millionen Reichsmark!
Aus dem ersten Mercedes entstand der Mercedes-Simplex, dessen gepreßter Profilstahlrahmen noch tiefer rückte. Auch der Radstand wuchs, und anstelle der vorderen Rohrachse erhielt er eine solche aus

Originalfoto jenes ersten von Maybach konstruierten Mercedes-Wagens, der 1901 in der „Woche von Nizza" so spektakuläre Erfolge errang. Die hinteren Sitze wurden für die Wettfahrten entfernt.

Profilstahl. Die Bedienung hatte Maybach vereinfacht (daher der Name „Simplex"), und neue Motoren sorgten für höhere Fahrleistungen. 1904 stellte W. K. Vanderbilt in Florida mit dem 90-PS-Simplex-Wagen eine Weltbestleistung auf, bei der eine Durchschnittsgeschwindigkeit von 148,700 km/h ermittelt wurde.

In den Karosseriebau des „alten Europa" für Serien-Automobile kehrte nun für etwa 20 Jahre Stille ein. Denn weder Materialien noch Herstellmethoden änderten sich. Trotz allmählich größer werdender Serien blieb man bei Stahl, Holz und Blech. Gewiß wurden die Rahmenteile längst durch Nieten verbunden und nicht mehr durch teure Schrauben, und hier und da wurde schon autogen geschweißt. Auch die Qualität der verwendeten Karosseriebleche besserte sich. So mußte man sich in der Anfangszeit mit Schwarzblech zufriedengeben, dessen oxidische Walzhaut den Fertigungsprozeß erheblich erschwerte. Sie blätterte bei der Blechverformung stellenweise ab. Die Reste mußten abgebrannt und die Bleche schließlich mit der Hand geschliffen werden.

Die Blechverformung war eine Handarbeit für Spezialisten, zeitaufwendig, teuer und wenig präzise. Das ist ein Grund, warum es zwar auch in Europa Ansätze zur Ganzstahlkarosserie gab, aber bis in die dreißiger Jahre keine rentable Serienfertigung. So blieb es (sogar noch bis zu Beginn der fünfziger Jahre!) beim Holzgerippe, das der Karosserie die notwendige Steifigkeit gab. Diese Bauweise hatte zudem Vorteile, die man erst später beim Vergleich mit Ganzstahlkarosserien entdeckte: Holz hat gute Dämpfungseigenschaften, Holzgerippe-Karosserien waren deshalb „leiser". Dies blieb freilich nicht so. Durch Belastung und schlechte Straßen begannen sich die Verbände zu lockern, die Karosserien quietschten, ächzten und klapperten . . .

Vom Holz- zum Preßstahlrahmen

Die Geschichte der Automobilkarosserie ist auch eine Geschichte der Verfügbarkeit der Produktionsmittel und der Materialien. So gab es zwar 1885/86 bereits Stahlrohr, aber die Möglichkeit zur Herstellung größerer Teile aus gepreßtem Stahlblech zeichnete sich noch nicht einmal am Horizont ab. Ebenso stand es mit größeren Schmiedeteilen, etwa für die nicht angetriebenen Vorderachsen der Fahrzeuge. Hinzu kommt freilich, daß die Stückzahlen in der Automobilfertigung der ersten 15 Jahre viel zu klein waren, um Preßwerkzeuge und Gesenke zu amortisieren. Die Automobile und ihre Karosserien wurden in Handwerksmanier hergestellt — aus Materialien, die sich mit einfachen Werkzeugen bearbeiten ließen: Der geeignete Werkstoff war vor allem Holz.

Schon frühzeitig entstand eine Zulieferindustrie, die mit Interesse verfolgte, wie die Automobile laufen lernten. So bezog z. B. Benz in Mannheim von 1888 an Rohrachsen mit Kugellagern von der Geraer Firma Hering und die Drahtspeichenräder etwas später von den Adler-Werken Heinrich Kleyer in Frankfurt. Lechler offerierte Hochdruckdichtungen aus Kupfer und Asbest, und Lutzmann in Dessau, die 1895 den Automobilbau aufnehmen sollten und

diesen Zweig 1899 an Opel verkauften, stellten um 1890 noch Namensschilder „in Schmiedeeisen mit emaill. Schriftplatten ... in verschiedenen Größen geschmackvoll und dauerhaft ..." her.
Für „Consultationen" konnten beratende Ingenieure 4 Reichsmark pro Stunde berechnen und für einen Reisetag mit Übernachtung 60 RM, zuzüglich der Fahrgelder. Im Deutschen Reich wurden 1888 insgesamt 9 869 Patente angemeldet. Am 1. 12. 1895 zählte man 46 855 704 Einwohner auf einer Fläche von 540 604 km². Von 18 989 494 Erwerbstätigen arbeiteten 8 236 496 in der Land- und Forstwirtschaft, aber nur 6 396 465 in Industrie, Bergbau und Bauwesen. Berlin hatte etwa 1,5 Mio. Einwohner und Stuttgart 126 000.
Der Benz Victoria wog im Jahr 1893 650 kg und kostete 3 800 Reichsmark. Bereits 1892 hatte die Bergische Stahlindustrie in Remscheid (BSI) mit der Lieferung von Baustahl an die Automobilhersteller begonnen. Es müssen schon merkliche Posten gewesen sein, daß die Aufzeichnung sich lohnte.
Den Fortschritt im Automobilbau kann man daran ablesen, daß ein Benz Velo von 1894 nur noch 280 kg wog und 2 000 RM kostete. Benz baute davon bis zum Jahr 1897 insgesamt 1 200 Stück.
Im Jahr 1895 wurde Hella in Lippstadt gegründet mit dem Ziel, Beleuchtungen und andere Teile für Automobile herzustellen. Ins Jahr 1897 fiel die Gründung der Karosseriefabrik Erdmann & Rossi in Berlin und die der Kronprinz AG in Solingen, die sich auf Chassisteile spezialisierte. Bei Kronprinz wurde 1903 das abnehmbare Stahlrad entwickelt.
Während Benz mit einem Stahlrohrrahmen begann und erst später zu Holz als Rahmenwerkstoff überging, hatten nahezu alle anderen „Anfänger" in allen Ländern der Welt Holzrahmen für ihre Erstlingswerke benutzt — bis auf die Franzosen, die von den Rohrrahmen von Daimler und Benz ausgingen und nahezu ausnahmslos bis nach der Jahrhundertwende dabei blieben. Durch eine hochentwickelte Fahrradindustrie hatten sie — besonders Peugeot — dafür auch die besten Voraussetzungen.
Allerdings mußten die sehr leichten Rohrrahmen bei fortschreitender Erfahrung (und zunehmendem Gewicht) nicht alle Belastungen aufnehmen, denn die aufgesetzten Holzkarosserien waren nahezu „selbsttragend", da sie gesondert fertiggestellt und dann auf den Rahmen gehoben wurden, um mit ihm verbunden zu werden.
Daß die ersten Automobile schwer waren, lag jedoch nicht nur allein an der soliden Holzkarosserie, sondern an der beträchtlichen Masse des Antriebs, der mit steigenden Motorleistungen, zunehmender Anzahl von Zylindern und Getriebegängen immer größer wurde, zumal die gewaltigen Gehäuse für Motor und Getriebe zunächst überwiegend aus Gußeisen bestanden.
So wog der erste Peugeot-Wagen mit Benzinmotor von Daimler (V 2) bei einer Länge von 2 300 mm im Jahr 1891 nur 400 kg, der Peugeot Typ 6 von 1894 brachte es auf 650 kg und der Typ 22 von 1898 auf 1 000 kg. Dieser Peugeot war ohnehin ein bemerkenswertes Auto: Es hatte hinter dem Führerstand eine Pritsche, auf der Waren transportiert oder Sitze befestigt werden konnten.
Die „Rahmenwende" wurde von Maybach bei der Daimler-Motorengesellschaft kurz vor der Jahrhundertwende eingeleitet. Bereits einige Varianten des Daimler-Phönix hatten reine Stahlrahmen aus U-Profilen (Maschinenbaustahl), während Maybach für die danach entwickelten Mercedes-Wagen erstmalig Rahmen aus gepreßtem Stahlblech verwendete. Gab es im Daimler-Programm gleichzeitig noch Holz-Stahl-Verbundrahmen, so wurden von 1902 an nur noch Preßstahlrahmen benutzt. Denn mit ihnen ließ sich größere Tragfähigkeit bei geringerem Gewicht erzielen. Außerdem stiegen die Stückzahlen in allen produzierenden Ländern so an, daß es sich für die Rahmenhersteller lohnte, entsprechende Preßwerkzeuge herzustellen.
Um die Jahrhundertwende schossen die Hersteller von Stahlblechrahmen wie Pilze aus dem Boden, denn die Automobilfabrikanten stellten diese Stahlblechrahmen nicht selbst her. Sie blieben zunächst Handwerksbetriebe und erwarben eine Vielzahl von Bauteilen von den aufstrebenden Zulieferunternehmen, die sich innerhalb weniger Jahre zu hochrangigen Spezialisten entwickelten.
Es ist anzunehmen, doch heute nicht mehr nachzuprüfen, daß mindestens im Anfang mehrere Automobilhersteller die gleichen Rahmenteile benutzten. Nicht zuletzt dadurch ergaben sich Bauteil-Ähnlichkeiten, die von manchen Neulingen unter den Automobilherstellern durchaus gepflegt wurden.
In Frankreich wurde der Preßstahlrahmen kurz nach Erscheinen des Mercedes ebenfalls übernommen und löste dort — zunächst bei schwereren Automobilen — allmählich den Rohrrahmen ab. Peugeot verwendete ihn ab 1902 bei einzelnen Modellen und ab 1904 in der gesamten Produktion. Mathis in Straßburg bezog ab 1903 die Rahmen bei Chillingworth in Nürnberg, und es ist anzunehmen, daß auch andere französische Hersteller in der Anfangszeit diesem Beispiel folgten.
In England, wo bekanntlich wegen der massiven Gegnerschaft der Eisenbahnen die Motorisierung erst später begann, blieb man dem Rohr- und Holzverbundrahmen noch etwas länger treu — es war eine Frage der gefertigten Stückzahlen.
Ein ähnliches Bild zeigte sich in den USA; hier erfolgte der Sprung ins Automibilzeitalter erst durch Henry Ford — dafür aber dann mit unglaublicher Vehemenz.
Der Preßstahlrahmen aus U-Profilen ist ein weiterer Meilenstein in der Geschichte des Automobils. Er wurde im Bau von Personenwagen erst von der selbsttragenden Karosserie abgelöst, hielt sich aber bei Transportern, Geländewagen und Nutzfahrzeugen bis heute. Aus dünnwandigem Stahlblech gepreßt, zunächst gerade von vorn bis hinten durch-

Mit dem „T-Modell" — abgebildet ist die Ausführung von 1908 — leitete Ford die Motorisierung in den USA ein. Noch immer folgte die Karosserie den Kutschwagenvorbildern.

Bugatti 17 mit Holzkarosserie und 3 Sitzen von 1914. Er hatte bereits das, was man später ein „Bootsheck" nannte.

laufend, erhielt er bald die verschiedensten Formen. Dabei wurden Motor und Getriebe fest mit ihm verschraubt, und die beiden Längsholme erhielten ihre Steifigkeit durch Traversen. Alle Anbauten wurden mit dem Rahmen vernietet oder verschraubt.
Trotz des tiefer gelegten Rahmens beim ersten Mercedes blieben die Bodenbretter für die Füße der Insassen bis in die dreißiger Jahre über dem Rahmen, weil Motor und Getriebe den Platz zwischen den Längsträgern und darunter für sich beanspruchten. Erst die rahmenlose Bauweise und immer kleinere Motoren sowie Getriebe ließen den Platzbedarf des Antriebs schrumpfen.
Rahmen, Achsen und Antrieb bildeten bis zur Einführung der selbsttragenden Karosserie durch Adler, Citroen, Lancia, Opel und Vauxhall in den dreißiger Jahren eine fahrfähige Baugruppe, auf die man die Karosserie setzte. Diese Bauweise begünstigte die Spezialisierung zahlreicher ehemaliger Wagenbaubetriebe zu Karosserieherstellern, zumal hauptsächlich Holz verwendet wurde. Nur wenige Automobilhersteller fertigten ihre Karosserien selbst an, wie z. B. Peugeot in Frankreich.
Viele Namen von Karossiers der ersten Zeit sind verlorengegangen, nur wenige sind überliefert. Das Unternehmen Erdmann & Rossi in Berlin wurde schon genannt. Peter Bauer lieferte die Karosserie für den ersten Horch-Wagen im Jahr 1899, Van den Plas in Brüssel für Bergmann-Metallurgique. Karmann in Osnabrück, 1902 gegründet, baute zunächst Karosserien für Dürkopp, später auch für Opel. F. O. Lueg in Bochum lieferte ab 1905 Karosserien für Mercedes, Adler, Hexe u. a.
Die Karosseriefertigung zunächst für NSU wurde bei Drauz in Heilbronn etwa 1906 begonnen, danach wurden auch Adler und Benz beliefert.
1907 baute die Karosseriefabrik Kathe & Sohn in Halle die erste Limousine, im gleichen Jahr begann Reutter in Stuttgart mit der Lieferung von Karosserien an Opel und Mercedes. Tönjes in Delmenhorst begann mit der Karosserie-Serienfertigung nach eigenen Patenten im Jahr 1909, nachdem man ab 1902 schon Einzelstücke für die verschiedensten Fahrgestelle gebaut hatte.
Mitte der zwanziger Jahre gab es in Deutschland rund 30 große und bekannte Karosseriehersteller und nochmals mindestens die doppelte Anzahl kleinerer Firmen. Ein ähnliches Bild zeigte sich in Frankreich. Gangloff arbeitete vor allem für Bugatti, Kellner in Paris wurde durch seine Cabriolets bekannt. Aber auch Chapron und Letourneur & Marchand hatten einen guten Namen. In England ist vor allem Hooper zu nennen, die Karosserien an Rolls-Royce und Daimler lieferten und noch heute bestehen. Mulliner sowie Park-Ward sind weitere bekannte Namen. In Italien wären Castagna zu nennen, Farina und Zagato.
Die große Zeit der Karossiers ist heute längst vorbei; Karosserien sind seit Geburt der selbsttragenden Bauweise eine Domäne der Automobilhersteller.

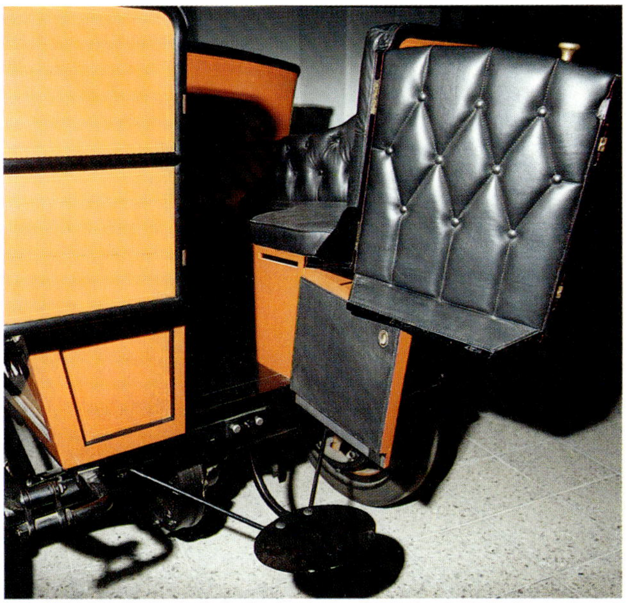

Einstieg durch eine Tür im Heck zu den hinteren Sitzen eines Horch-Wagens von etwa 1904 (Holzkarosserie, Lederbezüge der Polster).

Vor allem die italienischen Karossiers aber hatten rechtzeitig die Zeichen der Zeit erkannt und manche von ihnen — und einige neue dazu — sind heute hochbezahlte, gutbeschäftigte Styling-Unternehmen. Zum Teil sind sie selbständig — wie z. B. Ital-Design (Giugiaro) oder Pininfarina — oder gelten als Ideenschmieden großer Automobilkonzerne wie z. B. Ghia, die zu Ford gehören.
Auch Karmann hat überlebt und ist ein vielbeschäftigter Karosseriehersteller geblieben, weil man sich rechtzeitig auf moderne Fertigungsmethoden umstellte. Heute entstehen hier Karosserien für VW, Ford und BMW, freilich nach Entwürfen und Vorgaben der Auftraggeber.
Zahlenangaben aus der Anfangszeit des Automobils sind mit Vorsicht zu nennen, und so kann man nur mit einiger Sicherheit schätzen, daß sich im Jahr 1900 allein in Deutschland etwa 30 Firmen oder als Unternehmen firmierende Einzelpersonen mit dem Automobilbau beschäftigten, während die Anzahl der Karosseriehersteller unbekannt ist. Es mögen weit über 100 gewesen sein, zumeist Wagenbaubetriebe, von denen manche nur wenige Automobilkarosserien fertigten — oder gar nur eine, um sich danach stolz „Karosseriefabrik" zu nennen.

Die Aluminiumkarosserie ist keine Erfindung der Neuzeit

Die Herstellung von Holzkarosserien war langwierig und aufwendig, Holzkarosserien waren zudem schwer. Darum hat es zu allen Zeiten Versuche gegeben, Karosserien aus leichteren Materialien herzustellen. So entwickelte Dürkopp im Jahr 1899 für

Audi „Alpensieger" Typ C, mit dem August Horch zweimal die Österreichische Alpenfahrt gewann (Baujahr 1912). Der Wagen befindet sich noch im Originalzustand im Deutschen Museum in München.

Das Wanderer-„Puppchen" von 1911 mit zwei hintereinander angeordneten Sitzen gehörte zu den zaghaften Versuchen in Deutschland, preiswerte Automobile zu fertigen.

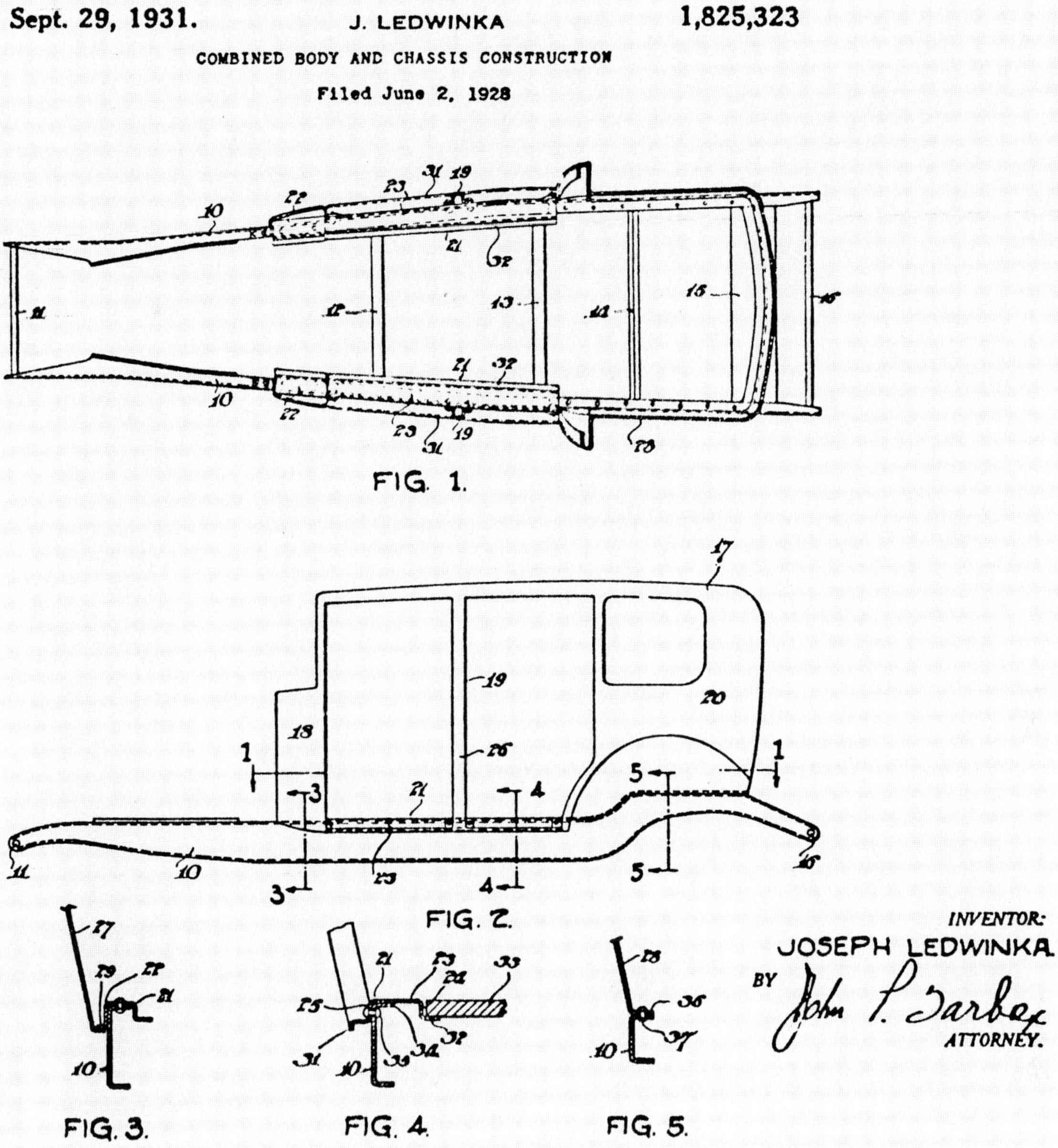

Eine der Patentschriften Joseph Ledwinkas von 1928 beschreibt die selbsttragende Karosserie, hier als Kombination aus Rahmen und Karosserie ausgeführt. Gegenüber früheren, weit fortschrittlicheren Ideen des Budd-Chefkonstrukteurs war dies ein Rückschritt, aber im Interesse der konservativen Kundschaft.

die Internationale Motorwagen-Ausstellung in Berlin einen kleinen Sportwagen, der aus Gewichtsgründen eine Aluminium-Karosserie erhielt. Auf der Ausstellung fand der Wagen naturgemäß viel Beachtung.

Aluminiumbleche wurden danach vorwiegend für Renn- und Sportwagen benutzt, selten für normale Automobile. Denn Aluminiumblech war damals teuer, außerdem gab es noch nicht genügend Spengler, die mit diesem neuen Werkstoff umgehen konnten. Schließlich spielte auch eine Rolle, daß Aluminium nicht „solide" genug aussah, und daß es unter den damaligen Fahrbedingungen — harte Federungen, schlechte Straßen — nicht lange hielt. Das mußte sogar noch Wunibald Kamm erfahren, der 1924 für die Schwäbischen Hüttenwerke einen offenen Personenwagen mit selbsttragender Karosserie aus Aluminium konstruiert und gebaut hatte, der jedoch nie in die Serienfertigung ging.

In den USA gab es einen weiteren Versuch, Aluminium als Baustoff zu Automobilkarosserien einzuführen. Dort arbeitete man jedoch nicht mit Aluminiumblech, sondern mit Gußteilen. Das ist deshalb besonders bemerkenswert, weil diese Aufbauten kein Holzgerippe enthielten und darum leichter waren als solche mit Holzgestell und Aluminium-Außenhaut.

Karosserien aus gegossenen Aluminiumteilen ver-

wendete die Pierce-Arrow Motor Company in USA etwa ab 1912, die Gußteile wurden von der Aluminium Castings Co. in Buffalo hergestellt. Dabei beschränkte man sich z. B. nicht nur auf den Guß tragender Elemente, sondern man stellte auch großflächige Teile wie Wagenrückseite, Türen, Dach und Spritzwand aus Aluminiumguß her, der bei flächigen Stücken nur 3 mm dick war. Es konnten Teile bis zu einer Größe von 1 650 mm × 1 350 mm gegossen werden, so daß etwa das Dach wohl zweiteilig wurde. Da man Sandgußformen benutzte, und Pierce-Arrow nur Gewichtstoleranzen bis + 10% zuließ, läßt sich denken, mit welcher Präzision damals gearbeitet werden mußte.
Vor allem die großen Abgüsse kamen gelegentlich verzogen aus der Form und mußten nachgerichtet werden, was auf hölzernen Lehren mit dem Hammer geschah. Danach wurden die Teile mit Feile und Schmirgelleinen bearbeitet, bis eine glatte, lackierfähige Oberfläche entstand. Die Einzelteile wurden durch Kaltnietung verbunden, und es ist anzunehmen, daß man bereits Aluminiumnieten verwendete.
Zum Beweis der Festigkeit solcher Karosserien wurde über den Zusammenstoß eines Pierce-Arrow mit einer Lokomotive berichtet, bei dem der Wagen einen Bahndamm hinunterstürzte und sich mehrfach überschlug. Dabei wurde zwar der vordere Teil des Fahrgastraums eingedrückt, der hintere blieb jedoch unbeschädigt, und die drei Insassen kamen mit heiler Haut davon.
Es überrascht nicht, daß sich die gegossenen Aluminiumkarosserien besser lackieren ließen als solche aus Stahlblech, und daß der Lack weniger leicht abplatzte.
Zweifellos war der größte Nachteil dieser Karosserien der sehr hohe Kaufpreis — angesichts der damals unglaublich billigen Ford-Automobile eine auf die Dauer unübersteigbare Hürde.
Doch auch aus der Neuzeit ist ein Versuch bekannt, Aluminiumguß für Karosserieteile zu verwenden. So konstruierte Gregoire nach 1945 im Auftrag der Aluminium Française einen ungewöhnlichen Kleinwagen mit Aluminium-Karosserie, dessen tragende Teile aus Aluminiumguß bestanden. Das Aluminium-Chassis scheiterte an Rissen und Brüchen, die nach längerer Betriebszeit auftraten. Aus diesem Projekt entstand später der Panhard „Dyna".
Aluminiumblech geriet für Sport- und Rennwagen nie in Vergessenheit und wurde für die Karosseriehersteller noch bedeutungsvoller, als die Aerodynamikwelle zu Beginn der dreißiger Jahre für eine Flut von Prototypen sorgte, deren runde Formen sich aus Aluminiumblech besonders gut treiben ließen.
Aber auch nach 1945 entstanden zahlreiche Aluminiumkarosserien in Handarbeit für Sport- und Luxuswagen, bis Sicherheitsanforderungen und faserverstärkte Kunststoffe das Aluminium fast verdrängten. Inzwischen hat es sich im Automobilbau erneut etabliert. So stellt Daimler-Benz Kofferraumdeckel aus Gewichtsgründen aus Aluminiumblech her, und mit zunehmendem Zwang zum Leichtbau wird man diese Tendenz in Zukunft auch bei anderen Automobilproduzenten finden. Denn inzwischen beherrscht man die Korrosionsprobleme an den Berührungsstellen zwischen Stahl und Aluminium und verfügt über moderne Lackiersysteme, die auf Aluminium ausgezeichnet haften.
Gegossene und geschmiedete Aluminiumräder sind längst bekannt. Fahrwerkteile aus geschmiedetem Aluminium, Stoßdämpfer-Außenrohre und Wagenheber aus dem gleichen Material sind keine Seltenheit mehr. Aber auch die Fensterrahmen des Audi 100, in deren Nuten die Führungsstifte der Türscheiben gleiten, bestehen aus Aluminium.
Daß tragende Bauteile der Karosserie heute nicht aus Aluminium hergestellt werden und auch künftig aus Stahlblech gefertigt werden dürften, sei hier

Der Lancia Lambda von 1923 war mit seinem dreidimensionalen Stahlblechrahmen als Vorstufe der selbsttragenden Karosserie seiner Zeit voraus.

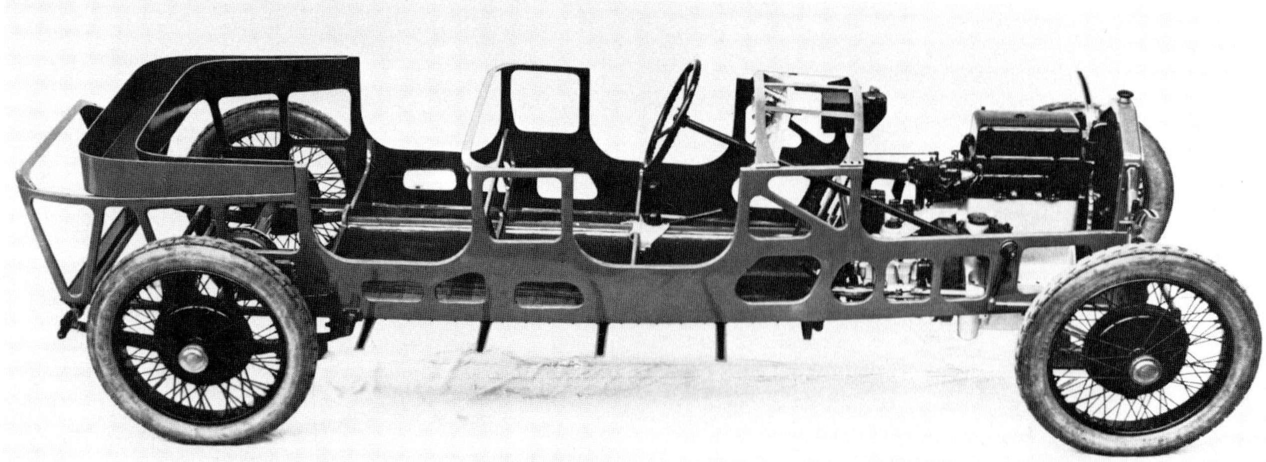

Gegen den Lancia Lambda wirkte dieser 1926 gebaute Bugatti Typ 40 altväterlich, dennoch entsprach er dem Geschmack der Zeit.

nur am Rande erwähnt. Stahlblech läßt sich in automatisch arbeitenden Anlagen ohne besonderen Aufwand punktschweißen und auf wirtschaftlichste Weise zu Verbunden mit definiertem Verformungsverhalten zusammenfügen.

Ein halbes Jahrhundert Holz

Trotz aller Versuche mit Stahl und Aluminium blieb Holz bis in die dreißiger Jahre Hauptbaumaterial für Automobilkarosserien. Für das Karosseriegerippe wurde es sogar noch nach 1945 verwendet, so für den Mercedes 170 sowie für verschiedene Modelle von Ford und andere Konstruktionen, die noch aus der Vorkriegszeit stammten und bis zur Fertigungsreife neuer Modelle gebaut wurden. Holz wurde auch für die Karosserien vieler Kleinwagen gewählt, die allerdings nur ein kurzes Leben hatten.

Während Opel für den ab 1901 nach Darraq-Lizenz gefertigten Wagen die Karosserien selbst herstellte und Dürkopp 1904 die Karosseriefabrik Wiemann & Co. in Magdeburg erwarb, bei der Dürkopp-Karosserien gefertigt wurden, richtete die Daimler-Motoren-Gesellschaft erst 1906 in Stuttgart-Untertürkheim eine Abteilung Karosseriebau ein. Sie wurde 1918 ins neu aufgebaute Werk Sindelfingen verlegt. Hier entstanden 1920 die ersten Karosserien für den Typ 16/45, einen offenen Tourenwagen mit eingebautem Verdeck. Das Holzgerippe war mit handgetriebenem Blech überzogen. Die Bleche wurden auf sogenannten Klopfhözern vorgetrieben und dann in Handarbeit verfeinert. Ebenso begannen erste Versuche, Bleche in Holzwerkzeugen unter Friktionspressen zu verformen.

Dennoch blieb die Holzbeplankung der Holzgerippe noch für viele Jahre die vorherrschende Bauweise. Da es sie längst nicht mehr gibt, sie jedoch etwa 50 Jahre den Automobilbau beherrschte (auch in den USA) und zahlreiche alte Automobile als Zeugen dieser Zeit in Museen erhalten sind, sei ein Blick in den Produktionsablauf getan.

Zunächst wurden Zeichnungen des Gesamtfahrzeugs mit den wichtigsten Maßen angefertigt, nachdem man sich auf Form und Größe des Wagens geeinigt hatte. Die zeichnerische Darstellung der Einzelteile war recht einfach und nicht zu vergleichen mit jener, die für die Ganzstahlbauweise notwendig wurde. Die Zeichnungen übertrug der „Anreißer" als Konturen aufs Holz, damit sie dann mit Kreis- und Bandsägen ausgeschnitten werden konnten.

In der „Kastenmacherei" wurden die hölzernen Ein-

Rumplers „Tropfenwagen" von 1924 verblüfft mit $c_w = 0{,}28$ noch heute die Aerodynamiker. Die Aufnahme entstand im VW-Windkanal.

zelteile in Handarbeit zusammengefügt und das Gerippe — meist aus Buchenholz — mit Tafeln aus Pappelholz verkleidet. Danach wurden die Rohkarosserien verputzt, Beschläge und Fenster an- und eingebaut sowie Polstergestelle für Sitzkissen, Rükken- und Armlehnen angefertigt.

Die Konstrukteure arbeiteten eng mit den Handwerkern zusammen, die über die „Machbarkeit" bestimmter Teile entschieden.

Waren alle Einzelteile einer Karosserie vorhanden, wurde sie zusammengesetzt und auf den Rahmen montiert; man mußte nacharbeiten, wenn etwas nicht paßte. Anschließend wurde die Karosserie wieder in ihre genau gekennzeichneten Teile zerlegt. Selbstverständlich wurden auch die Blechteile, wie z. B. Kotflügel, Trittbretter und Beschläge, in Handarbeit hergestellt.

Lackiert wurde von geübten Facharbeitern, die in einem streng abgeschlossenen „Reservat" arbeiteten.

„Ein wenig Holz, ein wenig Lack. . .": Hanomag-„Kommißbrot" von 1925 im Schnitt.

Prüfeinrichtungen zur Erprobung der Lacke waren unbekannt, und über deren Chemie wußte man so gut wie nichts. Auswahl, Beurteilung und fachgerechte Verarbeitung waren ausschließlich Sache des Lackierers. Die Pappelholzvertäfelung brauchte einen „fetten" Grundanstrich, Harthölzer und Blech einen „mageren". Über den Grundanstrich kamen mehrere Lagen Streichspachtel, eine stark auftragende, dicke Grundfarbe auf Ölbasis. Nach dem Trocknen wurde Ziehspachtel — ebenfalls auf Öllackbasis — in mehreren Lagen aufgetragen.

Alle Anstriche benötigten sehr lange Trocknungszeiten, so daß allein das Grundieren und Spachteln etwa 14 Tage dauerte. Abkürzung des Trocknungsvorgangs durch Brennöfen war nicht möglich, denn weder Holz noch Lack hätten dies vertragen.

War die Spachtelmasse gründlich durchgetrocknet, wurde zunächst mit Bimsstein, danach mit Filz und Bimsmehl geschliffen und schließlich der Endlack in mehreren Lagen aufgebracht. Jede Lage erforderte wieder mindestens 24 Stunden Trocknungszeit.

Nun wurden die Karosserien zusammengesetzt und auf dem Rahmen montiert, um anschließend mit Filz und ganz feinem Bimsmehl nochmals „abgezogen" zu werden, hierbei besserte man Beschädigungen aus der Montage nach. Schließlich wurde farbloser Lack vom besten Lackierer mit einem breiten, weichen Pinsel aufgetragen.

Holzrisse, die sich während der Lackierung zeigten, wurden nach Entfernen des Lacks mit Seide überklebt. Danach mußte die ganze Prozedur nochmals stattfinden. Durch solche Ereignisse verzögerte sich die Auslieferung an den Kunden häufig um mehr als 14 Tage. Um von diesem beträchtlichen Aufwand für den Bau der Holzkarosserien abzukommen, liefen überall Versuche mit anderen Materialien. So wurden z. B. 1921 in Sindelfingen zehn offene Tourenwagen in „Stromlinienform" gebaut, de-

Horch 16/80 Typ 375 von 1929 mit 8-Zylinder-Reihenmotor und 3,9 l Hubraum, ein typischer Vertreter sportlicher Cabrio-Limousinen.

ren Karosseriegerippe aus Duralblech bestand, das mit Aluminiumblech beplankt wurde. Der übliche Fahrzeugrahmen bestand aus Stahl. Diese Bauweise bewährte sich nicht, so daß man sie nicht weiter verfolgte.

Sperrholz und Kunstleder

Die Herstellung hölzerner Karosserien erforderte enormen Aufwand, zumal bis in die zwanziger Jahre einschichtiges Holz — meist Pappelholz — zur Beplankung verwendet wurde. Wölbungen wurden unter Dampf von Hand geformt. Dabei riß das Holz nicht selten, es war dann Ausschuß.

Limousinendächer bestanden aus einem Holzgerippe, das mit Watte ausgestopft und mit Kunstleder überzogen wurde. Diese Bauweise verwendete Weymann für die ganze Karosserie, also auch für die Seitenteile. Weymann-Karosserien wurden in den zwanziger Jahren von französischen und einigen englischen Automobilherstellern, in Deutschland u.a. von Röhr benutzt.

Die Holzbeplankung wurde mit dem Übergang vom Einschicht- zum Sperrholz einfacher. Dieses hatte aber auch eine beträchtlich größere Festigkeit. Typischer Vertreter der Sperrholzbauweise war das Unternehmen DKW, das erst kurz vor Kriegsbeginn die Sperrholzbeplankung der Türen durch den Schichtpreßstoff Bakelit ersetzte, einen Werkstoff

Karosserie-Rohbau eines Sportwagens der dreißiger Jahre. Es handelt sich um einen Bugatti Royale. Man erkennt das Holz-Traggerippe, das anschließend mit handgetriebenen Blechteilen beplankt wurde.

Der Röhr 9/50 PS von 1928 hatte noch ein stabiles Holztragwerk für die Karosserie, jedoch den für Röhr typischen Niederflurrahmen.

DKW F 1 von 1931, mit dem die Serienfertigung von Frontantriebsautos begann. Teiltragende Holzkarosserie mit leichtem Stahlblechrahmen.

DKW-Meisterklasse von 1937 im Schnitt. Die leichte, mit Kunstleder bespannte Holzkarosserie wurde von einem ebenfalls leichten Rahmen wirkungsvoll versteift. Der Zugang zum Gepäckraum erfolgte durch Vorklappen der Rücksitz-Rückenlehne.

aus mehreren Papierlagen, die mit Kunstharz unter Druck und Temperatur verpreßt wurden.
Mit Holzkarosserien hatte DKW erhebliche Erfahrungen, seit im Mai 1928 der von Dr. Slaby konstruierte P 15 mit selbsttragender Sperrholzkarosserie, Zweizylinder-Zweitaktmotor und Hinterradantrieb vorgestellt wurde. Bei ihm bestand lediglich die Motorhaube aus Blech. Aber auch die Nachfolger des P 15 behielten die Holzkarosserie bis hin zur Schwebeklasse, die von 1934 bis 1937 gebaut wurde, um dann von der „Sonderklasse" mit Stahlblechrahmen und Ganzstahlkarosserie abgelöst zu werden. Diese Karosserie war mit der des Wanderer W 24 baugleich.
Für den Typ F 1 freilich, den ersten Frontantriebs-Serienwagen, wählte DKW 1931 einen leichten Zentralrahmen aus zwei eng zusammengerückten U-Stahlprofilen, der mit der teilselbsttragenden Holzkarosserie verschraubt wurde. Zwar wurde der Rahmen bis Kriegsanfang mehrfach geändert, aber die Karosserien blieben aus Holz, um nur bei Sonderausführungen (Zweisitzer und Cabriolet) durch Stahlblechbeplankung aktualisiert zu werden.
In England bauten March und Costin von 1959 bis 74 mehrere Marcos Sportcoupé-Modelle in selbsttragender Holzbauweise mit Kunststoff-Außenhaut und Motoren von Ford oder Volvo in Serie. Die Produktion soll angeblich jetzt wieder belebt werden.
Da es in den dreißiger Jahren noch keine faserverstärkten Kunststoffe gab, wurden die DKW-Wagen mit Kunstleder bespannt, das man auf die fertig geformten Sperrholzteile klebte.

Die goldenen zwanziger Jahre

Während die Entwicklung nach 1918 in den USA unvermindert weiterging und sich auch England, Frankreich und Italien verhältnismäßig schnell erholten, wurde Deutschland von Inflation und Wirtschaftskrisen geschüttelt. Die Erholungspausen zwischen wirtschaftlichen Tiefpunkten waren nur kurz, und von „goldenen" Zeiten konnten nur die Spekulanten berichten.
Die Statistik verzeichnet für die Zeit zwischen 1918 und 1930 in Deutschland etwa 70 Neugründungen von Automobilherstellern, aber (mindestens) 94 Firmen-Zusammenbrüche. Viele der Neugründungen gingen im Jahr ihres Entstehens wieder ein, nur wenige konnten sich über eine längere Zeit retten. Hinzu kamen Zusammenschlüsse, von denen die Anzahl der Hersteller ebenfalls vermindert wurde. Die bedeutendsten waren die Fusionen der Daimler-Motoren-Gesellschaft mit Benz & Co. im Jahr 1926 zur Daimler-Benz AG und der Firmen DKW, Horch, Audi und Wanderer zur Auto-Union 1931.
Für Weiterentwicklungen stand oft kein Geld zur Verfügung; deshalb veränderten sich die Formen der

Automobile bis nach der Weltwirtschaftskrise kaum. An Ideen freilich mangelte es nicht. So entwickelte Röhr 1919 bei Priamus in Köln, die 1922 den Automobilbau aufgeben mußten, ein Niederrahmen-Chassis mit integrierter Bodengruppe. 1920 bauten Slaby und Behringer für ein Elektromobil eine selbsttragende Holzkarosserie. Und im Jahr 1921 entwickelte Hering in Ronneburg das erste Blechscheibenrad. Etwa zur gleichen Zeit stellte Rumpler sein „Tropfenauto" vor, für das Benz in Mannheim im Jahr darauf die Lizenz erwarb. Auch das Mauser-Einspurauto erschien im gleichen Jahr; von ihm wurde sogar eine Lizenz nach Frankreich vergeben. Die elektrische Hupe wurde 1921 eingeführt, die Rad-Zierblende von Epperlein (Magdeburg) und die Diebstahlsicherung an der Lenksäule von Hellering (Berlin) erfunden.
1922 konnten die Chassis-Rahmen durch Verwendung höher legierter Stähle von bisher 100 mm bis 120 mm Steghöhe auf 60 mm bis 75 mm verringert werden. Dabei ließ sich bis zu 50% Gewicht einsparen. Im gleichen Jahr wurde der Autokoffer fürs Fahrzeugheck „geboren", denn Kofferräume heutiger Art gab es noch nicht.
Ebenfalls 1922 baute Grade einen Kleinwagen nach Flugzeugmanier aus Stahlrohren, die er mit Segeltuchbespannung versah. In die Serie kam jedoch eine andere Konstruktion mit Blechbodenwanne, die mit dem Oberteil verschraubt wurde.
Seit 1920 baute übrigens nur Audi Automobile mit Linkslenkung, während sonst ausschließlich Rechtslenkung verwendet wurde. Erst 1927 wurde in Deutschland die Linkslenkung auch von anderen Automobilherstellern übernommen.
1923 entwarf Röhr einen Wagen mit Einzelradaufhängung und besonders tiefem Schwerpunkt, der eine verbesserte, unter dem Rahmen angeordnete Bodengruppe besaß. Böhler und Pollich entwickelten einen Kleinwagen mit selbsttragender Sperrholzkarosserie erstmals in Pontonform und erstmals mit (einem) eingebautem Zentralscheinwerfer. Im Jahr darauf übernahm Hanomag Konstruktion und Konstrukteure. Ab 1925 wurde der Wagen auf einem der ersten Fließbänder in Deutschland gebaut. Er wog 370 kg, kostete 2 300 RM und erreichte bis 1928 eine Stückzahl von 15 775. Im Volksmund wurde er „Kommißbrot" genannt.
1923 stellte Kässbohrer eine Limousine mit zusätzlicher Tür im Wagenheck vor. Die Rücksitze ließen sich entfernen, so daß aus dem Personen- ein Lieferwagen entstand — dies wohl der erste Kombi!
Die bisher weitgehend offenen Personenwagen wandelten sich zu „Allwetter"-Automobilen mit aufklappbarem Verdeck. Aber auch die Limousine gewann immer mehr an Boden. Hochmodern waren in diesem Jahr Bootsform und Spitzkühler, eine Modeform, die vermutlich von Neumann-Neander stammt, der solche Karosserien für Szabo und Wechselmann in Berlin entwarf. Dort wurden ausschließlich Karosserien für Luxuswagen gebaut.
1924 begann mit dem Opel „Laubfrosch" eine neue Epoche im deutschen Automobilbau: die echte Serienfertigung. Vomag in Plauen stellte ein „Wohnomobil" her, dessen Aufbau von Trutz in Coburg gebaut wurde. Dies muß das erste Wohnmobil in Deutschland gewesen sein. Im gleichen Jahr entwikkelte Feldmann in Soest den ersten durch Unterdruck angetriebenen Scheibenwischer, dem ein Jahr später elektrisch angetriebene Scheibenwischer von Bosch, Zeiß-Ikon und SWF folgten. Der serienmäßige Einbau ließ freilich noch viele Jahre auf sich warten, ebenso wie Heizungen selbst nach 1945 noch gegen Aufpreis geliefert wurden, bis sich in den fünfziger Jahren die Lieferung im Serienumfang durchsetzte.
1920 gab es in den USA bereits 9 231 950 Automobile, in England 420 000, in Frankreich 202 500, in Deutschland aber nur 75 000. In Deutschland war im Jahr zuvor eine Luxussteuer von 15% auf Automobile eingeführt worden, und bis 1921 mußte man beim Kauf eines Autos einen Dringlichkeitsnachweis vorlegen. Dies waren also denkbar schlechte Voraussetzungen für das, was man heute Innovationen nennt. Auch der Export stieß auf riesige Hürden. So hatten die USA im Jahr 1920 für Autos einen Einfuhrzoll von 33⅓% eingeführt.

Die Nitrolack-Revolution

1922 boten die Zoellner-Werke den „Tokiol"-Lack an, der nicht nur wasserdicht und wetterbeständig sein sollte, sondern auch über Nacht trocknete. Vermutlich handelte es sich dabei um einen Vorläufer des Nitrolacks. Doch erst 1925 standen den Automobilherstellern die ersten Nitrolacke aus den USA zur Verfügung (Markenname: Duco-Lack). Im gleichen Jahr bot Knorr die ersten Druckluft-Spritzpistolen mit Farbbecher an, wie sie im Prinzip noch heute benutzt werden.
Doch dieser Nitrolack wurde nach dem Trocknen spröde und platzte leicht vom Untergrund ab, zumal die Bindung an den Untergrund recht schlecht gewesen sein muß. Denn dieser Lack wurde leicht unterrostet, wenn er auf Blechteile gespritzt wurde.
Erste Versuche damit wurden bereits 1924 angestellt. Die Lacke deutscher Hersteller waren jedoch nicht befriedigend. Danach ließ man sich einen Vorführmeister aus England kommen, der mit den amerikanischen Duco-Lacken vertraut war. Damit wurden so überzeugende Ergebnisse erzielt, daß z. B. bei der Daimler-Motoren-Gesellschaft in Sindelfingen die Lackierung im Jahr 1925 völlig auf Nitrolack umgestellt wurde.
Mit diesem Lack verschwanden die zahlreichen Vorlackier- ud Überziehräume, die bei jedem Automobilhersteller unmäßig viel Platz beanspruchten und mit ihnen die Pinsel. Hatte die Lackierung einer Karosserie zuvor etwa 3 Wochen beansprucht, so dauerte sie jetzt nur noch knapp zwei Tage.

Bei der Daimler-Motoren-Gesellschaft wurde übrigens von Anfang an mit Großgeräten und Spritzdrücken von 6 bar bis 8 bar gearbeitet. Allerdings wurde der Nitrolack wegen einiger Mängel sehr bald durch Zelluloselack ersetzt, mit dem man eine bessere Haftung auf dem Untergrund erzielte.
Vorbedingung für die neue Art des Lackierens war eine grundlegende Umstellung der Vorbehandlung der Karosserieteile. Wurden Unebenheiten zuvor durch zahlreiche Aufträge dicker Grundierungen ausgeglichen, so mußten nun die Flächen nahezu absolut glatt sein, bevor die erste Lackschicht aufgespritzt werden konnte. Damit änderten sich die Arbeitsbedingungen erheblich. Andererseits wurde durch die neuen Lacksysteme die Umstellung zur Blechaußenhaut mit ihren glatten Flächen dringlich.
Erst 1941 wurde die Tauchlackierung erfunden, die heute allgemein üblich ist. Sie wurde bei Opel in Rüsselsheim entwickelt und von Opel patentiert. Das Patent lautet auf Lack beliebiger Zusammensetzung.

Vom Holz zum Blech

Für den Übergang vom Holz zum Blech mußten mehrere Bedingungen erfüllt werden. Eine davon war die Entwicklung großer, leistungsfähiger Blechpressen, um identische Teile in kürzester Zeit herstellen zu können.
Zwar arbeitete die Blechwarenindustrie bereits bei der Entstehung des Automobils mit Pressen, aber sie reichten für Karosseriebleche längst nicht aus. 1863 hatte Schuler die Fertigung von handbetriebenen Schwungradpressen aufgenommen. 1923 lieferte man die erste Großpresse für Karosseriebleche an Opel in Rüsselsheim, während Weingarten 1925 die erste Großpresse für die Daimler-Motoren-Gesellschaft in Sindelfingen baute.
Im gleichen Jahr erwarb Opel bei Hiltmann & Lorenz in Aue (Sachsen) die bisher größte Kniehebel-Ziehpresse überhaupt, außerdem eine Großpresse für Chassisrahmen.
Großpressen für Rahmen-Längsholme gab es bereits seit 1900, und es ist anzunehmen, daß die erste der Welt bei Chillingworth in Nürnberg aufgestellt wurde, auf der in den ersten Jahren nach 1900 auch die Rahmen für viele französische Hersteller entstanden.
Pressen für Karosserieblech wurden auch in Frankreich und England in den zwanziger Jahren aktuell, und die ersten Maschinen kamen ebenfalls von Schuler und Weingarten. Denn der Übergang vom Holz zum Blech in der Serienfertigung vollzog sich in Europa überall zur gleichen Zeit. Auch wenn Citroen einen erheblichen Vorsprung in der Bandfertigung hatte, bereitete der Übergang zur Stahlblechkarosserie in der Serie die gleichen Schwierigkeiten. Denn außer den Pressen fehlte beidseitig blankes Feinblech entsprechender Größe, das sich in Pressen verarbeiten ließ.
Mit Großpressen konnte alle zehn Sekunden ein Kotflügel hergestellt werden. Und da die Gesenke auswechselbar waren, konnte man auf der gleichen Presse auch Kühlerrahmen und Chassiswannen fertigen.
In den USA war man noch nicht wesentlich weiter. Dies zeigt allein die Tatsache, daß Ford sein T-Modell bis zur Produktionsumstellung 1927 mit Holzgerippe-Karosserie baute.

Einer der Vorläufer des VW-Käfer, der 1934 von Porsche für NSU entworfen worden war. Die Karosserie wurde von Drauz in Heilbronn gebaut.

Ein typischer Vertreter der viertürig-pfostenlosen Karosseriebauweise war der MG Magnette von 1934.

Die Holzgerippe-Karosserie stand weder bei Ford noch ab 1919 bei Citroen der Serienfertigung im Weg. Sie verschwand erst durch den Einfluß Budds und seiner Tochterfirmen in Deutschland und England.
Um 1925 entwickelte Krupp ein Sonderverfahren für die Fertigung „doppelt dekarpierter" Karosserie-Feinbleche, lieferte es sowohl in Tafeln als auch zu Karosserieteilen verpreßt. 1927 tauchte erstmals die Bezeichnung „Tiefzieh-Feinblech" dafür auf, von dem Krupp 1930 allein an Opel 550 Tonnen lieferte, 389 an Daimler-Benz und 342 an die eigene Automobilfabrik Krawa.
Obwohl Ford 1913 das erste Fließband in den USA

Der FIAT 500 „Topolino" (Mäuschen) wurde von 1936 bis 1948 gebaut und hatte eine bemerkenswerte Ganzstahlkarosserie, die durch einen leichten Rahmen und einen kräftigen Mitteltunnel versteift wurde. Dies war eine der erfolgreichsten damaligen Lösungen des Kleinwagenproblems.

eingerichtet hatte, folgte erst 1919 Citroën diesem Beispiel. In Deutschland wurde das erste Fließband 1924 von Opel installiert, Brennabor und Hanomag folgten 1925. Die Fließbandfertigung war nicht an die ausschließliche Verwendung von Stahlblech für die Karosserie gebunden und hatte folglich auch mit der Einführung der selbsttragenden Vollstahl-Karosserie nichts zu tun.
1924 wurde die erste deutsche Norm über Fein- und Mittelbleche unter 5 mm Stärke veröffentlicht (DIN 1542). Im gleichen Jahr stellten Kuster & Marosky in Berlin die ersten aus Stahlblech gepreßten Stoßstangen nach US-Vorbild her. 1925 gab es von der Chrom GmbH in Berlin die ersten verchromten Karosserieteile, Griffe und Klinken.
In Pressen verformte Karosserieteile sind mit einem Gleitmittel auf Ölbasis überzogen, das vor dem Lackieren abgewaschen werden muß. Man benutzte dazu das Lösungsmittel Trichlorethylen, und bereits 1924 entstanden erste Anlagen zur „automatischen" Säuberung der Preßteile.

Schweißen statt nageln

Es ist heute selbstverständlich, daß Karosserien auf automatischen Anlagen durch elektrische Punktschweißung zusammengefügt werden. Doch der Weg dahin war lang.
Seit 1890 war zwar das Widerstands-Punktschweißen grundsätzlich bekannt, doch erst 1905 tauchten erste Hinweise auf, daß die Punktschweißung von einigen Betrieben der Blechwarenindustrie verwendet wurde. Die Maschinen hierfür kamen von der AEG. Große Verbreitung fand das Verfahren nicht, und außerhalb Deutschlands blieb es zunächst für viele Jahre unbekannt.
Im Jahr 1907 hatte der Schwede Kjellberg die Mantelelektrode erfunden, die das Abschmelzschweißen für die Praxis brauchbar machte. 1910 baute die AEG die ersten Maschinen zum Stumpfschweißen von Radfelgen. Die Maschinen arbeiteten bereits halbautomatisch. 1912 wurde über die ersten Versuche berichtet, überlappte Karosseriebleche durch Punktschweißung zu verbinden — in Deutschland. Aber hier waren die Voraussetzungen für den Industrie-Einsatz denkbar schlecht, denn die Handwerkzeit der Karosserieherstellung ging erst in den zwanziger Jahren zu Ende.
1908 war Peco als erste spezialisierte Schweißmaschinenfabrik der Welt in Pasing bei München errichtet worden; sie baute handbetätigte Punktschweißmaschinen. 1912 kamen fußbetätigte Maschinen hinzu. Es wurden bereits Auspufftöpfe, Stützen für Trittbretter und Scheinwerferteile geschweißt. Im Jahr 1918 wurde in den USA eine Vielpunktschweißmaschine erwähnt, deren Hersteller in Vergessenheit geriet. Vermutlich hatte die Maschine im Budd-Preßwerk gestanden, das 1912 gegründet worden war.
1920 erfand der Ingenieur Sciaky bei Peco die „Momentschweißung", die durch kurze Schweißzeiten für wesentlich verbesserte Qualität sorgte. Auch das Rollnahtschweißen war zu dieser Zeit bereits geläufig; mit ihm konnten überlappte Blechteile flüssigkeitsdicht verschweißt werden.

Selbsttragende Karosserie des Citroen Traction Avant 1934. Durch die vier Stehbolzen links ließ sich der komplette Antrieb recht einfach aus- und einbauen. Zur Erzielung höherer Steifigkeit setzte man Mittelpfosten, an dem die Türen angeschlagen waren. Es war der fortschrittlichste Wagen seiner Zeit.

Zwei Jahre nach dem Citroen Avant stellte Opel den Kadett vor, der ebenfalls eine selbsttragende Ganzstahlkarosserie hatte, jedoch im Gegensatz zum Citroen Hinterradantrieb. Mit 23 PS aus 1066 cm³ war der Kadett 98 km/h schnell.

Während in Europa der Erste Weltkrieg für eine drastische Unterbrechung der Automobil- und auch der Schweißentwicklung sorgte, übernahm die Budd Corp. in Philadelphia (USA) die Führung bei der Herstellung von Stahlblech-Karosserieteilen. Von Anfang an wurden Bleche durch Elektroschweißung verbunden. Etwa 1915 gehörten zu einer Automobilkarosserie etwa 1 100 Schweißpunkte, Nähte von einer Länge bis 2 100 mm durch Autogenschweißung und bis 305 mm Länge durch Lichtbogenschweißung. Die Autogenschweißung mit Brenngas aus Acetylen und Sauerstoff, wie man sie heute

Der von Dr. Slaby konstruierte DKW-„Schwebeklasse" von 1934 mit selbsttragender Sperrholzkarosserie. Diese wurde 1937 zugunsten einer Vollstahlkarosserie (mit Preßstahlrahmen) aufgegeben. Selbsttragende Holzkarosserien baute DKW seit 1928.

Drauz-Karosserie auf Horch-Fahrgestell von 1934 — ein Traumwagen seiner Zeit. Holzgestellbauweise mit Sperrholzbeplankung.

noch verwendet, hielt 1907 ihren Einzug in den Automobilbau, wurde aber nur gelegentlich angewendet, bis bei Ford und Budd die Großserienfertigung begann.
Während Budd im Jahr 1915 Karosserien aus rund 300 Blechteilen zusammensetzte, schrumpfte die Anzahl der Teile innerhalb von 12 Jahren auf nur noch 17, und die Anzahl der Schweißpunkte auf 125, die Länge der autogen geschweißten Nähte auf 1 070 mm, die der lichtbogen-geschweißten auf 100 mm. Nach dem Abschmelzschweißen aber wurden 5 490 mm Nahtlänge hergestellt!
Übrigens hatten erste Versuche mit dem Autogen-Schweißverfahren bereits 1903 bei den Eisenacher Fahrzeugwerken stattgefunden, sie wurden jedoch nicht weiter verfolgt.
Das Autogenschweißen wurde in Europa in großem Stil zuerst von Citroen eingeführt; hierbei verwendete man bereits Acetylen und Sauerstoff aus Stahlflaschen. Bei Citroen wurden zudem umfangreiche Versuche mit allen damals bekannten Schweißverfahren angestellt, wie dies sonst wohl nirgendwo geschah. Da das Punktschweißen nicht die erwünschte Zuverlässigkeit erbrachte, wurde in der Produktion überwiegend autogen geschweißt.
Ab Mitte der zwanziger Jahre begann dann auch das Schutzgasschweißen mit blankem Draht Einfluß zu gewinnen, doch setzte sich das Widerstands-Punktschweißen für Karosserien von dieser Zeit an endgültig durch. (Es beherrscht heute die Karosserieherstellung nahezu vollständig.) Von 1925 an gab es zunehmend bessere Schweißmaschinen, die kontinuierlich automatisiert wurden.

Ford und die Großserienfertigung

Die Herstellung der ersten Automobile erfolgte in den USA erst recht spät, angeregt vor allem durch Daimler, der 1888 dem Klavierhersteller William Steinway in New York das Recht auf Nutzung der Daimler-Patente in den USA überlassen hatte.
Viel mehr aber als diese zeitliche Verzögerung bremste das unselige Patent von George Selden von 1895 die Entwicklung in den USA, denn danach waren ausnahmslos alle Automobilhersteller schlagartig Selden gegenüber lizenzpflichtig. Erst Henry Ford gelang es nach mehrjährigen, schwierigen Prozessen, das unsinnige Patent 1911 zu Fall zu bringen.
Zu dieser Zeit aber stand die 1903 gegründete Ford Motor Co. bereits in voller Blüte, denn 1908 wurde das Ford-T-Modell präsentiert, das zu einem Preis von 260 $ angeboten wurde. Technisch war das T-Modell vor allem durch seine extrem einfache Konstruktion bemerkenswert.
Fords größtes Verdienst ist die Errichtung des ersten Fließbandes im Jahr 1913, das ein Jahr später zufriedenstellend funktionierte. Ford führte damals den Achtstundentag ein und zahlte ungewöhnlich hohe Löhne. Während in Europa für die Herstellung ei-

Der BMW 328 Sport (1938) war der begehrteste Sportwagen seiner Zeit — und er ist noch heute ein bildschönes Auto.

nes Automobils mindestens vier Wochen benötigt wurden, dauerte die Montage bei Ford nur 93 Minuten. Die Taktzeit hatte Ford auf 40 Sekunden festgelegt; sie gilt auch heute noch!
Bereits im ersten Produktionsjahr wurden 10 000 Autos gebaut, und der Ausstoß wurde von Jahr zu Jahr gesteigert. 1923 bis 1925 verließen jährlich 2 Millionen Autos die Ford-Bänder. Die Tagesproduktion erreichte 1925 bis zu 9 109 Einheiten.
Das T-Modell verfügte über einen leichten, verwindungsweichen Rahmen, der über je eine Querblattfeder mit den Achsen verbunden war. Dieses Prinzip zieht sich durch die Ford-Geschichte, und auch die von Ford ab 1931 in Köln gebauten Automobile folgten ihm. Es verschwand mit dem bis Ende 1952 gebauten „Buckel"-Taunus.
Da Henry Ford mehr Manager als Konstrukteur war, überließ das Unternehmen die Entwicklung zukunftsträchtiger Ideen anderen Herstellern. Alle bis 1926 eingeführten Neuerungen dienten dazu, die Produktion zu vereinfachen und zu verbilligen.
So besaß das T-Modell bis zur Produktionseinstellung ein Holzgerippe mit Stahlblech-Außenhaut. Diese Bauweise wurde auch vom deutschen Ford-Werk beim Taunus bis 1952 beibehalten, während der Eifel 1935 eine Ganzstahlkarosserie erhielt, die mit dem Rahmen vernietet und stellenweise verschweißt war. Für die unabhängigen Karosseriehersteller war es darum leicht, auf Ford-Fahrgestellen Sonderkarosserien zu fertigen. Sie wurden — so bei Drauz in Heilbronn — aus mit Sperrholz verkleideten Holzgerippen aufgebaut und zum Schluß mit „Zapon" oder „Radapack", zwei Kunstlederarten, überzogen. Da die Ford-Rahmen verdrehweich waren, mußten sie beim Karosseriehersteller durch Bodenverstärkungen versteift werden.
Daß von den Karosserieherstellern noch in den dreißiger Jahren Karosserien mit Kunstlederbespannung gebaut wurden, ist trotz des Trends zur Ganzstahlkarosserie nicht verwunderlich, da sich diese nur bei Serienfertigung größerer Stückzahlen lohnte. Außerdem stand Holz noch hoch in Ehren und war bei manchen Herstellern (DKW) auch mit Kunstlederbespannung noch Serienstandard.
Aber: Ford führte etwa 1915 als erster Hersteller die Windschutzscheibe aus Verbund-Sicherheitsglas in die Serienfertigung ein, die auf einem Kinon-Patent aus dem Jahr 1903 basierte — in einer Zeit also, als Windschutzscheiben in Europa noch zur Sonderausstattung gehörten. Und er führte für Vorderachsen den extrem zähen Vanadiumstahl ein, der Brüche fast unmöglich machte.

Der lange Weg zur selbsttragenden Karosserie

Während in Europa bis zum Ausbruch des Zweiten Weltkrieges der Weg zur Massenmotorisierung immer wieder über den „kleinen, billigen Wagen" versucht wurde, und dies immer wieder daran scheiterte, daß die Käufer eigentlich ein „richtiges" Automobil haben wollten, nahm die Entwicklung in den USA eine völlig andere Richtung. Dort versuchte

Farina (Italien) karossierte diesen Lancia Aurelia. Der Wagen erregte 1938 beträchtliches Aufsehen. Am Schattenbild der Kotflügel erkennt man, daß diese von Hand (aus Stahlblech) getrieben waren.

man nicht nur, sondern man erreichte die Massenmotorisierung durch Großserienfertigung unter Verzicht auf Spezialitäten, und die Ford Motor Co. war ihr Wegbereiter.

Das Ford-T-Modell und sein günstiger Preis war das Maß aller Dinge, und wer daneben bestehen wollte, mußte schon Besonderes bieten. Dazu gehörte Edward G. Budd, der bereits 1909 seine Idee in die Praxis umsetzte, eine Ganzstahlkarosserie aus gepreßten Stahlblechteilen zu bauen. Selbsttragend war sie freilich noch nicht, sie wurde auf den üblichen Rahmen geschraubt. Budd lieferte diese Karosserie an die Hupp Motor Co. 1912 gründete er die Budd Corp. zum Zweck der Karosserieherstellung aus Stahlblech und baute bereits 1913 einen offenen Ganzstahlviersitzer für J. und H. Dodge in Detroit, obwohl der Dodge-Rahmen noch aus blechverkleidetem Holz bestand. 1915 gehörte zu Budds Kunden die Pontiac in Oakland/Michigan, die von ihm Karosserie-Seitenwände aus einem Stück erhielten. Ein Jahr darauf fertigte er für Dodge das erste Hardtop-Dach und baute viertürige Limousinen mit großen Fenstern. Schließlich belieferte er ab 1918 Ford mit Karosserieteilen.

Der Aufbau einer Großserienfertigung für Karosserie-Stahlblechpreßteile und die Anwendung modernster Fügetechnik (Schweißen) waren Voraussetzung für die selbsttragende Karosserie. Die Idee dazu ist freilich viel älter. So wurde 1903 von den Vauxhall Iron Works in London ein offener Zweisitzer mit selbsttragender Stahlblechkarosserie ohne Rahmen gebaut, der vom Schiffbauingenieur Hodges entworfen worden war. Von diesem Wagen wurden über 40 Stück hergestellt. Danach kehrte man zur konventionellen Rahmenbauweise zurück. Die Zeit war eben für die selbsttragende Karosserie noch nicht reif.

In Italien hatte sich Vincenzo Lancia bereits vor dem Ersten Weltkrieg mit einer verwindungssteifen, dreidimensionalen Karosseriestruktur beschäftigt. In seiner 1906 gegründeten gleichnamigen Automobilfabrik baute er von Anfang an ungewöhnliche und fortschrittliche Automobile. Die Idee der selbsttragenden Karosserie mußte er jedoch bis nach Kriegsende zurückstellen, erst dann gab es Großpressen, die ihm schließlich für den Typ Lambda 1923 zu den über 3 m langen und etwa 500 mm hohen Seitenteilen aus 2 mm starkem Stahlblech verhalfen. Trotz des schweren V-Vierzylindermotors wog der Wagen nur 1 100 kg. Er wurde nahezu unverändert bis 1931 gebaut und in zahlreichen Exemplaren exportiert. Bei seinem Erscheinen war er zweifellos der fortschrittlichste Wagen, der vor allem durch seine ungewöhnlich niedrige Karosserie auffiel. 1923 erreichte der Lambda eine Höchstgeschwindigkeit von 115 km/h.

Zweifellos hatte Wunibald Kamm den Lancia Lambda gekannt, und so gab es bei seinem Wagen mit selbsttragender Leichtmetallkarosserie für SHW bestimmte Ähnlichkeiten zum Lambda, doch war der Kamm-Entwurf noch radikaler als der von Lancia.

Der Kamm-SHW-Wagen blieb ein Einzelstück, und auch der Lancia Lambda war nur ein Vorläufer ohne direkte Nachkommen. „Vater" der selbsttragenden

Wagenmontage bei der Daimler-Motoren-Gesellschaft (DMG) in Cannstatt 1898. Die Halle wurde durch Kanonenöfen geheizt, die eine ständige Brandgefahr bildeten.

Radmontage bei der DMG 1902. In dieser Weise wurden Räder noch bis nach dem Ersten Weltkrieg gefertigt.

Karosserie war der in Österreich geborene Joseph Ledwinka, der 1912 als Chefkonstrukteur zu Budd in Philadelphia kam. 1919 enwickelte er die Idee einer geschlossenen, selbsttragenden Karosserie mit integriertem Rahmen und erhielt darauf im September 1923 ein Grundpatent.

Zu jener Zeit kam André Citroen ins Spiel. Durch Kriegsaufträge wohlhabend geworden, begann er 1918 Automobile zu entwickeln und stellte bereits 1919 sein Modell A vor, einen konventionellen Viersitzer mit Blechscheibenrädern. Noch erfolgreicher aber wurde der Zweisitzer von 1922, im Volksmund „Trêfle" (Kleeblatt) genannt, der später von Opel als „Laubfrosch" kopiert wurde.

Auch der Citroen-Zweisitzer war technisch nicht sonderlich bemerkenswert, wohl aber die hochmodernen Fertigungsmethoden bei Citroen. André Citroen gehörte denn auch zu den ersten europäischen Produzenten, die sich in den USA umsahen, um modernste Herstellverfahren zu übernehmen. 1924 schloß er mit Budd einen Lizenzvertrag, der zehn Jahre später zur selbsttragenden Vollstahlkarosserie führte.

Citroens Beispiel folgte 1925 der Engländer William R. Morris, der 1927 die erste Ganzstahlkarosserie in England baute. Morris gründete mit Budd die Pressed Steel Co. Ltd. in Cowley, die bis in die Neuzeit einen großen Teil der englischen Automobilindustrie mit Karosserien versorgte.

Schließlich ist das Ambi-Budd-Preßwerk in Berlin zu erwähnen, das von 1926 bis 1945 Karosserien an Adler, BMW, Ford und Hanomag lieferte und die Einführung der Ganzstahlkarosserie wesentlich beschleunigte.

1927 erhielt Ledwinka bei Budd in USA ein weiteres Patent, das sich auf die Fertigung von Ganzstahlkarosserie-Untergruppen und die Vereinigung mit großen Preßteilen bezieht. Budd baute danach einen Frontantriebswagen (Konstrukteur war W. J. Muller) den André Citroen bei seinem Besuch im Jahr 1931 besichtigte. Er nahm die Zeichnungen mit nach Paris und entwickelte daraus den Citroen 11 „Traction Avant", dessen Fertigung 1934 anlief und der 20 Jahre lang gebaut wurde. Nach dem DKW F 1 war dieser Citroen der zweite Serienwagen mit Frontantrieb; beide leiteten den Siegeszug des Frontantriebs ein.

Da die meisten Automobilkonstrukteure der selbsttragenden Ganzstahlkarosserie nicht trauten, beauftragte André Citroen ohne Wissen des Citroen-Managements den Flugzeugingenieur André Lefebvre mit einem kleinen Team mit dem Bau des Traction Avant. Lefebvre kam von Voisin, wechselte dann zu Citroen über und entwickelte später den 2 CV sowie die Modellreihe ID/DS.

Weniger bekannt ist, daß Lancia bereits 1933 ein Auto mit selbsttragender Karosserie vorgestellt hatte, den Typ Agusta, dem 1937 der Aprilia mit ebenfalls selbsttragender Karosserie folgte.

Doch Budd hatte den Wagen mit selbsttragender Karosserie auch anderen Herstellern vorgeführt, so General Motors, die bei Chevrolet einen Versuchswagen bauten, der nicht in Serie ging. Danach übertrug man das Projekt an C. S. Crawford, den Chefingenieur des seit 1929 in GM-Besitz befindlichen Opel-Werkes, und an C. E. King, Crawfords Kollegen bei der ebenfalls zu GM gehörenden Vauxhall Motors in England. Beide arbeiteten eng mit den Budd-Töchtern in Deutschland und England zusammen: 1935 präsentierte Opel den Olympia und ein Jahr später Vauxhall den Typ „Ten".

Völlig unumstritten ist diese Rangfolge freilich nicht, denn bereits 1929 hatte Adler in Zusammenarbeit mit Ambi-Budd einen Frontantriebswagen gebaut, der vom damaligen Chefkonstrukteur Röhr entworfen worden war. Die Bodengruppe mit Seitenstegen aus hutprofilartigen, zu einem Rechteck-Schweller zusammengesetzten Preßblechen wurde wie die Karosserie bei Ambi-Budd gefertigt und mit den übrigen Rahmenteilen verschweißt. Allerdings ging dieser Adler Trumpf erst 1932 mit der abklingenden Wirtschaftskrise in Produktion.

Wie man erkennt, waren die Budd-Ingenieure nicht nur tüchtige Konstrukteure und Fertigungsexperten, sondern auch hervorragende Verkäufer. In England folgten Hillman und Morris dem Vauxhall-Beispiel, und in Deutschland Ford 1939 mit dem Taunus.

In den USA hat sich der separate Rahmen bei den Großmodellen bis heute gehalten, weil es einfacher ist, unterschiedliche Karosserien aufzusetzen, als bei jedem Modellwechsel ein komplett neues Auto zu bauen. In Europa dagegen hatte sich die selbsttragende Karosserie endgültig durchgesetzt, als am 1. 7. 1974 die Produktion des VW Käfer in Wolfsburg zugunsten des VW Golf aufgegeben wurde.

Übergangslösungen und der VW Käfer

Während einige Hersteller wie Citroen und Opel eine Stufe in der Karosserieentwicklung übersprangen, als sie die selbsttragende Ganzstahlkarosserie einführten, schien dieser Weg vielen anderen Produzenten zu riskant. Sie behielten zunächst den tragenden Rahmen bei und ersetzten lediglich beim Karosseriegehäuse Holz durch Blech, während die Gesamtstruktur ihre Steifigkeit dem Holzgerippe verdankte.

Der nächste Schritt war die Ganzstahlkarosserie auf dem tragenden Rahmen, bevor dann — oft erst nach 1945 — der Übergang zur selbsttragenden Bauweise erfolgte.

Einen Sonderfall stellte die mittragende Bodengruppe dar, die als Übergangslösung ab etwa 1930 beliebt war. Ihr Erfinder war Hans Röhr, der den Plattformrahmen und den Frontantrieb bei Adler einführte. Der Plattformrahmen bestand aus zwei etwa der Karosseriekontur folgenden Längsschwellern aus kastenförmigen Stahlblechteilen, die mit dem glatten Unterboden zu einer Einheit verschweißt

Im Jahr 1906 wurde jeder Wagen bei der DMG noch an einem festen Platz montiert; die Bandfertigung war noch unbekannt, . . .

. . . während man bei Ford bereits 1911 auch die Endmontage am Band ausführte. Dennoch vergingen weitere sieben Jahre, bis die Produktion befriedigend lief.

wurden. Dabei lag das Bodenblech unter den Längsschwellern, so daß die Insassen ihre Füße auf den tiefsten Punkt des Wagens setzten. Diese teilselbsttragende Bodengruppe wurde mit der Karosserie verschraubt oder verschweißt.
Röhr fand in der Ambi-Budd in Berlin einen idealen Partner, der erhebliche eigene Erfahrungen beisteuern konnte.
Einen ähnlichen Weg beschritt auch Citroen mit dem Traction Avant, auch hier war die Tragfunktion der Längsschweller noch stark ausgeprägt.
Porsche wählte für sein Volkswagen-Projekt eine andere Variante. Er verzichtete auf Längsschweller und versteifte die Bodengruppe durch einen rohrförmigen Mittelträger, an dem vorn die Querrohre zur Aufnahme der Dreh-Federstäbe und Radführungslenker befestigt wurden. Hinten lief das Rohr in einer Gabel aus, die den Motor trug. Ein Querrohr nahm die Drehstäbe und vorderen Anlenkungen der Hinterrad-Längslenker auf.
Ferdinand Porsche entwarf bereits 1931 solch einen Wagen für den Motorradhersteller Zündapp, der schon alle Elemente des späteren Volkswagens enthielt, vor allem aber eine ansprechende „Stromlinien"-Karosserie hatte. Sie war zweitürig, natürlich geschlossen und bot vier Personen einigermaßen Platz. Von diesem Wagen wurden drei Exemplare gebaut. Zu einer Serienfertigung kam es nicht.
Ein weiterer Interessent war NSU. Der Entwurf folgte dem gleichen Rezept. Die bei Drauz in Heilbronn gebaute Karosserie hatte aufgesetzte statt eingebaute Scheinwerfer, und die Hinterräder waren nicht abgedeckt.
Die Karosserien der ersten „echten" Käfer-Prototypen wurden dagegen bei Daimler-Benz in Sindelfingen gebaut, da die Fertigungseinrichtungen in Wolfsburg erst errichtet werden mußten.
Die durch ihre rundliche Form sehr steife Karosserie wurde mit der Bodengruppe verschraubt, obwohl es schon selbsttragende Karosserien gab. Diese Bauweise versprach einige Vorteile. So war das Gewicht des Käfers auf 650 kg projektiert, kam aber bei Aufnahme der Serienfertigung fast an 700 kg heran. Nach dem Krieg nahm das Gewicht mit jedem Modellwechsel immer mehr zu. Bereits 1953 waren 730 kg erreicht und 1984 (aus mexikanischer Fertigung) 780 kg.
Dennoch war der Käfer leicht, denn 650 kg wog nur der DKW 601 mit Zweizylinder-Zweitaktmotor von 1933. Dessen Nachfolger wurden zunehmend schwerer, und der F 7 wog 750 kg.
Der Opel Olympia brachte mit seiner selbsttragenden Karosserie 865 kg auf die Waage, der ein Jahr jüngere Kadett ebenfalls selbsttragend 797 kg, und nur der konventionelle P 4 wog als leichtestes Opel-Auto 752 kg.
1982 wurde der 20 millionste VW Käfer gebaut. Er wurde damit vor dem Ford T das erfolgreichste Mobil der Autogeschichte. Doch wie der Ford T hätte auch er um ein Haar das Geschick seines Herstellers besiegelt, der nicht rechtzeitig für einen moderneren Nachfolger gesorgt hatte.

Der Wind und das Auto

Bereits die ersten Automobilisten bekamen die Wirkung des Fahrtwindes zu spüren, so daß sich die Konstrukteure schon frühzeitig Gedanken um windschlüpfige Formen machten, nicht etwa, um die Insassen besser zu schützen, sondern um den Fahrzeugen höhere Endgeschwindigkeiten zu verleihen. Naturgemäß ging es zunächst um Renn- und Rekordwagen. Einen frühen Höhepunkt bildete zweifellos Jenatzys Rekord-„Zigarre" von 1899 mit Elektroantrieb, mit der es dem Belgier erstmals gelang, die 100-km-Grenze zu überschreiten. Bemerkenswert ist weiterhin der Renault-Grand-Prix-Rennwagen von 1906, bei dem die Rahmen-Längsholme unter den Achsen der großen Räder hindurchführten, um nicht nur den Fahrzeugschwerpunkt abzusenken, sondern auch um den Stirnwiderstand der Karosserie zu vermindern. Der Torpedo-Bug diente ebenfalls der Verminderung des Luftwiderstandsbeiwertes.
Aus der langen Reihe der Versuche kurz nach der Jahrhundertwende sei stellvertretend nur noch des „Blitzen-Benz" gedacht, der 1909 gebaut wurde, und mit dem Bob Burmann 1911 den Geschwindigkeitsweltrekord auf 228,1 km/h verbesserte. Diese Marke wurde 13 Jahre lang nicht überschritten. Bei den Personenwagen geschah bis nach dem Ersten Weltkrieg so gut wie nichts, sieht man vom Alfa-Romeo des Grafen Ricotti aus dem Jahr 1913 ab, dem Opel-„Ei" Lochners von 1912 und einem Entwurf O. Bergmanns, bei dem sogar die Räder umschlossen waren.
1907 hatte Ludwig Prandl den ersten Windkanal für die Universität Göttingen gebaut, und Professor Lutz von der TH Aachen beschäftigte sich mit dem Luftwiderstand der Automobile. 1911 analysierte Professor Riedler in Berlin die einzelnen Fahrwiderstände. In England beschäftigte sich W. G. Aston zur gleichen Zeit mit der automobilen Aerodynamik. So wurde Stein für Stein zusammengetragen, aber die Umsetzung erster theoretischer Erkenntnisse ließ noch auf sich warten.
Der Erste Weltkrieg unterbrach alle Arbeiten an der Aerodynamik in Europa, während es in den USA 1916 zwei Entwürfe von Franklin und Clarke gab, die aerodynamische Züge aufwiesen. Bedeutung erlangten sie nicht. Damit entschlief die Aerodynamik in den USA etwa bis 1927 (Rystedt) und 1928 (Curtiss), wurde wieder vergessen und tauchte in den dreißiger Jahren erneut auf, als Aerodynamik-Gerüchte von Europa herüberdrangen. Daß die Aerodynamik in den USA für die Serienautomobile bis heute keine große Bedeutung erlangte, lag zunächst am konkurrenzlos billigen Benzin, das den Bau großvolumiger Motoren mit „genügend" Leistung

Erste Ansätze zur Karosserie-Serienfertigung bei der DMG 1923. Hier wurden die Karosseriegerippe gebaut.

Erst Mitte der zwanziger Jahre wurde die Bandfertigung auch in Deutschland aktuell. Das Foto zeigt das Montageband für den Typ Mannheim der Daimler-Benz AG 1929.

begünstigte, so daß man sich jeden Wunsch nach höherer Geschwindigkeit auch ohne aerodynamische Karosserie erfüllen konnte.

Europas wilde Aerodynamik-Jahre

Waren die aerodynamischen Formen der wenigen Vorschläge vor dem Ersten Weltkrieg dem Luftschiff-, Torpedo- und Bootsbau entlehnt, und ragten die Fahrer oft weit aus der Karosseriekontur heraus, hatten lediglich Ricotti in Italien, Opel in Deutschland und Gregoire in Frankreich geschlossene Formen gebaut, so änderte sich das Bild nach dem Krieg erheblich. Denn nun befaßten sich in Deutschland vor allem die beschäftigungslosen Luftschiff- und Flugzeugkonstrukteure mit aerodynamischen Automobilkarosserien. Allen voran Rumpler, dessen 1924 gebauter Tropfenwagen mit einem c_w-Wert von 0,28 noch heute imponiert. Rumpler hatte bereits 1918 mit Studien zum Tropfenwagen begonnen und 1921 den ersten Wagen vorgestellt. Es gelang ihm, eine Lizenz davon an Benz zu verkaufen.

In Mannheim wurden mehrere bemerkenswerte Personen-, Renn- und Sportwagen gebaut, doch endeten alle Aktivitäten wegen der Fusion mit der Daimler-Motoren-Gesellschaft.

Noch stärker als Rumpler trieb Paul Jaray die Entwicklung voran. Die von ihm geschaffene Jaray-Form beeinflußte den Automobilbau bis über 1939 hinaus ganz erheblich. Nach keinem anderen aerodynamischen System wurden derartig viele Karosserien auf den unterschiedlichsten Unterbauten hergestellt, gefahren, untersucht und verbessert. Von Geburt Österreicher, kam Jaray bereits 1912 zum Luftschiffbau nach Friedrichshafen, richtete 1923 sein eigenes Ingenieurbüro ein und beschäftigte sich und die Automobilhersteller mit der Aerodynamik. Typisch für Jarays Konzept war der aerodynamische Wagenkörper mit flach auslaufendem Heck und aufgesetzter, tropfenförmiger Kanzel.

Jaray konnte sich auf Untersuchungen Klemperers stützen, der in Jarays Auftrag bereits Messungen an Automobilen im Windkanal des Luftschiffbaus Zeppelin vornahm und aerodynamische Grundkörper untersuchte, die erst etwa 50 Jahre später wieder Bedeutung erlangen sollten.

Vergleichsfahren mit Jaray-Konstruktionen erbrachten 1923 erstmals reproduzierbare Werte für die Kraftstoffeinsparung durch strömungsgünstige Karosserieformen. Bei Vergleichen zwischen einem normal karossierten Audi und einem zweiten des gleichen Typs mit von Jaray entwickelter Aluminium-Karosserie konnte eine Steigerung der Höchstgeschwindigkeit von 85 km/h auf 110 km/h erzielt werden.

Im gleichen Jahr wurden ähnliche Jaray-Karosserien auf Fahrgestelle von Ley und Dixi gebaut, 1924 auf Apollo, 1932 entstand nach Jaray, entwickelt von Ledwinka, der Tatra-Heckmotorwagen, der in der Ausführung von 1940 später im VW-Windkanal die hervorragende aerodynamische Güte von $c_w = 0{,}36$ auswies.

Auch die tschechischen Hersteller Wikov (1932) und Jawa (1934) bauten Prototypen nach Jaray-Patenten.

1923 hatte sich der Rumäne Persu an einem Stromlinienwagen versucht, während es in Frankreich eine ganze Reihe aerodynamischer Karosserien gab: Bugatti 1922, Claveau und Voisin 1923, Chenard & Walker sowie Peugeot 1925, Panhard und Renault 1926 — um nur einige zu nennen.

In England waren es 1921 Green und 1928 Burney, in Italien Beltrani im Jahr 1923, die einigermaßen ernsthafte Versuche unternahmen. Von vielen bedeutungsvollen Stromlinienwagen existieren keine Unterlagen mehr.

Mit dem Freiherrn Reinhard Koenig-Fachsenfeld trat die nächste Generation ins Rampenlicht, die auf bessere Grundlagen bauen konnte und sich von Jaray, Rumpler u. a. löste, um eigene Wege zu gehen. So wurde Koenig-Fachsenfeld vor allem durch die strömungsgünstige Karosserie bekannt, die er 1932 für den Rennfahrer von Brauchitsch und dessen Mercedes SSK entwarf, mit dem Brauchitsch auf der Berliner Avus überraschend siegte.

1936 schließlich erhielt Koenig-Fachsenfeld ein Patent auf das abgeschnittene „K"-Heck, das fälschlich „Kamm"-Heck genannt wurde. Da das Patent auf Druck des Reichsverkehrsministers ohne Namensnennung an das 1930 gegründete Forschungsinstitut für Kraftfahrwesen und Fahrzeugmotoren an der TH Stuttgart (FKFS) überschrieben wurde, Professor Wunibald Kamm aber etwa zur gleichen Zeit zum gleichen Ergebnis gekommen war, einigte man sich auf „K" für Kamm und Koenig-Fachsenfeld. Im FKFS wurden später eine Reihe von „K"-Wagen auf verschiedenen Fahrgestellen gebaut. Eine Version von 1938/39 ergab bei Nachmessungen im VW-Windkanal allerdings nur den Wert $c_w = 0{,}37$, während seinerzeit von $c_w = 0{,}24$ gesprochen wurde.

Dennoch war der hier eingeschlagene Weg richtig, und das FKFS unter Kamm erwarb sich das bleibende Verdienst, den Bau von Serienkarosserien an die Aerodynamik herangeführt zu haben. Kamm, Koenig-Fachsenfeld, aber auch Schlör, Everling und viele andere begründeten die wissenschaftliche Automobil-Aerodynamik. Dazu gesellte sich auch der Amerikaner W. E. Lay, der bereits 1933 an der Michigan-University Meßreihen an Wagenmodellen aufnahm und den Weg wies, der zum K-Heck führte.

In der zweiten Hälfte der dreißiger Jahre sah man eine Vielzahl aerodynamischer Karosserien, von denen leider nur wenige in mehr als einem Exemplar gebaut wurden und verlorengingen. Dennoch läßt sich aus dem überlieferten Bildmaterial ablesen, daß manche von ihnen bereits mit Formgefühl entworfen worden waren, wie z. B. der Wanderer-Sportwa-

Lackiererei mit der Spritzpistole 1926 bei Daimler-Benz. Dies war ein gewaltiger Fortschritt. . .

. . . gegenüber der Handlackiererei, wie sie zuvor üblich war. Hier die „Lackiererei" bei der DMG 1905.

Erst nach der Lackierung wurde das Verdeck auf die Karosserie geschneidert; 1928 gab es bei Daimler-Benz im Werk Sindelfingen schon eine Serienfertigung.

gen von 1938 und das Modell für einen Adler-Prototyp von 1936 aus dem FKFS, die beide — mit geringen Änderungen — noch heute Aufsehen erregen würden.
So ist es verständlich, daß alle europäischen Automobilhersteller sich des neuen Gestaltungsmittels Aerodynamik bemächtigten und eine Vielzahl von Serienkarosserien entwickelten und bauten, von denen die allermeisten freilich heute nur mit „Pseudo-Stromlinie" bezeichnet werden können.

Die vergessene Aerodynamik

Nach 1945 hatte sich die Welt so gründlich verändert, daß für die Anwendung der Aerodynamik in der ersten Zeit kein Platz blieb. In Europa vollzog sich nach dem Wiederaufbau der Fabrikationsstätten der radikale Übergang zur selbsttragenden Karosserie. Außerdem hatten die Hersteller einen gewaltigen Nachholbedarf bei der Modernisierung der Fertigung, zumal die selbsttragende Stahlblechbauweise ganz anderer Produktionsmethoden bedurfte. Überall in Europa ging die handwerkliche Automobilherstellung endgültig zu Ende, aus Werkstätten wurden Fabriken.
Damit war auch die Zeit der zahllosen Karosseriehersteller abgelaufen. Firmen, die überlebt hatten, mußten sich auf andere Produkte umstellen.
Zumindest erwähnt werden soll die Kleinwagen-Nachkriegsepoche; gemeint sind jene Fahrzeuge, die zwischen Motorrad und „richtigem" Auto lagen. Hierunter gab es einige bemerkenswerte Ideen, so z. B. den Messerschmidt Kabinenroller, die Brütsch-Versuche mit zweischaliger Kunststoffkarosserie und den von Hellriegel konstruierten Champion. Sie verschwanden alle nach kurzer Zeit.
Bis nach der Ölpreiskrise von 1973 die Aerodynamik erneut als wichtiges Hilfsmittel zur Karosseriegestaltung schließlich wiederentdeckt wurde, gab es nur wenige aerodynamische Lichtblicke, etwa den Citroën ID/DS 19 mit $c_w = 0{,}38$ von 1956. Im Jahr 1960 kam der Ford P 3, die „Badewanne", auf den Markt, der trotz völlig anders gearteter Karosserieform die gleiche aerodynamische Güte aufwies. 1967 folgte der NSU Ro 80, dessen c_w-Wert die Schwächen des Wankelmotors ausgleichen mußte. Die Karosserie des Ro 80 mit der nach hinten leicht ansteigenden Gürtellinie und Stufenheck wurde Vorbild für alle darauf folgenden modernen Karosserien mit geringem Luftwiderstand.
Entsprach der Citroen ID/DS 19 in den Grundzügen noch den Jaray-Vorschlägen, so zeigte der NSU Ro 80 radikal neue Elemente — und bewies, daß man auf sehr unterschiedlichen Wegen zu besserer Aerodynamik kommen kann.
Mit einer wiederum anderen Form erreichte der Ci-

Während Europa seine Kriegswunden leckte, entstanden in den USA wieder neue Automobile. Wie dieser Lincoln waren die Fahrzeuge noch sehr stark vom europäischen Aerodynamik-Denken der dreißiger Jahre geprägt.

troen GS von 1970 einen Beiwert von $c_w = 0{,}37$ und blieb für viele Jahre das strömungsgünstigste Großserienauto der Welt. Auch der Citroen CX, der 1974 den ID/DS ablöste, hatte „nur" $c_w = 0{,}40$. Wie gut der CX dennoch war, zeigt die Tatsache, daß der VW Käfer trotz seiner „Stromlinie" nur einen c_w-Wert von 0,49 erzielte — und keineswegs das aerodynamische Schlußlicht war. Mazda 323, Opel Kadett City, Volvo 244 und andere wiesen im Windkanal $c_w = 0{,}52$ aus. Insgesamt lag der Mittelwert von 91 bis 1979 im VW-Windkanal gemessenen europäischen Personenwagen bei $c_w = 0{,}46$.
1976 wurde am Porsche 924 der Wert $c_w = 0{,}37$ gemessen, 1978 am Rover 3500 $c_w = 0{,}39$. Dies alles

Europa erholt sich: Stahlrohrrahmen eines Mercedes 300 SL-Prototyps, der auf einfachen Vorrichtungen zusammengesetzt und geschweißt wurde.

Der „Flügeltüren"-Mercedes 300 SL, hier in der „zivilen" Version, ist heute einer der begehrtesten (und teuersten!) Veteranen. In der Rennausführung bestand die Karosserie-Außenhaut aus handgetriebenem Aluminiumblech.

sind Werte, die bewiesen, daß man nun überall in Europa die automobile Aerodynamik ernst nahm. 1979 erfolgte ein großer Sprung nach unten. Galt für den Mercedes 123 (200 bis 280 E) im Jahr 1976 noch $c_w = 0{,}45$, so überraschten die Untertürkheimer 1979 mit einem c_w-Wert von 0,36 bei der neuen S-Klasse. Die Coupés auf dieser Basis brachten es sogar trotz konventioneller Karosserieform auf $c_w = 0{,}34$. Doch dann kam es noch besser. 1982 setzte sich der neue Audi 100 mit $c_w = 0{,}30$ an die Spitze. Der Ford Sierra folgte mit $c_w = 0{,}33$, der Mercedes 190 hatte $c_w = 0{,}32$, der Opel Kadett von 1984 $c_w = 0{,}30$, der Mercedes W 124 (200 bis 300 E) sogar 0,29. Das Jahr 1985 brachte den kleinen Lan-

Rahmen-Verbundbauweise heutiger Rennsportwagen; hier der Lancia Rally von 1983. Rohrrahmen zur Aufnahme des Mittelmotors und der Radaufhängungen, sehr stabile Kabine aus Stahlblech für Fahrer und Beifahrer.

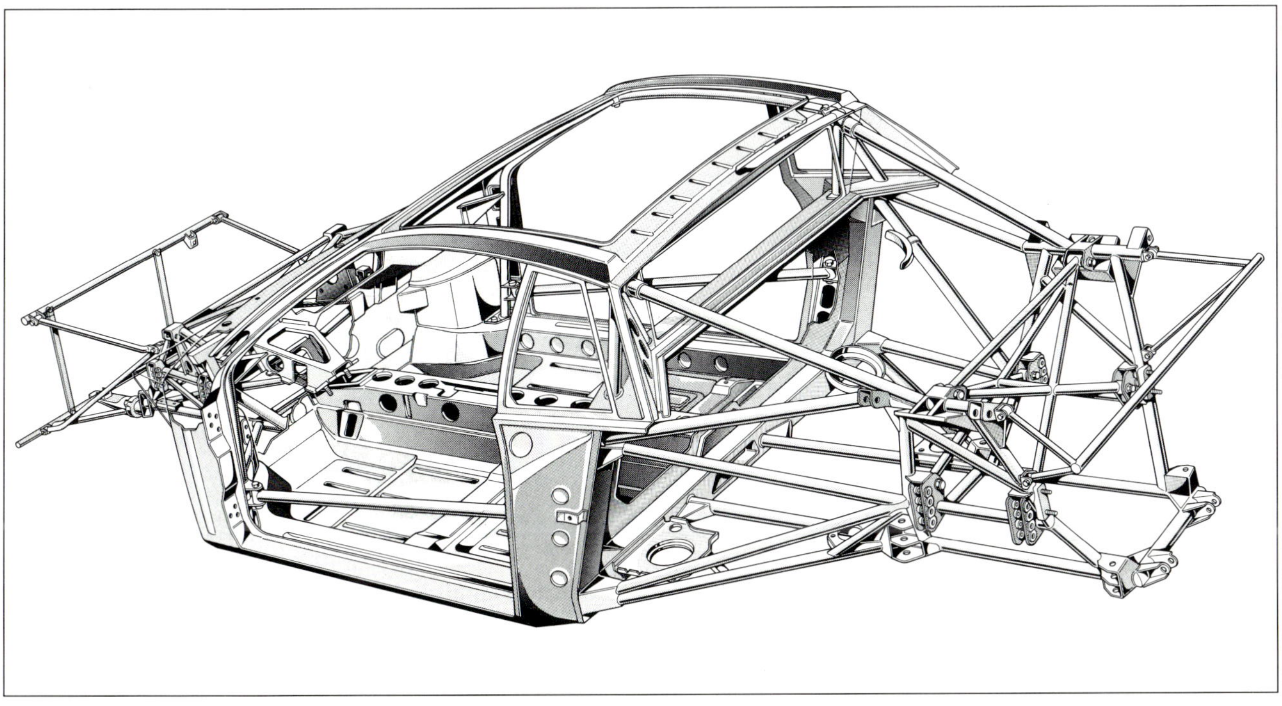

Der Lotus Elite wurde zur Londoner Automobilausstellung 1957 erstmals präsentiert und galt als einer der fortschrittlichsten Sportwagen seiner Zeit.

Einer der ersten Versuche mit dreischaliger, selbsttragender Kunststoffkarosserie aus glasfaserverstärktem Polyester war der Lotus Elite von 1957. Die drei großflächigen Kunststoffteile wurden miteinander verklebt.

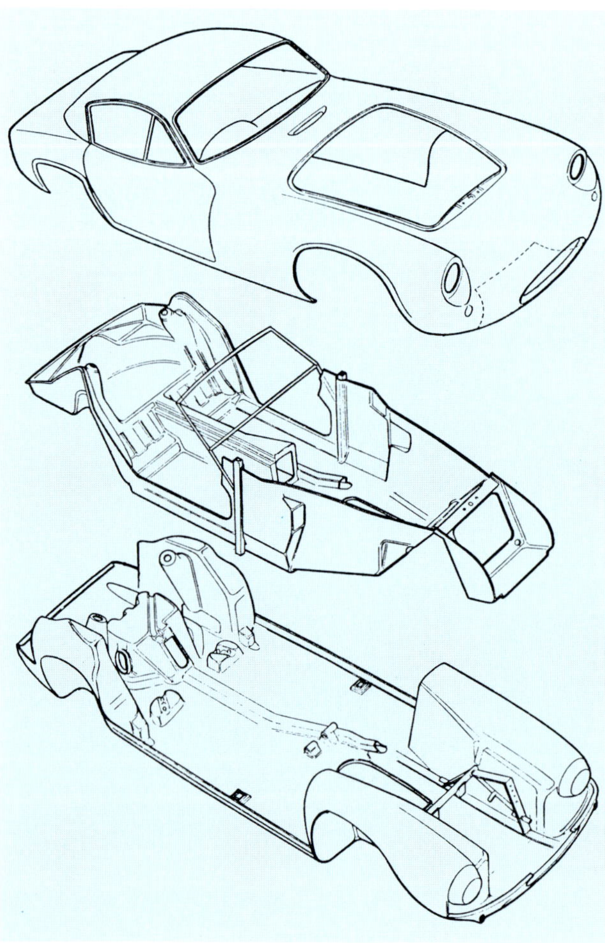

cia Y 10 mit $c_w = 0{,}31$ und den Ford Scorpio mit $c_w = 0{,}33$.
Damit ist die Entwicklung noch längst nicht abgeschlossen. Die überwiegend sehr realistischen Forschungsfahrzeuge der europäischen Automobilhersteller tummeln sich im Bereich zwischen $c_w = 0{,}20$ und $c_w = 0{,}25$, denn die Senkung des Luftwiderstandes ist ein erprobtes Mittel, um den Kraftstoffverbrauch zu vermindern.
Warum die Aerodynamik vor allem in Deutschland zur Blüte kam und die Autos der Bundesrepublik Deutschland heute (nicht nur) an der aerodynamischen Spitze liegen, hat eine einfache Erklärung: Die Autobahn und die auf ihr möglichen hohen Dauergeschwindigkeiten erzwangen neue Gestaltungsmittel bei allen Fahrzeugkomponenten.

„Styling" oder Technik?

Ästhetisches Empfinden und Formgefühl spielten von Anfang an bei der Karosserieentwicklung eine große Rolle. Hierbei kümmerten sich die ersten Konstrukteure nicht um den „Geschmack der Massen", sondern sie setzten lediglich ihre eigenen Ideen um. Auch Henry Ford hatte sich zugunsten preiswerter Massenfertigung über den Geschmack der Käufer hinweggesetzt, ähnlich stand es mit dem VW Käfer.
Den Amerikanern blieb es vorbehalten, das „Styling" zum Götzen zu erheben und daraus eine Wissenschaft zu entwickeln, die nicht der Technik, sondern dem Marketing untergeordnet war. Nur so sind die jährlichen Modellwechsel zu verstehen, die oft abstrusen bis grundhäßlichen Show- oder

Dem Vorbild des Vorkriegs-Kadett von Opel folgend, entstanden in den ersten Jahren nach dem Krieg „Pontonkarosserien", wie z. B. dieser Ford 12 M von 1952 mit selbsttragender Stahlblechkarosserie.

Dream-Cars, die stilistischen Entgleisungen einer schier unendlichen Kette amerikanischer Straßenkreuzer, die außer riesigen Motoren durch die inzwischen überholte Rahmenbauweise, rückständige Radführungen und Bremsen nicht einmal überdurchschnittlich Raum für Passagiere und Gepäck boten.

Die amerikanische Auffassung vom „Styling" strahlte von den fünfziger Jahren an auch nach Europa und Japan aus und führte zu etwas abgemilderten Verirrungen, die man heute nur noch belächeln kann.

Europas Automobilkonstrukteure besannen sich jedoch schon bald wieder auf ihre technische Tradition und gaben funktionalen Überlegungen Vorrang. Von Einzelmodellen abgesehen entstanden meist klar gezeichnete, „europäische" Karosserieformen, die weit langsamer veralteten als die amerikanischen Imponier-Modelle. Dies soll nicht heißen, daß es den USA nicht gelungen wäre, sich vom Zeitgeist zu lösen. Amerikanische Karosserieformen fanden inzwischen auch in Europa erhebliche Beachtung, ohne hier freilich den Trend zu beeinflussen.

Funktionale Formen setzten sich seit etwa 1970 auch in Japan immer schneller durch, und heute findet man im japanischen Angebot eine Vielzahl gut proportionierter, klar gezeichneter Karosserien.

Die wiederentdeckte Aerodynamik brachte — zunächst in der Bundesrepublik Deutschland, dann aber auch in Frankreich, etwas später in England und Italien — neue Gestaltungselemente ins Spiel. Im Extrem wird im Windkanal ein aerodynamischer Grundkörper („nasse Ratte") entwickelt, der die Maße des späteren Automobils hat. Daraus wird dann in enger Zusammenarbeit zwischen Ingenieuren und Formgestaltern das Auto entwickelt. Von Anfang an sind Sicherheits- und Fertigungsspezialisten mit an der Entwicklung beteiligt, und parallel zur Karosserieentwicklung werden beim Hersteller und bei der Zulieferindustrie Bauteile und neue Verfahren erarbeitet, die immer wieder mit den Karosserieexperten abgestimmt werden.

Neben die Leistung der Ingenieure und Formgestalter tritt heute penible strategische Planung, die ständigen Kontakt mit dem Markt und große Erfahrung voraussetzt. Längst kann in keinem der Bereiche auf den Computer verzichtet werden, der vor allem für die Berechnung der Karosserie-Formsteifigkeit unersetzlich ist. Doch auch er ist letztlich menschlichem Formgefühl unterlegen.

Entschieden früher meist Einzelpersonen darüber, wie eine Karosserie auszusehen hatte, so tun dies heute eine Vielzahl von Mitarbeitern eines Unternehmens.

Passive Sicherheit bei Unfällen

Bereits aus den frühen Jahren der Automobilgeschichte gibt es Berichte von Unfällen, die vor allem auf die unzureichenden Fahrwerke und die außerordentlich schlechten Straßen zurückzuführen waren. Das Augenmerk der Konstrukteure richtete sich folglich darauf, zunächst die Fahreigenschaften zu verbessern. Erst Ende der fünfziger Jahre faßte man alles, was die Fahrsicherheit verbesserte, in der „aktiven Sicherheit" zusammen.

Die „passive Sicherheit" dagegen betrifft die Formsteifigkeit der Fahrgastzelle, das Verhalten von Bug-

Nur acht Jahre nach dem pummeligen 12 M präsentierte Ford im Jahr 1960 den 17 M P 3 mit dem hervorragenden Luftwiderstandsbeiwert von $c_w = 0{,}38$, *der auch durch seine glatten Flächen ohne Verzierungen gefiel.*

und Heckpartie bei einem Aufprall, Türversteifungen und Schlösser, Sicherheit der Verglasungen, Entschärfung aller Teile im Fahrgastraum und außen an der Karosserie, aber auch die sichere Verankerung der Sitze, die Sicherheitsgurte, Aufprallpolster an Armaturentafeln und Fensterpfosten und viele andere Einzelheiten. Vor allem die Maßnahmen zur Verbesserung der passiven Sicherheit beruhen auf Erfahrungen, Messungen und Versuchen der letzten 30 Jahre; in der Anfangszeit dachte man noch nicht daran.
Da der Motor seit Emile Levassor vorn im Wagen angeordnet war, und die Insassen weit genug von der Bugbegrenzung entfernt saßen, andererseits die Automobile noch recht langsam waren, erkannte man die Notwendigkeit definierter Verformung noch nicht.
Erst in den dreißiger Jahren befaßte sich ein Mann intensiv mit der sicherheitstechnischen Gestaltung von Karosserien: Bela Barenyi, bei Wien geboren, ab 1939 bei Daimler-Benz tätig, wo er schließlich die Vorentwicklung leitete. Nach einigen Aerodynamik-Patenten wurde ihm das Patent der verformungssteifen Fahrgast-Sicherheitszelle mit angebauten „Knautsch"-Zonen an Bug und Heck erteilt. Barenyi wurde damit zum „Vater der passiven Sicherheit".
Die Stabilität der Automobilkarosserie bei einem Unfall wurde auch an anderen Stellen untersucht. So berichtete Hellriegel von Crash-Tests und Überschlagversuchen bei der Auto Union Mitte der dreißiger Jahre. Dabei wurden die Fahrzeuge über die Kante einer Kiesgrube in der Nähe Zwickaus gestürzt, wobei sie sich mehrfach überschlugen. Ebenso verwendete man eine fahrbare Lafette, an deren Stirnseite ein Baumstamm mit 2 m Höhe und 500 mm Durchmesser befestigt war. Diese Lafette wurde mit einer Winde beschleunigt und gegen die Seitenwand der zu untersuchenden Fahrzeuge gefahren.
Untersucht wurden vor allem DKW-Karosserien, weil man feststellen wollte, wie sich die holzbeplankten Zellen gegenüber der ersten selbsttragenden Ganzstahlkarosserie des Opel Olympia verhielten. Der Vergleich fiel eindeutig zugunsten des Holzes aus!
DKW ging kurz vor Kriegsbeginn zu einer anderen Bauweise über, bei der anstelle von Holz kunststoffgetränkte Papierschichtstoffe verwendet wurden, die unter dem Namen Bakelit bekannt waren. Auch dieses Material verhielt sich bei Aufprallversuchen besser als Blech.
Überrollversuche wurden in den dreißiger Jahren auch von anderen Herstellern durchgeführt, so u.a. von Ford in Köln und Citroen. Die systematische Sicherheitsforschung begann aber erst nach 1945 in den USA. Sie war das Ergebnis der dortigen Verkehrsdichte, die zu immer häufigeren Kollisionen der Fahrzeuge untereinander führte. Die erste Sicherheitszelle jedoch brachte Daimler-Benz nach Barenyis Vorschlägen ein — sie ist heute bei allen Automobilen der Welt ein unverzichtbares Element der Karosserie.
Sicherheitsgurte (Beckengurt) waren aus dem Flugzeugbau bereits bekannt, in den Automobilbau fanden sie jedoch erst in den fünfziger Jahren in den USA Eingang. Sie wurden zunächst auch für Europa übernommen, doch recht schnell durch den Schräg-

Der NSU Ro 80 von 1967 war nicht nur wegen seines 84 kW (115 PS)-starken Zweiläufer-Wankelmotors sensationell, sondern auch wegen der keilförmigen Stromlinienkarosserie, die den Karosseriebau der folgenden Jahre befruchten sollte.

schultergurt und wenig später durch den Schräg-schulter-Hüftgurt ersetzt, der mit automatischer Aufrollvorrichtung und Verzögerungssperre längst zur Serienausstattung wohl aller Automobile gehört.
Entschärfung des Innenraums, Anbringung von nachgiebigen Aufprallpolstern, Sitze mit besserem Seitenhalt, Kopfstützen an den Rückenlehnen führten im Verein mit zahllosen anderen Maßnahmen am Automobil dazu, daß die angeschnallten Insassen bis zu Aufprallgeschwindigkeiten von etwa 50 km/h gute Chancen haben, Verletzungen zu entgehen.
Die Säuberung der Karosseriekontur von Ecken und Kanten kommt auch den Wünschen der Aerodynamiker entgegen, denen eine Karosserie nicht rund genug sein kann. Aus der Sicht der Sicherheitstechniker sind sanfte Übergänge und runde Kanten wegen der Möglichkeit der Kollision mit Fußgängern, Rad- und Motorradfahrern notwendig. So sind auch

1974 löste der CX den Citroen ID/DS ab. Die CX-Karosserie war zwar weniger strömungsgünstig als DS und NSU Ro 80, dafür aber geräumiger und erheblich steifer, nicht zuletzt durch den untergeschraubten Fahrwerkrahmen, an dem Radaufhängungen und Antriebsblock befestigt wurden.

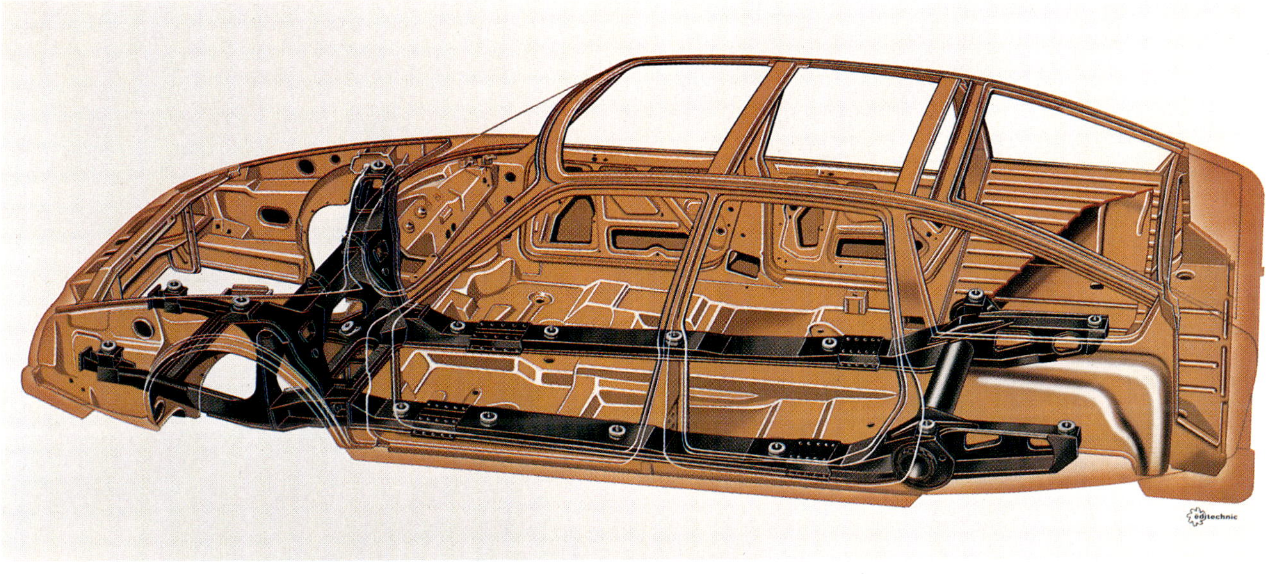

Die Gestaltfestigkeit der Karosserie und ihre Dauerhaftigkeit rückten in den siebziger Jahren immer mehr in den Blickpunkt der Karosseriekonstrukteure. Das Bild entstand 1980 im Peugeot-Versuchszentrum Belchamp und zeigt die Karosserie eines Peugeot 305 Kombi auf dem Hydropuls-Prüfstand von Schenck (Darmstadt).

Entwicklungsschritte für ein aerodynamisch besonders günstiges Automobil. Grundkörper und Grundform werden von den Stilisten „nasse Ratte" genannt. Das Stylingmodell rechts unten entspricht dem „Auto 2000" von VW und erreicht eine aerodynamische Güte von $c_w = 0{,}22$.

Grundkörper

Grundform

Grundmodell

Stylingmodell

Im April 1984 wurde bei Ford in Köln ein großer Windkanal in Betrieb genommen, der alle Voraussetzungen für die Entwicklung strömungsgünstiger Karosserien bietet. Hier der Blick auf die Schaltwarte und durch das große Panzerglasfenster auf die drehbare Arbeitsplatte, die einen Ford Sierra trägt.

die versenkt angebrachten oder gar von der Motorhauben-Hinterkante verdeckten Scheibenwischer die Forderung der Sicherheitsingenieure und nicht die der Aerodynamiker, ebenso die versenkten Türgriffe und klappbaren Außenspiegel.

Kunststoff erobert das Automobil

„Ein wenig Holz, ein wenig Lack — fertig ist der Hanomag" spottete man, als das Hanomag-„Kommißbrot" erschien. Aber dieses kleine Auto mit der selbsttragenden Sperrholzkarosserie war einer der ersten ernsthaften Versuche, Leichtbaumaterialien für die Karosserie zu verwenden.
Auch Kunststoffe waren Mitte der zwanziger Jahre schon geläufig, so z. B. zur Bespannung der Karosserie, für Sitze und Verdecke. Häufig wurde das Kunstleder über die Massivholz- oder später Sperrholzaußenhaut gezogen. Sperrholz mit Kunstlederbezug wurde nicht nur bei DKW verwendet, sondern noch in den fünfziger Jahren bei einer Reihe von Kleinwagen, wie z. B. bei den ersten Lloyd-Modellen.

Karosserien unter Verwendung großflächiger Kunststoffteile zu fertigen wurde Mitte der dreißiger Jahre aktuell, und DKW dürfte das erste Unternehmen gewesen sein, das Kunststofftüren (Bakelit) sogar in der Großserienfertigung verwendete. Dies war ein mutiger Schritt, dem sorgfältige Versuche vorausgingen.
Die große Zeit des Kunststoffs für Karosserien begann jedoch erst nach 1945 mit dem Aufkommen des glasfaserverstärkten Polyesters. Polyester ist ein kalthärtender Zweikomponenten-Kunststoff, der flüssig verarbeitet wird und an der Luft aushärtet.
Während in Europa der Wiederaufbau nur mühsam voranging, entwickelte General Motors in den USA bei der Chevrolet Div. bereits eine Kunststoffkarosserie für den Sportwagen Corvette aus glasfaserverstärktem Polyester (GFP). Die Karosserieteile wurden einzeln im Handauflegeverfahren gefertigt; das komplizierteste Teil war der kunststoffummantelte Stahlrohr-Tragrahmen, der mit der Bodengruppe, den hinteren Radhäusern und der Kofferraummulde ein zusammenhängendes Stück bildete. Die großflächigen Karosserieteile wurden nach dem Verputzen miteinander verklebt, so daß das GFP-Material ei-

Der Audi 100 von 1983 ist das erste Großserien-Automobil, bei dem eine aerodynamische Güte von $c_w = 0{,}30$ erzielt wurde. Man erkennt, wie elegant strömungsgünstige Karosserien aussehen können —, und welche gestalterische Freiheit der Stilist auch im Zeitalter der Aerodynamik hat.

Plastilinmodell in der Styling-Abteilung in Ingolstadt, eine der vielen Vorstufen des Audi 100. Die künftige Form ist schon deutlich sichtbar.

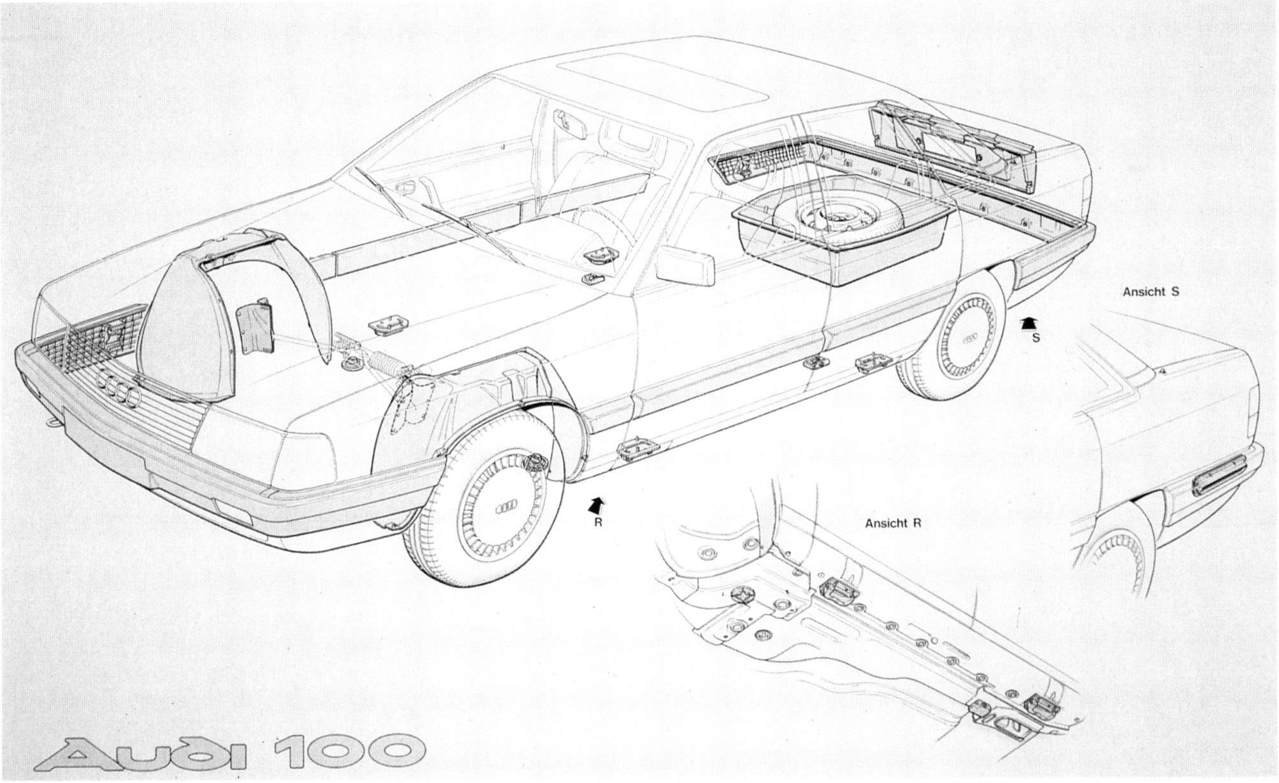

Verwendung großflächiger Kunststoffteile am Audi 100: Besonders bemerkenswert ist die Reserveradwanne, die außerordentlich steif ist und in den Stahlblech-Kofferraumboden eingeklebt wird.

nen nicht unerheblichen Teil der Biege- und Verwindungskräfte aufnehmen konnte. Bis auf Vakumpressen für die Großteile gab es keine Bearbeitungsmaschinen, der Wagen wurde in reiner Handarbeit gebaut.
Stahlskelett und Kunststoff-Außenhaut hatten danach eine Vielzahl von vorwiegend Sportwagen in Frankreich, so von Matra-Simca (jetzt Matra-Renault) und Alpine-Renault, die nach wie vor diese Bauweise anwenden. Eine kaum überschaubare Zahl von Sportwagen in Gemischt- und sogar Vollkunststoffbauweise gab und gibt es in England. Die bedeutendste Konstruktion war sicher das von 1959 bis 1968 von Lotus in Serie gebaute Elite-Coupé, dessen voll selbsttragende Karosserie aus drei miteinander verklebten Kunststoffschalen bestand. Mit etwa 750 kg war das Auto recht leicht und erreichte mit einem 1,2-l-Motor 175 km/h. Andere Hersteller mit echter Serienfertigung von Kunststoffkarosserien — allerdings auf Rohr-Fahrwerkrahmen — sind Reliant und TVR, die seit 1961 bestehen.
Versuche mit selbsttragenden Kunststoffkarosserien wurden in der Bundesrepublik Deutschland von Bayer (Leverkusen) unternommen, wobei vor allem Sandwich-Materialien erprobt wurden. Zu einer industriellen Anwendung kam es allerdings nicht. Schließlich wäre noch der Trabant des VEB-Werkes in der DDR zu erwähnen, der seit mehr als 20 Jahren praktisch unverändert mit GFK-Karosserie gebaut wird.
Bei den großen Automobilherstellern wurde und wird die Entwicklung auf dem Kunststoffsektor aufmerksam verfolgt und neue Materialien und Verfahren auf ihre Eignung für die Serienfertigung untersucht. Alterungsverhalten und Dauerstandfestigkeit stehen dabei im Vordergrund.
Hier und dort haben sich großflächige Kunststoffteile schon in der Serienfertigung etabliert. Ein frühes Beispiel war (1955) das Kunststoffdach der Citroen-Baureihe ID/DS 19 — in diesem Fall kehrte man allerdings aus Sicherheitsgründen zum Stahldach zurück. Neuere Beispiele sind die in die Stahlblechstruktur der Audi-100-Avant-Karosserie eingeklebte Reserveradmulde aus faserverstärktem Kunststoff, die Motorhaube des Citroen BX oder die Kraftstofftanks einer Anzahl von VW-Modellen. Es ist lediglich eine Frage der Zeit, wann im Zuge des Leichtbaus Teile der Außenhaut von Großserienmodellen als Kunststoffe erscheinen werden.
Innerhalb der modernen Automobile haben sich die Kunststoffe dagegen längst ausgebreitet, mit einem Gewicht zwischen 60 kg und 100 kg je nach Fahrzeugtyp. Türinnenverkleidungen, komplette Armaturentafeln, Sitzpolster, Sitzbezüge, Spiegelgehäuse außen und innen, Kühlergrills, Stoßstangen, Spoiler, Zierleisten, Auskleidungen und Abdeckungen aller Art, Sicherheitsgurte, Türgriffe, Fensterkurbeln und Kraftstofftanks werden heute in großen Stückzahlen aus Kunststoff hergestellt. Die Verwendung des einst als „Ersatz" abgewerteten Materials ist

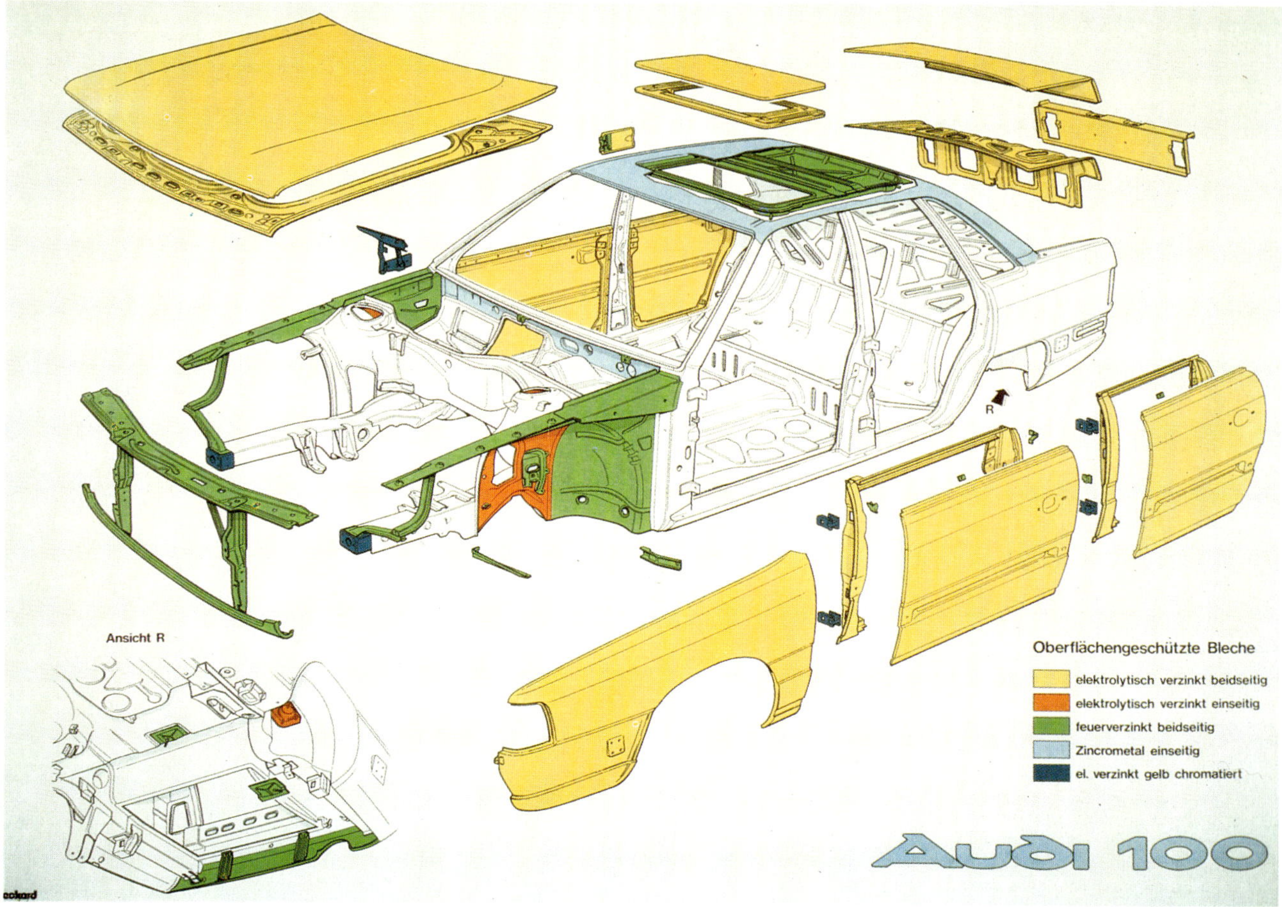

Korrosionsschutz am Beispiel Audi 100: Rund 30 % der Bleche sind verzinkt — als wirkungsvollster Schutz gegen Rost.

heute zur absoluten Notwendigkeit geworden, weil es keine natürlichen Werkstoffe gibt, die die Kunststoffe „nach Maß" ersetzen könnten!

Das geklebte Automobil

Als Opel um 1980 ein neues Reparaturverfahren für Karosserien entwickelte, um beim Teilersatz große Partien von neuen Karosserieteilen mit den intakten alten zu verkleben statt zu verschweißen, kam ein Aufschrei der Empörung aus den Reihen der Karosserie-Reparateure. Tatsächlich haben die Klebstoffe und dauerplastischen Dichtmassen längst in aller Stille das Automobil erobert. Erste Anwendung war das Abdichten von Gehäuseteilen gegeneinander an Motoren, Getrieben und Differentialen. Aber auch der Leim beim Zusammenfügen hölzerner Karosseriebauteile gehörte dazu. Dann kamen plastische Dichtmassen auf den Markt, weil man erkannt hatte, daß Karosserien besonders auf schlechten Straßen „arbeiten" und starre Dichtungen reißen oder platzen.
Jünger ist die Erfahrung, daß auch Bleche durch dauerplastische Schutzschichten wirksam vor Beschädigungen durch Steinschlag geschützt werden können, und heute gibt es weltweit keinen Personenwagen mehr, bei dem nicht einige Kilogramm an solchen Massen zum Schutz gefährdeter Karosseriepartien und zur Abdichtung von Flanschverbindungen benutzt werden.
Aber auch Türbleche werden heute grundsätzlich verklebt und verbördelt, Dichtprofile werden aufs lackierte Blech geklebt, ebenso die seitlichen Schutzleisten außen auf die Karosserie. Die jüngste Anwendung der Klebetechnik findet sich an den Windschutz- und Heckscheiben vieler Großserienkarosserien. Sie erlaubt es, die Scheiben bündig in die Karosserien einzulassen, um im Interesse bester Aerodynamik dem Fahrtwind keinen Angriffspunkt zu bieten. Gleichzeitig erhielten die Konstrukteure damit die Möglichkeit, die großen Glasflächen in den tragenden Verbund der Karosserie einzubeziehen: Das Glas trägt mit.
Dominierte in diesem Fertigungsbereich zunächst das Heißhärtungsverfahren, bei dem der Klebstoffwulst zwischen Karosserieblech und Scheibe durch einen eingelegten Heizdraht erwärmt wurde, so setzt sich jetzt allmählich das Kalthärteverfahren durch, bei dem die zwei Kunststoffkomponenten erst vor dem Auftrag gemischt werden.
Schon seit Ende der sechziger Jahre aber werden Versteifungen in Motor- und Gepäckraumhauben geklebt und heute kaum noch mit den großflächi-

Auch der Schrägaufprall einer Masse gegen die Fahrertür — hier beim VW Golf — dient der Sicherheit der Insassen. Solche Crash-Versuche sind teuer.

gen Blechflächen durch Schweißpunkte verbunden. Geklebt werden der „Himmel", die Sitzpolster, die Tür- und Seitenverkleidungen — ohne die modernen Klebstoffe wäre der Automobilbau zu bedauern!

Wie das Opel-Reparaturbeispiel zeigt, ist es aber heute auch schon möglich, Blechteile dauerhaft miteinander zu verkleben, oder Kunststoffteile mit Blechteilen, wie dies die Audi-Reserveradwanne beweist. So ist damit zu rechnen, daß die Klebetechnik

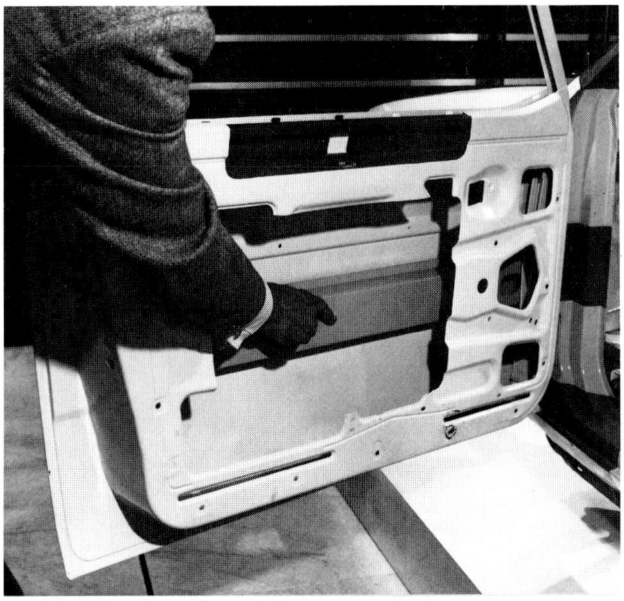

Aufwand für die Sicherheit: Bereits für den Doppeltyp 20/30 entwickelte Renault doppelwandige Türen, die außerdem durch ein stabiles Stahlprofil verstärkt sind. Die Tür kann damit beim Frontalaufprall erhebliche Kräfte übertragen und schützt bei Seitenaufprall.

am Automobil weiter an Bedeutung gewinnen wird, zumal es bereits präzise arbeitende, leistungsfähige Automaten gibt, die den Kleberauftrag besser ausführen als Hand und Pinsel. Und wenn eines Tages Hauben- und Türverschalungen aus Kunststoff eingeführt werden, wird man diese ebenfalls mit den tragenden Stahlteilen verkleben.

Chemie gegen Witterung und Rostfraß

Bereits die frühen Automobilkonstrukteure wußten, daß Stahl und Holz gegen Korrosion und Fäulnis geschützt werden müssen, und entwickelten Spachtelmassen und Lacke, die zunächst mit dem Pinsel aufgetragen wurden. Mit der Einführung der Dünnschicht-Spritzlackierung nahmen freilich die Witterungsschäden zu, doch fiel diese Erscheinung deshalb nicht so stark ins Gewicht, weil die Straßen im Winter noch nicht mit Streusalz freigehalten wurden. Außerdem wurden viele Automobile während des Winters stillgelegt, zumal es Winterreifen noch nicht gab und Heizungen nicht zum serienmäßigen Lieferumfang gehörten.
Mit der Einführung von Streusalz Anfang der sechziger Jahre und der Zunahme der Motorisierung kam eine Flut von Rost-Problemen auf die Automobilhersteller zu, deren Bewältigung erst seit Ende der siebziger Jahre als einigermaßen gesichert gelten kann.
Korrosionsschutz beginnt heute mit der Konstruktion, denn der Konstrukteur legt bereits fest, welche Karosseriepartien aus verzinkten oder anderweitig vorbehandelten Blechen bestehen sollen. (Beim Audi 100 sind dies über 30% der gesamten Karosseriebleche.) Die Punktschweißbarkeit beidseitig verzinkter Karosseriebleche ist auch heute noch ein Problem, weil sich das niedrig schmelzende Zink mit dem Werkstoff der Punktschweißelektroden legiert und zum häufigen Auswechseln der Elektroden zwingt. Rechnet man bei unverzinkten Blechen mit 25 000 Schweißungen bis zum Auswechseln, so sind es bei verzinktem Blech nur zwischen 1 000 und 5 000. Mit geänderten Schweißbedingungen, wie z. B. mit neuen Elektrodenmaterialien, sind labormäßig bereits 10 000 Schweißungen und mehr möglich. Um das Problem zu umgehen, werden bei Porsche die fertig verschweißten Karosserien feuerverzinkt, doch für Großserienfahrzeuge ist dies ein zu teures Verfahren.
Der nächste Schritt ist die einwandfreie Säuberung der fertig geschweißten Rohkarosserien von Schmutz und anhaftendem Ziehfett in Tauchbädern. Dabei werden die Karosserien im Bad bewegt, damit auch Hohlräume erfaßt werden. Die kathaphoretische Tauchgrundierung schließt sich an, dann Füller- und Decklackauftrag. Besonders gefährdete Karosseriepartien werden danach mit zumeist PVC-haltigen Anstrichen versehen, die dauerelastisch bleiben. In Hohlkörper wie z. B. Längsschweller und Traversen wird ein Konserviermittel zumeist auf automatisierten Anlagen eingebracht.
Ein bemerkenswertes Verfahren wendet VW seit 1979 an: Die Karosserie wird über eine Vorrichtung gefahren und auf Düsen gesetzt, durch die große Mengen auf 120 °C erwärmte wachsartige Konservierungsflüssigkeit in die Hohlräum strömt. Diese werden vollständig gefüllt, und die bei dieser Temperatur äußerst dünnflüssige Substanz dringt auch in Mikrospalten ein, die zwangsläufig beim Schweißen entstehen.
Danach wird die Karosserie angehoben und gekippt, damit das noch heiße Wachs abfließen kann. Es bleibt nur ein dünner, flexibler Film zurück, der nach heutigem Wissen optimalen Rostschutz bietet.
Die Chemie liefert die Grundstoffe für eine zunehmende Anzahl von Kunststoffteilen. So werden die Radhäuser heute bei vielen Automobilen von innen durch großflächige Kunststoffteile abgedeckt, damit Schmutz, Steine und Streusalzbrühe nicht mehr das Karosserieblech treffen.

Die Zukunft der Karosserie

Karosseriebau war noch nie einfach und bedurfte in der Vergangenheit aller Mittel, die Praxis und Theorie aufbringen konnten. Seit nicht mehr nur experimentiert, sondern in den Betrieben und Hochschulen unmittelbar Forschung zur Verbesserung der Karosserien betrieben wird, seit immer neue und bessere Fertigungsverfahren und Werkstoffe entwickelt werden, nimmt auch das Fahrzeuggewicht

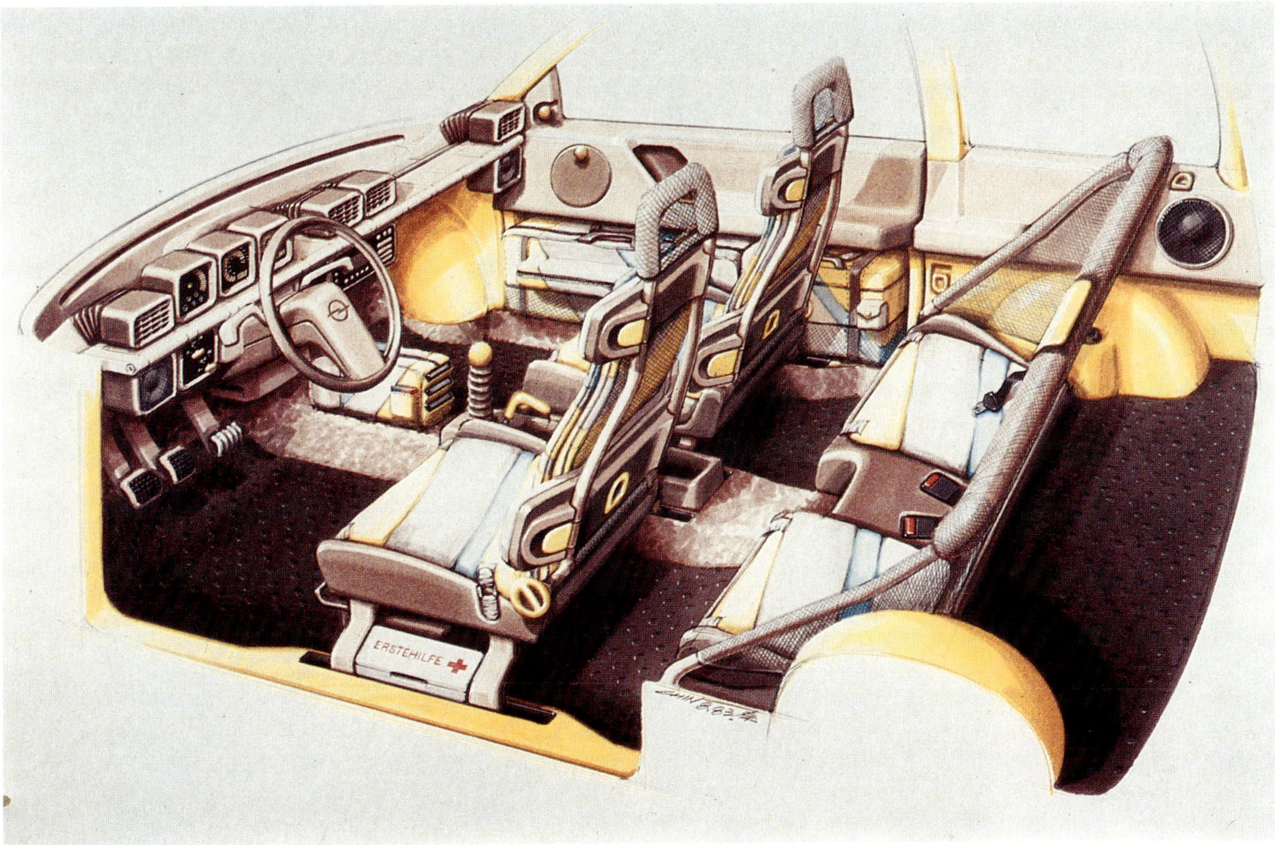

Gestaltung für die Zukunft: Blick in die Karosserie des Opel Junior-Prototyps von 1983, an dem zahlreiche neue Ideen erprobt wurden.

Die aerodynamische vorteilhafte „K"-Form in ihrer jüngsten Anwendung zeigte Honda mit dieser neuen Variante der Accord-Baureihe auf der Frankfurter IAA 1985.

trotz stark erhöhter Karosseriesteifigkeit immer mehr ab. Dieser Prozeß wird sich fortsetzen, denn Gewichtsminderung ist mit Krafttoffeinsparung gleichzusetzen. Aber auch die Aerodynamik dient diesem Zweck, und so ist anzunehmen, daß Großserienfahrzeuge etwa um das Jahr 2000 einen c_w-Wert von 0,25 erreichen werden.
In der Vergangenheit ist die Anzahl der Blechteile, aus der eine Karosserie zusammengesetzt wird, stetig geschrumpft. Diesen Prozeß wird man weiterführen, wenn es auch kaum dazu kommen wird, daß einfach zwei Schalen gepreßt und zusammenqesetzt werden können. Bereits heute werden im Karosseriebau hochfeste Stahlbleche, Leichtmetall und Kunststoffe verwendet, deren Anteil an der Karosserie kontinuierlich zunimmt.

Der lange Weg zum Roboter

Von der Werkstatt zur Fabrik

„Der Prozeß der Industrialisierung im 19. Jahrhundert, wie wir ihn kennen und mit Technik schlechthin identifizieren, ist mit der Entstehung der Fabrik verbunden. Die Organisation von Arbeit und die Zusammenfassung handwerklicher und maschineller Verrichtungen führten zu einer erheblichen Steigerung der Produktivität, die eine entscheidende Verbesserung der Lebensbedingungen ermöglichte. Die Deckung von Grundbedürfnissen und des Bedarfs an Konsumgütern leitete — nach einer Verfeinerung der Produkte und Produktionsverfahren — eine Sättigung ein, die zur Krise der Fabrik beitrug. Durch die Informationstechnologie wird voraussichtlich eine neue Wachstumsphase beginnen. Der Kern einer zukünftigen Produktionserneuerung bildet die rechnerintegrierte und flexibel automatisierte Fabrik der Zukunft. Sie verfügt über einen kontinuierlichen Fertigungsablauf und ist energie-, material- und informationstechnisch verknüpft. Maschinenintelligenz und die Fernwirkungsmöglichkeiten der Informationstechnik sind Voraussetzungen für die Einrichtung neuer Produktionsformen."
So beschreibt Professor Dr. Günther Spur, Berlin, Direktor des Instituts für Werkzeugmaschinen und Leiter des Fraunhofer-Instituts für Produktionsanlagen, den Aufschwung, die Krise und die Zukunft der Fabrik.
In der Tat, in der hundertjährigen Geschichte des Automobils durchlebte die Fabrikation zu Anfang dieses Jahrhunderts eine industrielle Revolution durch die Einführung der Fließbandfertigung. Jetzt, im letzten Viertel des 20. Jahrhunderts, gewinnt eine weitere industrielle Revolution an Schwung: Vorreiter ist wieder die Automobilindustrie. Es ist jene Industrie, die den Maschinenbau unentwegt zu neuen Taten anspornt. Diese Revolution, die gewachsene Fabrikstrukturen sprengt, bei der in der Öffentlichkeit von Geisterfabrikhallen — weil sie menschenleer sind — die Rede ist, hat einen winzig kleinen Auslöser, der Anfang der siebziger Jahre entwickelt wurde: den Mikroprozessor. Denn bis dahin war Automatisierung zum größten Teil mit Mechanisierung gleichzusetzen. Mit dem Mikroprozessor ist es im großen Stil möglich, Bewegung nicht nur durch Mechanik, sondern auch durch Elektronik zu steuern. Damit wird die Fertigung flexibel und man kann auch kleine Stückzahlen wirtschaftlich herstellen. Von nun an gehört jene Epoche der Vergangenheit an, in der man für ein neues Modell eine neue Bandstraße einrichten muß. Frei programmierbare Industrieroboter ermöglichen dies.
Begonnen hat die automobile Fertigung — sowohl in Europa als auch in den USA — in der Ecke einer Werkstatt, denn die ersten Automobile entstanden rein handwerklich.

Erste Anfänge in Europa und Übersee

Betrachtet man die Verdienste rund um den jung gebliebenen Jubilar, das Automobil, so gebührt den Deutschen Benz und Daimler die Ehre, Väter des modernen Automobils, den Franzosen Levassor, Panhard, Roger, Peugeot, Graf de Dion und Renault, die Pioniere des Automobilismus zu sein.
„Nachdem vom Jahre 1887 an immer mehr Benz-Wagen in Frankreich eingeführt wurden, nachdem Daimler im Jahre 1889 seine Patente an Panhard und Levassor verkauft hatte, stürzten sich die Franzosen auf den deutschen Gedanken, wie die Bienen auf aufblühende Blumen, holten den Nektar heraus, machten Honig daraus und verkauften ihn an die ganze Welt." So beschreibt Karl Benz die damalige Situation in seinen Lebenserinnerungen. Der französische Elan verhalf also der deutschen Erfindung zum Durchbruch; die Franzosen machten das Automobil populär.
Den Amerikanern — als Dritte im Bunde — gebührt die Ehre, durch billige Produktionsmethoden aus dem Luxusspielzeug der Reichen ein Fortbewegungsmittel für jedermann gemacht zu haben.
Nicht ohne Einfluß auf die industrielle Serienfertigung des Automobils waren auch die Engländer, bei denen der deutsche Pionier Gottlieb Daimler im Jahre 1861 reiche Erfahrungen mit dem dort hochentwickelten Maschinenbau machte. Er arbeitete unter

13

anderem bei einer so berühmten Firma wie Roberts & Cie. in Manchester. Dieses Unternehmen baute Maschinen für Spinnereien, Webereien und Werkzeugmaschinen, aber vor allem Stanzen und Blechscheren für Schiffbaubetriebe, Schraubenpropeller, Dampfkessel, Dampfmaschinen und Lokomotiven. Danach war er in Conventry bei der bekannten Werkzeugfabrik Whitworth und verschaffte sich hier sehr wichtige Eindrücke, besonders in bezug auf die Herstellung und Normung von Werkzeugen, unter anderem besonders für Gewinde, denn Whitworth hatte damals Weltruhm auf diesem Gebiet. Die Gewindemaße dieses Unternehmens wurden in allen wichtigen Industriebetrieben benutzt. Die Erfahrungen der „englischen Lehrjahre" kamen ihm später in Deutschland sehr zugute.

Während sich in den Vereinigten Staaten als erste die Brüder Charles und Frank Duryea anschickten, ein Auto zu bauen, während Henry Ford noch an seinem ersten Wagen arbeitete, begann in Deutsch-

Nicht nur Reparaturbetriebe entstanden aus Schmiedewerkstätten, sondern auch die Automobil-Fertigung begann rein handwerklich in einer Ecke eines solchen Betriebs, etwa wie hier bei General Motors Anfang dieses Jahrhunderts.

Blick in den Opel-Karosseriebau um das Jahr 1906. Die Aufbauten erinnern noch sehr an Kutschen des vorigen Jahrhunderts.

Die Sitzgestelle waren stets aus Holz gefertigt. Dieses Bild gibt einen Einblick in eine solche rein manuelle Fertigung um das Jahr 1906.

land Karl Benz in Mannheim mit dem planmäßigen Bau seines ersten Serienfahrzeugs. Benz' kaufmännischer Mitarbeiter und späterer kaufmännischer Direktor Josef Brecht hatte angeregt, einen möglichst billigen und leichten Wagen zu bauen. Bereits am 1. April 1894 begann die Lieferung des sogenannten „Velo", dessen Name eine Abkürzung von Veloziped ist. Wahrscheinlich hatte Benz diesen Namen gewählt, weil er damit die grazile Leichtigkeit des Fahrzeugs betonen wollte. Der „Velo" wurde bald einer der am stärksten verbreiteten Benz-Wagentypen und war der erste in größerer, unveränderter Serie hergestellte Kraftwagen der Welt.

Autobau um 1900: Allein die Lackierung dauerte vier bis fünf Wochen

Wie damals in Deutschland ein nach individuellen Wünschen ausgerichtetes Automobil entstand, sei am Beispiel Opel beleuchtet anhand der Produktionsaufzeichnungen um das Jahr 1900:
Wagenkasten nannte man damals noch die Karosserie, die sowohl den Wünschen des Publikums, als auch den Vorstellungen individueller Auftraggeber zu entsprechen hatte. In den historischen Aufzeichnungen liest man: „Die allgemeine Karosserieform, die Einrichtung, die Farbe des Lacks, Art und Aussehen der Polsterung stellen wichtige Wünsche des Bestellers dar." Nach den Überlieferungen zeichnete der Wagenbauer zuerst einen Entwurf im Maßstab 1 : 10. Dann wurde mit Kreide auf schwarzem Papier

Opel-Lackiererei um 1906: Das Lackieren einer Karosserie war um die Jahrhundertwende Knochenarbeit. Bis zu 12 Lackschichten wurden auf der Karosse aufgetragen und von Hand abgeschliffen, bis die Endlackierung erfolgte.

der Entwurf zu einer Zeichnung in der Größe 1:1 umgezeichnet. Befriedigte der Entwurf nicht, konnte man leicht auf dem schwarzen Papier Änderungen vornehmen. Danach wurde die Zeichnung auf weißes Papier übertragen und Konstruktionsteile im Längs- und Querschnitt eingetragen.

Die Karosserie wurde noch ausschließlich aus Holz gebaut. Um ihre kompliziert gerundeten Formen aus diesem Werkstoff herauszuarbeiten, mußte man eine Unzahl von verhältnismäßig kleinen Holzstücken zusammenfügen. Dies ergab zahllose Verbindungsstellen, die verleimt, verbolzt und verschraubt werden mußten. Um die nötige Festigkeit zu schaffen, mußte die Faserrichtung der Hölzer ganz genau beachtet werden.

Die Sitze oder vielmehr ihr Stahlgerüst kamen in die sogenannte Blechspannerei, wo sie nach der Güte der Karosserie Eisen- oder Aluminiumblechbekleidung erhielten. In der Treiberei wurde dann das Blech so geformt, daß es sich dicht an die gekrümmten Wände des Sitzes anlehnte. Bei gleicher Sitzform für eine größere Anzahl von Karosserien wurde das Blech in einer Preßform bearbeitet. Die Herstellung der Fußtritte, Kotschützer, Gepäcksrasten, Sonnendächer, Scharniere, Schlösser und Beschläge, der Klapp- und Drehsesselgestelle war Sache der Schmiede, Schlosserei, Gürtlerei und Spenglerei. Diese Arbeiten liefen neben denen am Holz einher. War nun die Karosserie im Rohbau fertig, wurde sie gut abgeschliffen, und man transportierte sie in die Lackiererei. Zunächst wurde der „Kasten" grundiert und gespachtelt, d.h., es wurden größere Vertiefungen und Unebenheiten mit Spachtelmasse ausgefüllt; auf diese Weise hatte man einen glatten Untergrund geschaffen. Die Ausspachtelung wiederholte sich mehrmals; auf sie wurde größte Sorgfalt verwendet, denn nur auf einem glatten Untergrund läßt sich eine optimale Lackfläche herstellen. Risse und Schrammen wurden mit Ölkitt beseitigt. Der erste Untergrund-Lackauftrag wurde mit Bimsstein abgeschliffen, dann die Karosserie mit Farben angelegt. Darauf wurden mehrere Lacküberzüge aufgetragen: zuerst der Schleiflackanstrich, der in einer Nacht bei Raumtemperatur trocknete. Dieser Anstrich wurde mit Bimssteinpulver sorgfältig glattgeschliffen. Dreimal wiederholte sich der Schleiflackauftrag.

Nach erfolgter Fertigstellung des Untergrundes gab man die Karosserie in die Sattlerei. Aus Rahmen von dünnem Band- und Rundeisen und aus Spiralfedern wurden hier die federnden Unterlagen der Sitze hergestellt und an der Innenwand des Kastens befestigt. Nach Beendigung dieser Arbeiten wanderte die Karosserie wieder in die Lackiererei; hier wurde nun der Decklack aufgebracht, der sehr fein und empfindlich war und bei Zimmertemperatur an der Luft trocknen mußte. Diese Trocknung nahm viele Tage in Anspruch. Zwischenzeitlich wurde er mehrmals mit kaltem Wasser gewaschen, damit er die erforderliche Härte bekam. Die polierten, vernickelten, versilberten oder vergoldeten Beschläge wurden danach vom „Anschläger" montiert.

Dann kam die Innenausstattung an die Reihe. Es wurden z.B. kleine Schränkchen eingebaut, Netze und Haken für Hüte montiert, elektrisches Licht zum Kartenlesen installiert und vieles andere mehr. Auch die sogenannten Wagenführerpfeifen und Befehlsapparate, Gardinen, dazu noch die Acethylenlaternen mit den großen Gasentwicklern und komplizierten Gasleitungen, die Hupen und anderes wurde angebracht, bis der Wagen als fertiges Ganzes die Fabrik verlassen konnte. Eine große Limousine brauchte mindestens drei Monate, bis sie gefertigt war, davon entfielen allein vier bis fünf Wochen auf das Lackieren. Kleinere Karosserien erforderten etwas weniger Zeit, aber unter sechs Wochen war selbst die einfachste nicht herzustellen. Deshalb galt die Ansicht, daß eine Karosserie nicht in einer Massenfabrikation zu fertigen sei.

Bei der Produktion des Motors, des Getriebes, der Hinterachse und des Chassis — damals gab es noch keine selbsttragenden Karosserien, sondern Rahmen und Karosserie wurden miteinander verschraubt — kannte man dagegen schon die Auflösung des Montageprozesses in eine beliebige Anzahl von einzelnen Arbeitsgängen (Prinzip der Fließbandmontage). Dies, so wurde es damals bezeichnet, war die Errungenschaft des „modernen" Werkzeugmaschinenbaus. Immerhin arbeitete man schon mit Spezialdrehbänken, Fräsmaschinen, Bohrwerken und speziellen Einspannvorrichtungen für Werkstücke. Genauigkeit bis auf $1/100$ Millimeter bei der Bearbeitung der Kurbelwelle und des Zylinderblocks waren schon zu Beginn des 20. Jahrhunderts Standard.

Es sei noch ein Blick in die Motorenfertigung der Gründerzeit getan, die sich von der heutigen beträchtlich unterscheidet, aber schon erste Spuren von Fließbandfertigung zeigt: Nach dem Anliefern des rohen Zylinderblocks aus dem Gußwerk wurden plane Flächen auf Fräsmaschinen an der Ober- und Unterseite angebracht. Zum Bearbeiten der Zylinder verwendete man — so wie noch heute üblich — Bohrwerke, danach wurde der Zylinderblock in kochendem Wasser gereinigt, um Rückstände vom Formsand oder von der Bearbeitung zu entfernen. Danach wurde der Block „emailliert", und im nächsten Arbeitsgang wurden die Zylinderbohrungen auf Spezialschleifmaschinen hergestellt. Die Bohrungen, so gibt es ein authentischer Bericht an, wurden um $2/10$ Millimeter kleiner als gewünscht geschliffen, dann wurde die Differenz zum Sollwert von einem schnellrotierenden Schmirgelrad mit 3 000 min^{-1} beseitigt — mit einer Genauigkeit von $1/100$ mm. Im Prinzip ist diese Bearbeitungsmethode der Zylinder bis heute gleichgeblieben. Auch heute noch reicht als Genauigkeit $1/100$ mm für die Bohrung völlig aus.

Mechanische Fertigung bei den Rüsselsheimer Opel-Werken um 1906: Treibriemen beherrschten die Szene.

Anschließend wurde der Zylinderblock — wie auch heute üblich — abgepreßt, d. h., die wasserführenden Kanäle wurden mit Heißwasser unter einem Druck zwischen 3 bar und 5 bar gefüllt, um damit mögliche Undichtigkeiten, wie z. B. Lunker im Guß, feststellen zu können. Diese Methode wird heute noch angewandt, besonders bei der Grundüberholung von Motoren.

Zur Herstellung der Kurbelwelle verwendete man Chromnickelstahl. Die Kontur dieses wichtigen Bauteils wurde aber nicht wie heute im Gesenk geschmiedet, sondern auf Spezialdrehbänken aus dem Vollen herausgearbeitet. Die Toleranz der Pleuel und Kurbelzapfen betrug auch in diesem Fall $1/100$ mm. Heute hat man für die Kurbel- und Pleuelzapfen engere Toleranzen. Danach wurde die Kurbelwelle einsatzgehärtet; dies ist bis heute so geblieben. Alle anderen Teile, wie z. B. Kolben, Pleuelstangen, Ventile und Ventilsitze, wurden ebenfalls auf Spezialmaschinen gefertigt. Nach einer Kontrolle der einzelnen Teile gelangten diese in ein Zwischenlager, bevor sie montiert wurden. Diese Montage unterschied sich sehr von der heutigen, werden doch die meisten Pkw-Motoren schon von Automaten zusammengebaut.

Um 1900 wurden die Kurbel- und Pleuellager sauber eintuschiert und Pleuel wie Kolben genau rechtwinkelig zur Kurbelwelle gestellt. Dieses Eintuschieren war eine sehr langwierige Arbeit, denn die Lager mußten einzeln mit einer speziellen Tusche bestrichen, dann mit der Kurbelwelle zusammengeschraubt und durchgedreht werden. Die erhabenen Stellen, an denen nach der Demontage Tusche fehlte, wurden in Handarbeit mit dem Schaber abgetragen. Dieser Arbeitsgang war nötig, weil man zwischen den Lagern für Pleuel- und Kurbelzapfen enge Toleranzen anstrebte, aber von der Fertigung her nicht die Möglichkeit hatte, sie exakt zu erreichen. Heute ist der Arbeitsgang Schaben völlig aus dem Repertoire der Herstellung verschwunden. Diese spanabhebende Arbeitsmethode wird nur noch bei der Oldtimerrestaurierung angewandt.

Motormontage bei Opel um das Jahr 1906: Die Antriebsaggregate wurden einzeln manuell zusammengebaut.

Wichtig war bei der Montage, daß die Nockenwelle richtig zur Kurbelwelle montiert wurde, daß Öl- und Wasserpumpe angebracht, der Magnetzünder aufgesetzt und die festen Öl- und Wasserleitungen am Motor installiert wurden. In einer sogenannten Probier- oder Bremsstation wurde jedes einzelne Antriebsaggregat auf Herz und Nieren geprüft. Bevor der Motor aber wirklich mit eigener Kraft laufen konnte, trieb man ihn zehn bis zwölf Stunden lang über einen auf das Schwungrad gelegten Riemen durch Fremdantrieb an, erst danach ließ man ihn mit eigener Kraft ungefähr zehn Stunden laufen. Fast 24 Stunden dauerte damit der Einlaufvorgang, der heute auf Minuten beschränkt ist. Danach wurde der Motor wieder gänzlich auseinandergenommen und sämtliche Teile kontrolliert.
Man achtete darauf, daß Kolben und Lager gute „Tragbilder" zeigten. Dann wurde abermals nachgearbeitet und das Triebwerk wieder sorgfältig zusammengebaut. Schließlich gab es einen Testlauf von etwa acht Stunden, davon lief die Maschine drei Stunden ohne Belastung und fünf Stunden gegen den Widerstand einer Motorbremse, meist einer Wasserwirbelbremse. Nach Ermittlung von Leistung und Drehmoment kam der Motor in die Wagenmontage.
Ähnlich verlief die Herstellung des Wechselgetriebes. Immerhin baute man damals schon die Getriebegehäuse aus Leichtmetall, damit das Gewicht des Automobils gering blieb. Die Zahnräder wurden aus Chromnickelstahl auf Präzisionsfräsmaschinen hergestellt und vor dem Einbau geschliffen. In einem eigenen Testraum wurde das Wechselgetriebe etwa fünf bis acht Stunden in allen Geschwindigkeitsbereichen belastet.
Die Hinterachse mit dem Differential durchlief einen ähnlichen Prozeß: drei bis fünf Stunden in einer Einlaufstation, danach Prüfung der Funktion des Differentials, indem man jeweils einseitig eine Hemmvorrichtung an den Achswellen montierte.
Man baute die Aggregate in der Wagenmontage zusammen, wo auch das Chassis gefertigt wurde. An den mit Lehren gebohrten Rahmen montierte man zunächst die Vorderachse mit den Rädern, dann die Hinterachse und die Lenkung. Dann wurden Motor und Wechselgetriebe eingebaut und das Triebwerk mit der Hinterachse durch die Kardanwelle verbunden, in weiterer Folge Spritzwand, Kühler, Tank, Batteriekasten, Öl-, Wasser- und Benzinleitungen installiert. Nach Fertigstellung setzte man das Chassis auf Böcke und betrieb es einige Stunden in allen Geschwindigkeitsbereichen. Dann wurde eine schwere Versuchskarosserie aufgesetzt und im Werksgelände auf der Einfahrbahn probegefahren. Hier gab es damals bereits Steigungen zwischen 15 und 19 Prozent!
Es war also sehr aufwendig, um die Jahrhundertwende ein Automobil zu bauen. Besonders in die Herstellung der Karosserie wurde sehr viel Handarbeit investiert.

Das Fließband revolutioniert den Autobau

Der nächste Schritt der Automobil-Fertigung im ersten Jahrzehnt dieses Jahrhunderts ist gewaltig. Eingeleitet hat ihn Henry Ford, ein Farmerssohn aus Dearborn in Michigan (USA). Detroit, die heutige Autometropole der Welt, war um die Jahrhundert-

Fließbandmontage des Ford-T-Modells in Detroit: Das Foto entstand 1909, ein Jahr nach der Einführung der Fließbandarbeit bei Ford, und zeigt die Endmontage.

wende noch eine amerikanische Provinzstadt, wie viele andere auch in den USA. Als Ford seine erste Autofabrik in Detroit gründete, hatte die Stadt knapp 300 000 Einwohner, als er 1947 in dieser Stadt starb, zählte sie 1,6 Millionen Einwohner und war bis in den letzten Winkel dieser Erde bekannt. Sein erstes Automobil baute Ford 1893 in seiner Einmann-Werkstatt in Detroit. Damals war er 30 Jahre alt und vom Farmerssohn über den Mechaniker zum Ingenieur aufgestiegen. 4 PS leistete der Zweizylinder-Ottomotor — ein Fordscher Eigenbau —, der handgearbeitete Vorläufer von Millionen Ford-Automobilen.

Ford baute während einiger Jahre in unterschiedlichen Unternehmungen mit eigener Beteiligung Automobile, war aber mit den konventionellen Lösungen des damaligen Automobilbaus nicht zufrieden. Sein Ziel war ein einfaches und robustes Fahrzeug, das preislich in der Reichweite von Mittelstandsbürgern blieb. Von vielen skeptisch belächelt, vollzog sich dieser Vorgang wie ein Elementarereignis: Fünf Jahre nach der Gründung seiner Gesellschaft, zu einer Zeit, da das Automobil noch den Status eines Luxusspielzeugs hatte und für die meisten Menschen so unerreichbar war wie etwa heutzutage ein Privatflugzeug, erschien das Ford-T-Modell auf dem Markt. Ford hatte es nicht als Ingenieur, sondern als Wirtschaftler konstruiert und die notwendigen Handgriffe bei der Fertigung auf ein Mindestmaß beschränkt. Alle Teile dieses Modells waren weitgehend genormt, so daß man bei der Montage mit wenigen Schraubentypen auskam. Wo immer man mehrere Teile durch ein einziges ersetzen konnte, geschah dies mit einer für die damalige Zeit einmaligen technischen Phantasie. So entstand ein Fahrzeug aus der geringsten Anzahl von Einzelteilen, aus denen jemals ein Automobil gefügt wurde. Ford goß z. B. seine Motorblöcke in einem Stück — was damals noch nicht üblich war. Auch führte er den leicht deformierbaren, aber zähen Vanadiumstahl in den Automobilbau ein. Man konnte, so hieß es damals, bei einem Ford-T-Modell die Vorderachse fast korkenzieherartig verbiegen, aber nicht zerbrechen. Jeder Dorfschmied konnte sie wieder richten. Ab 1. Oktober 1908 begann Ford mit der Produktion des berühmten T-Modells, auch Tin-Lizzy (Blech-Lieschen) genannt. Ford fand, daß die herkömmliche Methode, an vielen Wagen gleichzeitig zu arbeiten und die gleichen Handgriffe zu verrichten, für sein einfaches Automobil viel zu kompliziert, viel zu zeitraubend und auch viel zu teuer war. Was Ford in der Produktion vorschwebte, dafür gab es bereits eine Reihe von Vorbildern, die aber damals noch nicht im Automobilbau praktiziert worden waren. So hatte man zu Beginn des 19. Jahrhunderts im amerikanischen Eisenbahnwagenbau die arbeitsteilige Produktion eingeführt. Zur gleichen Zeit erlangte das „Tötungsfließband" der Chicagoer Schlachthöfe zweifelhafte Popularität. Hier wurden Schweine lebend auf ein Fließband gestellt, geschlachtet, zerteilt und maschinell ausgewertet. Dieses technisierte Tötungsverfahren wird heute in allen Schlachthöfen der Welt angewandt.

Verfeinerte Fließbandarbeit wurde von dem Amerikaner Frederick Winslow-Taylor zu Beginn des 20. Jahrhunderts entwickelt und von ihm Scientific-Management genannt. Sie bedeutet, Fabrikarbeit in viele kleine Schritte zu zerlegen, so daß auch ungelernte Arbeiter die Handgriffe ausführen können.

Ford ließ 1913 ein T-Modell-Chassis an einem Seil durch die Werkhalle ziehen und an der Strecke Einzelteile aufstellen, die von mitgehenden Arbeitern montiert wurden. Dies war die Geburtsstunde des Fließbandes in der Automobilindustrie, das zur Voraussetzung der industriellen Massenfertigung wurde. Ein Jahr später wurde das Fordsche Fließband zum ersten beweglichen Montageband entwickelt. Im Prinzip ähnelte es den Schiebebahnen des Chicagoer Schlachthofes. Von seinem Ende lief bald alle 40 Sekunden ein T-Modell in die Welt. Am 31. Oktober 1925 betrug der Tagesausstoß 9 109 Fahrzeuge. Dies war die bisher größte Produktionsleistung in der Geschichte des Automobils. Bis zum Jahr 1927 baute Ford mehr als 15 Millionen Wagen des bewährten T-Modells. Erst Jahrzehnte später konnte das Volkswagenwerk diesen Produktionsrekord mit dem Käfer mit einer Stückzahl von 20 Millionen übertreffen. Die Fließbandfertigung brachte aber nicht nur eine industrielle Revolution, sondern auch den Wohlstand der heutigen Industriegesellschaft.

Auch das Aufsetzen der Karosserie auf den Rahmen wurde bei Ford schon 1909 im Fließbandverfahren erledigt.

Eine solch moderne Fließbandfertigung baute Henry Ford 1908 in seinen Fabrikationshallen auf und schuf damit die Grundlage zur modernen Großserienfertigung.

Beim Schleifen einer Karosserie auf dem Fließband bei General Motors. Es erforderte harte körperliche Arbeit. Das Foto entstand um 1920.

„Hochzeit" bei Peugeot 1931 im Werk Sochaux. Wie sich die Bilder gleichen! Denn auf ähnliche Art montierte Ford 1909 die Karosserie seines T-Modells auf das Fahrgestell.

Sechs Jahre nach Henry Ford baut Andre Citroen in Paris den ersten Citroen vom Typ A — erstmalig in Europa — auf einem Fließband. Auch hier ermöglichte die rationelle Großserienfertigung für damalige Verhältnisse einen günstigen Anschaffungspreis. Der Typ A war auch das erste Automobil Europas, das serienmäßig mit Reserverad und elektrischem Starter geliefert wurde.

Fließbandfertigung in Deutschland

Erst 10 Jahre nach Henry Ford führte man bei den Opel-Werken in Rüsselsheim die Fließbandarbeit ein. Die Umstellung des Werkes geschah zur Jahreswende 1923/24. Sie war so grundlegend, daß die Stücklisten des Konstruktionsbüros beim „Opel-Laubfrosch", einem Zweisitzer von 4 PS Leistung, wieder mit der Nummer eins begannen, als hätte man nicht schon seit einem Vierteljahrhundert Automobile gebaut. Deutlich wird das Wagnis, wenn man erfährt, was Opel damals aufgab: Bis Ende 1923 wurden sieben verschiedene Typen im Werk gebaut mit 9 PS, 23 PS, 30 PS und 80 PS. Diese Wagen waren eingeführt, beliebt und wurden verkauft — so gut, wie man damals Automobile überhaupt verkaufen konnte. Davon wurden binnen weniger Monate fünf Typen aus dem Programm gestrichen!
Hinsichtlich der Fließbandfertigung lagen in Deutschland noch keine Erfahrungen vor, es gab auch noch nicht die dafür geeigneten Maschinen. Erfahrungen und Maschinen mußte man sich aus Amerika holen. Alle alten Maschinen aus der Kriegs- bzw. Vorkriegszeit wurden demontiert, verkauft oder verschrottet. Wilhelm von Opel fuhr mit seinen tüchtigsten Ingenieuren nach Amerika. In den größten Automobilfabriken studierten sie die besten und neuesten Fabrikationsmethoden. Mit allem verfügbaren Kapital und Einsatz des Privatvermögens wurden danach die modernsten Werkzeugmaschinen angeschafft — Maschinen, wie man sie in Deutschland noch nicht kannte.
Die Abteilung Autobau gewann ein ganz neues Gesicht: Verschwunden waren die Wälder der Treibriemen, denn die neuen Maschinen hatten jetzt Einzelantrieb. Verschwunden war das Schachtelsystem der Abteilungen, die bislang in unabhängigem Nebeneinander Einzelteile herstellten. Der Autobau erhielt eine „Achse": Durch die größte Halle lief nun ein Schienenstrang, die Montagebahn. Alle anderen Abteilungen wurden dieser neuen Achse zugeordnet, die Entfernungen zwischen ihnen und dem Montageband durch Transportbänder überbrückt. Halbfabrikate, Zylinderblöcke, Kurbelgehäuse, Kurbelwellen, Nockenwellen lagen bereit, die Produktion konnte beginnen. Sie mußte es sogar, denn nach dem Terminplan sollte damals in vier Wochen der neue Wagen bei allen Händlern im Schaufenster stehen!
Auch in Deutschland drückte die Fließbandproduktion die Kosten. Opel gab dies an seine Kunden weiter. Als 1926 der Preis für den verbesserten Laubfrosch von 4 500 auf 2 950 Mark herabgesetzt wurde, schlug dies wie eine Bombe ein. Es war die bislang kühnste Preissenkung in der Geschichte der deutschen Autoindustrie. Opel verkaufte jeden der täglich produzierten 50 Wagen zunächst ohne Gewinn. Denn so rechnete man in seinem Unternehmen: „Mit dieser Preissenkung erschließen wir uns abermals eine neue weitere Käuferschicht. Wenn wir diese Schicht gewinnen, dann werden wir statt 50 Wagen täglich 100 Wagen und mehr bauen. Erst dann nützen wir unsere Fließbandproduktion richtig aus und holen doppelt auf." Dieses Vertrauen auf die eigene Leistungsfähigkeit und auf den Käufer, der ja nur auf einen für ihn tragbaren Preis wartete, wurde glänzend belohnt. Mit 42 771 Wagen des Jahres 1928 konnte die Produktion gegen 1926 mehr als verdreifacht werden.
Bei Beginn der Fließbandproduktion hatten die Bänder in den Rüsselsheimer Werkhallen eine Länge von 45 Meter, aber schon fünf Jahre später eine solche von 2 km. 20 Jahre danach waren es 20 km und in den sechziger Jahren 75 km.
Nach dem Vorreiter Opel führten als nächste Brennabor und Hanomag 1925 das Fließband in ihrer Produktion ein. 1926 folgten Adler, Horch und Wanderer, 1927 NSU, 1928 Daimler-Benz und DKW. Die letzte Automobilfirma, die in Deutschland das Fließband einführte, war Stoewer im Jahr 1931.

Was brachte die Fließbandproduktion?

Die Ergebnisse dieses neuartigen Montagesystems sind für heutige Verhältnisse überwältigend: Als 1913 das Chassis eines Ford-T-Modells durch die Montagehalle gezogen wurde und sechs Monteure die neben der Strecke bereitgestellten Teile aufnahmen und montierten, konnte man die Montagezeit von zwölf Stunden auf die Hälfte reduzieren. Eine Weiterentwicklung des Ford-Systems bestand darin, daß man das Laufband in die Arbeitshöhe der Monteure hob und die Arbeitsgruppen nicht mehr mitgehen ließ. Jeder Arbeiter hatte nur wenige Handgriffe zu bewältigen. Damit wurde die Montagezeit sogar auf eine Stunde und 35 Minuten verringert.
Warum man im Erfinderland des Automobils nicht früher mit der Fließbandproduktion begann, hat verschiedene Gründe, dürfte aber in der Hauptsache mit der Mentalität der Deutschen zu tun haben: Amerikaner sind offenbar eher bereit, von der Stange zu kaufen als Deutsche, die es als Individualisten auch vorziehen, persönliche Wagen zu fahren. Beispiele gibt es heute noch genug dafür. In den Gründerjahren der Automobilfertigung kam aber noch hinzu, daß man in Europa über eine ausreichende Anzahl ausgezeichneter Facharbeiter verfügte. In den USA war dies nicht der Fall, und Maschinen mußten sehr schnell die Fachkenntnisse der Auto-

mobilwerker ersetzen. Auch scheiterte eine Fließbandproduktion zuerst an den bei uns gebräuchlichen Holzkarossen, die ganz individuell bearbeitet und aufwendig in Handarbeit lackiert wurden. Arbeitsgänge von vier bis sechs Wochen Dauer eignen sich nicht für das Fließband, wohl aber reine Blechkarosserien, die durch die Weiterentwicklung hydraulischer Pressen und zäherer Bleche erst später gebaut werden konnten. Auch hatte man dann bei der Fließbandproduktion den Lack nicht mit dem Pinsel, sondern mit der Sprühpistole aufgetragen. Hierdurch verminderte sich die Lackierzeit von vier Wochen auf zwei Stunden.

Höhepunkt und Krise

Ein Blitzlicht aus der trickreichen Produktionskiste war die Einführung der selbsttragenden Karosserie am Citroen 7 CV im Jahr 1934. In Deutschland war es wieder Opel mit dem Olympia, der 1935 die selbsttragende Ganzstahlkarosserie erhielt. Danach waren noch die „tausend kleinen Schritte" nötig bis zum bekanntesten deutschen Großserienautomobil, das am 17. 2. 1972 Stückzahlweltmeister wurde: An diesem Tag lief im Volkswagenwerk Wolfsburg der 15 007 034. Käfer vom Band. Vom Ford-T-Modell waren bis 1927 insgesamt 15 007 033 Exemplare gebaut worden.

Beispielgebend war nach dem Zweiten Weltkrieg die VW-Großserienfertigung. Die höchsten Stückzahlen erreichte man Ende der sechziger Jahre mit rund 5 000 Einheiten pro Tag, die jeweils aus 5 115 Einzelteilen bestanden. Eine der bedeutendsten Automatisierungsmaßnahmen bei VW war der Einbau von Transferstraßen. Man hat sie so genannt, weil sie von einer Produktionsstelle zur nächsten führen. Ein gutes Beispiel hierfür ist die Käfer-Dachtransferstraße, auf der im Sekundenabstand die Dächer gefertigt wurden. Früher standen für diesen Zweck 170 Mann am Fließband. An der Transferstraße waren es noch 40 Arbeiter und 15 Wartungskräfte.

Und so ging es weiter — immer schneller, qualitativ besser, aber auch hektischer. Dabei ist die Krise der Fabrik, des Fließbandes immer deutlicher geworden, denn der Takt des Bandes verändert die Persönlichkeit des Menschen, der schon fast Sklave der Maschine ist. Aber noch ist es nicht so weit. Die Humanisierung des Fließbandarbeitsplatzes wurde erst vor etwa zehn Jahren eingeleitet, dabei die Taktzeiten verlängert, mehr Ruhepausen für die Werker eingeführt, die Überkopfarbeit abgeschafft und vieles andere mehr.

In den sechziger Jahren erreichte die Fließband-Großserienproduktion bei der Automobilindustrie ihren Höhepunkt. In dieser Zeit wurden viele neue Werkhallen eingeweiht, neue Betriebe für die Produktion gebaut. Die Fertigung meldete immer grö-

Das erste deutsche Serienauto nach dem Zweiten Weltkrieg war der Käfer, dessen Großserienfertigung in den sechziger Jahren beispielgebend für die Automobilindustrie war.
Gegen Ende dieses Zeitabschnitts produzierten die „Wolfsburger" 5 000 Käfer je Tag.

Gruppenarbeit bei Volvo im schwedischen Werk Kalmar: Die Automobile stehen auf rollenden Einzelplattformen, die elektronisch durch die Werkhallen gesteuert werden.

ßere Leistungen. So wurden arbeitstäglich in einem neu eröffneten Ford-Motorenwerk in Köln 1 200 Antriebsaggregate gebaut.
Hierbei verwendet man eine 300 Meter lange Zylinderblocklinie, auf der der Motorblock in 455 zusammenhängenden Operationen bis zur endgültigen Form bearbeitet wird. Auf der Zylinderkopf-Transferstraße werden mit einer Horizontalräummaschine mit fast 1 500 Einzelmessern alle Flächen des Zylinderkopfes in einer Operation bearbeitet. Die Maschine wiegt stattliche 50 Tonnen! Zur Überwachung des angelieferten Rohmaterials, der zu bearbeitenden und fertigen Teile werden pneumatische Meßgeräte und Meßmaschinen verwendet. Sie sind Bestandteil der Transferlinien und stoppen automatisch die Produktion, wenn ein Werkstück nicht den festgelegten Standard erreicht hat. Die fertig montierten Motoren laufen nach der Endmontage etwa zwölf Minuten auf Prüfständen. Nach dem Zufallsprinzip ausgesuchte Triebwerke kommen auf Leistungsprüfstände und werden Dauertests unterzogen.
Ebenfalls zu Beginn der sechziger Jahre eröffnete Opel in Bochum ein Produktionswerk mit hoher Leistungsfähigkeit. Dort werden im Preßwerk die benötigten 505 Stahlblechteile für den Opel-Kadett hergestellt: vom Dach über den Unterbau, den Seitenteilen bis zur Motorhaube. 230 Pressen mit einem Druck bis zu 1 200 Tonnen sind in zwanzig Maschinenstraßen aufgereiht. Der Materialfluß ist weitgehend automatisiert. Die Preßteile werden in automatischen Preß-Schweißstraßen zur Ganzstahlkarosserie verschweißt. Danach geht es durch die sehr automatisierte Lackiererei bis zur Endmontage.
Die Motoren werden ebenfalls fast vollautomatisch gebaut und durchlaufen einen Automatik-Prüfstand. „Die dort unter anderem vorgenommene Heißöl-Druckspülung befreit in Verbindung mit der von der Fabrikation herrührenden hohen Oberflächengüte aller gleitenden Teile den Kadett-Motor von der lästigen Einfahrvorschrift", heißt es in einer Broschüre aus diesen Tagen.
In zweieinhalb Generationen haben die Fertigungstechniker gewaltige Schritte getan, nicht zuletzt deshalb, weil sich der Maschinenbau rapide weiterentwickelte. Die auf die Spitze getriebene Arbeitsteilung auf dem Fließband, der Gigantismus der Transferstraßen und des Ausstoßes der Fabrik haben dann zu Beginn der siebziger Jahre viel an Schwung verloren. Humanisierung des Arbeitsplatzes war eines der Schlagworte am Fließband. Volvo in Schweden schaffte 1973 in seinem Werk Kalmar das Fließband ganz ab und die Gruppenarbeit ein. Der Krankenstand sollte gesenkt, das Wohlbefinden der Werker gehoben werden. Bis heute gibt es dort keine Fließbänder, statt dessen ruhen die halbfertigen Automobile auf rollenden Einzelplattformen, die elektronisch durch die Werkshallen gesteuert werden. Bei Bedarf können sie anhalten oder zeitweise aus der Produktionslinie genommen werden — bei der Fertigung kleinerer Stückzahlen wie bei Volvo in Kalmar ist dies ein durchaus annehmbares Verfahren.
Die Produktionslinien wurden in Abschnitte geteilt, die jeweils durch Gruppen von etwa 20 Arbeitern

Noch ein Blick in die Gruppenarbeit-Fertigung bei Volvo. Die Karosserien können auf den Plattformen gekippt werden, damit man die Montagearbeiten ergonomisch richtig ausführen kann.

betreut werden. Hier führen sie alle in ihrem Sektor vorkommenden Arbeiten aus und können in einem bestimmten Rahmen auch das Arbeitstempo beeinflussen. Vor und nach jedem Abschnitt gibt es eine Pufferzone. Jedes Team hat seinen eigenen Ruheraum. Mit Hilfe von Kippvorrichtungen werden die Autos auf den Kopf gestellt, damit niemand mit erhobenen Händen schwere Arbeit verrichten muß. Jedes Auto trägt einen Computerbogen mit den Ausstattungsdetails, der Rechner liefert nicht nur diese Bogen, sondern er sorgt auch dafür, daß von einer zentralen Lagerabteilung die richtigen Teile zum richtigen Zeitpunkt zur Montage geschafft werden. Das Werk in Kalmar erforderte zwar zehn Prozent höhere Investitionskosten als vergleichbare Fabrikationsstätten mit Fließbändern, dafür liegt die Arbeitsproduktivität nach Angaben von Volvo um 15 Prozent über der konventioneller Werke. Der Krankenstand soll etwa ein Drittel geringer als in anderen Volvo-Werken oder schwedischen Industriebetrieben sein. Die Erfahrungen aus dem Werk Kalmar haben auch FIAT und Renault zum Teil für ihre Produktion übernommen.

Gruppenarbeit ist eine Möglichkeit der Humanisierung des Fließbandarbeitsplatzes, obwohl diese Methode einige Probleme aufgibt und vor allem Werker mit hohem Qualitätsstand fordert. Arbeitswissenschaftler meinen, daß dieses Prinzip auch in anderen Branchen künftig häufiger anzutreffen ist.

Von der NC-Maschine zum „Robi"

Immer häufiger wird heute bei der Automobilindustrie der eiserne Knecht, genannt Industrieroboter, eingesetzt. Entwickelt hat sich diese Fertigungstechnik aus der programmgesteuerten Werkzeugmaschine, die schon Mitte der fünfziger Jahre in der Produktion verwendet wurde. Die ersten Maschinen dieser Art waren noch mechanisch gesteuert; heute benutzt man zahlenverstehende, d.h. numerische Systeme. Im Fachjargon werden sie mit „NC" bezeichnet, den Anfangsbuchstaben der englischen Wörter „Numerical", d.h. zahlenmäßig, und „Control", was mit Steuerung zu übersetzen ist.

Solche Werkzeugmaschinen unterscheiden sich von den handbedienten durch die Speicherung der erforderlichen einzelnen Arbeitsschritte in einem Programm. Bei der Bearbeitung des Werkstücks führt die Maschine programmgemäß die Arbeitsanweisungen nacheinander automatisch aus. Mit der Einführung der NC-Maschinen konnten die Fertigungszeiten drastisch gekürzt werden. Es entfallen die Richtzeiten an jedem Einzelstück, wie z.B. für das Einstellen und Messen, außerdem können die Werkstücke in beliebiger Menge mit großer Wiederholgenauigkeit hergestellt werden. Damit ändert sich das Berufsbild des Facharbeiters, der nun zum Handlanger der Maschine wird (z.B. für das Ein- und Ausspannen von Werkstücken).

Wie sich im Laufe der Jahrzehnte die Arbeitsplätze entwickelten: Oben die Montage von Hand mit meist gesundheitsschädigenden Arbeitsplätzen, unten der sogenannte Schrägförderer, den 1982 Daimler-Benz einführte und der aus dem Hänge-Drehförderer hervorging. So können die Montagearbeiten am Fahrzeugboden ohne anstrengende Überkopfarbeit ausgeführt werden.

Aber dieser Schritt war nur der erste, der Einstieg in die hochautomatische Fertigung. Denn aus der NC-Maschine entwickelte sich der Industrieroboter, der schon seit über 20 Jahren verfügbar, aber erst in den letzten Jahren häufiger in der Serienfertigung anzutreffen ist. Diesen Entwicklungsschub leitete das US-Unternehmen Unimation Inc. 1961 mit dem ersten Industrieroboter bei Ford für das Be- und Entladen von Druckgießmaschinen ein. Unimation gehört heute zum Westinghouse-Elektrokonzern und ist einer der wichtigsten Anbieter von Robotern auf dem Weltmarkt. Eine weitere Anwendung für den Industrieroboter war in der Anfangszeit auch das Punktschweißen und wurde ebenfalls sofort von der Automobilindustrie aufgegriffen. General Motors war das erste Unternehmen der Branche, das am Anfang der sechziger Jahre Schweißroboter für seine Fertigung aufstellte.

Durch Roboter flexibel

Bevor es etwas technisch wird, sei folgendes vorausgeschickt: Die Bezeichnung Roboter kommt aus dem Slawischen und bedeutet „harte Arbeit" oder „Frondienst". Bekannt wurde der Name durch ein Drama des Tschechen Carel Capek mit dem Titel „Rossums Universal Robots". Da das Wort Roboter für viele Menschen in den Industrieländern einen unangenehmen „Beigeschmack" hat, versuchte man schon bald, sich auf andere Bezeichnungen zu einigen, wie z. B. Handhabungs- oder Bewegungsautomat. International gebräuchlich ist aber noch immer der Ausdruck Industrieroboter, der auch hier verwendet wird.

Die Grundlage für eine rechnergesteuerte Fertigungstechnik legte wie erwähnt, die NC-Werkzeugmaschine, die von Massachusetts Institute of Technology in den USA entwickelt wurde. Forderungen des Marktes leiteten dies ein, denn mit starrer Fließbandautomation konnte man Modellvarianten nur in sehr bescheidenem Rahmen anbieten.

Die Produktionszyklen eines bestimmten Automobiltyps waren im ersten Viertel dieses Jahrhunderts sehr lang, beim Ford-T-Modell z. B. 27 Jahre. Dieser Zyklus verkürzte sich im Laufe der Jahrzehnte immer mehr. Heute ist es mit Hilfe frei programmierbarer Industrieroboter möglich, sogar Kleinserien oder eine Vielzahl von Varianten wirtschaftlich herzustellen, denn ein moderner Industrieroboter läßt sich in Minuten umstellen. Bei der starren Fließbandautomation dagegen müssen schon bei Modellvarianten Teile der Anlage verschrottet werden. Dies ist von einem Fertigungsbetrieb, besonders in der Automobilindustrie, auf die Dauer finanziell nicht zu bewältigen.

Der Einsatz von Industrierobotern bewirkt in erster Linie Flexibilität in der Fertigung. In Japan, wo man heute die meisten Industrieroboter in der Automobilindustrie benutzt, werden z. B. bei Nissan acht verschiedene Modellvarianten an einem Fertigungsband montiert.

Nach der Anwendungsart gegliedert sind bei der Automobilindustrie die meisten Roboter zum Schweißen und Beschichten von Oberflächen in Betrieb. „Montagehandlanger" — auch intelligente Roboter der zweiten Generation genannt, weil sie verschiedene aufeinanderfolgende „Handgriffe" ausführen können — sind noch verhältnismäßig selten. Während der Roboter zunächst auf die Herstellung der Rohkarosserie, dem Pressen, Schmieden und Schweißen oder auf bestimmte Arbeitsvorgänge wie Lackieren, Beschichten und Kleben beschränkt blieb, zeichnet sich nun ein neuer Entwicklungsschritt ab: Die Robotertechnik dringt auch an die Montagebänder vor.

Erstes Beispiel hierfür ist die Halle 54 des Volkswagenwerkes. Aus Einzelrobotern, die eine bestimmte Aufgabe übernehmen, werden dann Fertigungsautomaten als Teil eines computergesteuerten Robotersystems. Mit diesem Übergang ist zugleich ein starker Anstieg der Kosten für vor- und nachgeschaltete Zusatzgeräte sowie für eine automatengerechte Anpassung des herkömmlichen Fließbandes verbunden. Während bei Lackier- und Schweißrobotern die Anschaffungskosten für den Automaten 60 bis 70 Prozent des gesamten Investitionsaufwandes ausmachen und nur 30 bis 40 Prozent auf Zusatzeinrichtungen sowie Installationskosten entfallen, kehrt sich dieses Verhältnis bei den Montagerobotern um, d. h., die Zusatzeinrichtungen kosten dann 60 bis 70 Prozent des Investitionsaufwandes, der Industrieroboter aber nur 30 bis 40 Prozent. Daher ist der Mechanisierungsgrad im Karosserierohbau ziemlich hoch und liegt bei 90 Prozent.

In diesem Fall scheint das Automatisierungspotential ausgeschöpft zu sein, jedoch nicht so bei der Montage: Diese macht die Hälfte der Produktionszeit (40 bis 60 Stunden) eines Automobils aus, und hierbei liegt der Mechanisierungsgrad nur bei 5 bis 6 Prozent. 95 Prozent des Automobils werden demnach noch mit der Hand zusammengebaut. Mit der Halle 54 bei VW ist es erstmalig gelungen, den Mechanisierungsgrad zu verfünffachen und auf 25 Prozent zu bringen. Laut Aussagen der Fertigungsexperten dürfte dies zur Zeit die Grenze der Automation sein, denn sonst sind die Investitionskosten für Industrieroboter und Zusatzeinrichtungen so hoch, daß der Einsatz nicht mehr wirtschaftlich zu vertreten ist. Man rechnet heute mit einer Amortisationszeit von eineinhalb bis zwei Jahren für einen Industrieroboter und peilt eine betriebsübliche Nutzungsdauer von fünf bis sieben Jahren an.

Obwohl Industrieroboter in der Bundesrepublik Deutschland schon seit über zehn Jahren benutzt werden — die ersten stellte 1972 Daimler-Benz für die Punktschweißung von Karosserien auf —, hat sich die Öffentlichkeit erst in letzter Zeit mit den Folgen der Automatisierung in bezug auf Beschäftigung und Arbeitsmarkt eingehender befaßt. Die

Freisetzung durch einen Roboter, so rechnen Experten, ist mit 1,4 bis 1,6 Arbeitskräften zu veranschlagen. Vorausgesetzt wird dabei, daß der Industrieroboter im Zweischichtbetrieb tätig ist und man zusätzlich für zwei bis drei Automaten einen Mitarbeiter zur Bedienung, Beaufsichtigung und Wartung der Maschine vorsieht.
Vom sozialen Gesichtspunkt aus betrachtet dient der eiserne Handlanger in der Hauptsache zur Humanisierung der Arbeit. Er führt gesundheitsschädliche Schweiß-, Lackier- und Beschichtungsarbeiten aus, hebt schwere Werkstücke und übernimmt monotone oder unfallträchtige Arbeiten. In diesem speziellen Anwendungsbereich liefert der Industrieroboter keinen personal- oder sozialpolitischen Zündstoff, selbst dann nicht, wenn bis 1990 — wie von Prognos Mackintosh vorausgesagt — die Anzahl der in der Massenfertigung mit Punktschweißen und Spritzlackierung sowie Oberflächenbehandlung betrauten Mitarbeiter auf etwa zehn Prozent des Standes von 1980 zurückgehen sollte.
Auf die intelligenten, mit sehenden und tastenden Sensoren ausgestatteten Roboter der zweiten Generation läßt sich diese Aussage allerdings nicht übertragen. Die Anwendung solcher Automaten im Montagebereich wird weitgehend von den Fortschritten in der Sensortechnik bestimmt. So plant BMW, im Jahr 2000 rund 40 Prozent aller im Unternehmen anfallenden Montagearbeiten zu automatisieren. Für die Automobilwerker des Jahres 2000 prophezeit Günther Hartwich, Vorstandsmitglied der Volkswagenwerke AG folgendes: „Es wird weniger Routine- und Maschinenbedienungstätigkeiten geben. Es wird mehr planende, steuernde und instandhaltende Tätigkeiten geben. Es wird eine Abkoppelung der Mitarbeiter von Arbeitszeit, Arbeitsort und Arbeitsablauf der Maschinen geben. Nur noch wenige an der Maschine beschäftigte Personen

Anfang der siebziger Jahre revolutionierte diese kleine Siliciumscheibe, aus der Mikroprozessoren gebaut werden, die Robotertechnik. Dieser Arbeitsplatz befindet sich im sogenannten Reinraum des Bosch-Werkes Reutlingen.

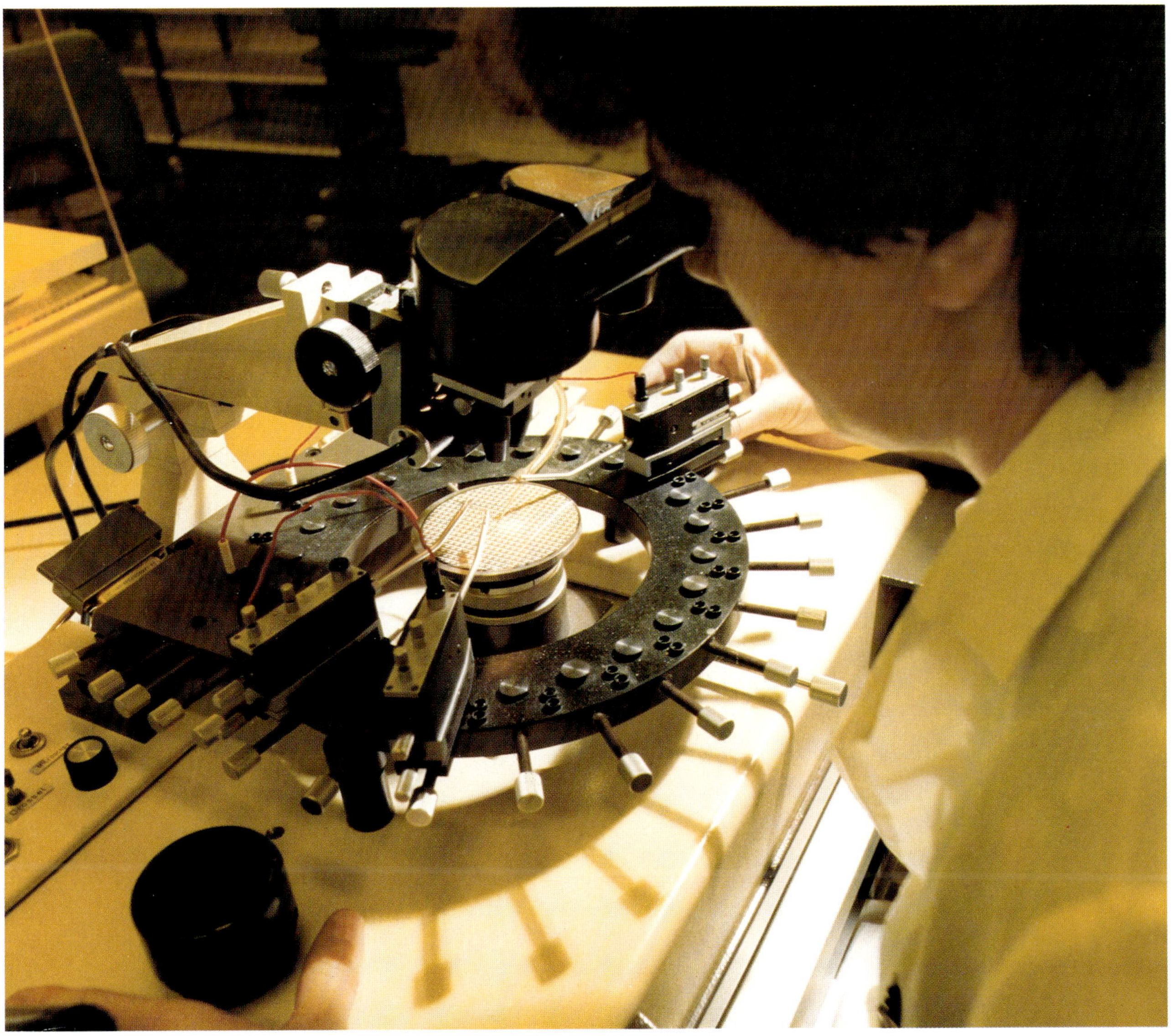

werden diese Abkoppelung nicht mitmachen können. Es wird mehr und besser ausgebildete Spezialisten für die rechnerintegrierte Fertigung geben."

Anwendung — Arbeitsweise — Möglichkeiten

Sicherlich ist die Anwendung der Industrieroboter in der Fertigung kein Selbstzweck, sondern sie dient einzig und allein der Steigerung der Produktivität und damit der Wettbewerbsfähigkeit. Sie ersetzt zwar eine beträchtliche Anzahl von Arbeitsplätzen, sichert aber gleichzeitig eine weitaus größere, die ohne Roboter akut gefährdet wären. Ein Verzicht auf Roboter würde mit Sicherheit einen Verlust an Wettbewerbsfähigkeit bedeuten und ein erhöhtes Beschäftigungsrisiko für das ganze Unternehmen. Auch wird durch Roboter mittel- oder längerfristig der Fertigungsstandort in den Industrieländern aufgewertet. Somit wird sich die Verlagerung von Produktionsstätten in Niedriglohnländern verlangsamen, denn der „stählerne Kollege" am Band gleicht auch Lohnkosten aus. Technische Produkte, heute aus dem Ausland importiert, können dann wieder im eigenen Land gefertigt werden.
Ein moderner, großer Industrieroboter kann bis zu sechs Freiheitsgrade ausführen; dies bedeutet, der Arm der Maschine kann sich nach oben, unten, links, rechts, vorn und hinten bewegen und sich jeweils kreisförmig um die Achse drehen. Der Arm kann mit Werkzeugen, Greifern, Schweißapparaten oder ähnlichem bestückt werden und bei einem Aktionsradius von etwa 2 000 mm eine Vielzahl von Raumpunkten auf ¹⁄₁₀ mm genau anfahren. Da ein Industrieroboter ein inneres Wegmeßsystem enthält, führt er laufend einen Soll-Ist-Vergleich über seinen Standort durch. Als Antrieb werden pneumatische, hydraulische oder elektromotorische Systeme benutzt. In der Pkw-Fertigung ist der elektromotorische Antrieb der gebräuchlichste, und zwar durch einen sogenannten Scheibenläufermotor. Dieser ist exakt und schnell regelbar.
Ohne Computer bzw. elektronische Steuerung ist aber die ganze gute Mechanik nicht zu gebrauchen und wertlos. Erst seinem Gehirn verdankt der Industrieroboter die Möglichkeit, sich selbst zu regeln und entsprechende Handgriffe und Bewegungen automatisch auszuführen. Sein Arbeitsprogramm ist auf einem Magnetband gespeichert; solange es läuft, wird der eiserne Arm bewegt.
Anfang der siebziger Jahre wurde den frei programmierbaren Industrierobotern der gerade entwickelte Mikroprozessor spendiert, der ihre Möglichkeiten noch erweiterte. Vorher arbeitete die Steuerungselektronik mit Transistoren und noch vor dieser Zeit mit Elektronenröhren.
Röhre und Transistor-Bauelement haben die Eigenschaft, als elektronische Schalter zu wirken. Sie können Strom sperren oder ihn durchlassen. Mit dieser Schaltung arbeiten bis heute alle Computer. Dies erscheint äußerst primitiv, denn mit nur zwei Zeichen — null und eins — werden blitzschnell Informationen empfangen und wieder ausgesandt. Nur sie kann der Mikroprozessor lesen. Sie entsprechen unserem binären Zahlensystem. Beim Mikroprozessor hat man eine Vielzahl von elektronischen Bauelementen und Transistoren auf wenige Quadratmillimeter Silicium zusammengefaßt. Es gibt Prozessoren für fest umrissene Anwendungen, wie etwa beim Taschenrechner, oder für nicht vorherbestimmbare also frei programmierbare Aufgaben, die sich nach Bedarf sehr schnell ändern lassen.

Produktions-Vorbereitungszeiten verkürzen

Aber nicht nur die Fertigungskosten kann man mit dem elektronisch gesteuerten Handlanger verrin-

So wird die Außenhaut des Automobils in CAD/CAM-Technik als mathematisches Flächenmodell im Rechner gespeichert.

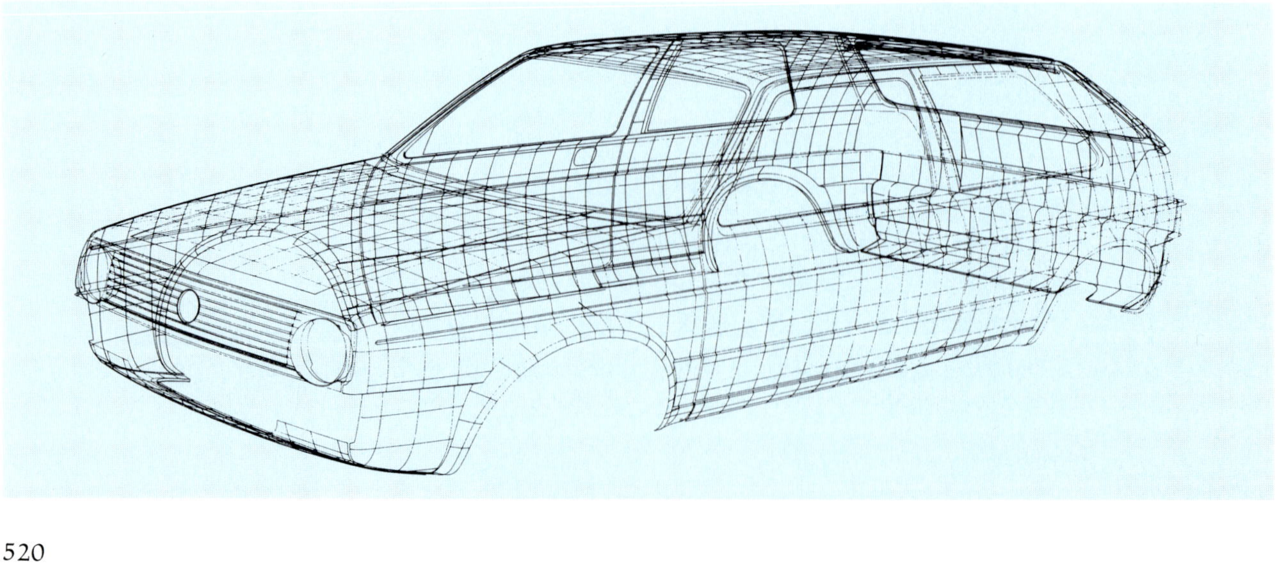

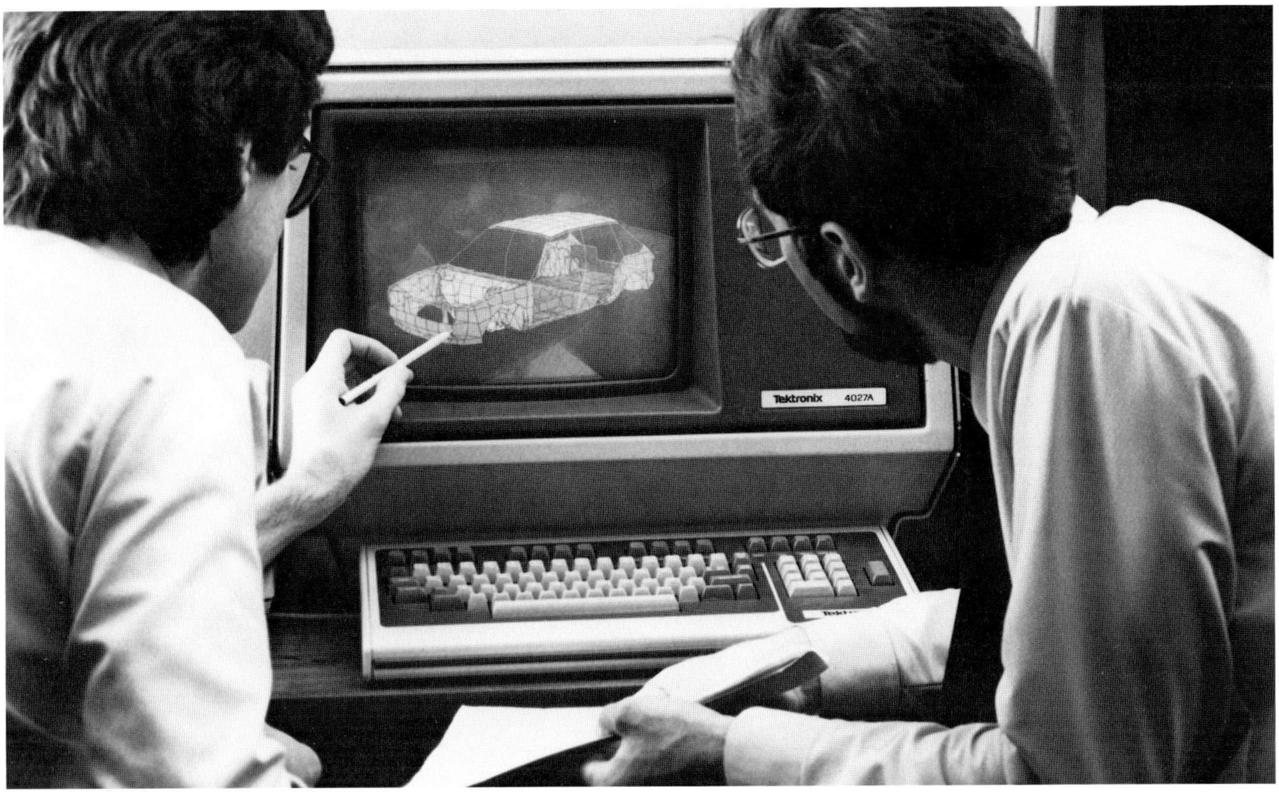

Anwendung des CAD-Systems im Austin-Rover-Werk in Cowley.

gern, sondern auch die Produktions-Vorbereitungszeit, die sonst immer mehr ins Gewicht fallen würde.

Blättert man in der Geschichte des Karosseriebaus zurück, dann stößt man zwangsläufig auf den Wagenbau und im beginnenden vorigen Jahrhundert auf die Stellmacherei, wo schon Konstrukteure am Werk waren. Die Zeichenwerkzeuge und Zeichenbretter waren recht einfach. Erst an der Wende zum 20. Jahrhundert kamen Präzisionsmaschinen zum Zeichnen auf. Weil Papier nicht verzugsfrei ist und die Wiederholqualität durch handwerkliche Kunst im Modellbau und der Fertigung nicht erreicht werden konnte, entstanden zuerst im Flugzeugbau in den fünfziger Jahren die ersten sogenannten CAD-Arbeitsplätze.

Seit einigen Jahren bedient man sich auch im Automobilbau der CAD/CAM-Technik. CAD leitet sich ab von Computer Aided Design, frei übersetzt „rechnergestützte Konstruktion", und CAM von Computer Aided Manufacturing, d.h. rechnergestützte Fertigung. Mit dieser neuen Technik wird der Weg von der Zeichnung des Konstrukteurs zum fertigen Fahrzeug im Bereich der äußeren Karosserieform bei erheblich gesteigerter Präzision wesentlich erleichtert und verkürzt. Der Schritt dahin führt über das Abtasten des 1:1-Stylingmodells zu einem rechnergespeicherten Netzwerk der Oberfläche des Modells. Durch ein Rechnerprogramm wird dieses Netzwerk dann mathematisch aufbereitet. Ergebnis dieses Prozesses ist ein Flächenmodell mit allen Vertiefungen und Wölbungen, das als Datensatz im Rechner vorliegt. Er kann von allen Bereichen, wie z.B. vom Modellbau, Werkzeugbau, von der Produktion und vom Prüfwesen, abgerufen werden. Mit den CAD-Daten wird auf dem Weg der rechnergestützten Fertigung (CAM) eine körperliche Darstellung des Flächenmodells im 1:1-Maßstab des späteren Serienwagens angefertigt. Das Urmodell zeichnet sich rein äußerlich durch eine auf manuellem Weg nicht erreichbare Präzision der Form mit höchster Oberflächenqualität aus. Als letzte Vorstufe zum Serienprodukt dient es deshalb zur entscheidenden Beurteilung der Lichtspiegelung an der Karosserie oder der Übergänge an Fugen und Kanten und anderem mehr. Dem Werkzeugbau gilt dieses Modell als „Urmeter" für alle später anfallenden Änderungen oder Retuschen.

Hochautomatisierte Montage

Als erster Hersteller in der Geschichte des Automobils hat VW 1983 den Golf II für die automatische Montage konstruiert. Der Mechanisierungsgrad wurde gegenüber dem Golf I wesentlich erhöht. In den Bereichen Preßwerk und Rohbau gelang dies nur um wenige Prozent, aber bei der Fertigmontage konnten 25 Prozent erreicht werden. Derzeit gibt es auf der ganzen Welt noch nichts vergleichbares. Es ist ein Schritt in die Zukunft, der nur durch intelligente Roboter der zweiten Generation möglich wur-

Unimate

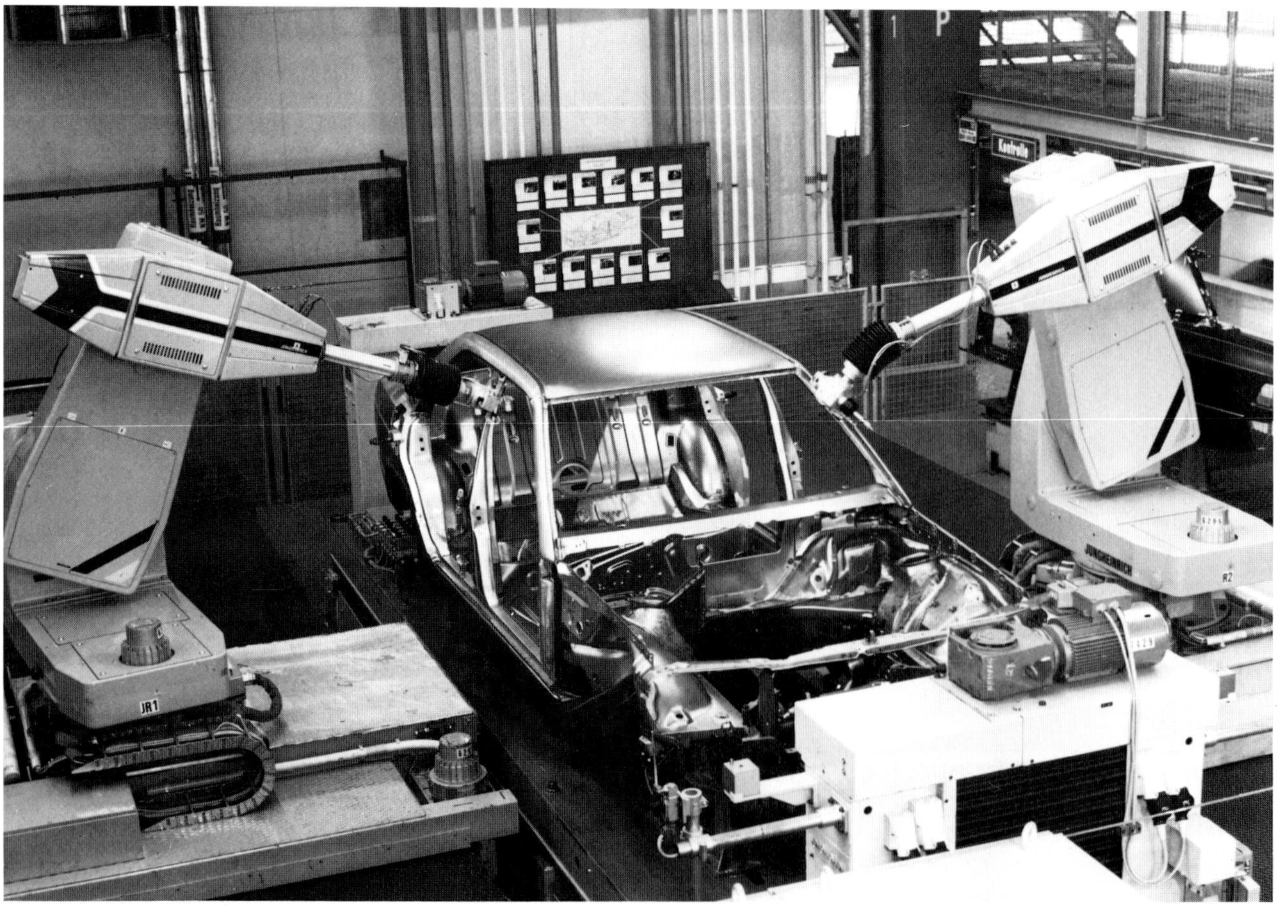
Kontrolle
JR1
R2

Die am höchsten automatisierte Montage der Welt: Golfproduktion in Halle 54 bei VW. Auf der Fertigungsstraße für den Rumpfmotor vervollständigen Industrieroboter das Antriebsaggregat vollautomatisch mit Starter, Generator, Konsolen und anderen Anbauteilen. Vollautomatisch legen Roboter sogar den Keilriemen auf, spannen ihn vorschriftsmäßig und ziehen ihn mit genauem Drehmoment an.

Links oben: Fertigungsstraße mit frei programmierbaren Schweißrobotern im Austin-Rover-Werk Longbridge. Dieser Teil der Fertigung hat einen Automatisierungsgrad von weit über 90 %.

Links unten: Auch für die Qualitätssicherung sind heute Roboter zuständig: Hier sieht man Meßroboter bei Daimler-Benz an der Arbeit, die bis zu 500 frei wählbare Punkte anfahren können und deren Maßhaltigkeit überprüfen. Mit acht Bewegungsachsen sind damit Messungen mit hoher Exaktheit möglich.

de, grob gesehen vergleichbar mit der Einführung der Fließbandfertigung 1913 bei Ford. Gegenüber der ersten Golf-Modellreihe konnte die Fertigungszeit um 16 Prozent verringert werden. Dies setzt ein exakt verzahntes Zusammenspiel von Entwicklung, Planung und Produktion voraus und eine geeignete Fahrzeugkonstruktion.

Die Fertigungsanlagen in der Halle 54 bei VW in Wolfsburg sind in zwei Etagen aufgebaut und steuerungstechnisch miteinander verknüpft. Er-

Zielgenau plaziert der Industrieroboter Anbauteile an die Golfmaschine. Bemerkenswert ist, daß VW die Roboter selbst entwickelt und baut.

reicht die Karosserie einen Erfassungspunkt, dann tastet ein elektronisches Lesegerät das Karosserie-Kennschild ab und gibt die Daten an ein Montage-Informationssystem weiter. Der Großrechner hat alle erforderlichen Daten zum Bau des Autos gespeichert. Die Montageunterlagen bekommt der Computer jeden Monat neu aus dem Fertigungsprogramm; sie entsprechen den Bestellungen der Kunden. Danach steuert er den Ablauf.

Zeitrichtig leitet der Rechner für jedes Auto die Vormontage des Antriebsstrangs ein. Dazu gibt er Informationen zum Abruf des Getriebes, des Motors, der Federbeine und der vielen anderen Teile. Die Fertigung der Baugruppe „Betriebssatz" kann beginnen: Programmgemäß wird der Getriebeblock in die Fertigung eingeschleust und automatisch mit rechter und linker Gelenkwelle, mit Stütze und Konsole versehen. Elektronisch gesteuerte Schrauber sorgen anschließend für eine sichere Verbindung. An einem Arbeitstag werden so bis zu 2 400 Getriebe montiert und aus dem Montagerundtisch in eine Staustrecke befördert. Dann läuft der Rumpfmotor in die Fertigung ein; Lichtschranken erkennen die Motorversion „Diesel"- oder „Otto"-Verfahren. Durch Hinzufügen weiterer Bauteile entsteht das fertige Antriebsaggregat. Aus dem Zwischenpuffer abgerufen, läuft dann das Getriebe zum Zusammenfügen mit dem Antriebsaggregat in die Triebwerkstraße.Über eine Roboterfügeeinheit fährt das Getriebe an den Motor; dabei wird in komplizierten Einzelbewegungen — der menschlichen Hand nachgeahmt — das Zusammenfügen von Kupplungswelle und Kupplung ermöglicht. Danach wird auf einem eigens entwickelten Aggregateträger das Lenkgetriebe montiert. Das fertige Triebwerk wird aus dem Puffer abgerufen und ebenfalls auf dem Montagerahmen installiert.

In der nächsten Station folgt das Verschrauben mit den Motorlagern. Anschließend werden die Federbeine von einem Industrieroboter auf die Gelenkwellen gesetzt. Bemerkenswert ist, daß auch die Verschraubungen — 300 an der Zahl — vollautomatisch ablaufen. Hierbei werden die Schrauben zunächst von einem Werker einer Sichtprüfung unterzogen und gelangen dann über ein automatisches Sortiergerät in einen Sortierteller. In diesem werden

Montagestraße für den Triebsatz in Halle 54 bei VW.

Montage des Golf-Triebsatzes schematisch: Auf einen speziellen Aggregateträger wird das Lenkgetriebe geschraubt, das fertige Triebwerk aus dem Puffer abgerufen und auf den Montagerahmen gesetzt. In der nächsten Station erfolgt das Verschrauben mit den Motorlagern. Anschließend werden die Federbeine von einem „Robi" auf die Gelenkwellen gesetzt.

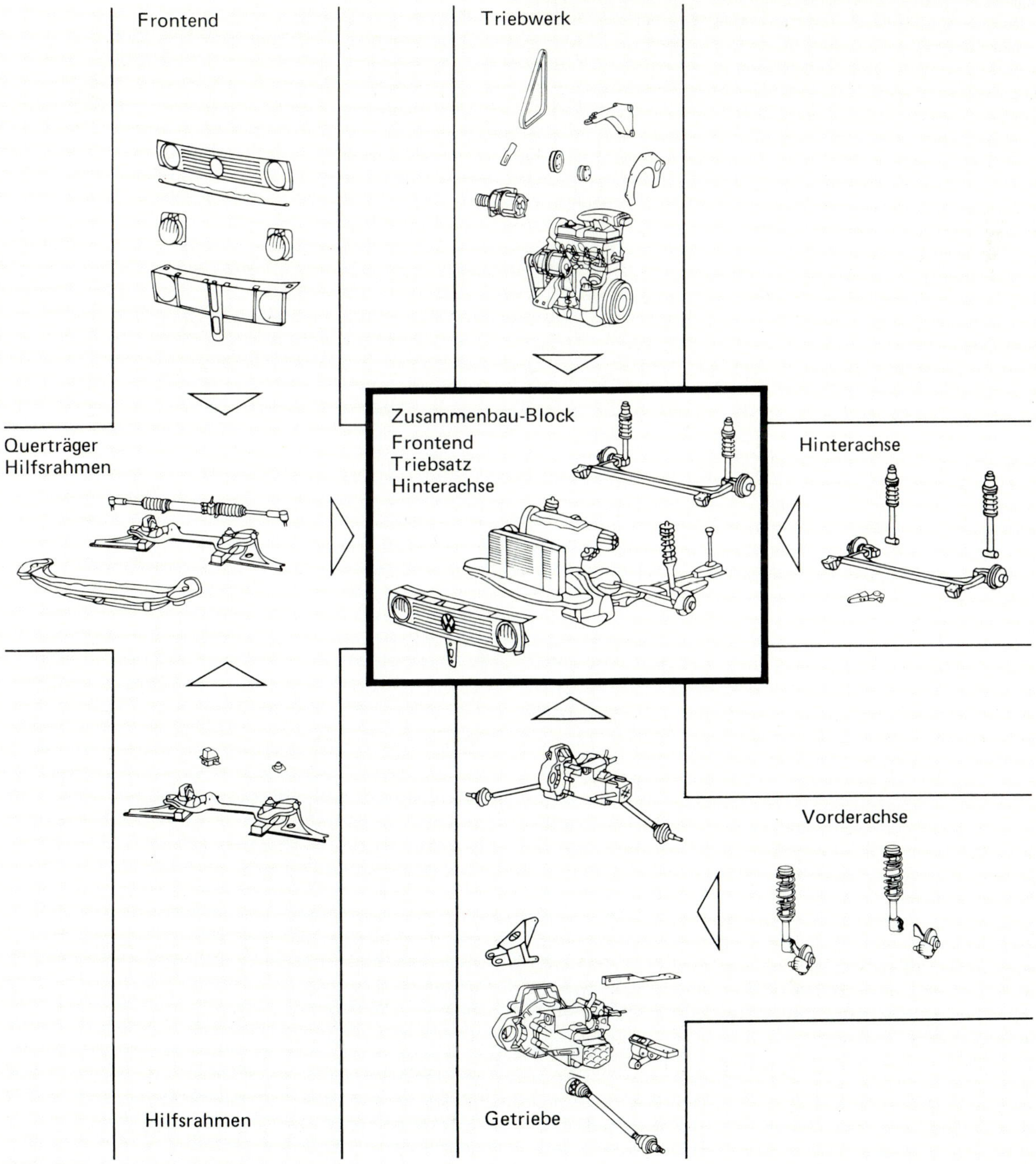

Vollautomatisch baut ein Industrieroboter die Batterie in den Golf ein: Er setzt sie genau an den richtigen Ort und verschraubt sie mit Spannpratzen.

die Schrauben nochmals auf Kopflänge, Gewinde und Schaftlänge geprüft, bevor sie an die bis zu 25 m weite Verschraubstelle „geschossen" werden. Dort übernimmt eine Ladeplatte einzeln die Schrauben und führt sie dem Schrauber zu. Die Steuerung der Schraubvorgänge geschieht elektronisch, Drehmomente und Drehwinkel werden genauestens überwacht und die Daten dokumentiert. Erfolgt die Verschraubung innerhalb der vorgegebenen Toleranzen, so meldet die Steuerung dies durch grüne Leuchtdioden. Ist die Toleranz nicht erreicht, wird der Prozeßablauf automatisch gestoppt.
Insgesamt werden 14 Hauptbaugruppen in der Vormontage gefertigt und nach vorgegebenem Programm den Fertigungsstraßen zugeleitet. In der ersten Station der automatischen Karosseriemontage werden alle Befestigungselemente auf ihre Lage und Genauigkeit hin überprüft. Wenn alles in Ordnung ist, vollzieht sich der automatische Einbau. Der Transport zwischen den einzelnen Stationen erfolgt mit selbständig arbeitenden Förderantrieben. Hubgestelle mit Aufnahmestiften fixieren die Karosserie jeweils für den nächsten automatischen Einbauvorgang. Ein Roboter setzt die Batterie ein, in der nächsten Station wird sie durch einen zweiten verschraubt.
Wenn Karosserie und Triebwerk zusammengesetzt werden, spricht man im Werkjargon von „Hochzeit". Dieser Vorgang war bislang und ist es in der Regel auch heute noch: eine Aufgabe von Spezialisten am Band. Beim Golf jedoch wird die „Hochzeit" automatisch vollzogen. Beim Golf II wird der Antriebsblock durch die vorn offene Frontpartie in die Karosserie eingefahren.
Die Abgasanlage wird ebenfalls von Automaten eingebaut. Dabei steckt ein Werker nur die einzelnen Bauteile in einen Montagerahmen, der danach automatisch unter die Karosserie gefahren wird. Dann werden die Gummiringe eingehängt und die Abgasanlage mit Hilfe einer Muffe mit dem eingebauten Triebsatz erschraubt.
Die Rädermontage schließt die Automatik-Produktion ab. Über eine Verteilerstation werden die gewünschten Räder den vier automatischen Ausricht- und Schraubstationen zugeführt. Damit die Schraubenstellung des Rades mit den Bohrungen der

„Hochzeit" beim VW-Golf: Vollautomatisch werden Karosse und Triebsatz zusammengeführt und verschraubt.

Bremstrommel übereinstimmt, müssen diese Teile ausgerichtet werden. Zu diesem Zweck dreht ein Suchstift die Bremstrommel in die erforderliche Stellung.

Nach diesem Eindruck von Automatisierung und Roboter-Arbeit fragt man sich: Ist hier die menschenleere Fabrik bald verwirklicht, oder wird der Mensch mit seinen fünf Sinnen noch kopiert, von der Technik nachgebaut? Günther Hartwich, VW-Werk, kann dies am besten beantworten: „Es wird weniger Menschen im direkten Produktionsablauf geben, aber keine menschenleere Fabrik. Es wird eine geringere Jahresarbeitszeit für die Mitarbeiter geben, aber längere Arbeitszeit für die Maschinen. Es wird neue Ausbildungsberufe und eine verstärkte Weiterbildung auf allen Technik-Hierachieebenen geben, weil die angebotene Technologie eine höhere Innovationsgeschwindigkeit hat, als das durch Ausbildung begrenzte menschliche Umsetzungvermögen." Hierzu äußert sich auch Dr. Werner Niefer, Mitglied des Vorstandes der Daimler-Benz AG für Produktion: „Nach unserer Auffassung bilden die Leistungsbereitschaft und die Erfahrung des einzelnen Mitarbeiters zusammen mit dem Einsatz modernster Produktionsmittel das Fundament für die Erfüllung unserer qualitativen Anforderungen, bei der gleichzeitig nötigen hohen Produktivität, ohne die wir nicht wettbewerbsfähig wären."

Die Aussagen dieser Experten reichen über das Jahr 2000 und laufen darauf hinaus, daß die menschenleere Fabrik Utopie ist. Trotz aller Automatisierung und Rationalisierung bleibt doch der Mensch der

Zuführung und Montage der Räder werden automatisch besorgt. Das Computersystem sortiert selbsttätig nach Reifengrößen und Felgenausführungen.

Sehende „Robis" — mit Fernsehkameras ausgestattet — sind heute erst vereinzelt im Einsatz. Die Skizze gibt eine Anlage für die Montage bei General Motors wieder.

wichtigste Faktor im Produktionsgeschehen. Er bedient sich nur des „stählernen Knechtes", weil er für Besseres geschaffen wurde als für untergeordnete Tätigkeit am Fließband.

Die Leistungen der Zulieferer — Arbeit hinter den Kulissen

Nur selten denkt der Autokäufer darüber nach, daß einige tausend Firmen zu seinem Fahrzeug ihren Beitrag geleistet haben. Um ein Auto auf die Räder zu stellen, bedarf es des zeitlich genauen Zusammenspiels einer großen Anzahl von Unternehmen vieler Branchen. Aus allen Himmelsrichtungen und — will man die Rohstofflieferungen mit einbeziehen — aus nahezu allen Ländern der Erde fließen Material und Einzelteile heran und ermöglichen Produktion und Montage eines Automobils.
Benötigt heute ein Automobilhersteller zwischen 40 und 60 Stunden, um ein Fahrzeug zu fertigen, muß dafür etwa die gleiche Zeit bei den Zulieferern für die Herstellung ihrer Teile aufgewendet werden. Dieser Bereich hat eine ähnliche Entwicklung der Fertigungstechnik hinter sich wie die Automobilindustrie. Sie bedient sich heute ebenfalls der Industrieroboter, der CAD/CAM-Verfahren, verfügt über präzise NC-Werkzeugmaschinen und vor al-

Moderne Dieselpumpenfertigung im Bosch-Werk Homburg: Dichtheitsprüfung einer Reiheneinspritzpumpe im Flüssigkeitsbad.

Präzision im Detail: Bohren von Lochdüsen im Bosch-Werk Bamberg.

Danach wird die Strahllage der Mehrlochdüsen in der Prüfschale getestet.

lem über beste Spezialisten, die schon viele Probleme für die Automobilhersteller gelöst haben.
Ein gutes Beispiel für die Leistungen der Zulieferindustrie ist die Entwicklung des Dieselmotors, der erst fahrzeugfähig wurde, als sich die Zulieferer der Konstruktion und Fertigung von Einspritzpumpen

Zündkerzenfertigung bei Bosch: Die fertigen Insolatoren müssen durch die Lupe auf eventuelle Fehler kontrolliert werden.

und Düsen annahmen. Heute bietet ein Diesel-Pkw fast den gleichen Bedienungskomfort wie sein benzingefütterter Bruder. Der hohe Stand der Dieseltechnik konnte nur durch die Anstrengungen der Zuliefererfirmen von Einspritzsystemen erreicht werden. Denn Zuführung, Bemessung und Einmischung von Kraftstoff im richtigen Zeitpunkt bedurften erst einer Lösung. Für die Entwicklung der Reihen-Einspritzpumpe, wie man sie heute kennt, war mehr Zeit nötig, als Rudolf Diesel für die Entwicklung seines stationären Motors aufwendete. Einen überaus großen Anteil an dieser Entwicklung hatte das Unternehmen Bosch, das auch als erste Firma weltweit mit der Serienproduktion hydraulischer Einspritzausrüstung begann. Die schwäbischen Tüftler entwickelten fünf Jahre, bis sie eine zuverlässige Einspritzpumpe samt Düsen für den Selbstzünder anbieten konnten: 1922 begann die Entwicklung, 1927 stand die serienreife hydraulische Einspritzausrüstung zur Verfügung. Die Kunst der Fertigung bestand darin, den Kolben ohne Dichtelemente im Pumpen-Zylinder mit einem Spiel von wenigen tausendstel Millimetern einzupassen. Obwohl Rudolf Diesel die hydraulische Einspritzung und die dazugehörigen Düsen bereits vorschwebten, ließ sich dieses Prinzip aus fertigungstechnischen Gründen damals nicht verwirklichen.
Ähnliche Material-Probleme brachte zwei Menschengenerationen später der Wankelmotor mit Rattermarkenbildung an der Trochoide, Dichtproblemen und Wahl der richtigen Materialpaarungen. Dieser Dinge nahm sich ziemlich zeitig der japanische Konzern Mazda-Motors an, der bereits 1960 Wankel-Lizenzen nahm und sie heute augenscheinlich gelöst hat. Die Mazda-Techniker testeten jede

Fertigung integrierter Schaltkreise im Bosch-Werk Reutlingen mit Blick auf die Beladestation des Diffusionsofens. Im Diffusionsrohr werden bei hohen Temperaturen die Silicium-Scheiben in lokal vorbestimmten Bereichen mit Fremdatomen dotiert.

mögliche Materialpaarung, die zur Lösung dieses Problems geeignet schien. Mazda entwickelte Verfahren um die Vibration zu messen, durch die die Rattermarken entstanden. Eine Lösung des Problems gibt es bis heute nicht, aber man kennt inzwischen Materialien, mit denen der Verschleiß über die Lebensdauer des Motors hinausgeschoben werden kann.
Die dem Toyo-Koyo-Konzern ebenfalls angehörige Werkzeugmaschinenfabrik hat einen sehr großen Anteil an der Entwicklung der Präzisionsmaschinen, die für das Fertigen der Laufbahnen und Läufer dieses Motors nötig waren. Das hochautomatisierte Produktionssystem von Mazda spielte viele Jahre eine bedeutende Rolle bei der Weiterentwicklung des Kreiskolbenmotors.
Wie schon beschrieben, ist die Gestaltung, das Design moderner Automobile ohne rechnerunterstütztes Konstruieren oder Fertigen (CAD und CAM) nicht mehr denkbar. Offensichtlich müssen auch die Zulieferer mit solchen Hilfsmitteln arbeiten, so z. B. dann, wenn lichttechnische Anlagen oder akustisches oder elektronisches Zubehör entwickelt werden.
Eine entscheidende Rolle für den Kraftstoffverbrauch spielt das aerodynamische Verhalten eines Fahrzeugs. An der Verbesserung wird seit Jahren intensiv gearbeitet. Selbstverständlich muß nicht nur die Karosserie einen günstigen c_w-Wert aufweisen,

Bosch baut nicht nur solche Schwenkarm-Roboter, sondern montiert damit z. B. vollautomatisch Scheinwerfer.

sondern dies gilt auch für die Scheinwerfer und Leuchten. Früher wurden diese Aggregate einfach auf die Karosserie gesetzt. Die Signalfläche konnte dabei senkrecht gestellt werden, was die Erfüllung der vorgeschriebenen Lichtverteilung wesentlich erleichtert. Bei modernen in die Außenteile bündig eingepaßten Leuchteinheiten müssen die Konstrukteure Punkt für Punkt Transformation, Einbauverhältnis, Leuchtqualität, Lage der Anschlüsse jedes neuen Modells des Automobilherstellers ermitteln. Je nach Größe oder Komplexität dauerte früher diese Arbeit viele Tage, manchmal sogar mehrere Wochen.

Mit Hilfe von CAD geht dies nun schneller, eleganter und genauer. Dabei werden ein „Strakplan" — er ist im Maßstab 1:1 vom Automobilhersteller gezeichnet und zeigt mit Hilfe von Höhenschichtenlinien die äußere Form und die Konturen der lichttechnischen Anlagen sowie den Karosseriebereich des Einbaus — und das Modell mit einem Raster überzogen. Dann werden die Schnittpunkte des Rasters mit den Kurven und Flächen vom Strakplan und Modell digitalisiert. Die so ermittelten Daten gibt man in einen Rechner. Anstelle des Reißbretts benutzt der Konstrukteur — wie im Autobau inzwischen üblich — den Bildschirm. Über diesen steht er im Dialog mit dem Rechner. Eine ganze Reihe von Programmen stehen ihm zur Verfügung, wie z. B. Glätten, Drehen, Spiegeln, Schneiden von freien Flächen und Extrapolieren. Alle diese Operationen können auf beliebig im Raum liegenden Ebenen ausgeführt werden. Die Ergebnisse dieser Ar-

Mit großem Aufwand werden bei Pierburg die Drosselklappenstutzen gefertigt. Es geht um tausendstel Millimeter!

beit werden dann von einem Planzeichengerät mit hoher Präzision dargestellt. CAD-Programme helfen aber nicht nur dem Konstrukteur, sondern auch dem Lichttechniker, Statiker und Werkzeugbauer, die das Programm für die Konstruktion der Werkzeuge und zur Steuerung der NC-Maschinen heranziehen.

Einen doppelt so hohen Automatisierungsgrad bei der Montage, wie die Automobilindustrie als Spitzenleistung heute erreicht, hat die Pierburg-Vergaserfertigung in Nettetal. Er liegt bei 50%, dabei wird alle 13 Sekunden ein Vergaser fertiggestellt. Genauigkeiten von einigen tausendstel Millimeter und besonders enge Einstelltoleranzen sind das Hauptanliegen dieser Fertigung.

Ähnliches gilt für die Fertigung von Turboladern: Diese hochbelasteten Bauelemente, laufen mit Drehzahlen bis zu 150 000/min und bei Temperaturen um 1 000 °C. Optimale Fertigung und sorgfältige Materialauswahl sind Voraussetzungen für eine befriedigende Standzeit. Ein mehrstufiges Qualitätssicherungssystem mit automatischen Meßmaschinen sichert hohe Produktgüte.

So sind also nicht nur die Leistungen der Automobilindustrie bei der Produktion des fahrbaren Untersatzes gewaltig, sondern auch die der Zulieferer. In diesen Unternehmen arbeiten Spezialisten, die an-

Rechnergesteuerte Vergaserfertigung bei Pierburg in Neuss.

Dieser Rechner zur Bildschirmkonstruktion steht beim Scheinwerfer- und Elektrikzulieferer Hella in Lippstadt.

Mit dieser 3-D-Maschine wird die Oberfläche eines Leuchtenmodells auf Bruchteile von Millimetern genau abgetastet; die einzelnen Koordinaten werden rechnerisch erfaßt.

stehende technische Probleme in kleinen Teilbereichen zu lösen wissen.

Wie ein neues Automobil entsteht

Ein neues Automobil ist in vielen Einzelheiten oft grundlegend anders gebaut als sein Vorläufer. Es ist das Ergebnis des technischen Fortschritts, neuer Erkenntnisse in bezug auf die Fahrzeugsicherheit, neuer Gesetzesvorlagen, aber auch modischer Trends. Die Automobilindustrie denkt ständig über eine Verbesserung bestehender Produkte im Zuge der Modellpflege nach und plant das künftige Produktionsprogramm über zehn Jahre im voraus.
Bevor die „Produktion" in die Überlegungen um das Folgemodell einbezogen wird, ist viel Vorarbeit zu leisten: Ein Rahmenprogramm mit genau festgelegten Zeitabschnitten läuft an. In der ersten Phase entwerfen die Produktplaner im Zusammenwirken mit dem Vorstand eines Automobilwerkes das Konzept des künftigen Wagens. Grundsätzliche Fragen werden zwischen Vertriebsmitarbeitern, Finanzleuten und Technikern abgestimmt: z. B. ob Front- oder Heckantrieb vorzuziehen ist, ob es als Alternative Vierradantrieb geben wird und vieles andere mehr. Außerdem wird die Größenordnung des Automobils festgelegt, und man bestimmt, ob es nur zwei- oder auch viertürige Versionen geben wird. Zu diesem Zeitpunkt haben die Marktforscher ein sehr gewichtiges Wort bei der Planung mitzureden.
In der nächsten Phase befassen sich Mitarbeiter der technischen Entwicklung bereits mit Einzelheiten des künftigen Automobils. Es werden Kostenüberlegungen angestellt, fertigungstechnische Fragen diskutiert und schon bis ins Detail kalkuliert.
Bevor die Gruppe Design den Auftrag bekommt, die Form des Automobils zu entwerfen, sind Konzeption, Grundabmessungen, Ausstattung, Kosten und Gewicht festgelegt. Eine große Anzahl von Vorschriften und Vorgaben für die Konstruktion müssen von den Zeichnern berücksichtigt werden, denn letztendlich soll auch bei der Formgebung der typische Firmencharakter erhalten bleiben, der die Markenzugehörigkeit erkennen läßt. Es sind zahlreiche Auflagen, die der Design-Abteilung auf den Tisch gelegt werden. Die Zeiten, in denen Konstrukteure noch nach individuellem Gutdünken arbeite-

Herstellung des 1 : 1-Urmodells mit Hilfe einer Fünf-Achsenfräse für die Bearbeitung der Außenfläche bei Daimler-Benz. Auf diese Weise wird eine große Präzision der Form und Oberfläche schon im Modellstadium realisiert.

ten, sind längst vorbei. Heute entstehen Skizzen über Skizzen, sie werden Stück für Stück erwogen, und vor allem prüft man, was technisch und rationell machbar ist. Selbstverständlich unterstützt die Computertechnik diese Untersuchungen.
Sodann baut man Modelle im Maßstab 1:4 oder 1:5 und eine „Sitzkiste" mit den Originalabmessungen des Innenraums. Solche Modelle geben weiteren Anlaß zur Diskussion. Man ändert abermals, und weitere Modelliermasse ist nötig.
Im nächsten Zug werden mit großer maßlicher Exaktheit die besten stilistischen Ideen in 1:1-Designmodellen dargestellt. Nach Genehmigung des ausgewählten Modells wird das künftige Fahrzeug im Detail konstruiert. Mit Hilfe der Computertechnik werden die Maße abgenommen und für die Bildschirmkonstruktion gespeichert. Danach entstehen die ersten Zeichnungen, ebenfalls im Maßstab 1:1. Durch rechnergestützte Konstruktionsmethoden wird die Oberfläche schrittweise im Detail aufgebaut.
Jetzt greift auch die „Produktion" ins Geschehen ein, die ersten Vorbereitungen laufen an. Mit der technischen Entwicklung, der Qualitätskontrolle, des Einkaufs, der Produktion, der Vertriebs- und Finanzabteilung wird das künftige Automobil weiter optimiert. Die Konstruktionsarbeiten sind abgeschlossen, wenn die Zeichnung für die Fräserbahnberechnung vorliegt. Die Linien darauf geben exakt den Weg an, auf dem ein Fräser bei der Herstellung der Preßwerkzeuge der Originalform des Autos entlang fährt. Dieses Vorgehen hat den Vorteil, daß auf dem Weg vom Stylingmodell bis hin zu den Preßwerkzeugen eine direkte Datenverbindung besteht. Denn Voraussetzung für die moderne Fertigung der Preßwerkzeuge ist das sogenannte Ur-Modell — von den Fertigungstechnikern auch Urmeter genannt —, das künftig als verbindliches Kontrollmaß für sämtliche späteren Fertigungseinrichtungen dient.
Parallel dazu entstehen funktionsfähige Prototypen in Handarbeit, die die ersten Bewährungsproben bei Versuchsfahrten und Crashtests bestehen müssen. Meist ist nichts Grundlegendes zu beanstanden, denn die computerunterstützte Konstruktion erlaubt es, genau vorherzubestimmen, an welchen Stellen des Automobils Profile oder Bleche verstärkt werden müssen, oder wo sie dünner sein dürfen. Damit wird es möglich, das Gewicht der Karosserie zu verringern, ohne bei der Sicherheit Risiken einzugehen.
Im Windkanal wird dann nicht nur die Windschlüpfigkeit des künftigen Modells gemessen. Man möchte auch wissen, wie das Fahrzeug bei Seitenwind reagiert, wie die Be- und Entlüftung funktioniert, ob die Kühlung der Bremsen oder des Motors gewährleistet ist, wie die Scheiben verschmutzen und vieles andere mehr. In einer Klimakammer wird dann der Einfluß hoher und tiefer Temperaturen untersucht. Man muß nämlich herausfinden, wie z. B. Motor und Zündung auf trockene und feuchte Kälte reagieren und wie schnell angelaufene oder vereiste Scheiben frei werden.
In der nächsten Phase haben die Fertigungsplaner das Sagen. Dazu gehören vor allem die Ermittlung des Bedarfs an Produktionsmaschinen, Werkzeugen und Vorrichtungen und die Festlegung der Fertigungszeiten.
Auch im folgenden Abschnitt sind die Fertigungstechniker zu Taten aufgerufen: Es müssen z. B. die Produktionsmaschinen und das Fertigungsmaterial bei den Zulieferfirmen bestellt werden. Am Ende dieser Phase, die etwa 18 Monate in Anspruch nimmt, wird meist eine Pilotserie der neuen Automobile gebaut.
Daran schließt sich die Nullserie an. Nullserienautomobile sind Vorläufer der Serienprodukte, die nochmals von den Fachleuten in der technischen Entwicklung als Rückversicherung erprobt und von der Qualitätskontrolle überprüft werden. Sie sind schon wie die künftige Serie gebaut und nicht nur der letzte Versuchsballon für die technische Entwicklung, sondern auch für die Fertigung.

Die Serienproduktion läuft an

Bevor beim Automobilhersteller nur eine Schraube montiert werden kann, müssen Zulieferteile, Halbfabrikate, Bleche und vieles andere in großer Menge herbeigeschafft werden. Etwa ein Drittel eines Automobils stammt von außerhalb, also 3 000 bis 4 000 Einzelteile je Typ. Sämtliche Zulieferteile, vor allem solche die der Sicherheit dienen, wie z. B. Stoßdämpfer, Lampen, Bremsen und Räder werden einer gründlichen Materialprüfung unterzogen.
Das Rohmaterial für die Karosseriefertigung kommt aus Stahlwerken. Es sind Stahlblechrollen, Coils genannt, mit einem Gewicht zwischen 15 und 30 Tonnen je Rolle. Am laufenden Band wird dann im Preßwerk die Stahlblechbahn in einzelne Zuschnitte, in die Platinen zerlegt. Diese Arbeit des groben Formatisierens besorgen Pressen mit 600 bis 800 Tonnen Preßkraft. Die Giganten schaffen einen Blechbandvorschub vom 80 m/min. Sie bewegen dabei mächtige Schneidwerkzeuge in bis zu 30 Hüben in der Minute. Der Abfall dieser ersten Prozedur, die abgeschrägten Ecken und die aus Öffnungen herausgestanzten Bleche sind kein Schrott, denn man stellt andere kleine Blechteile der Karosserie daraus her. Die Karosseriepressen, denen die Platinen zugeleitet werden, entwickeln Kräfte zwischen 800 und 2 000 Tonnen. Meist stehen einige hintereinander und sind mit automatischen Fördereinrichtungen gekoppelt, so daß der Werker nicht mehr in ihre gefährliche Nähe treten muß. Er beaufsichtigt nur noch das Zusammenspiel der Kräfte. Die Maschinen ziehen Profile ins Blech, schneiden ab, was nach dem Ziehvorgang übersteht, schlagen Ziehteile nochmals nach, kanten Ränder ab, machen den Fertigschnitt und stanzen in einem Arbeitsgang an Stel-

Automatische Pressenstraße im Werk Poissy von Peugeot Talbot. Ein Werkzeugwechsel ist in drei Minuten möglich.

Uno-Fertigung in den FIAT-Werken Mirafiori und Rivalta: Zur automatischen Verschweißung des Rohbaus setzt FIAT das selbst entwickelte System „Robogate" seit 1978 ein. Damals war dies das modernste Rohbau-Fertigungsverfahren.

Maestro-Rohbaufertigung im Austin-Rover-Werk in Cowley: Auch hier erledigen frei programmierbare Schweißroboter das Heften und Punkten der Karosserieteile.

len, wo später Türschlösser, Türscharniere und andere Teile montiert werden müssen.
Zwischen 700 und 1 000 verschiedene Preßteile sind allein für die Rohkarosserie eines Automobils erforderlich.
Im Karosserierohbau werden die im Preßwerk geformten Preßteile bis zur fertigen Karosserie zusammengeschweißt. Dies geschieht heute bei allen großen Automobilherstellern mit einem fast hundertprozentigen Automatisierungsgrad. Vielpunktschweißanlagen und Industrieroboter machen dies möglich. Auf diese Weise werden qualitativ hochwertige Ergebnisse erzielt und zugleich ein wesentlicher Schritt in Richtung Arbeitserleichterung und Unfallschutz getan. Zum Beispiel verläßt sich Daimler-Benz nicht nur auf Industrieroboter, die bei den meisten Automobilherstellern das Schweißen besorgen. Die einzelnen Baugruppen werden zunächst an vorher genau festgelegten Punkten in mehreren vollautomatischen Vielpunktschweißanlagen geheftet. Erst das Auspunkten erfolgt anschließend durch Industrieroboter. Dies, so meinen die Sindelfinger Karosseriebauer, ermögliche ein Höchstmaß an Qualität und Präzision im Rohbau.
Eine wichtige Komponente der Qualitätssicherung sind Prüfverfahren, mit denen die Rohkarosserie nachgemessen wird. Dazu überwachen Meßroboter mit bis zu acht Bewegungsachsen, daß überall die Anschlußmaße stimmen. Die Toleranzgrenzen liegen bei 0,2 mm. Bis zu 500 Meßpunkte werden je nach Typ oder Modell in beliebiger Folge angefahren. Die dabei erfaßten Meßdaten werden mit Hilfe eines EDV-Programms ausgewertet und geben nicht nur Hinweise auf die Ausführung der Schweißpunkte, auf ihre Stückzahl und Qualität, sondern auch über die Schweißelektroden, also den Werkzeugstand.
Im Rohbau allein sind einige tausend Modellvarianten möglich, je nach Länderausführung, Ausstattung, Türversion, Schiebedach, Katalysator und vieles andere mehr. Daher ist schon von hier an das Fahrzeug für einen ganz bestimmten Kunden in der von ihm gewünschten Ausführung vorgesehen. In knapp einer Minute entsteht eine Rohkarosserie. Auch für den Fall, daß ein Roboter ausfällt, ist gesorgt: Eine Leuchtanzeige signalisiert weithin diese Funktionsstörung. Durch ein rechnergestütztes Programm ist es dann schnell möglich, eine Fehlerdiagnose auf dem Bildschirm zu erstellen. Inzwischen nimmt in der Regel ein Ersatzroboter die Tätigkeit seines stählernen Kollegen auf. Die Fertigung geht weiter.
Nach dem Einsetzten von Türen und Kofferraumdeckel wird die Rohkarosserie nochmals von Hand geprüft. Facharbeiter geben hier allen sichtbaren Schweißnähten und Lötstellen den letzten Schliff; gleichzeitig wird die Oberfläche der Karosserie einer Sicht- und Tastkontrolle unterzogen.

Über einen Zwischenspeicher gelangt die Karosserie dann in die Lackiererei. In einer Vorbehandlungsanlage wird die Blechoberfläche zuerst entfettet, denn sie ist mit hauchdünnen Resten von Ziehfett aus dem Preßwerk bedeckt. Danach spült man mit Frischwasser, um Lösungsmittel Schmutz und Späne zu entfernen.
Als erste Schicht wird Zinkphosphat als Haftvermittler und Unterrostungsschutz aufgetragen. In der nächsten Station wird die Grundierung als Hauptkorrosionsschutz im Tauchbad kataphoretisch aufgebracht. Die Lackteilchen setzen sich dabei auch in den Hohlräumen der Karosserie in gleichmäßiger Schicht ab. Die Grundierschicht wird im Trockenofen eingebrannt.
Damit das Auto an kritischen Stellen unempfindlich gegen Steinschlag wird, erhalten Unterboden und Radhäuser eine PVC-Beschichtung. Zur Erhöhung des Korrosionsschutzes werden Kanten, Bördel und Flansche zusätzlich abgedichtet. Dann wird die Grundierschicht geschliffen. Es folgt die sogenannte Füllerbeschichtung im elektrostatischen Spritzverfahren. Die dabei von schnell rotierenden Sprühglocken abgesprühten Lackpartikeln bewegen sich im (unsichtbaren) elektrischen Feld zur Karosserie. Der Film haftet überall als glatte Schicht und umschließt alle Kanten der Karosserie optimal. Die Füllerschicht wird ebenfalls im Ofen eingebrannt. Bevor der Decklack aufgebracht wird, muß die Oberfläche gründlich kontrolliert und geschliffen werden. Er gibt der Karosserie die endgültige Farbe und wird ebenfalls elektrostatisch aufgebracht. Der Decklack wird bei Temperaturen bis zu 190 °C eingebrannt. Dann ist die Karosserie fertig. Es folgen eine letzte Inspektion sowie die Hohlraumkonservierung.
Auch andere Wege werden bei der Lackierung begangen: So hat Daimler-Benz das getrennte Auftragen der Grundierung und des Füllers zu einem Arbeitsgang zusammengezogen. Dies ist der Kunstgriff: Man verwendet einen festkörperreichen Spezialfüller mit einem geringen Lösungsmittelanteil und guter Haftfähigkeit, der die Funktion des Spritzgrundes und des Füllers zugleich erfüllt. Je nach Decklack steht er in verschiedenen Farben zur Verfügung. Außerdem verwendet das Unternehmen einen Zweikomponenten-Decklack, der aus Stammlack und Härter besteht. Beide Komponenten werden in der Spritzpistole miteinander vermischt, die einsetzende chemische Reaktion bewirkt, daß der aufgetragene Lackfilm schon bei normaler Raumtemperatur allmählich aushärtet. Die Reaktion wird

Vor dem Auftragen des Lacks muß die Karosse gründlichst gesäubert werden, wie hier im Peugeot-Talbot-Werk in Poissy.

Autolackierung einst und heute: Vor Jahrzehnten lackierte man noch von Hand; heute wird nicht nur automatisch lackiert, sondern auch Türen und Hauben werden selbsttätig geöffnet und geschlossen.

Eine BMW-Karosserie taucht in das Grundierbad zur kathodischen Tauchlackierung ein.

aber beschleunigt und der Lack bei Temperaturen von 130 °C eingebrannt. Zweikomponentensysteme sind bei der Reparaturlackierung schon seit einigen Jahren in Gebrauch. Sie zeichnen sich durch gute Chemikalienbeständigkeit, einwandfreien Lackstand und große Härte aus. Diese Vorteile übernimmt man automatisch für die Bandlackierung. Vergleichbar ist diese Entwicklung etwa mit dem Schritt vom Nitrolack aus der Anfangszeit der Karosserielackierung zu den Kunstharzüberzügen.
Zusammen ergeben die drei bzw. vier Lackschichten bei Uni-Farben eine Dicke von 0,08 mm bis 0,013 mm, bei Metallic-Lacken eine Dicke von 0,10 mm bis 0,14 mm.
Aus einem Zwischenlager werden die lackierten Karosserien dann für die Fertigmontage abgerufen. In diesem Bereich der Fertigung sind die unterschiedlichsten Transportaufgaben zu bewältigen, denn viele tausend Teile müssen ziel- und programmgerecht zusammengeführt werden. Ohne die elektronische Datenverarbeitung könnte man diesen Materialfluß nicht bewältigen. Vom Rechenzentrum aus gehen alle wichtigen Daten an das Montageband: wie das Automobil ausgestattet und wie es zusammengebaut werden muß, welchen Motor es bekommt, welche Farbe die Polster haben, wie die Ausstattung des Armaturenbretts bzw. des Innenraums sein soll, ob ein Schalt- oder ein Automatikgetriebe eingebaut ist

Auftragen des Unterbodenschutzes durch einen Spritzroboter bei BMW.

Transport der Karosserie zur Endmontage im neuen Audi-Werk.

Automatischer Himmeleinbau beim Audi 100: Eine Vorrichtung transportiert den Fahrzeughimmel in den Innenraum der sich bewegenden Karosserie und drückt ihn mittels eines Luftkissens großflächig an die Innenseite des Daches. Diese Arbeit war früher nur etwas für Spezialisten am Fließband.

Die Fahrzeuge werden auf schwenkbaren Gehängen durch die Montage geführt.

Die Bremsanlage wird vakuumgefüllt: Über ein Vakuum im Bremssystem prüft man dieses zuerst auf Dichtheit, dann wird die Bremsflüssigkeit vom Unterdruck angesaugt.

Automatische Rammschutzleistenmontage am Audi 100.

Die Achs- und Lenkgeometrie des Fahrwerks wird vollautomatisch in der letzten Station der Montage vermessen. Nach einer Funktionsprobe ist das Fahrzeug fertig zur Auslieferung.

und vieles andere mehr. Tausende von Variationsmöglichkeiten sind denkbar. Rechnergesteuerte Transportsysteme sorgen dafür, daß die zahlreichen Teile und Ausstattungen pünktlich am Arbeitsplatz eintreffen. Denn nur so können Modell- und Ländervarianten in verschiedenen Ausstattungen nacheinander am gleichen Band gefertigt werden.
Nun erfolgt die bereits beschriebene „Hochzeit", das Zusammenbringen des Triebwerks mit der Karosserie. Bei mehreren größeren Herstellern geschieht dies heute schon vollautomatisch, bei den übrigen Unternehmen besorgen dies Spezialisten mit Hilfsrahmen und Hubwagen. Nachdem Hinterachse, Auspuff, Kabel, Kühler, Bremsschläuche und weitere Teile eingebaut sind, steht das Automobil das erste Mal auf eigenen Füßen. Scheinwerfer und Vorderachsgeometrie werden eingestellt, anschließend führt man eine Probefahrt auf dem Rollenprüfstand durch. Hier werden alle Gänge betätigt und die Funktionen von Motor, Getriebe und elektrischen Anlagen getestet. Auch die Überprüfung der Bremsen und der Abgaswerte gehört zum Testprogramm.
Wahllos herausgegriffene Fahrzeuge werden einer zusätzlichen strengen Kontrolle unterzogen, um eine gute Fertigungs- und Montagequalität zu gewährleisten.
So sind es nicht nur die Konstrukteure, sondern ebenso die Fertigungstechniker, die für die Qualität des Produktes verantwortlich sind.

Präzision ist die erste Voraussetzung für gleichbleibende Qualität. Um sie zu erreichen, bedarf es modernster Meßvorrichtungen, die bereits geringste Abweichungen von den vorgegebenen Dimensionen anzeigen. In der Großserienfertigung von Automobilen werden immer wieder Rohkarosserien dem Produktionslauf entnommen und mit elektronischem Gerät vermessen.

Die Erdölprodukte

In Detroit, „Motor City of the World"sah man vor Jahren in dem Unternehmen Ethyl Corporation Research Laboratories, dem für die Kraftstofftechnik wohl bedeutendsten Forschungszentrum überhaupt, eine Gedenktafel mit der Inschrift: „The Problems of Engines, Fuels and Lubricants are inseparable." („Die Probleme des Motors, des Kraftstoffs und der Schmiermittel sind untrennbar.") Die nun hundertjährige Entwicklungsgeschichte des Automobils mit ihren großartigen technischen Höhepunkten wäre ohne die sie ständig begleitende Entwicklung in der Kraftstoff- und Schmierstofftechnik nicht möglich gewesen.

Wegen des begrenzten Umfangs für diesen Beitrag kann das außerordentlich große Fachgebiet nicht annähernd vollständig beschrieben werden. Der Laie möge Nachsicht zeigen, daß z. B. auf die Erläuterung der Ersatz-, Ergänzungs- und Rennkraftstoffe und bei den Schmierstoffen auf die Beschreibung der Getriebeöle und Schmierfette verzichtet worden ist.

Die wichtigsten im Text nicht näher beschriebenen Fachausdrücke sind auf Seite 548 in einer alphabetisch geordneten Zusammenstellung kurz erklärt.

Kraftstoffe

Die Anfänge (1886 bis 1914)

Für Fahrzeuge kam von Anfang an in erster Linie ein in flüssiger Form in einem Vorratsbehälter mitführbarer Energieträger in Frage. Er wurde zunächst Brennstoff oder Treibstoff, später aufgrund eines 1920 von Wilhelm Ostwald gemachten Vorschlags Kraftstoff genannt.

Als flüssige Kraftstoffe waren vor allem Petroleum, Leichtbenzin, Spiritus, Kokereibenzol und Ether bekannt. Die erste gelungene Anpassung des Otto-Gasmotors (1876 erfunden) an einen flüssigen Kraftstoff ist in Ottos Benzinmotor mit elektrischer Zündung 1885 entstanden. So ist es durchaus angemessen, wenn man in der Fachsprache heute Benzin als Ottokraftstoff (OK) bezeichnet.

Ein weiterer maßgebender Schritt in diese Richtung geschah 1892, als Rudolf Diesel sein Patent auf Verbrennungsmotoren für schwerflüchtige Kraftstoffe anmeldete, jene Kraftstoffe, die heute in der ganzen Welt mit Dieselkraftstoff (DK) bezeichnet werden.

Stets ist Benzin weltweit der am meisten verwendete Kraftstoff für Automobile gewesen. (Noch heute ist dies weltweit mit 98 % der Fall.)

Die mit dem Bezinautomobil unmittelbar verwandten Automobile nannte man damals Wagen mit Benzol- und Spiritus-Explosionsmotoren. Sie hatten jedoch von Beginn an nur eine untergeordnete Bedeutung, wie etwa die Elektromobile.

Schon frühzeitig schlossen sich die Automobilisten zu Klubs zusammen. Da es weder Werkstätten noch Tankmöglichkeiten gab, wurde die Beschaffung des Kraftstoffs von den Automobilklubs mit übernommen. Schließlich begann auch die Mineralölindustrie, die im wesentlichen noch vom Leuchtpetroleum-Geschäft lebte — Benzin war bis 1900 ein schlecht absetzbares Nebenprodukt ohne eigentlichen Markt[1] —, an den Siegeszug des Automobils zu glauben und fing an, Autobenzin nun in größerem Maßstab herzustellen. Hotels, Gasthöfe, Kolonialwarenhändler, Fahrradhandlungen, Apotheker und Privatleute übernahmen die Verteilung des ersten Markenbenzins.

Der nächste wichtige Schritt wurde im Jahr 1903 getan. In der Zeitschrift des Mitteleuropäischen Motorwagen-Vereins vom Juli 1903 war zu lesen: „Die Frage der Einrichtung von Benzinstationen hat für Deutschland jetzt endlich die Gestalt gewonnen, welche wir seit Jahr und Tag als die einzig mögliche erkannt hatten. Die noch so gut gemeinten Bemühungen der Klubs und Vereine konnten zu einem befriedigenden Resultat nicht führen. Die Sache ist jetzt einfach auf rein geschäftliche Grundlage gestellt." Sodann ist die Rede vom Benzin „Stellin", das die Vereinigten Benzinfabriken GmbH, Bremen,

[1] Es wurde hauptsächlich als Reinigungsmittel (Fleckenwasser, Wundbenzin) verwendet.

14

als Spezialprodukt für Automobile an 1 800 Benzinstationen in allen Teilen des Reiches anboten. Das Benzin wurde nun ausschließlich in explosionssicheren Kanistern mit 5 l oder 10 l Inhalt verkauft. Die Kanister waren zum Preis von 2,— Mark bzw. 3,— Mark zu erwerben und wurden dann an jeder beliebigen Stellin-Station zum Umtausch genommen. Der Preis für ein Liter Stellin betrug im Jahr 1903 40 Pfennige.

Hinter diesen Anfängen einer kommerziellen Benzinerzeugung und -vermarktung standen bereits jene Ölgesellschaften, die über eigene Ölquellen verfügten, nämlich vor allem die Deutsch-amerikanische Petroleum Gesellschaft (DAPG, später Esso) und die Rhenania (später Shell). Die Rhenania z. B. begann 1902 mit einem neu errichteten Benzinwerk in Düsseldorf und kaufte eine Reihe von kleineren Raffinerien auf, die meist galizisches oder rumänisches Öl verarbeiteten. Über Rhenanias erstes Netz der Benzinstationen wurde das Stellin vertrieben.

Die DAPG in Hamburg verfügte bis 1904 über mehr als 1 000 Benzin-Verteilerstellen, an denen sie zunächst „Autonapht" und später „Prima Dapolin" verkaufte.

Die Qualität des Benzins wurde damals nur anhand der Dichte (früher spezifisches Gewicht) beurteilt. Beim zu allererst verwendeten Leichtbenzin betrug die Dichte 0,680 g/ml. Leichtbenzin war jedoch knapp, da es im Erdöl durchschnittlich nur mit weniger als 10% vorhanden war. Beim bald danach auch wegen der inzwischen verbesserten Vergaser fast nur noch benutzten Destillatbenzin (Straight-Run Gasoline) lag die Dichte, je nach Erdölherkunft, im Bereich von 0,730 g/ml bis 0,790 g/ml.

Auch der Rheinisch-Westfälische Kohlenbergbau erkannte bald, daß der Benzolüberschuß aus dem Gasanfall bei der Kokereierzeugung[2], der sich nicht mehr in den traditionellen Verkaufsbereichen als Lösungsmittel und für Beleuchtungszwecke in ausreichender Mengen absetzen ließ, in den Kraftstoffsektor gelenkt werden könnte. So wurde bereits 1898 eine Benzolverkaufsvereinigung in Bochum gegründet, die bald Benzolverband (B.V., später Aral) hieß.

Hinderlich für die Benzolverwendung als Benzin im Automobil war die verhältnismäßig große Dichte

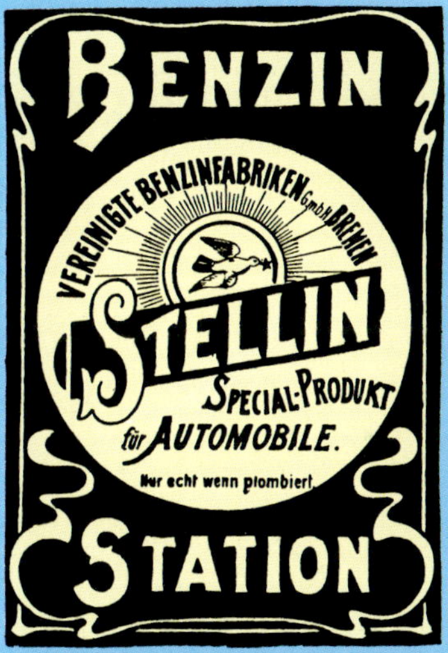

So warb man 1903 für Autobenzin.

(0,870 g/ml bis 0,885 g/ml), wodurch vor allem die Zündkerzen verrußten. Bei diesem eher ungenau als Benzol bezeichneten Kraftstoff handelte es sich um „Motorenbenzol", einem Gemisch aus durchschnittlich 65% Benzol, 18% Toluol, 9% Xylol und 8% weiteren Benzolhomologen.

Die erste Entwicklungsstufe — das thermische Cracken (1913 bis 1921)

Die bis zum Ersten Weltkrieg weltweit, besonders aber in den USA schnell zunehmende Anzahl von Automobilen[3] zog einen entsprechend steigenden

[2] Für die ständig steigende Stahlerzeugung wurde immer mehr Koks gebraucht. Seit den achtziger Jahren konnte man aus dem Koksofengas Benzol gewinnen.

[3] (1914: Deutsches Reich 64 000, USA fast 2 Millionen).

Chemisches auf einen Blick

Additive	Zugabe zu Kraft- und Schmierstoffen in kleiner Dosierung zur Veränderung der Eigenschaften
Alkalität	basisch (neutralisierend) wirkende chem. Eigenschaft (pH-Wert > 7)
Alkylgruppen	Radikale von Kohlenwasserstoffen, z. B. CH_3-(Methyl . . .) oder C_2H_5-(Ethyl . . .)
Amylnitrat	$C_5H_{11}ONO_2$; Zündbeschleuniger für Dieselkraftstoffe; 1 % Massenanteil erhöht CZ z. B. von 37 auf 45
Anilin	$C_6H_5NH_2$; auch Aminobenzol oder Phenylamin genannt
Aromaten	Kohlenwasserstoffe mit ringförmiger Bindung; z. B. Benzol, Toluol, Xylol, Cumol
Benzol	C_6H_6; einfachster aromatischer Kohlenwasserstoff
Bleitetraethyl	Pb $(C_2H_5)_4$; früher Bleitetraäthyl; Abk. TEL; hochsiedende Klopfbremse
Bleitetramethyl	Pb $(CH_3)_4$; Abk. TML; niedrigsiedende Klopfbremse
Bouncing-Pin Indicator	Springstab-Klopfindikator am C. F. R.-Klopfprüfmotor
Cetan	$C_{16}H_{34}$; gradkettiger paraffinischer Kohlenwasserstoff; zündwilliger Diesel-Bezugskraftstoff, CZ = 100
Ceten	$C_{16}H_{32}$; früher an Stelle von Cetan verwendet (instabil)
C. F. R.	Coordinating Fuel Research Committee des C. R. C. (Coordinating Research Council, USA)
Cracken	Spalten, Zerbrechen (Molekülabbau). *Thermisches Cr.* nach dem Burton-Verfahren bis 1925 fast ausschließlich angewendet; später Dubbs-Verfahren. *Katalytisches Cr.* Erfinder Eugene Hondry; erste industrielle Anwendung durch Socony-Vacuum Oil Co. (Mobil Oil) und Sun Oil Co. 1940
Destillation	Stoffgemisch-Trennung in verschiedene Siedeanteile (Fraktionen) in der Raffinerie
Detergents	Additive; oberflächenaktive Substanzen (z. B. in Waschmittel enthalten)
Dispergiervermögen	Fähigkeit, Feststoffe in feinster Verteilung in einer Flüssigkeit in der Schwebe zu halten
Eisencarbonyl	Fe $(CO)_5$; auch Eisenpentacarbonyl genannt, Klopfbremse der BASF (1924)
Ether	früher Äther; Kraftstoffkomponente; C_2H_6O Dimethylether (CH_3-O-CH_3), $C_4H_{10}O$ Diethylether (C_2H_5-O-C_2H_5)
Ethylalkohol	C_2H_5OH; Ethanol, früher Äthylalkohol (Äthanol)
Ethylendibromid	$C_2H_4B_2$; Verflüchtiger (Scavenger), Bestandteil des TEL bzw. TML
höhere Alkohole	ab C_3; z. B. Isopropanol C_3H_7OH Isopropylalkohol (IPA), C_4H_9OH Tertiärbutanol (TBA)
Homologe (des Benzols)	Benzolabkömmlinge, wie z. B. Toluol
Hydrierung	chemischer Prozeß: Anlagerung von Wasserstoffatomen an ungesättigte Moleküle
Hydrostatische Schmierung	Vollschmierung ohne direkten Kontakt der Reibflächen
Isomerisieren	Umwandeln einer Molekülstruktur; z. B. Umwandeln eines gradkettigen Kohlenwasserstoffs in einen verzweigten (Iso-Verbindung)
Iso-Octan (i-Octan)	C_8H_{18}; eigentlich Trimethylpentan $C_5H_9(CH_3)_3$
Iso-Pentan (i-Pentan)	C_5H_{12}; eigentlich Methylbutan $C_4H_9CH_3$
Klopfen	nicht normal ablaufende Verbrennung im Ottomotor nach Verbrennungsbeginn durch Zündfunken; Restgemisch detoniert (Detonation)
Methanolkraftstoff	M 100; Alternativkraftstoff aus Erdgas oder Kohle, der zu fast 100% aus Methanol besteht
Methylalkohol	CH_3OH; Methanol
α-Methylnaphthalin	$C_{11}H_{10}$; aromatische Kohlenwasserstoffverbindung; Zündträger Diesel-Bezugskraftstoff, CZ = 0
Monomethylanilin	$C_6H_5NHCH_3$; auch Mono genannt, Klopfbremse der BASF (1924)
Nageln	Verbrennungsgeräusch des Dieselmotors infolge eines schnellen Druckanstiegs
Naphthene	auch Zykloparaffine oder Zykloalkane; ringförmige Kohlenwasserstoffe, z. B. C_5H_{10} Zyklopentan, C_6H_{12} Zyklohexan
Normalheptan (n-Heptan)	C_7H_{16}; klopffreudiger Otto-Bezugskraftstoff, OZ = 0
Olefine	auch Alkene, Diene, Alkine; ungesättigte Kohlenwasserstoffe, z. B. C_3H_6 Propen (früher Propylen), C_4H_8 Buten (früher Butylen)
OZ	Octanzahl; ROZ, Research Octanzahl (RON), MOZ, Motor Octanzahl (MON), ROZ-MOZ, Sensitivity (Empfindlichkeit)
Paraffine	auch Alkane (Aliphate), gesättigte, kettenförmige Kohlenwasserstoffe, z. B. CH_4 Methan, C_6H_{14} Hexan als n-Hexan u. i-Hexan, n-Paraffine, i-Paraffine
Primäre Bezugskraftstoffe	i-Octan, OZ 100; n-Heptan, OZ 0
Pyrolyse	thermisches Spalten größerer Moleküle bei sehr hohen Temperaturen in petrochemischen Prozessen
Tetraethyllead	$(C_2H_5)_4Pb$ = TEL (Bleitetraethyl), Klopfbremse der Ethyl Corp. (1921)
Tetraethylzinn	$(C_2H_5)_4Zn$ von Ethyl entdeckte Klopfbremse (nicht angewendet)
Tetralin	Handelsname für Kraftstoffkomponenten: $C_{10}H_{12}$ Tetrahydronaphthalin, $C_{10}H_{18}$ Dekahydronaphthalin (Dekalin, vollständig hydriertes $C_{10}H_{12}$), Lösungsmittel in der Benzolwäsche der Kokereien
Tetramethyllead	$(CH_3)_4Pb$ = TML (Bleitetramethyl), Klopfbremse der Ethyl Corp. (1950)
Toluol	$C_6H_5CH_3$ Methylbenzol (C_7H_8), Benzolabkömmling
Viskositätspolhöhe	Wp; veraltetes deutsches Maß für das VT-Verhalten von Schmierölen nach Walther u. Ubbelohde, V. I. 100 = Wp 1,85; V. I. 0 = Wp 3,53
Xylol	$C_6H_4(CH_3)_2$ Dimethylbenzol (C_8H_{10}), Benzolhomologe; als Ortho-, Meta- und Para-Xylol
Zykloparaffine	Naphthene

Bedarf an Benzin nach sich. Die Rohöle aus den verschiedenen Ölfeldern der Welt lieferten bei der Destillation im Durchschnitt 15% bis 20% Benzin. Der steigende Benzinbedarf überstieg die durch einfache Destillation erzielbare Benzinausbeute, so daß zur Deckung des Benzinverbrauchs erhebliche zusätzliche Mengen an Rohöl benötigt worden wären, ohne daß man für die schwereren Ölbestandteile genügend Absatz gefunden hätte. So bestand in den USA bald genügend Anreiz, die bereits früher erfundenen Spaltverfahren von 1865 zur Steigerung der Leuchtpetroleumausbeute aufzugreifen und für die Benzinherstellung weiterzuentwickeln. 1913 kam in den USA das erste „Crackbenzin" in den Handel. Damit ließ sich die Benzinausbeute eines Rohöls durchschnittlicher Zusammensetzung verdoppeln.
Beim Cracken[4] werden die kettenförmigen und ringförmigen Paraffin-Bausteine unter Anwendung von hoher Temperatur und erhöhtem Druck zerbrochen(thermisches Cracken). Auf diese Weise entstehen Paraffine und Olefine mit kürzerer Kettenlänge sowie Wasserstoff.
Zwischen dem Destillatbenzin und dem Crackbenzin aus gleichem Rohöl bestehen einige bemerkenswerte Unterschiede. Die Tabelle oben zeigt, daß beim Crackbenzin die Dichte und die Siedegrenzen niedriger, der Dampfdruck, die Oktanzahl (OZ) und der Schwefelgehalt höher liegen als beim Destillatbenzin. Der Schwefelgehalt der Crackbenzine steht in engem Zusammenhang mit den Ausgangsstoffen. Das Destillatbenzin hat meist nur einen geringen Schwefelanteil aus den Rohölen. Beim Cracken aber wird der Schwefel — der sich bei der Destillation zum größten Teil in den Schwerölbestandteilen angereichert hat —, mit den Spaltprodukten in die Benzinfraktion übertragen.

[4] Spalten, Zerbrechen (großer Moleküle).

Vergleich technischer Daten von Destillatbenzin gegenüber Crackbenzin aus kalifornischem Rohöl.

Kennwert	Einheit	Rohöl	Destillat-benzin	Crack-benzin
Dichte bei 15 °C	g/ml	0,874	0,771	0,741
Siedebeginn	°C	69	52	39
50% Volumenanteil destilliert	°C	306	141	117
Siedeende	°C	—	219	195
Reid-Dampfdruck	bar	—	0,35	0,65
C. F. R.-Oktanzahl	MOZ	—	56	71
Schwefelgehalt	% Massen-gehalt	0,65	0,06	0,37

In der Tabelle unten sind einige Daten verschiedener Rohöle gegenübergestellt. Der Olefingehalt der Crackbenzine (20% bis 50%) stieg mit der angewendeten Crack-Temperatur an. Olefine sind äußerst reaktionsfreudig, immer bestrebt, sich abzusättigen, z. B. mit dem Sauerstoff der Luft, so daß dies zur Bildung von Säuren, Harzen und anderen Oxidationsprodukten führt. Sie verdarben das Benzin und riefen Motorstörungen (z. B. Vergaserverkleben) hervor. Es mußten also neuartige entgegenwirkende „Additive" entwickelt werden, die Oxidationsinhibitoren.

Das Klopfphänomen und die wichtigste Erfindung der Kraftstofftechnik: Bleitetraethyl (1916 bis 1926)

Infolge der raschen Verbreitung des Automobils in den USA traten aufgrund der größeren praktischen

Ausbeute und Kenndaten von Dubbs-Crackbenzinen aus Rohölen verschiedener Herkunft.

Erdöl-Herkunft		Benzin-ausbeute	Dichte	Siede-beginn	50% Volumen-anteil destilliert	Siedeende	C. F. R.-Oktanzahl
		%	g/ml	°C	°C	°C	MOZ
USA	Louisiana	64,8	0,737	39	121	205	68
	Ost-Texas	70,6	0,781	39	126	207	68
	Golfküste	58,6	0,774	35	136	205	77
Mittelamerika							
	Venezuela	67,0	0,760	37	136	204	71
DR	Nienhagen	57,4	0,737	36	123	193	75
Rumänien							
	Ploesti	71,1	0,738	40	131	200	68 (ROZ)
UdSSR	Grosny	70,3	0,740	41	130	200	66
Iran		52,2	0,735	30	113	202	71 (ROZ)
Sumatra		55,9	0,722	34	120	189	64

Erfahrungen die meisten der heute bekannten Probleme mit Automobilen und deren Motoren dort auch zuerst auf. Folglich wurde deren Lösung auch dort zuerst versucht und meist gefunden.
1916 gründete Charles F. Kettering ein Forschungsinstitut in Dayton, Ohio, das automobilbezogen arbeitete. Zwei seiner wissenschaftlichen Mitarbeiter waren Thomas Midgley jr. und ab 1919 Thomas A. Boyd.
Seit 1912 beschäftigte sich Kettering mit dem heute selbst in Laienkreisen bekannten „Klopfen". Ein von ihm gefahrener Cadillac, Baujahr 1912, zeigte erstmals diese Erscheinung, für die noch keine plausible Erklärung gefunden war. Er konnte es nur dadurch beseitigen, daß er das Verdichtungsverhältnis des Motors verkleinerte; dies war aber selbstverständlich mit einem unerwünschten Leistungsverlust verbunden. Er beauftragte deshalb Midgley, nach einer Erklärung und der Lösung des Problems zu suchen.
1917 hatte Midgley festgestellt, daß die Molekülstruktur der Kraftstoffe einen großen Einfluß auf die Klopfneigung hat und wies nach, daß man diese durch Verändern der Kraftstoffzusammensetzung deutlich vermindern kann. Aber dieser Weg war damals für die Massenmotorisierung viel zu teuer und scheiterte am Fehlen ausreichender Mengen von exotischen Komponenten (z. B. Aromaten).
Bei der Suche nach einem wirksamen, aber billigen Additiv stieß der inzwischen ins Forscherteam eingetretene Boyd u. a. auf Anilin, eine seit 1841 bekannte Ausgangschemikalie für Farbstoffe und Arzneimittel. Dieses wies jedoch allerlei Nachteile auf, u. a. roch es unangenehm, und es war korrosiv. Die Suche ging weiter.
1921 übernahm die General Motors Corporation vollständig Ketterings Betrieb unter der neuen Firmenbezeichnung General Motors Research Corporation (GMRC) mit Kettering als Leiter. Im April 1921 wurde von diesem Team zunächst Selenoxichlorid und bald danach Diethyltellurid als wirksame „Klopfbremse" entdeckt, eine Substanz, die fürchterlich nach Knoblauch roch. Der damals benutzte Chevrolet-Versuchswagen lief zwar mit einem von 4,1 : 1 auf 7,0 : 1 erhöhten Verdichtungsverhältnis klopffrei und erklomm die Berge wie ein Ziegenbock; das Abgas allerdings hatte den gleichen Geruch. Bei der Weitersuche wandte sich Midgley anstelle des bisherigen Ausprobierens von mehr oder weniger zufälligen Einfällen dem systematischen Vorgehen anhand des Periodischen Systems der Elemente zu, nachdem alle bisherigen Erfahrungen auf weitere Versuche mit metallorganischen Verbindungen deuteten.
Als man schließlich Tetraethylzinn als Antiklopfmittel entdeckt hatte, war der Schritt zum Blei als Metallbasis vorgezeichnet.
Der historische Motorprüflauf fand am 9. Dezember 1921 unter Leitung von Boyd im Beisein von Midgley statt, der 1% einer von ihm präparierten Bleiverbindung in das Petroleum gemischt hatte. Als Prüfmotor diente ein alter Farmmotor von 1916, der inzwischen mit einer von Boyd und Midgley entwickelten genaueren Meßtechnik zur Bestim-

An dieser Tankstelle in Dayton (Ohio) wurde am 1. 2. 1923 das erste verbleite Benzin verkauft.

mung der Klopfintensität ausgerüstet worden war, dem „Bouncing-pin Indicator". Diese im Zylinderkopf angebrachte Vorrichtung zur Meßung der beim Klopfen auftretenden Druckänderungen ist im Prinzip bis heute Bestandteil aller sogenannter Klopfprüfmotoren.

Man stellte fest, daß 0,025% (Volumengehalt; 0,26 g Blei je Liter Kraftstoff) der neuen Bleiverbindung genügten, um die Wirkung zu erreichen, die man mit 1,3% (Volumengehalt) Anilin im Petroleum als Bezugskraftstoff erzielt hatte.

Dies war die Geburtsstunde des bis heute unerreicht wirksamen Antiklopfmittels Bleitetraethyl, auch TEL (Tetra-Ethyl-Lead) genannt, mit der Formel $Pb(C_2H_5)_4$.

TEL machte schon frühzeitig die Entwicklung von leistungsfähigen und dabei sparsamen hochverdichteten Verbrennungsmotoren möglich. Es hatte die damals vorhandenen Destillat- und Crackbenzine in ihrem Leistungsvermögen schlagartig verbessert.

Man erkannte bald, daß dem eigentlichen Antiklopfmittel noch eine Art „Spülmitttel" beigegeben werden mußte, um Bleioxidablagerungen im Motor in erträglichen Grenzen zu halten. Boyd löste das Ablagerungsproblem 1922 zunächst durch Hinzufügen von Ethylendibromid als „Verflüchtiger" (Scavenger). Es bildete sich Bleibromid, das bereits bei 800 °C verdampfte und somit zum größten Teil mit dem Abgas ausgestoßen wurde.

Am 1. Februar 1923 wurde das erste verbleite Benzin in Dayton, Ohio, öffentlich zum Verkauf angeboten. Es erhielt den Namen Ethyl Gasoline. Im Mai 1923 wurde es zur besseren Unterscheidung rot eingefärbt.

Die Jahre 1924 bis 1926 waren gekennzeichnet von Auseinandersetzungen um die Giftigkeit der neuen Bleiverbindung. Obwohl festgestellt worden war, daß sich die Gefährlichkeit auf den Bereich der Herstellung dieses Stoffes bezog und — zur damaligen Zeit — nicht auf die Abgasemissionen, kam es unter dem Druck der Presse und angesichts drohender Maßnahmen seitens des US-Gesundheitsministeriums im Mai 1925 zu einem vorübergehenden Verkaufsstopp für das Antiklopfmittel.

Im Februar 1926 bestätigte der Untersuchungsbericht des Gesundheitsministeriums, daß Bleibenzin keine Bedrohung der Bevölkerung darstellt[5], so daß sich die Firma Ethyl schließlich entschloß, ab 1. Mai 1926 wieder in den Markt zurückzukehren. Jetzt begann der weltweit unaufhaltsame Siegeszug des TEL, der erst 50 Jahre später durch Gesetze zur Abgasentgiftung gestoppt wurde.

Aus dem Ethyl Forschungszentrum in Dayton, Ohio, kam aber noch ein weiterer, ebenso bemerkenswerter und wichtiger Begriff, nämlich die „Oktanzahl".

Klopfen und Oktanzahl (1926)

Von Anfang an empfanden die Forscher um Kettering das Fehlen eines wirklich objektiven Bezugskraftstoffes als besonderen Mangel. Es ist einem weiteren Mitglied seines Teams, Dr. Graham Edgar, zu verdanken, daß 1926 die Lösung dieses Problems in genialer Weise gefunden wurde: die Oktanzahlskala von 0 bis 100, die bis heute gültiger Weltstandard ist. Diese dimensionslosen Kennzahlen wählte Edgar als Volumenverhältnis von zwei chemisch reinen Kohlenwasserstoffen von Iso-Oktan und Normal-Heptan.

Iso-Oktan war eine neue chemische Verbindung, bei der es gelungen war, die gerade Kette von Normal-Oktan so zu verzweigen, daß bei gleicher Atomanzahl und -art im Molekül eine kompakte Struktur und dadurch ein hoch klopffester Kraftstoff entstand. Ihm wurde die Oktanzahl 100 zugeordnet. Das langkettige und daher zerbrechliche, also „klopffreudige" Normal-Heptan erhielt die Oktanzahl 0. Diese beiden chemisch reinen Kohlenwasserstoffe nannte man „primäre Bezugskraftstoffe". Die Oktanzahl eines gegebenen Kraftstoffes entspricht dem Volumengehalt (in %) an Iso-Oktan in einem Gemisch aus Iso-Oktan und Normal-Heptan, das dieselbe Klopffestigkeit wie der zu untersuchende Kraftstoff zeigt.

Das Vergleichen, d.h. die Messung, erfolgt in einem Einzylinder-Klopfprüfmotor (CFR-Motor) mit veränderlicher Verdichtung. Heute unterscheidet man weltweit einheitlich zwischen den beiden Werten ROZ oder MOZ. Da man beim ROZ-Verfahren unter milderen Beanspruchungsbedingungen prüft, liegt die ROZ praktisch immer höher als die MOZ. Je empfindlicher ein Kraftstoff gegenüber erhöhter thermischer Belastung ist, um so geringer fällt seine MOZ bei gleicher ROZ aus.

Bis heute ist Klopfen bzw. Klopffestigkeit das zentrale Thema an der Nahtstelle zwischen Motortechnik und Kraftstofftechnik geblieben. Generationen von Forschern haben sich sowohl motorseitig als auch kraftstoffseitig diesem Problem zugewandt. In der Motortechnik hat man durch die systematische Entwicklung von Gemisch-Aufbereitung und Brennraumform den „OZ-Bedarf" der Motoren verringert; in der Kraftstofftechnik haben die Techniker bei ständig steigendem Mengenbedarf höchste Klopffestigkeit mit stetig abnehmenden Bleigehalten im Kraftstoff sichergestellt.

Die ersten Zapfstellen (1920 bis 1926)

Mit der raschen Ausbreitung der Motorisierung nach dem Ersten Weltkrieg dauerte es nicht mehr lange, bis die Kraftstoffversorgung der Automobile neu organisiert wurde. Schon vor dem Krieg gab es Straßentankwagen, mit denen Benzin frei Haus geliefert wurde. Im Jahr 1920, nach der Aufhebung

[5] Als maximaler Bleigehalt wurde 3 ml/US-Gallone - 0,79 ml/l - 0,08% (Volumengehalt) zugelassen. Dies entspricht 0,84 g Pb/l.

Benzin-Zapfsäule in Duisburg 1923, die „Eiserne Jungfrau".

der Benzinrationierung, wurden auf Hinterhöfen und in Toreinfahrten sog. explosionssichere Tankanlagen installiert. Diese Zapfstellen, Tankhäuser, Benzinpumpen oder wie sie sonst noch genannt wurden, sahen sehr unterschiedlich aus und hatten ziemlich wenig mit dem zu tun, was der Autofahrer heute als Tankstelle kennt.
Die ersten öffentlichen Tankstellen im Deutschen Reich entstanden im Winter 1922/23. Schnell setzten sich die in den USA bereits üblichen Benzinpumpen durch. Diese freistehenden „Zapfsäulen" waren über 2 m hohe Konstruktionen aus Schmiedeeisen, die man im Volksmund bald „eiserne Jungfrau" nannte. Aus dem Meßgefäß flossen jeweils 5 l Benzin in den Fahrzeugtank. Genaues Volltanken, wie heute üblich, war kaum möglich; der Reserve-Kanister mußte dann und wann den Überschuß aufnehmen. Die Säulen mit zwei 5-l-Meßgefäßen dienten später der Abgabe von zwei Sorten Benzin aus einer Zapfsäule.
Man konnte die Zapfsäulen ohne großen Aufwand überall aufstellen: am Rand einer Fernstraße, auf dem Bürgersteig in einer Stadtstraße, vor dem Schaufenster eines Fahrradgeschäftes, vor Gaststätten und Hotels oder z. B. auf dem Betriebsgelände von Speditionen und Brauereien. Schließlich wurden die ersten überdachten Großtankstellen mit mehreren Säulen errichtet.
Während bis 1920 der Preis für 1 kg Benzin in Kanistern 40 Pfg. betragen hatte, kostete es 1924 aus der Zapfsäule 31 Pfg. Die Umstellung der Benzinmengenangabe von Kilogramm auf Liter erfolgte in Deutschland erst im November 1926. Der Preis betrug zu dieser Zeit 33 Pfg./l, 1928 dann 35 Pfg./l und 1932 schließlich 37 Pfg./l Fahrbenzin.

Der deutsche Weg vom Ersatzkraftstoff Benzol zum ersten wirklichen „Superkraftstoff" Aral (1900 bis 1924)

Während in den USA die Benzinerzeugung von Anfang an der dort schnell einsetzenden stürmischen Entwicklung der Motorisierung leicht folgen und sich dabei ganz auf heimische Ölquellen stützen konnte, war die Situation im Deutschen Reich völlig anders. Von Anbeginn des Mineralölzeitalters mußte Deutschland seinen Benzinbedarf fast ganz durch Importe decken. So kam es schon um die Jahrhundertwende zu Überlegungen, aus der Not der Kokerei-Benzolüberschüsse eine Tugend, nämlich den deutschen Kraftstoff aus Kohle zu machen, denn Deutschland verfügte ja in ausreichendem Maß über das „schwarze Gold".
Vor dem Ersten Weltkrieg war Benzol im Überfluß vorhanden, aber als Kraftstoff nicht absetzbar, weil die anwendungstechnischen Voraussetzungen noch nicht existierten, die später von der B.V.-Kraftstofftechnik zusammen mit dem berühmten Technischen Dienst des B.V. geschaffen wurden. Trotz Förderung seitens militärischer Stellen, zu der auch die Prinz-Heinrich-Fahrt 1913 gehörte, kam man über eine erfolgreiche Verwendung des Benzols in stationären Motoren nicht weit hinaus. Dann erzwang der Krieg einen hohen Benzolverbrauch, so daß es knapp wurde. Man lernte, es mit Alkohol, Gasöl, Teeröl und Tetralin (hydriertes Naphthalin) zu strecken. Das „enttoluolte"[6] mit Rohspiritus gestreckte Benzol wurde 1916/17 zum rettenden „Ersatz-Kraftstoff".
Nach dem Krieg mußte ein großer Teil der deutschen Benzolerzeugung aufgrund des Friedensvertrages bis 1924, als der Dawes-Plan in Kraft trat, als Reparationsleistung ausgeliefert werden. Das Jahr 1924 brachte eine Wende in mehrfacher Hinsicht. Das nun wieder steigende Benzolaufkommen drängte auf Absatz. Obwohl die Eignung des Benzols als Kraftstoff selbst den Erzeugern noch nicht in vollem Umfang bewußt war, entschloß sich der B.V., sein Benzol zum Edelkraftstoff (Mehrwert-Kraftstoff) zu entwickeln und dessen Absatz neu zu organisieren.

[6] Toluol wurde zur Munitionsherstellung gebraucht.

Dapolin-(Esso-)Tankstelle in Hamburg 1928.

Als erstes wurde die Qualität des Benzols für die zahlreichen Einlieferer genormt. Die später deutlich herausgestellten und von jedem Automobilisten nachvollziehbaren Mehrwert-Elemente, „Klopffestigkeit — Ergiebigkeit — Vergasbarkeit" setzten für ihre motorische Auswertung eine eingehende Erforschung der Verbrennungsvorgänge im Motor voraus, die weit in das Gebiet des Motorenbaus eingriff. Klopfen war als Erscheinung zwar bekannt und die besondere Klopffestigkeit des Benzols eine Erfahrungstatsache, aber von den Ursachen wußten Kraftstoff- und Autoindustrie gleich wenig. Es wurde eine „Wissenschaftlich-Technische Abteilung" gegründet, die Vorläuferin der späteren Aral-Forschung, die über die Klopffestigkeit des Motorenbenzols der Motorenindustrie den Weg zur „Höherverdichtung" bereitete.
Diese Entwicklung verlief sachlich und zeitlich parallel zum amerikanischen Wissensstand, aufgrund dessen, wie bereits beschrieben, die Klopffestigkeit der Benzine schließlich durch Bleitetraethyl mit dem Ziel der Höherverdichtung der Motoren verbessert werden konnte.
Beim B.V. reifte der Plan, Benzol mit Benzin gemischt zu verkaufen. Der entscheidende Durchbruch zeichnete sich 1924 mit der Einführung des neuen Kraftstoffs „BV-Aral", dem ersten Benzin-Benzolgemisch (Bi-Bo-Gemisch) und damit dem ersten wirklichen „Superkraftstoff" ab. ARAL, eine auch phonetisch glückliche Wortschöpfung[7], entstanden aus den **ar**omatischen Kohlenwasserstoffen des Motorenbenzols und den aliphatischen Kohlenwasserstoffen des Benzins, hielt auf Anhieb, was seine Schöpfer an Mehrwert versprachen. Der sich erst später einstellende große Erfolg, der bis heute Aral zur führenden Kraftstoffmarke in Deutschland werden ließ, mußte allerdings schwer erkämpft werden. Dem sich ausweitenden B.V.-Erfolg lag die Philosophie zugrunde, daß das bessere Produkt auch teurer sein durfte (in diesem Fall 4 Pfg./l teurer als Benzin).
Durch die technische Überlegenheit des Benzol-Gemischs sahen sich die Benzingesellschaften gezwungen, ab 1928 ebenfalls Superkraftstoffe mit Motorenbenzol des B.V., allerdings mit geringem Anteil, anzubieten.
Auf der Basis einer lückenlosen und strengen Qualitätsüberwachung und der in enger Fühlungnahme mit der Kraftfahrzeugindustrie arbeitenden wissenschaftlichen Abteilungen des B.V. (Technik und Chemie) an den immer neuen Fragen der Wechselwirkung zwischen Motor und Kraftstoff, begann der Technische Dienst des B.V. 1926 seine Arbeit. Er bildete Ingenieure als Motorenfachleute aus, die bald das Einstellen von Vergasern und der Zündung aller Fabrikate beherrschten. 1932 wurde vom B.V. der erste „fahrbare Wagenprüfstand" (F.P.) in Dienst gestellt. Bis zum Ausbruch des Zweiten Weltkrieges gab es im Deutschen Reich 51 F.P. außer 10 ortsfesten Prüfständen, die an B.V.-Zapfstellen und öffentlichen Plätzen jährlich über 150 000 Wagen, betrieben mit B.V.-Aral-Benzol-Gemisch, kostenlos für

[7] Von Walter Ostwald geprägt.

Werbeanzeige für B. V.-Aral in der Allgemeinen Automobilzeitschrift 1936.

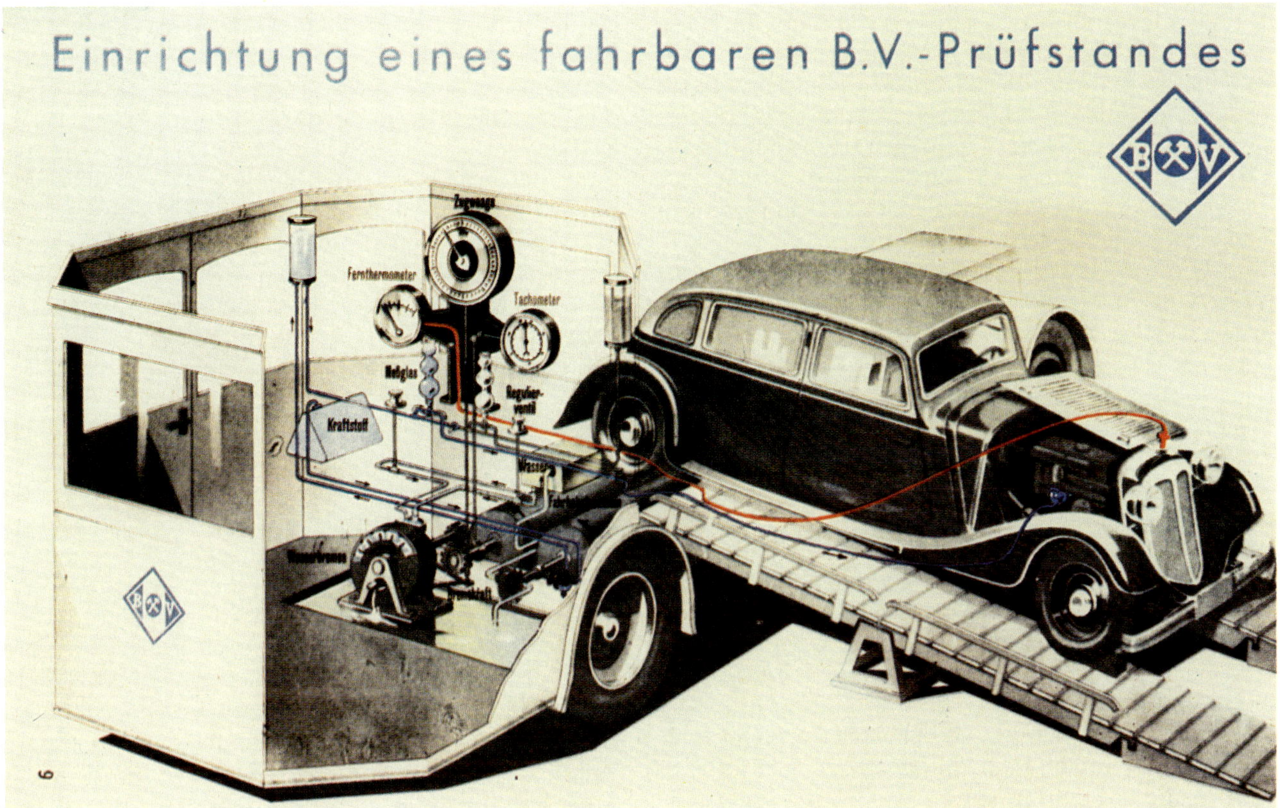

Fahrbarer B. V.-Wagenprüfstand 1934.

die Kunden einregulierten. Nach dem Krieg erreichte die Anzahl dieser Prüfstände knapp 100. Der Service wurde 1963 infolge der rasch wachsenden Motorisierung aus Kostengründen eingestellt.
Der Erfolg der Marke B.V.-Aral, die 1930 schon rd. 5 800 und 1938 rd. 10 000 Zapfstellen hatte sowie mit 27 % den größten Marktanteil im Reich, ist in besonderem Maße auch durch die technischen Leistungen des B.V. begründet worden.
Einige wichtige Daten für das Benzin-Benzol-Gemisch B.V.-Aral im Vergleich zum typischen Fahrbenzin zeigt die nebenstehende Tabelle.

Kennwerte von B. V.-Aral und Fahrbenzin im Jahr 1925.

	Einheit	B. V.-Aral	Fahrbenzin
B. V.-Motorenbenzol	% Volumengehalt	40	0
Fahrbenzin	% Volumengehalt	60	100
Dichte	g/ml	0,800	0,735
Siedekennziffer (KZ)*	—	115	125
50 %-Punkt	°C	85	100
Klopffestigkeit (nachvollzogen)	ROZ	86	70

* ermittelt gemäß $\frac{5 + 15 + 25 + \ldots + 85 + 95\,\%}{10}$

Auf der Suche nach weiteren Klopfbremsen (1923 bis 1930)

Auch die deutsche chemische Industrie befaßte sich seit 1923 mit Kraftstoff-Fragen. Die Kraftstoff-Forscher der BASF, Dr. Müller-Cunradi und Dr. Wilke, hatten beim Studium der US-Patente von Midgley festgestellt, daß in diesen zwar die Metalle zwischen der dritten und siebenten Gruppe des Periodischen Systems von Mendelejeff beansprucht waren, nicht aber die Elemente der achten Gruppe. Es lag nahe, auch diese Gruppe zu der auch das Element Eisen gehört, zu untersuchen.
Man hatte eine der vielen möglichen Eisenverbindungen, das Eisencarbonyl zufällig im Ammoniak-Labor vorrätig. Die damit 1923 durchgeführten Motorversuche ergaben auf Anhieb eine dem Bleitetraethyl vergleichbare Wirkung. Das wesentlich billigere und ungefährlicher herzustellende Eisencarbonyl wurde seitens der BASF 1924 zum Patent angemeldet. Gleichzeitig wurde auch der Schutz für eines der mit Erfolg untersuchten metallfreien aromatischen Amine, mämlich Monomethylanilin („Mono“) beansprucht. Die Wirkung dieser organischen Verbindung war zwar bedeutend geringer als die

der metallorganischen Klopfbremsen, aber sie hatte den Vorteil, keine Brennraumablagerungen zu bilden. Dafür konnte sie jedoch bei höherem Zusatz zwecks deutlicher OZ-Verbesserung zur Verpichung der Auslaßventile führen. Der verhältnismäßig hohe Preis verbot allerdings ohnehin hohe Zusätze, die sich oberhalb von 2,5 % (Volumenanteil) als kritisch herausstellten.
Sowohl Eisencarbonyl als auch Monomethylanilin fanden in Deutschland ab 1926 für verhältnismäßig kurze Zeit in beschränktem Umfang Anwendung. Das Eisencarbonyl kam als Motyl, d.h. in Form einer Mischung mit Kohlenwasserstoffen im Verhältnis 1 : 1, in den Handel. Der auf eine Konzentration von 4 ml/l Benzin eingestellte Kraftstoff erhielt den Namen „Motalin" und wurde nur von der Deutschen Gasolin-AG vertrieben.
Als 1927 das erste „Synthese-Benzin" aus Leuna zur Verfügung stand, wurde Motalin nur noch mit diesem hergestellt. Es wies nur noch 0,1 % Eisencarbonyl, aber einen zusätzlichen Gehalt von 1 % Mono auf. Der dabei auf 25 % der alten Dosierung herabgesetzte Eisencarbonylgehalt des neuen Motalins war eine Folge der im praktischen Betrieb eingetretenen Schwierigkeiten. Die hierdurch verminderte Klopffestigkeit wurde durch das Mono ausgeglichen.
Die Schwierigkeiten betrafen vor allem den erhöhten Zylinderverschleiß und die Zündkerzenstörungen. Beide Erscheinungen hatten ihre Ursache in den beim Verbrennen von Eisencarbonyl entstehenden Eisenoxiden, die im Zylinder wie Feinschleifmittel wirkten und sich auf dem Isolierkörper der Zündkerzen als elektrisch leitende Überzüge niederschlugen, wodurch Zündaussetzer eintraten. Alle Bemühungen, einen ähnlich wie beim Bleitetraethyl wirkenden Verflüchtiger zu finden, blieben erfolglos. So entschloß man sich 1930, den Vertrieb des Motalins wieder einzustellen. Mono kam nur in den ersten Nachkriegsjahren vereinzelt noch einmal zum Einsatz.
1950 wurde dem inzwischen weiter verbesserten Tetraethyllead (TEL) das mit ihm verwandte „Tetramethyllead" (TML, Bleitetramethyl) an die Seite gestellt. Es entsprach in seiner Wirksamkeit dem TEL, war jedoch sehr viel leichter verdampfbar und thermisch stabiler. Es kamen auch Mischungen aus TEL und TML auf den Markt, die Mixed Lead Alkyles (MLA) hießen.
Die Verwendung des MLA erlangte große praktische Bedeutung bei der Verbesserung der beiden anderen verwendeten Oktanzahlen, der „Straßenoktanzahl" (SOZ) und der im C.F.R.-Motor gemessenen „Frontoktanzahl" FOZ (entspricht ROZ_{100}, der ROZ, der bis 100 °C in Dampfform übergehenden Kraftstoffbestandteile).
1957 gab die Ethyl Corporation die Erfindung eines weiteren Antiklopfmittels bekannt, die metallorganische Verbindung „Methyl Cyclopentadienyl Mangan Tricarbonyl". Es kam als „AK-33 X" in den Handel und hauptsächlich als Booster (Verstärker) für TEL zum Einsatz. Im Gegensatz zu TEL nahm die Wirkung des AK-33 X bei höheren Zusatzmengen, besonders bei paraffinischem Benzin und Alkylat-Benzinen, beachlich zu. Es wurde z.B. für das Ende der sechziger Jahre in den USA angebotene Super-Premium mit ROZ 102, das für Motoren mit der Verdichtung 11 : 1 notwendig war, eingesetzt.
Da das Mangan-Additiv der Ethyl Corporation auf gleiches Metallgewicht bezogen etwa doppelt so wirksam war wie TEL, gab man ihm in den USA in den späteren Jahren, als Bleiverbindungen unter Beschuß gerieten, gute Chancen als Bleiersatz. Das amerikanische Umweltamt schloß jedoch 1976 diese Möglichkeit aus.
Die Benzin-Bleigesetzgebung in der Bundesrepublik Deutschland, 1972 mit maximal 0,40 g Pb/l und ab 1976 mit maximal 0,15 g Pb/l führend in der ganzen Welt, verbot von Anfang an die ersatzweise Verwendung aller anderen Metallverbindungen.
Mit der Einführung der „katalytischen Nachverbrennung", die bis Anfang der neunziger Jahre auch in Europa Standard sein dürfte, ist das Ende der Verwendung von Antiklopf-Additiven jeglicher Art in 10 bis 15 Jahren abzusehen. Die Klopffestigkeit der dann ausnahmslos bleifreien Kraftstoffe wird nur durch die Struktur ihrer Komponenten bestimmt sein.

Dieselkraftstoff für den Straßenverkehr (ab 1925)

Vertrieb

1925 kam der erste Kraftwagen mit Dieselmotor — ein Nutzfahrzeug — auf den Markt. Er wurde mit Gasöl[8] betrieben, der Erdölfraktion im Siedebereich zwischen 250 °C und 350 °C, mit der die meisten stationären Dieselmotoren seit deren Erfindung 1892 liefen; ein geringer Teil wurde mit Petroleum betrieben (150 °C—280 °C), allerdings mit schlechteren Ergebnissen.
Zu jener Zeit wurde der motorische Gasölbedarf von den Verteilungslagern der Ölgesellschaften aus durch Anlieferung gedeckt. Die ersten und die meisten späteren Diesel-Lkw wurden bis 1935 auf diese Weise mit Kraftstoff versorgt. An Stellen, die einen starken Lkw-Verkehr aufwiesen, wurden dann die ersten besonderen Zapfsäulen für Gasöl, oder, wie man damals auch sagte Diesel-Treib-Öl errichtet.
Bald nach dem Erscheinen des ersten serienmäßigen Diesel-Pkw im Jahr 1936, des Mercedes Benz 260 D (4 Zylinder, 2,6 l, 45 PS bei 3 000 U/min), wurde die Betankung der sehr wenigen Pkw mit Dieselmotor an die bei den Fahrzeugen mit Ottomotor übliche Art schrittweise angepaßt. Zuerst gab es den inzwi-

[8] Gasöl ist heute der Sammelausdruck für die sehr ähnlichen Produkte Dieselkraftstoff (DK) und leichtes Heizöl (HEL), die sog. „Mitteldestillate".

B. V.-Tankstelle mit Dieselzapfsäule 1951.

schen Dieselkraftstoff (DK) genannten Kraftstoff nur an Lkw-Tankstellen. Später hatten einzelne Großtankstellen bereits Diesel-Zapfsäulen, die später auch auf den Verkauf in Liter umgestellt wurden.

Das Produkt

Der Dieselkraftstoff hat sich in seinen wesentlichen Kennwerten im Lauf der Entwicklung nicht in solchem Maß verändert wie der Ottokraftstoff. Ein wichtiger Punkt war von Anfang an entsprechend dem Diesel-Verbrennungsprinzip seine „Zündwilligkeit". Die Beurteilung wurde analog zur Klopffestigkeit festgelegt, da die Zündwilligkeit bald als reziproke Funktion der Klopffestigkeit erkannt wurde. Man arbeitete hier mit dem I.G.-Prüfdiesel (heute BASF-Prüfdiesel) ähnlich wie bei der Klopffestigkeitsmessung. Als besonders zündwilligen Bezugskraftstoff wählte man zuerst Ceten und später wegen seiner besseren Lagerstabilität Cetan, auch n-Hexadecan genannt. Diesem Normal-Paraffin ordnete man die Cetanzahl (CZ) 100 zu. Als besonders zündträgen Bezugskraftstoff wählte man den aromatischen Kohlenwasserstoff α-Methylnaphthalin und gab ihm die Bezeichnung CZ 0. Völlig analog zur OZ besagte die für einen Kraftstoff gemessene CZ, wieviel Prozent Volumenanteile Cetan sich in einem Gemisch mit α-Methylnaphthalin befand, wenn bei der Vergleichsmessung die Bezugskraftstoffmischung die gleiche Zündwilligkeit aufwies wie der zu untersuchende Dieselkraftstoff.
Bis heute liegen die Cetanzahlen der Dieselkraftstoffe etwa im Bereich von 45 bis 50. Im Gegensatz zur OZ beim Ottomotor lieferten höhere CZ keine Leistungssteigerung beim Dieselmotor. Eine zu niedrige CZ konnte Kaltstartprobleme und übermäßiges „Nageln" des Motors zur Folge haben. Eine zu hohe CZ — z.B. 70 — führte zu einer unvollkommenen Mischung von Luft und brennendem Kraftstoff mit der Folge von Leistungsabfall.
Als weitere wichtige Eigenschaft für Dieselkraftstoff wurde die „Sauberkeit" gefordert, d.h., es durften keine Feststoffpartikel vorhanden sein, da sonst die feinen Einspritzelemente schnell verschlissen (Feinfilter). Von weiterer Wichtigkeit war schon damals eine geringe Verkokungsneigung, damit Verbrennungsrückstände die Funktion der Einspritzdüsen nicht beeinträchtigten und kein zu starkes Rußen auftrat. Ebenso wichtig war von vornherein die Kältebeständigkeit. In der Kälte hatte man

dadurch Probleme, daß sich feste Paraffine ausschieden, das Feinfilter verstopften und den Kraftstoffzufluß zur Einspritzpumpe unterbrachen. Darin liegt der Grund, weshalb man bald dazu überging, zwischen „Winter-DK“ und „Sommer-DK“ zu unterscheiden. Winter-DK ist teurer herzustellen, da im Durchschnitt knapper geschnitten werden muß. Schließlich war stets ein möglichst niedriger Schwefelgehalt im Kraftstoff wünschenswert. Er lag früher wegen der unzulänglichen Destillationsmethoden je nach Rohöltyp zum Teil oberhalb ein Prozent (Massengehalt). Als Folge davon wurden die früheren Motorenöle im Diesel durch Bildung von Schwefelsäure bei der Verbrennung chemisch sauer, und dies führte zu erhöhtem Verschleiß. Ferner war der Schwefeldioxidgehalt im Abgas entsprechend hoch. Heute trifft man Dieselkraftstoffe kaum mit einem Massengehalt von mehr als 0,2 Prozent Schwefel an, da dieser durch die Entwicklung der Raffinerieverfahren systematisch verringert werden konnte.[9]
Diese wichtigsten Dieselkraftstoffkennwerte für Fahrzeugdieselmotoren sind bis heute also nicht wesentlich verändert worden, obwohl diese Motoren eine ebenso eindrucksvolle Entwicklung nahmen wie die Ottomotoren.

Alkohole als Kraftstoff

Alkohol als Kraftstoff hat zunächst nur am Anfang der Entwicklung des Autos eine Nebenrolle gespielt. Trotzdem blieb die Kraftstofftechnik bis heute stets von Alkoholen begleitet, entweder als Komponente oder als Additiv. Hauptsächlich fanden Ethanol und Methanol gelegentlich auch höhere Alkohole und Ether Verwendung.
Die Wirtschaftskrisen nach dem Ersten Weltkrieg führten zu einer drastischen Benzinverknappung. So kam es zu vermehrter Beimischung von „Kraftspiritus“ (Ethanol aus Kartoffeln; Sprit) seitens der Reichsmonopolverwaltung für Branntwein. So hat sich bis heute der Ausdruck „Sprit“ für Kraftstoff schlechthin in der Umgangssprache gehalten, obwohl er — vom Fachlichen gesehen — falsch ist.
Zusammen mit dem Steinkohlebergbau, in dessen Kokereien u.a. Benzol und Tetralin entstanden, brachte die Monopolverwaltung 1921 über die Tetralin-Gesellschaft Kraftstoffe auf den Markt, die in der nachfolgenden Tabelle zusammengestellt sind.
Zum Ausbau des Absatzes wurde im Juli 1925 die Reichskraftsprit GmbH, Berlin gegründet, die den alkoholhaltigen Kraftstoff „Monopolin“ einführte. Die Zusammensetzung zeigt die Tabelle oben. Da sich diese Mischungen im Lauf der Zeit als technisch unzureichend erwiesen, wurde der Spiritusanteil fortwährend herabgesetzt und 1928 schließlich auf 25% festgelegt. Der subventionierte Preis für

Kraftstoff-Typen der Tetralin-Gesellschaft im Jahr 1921.

<table>
<tr><td rowspan="2">Kraftstoff</td><td>Benzol</td><td>Tetralin</td><td>Spiritus (95% Volumengehalt)</td></tr>
<tr><td colspan="3">Massengehalt in %</td></tr>
<tr><td>Reichskraftstoff</td><td>50</td><td>25</td><td>25</td></tr>
<tr><td>Tetralit-Benzol</td><td>57</td><td>9</td><td>34</td></tr>
<tr><td>Benzol-Spiritus</td><td colspan="2">70</td><td>30</td></tr>
</table>

Monopolin-Typen im Jahr 1925.

Kraftstoff	Spiritus (95% Volumengehalt)	Benzol	Benzin	Ether
	Massengehalt in %			
Monopolin 1	65	30	—	5
Monopolin 2	63,5	—	33,5	3
Monopolin extra	50	20	30	—

Monopolin-Typen im Jahr 1929.

Kraftstoff	Ethanol*	Benzin	Benzol
	Massengehalt in %		
Monopolin	20	80	—
Monopolin-Gemisch	20	50	30

* 99,8% Massengehalt (absoluter Alkohol)

Spiritus zu motorischen Zwecken betrug 15 Pfg./l bis Oktober 1927 und danach 18 Pfg./l. Der Verbrauch betrug 1926/27 187 472 hl und 1928/29 277 217 hl.
Bereits 1928 war die Herstellung von absolutem (wasserfreiem) Alkohol (99,8%) soweit fortgeschritten, daß sich die Reichskraftsprit GmbH 1929 — nach weiterer Herabsetzung des Alkoholgehaltes — entschloß, neue Monopolin-Typen einzuführen. Die Tabelle oben gibt die Zusammensetzung an.
Im August 1930 führte die Reichsregierung zur Stützung der Landwirtschaft schließlich den „Spritzwang“ ein. Jeder in den Handel gebrachte Kraftstoff mußte mindestens 2,5% Kraftspiritus (Preis 80 Pfg./l) enthalten. Der Anteil der Beimischung wurde in den darauf folgenden Jahren wiederholt je nach Erzeugungs- und Verbrauchsentwicklung angepaßt. Ab 1936 mußte dem wegen der steigenden Motorisierung knapp werdenden Ethanol[10] zur

[9] In der Bundesrepublik Deutschland seit 1. Januar 1979 auf maximal 0,3% begrenzt (künftig auf 0,15%).

[10] Verbrauch: 1932/33 1,57 Mio. hl; 1937/38 2,34 Mio. hl, davon 0,75 Mio. hl Methanol und höhere Alkohole.

Streckung wasserfreies Methanol in wechselnden Mengen zugegeben werden. Zeitweilig mußte man außerdem sogar auf den Zusatz von höheren Alkoholen zurückgreifen.
Nach dem Zweiten Weltkrieg blieben Alkohole auf die Verwendung als „Additive", also auf kleine Dosierungen beschränkt. Man schätzte vor allem ihre Wirkung als Hemmstoff gegen Vergaservereisung. Aber auch verhältnismäßig kleine Beimengungen halfen eine fehlende Klopffestigkeit zu verbessern. Zur Klopffestigkeit ist anzumerken, daß Alkohole zwar eine sehr hohe ROZ haben (> 110), aber eine überraschend hohe Sensitivity aufweisen, was u. U. zu einer geringen SOZ führen kann. Wegen der großen Verdampfungswärme, die z. B. bei Methanol im Vergleich zu Benzin fast viermal so hoch ist, läßt sich die Füllung der Zylinder eines Motors durch Innenkühlung mit größerer Gasdichte erreichen. Das Ergebnis ist eine höhere Literleistung (PS/l Hubraum) durch den physikalischen Aufladeeffekt (Thermokompressor). Er war vor allem für Rennmotoren von Bedeutung, bei denen der nachteilige Effekt des geringeren Heizwertes, der bei Methanol etwa mit dem 1,7fachen Verbrauch (l/100 km) bezahlt werden mußte, im allgemeinen unberücksichtigt bleiben konnte. Rennkraftstoffe waren vor dem Krieg mit z. T. erheblichen Alkoholgehalten versehen. Im Bereich der heutigen Turbomotoren in der Formel 1 ist man wieder zu diesem Zusatzmittel zurückgekehrt.
Alkoholkraftstoffe, besonders Methanolkraftstoff aus Erdgas oder Kohle, sind längerfristig als Ergänzungskraftstoffe und als Alternativkraftstoffe zum Benzin aus Erdöl aussichtsreich. In einigen Ländern kann auch Ethanol aus Zuckerrohr als Kraftstoff oder Zusatz von Bedeutung sein (z. B. in Brasilien).

Synthetische Kraftstoffe aus Kohle (1927 bis 1945)

Die einheimische Benzinerzeugung aus deutschem Erdöl und Braunkohle[11] war bis Mitte der zwanziger Jahre recht unbedeutend. Die einheimische Benzolerzeugung konnte dagegen ⅓ des Kraftstoffbedarfs decken, während der Anteil des Spiritus noch unter dem des Benzins aus deutschem Erdöl blieb.
1927 war das historische Jahr, in dem man mit der Erzeugung von Hydrierbenzin aus Braunkohle in Leuna nach dem Verfahren von Bergius-Pier der I.G.-Farben (BASF) begonnen hatte. Der Vertrieb erfolgte durch die Deutsche Gasolin AG, einer I.G.-Farben-Tochtergesellschaft.
1929 betrug der Kraftstoffbedarf im Deutschen Reich 1,42 Mio. t, oder fast 2 Mia. l (zum Vergleich: USA 53 Mia. l). Die Bedarfsdeckung geht aus der Tabelle oben hervor.

Deckung des Bedarfs an Ottokraftstoff in Deutschland im Jahr 1929.

Kraftstoff-Herkunft	Erzeugung t	Anteil %
Import-Benzin	850 000	60,0
Import-Benzol	150 000	10,5
einheimische Benzinerzeugung	100 000	7,0
davon Braunkohle (Leuna)	(68 000)	—
deutsches Erdöl	(32 000)	—
einheimische Benzolerzeugung	300 000	21,0
einheimische Alkoholerzeugung	20 000	1,5
Gesamt	1 420 000	100,0

Durch den raschen Bau zahlreicher Hydrierwerke ab 1936, von denen einige (Scholven und Gelsenberg) auch auf Steinkohlenbasis arbeiteten, konnte die Benzinerzeugung 1939 bereits auf 901 500 t, etwa 30% des OK-Bedarfs, erhöht werden. Der Höhepunkt in der Erzeugung synthetischen Autobenzins wurde 1943 aus 12 Hydrierwerken mit 640 000 Mio. t erreicht, womit 40% des Gesamtbedarfs gedeckt wurden. Die Gesamterzeugung an synthetischen Kraftstoffen erreichte damals 3,68 Mio. t[12], was 58,6% des Gesamtkraftstoffbedarfs ausmachte.
Die Klopffestigkeit der Hydrierbenzine aus Braunkohle lag bei 58 bis 60 ROZ, aus Steinkohle bei 66 bis 68 ROZ. In einer Mischung mit Alkohol, Benzol und später mit Blei wurden die damals handelsüblichen Oktanzahlen erreicht.
Die Hydrierwerke erzeugten aber auch Dieselkraftstoff und Flüssiggas (Treibgas). Der Bedarf an Dieselkraftstoff wies ab 1931 drastische Steigerungen auf. Während damals erst 500 Fahrzeuge mit Dieselmotor auf deutschen Straßen fuhren, waren es 1937 bereits 60 000 Wagen.
Der Gesamtverbrauch an Dieselkraftstoff war in diesem Zeitraum von 494 000 t auf 1,37 Mio. t angestiegen. Davon konnten aus einheimischen Rohstoffen nur 105 000 t erzeugt werden. Der Höhepunkt wurde 1942 erreicht, als 701 100 t Dieselkraftstoff produziert wurden. Damit konnten immerhin 48% des Verbrauchs aus der Hydrierung gedeckt werden. Die Kraftstoffkennwerte entsprachen denen für den Dieselkraftstoff aus der Erdölverarbeitung.
Bei der Gesamterzeugung von synthetischen Kraftstoffen aus Kohle dominierte die katalytische Hochdruckhydrierung. Das zweite angewendete Verfahren der Kohlenwasserstoffsynthese nach Fischer-Tropsch wurde nur in zwei Werken eingesetzt, die auf Braunkohlebasis etwa 10% aller synthetischen Kraftstoffe herstellten.
Die rasche Ausweitung der Kraftstoffherstellung aus Kohle im Deutschen Reich von 1933 bis 1945 diente zwar in erster Linie der politischen Autarkie-

[11] 20 000t/Jahr und 10 000 t/Jahr Braunkohlen-Schwelbenzin.

[12] Davon 1,79 Mio. t Flugkraftstoff.

Ottokraftstoff-Typen in Deutschland im Jahr 1939.

Typ	ROZ		Benzolgehalt	TEL	Sprit
	min.	max.	Massengehalt %	Bleigehalt g/l	Massengehalt %
Benzin-Benzolgemisch*	80	—	min. 30	0	0
Superbenzin	80	82	max. 15	max. 0,42	0
Fahrbenzin N	74	75	max. 10	0	13
Fahrbenzin S	74	75	max. 10	max. 0,42	0

* BP: Olexin; B. V.: Aral; DAPG: Esso; Shell: Dynamin

Zielsetzung, jedoch waren die bei der Kohlehydrierung gewonnenen verfahrenstechnischen Erkenntnisse für die Weiterentwicklung der Erdölverarbeitung von großer Wichtigkeit. Die Aufarbeitung des Erdöls erfolgt heute nämlich weltweit nach Hydrierverfahren mit Katalysatoren, wie sie von Pier bei der I.G.-Farben-Industrie vor mehr als 50 Jahren entwickelt wurden. Für die fernere Zukunft könnten diese Prozesse wieder als Grundlage für Kraftstoffe aus Kohle von Bedeutung werden.

Die Kraftstoffsorten im Deutschen Reich vor dem Ausbruch des Zweiten Weltkriegs (1939)

Seit Einführung des Benzin-Benzol-Gemisches B.V.-Aral 1924 hatte es im Deutschen Reich zwei Hauptsorten von Kraftstoffen gegeben, „Fahrbenzin" und „Gemisch". Beide enthielten über lange Zeit Kraftsprit, waren jedoch „bleifrei". Diese verhältnismäßig stabile Situation änderte sich erst, als im Juli 1937 das Benzin-Benzol-Gemisch spritfrei wurde und die in den USA seit 1926 angewendete Verbleiung im Mai 1939 im gesamten Reich (ab Dezember 1938 in Österreich) für einen Teil der Kraftstoffe eingeführt wurde. Ab Juni 1938 trat die Umstellung von Kraftfahrzeugvergasermotoren auf die Verwendung von Kraftstoff der Klasse ROZ 74 in Kraft.
Die letzte Regelung der Zusammensetzung und Beschaffenheit der Kraftstoffe vor dem Krieg wurde ab Mai 1939 wirksam. Die zu diesem Zeitpunkt für den Straßenverkehr zugelassenen Ottokraftstoffe zeigt die Tabelle oben. Die ersten beiden Sorten waren für das gesamte Reichsgebiet zugelassen, das Fahrbenzin N (Nord) im Nordteil[13] des Reiches, Fahrbenzin S (Süd) südlich dieser Linie.

[13] Linie Bentheim, Braunschweig, Berliner Ring, Frankfurt/Oder, Schwiebus, polnische Grenze.

Mit Beginn des Kriegs trat diese Anordnung außer Kraft. Während des Krieges galten die Anforderungen des Heereswaffenamtes. Die ROZ blieb bei mindestens 74 und der maximal zulässige Bleigehalt bei 0,42 g/l.
Die in Deutschland bis zum Krieg und während des Krieges verwendeten Dieselkraftstoffe wiesen verhältnismäßig gleichbleibende Kennwerte auf:
Dichte 0,830 g/ml bis 0,850 g/ml, Stockpunkt −20 °C bis −21 °C, Conradsontest 0,01 % bis 0,03 % (Massengehalt), CZ 45 bis 50.

Die Kraftstoffe aus den modernen Erdöl-Raffinerieverfahren

Katalytisches Crackbenzin

Fast alle heute angewendeten Erdöl-Verarbeitungsverfahren wurden in den USA entwickelt und haben in der ganzen Welt Verbreitung gefunden. Wichtige Grundlagen und Entwicklungen wurden jedoch auch in anderen Ländern erarbeitet, in Deutschland z. B. das Hydrieren. Zu dem schon sehr früh dem Destillieren an die Seite gestellten thermischen Cracken kam das ab 1940 in den USA industriell eingesetzte überaus wichtige katalytische Cracken hinzu. Zielprodukte sind vor allem klopffeste Benzinkomponenten; außerdem fallen auch Dieselkraftstoffkomponenten und Flüssiggase (Crackgase) an. Die ROZ der Benzinkomponente wird dabei auf 87 bis 93 gegenüber 68 bis 75 beim Destillatbenzin verbessert, wie die Tabelle rechts zeigt; die CZ der Dieselkraftstoff-Komponente büßt demgegenüber bis zu 15 Einheiten ein, so daß sie nur in einer Mischung mit überwiegend Destillat-Dieselkraftstoff verwendbar ist. Unter Umständen müssen auch „Zündbeschleuniger" (z. B. Amylnitrat) verwendet werden, die man analog zu den Klopfbremsen beim Benzin früher auch anschaulich „Klopfpeitschen" nannte.

Reformatbenzin (Reformat)

Nach der Einführung des katalytischen Crackens lag der zweite entscheidende Schritt auf dem Weg zur Schaffung hochklopffester Kraftstoffkomponenten in der erfolgreichen Entwicklung des Reforming-Prozesses (Molekülumbau) gleich nach dem Krieg. Eingesetzt wird das bei der Destillation anfallende Schwerbenzin (Naphtha), das mit einer durchschnittlichen ROZ von 40 und seinem hohen Schwefelgehalt keine rechte Verwendung als Kraftstoffkomponente findet. Zielprodukte sind schwefelarme aromatische Kohlenwasserstoffe (Reformate), wie z. B. Benzol, Toluol, Xylol und einige wenige höhere Aromaten, deren vorzügliche Eignung als hochklopffeste Kraftstoffkomponente bereits 30 Jahre früher der Benzol-Verband mit seinem B.V.-

Aral unter Beweis gestellt hatte. Die ROZ des Schwerbenzins wird dabei von 40 auf 93 bis 98 je nach Reformer-Fahrweise und Ausbeuteziel verbessert (Tabelle unten).
Ein weiterentwickeltes Verfahren mit Fließbettkatalysator wird Hydroforming-Prozeß und das Endprodukt entsprechend Hydroformat genannt. In jüngster Zeit entstand der Continuous Reformer, bei dem der bisher übliche Aromatengehalt des Reformats von 50% bis 60% auf 70% bis 80% gesteigert werden konnte. Dieses Verfahren hat für das zukünftige bleifreie Super Bedeutung.
Bei allen diesen chemischen Prozessen entsteht Wasserstoff. Er wird zu einem Teil im Kreislauf selbst verbraucht, zum größten Teil aber für weitere nachgeschaltete Verfahren (z. B. Entschwefelung) verwendet. Beim Prozeß anfallende gasförmige Kohlenwasserstoffe werden in Propan und Butan (Autogas) zerlegt.

Polymer-Benzin (Polymerisat)

Bei den bisher beschriebenen Raffinerieverfahren fallen große Mengen von gasförmigen Kohlenwasserstoffen an. Die Moleküle dieser z.T. ungesättigten Raffineriegase können zu größeren Molekülen zusammengeschlossen, d.h. polymerisiert werden, so daß Benzinkomponenten entstehen. Da heute eine gute MOZ bei einer gegebenen ROZ von großer praktischer Bedeutung für den Motorenbau ist, werden die Polymerisate mit dem meist vorhandenen Wasserstoffüberschuß hydriert, so daß aus den Alkenen, den ungesättigten Verbindungen, Alkane entstehen.

Isomerbenzine (Alkylate)

Beide Verfahren haben die Herstellung der begehrten Isoparaffine zum Ziel. Hergestellt wird außer Isohexan und Isoheptan hauptsächlich Isopentan, das genaugenommen Methylbutan ist. Dabei wird die ROZ von 62 auf 92 angehoben.
Das Alkylieren (Einführen von Alkylgruppen durch Substitution oder Addition) ist dem Isomerisieren und Polymerisieren verwandt. Schon vor dem Krieg wurde in den USA aus isobutenhaltigen Crackgasen Iso-Oktan vor allem für Hochleistungsflugkraftstoffe hergestellt; hierbei wurden die gasförmigen Moleküle durch Polymerisieren in größere umgewandelt und anschließend durch Hydrieren abgesättigt. Als Ausgangsmaterial für diese Prozesse werden also Olefine und Normal-Paraffine verwendet. Das Endprodukt ist von hoher Klopffestigkeit bei sehr geringer Sensitivity. Somit spielen heute Isoparaffine für den Ausgleich der bei bleifreien Benzinen notleidenden MOZ für Autosuperkraftstoffe eine besondere Rolle.
Raffinerien, die im Verbund mit Petrochemieanlagen arbeiten, geben bestimmte Erdölfraktionen als Ausgangsstoffe für andere chemische Prozesse ab und erhalten aus diesen Prozessen die für die weiteren Reaktionsvorgänge nicht mehr benötigten Anteile als aromatenreiches Pyrolyse-Benzin zurück. Es ist ebenfalls eine wertvolle Kraftstoffkomponente. Nach wie vor kommt aus den Kokereien Motorenbenzol als Kraftstoffkomponente, dem heute allerdings das Reinbenzol (C_6H_6) entzogen worden ist.
In der nachfolgenden Tabelle sind die zuvor beschriebenen Ottokraftstoffkomponenten zusammengestellt. Aus ihnen werden heute die Benzine in der ganzen Welt in unterschiedlicher Zusammensetzung gemischt. Hinzu kommen Additive, wie z. B. Oxidations-Stabilisatoren, Bleialkyl-Verbindungen, Rückstandsumwandler (Deposit-Modifier), Vereisungshemmstoffe (Deicer), Metalldeaktivatoren, Korrosionsinhibitoren sowie Detergent-Additive zur Reinhaltung und Reinigung des Ansaugsystems. Die Tabelle auf der folgenden Seite gibt Aufschluß über Ottokraftstoff-Additive.

Wichtige Ottokraftstoff-Komponenten.

	Dichte g/ml	ROZ	MOZ	Kohlenwasserstoffe Volumengehalt[1]) % (etwa) P/N	O	A
Butan	0,580 bis 0,585	94 bis 95	89 bis 90	100	—	—
Pentan	0,625 bis 0,630	90 bis 91	86 bis 87	100	—	—
Destillatbenzin (Straightrun)	0,675 bis 0,700	68 bis 75	64 bis 70	90	1	9
katalytisches Crackbenzin, FCC[2])	0,720 bis 0,750	87 bis 93	78 bis 83	35	45	20
Reformat	0,740 bis 0,790	93 bis 98	83 bis 88	50	1	49
Polymerbenzin	0,720 bis 0,740	91 bis 100	80 bis 90	5	95	—
Alkylatbenzin	0,690 bis 0,710	94 bis 96	92 bis 93	99	1	—
Pyrolysebenzin	0,780 bis 0,840	98 bis 101	83 bis 85	9	11	80
Motorenbenzol[3])	0,855 bis 0,865	108 bis 112	90 bis 95	<10	—	>90

[1]) P/N Paraffine and Naphthene, O Olefine, A Aromaten
[2]) FCC Fluid Catalytic Crack
[3]) Kokereiaromaten, denen das Reinbezol entzogen worden ist

Additive für Ottokraftstoffe.

Klasse	Jahr*	typische Verbindung	typische Konzentration (ppm)	Bemerkung
Antiklopfmittel	1926	Bleitetraethyl	800 TEL pur (etwa 0,4 gPb/l)	Die Anwendung von Alkylhalogeniden als „Scavenger" ist erforderlich
Antioxidantien	1930	Alkylphenole	50	Anwendung in olefinischen Kraftstoffen
Anti-icing	1952	Alkohole Isopropylalkohol Dipropylenglykol	10 000 300	Anwendung bei leichtflüchtigen Kraftstoffen
Ignition Control	1954	Trikresylphosphat	200	besonders wirksam in hochverbleiten Kraftstoffen
Korrosionsinhibitoren	1955	Langkettige organische Säuren, Ester und Amine	10	Anwendung bei sauerstoffhaltigen Komponenten und Verunreinigungen
Detergentien 1. Generation 2. Generation	 1956 1971	 Alkylaminphosphate Polyisobutenamine mit Mineralöl als Trägeröl	 50 500	 nur im Vergaser wirksam im gesamten Einlaßsystem wirksam

* Zeitpunkt, zu dem der Zusatz kommerzielle Bedeutung erlangte

Entwicklung der Oktanzahl der Kraftstoffe und des Verdichtungsverhältnisses der Ottomotoren in der Bundesrepublik Deutschland.

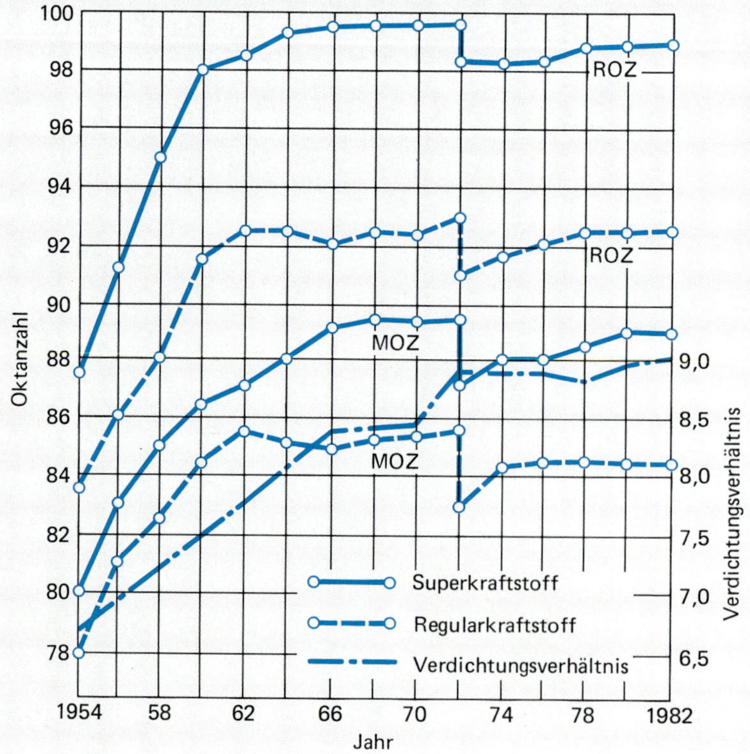

Klopffestigkeit, Bleigehalt und Superanteil der handelsüblichen Ottokraftstoffe in einigen Ländern (1984).

Land	Superbenzin SOK			Normalbenzin NOK			Anteil SOK auf dem Markt
	ROZ	MOZ	gPb/l	ROZ	MOZ	gPb/l	% 1)
Belgien	99/98	92/88	0,40 max.	93/90	97/82	0,40 max.	90,2
BR Deutschland	100/98	90/88	0,15 max.	94/91	86/83	0,15 max.	55,0
Bulgarien	min. 96	—	0,35 max.	min. 86	—	0,20 max.	—
Dänemark	min. 98	min. 88	0,15 max.	92	83	0,15 max.	63,3
DDR	min. 92	min. 84	0,42 max.	min. 88	min. 84	0,42 max.	—
Finnland	99	87	0,40 max.	92	83	0,40 max.	52,9
Frankreich	98/97	91/86	0,40 max.	91/89	85/82	0,40 max.	85,0
Griechenland	98/96	—	0,40 max.	90	—	0,40 max.	70,0
Großbritannien	97/94	86/82	0,40 max.	min. 90	min. 80	0,40 max.	85,5
Irland	97/94	88/85	0,40 max.	90	83	0,40 max.	88,6
Island	97	87	0,40 max.	—	—	—	100,0
Italien	98/97	91/87	0,40 max.	86/85	83/82	0,40 max.	95,0
Jugoslawien	min. 98	93/83	0,60 max.	88/86	83/80	0,60 max.	80,0
Luxemburg	99/98	92/88	0,40 max.	93/91	87/82	0,40 max.	—
Niederlande	99/98	92/88	0,40 max.	93/91	min. 82	0,40 max.	76,9
Norwegen	98/97	91/89	0,15 max.	94/93	88/85	0,15 max.	70,0
Österreich	99/98	89/87	0,15 max.	89/88	84/79	0,15 max.	69,3
Polen	94	86	0,33	78	76	0,55	58,1
Portugal	98	87	0,49/0,62	85	81	0,23/0,44	80,7
Rumänien	97/95	88/86	0,60 max.	89/87	81/79	0,60 max.	—
Schweden 2)	min. 96	min. 86	0,15 max.	min. 93	min. 85	0,15 max.	63,4 2)
Schweiz	min. 98	min. 89	0,15 max.	91/90	85/82	0,15 max.	82,4
Spanien 2)	96	87	0,60 max.	90	84	0,48 max.	79,2 2)
Tschechoslowakei	min. 96	min. 88	0,40	min. 90	min. 80	0,40	—
Türkei	min. 95	84	0,84 max.	min. 81	74	0,84 max.	20,6
UdSSR	98	89	0,40 max.	93/80	85/76	0,40 max.	—
Ungarn	98	90	0,70	86	78	0,60	—
USA 3)	97/89	87/80	0,01 max.	94/91	86/91	0,29 max.	52,5 4)
Canada 4)	97/93	87/83	0,01 max.	94/93	86/85	0,77 max.	44,9 5)
Mexiko 5)	91	84	0,012 max.	82	78	0,95 max.	1,8 5)
Japan	99/97	87/86	0,004 max.	91/89	83/80	0,004 max.	—

1) Für 1983
2) Intermediate (Super 98/87, nur 1,8%)
3) ROZ >96 = Supreme, 19,5% von „bleifrei"
4) ROZ >96 = 20,5% von „bleifrei"
5) Anteil „bleifrei"

In einigen Ländern, wie z. B. in der Bundesrepublik Deutschland können Kraftstoffe bis zu 3% Methanol (+ höhere Alkohole, z. B. TBA) und z. B. in den USA bis zu 10% Ethanol (Gasohol) enthalten.
Man unterscheidet heute praktisch einheitlich zwischen Normalkraftstoff (NOK) und Superkraftstoff (SOK)[14]. In der Tabelle oben sind die Oktanzahlen, der Superanteil und der maximale Bleigehalt in den wichtigsten Ländern für die beiden Kraftstoffsorten im Jahr 1984 zusammengestellt.
Wie im vorhergehenden beschrieben, sind Klopfen und Klopffestigkeit bis zum heutigen Tag das zentrale Thema an der Nahtstelle der Wechselwirkungen zwischen Motor und Kraftstoff geblieben.
Obwohl das Verdichtungsverhältnis allein kein Maßstab für den „OZ-Bedarf" eines Motors sein kann, gibt sein über die letzten 30 Jahre beobachteter Trend doch bestimmte Anhaltspunkte über die vorerwähnte zentrale Wechselwirkung. Das Bild rechts zeigt die durchschnittliche Entwicklung von ROZ und MOZ bei den beiden Kraftstoffsorten von 1954 bis heute in der Bundesrepublik Deutschland im Vergleich zur Entwicklung des für die jeweils angebotenen Motorentypen gemittelten Verdichtungsverhältnisses.

Aktuelle Trends

In der nunmehr ebenfalls 100jährigen Geschichte des Autokraftstoffs gab es innerhalb der ersten 80 Jahre eine stetige Entwicklung entlang der Linie, den ständig enorm ansteigenden Mengenbedarf mit den ständig ansteigenden motorischen Anforderungen auf wirtschaftliche Weise in Einklang zu bringen. Die OZ stand hierbei im Mittelpunkt des vielschichtigen Geschehens. In den letzten 20 Jahren rückten die Gesichtspunkte des sparsamen Umgangs mit der Energie einerseits und des Umwelt-

[14] Auch NVK und SVK (VK Vergaserkraftstoff) genannt; in den USA „Regular" und „Premium".

schutzes andererseits zunehmend in den Vordergrund. Welche Aspekte werden sich daraus für die weitere Entwicklung bei den Kraftstoffen voraussichtlich ergeben?

Ottokraftstoffe

Für die Zukunft ergibt sich zunehmend ein Zielkonflikt zwischen den beim Automobil notwendigen konstruktiven Maßnahmen zur Erreichung einer möglichst niedrigen Schadstoffemission bei möglichst niedrigem spezifischem Kraftstoffverbrauch (g/kWh) und den bei der Kraftstoffherstellung relevanten Gesichtspunkten, ohne Bleizusatz möglichst hohe Oktanzahlen gesamtwirtschaftlich vertretbar herzustellen.
Da die Erfüllung strengster Grenzwerte bei den Abgasschadstoffen zunächst nur mit Hilfe der katalytischen Nachverbrennung möglich ist, muß die Kraftstoffindustrie auf die so wirtschaftliche Verwendung der bleihaltigen Klopfbremsen verzichten: Bleihaltiges Benzin würde den Katalysator unwirksam machen. In welcher Größenordnung dabei OZ-Verluste eintreten, zeigt das Diagramm unten. Aus der Tabelle auf Seite 563 geht hervor, wie unterschiedlich hoch der Bleigehalt im Kraftstoff in Europa z. Z. noch ist: Die eintretenden OZ-Verluste werden demnach in einigen Ländern nicht leicht zu überbrücken sein.
Die Fahrzeugindustrie möchte aber ihr Hochverdichtungskonzept angesichts der wichtigen Forderung nach möglichst niedrigem spezifischem Verbrauch soweit wie irgend möglich beibehalten. So einigte man sich 1984 auf die neue DIN 51 607, in der die neuen ROZ- und MOZ-Mindestwerte bleifrei auf 96/86 für SOK und 91/82,5 für NOK festgelegt wurden (Euro-Norm für Super 95/85).
Bei der Betrachtung der Auswirkungen der Bleieliminierung wird im allgemeinen nur auf die Zunahme des spezifischen Kraftstoffverbrauchs der Fahrzeuge infolge des notwendigen niedrigeren Verdichtungsverhältnisses hingewiesen. Der höhere Energiebedarf und die höheren Kosten in den Raffinerien, die entstehen, um hohe Oktanzahlen auch ohne Bleizusatz in großen Mengen zu erzeugen, werden dagegen oft übersehen. Während zwischen OZ-Bedarf und Kraftstoffverbrauch ein linearer, proportionaler Zusammenhang besteht, nimmt der Raffinerieeigenverbrauch — energiemäßig gesehen — mit zunehmender OZ und abnehmendem Bleigehalt überproportional zu. Das Diagramm rechts[15] zeigt, daß die optimale europäische ROZ bleifrei bei 92 liegt. Für die Bundesrepublik Deutschland liegt diese „Pool-ROZ" bei 94. Der vorerwähnte Kompromiß, ROZ 96 bleifrei sicherzustellen, bedeutet etwa 7% Energiemehrverbrauch bei der Herstellung gegenüber dem heutigen Kraftstoff mit einem Bleigehalt von 0,15 g/l.

Dieselkraftstoff

Bei der Herstellung von Dieselkraftstoff müssen heute bereits die in der DIN 51 601 festgelegten

[15] Rufit-Studie, Rational utilization of fuels in privat transport (für durchschnittliche europäische Raffinerie).

OZ-Verlust bei der „Entbleiung".

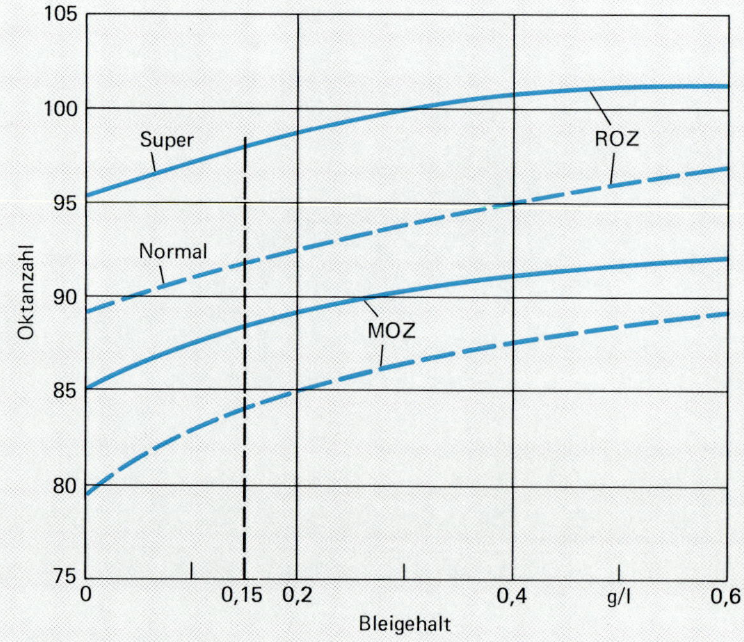

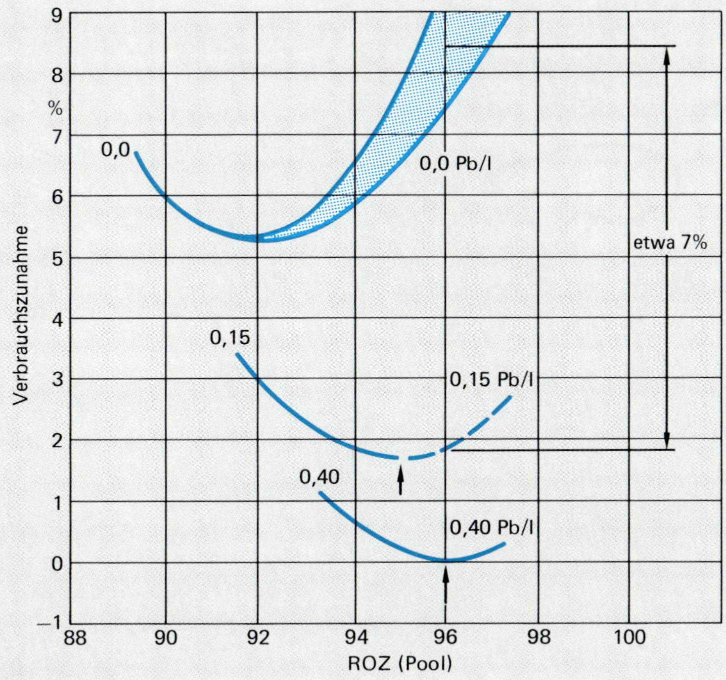

Zusammenhang zwischen Entbleiung, ROZ und Energieverbrauch in der Raffinerie.

Grenzwerte für Dichte und CZ voll ausgeschöpft werden, um eine optimale Rohölnutzung sicherzustellen. Engpässe treten besonders bei der Winterware auf. Die Kohlenwasserstoff-Struktur der mehr und mehr aus Konversionsprozessen (Crack-Prozessen) stammenden Dieselkraftstoff-Komponenten ändert sich zusehends. Die Tabelle unten zeigt ihre Auswirkung auf die Eigenschaften für das Praxisverhalten. Besonders ausgeprägt ist hierbei der Rückgang der CZ mit dem in Zukunft weiter ansteigenden Aromatengehalt des Dieselkraftstoffs.

Das Automobil wird alles in allem in das zweite Jahrhundert seiner Geschichte in überwiegendem Maß mit dem grundsätzlich gleichen Kraftstoff hineinfahren, mit dem es zum allerersten Mal in Mannheim gefahren war. Die für diesen Stoff aufgezeigte geschichtliche und technische Entwicklung ist ähnlich bewegt und eindrucksvoll wie die des Fahrzeugs selbst.

Veränderung der Zusammensetzung und der Eigenschaften von Dieselkraftstoff durch Crack-Verfahren.

Prozeß	Komponente	Zusammensetzung vor Nachbehandlung	Zusammensetzung nach Nachbehandlung	Eigenschaften
thermisches Cracken	Thermo-Crack-Gasöl	Gehalt an Aromaten: niedrig Olefinen: mittel Paraffinen: mittel	Gehalt an Aromaten: niedrig Olefinen: kein Paraffinen: hoch	Zündwilligkeit: mittel Kälteverhalten: gut Dichte: mittel Rauchverhalten: gut
katalytisches Cracken	Cat-Crack-Gasöl	Gehalt an Aromaten: hoch Olefinen: niedrig Paraffinen: niedrig	Gehalt an Aromaten: hoch Olefinen: kein Paraffinen: niedrig	Zündwilligkeit: schlecht Kälteverhalten: mittel Dichte: hoch Rauchverhalten: schlecht
Hydro-Cracken	Hydro-Crack-Gasöl		Gehalt an Aromaten: sehr niedrig Olefinen: kein Paraffinen: sehr hoch	Zündwilligkeit: mittel Kälteverhalten: gut Dichte: niedrig Rauchverhalten: gut

Schmiermittel

Am Anfang stand für die Ölung des Automobils die Dampfmaschine Pate.

Zum Zeitpunkt der Erfindung des Automobils kannte man leichte, mittlere und schwere Maschinenöle sowie Zylinderöle. Wie bei den damaligen Kraftmaschinen der Maschinist daran gewöhnt war, die Schmierstellen der Maschine aus „Ölern" oder einfach mit Ölkännchen in regelmäßigen Abständen zu versorgen, mußten sich die frühen „Autler" in ähnlicher Weise um die Ölung von Motor, Kraftübertragung und Fahrwerk sorgfältig kümmern. Dabei mußte man zunächst mit den bis dahin bekannten Ölen auskommen. Es waren dickflüssige, verhältnismäßig wenig druckfeste, rasch alternde Produkte. Sie wurden im warmen Motor schnell dünnflüssig und konnten die damals sehr großen Lagerspiele nicht gut abdichten.

Die Motorschmierungsarten

Bei den ersten Automobilmotoren galt es mehrere einzelne, voneinander unabhängige Öler zu versorgen. So hatte der Zylinder einen Tropföler, und auf jedem Wellenlager und dem Pleuelauge befand sich je eine Fettbüchse. Die nächste Entwicklungsstufe z. B. bei den ersten Vierzylindermotoren war das Zentral-Ölgefäß mit Handpumpe an der Spritzwand sowie nur einer Ölleitung zum Motor. Man ging davon aus, daß das ins bereits geschlossene Kurbelgehäuse eingeleitete Öl von den Triebwerksteilen so umhergeschleudert würde, daß eine genügende Ölversorgung aller beweglichen Teile erfolgte. Die Erfahrungen führten dazu, das Öl besser über mehrere Leitungen zu den kritischen Schmierstellen zu führen. Dabei verwendete man regulierbare Tropfstellen oder Handpumpen. Dann ging man dazu über, solche Zentral-Ölgefäße mit Hilfe einer Abzweigung des Auspuffgases unter Druck zu setzen, so daß die Ölzuführung automatisch erfolgte (Schmierapparat). Alle diese Öler mußten je nach Drehzahl und Belastung des Motors mehr oder wenige geöffnet und bei Stillstand geschlossen werden. Dieses frühe Schmiersystem nannte man Frischölschmierung, eine Verlustschmierung, die bei der raschen Weiterentwicklung der Motoren bald nicht mehr ausreichte und aufgegeben wurde. An ihre Stelle trat zuerst die Tauchschmierung, bei der die Pleuelstangen mit kleinen Schöpflöffeln in

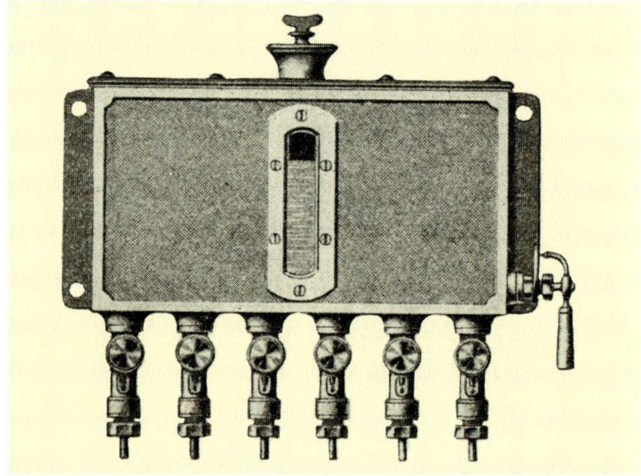

Zentralölgefäß mit sechs Tropfstellen aus dem Jahr 1900.

Liegender Zweizylindermotor von Benz mit einzelnen Ölern im Jahr 1892.

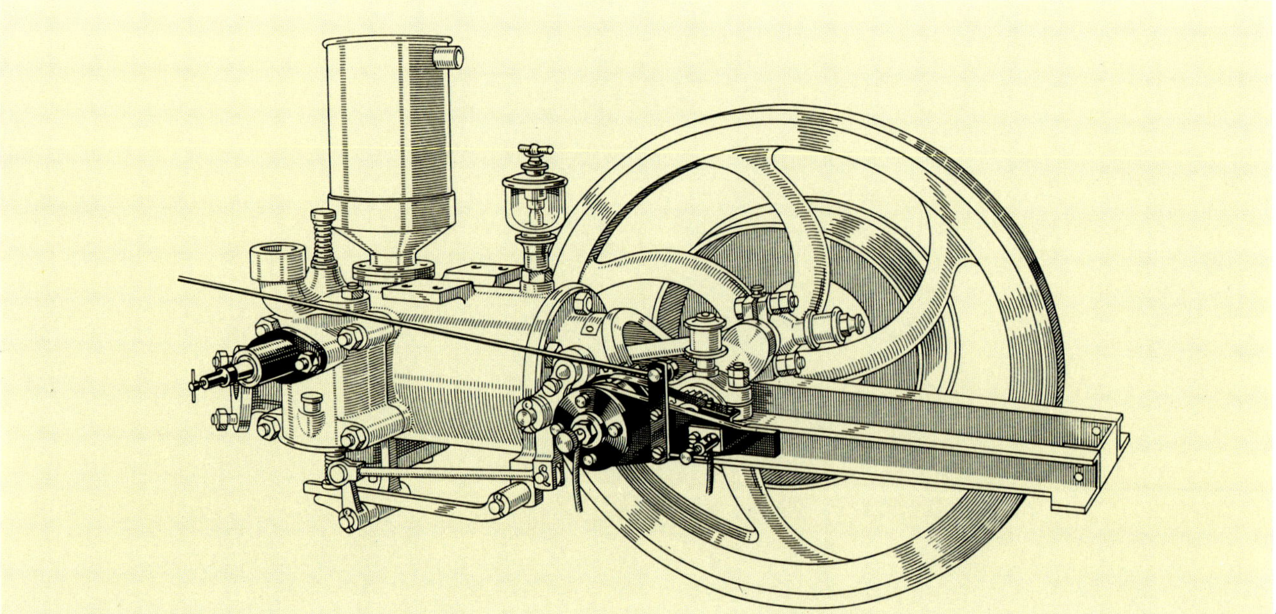

das in der Ölwanne befindliche Ölbad eintauchten und es hochschleuderten. Auch dies genügte bald nicht mehr, und an die Stelle der Tauchschmierung trat die bis heute allgemein verwendete Druckumlaufschmierung. Für besonders hochbelastete Sport- und Rennmotoren wendete man auch damals schon die Trockensumpfschmierung mit Saug- und Druckpumpe sowie mit separatem Öltank an.

Dickes oder dünnes Öl?

Von Anfang an spielte die Viskosität eine zentrale Rolle. Als Motorenöle kamen zunächst die als Maschinenöle bereits bekannten Kohlenwasserstoff-Verbindungen in Betracht, die bei der Destillation der für die Schmierölgewinnung geeigneten Erdöle in besonderen Raffinerieanlagen hergestellt wurden. Da der Siedepunkt der hierfür in Frage kommenden Fraktionen allgemein oberhalb 350 °C bis 400 °C liegt — bei diesen Temperaturen würden unerwünschte chemische Veränderung wie z. B. Cracken oder Polymerisieren eintreten —, wird der Rückstand der Normaldruckdestillation einer Vakumdestillation unterworfen, also bei bedeutend niedrigeren Temperaturen noch einmal destilliert. Die dabei entstehenden Anteile, die Fraktionen, teilt man nach ihrer Viskosität (Zähflüssigkeit) ein. Früher benutzte man hierfür die Engler-Grade (°E) bei 50 °C. (Engler war einer der bedeutendsten deutschen Mineralölchemiker und lebte von 1842 bis

Der „heiße Sitz" des Rennfahrers in den frühen zwanziger Jahren: Außer dem Drehzahlmesser war das Öldruckmanometer das wichtigste Instrument. Links neben dem Sitz befindet sich der Öltank der Trockensumpfschmierung und darüber die Handpumpe für den Förderdruck im Benzintank.

1925.) Wurde für ein Öl z. B. 5 °E/50 °C gemessen, so bedeutete dies, daß es gegenüber Wasser die fünffache Ausflußzeit aus einem genormten Gefäß

Die schonende Vakuum-Destillation verhindert eine thermische Zersetzung der als Schmiermittel geeigneten Stoffe im Erdöl.

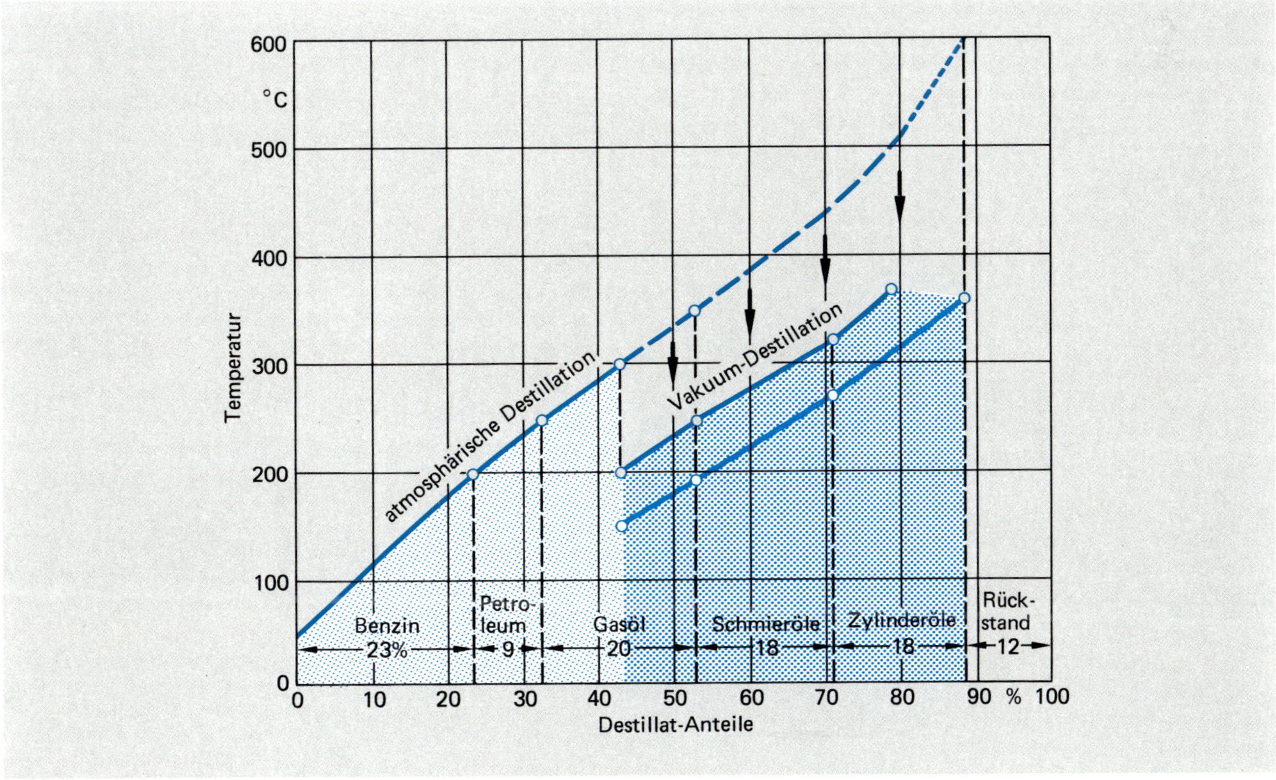

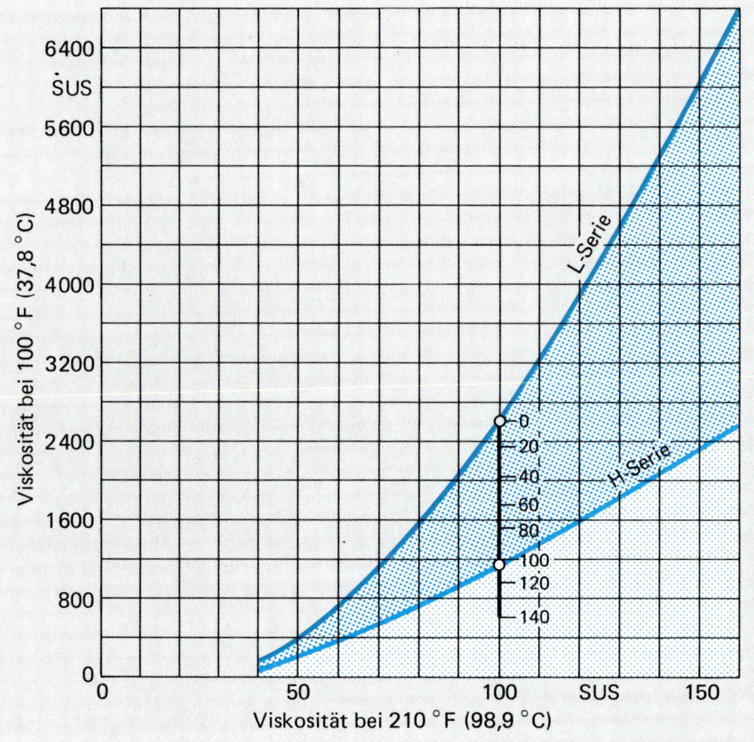

Zur Definition des Viskositätsindex V. I.

bei 20 °C hatte. Dieser einfache Vergleichsmaßstab hatte über viele Jahrzehnte Gültigkeit, ist heute jedoch für die komplexeren Betrachtungen nicht mehr aussagefähig genug. Er wurde längst durch die physikalische Größe kinematische Viskosität, zunächst ausgedrückt in der Einheit Centistokes (benannt nach dem englischen Physiker Stokes), heute in der Einheit mm^2/s, ersetzt. In den USA gilt auch die Einheit SUS (Saybolt Universal Seconds).

Die Viskosität eines gegebenen Öls ist keine Konstante, sondern sinkt mit steigender Temperatur und steigt mit zunehmendem Druck an. Die Zunahme der Viskosität wird durch das Aneinanderrücken der Moleküle verursacht. Als überragend wichtig für die anwendungstechnischen Gesichtspunkte stellte sich bald der Einfluß der Temperatur auf die Viskosität heraus. Man spricht vom Viskositätstemperaturverhalten (VT-Verhalten). Mit ihm hing die uralte Streitfrage zusammen: Dickes oder dünnes Öl? Aber die Forscher fanden auch ziemlich schnell heraus, daß es darauf ankam, wie ein Öl strukturell beschaffen war. Man wußte, daß die Viskosität bei paraffinbasischen Schmierölen mit steigender Temperatur viel langsamer abnahm als bei naphthenbasischen. Früher hat man deshalb besonders die Pennsylvania-Öle als Motorenöle hoch geschätzt, weil sie fast rein paraffinisch waren. Mit ihnen beherrschte man damals am besten das Problem, einen guten Kaltstart (nicht zu dickes Öl) mit einer hohen Belastbarkeit und einem Abdichtungsvermögen bei warmen Motor (nicht zu dünnes Öl) zu verbinden. Trotzdem mußte im Sommer ein dickeres Öl (Sommer-Öl) gefahren werden und dieses im Winter gegen ein dünneres (Winter-Öl) ausgetauscht werden. Vergleichbar mit der Oktanzahl hatten Dean und Davis 1929 in den USA für das VT-Verhalten den Viskositätsindex (V.I.) geschaffen. Dem pennsylvanischen Öl (H-Serie) ordnete man den V.I. 100 zu und dem naphthenbasischen Gulfcoast-Öl (L-Serie) den V.I. 0. Das Bild oben zeigt das Definitionssystem für den V.I., der als senkrechter Abstand zwischen L- und H-Serie bei 100 SUS eingetragen ist.

In Deutschland wurde von 1931 bis nach dem Krieg das VT-Verhalten anhand der Viskositätspolhöhe Wp nach Walther und Ubbelohde beurteilt. Es sei an dieser Stelle nur angemerkt, daß — gegenüber dem V.I. umgekehrt — eine niedrige Polhöhe ein gutes VT-Verhalten bedeutete. In der Tabelle rechts sind zum Vergleich typische Viskositätskennwerte für bis Ende des Zweiten Weltkriegs übliche Motorenöle angegeben.

In den ersten Jahrzehnten der Autogeschichte wurde allgemein ein möglichst dickes, also zähflüssiges Öl bevorzugt. Man verstand von den physikalischen Zusammenhängen im Schmierspalt noch sehr wenig und war überzeugt, daß dickes Öl tragfähiger sei als dünnes, und daß die Prüfung zwischen Daumen und Zeigefinger entscheidend sei. Jeder Winter lehrte jedoch aufs neue, daß sich der Motor in der Kälte kaum durchdrehen ließ. Das ganze „Ölden-

Werbeanzeige der Deutschen Vacuum Oel AG für Winteröl 1926/27.

ken" konzentrierte sich sowohl bei den Autoherstellern als auch bei den Fahrern zunächst auf diese Zusammenhänge. Die Hersteller wiesen in ihren Betriebsanleitungen lediglich auf die Wichtigkeit des Wechsels von Sommeröl auf Winteröl hin. Die Öllieferanten verwendeten hauseigene, uneinheitliche Bezeichnungen für ihre Öle. Die Fahrer fanden sich nur schwer zurecht; es fehlte die gemeinsame Sprache.

Typische Viskositätskennwerte für Motorenöle bis 1950.

	Einheit	Sommeröl	Winteröl
Viskosität bei 50 °C	°E mm²/s	10 bis 18 76 bis 136	5 bis 6 37 bis 45
Viskosität bei 100 °C	°E mm²/s	2 bis 2,5 12 bis 16,5	1,3 bis 1,8 4 bis 9,5
VT-Verhalten	V. I. Wp	70 bis 80 2,4 bis 2,2	80 bis 90 2,2 bis 2,0

Die SAE-Viskositätsklassifikation – ein bedeutender Schritt nach vorn

Dem Mangel an klarer, einheitlicher Kennzeichnung der Ölviskosität machte 1951 die Einführung der SAE-Klassen[16] ein Ende. Diese übersichtliche amerikanische Einteilung der Öle in Viskositätsgruppen wurde 1959 auch in Deutschland als DIN 51 511 übernommen. Heute ist die SAE-Klassifikation weltweit die verbindliche Kennzeichnung. Die Tabelle auf Seite 570 gibt die im Jahr 1959 genormten SAE-Bereiche an.

Die SAE-Klassen wurden mit steigender Viskosität in zwei Gruppen eingeteilt, nämlich in die Gruppe mit der Unterteilung 5 W, 10 W und 20 W (Winter) sowie in die Gruppe mit der Unterteilung 20, 30, 40 und 50. 1978 wurden die SAE-Klassen um die Klasse 15 W erweitert, d.h., der verhältnismäßig weite Bereich zwischen 10 W und 20 W wurde halbiert. Gleichzeitig wurde die Angabe der Kälteviskosität auf die dynamische Viskosität[17] umgestellt, die al-

[16] SAE, Society of Automotive Engineers (USA)

[17] Maßeinheit mPa s; früher Zentipoise (cP), benannt nach dem französischen Physiker Poiseuille.

SAE-Viskositätsklassen für Motorenöle nach DIN 51 511 im Jahr 1959.

SAE-Viskositätsklasse	Viskosität bei							
	−17,8 °C (0 °F)				98,9 °C (210 °F)			
	mindestens		höchstens		mindestens		höchstens	
	mm²/s	°E	mm²/s	°E	mm²/s	°E	mm²/s	°E
5W	—	—	869	115	3,86	1,3	—	
10W	1 303	172	2 606	344	3,86	1,3	—	
20W	2 606	344	10 423	1 376	3,86	1,3	—	
20	—		—		5,73	1,46	9,62	1,80
30	—		—		9,62	1,80	12,94	2,12
40	—		—		12,94	2,12	16,77	2,52
50	—		—		16,77	2,52	22,68	3,19

lein auf das Anlaßverhalten beim Kaltstart ausgelegt ist. Anhand der SAE-Viskositätsklassifikation beurteilte man nur das Fließverhalten der Öle; die Gruppierung sagte jedoch nichts über deren Gebrauchswert im ganzen aus.

Der erste Wendepunkt — durch Additive zu legierten Ölen

Reine Mineralöle (Grundöle) waren zunehmend nicht mehr in der Lage, alle Anforderungen zu erfüllen, die die verbesserten Motoren und die mit zunehmender Verkehrsdichte schwieriger werdenden Betriebsbedingungen stellten. Es mußte ein ganz neuer Weg gefunden werden, um zu noch höherem Leistungsvermögen zu kommen. Zu den Forderungen gehörten u.a. bessere Oxidationsstabilität, Verschleißschutz, Verhinderung festgehender Kolbenringe und verlängerte Ölwechselintervalle.

Man hatte schon 1921 entdeckt, daß für die rasche Alterung der Öle im Motor die Oxidation, vor allem durch die Kurbelgehäusebe- bzw. -entlüftung verantwortlich war. Später fand man heraus, daß einzelne Ölfraktionen mehr, andere weniger zur Oxidation neigen. Für die Kurbelwellenlager der moderneren Motoren war man zudem im Begriff, von Weißmetall auf Bleibronze überzugehen, wodurch die „Oxidationsfreudigkeit" der Öle noch erhöht wurde. So kam es 1944 zur Einführung des Additiv-Komplexes Antioxidantien und Korrosionsinhibitoren (Amine, Phenole, organische Schwefel- und Phosphorverbindungen).

Verschleißprobleme gab es im Zuge der stetigen Steigerung der Literleistung der Motoren und auch durch Übergang von Langhub- auf Kurzhubmotoren vor allem in der Zylinderlaufbahn. Aber auch am Ventilantrieb gab es erhebliche Schwierigkeiten. Dabei führten die immer höher werdenden Drehzahlen, Temperaturen und Drücke bald an die Grenzen der hydrostatischen Schmierung. Hier halfen Zink-Schwefel-Phosphor-Verbindungen, wie z.B. Zinkdithiophosphat, weiter, die gleichzeitig als Antioxidantien und als Verschleißschutz-Additive für Nockenwelle und Ventilstößel bzw. Kipphebel wirkten.

Hinsichtlich des Zylinder- und Kolbenringverschleißes fand man bald heraus, daß sowohl die Bewegungsfreiheit der Ringe als auch die Schmierfilm-Festigkeit wichtig sind. Schon früher hatte man sich verschiedener Filmfestigkeitsverbesserer bedient. Das bei Renn- und Flugmotoren beliebte Rizinusöl (Castor Oil) war wegen seines unverwechselbaren Geruchs im Abgas wohl am bekanntesten. Auch Graphit-Zusätze (Auto-Kollag) gehörten hierzu wie auch später Molybdändisulfid.

Zum Hauptproblem wurde aber das Kolbenringstekken infolge von koks- und lackartigen Ablagerungen in den Ringnuten. Verbrennungsprodukte von Kraftstoff und Öl bildeten zusammen mit kondensierter Luftfeuchtigkeit und Abriebpartikeln Ablagerungen, besonders an den Kolben. Wegen des Schwefelgehalts der Kraftstoffe (beim Dieselkraftstoff viel höher als beim Ottokraftstoff) und der Stickstoffoxide aus der Verbrennungsluft kam es in Verbindung mit dem Verbrennungswasser zur Säurebildung im Öl. Beide Erscheinungen wirkten sich auf die Erhaltung der Nennleistung und auf die Lebensdauer der Motoren negativ aus und setzten der Weiterentwicklung der Motoren zu höherer Leistungsdichte Grenzen.

In den USA hatte die Standard Oil Company of California (Marke: Chevron) bereits Mitte der dreißiger Jahre erstmals eine völlig neuartige Additiv-Kombination entwickelt, die Detergents. Diese Detergent-Additive wurden seitdem mit großem Forschungsaufwand ständig weiterentwickelt und den aus zahlreichen Gründen veränderten Anforderungen angepaßt. Die Wirkung der neuentdeckten Stoffe beruhte einerseits auf dem kombinierten Wasch-

und Dispergiervermögen von Phenolaten und Sulfonaten auf Calzium-, Barium- oder Magnesiumbasis und andererseits auf ihrer Alkalitätsreserve, mit der sie saure Verbrennungsprodukte neutralisieren konnte.

Nun war der Weg gefunden, um die damals gesteckten Ziele Zug um Zug zu erreichen. Die Kolbenringnuten konnten von Koks- und anderen Ablagerungen freigehalten, der gesamte Innenraum des Motors saubergehalten und der korrosive und mechanische Verschleiß vieler Motorteile verhindert bzw. stark eingedämmt werden. Es gelang im Lauf der Weiterentwicklung zunehmend, die Zuverlässigkeit gleichermaßen sowohl bei hoher Dauerbelastung als auch bei den immer mehr an Bedeutung gewinnenden niedrigen Betriebstemperaturen des Kurzstreckenverkehrs sicherzustellen. Mit der Entwicklung der „legierten Öle", wie man sie bald in Anlehnung an die Stähle nannte, wurde der Fahrzeugindustrie auch die Möglichkeit gegeben, die Ölwechselintervalle Schritt für Schritt auszudehnen.

Der Weg zur heutigen Leistungsbeurteilung von Motorenölen — API-Klassifikation

Mit der Schaffung der legierten Öle ergab sich die Möglichkeit, aber auch die Notwendigkeit, je nach Legierungsgrad zu differenzieren. Man konnte schließlich maßgeschneiderte Öle für verschiedene Motorarten und Einsatzbedingungen bieten. Das American Petroleum Institute (API) veröffentlichte daher 1947 erstmals eine Klassifizierung der Motoröle nach ihrem Legierungsgrad in 3 Gruppen. Die Tabelle unten gibt Auskunft über die damals völlig neuartige Einteilung nach API-Klassen. Da sie aber zu grob war und sich daher in der Praxis nicht bewährte — trotzdem hat sich die Bezeichnung „HD-Öl" bis heute gehalten —, trat 1955 an ihre Stelle weltweit die neue API-Service-Klassifikation, in der klar zwischen dem Otto- und dem Dieselsystem unterschieden wurde. Es sei hier lediglich daran erinnert, daß es die drei Otto-Klassen ML, MM, MS für leichte, mittlere und schwere Betriebsbedingungen sowie die drei entsprechenden Diesel-Klassen DG, DM und DS gab.

Erste API-Leistungsklassifikation im Jahr 1947.

API-Leistungsklasse	Definition
Regular-Type	unlegierte Motorenöle für leichte Betriebsbedingungen
Premium-Type	mildlegierte Motorenöle, die aufgrund ihrer Oxidationsstabilität und hinsichtlich Lagerkorrosionsschutz für erschwerte Betriebsbedingungen geeignet sind
Heavy-Duty-(HD-)Type	höher legierte Motorenöle, die aufgrund ihrer zusätzlichen Detergent-Dispersant-Wirkung für Otto- und Dieselmotoren gleichermaßen bei besonders schweren Betriebsbedingungen geeignet sind.

1970 schließlich wurde diese Klassifikation durch das bis heute gültige, von API, SAE und ASTM[18] gemeinsam entwickelte, nach oben offene Klassifikationssystem ersetzt. Die Tabelle auf Seite 572 gibt Aufschluß über alle Einzelheiten. Die meisten für Pkw-Einsatz konzipierten Öle liegen z.Z. in der API-Klassen-Kombination SF/CC. Es gibt aber auch schon SF/CD-Öle, die besonders für Turbomotoren Bedeutung haben. Damit war ein System geschaffen worden, das endlich eine gemeinsame Sprache für Fahrzeugindustrie, Ölindustrie und deren gemeinsame Kunden, die Autofahrer, sicherstellte.

Der zweite Wendepunkt — Mehrbereichsöle

Für den Motorenmann wies das „Konstruktionselement Motorenöl" seit jeher die physikalische Einschränkung auf, an den einzelnen Schmierstellen des Motors entweder zu dick oder zu dünn zu sein. Es sollte zwar bei niedriger Temperatur so dünn wie möglich, jedoch bei hoher Betriebstemperatur so dick wie nötig sein. Für den Autofahrer war es schon immer lästig, den Wechsel von Sommeröl auf Winteröl und umgekehrt einhalten zu müssen. Inzwischen waren durch die Einführung der legierten Öle die Ölwechselintervalle verlängert worden und dies störte den jahreszeitlich bedingten Wechsel zusätzlich

Der für das hier angesprochene natürliche VT-Verhalten der Mineralöle Auskunft gebende Viskositätsindex ließ sich durch Raffinationsmethoden nur wenig über den maximalen Definitionswert 100 steigern. So blieben die in der Tabelle (Seite 570) beschriebenen SAE-Viskositätsbereiche jeweils nur einzeln darstellbar (Einbereichsöle). Um aber mit steigender Temperatur den erwünschten flacheren Abfall der Viskosität zu erreichen, mußte ein Weg gefunden werden, den Viskositätsindex künstlich auf weit über 100 zu verbessern. Da man ein bei normaler Temperatur dickflüssiges Mineralöl bei tiefer Temperatur nicht dünnflüssiger machen kann, konnte nur der Weg eingeschlagen werden, von Hause aus dünnflüssiges Öl bei hohen Temperaturen „einzudicken", um so den sonst eintretenden Viskositätsabfall abzubremsen. Es gelang, Polymermoleküle — dies sind zusammengesetzte sehr große Moleküle, aus denen z. B. die „Polymethacrylate"

[18] American Society for Testing Materials.

API-ASTM-SAE-Klassifikation.

API-Klasse	Spezifikation Testläufe	Einsatzart entsprechend der
SA	—	Service Klasse A: Einfachster Einsatz von Otto- und Dieselmotoren.
SB	L-38 Chevrolet L-4	Service Klasse B: Mindestanforderungen von Ottomotoren; geringer Schutz gegen Fressen, Ölalterung und Lagerkorrosion. Solche Öle sind seit 1930 im Einsatz.
SC	API MS/1964	Service Klasse C: Einsatz in Ottomotoren von Pkw und Lkw — Baujahr 1964—67, Herstellergewährleistung. Schutz gegen Hoch- und Tieftemperaturablagerungen, Verschleiß, Rost und Korrosion.
SD	API MS/1968 Ford ESE M2C 101B GM 6041 M/7-70	Service Klasse D: Einsatz in Ottomotoren von Pkw und Lkw — Baujahr 1968—71, Herstellergewährleistung. Höherer Schutz gegen Hoch- und Tieftemperaturablagerungen, Verschleiß, Rost und Korrosion als Öle der Klasse SC; sie können verwendet werden, wenn SC gefordert ist.
SE	Ford ESE M2C 101C (USA) Ford SSM-2C 9001 AA (Europa) GM 6136 M	Service Klasse E: Einsatz in Ottomotoren von Pkw und Lkw ab Baujahr 1972. Noch höherer Schutz gegen Hoch- und Tieftemperaturablagerungen, Rost und Korrosion als bei denen der Klassen SD oder SC. Sie können verwendet werden, wenn eine dieser Klassen gefordert wird.
SF	Ford SQM-2C-9011 MIL-L-46 152 B GM 6048 M	Service Klasse F: Einsatz in Ottomotoren von Pkw und Lkw ab Baujahr 1980. Im Vergleich zur Klasse SE noch höhere Anforderungen hinsichtlich der Oxidationsstabilität des Öles sowie des Verschleißschutzes und der Motorsauberkeit. Verwendung, wenn die Klassen SE oder SF gefordert wird.
CA	MIL-L-2104 A	Commercial Klasse A: Einsatz in ansaugenden Dieselmotoren unter milden bis mäßigen Betriebsbedingungen mit Kraftstoffen hoher Qualität sowie Ottomotoren unter milden Betriebsbedingungen. Diese Ende der 40er und in den 50er Jahren weit verbreiteten Öle bieten Schutz gegen Lagerkorrosion und Hochtemperaturablagerungen.
CB	MIL-L-2104 A/S1	Commercial Klasse B: Einsatz in ansaugenden Dieselmotoren unter milden bis mäßigen Betriebsbedingungen mit Kraftstoffen mit höherem Schwefelgehalt und Ottomotoren unter milden Betriebsbedingungen. Schutz bei oben beschriebenem Einsatz gegen Lagerkorrosion und Hochtemperaturablagerungen. Dieser Öltyp wurde 1949 eingeführt.
CC	MIL-L-2104 B	Commercial Klasse C: Einsatz in leicht aufgeladenen Dieselmotoren unter mittleren bis schweren Betriebsbedingungen und schweren Betriebsbedingungen bei Ottomotoren. Dieser Öltyp wurde 1961 eingeführt. Schutz gegen Hochtemperaturablagerungen in leicht aufgeladenen Dieselmotoren und auch in Ottomotoren gegen Rost, Korrosion und Tieftemperaturablagerungen.
CD	MIL-L-45199 MIL-L-2104 C Caterpillar Series 3 (S3)	Commercial Klasse D: Einsatz in aufgeladenen Dieselmotoren mit hoher Drehzahl/Leistung, bei denen Verschleiß und Ablagerungen sehr wirksam beherrscht werden müssen. Öltyp 1955 eingeführt, Schutz gegen Lagerkorrosion und Hochtemperaturablagerungen bei Verwendung unterschiedlichster Kraftstoffqualitäten.

bestehen — zu entwickeln, die die Viskosität eines Öls bei verschiedenen Temperaturen unterschiedlich dadurch veränderten, daß sie sich dabei verschieden stark zusammenknäuelten oder streckten. Beim Zusammenknäueln schlingen sich die Polymere gleichsam gegenseitig ineinander und schränken so das Fließvermögen der Ölmoleküle ein. Man nennt dieses wichtige Additiv V.I.-Verbesserer.

Damit hatte man die Kunst des Eingriffs in die Natur des VT-Verhaltens der Mineralöle erlernt und den vielleicht wichtigsten Fortschritt überhaupt in dieser Technik erzielt. Es war nun erstmals möglich, ein VT-Verhalten in ein Motorenöl einzubauen, was einem Viskositätsindex von etwa 130 entsprach, so daß z.B. die SAE-Bereiche 10 W, 20 W, 20 und 30 gleichzeitig überdeckt werden konnten. Damit war der erste Mehrbereichsöl- Typ 10 W—30 geschaffen. Er kam Anfang der fünfziger Jahre in den USA und bald darauf auch in Europa auf den Markt. Das Bild rechts oben zeigt, wieviel flacher der Viskositätsabfall bei einem der heute gängigen Mehrbereichsöle (Multigrades) vom Typ 15 W—40 im Vergleich zu den Einbereichsölen verläuft. 10 W—30 liegt praktisch parallel dazu entsprechend tiefer.

Die ersten Öle dieser Art hatten z.T. noch keine sehr große Mehrbereichslebensdauer, aber sie reich-

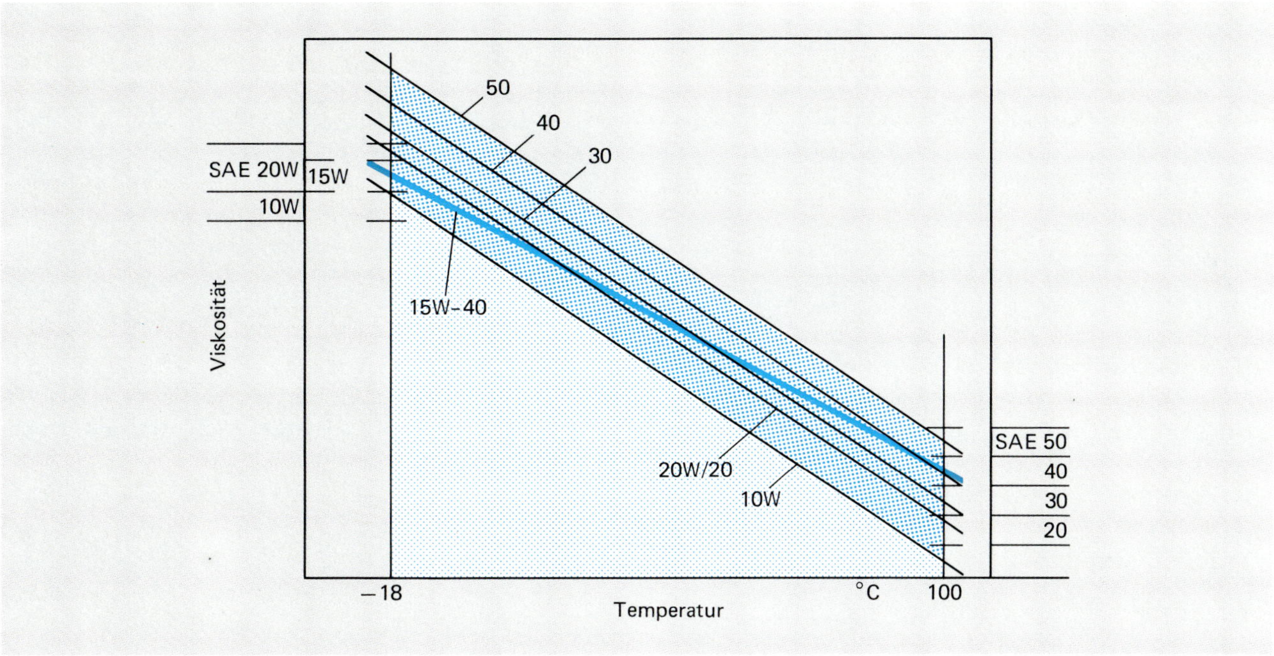

VT-Verhalten von Mehrbereichsölen im Vergleich zu Einbereichsölen.

te bei den damals eher bescheidenen Ölwechselintervallen gut aus. Erst die Entwicklung immer scherstabilerer V.I.-Verbesserer gestattete in den sechziger Jahren eine weitergehende „Spreizung" auf 10 W—40 (V.I. etwa 140), ohne daß diese Öle unzulässig früh ihre weite Spanne teilweise wieder einbüßten. Etwa zehn Jahre später gelang es sogar, 10 W—50 (V.I. etwa 150) sicher herzustellen und auch diesen Ölen den begehrten „Stay-in-grade"[19]-Ausweis zu geben. Dies war angesichts der ständig vergrößerten Ölwechselintervalle bei gleichzeitig erheblich niedrigerem Ölverbrauch der Motoren eine weitere große Errungenschaft der Forschung.

Weltweit gesehen werden heute mehrere Typen von Mehrbereichsölen nebeneinander eingesetzt. Ihre Spannweite reicht je nach Klima und Anwendung von 5 W—20 bis 20 W—50.

Sind die Grenzen der Mineralöle erreicht? — Synthetische Öle

Im Zusammenhang mit dem seit der ersten Energiekrise 1973/74 eingetretenen neuen Energiebewußtsein und dem ständig wachsenden Umweltbewußtsein war eine veränderte Beurteilung des oberen oder hinteren Endes der Mehrbereichsspanne erforderlich geworden. Das bis dahin erkennbare Streben nach möglichst hoher Viskosität bei hoher Temperatur rührte in erster Linie von der großen Dauerdrehzahl her. In dieser Hinsicht hatte man mit—40 bzw.—50 endenden Mehrbereichsölen sichergestellt, daß unter den an den Schmierstellen auftretenden z.T. recht hohen Temperaturen stets ein ausreichend tragfähiger Schmierfilm zur Verfügung stand. Man war nämlich zu der Erkenntnis gelangt, daß es vorteilhaft wäre, dabei eine Viskosität von etwa 5 mm^2/s nicht zu unterschreiten. Im Diagramm auf Seite 574 ist dargestellt, welche Temperaturen den verschiedenen SAE-Klassen für 5 mm^2/s zuzuordnen sind.

Von den Maßnahmen, die man für den Umweltschutz und das Energiesparen als besonders wichtig erkannt hatte, war das Fahren bei möglichst niedrigen Motordrehzahlen von größter Bedeutung. Außer dem sich allmählich einstellenden geänderten Fahrverhalten („Schaltfaulheit") waren seitdem zahlreiche konstruktive Maßnahmen in Serie gegangen, wie z. B. das 5-Gang-Spargetriebe und die abgesenkte Nenndrehzahl. Auf diese Weise entfiel zunehmend der Bedarf an möglichst hoher Viskosität bei hoher Temperatur, und so wurde der Weg frei, die seit langem bekannten Energiesparvorteile dünnerer Öle besser zu nutzen. Hinzu kam, daß die Mineralölforschung neue Möglichkeiten gefunden hatte, um einen Schmierfilm auch bei niedriger Viskosität stabil zu halten und gleichzeitig ein Verdampfen des Öls bei hoher Temperatur zu vermeiden. Hierbei halfen neue Additive und vor allem neue Grundöle, mit denen man auch ohne oder mit nur geringem Zusatz von V.I.-Verbesserern ein sehr vorteilhaftes oder gar absolut stabiles VT-Verhalten erreichte.

Diese neuen Grundöle, die für Autoöle seit Mitte der siebziger Jahre vereinzelt in Gebrauch kamen und deren Entwicklung in Deutschland und in den USA schon vor dem Weltkrieg erfolgte, können als der dritte Wendepunkt in der Entwicklungsge-

[19] Im SAE-Bereich bleiben.

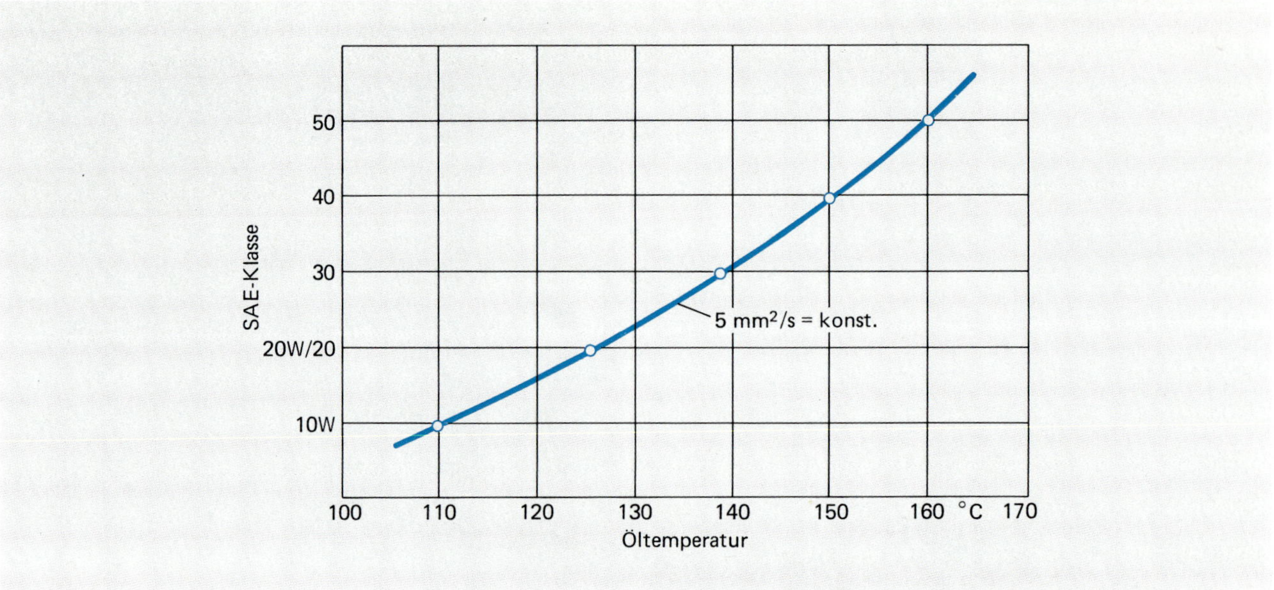

SAE-Klassen in Abhängigkeit von der Öltemperatur an der Schmierstelle bei der Mindestviskosität 5 mm^2/s, bei der noch ein tragfähiger Schmierfilm gewährleistet ist (Einbereichsöle auf Mineralölbasis).

schichte der Schmierstoffe angesehen werden. Es handelt sich um synthetische Öle, wie Polyalfaolefine und Ester, die entweder ganz oder teilweise als Grundöl zum Einsatz kommen, oder um Mineralöle, die aus besonderen Komponenten völlig neuartig raffiniert werden (Hydroraffinate). Diese neuen unkonventionellen Öle erfüllen alle vorgenannten Bedingungen; sie gewährleisten besonders einen extrem niedrigen Ölverbrauch im Motor. Ihr natürlicher V.I. reicht z.T. bis 150. Öle bzw. Komponenten dieser Art sind allerdings erheblich teurer als konventionell aufgebaute Produkte. Ihre Verwendung bleibt daher zunächst auf die Erfüllung extremer, konträrer Ansprüche für Motoren- und Getriebeöle höchster Leistungsfähigkeit beschränkt. Weltweit gesehen liegt ihr Anteil am Gesamt-Schmierstoffverbrauch noch weit unter 5%, so daß festzustellen ist, daß der Einsatz der Mineralöle keineswegs seine Grenzen erreicht hat.

Mit vollsynthetischen oder teilsynthetischen Motorenölen, die in Europa vorwiegend in der Klasse 10 W—30, in den USA bei 5 W—20 und 5 W—30 liegen, werden in erster Linie die neuen „Leichtlauföle" hergestellt, die man in den USA „Fuel Economy Oils" (FEO) nennt. Sie sind die Antwort der Ölforscher auf die aktuelle Forderung nach niedrigem Kraftstoffverbrauch. Im Vergleich zu den konventionellen Mehrbereichsölen 15 W—40 kann mit einem Leichtlauföl 10 W—30 der Kraftstoffverbrauch im Mittel um 2%, bei extremem Kurzstrecken-Winterverkehr um bis zu 8% gesenkt werden. Sie kennzeichnen den bisherigen Höhepunkt der Motorschmierung.

Der Entwicklungsweg der Motorenöle, der die 100 Jahre Automobiltechnik begleitete, war durch manche Überraschungen gekennzeichnet und erforderte sowohl für die Schmierstoff-Forscher als auch für die Motorenentwickler ein dauerndes Hinzulernen. Jeder Autofahrer heute muß mit Anerkennung feststellen, daß ohne den vielfältigen Beitrag des „Konstruktionselements Motorenöl" unsere modernen Motoren weder die hohen Literleistungen noch die lange Lebensdauer und die geringen Wartungsansprüche erreicht hätten.

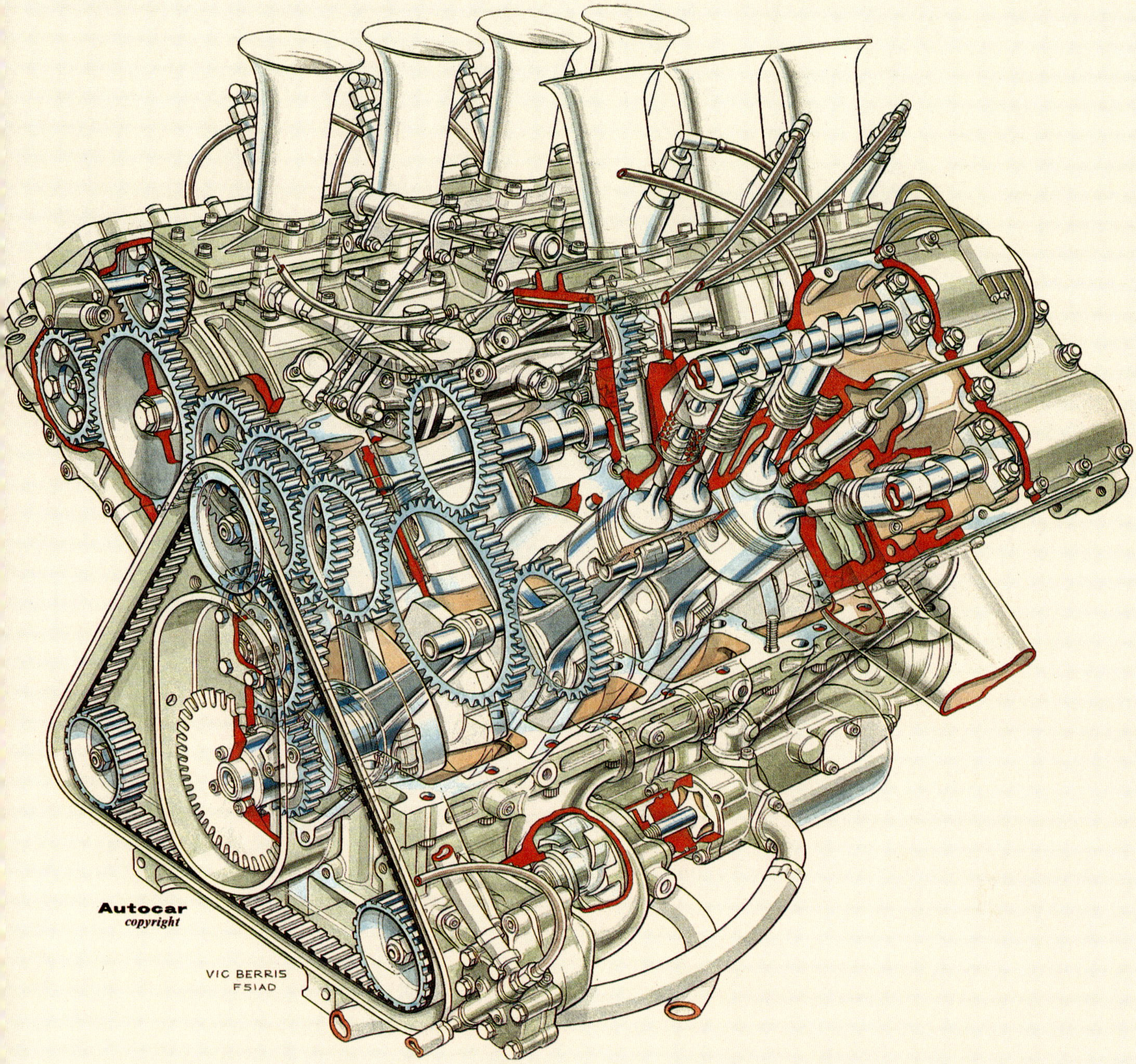

Ford-Cosworth-V8-Rennmotor

Der erfolgreichste Rennmotor aller Zeiten war der vom englischen Spezialisten Keith Duckworth konstruierte Ford-Cosworth „DFV“ (Double Four Valves als „Verdopplung“ eines vorangegangenen Formel-2-Reihenvierzylinders. Der Firmenname ist aus Mike Costin und Duckworth zusammengesetzt). Der 3-l-V-Achtzylinder ermöglichte von 1967 bis 1983 155 Grand-Prix-Siege und 12 Weltmeistertitel. Insgesamt entstanden über 400 Stück mit Leistungen von 300 kW (410 PS) bei 9 000/min bis etwa 375 kW (510 PS) bei 10 800/min.
Bohrung und Hub betragen 85,7 mm bzw. 64,8 mm. Je vier Ventile, 34 mm und 29 mm, hängen unter je zwei über 14 Zahnräder angetriebenen Nockenwellen im Winkel von zwei mal 16°. Der „dreistöckige“ Zylinderkopf enthält unten die Brennräume, Kanäle und Ventilführungen, darüber den „Stößelkasten“ mit zwei mal fünf Nockenwellenlagern und oben einen stabilen Magnesiumdeckel mit Anschlüssen ans Chassis, dessen tragendes Element der Motor ist.
Weitere Merkmale sind „nasse“ Laufbüchsen über einer „flachen“ Kurbelwelle, Lucas-Einspritzung, Kolbengeschwindigkeiten von mehr als 23 m/s, Frischgasgeschwindigkeit etwa fünfmal höher; Gewicht etwa 170 kg, Breite 67 cm, Länge 53 cm, Höhe (ohne Ansaugtrichter) 59 cm.

Das Auto in der Wirtschaft

Die Wirtschaftskraft des Autos wächst seit 100 Jahren

Der unaufhaltsame Aufstieg des Automobils begann im Jahr 1886. Damals war allerdings seine spätere Bedeutung noch nicht zu erkennen. Heute ist das Kraftfahrzeug, ist die Automobilindustrie, sind die mit ihr verbundenen Produktions-, Distributions- und Dienstleistungsunternehmen aus einer modernen Wirtschaft nicht mehr wegzudenken. Schon der Versuch müßte scheitern. Die Spuren des Autos führen aus den hölzernen Handwerksschuppen der Motor-Pioniere über Erfinder, Tüftler und geniale Konstrukteure zur Konfektionierung und zur Massenproduktion, zur Massenmotorisierung. Verfolgt sei der Weg des Autos in der Bundesrepublik Deutschland, in Europa, in Nordamerika und in Japan durch die Statistiken der Produktionen und Produzenten.
Ein Blick in die Zukunft von Auto und Wirtschaft zeigt: Das Auto wird weiter eine Hauptrolle auf der Bühne des wirtschaftlichen Geschehens spielen, sein Part kann auf absehbare Zeit von keinem anderen Industrieprodukt übernommen werden. Der unaufhaltsame Aufstieg des Autos ist hundert Jahre nach seinen ersten Gehversuchen im Jahr 1986 noch längst nicht beendet.

Vom Handwerksbetrieb zur industriellen Fertigung

Die wirtschaftliche Geschichte der deutschen Automobilindustrie begann am 3. Juli 1886 mit einer technischen Neuheit. Karl Benz fuhr das erste Auto; die „Experimentierphase" auf dem Weg zur Automobilindustrie hatte begonnen. Ein neuer Fertigungszweig keimte in der sich entwickelnden Industrielandschaft. Die meisten der jungen Unternehmen beschäftigten nur wenige Mitarbeiter, diese fertigten in Handarbeit wenige Fahrzeuge für begüterte Kunden. Das Produkt wurde als Luxusgut angesehen, es war entsprechend teuer. 1898 wurden in Deutschland nur 844 Automobile gebaut. Die europäischen Nachbarn waren auf diesem neuen Wirtschaftssektor schneller; Frankreich (Produktion 1898: 1 631 Automobile) hatte das Mutterland des Autos rasch überholt, England (Produktion 1898: 682 Automobile) „fuhr" noch hinterher, hatte aber zur Jahrhundertwende die deutschen Produktionsziffern eindeutig übertroffen.
Die Herstellung von Automobilen mußte in dieser Zeit vielen Unternehmern und technisch interessierten Menschen lohnend und verlockend erschienen sein. 33 Firmen beschäftigten sich in Deutschland im Jahr 1900 mit dem Bau von Automobilen, die wenigsten Unternehmen waren ursprünglich als Automobilfabriken gegründet worden, und nur wenige sollten die kommenden harten Jahre als Automobilhersteller überleben.
Die Gesamtanzahl der Automobilunternehmen nahm mit zahlreichen Neugründungen weiter zu; bis 1908 wurden 53 Unternehmen in der Statistik erfaßt. Noch waren die meisten klein, sie hatten lokalen Charakter, wenn man von den damals noch getrennt arbeitenden Gesellschaften von Daimler und Benz absieht. Dennoch war auch schon in den ersten Jahren nach der Jahrhundertwende in der Automobilfertigung der Trend zu immer größeren, kräftig prosperierenden Unternehmen auszumachen. Die durchschnittliche Belegschaft einer Kraftfahrzeugfabrik betrug im Jahr 1901 schon 74 Mitarbeiter, 1908 waren es durchschnittlich schon 235 Beschäftigte, und bis zum Jahr 1910 war die Anzahl der Beschäftigten im Gefolge der von Amerika ausgehenden Bankenkrise (1907/1908) und des damit verbundenen Rückgangs des wirtschaftlichen Wachstums statistisch auf 167 Personen gesunken, um dann im Jahr 1912 aber wieder auf 268 Mitarbeiter (im statistischen Durchschnitt) zu steigen.
Die Produktionszahlen der Zeit um die Jahrhundertwende bis zum Beginn des Ersten Weltkrieges ließen die Entwicklung erst erahnen. Noch immer wurde viel mit dem Produkt, mit der Technik des Autos, aber auch mit den Methoden für seine Herstellung experimentiert. Von 1906 bis 1908 sta-

gnierte die Produktion in Deutschland bei jährlich etwa 5 500 Kraftwagen, 1909 wurden fast 10 000 Autos hergestellt, 1910 waren es 14 049 Exemplare und bis zum Jahre 1913 stieg die Produktionsrate auf jährlich bis zu 22 000 Einheiten. In fünf Jahren hatte sich die Produktionsmenge also etwa vervierfacht. Allerdings verlief die Entwicklung im restlichen, industriell schon verhältnismäßig hoch stehenden Europa weit stürmischer. In Frankreich wurden schon 1906 rund 55 000 Autos gebaut, und auch England lag deutlich über der deutschen Produktion.

Die Groß-Serienfertigung entdeckte zuerst Amerika

In Deutschland kam es bis zum Ausbruch des Ersten Weltkriegs nicht zur Serienfertigung kleinerer, erschwinglicher Fahrzeuge. Diese Expansionsmöglichkeiten wurden in Frankreich, Großbritannien und besonders in den Vereinigten Staaten energisch genutzt. 1909 brachte Henry Ford sein Modell T zum damals äußerst günstigen Preis von weniger als 300 Dollar auf den Markt und legte damit den Grundstein zur Fertigung großer Serien und zur Einführung der Fließbandproduktion. 1909 wurden in Deutschland erst 9 444 Autos gefertigt, mehr als 50 Unternehmen waren daran beteiligt. Zu diesem Zeitpunkt wurden in den Vereinigten Staaten jährlich bereits 130 000 Autos gebaut. Als der Erste Weltkrieg ausbrach, belief sich der Bestand an Kraftfahrzeugen in Deutschland auf 64 071 Einheiten. Frankreich hatte rund 100 000 Autos, England schon 178 000 Exemplare auf den Straßen, und in den Vereinigten Staaten waren schon mehr als 1,7 Millionen Autos unterwegs.

Die Motorisierung kam in Europa nur allmählich in Schwung; dies hatte seine Ursachen vor allem in der Art des Produktes und seiner Herstellungstechniken. Die verkehrsmäßige Erschließung der verhältnismäßig kleinräumigen Länder Europas war mit Eisenbahnen recht gut gelungen, dagegen waren die

„Unerreicht in der Geschichte des Automobils" waren damals sowohl die Produktionszahlen des Ford T als auch der günstige Preis.

großen Gebiete in den USA in den Lücken des Railway-Netzes gut mit dem Automobil zu überbrücken. Zudem hatte man die industriellen Möglichkeiten für das Auto in Europa noch nicht erkannt. Es wurden qualitativ hochwertige, aber teure Fahrzeuge hergestellt. Das künftige Industrie-Erzeugnis Auto steckte in Europa noch in der handwerklichen Fertigung. Man experimentierte mit Motoren und Antriebssystemen, fertigte einzelne Exemplare und ging auf die besonderen und jeweils unterschiedlichen Kundenwünsche ein. Eine wirtschaftliche und zu hohen Stückzahlen führende Produktionstechnik hatte man noch nicht entwickelt. Somit kam auch die Zulieferindustrie nicht auf eine größere Anzahl Fertigungseinheiten, zumal viele Autofabrikanten zahlreiche Einzelteile noch selbst herstellten. Allerdings unterschieden sich die Randbedingungen in Europa sehr von denen in Nordamerika: Nicht nur die Entfernungen und das Verkehrsbedürfnis waren kleiner, die europäischen Autohersteller mußten sich auch mit zahlreichen importierten Fabrikaten aus den Nachbarländern auseinandersetzen.
Als der Erste Weltkrieg ausbrach, hatten die meisten Menschen andere Sorgen, als sich um den Erwerb eines Autos zu kümmern. Mit der Einführung der Kriegswirtschaft wurde die Produktion von Personenwagen eingeschränkt, dagegen stieg die Fertigung von Nutzfahrzeugen in Deutschland von 3 224 Einheiten im Jahr 1913 auf etwa 15 000 im Jahr 1918.

Turbulente Jahre

Die Jahre nach dem Ersten Weltkrieg wurden nicht nur die „Goldenen Zwanziger", sondern auch die turbulentesten für die deutsche Autoindustrie. Die Produktion wurde mit veralteten, unzulänglichen Mitteln wieder in Gang gebracht. Als die Geldentwertung einsetzte, entwickelte sich für die Automobilindustrie eine trügerische Form von Konjunktur. Geschlossene Autowerke wurden rasch wieder aktiviert, viele Neugründungen von Unternehmen waren zu verzeichnen. Die Anzahl der Autoproduzenten erklomm eine Höhe, die nie wieder erreicht wurde: Von 1918 bis 1923 stieg die Anzahl der Autohersteller auf 71, ein Jahr später waren es 86 Produzenten. Die große Nachfrage hatte negative Auswirkungen: Die Konjunktur der Inflation verhinderte entscheidende Ansätze zur Einführung kostengünstigerer Fertigungsmethoden und verhinderte auch die Entwicklung modernerer Fahrzeuge. Die in dieser Zeit gebauten Autos entsprachen technisch noch häufig dem Vorkriegs-Standard.
Der Wettbewerbsdruck auf die vielen kleinen deutschen Hersteller wurde größer, die Zahl der Auto-Produzenten ging in den Jahren 1924 bis 1926 auf 30 Unternehmen zurück. Im Herbst 1925 wurden die zu Beginn des Ersten Weltkriegs eingeführten Einfuhrbeschränkungen aufgehoben, Importautos strömten nach Deutschland, die Produktion fiel von 70 117 Stück im Jahr 1925 auf 46 106 Einheiten im Jahr 1926. Die deutsche Autoindustrie reagierte mit Rationalisierungen und Verringerung der Mitarbeiter: 1925 waren 86 642 Menschen mit dem Bau von Autos beschäftigt, 1926 arbeiteten nur noch 55 412 in diesem Bereich.
Die Autoindustrie hatte sich also in diesen Jahren noch keinen festen Platz in der Industriegesellschaft geschaffen, sie war wirtschaftlichen Schwankungen noch völlig ausgesetzt. Der Rationalisierungsprozeß vollzog sich mit zahlreichen Firmen-Untergängen, die im Gefolge der Weltwirtschaftskrise zu Beginn der dreißiger Jahre noch zunahmen. Im Jahr 1932 sank die Produktion auf 43 448 Personenwagen; die deutsche Autoindustrie beschäftigte nur noch 32 815 Menschen, und die Produktionsanlagen waren nur zu 25 Prozent ihrer Kapazität ausgelastet. Am Ende des Jahres 1932 hatte sich die Anzahl der Autohersteller in Deutschland auf 15 vermindert. Die Kapitalausstattung der Unternehmen war oft unzureichend, und es kam zu zahlreichen Zusammenschlüssen.

Gemeinsam ist man stärker

Am auffälligsten und folgenschwersten für die Branche waren die Gründung der Daimler-Benz AG 1926 und der Auto Union AG 1932 mit wesentlicher Hilfe des sächsischen Staates. Die Firmen Audi, Horch, DKW und Wanderer wurden in der Auto Union AG vereinigt.
Typisch für die Zeit war auch, daß sich Auto-Unternehmen an Konzerne mit anderen Produktbereichen anlehnten. So schloß sich z. B. die Neue Automobilgesellschaft in Berlin (NAG) eng mit der Protos-Automobil GmbH in Berlin-Siemensstadt zusammen; schon 1908 hatten die Siemens-Schuckert-Werke die Protos Motorenfabrik erworben und dann eine Protos-Automobilgesellschaft gegründet.
Ein Beispiel dafür, daß mit dem Ende eines Fabrikats nicht auch das Ende für die Fabrik gekommen

Produktion von Pkw/Kombi in ausgewählten Jahren in Deutschland bzw. der Bundesrepublik Deutschland.

Jahr	Pkw/Kombi	Jahr	Pkw/Kombi
1901	845	1960	1 816 779
1911	16 498	1971	3 696 779
1928	108 143	1974	2 839 596
1936	244 640	1976	3 546 900
1938	276 804	1979	3 950 556
1940	26 200	1980	3 520 934
1945	7 193	1981	3 577 807
1947	9 541	1982	3 761 436
1949	104 055	1983	3 877 641
1954	5 61 172	1984	3 753 719

war, sind die Presto-Werke in Chemnitz. 1909 hatte man begonnen, Autos zu bauen. Der große Erfolg blieb aus, 1927 wurde Presto von NAG übernommen, und 1934 verleibte sich die große Auto Union die Fabrikationsstätten von NAG-Presto ein.

Die Strukturen einer Industrie formen sich

In der Zeit Mitte der dreißiger Jahre begannen sich die Strukturen der Automobilindustrie in Deutschland zu festigen und jene Formen anzunehmen, die bis in die heutige Zeit reichen. Die Produktionszahlen stiegen von 1932 über 1934 (147 418 Personenwagen) bis 1936 auf 244 640 Einheiten. Die Anzahl der Beschäftigten in der deutschen Autoindustrie kletterte im selben Zeitraum von 32 815 auf 111 262. Vier Unternehmen waren es, die zur Mitte der Dreißiger mehr als 75 Prozent der im Inland verkauften Autos auf sich vereinten: die Auto Union AG mit den Marken Audi, DKW, Horch und Wanderer, die 1862 zur Produktion von Nähmaschinen gegründeten Adler-Werke AG, die 1929 von der amerikanischen Firma General Motors Corporation erworbene Adam Opel AG und die Daimler-Benz AG, die 1926 aus der Fusion der Daimler-Motoren-Gesellschaft mit der Benz & Cie. Rheinische Automobil- und Motorenfabrik AG entstand. Die 1931 in Köln gebauten Ford-Werke brachten ihre Produktion unter dem Einfluß der Weltwirtschaftskrise nur allmählich in Schwung. Zum Bau des Volkswagenwerks kam es erst 1938, ein Jahr später wurden die ersten Wagen gefertigt.

In den dreißiger Jahren wurden die Unternehmen der deutschen Automobilindustrie nach den Vorstellungen der Nationalsozialisten in einem Zwangs-Kartell zusammengeführt. Die Regierung blockierte die Fahrzeugpreise mit einer Preisverordnung, außerdem wurde ein Generalbevollmächtigter für das Kraftfahrzeugwesen ernannt, der im Sinne der angestrebten Rationalisierung und der Vereinheitlichung der Automobil-Teile die Anzahl der Personenwagen-Typen 1937 von 50 auf 26 und die der Lastwagen — besonders mit Blick auf den militärischen Verwendungszweck — von etwa 100 auf 20 verringerte. In den Jahren 1937 und 1938 wurde im Interesse der Erwirtschaftung von Devisen der Verkauf auf dem inländischen Markt stark eingeschränkt, und ein Jahr vor dem Ausbruch des Zweiten Weltkriegs exportierte man ein Viertel der Produktion. Während des Krieges wurde die Produktion von Personenwagen vermindert, denn es war wichtiger, Nutzfahrzeuge herzustellen. Dennoch wurden 1944 schon unter erheblichen negativen Kriegseinflüssen noch 21 391 Personenwagen hergestellt, und im letzten Jahr des Krieges waren es noch 5 908. Diese Autos waren selbstverständlich nicht mehr für den privaten Gebrauch gedacht, sondern stellten einen Teil der deutschen Rüstungsproduktion dar.

Gute Jahre für die Motorisierung

In den Jahren von 1934 bis 1937 hatte Deutschland auf dem Gebiet der Motorisierung aufholen können. In diesen vier Jahren nahm der Kraftfahrzeugbestand von 866 000 auf knapp 1,5 Millionen zu; allerdings lag Deutschland damit im Vergleich der Autobestände und Bevölkerungszahlen anderer Länder nur auf dem fünften Platz. Die USA hatten 1937 schon einen Kraftfahrzeugbestand von 28,2 Millionen, 5 Millionen Autos mehr als noch vier Jahre vorher. Im statistischen Durchschnitt kamen in den Vereinigten Staaten auf ein Auto 4,5 Erwachsene; zusammengerückt hätten also damals alle Menschen der Neuen Welt in den amerikanischen Autos Platz nehmen können. Im Verhältnis Autos zu Einwohnerzahl belegte das dünn besiedelte, aber recht gut motorisierte Kanada den zweiten Platz, 1,2 Millionen Autos fuhren dort im Jahr 1937, vor allem amerikanische Fahrzeuge, die per Achse vom grenznah gelegenen amerikanischen Produktionsort Detroit ins nördliche Nachbarland gelangten.

England hatte einen Bestand von 2,2 Millionen, etwa 80 000 mehr als Frankreich, 21 Engländer und 19 Franzosen mußten sich jeweils ein Auto teilen. In Deutschland waren es 47 Einwohner, die laut Statistik auf ein Fahrzeug entfielen. Das Schlußlicht der Industrienationen bildete im Jahr 1937 in bezug auf das Verhältnis Einwohner zu Fahrzeuge Japan, wo 472 Erwachsene auf ein Auto kamen. Die Motorisierung der fernöstlichen Inselwelt begann mit einiger Verzögerung nach dem Zweiten Weltkrieg, dann aber mit Riesenschritten.

Das Auto erhebt sich aus der Asche

Der Neubeginn nach dem Zweiten Weltkrieg stand unter deprimierenden Vorzeichen. Die Motorisierung hatte in Europa, am stärksten in Deutschland, einen Rückschlag erlitten. Können das Auto und die Autoindustrie ihren hoffnungsvoll begonnenen Aufstieg fortsetzen? Die Industrie selbst schätzte ihre Chancen offenbar schlecht ein: In einer den Besatzungsmächten zugestellten Denkschrift hieß es, daß für ganz Deutschland ein künftiger Kraftfahrzeugbedarf von 250 000 Autos ausreichend sei. Damals wollten Besatzungspolitiker ernsthaft aus Deutschland einen Agrar-Staat machen. Es sollte jedoch anders kommen.

Bei Kriegsende waren auf dem Gebiet der späteren Bundesrepublik Deutschland knapp 80 Prozent der vor dem Krieg produzierenden Anlagen vernichtet, die Fabriken der Auto Union lagen in der sowjetisch besetzten Zone, Maschinen wurden demontiert und in Richtung Osten transportiert. Die Werke von Daimler-Benz, Opel und BMW waren zu etwa 50 bis 80 Prozent zerstört oder demontiert. Es fehlte an allem, was zur Produktion von Autos erforderlich war. So kam der Bau von Automobilen nur sehr langsam wieder in Gang. Im Geschäftsbericht der Daimler-Benz AG für die Jahre 1945 bis 1948 hieß es: „Von Januar 1945 an konnte von einer Produktion im eigentlichen Sinne nicht mehr gesprochen werden. Die Materialzulieferungen stockten durch die Zerstörung der Verkehrswege und der Nachrichtenmittel. Nach der Besetzung der einzelnen Werke im Frühjahr 1945 und der teilweisen Demontage der Betriebe hatte die Firma praktisch aufgehört zu existieren." In den Jahren nach 1945 bis einschließlich 1947 wurden auf Anweisung der Besatzungsmächte vordringlich Lastwagen hergestellt: Unter den 54 026 produzierten Kraftwagen waren in diesem Zeitraum 33 230 Nutzfahrzeuge.

Die ersten Autos nach dem Zweiten Weltkrieg waren Vorkriegsmodelle. Auf 1 000 Einwohner kamen im Jahr 1946 nur 5 Personenwagen; dies bedeutete einen Motorisierungsgrad, der sehr unzulänglich war und so beste Voraussetzungen für eine starke Nachfrage bot. Die Automobilindustrie sollte in der Bundesrepublik Deutschland zur Wachstumsbranche allererster Ordnung werden, das Auto in der Wirtschaft als Motor für die gesamte Volkswirtschaft dienen.

1950, zwei Jahre nach der Währungsreform, gab es in der Bundesrepublik 540 000 Personenwagen, zehn Jahre später waren es knapp 4,5 Millionen, 1970 fast 14 Millionen und 1980 schließlich über 23,2 Millionen. Die Personenwagen-Dichte stieg damit in 30 Jahren von elf Autos je 1 000 Einwohner im Jahr 1950 über 81 Autos im Jahre 1960 und 230 im Jahr 1970 auf 368,9 Autos je 1 000 Einwohner im Jahr 1980. Somit hatte die Bundesrepublik die höchste durchschnittliche Personenwagen-Dichte in Westeuropa und lag unter den europäischen Industrieländern an der Spitze. Nur die Vereinigten Staaten waren in den siebziger Jahren besser motorisiert; 1 000 Amerikaner mußten sich statistisch nur etwa 550 Autos teilen.

Kleine Wagen — große Nachfrage

Ähnlich wie in den zwanziger Jahren waren in der Prosperität der fünfziger Jahre viele kleinere Unternehmen entstanden, die mit zahlreichen meist einfachen und preisgünstigen Fahrzeugen versuchten, am „Wirtschaftswunder" teilzuhaben. Diesen Herstellern von Kleinwagen und Kabinenrollern fehlte aber das Kapital, um mit dem technischen Fortschritt, der Weiterentwicklung auf dem Produktionssektor und der Nachfrage nach größeren Fahrzeugen Schritt halten zu können. Einige Beispiele mögen für viele dieser Entwicklungen stehen: Fritz Fend entwickelte 1948 den ersten Kabinenroller. Im Messerschmitt-Werk in Regensburg wurden bis 1964 etwa 50 000 dieser skurrilen, schmalen Fahrzeuge gebaut. Von 1948 bis 1956 gab es den Champion, der schließlich von Maico bis 1958 hergestellt wurde. Der Zündapp Janus fuhr nur zwei Sommer, nämlich 1957 und 1958, aus den Produktionshallen. Dann gab es noch die Goggomobile des Hans Glas aus Dingolfing bis 1966. Das kleinste „richtige" Auto wurde unter dem Markennamen Lloyd von Borgward in Bremen bis 1961 gebaut.

Risse im Wirtschaftswunder

1969 übernahm BMW die Hans Glas GmbH. Die Bayerischen Motoren-Werke selbst waren Mitte der fünfziger Jahre in eine schwere Krise geraten, und 1959 lag nach verlustreichen Jahren die Übernahme durch Daimler-Benz nahe. Sie wurde besonders von der Deutschen Bank betrieben. Kurioserweise kam im Jahr 1958, zehn Jahre vor der Übernahme von Glas durch BMW, aus der Münchner Landesregierung der Vorschlag, Glas sollte doch bei BMW einsteigen. Doch schließlich übernahmen Herbert und Harald Quandt die Aktienmehrheit, die Triebwerks-Tochter von BMW in Allach erhielt Aufträge vom Verteidigungsministerium, und ein neuer Mittelklassewagen sicherte das Überleben und die Wettbewerbsfähigkeit von BMW. Als das Unternehmen 1969 die Glas-Werke kaufte, war man vor allem an den Produktionskapazitäten und dem Facharbeiterstamm interessiert.

Zwei weitere Wirtschaftskrisen waren typisch für die Automobilindustrie Ende der fünfziger, Anfang der sechziger Jahre. 1961 kam es zum Zusammenbruch der Borgward-Gruppe. 20 000 Menschen arbeiteten damals für Borgward, den viertgrößten deutschen Autohersteller. Carl F. W. Borgward wurden später Management-Fehler angekreidet, die Hansa-, Isabella-, Lloyd- und Arabella-Modelle — immerhin auch ein Stück Wirtschaftsgeschichte — wurden nicht mehr hergestellt. Teile der Anlage verpackte man in Kisten und verkaufte sie nach Mexiko, die Produktion dort lief aber nie richtig an.

Die 1949 als westdeutsche Nachfolgegesellschaft der Auto Union AG gegründete Auto Union GmbH geriet durch die Marke DKW mit dem nicht mehr attraktiven Zweitakt-Motor Ende der fünfziger Jahre in Schwierigkeiten. 1958 wurde die Auto Union GmbH von Daimler-Benz übernommen, die das Unternehmen aber 1965 an VW verkaufte. Auch die NSU Motorenwerke wurden von Volkswagen übernommen.

Unternehmenszusammenbrüche, das Ende häufig von Unternehmer-Persönlichkeiten getragener Autofabriken, Fusionen und Finanztransaktionen sind typische wirtschaftliche Merkmale der ersten zwanzig Jahre nach dem Krieg. Der Konzentrationsprozeß der nationalen Autoindustrie kam in der Bundesrepublik Deutschland gerade noch rechtzeitig, daß sie konsolidiert dem Auftreten der ausländischen Anbieter auf dem heimischen Markt gewachsen war. Die ließen dann auch nicht mehr lange auf sich warten: Die europäischen waren ohnehin schon präsent, und bald folgten ihnen auch die Japaner.

Anfang und Ende von Fusionen

Aber nicht nur in Westdeutschland kam es zu Fusionen in den sechziger Jahren. Die internationale Automobilindustrie hatte eine neue, dauerhafte Struktur erhalten. Kleinere Unternehmen waren vom Markt verschwunden, die großen Konzerne begannen, ihre dominierende Rolle auszubauen. So griffen die amerikanischen Hersteller nach Europa. In der Bundesrepublik Deutschland hatten das von General Motors schon vor dem Krieg erworbene Unternehmen Opel und die wieder errichteten Ford-Werke rasch neuen Tritt gefaßt. In Frankreich griff Chrysler nach Simca, in Großbritannien etablierte sich Ford England als wichtiger Produzent und mit Vauxhall besaß General Motors eine gesicherte Position in Großbritannien. Die Fusions-Euphorie — nur riesige Unternehmensverbände sollten nach herrschender Unternehmensphilosophie die Kraft zum Überleben haben — griff besonders heftig in Italien und Großbritannien um sich. Durch Fusion von British Motor Holdings und dem Leyland-Konzern wurde 1968 British Leyland gebildet, ein Konglomerat aus nicht weniger als 11 Marken; der Rootes-Konzern, damals auch noch interessiert an BMW, vereinigte jetzt als Chrysler-Tochter die vier Marken Humber, Hillman, Sunbeam-Talbot und Singer unter einem Dach. In Italien zog FIAT die Marken Autobianchi und Lancia an sich, in Frankreich wurde Panhard von Citroen übernommen.

Die sechziger Jahre waren nicht nur eine Epoche der Fusionen, sondern auch die Jahre des großen Aufschwungs. Innerhalb von zehn Jahren stieg die weltweite Jahresproduktion von Automobilen um 50 Prozent. Dies bedeutete, daß die Autoindustrie zur Schlüsselindustrie mit Millionen von Arbeitsplätzen geworden war. Weltweit hatten 1950, also nur fünf Jahre nach dem Krieg, 13 Länder Automobile produziert. Sie stellten 8,17 Millionen Autos her, allerdings waren die Vereinigten Staaten dabei mit einem übermächtigen Anteil von 6,7 Millionen Exemplaren beteiligt. Westdeutschland produzierte 220 000 Personenwagen und lag damit deutlich hinter Großbritannien (522 000), Kanada (284 076) und Frankreich (257 292) zurück, Italien folgte mit 101 301 Fahrzeugen. Von Japan als autoproduzierender Nation war noch kein milder Schimmer am fernöstlichen Horizont zu sehen. Der Zuwachs der Automobilproduktion in den fünfziger Jahren lag weltweit bei insgesamt 58 Prozent. Es war ein Wachstum, das vom nächsten Jahrzehnt aber noch übertroffen werden sollte.

Die vorerst ungebremste Entwicklung war in erster Linie auf das stürmische Ausweiten der Produktionen in Europa und auf das noch raschere Wachsen der Fertigungskapazitäten in Japan zurückzuführen. Die sechziger Jahre brachten im Vergleich zum Ende der Fünfziger eine Erhöhung der Autoproduktion von 75 Prozent: 1970 wurden weltweit 22,45 Millionen Autos hergestellt. Das führende Produktionsland blieben die Vereinigten Staaten, aber die Schwergewichte hatten sich unübersehbar verschoben: Hielten die USA zusammen mit Kanada 1960 noch mehr als 54,3 Prozent, war dieser Anteil 1970 bereits auf 33,2 Prozent zurückgegangen.

Unter den klassischen Autoproduktions-Ländern hatte sich die Fertigung in der Bundesrepublik Deutschland am vitalsten entwickelt: Innerhalb von zehn Jahren wuchs die Menge der fabrikneuen Autos um 86 Prozent auf 3,38 Millionen Einheiten. Japan lag 1970 noch um 200 000 Stück zurück, 3,18 Millionen Autos sollten aber nur ein „Meilenstein" auf dem weiteren Weg zur autoproduzierenden Nation Nummer Eins sein. Wichtig für die weitere Entwicklung der Konkurrenzsituation auf den Märkten war auch das Wachstum der französischen und der italienischen Hersteller, während Großbritannien zu Beginn der siebziger Jahre nur 300 000 Fahrzeuge mehr herstellte als 1960, an der allgemeinen Aufwärtsentwicklung der internationalen Automobilindustrie also fast nicht teilgenommen hatte.

Wirtschaftliche Großwetterlage dämpft das Wachstum

Auch das anscheinend nicht zu bremsende Wachstum des bundesdeutschen Wirtschaftswunders erhielt 1967 einen Dämpfer. Die wirtschaftliche Rezession, verschiedene gesetzliche Maßnahmen, wie z. B. die Erhöhung der Mineralölsteuer und die Kürzung der steuerlich absetzbaren Kilometerpauschale, hatten viele Kunden auf dem Inlandsmarkt dazu veranlaßt, kein neues Auto zu kaufen. Die Produktion wurde nach Abschwächung der Automobilnachfrage schon im Sommer 1966 im Vergleich zum Vorjahr um rund 530 000 Einheiten heruntergefahren. Die Zulassungen neuer Fahrzeuge gingen auch 1968 im Vergleich zu 1966 zurück. Einen Ausgleich bot der Export, der von den deutschen und noch mehr von den japanischen Herstellern immer mehr genutzt wurde.

Export-Rekorde

Der Export in benachbarte Länder und auf den größten Automarkt der Welt, in die Vereinigten Staaten, war für die Bundesrepublik Deutschland ein Ausgleich für die Schwäche des Binnenmarktes. Für die Produzenten in Japan wurden die Auslandsmärkte lebenswichtig, die Autos aus Fernost sollten sich bald überall in Europa zu ernsten Konkurrenten für die etablierten europäischen Hersteller auf deren ureigensten Märkten entwickeln. Die siebziger Jahre wurden die Jahre der großen Export-Offensive der Japaner.

Die Rezession von 1966/1967 wurde zwar ungewöhnlich schnell überwunden, jedoch der Markteinbruch machte nachdenklich. Die ausländischen Autohersteller hatten in den Jahren der Rezession offensichtlich das attraktivere Modellangebot. Die deutsche Autoindustrie war nämlich bis zum Jahr 1966 immer stärker dem Kundenwunsch nach Fahrzeugen der Mittelklasse gefolgt und hatte die Herstellung von Kleinwagen vernachlässigt. In den wirtschaftlich schlechteren Jahren 1966 und 1967 konnten daher ausländische Hersteller in diese Marktlücke stoßen. Von den 1966 neu zugelassenen Autos kamen 13,7 Prozent aus dem Ausland, 1967 waren es 17,6 Prozent und ein Jahr später 20,4 Prozent. 1969 stabilisierte sich dieser Wert bei 20,5 Prozent, um 1970 bis auf 22,5 Prozent zu steigen. Mitte der siebziger Jahre schließlich stammte jedes vierte in Westdeutschland zugelassene Auto aus dem Ausland.

1968 ging es mit der Autoproduktion langsam wieder aufwärts. Die durch den allgemeinen wirtschaftlichen Rückschlag verursachten Einbußen konnten mit einer Produktionssteigerung um 24,7 Prozent auf 2 862 186 Einheiten wettgemacht werden. Besonders starke Impulse gingen dabei von den Exportmärkten aus, der Inlandsmarkt stand noch unter dem Eindruck der Rezession, 1968 wurden lediglich 5 Prozent mehr Autos als 1967 zugelassen. Die inländischen Fabriken erreichten dabei nur eine Steigerung von 0,5 Prozent, der Anteil ausländischer Fahrzeuge an den Neuzulassungen dagegen hatte sich im Vergleich zu 1967 auf 26,4 Prozent erhöht. Trost fanden die deutschen Autohersteller 1968 in der eigenen Exportquote: 61,8 Prozent aller Autos gingen ins Ausland.

Im Jahr 1969 atmete die deutsche Autoindustrie auf: Der Aufschwung aus dem Jahr 1968 beschleunigte sich, die Produktionsanlagen waren ungewöhnlich hoch ausgelastet. Die Inlandsnachfrage hatte sich schwunghaft entwickelt, es wurden etwa 29 Prozent mehr Autos als 1968 neu in den Verkehr gebracht. Diese Steigerung teilten sich deutsche und ausländische Hersteller je etwa zur Hälfte. Während im Inland die Einkommen der Autokunden stiegen und so die Nachfrage gestärkt wurde, sah sich die deutsche Autoindustrie im Ausland vor große Probleme gestellt: Der Export stagnierte, die Quote ging sogar auf 57 Prozent zurück, die Steigerung gegenüber 1968 blieb bei mageren 3,5 Prozent stecken. Gründe dafür waren die Aufwertung der D-Mark und der Anstieg der Produktionskosten, die deutsche Autos im Ausland stark verteuerten. Die Autoindustrie war unsicher in bezug auf die weitere Entwicklung der Konjunktur und die Lohnforderungen der Gewerkschaften.

Die Kaufzurückhaltung aus dem Ausland setzte sich auch 1970 weiter fort. Gleichzeitig stieg der Anteil importierter Autos an den Neuzulassungen um 3 auf 28 Prozent. Zum erstenmal in der Geschichte deutscher Industrie wurden in einem Jahr mehr als zwei Millionen neue Autos verkauft, das Plus an Neuzulassungen von 14,4 Prozent war ein ungewöhnlich gutes Ergebnis für den Automarkt. Etwa zwei Millionen Autos wurden exportiert, alle Maschinen in den Autofabriken liefen 1970 auf vollen Touren, die Anzahl der Beschäftigten kletterte von 550 000 Ende 1969 auf 603 000 im Jahr 1970. Aber trotz dieser Erfolgsmeldungen klagte die Industrie: Ende 1970 waren die Kosten je Arbeitsstunde im Vergleich zu 1969 nämlich um 19 Prozent höher. Ein höherer Exportanteil und höhere Produktionsziffern bestimmten das Jahr 1971: 5 Prozent mehr Autos wurden hergestellt, die Exportrate stieg um 10 Prozent auf 2,1 Millionen Personen- und Kombifahrzeuge; die Neuzulassungen nahmen im Vergleich zu 1970 um 2 Prozent zu, der Absatz deutscher Autos aber ging um 1,5 Prozent zurück. Die ausländischen Marken konnten ihren Zulassungsanteil am Neuwagen-Markt auf 25,2 Prozent verbessern. Anfang 1972 herrschte in der deutschen Autoindustrie eine positive Grundstimmung, die besonders von der anhaltend guten Nachfrage nach deutschen Autos im Ausland getragen wurde. Immerhin stellte man 1971 noch einen Produktionsrekord auf, der für Jahre Bestand haben sollte.

Ölpreisschock

Im Herbst 1973 kam es zur ersten Krise auf dem Mineralölmarkt. Man führte Sonntagsfahrverbote ein, aber in der Autobranche wurde trotzdem mit Volldampf produziert. Die deutsche Autoproduktion stieg im Vergleich zum Vorjahr um 3,5 Prozent und verfehlte den Rekord von 1971 nur um 34 000 Einheiten.

Nimmt man die im Ausland gefertigten Autos deutscher Unternehmen hinzu, kommt man auf 4,81 Millionen; mehr Fahrzeuge hatten deutsche Unternehmen weltweit noch nie in einem Jahr hergestellt. Die schwächere Auto-Nachfrage im Inland machte sich seit dem Frühjahr 1973 bemerkbar, die tatsächliche oder vermeintliche Verknappung der Mineralölprodukte drückte die Stimmung in der Autobranche. Bis weit in das Jahr 1974 hinein wurde kurzgearbeitet. Auch im Export mußten 1974 die deutschen Autohersteller zurückstecken, nachdem das Vorjahr für gute Zahlen gesorgt hatte: 59,4 Prozent der Produktion oder 2,35 Millionen Autos gingen ins Ausland. Die Automobilindustrie war nach dem allgemeinen Maschinenbau die zweitwichtigste Exportbranche: Ein Sechstel der gesamten Ausfuhr der Bundesrepublik Deutschland fiel auf die Autoindustrie. Die Neuzulassungen gingen im Vergleich zu 1972 um 5,4 Prozent zurück.

Die deutsche Autoindustrie in Schwierigkeiten

1974 wird zum Krisenjahr für die deutsche Autoindustrie. Gegenüber 1973 ging die Produktion um

21,5 Prozent zurück, kleinere Autos allerdings blieben von diesem Schrumpfprozeß weitgehend verschont. Dies ist ein Indiz dafür, daß sich die Käufergunst bei schlechter Wirtschaftslage — Mitte 1975 gab es in Westdeutschland 1,3 Millionen Arbeitslose — unmittelbar auf in Preis und Unterhalt billigere Fahrzeuge verlagert.

Verschärfend für die Schwierigkeiten in der Autoindustrie kam hinzu, daß ein Markt-Ventil verstopft war: der Export. Denn ohne ihn wäre der Aufstieg der deutschen Automobilindustrie in die Spitzengruppe vergleichbarer Industrieländer nicht denkbar gewesen. Nur die Verkaufserfolge im Ausland erlaubten, die Kostenvorteile der Großserie zu nutzen. 1974 fiel die Anzahl der exportierten Fahrzeuge auf den Stand von 1970 zurück. Zunächst hatten die Autohersteller noch auf ein baldiges Anspringen der allgemeinen Nachfrage vertraut und bei weiterlaufender Produktion die Lager aufgefüllt. Aber zur Jahresmitte 1974 mußte die Fertigung stark gedrosselt werden. Die Anzahl der Beschäftigten ging im Vergleich zu 1973 um 7,5 Prozent auf 584 300 zurück, die Anzahl der Kurzarbeiter betrug im Jahresdurchschnitt 86 000.

Aber auf den Nachfrageeinbruch 1974 folgten wieder bessere Jahre für die deutsche Autoindustrie, und schon 1979 wurden wieder 3,9 Millionen Personenautos und Kombis gefertigt, allerdings spürte man zum Jahresende die Auswirkungen der „zweiten Ölkrise", die Erwartungen für die nächsten Jahre erhielten unter den Vorzeichen des sprunghaften Anstiegs der Mineralölpreise einen empfindlichen Dämpfer. Das Jahr 1979 sah man als Abschluß eines fünfjährigen Aufschwungs, denn mehr Autos wurden bis dahin während eines Jahres in Deutschland nicht hergestellt. Der Schock für die Wirtschaft durch den Ölpreisschub war auch 1980 noch deutlich zu spüren. Aber wie schon häufig in der jüngeren Vergangenheit der Autoindustrie schaffte es der Export, die wirtschaftlichen Daten dieser Schlüsselindustrie nicht allzu düster aussehen zu lassen. Insgesamt waren 1980 mit der Produktion von Straßenfahrzeugen — hierzu zählen außer den Personen- und Kombiwagen z. B. auch Nutzfahrzeuge und Baumaschinen — 789 419 Menschen beschäftigt, weitere 1,4 Millionen arbeiteten im begleitenden Produktions- und Dienstleistungssektor. Die Zulassungen neuer Autos fielen in Westdeutschland im Vergleich zum Jahr 1979 um 7,5 Prozent auf 2,4 Millionen.

Viele Hände rühren sich für das Auto

Die Wurzeln der Autoindustrie innerhalb der Wirtschaft reichen tief in die Struktur eines modernen Industriestaates: „Jeder siebente Erwerbstätige in der Bundesrepublik Deutschland lebt vom Auto" ist eine häufig gebrauchte Faustregel. Dabei kann man die insgesamt über 4 Millionen direkt oder indirekt vom Automobil abhängigen Arbeitsplätze in zwei Bereiche gliedern: Direkt an die Automobilnachfrage sind deutlich über 1,7 Millionen Arbeitsplätze gebunden, und mit der Nutzung des Automobils stehen indirekt 2,3 Millionen Bundesbürger und deren Arbeitsplätze in Zusammenhang. Zum Jahresanfang 1983 arbeiteten in der Autoindustrie 730 000 Menschen; es sind zwar weniger als z. B. im Maschinenbau oder in der Elektroindustrie, aber dies erklärt sich daraus, daß für die Autoproduktion viele Teile von anderen Herstellern bezogen werden. Dadurch verlagern sich Arbeitsplätze auf die Zulieferer-Industrie. Diese ist mit 390 000 Arbeitsplätzen an die Herstellung von Autos gebunden; im Handel mit Automobilen, im Verkauf der Autos bei Niederlassungen, Vertretungen und freien Händlern sind etwa 300 000 Menschen tätig; im Handel mit Autoteilen, für Dienstleistungen im Zusammenhang mit Produktion oder Verkauf der Autos arbeiten weitere 310 000 Männer und Frauen.

Den größten Anteil am indirekt mit dem Auto verbundenen Beschäftigungspotential hat der gesamte Straßenverkehr, das Verkehrsgewerbe mit etwa 1,29 Millionen Beschäftigten; in Werkstätten mit Reparaturen und Lackierereien sowie Runderneuerung von Reifen gibt es 450 000 Arbeitsplätze; bei Tankstellen, in Garagen, in Waschanlagen und im Großhandel sind 450 000 Menschen tätig; im Straßenbau, in der Verwaltung der Bundesautobahnen, in der auf den Autoverkehr bezogenen Gastronomie, im Geschäft mit Leih- und Leasingautos haben weitere 160 000 Menschen Arbeit gefunden; und schließlich beschäftigen sich an Universitäten und Behörden, bei den Bundesinstitutionen und bis hin zum kleinsten Polizeirevier etwa 115 000 Mitarbeiter damit, das Auto zu erforschen und zu verwalten. Unter die Sparte „sonstige Nebengewerbe" fallen z. B. die Kraftfahrzeug-Versicherungsunternehmen, noch einmal 100 000 Arbeitsplätze sind dort angesiedelt.

Das Schwergewicht der deutschen Automobilindustrie liegt auf der Produktion von Personenwagen. Dennoch zählen selbstverständlich auch die Umsätze und Arbeitsplätze der mit der Herstellung von Aufbauten und Anhängern beschäftigten Unternehmen zur Automobilindustrie. Unter den drei Produktionsbereichen der Autoindustrie — Herstellung von Personenkraftwagen, Anhänger und Aufbauten sowie Kraftfahrzeugteile — ist die Anhänger- und Aufbautenindustrie mit etwa 32 000 Beschäftigten der kleinste Teil. Es sind vorwiegend mittelständische Unternehmen, häufig mit weniger als 500 Mitarbeitern. Die Hersteller von Personenwagen halten engen Kontakt mit der Teileindustrie, die ihrerseits versucht, ihre Angebote maßgeschneidert für die jeweiligen Autotypen bereitzuhalten. Knapp 200 000 Menschen sind in der Teileindustrie beschäftigt, ein Fünftel der Unternehmen hat mehr als 2 000 Mitarbeiter.

Viele Hände rühren sich, ehe ein Auto unter einem bestimmten Markenzeichen im Glanze seines Lakkes das Fließband verlassen darf. Ein landesweites „Team", ausgehend vom Stahlwerk über den Reifenproduzenten, von der Presse für Kunststoffteile bis zum Zündkerzenlieferanten sind an einem Auto mit ihrem Beitrag beteiligt. Von einhundert Mark, die auf dem Konto eines Autoherstellers beim Kauf eines Autos gut geschrieben werden, entfallen etwa 60 Prozent auf Leistungen, die von ihm bei Zulieferern in Anspruch genommen werden mußten, 4 Prozent sind Abschreibungen, 26 Prozent werden für Löhne und Gehälter, für Sozialabgaben und freiwillige Sozialleistungen aufgewendet, knapp 7 Prozent fließen in die Steuer (die Mehrwertsteuer ist hier als durchlaufender Posten vernachlässigt), und so bleiben den riesigen Autounternehmen meist nur noch schmale 3 Prozent für Rücklagen und Verzinsung des eingesetzten Kapitals.

In die Automobilindustrie fließen mehr Vorleistungen (Input), als sie selbst an eigener Nettoproduktion zum gesamten Ergebnis (Output) leistet. Zum Beispiel trug die Autoindustrie im Jahr 1976 (das Verhältnis der Zahlen gilt noch heute) zu dem Output von etwa 73 Milliarden Mark nur rund 33 Milliarden Mark bei. Sie nahm aber Materialien, Energie und Dienstleistungen von über 40 Milliarden in Anspruch. Somit liegt der Schluß nahe, daß zahlreiche andere Produktionsbereiche von der Nachfrage nach Automobilen abhängig sind. Das Automobil spielt demnach eine große Rolle als Konjunktur- und Wachstumsfaktor einer Volkswirtschaft. Zieht die Nachfrage nach Autos an, erhöht sich die Autoproduktion etwa um 10 Prozent, dann profitiert davon nicht nur die Metallindustrie. Es entsteht auch eine Nachfrage nach Erzeugnissen von anderen Bereichen, die mit der Autoindustrie verbunden sind. Manche Produktbranchen sind bis zu 30 Prozent (Gummiverarbeitung) oder zu 21 Prozent (Gießereien) oder zu 7 Prozent (Elektrotechnik) ihres Gesamtumsatzes von der Automobilherstellung abhängig. Dabei ist die von der Autoindustrie ausgelöste Nachfrage nach Investitionsgütern — z. B. neue Maschinen für die Reifenproduktion — nicht mit erfaßt worden. Etwa 17 Prozent der im verarbeitenden Gewerbe der Bundesrepublik Deutschland verzeichneten Produktionsleistungen ergehen direkt oder indirekt in Zusammenhang mit der Automobilindustrie. 1978 erzielte die Autobranche einen Anteil von 8,4 Prozent am Bruttoinlandsprodukt.

Die deutsche Automobilindustrie: Zahlen, Analysen, internationale Vergleiche

Produktion 1980 bis 1984

Zu Beginn des Jahres 1980 taumelte die Weltwirtschaft noch unter den Störungen des zweiten Ölpreisschubs. Schon im Herbst 1979 hatte die deutsche Autoindustrie die schwächer werdende Nachfrage gespürt; die Industrieproduktion der Bundesrepublik stieg 1980 noch um bescheidene 0,3 Prozent. Das Produktionsergebnis im Straßenfahrzeugbau verschlechterte sich um 4,3 Prozent, es wurden etwa 400 000 Personen- und Kombiwagen weniger als im Vorjahr gebaut, die Produktion sank auf das Niveau von 1970. Wie schon 1973/74 litten die Hersteller von Mittelklasseautos stärker als die von Kleinwagen. Auch in anderen automobilbauenden Ländern sah man die Talfahrt der Produktionszahlen: In Frankreich wurden etwa 3,4 Millionen Kraftwagen, in Italien etwa 1,6 und in Großbritannien rund 1,3 Millionen Autos gebaut.

In der Weltautomobilproduktion hielt die Bundesrepublik 1980 einen guten Mittelplatz, 13 Prozent aller weltweit gebauten Autos liefen von deutschen Bändern. Größter Verlierer in diesem Jahr war die Autoindustrie der Vereinigten Staaten, die mit etwa 8 Millionen Kraftfahrzeugen um 30 Prozent weniger Autos herstellte als im Vorjahr, und den ersten Rang an Japan abtreten mußte, das mit rund 11 Millionen Einheiten zum größten Autohersteller der Welt aufgerückt war. Die japanischen Hersteller hatten 1973/74 die bundesdeutschen Produzenten überflügelt und sich von der Überholspur nicht mehr verdrängen lassen. Das aggressive Vordringen der japanischen Autoindustrie zeigte sich 1980 besonders stark auf dem amerikanischen Markt: Der Anteil japanischer Autos an den Neuzulassungen in den USA lag 1980 bei 21,3 Prozent; alle importierten Fahrzeuge erreichten zusammen einen Anteil von 28,7 Prozent.

Auch das Jahr 1981 hatte für die Autoindustrie keine entscheidende Wende zum Besseren gebracht. Auf dem Weltmarkt wurden etwa 37,4 Millionen Einheiten hergestellt, Japan verlor 3,5 Prozent in der absoluten Produktion, Amerika mußte weitere 18 Prozent Rückgang hinnehmen. Typisch für die allgemein nicht rosige Wirtschaftslage war, daß im Reigen der großen Industriebereiche der Bundesrepublik Deutschland es wiederum nur der Autoindustrie gelang, ihren Nettoproduktionswert zu steigern. Im Vergleich zu 1980 stieg die Autoproduktion um 1,6 Prozent, die Autokäufer wandten sich allmählich wieder größeren Fahrzeugen mit besserer Ausstattung zu.

Um 4,3 Prozent stieg die Produktion im Jahr 1982 gegenüber dem Vorjahr, dies bedeutete eine Erhöhung des Anteils deutscher Autos an der Weltproduktion von 10,4 auf 11,2 Prozent. In den Vereinigten Staaten wurden über eine Million Autos weniger gebaut als 1981, und auch in Japan wurde die Produktion um etwa 100 000 Einheiten zurückgefahren. Frankreich spürte zwar zunehmend die Folgen einer verfehlten Wirtschafts- und Sozialpolitik, die Autoindustrie erhöhte ihre Produktion aber um über 160 000 Stück auf 2,7 Millionen Einheiten. Während Großbritannien abermals einen Rückschlag erlebte, stieg die Produktion in Italien leicht an.

Die Weltwirtschaft kam 1983 zunehmend rascher

auf Touren. Die Autoindustrie spürte diese Entwicklung schnell und profitierte davon, andererseits verstärkte sie die wirtschaftlich positive Gangart ihrerseits noch. Der Weltmarkt für Autos brachte eine Erhöhung der Produktion um 10 Prozent auf 40 Millionen Einheiten, Westdeutschland produzierte fast 3,9 Millionen Autos; es war das drittbeste Ergebnis in der Geschichte der deutschen Automobilindustrie. Entscheidende Impulse für dieses gute Abschneiden kamen 1983 vom Inlandsmarkt, die Neuzulassungen stiegen um 12,6 Prozent gegenüber 1982, größere und stärkere Autos wurden noch beliebter.
Der Streik im Sommer des Jahres 1984 hatte einen Produktionsausfall von 427 000 Fahrzeugen zur Folge. Am Jahresende zeigte sich, daß 120 000 Autos weniger produziert worden waren als 1983.
Weltweit wurden 42,1 Millionen Autos gebaut, der deutsche Anteil an diesem Rekordergebnis ging allerdings um 3 Prozent zurück, die Vereinigten Staaten stellten 7,8 Millionen Personen- und Kombiwagen her und verdrängten Japan wieder von der Produktionsspitze. Mit 11,5 Millionen Einheiten, wenn man Kraftwagen aller Art berücksichtigt, blieb Japan allerdings die Nummer Eins der Auto-Nationen. In diesem Land wurden 27 Prozent der Weltproduktion hergestellt, in Amerika 26 Prozent, und Westeuropa blieb die größte autoerzeugende Region: 32 Prozent aller Autos wurden hier hergestellt. Nur Italien verbuchte 1983 eine Erhöhung der Anzahl der Fahrzeuge, Frankreich ließ die Bänder langsamer laufen (minus 8 Prozent), und Großbritannien verlor gleich 12 Prozent.

Der Export deutscher Autos von 1980 bis 1984

Die Exportmärkte sind für die deutsche Autoindustrie lebenswichtig. Immer wieder boten sie Ausgleichsmöglichkeiten für einen schrumpfenden Inlandsabsatz. Der höchste Anteil von exportierten Fahrzeugen an der Gesamtproduktion wurde mit einer Exportquote von 60,1 Prozent im Jahr 1974 erreicht. In der Regel liegen die ausgeführten Produktionsanteile zwischen 50 und 58 Prozent. Die Automobilindustrie ist seit vielen Jahren die wichtigste

Hinaus: Automobile sind das wichtigste Exportgut der Bundesrepublik Deutschland. Die Ausfuhr hat in Krisenzeiten mehr als einmal die Produktion ohne Verluste aufrechterhalten. Zur Zeit liegt der Exportanteil an der Gesamtfertigung bei fast 60 %.

Exportbranche. Sie rangiert meist noch vor dem Maschinenbau und der chemischen Industrie. Im Durchschnitt fließt jede sechste Mark, die für Warenexporte an Westdeutschland geht, in die Kassen der Autoindustrie. Der Saldo von Ein- und Ausfuhr ist stabil positiv.
So wurden 1979 etwa 5 Prozent mehr Autos ins Ausland verkauft als noch 1976. Besonders wichtige Auslandsmärkte sind für die deutschen Autohersteller die Länder der Europäischen Gemeinschaft; in ganz Europa wurden etwa 75 Prozent der 1979 exportierten knapp 2 Millionen Fahrzeuge untergebracht. Die Automobilindustrie zählt in der Bundesrepublik Deutschland zu den bedeutendsten Exportindustrien, ohne die die deutsche Leistungsbilanz mit Sicherheit viel schlechter aussehen würde.
Zum Beispiel errechnete sich im Automobilsektor 1980 bei einem Ausfuhrwert von 54,9 Milliarden und bei Importen im Wert von 16 Milliarden ein Überschuß von 38,9 Milliarden Mark. Dieser reichte 1980 aus, um knapp 65 Prozent der Kosten für die gesamte Mineralöleinfuhr zu decken.

Japan als Konkurrent auf dem Weltmarkt

Als schärfste Konkurrenten der deutschen Autoindustrie hatten sich Anfang der achtziger Jahre die japanischen Hersteller endgültig etabliert. Auf dem deutschen Inlandsmarkt stieg der Marktanteil japanischer Autos von 1979 bis 1980 von 5,4 auf 10,3 Prozent, in den Benelux-Staaten von 18,4 auf 25,3, in Skandinavien von 16,9 auf 26,6 und in der Schweiz und Österreich von 14,4 auf 22 Prozent. Daß auch die von anderen Herstellern gefürchteten Japaner nicht von Rückschlägen verschont blieben, zeigte sich 1981. In den Ländern der Europäischen Gemeinschaft mußten sie einen Rückgang auf acht Prozent Marktanteil hinnehmen, während gleichzeitig der Anteil deutscher Fahrzeuge von 33 auf 35 Prozent zunahm.
54,5 Prozent aller 1981 hergestellten deutschen Autos gingen ins Ausland, dies waren fast 2 Millionen Fahrzeuge. Die Wechselkursentwicklung war an diesen Erfolgen ebenso beteiligt wie die von den Kunden gut angenommenen Modellangebote; die

Herein: Mit einer Flotte hochmoderner speziell für den Autotransport geschaffener Ro-Ro(Roll on- Roll off-)-Schiffe starteten die Japaner eine Exportoffensive, wie sie die Welt noch nicht erlebt hatte.

ausländischen Händlerorganisationen wurden zwar mit großen Anstrengungen ausgebaut, aber die japanische Herausforderung war von deutschen Herstellern angenommen worden. Knapp 2,2 Millionen Autos gingen 1984 ins Ausland, 12,6 Prozent mehr als noch im Vorjahr, was einer Exportquote von 58,3 Prozent entsprach. Etwa vier Fünftel der exportierten Autos blieben in Europa; der wichtigste Auslandsmarkt für die deutschen Autos war 1982 Großbritannien (369 000 Autos) vor Frankreich (343 000) und Italien (244 000). Technik, Styling, Händlerorganisation und Lieferfähigkeit der deutschen Autoindustrie paßten im Jahr 1982 zu steigenden Marktanteilen in Großbritannien von 16,1 auf 19,7, in Frankreich von 16,3 auf 17,6, in Belgien von 35,3 auf 38,5 Prozent.

Aber schon zur Jahresmitte 1982 deutete sich an, daß dieser Exporterfolg 1983 nicht zu wiederholen sein würde. So erreichte die Exportquote 1983 zwar noch 56,4 Prozent gleich 2,19 Millionen Autos mit allerdings sehr unterschiedlichem Erfolg. Dabei zeigte sich die offensichtliche Schwäche der britischen Autoindustrie besonders deutlich. Die Verkäufe nach Großbritannien stiegen um fast 30 Prozent auf etwa 470 000 Autos. Der gegenüber der D-Mark stark im Wert verbesserte amerikanische Dollar eröffnete deutschen Autos in den Vereinigten Staaten ein besonders ertragreiches Verkaufsgebiet, und die Entwicklung setzte sich auch 1984 fort. Fast 2,2 Millionen deutsche Autos fanden 1984 ausländische Käufer, beinahe mehr als im Rekordjahr 1982. Die Bundesrepublik Deutschland behauptete hinter Japan den zweiten Platz in der Liste der autoexportierenden Länder. Die Exportquote betrug im Jahr 1984 stattliche 58,5 Prozent.

Offener deutscher Automarkt

Der Automarkt in der Bundesrepublik Deutschland bietet ein besonders reichhaltiges Angebot von Fahrzeugen. Nur auf dem riesigen nordamerikanischen Kontinent ist die Vielfalt der Marken und Modelle noch vergleichbar. Der deutsche Automarkt ist traditionell ein offener Markt; die Situation wird dennoch von der deutschen Autoindustrie beherrscht. Trotzdem ist der deutsche Markt für ausländische Hersteller ein wichtiges Absatzgebiet, das in Gestalt der Deutschen Mark auch eine gesunde Währung in die französischen, italienischen, britischen oder auch japanischen Kassen bringt.

Auf dem rückläufigen Markt des Jahres 1979 kamen die japanischen Hersteller zu aufsehenerregenden Erfolgen. Mit preisgünstigen Modellen gelang es ihnen, den Absatz der auf dem deutschen Markt verkauften Autos gegenüber 1978 um die Hälfte zu erhöhen. Sie erreichten einen Marktanteil von 5,6 Prozent, alle ausländischen Fahrzeuge zusammen kamen auf einen Anteil von 22,8 Prozent. Das aggressive Vordringen der japanischen Hersteller sollte weiter das Marktgeschehen stark beeinflussen: 1980 fuhren japanische Autos noch größere Erfolge auf dem deutschen Markt ein, sie erreichten erstmals einen zweistelligen Marktanteil, d. h., 10,4 Prozent der neuen Autos des Jahres 1980 kamen aus Fernost. Dies spürten allerdings nicht nur die einheimischen Produzenten, sondern vor allem die anderen europäischen Anbieter an schrumpfenden Absatzmengen. Das Jahr 1981 brachte für die Japan-Autos auf den europäischen Märkten Rückschläge. Man war in den Automobilunternehmen aufgewacht, und ein verstärkter Wettbewerb um den Autokäufer war die Folge. Auf dem deutschen Markt ging der Anteil ausländischer Personen- und Kombiwagen von 26,3 Prozent auf 25,3 Prozent zurück. Japan lag unter den ausländischen Lieferländern mit einem Neuzulassungsanteil von 8,9 Prozent knapp vor Frankreich mit 8,6 Prozent.

Der schwache deutsche Automarkt des Jahres 1982 traf deutsche Hersteller weniger hart als ausländische. Die deutschen Anbieter verkauften 6,0 Prozent weniger Autos, die Ausländer aber 11,8 Prozent weniger. Der Anteil der ausländischen Hersteller blieb 1983 stabil, er betrug ähnlich wie schon

Exportierte Personenwagen deutscher Produktion und ihr Anteil an der Gesamtproduktion in Prozent.

1979	1980	1981	1982	1983	1984	
1 997 331 50,8	1 873 494 53,2	1 949 479 54,5	2 194 229 58,3	2 188 810 56,4	2 196 295 58,5	Absolut Prozent

Zulassungszahlen ausländischer Personen- und Kombiwagen auf dem deutschen Markt und ihr Neuzulassungsanteil in Prozent.

1979	1980	1981	1982	1983	1984
607 541 22,8	638 682 26,3	589 873 25,3	520 224 24,1	591 605 24,4	638 991 26,7

1982 etwa 24,4 Prozent. Verluste mußten die französischen Hersteller hinnehmen, sie büßten gegenüber 1982 etwa 0,4 Prozent ein und erreichten noch einen Anteil von 7,5 Prozent. Die italienische Autoindustrie konnte ihre Stellung mit 4,8 Prozent knapp behaupten. Die japanischen Autoproduzenten erhöhten dagegen ihren Anteil von 9,8 auf 10,6 Prozent.
Mehr ausländische Autos als 1984 wurden in den letzten zwanzig Jahren auf dem deutschen Markt nicht verkauft. Der Streik im Sommer des Jahres hatte zu Produktions- und damit zu Angebotsausfällen geführt, die besonders von der rasch reagierenden japanischen Autoindustrie genutzt werden konnten. Die Japaner erhöhten ihren Marktanteil auf 12 Prozent. Insgesamt waren von allen neu zugelassenen Autos auf dem deutschen Markt 26,7 Prozent ausländischer Herkunft.

Anzahl der Beschäftigten in der deutschen Autoindustrie

Die Automobilindustrie — dazu gehören statistisch gesehen der Fahrzeugbau ingesamt, die Anhänger- und Aufbautenindustrie sowie die Kfz-Teile- und Zubehörindustrie und die Kfz-Reparaturbetriebe — zählt trotz teilweise hoher Automatisierungsgrade zu den beschäftigungsintensiven Industriezweigen. Ende 1979 waren in der Automobilindustrie 799 500 Menschen beschäftigt, was einer Steigerung gegenüber 1978 von 3,1 Prozent entspricht. Im selben Zeitraum erhöhte sich die Anzahl der in der gesamten deutschen Industrie Beschäftigten nur um 0,3 Prozent. Nach der statistischen Durchschnittsrechnung muß wegen der starken Zunahme der Mitarbeiteranzahl in der Autoindustrie angenommen werden, daß andere Industriesparten sogar Beschäftigte freisetzen mußten. Um 3,7 Prozent war die Anzahl der Beschäftigten 1979 gegenüber 1978 in der eigentlichen Fertigung von Kraftwagen gestiegen. Hier arbeiteten Ende 1979 397 300 Menschen, fast 4 Prozent mehr als noch ein Jahr zuvor.
Ende 1979 und Anfang 1980 war die Autoindustrie in den Sog der konjunkturellen Talfahrt geraten, so daß dies für die gesamte Industrie Folgen haben mußte. Der wirtschaftliche Aufschwung beschleunigte sich noch. Ende 1980 waren trotz stärker werdender Flaute im Autogeschäft noch 789 419 Menschen in der Autoindustrie beschäftigt, allerdings 10 000 Beschäftigte weniger als noch im Vorjahr, entsprechend einem Rückgang von etwa einem Prozent. Vermindert, allerdings nur in geringem Umfang, zeigt sich die Anzahl der Beschäftigten beim Straßenfahrzeugbau einschließlich des Reparaturgewerbes auch Ende 1980. Die Autoindustrie hatte sich rascher als andere Wirtschaftszweige aus dem Konjunkturtal wieder nach oben arbeiten können, die Produktionsziffern waren wieder gestiegen, knapp 660 000 Menschen waren für die Autoindustrie im engeren Sinne tätig.
Im Verlauf von zehn Jahren war der Anteil der im Straßenfahrzeugbau und in angelagerten Betrieben arbeitenden Menschen an der Anzahl der Mitarbeiter des verarbeitenden Gewerbes in der Bundesrepublik Deutschland um die Hälfte gestiegen. 1981 arbeiteten 10,5 Prozent aller im verarbeitenden Gewerbe tätigen Menschen im Bereich der Autoindustrie, 1970 waren es erst 7 Prozent. In diesem Zeitraum hatte der Straßenfahrzeugbau eine durchschnittliche Zunahme um jährlich 2,4 Prozent zu verzeichnen, während für das gesamte verarbeitende Gewerbe die Belegschaft durchschnittlich um 1,3 Prozent abgebaut worden war. 1982 setzte sich die Verringerung der Anzahl der Werktätigen in der Gesamt-Industrie mit einem Minus von 4 Prozent fort, während die Autoindustrie mit einem nur marginalen Abbau über die Runde kam.
Allerdings mußten die Unternehmen bei starkem Produktionsrückgang in der zweiten Jahreshälfte die Kurzarbeit stärker als vorgesehen ausweiten. Ende 1982 betrug die Anzahl der Kurzarbeiter 148 000, dies war besorgniserregend. Allerdings setzte das Jahr 1983 positivere Zeichen. Bis Mitte 1983 wurde die Anzahl der Kurzarbeiter auf 43 000 verringert, und Ende 1983 wurde bei allen deutschen Automobilunternehmen wieder voll gearbeitet. Zum Jahreswechsel 1983/84 beschäftigte der Straßenfahrzeugbau einschließlich Reparaturgewerbe 788 657 Menschen, gegenüber 1978 bot dieser Industriezweig trotz zunehmender Verwendung von arbeitsparenden Fertigungstechniken 1983 rund 24 000 Arbeitsplätze mehr.
Knapp 800 000 Menschen arbeiten in den Betriebsstätten des Fahrzeugbaus, und abermals 1,4 Millionen Menschen sind mit ihrer Erwerbsquelle der Automobilindustrie — vor- oder nachgeschaltet — verbunden. Weitere indirekt verbundenen Dienstleistungsbereiche kommen noch hinzu; insgesamt stellen das Auto, sein Betrieb und seine Herstellung etwa 4 Millionen Arbeitsplätze in der Bundesrepublik Deutschland. Schon dies beweist seine Bedeutung für die Wirtschaft des Landes.

Beschäftigte in der Autoindustrie der Bundesrepublik Deutschland.

1979	1980	1981	1982	1983	1984
799 500	789 500	787 000	780 000	788 657	790 000

Die Motorisierung überholt alle Prognosen

Während der sechziger Jahre nahm der Fahrzeugbestand in Westdeutschland ungewöhnlich rasch zu. Am Ende dieses Jahrzehnts errechnete man in der Bundesrepublik 4,6 Einwohner je Personenwagen, in der Schweiz 4,8, in Österreich 6,6, in Schweden aber bereits 3,6 und in den USA 2,3 Einwohner je Auto.

Die in den Jahren der Energiekrisen gestiegenen Kraftstoffpreise und höhere Belastungen für den Unterhalt eines Autos konnten die Liebe zum Auto nicht verringern. Von 1960 bis 1970 war der Autobestand durchschnittlich um 1 Million Fahrzeuge je Jahr gewachsen. Der Prozeß der Motorisierung hielt auch nach 1979, nach der zweiten sogenannten Ölkrise, unvermindert an. Zum Jahresende 1979 waren in der Bundesrepublik Deutschland 22,6 Millionen Autos unterwegs, fast genau eine Million mehr als 1978. Und die Motorisierung eilte allen Prognosen voraus: Fachleute hatten 1977 einen Bestand von 23,2 Millionen Fahrzeugen für das Jahr 1982 vorausgesagt; diese Zahl wurde aber schon im Juli 1980 erreicht. Auf 1 000 Bundesdeutsche kamen 1979 statistisch 396 Autos, mit anderen Worten: 2,7 Einwohner mußten sich ein Personenauto teilen. Damit lag die Bundesrepublik Deutschland 1979 beim Kriterium Motorisierungsgrad an der Spitze in Europa, gefolgt von Frankreich, der Schweiz und Schweden mit je 2,9, 3,3 in Belgien, Niederlande, Luxemburg und Italien. Aber: Die USA lagen mit 1,9 Einwohner je Auto auf dem ersten Platz in der Motorisierung der Welt.

Im Vergleich zum Jahresende 1979 verzeichnete das Jahr 1980 nur einen Anstieg von etwa 622 000 Automobilen; der Bestand an Fahrzeugen in Westdeutschland war auf 23,2 Millionen gewachsen, ein Zeichen für die wirtschaftliche Stagnation. Die Neuzulassungen waren stark zurückgegangen. Auch 1981 erhöhte sich der Bestand von Personenwagen und Kombis verhältnismäßig wenig, und die Branche begann sich auf einen schwächer wachsenden Inlandsmarkt einzustellen. Ende 1981 fuhren rund 23,6 Millionen Autos auf deutschen Straßen, Mitte 1982 waren es schließlich 24,1 Millionen; das Auto stand wieder im Mittelpunkt des Interesses der Kundschaft.

Die Anzahl der Autos auf den Straßen wächst stetig

Der Besitz eines Autos ist nicht mehr wie früher den besserverdienenden Teilen der Bevölkerung vorbehalten. Nur jeder zweite Arbeitnehmerhaushalt mit mittlerem Einkommen verfügte 1970 über ein eigenes Auto. Zehn Jahre später gehörte zu dieser Haushaltsgruppe in vier von fünf Familien ein Automobil.

Bestand an Personen- und Kombiwagen in der Bundesrepublik Deutschland.

1950	1960	1970	1980
600 670	4 856 217	14 376 484	23 236 060
1981	1982	1983	1984
23 680 911	24 035 907	24 688 843	25 377 637

Nur drei Prozent der deutschen Rentnerhaushalte hatten 1970 ein eigenes Auto, 1980 waren es 20 Prozent. Gestiegene Einkommen, bessere Gesundheitsversorgung, höhere Aktivitäten sowie einfachere Bedienung und größere Zuverlässigkeit der Automobile sind einige Gründe für die erhöhte Mobilität der Rentner. Von den 25 Millionen Haushalten besaßen 1982 rund 70 Prozent ein eigenes Automobil, viele sogar zwei Fahrzeuge.

Der konjunkturelle Schnupfen der bundesdeutschen Wirtschaft hatte den Autobestand zum Jahresende 1982 im Vergleich zum Vorjahr nur um 350 000 Einheiten wachsen lassen. Diese Zunahme setzte sich 1983 fort. In der Jahresmitte hatte sich der Bestand an Pkw/Kombi um 2 Prozent erhöht. Am Jahresende war der Bestand um 600 000 Autos gegenüber 1982 gestiegen, und Ende 1984 hatte er um 2,7 Prozent auf über 25 Millionen zugenommen. Die Automobilindustrie ist zuversichtlich, daß das Kraftfahrzeug zahlenmäßig noch weiter vordringt.

Autokosten

Das Auto ist in den letzten Jahren für den privaten Verbraucher nicht übermäßig teurer geworden. Der statistische Index für den Unterhalt eines Autos hat sich in bezug auf den Lebenshaltungs-Kosten-Index stabil gehalten, obwohl einige Posten in der Unterhaltsrechnung für das Auto — wie z. B. der Kraftstoff — eine überproportionale Verteuerung erfahren haben. Vergleicht man die Ausgaben für das Auto mit dem gestiegenen verfügbaren Einkommen, verläuft die Kurve der Auto-Ausgaben sogar nach unten. So beanspruchte das Auto im statistischen Mittel 1976/77 noch rund 14 Prozent des Haushaltseinkommens, während 1983 dafür nur 12,5 Prozent eingesetzt werden mußten. Ein Auto zu unterhalten ist also in den letzten Jahren nicht teurer geworden. Der Grund hierfür ist die verbesserte Technik der Autos, die sowohl Wartung als auch Reparaturen deutlich vereinfacht und damit preisgünstiger gestaltet hat.

Eine modellspezifische Wartungsarbeit benötigt im

Vergleich zu den siebziger Jahren heute nur noch ein Drittel der damaligen Arbeitszeit. Es wurden wartungsfreie Systeme eingeführt, und die Zeitabstände zwischen den Inspektionen sind heute so groß, daß ein statistisches Durchschnittsauto kaum mehr als einmal je Jahr in die Werkstatt muß.

Teure öffentliche Verkehrsmittel

Während sich die Autohaltungskosten über die Jahre hinweg parallel zu den Lebenshaltungskosten entwickelt haben, zeigt eine andere Beförderungsart stark steigende Preistendenzen: Die Preise für Leistungen öffentlicher Verkehrsträger haben sich in den zehn Jahren von 1973 bis 1983 im statistischen Mittel fast verdoppelt, sie liegen (1973 gleich 100 Prozent) 1983 bei 195 Prozent. Die Autokosten sind demgegenüber im gleichen Zeitraum auf 165 Prozent gestiegen und die Lebenshaltungskosten allgemein auf 160 Prozent. Es ist deshalb kein Wunder, daß das Auto als bequemes Transportmittel unübertroffen ist.

In seinen volkswirtschaftlichen Auswirkungen können das Auto und die Unterhaltungskosten für seinen Betrieb nicht hoch genug geschätzt werden. Für den Betrieb der etwa 25 Millionen Personen- und Kombiwagen wenden Eigentümer und Benutzer monatlich über acht Milliarden, im Jahr also knapp 100 Milliarden Mark auf, eine Summe, die, auch verteilt auf zahlreiche Verwendungsarten, noch viele Gewerbezweige florieren läßt.

Monatliche Autohaltungskosten für einen Arbeitnehmer (I) und einen Angestellten mit höherem Einkommen (II), jeweils in einem Vier-Personen-Haushalt.

	1979	1980	1981	1982	1983
I	230,82	246,21	261,24	260,55	274,82
II	323,20	338,99	362,56	372,71	377,27

Kraftstoffpreis — Kraftstoffverbrauch

Im Hinblick auf die Mineralölkrisen von 1973/74 und 1979/80 sind Konsequenzen für das Automobil und seine Rolle in der Wirtschaft nicht zu übersehen. Vor allem haben sowohl Autohersteller als auch Autofahrer auf ihre Weise für deutlich geringere Verbrauchsmengen gesorgt. Der Verkauf von Vergaserkraftstoffen ist seit 1973 in 11 Jahren nur um 25 Prozent gestiegen, obwohl der Bestand an Personen- und Kombiwagen um etwa 45 Prozent gewachsen ist. Die Beziehung zwischen der Entwicklung des Kraftstoffverbrauchs und des Pkw-Bestands hat sich deutlich von einer parallelen Zunahme zur Abnahme hin entwickelt. Dabei ist nicht nur der Fahrzeugbestand gewachsen, sondern seit 1982 auch die durchschnittlichen Jahresfahrleistungen, nämlich von 1981 bis 1983 um fast drei Prozent. Der Kraftstoffverbrauch je Auto ist in den letzten Jahren stark zurückgegangen. Der tatsächliche Verbrauch sank für alle im Verkehr befindlichen Personen- und Kombiwagen von 1978 bis 1983 um etwa 0,9 Liter auf nur noch knapp 10 Liter Benzin für 100 Kilometer. Für den einzelnen Autofahrer bedeutete dies eine Einsparung von 150 D-Mark im Jahr 1983. Der durchschnittliche Verbrauch der 1983 verkauften Autos deutscher Hersteller lag im selben Jahr um 16,8 Prozent niedriger als 1978. Der durchschnittliche Minderverbrauch bei den Neuzulassungen beträgt so fast 1,7 Liter für 100 Kilometer. Die technische Entwicklung hatte die Zusage der Auto-

Benzinpreisentwicklung im Jahresdurchschnitt, Verkauf von Benzin, Bestand an Pkw/Kombi, Bestandsveränderungen und Verbrauchsentwicklung, durchschnittliche jährliche Fahrleistungen.

Jahr	Super-Benzin Preis in DM	Benzin-Verkauf in 1000 t	Autobestand Bundesrepublik Deutschland Pkw/Kombi	Bestandsveränderungen in Prozent	Verbrauchsänderungen in Prozent	Fahrleistung jährlich, durchschnittlich
1972	0,69	18 130,1	16 323 997			
1973	0,76	18 508,2	17 036 474	+ 4,36	+ 2,08	
1974	0,90	18 048,1	17 356 276	+ 1,82	·/. 2,48	
1975	0,899	19 746,5	17 854 579	+ 2,87	+ 9,41	
1976	0,929	20 583,0	18 851 398	+ 5,85	+ 4,23	
1977	0,899	21 809,3	20 377 174	+ 8,09	+ 5,95	
1978	0,922	23 014,5	21 619 697	+ 6,09	+ 5,52	
1979	1,031	23 307,3	22 613 508	+ 4,59	+ 1,27	14 037
1980	1,179	23 720,9	23 236 060	+ 2,75	+ 1,77	13 857
1981	1,422	22 268,7	23 680 911	+ 1,91	·/. 6,12	12 791
1982	1,388	22 730,3	24 035 907	+ 1,49	+ 2,07	12 969
1983	1,384	23 039,3	24 688 843	+ 2,71	+ 1,35	13 220

industrie, den Verbrauch der neuen Fahrzeuge zwischen 1978 und 1985 um durchschnittlich 15 Prozent zu verringern, schon früh überholt.
1972 kostete der Liter Superbenzin im Jahresmittel an der Tankstelle 69 Pfennig, 11 Jahre später fast genau den doppelten Betrag. Der absolut höchste Preisstand hatte sich in der Bundesrepublik Deutschland nach der zweiten Ölkrise im Jahr 1981 ergeben: durchschnittlich 142,2 Pfennig für einen Liter Superbenzin. Der Benzinabsatz ging in diesem Jahr trotz des fast zwei Prozent höheren Fahrzeugbestands um über sechs Prozent zurück, denn der Betrieb des Autos war auf einen Schlag sehr teuer geworden. In den Folgejahren wurde bei niedrigerer Kilometerleistung und mit sparsameren Autos nie mehr die Benzinmenge des Jahres 1980 auf den deutschen Straßen verbrannt, trotz weiter gestiegenem Fahrzeugbestand. Besonders in den letzten Jahren beginnen auch die Versuche, den Autofahrer zu bewußterem Umgang mit dem Gasfuß zu erziehen, Früchte zu tragen. Er hat nämlich den größten Einfluß auf den Kraftstoff-Verbrauch.

Ein Auto zu steuern kostet Steuern

Das Auto bringt seinen Benutzer nicht nur von A nach B, sondern der Staatskasse auch viel Geld. Selbst wenn man von mittelbar entstehenden Steuern absieht, die beim Kauf, bei der Herstellung des Autos und seiner Betriebsstoffe anfallen, gibt es hohe Staatseinnahmen durch den Betrieb des Fahrzeugs. Die Mineralölsteuer fließt in die Kassen des Bundes und die Kraftfahrzeugsteuer mit ihrer Bemessung nach dem Hubraum des Motors auf die Steuer-Konten der Länder. Besonders die Mineralölsteuerquelle sprudelte — fast immer — sehr reichlich. 1951 lagen auf einem Liter Benzin nur 10 Pfennig, 1964 bereits 30 Pfennig Steuer.

Steueraufkommen aus Mineralölsteuer und Kraftfahrzeugsteuer.

Jahr	Mineralölsteuer in Mio. DM	Kraftfahrzeugsteuer in Mio. DM
1972	14 227	4 721
1973	16 588	4 988
1974	16 051	5 159
1975	17 121	5 302
1976	18 120	5 629
1977	19 184	5 928
1978	20 462	6 282
1979	21 139	7 576*)
1980	21 350	6 585
1981	22 179	6 593
1982	22 835	6 689
1983	23 338	6 983

*) Einmalige Mehreinnahme durch Umstellung der Zahlungsweise.

1973 betrug der Mineralölsteueranteil am Benzinpreis schon 57 Prozent, d.h., absolut gesehen war jeder Liter mit einem Steuersatz von 44 Pfennig belegt. 1981 wurde dieser Satz auf 0,51 DM erhöht, und gegenwärtig stecken im Benzinpreis je Liter 0,55 DM Steuern. Die etwa 19 000 Tankstellen im westdeutschen Bereich haben sich zu pünktlichen und privatwirtschaftlichen Steuereinnehmern im Dienste des Staates entwickelt: Über 23,3 Milliarden Mark nahm der Bund 1983 aus der Mineralölsteuer ein, 9 Milliarden mehr als noch 1973. Insgesamt bringt das Auto für Bund, Länder und Gemeinden fast ein Viertel des gesamten Steuertopfes auf. Dabei darf man allerdings nicht nur Mineralöl- und Kraftfahrzeugsteuer berechnen, sondern man muß die Steuern der Unternehmen und Betriebe, sowie die Lohn- und Einkommensteueranteile der Beschäftigten mit berücksichtigen. In den letzten Jahren flossen regelmäßig aus der Rolle des Autos in der Wirtschaft bis zu 95 Milliarden Mark auf die Steuerkonten.
Aus den sämtlichen Steuereinnahmen der öffentlichen Hand im Beispieljahr 1981 ist die Bedeutung des Autos in der staatlichen Finanzwirtschaft einzuschätzen: Insgesamt wurden aus allen möglichen Quellen 370,3 Milliarden Mark an Steuern eingenommen. 24 Prozent davon hatten ihren Ursprung in Produktion und Nutzung des Autos. Aus der Herstellung entsprangen 28,5 Milliarden Mark und aus dem Betrieb des Autos 60,4 Milliarden.

Zunahme der Investitionen — aber auch der Lohnkosten

1979 wurden im Straßenfahrzeugbau etwa 7,4 Milliarden Mark investiert, mehr als doppelt so viel wie noch 1976. Im Jahr 1983 waren es knapp 10 Milliarden und 1984 über 10 Milliarden Mark. Allerdings investierte man meist nicht, um eine höhere Produktionsstückzahl zu erreichen. Die Investitionsquote — Bruttoinvestitionen in Prozent vom Umsatz — stieg auf beachtliche sechs Prozent. Damit liegt sie deutlich über der Investitionsquote der verarbeitenden Industrie, die 1983 knapp vier Prozent erreichte. Der größte Anteil dieser Investitionen wird für zwei Bereiche aufgewendet. Die Produkte müssen geänderten Anforderungen des Marktes und neuen Techniken angepaßt werden. Außerdem müssen die weiter steigenden Kosten mit immer rationeller arbeitenden Fertigungshilfsmitteln möglichst im Zaum gehalten werden.
Die westdeutsche Automobilindustrie hat mit ungewöhnlich hohen Lohnkosten und besonders niedrigen Arbeitszeit-Mengen zu kämpfen. Die auf D-Mark-Basis umgerechneten Lohnkosten werden zwar stark von den Wechselkursen der Währungen beeinflußt, aber sie geben doch wichtige Anhaltspunkte. Alle Konkurrenten auf den internationalen

Automärkten (mit Ausnahme der USA) können niedrigere Lohnkosten ansetzen. Für die deutsche Autoindustrie mit ihrer starken Orientierung auf den Export von Fahrzeugen bedeutet dies die Verlagerung auf die Produktion hochwertigerer und teurerer Autos. Selbst in Schweden, einem Staat mit sozialistischer Wirtschaft, liegen die Lohnkosten niedriger, und nur in Schweden wird in der Autoindustrie noch weniger gearbeitet.

In der Jahresarbeitszeit sind die Japaner Weltmeister. Es ist deshalb kein Wunder, daß sie in Verbindung mit niedrigeren Lohnkosten eine aggressive Exportpolitik praktizieren. Der Vorsprung der japanischen Automobilindustrie zeigt sich in weiteren wichtigen Kennziffern. Im Jahr 1982 beschäftigten die japanischen Autohersteller knapp 700 000 Mitarbeiter, die deutschen 714 000. Die Lohnsumme für die japanischen Auto-Beschäftigten betrug umgerechnet 24,1 Milliarden Mark, für die deutschen lag sie bei fast 31 Milliarden Mark, also nahezu um ein Drittel höher. Die japanische Autoindustrie erreichte 1982 mit weniger Beschäftigten einen Umsatz von 235,8 Milliarden Mark. Die deutschen Hersteller dagegen setzten 1982 lediglich 131 Milliarden Mark um. Dies ist, für sich betrachtet, im Lauf der Jahre ein ausgezeichnetes Ergebnis. Auf jeden deutschen Autobeschäftigten entfielen somit 183 000 Mark Umsatzanteil, auf jeden japanischen dagegen 338 000 Mark. Diese Zahlen verdeutlichen, weshalb deutsche Automobilhersteller auf die Veränderung von Rahmenbedingungen, wie z. B. Lohn und Arbeitszeit, sensibel reagieren. Die Wettbewerbsfähigkeit deutscher Qualitätsfahrzeuge zu entsprechenden Preisen besteht nur in Ländern mit hohem Einkommen, billigere Autos für Märkte mit niedrigem Volkseinkommen sind von der deutschen Autoindustrie nicht mehr zu erwarten. Dies zeigt sich auch im seit Jahren steigenden Durchschnittswert der produzierten Autos. Die Autofahrer begehren nicht nur zunehmend Motoren mit mehr Hubraum, sondern auch höherwertige Ausstattung und Technik. Gegenüber 1982 lag der inflationsbereinigte Durchschnittswert eines deutschen Autos 1983 um 7,2 Prozent höher; bezogen auf 1978 sind es sogar 24 Prozent.

Lohnkosten und Arbeitszeit in der Bundesrepublik Deutschland im internationalen Vergleich, bezogen auf die Automobilindustrie.

Lohnkosten in DM/Stunde				
	1980	1981	1982	1983
Bundesrepublik Deutschland	26,91	28,63	30,23	31,64
Frankreich	19,66	21,66	22,39	23,23
Italien	17,15	18,39	20,01	21,94
Großbritannien	15,24	17,79	18,20	18,59
Japan	14,50	19,74	19,80	22,29
USA	24,83	34,48	39,35	43,27
Schweden	28,19	32,89	31,14	28,14

Jahresarbeitszeit 1983/1984 in Stunden	
Bundesrepublik Deutschland	1 566 (noch ohne Berücksichtigung der 38,5-Stunden-Woche)
Frankreich	1 585
Italien	1 634
Großbritannien	1 768
Japan	2 160
USA	1 936
Schweden	1 524

Sicher durch die Haftpflichtversicherung

Unfälle im Straßenverkehr haben viele Ursachen. Selbstverständlich ist das Auto hieran beteiligt, es ist aber immer der Mensch, dem die Schuld zugesprochen werden muß. Um diese Schuld zumindest finanziell gegenüber dem „unschuldig" Betroffenen auszugleichen, wurde die Pflichtversicherung 1939 per Gesetz eingeführt. Etwa 100 Versicherungsunternehmen bieten dem deutschen Autofahrer heute ihre Dienste an. Beim Blick auf die Zahlen der Versicherungs-Wirtschaft im Bereich der Kraftfahrt-Haftpflicht-Versicherung wird schnell deutlich, welche Summen das Auto in der Wirtschaft zu bewegen imstande ist. So entwickelte sich das Prämienaufkommen der Kraftfahrzeug-Haftpflicht-Versicherung von 1950 mit noch verhältnismäßig bescheidenen 352,8 Millionen Mark bei einem Personenwagenbestand von 220 000 Einheiten über 1,4

Die deutsche Autohaftpflichtversicherung: Prämieneinnahme, durchschnittlicher Schadenbedarf, Häufigkeit, Schadenaufwendungen.

Jahr	Brutto-Prämie in Mio. DM	Aufwendungen im Durchschnitt je Schaden in DM	Schadenhäufigkeit auf 1000 Versicherungseinheiten	Gesamtschadenaufwand in Mio. DM
1974	7 580,8	2 513	112	4 298
1975	7 768,8	2 752	112	5 023
1976	8 145,7	2 799	120	5 718
1977	9 171,3	2 923	123	6 497
1978	9 563,6	2 992	128	7 598
1979	10 969,2	3 012	128	7 787
1980	11 068,5	3 229	124	8 529
1981	11 605,4	3 334	122	8 833
1982	11 846,6	3 465	115	8 883
1983	12 196,2	3 660	116	9 722
1984	12 600,0	3 850	116	10 100*)

*) Schätzung.

Milliarden Mark im Jahr 1960 zu 7,6 Milliarden Mark im Jahr 1974. Und während der letzten Jahre hat sich das Beitragsaufkommen für die Haftpflichtversicherung des Autos fast verdoppelt. Erhöht haben sich allerdings auch die Kosten für die Unfallschäden, die von den Versicherungen reguliert wurden.

Nicht alle Schäden werden über die Versicherungen abgewickelt. Vor zehn Jahren fiel im statistischen Mittel je reguliertem Autoschaden ein Betrag von 2 500 Mark an, 1984 sind es rund 3 800 Mark. 1984 wurden den Versicherungsunternehmen knapp 3,5 Millionen Schäden gemeldet, etwa drei Prozent mehr als im Jahr zuvor.

Obwohl sich in den letzten beiden Jahren die Schadenhäufigkeit je 1 000 Haftpflichtversicherungseinheiten wieder leicht erhöht hatte, sind die Versicherungsfälle seit Ende der siebziger Jahre doch deutlich zurückgegangen. Trotz der abnehmenden Schadenhäufigkeit hat sich der Gesamtaufwand der Autoversicherer aber fortwährend erhöht. So wurden für die Schadenregulierung vor zehn Jahren noch knapp 4,3 Milliarden Mark im Jahr ausgegeben, aber 1984 waren es über zehn Milliarden.

Hinter diesen Zahlen verbergen sich menschliches Leid und volkswirtschaftlicher Schaden, die durch die Straßenverkehrsunfälle entstanden sind. Auf der Minus-Seite des Auto-Kontos muß man deshalb bei einer gesamtwirtschaftlichen Betrachtung auch den volkswirtschaftlichen Unfall-Schaden berücksichtigen. Nach Berechnungen von Versicherungsunternehmen wird angenommen, daß der jährliche Schaden an der Volkswirtschaft der Bundesrepublik Deutschland als Folge von Verkehrsunfällen bei etwa 40 Milliarden Mark liegt.

Reifen müssen rollen für das Auto

Einer der wichtigsten Zulieferer der Autohersteller ist die Kautschukindustrie. Für diese ist die Autoindustrie wiederum der größte Abnehmer. 93 Prozent des Inlandabsatzes werden an fünf Abnehmerindustrien geliefert, das Automobil nimmt 73 Prozent der im Inland verkauften Erzeugnisse aus Elastomeren auf. Davon sind 31 Prozent Reifen für die Erstausrüstung, 30 Prozent Reifen für den Ersatzbedarf und 12 Prozent technische Erzeugnisse, die in die Autoproduktion gehen oder als Ersatzteile verkauft werden. Die wirtschaftliche Lage der Kautschukindustrie ist sehr stark von der Situation in der Automobilindustrie abhängig. Von 831 000 Tonnen Gummierzeugnissen im Jahr 1983 betrafen über 530 000 Tonnen die Bereifungen für Personenautos (etwa 50 Prozent), der Rest entfiel auf Reifen für Lastwagen, Baumaschinen u. a. Weitere 80 000 Tonnen gingen als Kautschukerzeugnisse in die Reparatur oder Ausstattung von Automobilen. 1983 erreichte die deutsche Kautschukindustrie einen Umsatz von 7,7 Milliarden Mark.

Die Kautschukindustrie in der Bundesrepublik Deutschland.

Jahr	Beschäftigte in Tausend	Pkw-Reifen-Produktion in Mio. Stück
1979	90	34,3
1980	91	33,3
1981	85	31,3
1982	82	32,5
1983	79	33,7

Produziert wurden 1983 in den deutschen Reifenwerken insgesamt 33,7 Millionen Personenwagen-Reifen. Davon wurde fast die Hälfte ins Ausland verkauft. Die hohe Nachfrage von seiten der Autohersteller führte bei der deutschen Reifenindustrie zu der mit 92,6 Prozent seit Jahren höchsten Auslastung ihrer Kapazitäten. Unter dem Zwang zur Rationalisierung hat die Kautschukindustrie in den letzten Jahren die Anzahl ihrer Mitarbeiter von 90 000 im Jahr 1979 ständig verringert. Mit 79 000 Beschäftigten wurde 1983 die mit Abstand niedrigste Anzahl von Mitarbeitern in den letzten fünf Jahren registriert.

Im Wirtschaftsverband der deutschen Kautschukindustrie sind etwa 90 Prozent der industriellen Erzeuger von Kautschukwaren zusammengeschlossen. Im Prinzip ist die deutsche Kautschukindustrie mit Betrieben von bis zu 500 Mitarbeitern überwiegend mittelständisch strukturiert. Nur die großen Pkw-Reifenhersteller haben über 1 000 Beschäftigte; sie stellen aber, nach der Anzahl der Unternehmen gemessen, nur ein Siebtel der Branchenfirmen. So erzielt auch nur ein Fünftel der in dem Wirtschaftsverband zusammengeschlossenen Unternehmen Umsätze von 100 Millionen Mark oder mehr im Jahr. Die Rolle des Autos in der Wirtschaft wird von vielen kleineren Kautschukunternehmen auch in den strukturschwachen Gebieten getragen. Für das Auto wird im Zonenrandgebiet ebenso produziert wie im Saarland oder im Bayerischen Wald.

Mehr Handel als Handwerk

Ein Auto wird nicht nur verkauft, sondern über viele Jahre hinweg von Werkstätten begleitet und betreut. So zählt das Kraftfahrzeug-Gewerbe mit zu den Eckpfeilern der Bedeutung des Automobils. Gemessen an den gesamten Kosten bei der Haltung eines Autos liegt der Anteil der Aufwendungen für Reparaturen und Wartung bei etwa 12 Prozent. Daß trotz lohnintensiver Arbeiten in den Werkstätten bei gleichzeitiger Lohnsteigerung der Werkstätten-Anteil für den einzelnen Autofahrer seit Mitte der siebziger Jahre gesunken ist, liegt an der verbesserten Autotechnik; die Fahrzeuge wurden zuverlässiger, die Wartungsintervalle länger. Außerdem wur-

Das Kfz-Handwerk in der Bundesrepublik Deutschland.

Jahr	Kfz-Betriebe	Beschäftigte	Umsätze in Mio. DM		Umsätze ingesamt
			Kfz-Handwerk	Neuwagenhandel	einschließlich Gebrauchtwagenhandel
1974	26 588	356 500	10 474	18 115	41 235
1975	27 610	353 000	12 177	24 447	51 712
1976	28 578	359 000	14 394	28 365	61 235
1977	29 621	367 000	15 466	32 055	70 162
1978	30 795	384 000	18 208	34 646	79 737
1979	31 745	400 900	16 605	40 786	85 442
1980	32 775	403 950	16 144	38 640	81 909
1981	33 747	393 850	16 167	37 113	80 069
1982	34 183	348 973	16 244	37 190	82 894
1983	36 756	337 054	17 672	42 560	91 646

den die Autos wartungsfreundlicher. Die Arbeiten können schneller und kostengünstiger erledigt werden. Dies zeigt sich deutlich in der Statistik mit Eck-Daten zum Kraftfahrzeughandwerk. Die Anzahl der Beschäftigten hatte 1980 mit 403 000 einen Höchststand erreicht, seitdem verringerte sich die Anzahl der Mitarbeiter im Kraftfahrzeughandwerk, und dies bei weiter steigendem Bestand an Autos auf den deutschen Straßen. Sie fiel 1983 auf den Stand von vor 1974, und es ist keine Tendenz zur Wende zu erkennen.

Die Einnahmen aus der Sparte Wartung und Reparatur haben sich innerhalb von zehn Jahren nur allmählich nach oben entwickelt. Dagegen haben sich die Umsätze aus dem Neuwagenhandel und die Gesamtumsätze seit 1974 mehr als verdoppelt. Die Bemühungen der Autoindustrie, durch technische Verbesserungen die Haltungskosten der Fahrzeuge möglichst gering zu halten, haben sich sicherlich nicht zur Freude der Betriebe des Kraftfahrzeughandwerks ausgewirkt. Dennoch ist es aus volkswirtschaftlicher Sicht wichtig, daß Autofahren erschwinglich bleiben muß.

Das Auto macht mobil

Die herausragende Stellung des Automobils im Reigen der Verkehrsträger hat sich in den letzten Jahren noch verstärkt. Dies gilt für beruflich bedingte Fahrten, für den Urlaubs-Trip und für die Fahrt zum Einkaufen. Alle Prognosen, die sich mit dem Verkehr in der Zukunft beschäftigen, stimmen darin überein, daß ein Wachstum der Verkehrsleistungen fast ausschließlich vom Straßenverkehr getragen werden wird. Mehr als 80 Prozent des Zuwachses an Verkehrsnachfrage werden von Personenwagen (60 Prozent) und vom Omnibus befriedigt. Gerechnet nach Milliarden Personen-Kilometer ist der Individualverkehr, also der Pkw, allen anderen Verkehrsträgern auf und davon gefahren. So erreichten die Autos im Individualverkehr 1970 über 350 Milliarden Personen-Kilometer, 1982 waren es mehr als 450, und im Jahr 2000 sollen es über 500 Milliarden Personen-Kilometer werden. Der öffentliche Straßenverkehr, die Eisenbahn und der Luftverkehr erbringen zusammen nur 25 Prozent der jährlichen Verkehrsleistungen.

1981, nach einer Welle von Preiserhöhungen durch die zweite Erdölkrise von 1979, hatte sich das Auto kurzfristig mit einem leichten Rückschlag abfinden müssen, aber seit 1982 ist es dabei, noch mehr Personenverkehr auf sich zu ziehen; und dies vor allem zu Lasten des öffentlichen Straßenverkehrs (Stadtschnellbahn, Straßenbahn, Obus und Kraftomnibus) und der Eisenbahn, die an der insgesamt stark gestiegenen Verkehrsleistung nicht partizipieren konnte. Der Zuwachs beim Personenverkehr schlug sich ausschließlich auf dem Konto des Autos nieder. Dies mag politisch unterschiedlich beurteilt werden, und es ist fraglich, ob in Zukunft diese Verlagerung weiter in diesem Umfang zugunsten des Autos stattfinden soll. Aber es ist eine Tatsache, daß das Auto trotz gestiegener Kosten schlechthin das be-

Anteile verschiedener Träger am Verkehrsaufkommen.

Verkehrsaufkommen in Milliarden beförderte Personen						
Jahr	1960	1970	1980	1981	1982	1983
Individualverkehr	15,3	23,1	28,9	26,9	27,6	28,2
Öffentlicher Straßenverkehr	6,2	6,2	6,7	6,8	6,6	6,3
Taxi	0,1	0,3	0,4	0,4	0,3	0,3
Eisenbahn	1,4	1,1	1,2	1,2	1,1	1,1

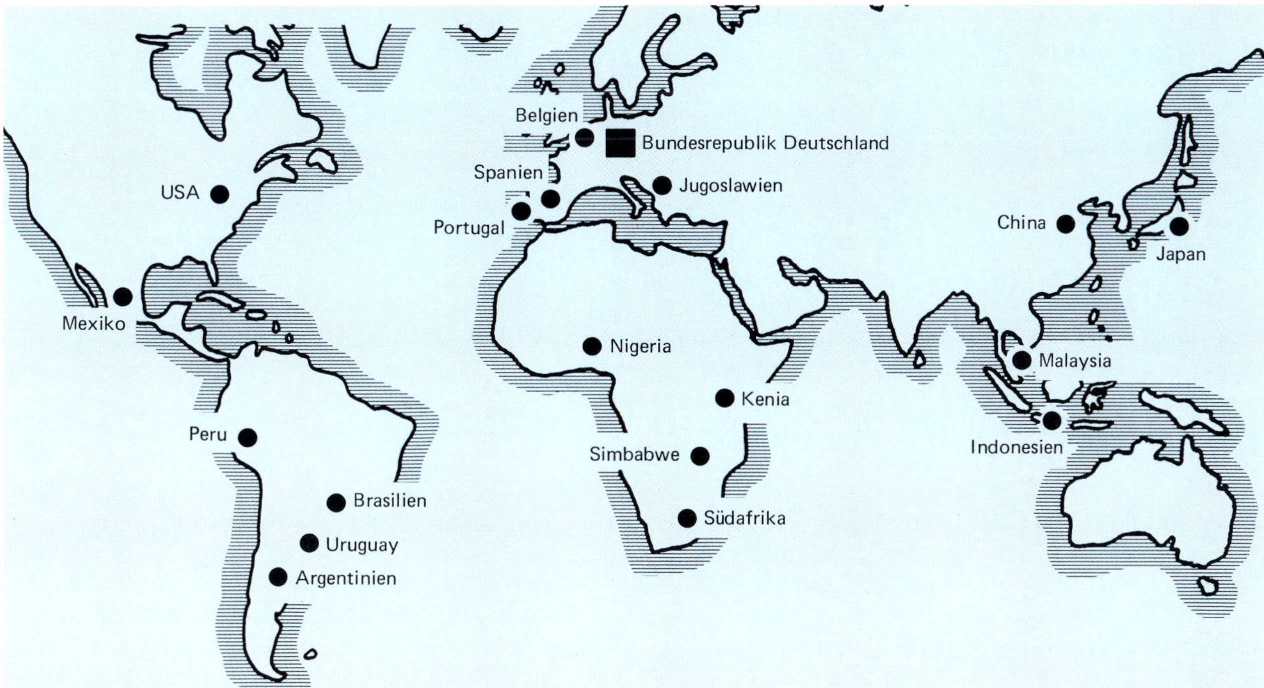

Weit gestreut sind die Produktionsanlagen von VW im Ausland (Stand Januar 1984).

liebteste Verkehrsmittel ist. Ohne das Auto und seine Verkehrsleistung wären viele Menschen auch in der mit öffentlichen Verkehrsmitteln verhältnismäßig gut erschlossenen Bundesrepublik Deutschland nicht so mobil, wie unsere Zeit es erfordert.

Autoproduktion im Ausland

Für die Verlagerung von Fertigungsstätten deutscher Personenwagenhersteller ins Ausland gibt es vor allem zwei Gründe. Für manche Fahrzeugklasse, wie z. B. für Kleinwagen, müssen deutsche Hersteller das allgemein niedrigere Kostenniveau ausländischer Standorte nutzen. Zweitens ist es für einen deutschen Autohersteller wie etwa VW in den Vereinigten Staaten aus handelspolitischen Gründen wichtig, sich auf einem speziellen Markt zur Umgehung drohender Einfuhrrestriktionen mit einem eigenen Werk niederzulassen. Fast alle deutschen Autohersteller sind mit Produktionsanlagen für Personenwagen im Ausland vertreten. Daimler-Benz läßt ausschließlich Kombi-Wagen im Ausland fertigen, die nicht für den deutschen Markt bestimmt sind.

Die Anzahl der im Ausland hergestellten Autos unter deutschem Firmenzeichen hat sich während der letzten 20 Jahre stark nach oben entwickelt. 1983 wurden im Vergleich zu 1963 mehr als zwölfmal soviel Personenwagen für deutsche Unternehmen im Ausland hergestellt. Allein 1983 entstanden im Ausland unter deutschem Markenzeichen rund 1,1 Millionen Personenwagen — etwa 25 Prozent mehr als noch ein Jahr zuvor. Die Talfahrt der Auslandproduktion im Jahr 1981 ist durch die Verluste von Volkswagen in den USA zu erklären. Umgekehrt lassen sich die Erfolge der „deutschen Modelle" von Ford und Opel auch an der Zunahme der Ausland-Produktionsziffern im Jahr 1983 ablesen. Außer dem Volkswagenwerk, das u. a. in den Vereinigten Staaten und in Südamerika produziert, haben sich besonders die deutschen Töchter der amerikanischen Autoriesen General Motors und Ford mit Produktionsstätten im Ausland engagiert. Opel hat erst jüngst seine Aktivitäten mit der Fertigung eines Kleinwagens in Spanien erheblich verstärkt. Und Ford läßt für den deutschen Markt Fahrzeuge in Spanien und in Belgien bauen.

Meist kommt es im Zuge dieser Ausland-Unternehmungen auch zu intensiven Handelsbeziehungen zwischen Westdeutschland und den Produktionsländern. Ausländische Fertigungsstandorte können Impulse für die Beschäftigung auf dem Binnenmarkt geben. Die Verflechtung der Länder durch

Produktion von Personenwagen deutscher Marken im Ausland.

Jahr	Anzahl
1963	82 550
1969	434 717
1974	521 395
1978	846 378
1980	988 505
1981	786 349
1982	818 970
1983	1 085 049

das Auto über Grenzen hinweg wird immer dichter. Sie ist sogar fast unentbehrlich geworden.

Mit dem Auto in die Zukunft

Das Automobil war in der Vergangenheit häufig Motor der Wirtschaft, dennoch hat es in der Gegenwart einen schweren Stand. Die Zeiten des ungebrochenen Wachstums scheinen für die Motorisierung vorbei zu sein; im Vordergrund steht nicht mehr, wie die Nachfrage durch steigende Produktionszahlen befriedigt werden kann. Statt dessen stellt man nun Überlegungen an, wie die Randbedingungen für das Auto der Zukunft aussehen könnten: Gibt es künftig genügend Kraftstoff? Welche Rolle gestehen Politiker dem Auto überhaupt noch zu? Wie ist die Einstellung der Menschen, besonders der jüngeren Generation, zum Auto und zur Autoindustrie? Welchen Einfluß wird die in den kommenden Jahren an Schärfe zunehmende Umweltdiskussion auf das Schicksal des Autos haben? Soll das Auto von seiner Aufgabe als wirtschaftliches Schwungrad von anderen Industriezweigen abgelöst werden?
Mehr als 25 Millionen Autos sind in der Bundesrepublik Deutschland zur Zeit unterwegs, dies ist ein riesiger, rollender Beweis für die Wichtigkeit dieses Industrieprodukts. Autos — darin sind sich alle Prognostiker in allen denkbaren Szenarien einig — wird es auch im Jahr 2000 geben. Das Wachstum der Motorisierung wird freilich geringer sein: Etwa 28 Millionen Autos sind die Bestandsschätzungen für das Ende der neunziger Jahre. Dies bedeutet, daß für den Ersatzbedarf — ein Auto lebt statistisch etwa zehn Jahre — rund 2,8 Millionen Autos jährlich in der Bundesrepublik Deutschland produziert und verkauft werden können.
Außer diesen verkaufsstrategischen Überlegungen werden allerdings auch die Aspekte Lebensqualität, Schonung der Umwelt sowie sorgfältiger Umgang mit endlichen Ressourcen an Rohstoffen und Energiequellen das Auto in den nächsten Jahren begleiten. Die gegenwärtige Diskussion um die Luftreinhaltung und Geschwindigkeitsbegrenzung kann die deutsche Autoindustrie und die mit ihr verbundenen Wirtschaftssparten in eine schwierige Lage bringen.
Die Automobilindustrie hat sich der Herausforderung der Ölpreiskrisen mit Bravour gestellt, und sie vermag jede vernünftige Zielvorgabe zur Schadstoffsenkung ohne staatliche Hilfen zu erfüllen. Sie wurde seit 1945 aus eigener Kraft zum gesündesten Zweig der deutschen Wirtschaft — in Krisenzeiten aber auch deren Motor. In keinem anderen Wirtschaftszweig wurde und wird mit solchem Aufwand weit vorausschauende Forschung betrieben, um künftigen technischen Schwierigkeiten begegnen zu können. Die Automobiltechnik der Bundesrepublik Deutschland hat einen sehr hohen Entwicklungsstand erreicht und ist darum für politische Einflüsse besonders anfällig. Sie kann ihre Position deshalb nur in einem marktwirtschaftlich orientierten Umfeld halten und ausbauen, das nicht politischer Effekte wegen eingeschränkt wird.

Internationale Kooperation: Seit 1985 betreibt der General-Motors-Konzern ein Technikzentrum in Luxemburg. Es steht der europäischen Automobilindustrie für Systementwicklungen zur Verfügung. Das Foto zeigt einen Teil der computergesteuerten Anlage für Emissionsuntersuchungen.

Citroen Traction Avant

Der Citroen 7 A und seine direkten Abkömmlinge können noch heute — ein halbes Jahrhundert nach der Premiere — als technisch aktuell gelten. 1934 war der „Traction Avant" als erstes Großserienauto mit Vorderradantrieb, selbsttragender Ganzstahlkarosserie und Drehstabfederung eine Sensation. Er wurde als solche begeistert gefeiert, aber auch heftig kritisiert. Es gab Probleme mit dem neuartigen Antrieb, und das ursprünglich vorgesehene Automatgetriebe mußte aufgegeben werden. Doch nach Behebung der Kinderkrankheiten fuhr der Wagen einem Welterfolg entgegen. Seine unglaublich gute Fahrsicherheit konnte er in etlichen Filmauftritten ausspielen, die ihm den Ehrentitel „Gangsterlimousine" einbrachten.

Der Traction Avant hatte eine recht ungewöhnliche Vorgeschichte. Weil André Citroen mit dem Widerstand der eigenen Werksführung gegen das avantgardistische Projekt rechnete, ließ er das Auto von einem jungen Team, an dessen Spitze der Flugzeugkonstrukteur Lefèbvre stand, „im Geheimen" entwickeln, wobei ein Prototyp des amerikanischen Budd-Preßwerkes als Vorbild diente. Der schwierige Weg in die Großfertigung (1934 bis 1957) stürzte Citroen in eine finanzielle Katastrophe. Sie wurde durch das Eintreten des Reifengiganten Michelin überwunden und sicherte der Marke Citroen bis auf den heutigen Tag den Ruf kühner Fortschrittlichkeit. Dieser gute Ruf wurde durch die nachfolgenden Lefèbvre-Konstruktionen 2 CV und ID/DS 19 noch gefestigt.

Zwischen Materialtest und Schau

Über neun Jahrzehnte sind seit dem ersten automobilsportlichen Wettbewerb, der Fahrt von Paris nach Rouen im Jahre 1894, vergangen. Dieses „Rennen" wurde zum Grundstein einer großartigen Entwicklung. Aus den kutschenähnlichen Fahrzeugen der Jahrhundertwende sind im Lauf der Jahrzehnte Spitzenkonstruktionen entstanden, die in jeder Epoche das Optimum des jeweiligen technischen Standes darstellen. Mit diesen Errungenschaften wurde der technische Fortschritt unaufhörlich vorangetrieben. Was zunächst an einem Wettbewerbsfahrzeug im erbarmungslosen Renneinsatz erprobt wurde, ging oft — manchmal nach Jahren oder Jahrzehnten — in den Serienwagenbau über, der Rennsport diente also als Prüflabor. Zwar ist seine diesbezügliche Bedeutung heute nicht mehr so offensichtlich, dennoch wird der Tourenwagen der Zukunft weiterhin vom Wettbewerbsfahrzeug der Gegenwart profitieren können.

Seit einigen Jahren hat sich der Automobilsport zu einer Industrie entwickelt, bei der beachtliche Geldbeträge im Umlauf sind. Diese moderne Entwicklung des professionellen Rennwesens ist zwar weit entfernt vom Amateursport, und sie entspricht nicht mehr dem Sport im ursprünglichen olympischen Sinn. Dennoch handelt es sich um eine normale Entwicklung, wie es sie nur bei einer die großen Massen anziehenden Sportart geben kann.

Werbeträger

Automobilsport ist untrennbar mit der Technik verknüpft, und viele mit ihm verbundene Kreise streben einzig und allein technische Ziele an — Erprobung, Erfahrung und verstärkte Forschung. Hersteller wollen mit Rennsiegen auch für ihre Produkte oder für die von ihnen gewählte technische Konzeption werben. Auch in diesem Fall kann man die Frage stellen, ob es sinnvoll ist, wenn Automobilfabriken kleiner Konstrukteure oder Sponsoren jährlich Millionen in Rennprojekte investieren. Die den Rennsport befürwortenden Techniker sind aber davon überzeugt, daß die im Wettbewerb gesammelten Erfahrungen stets den technischen Fortschritt gefördert haben und dies auch in Zukunft tun werden. Andere wieder vertreten die Meinung, die gleichen technischen Erkenntnisse und Erfahrungen könnten ebensogut im Labor und auf dem Prüfgelände gewonnen und ausgewertet werden.

In der ersten Ausgabe der Schweizer „Automobil Revue" war im Januar 1906 folgender Satz zu lesen: „Im großen und ganzen ist die Automobilkonstruktion bei einer Art Standard angelangt, und besonders die größeren Firmen halten sich mehr und mehr an erprobte und bewährte Ausführungen und richten ihre Aufmerksamkeit mehr auf die Vervollkommnung der einzelnen Details." Welche Fortschritte aber hat es im Automobilbau seit 1906 gegeben!

In der Öffentlichkeit wird oft die These verfochten, Automobilrennen wären nur noch Zirkus. Manche meinen, es sei heute möglich, Prüfstände zu bauen, auf denen sich alle Beanspruchungen eines Renners genau reproduzieren ließen. Andere glauben, die modernen Renn- und Sportwagen hätten sich so weit von der Serienproduktion entfernt, daß die mit ihnen gewonnenen Erkenntnisse nicht mehr auf den Tourenwagen übertragen werden könnten. Dazu ist folgendes zu bemerken: Es gibt heute ausgezeichnete Prüfstände, um Motoren zu hoher Reife zu entwickeln. Dagegen ist es nicht ohne weiteres möglich, Fahreigenschaften, Lenkung und Bremsen eines Wagens in Prüfanlagen genügend zu verbessern. In diesen Fällen hat der Rennsport ein entscheidendes Wort mitgesprochen und wird es auch weiterhin tun. Der wahre Wert einer Konstruktion zeigt sich nirgends so klar wie im harten Konkurrenzkampf eines Rennens, wo alle Teile eines Fahrzeugs aufs Äußerste beansprucht werden.

Der Nachholbedarf an Motorleistung ist heute weitgehend gedeckt. Dagegen widmet sich die Forschung seit Jahren mit großem Aufwand der Abgasentgiftung, der Herabsetzung des Kraftstoffverbrauches und selbstverständlich der Steigerung der passiven und aktiven Sicherheit. Mit ihren ausgezeichneten Fahreigenschaften, ihren wirkungsvollen Bremsen und ihrer enormen Beschleunigung bieten

16

aber Wettbewerbsfahrzeuge das Optimum dessen, was man unter aktiver Sicherheit versteht.

Rennformeln — eine Aufgabenstellung

Der Automobilsport ist die Sportart mit den kompliziertesten Reglementen und Vorschriften, deren totale Beherrschung nur wenigen Spezialisten vorbehalten bleibt, die sich täglich mit dieser Materie auseinanderzusetzen haben. Daß die Regeln fast alljährlich bestimmte Modifikationen erfahren und manchmal sogar restlos erneuert werden, erschwert den Umgang mit den zahlreichen Paragraphen, die im Internationalen Sportreglement der Fédération Internationale de l'Automobile zusammengefaßt sind.

Die Zielsetzung einer Rennformel könnte man folgendermaßen definieren: Mit diesen Vorschriften sollen Rahmenbedingungen für konstruktive Lösungen vorgelegt und die Konstrukteure mit diesen Vorschriften in bestimmte technische Richtungen gelenkt werden. Mit einer Rennformel soll der vielumstrittene Effekt einer Befruchtung der allgemeinen Automobilentwicklung durch den Wettbewerbswagen angestrebt werden, doch darf die technische Aktualität dabei nicht unbeachtet bleiben. Rennformeln haben somit diejenigen Probleme zu

1907 war für FIAT ein erfolgreiches Sportjahr. Das von Felice Nazzaro gefahrene Rennmodell mit 13,3-l-Vierzylindermotor gewann u. a. den Grand Prix des Automobilclubs von Frankreich.

Der Grand Prix des ACF wurde 1905 erstmals nach einer Hubraumformel (4,5 l) gefahren. Hier wird gerade ein „Sunbeam" an den Boxen gewartet. Sein Vierzylindermotor hatte zwei Nockenwellen.

behandeln oder zu berücksichtigen, mit denen sich die Automobiltechnik jeweils auseinandersetzt. Es ist wünschenswert, daß eine Formel möglichst viele Marken veranlaßt, sich am Rennsport zu beteiligen. Größere und forschungsmäßig stark engagierte Firmen wollen mit dem Rennsport und den erhofften Siegen nicht nur Werbung für ihre serienmäßig hergestellten Wagen treiben, sie wollen auch technisches Know-how sammeln: Die Teilnahme an Rennen wird für sie zum Teil der Forschungs- und Entwicklungsarbeit, deren Früchte in der Serienfertigung von Personenwagen ihren Niederschlag finden können.

In der Zeit zwischen den beiden Weltkriegen ist der direkte Zusammenhang zwischen Renn- und Gebrauchswagen allmählich verlorengegangen; der Monoposto wurde zum reinen Forschungsobjekt der Techniker. Diese Entwicklung war deshalb unvermeidlich, weil die typischen Wettbewerbswagen so schnell wurden, daß man sie nicht mehr auf normalen Straßen einsetzen konnte.

Die erste Formel

Im Jahr 1900 wurde die erste richtige Rennformel geschaffen. Zwar wurde der erste, über 126 Kilometer führende Wettbewerb, die Fahrt von Paris nach Rouen am 22. Juli 1894 (die ihre Organisation der auf so vielen Gebieten richtungsweisenden Presse verdankt und von ihr „erdacht" und durchgeführt wurde), bereits nach bestimmten Regeln veranstaltet. Doch erst ab 1900 faßte man die „Bauvorschriften" in einer „Formel" zusammen. Bemerkenswert ist dabei, daß auch die erste Rennformel einen Mann der Presse zum Urheber hatte: den Amerikaner James Gordon-Bennett, Herausgeber des „New York Herald", der als Stifter von Wanderpreisen für die nach ihm benannten Gorden-Bennett-Wettfahrten für Freiballons in die Geschichte einging.

Rennformeln haben auch zu bizarren Resultaten geführt. So zum Beispiel limitierte eine 1910 geschaffene Formel der Voiturettes (kleine Rennwagen) nur die Bohrung der Zylinder, während der Hub frei war: Bei Zweizylindern war die Bohrung auf 80 mm und bei Vierzylindern auf 65 mm beschränkt. Das Resultat war: Es entstanden Motoren mit unglaublich langem Hub, weil die Konstrukteure auf möglichst viel Hubraum kommen wollten. Peugeot brachte 1910 zwei Lion-Peugeot-Modelle heraus, einen Zweizylinder mit den Zylinderabmessungen von $80\ mm \times 280\ mm = 2\,813\ cm^3$ und einen Vierzylinder mit $65\ mm \times 260\ mm = 3\,449\ cm^3$. Diese Lion-Peugeot-Rennwagen wiesen derartig hohe Motoren auf, daß die Fahrer nicht mehr über das Triebwerk hinwegsehen konnten, sie mußten seit-

lich am Ultralanghuber vorbei auf die Fahrbahn schauen.
Hubraumformeln, wie man sie seit langem anwendet, kennt man seit 1914: Kurz vor Ausbruch des Ersten Weltkrieges wurde das Hubvolumen der Grand-Prix-Motoren auf 4 500 cm^3 beschränkt. Seither hat es eigentlich immer ein wechselvolles Hasardspiel mit Hubraumvorschriften gegeben, wenn man von einigen wenigen Verbrauchs- oder Gewichtsformeln absieht.
Die Hubraumformeln haben das zielbewußte Forschen und Streben nach Leistungssteigerung beschleunigt; denn es galt immer, aus dem verfügbaren Hubraum ein Maximum an Leistung herauszuholen, wobei die Wirtschaftlichkeit des Motors (Benzinverbrauch) oder gar der konstruktive Aufwand keine oder nur eine geringe Rolle spielte. Durch die auf Höchstleistung abzielenden Hubraumformeln schnellte die Literleistung in die Höhe. In sieben Jahrzehnten stiegen die Werte der gebläselosen Saugmotoren von 5 PS bis 6 PS je Liter Hubraum auf fast 180 PS/l bei Formel-1-Saugmotoren, wie sie noch zu Beginn der achtziger Jahre eingesetzt wurden. Bei den aufgeladenen Triebwerken mit Doppelturbo erreichte man 1984 bereits 900 PS aus 1,5 Liter Hubraum (Qualifikationsmotoren), was der horrenden Literleistung von 600 PS entspricht.

Ständige Leistungssteigerung

Der gebläselose FIAT-Grand-Prix-Wagen von 1907 leistete mit seinem mächtigen Vierzylindermotor bei einem Hubraum von 16 320 cm^3 130 PS. Das ergab eine spezifische Leistung von knapp 8 PS/l. Als 1926 die 1,5-Liter-Grand-Prix-Formel in Kraft trat, erreichte man erstmals einen Traumwert von mehr als 100 PS je Liter Hubraum, der damals von den Delage, den amerikanischen Miller (Indianapolis) und später auch von einem FIAT erzielt wurde, die allesamt aufgeladen wurden. Es dauerte fast drei Jahrzehnte, bis man diesen Wert auch mit einem gebläselosen Motor schaffte, nämlich 1953 mit dem Zweiliter-Sechszylinder-Maserati der damaligen Formel 2 (ohne Kompressor). Ein Jahr zuvor war BRM mit dem Sechzehnzylinder-Rennwagen von 1 488 cm^3, der ein zweistufiges Zentrifugalgebläse aufwies und mit Spezialgemisch gefahren wurde (das Fahrzeug war jedoch nie erfolgreich), auf einen Spitzenwert gekommen, der erst zwei Jahrzehnte später von den Indianapolis-Rennwagen überboten werden sollte: Der englische Grand-Prix-Wagen — die 1,5-Liter-Kompressorformel war Ende 1951 bereits abgelaufen — leistete 528 PS, die Literleistung betrug 352 PS/l.
Ende der dreißiger Jahre hatten die Rennformeln die Tendenz, sich durch ständige Teilung „fortzupflanzen". Auf die von 1928 bis 1933 geltenden Verbrauchsformeln oder freien Formeln folgte von 1934 bis 1937 die Aufgabe für die Konstrukteure, mit etwa zwei Dritteln des bis dahin gestatteten Baugewichtes auszukommen, d.h., dieses wurde nun auf maximal 750 Kilogramm beschränkt. Man hoffte, auf diese Weise die überstarken Maschinen aus der Welt zu schaffen. Bald jedoch stellte sich heraus, daß es gelang, in die 3/4 Tonnen schweren Monoposto bis zu etwa sechs Liter Hubraum „hineinzupumpen" (Auto-Union-16-Zylinder von 1937:

Mit diesem Mercedes gewann Christian Lautenschlager 1908 den Großen Preis von Frankreich. Der Mercedes-Motor hatte vier Zylinder und 12,7 l Hubraum.

6 330 cm³, 545 PS). Dies bewog die Reglementsväter, 1938 auf die Dreiliter-Kompressorformel (auch 4,5 Liter ohne Kompressor zulässig) überzugehen. Und als man auch mit diesen Autos wieder schneller fuhr, verminderte man das Volumen der aufgeladenen Motoren 1947 auf 1,5 Liter.
Aber nach wenigen Jahren erreichten der Alfa Romeo 158/159 über 400 PS (1951 kam der Typ 159 auf 430 PS) und der gebläselose Ferrari des Typs 375 eine Leistung von 380 PS wodurch der Renndurchschnitt der einstigen Dreiliter aus der Vorkriegszeit wiederum anstiegen. Von 1952 bis 1953 wurden die Großen Preise nach der Zweiliterformel (bzw. 500 cm³ mit Kompressor) ausgeschrieben; hierbei erreichte der Maserati A6 GC M 1953 knapp 200 PS. Anschließend kam die 2,5-Liter-Grand-Prix-Formel von 1954 bis 1960, bei der der englische Vanwall-Vierzylinder 1958 auf eine Leistungsspitze von 290 PS kam. Und wieder stellten die kleinvolumigen Wagen die einstigen Kompressormaschinen in den Schatten. Die großen Fortschritte waren vor allem den Verbesserungen der Fahrwerke zu verdanken.
In den sechziger Jahren setzte sich dann die Erkenntnis durch, daß eine höhere Leistungsreserve mit mehr Sicherheit verbunden ist, denn in kritischen Situationen kann der Pilot einen Wagen mit viel Drehmomentüberschuß weit besser kontrollieren als ein Fahrzeug mit schwächerem Motor.
Die „Hubraumzügel" wurden also wieder gelockert. Auf die 1,5-Liter-Formel, die bis Ende 1965 in Kraft blieb, folgte 1966 die Formel der Dreiliter-Saugmotoren oder der 1,5-Liter-Triebwerke mit Aufladung, wobei der Kompressormotor in den achtziger Jahren vom Turbomotor abgelöst und in den Schatten gestellt wurde.

Getunte Serienmotoren

Auch Großserienmotoren boten eine brauchbare Basis für Wettbewerbsaggregate. Dies leitete Ende der fünfziger Jahre eine neue Entwicklung ein: Es handelte sich um Rennfahrzeuge, deren Aggregate von einem Tourenwagen stammen mußten. Diese Entwicklung hat sich bis in die Gegenwart fortgesetzt (vor allem Formel 3, aber auch Markenformeln wie Formel Ford, Formel Renault, Formula Italia, Formel Vau).
Mit der 1957 in Italien geschaffenen Formel Junior wollten die Reglementsväter vor allem preisgünstige Rennwagen zur Förderung junger Talente auf die Räder stellen. Erstmals wurde mit der ab 1959 international ausgeschriebenen Formel Junior eine Rennwagenkategorie geschaffen, die keine eigentlichen Rennmotoren vorsah. Vorgeschrieben wurden Serientriebwerke, die im Rahmen des Reglements nachbearbeitet und auf höhere Leistung gebracht werden durften. Die Italiener verwendeten den FIAT-1100-Motor, später — im Jahr 1960 — kamen englische Maschinen, wie z. B. das Ford-Anglia-Triebwerk oder der BMC-„A"-Motor hinzu, die von den aufblühenden Tuningfirmen auf Höchstleistungen getrimmt wurden. Im Laufe der Jahre (bis 1970) wurden mit solchen Motoren trotz der Ventilsteuerung über Stoßstangen 125 Ps/l bei mehr als 10 000 U/min erreicht.
Die immer wieder angewendeten Hubraumformeln haben den großen Nachteil, daß die an den Konstrukteur gestellte Aufgabe ziemlich eng umschrieben ist, wird doch die Größe des Motors auf diese Weise im Reglement festgelegt. Aus der Erfahrung heraus wissen die Ingenieure ziemlich genau, welche Zylinderanzahl, welche Art von Ventilsteuerung oder welches Verhältnis für Bohrung und Hub sich am besten eignet. Mit der Hubraumformel ist der Spielraum der technischen Phantasie ziemlich eingeengt, entscheidend wird dann vor allem die Perfektionierung des Details.
Die moderne Rennformel sollte technisch sinnvolle Aufgaben stellen, konstruktiv möglichst viel Freizügigkeit erlauben und zudem die Aufgabe so definieren, daß eine auch für die Technik im Alltag auftretende Schwierigkeit zu überwinden ist. Ferner sollte eine Rennformel einen echten Leistungsvergleich zwischen allen denkbaren Antriebsvarianten zulassen.

Probleme unserer Zeit

Die Schlagworte unserer Zeit heißen Sicherheit, Umweltschutz und Wirtschaftlichkeit. Das Streben nach immer höheren spezifischen Leistungen bringt die Automobil-Technik somit nicht weiter, zumal Literleistungen von 180 PS/l für Saugmotoren oder 600 PS/l für Turbomotoren in keinem Verhältnis zu den Literleistungen der Alltagswagen stehen, die sich im dichten Verkehr bewegen müssen. Zwar sind die Erkenntnisse, die mit den über 12 000 U/min erreichenden Formel-1-Motoren gewonnen werden, auch heute noch sehr wertvoll, denn mit dem Aufkommen der modernen vollelektronischen Zündung und Einspritzung (wie z. B. Bosch-Motronic) mit vier Ventilen je Zylinder, wie sie neuerdings auch in der Serie verwendet werden, war man gezwungen, sich mit wissenschaftlichen Methoden eingehend den Verbrennungsproblemen zu widmen. Damit ließen sich wichtige Hinweise für den Bau zukünftiger Serienaggregate gewinnen, die noch „sauberer" arbeiten und noch weniger Kraftstoff verbrauchen.
Im Zeitalter des Computers wird es zunehmend schwieriger, eine interessante neue Rennformel aufzustellen, die technische Vielfalt für die zu erwartenden Lösungen verspricht. Mit dem Rechner läßt sich im voraus manches optimieren, d. h. die beste Lösung einer Aufgabe mit großer Sicherheit finden, ehe man sich konkret an die Konstruktion begibt. Leider hat die Geschichte immer wieder bewiesen,

Der berühmte Peugeot L-76 mit von Ernest Henry konstruiertem Doppelnockenwellen-Motor — hier mit Georges Boillot am Steuer — beim Mont-Ventoux-Bergrennen. 1913 gewann ein solches Auto unter Jules Goux das 500-Meilen-Rennen von Indianapolis (USA).

daß die bei der Schaffung von Rennformeln angepeilten Ziele bei der praktischen Anwendung oft verfehlt wurden. In dieser Hinsicht wirkte sich der ständige technische Fortschritt aus, der es den Konstrukteuren erlaubte, der ursprünglichen Aufgabenstellung „davonzueilen", ebenso nützen die Konstrukteure sogleich bestehende Reglementslücken aus, um mit unvorhergesehenen technischen Lösungen die Vorschriften zu umgehen.

Erste Automobilrennen

Seit Mitte der achtziger Jahre des vorigen Jahrhunderts die Geburt des Automobils erfolgte, verstrich kaum ein Jahrzehnt bis zur Durchführung des ersten Wettbewerbs. Frankreich war das erste Land, in dem eine automobilistische Bewegung entstand; so wurde z. B. schon 1895 der Automobile Club de France gegründet. Es überrascht deshalb auch nicht, daß der erste Wettbewerb für Automobile auf französischem Boden ausgetragen wurde. Die von der Pariser Zeitung „Le Petit Journal" ausgeschriebene Fahrt von Paris nach Rouen fand am 22. Juli 1894 auf einer 126 km langen Strecke statt, die in der Maximalzeit von 8½ Stunden bewältigt werden mußte. Am Ziel wurde nicht ausschließlich nach Zeit gewertet, sondern die Handlichkeit und die technischen Einzelheiten der angekommenen Vehikel wurden ebenfalls berücksichtigt. Die vertretenen Marken waren u. a. Panhard-Levassor (mit Daimler-Motor), Benz, Peugeot und De Dion. Das schnellste Fahrzeug legte die Strecke mit einer Geschwindigkeit von 17 km/h zurück. Damit war der Grundstein für den Automobilsport gesetzt.

Die Fahrzeuge waren übrigens damals noch mit Vollgummireifen versehen, obschon 1888 der schottische Veterinär John Boyd Dunlop den ersten authentischen Luftreifen erfunden hatte.

Das erste richtige Rennen der Automobil-Geschichte folgte bereits 1895 mit der 1 200 km langen Fahrt von Paris nach Bordeaux und zurück, organisiert von Mitgliedern des Touring Club de France sowie von Vertretern verschiedener Pariser Zeitungen. Sieger wurde Levassor auf Panhard-Levassor mit einer Zeit von 48 Stunden und 48 Minuten; dies entsprach einem Durchschnitt von 24,14 km/h.

Bei diesem „Paris — Bordeaux — Paris" trat Michelin erstmals mit einem Peugeot an, dessen Räder Luftreifen hatten, aber die zahlreichen Reifenschäden warfen Michelin so weit zurück, daß er das Ziel nicht innerhalb der festgelegten Maximalzeit von 100 Stunden erreichen konnte.

Auch die ersten Geschwindigkeits-Weltrekorde wurden aufgestellt: Am 18. Dezember 1898 eröffnete De Chasseloup-Laubat auf einem Jeantaud in Achères (Frankreich) die Bestenliste. Man registrierte eine Spitze von 63,1 km/h. Im folgenden Jahr — 1899 — wurde die Bestmarkte gleich fünfmal verbessert. Am 29. April des gleichen Jahres erreichte der Belgier Jenatzy auf dem „Jamais Contente" genannten torpedoförmigen Elektrowagen bei Achères

denkwürdige 105,876 km/h. Mit diesem Ereignis war die „100-km/h-Mauer" erstmals in der Geschichte des Automobils durchbrochen worden.
Das Jahr 1900 leitete die Epoche des berühmten Gordon-Bennet-Rennens ein, das bis 1905 sechs Auflagen erlebte. Eingeführt wurde der Wettbewerb von dem amerikanischen Zeitungsmann Gordon-Bennet. Hierbei faßte man die Vorschriften für diesen Wettbewerb erstmals zu einer sogenannten Formel zusammen. Die Fahrzeuge mußten 400 kg bis 1 000 kg schwer sein, nur ein Landesclub durfte die Konkurrenten anmelden, und je Land waren nur drei Wagen startberechtigt. Ferner hatte das Rennen über eine Distanz von 550 km bis 650 km zu führen.
Wiesen die meisten Fahrzeuge seit der Jahrhundertwende vorwiegend Vierzylindermotoren auf (in den neunziger Jahren waren es noch Ein- oder Zweizylinder), so erschien 1903 der erste Sechszylinder von Spyker, 1904 und 1905 brachten auch Napier und Mercedes Sechszylinder heraus. Im Jahre 1903 bauten Winter und Ader sogar die ersten Achtzylinder.
In den neunziger Jahren erfolgte die Kraftübertragung noch vorwiegend über Lederriemen. In der Zeit der Jahrhundertwende stellte man auf Ketten- oder auf Kardanantrieb um. Die meisten Fahrzeuge hatten eine Leder-Konuskupplung. Eine holländische Firma (Marke Spyker) versah ihren Sechszylinder 1903 sogar mit Allradantrieb.
Von 1898 bis 1905 wurde der Geschwindigkeits-Weltrekord neunundzwanzigmal verbessert: Am 30. Dezember 1905 schraubte Héméry auf Darracq den Bestwert bei Arles auf 176,46 km/h.

Die ersten Grand Prix der Geschichte

Die Epoche von 1906 bis zum Ausbruch des Ersten Weltkriegs im Jahre 1914 war besonders bemerkenswert. Der Verbrennungsmotor steckte noch im Anfangsstadium. Die ungenügende Beherrschung der metallurgischen und fertigungstechnischen Probleme prägten jene Zeit. Aber rund um das Automobil, das zwar noch immer einer kleinen Oberschicht vorbehalten blieb, entstand eine Welle der Euphorie, gekennzeichnet durch einen schier grenzenlosen Tatendrang der an den Fortschritt glaubenden Techniker. In jener Zeit wurden große Wettbewerbe aus der Taufe gehoben, die in die Geschichte eingingen und zum Teil sogar bis in die moderne Zeit erhalten blieben.
Für die einfallsreichen Techniker gab es viel Neuland zu erforschen, viele Lösungen wurden gefunden, aber auch groß war die Anzahl von Patenten, die sang- und klanglos in der Anonymität untergingen. In jener Epoche verringerte sich der Hubraum der Wettbewerbswagen allmählich, d. h., der Motorinhalt nahm im Verlauf eines Jahrzehnts — zum Teil durch die Rennformeln und Verbrauchsvorschriften gesteuert — von 16 Liter Hubraum und mehr in den Jahren der ersten Grand Prix auf 5 bis 7 Liter ab, um dann, mit der Grand-Prix-Formel von 1914, sogar auf 4,5 Liter verringert zu werden.
Der Automobile Club de France schrieb 1906 auf einer 103 km langen Rundstrecke in der Nähe von Le Mans das erste Grand-Prix-Rennen der Geschichte aus, das aus zwei Tagesetappen über eine Gesamtstrecke von 1 236 km bestand. Die Wagen durften maximal 1 000 kg wiegen, und je 100 km durften nicht mehr als 30 Liter Treibstoff verbraucht werden. Mit dieser ersten Grand-Prix-Formel wurden die Techniker somit bereits deutlich in Bahnen gelenkt, die für das Alltagsfahrzeug befruchtend wirken mußten. Es gewann François Szisz auf einem Renault-Vierzylinder (Verhältnis Bohrung/Hub = 166 mm × 150 mm = 12 986 cm^3 Hubraum).
Die FIAT-Wagen wiesen sogar 16 286 cm^3 auf. Hierbei kam der italienische Vierzylinder auf 110 PS bei 1 200 U/min entsprechend einer Literleistung von 6,7 PS/l.
Eine wichtige technische Erfindung — im Grunde war sie einfach — tauchte anläßlich dieses Grand-Prix-Rennens des ACF 1906 erstmals auf, später wurde sie für jedes Automobil eine Selbstverständlichkeit: Die Autos von FIAT, Renault und Clément-Bayard traten mit abnehmbaren Michelin-Felgen an; diese verkürzten die Reparaturzeiten bei den damals häufigen Reifenschäden wesentlich.
Im gleichen Jahr wurde ein weiteres Prüfungsrennen geboren, dessen Name bis in die heutige Zeit erhalten geblieben ist, nämlich der Targa-Florio-Wettbewerb in Sizilien, ausgetragen auf der 148,8 km langen Madonie-Rundstrecke. Es gewann Alessandro Cagno auf einem Itala.
In jene Zeit zurück geht auch der erste Versuch mit einem aufgeladenen Rennwagenmotor: Im Jahr 1906 baute der Amerikaner Lee Chadwick einen Rennwagen mit Zentrifugalverdichter, der dann 1908 erstmals bei einem Wettbewerb an den Start ging. Das eigentliche Zeitalter der Kompressormotoren setzte jedoch erst Anfang der zwanziger Jahre richtig ein. Im Jahr 1907 fand die Monsterfahrt von Peking nach Paris statt, die von der Pariser Zeitung „Le Matin" ausgeschrieben wurde und über eine mit unglaublichen Schwierigkeiten gespickte Strecke von rund 15 000 km führte. In genau zwei Monaten bewältige ein Itala mit einem 7,4-Liter-Vierzylindermotor von 45 PS Leistung die Strecke.
Die deutschen und italienischen Marken teilten sich die Siege der großen Rennen von 1908. Christian Lautenschlager gewann den Großen Preis des ACF auf einem Mercedes mit 13 533 cm^3 Hubraum (Leistung 135 PS bei 1 400 U/min, Literleistung 10 PS/l) vor Héméry auf einem Vierzylinder-Benz mit 12 443 cm^3. Auf die Fahrt von Peking nach Paris folgte 1908 die Fahrt von New York nach Paris, und zwar über Alaska, Japan, Moskau und Berlin. Sie blieb mit Polemik verbunden, weil einige Abschnitte zu Lande per Bahn zurückgelegt wurden. Zum Sie-

Der legendäre Mercedes-Benz SSK (1927), der vor allem durch die Rennsiege von Caracciola, v. Brauchitsch und Stuck sen. bekannt wurde, schrieb ein Kapitel deutscher Motorsport-Geschichte. Der Sechszylinder-Kompressormotor mit über 7 l Hubraum leistete in der letzten Ausführung etwa 300 PS.

ger erklärte man schließlich den amerikanischen Thomas.
Zwischen 1905 und 1910 liefen in den USA sogar die ersten 24-Stunden-Rennen, manche davon auf Pferderennbahnen. Das Jahr 1909 leitete eine allgemeine Rennmüdigkeit ein, der in Europa eine Krise in der Automobilindustrie vorausgegangen war. Der Grand Prix de l'ACF fand erst 1912 wieder statt. In den Vereinigten Staaten wurde 1911 die erste Auflage der heute noch berühmten „500 Meilen von Indianapolis“ ausgetragen. Der Sieger, Ray Harroun auf einem Marmon, hatte an seinem Fahrzeug einen

Gefürchtete Gegner des SSK waren die britischen Bentley, die 1924 sowie 1927 bis 1930 das 24-Stunden-Rennen von Le Mans gewannen. Sie hatten Vierzylindermotoren von 3 l und Sechszylindermotoren von 4,5 l Hubraum. Erfolgreich war auch eine Spezialausführung mit Roots-Lader.

Rückspiegel angebracht, den ersten in der Automobilgeschichte. Im gleichen Jahr lief eine andere Prüfung zum ersten Mal, die Rallye von Monte Carlo, bei der die Tourenwagen zu einer Wintersternfahrt kreuz und quer durch Europa antraten.
In England wurde 1907 die erste permanente Rennstrecke Europas eröffnet: die berühmte Brooklands-Bahn mit ihren überhöhten Kurven in der Nähe Londons, die bis zum Ausbruch des Zweiten Weltkriegs Austragungsort zahlreicher Wettbewerbe war.
Herausragende technische Meilensteine brachte das Jahr 1912, als auch der Grand Prix de l'ACF wieder stattfand. Im Rennmotorenbau war Peugeot zur tonangebenden Marke geworden, vor allem dank des vom Schweizer Konstrukteur Ernest Henry entwikkelten Motorenkonzeptes: zwei obenliegende Nokkenwellen, vier Ventile je Zylinder, halbkugelige Verbrennungsräume. 1913 folgte beim Peugeot-Vierzylinder die Trockensumpfschmierung. Mit einem 7,6-Liter-Peugeot (Bohrung 110 mm, Hub 200 mm) gewann Georges Boillot 1912 den Grand Prix des ACF in Dieppe. Damit hatte sich das moderne Motorenkonzept mit vermindertem Hubraum durchgesetzt, denn auf den zweiten Platz kam in Dieppe der Amerikaner Bruce Brown auf einem 14,1-Liter-FIAT (Bohrung 150 mm, Hub 200 mm). Während der riesige, 1 250 kg schwere FIAT-Vierzylinder-Wagen 190 PS bei 1 600 U/min abgab, leistete der drehfreudigere Peugeot 140 PS bis 148 PS bei 2 200 U/min. Damit betrug die Literleistung des Peugeot 19 PS/l. Peugeot gewann den französischen Grand-Prix auch 1913 in Amiens (mit Boillot), wo FIAT mit einem Monsterhubraum von 14,1 Liter wieder unterlag.
Den Abschluß dieser ersten großen Epoche bildete der Grand Prix de l'ACF 1914 in Lyon, für den erstmals eine Hubraumformel angewendet wurde: Maximalhubraum 4 500 cm^3, Maximalgewicht der Wagen 1 100 kg. Auf diese Weise waren die Riesenmotoren automatisch durch die Vorschriften ausgeschaltet. Die Wagen von Peugeot und Mercedes lieferten sich einen legendären Kampf um den Sieg; schließlich belegten die Mercedes (115 PS bei 3 200 U/min, Literleistung 25,5 PS/l) die Plätze 1, 2 und 3 mit Lautenschlager, Wagner und Salzer. Bei diesem Grand Prix de l'ACF waren übrigens die Maschinen von Delage, Peugeot, Piccard-Pictet und FIAT erstmals mit Vierradbremsen ausgerüstet, die Mercedes-Fahrzeuge besaßen lediglich an den Antriebsrädern Bremstrommeln. Wieder hatte der Rennwagen mit wegweisenden Lösungen aufgewartet, die später beim Alltagsauto zur Selbstverständlichkeit wurden.
Fortschritte hatte es auch in bezug auf die Aerodynamik gegeben. Die Rennwagen wurden nicht mehr als entkleidete Tourenwagen konzipiert, sondern der Fahrzeugkörper wurde schon mit einem Blick auf die Verringerung des Luftwiderstandes geformt, mit durchgehender Karosserie; hier tauchte auch das Spitzheck (Peugeot) auf. Die Fahrer saßen nicht mehr „draußen" wie einst auf einem Fuhrwerk, sondern ziemlich geschützt, umgeben von der Karosserie. Zwischen 1906 (erster Grand Prix des ACF) und 1914 war die Literleistung der Motoren von etwa 6 PS/l auf fast 26 PS/l angestiegen, die Höchstdrehzahl, die 1906 bei 1 200 U/min lag, war auf 3 200 U/min geklettert. Die neue 4,5-Liter-Formel hatte die Konstrukteure zum Bau kleinerer, spezifisch leistungsfähiger und schnellaufender Motoren gezwungen. Sechs- und sogar Achtzylindermotoren waren hier und dort aufgetaucht, aber noch immer dominierte das einfachere Vierzylinderkonzept. Die Hubraumriesen gehörten im Rennsport nun endgültig der Vergangenheit an.
Auch der absolute Geschwindigkeits-Weltrekord war inzwischen in aufsehenerregende Höhen geschnellt: Der Amerikaner Barney Oldfield auf dem berühmten „Blitzen-Benz" mit einem 21,5-Liter-Motor erreichte 1910 auf dem Sandstrand von Daytona in Florida 211,9 km/h; mit dem gleichen Vierzylinder verbesserte sein Landsmann Bob Burman den Bestwert 1911 auf 227,5 km/h.
Mit dem Ausbruch des Ersten Weltkrieges wurde im Automobilsport die erste große Epoche abgeschlossen.

Stagnierende Fahrwerktechnik

In der Zeit nach dem Ersten Weltkrieg (bis 1933) wurde die spezifische Leistung der Rennmotoren durch die Anwendung des Kompressors — dies ist ein verhältnismäßig einfacher Weg zur Leistungssteigerung — vorangetrieben. Die meisten Konstrukteure entschieden sich für Reihen-Achtzylinder-Motoren mit zwei obenliegenden Nockenwellen. Besonders nachteilig waren damals die fehlenden Bemühungen auf dem Gebiet des Fahrwerkbaus. Der damalige vollständige Stillstand in der Chassisentwicklung geht z. B. auch daraus hervor, daß Bugatti für sämtliche Rennwagen (der Inhalt der Motoren lag zwischen 1,5 und 2,3 Liter) praktisch das gleiche Fahrgestell verwendete.
Nach dem Ersten Weltkrieg wurde der Hubraum der Grand-Prix-Rennwagen auf 3 Liter begrenzt, 1922 ging man auf 2 Liter und 1926 und 1927 sogar auf 1,5 Liter über. Von 1928 bis 1933 war der Hubraum frei; die allgemeinen Vorschriften betrafen das Fahrzeuggewicht oder die Dauer der Rennen.
In den zwanziger Jahren kamen die Sportwagen auf. Klassische Langstreckenrennen wie die „24 Stunden" von Le Mans (ab 1923) oder die Mille Miglia (ab 1927) wurden geboren. Auch diese Wettbewerbe leisteten einen Beitrag zur Weiterentwicklung des Automobils und des Zubehörs.
Nach der 1907 eröffneten englischen Brooklands-Bahn entstanden in Europa weitere, für die Dauer eingerichtete Autodrome. 1922 wurde die Monza-Bahn eröffnet, 1925 folgte die Anlage von Montlhé-

Mit einem solchen Alfa Romeo 6C 1750 mit Kompressor erzielte Tazio Nuvolari beim klassischen Straßenrennen Mille Miglia 1930 erstmals einen Durchschnitt von über 100 km/h.

ry bei Paris, 1927 war der Nürburgring bezugsbereit. Während anderthalb Jahrzehnten blieb das Gesamtkonzept der Grand-Prix-Wagen im großen und ganzen unverändert: vorwiegend aufgeladener Achtzylinder-Reihenmotor, Starrachsen mit Blattfedern vorn und hinten. Die Chassis bestanden aus zwei durch Traversen verbundenen Längsholmen. Lag die Literleistng eines Achtzylinder-Saugmotors 1922 noch bei 55 PS/l, die bei einer Höchstdrehzahl von 5 500 U/min erreicht wurde, so durchbrach man 1926 die magische Mauer, nämlich 100 PS/l. Dieser Wert wurde erst Ende der dreißiger Jahre überboten. Zu den herausragenden Konstruktionen der frühen zwanziger Jahre zählten zuerst die Fahrzeuge von Ballot und FIAT, aber auch der Dreiliter-Duesenberg, mit dem der Amerikaner Murphy 1921 in Le Mans den Grand Prix der ACF gewann. Der Duesenberg war der erste Rennwagen mit hydraulisch betätigten Vierradbremsen, dies war später eine Selbstverständlichkeit für jeden Personenwagen. Weiterentwickelt wurde auch die Aufladung: Auf diesem Gebiet leisteten FIAT und Mercedes Pionierarbeit. Den ersten Erfolg eines Kompressorrennwagens konnte FIAT anläßlich des Großen Preises von Italien 1923 in Monza feiern. Salamano gewann auf dem Zweiliter-Achtzylinder mit 130 PS bei 5 500 U/min. Im gleichen Jahr brachte Delage den ersten V 12-Rennwagen heraus. Nennenswerte Versuche auf dem Gebiet der Aerodynamik konnten 1922 festgestellt werden, als Bugatti und Voisin mit tropfenförmig ausgebildeten Rennwagen antraten.

Eine Pionierleistung war auch der seiner Zeit weit vorauseilende Benz von 1922. Es handelte sich um die erste Rennwagenkonstruktion mit vor der Hinterachse liegendem Motor (Mittelmotorkonzept), einzeln geführten Antriebsrädern und tropfenförmiger Karosserie. Hervorheben muß man den nach der 1,5-Liter-Formel gebauten Delage-Achtzylinder mit Kompressor. Das Aggregat leistete 1926 165 PS bei 8 500 U/min, es hatte somit eine Literleistung von 110 PS/l. Eine ganz ungewöhnliche Konstruktion brachte FIAT 1927 heraus, den Typ 806, dessen 1,5-Liter-Motor aus zwei parallelen Sechszylindereinheiten bestand, die auf einem gemeinsamen, zwei Kurbelwellen enthaltenden Gehäuse aufgebaut waren. Der Zwölfzylinder leistete 185 PS bei 8 500 U/min (Literleistung 123 PS/l). Weitere herausragende Konstruktionen der zwanziger Jahre waren der berühmte Bugatti 35 (mehrere Versionen) mit Achtzylindermotor und die amerikanischen Miller, die in Indianapolis erfolgreich waren. Am bekanntesten wurden die Ausführungen mit Frontantrieb und De Dion-Vorderachse. Zu erwähnen bleiben auch die Talbot und der Alfa Romeo P2 mit einem Achtzylindermotor. Das Auto, das den Abschluß dieser Epoche bedeutete, war der 1932 erschienene berühmte Alfa Romeo P3 mit einem Achtzylinder-Kompressormotor.

Mit den „24 Stunden" von Le Mans wurde 1923 der Langstreckenrennsport auf markante Art eingeführt. Zuerst waren in Le Mans ausschließlich Produktionswagen startberechtigt. Zwischen 1924 und

Jeder Bugatti-Motor ist eine schiere Augenweide. Das Bild zeigt den Achtzylindertyp 59 von 1931. Mit Kompressorhilfe zauberte er aus 2,3 l Hubraum eine Leistung von 170 PS bei 5 500/min.

Für die 750-kg-Formel baute Bugatti 1934 in den Typ 59 einen auf 3,3 l Hubraum vergrößerten Kompressormotor, der es auf 240 PS brachte. Sein Fahrwerk erwies sich aber als den deutschen und italienischen Konstruktionen unterlegen.

1930 holten sich die großvolumigen Bentley fünfmal den Sieg, worauf die Erfolgsära der aufgeladenen Alfa Romeo folgte. Die italienischen Sechs- und Achtzylinder mit Kompressor errangen auch bei der Mille Miglia viele Siege. Bugatti war Ende der zwanziger Jahre bei den Grand Prix besonders erfolgreich; in der Zeit der freien Rennformel — es handelte sich jedoch auch um Krisenjahre — hatten sich die Werke von den Grand Prix zurückgezogen. Die großen Rennen wurden vorwiegend von Privatfahrern bestritten. Die Jagd nach dem absoluten Geschwindigkeits-Weltrekord wurde in den zwanziger Jahren auf den Sandstränden von Pendine (England) und Daytona (Florida) fortgesetzt; die Boliden waren mit großvolumigen Flugmotoren bestückt. Die großen Kämpen hießen u. a. Major H. O. D. Segrave auf Sunbeam oder Malcolm Campbell auf seinem Bluebird. Im Jahr 1927 kam Segrave auf 327,9 km/h; die 400-km/h-Hürde schaffte Campbell 1932 mit 408,7 km/h; 1937 war auch die 500-km/h-Mauer durchbrochen: Eyston auf Thunderbolt ließ sich auf dem Salzsee von Bonneville mit 502,1 km/h in das „Goldene Buch" der Weltrekorde eintragen.

Kompressorwagen der dreißiger Jahre

Mit der von 1934 bis 1937 gültigen 750-kg-Formel (Maximalgewicht) griffen einige Unternehmen wieder direkt in den Grand-Prix-Sport ein; besonders gaben Mercedes-Benz und Auto-Union in dieser Periode den Ton an. Mit dieser Formel versuchte man erstmals wieder, die Fahrleistungen der Rennwagen mit andern Mitteln als mit der bloßen Erhöhung der Motorleistung zu verbessern. Die Sportbehörden wollten hiermit die Motorleistungen zurückstutzen. Was sie tatsächlich erreichten, war etwas ganz anderes: Die neue Formel zwang die Konstrukteure, sich eingehend mit dem Fahrwerk zu befassen. Einzelführung der Vorderräder trat an die Stelle der früher verwendeten Starrachsen, und die Federung wurde allgemein weicher ausgelegt und straffer gedämpft. Die De Dion-Hinterachse kam auf — vor allem in den späten dreißiger Jahren. Ungeachtet des zu übertragenden Drehmomentes und ohne eine wesentliche Erhöhung des Gewichtes der ungefederten Massen zu verursachen, ermöglichte diese Lösung außer einer gleichmäßigen Adhäsion der Räder auf der Fahrbahn auch eine ständig parallele Lage der Antriebsräder.

Die 750-kg-Formel verfehlte die in sie gesetzten Erwartungen vollkommen, denn dank des konsequenten Leichtbaus schufen die deutschen Konstrukteure Motoren bis zu 6 Liter Hubraum, hierdurch kam die Leistung auf über 600 PS. Die Spitzengeschwindigkeit betrug bis zu 330 km/h; es war ein Tempo, das erst wieder mit den 800 PS bis 900 PS starken Turbowagen der achtziger Jahre erreicht werden konnte. Damals erzielte man vor allem beim Fahrwerkbau große Fortschritte. Schwierigkeiten gab es hingegen bei Bremsen und Reifen. Es gewann demnach nicht unbedingt der schnellste Fahrer, sondern derjenige, der mit seinem Auto zwar schnell war, aber auch mit diesem schonend umzugehen verstand.

Im Jahr 1934 erschien mit dem von Professor Ferdinand Porsche konstruierten Auto-Union-Rennwagen mit V 16-Aggregat die erste erfolgreiche Mittelmotorkonstruktion der Geschichte. Bis 1937 wurde das Kompressortriebwerk von 4,4 Liter auf 6 Liter Hubraum vergrößert, wobei die Leistung auf 520 PS bei 5 000 U/min anstieg. Die 32 Ventile des V 16-Motors wurden über Stößel und Kipphebel von ei-

Rudolf Caracciola war eines der Idole der dreißiger Jahre. Das Bild zeigt ihn am Steuer eines Mercedes-Benz W 125 im Rennen um den Großen Preis der Schweiz 1937.

Für die „freie Formel" brachte Alfa Romeo 1932 den Tipo B als Weiterentwicklung des legendären P 3 heraus. 1935 gewann Nuvolari mit einem solchen Auto (aufgeladener Reihen-Achtzylinder) den Großen Preis von Deutschland auf dem Nürburgring.

ner zentralen Nockenwelle aus betätigt. Vorn wies der Auto-Union unabhängig geführte Räder mit Torsionsstäben auf. Die von Halbwellen angetriebenen Hinterräder wurden von einer Querblattfeder in Verbindung mit je einem großen Längslenker geführt. Der Auto-Union-Rennwagen war schwierig zu beherrschen; nur große Könner wie Stuck, Rosemeyer oder später Nuvolari fanden sich auf der Mittelmotorkonstruktion zurecht.

Der Achtzylinder-Kompressormotor des Typs W 125 leistete mehr als 600 PS. Der Mercedes-Monoposto war damit der stärkste Kämpe der 750-kg-Formel.

Mercedes baute 1934 einen Frontmotor-Rennwagen mit aufgeladenem Reihenachtzylinder, dessen Hubraum im Verlauf der Jahre ebenfalls ständig vergrößert wurde: 1937 erreichte er 5,6 Liter Inhalt, und die Leistung erhöhte sich auf über 600 PS. Selbstverständlich entschied sich auch Mercedes-Benz für unabhängig geführte Vorderräder in Verbindung mit Schraubenfedern. Zuerst verwendete Mercedes hinten eine Pendelachse, später ging man auf eine De Dion-Achse über. Maserati und Alfa Romeo waren die großen Rivalen der Deutschen, aber nur Alfa Romeo gelang hier und da ein Sieg.
Die Motoren der Auto-Union und von Mercedes wiesen komplizierte, vielteilige Hirth-Kurbelwellen auf. Dadurch ließen sich die Lagerprobleme beherrschen, zumal die Hauptlager wegen der Aufladung sehr hohen Drücken ausgesetzt wurden. Der Kraftstoff war fei, und für jede Mark bereiteten die Chemiker ein Spezialgemisch aus Benzin, Alkohol (für die innere Kühlung), Benzol, Methanol, Aceton, Ethylether, Nitrobenzol und Nitromethan.
Das Jahr 1938 brachte wieder eine Hubraumformel: 3 Liter mit oder 4,5 Liter ohne Aufladung. In der kurzen Zeitspanne bis zum Ausbruch des Zweiten Weltkriegs verfeinerten Mercedes-Benz und Auto-Union ihr Gesamtkonzept. Beide Marken gingen zu aufgeladenen V 12-Motoren von 3 Liter Hubraum über. Alfa Romeo brachte zwischen 1935 und 1939

Zwischen 1934 und 1939 waren die englischen ERA (English Racing Automobiles) in der Voiturette-Kategorie (etwa der Formel 2 vergleichbar) kaum zu schlagen. Ihre 1,5-l-Sechszylindermotoren wurden durch Roots-Kompressoren aufgeladen.

Für die nachfolgende Formel (Dreiliter mit Aufladung) für 1938/39 schuf Maserati den Typ 8 CTF. Das Fahrzeug brachte gut 360 PS.

Wiederum kam ein Spitzenauto aus Untertürkheim: Der Mercedes-Benz W 163 hatte einen Motor mit zwölf Zylindern in V-Form. Herrman Lang wurde mit diesem Auto Europameister 1939.

Typisches Aktionbild eines der größten Rennfahrer: Tazio Nuvolari im Powerslide auf dem Auto-Union mit V 12-Motor auf dem Nürburgring 1939.

Acht- und Zwölfzylindermotoren mit Kompressor heraus, selbst ein V 16 entstand in Mailand, aber der ausbrechende Krieg stoppte die Weiterentwicklung dieses aus zwei nebeneinandergelegten Achtzylinderblöcken auf einem gemeinsamen Kurbelgehäuse bestehenden Aggregates. In dieser Rennformel entwickelte Mercedes erstmals ein Zweistufengebläse, das dann auch von Auto-Union und — nach dem Kriege — auch von Alfa Romeo, Ferrari und Maserati angewendet wurde.

Diese Epoche, die vor allem von den Fortschritten im Fahrwerkbau gekennzeichnet war, verminderte die Anzahl der tödlichen Unfälle von Grand-Prix-Piloten. Mit den starken Fahrzeugen und ihren schwachen Bremsen ließ sich eben nicht ständig am Limit fahren. Die Piloten mußten zudem dosiert beschleunigen, weil das plötzlich einsetzende Drehmoment die schmalen Reifen hätte durchdrehen lassen. Während eines Grand Prix wurde mindestens einmal getankt, aber auch die Reifen wurden gewechselt. Feinfühlige Fahrer konnten mit einem einzigen Reifenwechsel durchkommen; es sei erwähnt, daß ein Grand Prix über eine Distanz von mehr als 500 km führen mußte.

Außer den Grand-Prix-Wagen war in den dreißiger Jahren auch die Kategorie der sogenannten Voiturettes mit 1,5-Liter-Kompressormotor populär. Die Voiturettes bestritten die weniger bedeutenden Rennen, meistens auf Stadtrundstrecken.

Bei den Sportwagenrennen wurde das Geschehen in den dreißiger Jahren vielfach von Alfa Romeo beherrscht. Auf den Achtzylinder von 2,3 Liter Hubraum (mit Kompressor) folgte eine ebenfalls sehr erfolgreiche 2,9-Liter-Version. Bei den „24 Stunden" von Le Mans kamen aber auch andere Namen zum Zuge, denn auf die Alfa-Romeo-Siege von 1931 bis 1934 folgte 1935 Lagonda, Bugatti setzte sich 1937 und 1939 durch, Delahaye gewann 1938.

In Indianapolis wurde 1938 ebenfalls auf die Dreiliter-Kompressorformel (4,5 Liter ohne Aufladung) umgestellt. Ein Maserati-Achtzylinder gewann die 500 Meilen in den Jahren 1939 und 1940. Die Engländer George Eyston mit Thunderbolt und John Cobb mit Railton machten auf dem Salzsee von Bonneville Jagd nach dem absoluten Weltrekord: 1937 erreichte Eyston 502,1 km/h; nach weiteren Verbesserungen schraubte Cobb den Bestwert 1939 auf 594,9 km/h.

Wenig Fortschritte in den Nachkriegsjahren

Wegen des Zweiten Weltkriegs ergab sich auch für den Automobilsport eine Zwangspause. Die ersten Rennen fanden erst wieder 1946 statt, Deutschland blieb praktisch bis 1950 von der internationalen Automobilsportszene ausgeklammert. In den ersten Nachkriegsjahren wurden vorwiegend noch in den dreißiger Jahren gebaute Modelle verwendet. Ende 1947 reglementierte die Fédération Internationale de l'Automobile (FIA) den Automobilsport neu: Dabei entstanden erstmals die Begriffe Formel 1 (Grand-Prix-Formel) und Formel 2 (kleinere Rennwagen), später kam auch die Formel 3 (Kleinstrennwagen) hinzu.

Die in den Jahren 1938 und 1939 geltende Grand-Prix-Formel der 3-Liter-Kompressormotoren oder der 4,5-Liter-Saugmotoren wurden aufgegeben: Die Formel-1-Rennen wurden für 1,5-Liter-Kompressorrennwagen sowie für 4,5-Liter-Fahrzeuge mit Saugmotor ausgeschrieben. Dies ermöglichte, die noch vorhandenen Monoposto der alten Voiturettes-Kategorie weiter einzusetzen.

Das herausragendste Modell dieser Nachkriegsepoche war der Alfa Romeo 158 mit aufgeladenem 1,5-Liter-Achtzylinder-Reihenmotor, der 1938 debütiert hatte und seine Karriere erst 1951 abschloß. Nach dem Krieg wurde dieser „Alfetta" mit einem Zweistufengebläse versehen. Hierdurch erhöhte sich die Leistung von 195 PS bei 7 200 U/min im Jahr 1939 über 275 PS bei 7 500 U/min im Jahr 1948 auf 425 PS bei 9 300 U/min im Jahr 1951; dies entsprach der enormen Literleistung von fast 350 PS/l. Mit dem Alfa Romeo wurden Nino Farina 1950 und Juan Manuel Fangio 1951 Weltmeister.

Inzwischen war der absolute Weltrekord 1947 durch John Cobb mit dem Railton Mobil auf 634,3 km/h geschraubt worden. Dieser Bestwert blieb bis 1963 bestehen. Die Nachkriegsjahre standen vorwiegend im Zeichen der Leistungssteigerung; im Fahrwerkbau konnten eigentlich erst wieder Ende der fünfziger Jahre nennenswerte Fortschritte verzeichnet werden. Nachdem die Formel 1 auch Saugmotoren von 4,5 Liter Hubraum zuließ, wandte sich die 1947 erstmals aufgetauchte Marke Ferrari im Jahre 1950 der gebläselosen Ausführung zu, und im Großen Preis von England 1951 siegte der Argentinier Froilan Gonzalez auf dem kompressorlosen 4,5-Liter-V12-Ferrari erstmals über die seit 1946 ungeschlagene Alfetta. Dies war ein historischer Sieg der neuen Philosophie „Saugmotor" über die alte Schule des Kompressormotors.

Ende der vierziger Jahre war in England der BRM-„Nationalrennwagen" entstanden, der jedoch zu einem Fehlschlag wurde. Es handelte sich um eine äußerst aufwendige Konstruktion der 1,5-Liter-Kompressorformel mit 16 Zylindern in V-Form sowie mit zweistufigem Zentrifugalgebläse.

Erwähnenswert ist auch ein 1946 von Cisitalia in Turin gebautes Rennwägelchen der 1 100-cm^3-Klasse ohne Kompressor, dessen Rahmen nicht mehr aus zwei massiven Längsholmen mit aufgeschweißtem Aufbau bestand, sondern erstmals aus vielen dünnen miteinander verschweißten Rohren. Solche Gitterrohrrahmen wurden später von fast allen Konstrukteuren angewendet.

Die großen Langstreckenrennen wie die Mille Miglia oder die „24 Stunden" von Le Mans wurden wieder ausgetragen. Hierbei zeichneten sich vor allem

Der kleine Cisitalia D 46 war die erste Neukonstruktion nach dem Krieg. Sein 1,1-l-Motor stammte vom FIAT 1100. Neuartig war der Fahrwerkrahmen aus Stahlrohren. Am Steuer Piero Taruffi — viele Jahre nach seinen Erfolgen in diesem Auto.

die Ferrari-Fahrzeuge mit gebläselosem V12-Motor aus.
Ende 1951 hatte die 1,5-Liter-Grand-Prix-Formel ausgedient, und für die beiden folgenden Jahre schrieb die FIA die Fahrerweltmeisterschaft für Rennwagen der seit 1948 bestehenden Formel 2 (2 Liter ohne Kompressor) aus. Die Weiterentwicklung des Saugmotors erhielt damit neuen Auftrieb; besonders schenkte man dem Gaswechsel und der Brennraumgestaltung Aufmerksamkeit. Die Füllung der Zylinder wurde durch konsequentere Gestaltung der Ansaugkanäle verbessert, deren Länge und Form nun genauer bestimmt wurden. Ebenso bekam nun jeder Zylinder einen eigenen Vergaser. Länge und Durchmesser der Auspuffrohre wurden auf die Gasschwingungen abgestimmt. Man erhielt bessere Zylinderfüllungen bei hohen Drehzahlen, von denen dann auch die Serienmotoren profitierten. Bisher war die Aufgabe, die Zylinder maximal zu füllen, von dem die Luft mit voller Kraft in die Zylinder fördernden Kompressor gelöst worden, der allerdings für den Serienmotorenbau praktisch bedeutungslos blieb; denn nur einige Prestigemodelle wurden mit einem Kompressormotor versehen.
Die damalige Zeit verzeichnete auch einen Übergang zum kurzhubigen Motor, der wegen des verkürzten Kolbenwegs eine höhere Drehzahl sowie eine kleinere Kolbengeschwindigkeit brachte. Am En-

Der Lago-Talbot von 1948 war mit seinem 4,5-l-Saugmotor der Konkurrenz zwar leistungsmäßig unterlegen, konnte aber die Grand-Prix-Distanz ohne Nachtanken bewältigen.

1954 erschien der von Ing. Vittorio Jano konstruierte Lancia D 50 mit 2,5-l-V 8-Motor und seitlichen Kraftstofftanks. Der Motor war als tragendes Element in den Rohrrahmen integriert.

de dieser Formel-2-Periode (1953) erreichte Maserati mit dem von einem Spezialgemisch gespeisten A 6 GCM-Triebwerk (6 Zylinder, 1 996 cm³) die Leistung von 200 PS bei 7 500 U/min; somit hatte man erstmals in der Geschichte mit einem gebläselosen Motor die magische Literleistung von 100 PS/l erreicht. Aber beherrscht wurde jene Periode nicht von Maserati, sondern vom 185 PS bis 195 PS starken Vierzylinder-Ferrari-Wagen mit De Dion-Hinterachse, auf dem Alberto Ascari Weltmeister in den Jahren 1952 und 1953 wurde.

Einspritzung und Scheibenbremsen

Die fünfziger Jahre brachten jedoch weitere markante Fortschritte. Anläßlich des 500-Meilen-Rennens von Indianapolis (3 Liter mit Kompressor, 4,5 Liter ohne Aufladung) tauchten 1951 erstmals Rennwagen mit Scheibenbremsen auf. Zwei Jahre danach registrierte man bei den 500 Meilen den ersten Erfolg eines Einspritzmotors, 1953 siegte Bill Vukovich auf einem Kurtis Kraft mit 4,5-Liter-Meyer-Drake-Motor (auch als Offenhauser bekannt), der mit einer Einspritzanlage von Howard Keck bestückt war. Auch in der europäischen Formel 2 tauchten die ersten Einspritzmotoren auf: 1953 erschien der Cooper-Alta mit Hilborn-Einspritzung und Scheibenbremsen, das gleiche Einspritzsystem verwendete auch Connaught.

Im Reifenbau trat im Laufe der fünfziger Jahre ebenfalls ein Wandel in. Für die Karkassen wurden nicht mehr Baumwollfäden verwendet, sondern die viel widerstandsfähigeren Gewebeschichten aus Nylon. Noch wichtiger war freilich der von Michelin entwickelte Stahlgürtelreifen. Doch hier hinkte der Rennsport hinter dem Serienwagenbau nach, denn Michelin — anschließend auch Pirelli — wandten sich erst in den siebziger Jahren dem Radialreifen für reine Geschwindigkeitswettbewerbe zu, nachdem sich dieses Konzept schon bei Rallyes bewährt hatte.

Zu Beginn der fünfziger Jahre stritten sich bei den Langstreckenrennen Ferrari, Maserati, Jaguar, Aston-Martin und Mercedes-Benz um die Krone; Sieger waren die deutschen Sechszylinder mit den charakteristischen Flügeltüren 1952 sowohl in Le Mans als auch beim mexikanischen Etappenrennen Carrera Panamericana. Ein geschichtsträchtiger Erfolg stellte sich 1953 anläßlich des 24-Stunden-Rennens von Le Mans ein, bei dem erstmals ein Wagen mit Scheibenbremsen siegte: In Le Mans gewannen Rolt/Hamilton auf dem Jaguar C mit Sechszylindermotor und Dunlop-Scheibenbremsen.

In den fünfziger Jahren kam auch eine neue Fahrzeugkategorie auf: die Gran-Turismo-Wagen. Es waren dies vorwiegend in kleineren Serien (mindestens 100 Stück in 12 Monaten) gebaute Fahrzeuge mit sportlichem Charakter, deren mechanische Elemente zum Teil von Großserienlimousinen übernommen wurden. Typische Vertreter dieser Kategorie waren 1954 Mercedes-Benz 300 SL, Porsche 356, Jaguar XK 120, Austin-Healey 100, Lancia Aurelia B 20, Alfa Romeo 1900 Super Sprint, FIAT V8 und Ferrari 250 GT.

Die Karosserie unterlag keinen Einschränkungen, also konnten sich die zahlreichen Karossiers voll entfalten, wobei auch speziell auf den Wettbewerbseinsatz zugeschnittene Versionen dieser Modelle mit Leichtmetallkarosserie entstanden.

Damals nahm die eigentliche große Epoche der Rallyes ihren Anfang, die mit Tourenwagen oder mit Gran-Turismo-Modellen bestritten wurden, wie z. B. die Fernfahrt Rom—Lüttich—Rom, die Alpenfahrt, die Rallye zur Mitternachtssonne, die Tulpen-Rallye, die Rallye Sestriere und selbstverständlich die berühmteste im Jahr 1911 entstandene Rallye Monte Carlo. Mit diesen langen Straßenprüfungen kreuz und quer durch den europäischen Kontinent leistete man einen wesentlichen Beitrag zur Verbesserung des Alltagswagens. Nicht nur der Fahrwerkbau, sondern auch die elektrischen Anlagen, besonders die Beleuchtung, aber auch die Wintertauglichkeit (Winterreifen, Schneeketten, später Spikesreifen) und das allgemeine Zubehör profitierten von den strapazenreichen Wettbewerben über Bergpässe und Naturstraßen, zum Teil auch auf Schnee und Eis.

Während die Fahrerweltmeisterschaft schon 1950 eingeführt worden war, schuf die FIA 1953 die Weltmeisterschaft der Sportwagenkonstrukteure. Hierzu zählten Prüfungen wie die Mille Miglia, die „12 Stunden" von Sebring, die „24 Stunden" von Le Mans, die Tourist Trophy oder das 1953 neu ins Leben gerufene 1 000-km-Rennen auf dem Nürburgring sowie die Carrera Panamericana.

1955 sicherte sich Mercedes-Benz mit dem Typ 300 SLR wiederum eine dominierende Rolle im Motorsport. Moss/Jenkinson siegten mit diesem Auto in der Mille Miglia.

Eine neue Formel-1-Periode setzte 1954 ein, die Zeit der gebläselosen 2,5-Liter-Rennwagen, bei denen die Großen Preise um die Fahrerweltmeisterschaft bis einschließlich 1960 nach dieser Formel ausgeschrieben wurden. Die 2,5-Liter-Formel brachte neue Impulse für den Motorenbau; Ende der fünfziger Jahre stellte sich zudem eine Revolution im Fahrwerkbau ein, als die Konstrukteure — allen voran die Engländer — vom bisherigen Frontmotorkonzept auf den im Großserienbau kaum anwendbaren Mittelmotor umstellten, wie er in den dreißiger Jahren nur von der Auto-Union und nach dem Krieg vor allem von Porsche (Sportwagen) angewendet worden war.

Das erste typische Fahrzeug der 2,5-Liter-Formel war der Mitte 1954 erschienene Mercedes-Benz W 196 mit einem Frontmotor. Das Triebwerk kennzeichnete den damaligen Höchststand der Automobiltechnik. Der in einen Gitterrohr-Fachwerkrahmen eingebaute und aus zwei Blöcken mit Mittelantrieb bestehende Reihen-Achtzylindermotor wies zwangsgesteuerte Ventile sowie eine Direkteinspritzung von Bosch auf. Dieses Konzept, so revolutionär es im Rennfahrzeugbau war, fand in der Großserie keinen Niederschlag.

In seiner höchsten Entwicklungsstufe leistete der Mercedes-Motor 290 PS bei 8 500 U/min, und dies entsprach einer Literleistung von 116 PS/l. Das um 20° geneigt eingebaute Triebwerk ergab einen tiefliegenden Schwerpunkt, zudem konnte auf diese Art auch die Stirnfläche des Fahrzeugs wesentlich verkleinert werden. Die vier unabhängig geführten Räder mit Drehstabfederung und hinterer Eingelenk-Pendelachse wiesen zuerst innenliegende Trommelbremsen auf, so daß das Gewicht der ungefederten Massen geringer wurde.

Maserati, Lancia und Ferrari vermochten zunächst mit der deutschen Konstruktion einigermaßen Schritt zu halten; Weltmeister 1954 wurde der Argentinier Juan Manuel Fangio auf Maserati und Mercedes. In der folgenden Saison erschienen die überarbeiteten W-196-Wagen mit kürzerem Radstand und vorn nach außen verlegten Bremsen; jetzt erwies sich der Achtzylinder aus Untertürkheim als restlos überlegen, und abermals wurde Fangio mit diesem Rennwagen Weltmeister.

Eine viel beachtete Neukonstruktion brachte Lancia 1954 heraus, den Formel-1-Rennwagen D 50 mit vom Rumpf getrennten und damit sehr exponierten Seitentanks, die keine Schwerpunktverlagerung im Verlauf des Rennens bei der allmählichen Entleerung der Tanks bedeuteten. Charakteristisch war beim Lancia die Einbeziehung des Motors als mittragendes Bauteil. Die Vorderachse war frontal an der V 8-Einheit befestigt. Wie die meisten damaligen Frontmotorkonstruktionen wies der Lancia eine De-Dion-Hinterachse auf, das Triebwerk war schräg zur Längsachse eingebaut, so daß der Fahrer neben der Kardanwelle sitzen konnte. Dadurch ließ sich der Schwerpunkt tiefer legen, ebenso wurde die

Stirnfläche verringert. Die damaligen Formel-1-Konstruktionen wiesen ein mit dem Differential verblocktes Fünfganggetriebe auf.
Nach dem Ende 1955 erfolgten Rückzug von Daimler-Benz aus der Formel 1 und den Langstreckenrennen der Sportwagen wurde die Szene wieder von Ferrari und Maserati beherrscht. Bei den Sportwagenrennen waren Jaguar und Aston-Martin erfolgreich. In der Formel 1 rückten die englischen Vierzylinder-Vanwall mit Einspritzmotor in den Vordergrund, und anläßlich des Großen Preises von England 1957 gelang der englischen Marke endlich der Durchbruch: Sieg bei einem Weltmeisterschaftslauf. Seit den zwanziger Jahren hatte keine englische Marke mehr einen klassischen Grand Prix gewonnen.

Umstellung auf den Mittelmotor

Seit Mitte der fünfziger Jahre brachte die kleine englische Firma Cooper beachtenswerte leichte Mittelmotorrennwagen heraus. Das Konzept Coopers basierte ursprünglich auf den ultraleichten Formel-3-Monoposto mit 500-cm³-Motorradmotor, die als die Vorfahren der neuen und den Fahrgestellbau revolutionierenden Mittelmotorschule anzusehen sind. Die leichten und wendigen Cooper mit Einzelradfederung und Vierzylinder-Coventry-Climax-Motor setzten sich auch in der von 1957 bis 1960 gültigen Formel 2 durch, die 1,5-Liter-Saugmotoren vorsah. Die erzielten Resultate waren beachtlich, zumal die Engländer nicht über so starke Motoren wie die Italiener verfügten. Mit auf rund zwei Liter erhöhtem Hubraum des Climax-Motors trat Cooper auch in der 2,5-Liter-Formel-1 an. Mit einem solchen Zweiliter-Wagen, dessen Leistung rund 170 PS betrug, sollte Cooper 1958 mit Stirling Moss (Argentinien) und Maurice Trintignant (Monaco) die gesamte damalige Formel-1-Konkurrenz schlagen, und zwar trotz einer um rund hundert PS geringeren Leistung.
Die beiden Erfolge, die vor allem dem kleineren Wagengewicht und der beträchtlich verringerten Frontfläche zuzuschreiben waren, lenkte die Rennwagentechnik in völlig neue Bahnen. Der Frontmotor hatte endgültig ausgedient. Diese Entwicklung wurde auch durch die 2,5-Liter-Version des Coventry-Climax-Motors vorangetrieben, der in Kleinserie gebaut und an die Konstrukteure geliefert wurde. Rein leistungsmäßig war der Cooper mit seinen 240 PS dem Ferrari, der auf 270 PS kam, unterlegen. Weil nun mehrere englische Konstrukteure (vor allem Cooper, und ab 1958 auch Lotus) den gleichen Motor verwendeten, kam es bei diesen vor allem auf eine ausgefeilte Fahrzeugkonstruktion an, die in folgenden Punkten erzielt werden konnte:
1. Abbau des Gewichtes. Dadurch wurden trotz geringerer Leistungen ähnliche Beschleunigungswerte wie bei stärkeren Fahrzeugen erzielt;
2. Minderung des Luftwiderstandes auf ein Minimum;
3. geringste Leistungseinbuße der Kraftübertragung dank besserer Bodenhaftung der Räder, erzielt durch fortschrittliche Aufhängungen und günstigere Gewichtsverteilung;
4. höhere Kurvengeschwindigkeiten dank besserer Straßenlage.
Die Verminderung des Gewichtes wurde einerseits durch eine neue Anordnung der wichtigsten Bauteile, vor allem aber durch den zentral gelegenen Motor und die radikale Nutzung aller Möglichkeiten des Leichtbaus erzielt. Die Fahrgestelle wurden so ausgelegt, daß die einzelnen Rohre der Konstruktion im Rahmen des Möglichen nur auf Zug und Druck beansprucht wurden; dies wiederum ermöglichte die Anwendung von dünneren Rohren. Man erreichte auf diese Weise eine hohe Steifigkeit und eine bessere Straßenlage.

Monocoquechassis

Als 1961 wieder ein Formelwechsel anstand und nun ausschließlich Rennwagen von maximal 1 500 cm³ Hubraum startberechtigt waren (praktisch gleichbedeutend mit einer Fortsetzung der bisherigen Formel 2), traten alle Rennställe ausnahmslos mit Mittelmotorkonstruktionen an. Im Chassis- und Aufhängungsbau waren die Engländer absolut tonangebend.
Die 1,5-Liter-Formel brachte auch die endgültige Umstellung auf die Benzineinspritzung: Ab 1964 war der Vergaser (von einzelnen Ausnahmen abgesehen) endgültig aus dem Grand-Prix-Rennsport verbannt. Die kurzhubigen Motoren, die ab 1961 mit handelsüblichem Treibstoff gespeist werden mußten, stammten von Coventry-Climax (V 8), BRM (V 8), Ferrari (V 6, V 8 und 12-Zylinder-Boxer), Porsche (luftgekühlter 8-Zylinder-Boxer) oder

Der Vanwall-Rennwagen des Lagerherstellers Tony Vanderwell brachte 1954 die Briten auf die Grand-Prix-Szene. Der Vierzylindermotor arbeitete mit Benzineinspritzung.

Der Aston Martin DBR siegte u. a. im 1 000-km-Rennen auf dem Nürburgring in drei aufeinanderfolgenden Jahren.

Honda (V 12-Quermotor). Bei diesen Triebwerken drang die Leistung bis 1965, dem letzten Jahr dieser Grand-Prix-Formel, in den Bereich von 220 PS vor, und die Literleistung der Saugmotoren verzeichnete wieder einen Sprung nach oben; denn jetzt war man bei fast 150 PS/l angelangt.

Zwecks Verkleinerung der Stirnfläche waren die elegant aussehenden Fahrzeuge zigarrenförmig ausgebildet, mit seitlich in den Wagenrumpf eingebauten Gummitanks. Die Verminderung der Stirnfläche war dabei wesentlich; denn abgesehen von den Reifen, deren Abmessungen vorerst noch gleichgeblieben waren, wurde die Querschnittsfläche der Monoposto zwischen 1955 und 1965 um etwa 65% verkleinert. Die Stirnfläche eines 2,5-Liter-Ferrari-Wagens von 1955 betrug etwa 1,55 m^2, beim Mercedes W 196 konnte dieser Wert dank des beinahe liegend eingebauten Motors auf 1,1 m^2 herabgesetzt werden. Beim Lotus 25 von 1962, der auch einen 2,5-Liter-Motor hätte aufnehmen können, betrug dieser Wert nur mehr 0,4 m^2. Bei gleicher Leistung wäre ein Monoposto allein wegen der verminderten Stirnfläche auf den Geraden um 80 km/h bis 90 km/h schneller gewesen.

Im Jahr 1962 konnte man in bezug auf den Chassisbau eine weitere Revolution verzeichnen: Anläßlich des Großen Preises von Holland setzte Lotus-Konstrukteur Colin Chapman erstmals seinen Rennwagen Mark 25 ein, dessen Rahmen nicht mehr aus geschweißten Rohren, sondern aus genieteten Leichtmetall-Halbschalen bestand. In den Hohlräumen dieser vom Flugzeugbau inspirierten Konstruktion, in deren Cockpit der Fahrer eine fast liegende Stellung einnahm, waren zugleich die Gummitanks eingelassen. Das tragende Element war nicht nur leichter als die üblichen Rohrrahmen, sondern auch steifer und verwindungsfester. Zudem erübrigte sich bei der Monocoquebauweise die Karosserie: Die Fahrzeuge brauchten lediglich mit einer Frontverschalung (aus Kunststoff) versehen zu werden. Die Monocoques ermöglichten ultraschmale Wagenkörper von nur 70 cm Breite, obschon die tragenden Elemente der Monoposto auch die 120 Liter Treibstoff enthielten. Diese Bauweise erlangte allerdings für den Serienwagenbau keinerlei Bedeutung. Als Lotus 1963 eine vom Mark 25 abgeleitete Version mit Ford-V8-Stoßstangenmotor in Indianapolis einsetzte und dort auf Anhieb — trotz mäßiger Motorleistung — mit Jim Clark auf den Ehrenplatz kam, sahen sich auch die Amerikaner gezwungen, ihre starrachsigen Frontmotorboliden gegen Mittelmotorkonstruktionen mit Monocoquechassis auszutauschen.

Alle Formel-1-Marken hatten auf die modernen Radführungen mit doppelten Querlenkern (zum Teil auch von Längslenkern abgestützt) in Verbindung mit Schraubenfedern und koaxialen Stoßdämpfern umgestellt. Ab 1963 setzte eine andere bedeutsame Evolution ein: die Entwicklung in Richtung Breitreifen mit kleinerem Durchmesser.

Die Umstellung auf die Mittelmotorbauweise faßte auch bei den zweisitigen Rennsportwagen Fuß; 1962 ging in Le Mans mit dem Ferrari von Gendebien/Phil Hill der letzte Frontmotorsportwagen (nach dem damaligen Reglement hießen sie Prototypen) siegreich durchs Ziel; ab 1963 war das Triebwerk bei sämtlichen 24-Stunden-Siegern vor der Hinterachse eingebaut, obschon sich diese Bauweise für gängige Personenwagen kaum eignet, weil sich keine vollwertigen Fünfsitzer — mit dem notwendigen Kofferraum versehen — mit dem Mittelmotorkonzept in Einklang bringen lassen. Nur wenige exklusive Spitzenmodelle der gehobenen Preisklasse — meist Zweisitzer — weisen seither einen zentral eingebauten Motor auf.

Erwähnenswert ist eine 1961 erschienene Versuchskonstruktion der Formel 1, die als Studienobjekt gedacht war und nur in wenigen Rennen startete: der Ferguson P 99 mit Climax-Vierzylinder-Frontmotor und Vierradantrieb, mit dem Ferguson die Möglichkeiten des Allradantriebs im Rennsport abtasten wollte. Aber das 4 × 4-Konzept, das 1969 in der For-

mel 1 nochmals erprobt wurde, vermochte sich in dieser Sparte nicht durchzusetzen.
Im Jahr 1963 tauchte in Le Mans mit dem Rover-BRM der erste Rennsportwagen (oder Prototyp) mit Gasturbine auf, nachdem schon verschiedene Automobilhersteller Versuchsfahrzeuge mit Gasturbine entwickelt hatten. Aber im Automobilbau blieb die Gasturbine bisher bedeutungslos. Ende der sechziger Jahre machten Turbinenrennwagen in Indianapolis von sich reden; zweimal verpaßten sie den Sieg um Haaresbreite, dann verschwand die Turbine wieder, weil ihr das Lebenslicht durch eine entsprechende Reglementierung ausgelöscht wurde. Immerhin hatte der Engländer Donald Campbell 1964 den absoluten Weltrekord auf seinem Blue Bird mit Gasturbine an sich gerissen, als er auf einem Salzsee in Australien 648,7 km/h erreichte. Aber schon im folgenden Jahr fuhr Bob Summers auf seinem Goldenrod mit vier aufgeladenen Chrysler-Motoren in Bonneville 658,6 km/h, und dies sollte die bis heute endgültige Bestleistung eines radgetriebenen Fahrzeugs mit Hubkolbenmotor sein.
Mit dem Jahr 1963 startete ein Riese aus Detroit, nämlich Ford, eine rennsportliche Großoffensive, die bis Ende der sechziger Jahre dauern sollte. Ford engagierte sich an allen Fronten: Tourenwagenrennen, amerikanische Stock-Car-Rennen, Langstrek-

Das D-Modell von Jaguar und sein Vorgänger, der C-Typ, gewannen viermal die „24 Stunden" von Le Mans und eine große Anzahl anderer Rennen in Europa und USA.

kenrennen, Indianapolis sowie auch Rallyes. Auf diese Weise wurde erstmals von einem Weltkonzern mittels des Rennsports eine systematische Werbekampagne betrieben mit der Absicht, den Absatz von Personenwagen weltweit durch Sporterfolge zu fördern. Unter anderem entwickelte man in Detroit einen dann erfolgreichen V 8-Viernockenwellenmotor für Indianapolis, ebenso schuf Ford mit dem GT 40 und dessen Varianten einen Langstrecken-Rennsportwagen, der die Läufe um die Markenweltmeisterschaft der sechziger Jahre entscheidend mitprägte. In Le Mans trat Ford dabei mit von der Serienproduktion abgeleiteten Achtzylin-

BRM mußte bis 1959 warten, ehe der Typ 25 mit Vierzylindermotor einen Weltmeisterschaftslauf (Großer Preis von Holland) gewann. 1962 wurde dann Graham Hill mit dem Achtzylinder BRM Weltmeister.

Mit dem Auftreten der leichten Mittelmotorautos von Cooper kam die große Wende im Grand-Prix-Sport: Jetzt war nicht mehr die Motorleistung entscheidend, sondern die Fahreigenschaft. Jack Brabham wurde 1959 und 1960 auf Cooper-Climax Weltmeister. Fortan spielten die Briten die erste Geige. Nur Ferrari kam noch gelegentlich zum Zug. Das Bild zeigt Stirling Moss auf Cooper.

der-Stoßstangenmotoren an, deren Hubraum von 4,2 l auf 5 l und 7 l gesteigert wurde. Vor solchen Hubraumriesen kapitulierte die europäische Spitzentechnik, und von 1966 bis 1969 gingen die Le-Mans-Siege an die großvolumigen Ford-Wagen.

Die Dreiliter-Formel

Der nächste Formel-1-Wechsel trat 1966 ein: Von nun an waren Dreiliter-Saugmotoren oder 1,5-Liter-Aggregate mit Aufladung startberechtigt. Es dauerte etwa ein Jahrzehnt, bis die Aufladung im Rahmen dieser GP-Formel auftauchte, denn vorerst wandten sich die Konstrukteure der Weiterentwicklung des Saugmotors zu, so daß auf diesem Gebiet noch wesentliche Fortschritte erzielt wurden.
Ford griff indirekt auch in das Formel-1-Geschehen ein: 1966 unterzeichnete Ford einen Vertrag mit der englischen Firma Cosworth, die einen von Ford finanzierten V8-Motor entwickelte, der im Verlauf der Jahre von zahlreichem Teams verwendet wurde. Dieser Achtzylinder Ford-Cosworth DFV, der 1967 mit einem Sieg in Lotus 49 von Jim Clark debütierte, konnte während anderthalb Jahrzehnten eine ungeahnte Erfolgsserie verzeichnen, denn zwischen 1967 und 1983 holte sich der Achtzylinder — es klingt unglaublich — 155 Siege bei Grand-Prix-Rennen; hinzu kamen auch noch 24-Stunden-Siege in Le Mans. Die Leistung des Dreiliters mit Vierventilkopf betrug 1967 405 PS bei 9 200 U/min; 1972 waren es 470 PS bei 10 800 U/min; und 1983, als der DFV mit Michele Alboreto auf Tyrrell in Detroit den letzten Formel-1-Erfolg verbuchte, waren es 530 PS bei 11 000 U/min. Damit verzeichnete auch die Literleistung in 15 Jahren beachtliche Fortschritte: 135 PS/l im Jahr 1967, 157 PS/l im Jahr 1972 und 177 PS/l im Jahr 1983.
War in den fünfziger Jahren vor allem die Kategorie der sportlichen Gran-Turismo-Wagen sehr populär geworden, so erlebten die sechziger Jahre eine erste Blüte der Tourenwagenrennen, die bisher keinen attraktiven Rennsport geboten hatten, weil die Serienautos einfach zu langsam waren. Die Umbausätze der Tuningspezialisten verhalfen in Verbindung mit wesentlichen Verbesserungen an den Fahrwerken nun auch den Limousinen und Coupés mit vier bis fünf Sitzen zu beachtlichen Fahrleistungen. Außer den stets an Popularität gewinnenden Rallyes bot auch der Tourenwagen-Europapokal einen attraktiven und spannenden Motorsport mit (verbesserten) Produktionswagen. Auf den europäischen Renn-

strecken bekämpften sich die Ford Falcon, Mercedes-Benz 220, Ford Cortina, BMW 2000, Alfa Romeo GTA, BMC Mini Cooper und FIAT-Abarth im Rahmen spektakulärer Auseinandersetzungen. Diese Tourenwagenrennen stellten einen hervorragenden Prüfstein für die Serienwagen dar; denn die präparierten Limousinen erreichten Fahrleistungen, die noch wenige Jahre zuvor den namhaften Rennsportwagen vorbehalten waren. Hiermit verbunden trugen auch die Verbesserungen auf dem Reifensektor zu den großen Fortschritten bei; ebenso bewährte sich die Scheibenbremse, die nun auch bei den Alltagsfahrzeugen zur Selbstverständlichkeit zählte.
Die Rallyes bekamen in den sechziger Jahren zunehmend den Charakter ausgesprochener Geschwindigkeitspüfungen, denn überall wurde für die Wertungsprüfungen das Bestzeiten-System eingeführt, also ein Wertungsmodus nur nach Geschwindigkeit.
Im Laufe der Jahre traten verschiedene Marken mit Dreiliter-Saugmotoren der Formel 1 auf, aber die Mehrheit der Teams entschied sich für das zuverlässige und verhältnismäßig preisgünstige Cosworth-DFV-Triebwerk, von dem in anderthalb Jahrzehnten mehrere hundert Stück gebaut wurden. Außerdem gab es Grand-Prix-Motoren von Repco, Honda, Weslake, Maserati, BRM, Matra, Tecno und selbstverständlich von Ferrari. Nur der Cosworth-Achtzylinder und der 1970 erschienene, flache und ebenfalls sehr erfolgreiche Ferrari-Zwölfzylinder, der die konventionelle V 12-Konstruktion ablöste, wurden kontinuierlich weiterentwickelt; die übrigen Motorenmarken zogen sich nach einigen Jahren wieder zurück.
Der „vierventilige" Zwölfzylinder von Ferrari wurde, um einen tieferen Schwerpunkt zu erzielen, flach, das heißt in 180°-Anordnung ausgebildet. Zur Verringerung der Reibungsverluste wurde die Anzahl der Hauptlager von sieben auf vier verringert, und schon 1970 leistete der Kurzhuber 464 PS bei 11 600 U/min. Bis 1980 gelang es, die Leistung auf 530 PS bis 550 PS bei 12 500 U/min zu steigern (Literleistung etwa 180 PS/l), mehr konnte aus einem Saugmotor nun nicht erzielt werden.

Autos mit Flügeln

Außer der Entwicklung zum Breitreifen brachte die zweite Hälfte der sechziger Jahre neue aerodynamische Erkenntnisse. Im Jahr 1968 tauchten Hilfsmittel zur Erhöhung des Anpreßdrucks der Wagen auf die Fahrbahn auf. Mit Heckflügeln und Frontspoilern ließ sich unter Einwirkung des Fahrtwindes ein Unterdruck erzeugen, und dies bedeutete eine erhöhte und vor allem in den Kurven sehr nützliche Zusatzadhäsion. Die vorerst noch nicht vollkommenen Einrichtungen wurden im Laufe der Jahre immer mehr verfeinert, somit stieg auch der Anpreßdruck kontinuierlich. Die Fahrzeuge wischten nicht mehr im publikumswirksamen Drift um die Kurven, sondern liefen nun spurtreu wie auf Schienen. Dabei stieg die Querbeschleunigung zunächst auf 1,5 g an, was man vorher nie für möglich hielt, zu-

Porsche beteiligte sich nur 1961 und 1962 an Formel-1-Rennen. Das Auto mit luftgekühltem Achtzylindermotor von 1,5 l Hubraum kam mit dem Amerikaner Dan Gurney nur zu einem einzigen Sieg (Großer Preis von Frankreich 1962). Bild: Der ehemalige Porsche-Rennleiter Huschke v. Hanstein fährt das Auto.

mal sich die besten Produktionswagen mit 0,6 g bis 0,7 g bescheiden mußten. Frontspoiler und Heckflügel erhöhten zwar auch den allgemeinen Luftwiderstand — dies wirkte sich besonders auf den Geraden nachteilig aus —, aber die enorme Steigerung des Kurventempos ließ diese Einbuße als unbedeutend erscheinen.

In der Saison 1969 machte sich wieder einmal der Vierradbetrieb bemerkbar: Matra, Lotus, McLaren und Cosworth bauten Grand-Prix-Wagen mit Vierradantrieb. Aber das 4 × 4-Konzept, das zu Beginn der achtziger Jahre den Rallyesport revolutionieren sollte, bewährte sich in der Formel 1 bisher nicht. Man erzielte nicht die erhofften Vorteile in der Beschleunigung, also verschwanden die 4 × 4-Autos wieder.

Bei Langstreckenrennen setzte nach der Ära der großvolumigen Ford-Stoßstangenmotoren ab 1969 eine Porsche-Ära ein. Die Wagen zeichneten sich durch fortschrittlichen Fahrwerkbau, ausgeklügelte Aerodynamik und superleichte Konstruktionsweise mit Chassis aus geschweißten Aluminiumrohren aus. Porsche hielt weiterhin dem luftgekühlten Motor die Treue: Auf den Vier-, Sechs- und Achtzylindern folgte 1969 der Zwölfzylinder des Typs 917, der sich 1970 und 1971 praktisch als unschlagbar erwies.

Die in den fünfziger und sechziger Jahren dank der Renn- und Sportwagen vorangetriebene Entwicklung und Perfektionierung der Scheibenbremsen bot später dem Alltagsfahrer ein Bremssystem, das höchsten Beanspruchungen gewachsen war. Das einst bei Trommelbremsen so berüchtigte Fading gehörte somit der Vergangenheit an.

Die Wettbewerbswagen lagen in Sachen Bremsen bereits um eine Stufe höher: Man benutzte Scheibenbremsen mit nicht nur radial, sondern auch axial perforierten Bremsscheiben, wie sie 1969 beim Porsche 917 verwendet wurden. Diese Bremsscheiben stellte man zunächst aus dem teuren und schwer zu bearbeitenden Beryllium her. Die Perforierung brachte wesentliche Vorteile: Erhöhung des Reibwertes um 15 bis 20 Prozent, Verminderung des Gewichtes um 25 Prozent (somit auch Verringerung der ungefederten Massen und damit bessere Haftung der Räder auf unebener Fahrbahn), Absenkung des Temperaturniveaus bei gleicher Belastung um etwa 20 Prozent, Herabsetzung des Schrägverschleißes von 5 Grad auf unter 1 Grad, erheblich schnellere Ansprechzeit (Aufbau des Bremsmomentes) bei Nässe als bei der herkömmlichen Scheibenoberfläche. Diese Eigenschaften erhöhten die aktive Sicherheit der Wagen. Die axial perforierten Bremsscheiben wurden 1972 von der Formel 1 übernommen, während Porsche sie in die Serie einführte.

Das Zeitalter der Turbomotoren

Im Jahr 1951 war die herkömmliche Aufladung mit dem mechanisch angetriebenen Kompressor verschwunden. Doch in der zweiten Hälfte der sechziger Jahre wurden einzelne Personenwagen mit Abgasturboladern ausgerüstet, ebenso fanden erste Versuche im Rennsport statt. Das Zeitalter des Motors mit Abgasturbolader begann. Bei ihm entfallen die vom Kompressor mit mechanischem Antrieb her bekannten Leistungsverluste, da die Ladeturbine von den Abgasen angetrieben wird. Dafür muß man beim Turbomotor eine Verzögerung beim Ansprechen auf das Gaspedal in Kauf nehmen.

In Indianapolis ging 1968 mit dem Eagle mit Offenhauser-Vierzylinder-Turbomotor erstmals ein Turboaggregat siegreich durchs Ziel. Im folgenden Jahr startete BMW mit dem 2002 TI mit Zweiliter-Vierzylinder-Turbomotor (die Aufladung durfte in der

1964 traten erstmals die Japaner mit einem eigenen Fahrzeug in der Formel 1 an. Der Honda hatte einen quer hinter dem Fahrer eingebauten V 12-Motor von 1,5 l Hubraum, der in seiner ersten Version 210 PS mobilisierte. 1967 siegte John Surtees auf Honda im Großen Preis von Italien. Das Foto zeigt die erste Ausführung.

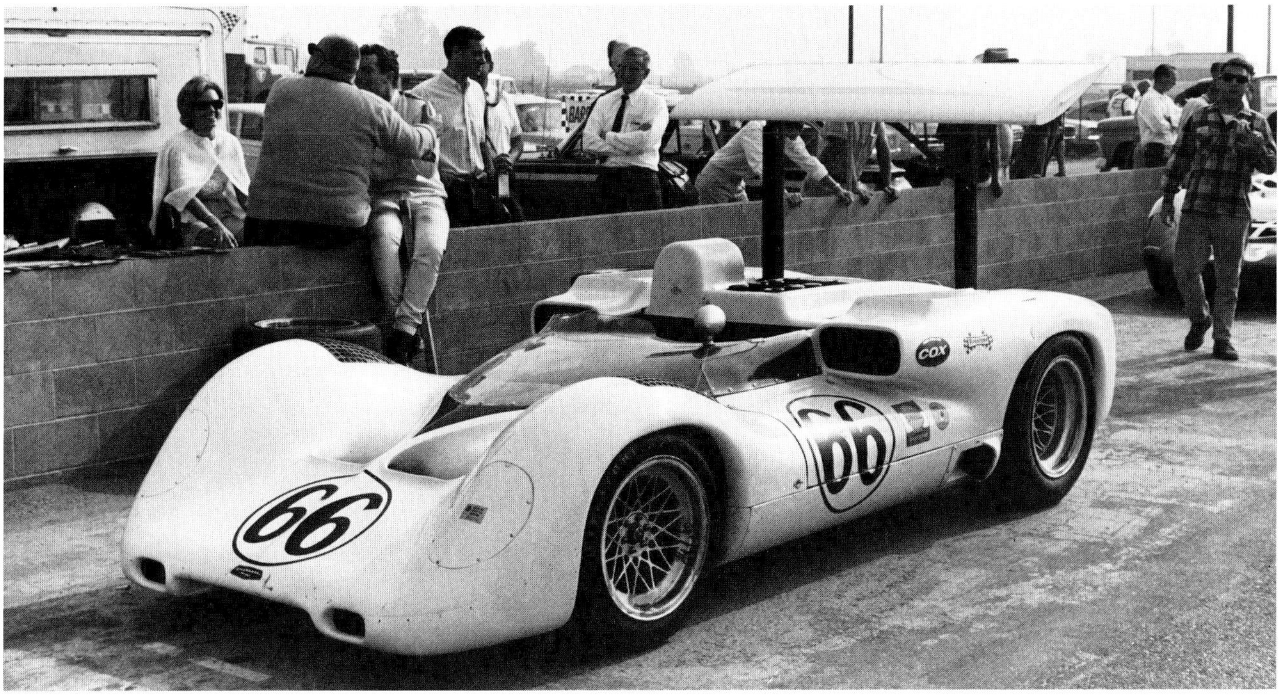

Auch die Amerikaner begannen im Motorsport eine Rolle zu spielen. In der Mitte der sechziger Jahre zählte der Chaparral 2C MK III zu den fortschrittlichsten Sportwagen-Konstruktionen. Sein Chevrolet-V 8 war mit einem Zweigang-Automatgetriebe gekoppelt; erstmals wurde mit Heckflügeln experimentiert.

Kategorie der Spezialtourenwagen angewendet werden, auch wenn das Basismodell einen Saugmotor aufwies) erfolgreich in die Tourenwagen-Europameisterschaft. 1972 rüstete Porsche seinen bei Langstreckenrennen so erfolgreichen Typ 917 mit Turbolader aus, um in den amerikanischen Läufen der Can-Am mit einer auf über 1 000 PS gesteigerten Leistung von einem Erfolg zum andern zu eilen.
Die Turbomotoren erlebten in den siebziger Jahren eine stürmische Entwicklung, die später zu astronomischen Literleistungen führen sollte. Diese Art der Aufladung setzte sich auch bei den Langstreckenrennen durch. 1976 gewann mit dem Porsche 936 das erste Turboauto die „24 Stunden" von Le Mans, zwei Jahre danach siegte in Le Mans ein Renault mit V 6-Turbomotor. In der Formel 1 faßte der Turbo erst Ende der siebziger Jahre Fuß.
Inzwischen gab es auch auf dem Gebiet der Kunststoffkarosserien, die in der zweiten Hälfte der sechziger Jahre die herkömmlichen Rennkarosserien aus Aluminium endgültig abgelöst hatten, wesentliche Fortschritte zu verzeichnen. Kunststoffkarosserien existierten im Serienwagenbau schon lange; denn schon 1954 hatte Chevrolet den Corvette mit Kunststoff-Außenhaut herausgebracht, und 1957 erregte der Lotus Elite weltweites Aufsehen als erstes „Serienauto" mit selbsttragender Kunststoff-Karosserie. Bei Rennmodellen waren es zuerst Verkleidungen aus glasfaserverstärktem Kunststoff; zu Beginn der siebziger Jahre ging man zur Sandwichbauweise über mit wabenförmigem Material zwischen zwei Außenschichten aus Verbund-Kunststoff. Bei erhöhter Festigkeit konnte somit das Gewicht vermindert werden.

Mehr Sicherheit

In den siebziger Jahren wurde im Automobilsport die allgemeine Sicherheit wesentlich angehoben. Dabei übernahm man zahlreiche Ideen, die zunächst dem Flugzeugbau zu eigen waren. Ab 1970 wurden automatische Feuerlöschanlagen im Formel-1-Wagen obligatorisch. Im folgenden Jahr wurden Sicherheitsgurte vorgeschrieben. Die Benzintanks mußten aus einem besonders widerstandsfähigen und unbrennbaren Material bestehen. Ab 1973 mußten sie wie im Flugzeugbau mit selbstschließenden Verbindungsstücken versehen werden. Zudem gab es Vorschriften für die Anordnung und Beschaffenheit von elektrischen Kabeln, ebenso für Benzin- und Ölleitungen.
Ab Ende der sechziger Jahre machte die Schutzbekleidung der Fahrer wesentliche Fortschritte dank feuerfester Overalls; hierbei bewährten sich besonders die vom Chemiekonzern Dupont entwickelten flammwidrigen Materialien. Aber auch entlang der Rennstrecken wurde die Sicherheit wesentlich erhöht, z. B. mit genauen Vorschriften für Abschrankungen, Sturzräume, Fangnetze oder Leitplanken. Die Feuergefahr schien Ende der siebziger Jahre gebannt, besonders deshalb, weil in der Formel 1 die Sicherheitstanks nicht mehr in den exponierten Flanken der Chassis untergebracht werden durften.

Eine Sensation im Formel-Rennsport löste 1976 der Tyrrell 34/2 mit sechs Rädern aus, der auch zu Siegerehren kam. Nach seiner zweiten Rennsaison wurde das Projekt aber aufgegeben.

Entscheidende Reifen

Beeindruckend war die Entwicklung auf dem Reifensektor. Bis 1964 beherrschte Dunlop das Bild nahezu allein, zumal sich Unternehmen wie Pirelli, Englebert oder Continental noch vor Ablauf der 2,5-Liter-Formel (1960) aus dem Grand-Prix-Sport zurückgezogen hatten. Aber 1964 griff Goodyear in die Formel 1 ein, Firestone — bisher auf den amerikanischen Rennsport konzentriert — folgte 1966. Mit Breitstreifen und deren superweichen Gummimischungen wurden bei der Haftung beachtliche Fortschritte erzielt, obwohl die Reifenkonstrukteure dem Diagonalreifenprinzip treu blieben, während sich der Radialreifen bei den Personenwagen schon durchgesetzt hatte.
Schon zu Beginn der siebziger Jahre hieß es, ein Renwagen müsse „rund um die Reifen herum" aufgebaut werden, um ein optimales Zusammenspiel zu erzielen. Bei den Breitreifen wurden die Karkassen aus Kombinationen von Nylon, Boron, Kevlar und Kohlenstoff-Fasern hergestellt. Gummimischungen entwickelten sich zu geheimen Rezepturen einer „schwarzen Kunst". Es brach gleichsam ein Reifenkrieg aus; man griff sogar zu den superweichen Qualifikationsreifen, die die Kosten zusätzlich in die Höhe trieben. Die „Qualifiers" taugten für zwei bis drei schnelle Runden und hatten nur den Zweck, dem Fahrer einen guten Startplatz zu verschaffen. Zu Beginn der siebziger Jahre kamen profillose Slicks auf, die dank maximaler Auflagefläche noch mehr Adhäsion boten. Allerdings waren sie bei Regen völlig ungeeignet. Die Wagen mußten bei nasser Fahrbahn wieder auf Profilreifen mit noch weicherer Gummimischung umgerüstet werden. In dieser Beziehung nahm die Rennreifenentwicklung eine Richtung, die in keinem Verhältnis mehr zu den Bedürfnissen des Alltagsbetriebs stand.
Der harte und sehr teure Spitzenkampf im Grand-Prix-Sport führte schon 1970 zum Rückzug von Dunlop. Firestone folgte 1974 diesem Beispiel. Während einiger Jahre belieferte Goodyear alle Formel-1-Teams, aber 1977 griff Michelin mit dem Radialreifen in die Grand-Prix-Szene ein.
Goodyear wertete in dieser Zeit alle verfügbaren Daten aus und ermittelte, daß (auf eine Rundenzeit von etwa 1'30 bezogen) ein guter Fahrer maximal 0,5 Sekunden (!), das Chassis ebenfalls 0,5 Sekunden, der Motor 0,75 Sekunden, der Reifen aber eine Verbesserung von bis zu 2 Sekunden bringen könne. Bei der Konstruktion der Aufhängungen mußte man Lösungen anstreben, mit denen die Reifen optimal ablaufen konnten. Andererseits paßten die Reifenhersteller ihre Reifen einer erfolgversprechenden Rennkonstruktion an, so daß sich der gleiche Reifen nicht unbedingt für alle Fahrzeuge eignete.
Die enorme Verteuerung des Spitzenrennsportes ließ Ende der sechziger Jahre neue und preisgünstigere Rennformeln für die Förderung des Nachwuchses entstehen. In der Bundesrepublik Deutschland war es die Formel Vau, in Italien die Formula Italia,

in Frankreich die Formule Renault und in England die Formel Ford. Diese verhältnismäßig „billigen" Rennwagen wurden unter Verwendung von Serienaggregaten und -Getrieben gebaut, die Teile durften im Rahmen der Vorschriften beschränkt „frisiert" werden. Wesentliche Verbreitung erlebte dabei die Formel Ford, die in vielen Ländern — auch in Übersee — Fuß faßte und vor allem in England zur Entdeckung zahlreicher Talente führte.
Die allgemeine Kosteneskalation war auch durch die FIA gefördert worden, die 1968 die Werbung auf Fahrzeugen freigegeben hatte. Viele Firmen funktionierten danach die Rennwagen zu „fliegenden Inseratetträgern" um. Die Ära der Sponsoren, der großen Geldgeber, nahm hiermit ihren Anfang, selbst die klassischen Landesfarben der Rennwagen mußten hochbezahlter Werbung weichen. Aufgrund dieser willkommenen Geldquellen konnten sich die am Rennsport beteiligten Marken und Teams einen noch größeren Aufwand leisten, und der Kostenanstieg ging weiter. Eine wesentliche Rolle spielte dabei auch das Fernsehen, das die Formel-1-Rennen und andere Wettbewerbe weltweit übertrug und damit zu einem hochwillkommenen indirekten Werbemittel für die Sponsoren wurde.
Der Turbomotor, der sich bei Langstreckenrennen seit Mitte der siebziger Jahre bewährte, tauchte in der Formel 1 verhältnismäßig spät auf. Sein Debüt erfolgte anläßlich des Großen Preises von England 1977. Die Formel-1-Turbopremiere feierte der französische Staatskonzern Renault mit einer V 6-Konstruktion, die sich vorher als Saugmotor bereits gut bewährt hatte. Noch war der Turbomotor sehr defektanfällig, und sein verzögertes Ansprechen erschwerte die Aufgabe der Fahrer. Es dauerte zwei Jahre, bis sich in der Formel 1 anläßlich des Großen Preises von Frankreich 1979 in Dijon der erste Sieg eines Wagens mit Turbomotor einstellte. Dieses Rennen gewann Jean-Pierre Jabouille auf dem Renault mit 1,5-Liter-V 6-Turbomotor gegen die Phalanx der 3-Liter-Saugmotoren. Im folgenden Jahr unternahm Ferrari ebenfalls die ersten Versuche mit einen V 6-Turbomotor, und 1981 stellten sich die ersten Ferrari-Turboerfolge ein.

Flügelwagen

Inzwischen hatte auf der Grand-Prix-Ebene eine weitere Revolution stattgefunden, nämlich auf dem Gebiet der Aerodynamik. Wiederum war es Lotus-Konstrukteur Colin Chapman, der mit seinen Ideen alles auf den Kopf stellte. Anläßlich des Großen Preises von Argentinien 1977 debütierte der Lotus 78-Cosworth mit Mario Andretti. Dieses Fahrzeug war als sogenannter Wing-Car (Flügelwagen) konzipiert und erwies sich auf Anhieb als haushoch überlegen. Nachdem man sich bisher ausschließlich mit Frontspoilern und Heckflügeln bemüht hatte, durch Abtrieb höhere Kurvengeschwindigkeiten zu erreichen, bildete Colin Chapman am Lotus 78 auch den Wagenkörper flügelförmig aus, d.h., das schmale Monocoque wurde beidseitig mit großen Längsprofilen versehen, die zugleich die Kühler enthielten. Auf diese Weise erzeugte auch das Chassis einen Abtrieb. Sogleich wurde das Wing-Car-Konzept allgemein übernommen. Aufwendige Windkanalversuche waren jedoch notwendig, um optimale Kompromisse zu ermitteln. Beim folgenden Lotus 79 von 1978 war das Flügelautokonzept weiter ausgereift, und Lotus gewann 1978 die Häfte aller Weltmeisterschaftsläufe.

Mehrmals wurden im Rennsport Versuche mit Allradantrieb angestellt; zu einer verbreiteten Anwendung kam es jedoch nicht. Das aufwendigste Projekt war ein Lotus mit Gasturbine und Allradantrieb für das Indianapolis-Rennen in USA. Das Auto beendete das Rennen zwar nicht, schockte die Amerikaner aber so, daß sie durch eine Reglementsänderung einen neuerlichen Auftritt verhinderten.

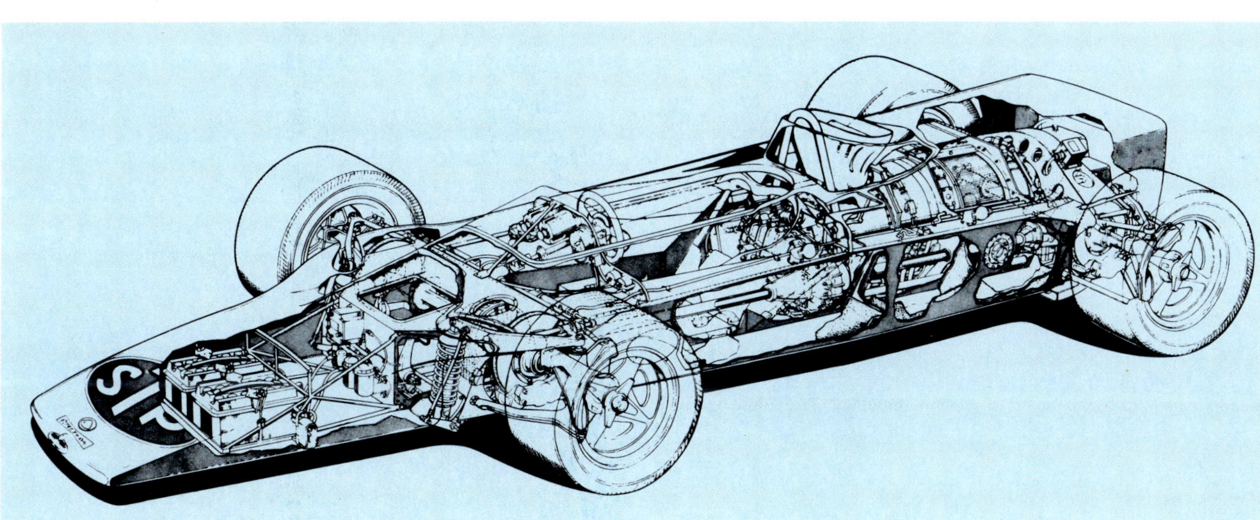

Im Rallyesport geht hingegen seit dem Auftritt des Audi Quattro nichts mehr ohne Allradantrieb. Porsche baute ein äußerst aufwendiges Auto speziell für die Rallye Paris – Dakar mit Heckmotor und Allradantrieb.

1975 wurde Niki Lauda zum ersten Mal Weltmeister. Er fuhr den Ferrari 312 T mit flachem Zwölfzylindermotor von 3 l Hubraum.

Aber mit den Wing-Cars kamen neue Probleme. In den Kurven erreichten sie nun große Querbeschleunigungen. Bald war der Wert 2 g überschritten, und man näherte sich sogar 3 g Querbeschleunigung, einem Wert, der für die Fahrer fast unerträglich war. Zudem mußten die Fahrwerke infolge der beträchtlichen Abtriebskraft, die beim Höchsttempo mehr als eine Tonne betrug, mit sehr harten Federungen versehen werden. Die Federwege betrugen nur mehr einige Millimeter, so daß für die Fahrer somit jede Unebenheit eine Tortur bedeutete.

Kohlenstoffchassis und immer mehr Leistung

Die frühen achtziger Jahre standen ganz im Zeichen der Turbomotoren. Auch bei Personenwagen der Serienfertigung traten sie immer häufiger auf. Aus der Formel 1 wurde der Saugmotor endgültig verdrängt. Nach dem Turbo-V 6 von Renault (1977) folgte Ferrari mit einem V 6 (1980), dann kam Hart mit einem Vierzylinderturbo, ebenso BMW (1981), dessen vorerst nur von Brabham verwendeter Vierzylinder auf dem Graugußblock aus der Serienproduktion aufgebaut war. In den Jahren 1982 und 1983 schlossen sich Alfa Romeo (V 8), Honda (V 6, Spirit und Williams) sowie TAG-Porsche (V 6, McLaren) der Turbofamilie an, so daß 1984 nur mehr Tyrrell mit dem zwar bewährten, aber leistungsmäßig zu schwachen Cosworth-V 8-Saugmotor startete.
Hatten die Monocoquechassis bisher noch aus geklebten Leichtmetall-Wabenplatten bestanden, die zusammen mit Leichtmetallblechfolien zu einem Sandwich verklebt wurden, so tauchten 1981 bereits Monocoques aus „exotischen", d. h. besonders teuren Werkstoffen auf. Um die Verwindungssteifigkeit in Längsrichtung noch weiter zu verbessern, verwendeten die meisten Konstrukteure anstelle des traditionellen Aluminiums vorerst noch Kohlenstoffaserplatten für die kritischen Stellen des Monocoques. Aber Lotus und McLaren gingen 1981 einen Schritt weiter und bauten das ganze Monocoque aus Kohlenstofffaserlaminaten mit einem Anteil Kevlar-Fasern. Diese vergrößerten das Energieabsorbtionsvermögen der Platten und verminderten so auch die Splitterbildung bei Unfällen. Die Kohlenstoff-Kevlar-Platten wurden teilweise mit Nomex-Waben verklebt, um die Verwindungssteifigkeit weiter zu erhöhen. Zur aufwendigen Herstellung dieser geklebten Kohlenstoff-Kevlar-Monocoques war ein Autoklav (Druckofen) notwendig, in dem das Monocoque „gebacken" wurde. Nach Lotus (eigene Herstellung) und McLaren (dessen Chassis bei der Firma Hercules in den USA hergestellt wurden) gingen 1982 und 1983 auch die übrigen Formel-1-Konstrukteure auf die leichten und sehr stabilen Kohlenstoffaser-Chassis über. Seit 1985 gibt es keine reinen Leichtmetallkonstruktionen mehr.
Die raffinierte Aerodynamik mit Seitenprofilen (Wing-Cars) in Verbindung mit Dichtleisten und Schürzen ließ die Querbeschleunigung in den Kurven in den gefährlichen Bereich oberhalb 3 g vordringen, so daß sich die FIA veranlaßt sah, ab 1983 flache Fahrzeugböden vorzuschreiben.
Atemberaubend wurde die sprunghaft ansteigende Leistung der 1,5-Liter-Turbomotoren. Auch dieser Entwicklung mußte ein Riegel vorgeschoben werden. Ab 1984 limitierte man das Fassungsvermögen der Kraftstofftanks auf 220 Liter, so daß die Leistung im Rennen gedrosselt werden mußte. Aber bei den Qualifikationen, bei denen der Treibstoffverbrauch keine Rolle spielte, stellten die Spitzenteams ihre Turbomotoren auf maximalen Ladedruck ein (etwa 3,5 bar), so daß den Fahrern beim Kampf um den Startplatz jeweils 900 PS und mehr zur Verfügung standen, während sie im Rennen den Ladedruck senken (auf 3 bar bis 3,2 bar absoluten Druck) und mit 700 PS bis 750 PS antreten mußten. Bei den Qualifikationsmotoren war man somit bei einer Literleistung von über 600 PS/l angelangt. In der Saison 1985 waren sogar etwa 800 PS im Renneinsatz oder sage und schreibe fast 1000 PS bei den Qualifikationen.
Die Verbrauchsprobleme bekamen die Konstrukteure dank der im Serienwagenbau bereits angewendeten elektronischen Zündung und der vollelektronischen Einspritzung in den Griff.
Die verblüffenden Fortschritte, die mit Formel-1-Turbomotoren erreicht wurden, standen in engem Zusammenhang mit der Forschung auf dem Gebiet der Kraftstoffzusammensetzung. Wurde ursprünglich in der Formel 1 mit Ladedrücken von 1,8 bar bis 2 bar gefahren, so ging man 1984 auf Ladedrücke von 3 bar bis 3,5 bar (absolut) über. Das Verdichtungsverhältnis lag bei 7 : 1. Der große Ladedruck und die für Turbomotoren beachtliche Verdichtung sorgten für einen Druck im Brennraum, der 110 bar überstieg.
Ein solcher Extremwert führte zur Selbstzündung, der man mit einer Neugestaltung von Kolbenboden und Brennraum entgegenwirkte. Benzineinspritzzeitpunkt, die Dauer der Einspritzung sowie die einzuspritzende Menge wurden durch Mikroprozessoren geregelt, ebenso der Zündpunkt. Man variierte auch die Kraftstoffzusammensetzung, um die Selbstzündungsprobleme zu umgehen.
Im Jahr 1982 führte Ferrari die Wassereinspritzung ein, ein System, das in Zusammenarbeit mit Agip entwickelt wurde. Das Hauptziel war die Senkung der Brennraumtemperatur. Zur Wassereinspritzung ging 1983 auch Renault über.
Gefahren wurde auch mit „schwerem" Benzin, also mit einem Treibstoff mit höher siedenden Bestandteilen. Unter Ausnutzung der vom Reglement auf 102 ROZ festgelegten Oktanzahlgrenze stellte man spezielle Benzine her. Solche Kraftstoffe wurden 1983 von Brabham-BMW eingesetzt und halfen mit, Nelson Piquet zum Weltmeister zu küren. Die Einführung der 220-Liter-Volumenrestriktion für den Benzintank im Jahr 1984 veranlaßte die Benzinex-

perten, die Dichte des Kraftstoffs zu erhöhen, und infolge der Tiefkühlung des Benzins vor dem Start (ab 1985 nicht mehr erlaubt) ließen sich einige Liter zusätzlich in die Tanks pumpen.
Um die Bremswege noch weiter zu verkürzen, aber auch um Gewicht zu sparen, arbeiteten die Formel-1-Konstrukteure an Bremsscheiben aus Kohlenstofffasern. Solche Versuche hatte Brabham schon 1976 angestellt, aber erst ab 1981 wurde die Forschung von mehreren Marken intensiviert. Die Karbonfaser-Bremsscheiben waren nicht nur widerstandsfähiger als die herkömmlichen Stahlscheiben, sondern auch bedeutend leichter. Somit ließ sich das Gewicht der ungefederten Wagenteile vermindern. Große Probleme entstanden in bezug auf die Temperaturen, weil sich die Bremssättel übermäßig erhitzten, so daß sich in der Bremsflüssigkeit Dampfblasen bildeten. In der Saison 1984 aber bekamen Brabham, Renault, Lotus und McLaren die Temperaturprobleme mit den überaus teuren Kohlenstoffbremsscheiben allmählich in den Griff.

4 × 4-Boom bei Rallyes

Mit dem Jahr 1982 war eine neue Reglementierung der Fahrzeuggruppen in Kraft getreten, die unter anderem die Wagen der Gruppe A (frisierte Tourenwagen), der Gruppe B (Hochleistungs-Straßenfahrzeuge, vorwiegend für den Rallyeeinsatz bestimmt, beschränkte Produktion) und der Gruppe C (zweisitzige Langstreckenrennwagen) umfaßte.
Bei den Rennen der Langstrecken-Marken-Weltmeisterschaft gingen vorwiegend Gruppe-C-Wagen an den Start, für die es kein Hubraumlimit gab. Lediglich der Verbrauch war eingeschränkt, ebenso das Fassungsvermögen der Tanks. Die Leistung der Motoren konnte somit nicht beliebig erhöht werden (mehr Ladedruck), die Techniker waren vielmehr gezwungen, den idealen Kompromiß zwischen Leistung und Verbrauch zu suchen.
Der absolut erfolgreichste Wagen war der Porsche 956 mit seinem luftgekühlten und noch auf dem alten 911-Konzept basierenden Sechszylindermotor von 2,6 Liter Hubraum, der allerdings wassergekühlte Vierventil-Zylinderköpfe sowie zwei Turbolader besaß. Er war mit vollelektronischer Zünd- und Einspritzanlage ausgestattet. Bei den 1 000-km- oder 24-Stunden-Rennen traten die besten Gruppe-C-Rennwagen mit auf 600 PS bis 650 PS eingestellten Motoren an. Hierbei mußten die Fahrer häufig in der letzten Phase der Rennen mit leichtem Fuß fahren, um mit der verfügbaren Kraftstoffmenge auch das Ziel zu erreichen.
Die Gruppe-B-Fahrzeuge (eigentlich handelte es sich um Rennsport-Gran-Turismo-Wagen), von de-

In der Motorsportgeschichte gibt es etliche Fälle, bei denen Neukonstruktionen „ohne Anlauf" zu Weltmeisterehren kamen. 1984 war der McLaren-TAG-Porsche das allen überlegene Auto. Niki Lauda steuerte es zum doppelten Titelgewinn der Fahrer- und Konstrukteur-Weltmeisterschaft.

Zu einer die Konkurrenz völlig beherrschenden Rolle liefen auch die Porsche-Rennsportwagen (Gruppe C) auf. Lediglich Lancia konnte gelegentlich mehr als eine Statistenrolle spielen.

nen mindestens 200 Exemplare hergestellt werden mußten, belebten die Rallye-Szene. In diesem Fall leistete Audi mit dem Quattro mit Fünfzylinder-Turbomotor und Vierradantrieb Pionierarbeit für das 4 × 4-Konzept. Gleichzeitig tauchten jedoch auch auf dem Markt immer mehr allradgetriebene Großserienwagen auf. Auf Schotter sowie auf Eis und Schnee waren die 4 × 4-Audi, die 1981 bei Rallyes debütierten, kaum zu schlagen, und alsbald sahen sich auch andere Marken veranlaßt, Gruppe-B-Modelle mit Turbomotor und Allradantrieb auf die Rallyepisten zu bringen. Mit nur zwei angetriebenen Rädern war den Audis (ausgenommen auf Asphalt) kaum beizukommen. Peugeot folgte 1983 mit dem 205 Turbo 16 mit Mittelmotor und Vierradantrieb, und Lancia kündigte für 1985 ebenfalls einen 4 × 4-Wagen mit aufgeladenem Mittelmotor an. Ende 1984 stellte auch Ford ein allradgetriebenes Modell für den Rallyesport vor.
Schon 1982 hatte Lancia mit dem Tipo Rallye 037 ein Mittelmotorfahrzeug mit Heckantrieb entwikkelt, dessen Vierzylinder-Zweiliteraggregat statt eines Abgasturboladers einen mechanisch angetriebenen Volumex-Kompressor hatte, der auch für mehrere Lancia-Serienmodelle Anwendung findet. Der volumetrische Kompressor hat gegenüber dem Turbolader den Vorteil, daß er beim Beschleunigen verzögerungsfrei anspricht. Nach etwa drei Dezennien hatte man also den guten alten „Kompressor" wieder „entdeckt".
Aber die aufgeladenen „vierventiligen" Aggregate der Gruppe-B-Fahrzeuge erreichten alsbald Leistungen, die wiederum Anlaß zur Einschränkung geben konnten, standen doch den Spitzenfahrern der Rallyedomäne 300 PS bis 450 PS zur Verfügung. Und mit derartigen Bärenkräften mußten die Lenkradkünstler mit hohem Tempo über Bergpässe, Schotterstraßen, Waldwege oder zwischen Schneemauern hindurch balancieren, und dieses nur zu oft vor dichtgedrängten Zuschauern. Diese Entwicklung wurde sehr gefährlich.
Im Automobilsport schreitet der technische Fortschritt — auch in der Zukunft — unaufhörlich und stürmisch voran. Wesentliche Pionierleistungen sind dank des Automobilsportes für das allgemeine Kraftfahrzeugwesen vollbracht worden, aber nicht selten eilte der Wettbewerbswagen dem Alltagsfahrzeug in der falschen Richtung davon. Die mit diesen Kleinoden der Technik erreichten Fortschritte dienten nur dazu, Rennen zu gewinnen oder Qualifikationsrekorde zu fahren. Viele technische Spitzenleistungen blieben somit für die Serienproduktion wertlos.
Durch einschränkende Vorschriften sahen sich die Sportbehörden oft veranlaßt, das Ansinnen der Konstrukteure in vernünftigere Bahnen zu lenken. Denn ein talentierter Ingenieur wird immer alles unternehmen, um seinen Wagen noch „schneller" zu machen. Solange es Wettbewerbe mit Automobilen gibt, wird man immer wieder bessere Lösungen finden; denn wer beim Kräftemessen überleben will, muß den Gegner stets mit neuen Ideen übertrumpfen.

Forschung auf Rädern

Von Komponententrägern zu integrierten Gesamtsystemen

So weitsichtig die Begründer des Automobil-Zeitalters gewesen sein mögen, an Forschungsautomobile haben sie wohl kaum gedacht. Und doch sind diese Fahrzeuge der bisher letzte logische Schritt in der Evolution der Forschung, die parallel zur Evolution des Automobils verlief — nicht geradlinig, oftmals in Sprüngen, auch zurück, und verziert mit mancherlei seitlichen Arabesken. Geforscht wurde anfangs nur an Fahrzeugkomponenten, dann an Teilsystemen. Heute ist das Fahrzeug als Ganzes ins Zentrum der Forschung gerückt.

Nicht nur Kreativität und Tatendrang der Ingenieure suchten sich hier ihr Vehikel in des Wortes Sinn. Die mit der Massenmotorisierung zunehmenden Anforderungen an die Umweltverträglichkeit des Automobils — mehr Sicherheit für alle am Straßenverkehr Beteiligten, Verminderung der Umweltbelastung durch Geräusch und Schadstoffe im Abgas sowie Schonung der Ressourcen, vornehmlich der Erdölreserven — machten Forschungsautomobile als Hardware großangelegter, immer öfter staatlich geforderter und geförderter Großprojekte notwendig.

Der damit bis in die Jetztzeit gespannte Bogen der Automobilforschung, der nachfolgend nur in seinen wichtigsten, vielleicht auch spektakulärsten Segmenten nachgezeichnet werden kann, begann allerdings ganz anders. Bei den zunächst als Einzelstükke, dann in Kleinstserien gefertigten ersten Automobilen fehlte nahezu jede Grundlage für eine systematische Forschung. Damals war jedes Fahrzeug das Forschungsauto für seinen Nachfolger. Forschung betrieben — notgedrungen und ohne sich der Bedeutung dieser Aufgabe bewußt zu sein — die Kunden. Diesem Prinzip wird man Jahrzehnte später wieder begegnen, nämlich bei der Erprobung der Gasturbine als Antrieb für Personenwagen und beim Einsatz alternativer Kraftstoffe, dann aber unter verbesserten Randbedingungen, auf freiwilliger Basis, mit geringerem Risiko und in abgestimmter Kooperation.

Aerodynamik: Die Suche nach der strömungsgünstigen Form

Eines der ersten Felder, auf dem sich Forschung in einer gewissen Konsequenz und Kontinuität über einige Jahre feststellen läßt, war die Aerodynamik. Gemeint sind in diesem Fall nicht Einzelaktivitäten, wie z. B. der Bau jenes torpedoförmigen Gefährts, mit dem Camille Jenatzy am 29. April 1899 in Achères einen neuen Geschwindigkeitsweltrekord aufstellte und mit 105,9 km/h erstmals die 100-km/h-Marke überschritt. Das Automobil mußte noch etwas älter werden, ehe man systematisch daran ging, es „windschlüpfiger" zu machen, und es brauchte dazu Hilfestellung aus dem Flugzeugbau: 1921 ließ der Wiener Doktor-Ingenieur Edmund Rumpler seiner „Taube" für die Lüfte den „Tropfenwagen" für die irdischen Niederungen folgen, der bei Nachmessungen im Windkanal des Volkswagenwerks 1979 mit einem die aerodynamische Güte der Form kennzeichnenden Luftwiderstandsbeiwert (c_w) von 0,28 auch Aerodynamiker unserer Zeit beeindrucken konnte. Was dann kam, ist — ein wenig boshaft — als der Versuch zu beschreiben, das Automobil aerodynamisch von hinten aufzuzäumen. Die „Stromlinie" wurde zum Ideal. Um ihr den optimalen Verlauf zu geben, hätte man die zugehörigen Fahrzeuge am liebsten unendlich lang gemacht. Auch in diesem Fall stand die Luftfahrt Pate: Paul Jaray, der diese Phase der Aerodynamik besonders stark prägte, war einst Mitarbeiter des Grafen Zeppelin. Das System Jaray fand viele Anwendungen — etwa in dem 1,5-l-Adler-Trumpf-Rekordwagen von 1936, einer Einzelanfertigung, und in dem von Hans Ledwinka konstruierten Tatra 87 von 1940, einem Serienfahrzeug.

Von den Männern, mit denen diese erste Blüte der Aerodynamik im Automobilbau verbunden ist, sollen hier nur noch der Stuttgarter Professor Wunibald Kamm und der Freiherr Koenig-Fachsenfeld genannt werden, deren größte Leistung die Befreiung des strömungsgünstigen Autos von dem Zwang war, hinten nicht aufhören zu dürfen. Sie schnitten das Heck einfach ab, so daß eine wider-

standsarme Ablösung der Strömung für ein nur kleines Totwassergebiet sorgte. Als K-Heck ging diese Pioniertat in die Geschichte des Automobils ein, wenngleich der 1979 an einem K-Wagen der Jahre 1938/39 ermittelte Luftwiderstandsbeiwert von 0,37 für das fast schon zur Legende gewordene Fahrzeug etwas enttäuschend ist.
Was in dieser Hinsicht damals bereits möglich war, zeigte der an der Aerodynamischen Versuchsanstalt (AVA) in Göttingen unter Leitung von Professor Ludwig Prandtl im Jahr 1937 entwickelte AVA-Versuchswagen: Der Luftwiderstandsbeiwert für die fahrfertige Ausführung des nach einem seiner Väter als Schlör-Wagen bezeichneten Fahrzeugs wurde im großen Windkanal der AVA zu 0,186 bestimmt. Allerdings machte die mit 2,54 m^2 ungewöhnlich große Stirnfläche die Wirkung dieser aerodynamischen Meisterleistung teilweise zunichte.
Mit dem Zweiten Weltkrieg ging die erste große Epoche der Aerodynamik des Automobils zu Ende. Vorrangig wurden die komplizierten Wechselbeziehungen zwischen Fahrzeug und Wind erst Jahrzehnte später, als es galt, mit allen technisch und ökonomisch sinnvollen Mitteln den Kraftstoffverbrauch zu vermindern. „Windschnittigkeit" wurde, mehr noch als in den zwanziger und dreißiger Jahren, in der Zeit nach der Energiekrise von 1973 zu einem Synonym für den technischen Fortschritt und ist es bis heute geblieben.

Weltrekordfahrzeuge als Träger für mancherlei Image

Immer wieder haben sie Schlagzeilen gemacht, und doch sind sie in der Entwicklung des Automobils nicht mehr als eine Arabeske. Zur Forschung für das Serienfahrzeug haben sie keinen Beitrag geleistet, obgleich extreme Fahrzustände sowie Belastungen an der Grenze des Erträglichen für sie selbstverständlich waren. Die Rede ist von jenen Fahrzeugen, die mit Automobilen nur noch den aus der Funktion abgeleiteten Namen gemeinsam hatten: von Fahrzeugen, mit denen erst Männer, dann auch Frauen

Die im September 1921 von Paul Jaray zum Patent angemeldete Erfindung sah einen Kraftwagen mit Fahrgestell und Räder überdeckendem Oberbau in Form eines halben Stromlinienkörpers vor, dessen hinteres Ende in eine waagerechte Schneide ausläuft. Das Patent mit der Nr. 441 618 wurde zur Grundlage einer Entwicklung, die die Aerodynamik des Automobils über viele Jahre prägte.

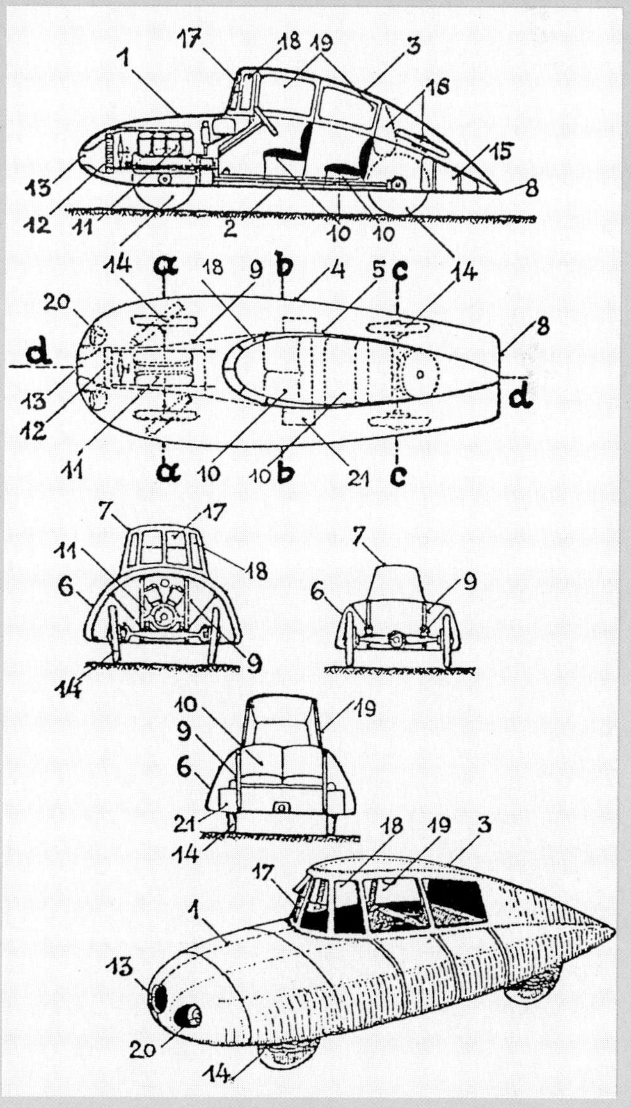

Auf der Basis des in seiner Karosserieform von Paul Jaray beeinflußten Peugeot 402, dessen Produktion im Herbst 1935 anlief, entwickelte der Aerodynamiker Jean Andreau 1936 diesen Stromlinienwagen mit markanter Heckflosse. Die mit dem 58 PS leistenden Serienmotor erreichte Höchstgeschwindigkeit von etwas mehr als 130 km/h spricht für die aerodynamische Qualität dieses Fahrzeugs.

dem absoluten Geschwindigkeitsweltrekord für Landfahrzeuge nachjagten.
Schnell entfernte sich das hierfür geeignete Gerät von dem, das dazu taugte, Menschen und Güter auf Straßen zu transportieren. Und auch der automobiltypische Verbrennungsmotor stieß in einem „Metier", in dem nur die Leistung zählte, bald an seine Grenzen. Hatte er sich anfangs noch gegenüber Elektromotoren und Dampfantrieben behaupten können, so ließen ihm die aus Flugzeugen entliehenen Strahlturbinen und Raketentriebwerke mit ihren niedrigen Leistungsgewichten und ihrer hohen Leistungskonzentration keine Chancen.
Die Entwicklung, die am 18. Dezember 1898 in Achères auf einem Feldweg mit dem Grafen Gaston de Chasseloup-Laubat auf einem Jeantaud mit Elek-

Ein Stück Automobil-Legende unter heutigen Versuchsbedingungen: 1979 wurde ein Kamm-Wagen von 1938/39 im Windkanal des Volkswagenwerks aerodynamisch „nachvermessen". Der ermittelte Luftwiderstandsbeiwert $c_w = 0{,}37$ blieb zwar hinter den Erwartungen zurück, doch mindert dies nicht die Bedeutung der Arbeiten von Professor Kamm.

Zur Form gewordene Schönheit: Diese aerodynamische Studie der zunächst als „Couturier" für elegante Automobilkarossen zu Ruhm gelangten Turiner Entwicklungsfirma Pininfarina ist eindrucksvoller Beweis dafür, in welcher Harmonie Technik und Ästhetik miteinander leben können.

troantrieb mit 63,1 km/h begann, endete (vorläufig) am 17. Dezember 1979 auf der Landebahn der US-Luftwaffenbasis Edwards in Kalifornien mit den von dem Stuntman Stan Barrett auf einem von einem Raketenmotor angetriebenen spinnenbeinigen Dreirad erreichten 1 190,3 km/h; erstmals war ein Mensch zu Lande schneller als der Schall.
Antrieb, Aerodynamik, Reifen, selbst der Ort des Geschehens, wie z. B. der für viele Rekordversuche gewählte Salzsee von Bonneville, standen für eine

Ein Weltrekordfahrzeug, das mit herkömmlichen Automobilen wenigstens die Art des Antriebs gemeinsam hatte, war der berühmte „Blitzen-Benz" aus dem Jahr 1911. Sein Ottomotor leistete 200 PS. Für den mit ihm aufgestellten Rekord gehen die Angaben auseinander. Ob es 228,1 km/h waren oder „nur" 227,51 km/h: In jedem Fall war für die damalige Zeit die Geschwindigkeit sehr beachtlich.

Fast ein halbes Jahrhundert ist es her, daß dieses aus einem Serienwagen entwickelte MG-Rekordfahrzeug die Fachwelt verblüffte. Mit einem aufgeladenen Sechszylindermotor von nur 1,1 l Hubraum erreichte Major A. T. (Goldie) Gardner im Mai 1939 auf der Autobahn bei Dessau eine Geschwindigkeit von im Mittel 327,5 km/h. Über Nacht wurde der Motor in den Junkers-Werken auf 1 104 cm³ aufgebohrt, damit er am folgenden Tag auch die Bestleistung der Klasse bis 1,5 l Hubraum angehen konnte — das glückte mit 328,6 km/h. Damit aber war die Karriere dieses Renners nicht beendet. Denn nach dem Zweiten Weltkrieg verbesserte er noch die Marken über den „fliegenden" Kilometer in den Klassen bis 750 cm³ und bis 500 cm³ mit 256 km/h bzw. 248 km/h. Für diese Rekordfahrten waren einmal zwei, das andere Mal drei Zylinder des Motors „stillgelegt" worden. An den Erfolgen dieses einzigartigen Automobils war am Rande auch Robert Eberan von Eberhorst beteiligt, ehemals technischer Leiter des Auto-Union-Rennteams und später Professor an der Technischen Hochschule Wien. Er hatte die „kleine Konkurrenz" bei Konstruktion und Formgebung der Karosserie beraten.

Exotik fernab von den Realitäten des alltäglichen automobilen Straßenverkehrs. Erforscht wurde allenfalls und eher unabsichtlich, welche Geschwindigkeiten und Beschleunigungen der Mensch ertragen kann. Erprobt wurde das Geschick, für solche Ex-und-hopp-Unternehmungen mit ihrem immer gigantischer werdenden Aufwand Geldgeber zu finden. So wurden die Weltrekordfahrzeuge zu Trägern von vielerlei Image. Mehr noch als vom Ruhm ihrer Fahrer kündeten sie von dem der Sponsoren, die das große, das lebensgefährliche Abenteuer erst möglich gemacht hatten — ein Abenteuer ohne Nutzen für den automobiltechnischen Fortschritt.

Gasturbinenautos

Daß die Drehbewegung der Räder eines Automobils am besten durch einen Antrieb mit rotierender Bewegung erzeugt wird, ist eine dem Ingenieur naheliegende Überlegung. Dennoch hat es recht lange gedauert, bis sich die Automobilforschung der dazu besonders geeigneten Gasturbine annahm.
Es begann 1945 in England bei Rover mit ersten Überlegungen, die so ernsthaft waren, daß ihre Konkretisierung schon im März 1950 öffentlich bestaunt werden konnte. JET 1 hieß der „Roadster", bei dem die Ehe zwischen Automobil und Gasturbine erstmals vollzogen wurde. Die Turbine mit der Bezeichnung T 8 — eine Zweiwellenanlage, bei der eine Axialturbine den Radialverdichter für die Verbrennungsluft antrieb und eine zweite Axialturbine, die Arbeitsturbine, für den Vortrieb des Fahrzeugs sorgte — war nach Art eines Mittelmotors hinter den Vordersitzen und vor der Hinterachse eingebaut und wirkte über ein Untersetzungsgetriebe und eine kurze Kardanwelle auf die spiralverzahnten Kegelräder der Hinterachse. Als maximale Drehzahlen wurden für das Gespann Verdichterturbine-Verdichter 40 000 min^{-1} und für die Arbeitsturbine 26 000 min^{-1} genannt. Die maximale Leistung des Triebwerks war für diesen ersten Einsatz im Automobil vorsorglich auf 100 PS gedrosselt worden, die bei ersten Probefahrten eine Geschwindigkeit von 135 km/h ohne große Mühe möglich machten. Was in dem Triebwerk steckte, demonstrierte der auch selbst verbesserte und unter anderem mit „prototypischen" Scheibenbremsen bestückte JET 1 zwei Jah-

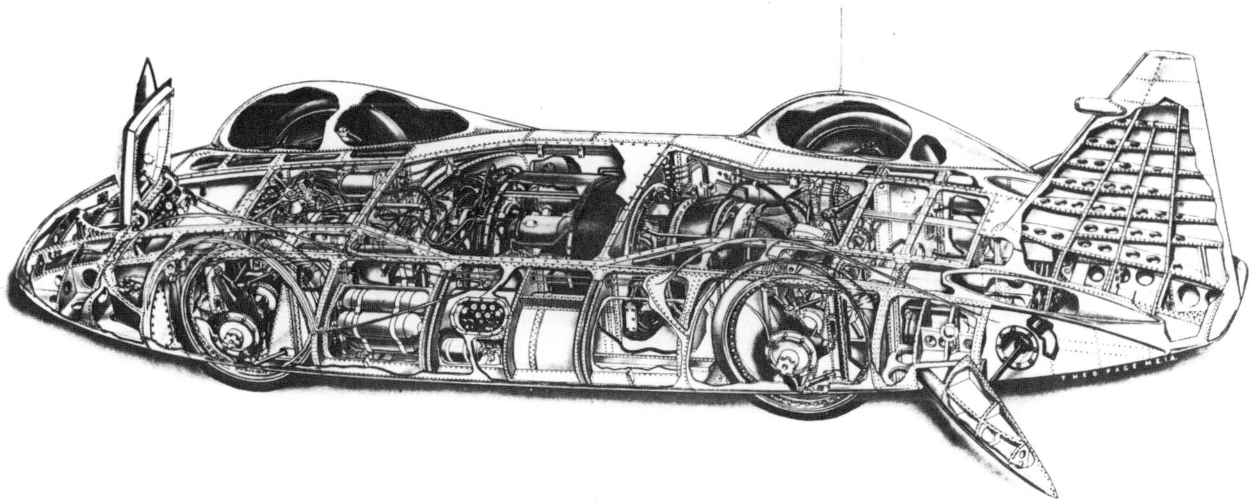

Vom Verbrennungsmotor zur Gasturbine: Dank der von einer Bristol-Siddeley-Proteus-Gasturbine erzeugten 4 250 PS erreichte der Engländer Donald Campbell, Sohn des durch Rekorde zu Lande und auf dem Wasser berühmten Sir Malcolm Campbell, mit seinem vierradgetriebenen „Bluebird" am 17. Juli 1964 auf dem Lake Eyre in Australien 648,709 km/h.

re später. Angetrieben von einer weiterentwickelten, nun 230 PS leistenden T 8 stellte er auf einem Teilstück der Autobahn Ostende — Brüssel mit 244,55 km/h den ersten Geschwindigkeitsweltrekord für Turbinenautos auf.
Rover blieb auch in den folgenden Jahren am (Gasturbinen-)Ball. Zum Höhepunkt der von Rückschlägen und Enttäuschungen nicht verschonten Entwicklungsarbeit wurde das 1956 gebaute Fahrzeug T 3, das sich außer durch sein Triebwerk — eine Zweiwellen-Konstruktion mit 100 PS Leistung und deshalb 2 S/100 genannt — durch eine De-Dion-Hinterachse und Vierradantrieb auszeichnete. Auch die Wirtschaftlichkeit konnte verbessert werden: Dank eines nach dem Gegenstrom-Prinzip arbeitenden Wärmeübertragers ließ sich der Verbrauch auf etwa 20 l/100 km verringern, doch blieb der Abstand zu den 12 l/100 km des vergleichbaren 110-PS-Ottomotors immer noch beträchtlich.
Technisch ein Leckerbissen, sorgte der T 3 zugleich

Auch sportliches Engagement konnte das Ende der Gasturbinen-Entwicklung bei Rover nicht verhindern. In Zusammenarbeit mit BRM entstand dieses Coupé, das 1965 beim 24-Stunden-Rennen von Le Mans, abwechselnd von Graham Hill und Jackie Stewart pilotiert, im Endklassement Zehnter wurde.

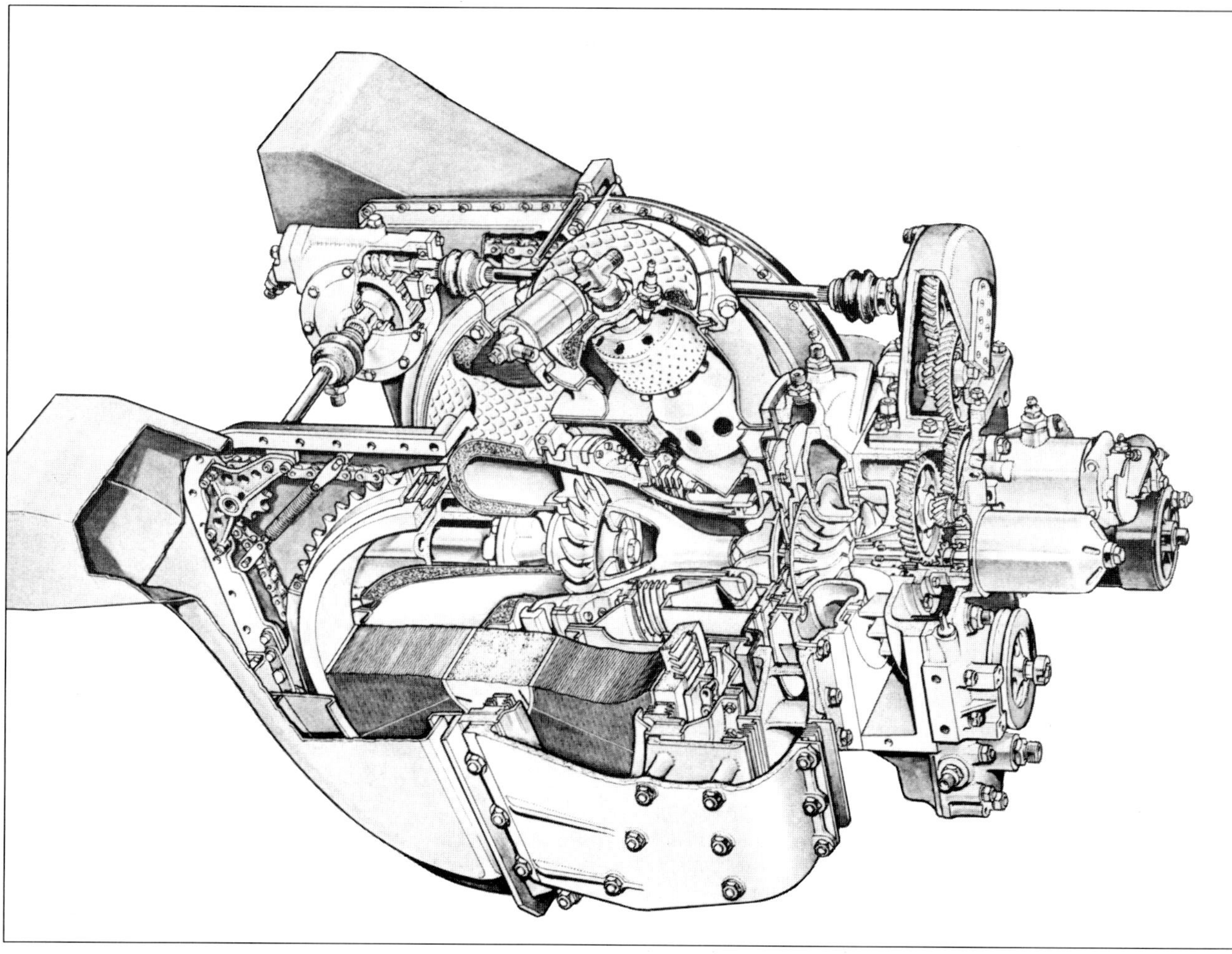

Für den zweiten Start eines Turbinenautos in Le Mans im Jahr 1965 wurde unter der Bezeichnung 2 S/150/R eine Zweiwellen-Gasturbine mit 150 PS Leistung und zwei Wärmeübertragern entwickelt. Wie günstig sich die Nutzung eines Teils der Abgaswärme zur Vorwärmung der Verbrennungsluft auf den Verbrauch auswirkte, wurde bei den beiden Starts in Le Mans besonders deutlich. Betrug der durchschnittliche Verbrauch über die gesamte Renndistanz 1963 ohne Wärmeübertrager etwa 40 l/100 km, so ließ er sich 1965 mit 20,8 l/100 km fast halbieren.

für Ernüchterung: Er machte deutlich, daß Gasturbinenautos schon wegen der Herstellkosten des Antriebsaggregates ein Traum bleiben müssen. Daran konnten weder der als fünfter und letzter Prototyp gebaute T 4 mit Vorderradantrieb noch sportliches Engagement 1963 und 1965 beim 24-Stunden-Rennen von Le Mans etwas ändern.

Ein weiteres größeres Kapitel der Geschichte des Gasturbinenautos wurde in den USA geschrieben. Es war die Chrysler Corporation, die sich dem drehenden Antrieb besonders zuwandte. Dabei ging man einen alten Weg neu — Erprobung in Kundenhand: 50 Fahrzeuge mit der 130 PS leistenden Turbine wurden an insgesamt 203 ausgewählte Kunden ausgeliehen, die in den eineinhalb Jahren des von Mitte 1964 bis Januar 1966 dauernden Großversuchs unter Alltagsbedingungen etwa 2,1 Millionen km zurücklegten, entsprechend einem Durchschnitt von 28 000 km je Fahrzeug und Jahr.

Auch in diesem Fall erwies sich die Gasturbine, besonders im Stadtverkehr, als äußerst durstig. Zudem bemängelten die zivilen Testfahrer das geringe Beschleunigungsvermögen. Als andere Aufgaben bei Chrysler Priorität beanspruchten, mußte die Gasturbine zurückstehen. Erst 1970 gab es einen neuen Anstoß durch die Environmental Protection Agency (EPA), die amerikanische Umweltschutzbehörde, die in der Gasturbine einen besonders schadstoffarmen Automobilantrieb vermutete. Auch General Motors wurde zu dieser Zeit aktiv und konnte 1973 als erstes Ergebnis eine 150-PS-Turbine in einem Chevrolet präsentieren.

Auch andernorts wurde an der personenwagentauglichen Gasturbine geforscht: bei Nissan, Fiat und Renault sowie bei Daimler-Benz, wo man auf langjährigen Erfahrungen mit der Strömungsmaschine aufbauen konnte, und beim Volkswagenwerk, wo man zunächst auf die Zusammenarbeit mit der amerikanischen Firma Williams Research Corp. vertraute. Doch auch bei diesen Unternehmen sind wie bei Rover, Chrysler und General Motors die Blütenträume bisher nicht gereift.

Mochte die Gasturbine als Antrieb für Personenwagen immer wieder totgesagt werden, bei Daimler-Benz wollte man sich diesem Urteil nicht anschließen. Als das erste Konzept für den „Mercedes 2000" entstand, war die Gasturbine als eine von drei möglichen Antriebsvarianten mit im Spiel. Um ihre Verbrauchsnachteile gegenüber dem Hubkolbenmotor abzubauen, mußte die Turbineneintrittstemperatur so gesteigert werden, daß die für konventionelle metallische Werkstoffe zulässige Temperatur erheblich überschritten wurde. Keramische Bauteile sollten die Lösung bringen; hierzu zählte als kritischste Komponente ein Laufrad aus Siliciumnitrid. Bei Testläufen auf dem Prüfstand erreichte die Zweiwellenanlage eine Nutzleistung von 94 kW (128 PS) bei einer Drehzahl von etwa 60 000 min^{-1} und einer Turbineneintrittstemperatur von 1 250 °C.

So unbestritten die Vorzüge der Gasturbine gegenüber dem Hubkolben-Verbrennungsmotor sind — keine oszillierenden Massen und deshalb keine Vibrationen, niedrigeres Druckniveau und damit leichtere Bauweise, Vielstoffähigkeit, zumindest teilweise geringere Schadstoffemissionen —, an dem Hauptnachteil, dem höheren spezifischen Kraftstoffverbrauch, kommt man nicht vorbei. In dieser Hinsicht sind besonders kleine Triebwerke hoffnungslos im Nachteil; man nannte deshalb oftmals 300 PS als untere Leistungsgrenze für eine wettbewerbsfähige Automobil-Gasturbine, eine für Personenwagen arg üppige Motorisierung, die Lastkraftwagen dagegen gut zu Gesicht stehen würde.
Für eine bessere Zukunft der Fahrzeug-Gasturbine sollen keramische Werkstoffe sorgen, deren gute Wärmebeständigkeit eine Steigerung des Wirkungsgrades durch Erhöhung der Turbineneintrittstemperatur möglich machen würde. Nicht nur Brennkammern und Leitapparate sollen aus Keramik sein, sondern auch das „Laufzeug".
Noch ist dies alles Zukunftsmusik. Derzeit bleibt der Gasturbine die Anwendung im Personenkraftwagen noch versagt.

Das Voll-Kunststoffauto als Lobbyist für neue Werkstoffe

Recht ungewöhnlich wirkte das Auto, das sich auf der Hannover-Messe 1967 ohne die bei Automobilen übliche Karosserie einem staunenden Publikum präsentierte. Doch war nicht geplant, anderen wie der Chevrolet Corvette oder dem Lotus Elan ihren Ruhm als Vorreiter bei der Verwendung von Kunststoffkarosserien im Serienbau streitig zu machen.

Ebenfalls sehr intensiv beschäftigte sich das Volkswagenwerk mit der Fahrzeug-Gasturbine. Es begann Ende der sechziger Jahre mit einer gemeinsam mit der amerikanischen Firma Williams Research Corp. entwickelten 50-kW-Turbine. Auf den dabei gewonnenen Erkenntnissen aufbauend wagte man sich an ein 100-kW-Aggregat heran. Aus heutiger Sicht ist der hier unternommene Versuch, niedrige Schadstoffemissionen und einen niedrigen Kraftstoffverbrauch sowie Vielstoffähigkeit und gute Fahreigenschaften unter einen Hut zu bringen, allerdings gescheitert.

In der Fahrzeugstudie NX-21 hatte diese von Nissan entwickelte Gasturbine ihre Premiere in der Öffentlichkeit. Durch die Verwendung wärmebeständiger keramischer Werkstoffe war eine Turbineneintrittstemperatur bis 1 350 °C möglich. Bei einer Drehzahl von 100 000 min^{-1} erreichte die Turbine eine Leistung von 74 kW (100 PS).

Der Bayer AG und ihren „Mitstreitern" — der Gugelot Design GmbH, Ulm, der Waggon- und Maschinenfabrik AG, Donauwörth, und der Bayerische Motoren Werke AG, München — ging es vielmehr um den Nachweis, daß Kunststoffe sich in Sandwich-Bauweise, im Verbund von glasfaserverstärktem Epoxidharz mit Polyurethanschaumstoff, für selbsttragende Fahrzeug-Bodengruppen eignen: Chemiewerkstoffe als Alternative in Bereichen, die bis dahin als uneinnehmbare Bastionen metallischer Werkstoffe gegolten hatten.
Auch als das Fahrzeug zur Kunststoffmesse 1967 in Düsseldorf „komplettiert" war, bestanden Motor, Getriebe und andere Bauteile nach wie vor aus Metall. Dies änderte nichts daran, daß dieses Forschungsautomobil, das später den ihm gebührenden Standort in Deutschen Museum in München fand, als „Voll-Kunststoffauto" in die Geschichte einging, und zwar mit einiger Berechtigung: Wurde es doch bis auf unumgängliche Ausnahmen von Kunststoffen unterschiedlichster Eigenschaften geprägt.
In Kunststoff machbar war vieles, wirtschaftlich machbar unter den Randbedingungen moderner Großserienfertigung war dagegen — zumindest damals — nur verhältnismäßig wenig. Und auch mit dem der Sicherheit bei einem Unfall wegen notwen-

Auf der Hannover-Messe 1967 präsentierte die Bayer AG als Ergebnis einer Arbeitsgemeinschaft die erste selbsttragende Fahrzeug-Bodengruppe aus Kunststoffen in Sandwich-Bauweise aus glasfaserverstärktem Epoxidharz und Polyurethanschaum.

Anläßlich der Kunststoffmesse 1967 in Düsseldorf baute man aus der Bodengruppe mit Hilfe einer recht eleganten Kunststoffkarosserie und vieler anderer, soweit möglich in Kunststoff gehaltener Zutaten ein „Voll-Kunststoffauto".

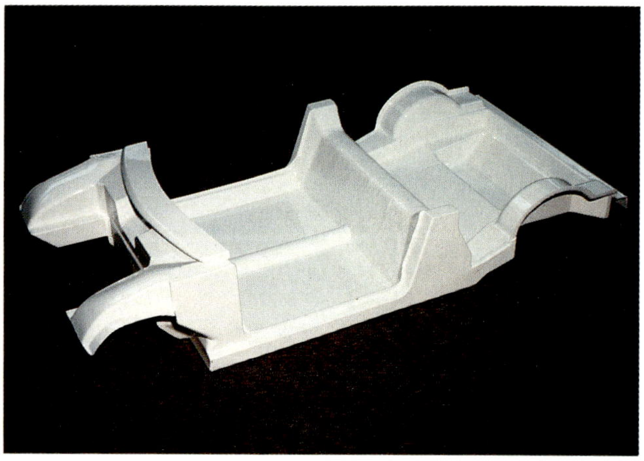

Auf leisen Sohlen und mit großer Beharrlichkeit haben die Kunststoffe, oder besser gesagt Chemiewerkstoffe, einen wachsenden Anteil an der automobilen Gesamtmasse für sich gewonnen. Und doch könnten sie ihre große Zeit noch vor sich haben. Leichtbau heißt eine Antwort auf den Zwang, mit dem Kraftstoff sparsam umzugehen. Ein Beispiel hierfür ist das seine Absicht im Namen führende Volvo-Fahrzeug LCP 2000 (Light Component Project), dessen Bodengruppe selbstverständlich aus Kunststoff besteht.

digen Knautschen nach Maß, der definierten Verformung von Fahrzeugbug und -heck zum „Unschädlichmachen" von Aufprallenergie, taten sich die Kunststoffe weit schwerer als Stahl, der diese Pflichtübung zum Schutz der Fahrzeuginsassen schon damals nahezu perfekt beherrschte.

Solche Einschränkungen, die den Kunststoffen im Serienbau noch im Weg standen, ändern nichts daran, daß dieses Forschungsauto die Automobilentwicklung ein gutes Stück voranbrachte. Vieles, was heute Stand der Technik ist, hat auf dieser „Spielwiese" den ersten Anstoß erhalten. Stoßfänger und Schutzschilde, Hauben und Kühlerverkleidungen, „weiche Nasen" als Frontpartien, die bei Unfällen auch Fußgängern bessere Chancen geben: Was Kunststoffe in diesen Fällen und an nahezu allen Ecken und Enden des Fahrzeug-Innenraums heute leisten, ist nicht zuletzt dem ersten Voll-Kunststoffauto zu verdanken. Und die mit ihm gemachten Versprechungen sind noch lange nicht alle eingelöst. Wann endlich kommt, um nur ein Beispiel zu nennen, das oft geforderte und versprochene Kunststoffrad, das für die wirtschaftliche Fertigung in Großserien geeignet ist, die ungefederten Massen erleichtert und zudem nicht rostet?

So begann der Mercedes-Benz C 111 seine Karriere: Er wurde angetrieben von einem Wankelmotor. Dessen erste Version mit drei Scheiben und dreimal 600 cm^3, etwa 150 kg schwer, leistete bei einem Verdichtungsverhältnis von 9,3 : 1 300 PS (221 kW) bei 7 000 min^{-1}. Eine vierte „Scheibe" verhalf zu einer Leistung von 350 PS (258 kW) bei gleicher Drehzahl. Die zusätzlichen 30 kg Motormasse waren durchaus akzeptabel.

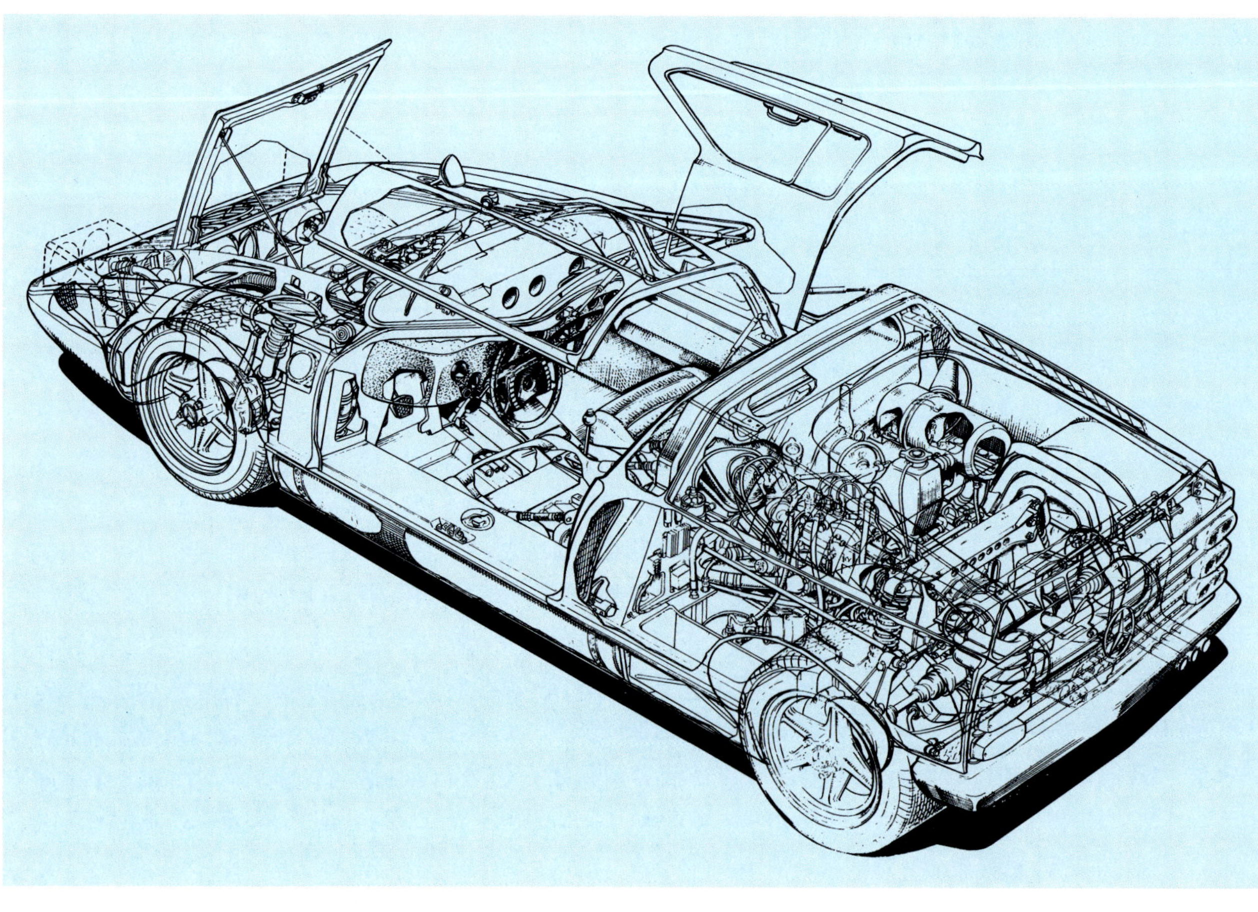

C 111: „Multifunktionales" Forschungslabor auf Rädern

Nach den Vorstellungen der Daimler-Benz-Ingenieure war der C 111 zunächst nicht mehr als eine Fahrzeugstudie, bei der allerdings trotz ihres „unikatären" Charakters im Blickfeld bleiben sollte, was sich in einer Serienproduktion würde fertigen lassen. Schon das erste Ergebnis war formal so gut, daß sich nach der Präsentation des Mittelmotor-Coupés auf der Internationalen Automobil-Ausstellung 1969 in Frankfurt Anfragen und Blankobestellungen häuften als Zeichen einer Begehrlichkeit, die keine Erfüllung fand. Der C 111 blieb Forschungsauto und bewährte sich in vier Versionen etwa zehn Jahre lang als fahrendes Forschungslabor.

Um das „Kunststoffkleid" ging es zunächst und mehr noch um den ungewöhnlichen Antrieb. Wankelmotoren mit erst drei, dann vier Scheiben, mit Kammervolumen von erst dreimal, dann viermal 600 cm^3, prinzipbedingt Hubkolbenmotoren mit dem doppelten Volumen vergleichbar, hatten mit maximalen Leistungen von 300 PS (221 kW) und 350 PS (258 kW) bei einer Drehzahl von jeweils 7 000 min^{-1} dafür zu sorgen, daß das äußere Erscheinungsbild des C 111 nicht zum leeren Versprechen wurde.

Diese Art der Motorisierung hatte ihre guten Gründe. Noch glaubten selbst vorsichtige Ingenieure an die Zukunft der kreisenden Kolben. Noch war keine Rede von Energiekrise und Abgasgesetzen, die wenig später die Illusion zerstörten, hier wachse, wenn schon nicht der Nachfolger, so doch ein harter Konkurrent für den traditionsreichen Hubkolbenmotor heran. Als der Wankelmotor wegen seines hohen Verbrauchs und seines nachteiligen Schadstoffverhaltens zum nahezu chancenlosen Außenseiter wurde, blieb von seinem kurzen Leben im C 111 kaum mehr als eine Reihe von Geschwindigkeitsweltrekorden für die Annalen der Automobiltechnik.

Auf den C 111 wartete bereits eine neue Aufgabe. Bei Daimler-Benz hatte der 3-l-Fünfzylinder-Dieselmotor mit Abgasturboaufladung das Stadium der Serienreife erreicht. Seinem ersten Auftreten in einer für die USA bestimmten Version der S-Klasse werde es förderlich sein — so vermuteten nicht nur Marketing-Fachleute —, wenn als flankierende Maßnahme ein entsprechend umgerüsteter C 111 die Leistungsfähigkeit des neuen Triebwerks durch Rekordfahrten demonstrieren könnte. Damit sollte zugleich der alte Zopf gestutzt werden, wonach von Dieselmotoren angetriebene Fahrzeuge von Natur aus träge und langsam seien. Der C 111 erfüllte die Erwartungen. In einer zweiten Rekordserie war er

Ebenfalls ein Weltrekordauto war der C 111 mit aufgeladenem 3-l-Fünfzylinder-Dieselmotor. Es reichten zwar schon 190 PS (140 kW) der ersten Version für eine Reihe von Weltrekorden aus. Doch erst die vor allem dank eines höheren Ladedrucks auf 230 PS (170 kW) verbesserte zweite Fassung erfüllte alle Erwartungen, auch die hinsichtlich des Verbrauchs. Es waren weniger als 16 l/100 km Dieselkraftstoff im Durchschnitt auf einer Rekordfahrt mit Geschwindigkeiten von mehr als 300 km/h.

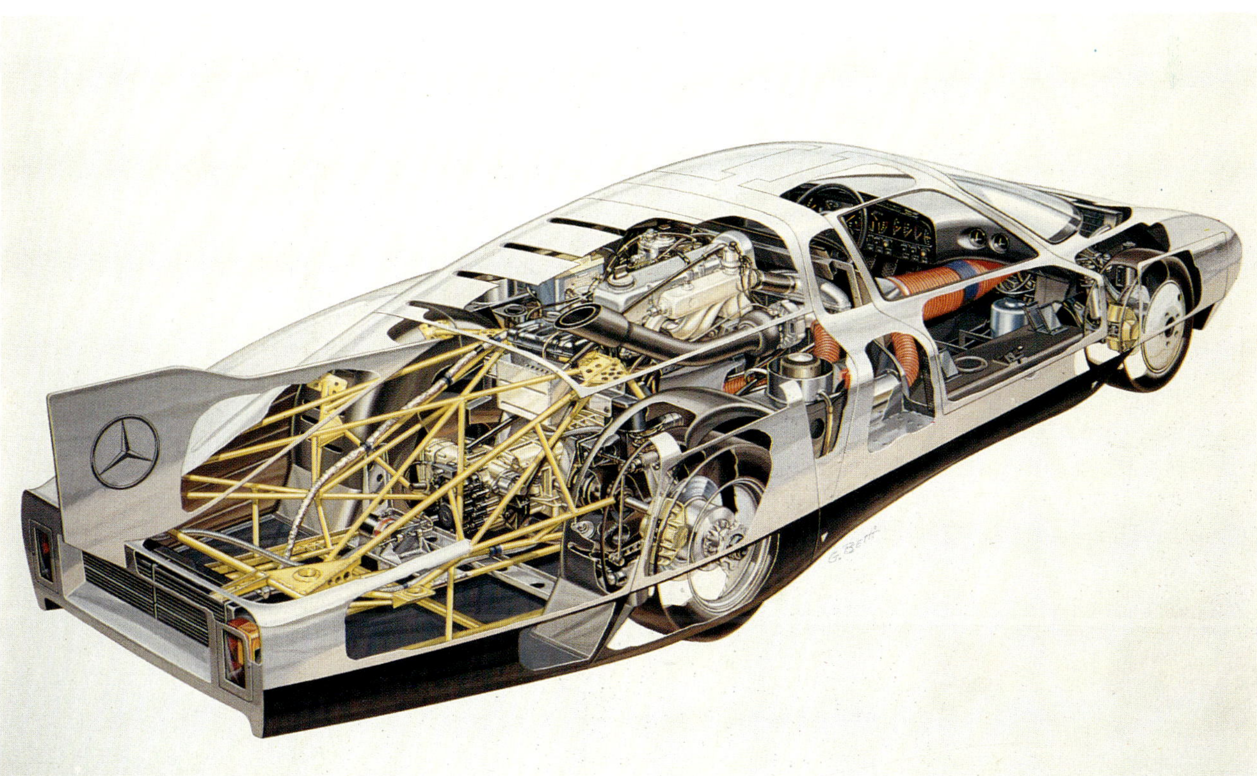

deutlich schneller als 300 km/h, sowohl auf einer Strecke von 1 000 Meilen als auch über zwölf Stunden. Ein aus dem Basismotor abgeleitetes Triebwerk, dem vor allem geänderte Nocken zur Steuerung der Einlaßventile und ein auf etwas mehr als 2 bar erhöhter Ladedruck zu einer maximalen Leistung von 230 PS (170 kW) sowie eine raffinierte Kühlung der Kolben durch „Ölanspritzung" zu der notwendigen Standfestigkeit verhalfen, machte es möglich.
Den Schlußpunkt seiner Karriere, in der nicht nur Leistungen und Geschwindigkeiten beeindruckten, sondern ebenso die Absenkung des Luftwiderstandsbeiwertes von zunächst 0,35 auf zuletzt 0,182 setzte das hinsichtlich seines Antriebs so vielseitige Fahrzeug mit einem durch zwei Abgasturbolader aufgeladenen, 500 PS (368 kW) leistenden 4,8-l-Achtzylinder-V-Ottomotor. Am 5. Mai 1979 wurden bei Rekordfahrten mehr als 400 km/h erreicht. Diese Rekorde waren kein Selbstzweck. Sie standen für Fortschritte vor allem im Motorenbau, in der Aerodynamik und im Leichtbau.

Sie wirkten recht ungeschlacht, die Experimental Safety Vehicles (ESV) von American Machine and Foundry Corp. (AMF), oben, und Fairchild Hiller, unten. 4 000 lbs entsprechend 1820 kg sollten sie maximal wiegen. Doch mit dieser Vorgabe des Lastenheftes taten sich die 5,6 m langen und 2,03 m breiten Fahrzeuge gleich schwer. Beträchtlicher baulicher Aufwand wurde für die hydraulisch arbeitenden Stoßfängersysteme betrieben. Periskope statt Rückspiegel mußten her und trugen maßgeblich zum absonderlichen Bild dieser Forschungsfahrzeuge bei.

Sicherheit in verengter Sicht

Was unter dem Kürzel ESV zum wohl größten, langwierigsten und aufwendigsten Forschungsprogramm in der Geschichte des Automobils und zu einem Musterbeispiel internationaler Zusammenarbeit wurde, hatte seinen Anfang 1968 in den USA: das Experimental Safety Vehicle. Typisch amerikanisch war die Vergabe der Aufträge für den Bau der ersten Experimentier-Sicherheitsautos an zwei Branchenfremde — das Maschinenbauunternehmen American Machine and Foundry Corp. (AMF) und das Flugzeugbauunternehmen Fairchild Hiller Corp. Man wollte einer (vermuteten) Betriebsblindheit der Automobilindustrie entgegenwirken und frisches Blut aus der so erfolgreichen Luft- und Raumfahrt „transfundieren".

Typisch amerikanisch war im Land der Geschwindigkeitsbegrenzung einerseits und der großzügig ausgebauten Highways andererseits der Vorrang der passiven (Unfall-)Sicherheit vor der aktiven (Fahr-)Sicherheit. Typisch amerikanisch war im Land der Automobile und der Autofahrer die Überbewertung des Selbstschutzes der Fahrzeuginsassen gegenüber dem Partnerschutz der anderen, schwächeren Verkehrsteilnehmer. Typisch amerikanisch waren nicht zuletzt die Vorgaben des ESV-Lastenheftes hinsichtlich zulässiger Maße und Gewichte. Wie Schlachtschiffe auf Rädern wirkten die ersten Ergebnisse. So war das Fahrzeug von Fairchild Hiller 5,6 m lang, 2 m breit und mehr als 2,4 t schwer, so daß es die zugelassene, schon recht große Masse von 1 820 kg deutlich überschritt. Und gleichsam gekrönt wurde es wie auch das konkurrierende AMF-Fahrzeug durch ein Periskop zur Beobachtung des nachfolgenden Verkehrs.

Daß der hier eingeschlagene Weg nicht in einer Sackgasse endete, ist der Ausweitung und besonders der Internationalisierung des ESV-Programms zu verdanken. Ab 1970 beteiligte das für das Projekt verantwortliche Department of Transportation (DOT), das amerikanische Verkehrsministerium, Automobilhersteller aus Europa und Japan, die durch Entwicklung ganzer Fahrzeuge — hauptsächlich der als „Compact" bezeichneten 900-kg-Klasse —, aber auch durch das Bereitstellen von Subsystemen zu dem Forschungsvorhaben beitrugen. Die dabei vom Volkswagenwerk, von Daimler-Benz und Nissan erarbeiteten Lösungen zielten insgesamt in eine „richtigere" Richtung und entsprachen auch äu-

Struktur des Experimental Safety Vehicle von Fairchild Hiller. Deutlich zeigt sich der große konstruktive Aufwand, um die Anforderungen des ESV-Lastenheftes zu erfüllen.

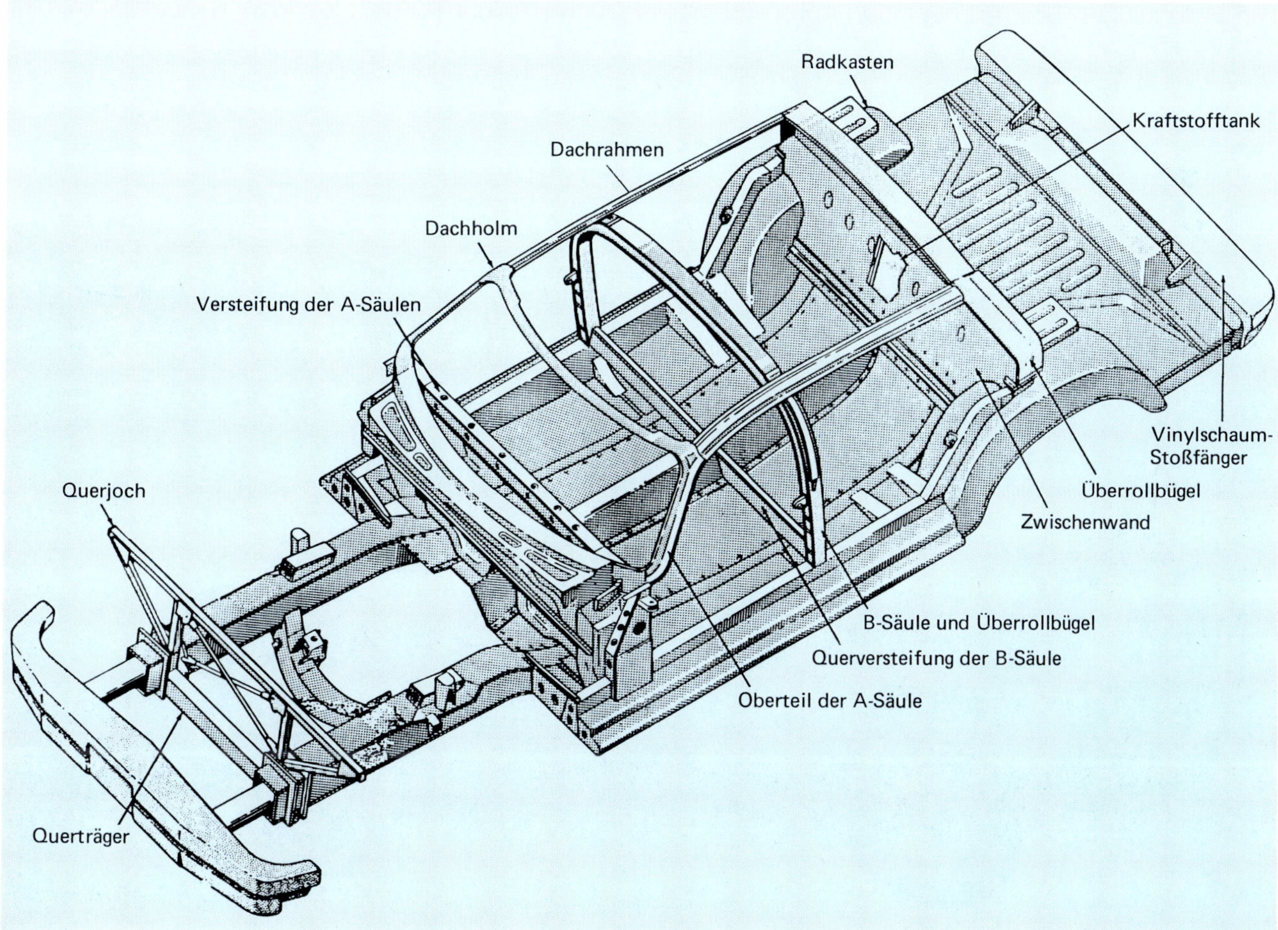

Kompatibilität — Verträglichkeit — war eines der Kriterien, die im Lauf des ESV-RSV-Programms an Bedeutung gewannen. Es handelt sich um die „Chancengleichheit" nach Dimension und Masse unterschiedlicher Fahrzeuge bei Kollisionen. Sie soll durch sorgfältige Abstimmung der Fahrzeugstrukturen erreicht werden. Crash-Tests — hier die Phase unmittelbar vor dem Aufprall — helfen bei der Forschung.

ßerlich dem, was man sich künftig auf der Straße vorstellen konnte.
Noch einen Schritt weiter ging FIAT mit einem auf dem Modell 500 basierenden, rund 700 kg schweren Fahrzeug, mit dem das ESV-Prinzip auf die Klasse der Kleinwagen übertragen wurde. Dabei mußte man sich allerdings über die im Lastenheft für den als Crash-Test vorgeschriebenen 80-km/h-Wandaufprall genannten Schutzkriterien hinwegsetzen, die als an Versuchspuppen (Dummies) zu mes-

Ohne europäische und japanische Beteiligung hätte das ESV-Programm nahezu unweigerlich in eine amerikanische Sackgasse geführt. Zu denen, die auf dem Gebiet der Sicherheit und besonders des Insassenschutzes schon sehr früh tätig wurden, zählt die schwedische Firma Volvo. Von ihr stammen beispielsweise die im Bild erkennbaren Versteifungen der Türen durch eingezogene Rohre.

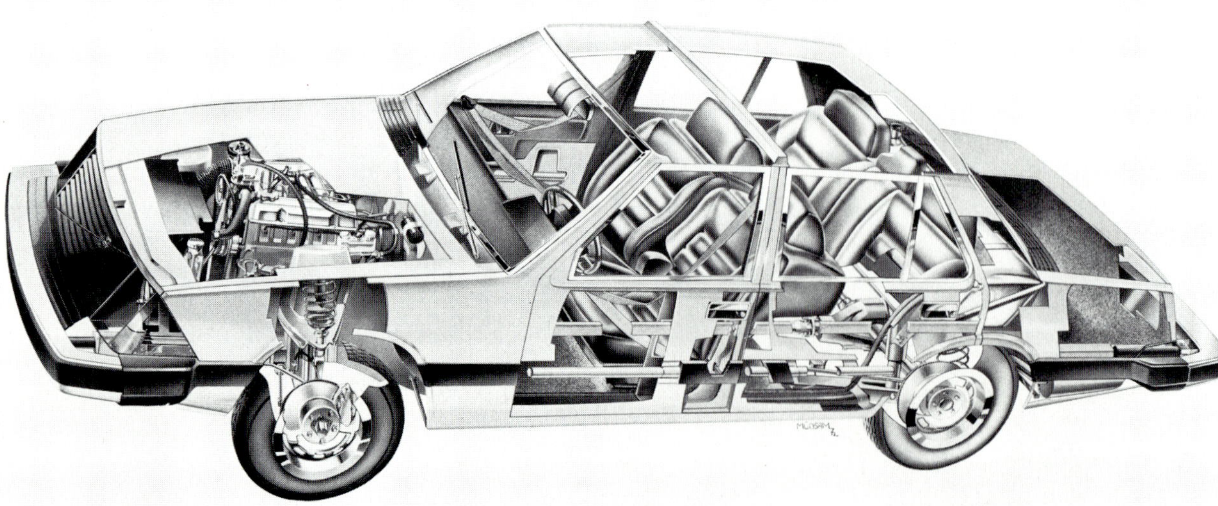

Mit Gewichtsproblemen hatten zunächst auch die Experimentier-Sicherheits-Fahrzeuge (ESF) von Daimler-Benz zu kämpfen. So überschritt das ESF 13 die zulässigen 1 820 kg deutlich: Das 5,24 m lange und 1,8 m breite Forschungauto brachte leer 2 100 kg auf die Waage. Als Rückhaltesysteme wurden für alle Insassen aktive Dreipunkt-Sicherheitsgurte und Airbags verwendet.

Zwei Experimentier-Sicherheitsautos, ESVW I und ESVW II, steuerte das Volkswagenwerk zum ESV-Programm bei. Es folgten mit der Modifizierung von ESV zu RSV das RSVW und die Integrierten Forschungsvolkswagen (IRVW) I und II, mit denen über die Sicherheit hinausgehende Gesamtkonzepte erprobt wurden.

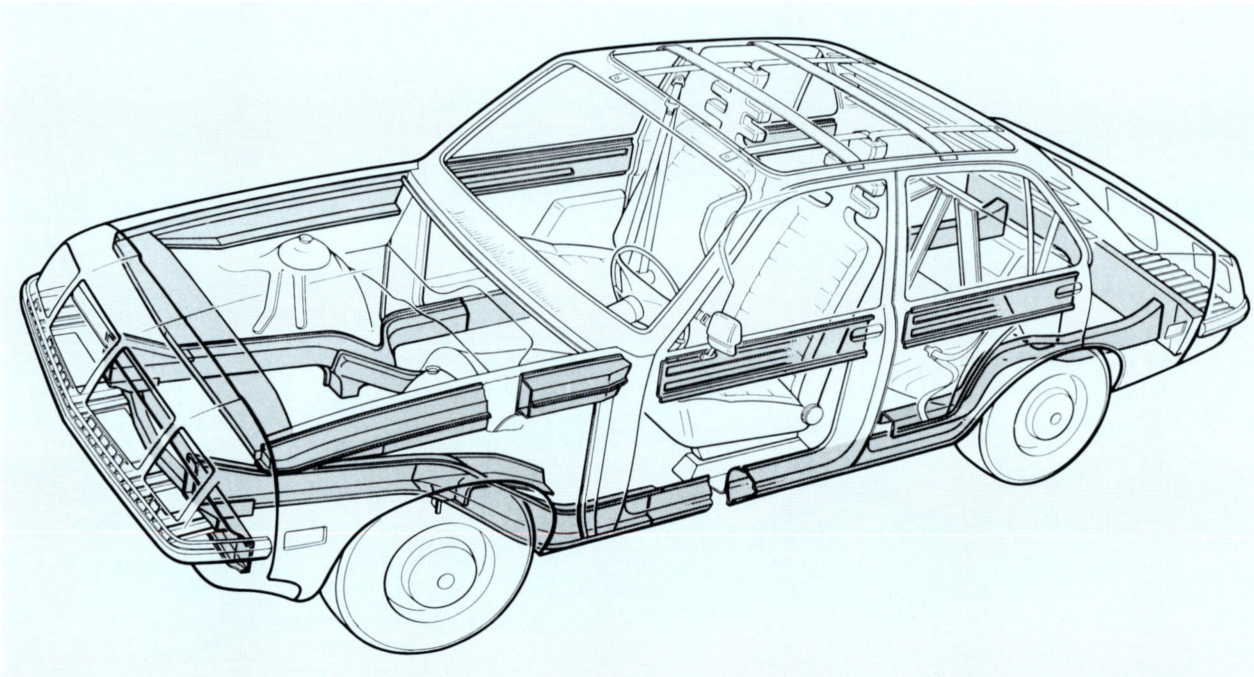

Die viertürige Kadett-Limousine war die Grundlage des OSV 40, des für den frontalen Wandaufprall mit einer Geschwindigkeit von 40 mph (64 km/h) ausgelegten Opel Safety Vehicle. Diese Angabe zeigt die Abkehr von den im Lastenheft des Experimentier-Sicherheitsautos anfangs geforderten 80 km/h, für die sich die vorgeschriebenen Schutzkriterien mit Fahrzeugen der Compact-Klasse (zulässige Fahrzeugmasse 910 kg) nicht einhalten ließen.

sende maximale Verzögerungen für Kopf und Brust formuliert waren. Diese Forderungen ließen sich mit den Verformungswegen eines so kurzen Fahrzeugs von vornherein nicht erfüllen. Wie sich schnell zeigte, war FIAT in guter Gesellschaft. Diesen wichtigsten Test des ESV-Lastenheftes bestanden selbst die langhaubigen amerikanischen Experimentier-Sicherheitsautos von AMF, Fairschild Hiller, General Motors und Ford nicht, das ESF 13 von Daimler-Benz und das ESVW I des Volkswagenwerks lagen mit ihren Ergebnissen gerade noch im Grenzbereich des Zulässigen. Damit schien die Schlußfolgerung nicht falsch, daß (zumindest) diese Vorgaben über das Ziel hinausgeschossen und deshalb zu korrigieren waren.

Dies ist nicht das einzige Beispiel dafür, daß das ESV-Projekt einen langwierigen und mühevollen Lernprozeß auslöste. Dabei bewährten sich die ESV-Konferenzen als Forum für den Gedankenaustausch zwischen den vielen Beteiligten in den USA, in Japan und Europa. Bei dem Versuch, eine „ESV-Bilanz" zu ziehen, steht auf der Haben-Seite außer diesem Informations- und Wissenstransfer und der Bereitschaft der Automobilindustrie weltweit, sich für das Vorhaben zu engagieren, vor allem die Erkenntnis, daß bedeutsame Verbesserungen der Fahrzeugsicherheit technisch möglich sind. Allerdings ist dies mit einem zumeist höheren, aber wirtschaftlich vertretbaren Aufwand verbunden.

Und es ist nicht bei der Theorie dieser Aussage geblieben. In die Großserienfertigung hat manches Ergebnis des ESV-Programms inzwischen Einzug gehalten. Als Beispiele seien genannt die verbesserten Fahrzeugstrukturen mit hoher Energieabsorption in den Knautschzonen und großer Steifigkeit der Fahrgastzelle, der Airbag als neues aktives Rückhaltesystem für den Fall des Unfalls, als verbesserte passive Systeme Sicherheitsgurte mit Gurtstrammung (durch „Anschießen") und Kraftbegrenzung, vor allem bei Bagatellunfällen wirkungsvollere Stoßfänger, Informations- und Warnsysteme. Doch auch die Soll-Seite der Bilanz ist nicht leer. Hier steht obenan die Forderung, das internationale Vorschriftenwerk, das immer noch im Ruf steht, ein Dschungel von Vorschriften zu sein, auf das Wesentliche zu konzentrieren und es vor allem zu vereinheitlichen. Hier stehen aber auch Defizite, den Menschen im Sicherheitssystem Fahrzeug-Mensch-Umwelt richtig zu berücksichtigen, etwa unter biomechanischen Gesichtspunkten. Viele Aufgaben hat das ESV-Programm gelöst, andere Aufgaben, von denen sich nicht wenige erst im Verlauf des Programms stellten, konnte das Experimentier-Sicherheitsauto nicht lösen.

Man hatte zwar mit dem ESV-Programm Erfahrungen gesammelt, war in Zielen und Erwartungen dem automobilen Alltag näher gekommen. Doch die neuen Akzente wurden von außen gesetzt: Energiekrise und zunehmendes Umweltbewußtsein schufen zusätzliche Randbedingungen und veränderten die Prioritäten. 1974 zogen die ESV-Verantwortlichen die Konsequenzen. Aus dem Experimen-

tal Safety Vehicle wurde das Research Safety Vehicle. Das S-Konzept, einseitig auf Safety gleich Sicherheit ausgerichtet, wandelte sich zum S3E-Konzept und bezog nun auch Energy gleich Energie, Environment gleich Umwelt und Economy gleich Wirtschaftlichkeit ein.
Notwendig wurde damit auch eine Neuorientierung des Forschungsautos. Hatte anfangs seine Aufgabe darin bestanden, Komponenten zu erproben, und war es danach zum Versuchsträger für mehr oder minder umfangreiche Systeme geworden, so hatte es sich nun in ein integriertes Gesamtkonzept zu wandeln. Mit ihm sollte das Auto der Zukunft Boden unter den Rädern gewinnen. Erklärtes Ziel war ein Fahrzeug, das nicht nur sicher sein sollte für alle mit ihm im Straßenverkehr in Berührung Kommenden, „verträglich" (kompatibel) bei Kollisionen mit jenen, denen wie Fußgängern und Zweiradfahrern ein schützendes Gehäuse und die Unfallfolgen abmildernde Knautschzonen fehlen. Es sollte zugleich mit der Energie sparsam umgehen und die Umwelt so wenig wie möglich durch Lärm oder Schadstoffe belasten. Und dies alles sollte bei hoher Wirtschaftlichkeit gelten. Hiermit waren zum einen die Kosten für den einzelnen gemeint und zum anderen in einer übergeordneten volkswirtschaftlichen Sicht die Kosten für die Gemeinschaft. Um die Schonung der Ressourcen ging es, das Automobil stieß an die „Grenzen des Wachstums".
Im Blick zurück scheint das vom ESV zum RSV gewordene Sicherheitsautomobil mit dieser Ausweitung seiner Aufgaben überfordert gewesen zu sein. Am guten Willen, vor allem der Europäer, hat es wohl weniger gemangelt als am fehlenden Elan. Es wurde weitergeforscht. Die Ergebnisse beispielsweise im Sicherheitsbereich waren respektabel. Doch sie konnten nicht darüber hinwegtäuschen, daß die Automobilforschung ein Wellental durchfuhr.

Mit dem ESV 1500 extrapolierte FIAT die ESV-„Philosophie" nach unten in den Bereich der Kleinwagen. Obgleich aufgrund der geringen Abmessungen des als Basis dienenden Serienmodells 500 bestimmte Vorgaben des ESV-Lastenheftes nicht einzuhalten waren, nahm das ESV 1500 in seiner Masse von 525 kg auf 780 kg zu.

Mit dem Langzeitauto in die Sackgasse

Die Daten schienen für sich zu sprechen: Gegenüber „traditionellen" Fahrzeugen sah man Energieeinsparungen bis 20 % und Rohstoffeinsparungen bis 65 % bei einem Mehrpreis bis 30 %. Doch das Auto für 20 Jahre und noch mehr, das Langzeitauto, das Energie- und Rohstoffvorräte schonen, die Umweltbelastung verringern, die Gesamtkosten automobiler Fortbewegung senken sollte — bei erhöhter Betriebssicherheit und Zuverlässigkeit sowie unter Beibehaltung der als richtig erkannten Ziele bisheriger Fahrzeugkonzepte — hatte schon vor dem im Mai 1977 vorgelegten Endbericht für Phase I dieser im Auftrag des Bundesministeriums für Forschung und Technologie von Porsche erarbeiteten Untersuchung eine schlechte Resonanz. Da nutzte auch die wissenschaftliche Begleitung des Projekts durch das Industrieseminar der Universität Mannheim und das Institut für Verkehrswissenschaft an der Universität zu Köln wenig. Sie sollten die volkswirtschaftlichen und sozialen Konsequenzen aus der Einführung des Langzeitautos etwa hinsichtlich der Beschäftigungssituation in Automobilindustrie und Kfz-Werkstätten und die Einbettung dieses langlebigen Autos in die Entwicklung des Personenverkehrs bis zum Jahr 2010 untersuchen.
Schon die erste Präsentation des Vehikels auf der Internationalen Automobil-Ausstellung 1973 in Frankfurt hatte mehr Ablehnung als Zustimmung provoziert. Und auch in der Folgezeit konnte nichts die ebenso lautstarke wie berechtigte Kritik an die-

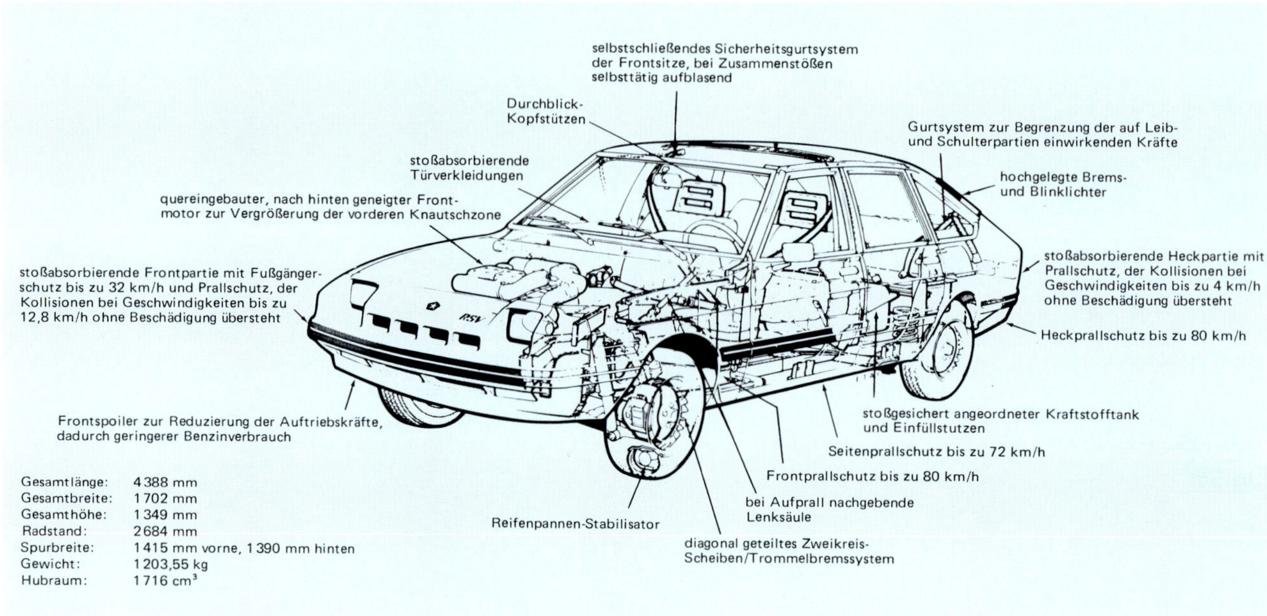

Vom ESV zum RSV: Ein evolutionäres, auf dem Serienfahrzeug Simca 1307/08 basierendes Fahrzeug stellten auf der 6. ESV-Konferenz 1976 in Washington die Calspan Corporation, eine Forschungsgesellschaft mit Sitz in Buffalo, N.Y., und die Chrysler Corporation als Gemeinschaftsarbeit vor. Unter den wichtigsten konstruktiven Merkmalen standen auch Fußgängerschutz und Benzinverbrauch im Lastenheft.

sem Projekt zum Verstummen bringen. Diese führte nicht nur das ganz anders geartete Käuferverhalten ins Treffen und gab die negativen Auswirkungen auf die wünschenswerte schnelle Nutzung auch in kleinen Schritten sich vollziehenden technischen Fortschritts zu bedenken, sondern zog auch die eingangs genannten Zahlen in Zweifel. So wurde das aus einer langzeittauglichen Grundstruktur und aus bedarfsweise austausch- und modernisierbaren „Moduln" bestehende Auto, das eigentlich 300 000 km und noch weiter hätte fahren sollen, zur Episode. Allerdings hatte sie Folgen. Die im Rahmen der 1973 begonnenen Arbeiten am Forschungsprojekt Langzeitauto bei Porsche gesammelten Er-

Einige seltsame Blüten trieb das Bestreben, Fußgängern beim frontalen Aufprall auf das Fahrzeug bessere Chancen im ungleichen Duell zwischen Mensch und Automobil zu geben. Wiesen eine entsprechende Gestaltung der Fahrzeugfront und die Verwendung nachgiebiger, Energie absorbierender Strukturen sowie das Versenken der Scheibenwischer in die richtige Richtung, so sind die „Fußgänger-Fangvorrichtungen" eher den Kuriositäten zuzurechnen.

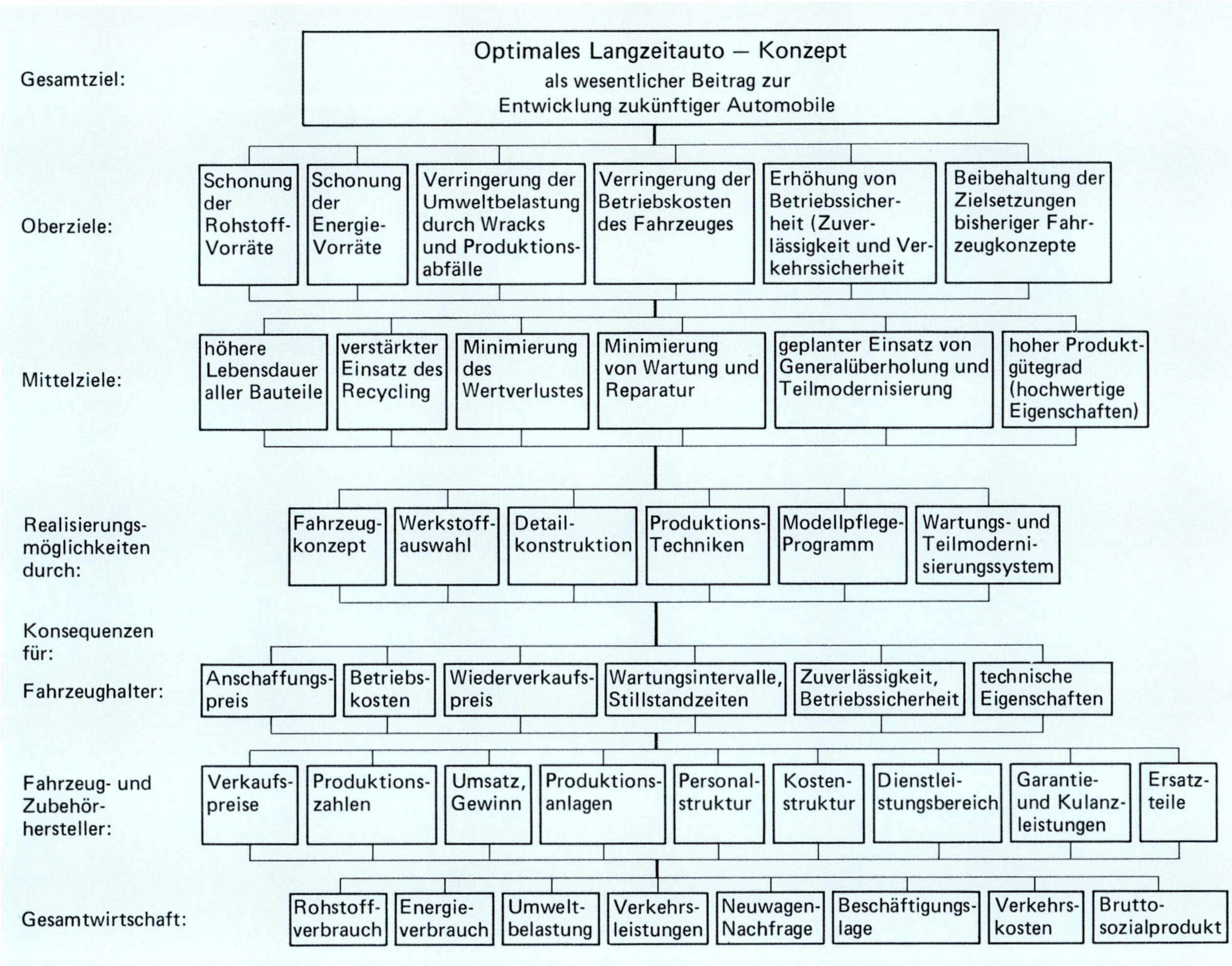

Ein Auto anders als alle anderen sollte das Langzeitauto sein: langlebig und die „Ressourcen" schonend, dem technischen Fortschritt nicht entgegenstehend, in den Verkehr der Zukunft ebenso passend wie in betriebswirtschaftliche und volkswirtschaftliche Zusammenhänge.

fahrungen mit Rohkarosserien aus beidseitig feuerverzinktem Stahlblech führten für die Serie 1975 zur ersten sechs Jahre währenden Langzeitgarantie auf alle tragenden Teile. Andere Hersteller zogen bald mehr oder minder freiwillig nach. Auf diese Weise hat das in einer Sackgasse abgestellte Langzeitauto doch noch etwas für die Langlebigkeit herkömmlicher Automobile getan.

Alternative Kraftstoffe

Die Energiekrise im Jahr 1973 hatte deutlich gemacht, was man eigentlich schon vorher wußte: Die Welt-Erdölvorräte sind in ihrer zeitlichen Reichweite begrenzt und zudem so verteilt, daß politisch bedingte Einschränkungen der Fördermengen katastrophale Auswirkungen haben können. Die Folge dieser Erkenntnis waren hektische Bemühungen, alternative Energien für den vom Erdöl völlig abhängigen Straßenverkehr auf ihre grundsätzliche Tauglichkeit zu untersuchen, ihre Anwendung im Fahrzeug zu überprüfen und Strategien für eine Nutzung größeren Stils zu entwickeln. Die anfängliche Euphorie wich schon bald der Ernüchterung. Weder alkoholische Kraftstoffe, wie z.B. Methanol oder Ethanol, noch der Wasserstoff, rein oder im Mschbetrieb mit Benzin, noch die elektrische Energie bringen die Voraussetzungen mit, Alternativen zu sein. Deshalb sprach man dann vorsichtiger von additiven, von zusätzlichen Energien, die allenfalls eine Milderung der Abhängigkeit des Automobils vom Erdöl bringen können.

Hierzulande begann die eigentlich schon lange überfällige Forschung für den Automobilverkehr der „Nach-Erdöl-Zeit" mit einer vom Bundesministerium für Forschung und Technologie am 1. April 1974 in Auftrag gegebenen Studie, deren Ergebnisse unter dem vielversprechenden Titel „Neuen Kraftstoffen auf der Spur" veröffentlicht wurden. Diese Studie war Grundlage für bis heute andauernde Aktivitäten, die mal energischer, mal weniger intensiv betrieben wurden. Dabei kamen zum Gesichtspunkt der Erdölverknappung politisch wir-

Die kleinsten Probleme unter den alternativen Energien für den Straßenverkehr bereitet Methanol, wenn es mit 15 % an der Mischung M 15 beteiligt ist, deren restliche 85 % aus Superbenzin bestehen. Flottenversuche mit vielen hunderttausend Fahrkilometern haben dies bewiesen. 15 % Methanol sind allerdings nicht genug, um die Abhängigkeit vom Erdöl deutlich zu verringern.

Die schadstoffarme Verbrennung von Wasserstoff machte sich ein Forschungsprojekt der Daimler-Benz AG, teilweise gemeinsam mit der Universität Kaiserslautern, zunutze. Ebenfalls in Großversuchen mit kleinen Fahrzeugflotten sollten, gefördert vom Bundesministerium für Forschung und Technologie, der reine Wasserstoffbetrieb und der Wasserstoff-Benzin-Mischbetrieb unter Alltagsbedingungen untersucht werden. Die Speicherung des Wasserstoffs an Bord der Fahrzeuge übernahmen dabei als Röhrenwärmeübertrager aufgebaute Tieftemperatur-Metallhydrid-Speicher.

Hybrid-Lösungen kommen immer dann ins Gespräch, wenn bei der Nutzung der Vorteile alternativer Energien — wie z. B. Unabhängigkeit vom Primärenergieträger Erdöl, schadstoffarmer oder sogar schadstofffreier Betrieb — deren Hauptnachteil ausgeschaltet werden soll: die geringe Reichweite. So setzte auch das 1982 vorgestellte Hybrid-Auto der englischen Firma Lucas auf den Verbund von Elektroantrieb und Verbrennungsmotor.

kungsvolle und „vermarktbare" Aspekte eines verbesserten Umweltschutzes als Folge der Verwendung schadstoffärmerer Energiearten hinzu.

Der Forschung haben die besonders intensiven Bemühungen um M 15 — einen Mischkraftstoff aus 15% Methanol und 85% Superbenzin — Forschungsautomobile eines neuen Typs beschert, die mit den zugehörigen Serienfahrzeugen weitestgehend identisch und nur dort modifiziert sein sollten, wo es der beigemischte Alkohol wegen der Aggressivität gegenüber bestimmten Werkstoffen unumgänglich machte.

Ebenfalls neu war, daß diese Forschungsautos zumeist flottenweise auftraten und sommers wie winters viele hunderttausend Kilometer in arktischer Kälte und in Sonnenglut zurücklegten. Nicht so neu vom Grundsatz, wohl aber vom Maßstab war die auch in diesem Fall aus guten Gründen gewählte Erprobung solcher Fahrzeuge in der Hand von Kunden, die den Alltag automobiler Fortbewegung in den Großversuch einbrachten. Das insgesamt positive Ergebnis namentlich für M 15 darf allerdings nicht den Blick dafür verstellen, daß hiermit nur ein neues „Ornament" in das Bild von der Forschung am Automobil eingefügt wurde.

Bleibt der Elektroantrieb, der — wie das oftmals auf ihm aufbauende Stadtauto — das Wechselspiel von Entdeckung und Vergessen schon häufig durchlitten hat, eine leichtfüßige Einlage im Kurs der allgemeinen Entwicklung, oder wird er zu einer das Bild mitprägenden Struktur? Noch fehlt ihm ein Energiespeicher, der bei vertretbaren Abmessungen und Gewichten so groß ist, daß das Elektromobil nicht auf die Rolle eines volkswirtschaftlich untragbaren Drittwagens beschränkt bleibt. Und allen hochgemuten Ankündigungen der Vergangenheit und der Gegenwart zum Trotz läßt sich eine praxis- und serienbautaugliche Lösung dieses Problems immer noch nicht absehen.

Ein Verdienst ist der Suche nach additiven Energien für den Straßenverkehr allerdings unbestritten: Sie hat uns die Augen dafür geöffnet, welcher Glücksfall das Erdöl für den Automobilverkehr war, ist und hoffentlich noch lange bleiben wird.

Das Auto 2000

Was das RSV nicht leisten konnte, wurde zur Aufgabe des bisher letzten großangelegten Forschungsprogramms in der Geschichte des Automobils. Es galt, eine neue Qualität der Beziehungen zwischen Mensch, Fahrzeug und Umwelt zu schaffen. Das Auto der Zukunft, das Auto von morgen, das Auto 2000 — auch hier tritt wieder die magische Zahl auf, deren Glanz verblaßt, je näher wir der Jahrtausendwende kommen. Sie alle sollten ein Ergebnis der Folgerungen aus einer inzwischen halbwegs abgeschlossenen Bestandsaufnahme sein, nach vorn extrapolierte Quintessenz aus dem, was die Automobilforschung erarbeitet hatte, zusammengefaßt in integrierten Gesamtsystemen, die sich in unsere

Der „Comuta" von Ford ist eines der ungezählten Beispiele für den immer wieder unternommenen und immer wieder gescheiterten Versuch, ein brauchbares Stadtauto mit Elektroantrieb zu entwickeln. Angeboten wurden Lösungen für ein Problem, das offensichtlich gar nicht existierte.

Welt, auch in bezug auf unsere Umwelt, möglichst problemlos einfügen.
In der Bundesrepublik Deutschland kam der Anstoß wiederum vom Staat, nämlich mit dem 1978 ausgeschriebenen Projekt „Auto der Zukunft". Für die Erstellung der zugehörigen Lastenhefte waren als allgemeine Richtwerte vorgegeben mindestens vier Sitzplätze, mehr als 400 kg Zuladung, mindestens Einhaltung der heute üblichen Komfortmaße, mindestens die Einhaltung der heutigen Fahrleistungen und Reichweiten, mindestens die Einhaltung der in der Bundesrepublik Deutschland gültigen und der zu erwartenden Vorschriften und Richtlinien, Berücksichtigung von Trends und Vorgaben z. B. der USA. Hinsichtlich der wichtigsten Zielsetzungen war das Auto der Zukunft, ein wenig überspitzt formuliert, ein „30%-Auto". Es sollte im Vergleich zu einem (damals) heutigen Auto im Durchschnitt 30% weniger Energie und Rohstoffe verbrauchen, die Umwelt 30% weniger belasten, 30% sicherer sein und eine um 30% höhere Wirtschaftlichkeit aufweisen. Dies war eine insgesamt bewußt pauschalierte Forderung, deren Erfüllung im einzelnen schwer meßbar gewesen wäre.
Von denen, die sich um eine Teilnahme an dem zunächst mit 110 Millionen DM Fördermitteln (die später stark gekürzt wurden) ausgestatteten Programm bewarben, zogen sich BMW mit dem Konzept für ein Fahrzeug der Mittelklasse und Porsche mit dem Vorschlag für einen Sportwagen schon bald zurück. Übrig blieben vier: das Volkswagenwerk mit einem Forschungsauto der unteren Mittelklasse, Audi mit einem Fahrzeug der oberen Mittelklasse, Daimler-Benz mit einem Forschungsauto der Oberklasse und, ebenfalls mit einem Mittelklasse-Fahrzeug, eine Hochschularbeitsgemeinschaft. Das Institut für Kraftfahrwesen der Rheinisch-Westfälischen Technischen Hochschule Aachen zeichnete dabei für Getriebe, Regelung der Antriebseinheit, Radaufhängung, Lenkung und Reifen verantwortlich. Das Institut für Fahrzeugtechnik der Technischen Universität Berlin kümmerte sich um Karosse-

Traum von einer Renaissance der Dampfmaschine im neuen, zeitgemäßen Gewand: Auf einem Symposium über schadstoffarme Antriebssysteme, das im Oktober 1973 in Ann Arbor (USA) stattfand, präsentierte Saab-Scania sein Dampfmotorprojekt — links der Hauptmotor mit dem zentralen Drehschieber, rechts der Kurbeltrieb mit der Taumelscheibe. Als „Dauerhöchstleistung" des mit einer maximalen Drehzahl von 3 000 min^{-1} arbeitenden Motors wurden 160 PS (118 kW) genannt.

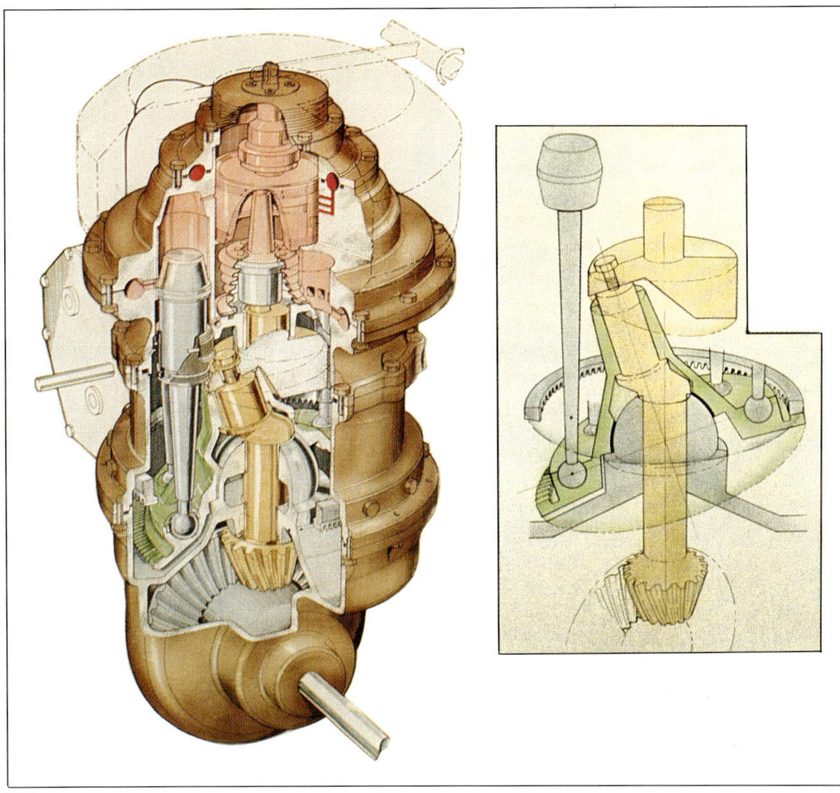

riestruktur, Fußgänger- und Insassenschutz, Ergonomie und Innenraumgestaltung. Das Fachgebiet Fahrzeugtechnik der Technischen Hochschule Darmstadt erhielt außer der Projektleitung die Aufgaben Koordination der Konstruktion, Karosseriefertigung und Prototypenmontage sowie elektrische Anlage, während das Forschungsinstitut für Kraftfahrwesen und Fahrzeugmotoren Stuttgart sich mit Aerodynamik und Design, Motor, Geräuschminderung, Bremsen, Gas-Feder-Dämpfer-System mit Niveauregulierung und Klimatisierung beschäftigte. Dem „Uni-car" mochte eine Geschlossenheit fehlen, wie sie ein Fahrzeug aus einem Automobilkonzern selbstverständlich mitbrachte. Dieser Nachteil wurde durch einen Pluralismus der Denkansätze, durch Unvoreingenommenheit und Ungebundenheit an Traditionen ausgeglichen, und „Uni-car" konnte sich, als rund drei Jahre nach Beginn des Programms die vier Forschungsautos auf der Internationalen Automobil-Ausstellung 1981 in Frankfurt

Daß es nach aerodynamischen Gesichtspunkten geformt worden war, konnte man beim „Auto 2000" des Volkswagenwerks nicht übersehen. Die Summe sorgfältig abgestimmter Details von den mit der Außenhaut fast bündigen Fenstern über den strömungsgünstig ausgebildeten Unterboden bis zu den aus Kunststoff bestehenden Radscheiben hatte für die viersitzige Limousine einen Luftwiderstandsbeiwert von 0,25 zum Ergebnis.

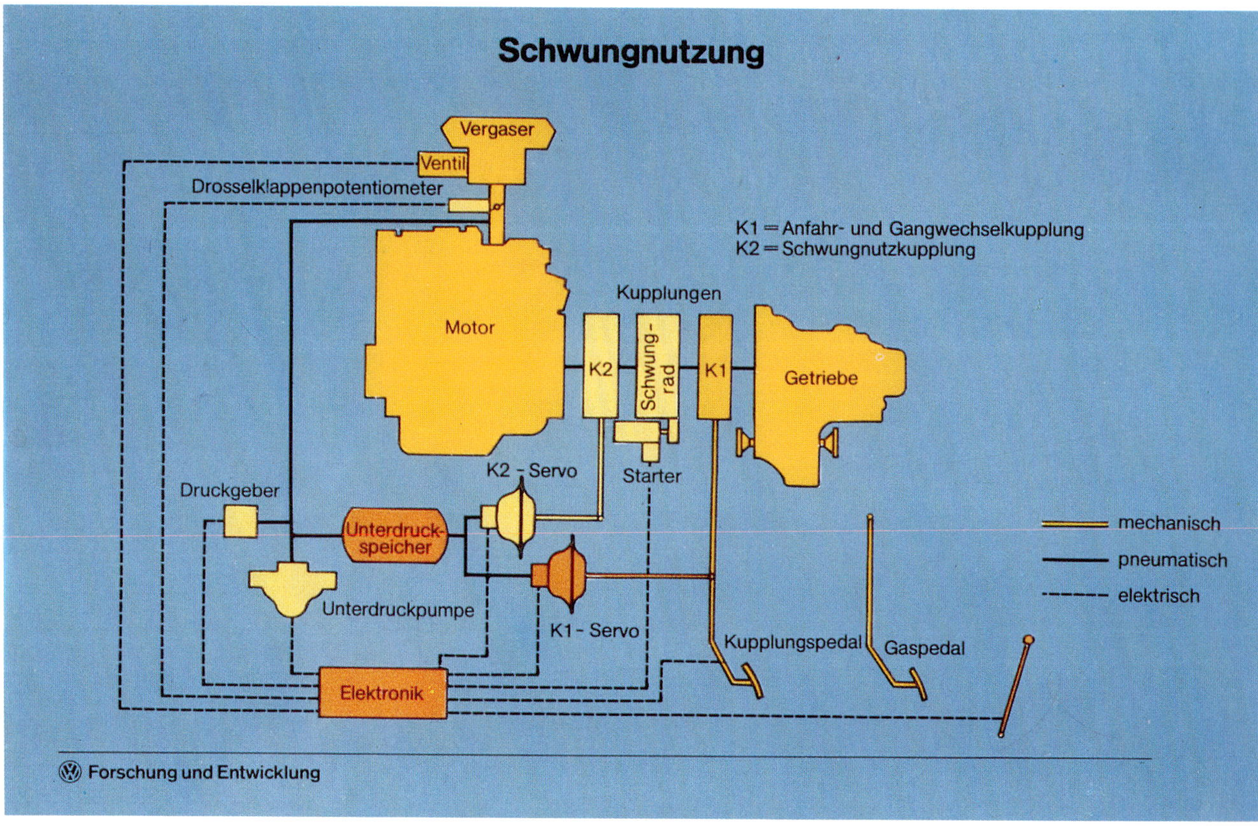

Wolfsburgs Beitrag zum Auto der Zukunft war auch hinsichtlich seines Antriebs recht ungewöhnlich. Im Wettbewerb standen ein 33 kW (45 PS) leistender 1,2-l-Dreizylinder-Dieselmotor mit Direkteinspritzung und Abgasturboaufladung sowie ein 1,05-l-Vierzylinder-Ottomotor mit Benzineinspritzung und mechanisch angetriebenem Ladegebläse mit automatisch variablem Keilriemenantrieb. Dem Dieselmotor vorbehalten blieb ein als Schwungnutzautomatik bezeichnetes Antriebssystem, das aus einem Fünfgang-Schaltgetriebe und einem vom Motor trennbaren Schwungrad mit zusätzlicher Kupplung bestand. In Schubphasen während der Fahrt und bei Stillstand des Fahrzeugs wurde das Schwungrad durch die Zusatzkupplung automatisch vom Motor getrennt. Da sich zugleich auch die Anfahrkupplung öffnete, konnte das Schwungrad frei rotieren, während der Motor durch die ebenfalls automatisch funktionierende Absperrung der Kraftstoffzufuhr stillgesetzt wurde. Trat der Fahrer das Gaspedal, schaltete sich der Kraftstoffzulauf wieder ein, und der Motor wurde durch das nun wieder angekoppelte Schwungrad „angeworfen". Eine Regelelektronik war dafür verantwortlich, daß bei dieser energiesparenden Verfahrensweise alle Vorgänge in der vorgeschriebenen Reihenfolge abliefen.

Schon von seinem Erscheinungsbild her war Audis „Auto 2000" damaligen und heutigen Serienfahrzeugen am nächsten. Das etwa 1 200 kg schwere Forschungsauto wurde von einem aufgeladenen 1,6-l-Vierzylinder-Ottomotor angetrieben, bei dem der Abgasturbolader zwischen Vergaser und Motor angeordnet war. Das so erzeugte besonders homogene Gemisch ließ einen ausgeprägten Magerbetrieb mit entsprechend niedrigen Kraftstoffverbräuchen zu.

Von dem mit Rücksicht auf Fußgängerunfälle in Form und Energieaufnahmevermögen besonders ausgebildeten Fahrzeugbug bis zum strömungsgünstigen Heck gut gelungen war das „Uni-car" der Hochschularbeitsgemeinschaft. Zur Stabilisierung des Querverbundes waren die Vordersitze in Längsrichtung nicht verstellbar.

Niedriges Gewicht und ein hoher Verformungswiderstand zeichneten den Wagenboden des „Audi 2000" aus. Das in Sandwich-Bauweise ausgeführte großflächige Bauteil bestand aus Deckschichten aus faserverstärktem Kunststoff und dazwischen liegendem Polyurethan-Hartschaumkern.

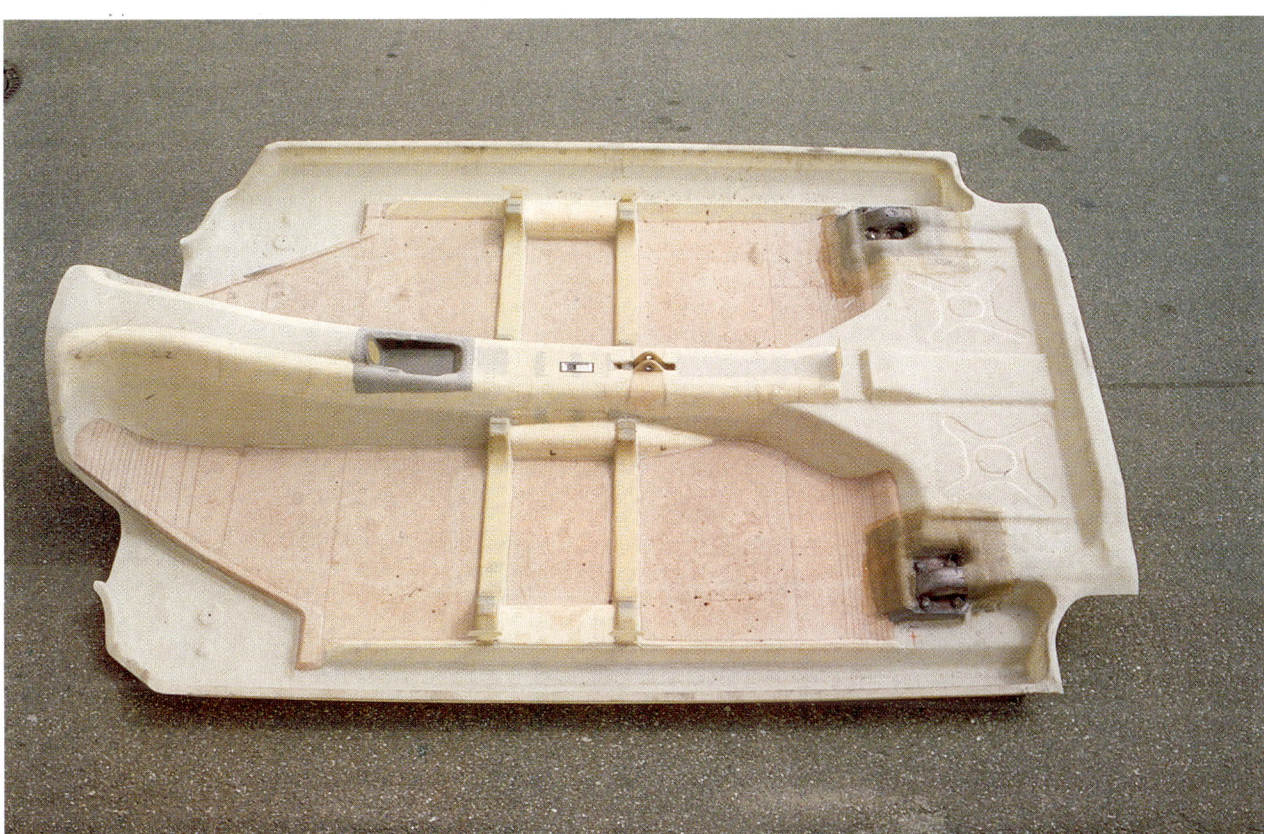

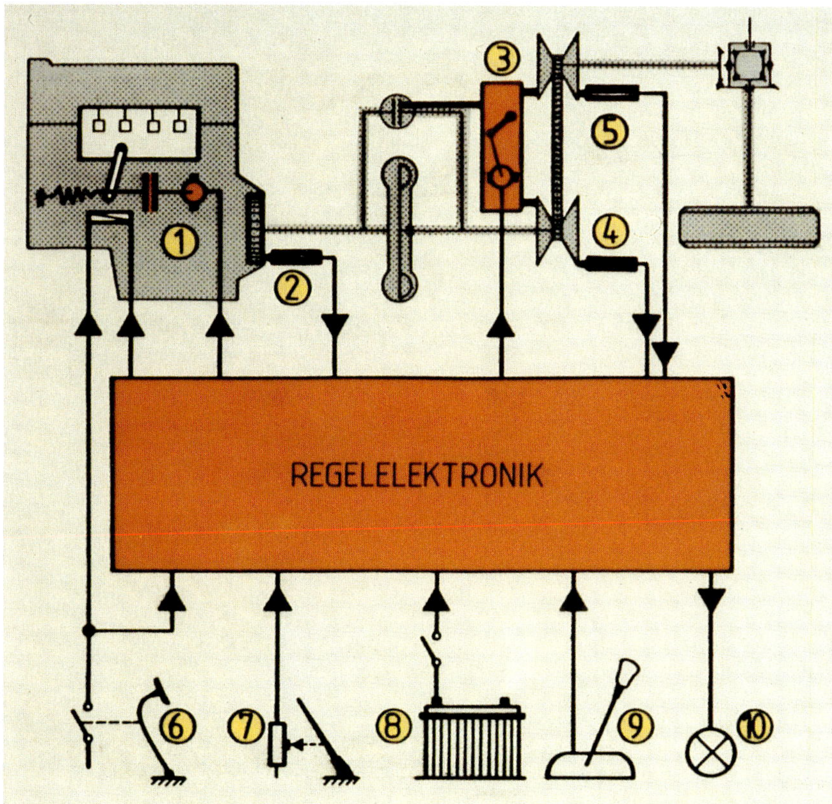

Eine weitere Besonderheit des „Uni-car" war eine Art elektronisches Antriebsmanagement, durch das der mit einem stufenlosen mechanischen Getriebe zusammenarbeitende abgasturboaufgeladene Vierzylinder-Dieselmotor (mit Direkteinspritzung) verbrauchsoptimal betrieben wurde.

1. *Stellmotor-Einspritzpumpe*
2. *Motordrehzahlgeber*
3. *Getriebe-Verstellung*
4. *Abtriebsdrehzahlgeber*
5. *Transmatik-Drehzahlgeber*
6. *Bremspedalschalter*
7. *Gaspedalpotentiometer*
8. *Batterie mit Zündschloß*
9. *Gangwählhebel*
10. *Warnlampe (Zentral-Info)*

Ohne Spekulation auf eine Produktion in Serie entstand das nicht nur äußerlich attraktive „Uni-car" wie seine „Mitstreiter" im Projekt Auto 2000 als Ideenträger, der in Hard- und Software demonstrieren sollte, mit welchen technischen Lösungen sich die nicht eben bescheidenen Anforderungen an das Automobil der Zukunft erfüllen lassen.

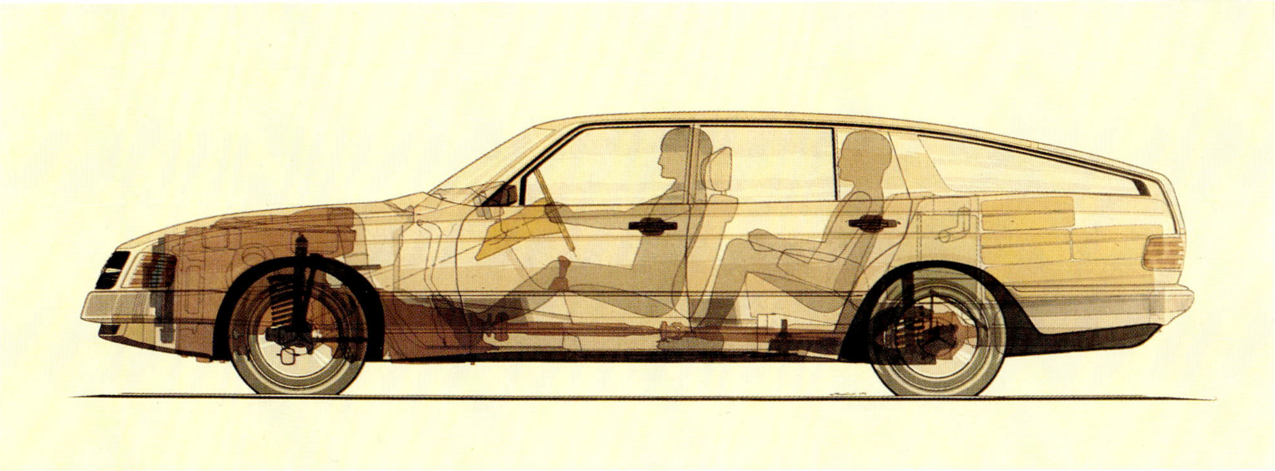

Die Statur der S-Klasse und damit eines luxuriösen Reisewagens hatte das „Auto 2000" von Daimler-Benz. Das erste Konzept sah drei Antriebsvarianten vor: einen später auf 3,8 l vergrößerten 3,2-l-Achtzylinder-Ottomotor in V-Bauweise mit Zylinderabschaltung im Teillastbereich, einen 4,4-l-Achtzylinder-V-Dieselmotor, der im Verlauf des Forschungsprojekts aus Kostengründen zum aufgeladenen 3,3-l-Sechszylinder abgemagert wurde, und eine Gasturbine, deren Entwicklung später „inoffiziell", d. h. ohne öffentliche Förderung, fortgeführt wurde. Bemerkenswerte Details sind die aus Ergebnissen der Unfallforschung abgeleitete linksseitige Längsversteifung, zu der auch eine links angeschlagene Motorhaube gehörte, und die den Seitenschutz verbessernde „Verzahnung" der Türen mit den Längsträgern der Karosserie.

am Main vorgestellt wurden, neben der Arbeit der „Profis" durchaus sehen lassen.

Sicher konnten in der kurzen Zeit und bei der zuletzt arg verknappten staatlichen Förderung bei weitem nicht alle Blütenträume reifen. Zudem fielen manche in den ersten Konzepten enthaltene Alternativen, wie z. B. beim Antrieb der Axialkolbenmotor und letztlich auch die von Daimler-Benz mehr aus eigenem Antrieb und auf eigene Kosten weiterverfolgte Gasturbine — übrigens in der zweiten Version mit keramischem Laufrad —, zeitlichen und finanziellen Restriktionen zum Opfer. Das Auto 2000 hat dennoch Wege in die automobile Zukunft gewiesen, von denen einige inzwischen mit Erfolg beschritten werden. Grundsätzlich war allen Spielarten des Projektes das Bestreben gemeinsam, die Fahrzeugmasse durch vermehrte Verwendung von Aluminium und Kunststoffen drastisch zu senken und dabei den leichten Werkstoffen über Hauben, Dächer und Türen hinaus auch neue Aufgaben, z. B. bei Radaufhängungen und Achsen, zuzuweisen. Bei der Fahrzeugaerodynamik wurden Luftwiderstandsbeiwerte zwischen 0,25 und 0,3 mit alltagstauglichen Formen erreicht, das K-Heck erlebte eine Wiedergeburt.

Genutzt wurden zudem die Möglichkeiten der Elektronik, von der Überwachung der Fahrzeugfunktionen bis zum Antriebsmanagement für Motor und Getriebe, bei dem ein Prozeßrechner für optimale Betriebszustände hinsichtlich Verbrauch und Schadstoffemission sorgt. Bordrechner und Antiblockiersystem, „elektronisches Gaspedal" und Autofahrer-Leit- und -Informationssystem wurden gezeigt. Auf eine Aufladung verzichtete keines der vorgesehenen Triebwerke. An die für Ottomotoren inzwischen zum Stand der Technik gewordene Mehrventiltechnik dachte man dagegen noch nicht; man erkennt hieran, welche Probleme es haben kann, im Jahr 1980 ein Auto für das Jahr 2000 zu projektieren und zu bauen. Der Dieselmotor hatte eindeutig den Vorzug, es zeigte sich ein Trend in Richtung Direkteinspritzung.

Eine Kapselung der Triebwerke sollte der Lärmminderung dienen, geschickt geführte Luftströme stellten nicht nur die erforderliche Kühlung sicher, sondern machten sich auch strömungstechnisch positiv bemerkbar. Sicherheit hatte einen hohen Stellenwert. Zum einen ging es um mehr Sicherheit für die Insassen, denen ein verstärkter Querverbund bei seitlichen Kollisionen oder eine aus der Auswertung einer Vielzahl von Verkehrsunfällen als sinnvoll abgeleitete linksseitige Verstärkung der Fahrzeugstruktur, etwa durch eine links angeschlagene Motorhaube, bei Frontalkollisionen mehr Schutz geben sollte. Zur Verbesserung der Chancen von Fußgängern und Zweiradfahrern, den Aufprall auf das Fahrzeug mit möglichst geringem Schaden zu überstehen, gab es eine ausgeklügelte Gestaltung der Frontpartie, sowohl formal als auch hinsichtlich des konstruktiven Aufbaus und der gewählten Werkstoffe.

Die Akzente waren bei den vier Beiträgen zum „Auto 2000" jeweils anders gesetzt. Das Fahrzeug des Volkswagenwerks mochte am meisten Spielwiese für neue Technik und das Audi-Forschungsauto am wenigsten experimentell und der Realität des Serienfahrzeugs am nächsten sein. „Uni-car" war das Musterbeispiel eines altruistischen, auf den anderen

In seiner Größe entsprach es in etwa dem Serienmodell Renault 18: das Forschungsauto, dessen einschmeichelnder Name Eve für eine sehr sachliche Aufgabenstellung stand. Es ging wie bei allen Autos der Zukunft um „Eléments pour une voiture économe", und auch in diesem Fall hieß das Rezept Aerodynamik plus Leichtbau plus Elektronik gleich Energieeinsparung. Das Bild zeigt die verbesserte Version Eve-Plus.

gerichteten Sicherheitsdenkens und das von Daimler-Benz entwickelte Fahrzeug aus der Unternehmens-„Philosophie" am konsequentesten. Beachtung hatten sie alle verdient und Bewunderung für vielerlei ungewöhnliche Details. Dank Aerodynamik und Leichtbau — bei dem zweiten Kriterium wurden nur beim „Uni-car" bewußt Abstriche gemacht — waren sie vorbildliche „Sparmeister" im Umgang mit der Energie. Wegen der modernen gekapselten und schadstoffarmen Motoren erwiesen sie sich als besonders umweltfreundlich, wenngleich auch hierbei die Gegenwart die Zukunft der

Der Peugeot 305 stand Pate für Vera (Véhicule économe de recherche appliquée), und Auftraggeber war die Agence pour les Economies d'Energie (AEE). Mit Verbesserungen im Vergleich zum Serienmodell von 20 % bei der Fahrzeugmasse, 30 % beim Luftwiderstandsbeiwert und 40 % beim Kraftstoffverbrauch wurden die gesteckten Ziele deutlich übertroffen. Als besonders sparsam erwies sich der aus dem Ottomotor des Peugeot 104 entwickelte 1,4-l-Turbodiesel.

Als „Geizkragen" zeigte sich Vesta (Véhicule économe de systèmes et technologies avancés). Das nur 3,2 m lange „Energiesparauto mit fortschrittlicher Technik und neuen Systemen" sollte maximal 510 kg schwer sein. Als Luftwiderstandsbeiwert nannte Renault den fast schon fabelhaften Wert 0,22 und für den Verbrauch im Drittelmix 2,99 l/100 km.

Vergangenheit eingeholt hat. Und sie waren sicher, soweit ein an Nutzen-Kosten-Relationen orientiertes, zudem mit menschlicher Unzulänglichkeit im durch vielerlei Einflüsse komplizierten Straßenverkehr betriebenes Automobil sicher sein kann. Forschungsautomobile wurden mit dem „Auto 2000" zu integrierten Gesamtlösungen, sie erreichten damit vom Prinzipiellen her ihre höchste Stufe.

Die Bundesrepublik Deutschland war und ist nicht die Insel der Glückseligen, auf deren Straßen allein die Autos der Zukunft dem technischen Fortschritt den Weg bereiten. Auch in anderen Ländern wurde

Dieses Auto bekannte sich namentlich zur Energieeinsparung. Es war das „Energy Conservation Vehicle", kurz ECV 3. Mit ihm demonstrierte British Leyland die englische Art des Leichtbaus. Nur 138 kg wog die Rohkarosserie aus einem verwindungssteifen Aluminiumskelett und Kunststoff-Außenhaut. So hatte der Aluminium-Dreizylinder-Ottomotor (1,1 l, 53 kW) keine Mühe, dem 664 kg leichten, aerodynamisch gut durchgearbeiteten Fahrzeug zu sehr beachtlichen Fahrleistungen und Verbrauchswerten zu verhelfen.

Ein besonders hoher Kunststoffanteil zeichnete das Light Component Project (LCP 2000) von Volvo aus. Dazu kam Magnesium als Legierungsbestandteil für Motor- und Getriebeblock, Achsen und Felgen. Das Ergebnis war eine Gesamtmasse von 645 kg für dieses Fahrzeug der unteren Mittelklasse, das als Zweisitzer mit zwei weiteren, bei Bedarf ausklappbaren Sitzen, auf denen die Passagiere entgegen der Fahrtrichtung Platz nahmen, konzipiert war.

mit Ideenreichtum und Fleiß an Fahrzeugen gewerkelt, die — zumindest teilweise — Protagonisten für das im Serienbau Mögliche und zu Erwartende waren. In Frankreich trugen diese Forschungsautomobile Mädchennamen und zeichneten sich durch besondere Genügsamkeit aus: Eve (Eléments pour une voiture économe) von Renault und Vera (Véhicule économe de recherche appliquée) von Peugeot, die im Drittelmix (Konstantfahrt mit 90 km/h beziehungsweise 120 km/h sowie Stadtzyklus) durch einen Kraftstoffverbrauch von weniger als 5 l/100 km Pluspunkte sammelten.

Hinter der weniger poetischen Bezeichnung ECV 3 (Energy Conservation Vehicle) verbarg sich mit einer nur 138 kg schweren Rohkarosserie aus einem mit Kunststoffteilen beplankten Aluminiumskelett der Beitrag von British Leyland. LCP 2000 (Light Component Project) nannte Volvo sein die Gewichtsvorteile von Magnesium und Kunststoffen nutzendes Experimentierfahrzeug. FIAT stand selbstverständlich nicht abseits, und auch die amerikanischen Großkonzerne taten sich — beispielsweise durch ihre europäischen Töchter — hervor, fuhren mit aerodynamischen Studien mit in einem durch Sachzwänge zeitlich und inhaltlich koordinierten Großversuch sonst sehr individueller Ausprägung.

Forschungsautos heute: Vorbild und Abbild der Serienfahrzeuge von morgen

Einiges spricht dafür, daß die großen, die genialen Erfindungen rund um das Automobil gemacht sind. Was bleibt, ist die Knochenarbeit der Evolution, des Fortschritts der kleinen und kleinsten Schritte, die immer wieder beweisen, daß das Auto seiner ebenso langen wie intensiven Entwicklung zum Trotz noch nicht „ausgeknautscht" ist. So wird es auch künftig Forschungsautomobile geben, obgleich sich viele Forschungsaufgaben bereits von der Straße weg verlagert haben, nämlich auf nach der Realität programmierte Prüfstände oder gar im Zuge zunehmender Simulation auch kompliziertester Abläufe auf den an Datenverarbeitungsanlagen angekoppelten Bildschirm.

Auch die Forschungsautos in der hundertjährigen Geschichte des Automobils haben sich entwickelt und ihren Höhepunkt wohl mit dem erreicht, was hierzulande „Auto 2000" hieß. Ihre Entsprechungen in Zielsetzung und Lösung hatten sie überall dort, wo die Automobilindustrie die Zeichen der Zeit erkannte. Kein Ding an und für sich kann und darf das Auto sein, es muß verstanden werden als Kom-

Unter der Bezeichnung NX-21 stellte Nissan 1983 auf der 25. Tokio Motor Show diese Studie vor. Sie fiel nicht nur durch Flügeltüren auf, die beim Öffnen die gesamte Wagenseite freigaben, sondern mehr noch durch die als Antrieb eingebaute Gasturbine. Das mit einem Luftwiderstandsbeiwert von 0,25 sehr strömungsgünstige Fahrzeug konnte noch andere Besonderheiten vorweisen: eine Magnetkarte mit einem Code als „Zündschlüssel" und eine Kamera-Monitor-Anlage anstelle des Rückspiegels.

Dies ist nach den genannten Daten der erstaunlichste Beitrag der amerikanischen Automobilindustrie zum Auto der Zukunft: der TPC (Two Passenger Commuter) von General Motors. Das 485 kg leichte zweisitzige Forschungsauto, von einem nur 54 kg wiegenden, weitestgehend aus Aluminium bestehenden 0,8-l-Dreizylindermotor mit elektronischer Kraftstoffeinspritzung angetrieben, soll in den von der Environmental Protection Agency (EPA), der Umweltschutzbehörde der USA, vorgeschriebenen Fahrzyklen Verbräuche von umgerechnet 3,5 l/100 km im Stadt-Zyklus und 2,5 l/100 km im Autobahn-Zyklus erreichen.

ponente des Gesamtsystems Fahrzeug-Mensch-Umwelt, das es zu optimieren gilt. Die Weichen dazu sind gestellt, die Fahrtrichtung liegt fest, doch Kurskorrekturen werden immer wieder nötig sein. Forschungsautos heute und morgen werden vermutlich sehr viel mehr als in der Vergangenheit den Serienautos von morgen und übermorgen gleichen, werden Vorbild und Abbild dessen sein, was sich dann vieltausendfach in der Praxis zu bewähren hat. Ihnen wird die Extravaganz, die viele ihrer Vorgänger auszeichnete, weitgehend fehlen, doch sie werden nicht weniger nützlich sein.

Mag man sie Studien oder Forschungsautos nennen: Opels „Junior" (oben) und der „Student" des Volkswagenwerks (unten) haben die Diskussion um den Kleinwagen von morgen belebt. In ihren äußeren Abmessungen sind sie Winzlinge, in ihrem Nutzraumangebot sehr beachtlich, aerodynamisch für solch kurze Fahrzeuge mit einem Luftwiderstandsbeiwert von 0,3 verblüffend gut gelungen und ausgestattet mit einer Vielzahl pfiffiger Details.

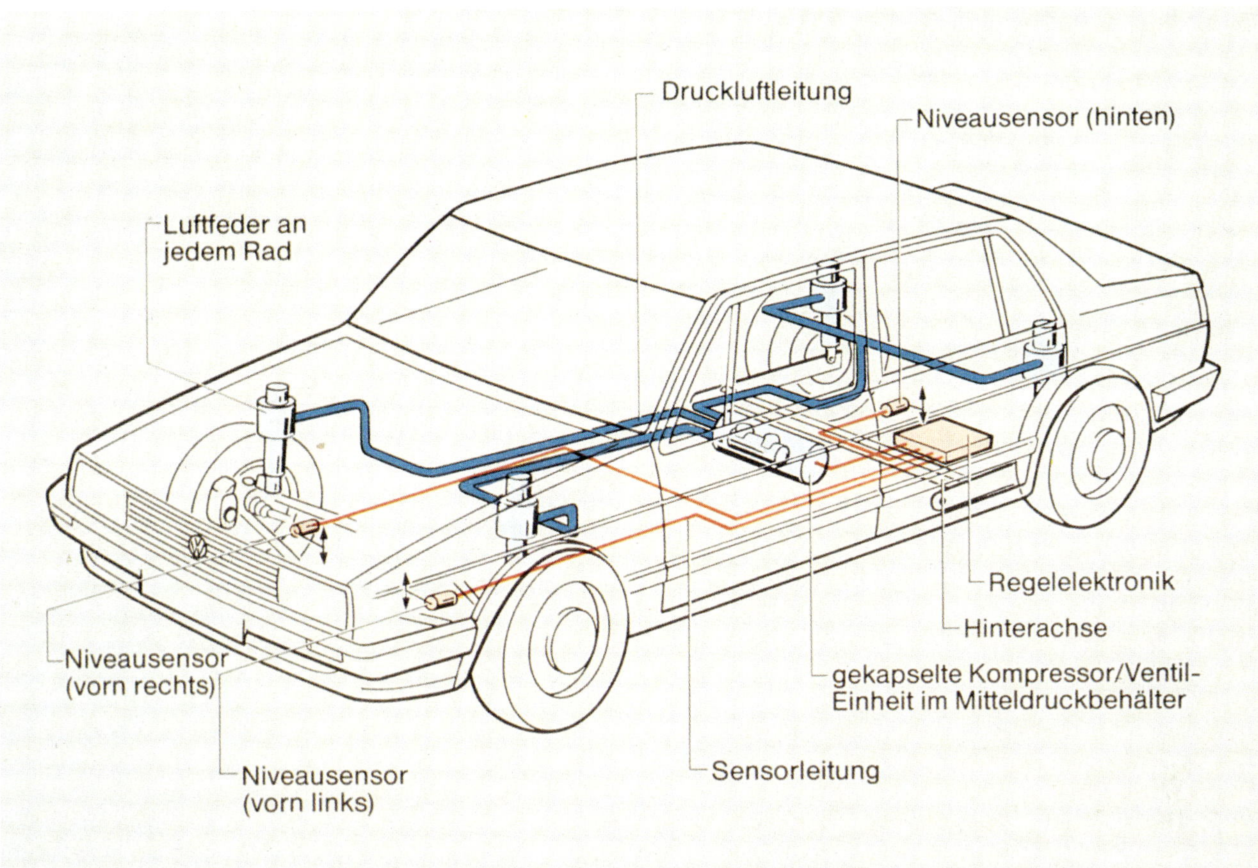

Auf der Grundlage des „Jetta" entstand als eines der jüngsten Forschungsautomobile der Integrierte Forschungsvolkswagen IRVW 3 (Integrated Research Volkswagen). Der mechanisch aufgeladene Einspritzmotor arbeitet mit einem Fünfganggetriebe zusammen. Luftfederung und belastungsabhängige hydraulische Dämpfung, Antriebsschlupfregelung und automatischer Blockierverhinderer sorgen für Fahrkomfort und Fahrsicherheit. Ein elektronischer Navigator erleichtert dem Fahrer die Orientierung in einer ihm unbekannten Gegend.

Gag oder Vorgriff auf die Zukunft? — Um ein Treibhausklima unter der Glaskuppel des Saab-Experimentierautos EV-1 zu vermeiden, betreiben 66 in das Glasdach eingelassene Solarzellen eine Belüftungsanlage, die eine Luftmenge von maximal 3 m³/min zuführt: Je mehr Sonnenwärme einstrahlt, um so windiger wird es unter der Kuppel.

Blick in die Zukunft

Über die Zukunft des Automobils ist besonders in jüngerer Zeit viel gesagt und geschrieben worden. Bei aller Vielfalt der Konzepte und Voraussagen ist gewiß: Die Anzahl der Personenwagen wird eher stärker zunehmen als in manchen Prognosen erwartet. Sie werden in den kommenden Jahrzehnten eine größere Transportleistung vollbringen als in der Vergangenheit, und zwar mit verringertem Verbrauch von Energie und Rohstoffen, erhöhter Transportsicherheit und weniger Schaden für die Umwelt. Das Auto erlangt diese besseren Eigenschaften evolutionär auf dem gewachsenen Fundament seiner ersten 100 Jahre. Die technischen Wege dorthin seien nachfolgend anhand ausgewählter Beispiele beschrieben.

Energie und Rohstoffe

Innerhalb überschaubarer Zeit gibt es für die im Pkw verwendeten Materialien keine Verfügbarkeitsprobleme. Die Anteile der einzelnen Werkstoffe werden sich verschieben, und sowohl Chemiewerkstoffe (Kunststoffe) als auch Aluminiumlegierungen werden zu Lasten von Eisen (Stahl) zunehmen. Außer den Aspekten der Handhabung und Funktion für den Hersteller, wie z. B. Teileanzahl und Montage, und für den Fahrzeugbenutzer, wie z. B. Kraftstoffverbrauch und Lebensdauer, sind aber Kriterien der Gesamtwirtschaftlichkeit des Fahrzeuges für Einsatz und Anteil der Werkstoffe maßgebend. Dies koppelt die Werkstoffe an Verfügbarkeit und Preis des Kraftstoffs.

Mit anderen Worten: Die ausgiebige Verwendung sehr leichter, aber teurer Konstruktionsmaterialien ist bei hohen Kraftstoffpreisen dann sinnvoll, wenn der durch Leichtbau erzielte Minderverbrauch an Kraftstoff den durch teure Werkstoffe und deren Verarbeitung angehobenen Verkaufspreis des Autos innerhalb akzeptabler Fahrstrecken ausgleicht.

Das Automobil wird seit seiner Erfindung fast ausschließlich mit aus Erdöl gewonnenen Kraftstoffen

Pkw-Bestand in der Bundesrepublik Deutschland und Voraussagen.

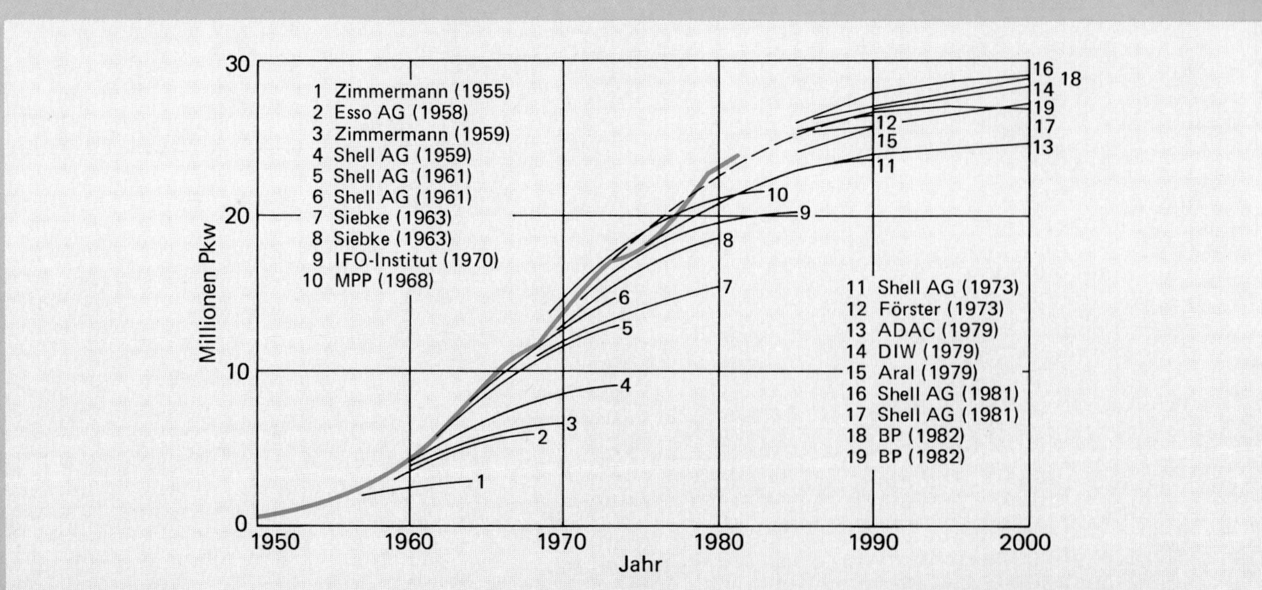

betrieben. Dafür gibt es gute Gründe. Einer der wichtigsten ist der überaus große Energieinhalt. Nur 1 Liter Kraftstoff enthält soviel Energie, daß man damit etwa 100 Liter kalten Wassers zum Sieden bringen kann. Diese verhältnismäßig hohe Energiedichte hat kleine und leichte Tanks zur Folge und macht den leicht handhabbaren „Erdöl-Kraftstoff" für das Kraftfahrzeug sehr geeignet.
Nach neuesten Schätzungen reichen die gesicherten Erdölvorräte ohne Ölschiefer und Ölsand für mehr als 30 Jahre. Da ein ähnlicher zeitlicher Vorrat auch schon vor 30 Jahren vorlag, besteht die begründete Hoffnung auf weitere „Streckung".
Jüngere Prognosen zur Einführung von Methanol, nach denen schon heute Methanol einen höheren als den vorliegenden Anteil haben müßte, haben sich nicht bewahrheitet, deshalb ist wohl die konservative Schätzung mit einem Erdölanteil von etwa 85 % im Jahre 2000 realistisch.
Das weltweite Angebot der zur Herstellung von Methanol benötigten Energieträger Erdgas und Kohle ist mit 61 bzw. 255 Jahren noch beruhigend groß. Technische Hürden für die Verwendung dieses etwas weniger energiereichen Alkohol-Kraft-

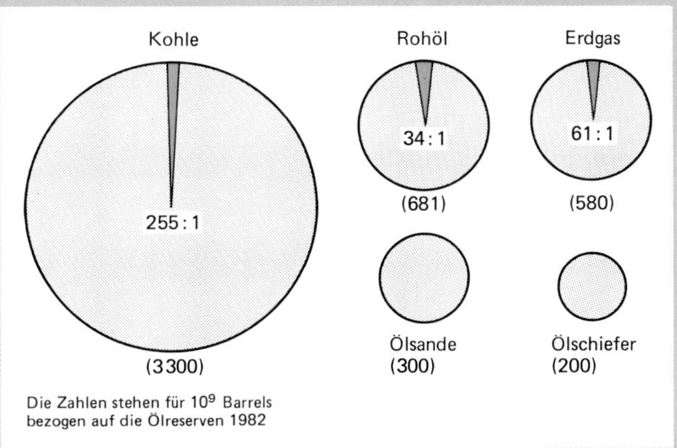

Verhältnis von Vorrat an fossilen Energieträgern zu jährlicher Förderung.

Materialanteile beim Pkw aufgrund verschiedener Konzepte.

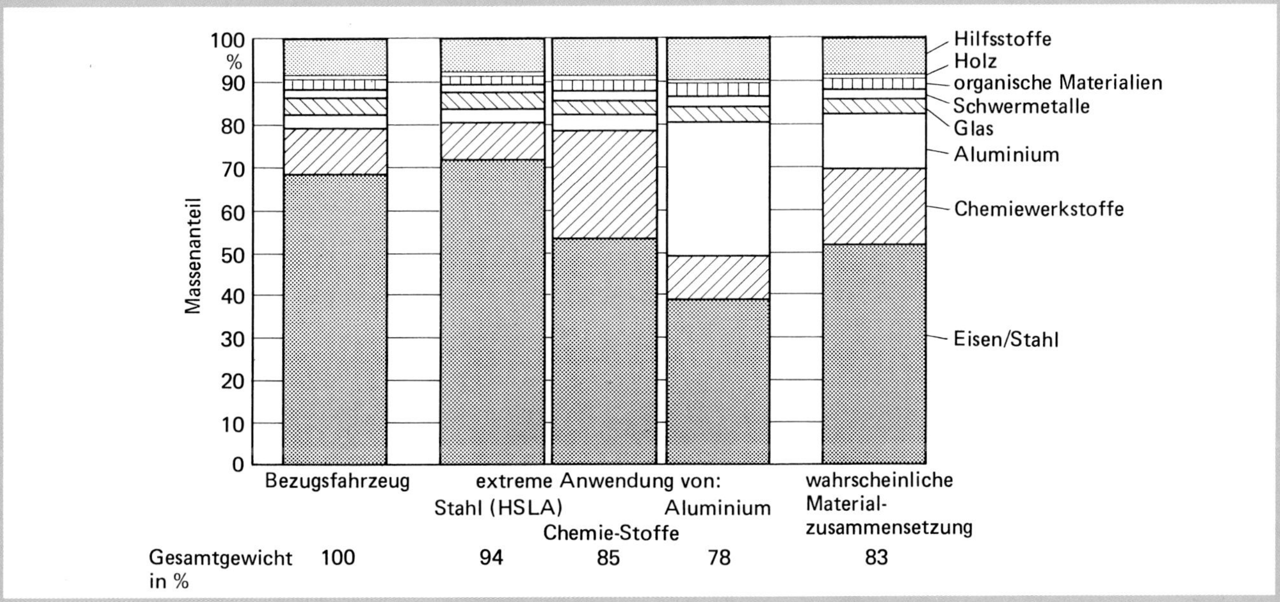

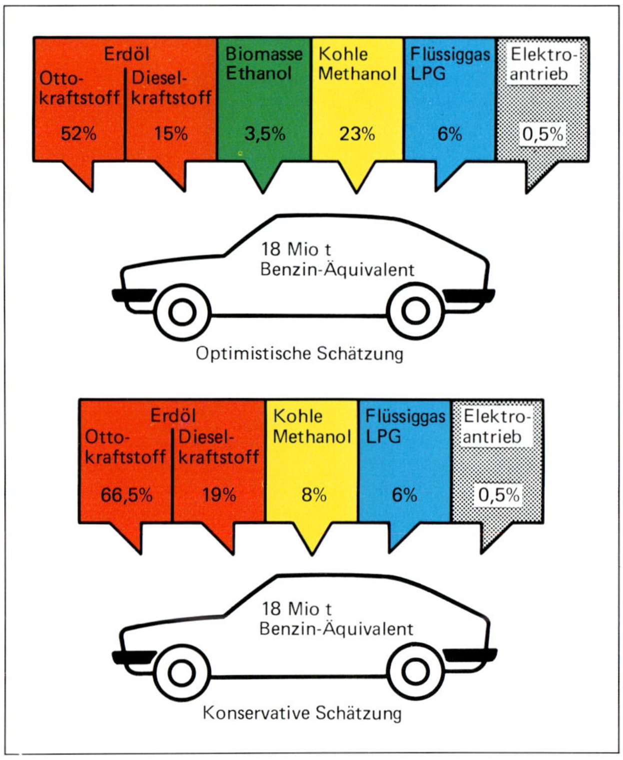

Antriebsenergie für Pkw in der Bundesrepublik Deutschland im Jahr 2000.

stoffs gibt es u.a. dank öffentlicher Forschungsförderung nicht mehr. Die Verwendung ist also nicht von technischen, sondern von wirtschaftlich-politischen Gegebenheiten sowie von Verfügbarkeit und Preis des Erdöls abhängig.

Antrieb und Kraftübertragung

Der Personenwagen kann Menschen nur dann transportieren, wenn seinen Antriebsrädern mechanische Energie zugeführt wird. Diese Energie wird in chemischer Form (Kraftstoff, Batterie) an Bord mitgeführt, durch einen Verbrennungsprozeß in Wärmeenergie bzw. in einem „kalten" chemischen Vorgang in elektrische Energie verwandelt und anschließend durch Kraftmaschinen in mechanische Form gebracht (Verbrennungskraftmaschine, Elektromotor).
Die Kraftübertragung hat die Aufgabe, das zu geringe Drehmomentangebot der Kraftmaschine auf ein für den Vortrieb geeignetes Niveau anzuheben und das Anfahren aus dem Stillstand zu ermöglichen.
Alle nachfolgend in Beispielen beschriebenen Bemühungen der Automobilingenieure um bessere technische Lösungen des Antriebes und der Kraftübertragung in zukünftigen Personenwagen dienen dem Hauptziel, den vom Transportvolumen und seiner Gestaltung (z.B. Masse und Karosserieform) sowie von den Fahrleistungen (z.B. Fahrgeschwindigkeit und Beschleunigung) vorgegebenen Energiebedarf des Fahrzeugs möglichst wirtschaftlich, umweltfreundlich, komfortabel und sicher zu decken.
Der Hubkolbenmotor mit innerer Verbrennung und äußerer (Ottomotor) oder innerer Gemischbildung (Dieselmotor) wird auch in Zukunft dominieren. Ein wichtiger Schlüssel zu seiner Verbesserung liegt in der motorischen Verbrennung, deren Güte und Auswirkung auf das Betriebsverhalten von zahlreichen Parametern abhängt.
Neue Anforderungen — z.B. besseres Abgasverhalten und verringerter Kraftstoffverbrauch — lassen den Ingenieur zu schon früher angewendeten konstruktiven Maßnahmen greifen. Ein Beispiel hierfür ist der Vierventil-Zylinderkopf. Die Gaswechselsteuerung des Viertaktmotors durch Tellerventile ist hinsichtlich ihrer Anpassung an den jeweiligen Betriebszustand des Motors noch so unterentwickelt, als würde man die Zündanlage noch nicht mit sogenannten Zündungskennfeldern, sondern unveränderlich mit einem festen Zündzeitpunkt betreiben, der ja nur für einen bestimmten Betriebspunkt des Kennfeldes (Drehmoment, Drehzahl, Temperatur) richtig sein kann.

Motorische Verbrennung in Rechnung (oben) und Versuch (unten).

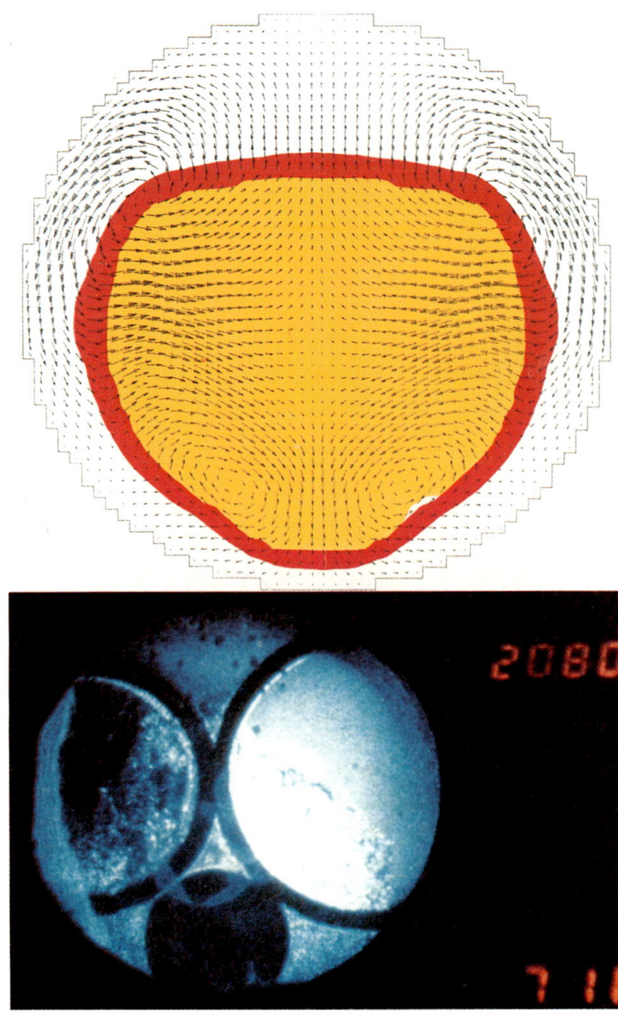

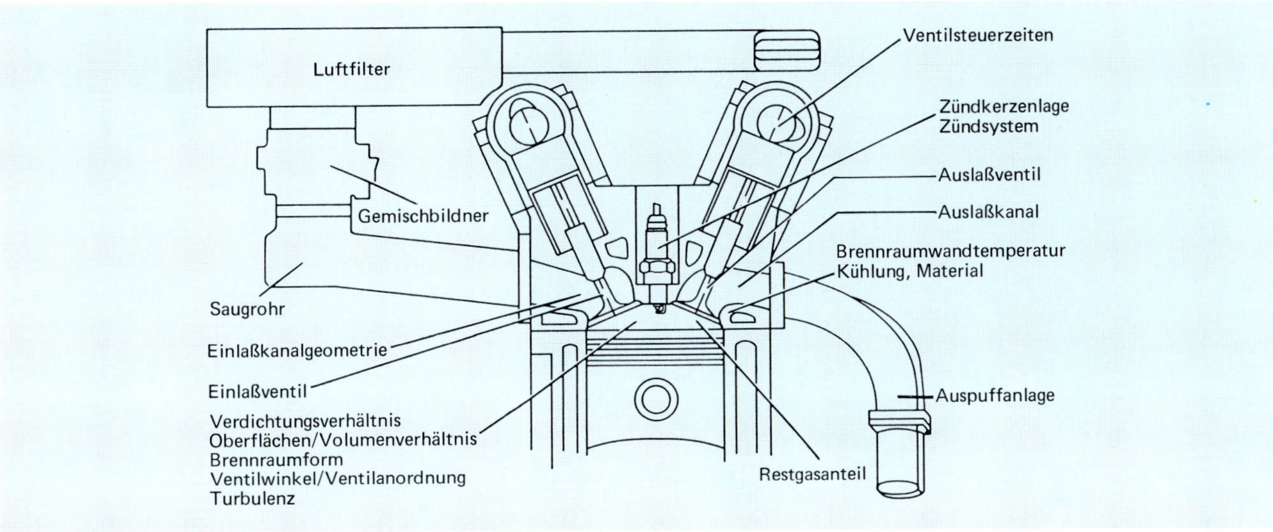

Einflüsse auf Gemischbildung und Verbrennung.

Erste vielversprechende Forschungsansätze mit veränderlichen Steuerzeiten bei konstanten Nockenformen und Ventilhüben gibt es bereits. In der zukünftigen Weiterentwicklung taucht analog zu Zündungs- und Einspritzkennfeldern das Ventilsteuerungskennfeld auf, in dem nicht nur die Steuerzeiten, sondern auch die Ventilhübe und die zeitlichen Ventilhubverläufe dem jeweiligen Betriebszustand des Motors exakt angepaßt werden. Wie schwierig trotz der elektronischen Hilfen der Weg zu solchen Lösungen ist, zeigt die Zylinderabschaltung, die in den USA aus der Serienfertigung zurückgezogen

Ottomotor mit variablen Steuerzeiten durch verdrehbare Nockenwellen.

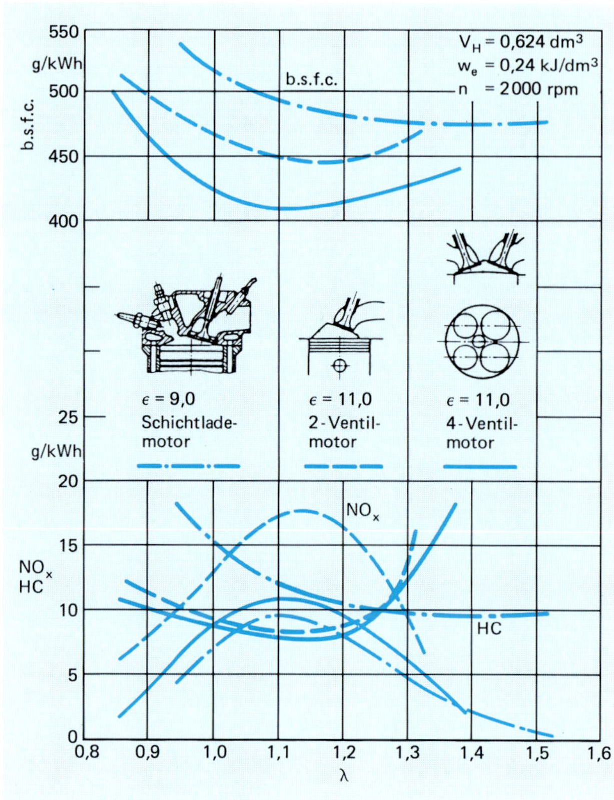

Abhängigkeit des Verbrauchs und der Abgasemission von der Ventilanzahl und der Brennraumform.

werden mußte, und um die es auch bei uns ruhig wurde.

Ein anderer für die Verbrennung wichtiger Punkt ist das Verdichtungsverhältnis, das heute noch wie auch die Steuerung des Gaswechsels ein Kompromiß ist. Das Verbesserungspotential der variablen Verdichtung scheint recht erheblich zu sein, wenn es u.a. gelingt, bei Verringerung der Motorlast (Mitteldruck p_{me}) die Verdichtung schnell genug anzuheben und umgekehrt.

Einen ähnlich positiven Einfluß haben andere Maßnahmen, die auf anderem Wege das Zylinderdruckniveau bei Teillast anheben (geringere oder gar fehlend Drosselung wie bei Schichtladung).

Wie so oft entstehen allerdings Zielkonflikte: Die Vorteile einer angehobenen Verdichtung (Steigerung des indizierten Wirkungsgrades) dürfen nicht durch bei höheren Zylinderdrücken ansteigende Reibverluste des Motors kompensiert oder gar überkompensiert werden (Absinken des mechnischen Wirkungsgrades).

Ein weiteres Beispiel der zukünftigen Beeinflussung der ottomotorischen Verbrennung durch den Konstrukteur ist typisch dafür, welches Verbesserungspotential der Hubkolbenmotor selbst bei Teilen hat, die sich seit seiner Frühzeit wenig in Aufbau und Funktion geändert haben. So lassen sich offenbar mit einer fortentwickelten Zündkerze Vorteile der dieselmotorischen Vor- und Wirbelkammer im Ottomotor erreichen. Möglicherweise besteht in diesem Fall auch die Chance einer „Nachrüstung“ des Ottomotors per Zündkerzenwechsel.

Was kann man mittels der Elektronik in Zukunft für die Verbrennung tun? Die Techniker können die Steuerung der die Verbrennung beeinflussenden Größen zu einer Regelung in einem geschlossenen Regelkreis zusammenfassen. Wie in einem Forschungsmotor mit durchsichtigen Kolben der augenblickliche Zustand der Verbrennung mit einem Laserverfahren optisch erkennbar wird, könnten in Zukunft am Brennraumrand angeordnete Sensoren den Verbrennungsablauf unmittelbar erfassen und ihn durch entsprechende Beeinflussung von Gemischbildung, Steuerung und Zündung fortlaufend optimieren (Closed-loop-Motor).

Die ersten Diesel-Personenwagen kamen vor 50 Jahren auf. Ihr wichtigster Vorzug ist der niedrige Teillastverbrauch. Doch hier gibt es noch Reserven, die bei Lastwagen schon vor 30 Jahren aktiviert wurden: die Direkteinspritzung. Sie hat es im geräusch- und abgassensiblen Pkw bei beschränktem Raum und Gewicht viel schwerer als im Nutzfahrzeug.

Wenn es gelingt, Abgasverhalten und Kosten den heute ausschließlich verwendeten Kammermotoren anzunähern, könnte der Verbrauch von Diesel-Pkw um etwa 12% gesenkt werden.

Schon sehr lange hat man versucht, otto- und dieselmotorische Vorteile in sogenannten Hybridmotoren zu kombinieren. Hierzu gehört der Vorschlag, den Kraftstoff während des Verdichtungshubes unmittelbar in die nach Dieselmotorenart angesaugte und rasch um die Zylinderachse rotierende Luftladung einzuspritzen, von einer Zündkerze ottomotorisch zu entzünden und in sehr magerer Luft-Kraftstoff-Mischung zu verbrennen. Es ist allerdings zweifelhaft, ob solche Motoren in zukünftigen Serien auftauchen werden.

Nichtmetallische Werkstoffe können in Zukunft

Wirkungsweise der Wirbelkammer-Zündkerze.

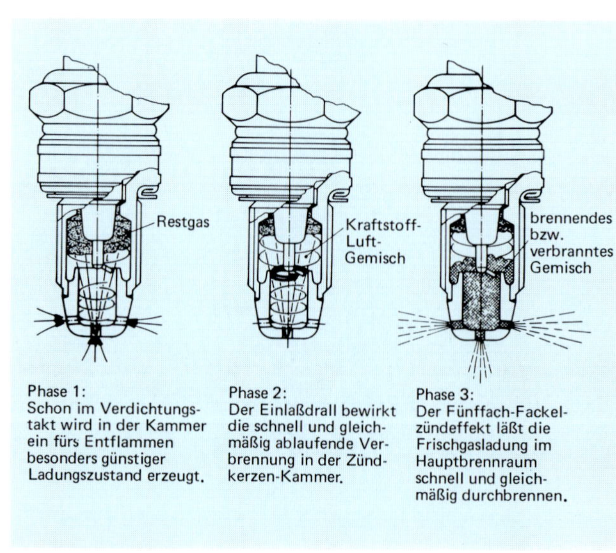

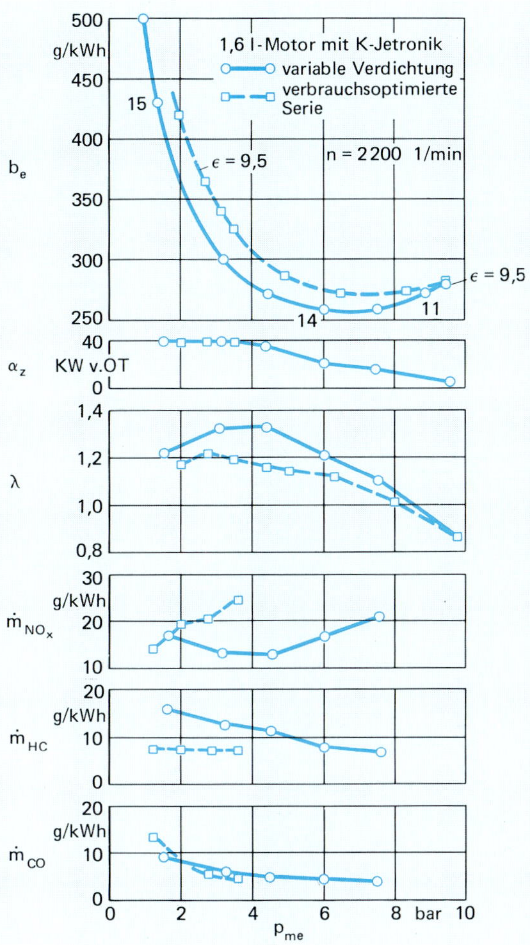

Ottomotor mit variabler Verdichtung und deren Einfluß auf Verbrauch und Abgasemission.

Unterschiedliche direkte Einspritzung in den Verbrennungsraum eines Pkw-Dieselmotors.

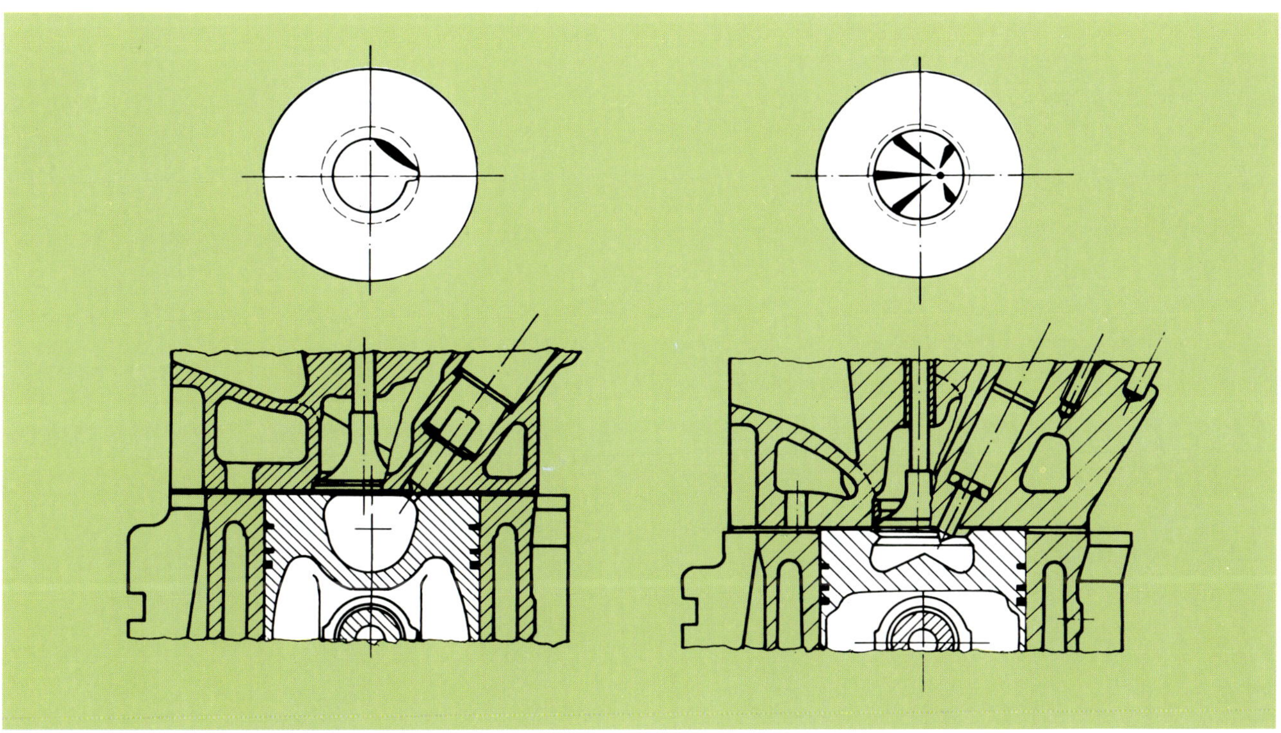

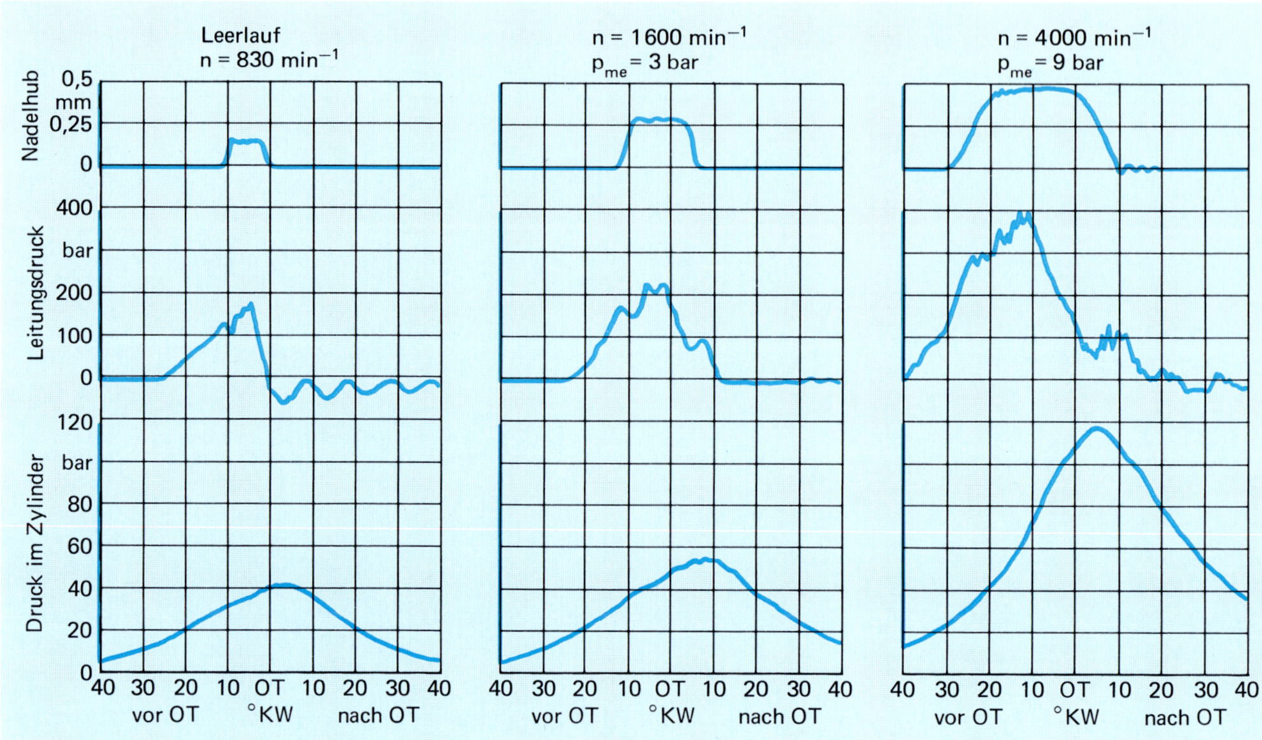

Einspritzung und Zylinderdruck bei der nadelhubgesteuerten Direkteinspritzung im MAN-CDI-Motor.

dem Motorenbauer helfen, weniger Wärme aus der Verbrennung entweichen zu lassen. Der Nutzen liegt mehr darin, die gleiche Leistung mit weniger Aufwand zu erzeugen oder bei gleichen thermischen Bauteilbelastungen die spezifische Leistung zu steigern, als den thermischen Wirkungsgrad anzuheben, was durch eine ansteigende Abgastemperatur behindert wird.

Bemühungen um den wärmedichten Motor sind deshalb hinsichtlich des Gesamtnutzens weniger aussichtsreich als die bereits erwähnten Anstrengungen, den mechanischen Wirkungsgrad zu ver-

Keramikteile für Hubkolbenmotoren.

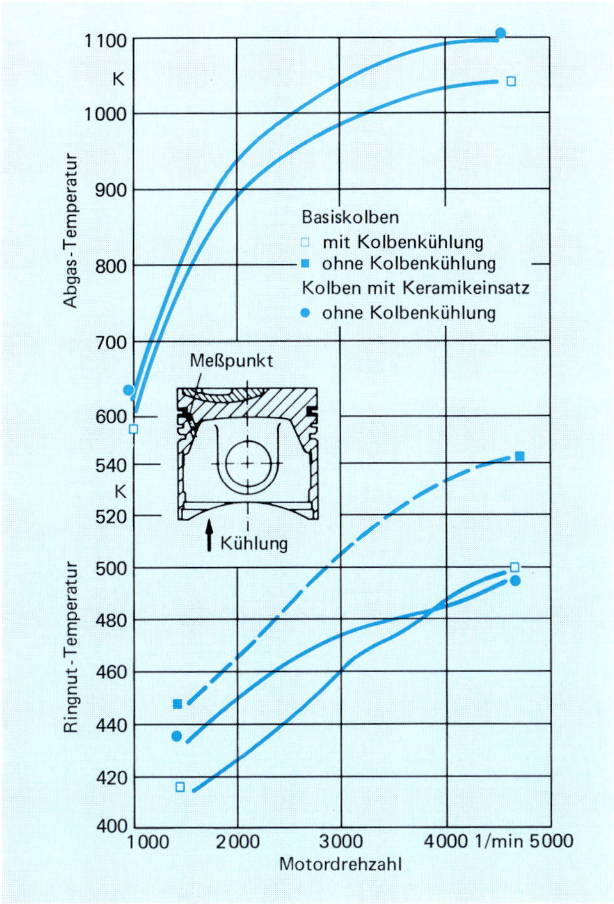

Veränderung der Vollasttemperaturen durch die Anwendung von Keramik.

bessern, der alle Verluste vom Kolbenboden bis zum Schwungrad erfaßt. Hierzu gehören die Schmiereigenschaften des Motoröls ebenso wie die Antriebsleistung der Lichtmaschine, die Lagerreibung der Nockenwelle oder das Temperaturniveau des Kühlmittels (z. B. Reibungssenkung durch sogenannte Heißkühlung).
Das geringe Gewicht von Motorteilen aus Kunststoff und ihre positive Auswirkung auf das Geräuschverhalten reizen dazu, diese Werkstoffgruppe sowohl für formkomplexe, herstellungstechnisch schwierige Teile als auch für hochbelastete Triebwerksteile zu benutzen. Die Hürden auf dem Weg in die Serie liegen bei der Herstellungstechnik, den Kosten und dem Langzeitverhalten.
Die aktive Bekämpfung der Geräuschentstehung im Motor ist sehr aufwendig, weil bei vielen Einzelteilen Lagerspiele oder Massenverteilung konstruktiv verändert werden müssen. Im Vergleich dazu ist die zunächst bei Forschungsfahrzeugen versuchte karosserieseitige Geräuschkapselung des Motors, die von VW (Bus) und Daimler-Benz (190 D) in die Serie übernommen wurde, eine im Nutzen/Aufwand-Verhältnis vorteilhafte passive Maßnahme. Außerdem wird die Geräuschemission zukünftig auch durch abgesenkte Motordrehzahlen und drehzahl-

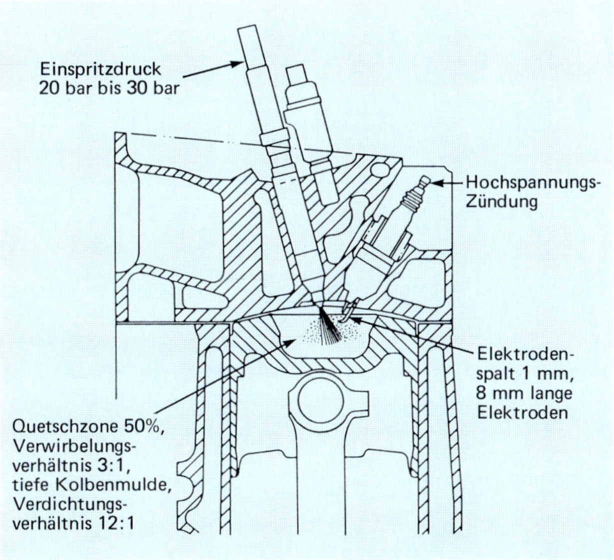

Einspritzung beim Ford-Proco-Hybridmotor mit Schichtladung.

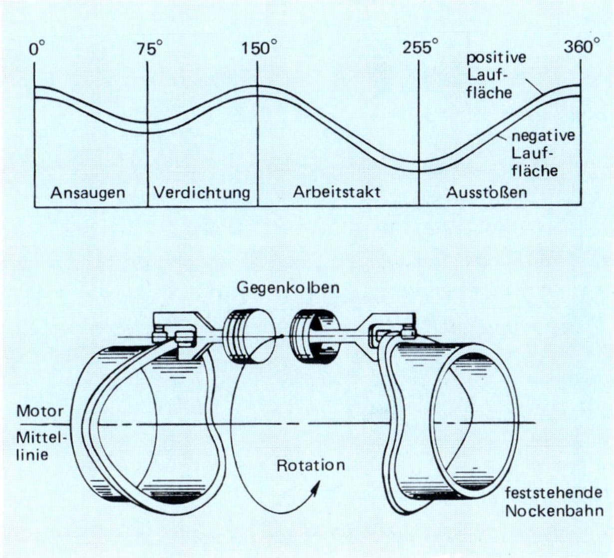

Vorgänge beim Hubkolbenmotor mit verlängertem Expansionstakt.

Saugrohr aus Kunststoff.

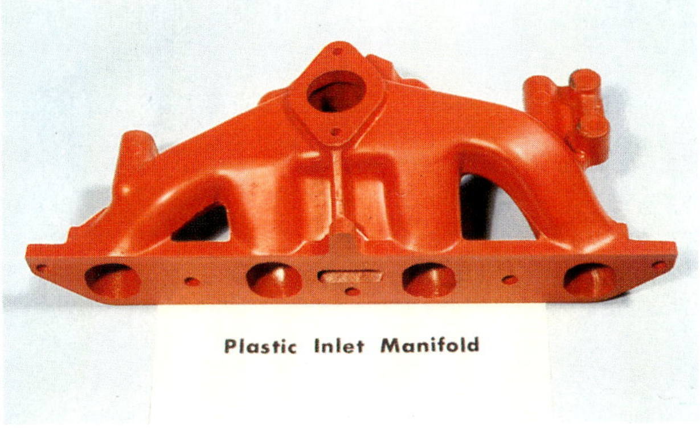

Pleuel aus dem Faserverbundwerkstoff CFK.

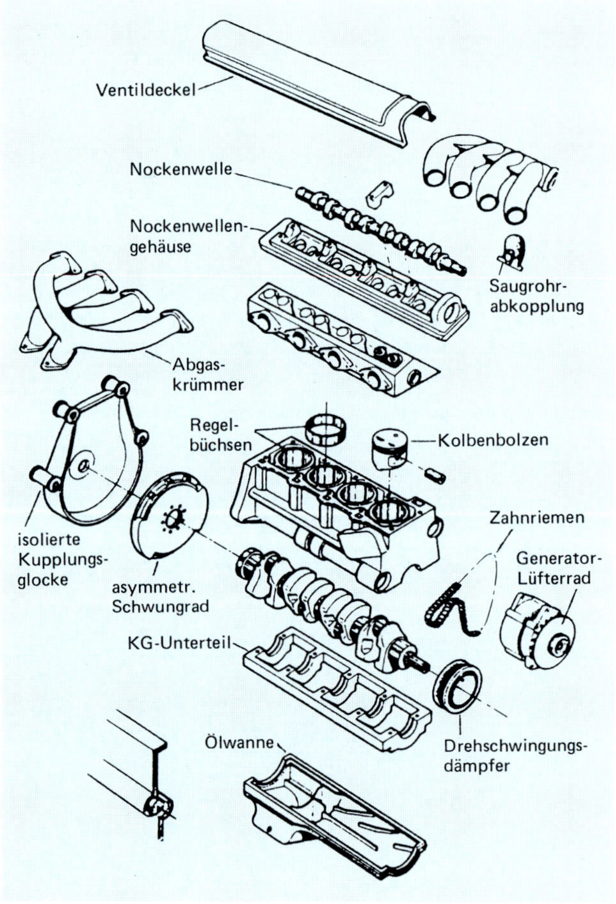

Bekämpfung des Motorengeräusches in der Entstehung.

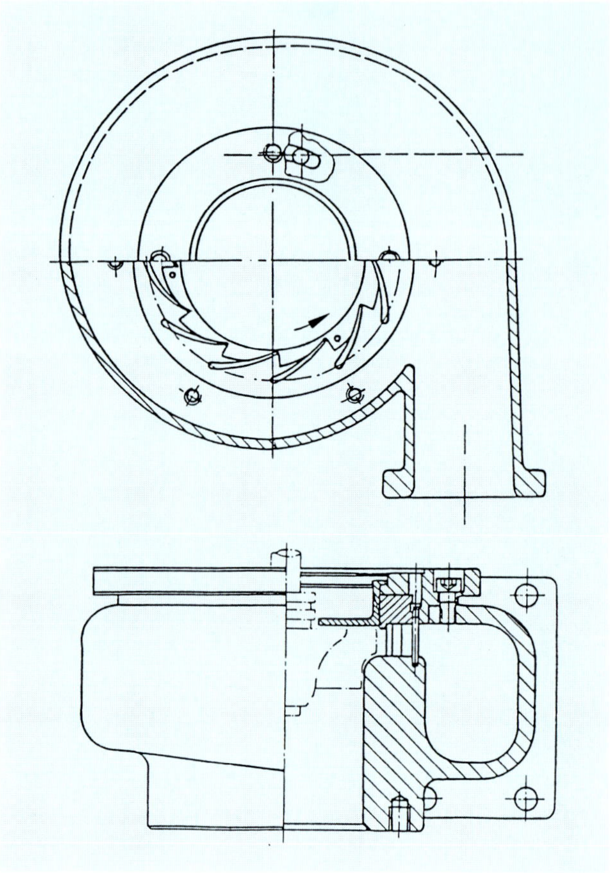

Schnitt durch einen Abgasturbolader mit verstellbarer Geometrie.

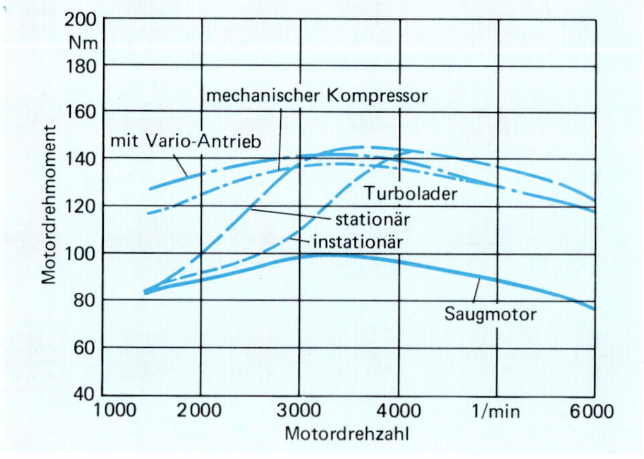

Kennlinien verschiedener Lader im Vergleich zur Charakteristik des Saugmotors.

mindernde Auswirkung der Getriebegestaltung verringert.
Zur Verbrennung sei noch dies angeführt. Man gewinnt die für den Fahrzeugvortrieb notwendige mechanische Energie am Kolben, auf dem im Expansionstakt größere Drücke lasten als im Kompressionstakt. Die aus der Verbrennung stammende Druckenergie der Zylinderladung würde erst dann vollständig genutzt, wenn der Druck am Expansionsende genauso groß wäre wie zu Beginn der Kompression. Der Expansionshub sollte also größer sein als der Kompressionshub.
Ein Vorschlag, bei dem die Pleuel eines Gegenkolbenmotors durch Kurventrommeln das entsprechende Bewegungsgesetz erhalten, hat kaum Aussicht auf Einführung in die Serie.

Hydrid-Vorheizung.

Eine realistischere Zukunft haben Bemühungen, die in den Abgasen enthaltene Restenergie besser als bisher zu nutzen. Hierbei ist der Weg über die Erhöhung der Zylinderladung durch einen Turbolader weniger aufwendig als die Nutzung der Restenergie unter Umgehung der Verbrennung im Turbo-Compound-Verfahren, bei dem das Drehmoment einer vom Abgasstrom angetriebenen Strömungsmaschine mechanisch direkt an die Kurbelwelle weitergeleitet wird.

Das Verhalten des Turboladers kann zukünftig stationär und im Beschleunigungsverhalten (instationär) verbessert werden, ohne den heute fälligen „Strafzuschlag" des höheren Abgasgegendrucks bei höherer Drehzahl zu zahlen, wenn man die Ladergeometrie variabel gestaltet und schnell dem jeweiligen Motorzustand anpaßt. An anderer Stelle (der Motorkühlung) geht ebenfalls Energie an die Umgebungsluft verloren. Der Ingenieur möchte sie gern nutzen, sofern — wie überall im Fahrzeug — der

Aufbau der Anlage für den Wasserstoffantrieb.

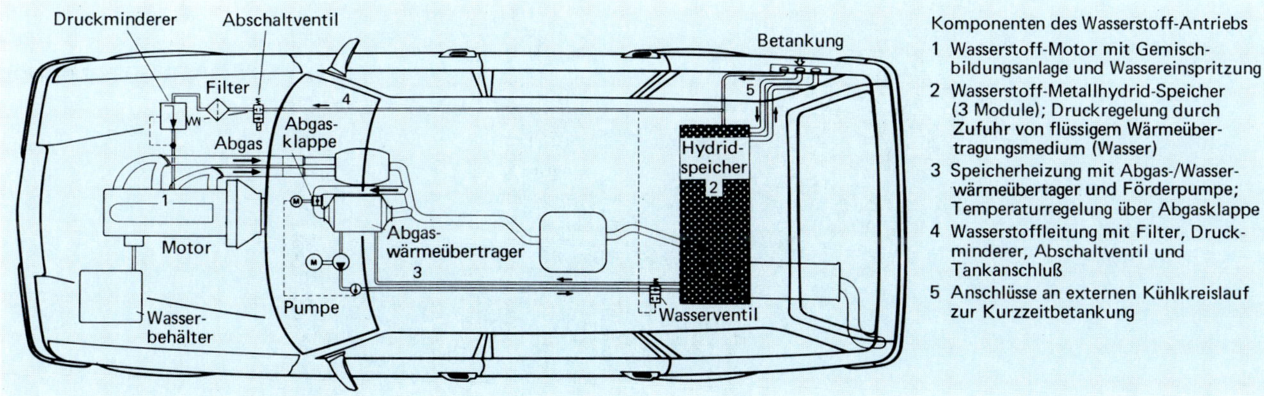

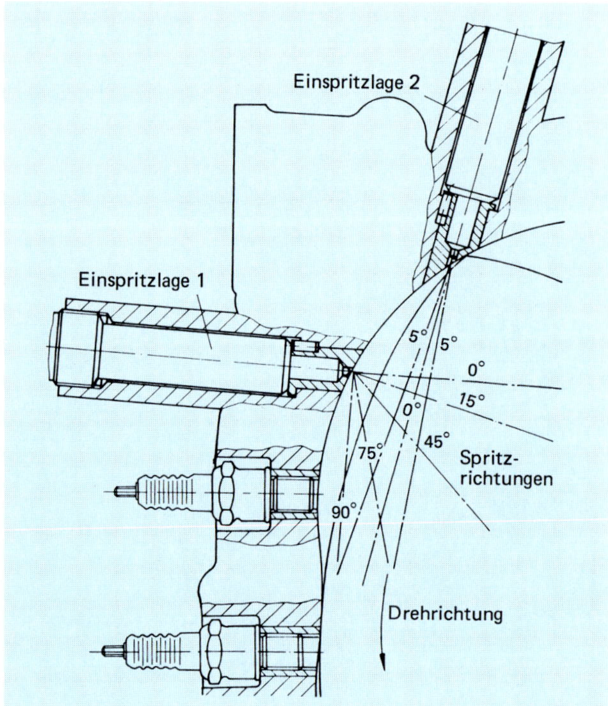

Direkteinspritzung beim Kreiskolbenmotor.

Nutzen den technischen und wirtschaftlichen Aufwand überwiegt.
Einer sog. Hydrid-Vorheizung des Motors wird für die sehr verschleiß-, kraftstoffverbrauch- und schadstoffintensive Aufwärmperiode während des Normalbetriebs aus der Motorabwärme Energie zugeführt. Wasserstoff strömt ohne Pumpe und nur ventilgesteuert zwischen einem Tieftemperatur- und einem Hochtemperatur-Hydrid-Speicher hin und her. Auf dem Weg ins Hochtemperaturhydrid kann dort vor, während und nach dem Motorstart eine Heizleistung von 8 kW über zwei Minuten lang abgegeben werden. Vor möglichem Serieneinsatz muß allerdings u. a. noch das Gewicht des Heizaggregates vermindert werden. Dieses Aggregat ist ein Nebenprodukt der Forschungsarbeiten am wasserstoffgetriebenen Personenwagen; es nützt der Verbesserung des Hubkolbenmotors, auch wenn er noch nicht so bald mit Wasserstoff statt Benzin oder Diesel betrieben werden kann.
Wasserstoff hat eine fast dreimal größere Energiedichte je Kilogramm als Erdölkraftstoff und liegt um den Faktor 6 über Methanol. Im flüssigen Zustand wäre er also in bezug auf das Tankvolumen ein sehr begehrter Kraftstoff für das Auto, wenn er

Pkw-Gasturbine für Dieselkraftstoff.

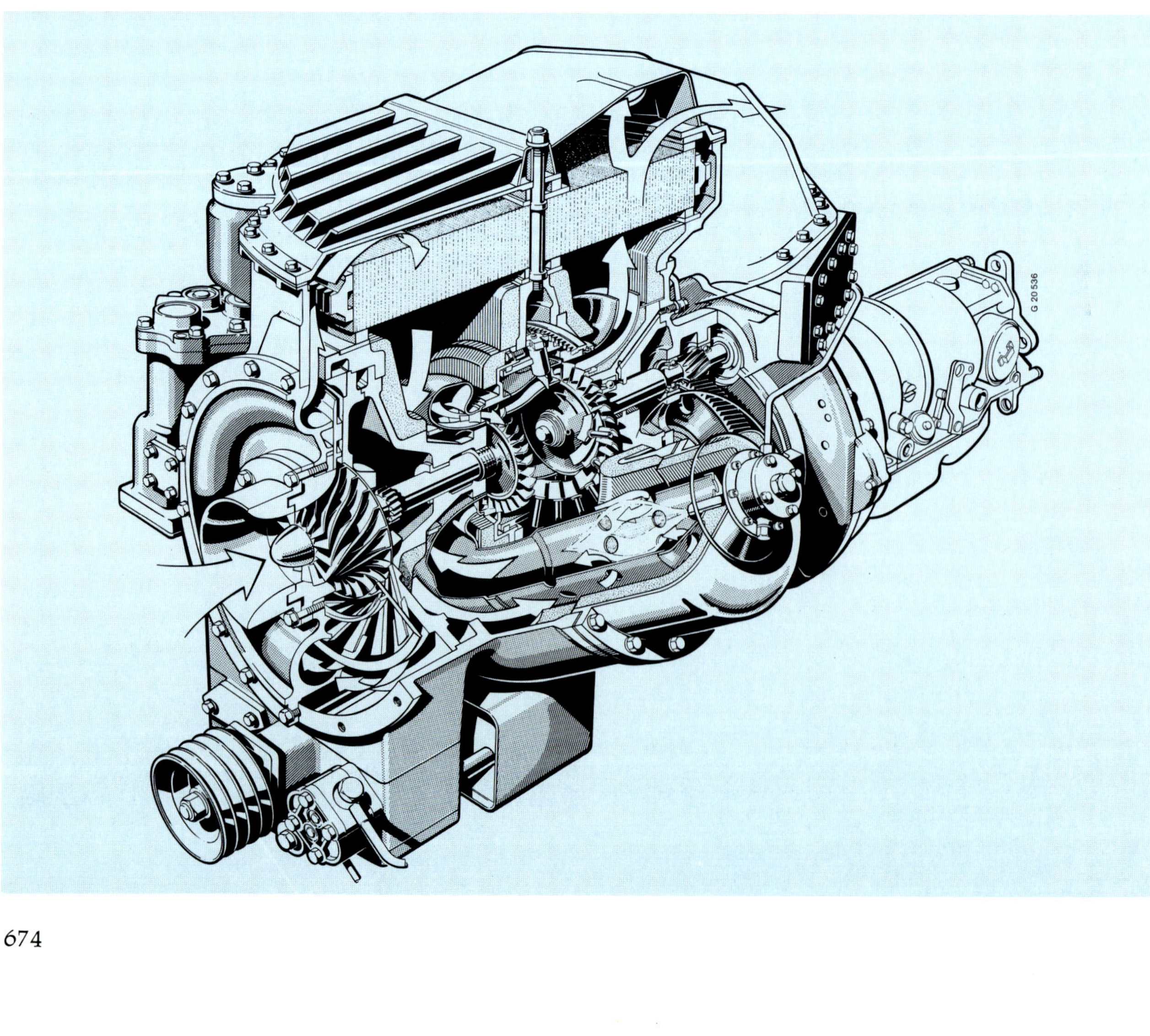

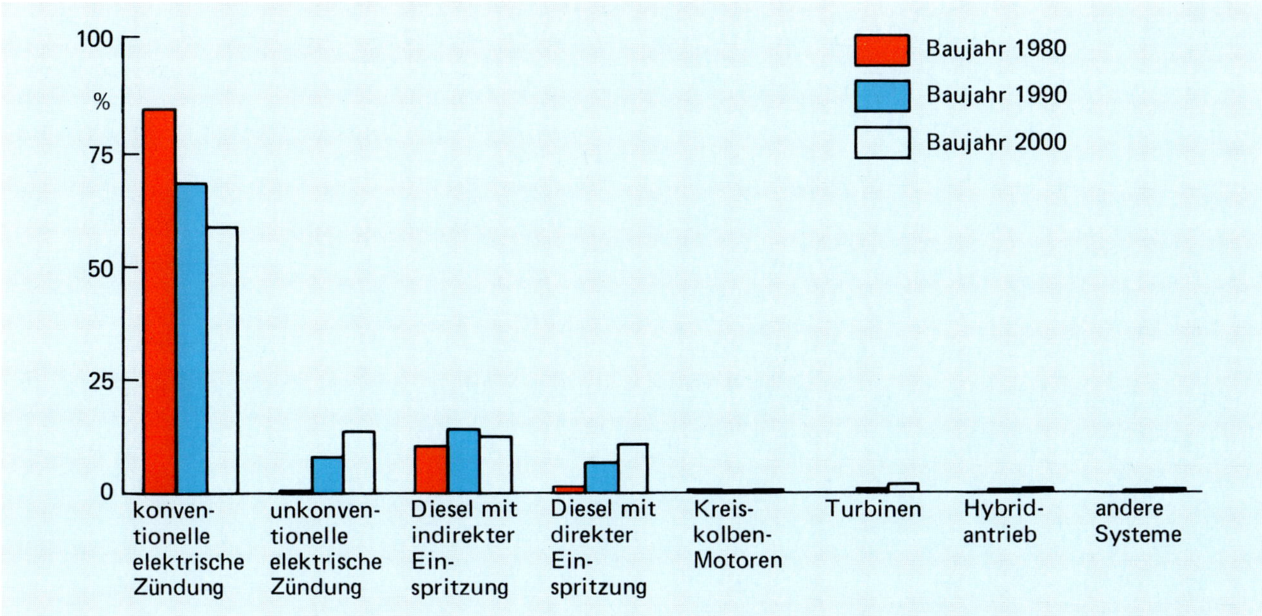

Zukünftige Pkw-Antriebe in der Bundesrepublik Deutschland.

nicht schon bei — 253 °C verdampfen würde. Die kontrollierte Verbrennung eines Wasserstoff-Luft-Gemisches in Hubkolbenmotoren ist weniger schwierig als die Lösung der Probleme

— großer und schwerer Tank (Metallhydridspeicher),
— große Herstellenergie für den Kraftstoff und
— aufwendiges Versorgungssystem und langwierige Betankung.

Es ist deshalb sehr fraglich, ob Wasserstoff jemals den Serien-Pkw antreiben wird, zumal er das Problem der Stickoxidemission eher noch verschärft. Wie steht es um die Wettbewerber des Hubkolbenmotors? In den schon länger zurückliegenden Forschungsarbeiten des deutschen Kreiskolbenmotor-

Auswirkung der Katalysatortechnik auf die zukünftige Pkw-Abgasemission.

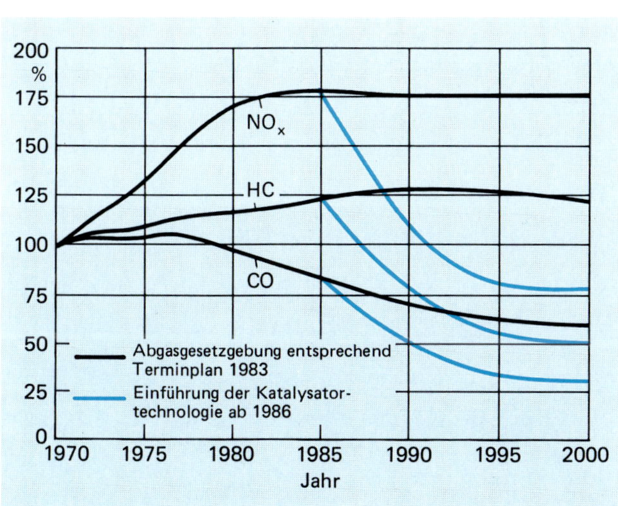

Katalysator mit Metallträgermatrix und beheizte Lambda-Sonde.

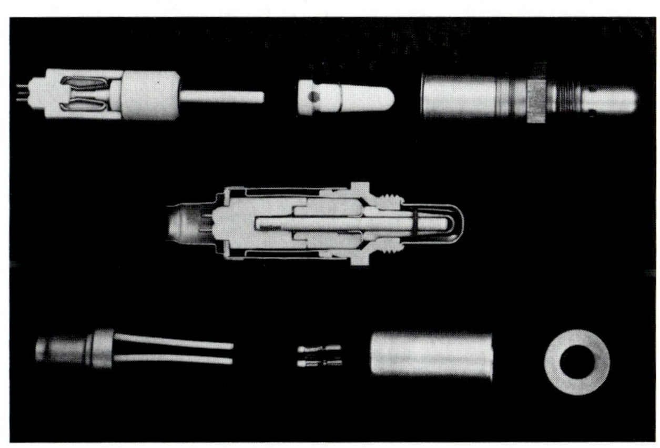

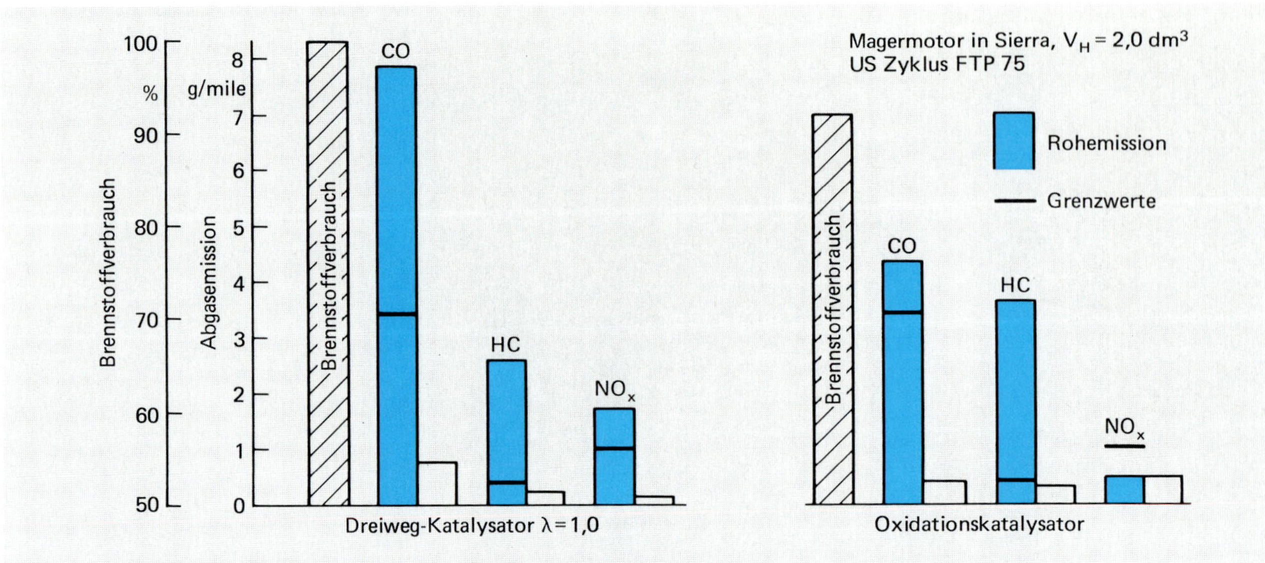

Wirkung des Dreiweg-Katalysators im Vergleich zum Magerkonzept mit Oxidationskatalysator.

Rußfilter für Dieselmotoren und Möglichkeiten zur Reinigung.

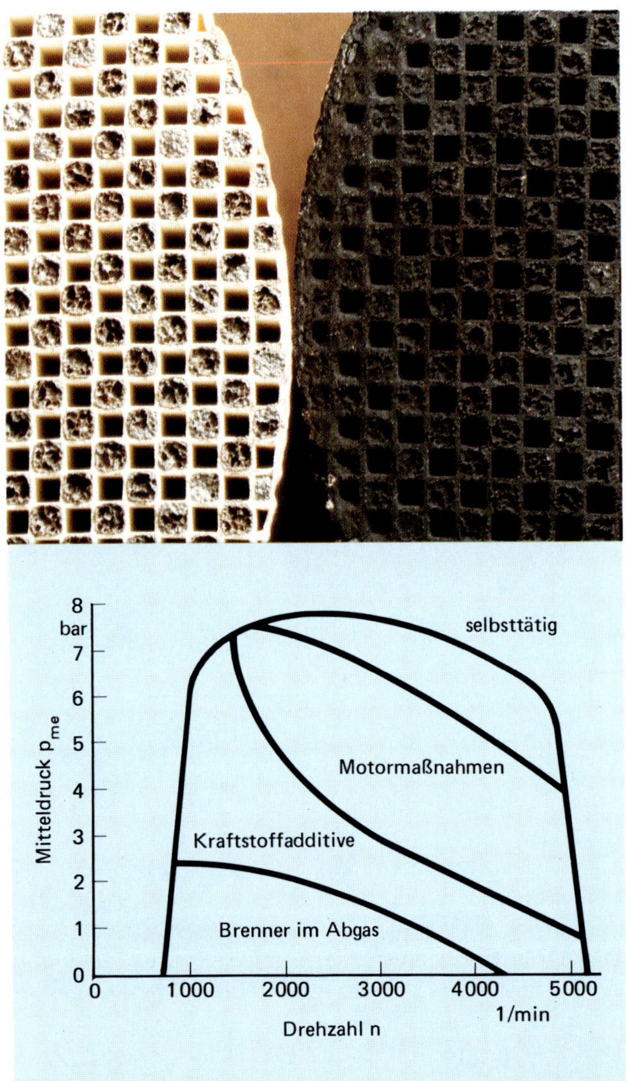

Lizenzgebers wurde versucht, durch Direkteinspritzung und unter Ausnutzung der diesem Motortyp eigenen Ladungsbewegungen Ladungsschichtung bis hin zur Leistungsregelung ohne Drosselklappe zu realisieren. Immerhin hält ein japanischer Lizenznehmer den Motor in Serie und entwickelt ihn weiter. Noch nicht in Serie, aber über ähnlich lange Zeiträume wie der Kreiskolbenmotor ist die Gasturbine Forschungsgegenstand im Kraftfahrzeugbau. Sie hat wie der Kreiskolbenmotor keine freien Massenkräfte, bietet darüber hinaus aber den sehr hoch eingeschätzten Vorzug, mit einer dem Kolbenmotor überlegenen Kennung ohne Kupplung aus dem Stillstand anfahren zu können.

Die Gasturbine ist bei ihrer Fortentwicklung mehr als der Hubkolbenmotor auf die Werkstofftechnik angewiesen, weil ihr Temperaturniveau durch nichtmetallische Werkstoffe (Keramik) auf eine Turbineneintrittstemperatur von etwa 1 400 °C angehoben werden muß, um im Teillastverbrauch überhaupt wettbewerbsfähig zu sein.

Alle mit dem Hubkolbenmotor konkurrierenden Verbrennungskraftmaschinen werden nach neuesten technischen Prognosen in der überschaubaren

Nadelhubsensor für den Dieselmotor.

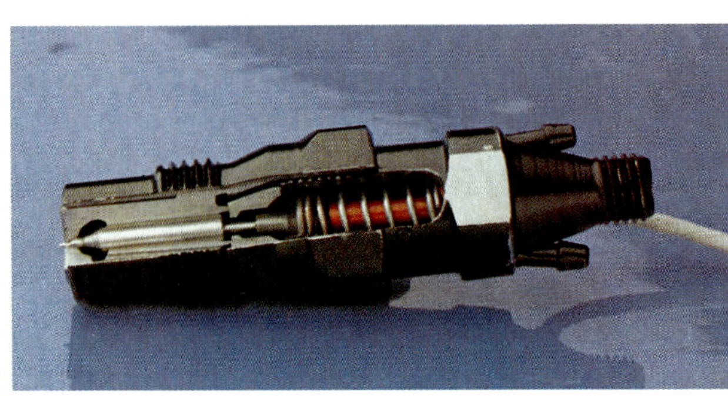

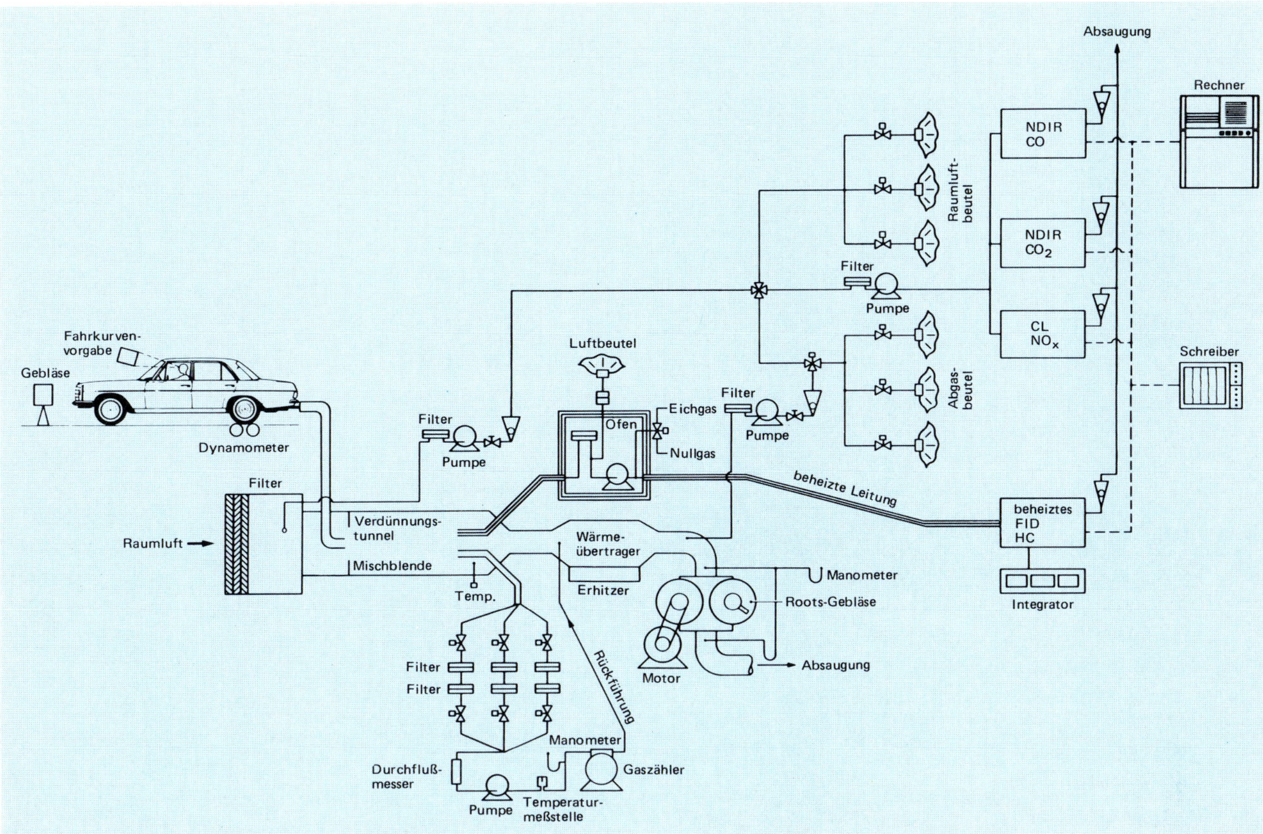

Diesel-Abgasprüfung in den USA, schematisch.

Zukunft bestenfalls eine untergeordnete Rolle spielen. Wie für die Bundesrepublik Deutschland gilt für alle anderen Länder: Der weitaus größte Teil der Personenwagen wird von dem in seinem Potential noch nicht ausgeschöpften Erfindungsgegenstand des Nikolaus Otto angetrieben werden, gefolgt vom Dieselmotor.

Neue Anforderungen, z.B. an die Abgasreinheit, können zweifellos Gewichtungen ändern, sie führen aber auch zu verstärkten Forschungs- und Entwicklungsaktivitäten. Heute können drastische Verbesserungen hinsichtlich der Umweltverschmutzungen noch nicht durch Maßnahmen im Motor selbst, sondern nur durch Abgasbehandlung erzielt werden.

Der Dreiweg-Katalysator wird lange „im Geschäft bleiben", sofern man mit motorischen Alternativlösungen nicht die gleiche Wirkung erreicht, aber mit insgesamt geringerem Kostenaufwand. Auch in diesem Fall liegt wiederum der Schlüssel bei der besseren Kenntnis und Beherrschung der motorischen Gemischbildung und Verbrennung.

Auch der Dieselmotor, dessen Preisunterschied sich zum Ottomotor wohl nur vorübergehend verringert, bleibt nicht ungeschoren: Die filterbaren Partikelemissionen des Abgases stehen unter großem Verdacht, krebserzeugende Substanzen zu enthalten. (Bei Nutzfahrzeugen kommt das Stickoxidproblem mehr noch als beim Pkw hinzu.)

Damit in einer definierten Prüfung Dieselmotoren den zulässigen Partikelgehalt nicht überschreiten, muß man Rußfilter verwenden, die je nach Betriebsweise des Motors mit unterschiedlichen Mitteln gereinigt werden müssen. Der Ersatz dieser Abgasfilter durch Maßnahmen im Bereich der dieselmotorischen Gemischbildung und Verbrennung ist mindestens so schwierig wie die entsprechende Ablösung des Katalysators beim Ottomotor.

Bei der zukünftigen Lösung solcher Aufgaben kann man auf die Elektronik nicht verzichten. Man braucht hierbei Sensoren, die den Augenblickszustand eines Bauteils oder eines Prozesses melden. Dies gilt für die Bestimmung der Einspritzmasse als Signal für eine eletronische Dieseleinspritzung ebenso wie für den Bereich der bedarfsorientierten Wartung, die den Verschleißzustand des Fahrzeugs noch feiner auflösen und damit den Service noch wirtschaftlicher machen wird.

Der Blick in die Zukunft des Antriebes muß sich schließlich auch auf das Elektrofahrzeug richten. Sein Drehmomentangebot lockt noch mehr als bei der Gasturbine, und von der Umweltbelastung ist keine Rede. Die Hauptprobleme ähneln denen des Wasserstoffantriebes: sehr großer und schwerer Tank (Batterien) mit langwierigem Betankungsvorgang (Laden der Batterien).

Um mit der großen Leistungsdichte des Hubkolbenmotors (kW/m³ und kW/kg) und dessen Kosten mit-

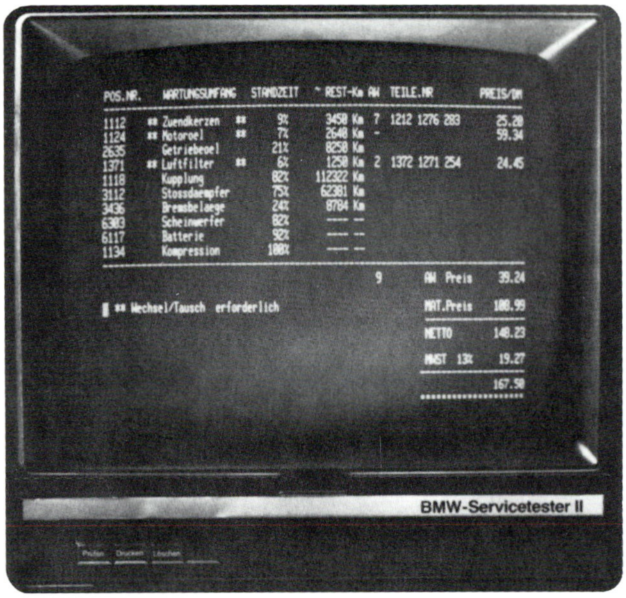

Zukünftige Fahrzeugdiagnose: Ermittlung des Verschleißgrades und der Kosten.

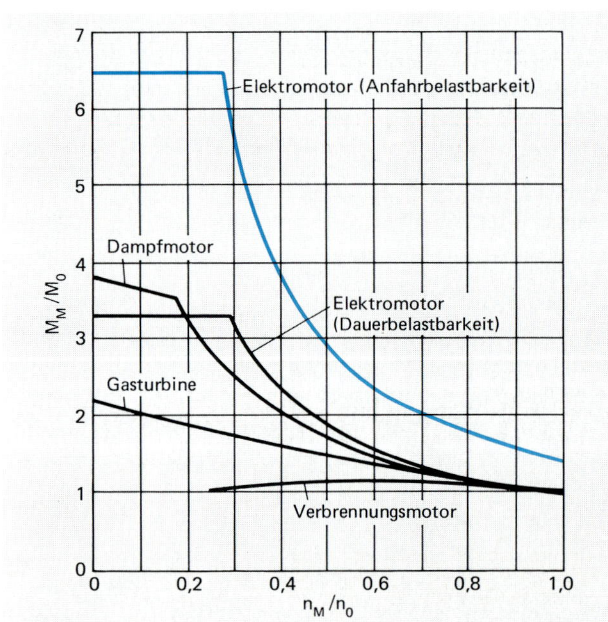

Drehmoment/Drehzahl-Kennlinien verschiedener Antriebe.

Batterie	1	2	3	4	5	6	7
Blei/Säure	Umgebung	2,1	57	1,000	175	50	75
Nickel/Eisen	Umgebung	1,37	92	2,000	267	60	55
Zink/Luft	Umgebung	1,65	92	600	1,054	90	45
Nickel/Zink	Umgebung	1,74	69	500	373	90	75
Zink/Chlorhydrat	Umgebung	2,12	41	500	460,6	150	65
Lithium/Titan Bisulfid	Umgebung	2,5-2,0	46	1,000	480	100	70-80
Natrium/Schwefel	300-350	2,08-1,75	57	2,000	758	130	75
Lithium/Eisen Schwefel	375-475	2,1-1,6	57	1,000	650	180	75

1 Betriebstemperatur
2 Zellenspannung bei offenem Stromkreis
3 Kapitalkosten Dollar pro Kilowattstunde
4 Zykluslebensdauer
5 theoretische Energiedichte (Wattstunde/kg)
6 erreichbare Energiedichte (Wattstunde/kg)
7 elektrischer Wirkungsgrad (%)

Bauvolumen und Gewicht von Energiespeichern bei gleichem Energieinhalt.

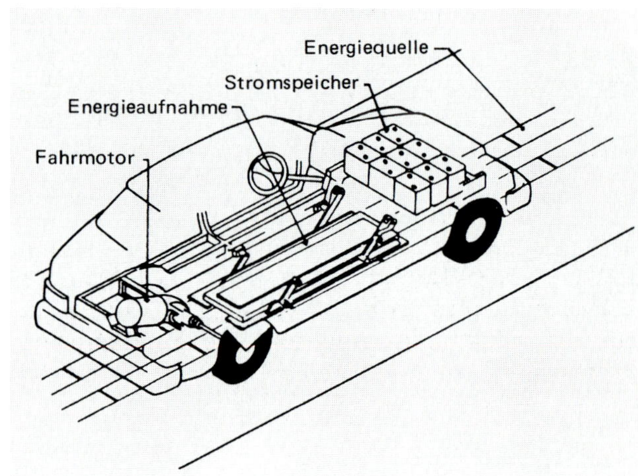

Konzept für einen Elektro-Personenwagen mit Batterieladung während der Fahrt.

	Benzin mit Tank	Methanol mit Tank	Wasserstoff Metall-Hydrid mit Speicher	Nickel-Eisen Batterie mit Trog
Bauvolumen	75 l ≙ 100%	145 l ≙ 193%	450 l ≙ 600%	8507 l ≙ 11342%
Gewicht	57 kg ≙ 100%	116 kg ≙ 203%	1400 kg ≙ 2456%	13400 kg ≙ 23508%

Eigenschaften verschiedener Batteriesysteme.

Aufbau eines Elektro-Personenwagens.

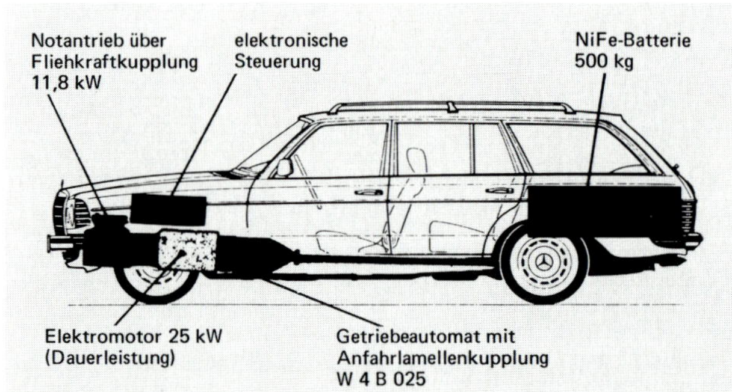

Aufbau eines Porsche-Doppelkupplungsgetriebes.

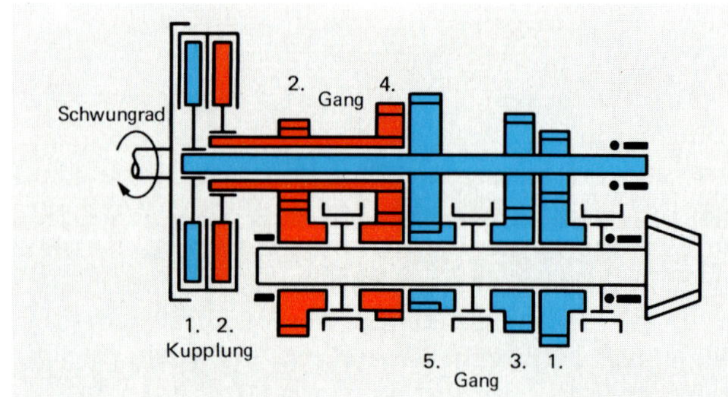

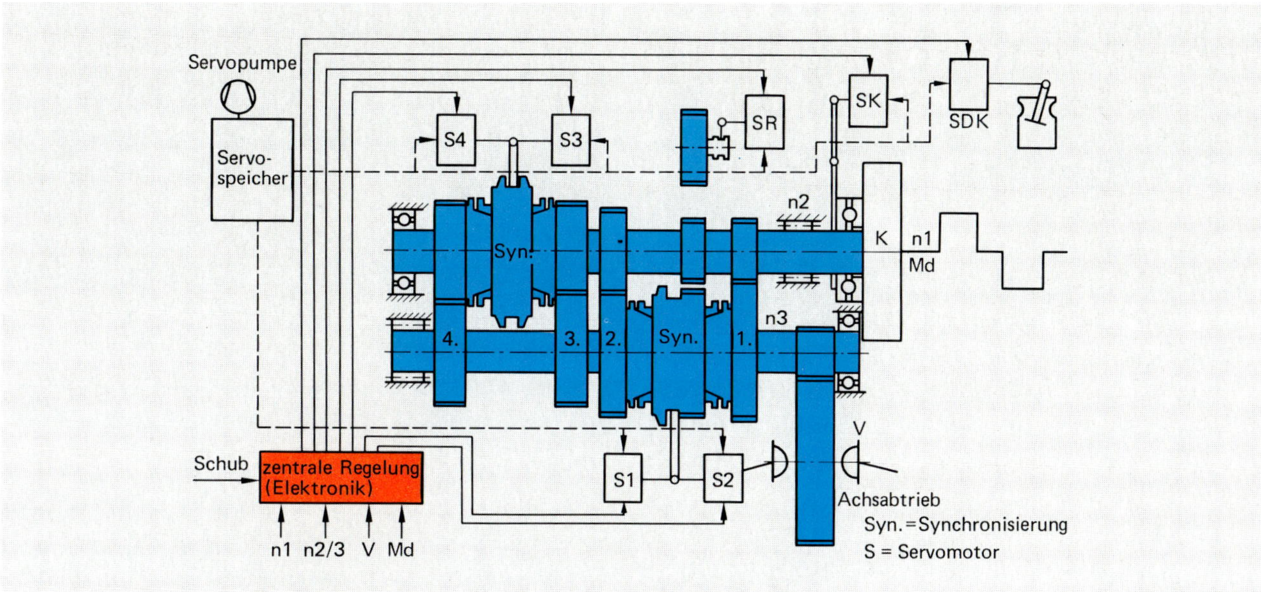

Aufbau eines Getriebeautomaten mit formschlüssiger Schaltung.

halten zu können, braucht auch der an sich kennliniengünstige Elektromotor Kupplung und Getriebe, außerdem sind besondere Zusatzmaßnahmen, z. B. für die Fahrzeugheizung und die Erzeugung von Hilfskraft (Lenkung, Bremse), erforderlich. Vieles hängt vom Erfolg der Arbeiten zur Steigerung der Energiedichte der Batterie ab, die aber auch bei den besten Batterien um eine Größenordnung vom Energieinhalt der Erdölkraftstoffe entfernt ist.
Im Fachschrifttum findet man manche Vorschläge

Stufenloses mechanisches Automatgetriebe mit Schubgliederkette.

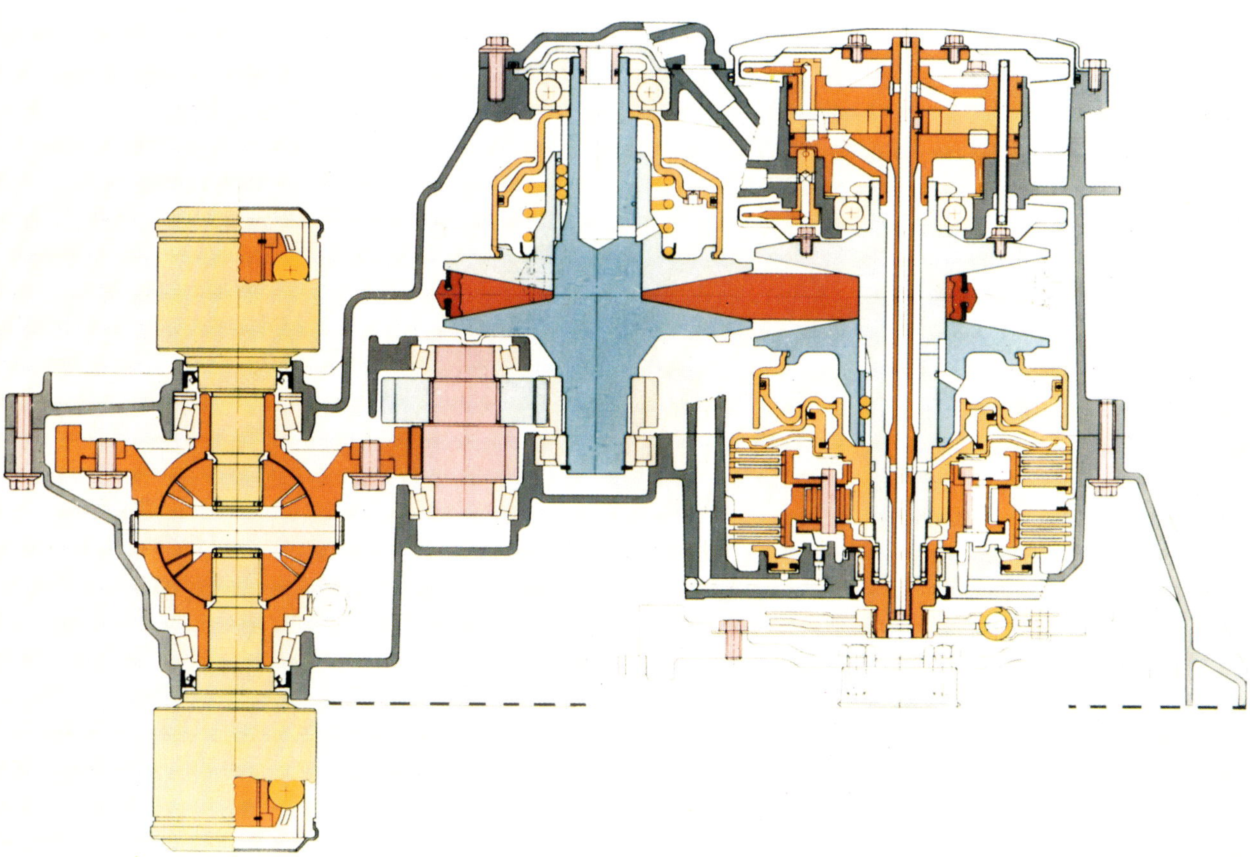

zur intermittierenden oder permanenten Stromzufuhr an Elektrofahrzeugen während der Fahrt durch entsprechende Installationen in der Fahrbahn oder in Leitplankensystemen, denen man aber wegen der Einrichtungskosten nur sehr geringe Chancen für die Zukunft geben kann.

Zusammenfassend gilt für den Antrieb von Pkw: Die Summe aller Vorteile von noch nicht in Serie befindlichen Antrieben wird nicht ausreichen, deren Nachteile zu kompensieren und den in fast 110 Jahren gereiften Hubkolbenmotor zu gefährden, viel weniger noch abzulösen. Außerdem liegt es nahe, die heutigen Kraftstoffe beizubehalten, auch wenn man sie eines Tages nicht mehr aus Erdöl, sondern aus noch reichlich vorhandenen anderen fossilen Energieträgern gewinnt.

Verfolgt sei nun der Weg der mechanischen Energie vom Motorschwungrad zu den Antriebsrädern. Das herkömmliche handgeschaltete Zahnrad-Stufengetriebe hat den Vorzug eines hohen Wirkungsgrades und niedriger Herstellkosten. Es hat den Nachteil, daß es dem Fahrer die Wahl des Fahrganges und damit die Entscheidung darüber überläßt, ob der Motor die für die Fortbewegung erforderliche Leistung kraftstoffverschwenderisch oder sparsam und zugleich mit viel oder wenig Geräusch erzeugt.

Kupplungs- und Schaltvorgänge können automatisiert werden. In diese Automatik muß auch eine den Gasfuß übersteuernde Gaswegnahme während des Schaltvorganges einbezogen werden, da das konventionelle Stufen-Getriebe nicht lastschaltbar ist. Diesen Nachteil hat — bei Einhaltung der Gangreihenfolge — das im Prinzip nicht neue Doppelkupplungsgetriebe nicht: Das Einlegen z. B. des zweiten Ganges erfolgt bei geöffneter Kupplung 2, während der noch eingeschaltete erste Gang bei geschlossener Kupplung die Kraft vom Motor zu den Rädern überträgt. Die Übergabe der Motordrehkraft an den zweiten Gang geschieht, wenn bei noch eingelegtem ersten Gang die Kupplung 2 schließt und gleichzei-

Stufenloses mechanisches Automatgetriebe mit Zuggliederkette.

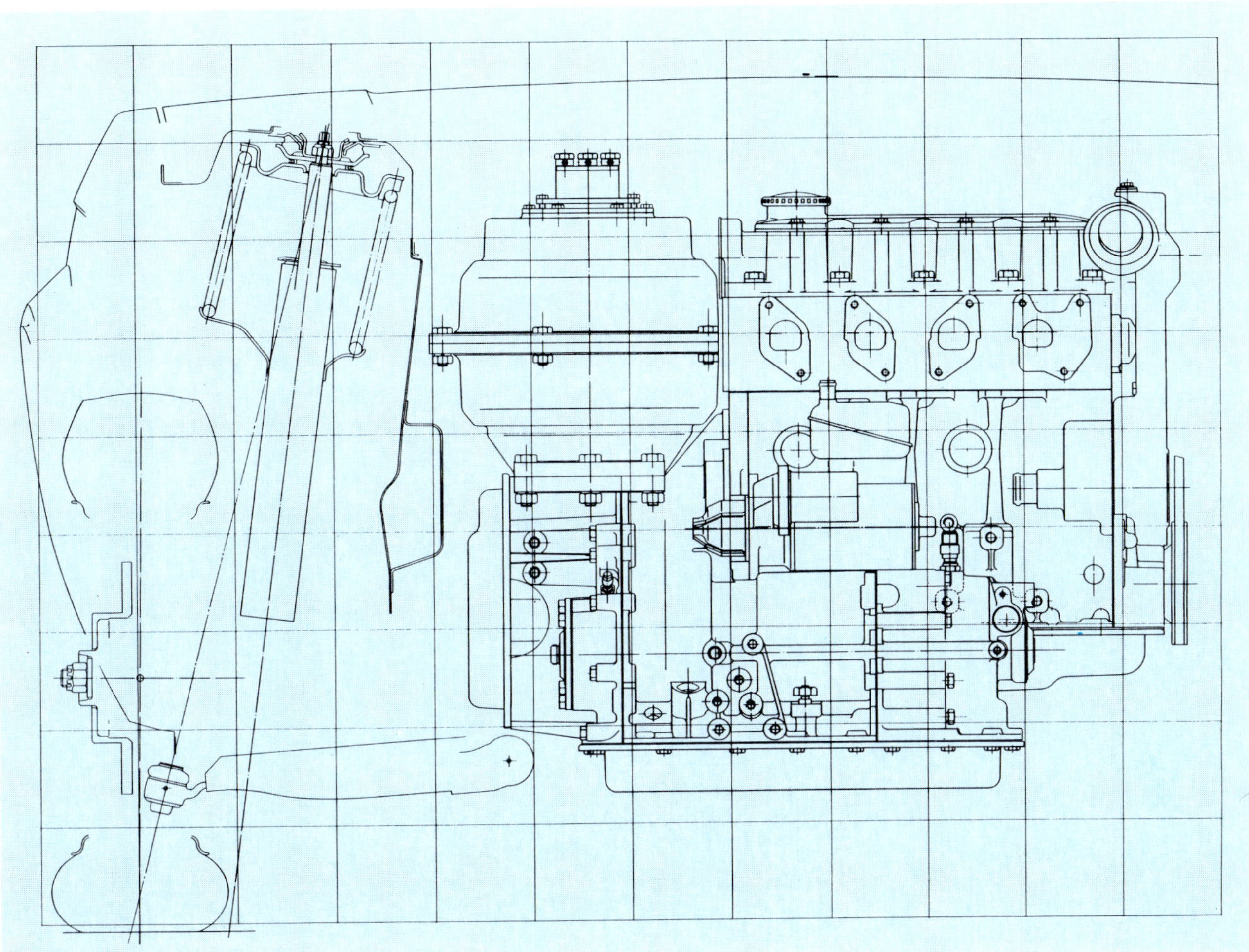

Konstruktive Anordnung einer Schwungnutzautomatik an einem Fronttriebsatz.

tig die Kupplung 1 öffnet. Das Gas muß nicht zurückgenommen werden, eine Zugkraftunterbrechung findet nicht statt.
Solche für die Zukunft aussichtsreichen Weiterentwicklungen des Zahnrad-Vorgelegegetriebes zum wirkungsgradgünstigen und komfortablen Automaten stehen im Wettbewerb mit ebenfalls verbesserten und ergänzten Zahnrad-Planetengetrieben mit hydrodynamischem Drehmomentwandler. Beide Getriebearten werden eine größere Anzahl der Gänge erhalten, um möglichst jeden Fahrzustand mit der hinsichtlich Verbrauch, Abgasemission und Geräusch jeweils bestmöglichen Kombination von Motordrehmoment und Motordrehzahl abzudecken. Dies alles wird nur mit einer gemeinsamen elektronischen Motor-Getriebe-Regelung möglich sein, weil die Vielzahl der möglichen Getriebeübersetzungen den Normalfahrer überfordert.
Eine noch bessere Ausnutzung des Motors wird mit stufenlosen Automatgetrieben angestrebt, die im Rahmen ihrer kleinsten und größten Endübersetzung beliebig viele Gänge zur Verfügung stellen. Dieses Ziel kann aber im Interesse günstigen Kraftstoffverbrauchs nur erreicht werden, wenn der Gewinn auf der Seite des Motors nicht durch erhöhte Verluste des Getriebes (Getriebewirkungsgrad) kompensiert oder gar überkompensiert wird.
Bei einigen solchen Lösungen handelt es sich um sehr seriennahe Konstruktionen von sogenannten Umschlingungsgetrieben, in denen das Motordrehmoment mit Hilfe stählerner „Keilriemen" und verstellbarer Riemenscheiben durch Schieben bzw. Ziehen des Riemens übertragen und gewandelt wird.
Diese Getriebe sind für solche Motor-Achsantriebe besonders aussichtsreich, bei denen der Riemen auf kurzem Weg auch einen Achsabstand Motorkurbelwelle — Mitte Achsgetriebe überbrückt, also diese Zusatzfunktion übernimmt.
Eine Aussage über die zukünftige Verbreitung der Umschlingungsgetriebe ist schwierig, weil die Serienbewährung des Kernstücks „Riemen" noch aussteht, denn von einigen Pkw-Herstellern angekündigte Serienanläufe der Schubgliederkette fanden aus unbekannten Gründen nicht statt.
Möglicherweise gewinnen aber stufenlose Getriebe bei stark ansteigenden Kraftstoffpreisen an Attraktivität aus einer anderen Sicht: In jedem das Ausrollen übersteigenden Bremsvorgang wird Bewegungsenergie des Fahrzeugs als Bremsenwärme nutzlos an die Atmosphäre abgegeben. Diese Energie kann

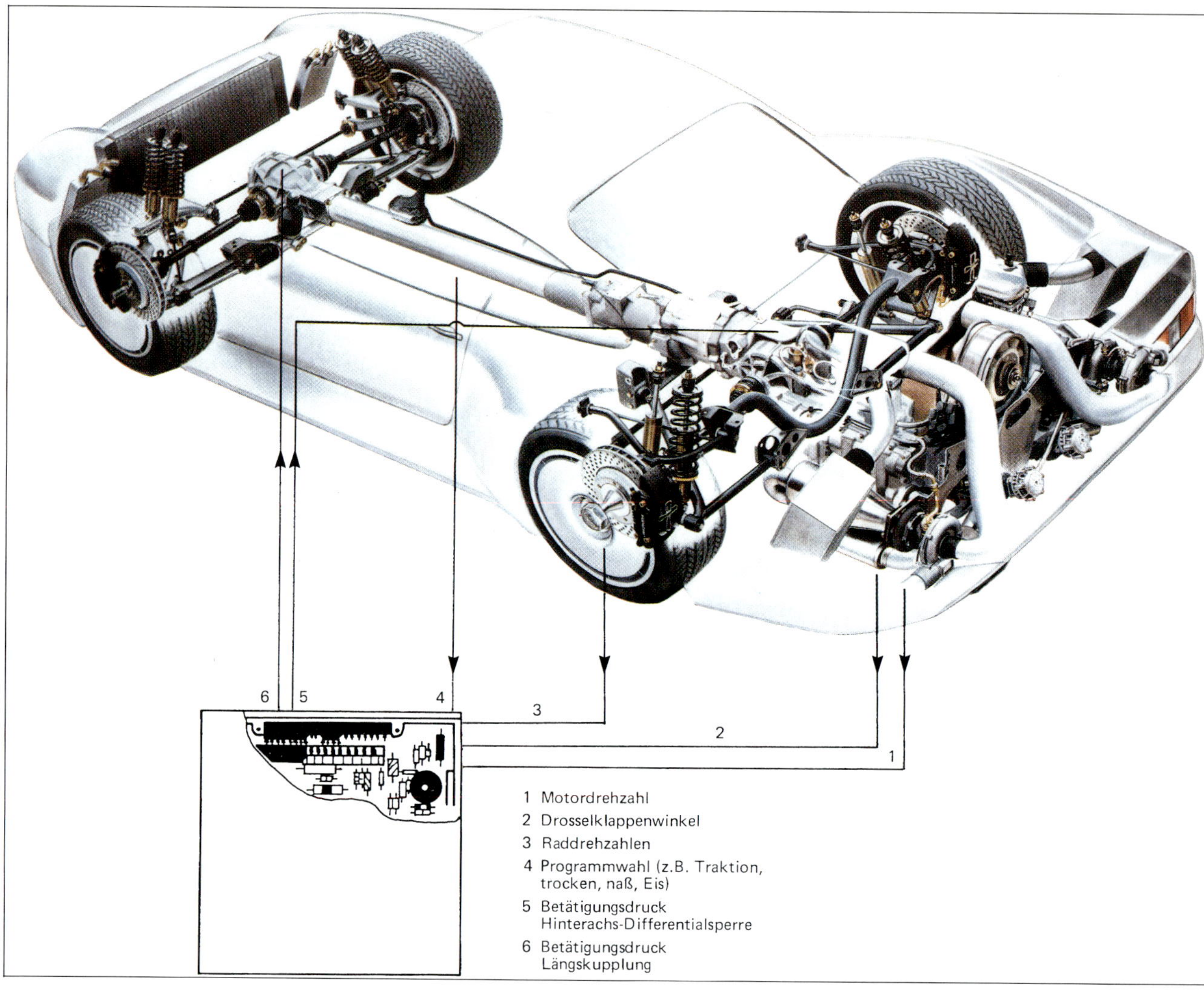

Antriebsstrang eines vierradgetriebenen Sportwagens.

man z. B. in einem Schwungrad speichern, das während der Bremsung beschleunigt wird. Für das folgende Beschleunigen des Fahrzeugs steht diese Energie zur Verfügung. Sie kann aber dem Schwungrad nur entnommen werden, wenn es verzögert wird. Das technische Problem heißt also: Die Welle

Zentralrohr und Zentralwelle des vierradgetriebenen Sportwagens in Faserverbundbauweise.

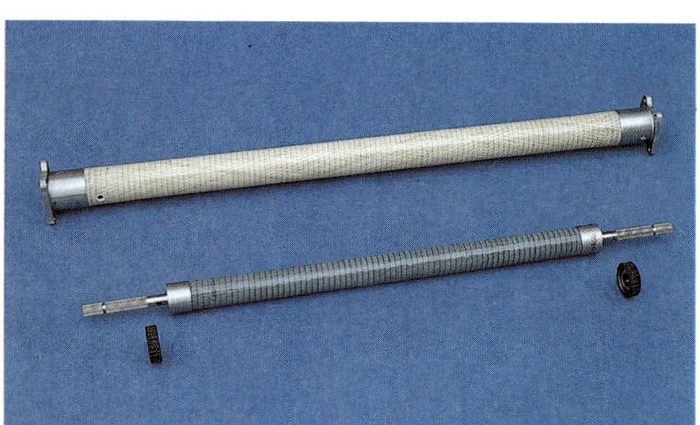

eines Schwungrads muß so an die Kraftübertragung eines Pkw angekoppelt werden, daß die zeitlichen Drehzahlverläufe der Fahrzeugräder und des Schwungrads beim Bremsen und Beschleunigen des Fahrzeugs gegensinnig sind. Dies erfordert ein stufenloses Getriebe.

Bei geschickter Auslegung kann man dies und die üblichen Anforderungen an ein Fahrzeuggetriebe mit nur einem Umschlingungsgetriebe erfüllen.

Andere Lösungen der Stufenlosigkeit für den Fahrantrieb, wie z. B. Hydrostatik oder Elektrik, scheiden wegen des großen Aufwands und des geringen Wirkungsgrads aus, so daß nicht nur die Zukunft des Wechselgetriebes, sondern auch die der gesamten Kraftübertragung — ähnlich wie die des Motors — eine elektronisch unterstützte Evolution sein wird.

Eine für die Fahrsicherheit ganz wichtige Aufgabe der Übertragung der Motorkraft auf die Fahrbahn liegt in der möglichst automatisch richtigen Betriebsweise der „Kupplungen" Reifen-Fahrbahn: die Vortriebskraft soll so auf die Räder verteilt werden, daß an keinem Rad die Reifenhaftung unzulässig

hoch oder zu gering ausgenutzt wird. Ziele und Mittel sind den zukünftigen Bremsanlagen vergleichbar.
Das Aggregat für die Kraftübertragung überträgt aber nicht nur Kraft, sondern es erzeugt und überträgt auch Geräusch und wiegt verhältnismäßig viel. Die Verwendung von Faserverbundwerkstoffen wäre vorteilhaft, weil bei beträchtlich geringerem Gewicht sogar Lager eingespart, die Schallabstrahlung verringert und Resonanzen durch gezielte Steifigkeitsanpassungen bekämpft werden können. Leider müssen wegen der Kosten die unteren Wagenklassen, wie bei vielen anderen Neuerungen, auch hier wahrscheinlich etwas länger auf den technischen Fortschritt warten.

Karosserie und Fahrwerk

Ein Personenwagen soll Personen und „Zubehör" möglichst sicher, bequem, wirtschaftlich und umweltfreundlich transportieren. Die Karosserie ist das Transportbehältnis für diesen Zweck und für die Fahrtdauer der Lebensraum der Passagiere. Das Fahrwerk überträgt alle für den räumlichen und zeitlichen Fahrtverlauf erforderlichen Kräfte auf die Fahrbahn, die deren Größe besonders in der vertikalen und in der quer zur Fahrbahn liegenden Richtung ganz maßgeblich mitbestimmt.
Der Energiebedarf, die Abgasemission und die Gesamtkosten des Pkw-Betriebs hängen von der verfügbaren Transportkapazität ab. Diese bestimmt das Karosseriekonzept und die Fahrzeuggröße und -masse. Das Nahverkehrsfahrzeug für ein bis zwei Personen, für das zahllose Vorschläge vorliegen, wäre viel rationeller als das bereits käufliche Großraumkonzept, weil es einen viel größeren Auslastungsgrad hätte. Es kann aber die Transportbedürfnisse, die z. B. in der Freizeit, im Urlaub und beim Fernverkehr entstehen, nicht erfüllen. Deshalb ist das Konzept der variablen Nutzung ein reizvolles Arbeitsfeld für Designer und Ingenieure, besonders dann, wenn in Zukunft Betriebskosten und Ver-

Karosseriekonzept eines Großraumfahrzeugs.

Konzept eines variablen Innenraums.

Karosseriekonzepte einer variablen Nutzung.

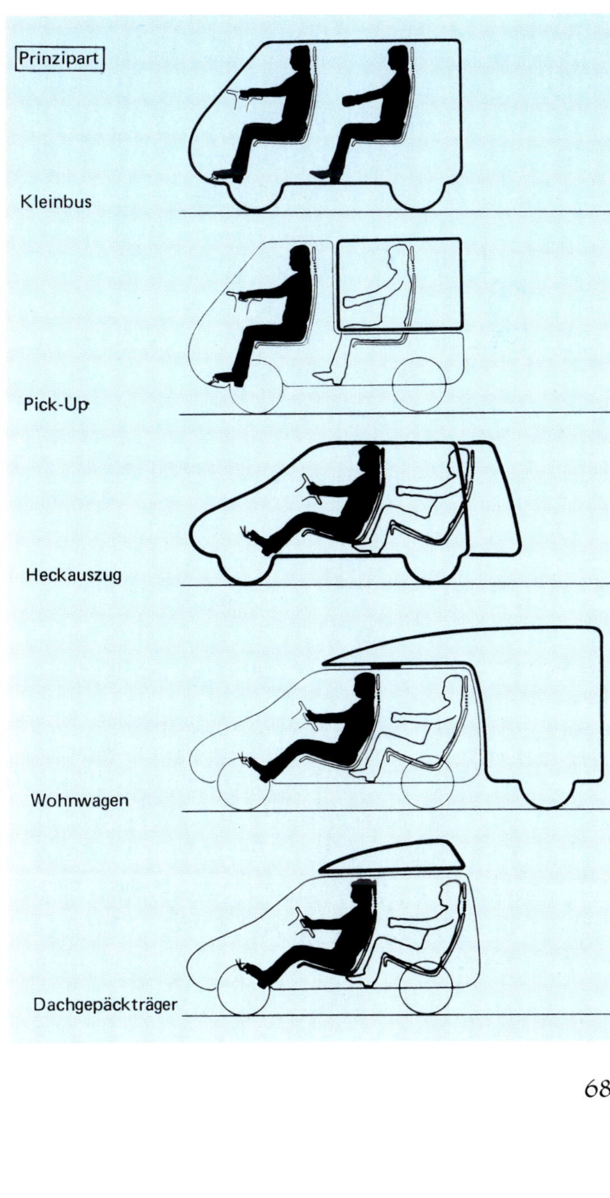

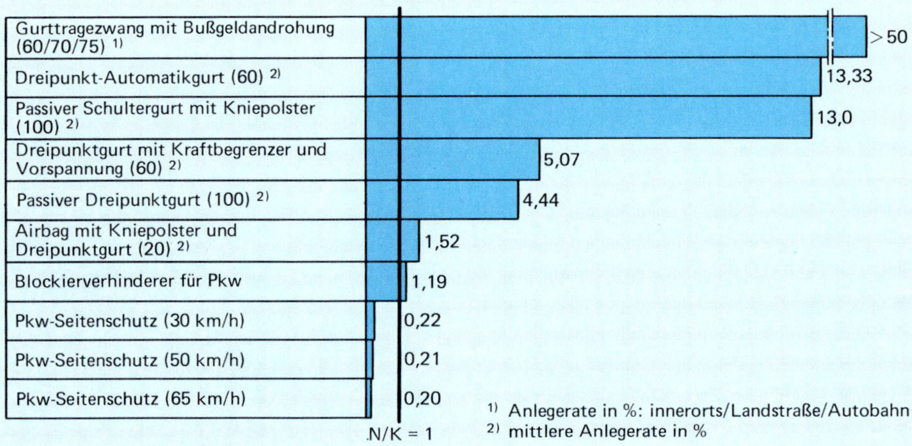

Verhältnis Nutzen zu Kosten bei Verkehrssicherheitsmaßnahmen.

kehrsdichte ansteigen. Dies gilt nicht nur für die Veränderung der Transportkapazität eines Personenwagens, sondern auch für die phantasievolle Ausgestaltung seines Innenraums.
Auf dem Gebiet der passiven Sicherheit kann man per Konzeption und Konstruktion der Karosserie bei einem sinnvollen Verhältnis Nutzen zu Kosten wohl nur noch wenig hinzugewinnen; wichtiger ist die konsequente Anwendung der Sicherheitsmaßnahmen.

Forschungs- und Experimentierfahrzeuge demonstrieren, welchen Beitrag die Karosserie zu einer Verbesserung des Pkw auf den Gebieten Energieverbrauch, Umweltbeeinflussung, Sicherheit und Wirtschaftlichkeit leisten kann. An dieser Stelle sollen nur einige Anforderungen und Konsequenzen angesprochen werden. Eine „Auflösung" der Karosseriestruktur kommt nicht nur den Flexibilitäts-, Automatisierungs- und Rationalisierungswünschen der Fertigung entgegen, sondern erlaubt auch die

Metallstruktur mit Kunststoffbeplankung.

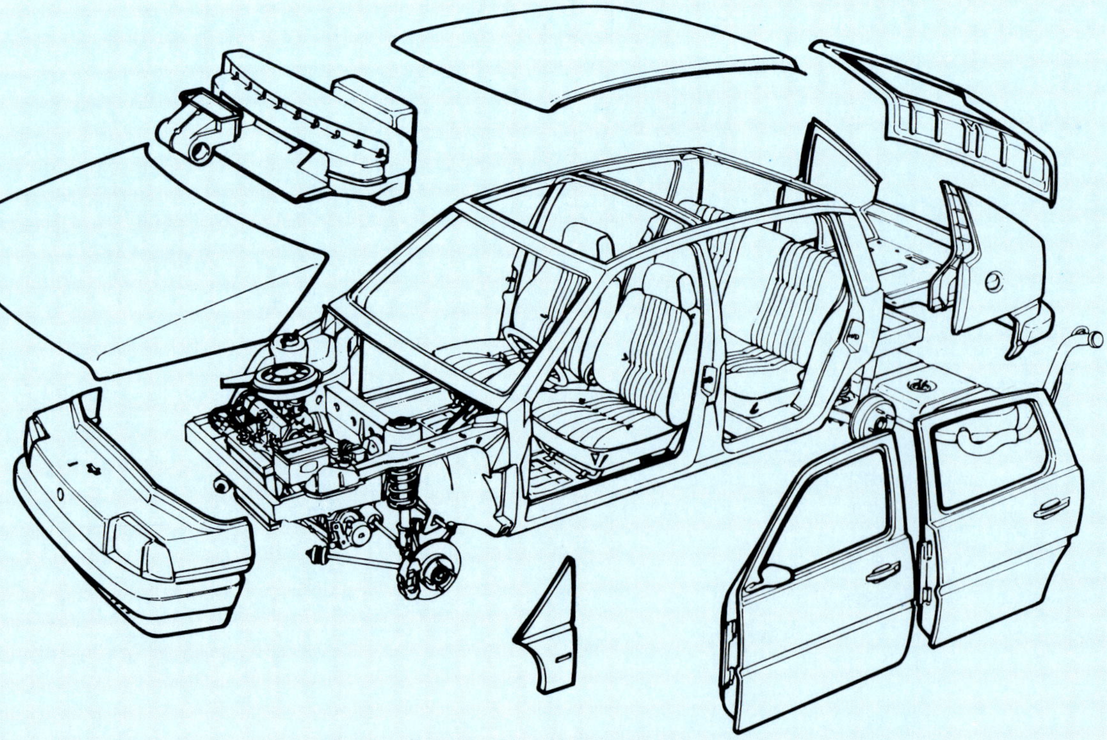

weitgehende Verwendung korrosionsfester, leichter und sehr formvariabler, nichttragender Kunststoffanbauteile als Außenhaut eines tragenden Gerippes. So kann beim Pkw nur noch die zentrale Grundstruktur der Karosserie aus Stahl bestehen, einem Werkstoff, der hinsichtlich Großserienfähigkeit und Kosten von anderen Werkstoffen so leicht nicht übertroffen wird.
Die äußere Form muß zugleich kaufanreizend und aerodynamisch vorteilhaft sein. Einer zukünftigen weiteren Absenkung des Luftwiderstandsbeiwertes c_w stellen sich aber einige Hindernisse in den Weg: Da die Verringerung der Fahrzeugmasse durch Leichtbau vor allem aus Kostengründen der Verbesserung der Aerodynamik erheblich hinterherhinkt, andererseits aber keine Abstriche im Beschleunigungsvermögen hingenommen werden sollen, bleibt die Motorleistung nahezu unverändert, obwohl sie eigentlich bei gleicher Höchstgeschwindigkeit kräftig verringert werden könnte. Die Folgen sind ein starker Anstieg der Höchstgeschwindigkeit unter Beibehaltung der Motorgröße oder sogar der Trend zu größeren, drehmomentoptimierten Motoren sowie die nur teilweise Ausnutzung der aerodynamischen Kenntnisse.

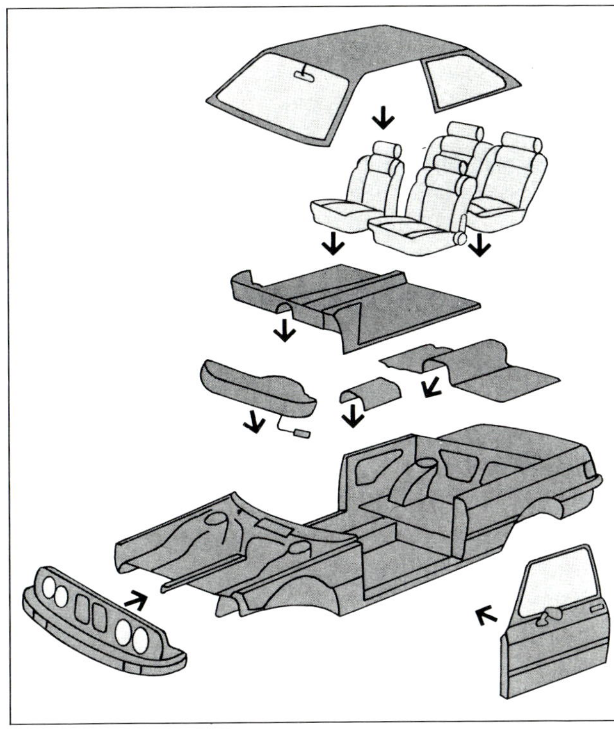

Fertigungseinfluß auf die Karosseriegestaltung.

Profile strömungsgünstiger Fahrzeuge und Bodengruppe Uni-car.

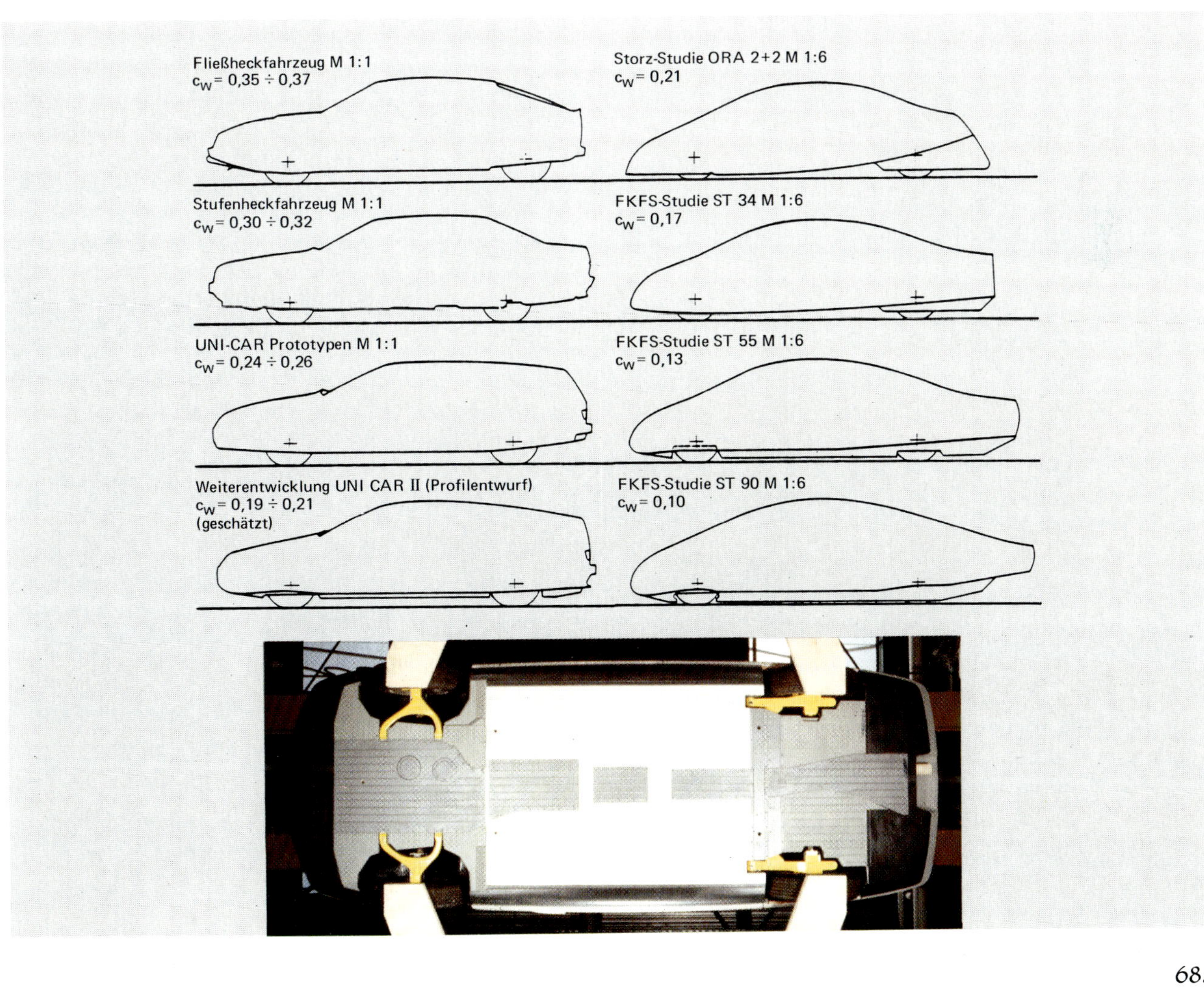

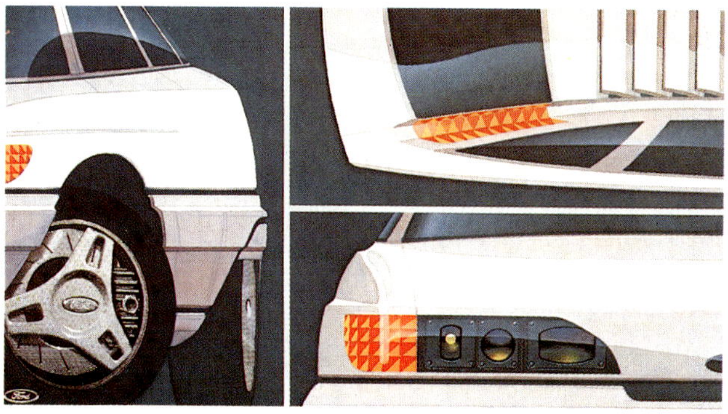

Fahrzeugbug mit Linsenlampen.

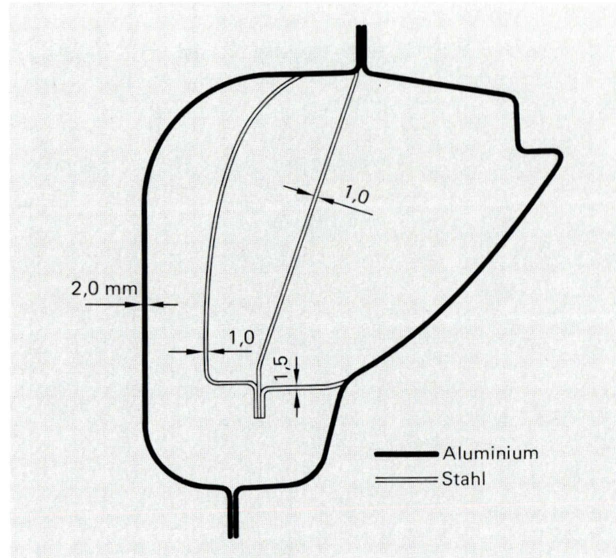

Querschnitt durch einen Türschweller aus Aluminium bzw. Stahlblech.

Flache Konturen und stark aus der Vertikalen geneigte Begrenzungsflächen führen zu Problemen bei der Unterbringung von Personen und Aggregaten sowie in den Bereichen Sicht, Kühlung und Klima, zu deren Lösung auch die Innovationen der Kfz-Zulieferer unerläßlich sind.

Obwohl sich ein guter c_W-Wert im Kraftstoffverbrauch — nicht nur bei sehr schneller Fahrt — positiv bemerkbar macht, bleibt der kostengünstige Leichtbau doch das anspruchsvollere und lohnendere Zukunftsziel der Ingenieure, weil vor allem der Beschleunigungswiderstand und damit ein sehr gewichtiger Einfluß auf Verbrauch und Abgasemission direkt vom Fahrzeuggewicht abhängt.

Der vollständige Ersatz von Stahl durch Aluminium in einer selbsttragenden Karosserie macht diese viel leichter und erfordert eine konstruktive und fertigungstechnische Anpassung an den Werkstoff, z. B. an seine niedrigeren Steifigkeits- und Festigkeitswerte, ist aber viel mehr ein Kosten- als ein Technikproblem, so daß Verbundkonstruktionen aus Stahl und leichteren Werkstoffen als Kompromiß attraktiv bleiben.

Tragende Hauptfigur im Zusammenspiel aller Fahrwerkteile ist der Reifen, der seine vielfältigen Rollen in der Zukunft mit noch besserem Erfolg spielen kann, weil ihn eine gründlich umgekrempelte Regie des Rades auf neue Füße stellt und seinen Beinen damit trotz Kürzung zu gesteigerter Elastizität verhilft.

Die Programmvorschau des Intendanten ist vielversprechend: Trotz Steigerung von Lebenserwartung und Pannensicherheit sollen der Fahrkomfort, der Freiraum im Radinnern und der Kraftschluß verbessert, das Gewicht des Rads und der Rollwiderstand verringert sowie das querdynamische Verhalten auf dem heutigen hohen Niveau gehalten werden. Dies sind Eigenschaften, die auch von anderen Reifensystemen mit Notlaufeigenschaften angestrebt werden. Damit der Notlaufzustand (Druckverlust) bei fehlendem Ersatzrad vom Fahrer bemerkt und die Fahrweise daran angepaßt werden kann, werden au-

Verringerung der Innenraumaufheizung durch eine Streifenscheibe.

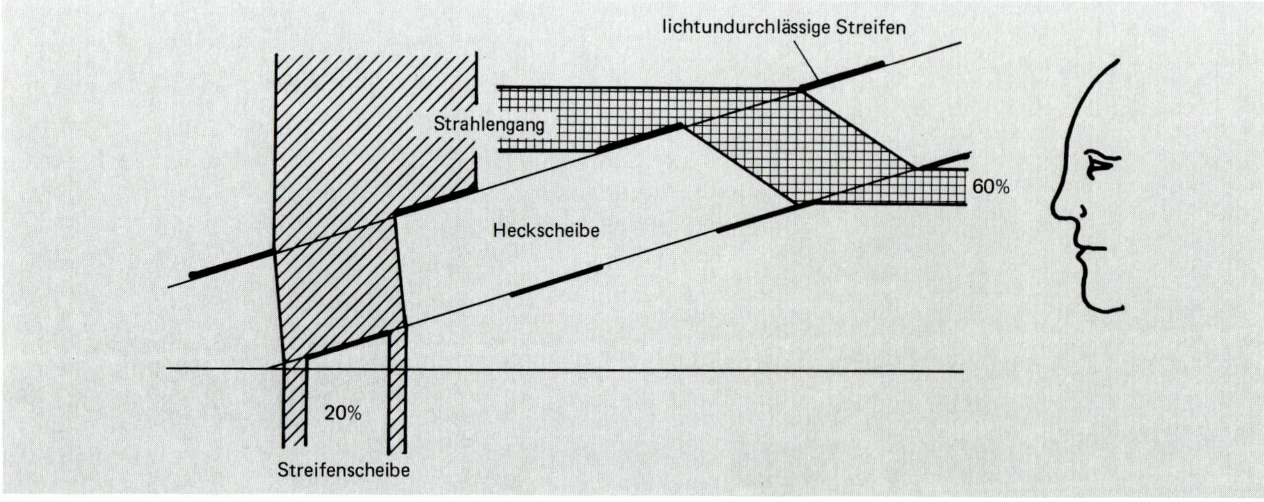

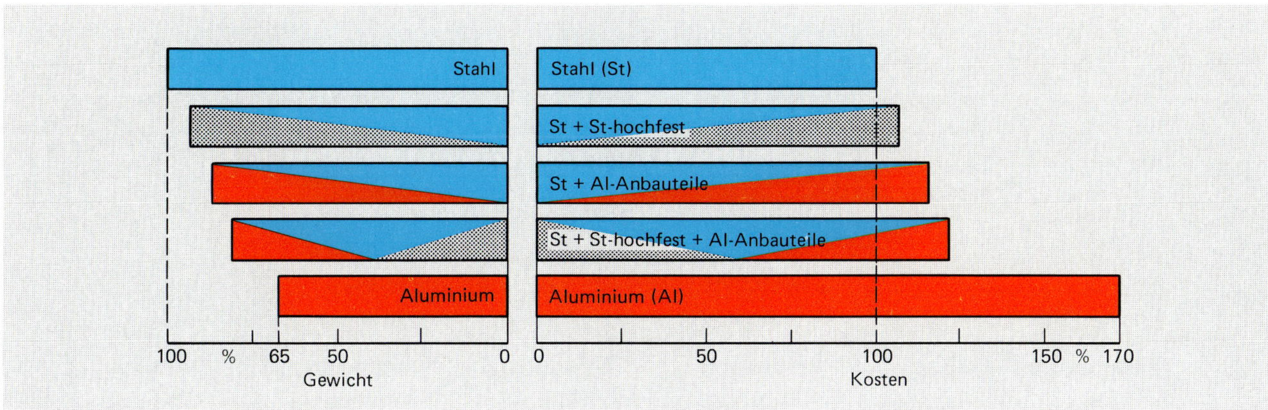

Werkstoffeinfluß auf Gewicht und Kosten einer Rohkarosserie.

tomatische Reifendrucküberwachungssysteme erforderlich sein.

Ein für die Umwelt bedeutungsvolles Reifenproblem wird nicht so bald gelöst werden können: das Reifengeräusch, besonders auf nasser Fahrbahn, das bei äußerlich leisen Fahrzeugen einen maßgeblichen Anteil hat, und an dessen Verringerung Reifen- und Straßenbauer gemeinsam arbeiten müssen.

Noch wichtiger als eine Außengeräuschanzeige wäre eine vielleicht ähnlich aufgebaute Kraftschlußanzeige, die dem Fahrer angibt, ob er sich — bezogen auf die augenblicklich vorhandene Straßengriffigkeit — in einem sicheren (grün), gefährdeten (gelb) oder gefährlichen Zustand (rot) befindet, z. B. bei schneller Fahrt auf nasser Fahrbahn. Forschungsanstrengungen für einen solchen Kraftschlußmesser würden sich lohnen, weil sein Meßsignal nicht nur angezeigt, sondern auch zur automatischen Beeinflussung anderer Fahrzeugsysteme, wie z. B. der Lenk- oder Bremsanlage, benutzt werden könnte.

Die zwischen dem Rad und der Karosserie angeordneten Bauteile Radaufhängung, Federung und Dämpfung haben die Aufgabe, Relativbewegungen der Räder zum Aufbau derart zu ermöglichen, daß bei unebener Fahrbahn im Idealfall die Karosserie in Ruhe bleibt und die Räder dem Fahrbahnprofil so folgen, daß sie mit der gleichen Kraft auf die Fahrbahn drücken wie bei ebener Fahrbahn. Bei diesen vertikalen Relativbewegungen dürfen keine Lenkkräfte entstehen.

Die bei dieser Aufgabe auftretenden zahlreichen Zielkonflikte sollen in Zukunft besser gelöst werden, weil ein Fahrzeug sowohl fahrsicher als auch

Außengeräuschanzeige.

Elektronisch geregelter Stoßdämpfer.

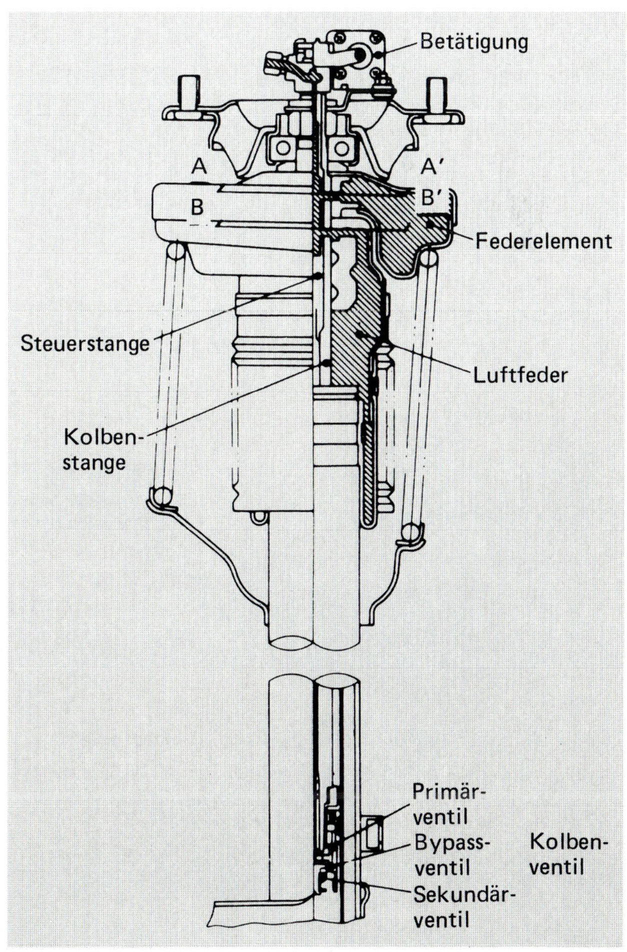

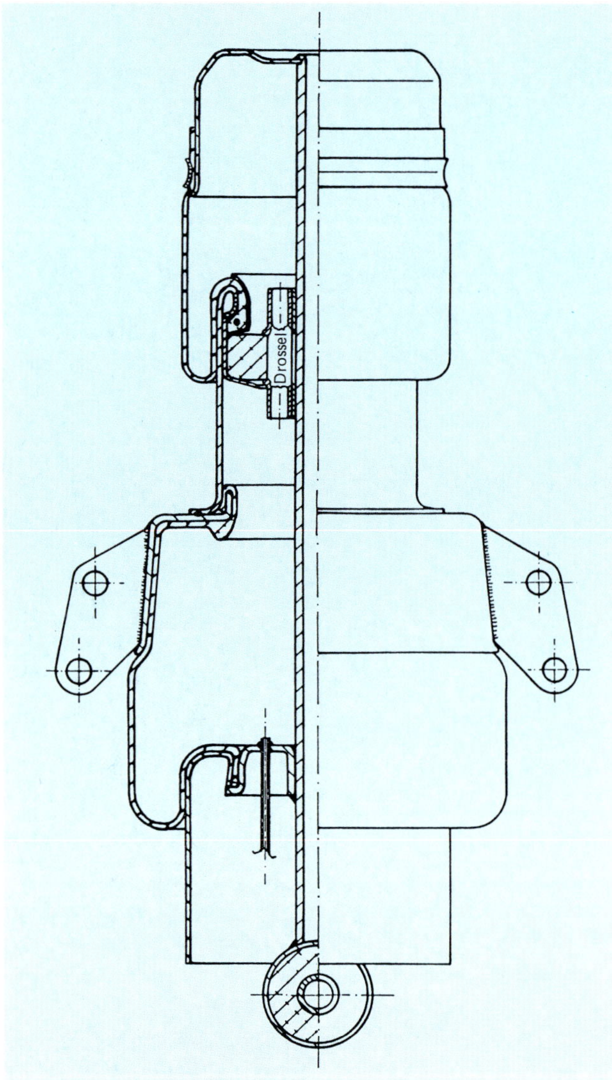

Gas-Feder-Dämpfer-Einheit.

Radaufhängung aus glasfaserverstärktem Kunststoff.

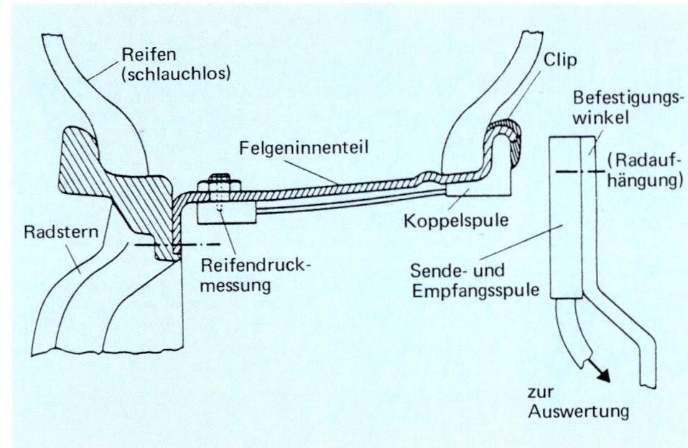

Anlage zur Reifendrucküberwachung.

komfortabel sein soll. Die bis heute ausschließlich verwendeten Feder-Dämpfer-Systeme reagieren entsprechend ihren konstruktiv vorgegebenen Kennungen auf Straßenunebenheiten und Massenkräfte, sie sind passiv. Ihre Auslegung ist etwa in Analogie z. B. zum Verdichtungsverhältnis eines Benzinmotors ein Kompromiß, der alle vorkommenden Fahrbedingungen abdecken soll.

Auch in diesem Fall eröffnet die Elektronik dem Ingenieur die Möglichkeit, z. B. den Dämpfungsfaktor eines hydraulischen Schwingungsdämpfers schnell dem jeweiligen Fahrzustand anzupasssen. Parallel zur elektronisch gestützten Evolution bisheriger Mittel werden auch andere Lösungen versucht, z. B. die Dämpfung von Schwingungen mit Hilfe von Luft, die statt Dämpferöl Drosselstellen durchströmt.

Einen ganz anderen, sehr aufwendigen und schwierigen Weg geht man bei der „aktiven" Federung. Bei ihr werden die herkömmlichen Federn und Dämpfer durch hydraulisch doppeltwirkende Zylinder ersetzt, deren Enden mit dem jeweiligen Rad bzw. der Karosserie verbunden sind und die durch entsprechende Pumprichtungen eines Flüssigkeitstroms den Aufbau relativ zu den Rädern anheben oder absenken können. Im Prinzip soll durch aktives dem Straßenprofil entsprechendes Anheben oder Absenken der Räder der Aufbau in Ruhe bleiben. Es ist fraglich, ob und wann hier ein akzeptables Aufwand/Nutzen-Verhältnis zu erreichen ist. Die Probleme heißen u. a. Regelstrategie und Leistungsbedarf.

Das Antiblockiersystem hat mit den Raddrehzahlsensoren vielfältig nutzbare Elemente ins Fahrzeug gebracht. Sie können nicht nur zur Verhinderung des Antriebsschleuderns (ASR-Anlagen) oder zur automatischen Beeinflussung von Differentialsperren und Allradzuschaltung benutzt werden, sondern auch zu einer weiteren Verbesserung der Bremsanlage. Die Raddrehzahlsignale werden in der Elektronik-Einheit verarbeitet, die den Bremsdruck an der Hinterachse so beeinflußt, daß der Reifen-Bremsschlupf an der Vorderachse immer größer ist als an

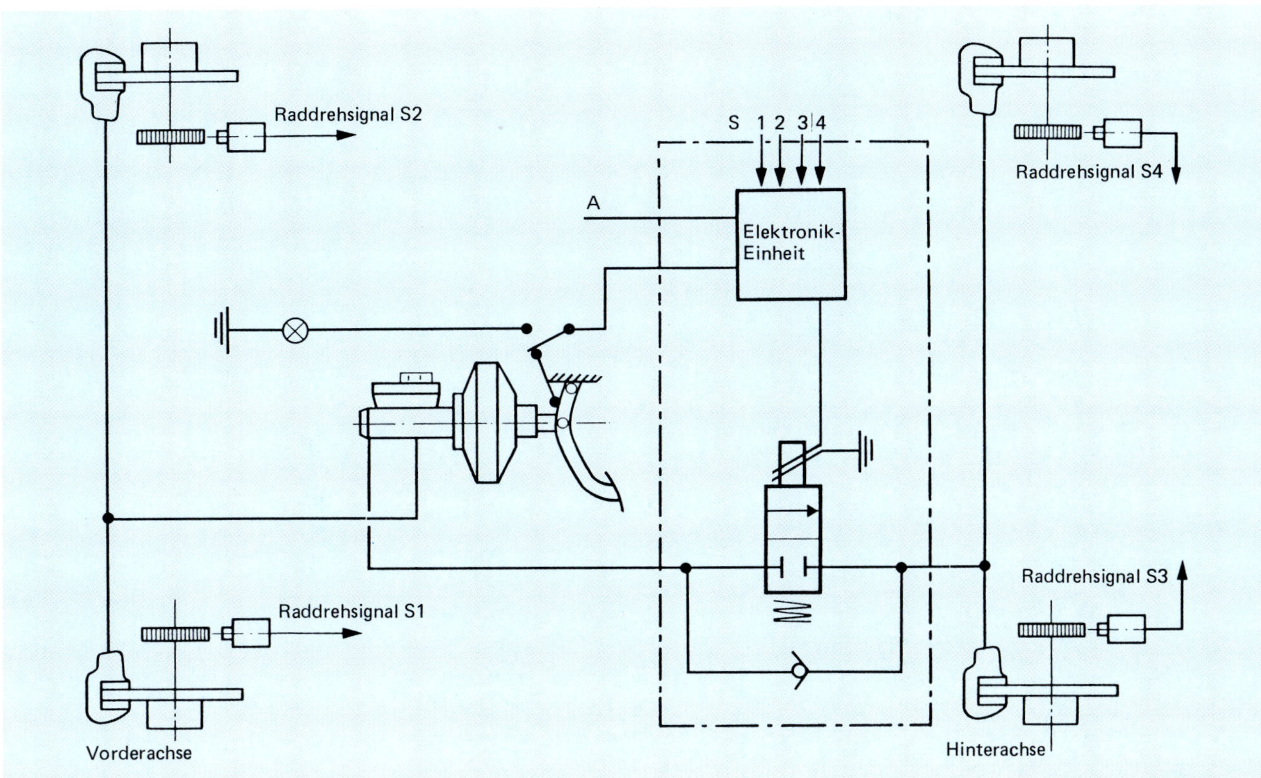

Reifenschlupfgeregelte Bremskraftverteilung, schematisch.

der Hinterachse. Damit wird eine bessere Ausnutzung der vorhandenen Reifenhaftung für den Bremsvorgang erreicht als sie mit der heute üblichen Bremskraftverteilung ohne Rückkopplung der „Reifenantwort" möglich ist.

Als weiterer Baustein für solche Antriebs- oder Bremssystem-Elektronik wäre ein preiswerter und genauer Meßwertaufnehmer für die Fahrzeuggeschwindigkeit über Grund sehr erwünscht. Die vergleichende Messung der Raddrehzahlen vorne/hinten oder links/rechts ist ein unvollkommener Ersatz für dieses fehlende Signal. Dies gilt auch für zukünftige Allradkonzepte, bei denen analog zur reifenschlupfgeregelten Bremskraftverteilung die Drehmomentverteilung auf die beiden Achsen entsprechend den aktuell vorhandenen dynamischen Achslasten erfolgen wird, um die Reifenhaftung bei ausreichender Seitenführung bestmöglich für den Vortrieb zu nutzen.

Wie schon am Beispiel des Motorpleuels zu erkennen ist, versucht man mit nichtmetallischen Werkstoffen einen Vorstoß auch in den Bereich von kom-

Aktive Federung, schematisch.

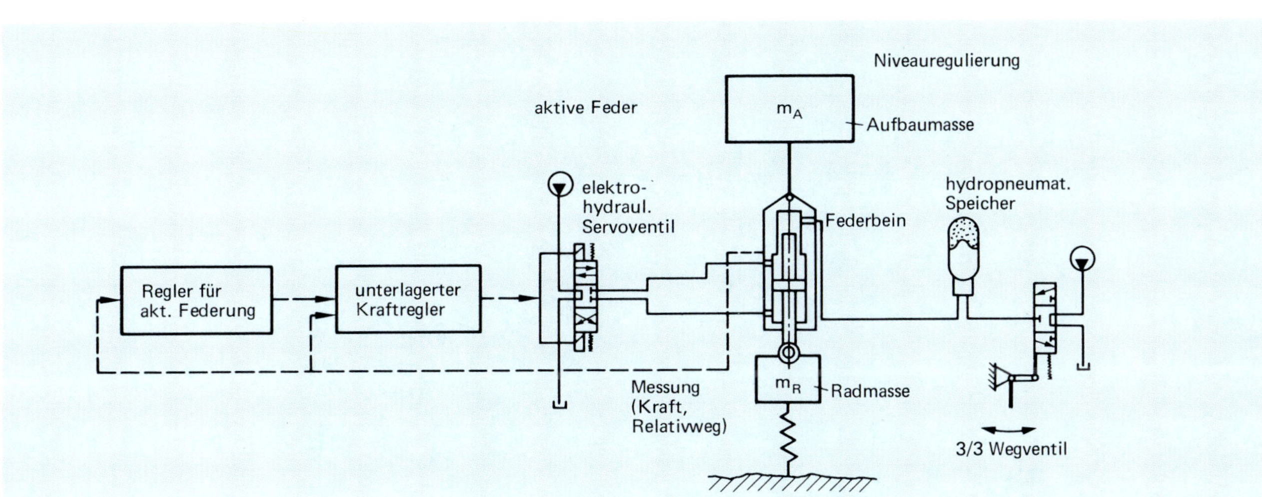

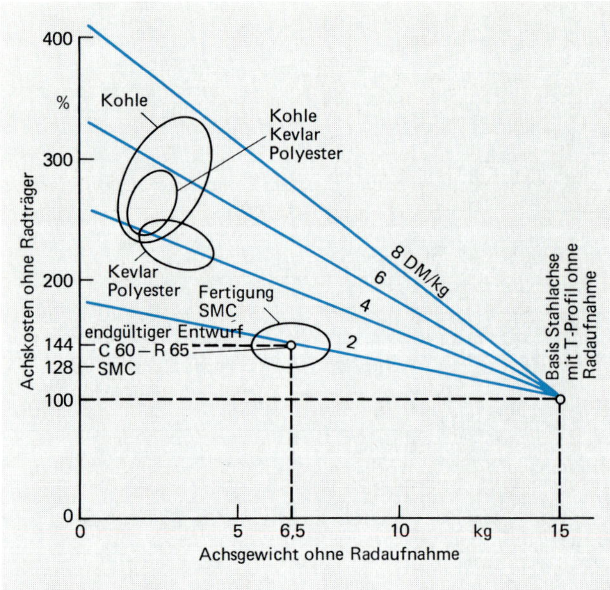

Einfluß des Werkstoffs auf Gewicht und Kosten einer Verbundlenker-Hinterachse.

plexen und hoch belasteten Bauteilen, in diesem Fall in das Fahrwerk mit dem zusätzlichen Kriterium eines Sicherheitsteiles. Es wird nicht einfach sein, das Volumen und die Kosten des Bauteils möglichst beizubehalten (Raum für Aggregate ist rar in zukünftigen Autos) und das Gewicht deutlich zu senken. Eine Verringerung der ungefederten Massen — Reifen, Rad, Radaufhängung, Teile von Federn und Dämpfern —, etwa durch ein leichtes Kunststoffrad, ist aus federungstechnischen Gründen sehr wünschenswert.

Während Motoren in Kürze mit Hilfe von elektronischen Gaspedalen vom Fahrer „abgekoppelt" werden, liegen entsprechende reizvolle Auflösungen der mechanischen bzw. hydraulischen Direktverbindungen Fahrerhände — gelenkte Räder und Fahrerfuß — Radbremsen noch in weiterer Zukunft. Trotzdem muß das Fahrwerk mindestens soviel „Denkvermögen" erhalten, daß die Einflüsse von Betriebsparametern auf das Fahrverhalten, wie z. B. Art der Beladung, Mitführen eines Anhängers und Bremsen in der Kurve, so erfaßt und kompensiert werden, daß das Fahrverhalten möglichst konstant ist, aber Grenzzustände dem Fahrer rechtzeitig angekündigt werden.

Fahrzeugführung und Verkehr

Die Verkehrstechnik kann zur Zukunft des Autos einen großen Beitrag leisten. Für einen Pkw mit Benzinmotor wurde im innerstädtischen Verkehr Darmstadts gemessen, wie lange eine Fahrt von A nach B auf einer bestimmten Fahrroute bei verschiedenen Fahrern und Verkehrsdichten dauerte und wieviel Kraftstoff verbraucht wurde. Der Streckenkraftstoffverbrauch stieg mit abnehmender Durchschnittsgeschwindigkeit überproportianal an, auch die Emission schädlicher Abgase hatte zugenommen.

An diesem schon lange bekannten Grundzusammenhang zwischen Verkehr, Energieverbrauch und Umweltbelastung werden die zukünftigen Verbesserungen am Auto wenig ändern, so daß die Vergleichmäßigung des Stadtverkehrs auf hohem Geschwindigkeitsniveau Priorität hat. Das Zusammenwirken von Fahrer — Fahrzeug — Straße ist noch viel zuwenig erforscht, denn dies ist für eine sichere, unaufwendige und alle Betroffenen schonende Lösung der Verkehrsaufgabe wichtig.

Eine möglichst wirklichkeitsgetreue Labor-Nachbildung des Systems Pkw im Straßenverkehr ist wie

Kraftstoffverbrauch eines Pkw im Stadtverkehr in Abhängigkeit von der Durchschnittsgeschwindigkeit.

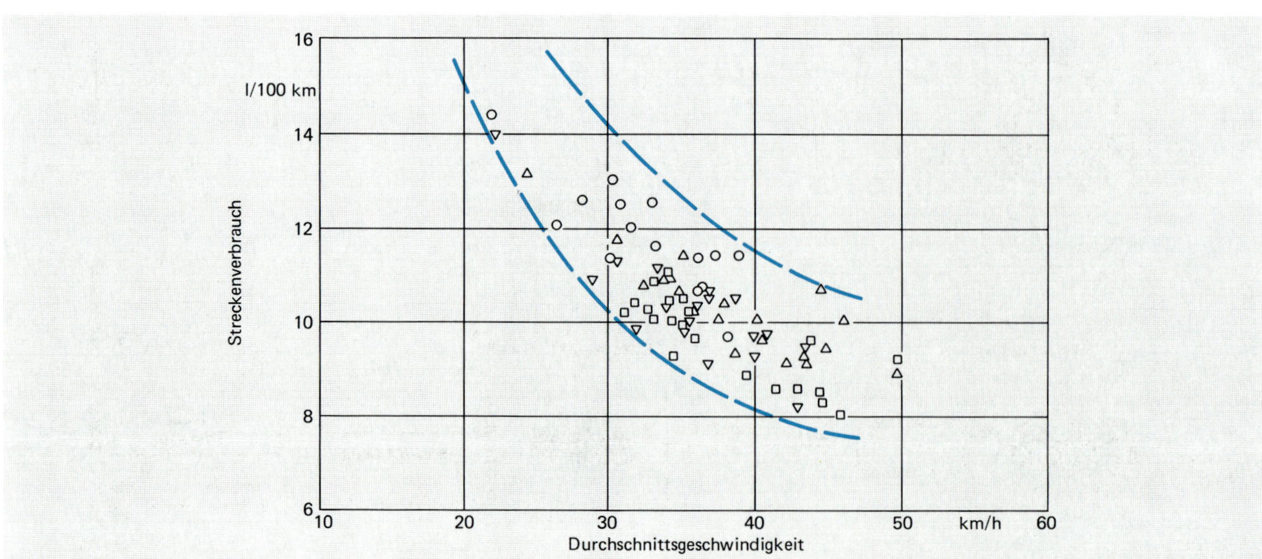

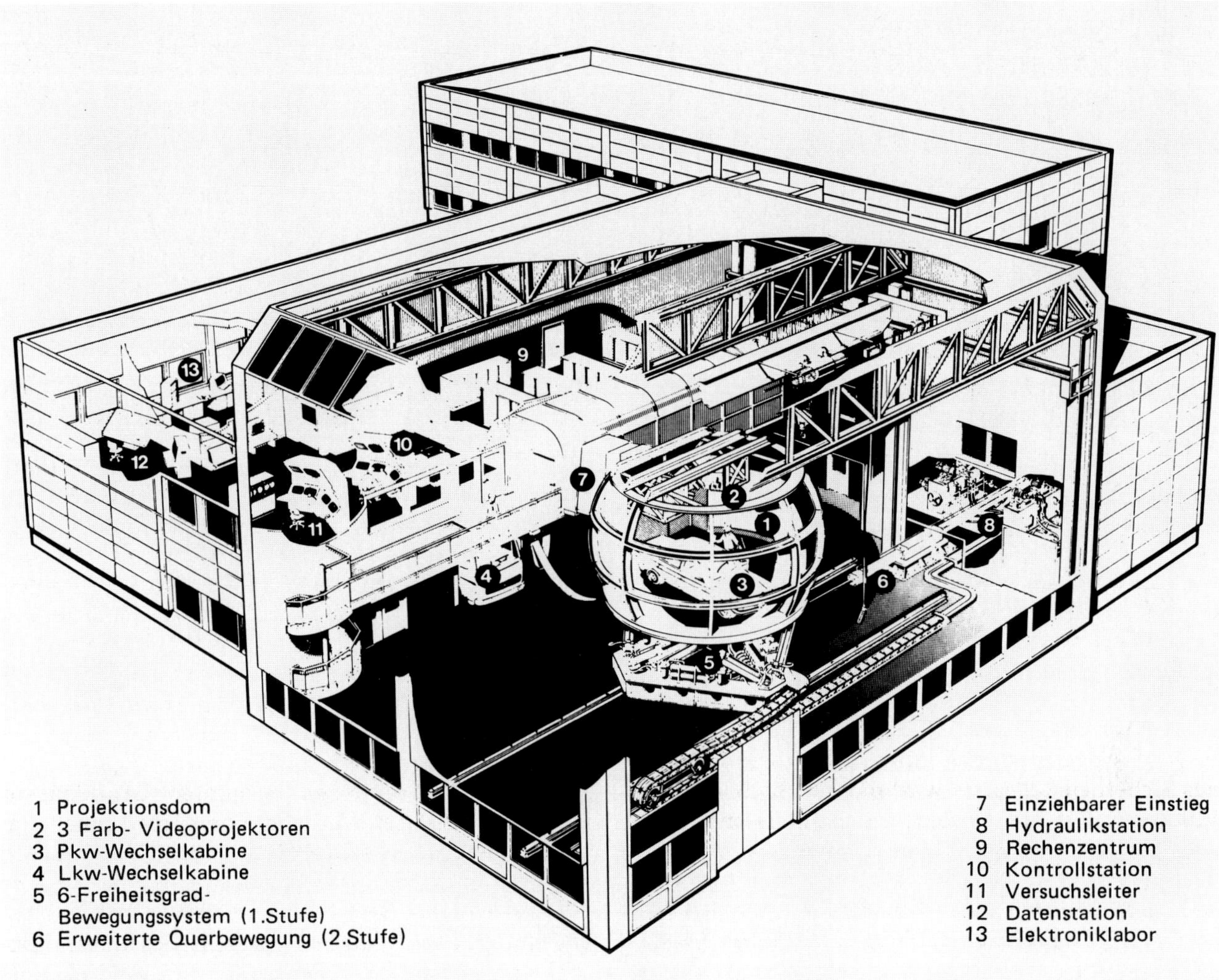

Aufbau einer Fahrsimulator-Einrichtung.

Autarkes Navigationssystem.

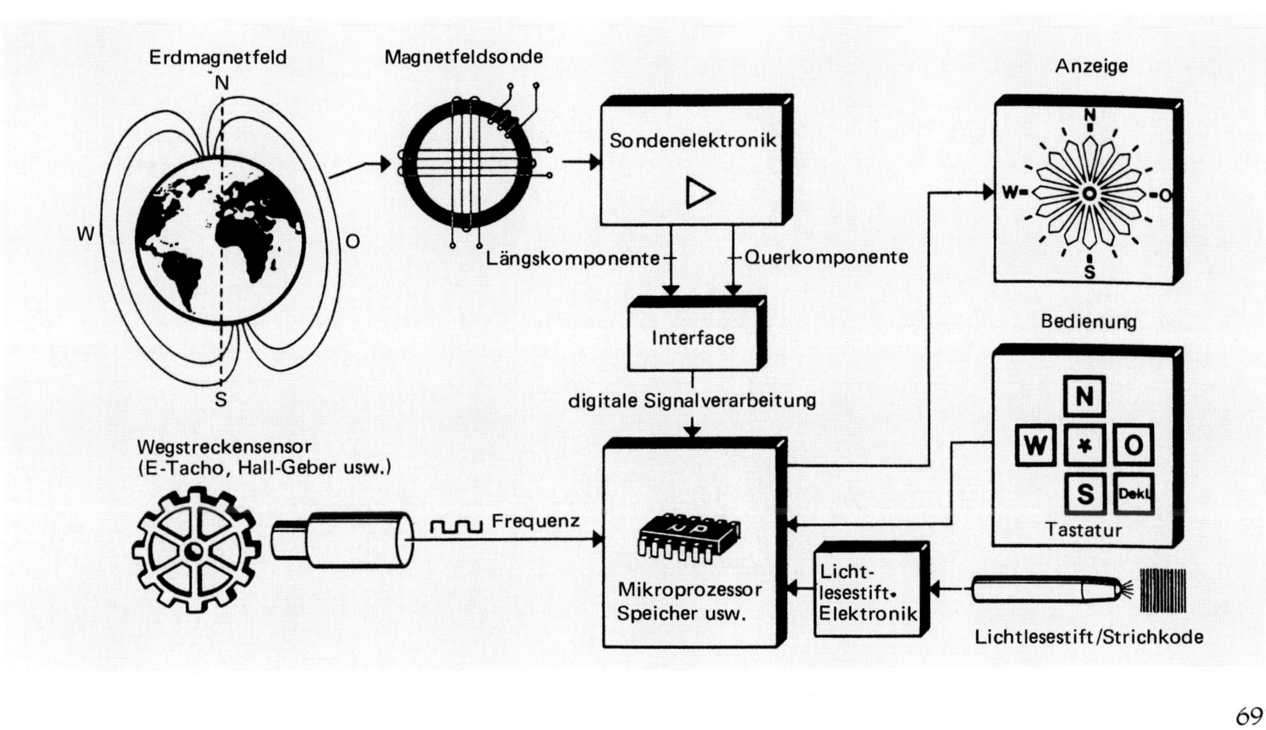

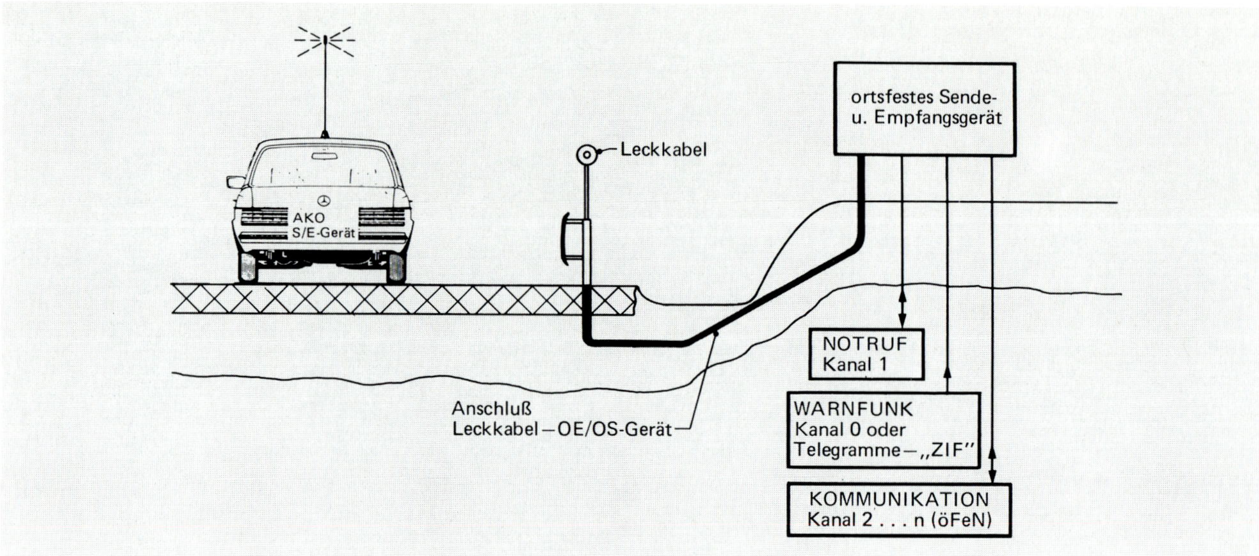

Kommunikations-System mit straßenseitigen Installationen.

bei den Simulatoren der Luftfahrt aufwendig, aber vielversprechend. Es geht bei diesen Forschungen nicht nur um Fragen der sicheren Fahrzeugführung in einer rechnererzeugten farbigen Umwelt, sondern z. B. auch um Fragen der Rückwirkung der konstruktiven Auslegung von Fahrzeugkomponenten auf die Betriebsweise z. B. eines Getriebes durch den Fahrer.

Im zukünftigen Verkehr wird der Fahrer sicherlich nicht durch automatische Spurhaltungssysteme (z. B. Leitschiene oder Leitkabel) abgelöst, weil der Nutzen, bezogen auf den großen technischen Aufwand, gering wäre. In diesem Fall schneiden fahrzeugautarke Hilfssysteme, die dem Fahrer die Fahrzeugführung erleichtern, besser ab. Sie bedürfen aber zu einer verkehrsabhängigen Zielführung der Einspeisung von Informationen von außen, also der Ankopplung an überregionale Leitsysteme.

Da dem Pkw-Käufer in Zukunft technische Entwicklungen zunächst als Extra angeboten werden, die für ihn einen größeren Nutzen haben als teure Zielführungssysteme, werden sich diese wohl nicht so bald verbreiten. Für Systeme mit straßenseitigen Installationen gibt es erhebliche Probleme bei der Finanzierung, für die eine Lösung nicht absehbar ist.

Zusammengefaßt gilt für die Zukunftsperspektiven: Neue technische Mittel, wie z. B. die Mikroelektronik, werden die Entwicklung des Fahrzeugs beschleunigen und seine Gesamtqualität als Transportmittel verbessern, aber aus der Evolution keine Revolution machen. Trotz seines Alters hat der Personenwagen noch ein bedeutendes Entwicklungspotential, das durch neue Herausforderungen an die Forscher, die Entwicklungs- und die Fertigungsingenieure offenbar wird. Die Funktionsgüte, der Reifegrad und vor allem die Kosten altbewährter Baugruppen und Werkstoffe sind schwierige Hürden für ganz neue Lösungen.

Außer dem Fahrzeugingenieur gestaltet in nicht zu unterschätzendem Maß auch der Wirkungsverbund Fahrer — Fahrzeug — Verkehr die Zukunft des Personenverkehrs.

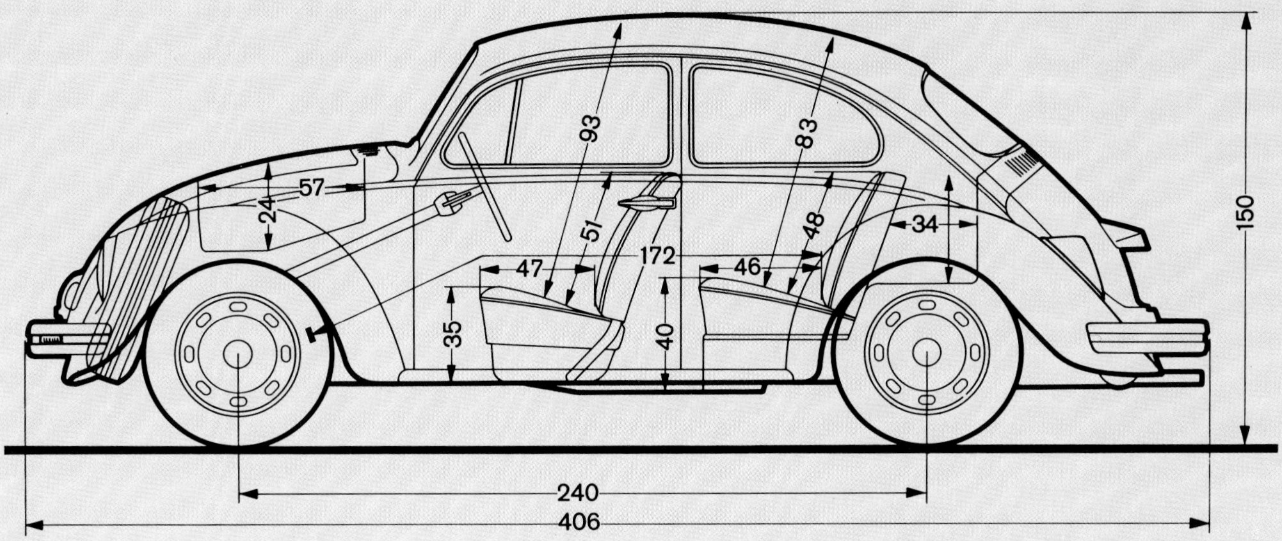

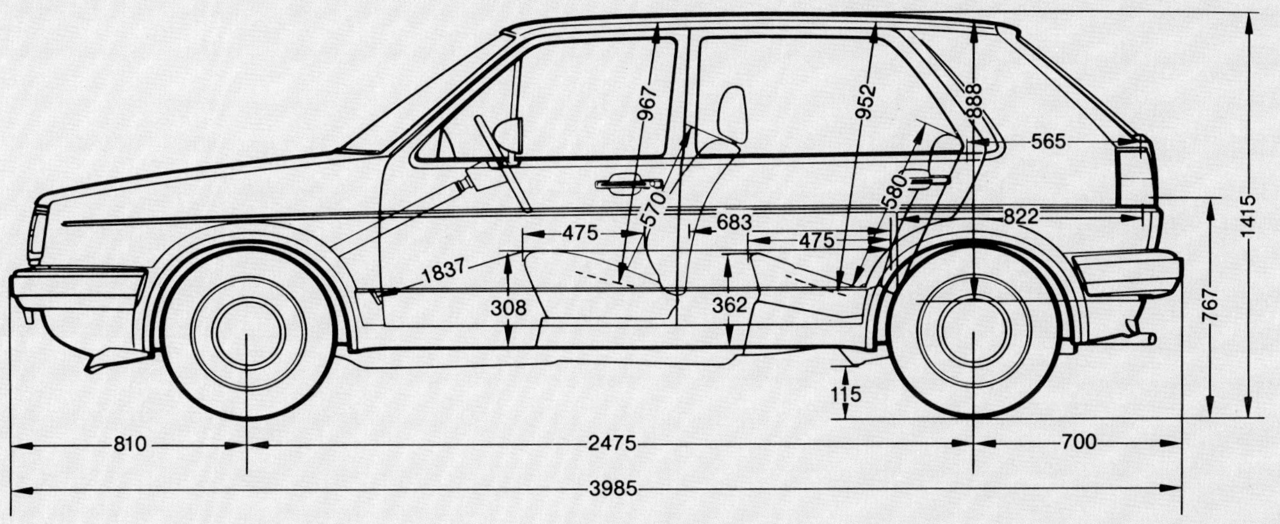

Maßvergleich zwischen Millionären

Zwei Erfolgsmodelle aus dem gleichen Hause stehen sich gegenüber: der VW-Käfer, das bis heute meistgebaute Auto der Welt, und der Golf, der inzwischen den Platz als Spitzenmodell der deutschen Produktionsstatistik eingenommen hat. Technisch gesehen stellt das eine Fahrzeug die Antithese zum anderen dar: einmal Bodengruppe mit aufgesetzter Karosserie, luftgekühlter Heckmotor von geringer Literleistung, das andere Mal voll selbsttragende Karosserie, wassergekühlter Quermotor im Vorderwagen, Vorderradantrieb und eine Anzahl von Hubraumvarianten mit Leistungen zwischen 40 kW und 102 kW.
Warum das Heckmotorkonzept dem Fronttriebler weichen mußte, zeigt schon der Vergleich der verschiedenen Abmessungen. Trotz seines erheblich größeren Nutzraums ist der Golf um 21 mm kürzer und um 85 mm niedriger. Während beim Käfer die Unterbringung von Gepäckstücken beschränkt und der Zugang zum Fond mit Unbequemlichkeit verknüpft war, bietet der Golf ein geräumiges Abteil, das durch die Hecktür mühelos zugänglich ist. Alle Vergleiche auf den Ebenen aktive und passive Sicherheit, Fahreigenschaften und Fahrleistungen fallen ohnehin eindeutig zugunsten des jüngeren Volkswagens aus. Beim Vergleich der beiden Erfolgsmodelle sollte auch ihrer „Startbedingungen" gedacht werden. Der Käfer fand ein Marktvakuum und eine weltweite Nachfrage vor, während der Golf in seiner Klasse als Spätzünder vom Anbeginn gegen härtesten Wettbewerb antreten mußte.

Der Staat als Konstrukteur

In großen Zügen betrachtet betrifft dieses Thema eigentlich das uralte Spannungsverhältnis zwischen Mensch und Technik. Politik, im Sinne der Meinungsbildung und der daraus resultierenden Rechtsgebung einerseits und anderseits Technik, auf den Sektor Automobilkonstruktion eingegrenzt, sind indessen keine unüberwindlichen Gegensätze, wie dies auf den ersten Blick erscheinen mag. Der Mensch und sein Streben nach gesicherter Wohlfahrt in einer erträglichen Umwelt und mit seinen Ansprüchen an das gesellschaftliche Zusammenleben stehen im Mittelpunkt.

Technik läßt sich nicht vollziehen, ohne daß sie auf den Menschen ausgerichtet bleibt, mit anderen Worten, nicht alles Machbare ist bedingungslos auch sinnvoll. Der Gesetzgeber seinerseits steht unter dem Druck der öffentlichen Meinung. Er darf bei der Lösung seiner Aufgaben das Wohl des Staates und seiner Bewohner, besonders deren Recht auf Leben und Gesundheit sowie die Sicherung und Verbesserung der Lebensqualität nicht aus den Augen verlieren.

Im Prinzip laufen die Friktionen dieser Grundsätze, die sich aus der fortschreitenden Entwicklung ergeben müssen, auf eine Beschränkung von Freiräumen hinaus, so daß die Freiheit des einzelnen, die ihm der Automobilbesitz verleiht, dort Grenzen findet, wo der Freiheitsanspruch anderer eingeschränkt werden könnte.

Dazu seien einige konkrete Beispiele genannt. Der Gesetzgeber hat dort einzugreifen, wo der gute Wille der Menschen zur Sicherung einer vernünftigen Ordnung nicht ausreicht. Wenn infolge der Benutzung der Automobile die Anzahl der im Straßenverkehr verletzten und getöteten Bürger stetig zunimmt, so müssen zunächst Verkehrsregeln erlassen werden. Wenn Verkehrsregeln keine Abhilfe bringen, muß der Bau sicherer Fahrzeuge verlangt werden. Steigt durch den Automobilbetrieb die Belästigung der Menschen durch Abgase und Lärm in einem Ausmaß, das nachweisbare Gesundheitsschädigungen hervorruft, so müssen Gesetze erlassen werden, die die Automobilhersteller veranlassen, Abgasemissionen und Lärmentwicklung auf ein bestimmtes Maß zu verringern, damit Mensch und Natur wieder „aufatmen" können.

Wenn aus politischen und wirtschaftlichen Zwangssituationen heraus die Erdöleinfuhren gebremst werden müssen, dann werden die Automobilkonstrukteure zum Bau sparsamerer Antriebe gezwungen. Sicherheit, Gesundheit und Prosperität sind also die Maximen, die den Gesetzgeber unter dem Druck der politischen Meinungsbildung zum Eingreifen in die Fahrzeugtechnik veranlassen. Wie scharf und detailliert diese politisch motivierten Eingriffe ausfallen, hängt von der Bereitschaft der Autohersteller zum freiwilligen Mitmachen aus Eigenverantwortlichkeit, Wettbewerbsgründen und wirtschaftlichem Leistungsvermögen ab — und vom Sachverstand des Gesetzgebers.

Das Auto als Politikum

Wie auf allen Gebieten des öffentlichen Lebens — und das Aufkommen der Automobile war von den ersten Anfängen an verdächtig, das öffentliche Leben stark zu beeinflussen — kann der Gesetzgeber erst in dem Zeitpunkt ins Geschehen eingreifen, wenn der Gegenstand oder ein Zustand, den es zu reglementieren gilt, zu einem Politikum, d. h. zu einem Gegenstand des staatspolitischen Ermessens im Interesse des Gemeinwohls geworden ist. Anlaß zum obrigkeitlichen Eingreifen gaben alle Verkehrsmittel der Neuzeit. Die Kanalschiffahrt und die Eisenbahnen wurden schon zum Politikum, bevor sie in Gang gesetzt werden konnten, weil sie auf umfangreiche Vorbereitungen angewiesen waren. Kanäle und Schienenwege mußten vorausgeplant und erstellt werden. Diese Vorgänge haben die Öffentlichkeit sehr bewegt und bei ihr nicht nur positive Einstellungen hervorgerufen. Eisenbahngesetze, die den Bau, den Betrieb, die Sicherheit, die Haftpflichtversicherung regelten, hatten beim Erscheinen des ersten Automobils bereits eine wohl sechzigjährige Anwendungspraxis hinter sich.

Was wir heute als Automobil bezeichnen, war nicht das erste, nicht schienengebundene Individualfahrzeug. Ihm gingen — etwa zur gleichen Zeit, als die Eisenbahnen gebaut wurden (etwas seit 1825) — die Straßen-Dampfwagen voraus, jene kolossalen Vierradfahrzeuge auf Eisenreifen mit Dampfkessel und Kolbendampfmaschine. Dampfwagen fuhren vor allem in England, in Frankreich und in den USA. Der berühmte Mann mit der roten Flagge schritt zufolge einer 1865 verordneten Sicherheitsmaßnahme in England nicht einem Benzin-, sondern einem Dampfauto voraus und bestimmte dessen Höchstgeschwindigkeit. Dampfautomobile hatten aber wegen ihrer Größe und Unbeweglichkeit nie den Charme des Benzinautos als Individualfahrzeug.

Im Gegensatz zu den Eisenbahnen, deren Kommen durch den Bau eigener Trassen und Bahnhöfe angekündigt worden war, stand der leichte Motorwagen als individuelles Transportmittel gutbetuchter Besitzer plötzlich da. Fast unvorstellbar war der Gedanke, daß man um die Jahrhundertwende Autobahnen mit Tankstellen und Raststätten gebaut hätte, um sie den Automobilisten zur Verfügung zu stellen. In Wirklichkeit mußten sich die ersten Automobile, die während eines Jahrzehnts in verschiedenen Ländern immer wieder neu „erfunden" und in Betrieb gesetzt wurden, selbst in den Städten mit einem äußerst mangelhaften, ja, unter der Eisenbahnkonkurrenz vernachlässigten Straßennetz begnügen. Seine Unzulänglichkeit manifestierte sich um so drastischer, je schneller die Autos zu fahren begannen. Für die Polizeibehörden waren sie wirklich eine Überraschung.

Immer mit einem Blick auf das aufkommende Politikum „Automobil" und Automobilverkehr muß man noch in Betracht ziehen, daß jedes einzelne der in den Anfangsjahren noch gut abzählbaren Exemplare ein Gegenstand höchst persönlichen Besitzstandes war, das in der Öffentlichkeit mehr Aufsehen erregte als eine vierspännig gefahrene Equipage.

Der Fiskus schaltet sich ein

Schon früh kam die Einsicht auf, daß Automobilisten auf ihren Ausfahrten ein über den Gemeingebrauch der Straße hinausgehendes Sondernutzungsrecht beanspruchten. Dieser schwer zu qualifizierende Rechtsanpruch rief den Fiskus auf den Plan. Viele rechtliche Möglichkeiten standen den Behörden für eine Abgabenbelastung dieses Luxus offen: z. B. eine Besitzsteuer, eine Straßenbenützungsabgabe, eine Konzessionsgebühr. Wie vielen Fiskalmaßnahmen, so haftete auch der Automobilsteuer die bedenkliche Funktion einer Lenkungsmaßnahme an, die einerseits Geld einbringen sollte und anderseits geeignet sein konnte, die Verbreitung des Automobils in Schranken zu halten oder zu fördern. Verkehrsabgaben aller Art haben diese Funktion bis auf den heutigen Tag ausgeübt. Fiskalische Belastungen von Fahrzeugen und Kraftstoffen sind eines der ältesten Beispiele für die indirekte Einflußnahme der Politik auf die Automobilkonstruktion.

In vielen europäischen Ländern wurde das Leistungsvermögen des Motors als Bemessungskriterium herangezogen. Die in Frankreich erfundene Steuerformel, die außer einem konstanten Faktor die Zylinderabmessungen und die Zylinderanzahl bei der Berechnung der Steuer-PS berücksichtigte, fand in Europa vielseitige Anwendung. Doch nicht nur diese Formel allein, sondern auch die Progression der auf den Steuer-PS beruhenden Steuertarife begünstigte oder benachteiligte bestimmte Fahrzeugkategorien. Die auf dem Zylinderinhalt basierende Steuerbelastung hat die Konstrukteure veranlaßt, die spezifische Hubraumleistung zu steigern. Eine Eigentümlichkeit, die bis in die dreißiger Jahre hinein den englischen Motorenbau beeinflußte, geht auch auf eine Steuerformel zurück. Sie basierte nicht auf dem Kolbenhub, sondern berücksichtigte nur die Kolbenoberfläche. Um für einen bestimmten Hubraum eine möglichst günstige Besteuerung zu erreichen, mußten also Motoren mit besonders langem Hub und kleiner Bohrung gebaut werden.

In vielen Ländern wurde auch der Motorenkraftstoff mit Abgaben an den Staat belastet. Die Verteuerung des Kraftstoffes gab den Konstrukteuren Anlaß zum Bau von Motoren mit geringerem Verbrauch. Dies gelang ihnen allerdings nicht im heutigen Ausmaß. In vielen europäischen Ländern wurden sodann sowohl die Motorgröße als auch der Kraftstoff besteuert, und auf diese Weise gab man der Motorentechnik eine bestimmte Richtung. Die unterschiedliche Fiskalbelastung ist mit ein Grund für das verschiedene Konzept europäischer und amerikanischer Fahrzeugtypen.

Das Erscheinen der mit doppelter bis dreifacher, später vielfacher Fußgänger- und Pferdezuggeschwindigkeit daherfahrender Automobile bedeutete eine ungeheure Bedrohung des Freiheitsraumes aller nichtmotorisierten Menschen. Daher gab es Proteste gegen das Automobil, sie flackerten in allen Ländern auf. Gegenüber den Automobilen und den Fahrern herrschte mangels einer einschlägigen Gesetzgebung eine Art Faustrecht. Erst im ersten Jahrzehnt unseres Jahrhunderts wurden die Regelung des Automobilverkehrs und der Erlaß von Zulassungsverordnungen dem Staat übertragen. Die Schikanen aller Art waren mit ein Grund dafür, daß sich die Autofahrer zu Interessen-Verbindungen zusammenschlossen, um mehr Gewicht bei der Durchsetzung ihrer Ansprüche zu erlangen.

Im Vordergrund stand der Kampf um bessere Straßen, ferner um die Anerkennung des Automobils als für die Volkswirtschaft notwendiges Beförderungsmittel. Ihrem Einfluß ist es auch zu danken, daß sich die Einstellung der Regierungen und Parlamente gegenüber dem Automobil loyaler gestaltete. Aus dieser staatspolitischen Änderung in der Einstellung zum Automobil zog vor allem auch die Automobilindustrie großen Nutzen. Denn es darf nicht übersehen werden, daß diese Industrie nicht nur einen Käufermarkt, sondern auch einen risikofreudigen Kapitalmarkt brauchte, damit sich die handwerklich arbeitenden Betriebe zu eigentlichen Industrien entwickeln konnten.

Seit der Jahrhundertwende schlossen sich auch die Automobilingenieure und Repräsentanten der jungen Autoindustrie zu nationalen Vereinigungen zusammen. Genannt sei z. B. die schon 1904 ins Leben gerufene „Automobiltechnische Gesellschaft" in Berlin, aus der später (1924) der „Reichsverband der Automobilindustrie" und daraufhin der „Verband der deutschen Automobilindustrie" hervorgingen. Im Jahre 1905 erfolgte die Gründung der „Society of Automotive Engineers" in Amerika, vor 1909 entstanden die professionellen Organisationen wie die „Society of Motor Manufacturers and Traders Ltd" in England, in Frankreich die „Société des Ingénieurs de l'Automobile", in Italien die „Assoziazione Nazionale fra Industrie Automobilistiche"; alle diese Vereinigungen hatten zahlreiche spezialisierte Unterorganisationen. Die regionalen und nationalen Ingenieur-Vereinigungen haben sich 1948 zur „Fédération Internationale des Sociétés d'Ingénieurs des Techniques de l'Automobile", zu der fast alle Produktionsländer umfassenden, durch ihre Kongreßtätigkeit berühmt und einflußreich gewordene Organisation FISITA zusammengeschlossen.

Das Bestehen dieser schon aus der Frühzeit der Automobiltechnik stammenden Ingenieur-Gruppierungen ist im Zusammenhang von Politik und Autobau insofern von Bedeutung, als sie den reglementierenden Behörden eine Entscheidungshilfe hätten bieten können. Dem internen Erfahrungsaustausch und der Normung (SAE, FAKRA) waren sie unbestrittenermaßen über die Grenzen hinaus förderlich. Was ihnen fehlte, war der direkte Kontakt zu den politischen Gremien. Dieser wurde vor allem vom Management der einzelnen Autounternehmen wahrgenommen, nämlich im bereits 1919 von zunächst fünf Repräsentanten autoproduzierender Länder gegründeten „Bureau Permanent International des Constructeures d'Automobile" (BPICA). Bis zum Jahr 1980 schlossen sich 20 Automobilproduzenten an, von denen 17 den wichtigsten Produktionsländern mit Einschluß der USA, Japans und Asiens angehören. Das entscheidende war, daß das BPICA im Jahr 1956 den Status eines konsultativen Organs der Vereinten Nationen erreichte. Damit wurde der Brückenschlag zwischen Industrie und Politik vollzogen.

UNO, ECE und EG als Konstrukteure

Mit der Unterzeichnung der UNO-Charta, d.h. der Gründung der Organisation der Vereinten Nationen im Jahre 1945 wurde der Grundstein zu einer völlig neuen, übernationalen Einflußnahme der Politik auf den Autobau gelegt. Innerhalb der UNO befaßt sich eine Arbeitsgruppe „Fahrzeugkonstruktion" als Working Party 29 (WP 29) mit der Sicherheit im Automobilbau. Sie ist ein Organ der Wirtschaftskommission für Europa (Economic Commission for Europe, ECE). Die WP 29 pflegt eine enge Zusammenarbeit mit vielen bereits etablierten Fachverbänden, wie etwa der Organisation für Normung (ISO) und dem BPICA, aber auch mit Dachverbänden des Straßentransports und der Zulieferanten der Automobilindustrie.

Da die UNO keinen direkten Einfluß auf die Gesetzgebung ihrer Mitgliedstaaten nehmen kann, ist für die Durchsetzung der ECE-Empfehlungen, die im Schoß der WP 29 erarbeitet werden, ein Abkommen aus dem Jahr 1958 von grundlegender Bedeutung. Es handelt sich um die Einführung von einheitlichen und auf gegenseitiger Anerkennung basierenden Homologationsbedingungen für Ausrüstungs- und Zubehörteile von Motorfahrzeugen. Dieses Abkommen sieht die Festlegung von ECE-Reglementen vor. Sie betreffen Sicherheitsausrüstungen, Vorschriften über die Fahrzeugbeleuchtung, über Türscharniere und Türschlösser, über den Innenraum (Lenksäule, Sicherheitsglas), die Bremsanlage, die Sicherheitsgurte und ihre Verankerung, aber auch über Geräuschnormen und die heute hochaktuell gewordenen Abgasemissionen (Reglement Nr. 15 mit Änderungen) und deren Kontrollüberwachung. Das ideelle Ziel der ECE-Re-

glementierung ist die Vereinheitlichung einer großen Anzahl von z. B. Fahrzeugkomponenten und Abgasvorschriften durch gleichlautende Prüfmethoden und Übergangsfristen. Sie haben in den nationalen Zulassungsverordnungen ihren Niederschlag gefunden.
Als zweite wichtige Rechtsquelle, die von den Konstrukteuren zu beachten ist, kommen 1971 die Richtlinien des Rates der Europäischen Gemeinschaft hinzu. Das ursprüngliche Ziel des am 1. Januar 1958 unter den Mitgliedsländern geschlossenen Vertrags ist die Schaffung einer Gemeinschaft zur schrittweisen Integration der Wirtschaft (mit Einschluß des Verkehrs) der Mitgliedsstaaten mit dem Endziel eines gemeinsamen Marktes. Die EG ist zwar eine Wirtschaftsorganisation, doch beschäftigt sie auch eine Arbeitsgruppe, die sich mit Handelshindernissen beim Warenverkehr (Automobile) befaßt, soweit sie sich aus technischen Vorschriften ergeben. Die EG wacht drüber, daß von allen Mitgliedsstaaten — entweder zusätzlich oder an Stelle ihrer derzeitigen Regelung — gleiche Vorschriften angenommen werden, damit vor allem das EG-Betriebserlaubnisverfahren gemäß den Richtlinien des EG-Rates zur Angleichung der Rechtsvorschriften angewendet werden kann. Manche technische Vorschriften der EG basieren indessen auf ECE-Empfehlungen. Soweit sie aber EG-Richtlinien beinhalten, sind sie nur für die Autohersteller der Mitglieder der Europäischen Gemeinschaft verbindlich und in deren Zulassungsverordnungen aufzunehmen.
Nachdem das für die USA im Jahr 1966 erlassene Sicherheitsgesetz (Motor Vehicle Standards Bill) und die von der amerikanischen Environmental Protection Agency (EPA) erlassenen Vorschriften auch für Fahrzeuge gelten, die nach den USA exportiert werden, müssen von den Konstrukteuren außer den ECE- und EG-Richtlinien auch noch alle US-Vorschriften berücksichtigt werden.
Diese Betrachtungen über die Entstehung einer internationalen Gesetzgebung für die Automobilkonstruktion reichen bis in die Zeit der siebziger Jahre, doch die tieferen Ursachen dieser Entwicklung sind so alt wie der Automobilbau selbst.

Unfallursachen werden erforscht

Es mag sein, daß die Techniker im Lauf der Automobilgeschichte andere Schwerpunkte der Entwicklung setzen, doch wenn es um die Einflußnahme des Gesetzgebers auf die Autokonstruktion geht, so sind es vor allem Bewußtseinsänderungen, Wirtschafts- und Erdölkrisen und erst in allerneuester Zeit die Ökologie, die dem Automobilbau eine neue Richtung gegeben haben.
Über alle Jahrzehnte hinweg hat die Sorge um Leben und Gesundheit der Straßenbenutzer den Gesetzgeber beschäftigt. Die ersten Zulassungsverordnungen etwa um das Jahr 1906 befaßten sich bereits mit Fahrzeugkomponenten, die irgendwie im Zusammenhang mit der Betriebssicherheit und dem Schutz anderer Verkehrsteilnehmer vor dem Automobil standen. Sie umfaßten (übrigens wie die heutigen ECE-Reglements) Mindestanforderungen für Bremsen, Beleuchtung, Lenkung und Schalldämpfung. Unter den primitiven Verkehrsregeln der Anfangsjahre standen Geschwindigkeitsbeschränkungen außer- und innerorts und die Rücksichtnahme auf scheuende Pferde an vorderster Stelle. Die Einführung des Geschwindigkeitsmessers hatte Wellen der Empörung bei den Automobilisten hervorgerufen. Einfache Vorschriften über die Karosserie sowie über Maße und Gewichte fanden erst in den zwanziger Jahren Eingang in die Zulassungsvorschriften.
Mit der Vergrößerung des Automobilbestandes je 1 000 Einwohner und mit dem Anstieg der je Jahr gefahrenen Kilometer nahmen bereits in der Zwischenkriegszeit (1914 bis 1939) die Unfälle relativ zur Vergrößerung des Motorfahrzeugbestandes in allen Ländern stark zu. Immerhin wurde schon in diesem Zeitraum seitens der Konstrukteure die Sicherheit der Fahrzeuge verbessert. Die Vierradbremsen und das Abblendlicht wurden eingeführt, bei teureren Fahrzeugen sogar Sicherheitsglas und Servobremsen. Leistungssteigerung, Fahrkomfort und Betriebssicherheit standen allerdings mehr im Vordergrund als technische Verbesserungen, die ein rascheres Ansprechen des Fahrzeugs auf die Reaktionen des Fahrers gewährleistet hätten.
Die ersten Unfallstatistiken brachten der Bevölkerung und den Behörden die vom Automobil ausgehenden Gefahren zum Bewußtsein. Es bedurfte indessen noch eines langen Lernprozesses, bis sich bei Automobilisten, anderen Straßenbenutzern und Behörden so etwas wie ein Sicherheitsbewußtsein entwickelte. Bevor sich indessen diese neue Denkweise auf die Autokonstruktion auswirkte, mußten zuerst die schweren Jahre des Zweiten Weltkriegs durchgestanden werden.
Noch 1948 wurden in Europa und Amerika vorwiegend Vorkriegsautos mit allen ihren Tugenden und — vom Sicherheitsstandpunkt aus — noch unerkannten Mängeln verkauft. Daß sich in den nächsten zwanzig Jahren eine wissenschaftlich geleitete Forschungstätigkeit auf dem Gebiet der aktiven und passiven Sicherheit der Fahrzeuge in großem Stil und zum Teil mit staatlicher Förderung abspielen würde, ahnten nur wenige unter den Konstrukteuren. Sie erarbeiteten die Grundlagen für die Unfallursachenforschung, sie ließen sich Ideen patentieren, die etwa 20 Jahre später in dieser oder jener Form als Sicherheitskomponenten in die Serie einflossen.
Die amerikanische Autoindustrie hatte die gezielte Forschung auf dem Gebiet der aktiven und passiven Fahrzeugsicherheit bis in die sechziger Jahre vernachlässigt. Zwar ist nicht zu übersehen, daß bereits im Jahr 1950 an der Cornell-Universität das erste, vom Flugzeugbau inspirierte Sicherheitsauto als

Das Cockpit im Wandel der Zeit

1928 *Im Mercedes-Benz-Kompressorwagen ist das Edelholz nicht mehr Brett, sondern schon Skulptur; ein Drehzahlmesser ist vonnöten.*

1929 *Bei einem amerikanischen Spitzenauto sah das so aus: Lasalle — der kleinere Bruder des Cadillac — hatte ein Blech-Armaturenbrett.*

1981 *Das De-Lorean-Sportcoupé mit Edelstahl-Außenhaut wurde ein Pleiteopfer. Sammler reißen sich um die wenigen gebauten Exemplare.*

1984 *Moderne Perspektive: Klar und übersichtlich in einem Umfeld aus Kunststoff hat der Pilot eines Audi Quattro die Anzeigen vor sich.*

1907 Im Mercedes Simplex war der Fahrer auch „Maschinist“. Er mußte die Tropföler überwachen und Druck erzeugen durch Pumpen.

1921 Der Chauffeur im Rolls-Royce Silver Ghost hatte es besser. Der Motor sorgte schon selbst für sein Wohlergehen.

1938 Der „Uhrenkult“ wurde durch die britischen Sportwagen ausgelöst: Skalenschau am SS100. Der Zündverstellhebel war noch auf der Lenkradnabe.

1955 Kommandozentrale des Mercedes-Benz 300 SL mit Flügeltüren. Tachometer und Drehzahlmesser sind nicht zu übersehen.

1985 Die moderne Elektronik ist gegenwärtig dabei, die Instrumentenwelt zu erobern – was nicht jedermann erfreut: Opel Kadett GSI.

Möglicherweise ist dies die Zukunft: ein Band von „Mäusekinos“, zuckenden Zahlen und Lichtbändern. Die Opel-Designer haben auch diese Möglichkeit ausprobiert.

Einzelexemplar gebaut wurde, und die Industrie wissenschaftlich ausgebildete Sicherheitsingenieure beschäftigte. Aber die Ausstrahlung ihrer Erkenntnisse bis hin in die Konstruktionsbüros war noch gering.
Der große Umbruch war im Jahre 1965 eingetreten, nachdem Ralph Nader in seinem Buch unter dem Titel „Unsafe at any Speed" die Sicherheitsmängel amerikanischer Autos anprangerte. Öffentlichkeit, Industrie und Behörden waren beeindruckt. Das in Europa allmählich gewachsene Sicherheitsdenken wurde den Amerikanern am Lenkrad fast über Nacht eingeimpft.
Der Tag, an dem eine noch zu konstituierende Behörde in die Autotechnik massiv eingreifen würde, war vorauszusehen.
Und in der Tat: Am 9. September 1966 hatte Präsident Johnson das in beiden Häusern des Kongresses verabschiedete „Autosicherheitsgesetz" unterzeichnet und damit in Kraft gesetzt. Die „National Highway Safety Administration" (NHTSA) wurde als neu geschaffene Behörde zuerst dem Handels-, später dem Transportministerium unterstellt. Das Gesetz, dessen gezielte Sicherheitsvorschriften stufenweise in Kraft gesetzt wurden, ist in mancher Hinsicht von allergrößter Bedeutung. Zum ersten ersetzt es die bisher von Staat zu Staat unterschiedlichen Sicherheitsanforderungen durch Normen, die für die gesamten Vereinigten Staaten verbindlich sind. Zum anderen enthält es auch Bestimmungen für den Reifenhandel und die Mitteilungspflicht der Autoindustrie über aufgedeckte Konstruktionsmängel bis hin zu den Autobesitzern (Rückrufe), und außerdem enthält es Strafbestimmungen für die Verletzung der Mitteilungspflicht durch die Autohersteller. Unter dem Titel „Anlagen zur Beseitigung schädlicher Auspuffgase" öffnete die „Motor Vehicle Standards Bill", das Sicherheitsgesetz, auch die Tür zum Erlaß einheitlicher Abgasnormen durch die „Environmental Protection Agency" (EPA). Dies war die Ausgangslage für die amerikanische Autoindustrie im Jahr 1967.
Das US-Sicherheitsgesetz der NHTSA wurde zwar in Zusammenarbeit mit Repräsentanten der Automobilindustrie geschaffen, doch wurde sein Vollzug auch von der Industrie kritisiert. Gegenstand der Beanstandungen, die immer wieder zu Verzögerungen bei der Inkraftsetzung führten, waren die viel zu kurzen Übergangsfristen. Man befürchtete nicht zu Unrecht, daß unter Zeitdruck entstandene unreife technische Lösungen in die Serie einflössen, ferner, daß bestimmte Bestimmungen der gesicherten wissenschaftlichen und statistischen Grundlagen entbehrten und daß die Industrie durch diese dirigistische Gesetzgebung im Falle einer allgemeinen Konjunkturabschwächung in finanzielle Schwierigkeiten geraten könnte. In der Tat mußten denn auch einzelne Normengruppen, wie etwa die Bedingungen für die Crash-Tests oder 1978 die Inkraftsetzung verschärfter Emissionskontrollen sowie die allgemeine Einführung des Air-Bag-Rückhaltesystems, um Jahre hinausgeschoben werden.
Die Verminderung der Unfallzahlen — von jeher als Staatsaufgabe betrachtet — ist das Kredo der Gesetzgeber. Aber wie soll man vorgehen, wenn die staatlich unterstützte und die industrielle Forschung ständig tiefer in die Kausalzusammenhänge eindringen und neue Kenntnisse zu Tage fördern?
Einige Fallbeispiele mögen diese Problematik aufzeigen. Wie will der Gesetzgeber einen Anforderungskatalog für Brems-Blockierverhinderer aufstellen, wenn er die Forschungsergebnisse der Industrie auf diesem Gebiet nicht kennt? Kann er den Blokkierverhinderer für alle Personenwagen vorschreiben? Welches sind die Prüfbedingungen, und wie verhält es sich mit dem Kosten/Nutzen-Verhältnis? Angenommen, das Fahren mit Abblendlicht am Tage wäre als unabdingbare Sicherheitsmaßnahme durch die Forschung erkannt worden; soll dann der Gesetzgeber vorschreiben, daß das Abblendlicht beim Einschalten der Zündung automatisch mit eingeschaltet wird? Oder: Wenn sich statistisch nachweisen läßt, daß die hinten sitzenden Passagiere in zweitürigen Wagen mehr gefährdet sind, weil sie das Fahrzeug notfalls nicht verlassen können, sollen dann bei Fahrzeugen mit mehreren Sitzreihen nur viertürige Karosserien zugelassen werden? Diese Beispiele zeigen, wie notwendig eine vertiefte Zusammenarbeit zwischen der Industrie und den Sicherheitsbehörden ist.

Experimente mit der Sicherheit

Seit 1970 spielt der Gesetzgeber in allen autoproduzierenden Ländern seine Rolle als Konstrukteur in eindrücklicher Weise. Vorherrschend ist immer noch der Schutz der Fahrzeuginsassen. Um diesem Ziel näher zu kommen, werden Crash-Tests angeordnet. Sie werden von den Autoherstellern aller Länder mit einem riesigen finanziellen Aufwand durchgeführt und von Sicherheitslaboratorien mit speziellen Prototypen systematisch betrieben. So werden nicht mehr nur einzelne Komponenten des Fahrzeugs, sondern dieses wird in seiner Gesamtheit der Forschung unterworfen. Die Crash-Test-Arena bietet ein sehr vielfältiges Programm mit Frontal- und Seitenkollisionen, Aufprall von großen und kleinen Fahrzeugen gegeneinander, Überschlägen und Dachlandungen. Doch hinter allen diesen Aktivitäten steht der Gesetzgeber oder eine Sicherheitsbehörde, die die Crash-Test-Ergebnisse in gesetzgeberische Maßnahmen umsetzen wird.
Die als Versuchskaninchen gebauten Experimental Safety Vehicles (ESV) machten selbst wieder eine eigene Entwicklung durch. Mit der Zeit kam man zu der Einsicht, daß sie sich zu weit vom alltäglichen Gebrauchsfahrzeug entfernt hatten. Die Programme der Sicherheitsforschung wurden 1973 — nach dem jüngsten Erdölschock — geändert und mehr auf die

praktische Nutzanwendung und auf die neuen Zeichen der Zeit, nämlich auf den Kraftstoff-Verbrauch und die Umweltbelastung, ausgerichtet. Sie heißen jetzt Research Safety Vehicles (RSV). Seit 1980 nimmt die Sicherheitsforschung nochmals eine neue Richtung. Man denkt jetzt an das Auto des Jahres 2000, bei dem Sicherheit, Sparsamkeit und alle Umweltbedingungen optimiert werden. Diese Autos der nahen Zukunft werden von der Industrie entwickelt, aber auch im Auftrag behördlicher Forschungsinstitute als Prototypen gebaut. Der Bürger steht vor einer integralen Einmischung der Politik in die Autokonstruktion.

Rauheres Klima

Die Automobilhersteller aller Länder haben in ihrer hundertjährigen Geschichte im Umfeld einer freien Marktwirtschaft und dank der Herausforderungen des Marktes mit ihrer Eigendynamik in der Modellpolitik eine große Anzahl von Konflikt- und Krisensituationen überstanden. Mit einem Blick auf die Fluktuationen der Weltproduktion kann man feststellen, daß mindestens bis zum Jahr 1974 die Wirtschaftskonjunktur und damit die Kaufkraft breiter Massen einen größeren Einfluß auf die Prosperität dieser Industrie ausgeübt hat als die Einflußnahme der Behörden auf die Automobilkonstruktion. Die durch die großen Unfallzahlen notwendig gewordenen Sicherheitsvorschriften haben, wie man rückblickend feststellen kann, die Fahrzeuge für ihre Benutzer vorteilhaft verändert. Das Spannungsfeld zwischen Behörden und Industrie konnte im Wege eines langen Anpassungsprozesses und dank freiwilliger Erfüllung von Normen stark entkrampft werden. Die übernationalen Bestrebungen zur Vereinheitlichung der Sicherheits- und Verbrauchsnormen sowie die Bestimmung der Fristen zu deren Einführung, vor allem aber die intensive industrielle Forschung haben zu ausgereiften technischen Problemlösungen geführt.

Dieser Prozeß ist indessen noch keineswegs abgeschlossen, man strebt auf dem Gebiet der Abgasnormen einem neuen Höhepunkt zu. Auch die Warnung des „Club of Rome" aus dem Jahr 1968, die den Hinweis auf die Begrenztheit der Ressourcen zum Gegenstand hatte, blieb für den Autoabsatz ohne direkte Folgen. Die Prognosen in bezug auf eine Sättigung des Automarktes mußten immer wieder revidiert werden. Von 1970 bis 1983 stieg die Anzahl der auf 1 000 Personen entfallenden Personenwagen kontinuierlich — in der Bundesrepublik Deutschland beispielsweise von 218 auf 390, in den USA von 426 auf 538.

Die globale Veränderung des Wirtschaftsklimas trat mit dem Erdölschock im November des Jahres 1973 ein. Die Krise, die mit einer politisch manipulierten Verknappung der Treibstoffe ihren Anfang nahm, entpuppte sich als eigentlicher Wirtschaftskrieg weltweiten Ausmaßes und von unabsehbarer Dauer. Die von den Behörden getroffenen Maßnahmen erzeugten ein neues Energiebewußtsein, das durch beträchtliche Preissteigerungen, aber auch durch die Besinnung auf die Begrenztheit der Erdölreserven geprägt wurde. Manche Staaten begannen, auf ihrem eigenen Territorium nach Erdöl zu suchen. Neu überdacht wurde auch der Primärenergieverbrauch, d.h. der Energieverbrauch, der für die Erdölraffination, die Herstellung von Reifen und Kunststoffen benötigt wird. Die Akzeptanz seitens der Industrie und der Autofahrer gegenüber den behördlichen Sparmaßnahmen war viel größer als jene gegenüber den behördlichen Sicherheitsmaßnahmen, die jahrzehntelang das Feld beherrschten.

In den USA trat 1973 ein Benzinspargesetz in Kraft, das außer dem Tempolimit auf 55 Meilen je Stunde eine stufenweise Verbrauchssenkung vorschrieb, die heute noch nicht an ihrem tiefsten Punkt angelangt ist. Die US-Autoindustrie wurde von diesem Sparbefehl, der im sogenannten Flottenverbrauch — einem Durchschnittsverbrauchswert aller von einem Konzern verkauften Fahrzeuge — seinen Ausdruck fand, besonders hart betroffen, weil gleichzeitig auch noch die seit 1968 ständig verschärften Abgasvorschriften einzuhalten waren. Überschreitungen des Flottenverbrauchs werden mit hohen Bußen geahndet. Fast über Nacht sahen sich die amerikanischen Konstrukteure vor die ungewohnte Aufgabe gestellt, sparsame Motoren innerhalb weniger Jahre auf den Markt zu bringen. Die amerikanischen Autos haben seit 1975 ihr Gesicht völlig verändert, sie wurden kompakter, leichter und mit geringeren Motorleistungen ausgestattet. Im Vergleich zur Verwirklichung der behördlichen Sicherheitsmaßnahmen bildete die Umstellung auf sparsamere Autos eine ungeheure Herausforderung.

In Europa hat der Erdölschock das Marktangebot in geringerem Maße verändert, weil hier schon immer Wagen mit sparsamen Motoren angeboten wurden. Immerhin haben die Fachleute in Forschung und Entwicklung das Schwergewicht auf die Verbrauchssenkung verlagert und hervorragende Ergebnisse in der Praxis erzielt. Die von den Regierungen vorgegebenen Sparziele konnten erfüllt und sogar unterboten werden. Eine ECE/EG-Vorschrift schreibt vor, daß jeweils der Verbrauch der einzelnen Fahrzeugtypen offiziell bekanntgegeben werden muß. Diese neue Verbrauchsspezifikation ersetzt die überholte DIN-Verbrauchsangabe. Es sei in diesem Fall an die von der Industrie in Kooperation mit den Behörden gebauten Experimental Research Vehicles (ERV) erinnert, bei denen alle Faktoren, die zur Verbrauchssenkung beitragen (Sparmotor, Luftwiderstandsbeiwert, Gewicht), extrem, aber doch noch marktkonform optimiert werden. Die von den Behörden zwecks Schonung der Rohstoffreserven und zur Verbesserung der Außenhandelsbilanz verordneten sparsameren Autos haben — in Anbetracht der steigenden Kraftstoffpreise — bei den

Käufern eine gute Aufnahme gefunden. Die Produktionszahlen zwischen 1981 und 1983 zeigen trotz der üblichen, gesamtwirtschaftlich bedingten Fluktuationen einen Aufwärtstrend.

Umweltschutz als höchstes Ziel

Daß die Industriestaaten zur Zeit im Strudel einer dramatischen Wendung stehen, die den Stellenwert des Automobils in der Gesellschaft wegen der ihm angelasteten Umweltverschmutzung zu verändern droht, das spürt man täglich. Von den sich seit den siebziger Jahren überschneidenden Anforderungen, die der Gesetzgeber an den Konstrukteur stellt, nämlich Sicherheit, Verminderung des Kraftstoffverbrauchs und Begrenzung der Schadstoffe in den Abgasen, datieren letztere aus der jüngsten Zeit der Automobilgeschichte. Die Ereignisse sind noch derart im Fluß, daß an dieser Stelle nur auf die Entstehungsgeschichte der politischen Willensbildung eingegangen sei.

Die am Anfang dieses Abschnitts erwähnte Begrenzung des Freiheitsraums durch divergierende Interessen erreicht beim Umweltschutz eine unendliche Dimension. Das neue Politikum heißt saubere Luft. Sie ist zum Bestandteil der Lebensqualität erklärt worden. Die Luft und das Klima — beide durch die Abgase gefährdet — sind indessen noch nicht die einzigen schützenswerten Güter; hinzu kommen auch noch der Boden, das Wasser und neuerdings der Wald. Überall spielen, nach noch unbewiesenen Annahmen, die Abgaskomponenten hinein. Darum ist das — in diesem Fall nur auf die Automobilabgase beschränkte — Umweltschutzproblem von so globaler Bedeutung. Seit die Veränderungen an diesen Gütern und ihre negative Seite meßbar und statistisch erfaßbar geworden sind, haben die Umweltschutzbehörden eine erste Handhabe, die sie zu Maßnahmen berechtigt und verpflichtet. Aus der von Emotionen keineswegs freien Interpretation dieser Meßergebnisse entstand das neue Umweltbewußtsein.

Die ersten Erhebungen über gesundheitsschädliche Komponenten in der Luft stammen aus dem Jahr 1959. Sie wurden vom amerikanischen „Board of Public Health" in Kalifornien, dem autoreichen Staat mit besonderen klimatischen Verhältnissen, durchgeführt und in einen Luftqualitäts-Standard umgemünzt. Im Jahr 1964 trat in den USA eine Vorschrift in Kraft, die zunächst nur die Rückführung der im Kurbelgehäuse angesammelten Abgase ins Ansaugrohr zum Gegenstand hatte. Gesetzliche Bestimmungen, die auch die Schadstoffe im Auspuff spezifizierten und limitierten, entstanden in Amerika im Jahr 1966 und wurden 1968 in Kraft gesetzt. Seither läuft in Kalifornien und den übrigen Bundesstaaten die Verfeinerung und Verschärfung dieser Grenzwerte mit immer neuen Zielsetzungen hinsichtlich Meßverfahren, Fahrzyklus und Nachkontrollen. Jede Veränderung brachte der Industrie einen enormen und sehr kostspieligen Forschungs- und Konstruktionsaufwand. Er war so groß, daß die Industrie in wirtschaftlich schweren Zeiten um Fristenstreckung bei der Einführung neuer Normen nachsuchen mußte, die ihr auch zugestanden wurde. In den USA bestehen für Kalifornien weiterhin strengere Emissionsbegrenzungen, das übrige Land ist durch Bundesgesetze abgedeckt, so daß man eine gewisse Einheitlichkeit erreicht hat.

In Europa fand die Umweltpolitik zunächst in Einzelmaßnahmen ihren Niederschlag. Erst im Jahr 1972 entstand das ECE-Reglement Nr. 15. Die darin enthaltenen Grenzwerte und Meßmethoden lehnten sich an die in den USA bereits als überholt geltende Emissionskontrollgesetzgebung an. Es sieht eine stufenweise Verschärfung der Grenzwerte vor. Die Anwendung der ECE-Abgasvorschriften steht allen Staaten offen, die das Abkommen über die Homologation unterzeichnet haben. Den Mitgliedsstaaten der Europäischen Gemeinschaft (EG) steht es frei, die ECE-Normen zu verschärfen, sofern solche Änderungen in allen diesen Staaten gleichzeitig berücksichtigt werden. Die Schweiz und Schweden sowie einige andere Staaten, denen die ECE-Normen zu wenig fortschrittlich erschienen, erließen eigene, meist den aktuellen amerikanischen Vorschriften angenäherte Abgasgesetze, so auch Japan.

Die Grenzwerte des ECE-Reglements 15.04 konnten bisher von der Industrie durch motorseitig getroffene Maßnahmen eingehalten werden, doch einer weiteren Verschärfung kann voraussichtlich nur mit der Anwendung der Katalysatortechnik (wie in den USA) entsprochen werden. Damit sind die Europäer bei einem neuen Zielkonflikt angelangt: die Versorgung des Marktes mit bleifreiem Superbezin.

Die europäische Autoindustrie fordert in Sachen Umweltschutzpolitik einmütig den Erlaß gemeinsamer, einheitlicher und klarer Regelungen und — aus Kosten/Nutzen-Überlegungen heraus — eine weise Beschränkung des Gesetzgebers auf das technisch Machbare sowie eine Kraftstoffversorgung für Katalysatorfahrzeuge, die dem grenzüberschreitenden Verkehr Rechnung trägt.

Die unheimliche Zeitbombe, die von den Umweltschutzorganisationen und den unter ihrem Druck stehenden Behörden der Autoindustrie nahegebracht worden ist, kann von der Technik her nur mit einem milliardenschweren Aufwand entschärft werden, an dem auch die Autokäufer ihren Teil mitzutragen haben. Wie sich die Autowelt diesen Problemen gegenüber verhält, das wird die Zukunft weisen.

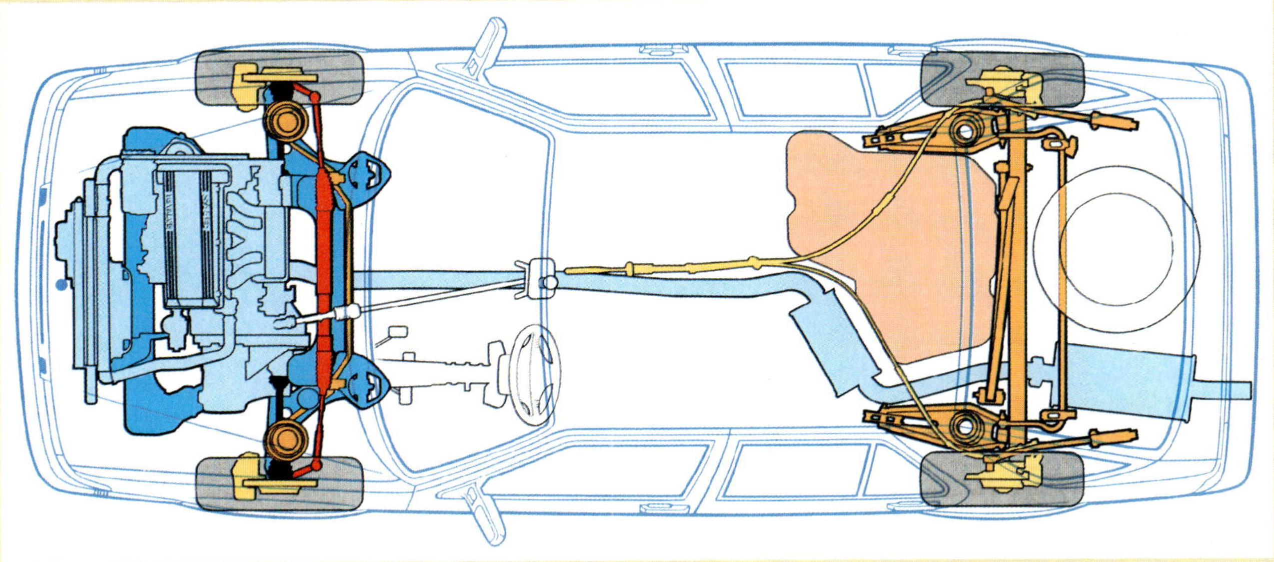

Stand der Technik

Im Großserienbau hat sich weltweit der Vorderradantrieb gegen die konventionelle Bauart mit Längsmotor und angetriebenen Hinterrädern durchgesetzt. Bei Kleinwagen und in der Mittelklasse kann er als Standard gelten, und auch in der Oberklasse beginnt er Terrain zu gewinnen. Die Bauart mit Quermotor erlaubt bei kompakten Außenabmessungen ein Optimum an Nutzraum. Bei den Motoren dominiert nach wie vor der Vierzylinder mit Ventiltrieb durch die obenliegende Nockenwelle. Vierventiltechnik und Aufladung ermöglichen den Gewinn von reichlich Leistung und Drehmoment bei im Verhältnis geringem Triebwerksgewicht. Für die Kraftübertragung werden überwiegend Fünfganggetriebe gewählt, wobei die fünfte Stufe meist als Schongang übersetzt wird.
Die Vorderräder werden stets einzeln geführt, wobei man mehrheitlich Federbeine benutzt. Für die Hinterradführung gewinnt außer der Einzelführung die Koppelachse an Bedeutung, bei der gezogene Längslenker durch ein meist torsionselastisches Element verbunden sind. Häufig — vor allem dort, wo das Bremssystem einen Blockierschutz einschließt — treten auch an den Hinterrädern Scheibenbremsen auf. An den Vorderrädern hat sich die Bremscheibe völlig durchgesetzt. Für die Lenkung erfreut sich das Zahnstangenprinzip großer Beliebtheit. Zunehmend werden auch in der Mittelklasse hydraulische Lenkservo-Systeme angeboten. (Die Zeichnung stellt den Saab 9000 Turbo dar.)
Die untere Darstellung weist auf einen Trend zum Allradantrieb hin, der in Europa eindeutig durch den Audi Quattro (Bild) ausgelöst wurde und dem Antrieb aller Räder, der vorher nur geländegängigen Fahrzeugen vorbehalten war, den Weg in technisch aufwendigere Straßenfahrzeuge öffnete. Gegenwärtig bieten bereits eine Anzahl von Personenwagenherstellern Modelle mit Allradantrieb an, die primär für den Straßenverkehr konzipiert sind.

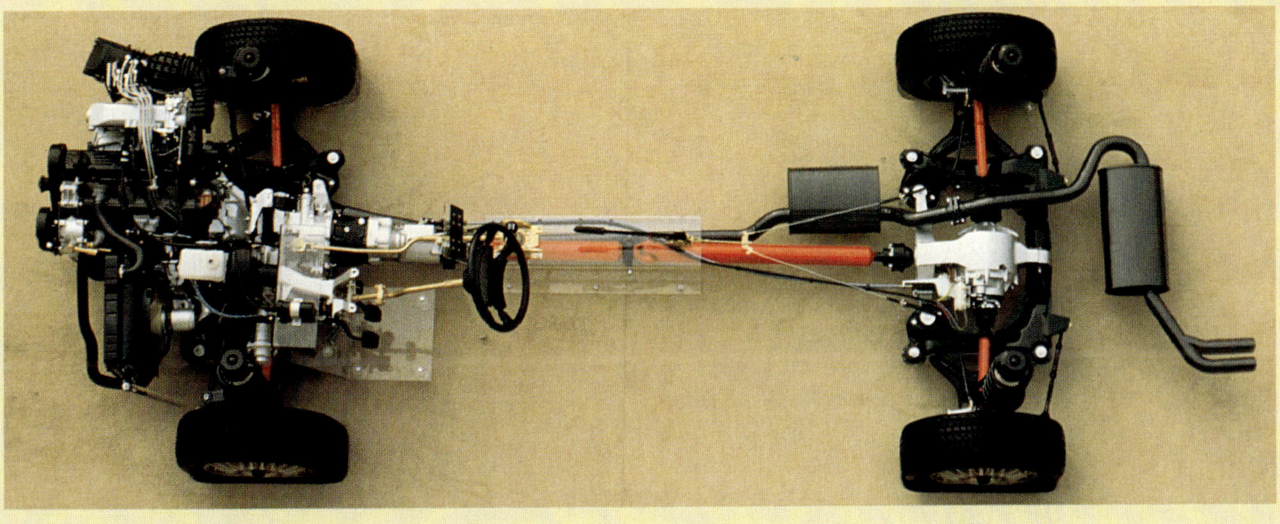

Sprecher der Automobilindustrie

Die Situation nach Erfindung des „Motorwagens"

Anläßlich des 25jährigen Regierungsjubiläums 1914 erschien im Verlag Raimar Hobbing das dreibändige Werk „Deutschland unter Kaiser Wilhelm II". Darin beschrieben Wissenschaftler, hohe Beamte und sonstige Persönlichkeiten die erzielten Leistungen und Erfolge auf den verschiedensten Gebieten. Im Abschnitt Verkehrswesen wurde dem Pferdefuhrwerk folgende Zukunft vorausgesagt:
„Das Pferdefuhrwerk, das schon durch die Eisenbahn aus der herrschenden Stellung, die es Jahrtausende lang eingenommen hatte, in die dienende verdrängt worden war, hat in unserer Zeit abermals einem neuen Verkehrsmittel weichen müssen. Aber auch diesmal wird der Kampf nicht zur Ausschaltung der altehrwürdigen Einrichtungen führen. Das Pferdegespann wird sein Anwendungsgebiet behalten, in das ihm das Kraftfahrzeug nicht folgen kann, und bald wird das wachsende Verkehrsbedürfnis in unserer raschlebigen Volkswirtschaft die Einbuße, die das Pferdegespann in seiner Verbreitung zunächst erleiden mußte, wieder ausgeglichen haben."
Diese Prognose war für den Geist in den Amtsstuben sehr bezeichnend.
Die letzten drei Jahrzehnte des 19. Jahrhunderts waren die hohe Zeit technischer Erfindungen. Die meisten von ihnen eroberten ihre Positionen nahezu lautlos und wurden der breiten Öffentlichkeit erst bewußt, nachdem diese sich bereits daran gewöhnt hatte.
Nicht so das Automobil. Mit ihm mußten seine Hersteller sofort auf die Straße, die in Linienführung und Oberflächenzustand zwar für Pferdegespanne meist ausreichte, nicht aber für Motorwagen. Hier griff vor aller Augen etwas in den öffentlichen Alltag ein, wofür es bisher keine Beispiele gab, und das so gar nicht in das allgemein konservative Lebensgefühl von spießiger Gelassenheit und Ruhe paßte. Sie waren im ersten Jahrzehnt nach ihren bahnbrechenden Erfindungen in keiner beneidenswerten Lage, die deutschen Automobilbauer. Nicht nur die Gleichgültigen und Schwunglosen, die ohnehin nie für etwas Neues zu gewinnen sind, standen einer Entfaltung der Automobilindustrie entgegen. Auch Äußerungen aus höchstem Mund, wie z. B. „Stinkkästen", schufen Feindseligkeit, in der Angehörige der Aristokratie mit Vertretern des einfachen Volkes übereinstimmten.
In jenen Jahren und nach der Jahrhundertwende geriet die deutsche Automobilindustrie durch moralische und gesellschaftliche, polizeiliche und gesetzgeberische Druckmittel mehrmals in Gefahr, im Keim erstickt zu werden. Außerdem war die finan-

Königlich = Württembergisches

Staats= und Regierungs= Blatt

vom Jahr 1809

Extra = Beilage zu Nro. 29

Unterzeichnete Stelle sieht sich veranlaßt, die Königliche Kreis= und Ober=Aemter auf die längst bestehende und in der neuen Weg=Ordnung vom Jahr 1808 wiederholte Verordnung aufmerksam zu machen, daß auf alle diejenige Stellen, wo sich die Wege nach verschiedenen Richtungen theilen, oder sonst Verirrungen möglich sind, Wegweiser gesezt werden sollen.

Die Oberämter haben die Orts=Vorsteher und Wegmeister für die Vollziehung dieser Anordnung in der Maße verantwortlich zu machen, daß an allen dergleichen Stellen längstens innerhalb 14 Tagen Wegweiser aufgerichtet werden, widrigenfalls diejenige, welchen eine Nachlässigkeit hierunter zur Last fällt, der Königlichen Ober=Regierung zur gebührenden Bestrafung anzuzeigen sind.

Stuttgart, den 23. Jun. 1809.

Ministerium des Innern.

Man sprach in der Postkutschenzeit noch von „Wegen", im Gegensatz zur motorisierten Jetztzeit der Schnellstraßen und Autobahnen mit zum Teil riesigen Hinweisschildern.

zielle Basis der einzelnen Hersteller recht schmal und das Verkaufsgeschäft wechselhaft. Die lebenswichtigen Fragen lauteten daher, wie die ausländische Konkurrenz verdrängt und die Gleichgültigkeit, die Vorurteile und die gehässige Feindschaft gegen das Automobil im eigenen Land abgebaut werden könnten.

Der Mitteleuropäische Motorwagen-Verein wird gegründet

Wer war jedoch in der Lage, diese Aufgaben zu erfüllen und sich den vielen anderen offenen Problemen, z.B. steuerlicher, handelspolitischer und verkehrsrechtlicher Art anzunehmen? Es mußten alle, die dem Automobil positiv gegenüberstanden, an einen Tisch gebracht werden: außer den Herstellern und ihren Kunden also auch Motorsportler, Persönlichkeiten aus Politik, Wirtschaft und Gesellschaft sowie die zunehmende Anzahl der Teile- und Zubehörfabrikanten.

Im Mitteleuropäischen Motorwagen-Verein (MMV) fand dieser Personenkreis schließlich am 30. September 1897 in Berlin seine organisatorische Form. Initiator dieses Zusammenschlusses war Oberbaurat a.D. Adolf Klose, ein um die Staatseisenbahnen Sachsens und Württembergs verdienter Ingenieur und Verkehrsspezialist. An der Gründungsversammlung des MMV nahmen 51 Herren teil.

Aus der einleitenden Ansprache ging hervor, daß der MMV das ganze deutsche Sprachgebiet nebst den angrenzenden Ländern umfaßte und daß er „durch das Zusammenwirken der Gewerbetätigkeit in all diesen Staaten mit den Mitteln der wissenschaftlichen Technik sowie mit dem praktischen Sinn der Geschäftsleute eine weitere Ausbreitung des Motorwagenwesens anstrebt, zum Segen der Gewerbetätigkeit und zur Annehmlichkeit des unabhängigen Verkehrs des Einzelnen".

Bald nach seiner Gründung entwickelte der MMV eine ganze Reihe von Aktivitäten, die, wie z.B. die Automobilausstellungen 1897, 1898 und 1899 in Berlin, geeignet waren, breiten Bevölkerungsschichten unmittelbaren Kontakt zum Automobil zu vermitteln. Als besonderen Erfolg ist zu werten, daß der MMV 1898 zum Concours Hippique in Berlin eingeladen wurde, wo eigentlich nur rassige Pferde und elegante Kaleschen zu sehen waren. Die tonangebende Gesellschaft erhielt dort erstmals Gelegenheit, auch Automobile auf ihre Fahreigenschaften und repräsentativen Nutzwert zu begutachten.

Darüber hinaus wurde die Gunst der Stunde genutzt, auch zwei Wettfahrten zu veranstalten, die ebenfalls große Beachtung fanden. Tägliche Rundfahrten vom Ausstellungsgelände in entfernte Berliner Stadtteile gaben überdies der Bevölkerung Gelegenheit, kleine und große Automobile, Benzinwagen und Elektromobile kennenzulernen.

In sehr geschickter Weise gelang es dem MMV, mitunter über seinen zweiten Präsidenten, den Grafen v.Talleyrand-Périgord, positive Einstellungen zum Automobil bei einigen Fürstenhäusern zu wekken. Sternfahrten in die Residenzen mit anschließenden Empfängen lieferten stets Grundlagen für

Vor der Jahrhundertwende waren die „Autler" noch Helden, denen nach der Strapaze der Siegerkranz gebührte. Der Reisende im Bild ist von der Fahrt durch den Vulkanqualm geschwärzt, aber so euphorisch, daß er bei nunmehr hellem Tag noch mit Licht fährt.

Zeitungsberichte. Sie halfen mit, Vorurteile abzubauen.
Zur Politik des MMV gehörte es außerdem, der traditionellen Verbundenheit der regierenden Häuser mit den Pferden nicht nahezutreten, wohl aber auf eine Versöhnung des Alten mit dem Neuen hinzuarbeiten.
Ab 1. Januar 1898 erscheint mit der Fachzeitschrift „Der Motorwagen" ein Vereinsorgan, das sich zur Aufgabe setzte, Plattform für wissenschaftlichen, technischen und geschäftlichen Erfahrungsaustausch seiner Mitglieder zu sein.
Nicht zu vergessen sind die Bemühungen des MMV seit 1898 um die Einführung der Automobiltechnik als Unterrichtsfach an den Technischen Lehranstalten und Hochschulen.
Aber der MMV war auch direkt mit technischen Entwicklungen befaßt. So beteiligte er sich 1903 mit dem Europäischen Karbid-Syndikat an der Ausschreibung eines Wettbewerbs für die bestgeeignete Form der Acetylenbeleuchtung von Kraftwagen sowie an einer Ausschreibung für die Konstruktion von Geschwindigkeitsmessern.
Obgleich die wirtschaftliche und geistige Verflechtung der europäischen Völker um die Jahrhundertwende recht ausgeprägt war, stellte sich doch bald heraus, daß der Gedanke eines überstaatlichen Motorwagen-Vereins nicht sehr realistisch war. Nachdem die Bedeutung der ursprünglichen Anliegen, die zur Gründung des MMV geführt hatten, im Laufe der schnellen Weiterentwicklung allmählich schwand, traten geschäftliche Belange in den Vordergrund, die zwangsläufig zur Interessenspaltung führen mußten. Hinzu kam teilweise eine Ausstellungsmüdigkeit der Hersteller, die vom MMV nicht früh genug erkannt wurde.
Immerhin gehörten 1904 dem Verein 750 Firmen- und Einzelmitglieder an, und es ist sicher nicht zuviel gesagt, daß der MMV als Ahne aller späteren Verbände und Clubs, die sich in Deutschland mit der Automobilindustrie, dem Motorsport und anderen Bereichen der Motorisierung beschäftigten, bezeichnet werden muß.

Gründung des Vereins Deutscher Motorfahrzeug-Industrieller

Der harte Wettbewerb und die zunehmende Anzahl der einerseits zwar sehr kostspieligen, andererseits aber auch sehr werbewirksamen motorsportlichen Veranstaltungen überstieg bald die finanziellen Kräfte der Unternehmen.
Hinzu kam die dringend notwendige Beschäftigung mit der anschwellenden Gesetzgebung in steuerlicher, handelspolitischer und verkehrsrechtlicher Beziehung.
Dies verlangte nach einer Organisation, die den Firmen das ganze Bündel übergeordneter Fragen abnahm, damit sie selbst Zeit für das Nächstliegende fanden, nämlich für die Lösung konstruktiver und betriebswirtschaftlicher Aufgaben.
So gründeten am 19. Januar 1901 in Eisenach 15 Industrielle — sie waren durchweg Mitglieder des MMV — den Verein Deutscher Motorfahrzeug-Industrieller (VDMI), die erste auf die Hersteller von Motorfahrzeugen beschränkte Berufsorganisation. Zu den Gründungsmitgliedern gehörten bekannte Automobilindustrielle wie Heinrich Kleyer (Adler), Wilhelm Opel, Karl Fichtel (Fichtel & Sachs) und Willi Tischbein (Continental). Zu Beginn des Bestehens des VDMI gehörten ihm bereits vier Firmen der Zubehörindustrie an. Damit begann die uns heute vertraute Trennung der Interessenvertretung von Herstellern und Kraftfahrern. Der MMV bestand zwar weiter, verlor jedoch im Laufe der Jahre zunehmend an Bedeutung.
Der Zutritt zum VDMI wurde sehr bald auch allen Halbfabrikat- und Teilelieferanten nahegelegt, sofern sie mehr als 25 Mitarbeiter beschäftigten. Um den Mitgliederstand zu heben, wurde 1905 beschlossen, auch kleineren Fabrikanten sowie Händlern die Möglichkeit des Beitritts zu geben. Diese Gruppe erhielt allerdings kein Stimmrecht. Nach dieser Öffnung nach unten stiegen die Mitgliederzahlen von 31 im Jahr 1903 auf 180 im Jahr 1906.
Das kaiserliche Deutschland bestand um diese Zeit aus vier Königreichen, sechs Großherzogtümern, fünf Herzogtümern, sieben Fürstentümern, drei Freien Städten und dem Reichsland Elsaß-Lothringen. Jedes dieser staatlichen Gebilde versuchte, mit dem Automobil auf eigene Weise fertig zu werden. Dieses mußte sich also nicht nur gegen das Pferd behaupten, sondern von Beginn an auch gegen den Amtsschimmel.
Da gab es zunächst den Begriff der „polizeiwidrigen Geschwindigkeit", deren sich die Automobile angeblich schuldig machten.
Was aber waren „polizeiwidrige" Geschwindigkeiten? Der Weltrekord für Traber stand bei 50 km/h, und flotte Einspänner fuhren mühelos 25 km bis 30 km in der Stunde. An diesem Tempo hatte bisher kein Gendarm Anstoß genommen, obwohl es infolge durchgehender Pferde Unfälle genug gab.
Die sächsische Amtsmannschaft Großenhain konnte für sich in Anspruch nehmen, bereits 1898 die erste Anti-Auto-Verordnung erlassen zu haben: Sie verbot kurzerhand die Durchfahrt von Motorwagen durch das 10 000 Einwohner zählende Städtchen.
Auch die Hessen begannen sich in dieser Zeit für das Auto zu interessieren. Sie führten 1899 für Motorwagen eine nach Verkaufspreis, Größe und Leistungsfähigkeit gestaffelte „Stempelabgabe" ein. Und die Königlich-Bayerische Polizei-Direktion München ließ 1900 für das Stadtgebiet lediglich 25 Motorwagen zu.
Anfang 1901 betraute der Königlich Preußische Innenminister das Polizeipräsidium von Berlin mit der Aufgabe, Vorschriften für den Verkehr mit Motorwagen zu erlassen. Diese traten bereits am 3. Mai

desselben Jahres in Kraft, wurden aber nur teilweise und nicht von allen deutschen Bundesstaaten übernommen. Somit war ein Durcheinander von vornherein programmiert.
Die Verordnungen verlangten vom Fahrer eines Motorwagens den Besitz einer Fahrerlaubnis, beschränkten die Höchstgeschwindigkeit in Ortschaften und auf Landstraßen auf 15 km/h und die Wendefähigkeit der Motorwagen auf 10 m. Übermäßig starke Scheinwerfer wurden — da Pferde geblendet werden könnten — verboten (ohne zu beschreiben, was „übermäßig" ist) und gaben örtlichen Polizeibehörden das Recht, Straßen, Wege und Plätze für Motorfahrzeuge zu sperren.
Außerdem mußten Kraftfahrzeuge mit beleuchteten polizeilichen Kennzeichen versehen werden.
Da der Autobau noch in den „Kinderschuhen" steckte, war eine ganze Reihe weiterer Bestimmungen, die sich mit der Bremsfähigkeit und anderen konstruktiven Einzelheiten befaßte, überhaupt nicht oder nur schwer zu erfüllen.
Dieses bis in unsere Zeit hinein fortdauernde Einwirken des Staates auf das Automobil begann also im Gründungsjahr des VDMI und beschäftigte ihn über die nächsten Jahrzehnte hindurch ausgiebig.
Zu einer reichseinheitlichen Regelung kam es auf Drängen des VDMI erst 1906, als sämtliche Bundesstaaten die vom Bundesrat empfohlenen „Grundzüge betrifft den Verkehr mit Kraftfahrzeugen" annahmen. In diesem Jahr erreichte der VDMI auch die Aufhebung der allgemeinen Geschwindigkeitsbegrenzung auf 15 km/h. Diese Tempogrenze galt fortan lediglich für geschlossene Ortschaften. Die Geschwindigkeit auf freien Strecken blieb der persönlichen Verantwortung des Fahrers überlassen.
1906 wurde ganz unerwartet der allmählich zunehmenden Begeisterung fürs Auto durch das sogenannte Reichsstempelgesetz ein Bein gestellt: Mit Wirkung vom 1. Juli mußten für sämtliche Personenwagen und Motorräder, soweit sie nicht der gewerbsmäßigen Beförderung dienten oder im Dienst von Behörden standen, eine Steuer entrichtet werden, die je nach Fahrzeuggröße zwischen 30 und 220 Mark lag. Das schlimmste aber war, daß diese Steuer den Charakter einer „Luxussteuer" erhielt. Hiernach wurde das Auto bis weit ins 20. Jahrhundert hinein amtlicherseits stets als „Luxusgegenstand" angesehen.
Durch Eingaben und persönliche Gespräche mit Reichstagsabgeordneten ging der VDMI gegen diese Auffassung mit dem Argument an, die Bevölkerungskreise, die sich seiner zu bedienen begannen, wie z. B. Ärzte und Gewerbebetreibende, gehörten nicht zu den Wohlhabenden im Kaiserreich. Die Entwicklung in Frankreich zeigte ebenfalls um diese Zeit das zunehmende Interesse der Angehörigen freier Berufe am Auto. In diesem Zusammenhang war zum ersten Mal auch vom „Volksauto" die Rede.
Aber sämtliche Gründe konnten nicht verhindern,

Der Stil der Ausstellungsplakate im Wandel der Zeit: 1906 war offensichtlich das Autofahren noch eine recht mühevolle Sache. Der Mann am Rad wirkt strapaziert; er hatte ja außer dem Lenkrad und der Ballhupe auch noch eine Klaviatur von Ölspritzen zu bedienen.

daß dieses Gesetz in Kraft trat. Der Staat erhoffte sich daraus ein Steueraufkommen von 3,5 Millionen Mark. In seine Kassen flossen jedoch nur 1,9 Millionen Mark. Immerhin begann damit die Ära der Automobilsteuern, denen offensichtlich ein ewiges Leben beschieden ist.
1908 gelang es dem VDMI, eine Erhöhung dieser Kraftfahrzeugsteuer zu verhindern. Wie zutreffend seine Argumente gegen diese „Luxussteuer" waren, ergab eine 1910 erfolgte Untersuchung. Danach dienten lediglich 38,6% aller Kraftwagen dem „Vergnügen und Sport", während der restliche, größere Anteil für berufliche Zwecke benötigt wurde.
1908 wurde General der Infanterie v. Lyncker erster Inspekteur der Verkehrstruppen, und die deutsche Heeresverwaltung begann, Privatunternehmern die Anschaffung von Lastwagen zu empfehlen. 800 000 harte Mark wurden dafür reichsseitig locker gemacht und bald darauf noch einmal eine ganze Million. Zweck dieser Aktion war es, den Ankauf von

für die Heeresverwaltung geeigneten Lastwagen zu erleichtern.

1903 wurden in Deutschland von 18 Firmen mit 3 684 Beschäftigten 1 450 Kraftwagen einschließlich „Untergestelle" und 2 991 Krafträder hergestellt. Der Wert dieser erzeugten Kraftfahrzeuge lag bei 14,1 Millionen Mark. Zur Herstellung eines einzigen Kotflügels brauchte man acht Stunden, und eine Karosserie spachteln, lackieren und trocknen dauerte etwa drei Wochen.

Wie auf verschiedenen anderen Einfuhrgütern, so lastete auch auf Rohöl ein beachtlicher Einfuhrzoll. Hersteller und Autofahrer begrüßten es daher, daß es dem VDMI 1906 gelang, eine Zollermäßigung zu erreichen.

Um 1907 fanden die Konstrukteure keinen Gefallen mehr daran, daß sie sich Jahr für Jahr zum Termin der nächsten Ausstellung Neues einfallen lassen mußten. Was sie brauchten, war Zeit für die Entwicklung. Daher wurde der Vorschlag des VDMI, eine vierjährige Ausstellungspause vorzusehen, dankbar aufgenommen.

Die deutsche Reichsregierung erließ 1909 das „Gesetz über den Verkehr mit Kraftfahrzeugen". Während der erste Teil Bestimmungen über die behördliche Zulassung von Kraftfahrzeugen enthielt, über den Führerschein (dieser Ausdruck erscheint hier zum ersten Mal) sowie über die Entziehung der Fahrerlaubnis und ein anderer Teil Strafvorschriften, war ein weiterer mit 19 Paragraphen der Haftpflicht gewidmet.

Dieser Haftpflichtteil enthielt gegenüber dem Reichshaftpflichtgesetz von 1871 verschiedene Verschärfungen, die auf den Kraftfahrzeughalter abgestellt waren. Er schuf gleichzeitig aber auch die Möglichkeit, das Risiko durch eine entsprechende Versicherung abzudecken.

Mit diesem Gesetz fand der „Amtsschimmel" bis zum Ersten Weltkrieg endlich seine Ruhe.

Mit Hilfe des VDMI nahm sich in dieser Zeit die Automobilindustrie einer Regelung der Verkaufspraxis im Automobilgeschäft an. Es galt dabei vor allem, das besonders unter den „herrschaftlichen Chauffeuren" verbreitete Schmiergeldunwesen sowie die unrechtmäßige Rabattgewährung in den Griff zu bekommen. Gemeinsam mit dem 1909 gegründeten „Deutschen Automobil-Händler-Verband" gelang es, die schlimmsten Auswüchse auf diesem Gebiet abzustellen.

1910 veranstaltete der VDMI eine „Internationale Motorboot- und Motorenausstellung" in Berlin. Außer Booten und Motoren waren auch „Flugdrachen" zu sehen, wie die ersten Flugzeuge genannt wurden sowie ein kleines Luftschiff. Daß sich der VDMI auch mit diesen Fahrzeugen befaßte, lag einfach daran, daß er sich als Sachwalter aller Motorfahrzeuge betrachtete.

Ebenso verstand sich von selbst die tatkräftige Unterstützung, die der VDMI zwei Jahre später, 1912, der „Allgemeinen Luftfahrzeug-Ausstellung" in Berlin zuteil werden ließ, die zu einem Markstein in der Geschichte des Flugwesens wurde.

Alle beweglichen Einrichtungen, für die man Motoren verwendete, hingen konstruktiv und industriell noch eng mit der Automobilindustrie zusammen. So kam es, daß sich der VDMI auch für Motorboote und -schiffe, für Luftschiffe und Flugzeuge mitverantwortlich fühlte und ihre Entwicklung in jeder Weise förderte.

Die Ausstellungen waren ebenso ein Teilstück dieser Aktivitäten wie die Zusammenarbeit des VDMI mit dem „Verein zur Förderung der Motorbootfischerei", mit dem „Deutschen Seefischerei-Verein" und mit dem „Deutschen Luftflotten-Verein".

Die Automobilausstellung im Oktober 1911, es ist die 13. und sollte die letzte vor dem Ersten Weltkrieg bleiben, brachte die Erkenntnis, daß künftig der Lastwagen gleichberechtigt mit dem Personenwagen ausgestellt werden müßte. Der VDMI ging sogleich daran, zusammen mit dem „Kaiserlichen Automobil-Club" eine neue, ausreichend große Ausstellungshalle zu bauen. Im Frühjahr 1914 erfolgte auf einem zu diesem Zweck erworbenen Gelände zwischen Bahnhof Witzleben und Kaiserdamm in Berlin der erste Spatenstich. Im September sollte in dieser neuen Halle die nächste Automobilausstellung stattfinden.

Im gleichen Jahr beteiligten sich deutsche Wagen wiederum am „Grand Prix" in Frankreich und belegten die ersten drei Plätze. Im Juni wurde außerdem zu einer großen Tourenfahrt durch Deutschland gestartet, die in Düsseldorf endete. Während der Siegerehrung am 28. Juni traf die Nachricht von der Ermordung des österreichischen Thronfolgers Franz Ferdinand ein. Die tödlichen Schüsse vereitelten die Halleneinweihung ebenso wie vieles andere auf der Welt.

Erst im September 1921 wurde die neue Halle mit der ersten Automobilausstellung nach dem Krieg ihrer Bestimmung übergeben.

Mit Kriegsbeginn 1914 wurden in der Automobilindustrie Einheitspreise festgesetzt, die verfügbaren Metallmengen unter die Hersteller aufgeteilt, und schließlich mußte der VDMI auch den einzelnen Automobilfabriken die Aufträge der Heeresleitung zuweisen. Leistung und Konzentration hieß nunmehr die Devise. Zwangsläufig erwuchs daraus die Notwendigkeit, möglichst nur wenige einheitliche Typen an die Armee zu liefern. Beim VDMI entstand die „Normalien-Kommission". Sie begann, sich mit der „Verbilligung und Vereinfachung der Herstellung, des Betriebes und dem Unterhalt" von Kraftfahrzeugen, Werkzeugen und Ersatzteilen zu befassen.

Das bereits 1916 verkündete „Hindenburg-Programm" (genannt nach Generalfeldmarschall Paul v. Hindenburg), das die verbliebenen Kraftreserven noch einmal mobilisieren sollte, löste eine zweite Rationalisierungswelle aus. Im Zusammenhang damit stand der am 22. Dezember 1917 gegründete

„Normenausschuß der Deutschen Industrie", der später zum Schöpfer der DIN-Normen werden sollte.
Deutschland 1918: Die Lage der Automobilhersteller war mehr als kritisch: Es mangelte an Rohstoffen, und die durch Kriegserfordernisse ausgeweiteten Kapazitäten mußten abgebaut und wieder auf Friedensstärke gebracht werden.
Während in der ersten Phase des Nachkriegsgeschäfts der Handel aus seinen verbliebenen Beständen den aufkommenden Bedarf deckte, erschienen 1920/21 die ersten fabrikneuen Fahrzeuge und Motoren auf dem Markt.
Von großer Bedeutung für die weitere Entwicklung war die Lockerung und schließlich im zweiten Halbjahr 1920 die völlige Aufhebung der Zwangsbewirtschaftung. Im selben Jahr wurde auch der Benzinverkauf freigegeben. Die deutsche Automobilindustrie begann wieder an die Zukunft zu glauben.
Mit dem Fortfall der Zwangsbewirtschaftung stellte der „Reichskommissar für das Automobilwesen" allmählich seine Tätigkeit ein. Er hatte als zivile Dienststelle in den zurückliegenden Jahren den Kontakt zu dem VDMI als dem Sprecher der Automobilindustrie gehalten.
Der allgemeinen wirtschaftlichen Situation zum Trotz, aber auch um ihren Willen zum Überleben zu bekunden, trafen sich am 23. September 1921 die deutschen Hersteller auf Einladung des VDMI und des Automobilclubs von Deutschland (AvD) zur ersten Automobilausstellung nach dem Krieg in Berlin. Die bereits 1914 gebaute neue Halle am Kaiserdamm wurde eingeweiht und um die gleiche Zeit auch die Automobil-Verkehrs- und Übungsstraße im Grunewald (Avus) mit einer Rennveranstaltung eröffnet.
1923, nach überstandener Inflation, offenbarte sich die Finanznot vieler Unternehmen. Durch Firmenzusammenschlüsse wurde versucht zu überleben. Das System der Ratenkäufe, wie seit langem in den USA praktiziert, wurde übernommen. Mit teuren Krediten und durch Auflösung der letzten Reserven ging man an die so dringend notwendigen betrieblichen Modernisierungen und die Umstellung der Fertigungsmethoden. Maschinen aus der Kriegs- und Vorkriegszeit wurden ersetzt, veraltete Modelle aus dem Programm genommen: Rationalisierung hieß die Devise. Viele Firmen blieben auf der Strecke.
Der „Reichsverband der Automobilindustrie" (RDA) — diesen neuen Namen hatte sich im April 1923 der „Verein Deutscher Motorfahrzeug-Industrieller" (VDMI) inzwischen zugelegt — unterstützte diese Umstellungen und Rationalisierungsmaßnahmen durch verstärkte Normungsarbeit. Sie erfaßte Vorderachsen, Kolbenringe, Brems- und Steuerteile, die verschiedensten Zubehörteile bis hin zu Bereifungen und Rädern.

Der Reichsverband der Automobilindustrie

Die Umfirmierung des VDMI in Reichsverband der Automobilindustrie (RDA) mag in der größeren wirtschaftlichen Gewichtung gelegen haben, die die Automobilhersteller inzwischen erreicht hatten;

Die Eröffnung einer internationalen Automobilausstellung bietet Staatsoberhäuptern die geschätzte Gelegenheit zu einem öffentlichen Auftritt. — Das Foto zeigt Reichspräsident Paul v. Hindenburg bei der Eröffnung der Berliner Automobilausstellung 1926, rechts von ihm (mit Hut in der Hand) RDA-Präsident Geheimrat Allmers.

zum anderen mag man aber auch auf den Reichsverband der deutschen Industrie geblickt haben, der am 12. April 1919 in Berlin aus der Taufe gehoben wurde.

Obwohl in der breiten Bevölkerung der „Freundschaftsprozeß" mit dem Auto weitere Fortschritte machte, galt es bei den Behörden noch immer als Luxus. So kamen zu den eigenen betrieblichen Sorgen neue Belastungen auf die Industrie zu: Außer der Umsatzsteuer lastete auf dem Automobil eine 15%ige Luxussteuer, die erst 1925 auf Betreiben des RDA auf die Hälfte gesenkt und dann als Beitrag des Automobils zur Straßenabnutzung deklariert wurde. Mit dieser Begründung dehnte man die Steuer auch auf Nutzfahrzeuge aus. Für die in hartem Konkurrenzkampf stehende deutsche Automobilindustrie war diese steuerliche Maßnahme ein schwerer Schlag.

Nicht minder unerfreulich für die bedrängten Automobilfabriken war die deutsche Zoll- und Handelspolitik. Während alle anderen Staaten den Schutz der einheimischen Industrie in den Vordergrund stellten und dementsprechend die Schutzzölle erhöhten, stand die deutsche Regierung einer Erhöhung der Einfuhrzölle für Automobile ablehnend gegenüber.

Im Gegensatz zu den deutschen Einfuhrzöllen, die lediglich 3% bis 5% des Wertes ausmachten, erhob Belgien einen Wertzoll von 45%, Frankreich 180%, Großbritannien 33,5%, Italien 45%, die Tschechoslowakei 65% und die Vereinigten Staaten 45%.

Erst das Jahr 1925 brachte Besserung. Mit dem 10. Januar fielen die handelspolitischen Fesseln, die der Versailler Vertrag dem Deutschen Reich auferlegte. Deutschland konnte seit diesem Zeitpunkt wieder eine selbständige Handels- und Zollpolitik betreiben und war nicht mehr gezwungen, zollpolitische und sonstige Benachteiligungen ohne Gegenwehr hinzunehmen.

Um die hohen nur für fertige Automobile geltenden Zollsätze zu umgehen, errichteten ausländische Automobilhersteller in Deutschland Montagefabriken. Auf sie entfiel 1927 bereits ein Sechstel der gesamten inländischen Automobilfertigung. Die Struktur der deutschen Automobilindustrie begann sich zu wandeln. Der Konzentrationsprozeß schritt fort. 1926 zählte der RDA 203 Mitgliedsfirmen, 50 weniger als 1918.

Ungenügendes Straßennetz

Nach wie vor stellte der schlechte Zustand des deutschen Straßennetzes ein Sonderproblem dar. Die Straßen waren entweder verwahrlost oder in ihrer Anlage für den modernen Automobilverkehr viel zu rückständig. In den meisten Fällen traf beides zu.

1925 ergab eine Verkehrszählung, daß vom Gesamtverkehr auf den Landstraßen des Reiches noch immer gut die Hälfte auf Pferdefuhrwerke entfiel. Der schnell wachsende Kraftwagenbestand stellte jedoch steigende Anforderungen an das Straßennetz, denen es nun Rechnung zu tragen galt, zumal der Kraftverkehr in Form von Kraftfahrzeugsteuer steigende Wegekostenbeiträge leistete.

Auf Betreiben des RDA wurde 1923 eine Studiengesellschaft für den Automobil-Straßenbau gegründet mit dem Ziel, bautechnisch einwandfreie Straßenkonstruktionen zu finden und Deutschland allmählich zu so guten Automobilstraßen zu verhelfen, wie sie bereits in Amerika und England bestanden.

Erst während der Weltwirtschaftskrise tauchte der Gedanke auf, den Bau von Reichsautobahnen — vor allem für die Arbeitsbeschaffung — in Angriff zu nehmen. 1926 gründeten namhafte Persönlichkeiten der Wirtschaft den „Verein zur Vorbereitung des Baus einer Autostraße Hansestädte—Frankfurt—Basel" (Ha-fra-ba). Diesem Verein gebührt der Ruhm, die Idee der Reichsautobahnen entwickelt zu haben.

Daß die Automobilindustrie in jenen Jahren nicht nur ihre ureigensten Interessen im Auge hatte, sondern sich auch für die Gemeinschaft mitverantwortlich fühlte, geht daraus hervor, daß der RDA 1926 beim Reichsverkehrsministerium beantragte, in den Schulen das Fach „Verkehrserziehung" einzuführen. Preisausschreiben wurden in diesem Zusammenhang vorgeschlagen mit dem Hinweis darauf, daß derartige Maßnahmen in den USA gut „angekommen sind" und mitgeholfen hätten, die Anzahl der Verkehrsunfälle beträchtlich zu vermindern.

Gegen undurchsichtige Handelspraktiken

Im Fahrzeugverkauf wurden um diese Zeit immer zweifelhaftere Methoden angewendet. Die offenen Preisunterbietungen nahmen erschreckenden Umfang an. Unter den versteckten Preiskämpfen spielte die Überbewertung in Zahlung genommener Gebrauchtwagen die erste Rolle. Ein anderes beliebtes Mittel waren Provisionszahlungen an Personen, die das Geschäft gar nicht vermittelten, wie z. B. die Ehefrau des Kunden.

Diese Probleme wurden vom RDA gemeinsam mit den Vertretern des Handels immer wieder besprochen. Der Gedanke tauchte auf, dem Kunden den wahren Wert der in Zahlung gegebenen Gebrauchtwagen durch eine Schätzung vor Augen zu führen. Probeweise richteten sowohl der RDA als auch der Handel Schätzstellen ein. Der Erfolg blieb aus, nicht zuletzt deshalb, weil es an einem praktikablen System für die Arbeitsweise der Schätzer fehlte. Zudem war der Kreis der einsichtigen Kunden gering, die erkannten, daß es keinen Sinn hat, den Händler in Schwierigkeiten zu stürzen.

Um ein Festpreissystem durch gegenseitige Verpflichtungen zu verankern und dem Schätzwesen eine einheitliche Grundlage zu geben, kam es 1931 zur Gründung der „Deutschen Automobil Treuhand GmbH".

Ebenso wurden im RDA, um den Wettbewerb von der für den Kunden vollkommen undurchsichtigen Ebene der Konditionen auf das Preisgebiet zu konzentrieren, Bedingungen für den Verkauf von Kraftfahrzeugen erarbeitet. Die Industrie richtete sich nicht nur selbst danach, sondern hielt auch ihre Händler dazu an. Diese Bedingungen setzten sich durch und wurden 1938 modernisiert.

Überlegungen zur Erleichterung des Absatzes nahmen in dieser Zeit ebenfalls breiten Raum in der Arbeit des RDA ein. Steuerliche Fragen standen dabei im Vordergrund, weil nach einer alten Regel beim Verkauf von Fahrzeugen die Kosten der Haltung wichtiger sind als die der Anschaffung.

Steuern und Abgaben

Gemeinsam mit der Mineralölindustrie und auch mit Hilfestellung des Reichsverkehrsministeriums wurde eine Senkung der Mineralölsteuer und des Mineralölzolls angestrebt. Auch wenn hierfür Behörden und Politiker Verständnis aufbrachten, scheiterten diese Bemühungen letzten Endes doch an der finanziellen Lage des Reiches, die durch Reparationszahlungen und hohe Arbeitslosigkeit bestimmt war.

Eine unerfreuliche Belastung war in diesen schweren wirtschaftlichen Jahren die Kraftfahrzeugsteuer. Sie wirkte sich vor allem deshalb nachteilig aus, weil sie, ohne den Unfang der Benutzung des Kraftfahrzeugs zu berücksichtigen, gezahlt werden mußte. Das hatte zur Folge, daß in den Jahren 1930 bis 1933 immer mehr Kraftfahrzeuge abgemeldet wurden.

Als sich Ende der zwanziger Jahre der Güterkraftverkehr aufgrund seiner unbestrittenen Vorteile (Schnelligkeit, Fahrplanunabhängigkeit, Haus-zu-Haus-Verkehr) stärker auszudehnen begann — der Lkw-Bestand hatte sich von 9 639 im Jahr 1914 auf 80 363 im Jahr 1925 erhöht — und der Reichsbahn ernsthafte Konkurrenz machte, zwang man den unbequemen Wettbewerber, seine Beförderungsentgelte an die der Eisenbahn anzugleichen.

Ein weiteres Problem war die einkommensteuerliche Behandlung der Fahrt zwischen Wohnung und Arbeitsstätte. Die Rechtsprechung des Reichsfinanzhofes erwies sich als nicht mehr zeitgemäß und reichlich automobilfeindlich. Sie stellte nämlich den Grundsatz auf, daß Angestellte und Arbeiter lediglich den Anspruch darauf erheben konnten, mit öffentlichen Verkehrsmitteln befördert zu werden und nur die dadurch entstehenden Kosten steuerlich anzuerkennen sind. Diese Rechtsprechung hinderte den RDA nicht, das Thema immer wieder aufzugreifen. Erst 1936, als die Bedeutung des Automobils für die Gesamtwirtschaft und den Einzelnen erkannt wurde, änderte sich die Einstellung des Reichsfinanzhofes.

Wenn auch die Härte des Wettbewerbs unter den Automobilfabriken manches Gespräch auf wirtschaftlichem Gebiet erschwerte, so entwickelte sich andererseits die gemeinschaftliche Arbeit auf technischem Gebiet recht erfreulich. Im Vordergrund stand dabei die Mitarbeit an den technischen Vorschriften für Kraftfahrzeuge.

Von zunehmender Wichtigkeit wurde ferner die Normung. Die Geschäftsführung des Fachnormenausschusses Kraftfahrzeugindustrie (FAKRA) lag bei der technischen Abteilung des RDA, der gleichzeitig die gesamten Kosten der Normung übernahm.

In den ersten Februar-Tagen 1933 erreichte den Präsidenten des RDA ein Anruf, daß der Reichskanzler Hitler die Absicht habe, am 11. Februar die 23. Internationale Automobilausstellung in Berlin zu eröffnen. Da bekannt war, daß der neue Reichskanzler dem Auto Sympathie entgegenbrachte, wurden ihm die beiden Themen genannt, die der Automobilindustrie besonders auf den Fingern brannnten: die hohe Kraftfahrzeugsteuer und der fehlende Straßenbau. Die Teilnahme an der Eröffnungsfeier dieser Ausstellung war das erste große Auftreten Hitlers nach der Übernahme seines Amtes am 30. Januar 1933 in der Öffentlichkeit.

Bereits am 1. April 1933 trat eine Änderung zum Kraftfahrzeugsteuergesetz von 1927 in Kraft. Danach wurden neu erworbene Personenwagen und Motorräder von der bisherigen Pauschalbesteuerung freigestellt. Die Steuer für Lastwagen wurde gesenkt. Durch ein weiteres Gesetz vom 3. Mai 1933 über die Steuerablösung von Altwagen wurde unterstrichen, daß die staatliche Verkehrspolitik entschlossen sei, neue Wege zu gehen und die seit 1906 praktizierte Sonderbesteuerung des Kraftfahrzeugbesitzes abbauen würde.

Hierdurch belebte sich der Automobilabsatz überraschend schnell. Der Wert der Erzeugnisse der Kraftfahrzeugindustrie stieg von 300 Millionen 1932 auf 480 Millionen 1933 und 807 Millionen Mark 1934, um dann stetig weiter bis auf 1,8 Milliarden Mark im Jahr 1938 zu klettern.

In bezug auf den geforderten „Volkswagen" dagegen ging es zunächst nicht so recht vorwärts. Als ein Jahr lang keine nennenswerten Fortschritte erreicht waren, drohte Hitler in seiner Eröffnungsrede zur Automobilausstellung 1934, die Sache „selbst in die Hand zu nehmen". Daraufhin erteilte der RDA noch im selben Jahr dem Konstruktionsbüro Porsche in Stuttgart den Auftrag, einen Wagen zu entwickeln, „der vier Personen befördern, stabil und autobahnfest, aber möglichst billig in Anschaffung und Betrieb" sein sollte.

Die im Herbst 1936 begonnene Erprobung der ersten Prototypen lag in den Händen des Leiters der Technischen Abteilung des RDA, Dipl.-Ing. Wilhelm R. Vorwig.

Nach Ablieferung des Testberichts zog sich der RDA aus diesem für ihn zu teuren Vorhaben zurück, und die „Deutsche Arbeitsfront" übernahm nicht nur die

weitere Entwicklung des Fahrzeugs, sondern auch die Planung für das neue Werk in Wolfsburg.
So zufrieden die Automobilindustrie mit verschiedenen Maßnahmen der Regierung auf verkehrs- und steuerlichem Gebiet auch war und so erfreulich sich Produktion und Absatz entwickelten — die inzwischen erfolgte Organisation der gewerblichen Wirtschaft entsprach nicht ihren Vorstellungen. Obwohl der private Charakter der Wirtschaft nicht angetastet wurde, war das „Gesetz zur Vorbereitung des organischen Aufbaus der Wirtschaft" vom 27. Februar 1934 offensichtlich darauf abgestellt, den Einfluß von Staat und Partei auf das wirtschaftliche Geschehen abzusichern.
Alle wesentlichen Funktionen der Verbände mit freiwilliger Mitgliedschaft wurden von „Wirtschaftsgruppen" mit Zwangsmitgliedschaft übernommen. Für die Automobilindustrie entstand unter der Dienstaufsicht des Reichswirtschaftsministeriums die „Wirtschaftsgruppe Fahrzeugindustrie" (Wigrufa) mit 950 Mitgliedsfirmen, die von Automobilfabriken bis zu den Kinderwagen-Herstellern reichten, mit etwa 170 000 „Volksgenossen" als Mitarbeiter. Diese Wirtschaftsgruppe nahm sogleich ihre Arbeit im Hause des RDA auf, mit seinem Personal und seinem Geld.
Organisatorisch entstand damit ein Aufbau nach dem „Führerprinzip", eine damals überall durchgesetzte Organisationsform, bei der alle Macht in der Hand des Leiters der Wirtschaftsgruppe zusammengefaßt lag. Neben ihm stand zwar ein Beirat, dessen Befugnisse aber sehr gering waren.
Um unbeaufsichtigt von Partei und Staat zusammenkommen zu können, legten die Firmenchefs der Automobil- und Zubehörindustrie großen Wert auf den Erhalt des RDA, dessen Bestand in dieser Zeit einige Male gefährdet war.
Zu Hilfe kam dabei das Ausstellungswesen. Für die Veranstaltung internationaler Automobilausstellungen in einem Land war die Mitgliedschaft im „Bureau Permanent International des Constructeurs d'Automobiles" (BPICA) unerläßlich. Diese internationale Dachorganisation der Herstellerverbände wurde bereits 1919 gegründet. Da selbst die Regierung Zweifel hegte, daß die übrigen Herstellerländer mit der Mitgliedschaft einer weitgehend unter parteipolitischer Leitung stehenden Organisation, wie der „Wirtschaftsgruppe Fahrzeugindustrie", einverstanden sein würden, blieb der RDA Mitglied im BPICA. Damit war sein Überleben gesichert.
Zu den traditionellen Aufgaben des RDA gesellten sich Arbeiten, die mit der zunehmenden Rohstoffbewirtschaftung zusammenhingen. Zunächst machte sich der Mangel an Kautschuk bemerkbar. Reifen wurden nicht mehr in ausreichender Menge geliefert, und auf den Höfen der Automobilfabriken standen zeitweise große Mengen unbereifter Fahrzeuge, die nicht ausgeliefert werden konnten. Verhandlungen mit Ämtern und Behörden, mitunter aber auch harte Auseinandersetzungen, waren unausbleiblich.
Auch das Benzin wurde knapp. Man zwang die Automobilindustrie, sich finanziell am Aufbau eines neuen Hydrierwerkes zu beteiligen, das Benzin aus Braunkohle erzeugen sollte.
Derartige finanzielle Belastungen waren kaum zu bewältigen und mußtem im Verkaufspreis der Autos ihren Niederschlag finden. Um aber im Ausland zu wettbewerbsfähigen Preisen weiter verkaufen zu können, wurde 1934 die „Exportausgleichskasse" geschaffen. In diese Kasse flossen fortan bestimmte Beträge aus dem Inlandabsatz, damit die Preise im Export gehalten werden konnten.
Von Jahr zu Jahr nahm die Bedeutung der Automobilausstellungen zu, da sie eine der schwindenden Möglichkeiten waren, internationale Kontakte zu pflegen.
Auf der 27. Internationalen Automobilausstellung 1937 in Berlin war ein erheblicher Teil der Ausstellungsfläche historischen Fahrzeugen vorbehalten, da es nicht viele neue Modelle gab. Die Automobilfabriken waren vielmehr mit Konstruktion und Herstellung von Spezialfahrzeugen für den militärischen Bedarf überbeschäftigt. Die Sammlung dieser historischen Fahrzeuge wurde nach Ausstellungsende dem Deutschen Museum in München zum Geschenk gemacht.
Allmählich wurde der Griff des Staates härter. Der Einfluß über die Wigrufa genügte ihm nicht mehr. Im Rahmen des Vierjahresplanes wurde 1938 die Dienststelle „Generalbevollmächtigter für das Kraftfahrwesen" (GBK) geschaffen. Die Leitung übernahm Oberst, später General v. Schell. Sein Stabschef wurde Oberstleutnant, später Generalmajor Thoennissen (von 1950 bis 1959 Präsident des Verbandes der Automobilindustrie, VDA). Es ging vor allen Dingen um eine Typenbegrenzung. Daß alles auf einen Krieg zusteuerte, wurde von niemanden mehr bezweifelt. Auch die an die Wirtschaft gelieferten Wagen sollten durch die vom Heereswaffenamt aufgestellten, sogenannten S- und A-Bedingungen ihrem zukünftigen Verwendungszweck möglichst angepaßt werden.
Weiterhin sollten alle nicht benötigten Typen verschwinden. Nach endlosen Verhandlungen kam der „Schell-Plan" zustande, mit dem 250 Typen zum Auslaufen verurteilt wurden. Es verblieben 19 Haupttypen bei den Lastwagen, eingestuft in bestimmte Gewichtsklassen, und 30 Typen bei den Personenwagen und Krafträdern. Zur Durchführung fehlte jedoch die Zeit: Der Krieg begann.
Die Geschichte der deutschen Automobilindustrie und ihrer organisatorischen Vertretung im Krieg ist ein Thema für sich. Fast ausschließlicher Abnehmer von Kraftfahrzeugen wurde die Wehrmacht. Ihr Bedarf bestimmte das Produktionsprogramm. Der Schwerpunkt lag bei Lastkraftwagen. Personenkraftwagen wurden nur insoweit verlangt, als sie auf die Bedürfnisse des Krieges zugeschnitten waren.
Entsprechend entwickelte sich die Produktion. 1938, im letzten Vorkriegsjahr, waren 277 000 Personen-

kraftwagen gebaut worden. Bis 1940 sank diese Anzahl auf 68 000, um dann bis 1944 auf 22 000 zu fallen, von denen 97% an die Wehrmacht geliefert wurden. Es handelte sich fast ausschließlich um Kübel- und Schwimmwagen — also um Ausführungen des Volkswagens.
Um die Produktion überhaupt durchzuhalten, wurden besondere organisatorische Vorkehrungen getroffen. Das Amt des „Reichsministers für Rüstung und Kriegsproduktion" (Chef Albert Speer) wurde ins Leben gerufen und für jedes wichtige Enderzeugnis der Kriegsproduktion ein „Hauptausschuß" geschaffen. So entstand auch der Hauptausschuß Kraftfahrzeuge mit 15 Sonderausschüssen. Sein Leiter war zunächst Paul Werners, Generaldirektor von Büssing NAG, und nach ihm Wilhelm Schaaf, Direktor bei BMW. Die Geschäftsführung wurde Dipl.-Ing. Wilhelm R. Vorwig vom RDA übertragen.

1945: Verband der Automobilindustrie

Nach der Kapitulation am 9. Mai 1945 gab es praktisch keine Autos mehr, die von Deutschen gesteuert, geschweige denn gebaut wurden. Doch bald begann man in den einzelnen Besatzungszonen, den Schutt wegzuräumen und die Maschinen wieder instand zu setzen.
Die Vorkriegs- und Kriegsorganisationen der Automobilindustrie nahmen über die westlichen Zonengrenzen hinweg Kontakt zu den Automobilfabriken auf. Erste Besprechungen fanden mit den Besatzungsmächten statt. Dabei ging es vor allem um Materialbezugsscheine, um Kohle, Energieversorgung, Rehabilitierung suspendierter Führungskräfte und die Verpflegung der Belegschaften. In der britischen Zone kam die Entwicklung am schnellsten voran. Am 27. August 1945 wurde in Hannover bereits der „Produktionsausschuß der Automobilindustrie" gegründet, der erste industrielle Zusammenschluß im Nachkriegsdeutschland überhaupt.
Ähnliches spielte sich in der amerikanischen Besatzungszone ab. Die Amerikaner bestanden allerdings darauf, daß in jedem Land ihrer Zone eigene Organisationen der Automobilindustrie gebildet werden sollten. So entstanden der „Verband der Kraftfahrzeugindustrie Hessen", die „Vereinigung der Kraftfahrzeugindustrie Baden-Württemberg" und der „Landesverein Bayern der Kraftfahrzeugindustrie".
Nach vielen und schwierigen Gesprächen sowohl mit britischen als auch mit amerikanischen Militärbehörden kam es schließlich am 3. Februar 1948 zur Gründung des bizonalen „Verbandes der Automobil-, Motorrad- und Zubehörindustrie".
Als die Motorradindustrie Anfang Juni 1948 einen eigenen Verband gründete, erfolgte die Umbenennung in „Verband der Automobil- und Zubehörindustrie" und schließlich am 15. September 1948 in „Verband der Automobilindustrie" (VDA).
Zu diesem Zeitpunkt gehörten dem VDA 175 Firmen an. Sein Vorstand setzte sich aus acht Vertretern der Hersteller von Kraftfahrzeugen und deren Motoren, aus vier Vertretern der Anhänger- und Aufbauten-Hersteller sowie aus sechs Vertretern der Teile- und Zubehörindustrie zusammen.
1947 löste der „Industrieplan" des alliierten Kontrollrates große Unruhe aus. Danach sollte die jährliche Produktion auf 40 000 Personenwagen, 40 000 Lastwagen und 10 400 Krafträder begrenzt werden. Das entsprach einem Eisen- und Stahlverbrauch von 200 000 Tonnen. Alle darüber hinausgehenden Kapazitäten sollten der Demontage zum Opfer fallen. In einer 55seitigen Denkschrift wies der für die britische Zone zuständige VDA nach, daß bei dem im Potsdamer Abkommen den Deutschen zugebilligten mittleren europäischen Lebensstandard bereits 1,2 Millionen Tonnen Stahl für die Herstellung von Kraftwagen, Anhängern und Krafträdern erforderlich sein würden. Wörtlich hieß es in dieser Denkschrift u.a.:
„Die Automobilindustrie lehnt die Planwirtschaft ab. Sie schaltet die Unternehmer-Initiative weitgehend aus und führt zu einer Wirtschaftsbürokratie, die niemals die bewegenden Kräfte aufzubringen in der Lage sein wird, die Wettbewerb und Ausleseprinzip entstehen lassen. In ihrem Gefolge würde der Mangel auf allen Gebieten zu einer Dauererscheinung."
Im Gegensatz zu den im „Industrieplan" festgesetzten Produktionsgrenzen forderte der VDA u.a. 250 000 statt 40 000 Personenwagen in die Planung aufzunehmen. Die Militärbehörden arbeiteten einen „Zweiten Industrieplan" aus, in dem die jährliche Stahlmenge für die Automobilindustrie von 200 000 auf 460 000 Tonnen erhöht wurde. Auch die Demontage der Fertigungsanlagen wurde erheblich vermindert und kurz darauf eingestellt. Ebenso fiel das Exportverbot.
Auf den zunächst jährlichen und seit 1951 jedes zweite Jahr vom VDA veranstalteten Automobilausstellungen in Frankfurt am Main sahen Hunderttausende von Besuchern immer wieder Neuheiten.
1956 überschritt die westdeutsche Automobilproduktion zum ersten Mal in ihrer Geschichte die Millionengrenze und exportierte 484 000 Kraftwagen (45,1% der Produktion). Die Exportquote lag seit 1964 ständig über 50%, 1968 sogar bei 61,8% der Produktion.
Die guten Verkaufserfolge konnten jedoch nicht darüber hinwegtäuschen, daß die Automobilindustrie auch „Kofferräume" voll Probleme hatte. Es waren in der Mehrzahl die gleichen, mit denen sie sich bereits im Kaiserreich und danach herumplagen mußte. Sie hingen schwergewichtig mit der Verkehrs- und Steuerpolitik zusammen.
Dem VDA als dem Sprecher der Automobilindustrie ging es dabei darum, der Bundesregierung vor Augen zu führen, daß im Kraftverkehr ein neuer Verkehrsträger entstanden ist, der aufgrund seiner tech-

Die Schweizer sahen bei ihrem 25. Ausstellungsjubiläum den Automobilverkehr eher gelassen. Zwar hat der lenkende Eidgenosse die Straße voraus scharf im Blick, doch die Dame daneben hat offensichtlich Vertrauen, sowohl zum Vehikel als auch zum Lenker. Das Automobil war 1955 schon ein recht zuverlässiges Gerät.

nischen Vorzüge und seiner Beförderungsleistungen einen gleichrangigen Platz neben den übrigen Verkehrsträgern, vor allem gegenüber der Schiene, beanspruchen kann. Das Kraftfahrzeug ermöglicht früher nicht erfüllbare Verkehrsleistungen und hat in großem Umfang neue Verkehrsbeziehungen überhaupt erst erschlossen. Es hat damit ganz wesentliche Voraussetzungen für den Aufschwung der deutschen Wirtschaft nach 1945 geschaffen.
Demgegenüber wurde staatlicherseits versucht, die alte historisch gewachsene Verkehrsstruktur um jeden Preis aufrechtzuerhalten. Das galt vor allem für den Güterverkehr. Hier wurden immer wieder dirigistische Maßnahmen zugunsten der Eisenbahn getroffen. Die Schwäche eines solchen Verfahrens lag offen zutage. Auf einem für die wirtschaftliche Gesamtentwicklung so wichtigen Gebiet wie dem Verkehr können das Beharren und die Tradition nicht Vorrang vor Weiterentwicklung und Fortschritt erhalten.
In den ersten Jahren des Bestehens der Bundesrepublik Deutschland drohte ein Rückfall in die Motive, die in den zwanziger Jahren die Besteuerung des Kraftwagens bestimmt hatten. So wurden Pläne erörtert, die eine Sondersteuer für den Kauf von Automobilen vorsahen, da man in diesen den Ausdruck gehobenen Lebensstandards zu erkennen glaubte.
Wenn auch für die Straßen etwas getan und das Autobahnnetz ausgebaut wurde, hinkten diese Maßnahmen doch hinter der vorhandenen und zu erwartenden Motorisierungsdichte nach. Alle Hinweise des VDA auf das zunehmende Wachstum des Kraftverkehrs und auch alle Prognosen wissenschaftlicher Institute über die bevorstehende Ausdehnung des Personen- und Güterverkehrs blieben unbeachtet.
„Wohlstand kommt auf guten Straßen" formulierte die „Deutsche Straßenliga", aber die Politik nahm nur das Wort „Wohlstand" auf und versäumte einen ausreichenden Straßenbau. Man wollte keine Bindung der Kraftfahrzeug- und Mineralölsteuer an den Straßenbau und unterließ es, sie ausschließlich für diesen Zweck zu verwenden.
In zahlreichen Gesprächen mit Regierung und Parlamentariern sowie in schriftlichen Eingaben vertrat der VDA die Ansicht, daß es keinen Gegensatz Schiene — Straße gibt, daß jedes dieser beiden Verkehrsmittel auf seinem Gebiet nützlich ist. Voraussetzung für ein geordnetes Zusammenwirken sei jedoch die Erkenntnis der unterschiedlichen technischen Leistungsfähigkeit und der betrieblichen Vorzüge beider Verkehrsmittel. Auf jeden Fall — so argumentierte der VDA — sollte die Besteuerung des Straßenverkehrs von jeder verkehrslenkenden Tendenz freigehalten und im Rahmen einer organischen Verkehrs- und Steuerreform die steuerliche Gleichstellung aller Verkehrsmittel sichergestellt werden.
Die Zielvorstellungen wechselten fast täglich, und es fehlte bisher an einem klaren Verkehrskonzept. So kam es, daß die Fragen der Verkehrspolitik alle Chancen hatten, ein „Dauerbrenner" zu bleiben.
Die europäischen Völker begannen an morgen zu denken, und die einzelnen Herstellerländer rückten enger zusammen. Nachdem der VDA im Jahr 1950 wieder in den internationalen Herstellerverband, das „Bureau Permanent International des Constructeurs d'Automobiles" (BPICA) aufgenommen wurde, begann eine fruchtbare Arbeit sowohl in diesem Gremium als auch in den europäischen Verbindungsausschüssen der Teile- und Zubehörindustrie. Hier wurden Fragen technischer und wirtschaftlicher Art besprochen. Der Wille zur Verständigung war groß, wenn nur die Politiker nicht immer wieder auf die Bremse getreten hätten.
Die gegenseitige Durchdringung der Märkte gebot vor allem auf technischem Gebiet eine Harmonisierung der unterschiedlichsten nationalen Vorschriften, damit die einzelnen Hersteller ihre Fahrzeuge nicht für jedes Land in einer anderen Ausführung bauen müssen. Die Vorschriften betrafen u.a. die lichttechnischen Einrichtungen, Abgas- und Lärmnormen, Bremsanlagen und Schalldämpfer bis hin

zu Kupplungen, Türschlössern und Stoßfängerhöhen.
Verkehrsdichte und Verkehrsstau-Probleme kamen in den siebziger Jahren im besonderen Maß in die Diskussion. Warum, so fragte die Automobilindustrie, gibt es nicht auch im Straßennetz ein Informationssystem, wie es der Bundesbahn schon seit langem zur Verfügung steht? Während sie alle Vorbereitungen trifft, die führerlose automatische Fahrt einzuführen, stehen dem Autofahrer praktisch nur Wegweiser zur Verfügung, wie sie seit mehr als 100 Jahren an den Straßenkreuzungen stehen.
Der VDA schaltete sich ein und brachte die Elektro- und Automobilindustrie sowie die Rundfunkanstalten an einen Tisch: Der Verkehrsfunk wurde eingerichtet.
In diese Zeit fällt auch die vom VDA angeregte Bildung einer Studiengruppe aus Vertretern der Automobilindustrie und des Verbandes öffentlicher Verkehrsbetriebe. Sie geht von dem naheliegenden Gedanken aus, das Wunschdenken nach „neuartigen" Verkehrsmitteln auf die bereits vorhandenen, wie den Omnibus, zu übertragen, der heute mehr als die Hälfte des öffentlichen Personennahverkehrs bewältigt.
Fragen des Verkehrs und der Verkehrsinvestitionen beschäftigten den VDA in den siebziger und achtziger Jahren ununterbrochen. Mit Nachdruck wurde dabei darauf hingewiesen, daß die Politiker dem Ausbau des öffentlichen Verkehrs Vorrang einräumen ohne Rücksicht darauf, ob die angebotenen Verkehrsleistungen tatsächlich auch benötigt werden, vor allem aber auch ohne zu wissen, ob diese auf Dauer auch finanzierbar sein würden.
Die Gesetzgeber in In- und Ausland werden nicht müde, das Ausmaß ihrer Vorschriften ständig zu erweitern. So hat sich, verglichen mit der Situation im Jahr 1968, der Vorschriftenumfang international mehr als vervierfacht, so daß die Erfüllung all dieser Bestimmungen nahezu 60% der Entwicklungskapazität der Industrie in Anspruch nimmt.

Die 40. Ausstellung in Frankfurt steht im Zeichen des brausenden Massenverkehrs auf den Autobahnen. Auf diesem Werbeplakat prescht man schon neben- und übereinander vorbei. Der Boom ist voll in Fahrt!

Sachwort-Verzeichnis

G

H

I

J

K

L

M

T

U

V

Namenverzeichnis

Bildquellenverzeichnis

Alfa Romeo (3); AMF (1); Archiv de Agostini (1); Archiv Bartsch (24); Archiv Dr.-Ing. Braess (12); Archiv Bremer (5); Archiv Dr.-Ing. Breuer (29; Archiv Cimarosti (22); Archiv Cronmüller (6); Archiv Eckermann (43); Archiv Eves (6); Archiv H. H. von Fersen (21); Archiv O. von Fersen (69); Archiv Hella (5); Archiv Hütten (37); Archiv Mackeprang (1); Archiv Graf Wollf Metternich (1); Archiv Neubauer (5); Archiv Norbye (23); Archiv Pininfarina (10); Archiv Schweizer (35); Archiv Seidel (16); Archiv Thomass (40); Archiv Uhl (75); Archiv Weger (5); Archiv Prof. Dr.-Ing. Ziebart (73); Archiv Zorzano (2); ATE (2); Audi (19); Audi/Kühlmann (6); Austin-Rover (7); Autocar (3); Automobile Engineer (1); Automobil-Revue (1); Automobilmuseum Aalholm (1); Automuseum St. Dizier (2); Automuseum Mühlhausen/Grüttefien (16); Automuseum Störy (1); Automuseum Tremsbüttel (1); Autopress (1);Barker Harding (3); Bayerwerk (2); Behr-Thomsen (1); Berris/Autocar (1); Betti (1); Betti/Auto Zeitung (4); Betti/Marlboro (1); Betti/Opel (1); BMC (2); BMW (10); Borowski (1); Bosch (28); Boysen (1); British Leyland/Austin Morris (2); Busch (1); Cahier (1); Chevrolet (1); Chrysler (5); Cibie-Archiv (1); Citroen (11); Clayton (1); Continental (1); Daf (2); Daihatsu (1); Daimler-Benz (59); Department of Transport (1); Deutsches Museum (17); Deutsches Museum/Grüttefien (11); Dossiers Renault (2); Dunlop (1); Echitechnic/Renault (1); Esso (1); E.T.A.I./Renault (2); Fairchild Hiller (1); FIAT (12); Ford (21); Frankenberg (1); Freudenberg (1); Fulda (1); Gebauer (4); General Motors (9); Girling/Roysron (1); Gloor (;); Goodyear (3); Grüttefien (1); Halls (1); Harrah-Automuseum (1); Hastings (1); Hereditary Collection/Richter (2); Hochschularbeitsgemeinschaft (2); Honda (2); Honda/Abröll (1); Ika (1); Jaguar (4); Jensen (1); Keystone (1); Kühner (1); Kugelfischer (1); Lancia (9); Lehmann (1); Lotus (1); Lucas (2); Lucas/Girling (2); M.A.N. (2); Mazda (1); Mende/Motorbuch-Verlag (1); MG (1); Mitsubishi (2); Morris (1); Motor (1); National Motor Museum (1); Nissan (2); Opel (16); Page (5); Page/Autosport (4); Peugeot (10); Philips (1); Pierburg (6); Porsche (8); Renault (8); Richter (3); Rootes (1); Saab-Scania (6); Sass (1); Schlenzig (1); SEAT (2); Dr. Seifert (8); Simca (1); Tatra (1); Theves-Thompson (1); Valeo (1); VDO (1); Veith Pirelli (4); Verkehrshaus Luzern (5); Volvo (6); VW (34); Werner (2); Witschetzky (1); Zündapp (2).

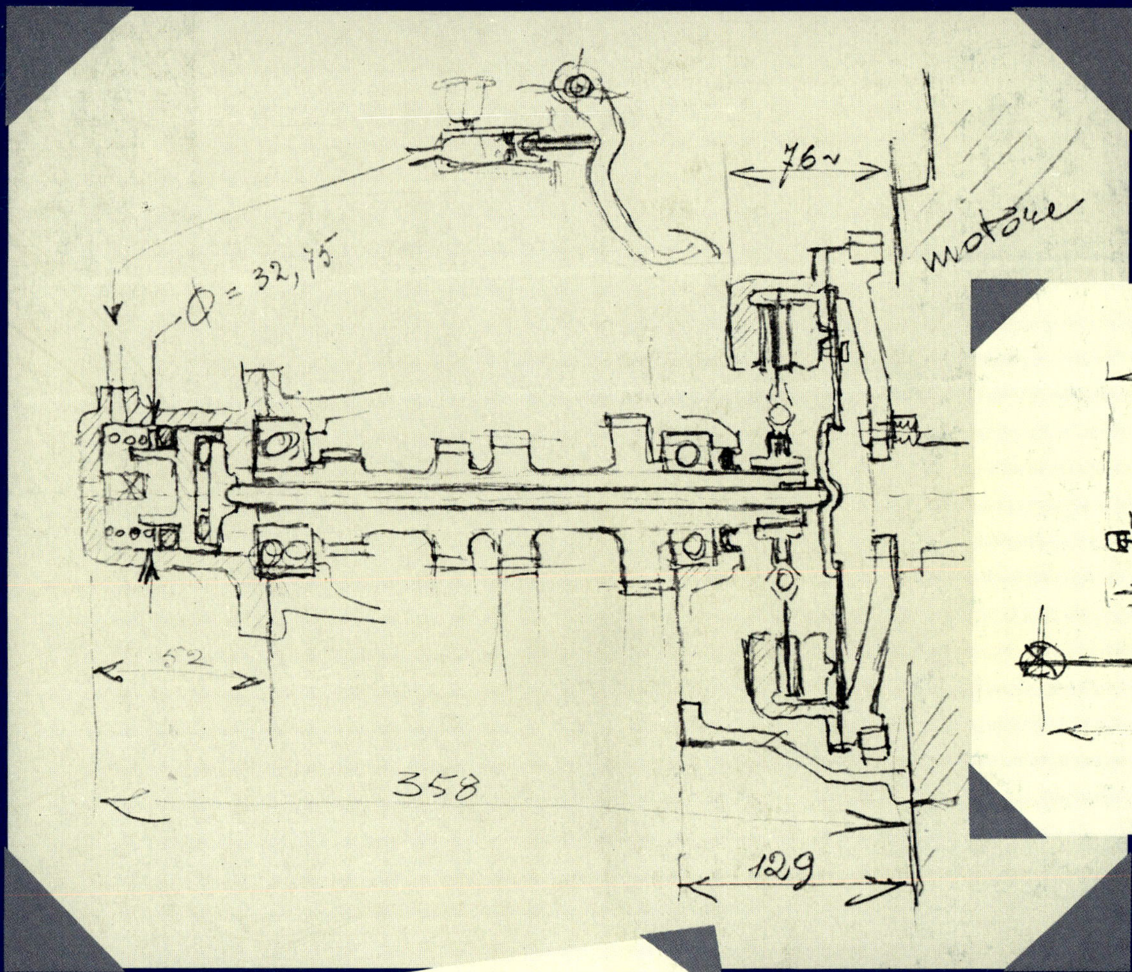
76
motore
Φ = 32,75
52
358
129
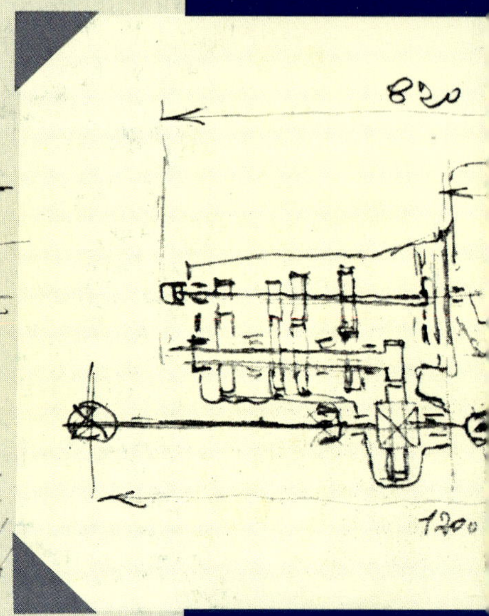
820
1200

138

no